Österreichischer Special Report

Gesundheit, Demographie und Klimawandel

(ASR18)

HerausgeberInnen:
Willi Haas, Hanns Moshammer, Raya Muttarak, Olivia Koland

Diese Publikation ist sowohl als pdf-Version (abrufbar unter https://epub.oeaw.ac.at/8427-0) als auch als Buchform im Verlag der Österreichischen Akademie der Wissenschaften erschienen.

Der Special Report enthält Hinweise auf online Supplements, die weiterführende Texte zu ausgewählten Inhalten des Reports bringen (abrufbar unter https://epub.oeaw.ac.at/8464-5).

Zitierweise: APCC (2018). Österreichischer Special Report Gesundheit, Demographie und Klimawandel (ASR18). Austrian Panel on Climate Change (APCC), Verlag der ÖAW, Wien, Österreich, 978-3-7001-8427-0

Diese Publikation ist unter dem Dach des Austrian Panel on Climate Change (APCC, www.apcc.ac.at) entstanden und folgt dessen Qualitätsstandards. Demzufolge wurde der Special Report in einem mehrstufigen Peer-Review-Verfahren mit den Zwischenprodukten *Zero Order Draft*, *First Order Draft* und *Second Order Draft* erstellt. In dem letzten internationalen Reviewschritt des *Final Drafts* wurde die Einarbeitung der Review-Kommentare von Review-EditorInnen überprüft.

Austrian Panel on Climate Change (APCC):
Helmut Haberl, Sabine Fuss, Martina Schuster, Sonja Spiegel, Rainer Sauerborn

Co-Chairs und Projektleitung:
Willi Haas, Hanns Moshammer, Raya Muttarak, Olivia Koland

Review-Management:
Climate Change Center Austria (CCCA)

Titelseitengestaltung:
Alexander Neubauer

Lektorat:
Nina Hula

Die in dieser Publikation geäußerten Ansichten oder Meinungen entsprechen nicht notwendigerweise denen der Institutionen, bei denen die mitwirkenden WissenschafterInnen und ExpertInnen tätig sind.

Der APCC Report wurde unter Mitwirkung von WissenschafterInnen und ExpertInnen folgender Institutionen erstellt: Bundesministerium für Umwelt, Naturschutz und Reaktorsicherheit (D), Climate Change Centre Austria (CCCA), Gesundheit Österreich GmbH, Helmholtz Zentrum für Umweltforschung, Medizinische Universität Wien, Österreichische Agentur für Gesundheit und Ernährungssicherheit, Österreichische Akademie der Wissenschaften, Potsdam-Institut für Klimafolgenforschung, Statistik Austria, Technische Universität Graz, Umweltbundesamt GmbH, Universität Augsburg, Universität für Bodenkultur Wien, Universität Wien, University of Nottingham, Wegener Center für Klima und Globalen Wandel der Universität Graz, Wirtschaftsuniversität Wien, Wittgenstein Centre for Demography and Global Human Capital, World Health Organization und Zentralanstalt für Meteorologie und Geodynamik.

Wir danken herzlichst den AutorInnen für ihre engagierte Mitarbeit, die weit über den Rahmen des finanzierten hinausging (siehe AutorInnen-Liste auf der nächsten Seite). Dann herzlichen Dank an die TeilnehmerInnen der beiden Stakeholder-Workshops, die wesentliche Inputs für die Fokussierung des Reports gegeben haben. Weiters danken wir Zsófi Schmitz und Julia Kolar für das professionelle Review-Management und Thomas Fent für seine Unterstützung im finalen Prozess der Umsetzung des Buchprojektes.

Dieser Special Report SR18 wurde durch den Klima- und Energiefonds im Rahmen seines Förderprogrammes ACRP mit rund 300.000 Euro gefördert.

Archivability tested according to the requirements of DIN 6738, Lifespan class – LDK 24-85.

Österreichische Akademie der Wissenschaften, Wien

ISBN 978-3-7001-8427-0
https://verlag.oeaw.ac.at
https://epub.oeaw.ac.at/8427-0

Satz: Berger Crossmedia, Wien
Druck: Gugler* print, Melk/Donau

Gedruckt nach der Richtlinie „Druckerzeugnisse" des Österreichischen Umweltzeichens. gugler*print, Melk, UWZ-Nr. 609, www.gugler.at

Inhalt

AutorInnen und Mitwirkende:

Co-Chairs
Willi Haas, Hanns Moshammer, Raya Muttarak

Koordinierende LeitautorInnen/Coordinating Lead Authors (CLAs)
Maria Balas, Cem Ekmekcioglu, Herbert Formayer, Helga Kromp-Kolb, Christoph Matulla, Peter Nowak, Daniela Schmid, Erich Striessnig, Ulli Weisz

LeitautorInnen/Lead Authors (LAs)
Franz Allerberger, Inge Auer, Florian Bachner, Maria Balas, Kathrin Baumann-Stanzer, Julia Bobek, Thomas Fent, Herbert Formayer, Ivan Frankovic, Christian Gepp, Robert Groß, Sabine Haas, Christa Hammerl, Alexander Hanika, Marcus Hirtl, Roman Hoffmann, Olivia Koland, Helga Kromp-Kolb, Peter Nowak, Ivo Offenthaler, Martin Piringer, Hans Ressl, Lukas Richter, Helfried Scheifinger, Martin Schlatzer, Matthias Schlögl, Karsten Schulz, Wolfgang Schöner, Stana Simic, Peter Wallner, Theresia Widhalm

Beiträge von Beitragende AutorInnen/Contributing Authors (CAs)
Franz Allerberger, Dennis Becker, Michael Bürkner, Alexander Dietl, Mailin Gaupp-Berghausen, Robert Griebler, Astrid Gühnemann, Willi Haas, Hans-Peter Hutter, Nina Knittel, Kathrin Lemmerer, Henriette Löffler-Stastka, Carola Lütgendorf-Caucig, Gordana Maric, Hanns Moshammer, Christian Pollhamer, Manfred Radlherr, David Raml, Elisabeth Raser, Kathrin Raunig, Ulrike Schauer, Karsten Schulz, Thomas Thaler, Peter Wallner, Julia Walochnik, Sandra Wegener, Theresia Widhalm, Maja Zuvela-Aloise

Junior Scientists
Theresia Widhalm, Kathrin Lemmerer

Review EditorInnen/Review Editors
Jobst Augustin, Dieter Gerten, Jutta Litvinovitch, Bettina Menne, Revati Phalkey, Patrick Sakdapolrak, Reimund Schwarze, Sebastian Wagner

Austrian Panel on Climate Change (APCC)
Helmut Haberl, Sabine Fuss, Martina Schuster, Sonja Spiegel, Rainer Sauerborn

Projektleitung/Project Lead:
Willi Haas und Olivia Koland

Bundespräsident
Alexander Van der Bellen

Schon Mitte der 1980er Jahre wurde klar,
dass die Klimakrise uns nicht in einer langsamen, linearen Entwicklung begegnen wird,
sondern rasant zu einer globalen Herausforderung anwachsen wird.
Mittlerweile sind die Auswirkungen auf der gesamten Erde deutlich spürbar und sichtbar geworden.
Nach wie vor geht es jetzt hauptsächlich darum, Treibhausgasemissionen zu reduzieren.
Aber wir müssen uns auch bereits vor den gesundheitlichen Folgen des Klimawandels schützen.
Große Hitze, extreme Trockenheit, starke Regenfälle, Wirbelstürme, Überschwemmungen,
und natürlich auch die indirekten Folgen dieser Phänomene treffen uns alle,
die gesamte Menschheit.
Auf die Klimakrise entsprechend zu reagieren,
braucht neben wissenschaftlichen Erkenntnissen auch politisches Handeln.
Internationale Politik, europäische Politik, nationale, regionale und lokale Politik.
Ich glaube, niemand macht sich Illusionen darüber, wie schwierig ein politisches Handeln ist,
das auf den dringend notwendigen Übergang zu einer anderen, ökologisch orientierten,
klimafreundlichen und gesundheitsfördernden Weltgesellschaft abzielt.
Mit dem vorliegenden österreichischen Special Report liegt nun eine abgestimmte Bewertung
der Wissenschaft vor, die eine Grundlage für weitreichende politische Entscheidungen liefert.
Ich wünsche dem Bericht, ich wünsche uns allen, dass ihm politische Taten folgen.
Herzlichen Dank
an alle AutorInnen in ihren unterschiedlichen Rollen,
an Reviewmanagement, ReviewerInnen und internationale RevieweditorInnen,
an Management und Stakeholder sowie den Panelmitgliedern des APCC
für ihre engagierten Beiträge.

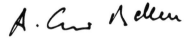

Vorwort

Der Klimawandel ist in unserer Mitte angekommen, seine Auswirkungen sind deutlich spürbar. Gletscher schmelzen, der Meeresspiegel steigt, Hitzewellen, Trockenheit und andere extreme Wetterereignisse nehmen weltweit zu. Die Folgen beeinflussen das Leben und Wirtschaften der Menschen schon heute massiv. Die Folgen für die Gesundheit der Menschen sind evident und Thema dieses Berichts. Klima zu schützen führt auch dazu, etwas für die eigene Gesundheit zu tun.

Die Österreichische Bundesregierung misst dem Klimaschutz große Bedeutung zu. Mit der Österreichischen Klima- und Energiestrategie #mission2030 haben wir eine Grundlage geschaffen, von der sich jetzt zahlreiche Maßnahmen und Strategien ableiten, die in die richtige Richtung gehen. Mit der Klimaschutz-Mitmachbewegung klimaaktiv unterstützen wir Betriebe, Haushalte und Gemeinden bei der praktischen Umsetzung von wirksamen Klimaschutzmaßnahmen.

Klimaschutz ist eine enorme Herausforderung, die uns über mehrere Generationen hinweg beschäftigen wird. Erfolgreicher Klimaschutz basiert auf den beiden Säulen der Energieeffizienz und der erneuerbaren Energien. Er betrifft alle Lebensbereiche – wie wir leben, arbeiten, wohnen und uns fortbewegen. Langfristig liegen die Kosten für den Schutz unseres Klimas deutlich unter jenen, die einer ungebremsten Erderwärmung folgen würden. Umso wichtiger ist es, dass wir die Folgen des Klimawandels schon heute systematisch in allen relevanten Planungs- und Entscheidungsprozessen berücksichtigen.

Österreich widmet sich bereits seit Jahren verstärkt der Frage, wie man dem Klimawandel bestmöglich begegnen kann. Mit der vorliegenden Studie, die der Klima- und Energiefonds in Auftrag gegeben hat, wurden fundierte Fakten erarbeitet. Nun brauchen wir konkrete Lösungen, um für die Zukunft gerüstet zu sein. Wir müssen die österreichische Strategie zur Anpassung an den Klimawandel, welche von Bund und Ländern gemeinsam getragen wird, entschlossen umsetzen und uns bestmöglich für zukünftige Anforderungen wappnen.

Elisabeth Köstinger
Bundesministerin für Nachhaltigkeit und Tourismus

Österreichischer Special Report

Gesundheit, Demographie und Klimawandel

Zusammenfassung für Entscheidungstragende

(ASR18)

Inhalt

Hauptaussagen

Klimaänderungen und ihre Gesundheitsfolgen

- Die Folgen des Klimawandels für die Gesundheit sind bereits heute spürbar und als zunehmende Bedrohung für die Gesundheit einzustufen.
- Stärkste Gesundheitsfolgen mit breiter Wirkung sind durch Hitze zu erwarten.
- Der Klimawandel führt zu vermehrten Gesundheitsfolgen von Pollen (Allergien), Niederschlägen, Stürmen und Mücken (Infektionserkrankungen).
- Demographische Entwicklungen (z. B. Alterung) erhöhen die Vulnerabilität der Bevölkerung und verstärken damit klimabedingte Gesundheitsfolgen.

Gesundheitsfolgen des Klimawandels adressieren und Vulnerabilität reduzieren

- Hitze: Hitzewarnsysteme, die um handlungsorientierte Information für schwer zugängliche Personen erweitert werden, können kurzfristig wirksam werden; städteplanerische Maßnahmen wirken langfristig.
- Allergene: Die Bekämpfung stark allergener Pflanzen reduziert Gesundheitsfolgen und Therapiekosten.
- Extreme Niederschläge, Trockenheit, Stürme: Durch integrale Ereignisdokumentation für gezieltere Maßnahmen, Stärkung der Eigenvorsorge und Beteiligung gemischter Gruppen bei der Erstellung von Krisenschutzplänen können die Folgen reduziert werden.
- Infektionserkrankungen: Kompetenzen zur Früherkennung bei der Bevölkerung und beim Gesundheitspersonal fördern, um vorzubeugen; gefährliche invasive Arten gezielt bekämpfen, um andere Arten nicht zu bedrohen.
- Klimabedingt wachsende gesundheitliche Ungleichheit vulnerabler Gruppen kann durch Stärkung der Gesundheitskompetenz vermieden werden.
- Die klimaspezifische Gesundheitskompetenz des Gesundheitspersonals stärken sowie die Gesprächsqualität mit PatientInnen für den individuellen Umgang mit dem Klimawandel erhöhen und gesündere und nachhaltigere Lebensstile (Ernährung, Bewegung) entwickeln.
- Die Bildung von Kindern/Jugendlichen für klima- und gesundheitsrelevantes Verstehen und Handeln systematisch fördern.

Chancen für Klima und Gesundheit nutzen

- Ernährung: Speziell die Reduktion des überhöhten Fleischkonsums hat hohes Potenzial für Klimaschutz und Gesundheit, wobei umfassende Maßnahmenpakete inklusive Preissignalen gute Wirkung zeigen.
- Mobilität: Verlagerung zu mehr aktiver Mobilität und öffentlichem Verkehr insbesondere in Städten reduziert Schadstoff- und Lärmbelastung und führt zu gesundheitsförderlicher Bewegung; Reduktion des klimarelevanten Flugverkehrs vermindert auch nachteilige Gesundheitsfolgen.
- Wohnen: Der große Anteil der Ein- und Zweifamilienhäuser im Neubau ist wegen des hohen Flächen-, Material- und Energieaufwands zu hinterfragen und attraktives Mehrfamilienwohnen bedarf als Alternative zum Haus im Grünen der Förderung; gesundheitsfördernde und klimafreundliche Stadtplanung forcieren; thermische Sanierung reduziert den Hitzestress im Sommerhalbjahr.
- Gesundheitssektor: Die Klimarelevanz des Sektors begründet die Notwendigkeit einer eigenen Klimastrategie; pharmazeutische Produkte haben einen wesentlichen Anteil am Carbon-Footprint; die Vermeidung unnötiger Diagnostik und Therapien senkt Treibhausgasemissionen, PatientInnenrisiken und Gesundheitskosten.

Transformation im Schnittfeld von Klima und Gesundheit initiieren

- Die politikübergreifende Zusammenarbeit von Klima- und Gesundheitspolitik ist eine attraktive Chance zur gleichzeitigen Umsetzung der österreichischen Gesundheitsziele, des Pariser Klimaabkommens und der Nachhaltigkeitsziele der Vereinten Nationen.

- Das Potenzial der Wissenschaft für die Transformation nutzen:
  - Innovative Methoden der Wissenschaft, wie transdisziplinäre Ansätze, können Lernprozesse einleiten und machen akzeptierte Problemlösungen wahrscheinlicher.
  - Medizinische und landwirtschaftliche Forschung brauchen mehr Transparenz (Finanzierung und Methoden); Themen, wie Abbau von Überdosierungen und Mehrfachdiagnosen oder die gesundheitliche Bewertung von Bio-Lebensmitteln, benötigen eine unabhängige Finanzierung.
  - Von gesundheitsförderlichen und klimafreundlichen Alltagspraktiken lokaler Initiativen, wie Öko-Dörfer, Slow Food, Slow City Bewegungen und Transition Towns lernen.
  - Die Transformationsforschung und die forschungsgeleitete Lehre beschleunigen transformative Entwicklungspfade und begünstigen neue interdisziplinäre Problemlösungen.

1 Herausforderung und Fokus

Die Folgen des Klimawandels für die Gesundheit sind bereits heute spürbar. Aktuelle Projektionen des künftigen Klimas lassen ein hohes Risiko für die Gesundheit der Weltbevölkerung erwarten. Das geht sowohl aus dem jüngsten Bericht des IPCC als auch aus neueren hochrangig publizierten Arbeiten hervor. Für Österreich sind die Auswirkungen des Klimawandels bereits zu beobachten und als zunehmende Bedrohung für die Gesundheit einzustufen, die durch den demographischen Wandel weiter verstärkt wird.

Die vorliegende Bewertung fasst den wissenschaftlichen Kenntnisstand zum Themenkomplex Klima-Gesundheit-Demographie zusammen. Ausgangspunkt der Bewertung sind Klima, Bevölkerung, Ökonomie und Gesundheitswesen als sich gegenseitig beeinflussende Determinanten von Gesundheit (Abb. 1). Die Klimaveränderung wirkt dabei entweder direkt auf die Gesundheit, wie z. B. bei Hitzewellen, oder indirekt durch Veränderungen natürlicher Systeme, wie z. B. durch vermehrte Freisetzung von Allergenen oder günstigere Lebensbedingungen für krankheitsübertragende Organismen. Wie stark sich Klimaänderungen letztlich auf die Gesundheit auswirken, ist aber vor allem erst im Zusammenspiel mit der Bevölkerungsdynamik sowie der wirtschaftlichen Entwicklung und dem Gesundheitswesen einschätzbar. So führen ein höherer Anteil älterer Menschen oder chronisch Kranker, eine schlechtere Gesundheitsversorgung oder auch eine zunehmende Zahl von Personen mit geringerem Einkommen zu einer erhöhten Anfälligkeit der Gesellschaft gegenüber Klimaänderungen (Vulnerabilität).

Dem Staat sowie auch Unternehmen und privaten Personen stehen vielfältige Handlungsoptionen zur Verfügung. Soll eine weitreichend klimaneutrale Gesellschaft erreicht werden, wird es notwendig sein, viele dieser Handlungsoptionen zu nutzen. Neben einzelnen Klimaschutzmaßnahmen ist aber eine umfassendere Transformation zu einer klimafreundlichen Gesellschaft erforderlich, die die zugrundeliegenden Ursachen des Klimawandels adressiert. Dieser Zugang bringt oftmals einen gesundheitlichen Zusatznutzen von Klimaschutzmaßnahmen mit sich (Co-Benefits). Gleichzeitig müssen angesichts des fortschreitenden Klimawandels auch Maßnahmen zur Anpassung an den Klimawandel getroffen werden, um die negativen Folgen für die Gesundheit zu minimieren.

Um eine glaubwürdige und für Österreich relevante Bewertung dieser komplexen Zusammenhänge vorzunehmen, wurde im Stile des österreichischen Sachstandsberichtes Klimawandel (AAR14) und der Berichte des Intergovernmental Panel on Climate Change (IPCC) ein inhaltlich umfassender, interdisziplinär ausgewogener und transparenter Prozess zur Erstellung eines österreichischen Sachstandsberichtes umgesetzt. Über 60 WissenschafterInnen haben als AutorInnen sowie weitere 30 als ReviewerInnen mitgewirkt, um eine Entscheidungsgrundlage für Wissenschaft, Verwaltung und Politik bereitzustellen, die effizientes und verantwortliches Handeln erleichtert.

Zentrale Erkenntnis der eineinhalbjährigen Arbeit ist, dass eine gut aufeinander abgestimmte Klima- und Gesundheitspolitik ein wirkmächtiger Antrieb für eine Transformation hin zu einer klimaverträglichen Gesellschaft sein kann, die aufgrund ihres Potenzials für mehr Gesundheit und Lebensqualität hohe Akzeptanz verspricht.

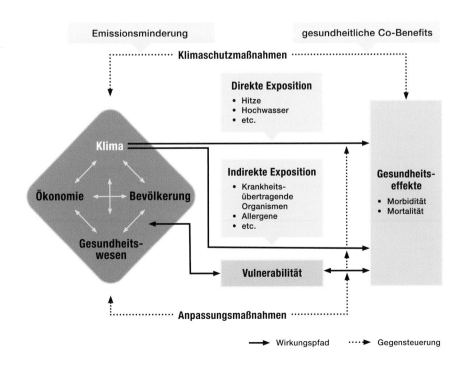

Abb. 1: Dynamisches Modell wie Veränderungen in den Gesundheitsdeterminanten auf die Gesundheit wirken.

2 Gesundheitsrelevante Änderungen des Klimas

Klimainduzierte Phänomene	Veränderung Klimaindikatoren
Hitze	3
Dürre	3
Starkniederschläge	2
Pollen	2
Massenbewegungen	2
erhöhter Pestizideinsatz	2
Mücken	2
Gewitter	2
Hochwasserereignisse	1
Luftschadstoffe	1
Zecken	1
Schneemassen	1
Stürme	1
Nager	1
Krankheitserreger Lebensmittel	1
Krankheitserreger Wasser	1
Nebellagen	1
Wassermangel	1
Ernteausfälle	1
Vereisung	0
Kälte	-1

Zunehmende Sicherheit der Aussage

Gesamter Wirkungsbereich   Inverse Wirkung   Keine Wirkung

-1   0

Zunehmende Wirkung ➤

1   2   3

Abb. 2: Abschätzung klimainduzierter Änderungen bei gesundheitsrelevanten Phänomenen mit einem Zeithorizont bis 2050 (3 = große nachteilige Änderung)

Um die Gesundheitsrelevanz des Klimawandels in einem ersten Schritt besser erfassen zu können, wurden Klimaphänomene identifiziert, die auf die Gesundheit wirken. Für diese wurden von KlimatologInnen die Klimaveränderungen mit Zeithorizont 2050 abgeschätzt, vorerst ohne zu berücksichtigen, wie viele Personen wie stark betroffen sind. Dabei wurde die Unsicherheit der Aussage in Hinblick auf die Klimaänderung miterfasst (Abb. 2).

Die stärksten und für die Gesundheit problematischsten Änderungen sind bei Hitze zu erwarten, sowohl wegen des kontinuierlichen Temperaturanstiegs im Sommerhalbjahr, der Zahl der Hitzetage und der Dauer der Hitzeereignisse als auch wegen der fehlenden nächtlichen Abkühlung. Dürre fällt ebenso in die Kategorie größter Veränderungen. Hier hat sich allerdings gezeigt, dass aufgrund der guten Lebensmittelversorgung in Österreich mit nur geringen Gesundheitsfolgen zu rechnen ist. Sowohl bei Hitze als auch bei Dürre weisen die klimatologischen Aussagen geringe Unsicherheiten auf. Extreme Niederschläge sind bezüglich Ausmaß und Sicherheit der Aussage etwas niedriger bewertet. Als sehr relevant bei gesicherter Aussage wird das verstärkte Auftreten von Allergien eingeschätzt, wobei Saisonverlängerung, stärkeres Auftreten bereits heimischer allergener Pflanzen und Einwanderung neuer allergener Pflanzen- und Tierarten mit mittlerer Sicherheit stattfinden werden. Der Klimawandel führt in allen angegebenen Bereichen zu einer Verschärfung der Gesundheitsfolgen – mit Ausnahme der Kälte. Es sinkt die Zahl der Kältetage, die Dauer der Kälteperioden reduziert sich und die Durchschnittstemperaturen im Winterhalbjahr steigen mit hoher Sicherheit. Daraus ableitbar ist eine Reduktion der kälteassoziierten Erkrankungen bzw. der Kältesterblichkeit, die allerdings die nachteiligen Folgen vermehrter Hitzewellen nicht ausgleichen. Zudem besteht das hier nicht abgebildete Risiko, dass das Abschmelzen des arktischen Eises und eine daraus folgende Verlangsamung des Golfstroms längere und kältere Winter mit einer erhöhten Zahl an Kältetoten auch in Österreich mit sich bringen könnten.

Bei allen skizzierten Klimaphänomenen können sich die Folgewirkungen regional stark unterscheiden und in ländlichen Regionen anders ausfallen als in städtischen Ballungsräumen.

3 Dringlichkeiten klima-bedingter Gesundheitsfolgen

Um die Dringlichkeit der verschiedenen gesundheitsrelevanten Entwicklungen besser einordnen zu können, haben 20 SchlüsselexpertInnen des Sachstandsberichtes diese aufgrund ihres Wissensstandes nach zwei Gruppen von Kriterien bewertet:

- Betroffene: Anteil Betroffener in der Bevölkerung unter Berücksichtigung von sozioökonomisch benachteiligten Gruppen und vulnerablen Personen, wie Kleinkinder, ältere Menschen und Personen mit Vorerkrankungen
- Gesundheitliche Auswirkungen: Mortalität, physische und psychische Morbidität

Höchste Dringlichkeit ist nach dieser Bewertung geboten, wenn der kombinierte Effekt der beiden Kriteriengruppen auftritt, das heißt, wenn ein relativ hoher Anteil der Bevölkerung mit ernsthaften gesundheitlichen Auswirkungen zu rechnen hat. Abstufungen ergeben sich durch die unterschiedlichen Einschätzungen in den Einzelkriterien. Zusätzlich wurde die Möglichkeit von Handlungsoptionen auf der individuellen und der staatlichen Ebene (letztere beinhaltet auch das Gesundheitssystem) eingeschätzt. Diese ExpertInneneinschätzung ist als themenübergreifende und somit integrative Orientierungshilfe zu verstehen – eine strenge wissenschaftliche Analyse kann sie nicht ersetzen.

Die Einschätzungen ergaben eine klare Kategorisierung in drei Dringlichkeitsstufen, mit der die einzelnen Themen aufgegriffen werden sollten (Abb. 3): Hitze führt die Tabelle mit höchster Dringlichkeit an, gefolgt von Pollen und Luftschadstoffen gemeinsam mit den Extremereignissen Starkniederschläge, Dürre, Hochwasserereignisse, Muren und Erdrutsche. Wenig Bedeutung wird hingegen den mit Kälte in Verbindung stehenden Ereignissen, der Knappheit von Wasser oder Lebensmitteln und Krankheitserregern in Wasser und Lebensmitteln beigemessen. Bemerkenswert ist die hohe Dringlichkeit, die der Gruppe „Luftschadstoffe" zugeschrieben wird, obwohl die Unsicherheiten bezüglich der weiteren Entwicklung groß sind. Da der Sammelbegriff sowohl Ozon- (steigende Tendenz) als auch Feinstaubkonzentrationen (wegen wärmerer Winter fallende Tendenz) umfasst, ist die Interpretation schwierig. Die Ereignisse, von denen ökonomisch benachteiligte Personen sowie Alte und Kranke besonders betroffen sind, fallen großteils in die höchste Priorität. Eine gesundheitliche Auswirkung von Ernteausfällen ist in Österreich durch die gute Versorgungslage – gegebenenfalls durch Importe – weniger wahrscheinlich.

Abbildung 3 zeigt deutlich, dass sowohl auf der individuellen als auch auf der staatlichen Ebene Handlungsoptionen gesehen werden – in der Regel mehr auf der staatlichen Ebene. Diese wurden in der Bewertung hinsichtlich ihres Charakters nicht differenziert, d.h. es sind vorbeugende Maßnahmen,

Kriseninterventionen und nachsorgende Maßnahmen inkludiert. Nicht alle Maßnahmen sind im Gesundheitswesen angesiedelt, wie das Beispiel des drohenden erhöhten Pestizideinsatzes in der Landwirtschaft zeigt. Nur in einem einzigen Fall werden dem Individuum mehr Handlungsoptionen als dem Staat zugetraut – bei der Vereisung.

Besondere Beachtung findet in den nachfolgenden Ausführungen die Tatsache, dass viele der aus Klimaschutzsicht wichtigen Maßnahmen positive „Nebenwirkungen" (Co-Benefits) haben. Dies gilt insbesondere auch für die Gesundheit, weshalb sich die Maßnahmen selbst ohne Klimaeffekt empfehlen.

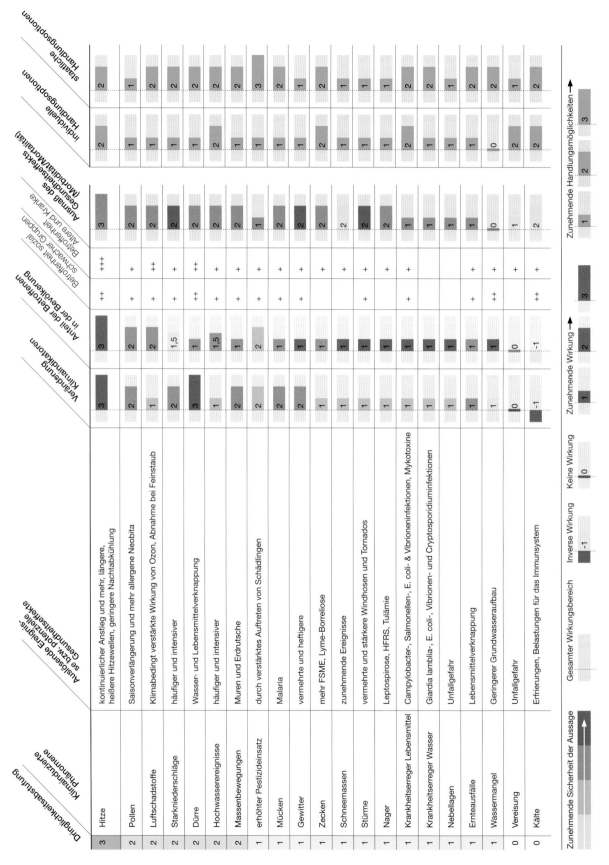

Abb. 3: Abschätzung der Gesundheitsfolgen klimainduzierter Phänomene mit einem Zeithorizont bis 2050 (3 = große nachteilige Änderung) für den Anteil der betroffenen Bevölkerung sowie das Ausmaß der Gesundheitseffekte sortiert nach Dringlichkeitsstufen (3 = höchster Handlungsbedarf)

4 Gesundheitsfolgen abschwächen

Hier sind die Entwicklungen und Wirkweisen der dringlichsten klimabedingten Gesundheitsfolgen sowie Handlungsoptionen zur Vermeidung für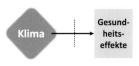

Österreich zusammengefasst. Darüber hinaus werden Grundstrategien zum Umgang mit erhöhter Vulnerabilität durch demographische Dynamiken sowie Möglichkeiten zur Reduktion der Vulnerabilität angesprochen.

4.1 Klimabedingte Folgen adressieren

Hitze

Klima: Bis Mitte dieses Jahrhunderts ist zu erwarten, dass sich die Zahl der Hitzetage, also Tage während einer Hitzeepisode (Perioden mit Tagesmaxima von zumindest 30 °C), verdoppelt; bis Ende des Jahrhunderts kann, wenn keine ausreichenden Klimaschutzmaßnahmen gesetzt werden, eine Verzehnfachung der Zahl der Hitzetage auftreten. Verschärfend wirkt die geringer werdende nächtliche Abkühlung; Nächte, in denen es nicht unter 17 °C abkühlt, haben in Wien um 50 % zugenommen (Vergleich 1960–1991 mit 1981–2010) (hohe Übereinstimmung, starke Beweislage).

Gesundheit: Unter der Annahme keiner weiteren Anpassung und eines moderaten Klimawandels ist im Jahr 2030 in Österreich mit 400 hitzebedingten Todesfällen pro Jahr, Mitte des Jahrhunderts mit über 1000 Fällen pro Jahr zu rechnen, wobei der überwiegende Teil in Städten auftreten wird (Neueren Klimaprojektionen zu Folge ist für 2030 mit höheren Werten zu rechnen). Ältere Personen und Personen mit Vorerkrankungen sind besonders vulnerabel, ökonomisch Schwächere bzw. MigrantInnen sind oft aufgrund ihrer Wohnsituation (dichte Bebauung, wenig Grün) stärker betroffen (hohe Übereinstimmung, mittlere Beweislage).

Handlungsoptionen: Zügig umgesetzte städteplanerische Maßnahmen zur Entschärfung von Hitzeinseln, Begrünung, bessere Winddurchzugsschneisen, Reduktion der thermischen Belastung von wärmeerzeugenden Quellen, Begünstigung nächtlicher Abkühlung, Reduktion der Luftschadstoffe und der Lärmbelastung zur Ermöglichung nächtlicher Lüftung können langfristig wesentliche Verbesserungen bringen und energieverbrauchende und womöglich klimaschädliche Klimaanlagen vermeiden helfen. Kurzfristig kann eine Evaluation der Hitzewarnsysteme sinnvoll sein, wobei speziell die handlungsorientierte Information schwer zugänglicher Personen (z. B. ältere Menschen ohne Internetzugang oder Menschen mit einer Sprachbarriere) in Städten Aufmerksamkeit braucht (hohe Übereinstimmung, starke Beweislage).

Allergene

Klima: Der Klimawandel in Kombination mit globalisiertem Handels- und Reiseverkehr sowie veränderter Landnutzung führt zur Ausbreitung bisher nicht heimischer aber gesundheitsrelevanter Pflanzen- und Tierarten. Es wird eine wesentliche Zunahme der Pollenbelastung durch Ragweed (*Ambrosia artemisiifolia*) erwartet, die durch erhöhte Luftfeuchte sowie „Düngewirkung" durch CO_2 und Stickoxide verstärkt wird. Der deutsche Sachstandsbericht geht von sechs weiteren neuen Pflanzenarten mit sicher gesundheitsgefährdendem Potential aus. Vor allem in urbanen Gebieten hat die Konzentration von Pollen in der Luft zugenommen (hohe Übereinstimmung, starke Beweislage).

Gesundheit: Die Folge ist eine Zunahme von Atemwegserkrankungen (Heuschnupfen, Asthma, COPD). Verstärkte Gesundheitsfolgen sind speziell in urbanen Räumen im Zusammenspiel mit Luftschadstoffen (Ozon, Stickoxide, Feinstaub etc.) zu erwarten, da diese zu einer gesteigerten allergenen Aggressivität der Pollen führen. Bereits heute sind rund 1,75 Mio. Menschen in Österreich von allergischen Erkrankungen betroffen. Allergien werden an Häufigkeit und Schwere zunehmen. Es wird geschätzt, dass in 10 Jahren 50 % der EuropäerInnen betroffen sein werden (hohe Übereinstimmung, mittlere Beweislage).

Handlungsoptionen: Das geplante bundesweite Monitoring kann nachteilige Folgen durch gezielte Information abfedern. Durch konsequente Bekämpfung von stark allergenen Pflanzen (z. B. Mähen oder Jäten vor der Samenbildung bei *Ambrosia*) können gesundheitliche Folgen vermieden und letztlich erhebliche Therapiekosten eingespart werden. Das zeigen beispielsweise Analysen für die gesundheitlichen Folgen der Ausbreitung von *Ambrosia* in Österreich und Bayern (hohe Übereinstimmung, mittlere Beweislage). Eine rechtliche Verankerung der Bekämpfungsmaßnahmen unter Einbeziehung zentraler AkteurInnen kann wesentlich zur Reduktion der Gesundheitsfolgen von *Ambrosia* in Österreich beitragen.

Extreme Niederschläge, Trockenheit, Stürme

Klima: Physikalische Überlegungen lassen intensivere und ergiebigere Niederschläge, länger andauernde Trockenheit und heftigere Stürme im Zuge des Klimawandels erwarten (mittlere Übereinstimmung, mittlere Beweislage). Schäden durch Extremereignisse schlagen schon jetzt in Österreich wirtschaftlich spürbar zu Buche, wobei die Tendenz stark steigend ist.

Gesundheit: Extremwetterereignisse sind schlagzeilenwirksam, aber die Zahl der exponierten Menschen ist – sieht man von extremen Temperaturereignissen ab – verhältnismäßig klein, sodass die direkten gesundheitlichen Auswirkungen extremer Wettererscheinungen in Österreich relativ gering sind (hohe Übereinstimmung, mittlere Beweislage). Trotzdem können Extremereignisse direkte gesundheitliche Folgen, wie Verletzungen oder Todesfälle und vor allem bei existenzbedrohenden materiellen Schäden posttraumatische Belastungsstörungen, verursachen. Indirekt können bakterielle Infektionen durch mangelnde Wasserqualität nach Hochwässern ausgelöst werden. Extremwetterereignisse in anderen Ländern können (klimabedingte) Migration auslösen, wobei diese aufgrund des hohen Standards des österreichischen Gesundheitssystems derzeit als kein ernstes Problem für die Gesundheit der Bevölkerung in Österreich eingeschätzt wird.

Handlungsoptionen: Eine integrale Ereignisdokumentation (Zusammenführung von qualitativ guten Aufzeichnungen über Ausgangslage, Ursachen, Maßnahmen, Wirkungen) kann die Analyse und die Erarbeitung maßgeschneiderter Maßnahmen erleichtern (hohe Übereinstimmung, mittlere Beweislage). Schäden und gesundheitliche Folgen können durch eine Stärkung der Eigenvorsorge und ein gutes Zusammenspiel des Risikomanagements von öffentlichen und privaten AkteurInnen weiter reduziert werden. Diese können durch die Aufnahme in schulische Lehrpläne, gezielt eingesetzte Informationen, Beratungsdienste und Anreize zum vorbeugenden Katastrophenschutz, wie etwa technische und finanzielle Unterstützung sowie reduzierte Versicherungsprämien für gut vorbereitete Haushalte, unterstützt werden. Für die Erstellung effektiver Krisenschutzpläne verspricht die Beteiligung unterschiedlichster, gut gemischter Gruppen insbesondere auf Gemeindeebene Vorteile, da sowohl deren Bedürfnisse berücksichtigt als auch deren Potenziale für einen effektiven Umgang mit Katastrophen genutzt werden (mittlere Übereinstimmung, mittlere Beweislage).

Infektionserkrankungen

Klima: Der Klimawandel (insbesondere die Klimaerwärmung) wird das Vorkommen von Stechmücken als Überträger (Vektoren) von Krankheiten beeinflussen, denn nach Österreich eingeschleppte subtropische und tropische Stechmückenarten (vor allem der *Aedes*-Gattung: Tigermücke, Buschmücke etc.) finden künftig hier bessere Überlebensbedingungen vor. So erweitern sich ihre Ausbreitungsgebiete, insbesondere an den Nord- und Höhengrenzen. Einige unserer heimischen Stechmückenarten können auch bisher in Österreich selten aufgetretene Erreger von Infektionskrankheiten, wie das West-Nil-Virus oder das Usutu-Virus, über-

tragen. Zudem wurde die verstärkte Ausbreitung von Sandmücken und Buntzecken (*Dermacentor*-Zecken) als potentielle Überträger von mehreren Infektionserkrankungen (Leishmanien, FSME-Virus, Krim-Kongo-Hämorrhagischer-Fieber-Virus, Rickettsien, Babesien etc.) beobachtet.

Gesundheit: Das Auftreten von Infektionskrankheiten wird von komplexen Zusammenhängen mitgestaltet, die vom globalisierten Verkehr, dem temperaturabhängigen Verhalten der Menschen und von lokalen Wetterfaktoren (z. B. Feuchtigkeit) bis hin zur Überlebensrate von Infektionserregern – je nach Wassertemperatur – reichen (hohe Übereinstimmung, mittlere Beweislage). Die konkreten Zusammenhänge sind aber noch nicht ausreichend erforscht, um endgültige Aussagen treffen zu können. Weiters kann es bei fortschreitender Erwärmung zu einer Zunahme der lebensmittelbedingten Erkrankungen (z. B. *Campylobacter*- und Salmonellen-Infektionen, Kontaminationen mit Schimmelpilztoxinen) kommen, aber die hohen nationalen Lebensmittelproduktionsstandards – insbesondere funktionierende Kühlketten – lassen in naher Zukunft keine wesentlichen Auswirkungen auf die Inzidenz dieser Erkrankungen in Österreich erwarten (hohe Übereinstimmung, mittlere Beweislage).

Handlungsoptionen: Zentral für die rechtzeitige Bekämpfung von Infektionserkrankungen ist die Früherkennung. Diese kann einerseits durch Förderung der entsprechenden Gesundheitskompetenz der Bevölkerung verbessert werden, andererseits durch die Weiterentwicklung der fachlichen Kompetenz der Gesundheitsberufe, vor allem in der Primärversorgung. Damit können die an und für sich gut behandelbaren klimabezogenen Infektionserkrankungen trotz bisher seltenem Auftreten schnell erkannt werden (hohe Übereinstimmung, starke Beweislage). Hier kann die in der Zielsteuerung Gesundheit (Zielsteuerung-Gesundheit 2017) beschlossene Neuausrichtung des öffentlichen Gesundheitsdienstes unterstützend wirken (Einrichtung überregionaler Expertenpools für neue Infektionserkrankungen). Für bestmögliche Bekämpfungsmaßnahmen sind Evaluierung und Wissensaustausch auf internationaler Ebene wichtig. Zudem ist auf eine gezielte Bekämpfung gefährlicher Arten zu achten, um nicht durch Vernichtung ungefährlicher Insekten (z. B. Zuckmücken) Amphibien und anderen Tieren die Nahrungsgrundlage zu entziehen (hohe Übereinstimmung, mittlere Beweislage). Im Bereich der Lebensmittel kann ein adaptiertes Lebensmittelmonitoring zur klimawandelbezogenen Überprüfung und ggf. Adaptierung der Leitlinien für gute landwirtschaftliche und hygienische Praktiken ein Beitrag zum Gesundheitsschutz sein. Zu berücksichtigen ist, dass der Einsatz von Desinfektionsmitteln negative Auswirkungen auf Umwelt und Mensch haben kann und häufig, insbesondere in Haushalten, unnötig ist. Forschungsbedarf besteht in Hinblick auf die möglichen Arealvergrößerungen der potenziellen Überträger. Eine Überprüfung des Lebensmittelmonitorings und ggf. dessen Adaptierung in Österreich durch die AGES kann einen weiteren Beitrag zur Lebensmittelsicherheit leisten.

4.2 Vulnerabilität reduzieren

Den Verstärkungseffekt des demographischen Wandels für gesundheitliche Klimafolgen abfedern

Entwicklungsdynamik: Die Bevölkerung Österreichs wächst hauptsächlich in den urbanen Regionen. Im Schnitt altert sie bei einem schrumpfenden Anteil der Bevölkerung im Erwerbsalter und einem konstanten Anteil von Kindern und Jugendlichen. Die Alterung wird durch Zuwanderung junger Erwachsener abgeschwächt. Periphere Bezirke verzeichnen bildungs- und arbeitsplatzbedingte Bevölkerungsrückgänge bei gleichzeitig stärkerer Alterung. Langfristig ist mit einem jährlichen Wanderungssaldo für Österreich von etwa 27.000 zusätzlichen Personen (Zeitraum 2036–2040) zu rechnen (hohe Übereinstimmung, starke Beweislage). Es ist von einem Anstieg der Inzidenz an chronischen Erkrankungen wie Demenz, Atemwegserkrankungen, Herz-Kreislauf-Erkrankungen und bösartigen Tumoren (Malignomen) mit allen ihren Folgeerscheinungen auszugehen. Beachtenswert ist darüber hinaus, dass über die Hälfte der psychischen Erkrankungen in der Altersgruppe der über 60-Jährigen auftreten.

Klimabezug: Der hohe Anteil von Herz-Kreislauf-Erkrankungen, Diabetes und psychischen Erkrankungen bei über 60-Jährigen macht ältere Bevölkerungsgruppen für die Folgen des Klimawandels, insbesondere Hitze, besonders vulnerabel. Durch künftig häufigere Extremwetterereignisse ist zudem mit einer Zunahme der psychischen Belastung älterer Menschen zu rechnen. Auch Personen, die auf wenig Ressourcen zurückgreifen können, sind für die Folgen des Klimawandels anfälliger. Dazu zählen z. B. mangelhafte Bildung und geringe finanzielle Mittel, strukturelle, rechtliche und kulturelle Barrieren, eingeschränkter Zugang zur Gesundheitsinfrastruktur oder ungünstige Wohnverhältnisse. Besonders geflüchtete Menschen haben als Folge der entbehrungsreichen Flucht und den damit verbundenen physischen und psychischen Belastungen hohe Vulnerabilität. Das gesundheitliche Risiko der Übertragung von eingeschleppten Krankheiten ist hingegen auch bei engem Kontakt sehr gering.

Handlungsoptionen: Gezielte Maßnahmen zur Stärkung der Gesundheitskompetenz besonders vulnerabler Zielgruppen, wie ältere Menschen und Personen mit Migrationshintergrund, können der klimabedingten Verschärfung der Ungleichheit entgegenwirken. Dafür kann durch gezieltes Diversitätsmanagement die Multikulturalität in Gesundheitseinrichtungen für mehrsprachige Kommunikation und transkulturelle Medizin und Pflege genutzt werden (hohe Übereinstimmung, mittlere Beweislage). Vor allem zielgruppenspezifische Prävention, Gesundheitsförderung und Behandlung sowie Weiterentwicklung der Lebensbedingungen vulnerabler Gruppen können die weitere Verschärfung ungleich verteilter Krankheitslasten abfedern – insbesondere

bezüglich Hitze und psychischer Gesundheit im Sinne des „Health (and Climate) in all Policies" Ansatzes. Dies kann durch begleitende und ergänzende Forschung befördert werden.

Der klimabedingten Verschärfung gesundheitlicher Ungleichheit entgegenwirken

Entwicklungsdynamik: 14 % der in Österreich lebenden Menschen sind als armuts- und ausgrenzungsgefährdet einzustufen. Ein deutlich erhöhtes Risiko der Armutsgefährdung haben kinderreiche Familien, Ein-Eltern-Haushalte, MigrantInnen, Frauen im Pensionsalter, arbeitslose Menschen sowie HilfsarbeiterInnen und Personen mit geringer Bildung. Sozioökonomische Ungleichheit führt bereits jetzt zu Unterschieden in der Gesundheit: PflichtschulabsolventInnen haben in Österreich eine um 6,2 Jahre kürzere Lebenserwartung als AkademikerInnen (hohe Übereinstimmung, starke Beweislage).

Klimabezug: Diese gesundheitliche Ungleichheit wird durch klimaassoziierte Veränderungen vielfach verstärkt (hohe Übereinstimmung, mittlere Beweislage). Auch eine exponierte Arbeits- und Wohnsituation wirkt verschärfend (z. B. Schwerarbeit im Freien auf Baustellen und in der Landwirtschaft, keine wohnortnahen Grünräume in Städten, lärmbelastete Wohnsituationen). Bereits in der Vergangenheit haben Hitze und Naturkatastrophen benachteiligte Gruppen besonders betroffen. Eine Kombination mit anderen Vulnerabilitätsfaktoren (z. B. hohes Alter) wirkt verstärkend (hohe Übereinstimmung, mittlere Beweislage). So war bei der Hitzewelle in Wien im Jahr 2003 die Sterblichkeit in den einkommensschwachen Bezirken besonders hoch. Gesundheitliche Chancengerechtigkeit im Kontext von „Health in all Policies" wird bislang kaum mit Klimabezug diskutiert. Ungleiche Risiken der gesundheitlichen Folgen des Klimawandels sind auf globaler Ebene als zentraler Faktor erkannt worden. So verweisen auch die Sustainable Development Goals der Vereinten Nationen (SDGs) auf den Zusammenhang von sozioökonomischem Status, Gesundheit und Klima. Dieser kommt in Österreich in der strategischen und politischen Diskussion zur Klimaanpassung zu kurz.

Handlungsoptionen: Aufbauend auf den Maßnahmen des bundesweiten Gesundheitsziels 2 „Gesundheitliche Chancengerechtigkeit", insbesondere im Bereich der Armutsbekämpfung, kann die Entwicklung gezielter Fördermaßnahmen im Bereich der Arbeits- und Lebenswelten verschärfende Klimaaspekte abfedern. Die Implementierung einer Koordinierungs- und Austauschplattform im Sinne einer „community of practice" kann das praktische Lernen bei diesen Umsetzungsmaßnahmen unterstützen (mittlere Übereinstimmung, schwache Beweislage). Weitere intensivierte politikfeldübergreifende und koordinierte Zusammenarbeit zur Chancengerechtigkeit kann bei der Umsetzung der Nachhaltigkeitsziele in Österreich auf Ebene der öffentlichen Verwaltung, der Politik und anderer gesellschaftlicher Sektoren (Wirtschaft, Zivilgesellschaft) gefördert werden. Interdisziplinäre Forschungsvorhaben zu gesundheitlicher Chancengerechtigkeit im Lichte des Klimawandels sind zentral (hohe Übereinstimmung, schwache Beweislage) und können dazu beitragen, Einsichten für gezielte Maßnahmen zum Ausgleich von gesundheitlicher Ungleichheit vielfach benachteiligter Gruppen und besonders betroffener Regionen zu generieren.

Die Entwicklung klimabezogener Gesundheitskompetenz zur Reduktion der Klimafolgen nutzen

Entwicklungsdynamik: Eine hohe persönliche Gesundheitskompetenz trägt dazu bei, Fragen der körperlichen und psychischen Gesundheit besser zu verstehen und gute gesundheitsrelevante Entscheidungen zu treffen. Geringe Gesundheitskompetenz führt zu geringerer Therapietreue, späteren Diagnosen, schlechteren Selbstmanagementfähigkeiten und höheren Risiken für chronische Erkrankungen. Mangelnde Gesundheitskompetenz verursacht daher hohe Kosten im Gesundheitssystem. In einer internationalen Befragung zeigt sich für Österreich, dass über die Hälfte der Befragten über eine inadäquate oder problematische Gesundheitskompetenz verfügen. Bei Menschen mit schlechtem Gesundheitszustand, wenig Geld oder im Alter über 76 Jahren sind dies sogar etwa drei Viertel der Befragten. Wie die Befragung zeigt, liegt die Hauptursache nicht bei den kognitiven Fähigkeiten auf individueller Ebene, sondern in verschiedensten Aspekten des Gesundheitssystems (mittlere Übereinstimmung, mittlere Beweislage). Im Rahmen der Gesundheitsreform „Zielsteuerung Gesundheit" und der bundesweiten Gesundheitsziele wurde dies erkannt und operative Ziele wurden definiert. Der Bezug zu den gesundheitlichen Folgen des Klimawandels fehlt jedoch.

Klimabezug: Benachteiligte Gruppen sind vom Klimawandel besonders betroffen, weisen zudem oft geringere Gesundheitskompetenz auf und sind gleichzeitig mit Informationsangeboten schwer zu erreichen (hohe Übereinstimmung, mittlere Beweislage). Der Aktionsplan der österreichischen Anpassungsstrategie verweist bereits auf Bildungs- und Informationsangebote, vor allem zum Thema Gesundheit. Auch in Bezug auf den Klimaschutz kann eine gesündere Ernährung und gesundheitsfördernde Bewegung im Alltag helfen, Treibhausgasemissionen zu reduzieren.

Handlungsoptionen: Die Stärkung der klimabezogenen Gesundheitskompetenz kann gesundheitliche Klimafolgen speziell vulnerabler Gruppen reduzieren und sogar deren Gesundheit verbessern. Dies erfordert intersektorale Zusammenarbeit der Gesundheits- und Klimazuständigen von Bund und Ländern (hohe Übereinstimmung, mittlere Beweislage). Hier gilt: Je zielgruppengerechter Maßnahmen ausgerichtet werden, umso besser ist die Wirkung. Daher ist die systematische Vermittlung von klimaspezifischem Gesundheitswissen an Gesundheitsfachkräfte in Aus- und Fortbildung zentral, da diese sowohl gesundheitliche Belastungen Einzelner erkennen als auch individualisiert informieren sowie Verbesserungen im Umfeld initiieren können. Klimarelevante Themen sind hier Hitze, auch in Kombination mit Luft- und Lärmbelastung, Allergien, (neue) Infektionserkrankungen und auch Ernährung, Mobilität und Naherholung. Dies schafft die Basis für eine breite Entwicklung der klimabezogenen Gesundheitskompetenz, vor allem durch persönliche Gespräche bzw. Beratung für ein klimaschonendes Gesundheitsverhalten (z. B. aktive Mobilität und gesunde Ernährung). Gesundheitsfachkräfte, allen voran ÄrztInnen, sind hier als „GesundheitsfürsprecherInnen" gefragt. Maßnahmen zur Verbesserung der Gesprächsqualität in der Krankenbehandlung (Aus-, Weiter- und Fortbildung) können um den Klimaaspekt erweitert werden. Gezielte Bildungsmaßnahmen im Schulsystem (Lehrpläne und Lehrpraxis) können Kindern und Jugendlichen Zugang zu klima- und gesundheitsrelevantem Handeln vermitteln.

5 Chancen für Klima und Gesundheit nutzen

Neben dem Erkennen drohender Gefahren für die Gesundheit gibt es Maßnahmenbereiche, die Vorteile sowohl für das Klima als auch die Gesundheit generieren können. Durch das Nachjustieren politischer Instrumente können klima- und gesundheitsförderliche Handlungen attraktiver und klima- und gesundheitsschädliche Handlungen weniger lohnend gemacht werden und so auch in schwierigen Feldern Änderungen eingeleitet werden.

5.1 Ernährung

Handlungsbedarf: Eine Umstellung der Ernährung ist aus gesundheitlicher Perspektive erforderlich. Dabei nimmt der überhöhte Fleischkonsum sowohl aus Klima- als auch aus Gesundheitsperspektive eine Schlüsselrolle ein. Der Fleischkonsum übersteigt in Österreich das nach der österreichischen Ernährungspyramide gesundheitlich empfohlene Maß deutlich, z. B. bei Männern um das Dreifache, während der Anteil an Getreide, Gemüse und Obst zu gering ist (hohe Übereinstimmung, starke Beweislage). In Österreich – wie auch in anderen Ländern – ist eine Zunahme ernährungsbezogener Erkrankungen zu beobachten. Tierische Produkte erhöhen das Risiko der Erkrankung an Diabetes mellitus Typ II, Bluthochdruck und Herz-Kreislauf-Erkrankungen deutlich. Auch die Umsetzung der Sustainable Development Goals der UN (SDGs) macht eine Ernährungsumstellung erforderlich, da das Unterziel 2.2 darauf verweist, „bis 2030 alle Formen der Mangelernährung (zu) beenden". In Österreich leiden jedoch 20 % aller Kinder unter 5 Jahren an Fehlernährung (Übergewicht).

Klimabezug: Aus Klimaperspektive ist unbestritten, dass pflanzliche Produkte zu einer wesentlich geringeren Klimabelastung führen als tierische Produkte, insbesondere Fleisch. Global gesehen verursacht die Landwirtschaft rund ein Viertel aller THG-Emissionen. Viehzucht allein ist weltweit für 18 % der THG-Emissionen verantwortlich. In Österreich verursacht die Landwirtschaft etwa 9 % der THG-Emissionen (THG-Emissionen der Netto-Fleischimporte nicht inkludiert).

Potenzial: Ein wissenschaftlicher Review von über 60 Studien kommt zu dem Schluss, dass bei grundsätzlichen Änderungen der Ernährungsmuster bis zu 70 % Reduktion der durch die Landwirtschaft verursachten THG-Emissionen möglich seien. Die Gesundheitseffekte der Studien waren nur eingeschränkt vergleichbar, zeigten aber, dass das relative Risiko, frühzeitig an einer ernährungsbedingten Erkrankung zu sterben, um bis zu 20 % sinken kann. Trotz mangelnder methodischer Standards lässt sich zusammenfassen, dass eine stärkere pflanzliche Ernährungsweise frühzeitige Todesfälle und das Auftreten ernährungsbedingter Erkrankungen spürbar senken und die ernährungsbezogenen Treibhausgasemissionen dramatisch reduzieren kann (hohe Übereinstimmung, starke Beweislage).

Handlungsoptionen: Trotz guter Evidenzlage können Handlungsoptionen bei AkteurInnen – aus unterschiedlichen Gründen – Widerstand hervorrufen. Diesen Widerstand konstruktiv zu wenden, ist die größte Herausforderung. Am besten kann dies durch eine partizipative und abgestimmte Maßnahmenentwicklung gelingen, durch die sich Nachteile, z. B. für LandwirtInnen und KonsumentInnen, vermeiden lassen.

Laut wissenschaftlichen Analysen sind „weiche Maßnahmen", wie Informationskampagnen, nicht geeignet, um die aktuellen Ernährungstrends substantiell zu ändern. Allerdings weisen deutliche Preissignale, begleitet von gezielten Informationskampagnen aber auch Werbeverboten, hohes Änderungspotenzial auf (hohe Übereinstimmung, mittlere Beweislage). Beispielsweise können Preissteigerungen aufgrund verpflichtender höherer Standards in der Nutztierhaltung deutliche Signale setzen. Lebensmittelausgaben können dabei für KonsumentInnen notfalls ergänzt durch Begleitmaßnahmen konstant gehalten werden, weil sich die teilweise Reduktion von teurem Fleisch durch günstiges Obst und Gemüse im Haushaltsbudget tendenziell ausgleicht. Ebenso können

die Einnahmen von LandwirtInnen konstant gehalten werden, da bei geringeren Absatzmengen die Kilopreise von Fleisch entsprechend steigen. Verbleibende Einnahmenausfälle können notfalls durch Begleitmaßnahmen kompensiert werden. Alternativ verweisen Studien auf treibhausgasbezogene Lebensmittelsteuern, deren Einnahmen gezielt zur Abdeckung von Einkommensverlusten, Preisstützungen gesundheitlich zu fördernder Lebensmittel und Gesundheitsförderung eingesetzt werden können.

Zu beachten ist, dass derzeit die Kosten ungesunder Ernährung über das Sozial- und Gesundheitssystem von der Allgemeinheit getragen werden. Um Vorteile für Klima und Gesundheit zu erwirken, spricht sich das Umweltbundesamt in Deutschland für die Senkung des Mehrwertsteuersatzes auf Obst und Gemüse aus. Die Welternährungsorganisation der UN (FAO) plädiert für Steuern bzw. Gebühren, die durch Einrechnen der Umweltschäden eine nachhaltigere Form der Tierproduktion erreichen sollen. Eine Besteuerung tierischer Produkte in der EU-27 mit 60 bis 120 €/t CO_2 kann ca. 7 bis 14 % der landwirtschaftlichen THG-Emissionen einsparen (hohe Übereinstimmung, mittlere Beweislage).

Denkbar ist auch eine Umkehr bei der Kennzeichnungspflicht: Statt das Klimafreundliche und Gesunde zu kennzeichnen, wäre es sinnvoller, das Klimaschädliche und Ungesunde auszuweisen.

Ein wichtiger Ansatzpunkt sind die Umstellungen auf gesunde sowie klimafreundlichere Lebensmittel in staatlichen Einrichtungen wie Schulen, Kindergärten, Kasernen, Kantinen, Krankenhäusern und Altersheimen aber auch in der Gastronomie (hohe Übereinstimmung, mittlere Beweislage). Ein weiterer Interventionspunkt wäre die Entwicklung der Gesundheits- und Klimakompetenz in der Aus- und Weiterbildung von KöchInnen, DiätologInnen, ErnährungsberaterInnen und EinkäuferInnen großer Lebensmittel- und Restaurantketten.

Für staatliche Politik ist eine klimaschonende und gesunde Ernährung neben der Einhaltung von Klimazielen von hohem Interesse, auch weil Arbeitsproduktivitätsgewinne und Einsparungen von Gesundheitsausgaben zur Entlastung öffentlicher Ausgaben führen.

5.2 Mobilität

Handlungsbedarf: Der Verkehrssektor ist höchst klima- und gesundheitsrelevant. In Österreich sind 29 % der THG-Emissionen auf den Verkehr zurückzuführen, davon über 98 % auf den Straßenverkehr (davon 44 % Gütertransport und 56 % Personenverkehr, 2015). Seit 1990 (Bezugsjahr des Kyoto-Protokolls) sind die Emissionen um 60 % gestiegen, wobei der Güterverkehr überproportional stark anstieg. Mangelnde Luftqualität stellt in Städten und in alpinen Tal- und Beckenlagen in Österreich weiterhin ein Problem dar, vor allem bei

Stickstoffdioxid – hier wurde 2016 von der EU ein Vertragsverletzungsverfahren gegen Österreich eingeleitet. Grenzwertüberschreitungen treten auch bei Feinstaub und bodennahem Ozon auf (bei Ozon bei 50 % der Stationen). Wesentliche Quelle ist der Verkehr, insbesondere Dieselfahrzeuge sind wichtige Verursacher (hohe Übereinstimmung, starke Beweislage). Laut einer Befragung des Mikrozensus der Statistik Austria fühlen sich 40 % aller Befragten durch Lärm belästigt, wobei der Straßenverkehr als Lärmerreger trotz schwacher Abnahme dominiert. Bei Güterzügen sind mit dem lärmabhängigen Infrastrukturbenützungsentgelt bereits Anreize für leisere Bremsen gesetzt (kann bis zu 10 dB Lärmreduktion erzielen).

Ein technologischer Wandel von fossil zu elektrisch betriebenen Fahrzeugen ist zwar notwendig, reicht aber allein zur Erreichung der verschiedenen Ziele nicht aus, da Probleme wie Unfallrisiken, Feinstaub durch Reifen- und Bremsbelagsabrieb sowie Aufwirbelung, Lärm, Verkehrsstaus und Flächenverbrauch durch Straßeninfrastruktur ungelöst bleiben. Gerade der hohe Flächenverbrauch mehrspuriger Fahrzeuge behindert eine verbesserte Lebensqualität in urbanen Räumen speziell bei steigenden Temperaturen. Zudem ist eine deutlich positive Klimabilanz erst bei klimaneutralem Strom zu erwarten. Das gesundheitliche Potential klimaschonender Mobilität wird durch Elektromobilität keineswegs ausgeschöpft (hohe Übereinstimmung, starke Beweislage). Auch die SDGs (Unterziel 3.6) fordern global die Halbierung der Verkehrstoten bis 2020, was durch eine Umstellung auf Elektromobilität nicht lösbar ist. Allerdings zeigt die Statistik für Österreich eine sinkende Zahl an Verkehrstoten und eine Halbierung scheint mit anderen Maßnahmen erreichbar. Speziell die Reduktion des Autoanteils, der gefahrenen Kilometer und der gefahrenen Geschwindigkeiten kann sowohl tödliche Verkehrsunfälle als auch Lärmbelastung, Schadstoffemissionen und THG-Emissionen reduzieren (hohe Übereinstimmung, starke Beweislage).

Potenziale: Eine Verlagerung auf klimafreundliche Verkehrsmittel für Passagiere und Waren muss jedenfalls Teil der Lösung sein. Attraktivere Angebote können zu einer Zunahme des öffentlichen Personennahverkehrs bei gleichzeitiger Reduktion des motorisierten Individualverkehrs führen. Wien konnte innerhalb von weniger als 10 Jahren den Anteil der Wege des motorisierten Individualverkehrs um 4 % reduzieren. Eine Verlagerung hin zu aktiver Mobilität (Zufußgehen, Radfahren) und öffentlichem Verkehr reduziert Schadstoff- und Lärmbelastung und führt zu mehr Bewegung, die wiederum Fettleibigkeit und Übergewichtigkeit sowie das Risiko von Herz-Kreislauf-, Atemwegserkrankungen und Krebs, aber auch Schlafstörungen und psychischen Erkrankungen reduziert. Resultat ist eine höhere Lebenserwartung mit mehr gesunden Lebensjahren (hohe Übereinstimmung, mittlere Beweislage). Zudem ergeben sich auch hier für eine Verlagerung des Verkehrs deutliche Einsparungen im öffentlichen Gesundheitssystem. Cost-Benefit-Analysen für Belgien haben gezeigt, dass die reduzierten Gesundheitskosten die ursprüngliche Investition in Radwege um einen Faktor 2 bis 14 übertreffen.

Eine Statistik über 167 europäische Städte zeigt, dass der Anteil des Radverkehrs mit der Länge des Radwegenetzes wächst und dass ein Radfahranteil von über 20 % durch entschiedene Gestaltung durchaus auch in deutschen (z. B. Münster 38 %) und österreichischen Städten (Innsbruck 23 % und Salzburg 20 %) möglich ist.

In einer Studie zu den Städten Graz, Linz und Wien wurde mittels Szenarien für erprobte Maßnahmen gezeigt, dass auch ohne Elektromobilität jährlich an die 60 Sterbefälle pro 100.000 Personen und fast 50 % der CO_{2equ}-Emissionen des Personenverkehrs reduziert werden können bei gleichzeitiger Reduktion der jährlichen Gesundheitskosten um fast 1 Mio. € pro 100.000 Personen. Dies ist durch einen Maßnahmenmix aus Flaniermeilen, Zonen reduzierten Verkehrs, Ausbau der Fahrradwege und -infrastruktur, erhöhte Frequenzen im öffentlichen Verkehr und günstigere Verbundtarife im Stadt-Umland-Verkehr erzielbar. Ergänzt um E-Mobilität können – vorausgesetzt die Stromproduktion ist klimaneutral – 100 % der CO_{2equ}-Emissionen und 70–80 jährliche Sterbefälle pro 100.000 Personen vermieden werden (hohe Übereinstimmung, starke Beweislage).

Handlungsoptionen: Speziell die urbane Mobilität kann aufgrund der hohen Gesundheitsvorteile und der Potenziale für eine verbesserte Lebensqualität als große Gelegenheit für Klimaschutz und verbesserte Gesundheit bezeichnet werden. Städte und Siedlungen, die nicht mehr „autogerecht" sondern „menschengerechter" auf aktive Mobilität hin gestaltet werden, verbessern soziale Kontakte, Wohlbefinden und Gesundheit – selbst die Kriminalität sinkt. Weiters ermöglicht dies den Rückbau von Straßen und Parkplätzen zu Gunsten von Entsiegelung und Begrünung und ist damit eine wichtige Möglichkeit zur Entschärfung von Hitzeinseln. All diese Vorteile lassen sich durch geeignete Siedlungsstrukturen, wie etwa die räumliche Anordnung von Wohnraum, Arbeitsstätten, Einkaufszentren, Schulen, Spitälern oder Altersheimen, die weitgehend den Verkehrsaufwand determinieren, sowie durch gesetzliche Grundlagen und Richtlinien in der Raum- und Städteplanung nutzen (hohe Übereinstimmung, starke Beweislage).

Große Potenziale liegen darin, dass aktive Mobilität, öffentlicher Verkehr und Sharing deutlich attraktiver gemacht werden als motorisierter Individualverkehr: Z. B. können Umweltzonen mit reduziertem motorisierten Verkehr, Flaniermeilen und Radstraßen aktive Mobilität fördern, während Parkplätze nur der Elektromobilität vorbehalten bleiben oder Genehmigungen für Carsharing Unternehmen nur für Elektrofahrzeuge gegeben werden. Derartige „Pull"-Maßnahmen können durch Maßnahmen zur Internalisierung der externen Kosten insbesondere des motorisierten Verkehrs finanziert und verstärkt werden.

Um das hohe Potential des Mobilitätssektors für Klimaschutz und Gesundheitsförderung gleichermaßen zu nutzen, bedarf es der institutionalisierten Kooperation zwischen den zuständigen Ressorts in Kommunen, Ländern und auf nationaler Ebene. Funktionierende Zusammenarbeit setzt vor allem voraus, dass die notwendigen Ressourcen und Kapazitäten für den Informations- und Meinungsaustausch zur Verfügung gestellt werden (hohe Übereinstimmung, mittlere Beweislage).

Hoher Handlungsbedarf besteht auch beim politisch stark begünstigten Flugverkehr, der im Pariser Klimaabkommen nicht geregelt ist. Es besteht kein Zweifel an der außerordentlich hohen Klimarelevanz des Flugverkehrs sowie am dringenden Handlungsbedarf (hohe Übereinstimmung, starke Beweislage), jedoch werden Schritte zur Reduktion aufgrund von damit verbundenen wirtschaftlichen Interessen oft abgelehnt. Eine Reduktion des Flugverkehrs, z.B. durch eine CO_2-Steuer auf das bislang unbesteuerte Kerosin, verringert auch gesundheitsrelevante Emissionen, wie Feinstaub, sekundäre Sulfate und sekundäre Nitrate, sowie Lärm und das erhöhte Risiko der Übertragung von Infektionskrankheiten.

5.3 Wohnen

Handlungsbedarf: Die Wohnsituation ist für Gesundheit, Wohlbefinden, Anpassung an den Klimawandel und Klimaschutz von zentraler Bedeutung. Sowohl die räumliche Anordnung (Siedlungsstrukturen) wie auch die Bauweise schaffen langfristige Pfadabhängigkeiten mit weitreichenden Konsequenzen für das Mobilitäts- und Freizeitverhalten. Gebäude verursachen in Österreich etwa 10 % der THG-Emissionen, Tendenz sinkend, aber der Gebäude- und Wohnungsbestand wächst seit Jahrzehnten und besteht zu 87 % aus Ein- und Zweifamilienhäusern; nur 13 % bestehen aus Häusern mit 3 oder mehr Wohnungen.

Die verstärkte Hitzebelastung im Sommer mit fehlender nächtlicher Abkühlung führt vor allem in Städten zu ungünstigerem Raum- und Wohnklima und damit zu gesundheitlichen Belastungen (besonders für gesundheitlich vorbelastete und alte Menschen sowie Kinder) (hohe Übereinstimmung, starke Beweislage). Weitere gut untersuchte Belastungsfaktoren sind Lärm und Luftschadstoffe. Ab ca. 55 dB(A) Lärmpegel gemessen nachts vor dem Fenster können sich bereits gesundheitliche Folgen, wie Störungen der Herz-Kreislauf-Regulation, psychische Erkrankungen, reduzierte kognitive Leistung oder Störungen des Zuckerhaushaltes, einstellen. Solche Pegel treten regelmäßig auf stark befahrenen Straßen (innerstädtisch und bei Freilandstraßen und Autobahnen) sowie in der Nähe von Flughäfen auf. Lärm und Luftschadstoffe schränken auch die Möglichkeit nächtlicher Lüftung ein.

Handlungsoptionen: Damit Stadtplanung zur zentralen Grundlage für gesundheitsförderndes und klimafreundliches Wohnen werden kann, sollten KlimatologInnen und fachlich spezialisierte ÄrztInnen routinemäßig in Planungsprozesse eingebunden werden. Klimawandelanpassung und Emissionsminderung sind im Bereich Bauen und Wohnen nicht getrennt von Verkehr bzw. Grünraum und Naherholung zu betrachten. Während Richtlinien, Regelwerk und Fördermaßnahmen zunehmend auf den Klimawandel Rücksicht nehmen, bleiben die engen Wechselwirkungen von Wohnen und Verkehr bzw. Autoabstellplätzen meist unberücksichtigt.

Die Sanierungsrate ist beim Altbestand in Österreich bei gleichzeitig geringer Sanierungsqualität mit unter 1 % außerordentlich niedrig. Die Barrieren unterschiedlicher EigentümerInnenstrukturen sowie divergierende NutzerInnen-EigentümerInnen-Interessen bedürfen dringend einer Lösung. Höhere Sanierungsraten mit höherer Qualität (z. B. gute Wärmedämmung, Einsatz von Komfortlüftungsanlagen) haben durch Reduktion des Hitzestresses positive Effekte für die Gesundheit (hohe Übereinstimmung, starke Beweislage). Ähnliches gilt für Büros, Krankenhäuser, Hotels, Schulen etc. Dies kann auch helfen, den Einsatz von energieintensiven Klimaanlagen zu reduzieren. Bei dem verständlichen Anspruch des „leistbaren Wohnens" ist „billiges Bauen" zu vermeiden, da höhere Heizkosten als bei klimafreundlichen Bauten anfallen, was wiederum die Frage der Leistbarkeit aufwirft. Auch abgasarme Heizungs- und Warmwasseraufbereitungssysteme basierend auf erneuerbarer Energie sind wesentliche Beiträge zum Klimaschutz, aber in Siedlungsgebieten dienen sie zugleich der Gesundheit, wenn sie die Luftbelastung reduzieren (hohe Übereinstimmung, starke Beweislage).

Ein- und Zweifamilienhäuser und die damit verbundenen Garagen und Verkehrsflächen bedeuten erhöhten Flächen-, Material- und Energieaufwand sowie meist eine langfristige Bindung an motorisierten Individualverkehr und sind daher aus Klima- und Gesundheitssicht im Neubau in Frage zu stellen (hohe Übereinstimmung, starke Beweislage). Mit knapp 2 % Bevölkerungswachstum und rund zehn Prozent Versiegelungszuwachs (ca. 22 Hektar pro Tag) liegt Österreich im Spitzenfeld der Versiegelung in Europa. Dies erfordert, dass dem „eigenen Haus mit Garten" attraktivere Lösungen wie Mehrfamilienwohnungen mit Grünschneisen in verkehrsarmen, gut versorgten Zonen hoher Lebensqualität entgegengestellt werden, die neben zahlreichen Vorteilen für Klima und Gesundheit auch die Gemeinschaftsbildung befördern. Die Entwicklung geeigneter Passivhaus- bzw. Plusenergiehausstandards für größere Gebäude ist dringlich (hohe Übereinstimmung, starke Beweislage).

5.4 Gesundheitssektor

Handlungsbedarf: Das Gesundheitssystem Österreichs ist mit einem 11 % Anteil am BIP (2016) ein wirtschaftlich, politisch und gesamtgesellschaftlich bedeutender aber auch klimarelevanter Sektor, der bereits an die Grenzen seiner öffentlichen Finanzierbarkeit stößt. Während das Gesundheitssystem der Wiederherstellung der Gesundheit dient, trägt es paradoxerweise direkt (z. B. durch Heizen/Kühlen und Stromverbrauch) und indirekt (vor allem durch die Erzeugung medizinischer Produkte) zum Klimawandel und seinen Folgen für die Gesundheit bei (hohe Übereinstimmung, mittlere Beweislage). Emissionsminderung im Gesundheitssektor wird bislang in der österreichischen Klima- und Energiestrategie – wie auch international – nicht angesprochen. Ebenso zeigen die Reformpapiere zum Gesundheitssystem keinerlei Bezüge zum Klimawandel. Die „bundesweiten Gesundheitsziele Österreich" beinhalten zwar die nachhaltige Sicherung natürlicher Lebensgrundlagen (Gesundheitsziel 4), geben allerdings keinen Hinweis auf die Notwendigkeit, die Emissionen des Gesundheitssektors zu reduzieren. Bisher haben einige Krankenhäuser, auch aus wirtschaftlichen Gründen, Energieeffizienz- bzw. Emissionsminderungsmaßnahmen im Gebäudebereich umgesetzt. Der Beitrag des österreichischen Gesundheitssystems zu den THG-Emissionen wird zurzeit in einem Projekt des Österreichischen Klimaforschungsprogramms erstmals erhoben.

Potenzial: Neben traditionellem Umweltschutz, z. B. im Gebäudebereich, zeigt sich, dass ein großer Anteil der THG-Emissionen aus den Vorleistungen stammt. So gibt eine Carbon-Footprint-Studie des Gesundheitssektors für die USA an, dass 10 % der THG-Emissionen der USA direkt und indirekt vom Gesundheitssystem verursacht werden, wobei die Emissionen der Vorleistungen die vor Ort emittierten direkten Emissionen übersteigen. Dabei verursachen die pharmazeutischen Produkte den größten THG-Anteil. Studien aus England und Australien zeigen ein ähnliches Bild, wenn auch mit etwas geringeren Werten (hohe Übereinstimmung, mittlere Beweislage).

Neben den gesundheitlichen Folgen der Emissionen (z. B. Feinstaubemissionen) aus dem Gesundheitssystem ist die Vermeidung unnötiger oder nicht evidenzbasierter Krankenbehandlungen (im Krankenhaus) für Gesundheit und Klima von Vorteil (hohe Übereinstimmung, mittlere Beweislage). Hierzu zählen z. B. die Vermeidung von Über- und Fehlversorgung mit Medikamenten, Mehrfachdiagnosen oder Fehlbelegungen (d. h. der Krankheitsdiagnose nicht entsprechende Versorgung).

Handlungsoptionen: Chancen für Gesundheit und Klima können besser genutzt werden, wenn eine spezifische Klimaschutz- (und Anpassungs-) Strategie für das Gesundheitssystem als politisches Orientierungsdokument für die AkteurInnen auf Bundes-, Landes- und Organisationsebene entwickelt wird. Diese sollte, auch mit Bezug auf das österreichische Gesundheitsziel 4, auf eine Reduktion der direkten und indirekten THG-Emissionen, anderer gesundheitsrelevanter Emissionen, der Abfälle und des Ressourceneinsatzes sowie auf Anpassungsmaßnahmen wie die Entwicklung klimabezogener Gesundheitskompetenz und die Implementierung des Themas „Klima und Gesundheit" in die Aus-, Fort- und Weiterbildung von Gesundheitsberufen abzielen. In der Umsetzung kann auf nationale und internationale Vorbilder zurückgegriffen werden (z. B. National Health Service England, Österreichische Plattform Gesundheitskompetenz

(ÖPGK)). Begleitend zur Umsetzung der Strategie sind partizipativ gestaltete Austauschstrukturen der verschiedensten AkteurInnen zentral.

Das Umweltmanagement vor allem in Krankenhäusern kann durch die systematische (und ggf. verpflichtende) Implementierung von umweltbezogenen Qualitätskriterien in die Qualitätssicherung und durch Anreizmechanismen des Gesundheitsqualitätsgesetzes unterstützt werden.

Die Vermeidung unnötiger oder nicht evidenzbasierter Diagnostik und Therapien hat großes Potenzial zur Reduktion der THG-Emissionen, des Risikos für PatientInnen und der Gesundheitskosten (hohe Übereinstimmung, starke Beweislage). Eine systematische Einführung der internationalen Initiative „Gemeinsam klug entscheiden" verspricht wesentliche Fortschritte bei der Vermeidung von Über-, Fehl- und Unterversorgung mit großen ökonomischen und ökologischen Vermeidungspotentialen (hohe Übereinstimmung, schwache Beweislage). Problematisch für die Vermeidung unnötiger Diagnostik und Therapien ist dabei der sehr hohe Anteil der Pharmaindustrie und Medizintechnik an der Finanzierung der ärztlichen Fortbildungen in Österreich, der eine interessensunabhängige Fortbildung zur Vermeidung kaum möglich macht.

Die konsequente Priorisierung einer multiprofessionellen Primärversorgung sowie der Gesundheitsförderung und der Prävention entsprechend der Gesundheitsreform kann energieintensive Krankenhausbehandlungen und damit THG-Emissionen vermeiden (hohe Übereinstimmung, schwache Beweislage). Intensivierte Gesundheitsförderung in der Krankenbehandlung kann auch genutzt werden, um zu einer gesünderen Ernährung und mehr Bewegung durch aktive Mobilität auch im Sinne des Klimaschutzes beizutragen. Die verstärkte Verlagerung von Krankenversorgung in die regionale Primärversorgung (niedergelassene ÄrztInnen oder Gesundheitszentren) kann zudem durch Vermeidung von Verkehr der PatientInnen und BesucherInnen in Krankenhäuser THG-Emissionen reduzieren.

Diese Umsetzungsinitiativen benötigen Analysen klimarelevanter Prozesse im Gesundheitssystem (z. B. zu THG-intensiven Medizinprodukten und ihren Alternativen). Die Komplexität der Zusammenhänge erfordert internationale, interprofessionelle, inter- und transdisziplinäre sowie praxisrelevante Forschungsvorhaben mit entsprechender Forschungsförderung.

6 Transformation im Schnittfeld von Klima und Gesundheit

Technologische Lösungen, wie Steigerung der Energieeffizienz, Elektromobilität, neue Therapien oder Gebäudesanierungen, allein werden weder ausreichen, um gesundheitliche Klimafolgen  in Österreich im angemessenen Rahmen zu halten, noch um die Verpflichtungen des Pariser Klimaabkommens zu erfüllen und schon gar nicht um der Verantwortung Österreichs in der Welt entsprechend der SDGs nachzukommen. Vielmehr ist ein tiefgreifender Transformationsprozess erforderlich, der sowohl Konsum- und Wirtschaftsweisen als auch unser Gesundheitssystem konstruktiv hinterfragt, um entsprechend der Sustainable Development Goals (SDGs) Akzente für neue Entwicklungspfade mit attraktiver Lebensqualität und Chancen für alle zu setzen. So eine tiefgreifende Transformation hat naturgemäß mit Widerständen, wie inhärenten Erhaltungsneigungen, zu rechnen, bei denen oft Partikularinteressen hochgehalten werden, ohne dabei die langfristigen Nachteile und die sich aufbauenden Risiken für das Allgemeinwohl entsprechend zu berücksichtigen. Um in diesem Spannungsfeld Neues und Innovatives auszuprobieren, scheinen speziell transformative Schritte im Schnittfeld von Klima und Gesundheit geeignet, da sich für einige Bereiche gesundheitliche Vorteile für viele spürbar und relativ rasch bei gleichzeitigen Vorteilen für das Klima einstellen.

6.1 Die politikübergreifende Transformation initiieren

Das Konzeptualisieren eines schrittweisen, reflexiven und adaptiven Transformationsprozesses kann verhindern, dass unzusammenhängende Einzelmaßnahmen Gefahr laufen, ohne große Wirkung zu verpuffen. Erst wenn z. B. Hitzeereignisse, demographische Dynamiken, Verkehr inklusive aktiver Mobilität, Grünraum, gesunde Ernährung, klimabezogene Gesundheitskompetenzen sowie ein auf Prävention und Gesundheitsförderung ausgerichtetes klimafreundlicheres Gesundheitssystem gemeinsam gedacht und entwickelt werden, können die zahlreichen Synergien genutzt und nachteilige Wechselwirkungen vermieden werden.

Ein derartiger Transformationsprozess im Schnittfeld von Klima und Gesundheit ist zwar bereits in einigen Strategien in Österreich angelegt, hat allerdings bis dato kaum das entsprechende Momentum entfalten können. Zumindest die folgenden drei strategischen Felder bieten sich für eine synergistische Nutzung an: Zum einen sind dies die österreichischen Gesundheitsziele, die auf Veränderungen abzielen, die höchste Klimarelevanz aufweisen (Ziel 2 Gesundheitliche Chancengerechtigkeit, Ziel 3 Gesundheitskompetenz, Ziel 4 Luft, Wasser, Boden und Lebensräume sichern, Ziel 7 Gesunde Ernährung, Ziel 8 Gesunde und sichere Bewegung). Zum anderen sind das Pariser Klimaabkommen sowie die jüngst verabschiedete österreichische Klima- und Energiestrategie wie auch die österreichische Anpassungsstrategie zu nennen. Zentrales Augenmerk der Klima- und Energiestrategie liegt auf Verkehr und Gebäuden, höchst gesundheitsrelevante Bereiche. Speziell beim Verkehr wird konkret die Gesundheitsförderung durch aktive Mobilität angesprochen. Und nicht zuletzt verpflichtet die von Österreich ratifizierte Resolution der UNO Generalversammlung „Transformation unserer Welt: die Agenda 2030 für nachhaltige Entwicklung" mit seinen 17 Entwicklungszielen und 169 Unterzielen zu weitreichenden transformativen Schritten, die Klima und Gesundheit umfassen. Im aktuellen Bericht des Bundeskanzleramts wird bereits darauf hingewiesen, dass die Gesundheitsziele auch zur Erreichung vieler Nachhaltigkeitsziele beitragen.

Die WHO Europa sieht in ihrem letzten Statusbericht zu Umwelt und Gesundheit in Europa bisher die fehlende intersektorale Kooperation auf allen Ebenen als Haupthindernis für eine erfolgreiche Umsetzung von klimarelevanten Maßnahmen (hohe Übereinstimmung, starke Beweislage). Auch die EU fordert die Integration von Gesundheit in klimabezogene Anpassungs- und Minderungsstrategien in allen anderen Sektoren, um eine Verbesserung der Bevölkerungsgesundheit zu erreichen.

Klimapolitik kann hier zum Motor für „Health in all Policies" werden und Gesundheit kann zum Antrieb für zentrale transformative Schritte werden. Sollen diese Chancen genutzt werden, benötigt es allerdings eine entschiedene Zusammenarbeit, die aufgrund der skizzierten Ausgangsbedingungen (Gesundheitsziele, Klima- und Energiestrategie, Nachhaltigkeitsziele) in Österreich gelingen kann. Klima- und Gesundheitspolitik könnten durch einen klaren politischen Auftrag eine strukturelle Koppelung mittels Austauschstrukturen für einen Transformationsprozess im Schnittfeld von Klima und Gesundheit in Gang setzen, der damit zudem wichtige Beiträge zur Erreichung der Nachhaltigkeitsziele liefern kann. Für eine zügige Umsetzung wäre eine breite partizipative Einbeziehung von Bund, Ländern, Gemeinden, aber auch den Sozialversicherungsträgern und der Wissenschaft erforderlich. Konkrete klima- sowie gesundheitsrelevante Ansatzpunkte sind z. B. der Komplex Hitze-Gebäude-Grünraum-Verkehr, die gesunde und klimafreundliche Ernährung, aktive Mobilität, Gesundheitskompetenzentwicklung, die Emissionsminderungs- und Anpassungsstrategie für das Gesundheitssystem und auch der systematische Einsatz der Umweltverträglichkeitsprüfung kombiniert mit einer Gesundheitsfolgenabschätzung **für die Regional- und Stadtplanung.**

6.2 Das Potenzial der Wissenschaft für die Transformation nutzen

Selbst wenn klar ist, was sowohl aus gesundheitlicher als auch aus Klimasicht erreicht werden soll – z. B. geringerer Fleischkonsum, weniger Flugverkehr oder dichtere Wohnstrukturen –, bleibt doch die Frage offen, wie die Maßnahmen konkret ausgestaltet werden können, um die Bevölkerung und Entscheidungstragenden dafür zu gewinnen und wie Nachteile vermieden und Chancen genutzt werden können. Dafür sind innovative Methoden der Wissenschaft gefordert, die Systeme nicht nur von außen beobachten und analysieren, sondern die mit transdisziplinären Ansätzen gezielt partizipative Veränderungsprozesse mit auslösen, indem sie Lernprozesse einleiten, die auch neue Problemlösungen wahrscheinlicher machen. Davon unbenommen ist die Wissenschaft ebenso für die Evaluation von Maßnahmen, das Herausfinden erfolgskritischer Zusammenhänge oder schlicht für das bessere Verstehen von geeigneten Kommunikationsformen für schwer erreichbare Gruppen gefordert.

Um mehr Handlungssicherheit zu erhalten, wird die Entwicklung und Umsetzung eines Konzepts zum Monitoring von Folgen des Klimawandels in allen Natursphären und für die Gesundheit angeregt. Für ein besseres Verständnis der direkten und indirekten Auswirkungen des Klimawandels wird der Aufbau und Betrieb von Testgebieten vorgeschlagen. Um ein umfassendes Bild über Vulnerabilität und bereits vorhandene Gesundheitsfolgen des Klimawandels zu erhalten, wird ein umfassendes Bevölkerungsregister, wie es etwa in Skandinavien realisiert wurde, vorgeschlagen.

Für eine erhöhte Handlungssicherheit ist es darüber hinaus erforderlich, Wissenslücken bezüglich des Schnittfeldes von Klimawandel, Demographie und Gesundheit zu schließen. Dazu gehören Emissionserhebungen von Gesundheitsleistungen (inklusive der Vorleistungen), das Aufzeigen von Minderungsmaßnahmen und Life Cycle Analysen zu medizinischen Produkten, insbesondere für Arzneimittel, um die Nebenwirkungen, z. B. des Klimaeffekts der Krankenbehandlung in Bezug zum Ergebnis der Krankenbehandlung, einschätzen zu können (ob der Erfolg den Schaden lohnt). Es besteht auch Bedarf an Analysen der Wirksamkeit von Überwachungs- und Frühwarnsystemen hinsichtlich der Verringerung gesundheitlicher Folgen, wobei hier auch methodische Fragen der Quantifizierbarkeit des Erfolgs zu lösen sind (z. B. Messbarkeit der Reduktion psychischer Traumata).

Sowohl in der medizinischen als auch in der landwirtschaftlichen Forschung wäre mehr Transparenz hinsichtlich wissenschaftlicher Fragestellungen, Versuchsanordnungen aber auch Finanzierungsquellen erforderlich, weil in beiden Bereichen Forschung und Ausbildung in erhöhtem Maße von Interessensgruppen bzw. der Wirtschaft getragen werden.

Dies wäre z. B. für die effektive Reduktion von Überdosierungen und Mehrfachdiagnosen ein wichtiger Schritt.

Die zunehmende Technisierung von Gebäuden zur Erhöhung der Energieeffizienz wirft die Frage nach neuen gesundheitlichen Problemen und der effektiven Netto-THG-Reduktion auf, wenn die Vorleistungen im Sinne des Carbon-Footprints mitberücksichtigt werden.

Die biologische Landwirtschaft kann die Erreichung des Pariser Klimaabkommens bei gleichzeitig breiter Nachfrage nach qualitätsvollen Nahrungsmitteln gut unterstützen. Dazu wären allerdings wissenschaftlich abgesicherte Aussagen zur Wirkung von biologisch gegenüber konventionell produzierten Nahrungsmitteln für die Gesundheit erforderlich.

Schließlich kann noch von Initiativen, in denen gesundheitsförderliche und klimafreundliche Praktiken bereits gelebt werden, gelernt werden kann. Dies sind z. B. Öko-Dörfer, Slow Food oder Slow City Bewegungen und die Transition Towns. Der Abbau von hinderlichen und die Forcierung von förderlichen Faktoren kann für eine Verbreiterung von attraktiven und alltagstauglichen Lebensstilen genutzt werden. Um auf Fehlentwicklungen rechtzeitig hinweisen zu können und gangbare sowie lebensqualitätssteigernde Wege zu identifizieren, kann eine facettenreiche Transformationsforschung als auch eine forschungsgeleitete Lehre die entsprechenden transformativen Entwicklungspfade beschleunigen.

Austrian Special Report

Health, Demography and Climate Change

Summary for Policymakers

(ASR18)

Authors and Contributors:

Co-Chairs
Willi Haas, Hanns Moshammer, Raya Muttarak

Coordinating Lead Authors (CLAs)
Maria Balas, Cem Ekmekcioglu, Herbert Formayer, Helga Kromp-Kolb, Christoph Matulla, Peter Nowak, Daniela Schmid, Erich Striessnig, Ulli Weisz

Lead Authors (LAs)
Franz Allerberger, Inge Auer, Florian Bachner, Maria Balas, Kathrin Baumann-Stanzer, Julia Bobek, Thomas Fent, Herbert Formayer, Ivan Frankovic, Christian Gepp, Robert Groß, Sabine Haas, Christa Hammerl, Alexander Hanika, Marcus Hirtl, Roman Hoffmann, Olivia Koland, Helga Kromp-Kolb, Peter Nowak, Ivo Offenthaler, Martin Piringer, Hans Ressl, Lukas Richter, Helfried Scheifinger, Martin Schlatzer, Matthias Schlögl, Karsten Schulz, Wolfgang Schöner, Stana Simic, Peter Wallner, Theresia Widhalm

Contributing Authors (CAs)
Franz Allerberger, Dennis Becker, Michael Bürkner, Alexander Dietl, Mailin Gaupp-Berghausen, Robert Griebler, Astrid Gühnemann, Willi Haas, Hans-Peter Hutter, Nina Knittel, Kathrin Lemmerer, Henriette Löffler-Stastka, Carola Lütgendorf-Caucig, Gordana Maric, Hanns Moshammer, Christian Pollhamer, Manfred Radlherr, David Raml, Elisabeth Raser, Kathrin Raunig, Ulrike Schauer, Karsten Schulz, Thomas Thaler, Peter Wallner, Julia Walochnik, Sandra Wegener, Theresia Widhalm, Maja Zuvela-Aloise

Junior Scientists
Theresia Widhalm, Kathrin Lemmerer

Review Editors
Jobst Augustin, Dieter Gerten, Jutta Litvinovitch, Bettina Menne, Revati Phalkey, Patrick Sakdapolrak, Reimund Schwarze, Sebastian Wagner

Austrian Panel on Climate Change (APCC)
Helmut Haberl, Sabine Fuss, Martina Schuster, Sonja Spiegel, Rainer Sauerborn

Project Lead
Willi Haas und Olivia Koland

Table of contents

Bundespräsident
Alexander Van der Bellen

As early as in the mid 1980s it became clear
that the climate crisis would not come as a slow, linear development,
but would rather turn into a global challenge at a rapid pace.
In the meantime, the effects are being clearly seen and felt across the globe.
The primary objective is still to reduce greenhouse gas emissions.
But we already have to protect ourselves against the health effects of climate change.
Great heat, extreme drought, heavy precipitation, hurricanes, floods, and, of course,
also the indirect consequences of these phenomena are affecting all of us, humankind as a whole.
In addition to scientific findings,
an adequate response to the climate crisis also requires political action:
in international politics, European politics, national, regional and local politics.
I believe no one has any illusions about how difficult it is
to take political action that is geared towards the urgently needed transition to a different,
ecologically oriented, climate-friendly and health-promoting global society.
This Austrian Special Report now presents a coordinated scientific assessment that provides a basis
for far-reaching political decisions.
I wish for this report, and for the sake of all of us, that political action will follow.
I would like to thank all the authors
in their various roles, the review management, reviewers and international review editors,
management and stakeholders as well as the APCC members
for their dedicated, future-oriented contributions.

Federal Minister for Sustainability and Tourism

Climate change has arrived in our midst; its effects are already being clearly felt.

Glaciers are melting, the sea level is rising, heat waves, droughts and other extreme weather events are on the increase across the globe. The consequences already have a massive impact on people's lives and their economic activities. The effects on human health are evident and are the subject of this report. Climate protection also entails doing something beneficial for our own health.

The Austrian Federal Government attaches great importance to climate protection. With #mission2030, the Austrian Climate and Energy Strategy, we have laid the foundation for numerous measures and strategies that are now being implemented and represent steps in the right direction. Through the klimaaktiv participatory climate protection initiative we support businesses, households and municipalities in putting effective climate protection measures into practice.

Climate protection is a huge challenge that will remain an issue for generations to come. Effective climate protection is based on the two pillars of energy efficiency and renewable energies. It affects all areas of life - how we live, work, dwell and move. In the long run, the costs for the protection of our climate will be significantly lower than those caused by unchecked global warming. Thus, it is all the more important for us to systematically consider the consequences of climate change in all relevant planning and decision-making processes now.

For many years already, Austria has intensified its efforts in dealing with the question of how to best respond to climate change. In this study, commissioned by the Austrian Climate and Energy Fund, profound facts have been produced. What we need now are specific solutions to be prepared for the future. We must resolutely implement Austria's strategy for adapting to climate change, jointly supported by the federal and state governments, and prepare ourselves for future challenges in the best way possible.

Key Statements

Climate change and its health effects

- The health consequences of climate change are already being felt today and are to be considered an increasing threat to health.
- The most severe and far-reaching health effects are to be expected as a consequence of heat.
- Climate change leads to increased health effects associated with pollen (allergies), precipitation, storms and mosquitoes (infectious diseases).
- Demographic change (e.g. aging) increase the population's vulnerability and thus intensify climate-induced effects on health.

Addressing the health effects of climate change and reducing vulnerability

- **Heat:** Heat warning systems complemented by action-oriented information for persons who are hard to reach can become effective at short notice; urban development measures have a long-term effect.
- **Allergens:** Fighting highly allergenic plants reduces health effects and therapy costs.
- **Extreme precipitation, drought, storms:** Integrated event documentation for more targeted measures, strengthening self-provision and involvement of diverse groups in the preparation of contingency plans can help lessen the impact.
- **Infectious diseases:** Promoting capacities in early detection among the population and health staff for preventive purposes; targeted control of invasive species in order not to endanger other species.
- Growing **health inequality** of vulnerable groups induced by climate change can be avoided by strengthening health literacy.
- Promoting **climate-specific health literacy** of health staff as well as enhancing the **quality of dialogue** with patients for the individual handling of climate change and developing healthier and more sustainable lifestyles (diet, exercise).
- Systematically promoting children's/young persons' **education and training** to develop an understanding of climate and health-relevant issues, allowing them to act accordingly.

Leveraging opportunities for climate and health

- **Diet:** The positive implications of a reduction in excessive meat consumption in particular are considerable in terms of climate protection and health, with comprehensive sets of measures, including price signals, showing positive effects.
- **Mobility:** A shift to more active mobility and public transport, in particular in cities, reduces air and noise pollution and leads to healthy movement; reduction of climate-relevant air traffic also diminishes adverse health effects.
- **Housing:** The high percentage of newly built single-family and duplex houses is to be challenged as it uses a lot of space, materials and energy, and making apartment buildings attractive as an alternative to a house in a green area requires funding; pushing health-enhancing and climate-friendly urban planning; thermal renovation reduces the heat stress during the summer half-year.
- **Health sector:** The climate-relevance of this sector makes a specific climate strategy necessary; pharmaceutical products are responsible for a major share of the carbon footprint; avoiding unnecessary diagnostics and therapies reduces greenhouse gas emissions, risks for patients and health-related costs.

Initiating transformation at the intersection of climate and health

- **Cross-policy collaboration in the field of climate and health policies** represents an appealing opportunity to simultaneously implement Austria's Health Targets, the Paris Climate Agreement and the United Nations Sustainability Goals.
- **Harnessing the scientific potential for transformation:**
  - Innovative methods in science, like, for instance, transdisciplinary approaches, can trigger learning processes and make accepted problem-solving more likely.
  - Research in medicine and agriculture has to become more transparent (funding and methods); issues such as the reduction of over-medication and multiple diagnoses or the health-related assessment of organic food require independent funding.
  - Learning from health promoting and climate-friendly everyday practices of local initiatives, like, for instance, eco-villages, slow food, slow city movements and transition towns.
  - Transformation research and research-oriented teaching accelerate transformative development paths and encourage new interdisciplinary solutions.

1 Challenge and Focus

The effects of climate change on health are already being felt today. Based on current projections of future climate trends, it is to be expected that the world population will have to face unacceptably high health risks. This is obvious from both the most recent report of the IPCC as well as more recent papers published by leading experts. In Austria, the effects of climate change can already be observed and are to be considered a growing threat to health, which will be further intensified by demographic change.

The assessment presented here summarizes the state of scientific knowledge on the topics of "climate-health-demography". The assessment starts out with the issues of climate, population, economy and health care as interacting determinants of health (Fig. 1). In this context, climate change either has direct effects on health, like, for instance, during heat waves, or indirectly through changing natural systems, such as through an increased release of allergens or more favorable living conditions for disease-transmitting organisms. The extent to which climate change will eventually affect health, however, can be estimated only in combination with population dynamics, economic development and health care. A higher proportion of elderly people or of the chronically ill, poorer health care or also an increasing number of people with lower income lead to a higher level of vulnerability of society to climate change.

There are various options for action available to the government as well as businesses and individuals. If the goal is to create a largely climate-neutral society, it seems necessary to make use of a multitude of these options for action. In addition to individual climate protection measures, however, a more extensive transformation toward a climate-friendly society is necessary that addresses the underlying causes of climate change. This approach often entails an added health benefit of climate protection measures (co-benefits). At the same time, in light of progressing climate change, measures to adapt to climate change have to be taken to minimize the adverse consequences for health.

In order to make a reliable assessment of these complex causal relationships that are also relevant to Austria, a transparent process, comprehensive in terms of content and taking account of an interdisciplinary balance, was implemented for the preparation of an Austrian Special Report following the style of the Austrian Assessment Report Climate Change (AAR14) and the reports of the Intergovernmental Panel on Climate Change (IPCC). More than 60 scientists made contributions as authors and another 30 as reviewers to provide a basis for decision-making in the fields of science, administration and politics, facilitating efficient and responsible action.

The key finding of this work of one and a half years is that a well-coordinated climate and health policy can be a powerful stimulus for transformation toward a climate-compatible society that promises a high level of acceptance owing to its potential to bring about better health and a higher quality of life for all.

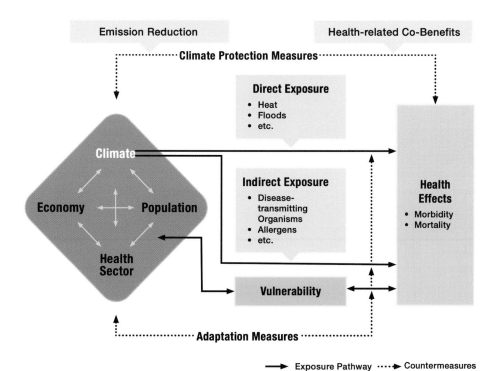

Fig. 1: Dynamic model how changes in health determinants affect health.

2 Health-relevant Changes in the Climate

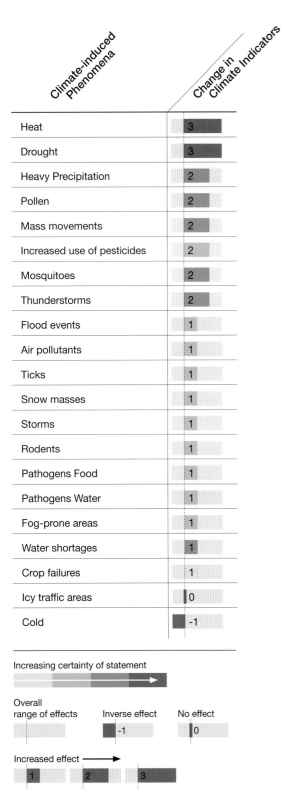

To better understand the health-related relevance of climate change in a first step, those climatic phenomena which have an effect on health were identified. For this purpose, climatologists made an estimation of the climatic changes to be expected by 2050, initially without taking into account how many persons will be affected and to what extent. In doing so, the uncertainty of the statement with regard to climate change was also taken into consideration (Fig. 2).

The most severe changes posing the greatest threat to health are to be expected during heat waves, both because of the steady rise in temperature during the summer half-year, the number of hot days, the duration of the heat events and a less pronounced drop in temperature at night. Drought also falls into the category of major changes. In this context, however, it turns out that owing to its sound food supply, Austria will presumably see only minor health effects. Both during heat and drought the climatological statements show high certainties. With regard to severity and certainty of statement, extreme precipitations are rated slightly lower. Based on reliable statement, an increasing incidence of allergies is rated as highly relevant, with prolonged seasons, an increased occurrence of already indigenous allergenic plants and migration of new allergenic plant and animal species expected with medium certainty. In all areas mentioned, climate change leads to an aggravation of adverse health effects – except for the cold. The number of cold days is declining, the duration of cold periods is decreasing and it is highly certain that average temperatures will rise during the winter half-year. Thus, it can be inferred that the number of cold-related conditions and/or cold-related deaths will decrease, which, however, will not outweigh the adverse effects of an increased number of heat waves. In addition, there is a risk not described here, i.e. that the melting of the arctic ice and a resulting slowdown of the Gulf Stream may lead to longer and colder winters with an increased number of cold-related deaths also in Austria.

For all climatic phenomena outlined here, the consequences may differ strongly from region to region and may be different in rural areas and in metropolitan areas.

Fig. 2: Assessment of climate-induced changes in health-relevant phenomena with a time horizon until 2050 (3 = major adverse changes)

3 Priorities regarding Climate-induced Health Effects

To allow a better classification of the urgency regarding the various health-relevant developments, based on their state of knowledge, 20 key experts of the Assessment Report evaluated them based on two groups of criteria:

- Affected persons: proportion of affected persons among the population taking into account socio-economically disadvantaged groups and vulnerable persons, such as infants, elderly people and persons with pre-existing illnesses.
- Health effects: mortality, physical and mental morbidity

According to this assessment, the highest priority is to be given to situations where the combined effect of both criteria groups occurs, i.e. when a relatively high percentage of the population has to expect serious health effects. The differing estimates within the individual criteria explain the grading of the ascribed priority levels. In addition, possible options for action at individual and government level (the latter also includes the health care system) were assessed. This expert assessment is to be seen as cross-topic and thus integrative guidance – it cannot replace a strictly scientific analysis.

The assessments showed a clear categorization into three priority levels according to which the individual issues should be addressed (Fig. 3): Heat is at the top of the table with the highest priority, followed by pollen and air pollutants together with extreme events such as heavy precipitation, drought, flood events, mudslides and landslides. Little significance, on the other hand, is attributed to cold-related events, shortage of water or food and pathogens in water and food. The high priority assigned to the group of "air pollutants" is remarkable, although uncertainties as to further developments are high. As the collective term comprises both ozone (upward tendency) and particular matter concentrations (downward tendency) the findings are hard to interpret. The events particularly affecting economically disadvantaged persons as well as elderly and ill persons mainly fall into the highest priority category. Any adverse health effects of crop failures are less likely in Austria on account of the favorable supply situation – if necessary, supported by imports.

Figure 3 clearly shows that both at individual and government level options for action are identified – generally more at government level. No differentiation was made between these as to their nature, i.e. preventive measures, crisis interventions and follow-up measures are included. Not all measures are part of the health care system, as the example of an imminent increased use of pesticides in farming shows. Only in one single case is the individual person thought capable of dealing with more options for action than the government – namely in connection with icy traffic areas.

In the statements below, special attention is paid to the fact that many of the measures that are important in terms of climate protection have positive "side effects" (co-benefits). This is especially true for health, which is why the measures are warranted even in the absence of any climate effect.

Fig. 3: Assessment of impacts of climate-induced phenomena on health with a time horizon until 2050 (3 = major adverse changes) for a share of the affected population as well as the extent of health effects sorted by urgency categories (3 = highest need for action)

4 Mitigating Health Effects

This section summarizes the developments and effects of the most pressing climate-induced health effects as well as options 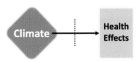 for action for their prevention with regard to Austria. Moreover, it addresses basic strategies for dealing with increased vulnerability due to demographic dynamics as well as ways and means of reducing vulnerability.

4.1 Addressing Climate-induced Effects

Heat

Climate: By the middle of this century, it is to be expected that the number of hot days, i.e. days during a heat episode (periods with daily maximums of 30 °C and above), will double; by the end of the century, if no sufficient climate protection measures are taken, there may be a tenfold increase in the number of hot days. Less of a drop in evening temperatures also adds to the problem; the number of nights during which temperatures do not fall below 17 °C has gone up by 50 percent in Vienna (comparison of 1960–1991 and 1981–2010) (high agreement, robust evidence).

Health: Assuming that no further adaptation is made and climate change will be moderate, 400 heat-related deaths per year can be expected in Austria in 2030; by mid-century, this number could rise to 1,000 cases per year, with the major share occurring in cities (according to more recent climate projections, 2030 could see even higher figures). Elderly people and persons with pre-existing illnesses are particularly vulnerable, economically weaker persons and/or migrants are often more strongly affected due to their housing situation (densely built-up areas, few green areas) (high agreement, medium evidence).

Options for action: Swift implementation of urban development measures to alleviate the problem of urban heat islands, planting trees, enhanced air circulation, reduction of the thermal load of heat-generating sources, facilitating cooling down at night, reduction of air pollutants and noise pollution allowing rooms to be aired at night may lead to significant improvements in the long run and may help avoid energy-consuming air conditioning that is potentially harmful to the climate. In the short term, an evaluation of the heat warning systems may be advisable, by focusing in particular on action-oriented information of persons who are hard to reach (e.g. elderly people without Internet access or persons with language barriers) in cities (high agreement, robust evidence).

Allergens

Climate: Climate change in combination with globalized trade and travel as well as land use change lead to the spread of plant and animal species that were previously not indigenous, but that have an impact on health. A significant increase in the pollen count caused by ragweed (*Ambrosia artemisiifolia*) is expected, which is enhanced by increased air humidity as well as the "fertilizing effect" of CO_2 and nitrogen oxides. The German Assessment Report expects the emergence of another six new plant species with clear potential for being harmful to health. In urban areas in particular, the concentration of pollen in the air has surged (high agreement, robust evidence).

Health: As a consequence, the number of respiratory diseases (hay-fever, asthma, COPD) is rising. Increased health effects can be expected particularly in urban areas in combination with air pollutants (ozone, nitrogen oxides, particulate matter, etc.) as they lead to an increased allergenic aggressiveness of pollen. Even today, approximately 1.75 million people in Austria suffer from allergic diseases. The frequency and severity of allergies will increase. According to estimates, 50 percent of all Europeans will be affected in 10 years' time (high agreement, medium evidence).

Options for action: Planned nationwide monitoring can alleviate adverse effects through targeted information. By consistently fighting highly allergenic plants (e.g. mowing or weeding before seed formation in *Ambrosia*), health effects can be avoided and considerable therapy costs can eventually be saved. This is, for instance, documented in analyses of the health effects of the spread of *Ambrosia* in Austria and Bavaria (high agreement, medium evidence). The incorporation of control measures into law, and the involvement of key stakeholders, can contribute significantly to the reduction of the health effects caused by *Ambrosia* in Austria.

Extreme precipitation, drought, storms

Climate: For physical reasons, more intense and abundant rainfall, longer periods of draught and heavier storms can be expected in the wake of climate change (medium agreement, medium evidence). Even today, costs for damage caused by extreme events are considerable in Austria, and soaring.

Health: Extreme weather events make good headlines, but the number of people exposed to them is – disregarding extreme temperature events – relatively small, thus the immediate health effects of extreme weather phenomena in Austria are relatively low (high agreement, medium evidence). Nevertheless, extreme events can cause immediate health effects, such as injuries or deaths and, in particular in the case of existence-threatening material damage, post-traumatic stress disorders. Indirectly, poor water quality following floods can trigger bacterial infections. Extreme weather events occurring in other countries may lead to (climate-induced) migration;

presently, however, this is not considered a serious threat to the Austrian population's health thanks to the high standard of Austria's health care system.

Options for action: An integrated event documentation (merging of the reliable records on the initial situation, causes, measures, effects) can facilitate the analysis and preparation of bespoke measures (high agreement, medium evidence). Damage and health effects can be reduced further by strengthening self-provision and by well-coordinated collaboration in the risk management of public and private stakeholders. These can be supported by including them in school curricula, targeted information, advisory services and incentives for preventative disaster management, like, for instance, technical and financial support as well as reduced insurance premiums for well-prepared households. The involvement of a good mix of diverse groups can be beneficial in the preparation of effective disaster management plans, in particular at municipal level, as both their needs are taken into account and their potential is used in dealing efficiently with disasters (medium agreement, medium evidence).

Infectious diseases

Climate: Climate change (in particular global warming) will have an effect on the occurrence of mosquitoes as vectors of diseases, as subtropical and tropical mosquito species introduced to Austria (especially of the *Aedes* species: tiger mosquito, Asian bush mosquito, etc.) will find better survival conditions here in future. Thus, they will inhabit more extended areas, particularly spreading across the northern and altitudinal limits. Some of our indigenous mosquito species may also transmit pathogens of infectious diseases previously rarely seen in Austria, such as the West Nile virus or the Usutu virus. Moreover, an increased distribution of sand flies and wood ticks (*Dermacentor* ticks) as potential vectors of several infectious diseases (leishmaniasis, FSME virus, Crimean-Congo hemorrhagic fever virus, Rickettsia, Babesia, etc.) could be observed.

Health: The occurrence of infectious diseases is determined by complex interrelations, ranging from globalized traffic, people's temperature-dependent behavior and local weather factors (e.g. humidity) to the survival rate of infectious agents – depending on the water temperature (high agreement, medium evidence). The concrete relationships, however, have not yet been sufficiently studied to allow conclusive statements to be made. Furthermore, if global warming progresses, diseases related to food may occur (e.g. campylobacter and salmonella infections, contamination with mycotoxins); the high national food production standards, however, – in particular well-functioning cold chains – do not give us reason to expect any significant implications for the incidence of these diseases in Austria in the near future (high agreement, medium evidence).

Options for action: A pivotal factor in combating infectious diseases in time is early detection. This can be improved, on the one hand, by promoting the relevant health literacy among the population, and, on the other hand, by further developing professional competency in health professions, particularly in primary care. In doing so, the climate-induced infectious diseases that are essentially highly treatable can be detected quickly, despite their previously rare occurrence (high agreement, robust evidence). In this context, the reorientation of the public health service as laid down in *Zielsteuerung-Gesundheit 2017* (Target-based Health Governance) can have a supporting effect (establishing nationwide pools of experts in new infectious diseases). To achieve the best possible control measures, the evaluation and exchange of knowledge at international level are of vital importance. In addition, special attention has to be paid to the targeted fight against dangerous species in order not to deprive amphibians and other animals of their basic food resources by exterminating non-hazardous insects (e.g. non-biting midges) (high agreement, medium evidence). In the field of food, adapted food monitoring for climate change-related monitoring and – if necessary – adaptation of the guidelines regarding best agricultural and hygienic practices can contribute to health protection. It should be pointed out that the use of disinfectants can have negative effects on the environment and humans and is, in most cases, especially in households, absolutely unnecessary. There is a need for research with regard to possible extensions of propagation areas of potential vectors. A review of food monitoring and – if required – its adaptation in Austria by AGES can contribute further to food safety.

4.2 Reducing Vulnerability

Mitigating the Aggravating Effect of Demographic Change on Climate-related Health Effects

Development dynamics: Austria's population is growing mainly in the urban regions. On average, the aging of the population is characterized by a shrinking proportion of people of working age and a consistent proportion of children and adolescents. Aging is mitigated by the migration of young adults. The figures for the outskirts show a decline in population for educational and employment reasons, while at the same time the population is increasingly aging. In the long run, an annual migratory balance for Austria of approximately 27,000 additional people (period 2036–2040) is to be expected. While exact figures are uncertain, net migration is likely to increase (high agreement, robust evidence). It is to be assumed that the incidence rate of chronic diseases like, for instance, dementia, respiratory diseases, cardiovascular diseases and malignant tumors (malignomas), including all health implications following in their wake, will go up. It is quite remarkable that the occurrence of more than half of all mental disease cases can be witnessed among the age group of over 60-year olds.

Relation to climate: Due to the high proportion of cardiovascular diseases, diabetes and mental diseases in people over 60 years of age, older population groups are especially vulnerable to the impact of climate change, in particular heat. In addition, future, more frequent extreme weather events are likely to lead to increased mental stress for elderly people. Persons with only few resources at their disposal are particularly susceptible to the negative effects of climate change. These include, for example, poor education and insufficient financial means, structural, legal and cultural barriers, limited access to health infrastructure or unfavorable housing conditions. Refugees, in particular, are highly vulnerable due to the deprivations they have experienced and as a consequence of the physical and mental stresses and strains related thereto. The health risk of transmitting imported diseases, however, is extremely low, even in cases of close contact.

Options for action: Targeted measures to strengthen health literacy among particularly vulnerable target groups, such as elderly people and persons with a migration background, can combat the climate-induced aggravation of inequality. To this end, multiculturalism in health facilities can be used for multilingual communication and transcultural medicine and care through targeted diversity management (high agreement, medium evidence). In particular, target group-specific prevention, promotion of health and treatment, as well as further development of the living conditions of vulnerable groups, can mitigate any further exacerbation of unequally distributed disease burdens – especially with regard to heat and mental health, according to the "Health (and Climate) in all Policies" approach. Such measures can be enhanced by accompanying and supplementary research.

Counteracting Aggravated Health Inequalities Induced by Climate Change

Development dynamics: 14 percent of the Austrian population are at risk from poverty and marginalization. Large families, lone-parent households, migrants, women of retirement age, the unemployed, unskilled workers and people with low education levels suffer from a significantly increased risk of falling into poverty. Even today, socio-economic inequality is contributing to health imbalances: In Austria, persons with no more than compulsory schooling show a life expectancy 6.2 years shorter than that of university graduates (high agreement, robust evidence).

Relation to climate: These health inequalities are in many ways fueled by climate-related changes (high agreement, medium evidence). Exposed workplace and housing condi-

tions have an additional exacerbating impact (such as, for instance, heavy outdoor work on construction sites or in agriculture, lack of urban green spaces near people's homes, high exposure to noise pollution in living quarters). In the past, heat waves and natural disasters have already affected disadvantaged groups more directly. Add in further vulnerability factors (such as old age), and the situation will deteriorate (high agreement, medium evidence). The heat wave that struck Vienna in 2003, for instance, led to a significant increase in the number of fatalities in low-income districts in particular. As yet, the impacts of climate change on health inequalities have hardly left their mark on "Health in all Policies" approaches. Globally, unequal exposure to health risks induced by climate change has been identified as a key factor. As a consequence, the UN Sustainable Development Goals (SDGs) address the correlation between socio-economic status, health and climate. By contrast, strategic and political discussions in Austria tend to overlook it.

Options for action: Building on the measures of the Austrian Health Target 2 "Fair and Equal Opportunities in Health", in particular with regard to poverty alleviation, the aggravating factors of climate change can be cushioned by way of targeted support measures in the fields of life and work environments. By setting up a coordination and exchange platform mirroring a "community of practice", it is possible to support the hands-on approach when implementing these measures (medium agreement, low evidence). During the implementation of the sustainability goals at public administration, governmental and other societal levels (economy, civil society) in Austria, it is possible to further deepen the coordination of cross-policy cooperation to promote fair and equal opportunities. Interdisciplinary research projects on health-related equal opportunities in the light of climate change play a pivotal role (high agreement, low evidence) and may provide insights as to which targeted measures to take in order to bring back into balance health-related inequalities of particularly disadvantaged groups and very strongly affected regions.

Developing Climate-related Health Literacy for the Purpose of Reducing the Impact of Climate Change

Development dynamics: Acquiring a high level of health literacy enables any individual to better understand physical and mental health issues and to decide wisely in health matters. Low levels of health literacy will lead to low levels of treatment adherence, delayed diagnoses, poor self-management skills and an increased risk of developing chronic diseases. Consequently, poor health literacy results in high health care costs. According to an international survey, more than 50 percent of the Austrian participants have developed only inadequate or problematic health literacy skills. These figures were as high as 75 percent for people of poor health, with little money or older than 76 years of age. The survey shows that mostly this is not due to the individuals' cognitive skills, but rather to various aspects of the health care system (medium agreement, medium evidence). The health reform entitled *Zielsteuerung Gesundheit* (Target-based Health Governance) and the Austrian Health Targets took note of this predicament and set out operative targets. What they fail to acknowledge, however, is the role climate change plays in terms of people's health.

Relation to climate: Disadvantaged groups fall victim to climate change much more often and, in addition, they often show lower levels of health literacy, while at the same time, the information material available does not reach them quite as readily (high agreement, medium evidence). The action plan of the Austrian adaptation strategy already points to existing education and information projects, especially with regard to health topics. Also, from a climate protection perspective, a healthier diet and health-enhancing physical activity in everyday life can contribute to lowering greenhouse gas emissions.

Options for action: Improving climate-related health literacy may result in a reduction of the impact climate change has on the health of particularly vulnerable groups and even improve people's health. What is required to this end is for all competent health and climate-related authorities both at federal and provincial levels to join forces in intersectoral cooperation (high agreement, medium evidence) following the maxim: the more target group-oriented the measures, the better the effects to be achieved. Thus, it would be of vital importance to systematically teach health care professionals about climate-specific health care issues as part of their education and training, because it is they who can address individual health concerns and give appropriate individualized advice and assistance and who can initiate lifestyle improvements in people's living environments. Key topics of relevance to the climate in this respect are: heat, also in combination with air and noise pollution, allergies, (newly emerging) infectious diseases as well as diet, mobility and local recreation. All this will help to create a widespread dissemination of climate-related health literacy, especially through personal talks and counseling on climate-friendly health behavior (e.g. active mobility and healthy diet). Health professionals, most notably physicians, are called upon to act as "personal health advocates". Measures meant to improve the quality of dialogue in patient care (education and training) can be extended to also include the climate change aspect. By promoting targeted educational measures in schools (curricula and teaching practice), children and adolescents can be taught to adopt a climate- and health-conscious lifestyle.

5 Leveraging Opportunities for Climate and Health

Apart from identifying impending threats, measures can be taken in areas suited to generating benefits for both climate and health. By fine-tuning political instruments, actions  beneficial to climate and health can be made more appealing and detrimental actions can be made less worthwhile, which could lead to changes within otherwise problematic areas as well.

5.1 Diets

Need for action: From a health perspective, a dietary change would be in order, with a particular focus on reducing excessive meat consumption for climate and health reasons. In Austria, meat consumption significantly exceeds the healthy levels recommended by the Austrian food pyramid, with amounts for adult males, for example, tripling the recommended levels, while the share of cereals, fruit and vegetables is too low (high agreement, robust evidence). Like many other countries, Austria is experiencing an increase in nutritional diseases. The consumption of animal products significantly increases the risk of developing diabetes mellitus type 2, high blood pressure and cardiovascular diseases. The implementation of the United Nations' Sustainable Development Goals (SDGs) also requires changes in dietary behavior, as their target 2.2 postulates to "end all forms of malnutrition by 2030". In Austria, however, one in every five children below the age of 5 is malnourished (overweight).

Relation to climate: From the climate impact perspective, it is uncontested that vegetable products affect the climate to a much lesser extent than animal products, especially meat, do. Globally, the agricultural sector emits roughly 25 percent of all greenhouse gas. The livestock sector alone generates 18 percent of global GHG emissions. In Austria, the agricultural sector gives rise to roughly 9 percent of the country's GHG emissions (excluding the GHG emissions of net meat imports).

Potential: A scientific review covering more than 60 studies concludes that by fundamentally changing dietary patterns, GHG emissions from agricultural production could be reduced by up to 70 percent. Although comparable only to a limited degree with regard to health impacts, the studies showed that the relative risk of a premature death from nutritional diseases can decrease by up to 20 percent. Despite the lack of methodological standards, it can be summarized that a more plant-based diet can help reduce the number of premature deaths and the occurrence of nutritional diseases and curb diet-related GHG emissions considerably (high agreement, robust evidence).

Options for action: Potential action may face resistance from the parties involved for different reasons and despite strong evidence, and the biggest challenge will be overcoming this resistance. The best way to go about it would be to develop a participative and coordinated management of measures in order to avoid effects detrimental to farmers and consumers, for instance.

Scientific analyses suggest that "soft measures" such as information campaigns prove ineffective in changing prevailing nutritional trends. By contrast, clear price signals, accompanied by targeted information campaigns as well as advertising bans, can be highly efficient in achieving changes (high agreement, medium evidence). Price hikes for meat products in the wake of raised compulsory standards in livestock farming, for example, are suited to send out a clear message. The amount of money consumers pay for food will remain constant – with the help of support measures where necessary – as consumers will partially renounce the consumption of expensive meat in favor of lower-priced fruits and vegetables, which will re-balance their budgets to some extent. Similarly, farmers' revenues will remain steady as a decrease in supply will result in a rise in prices per kilo. Alternatively, studies suggest taxes on food based on its greenhouse gas impact, with revenues to be used to compensate for income losses, to support prices of wholesome foods worth promoting from a health perspective, and for the purposes of health promotion in general.

It should be noted in this respect that currently the public is obliged to pay for all social and health care costs driven up by unhealthy diets. The German *Umweltbundesamt* (UBA; Federal Environment Agency) advocates the reduction of VAT rates on fruit and vegetables in order to generate benefits for the climate and public health. The Food and Agricultural Organization (FAO) of the United Nations pleads in favor of taxes and charges to reflect the environmental damage inflicted in order to render livestock production more sustainable. Taxes on animal products in the amount of EUR 60 to 120 per ton of CO_2 implemented in each of the EU-27 may help to save between approx. 7 and 14 percent of GHG emissions from the agricultural sector (high agreement, medium evidence).

An additional approach would be to re-think marking obligations: Rather than putting labels on products that are climate-friendly and healthy, it would make more sense to label products for being harmful to health or the climate.

For starters, an important approach would be to serve healthy and climate-friendly food in state institutions such as schools, kindergartens, military barracks, hospitals and retirement homes, and also in hotels and restaurants (high agreement, medium evidence). To add a further leverage point, it would be advisable to reinforce health and climate literacy in the education and training of cooks, dietitians, nutritionists and purchasers for large food and restaurant chains.

State policies should have a vital interest in climate-friendly and healthy dietary behavior, as it does more than just serve to meet climate objectives because it leads to increases in related labor productivity and to cuts in public health spending, and results in an unburdening of public budgets.

5.2 Mobility

Need for action: Transport is a highly relevant sector in terms of climate and health. It accounts for 29 percent of Austria's GHG emissions, 98 percent of which are caused by road transport (44 percent of the latter from freight transport and 56 percent from passenger transport respectively, 2015). Emissions have risen by 60 percent since 1990 (reference year of the Kyoto protocol) with a disproportionate increase in freight transport. Poor air quality in cities and in alpine valleys and basins remains a problem in Austria, especially with regard to nitrogen dioxide emissions – with this in mind, the EU initiated infringement proceedings against Austria in 2016. Particulate emission and ground-level ozone readings are also exceeding their respective limit values (with recordings of elevated ozone levels at 50 percent of all measuring stations). Emissions are mainly caused by road traffic, and, to a great extent, by diesel-powered vehicles (high agreement, robust evidence). 40 percent of the participants in a survey of the Micro-census conducted by Statistics Austria (Federal Austrian Statistical Office) reported that they were annoyed by noise with road traffic as a decreasing but still dominant source. With regard to freight trains, policymakers have already created incentives by way of noise-differentiated track access charges to have providers put into service quieter brakes (which can help reduce noise by up to 10 dB).

Necessary as it may be, the technological transition from fossil fuel vehicles towards electric vehicles alone will not suffice to meet all the different goals as it fails to redress problems such as the risks of accidents, particulate pollution from tire and brake wear as well as resuspension, noise, traffic jams and land use for road infrastructure. It is especially multi-track vehicles which, due to their high space requirement, hamper quality of life improvements in urban areas – when temperatures are rising in particular. In addition, any major positive impact on the climate footprint will only be felt if power generation for electric vehicles goes climate-neutral. The health potential of climate-sensitive mobility does not stop at electric mobility (high agreement, robust evidence). The SDGs (target 3.6) also require the number of road fatalities to be globally halved by 2020, which cannot be realized through electric mobility alone. Statistics, however, indicate that the number of road fatalities in Austria is on the decline and that, by adopting additional measures, a halving of said numbers seems feasible. A reduction in car use, mileages and driving speed, in particular, is likely to reduce road fatalities and noise pollution, the emission of pollutants and GHGs (high agreement, robust evidence).

Potentials: The shift towards more climate-friendly means of freight and passenger transportation should at any rate become part of the solution. By attracting customers through improved services, it is possible to increase passenger numbers for local public transport and to reduce the modal share of private motorized transport at the same time. Vienna succeeded in reducing its modal share in private motorized transport by 4 percent within less than a decade. A shift towards active mobility (walking, cycling) and public transport will lower pollution and noise emissions and lead to an increase in physical activity, which in turn helps reduce obesity and overweight, minimizes the risk of developing cardiovascular and respiratory diseases and cancer, as well as the risk of sleep or psychic disorders. All these factors taken together lead to an increase in life expectancy with more years of healthy life (high agreement, medium evidence). In addition, the modal shift brings about significant cost savings for public health care. Cost-benefit analyses conducted in Belgium found that the amounts that could be saved in health care were between two and fourteen times higher than what had to be spent on bicycle paths.

A statistical survey of 167 European cities indicates that by extending a bike-path network it is possible to raise the share of bicycle traffic and that, by persistently adapting traffic concepts, it is indeed possible to increase the cycling modal share by more than 20 percent in German (e.g. Münster 38 percent) and Austrian cities (Innsbruck 23 percent and Salzburg 20 percent).

Through scenarios based on tried and tested measures, a study on the cities of Graz, Linz and Vienna indicated that, even excluding electric mobility, deaths per 100,000 population could be reduced by 60 in actual numbers and CO_{2equ} emissions from passenger traffic by 50 percent, whilst curbing annual health care spending by almost EUR 1 million per 100,000 population in the process. This could be achieved through a mix of policies combining the establishment of strolling zones, reduced-traffic zones, the construction of new bike paths and infrastructure, an increase in service frequencies of public transport and cheaper fares in urban/rural transit. Provided power generation goes carbon-neutral and if complemented by electric mobility, all of these measures could save 100 percent of CO_{2equ} emissions and prevent 70 to 80 deaths per 100,000 inhabitants annually (high agreement, robust evidence).

Options for action: Urban mobility in particular offers vast health co-benefits and great potential for improving quality of life, and therefore also is a promising opportunity for climate protection and health improvement. By becoming more people-friendly rather than car-friendly and by embracing active mobility, cities, towns and villages would improve social contacts, well-being and health statuses - and even reduce their crime rates. In addition, the dismantling of roads and parking lots will "depave" the way for creating green areas and for alleviating "heat island" effects in the process. All of

these advantages can be taken care of through appropriate measures of settlement structuring, such as physical layouts of homes, workplaces, shopping malls, schools, hospitals or retirement homes, which determines traffic volumes to a large extent, as well as through legal frameworks and guidelines for land use and urban planning (high agreement, robust evidence).

By promoting and incentivizing active mobility and by favoring public transport and sharing models over private motorized transport, it becomes possible to exploit previously untapped potential: active mobility can be promoted by creating low-emission zones of reduced motorized traffic as well as pedestrian promenades and bicycle boulevards, for instance, while, at the same time, parking spaces could be reserved for electric vehicles or approval granted only to car sharing companies committed to electric vehicles. It would eventually be possible to fund and intensify such pull measures through strategies to internalize external costs, in particular those of motorized traffic.

For the mobility sector to be of great benefit to both climate protection and health promotion, the institutional cooperation of all competent municipal, provincial and national authorities is recommended. To be functional, any cooperation first and foremost requires that necessary resources and capacities be made available for the exchange of information and opinions (high agreement, medium evidence).

A lot could also be done with regard to air traffic, which is encouraged and favored by policymakers and which is not covered by the Paris Climate Agreement. Air traffic, undoubtedly, leaves a very large carbon footprint mark and urgently requires action to be taken (high agreement, robust evidence); any plans to reduce it, however, have often been declined due to the various economic interests involved. Air traffic could be reduced by imposing a CO_2 tax on hitherto untaxed jet fuel, for instance, to eventually reduce harmful emissions such as particulate matter, secondary sulfates and nitrates as well as noise and the elevated risk of contracting infectious diseases.

5.3 Housing

Need for action: Housing conditions play an essential role in terms of health, well-being, climate protection and any adaptation to climate change. Both the physical layout (settlement structures) and building techniques trigger long-term path dependencies and have far-reaching implications for mobility and leisure behaviors. Buildings account for roughly 10 percent of Austria's GHG emissions with numbers declining, but the housing stock has been increasing for decades and 87 percent of all buildings are single-family or duplex houses, with apartment buildings containing 3 or more units accounting for a mere 13 percent.

In cities in particular, increasing summer heat loads during the daytime with no significant drops in temperatures overnight lead to uncomfortable indoor air climates and eventual health issues (especially for people in poor health and the elderly as well as children) (high agreement, robust evidence). Other well-documented stress factors include noise and air pollution. Noise levels measured overnight in front of a window which exceed approx. 55 dB(A) can cause health issues such as impaired cardiovascular regulation, mental disorders, reduced cognitive performance or glucose imbalances. Such elevated levels occur regularly on very busy roads (within cities and on highways and expressways) as well as near airports. The option of airing apartments is limited by noise and air pollution as well.

Options for action: To ensure that the focus of urban planning is on health improvement and climate-friendly housing, it would be essential to have climatologists and medical specialists participate in urban planning processes. When it comes to construction and housing policies, climate change adaptation strategies and emissions reduction on the one hand and the traffic situation and green and local recreation areas on the other cannot be addressed separately. While rules and regulations and support measures are increasingly taking account of the effects of climate change, they often fail to acknowledge the close interdependencies between housing and traffic and/or parking spaces.

When it comes to the energy-oriented restoration of old building stock in Austria, rates are as low as 1 percent and the quality of renovation is poor as well. Differences in ownership structures and diverging interests of landlords and tenants are urgent obstacles that need to be overcome. An increase both in the quality (e.g. high-quality thermal insulation, use of comfort ventilation systems) as well as the numbers of premises to be renovated will help reduce heat stress and will produce positive health effects (high agreement, robust evidence), which equally applies to office buildings, hospitals, hotels, schools, etc. This can also help to reduce the need for energy-intensive air conditioning systems. While the call for "affordable housing" may be understandable, it should not, however, translate into "cheap and poor construction design", as poor construction means elevated heating costs, which ultimately affects affordability. In addition, low-emission heating and hot water systems can become key components in terms of climate protection; in densely populated areas, however, they can achieve even more by improving people's health, since they contribute to reducing air pollution (high agreement, robust evidence).

Single-family and duplex houses with their attached garages and road space mean additional sealed surface, materials and energy input, and they imply a long-term commitment to private motorized traffic. As for new buildings, any such constructions should be called into question because of their climate footprint and health implications (high agreement, robust evidence). With a population increase of almost 2 percent and with an increase in sealed areas of 10 percent (approx. 54 acres per day), Austria is at the top of the list in Europe when it comes to soil sealing. As a consequence, rather than aspiring to own a house and garden it would be better to incentivize more attractive solutions such as apartment buildings situated in well-developed, low-traffic areas offering a high quality of life and access to green spaces, which, in addition to the numerous climate and health benefits they entail, help to strengthen feelings of community. What is needed now is the development of suitable passive and energy-plus building standards for larger buildings (high agreement, robust evidence).

5.4 Health Care Sector

Need for action: Accounting for 11 percent of the country's GDP (2016), Austria's public health care system is not only of great importance in economic and political terms as well as for society as a whole, it also has a climate impact; and it is stretched to its financial limits. Ironically, contrary to its true purpose of promoting health, it directly (e.g. through heating/air conditioning and power consumption) and indirectly (mainly through the manufacture of medical products) fuels climate change and its health implications (high agreement, medium evidence). Yet, the question of how to reduce emissions from the public health sector has neither been addressed by Austria's climate and energy strategy nor on an international level. Similarly, the health care reform papers fail to acknowledge its impact on climate change. Although Austria's National Health Targets do refer to sustainably securing the natural resources (Health Target 4), they do not point to the fact that it is essential to reduce emissions from the health care sector. Thus far, some hospitals have implemented efficiency/savings measures to reduce building-related emissions – in part for economic reasons. For the first time, a project within the framework of the Austrian Climate Research Program ACRP is currently gathering data on the Austrian health care sector's share in GHG emissions.

Potential: As for traditional environmental protection, for instance, in building construction, it turns out that GHG emissions are to a large extent caused by intermediate consumption. A carbon footprint study focusing on the US public health sector indicates that 10 percent of the United States' GHG emissions are directly or indirectly attributable to the health care system, with emissions from intermediate consumption exceeding direct on-site emissions, and that the lion's share of GHG emissions stems from the manufacture of pharmaceutical products. Studies in the UK and in Australia paint a similar picture, though indicating slightly lower figures (high agreement, medium evidence).

Avoiding unwarranted or non-evidence-based treatments (and hospitalization) helps not only to reduce emissions (e.g. particulate emissions) from the health care system and their health implications but will also be beneficial in terms of protecting the climate and health in general (high agreement, medium evidence). This includes avoiding medication over- and under-use, multiple or duplicative diagnoses or incorrect assignments (which is when treatment and care do not fit the diagnosis).

Options for action: For health and climate benefits to come to fruition, it is advisable to prepare a specific mitigation (and adaptation) strategy for the health care sector to provide a political guideline for all authorities involved at federal, provincial and organizational levels. And, with reference to the Austrian Health Target 4, any such strategy should aim to reduce direct and indirect GHG emissions, other harmful emissions, waste, and the use of resources as well as to adopt adaptation measures such as the development of climate-related health literacy and to integrate the topics of "climate and health" into education and training programs of health professionals. The various national and international policies can serve as role models during the implementation process [e.g. U.K. National Health Service, *Österreichische Plattform Gesundheitskompetenz* (ÖPGK; Austrian Platform Health Literacy)]. At the same time, participatory structures which allow for an exchange between the various parties involved should be established and form an integral part of the process.

Systematically integrating (if necessary compulsory) eco-quality criteria into quality control and utilizing the incentive mechanisms of the *Gesundheitsqualitätsgesetz* (Health Care Quality Act) can help and support environmental management departments in hospitals in particular.

Significant reductions in GHG emissions, in risks to patient safety and cuts in health care costs could be realized by avoiding unnecessary or non-evidence-based diagnoses and therapies (high agreement, robust evidence). Systematically enforcing the international initiative *"Gemeinsam klug entscheiden"* ("Making Choices Together/Choose wisely") may prove highly promising in curbing medication over, under- and misuse and hold great potential for mitigating economic and ecological impacts (high agreement, low evidence). What is problematic when it comes to avoiding unwarranted diagnoses and therapies is the fact that the pharmaceutical and medical device industries fund medical training programs in Austria with considerable amounts so that programs to a very large extent tend to cater to specific interests.

Consistently prioritizing multi-disciplinary primary care, health promotion and ill-health prevention in accordance with the health care reform can contribute to reducing energy-intensive hospitalizations and, therefore, GHG emissions (high agreement, low evidence). Medical treatments that focus to a greater extent on health promotion can help people adopt healthier diets and increase their physical activities through active mobility – which will also contribute to climate protection. In addition, the handing over of a greater number of patients to regional primary care (registered medical practitioners or health care centers) can reduce GHG emissions, as it reduces the traffic flows of patients and visitors to and from hospitals.

The health care system's impact on the climate will have to be analyzed during these implementation initiatives (e.g. analyses of GHG-intensive medical products and possible alternatives). Given their complex nature, the interdependencies require the conduct of adequately funded research projects on international, interprofessional, inter- and transdisciplinary levels with a focus on practical implications.

6 Transformation at the Intersection between Climate and Health

For the purpose of keeping the health implications of climate change in Austria in check, it will not suffice to enforce technological solutions such as energy efficiency improvements,  electric mobility, new therapies or building modernization, nor will such solutions be sufficient to meet the goals set forth in the Paris Climate Agreement, let alone to fulfill Austria's commitment to the SDGs vis-à-vis the world community. Rather, it is necessary to launch a comprehensive transformation process which challenges consumption patterns as well as economic modes of production and our health care system in search for answers in order to set the course for new development strategies that offer appealing qualities of life and equal opportunities for all in accordance with the Sustainable Development Goals (SDGs). Any such comprehensive transformation is bound to face resistance, such as inherent preservation tendencies which often pander to group interests and fail to adequately consider long-term disadvantages and emerging risks for the common good. It is where climate and health issues intersect that new and innovative concepts should be tried out in specific gradual steps of transformation since, in some areas, the health benefits will have a bearing on a great number of people, will set in rather quickly and be accompanied by positive climate effects.

6.1 Initiating a Cross-policy Transformation

Any transformation process will have to be stepwise, reflective and adaptive in nature in order to not run the risk of imposing incoherent individual measures which fizzle out rather ineffectively. All efforts to harness the numerous synergies and to avoid detrimental reciprocal effects will be in vain unless the interdependencies of, amongst other things, heat events, demographic dynamics, traffic, including active mobility, green areas, healthy diets, climate-related health literacy and a more climate-friendly health care system that focuses on disease prevention and health promotion are jointly considered and developed in the process.

It is true that some of Austria's strategies have already taken account of such a transformation process at the intersection between climate and health, but they hitherto failed to gain any satisfactory momentum. At the very least, the following three strategic areas offer synergies to be tapped into: On the one hand, there are the Austrian Health Targets with their aim at high-impact climate benefits (Target 2: Fair and Equal Opportunities in Health, Target 3: Health Literacy, Target 4: Secure Sustainable Natural Resources such as Air, Water and Soil and Healthy Environments, Target 7: Healthy Diet, Target 8: Healthy and Safe Exercise); and on the other, there are the Paris Climate Agreement as well as the recently adopted Austrian climate and energy strategy together with the Austrian adaptation strategy. The climate and energy strategy places the main focus on traffic and buildings, areas highly relevant to public health. Health promotion through active mobility forms an integral part of traffic concepts. And, not least by virtue of ratifying the UN General Assembly's Resolution "Transforming our world: the 2030 Agenda for Sustainable Development" with its 17 development goals and 169 targets, Austria has committed to far-reaching transformative steps in the fields of climate change and public health. The current report by the Federal Chancellery already takes note of the fact that adhering to the Health Targets will contribute to achieving a variety of sustainability goals.

In its latest status report on the environment and health in Europe, WHO/Europe identifies the lack of intersectoral cooperation at all levels as the main obstacle on the road to the successful implementation of climate measures (high agreement, robust evidence). Likewise, the EU calls for the integration of health into climate change adaptation and mitigation strategies of all sectors for the purpose of public health improvement.

Climate policies, in this regard, can become the driving force behind the "Health in All Policies" approach, and health the engine to propel integral transformative steps. What would be needed to realize this potential, however, is a decisive cooperation that can prove successful in Austria based on the aforementioned groundwork that has been laid (Health Targets, climate and energy strategy, Sustainable Development Goals). If rooted in a precise political mandate, climate and health policies could be tied together where topics intersect through the establishment of exchange structures for a transformation process, which, in turn and in addition, can make key contributions towards achieving the sustainability goals in the process. For the implementation process to be rapidly completed it would be necessary to have the government, the provinces and the municipalities participate on a broad basis, and also to include social insurance agencies and

academics. Topics that climate and health strategies should address specifically include the complex around heat-buildings-green areas-traffic, a healthy and climate-friendly diet, active mobility, developing health literacy, the emission mitigation and adaptation strategy for the health care system and also the systematic application of the *Umweltverträglichkeitsprüfung* (environmental impact assessment) in tandem with a health impact assessment for regional and urban planning.

6.2 Harnessing the Scientific Potential for Transformation

Even if there is no dispute as to which goals to set for both health and climate strategies – e.g. the lowering of meat consumption, a reduction in air traffic or an urban density increase – no answer has yet been provided as to how the respective measures can be formulated to win over the public and decision-makers and to avoid disadvantages and make the most of opportunities. This requires innovative scientific methods which not only monitor and analyze the systems from the outside but which, by favoring transdisciplinary approaches, help set in motion a targeted participative transformation and launch learning processes that are more likely to result in actual solutions. In any case, it will also be up to the science community to evaluate measures, identify interconnections vital to the success of strategies or to come up with forms of communication suited to accessing groups which are otherwise hard to reach.

To increasingly guarantee that only sensible and assertive action is taken, it is expedient to develop and implement a concept for monitoring the climate impact on all ecospheres and on health. To further the understanding of the direct and indirect effects of climate change, it stands to reason to establish and operate test regions. And it is also advisable to draw up a comprehensive population register following the example of Scandinavian countries in order to get a firmer grasp on climate vulnerability and the harmful effects of climate change thus far.

In addition, and to further ensure that appropriate action is taken, it will also be necessary to fill the gaps in our knowledge of where the issues of climate change, demographics and health intersect. This includes the collection of data on the emissions from health services (including intermediate consumption), the preparation of mitigation measures, and lifecycle assessments of medical products, in particular drugs, to help evaluate side effects such as the climate impact of medical treatments in relation to the treatment outcome (whether any success of a treatment is worth the damage). There is also a need for analyses of the efficiency of monitoring and early-warning mechanisms that focus on the reduction of harmful effects; in this context, however, some methodological questions of how to quantify treatment success have yet to be answered (e.g. measurability of a reduction of mental trauma incidents).

Both medical as well as agricultural research would do well to improve transparency with regard to their scientific problem-solving techniques, test and trial designs, and also sources of funding, since research and education in both disciplines are increasingly funded by interest groups and the economy. This could be a necessary step towards an actual reduction in overmedication and multiple or duplicative diagnoses.

With buildings becoming increasingly hi-tech in order to improve energy efficiency, it will be necessary to analyze whether this will cause new health issues and how much net GHG emissions are actually saved as soon as intermediate consumption is factored into the carbon footprint.

With demand for quality food at lively levels, organic farming may help to achieve the Paris Climate Agreement objectives. An assessment, however, would require conclusive scientific data on the health effects of organic vis-à-vis non-organic food.

Ultimately, there is much to be learned from initiatives which have already adopted healthy and climate-friendly lifestyles. Such initiatives include, for instance, ecovillages, slow food or slow city movements and transition towns. Attractive and suitably convenient lifestyles can be incentivized by reducing negative and enforcing positive factors. Multi-faceted transformation research as well as research-oriented teaching could accelerate the respective transformative developments and could, thus, reduce impeding and promote beneficial factors to foster acceptable and viable developments that improve the quality of life.

Österreichischer Special Report

Gesundheit, Demographie und Klimawandel

Synthese

(ASR18)

Die Kapitel der Synthese entsprechen den Kapiteln des Volltextes. Für genauere Informationen wird daher auf die korrespondierenden Kapitel des Volltextes verwiesen. Weiters enthält der Volltext Hinweise auf online Supplements, die weiterführende Texte zu ausgewählten Inhalten des Reports bringen (siehe http://sr18.ccca.ac.at/). Zudem enthält der Volltext auch Boxen zu Spezialthemen (Stadtentwicklung und Demographie, Flugverkehr, Windkraftanlagen) bzw. einem Fallbeispiel (steirischer Hitzeschutzplan), die in der Synthese nicht beinhaltet sind.

Inhalt

Kapitel 1: Vorbemerkung

1.1 Herausforderungen

Global betrachtet sind die Folgen des Klimawandels für die Gesundheit bereits heute spürbar, und aktuelle Projektionen des zukünftigen Klimas lassen ein hohes Risiko für die Gesundheit der Weltbevölkerung erwarten (IPCC, 2014: Smith u. a., 2014; Watts u. a., 2015; Watts u. a., 2017).

Für Österreich muss der Klimawandel als bedeutende und weiterhin zunehmende Bedrohung für die Gesundheit eingestuft werden. Der Bericht bewertet drei verschiedene Wirkungspfade:

- Direkte Effekte des Klimawandels auf die Gesundheit, die durch Extremwetterereignisse, etwa vermehrte und intensivere Hitzeperioden, Überschwemmungen, Starkregen oder Dürre, ausgelöst werden.
- Indirekte Effekte von Klima- und Wetterphänomenen, die et al. auf Erreger und Überträger von Infektionskrankheiten wirken und damit die Wahrscheinlichkeit, dass bestimmte Infektionserkrankungen auftreten, erhöhen (APCC, 2014; Haas u. a, 2015; Hutter u. a, 2017).
- Schließlich klimawandelinduzierte Veränderungen in anderen Ländern, die durch Handel und Personenverkehr auch die Gesundheit in Österreich betreffen können (Butler & Harley, 2010; McMichael, 2013).

Nach dem Österreichischen Sachstandsbericht Klimawandel 2014 AAR14 (APCC, 2014) erarbeitet der vorliegende erste österreichische *Special Report* des *Austrian Panel on Cli-*

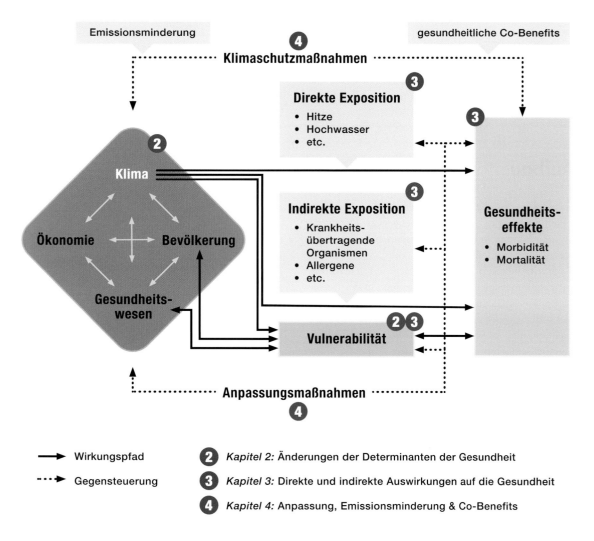

Abb. 1.1: *Dynamisches Modell der im Special Report behandelten Determinanten und deren Auswirkungen auf die Gesundheit: Veränderungen in den vier Gesundheitsdeterminanten Klima, Bevölkerung, Wirtschaft und Gesundheitssystem verursachen über Wirkungspfade Gesundheitseffekte, während Anpassungs- und Klimaschutzmaßnahmen gegensteuern. Die angesprochenen Veränderungen können sich direkt oder indirekt auf die Gesundheit auswirken. Die sich verändernde Vulnerabilität ist für die Effekte ebenfalls maßgeblich. Gesundheitseffekte werden durch Morbidität und Mortalität bemessen. Anmerkungen: Krankheitsübertragende Organismen werden in der Literatur oft Krankheitsüberträger oder Vektoren genannt. Die Nummern in der Grafik bezeichnen die entsprechenden Kapitel des Special Reports. Kapitel 1 Vorbemerkung und Kapitel 5 Schlussfolgerungen sind nicht verortet.*

mate Change (APCC) eine umfassende Zusammenschau und Bewertung von wissenschaftlichen Dokumenten zum spezifischen Thema „Gesundheit, Demographie und Klimawandel". Ziel der Bewertung ist es, zu erkennen, wo auf gesichertes Wissen zurückgegriffen werden kann, wo Konsens und wo Dissens herrscht, wo noch große Unsicherheiten bestehen und wo eine weitere Beobachtung von Entwicklungen angebracht ist. Dabei geht es nicht nur um das Erkennen drohender Gefahren, sondern auch um das Identifizieren von Chancen. Zwischen Klima- und Gesundheitspolitik akkordierte Strategien können sowohl Treibhausgasemissionen reduzieren als auch Gesundheitsvorteile lukrieren. Im Stile des AAR14 und der IPCC Berichte wurde ein inhaltlich umfassender, interdisziplinär ausgewogener und transparenter Prozess aufgesetzt, um eine glaubwürdige, für Österreich relevante und durch den Prozess legitimierte Bewertung bereit zu stellen, die als Entscheidungsgrundlage für Wissenschaft, Verwaltung und Politik effizientes und verantwortliches Handeln ermöglicht. Zentrale Erkenntnis der 1 ½-jährigen Arbeit ist, dass eine gut aufeinander abgestimmte Klima- und Gesundheitspolitik ein wirkmächtiger Antrieb für eine Transformation hin zu einer klimaverträglichen Gesellschaft sein kann, die aufgrund ihres Potenziales für mehr Gesundheit und Lebensqualität hohe Akzeptanz ermöglicht.

1.2 Aufbau

In der vorliegenden Synthese sind die wesentlichen Aussagen der einzelnen Kapitel des SR18 zusammengefasst. Details zu den 5 Kapiteln können in diesem umfassenden Bewertungsbericht nachgelesen werden.

Der Bericht richtet sein Hauptaugenmerk auf den Klimawandel im Zusammenspiel mit Veränderungen in der Bevölkerung, der Ökonomie und dem Gesundheitssystem. Diese für die Gesundheit wesentlichen Determinanten stehen auch in Wechselbeziehung zueinander, da ein verändertes Klima und veränderte demographische Merkmale z. B. auf die Wirtschaft und das Gesundheitssystem wirken (siehe Kap. 2). Basierend auf den Veränderungen der Gesundheitsdeterminanten fokussiert das Kapitel 3 auf die gesundheitlichen Auswirkungen, wobei die veränderte Vulnerabilität der Bevölkerung berücksichtigt wird. Dabei werden die über direkte und indirekte Exposition auf die Gesundheit wirkenden Folgen und Klimafolgen in anderen Weltregionen mit Gesundheitsrelevanz für Österreich bewertet. In der Folge werden in Kapitel 4 Anpassungsmaßnahmen und Klimaschutzmaßnahmen bewertend diskutiert. Ein besonderes Augenmerk liegt dabei auf solchen Maßnahmen, die ein Potenzial für sogenannte *Co-Benefits*, Vorteile für Klima und Gesundheit, aufweisen. Kapitel 5 liefert eine Zusammenschau, zieht Schlussfolgerungen und zeigt vor dem Hintergrund der Unsicherheiten Handlungsoptionen auf bzw. diskutiert Schritte zur anpassenden Systementwicklung und Transformation (siehe Abb. 1.1).

1.3 Ziele und Zielgruppen

Der Stand des Wissens und seiner Bewertung soll den Handlungsbedarf verdeutlichen und die Handlungsoptionen aufzeigen, die bereits in der Literatur bzw. im ExpertInnendiskurs erkennbar sind. Der Bericht stellt nicht eine „rezepthafte Verschreibung" an Politik und Verwaltung (*not policy prescriptive*) dar, sondern ist vielmehr eine politikrelevante Ressource, die Orientierung aber auch Impulse geben soll (*policy relevance*). Damit liefert der Bericht Entscheidungstragenden eine Legitimationsgrundlage für Umsetzungsschritte.

Thematisch soll der Bericht dazu beitragen, dass Klimapolitik und Klimaforschung Gesundheit als einen wirkmächtigen Antrieb anerkennen und gezielt nutzen. Während für konkrete Klimaschutzinitiativen die reduzierten Klimafolgen weder bezüglich Ausmaß, Zeitlichkeit noch räumlichem Auftreten abschätzbar sind, sind deren potenzielle Gesundheitsvorteile gut abschätzbar und stellen sich lokal und zeitnah ein. Damit bieten sie eine gute Legitimation für entschiedenes politisches Handeln (Ganten u. a., 2010; Haines, 2017; Haines u. a., 2009; IAMP, 2010). Im Fall der Anpassung an den Klimawandel ist eine potenzielle Reduktion von Gesundheitsfolgen ebenfalls ein legitimierendes und evidenzbasiertes Argument (Steininger u. a., 2015).

Auch die demographischen Dynamiken erfordern im Zusammenspiel von Klimawandel und Gesundheit weit mehr Berücksichtigung als bisher. Bezogen auf Gesundheitspolitik und Gesundheitsforschung möchte der Bericht dazu beitragen, dass der Klimawandel und seine Folgen als ernstzunehmende Faktoren routinemäßig mitbetrachtet werden. Zudem ist der Beitrag des Gesundheitssystems zu klimarelevanten Emissionen, die letztlich die Gesundheit gefährden, nicht unerheblich und sollte daher von Gesundheitsforschung und -politik ernsthaft berücksichtigt werden.

Zielgruppenspezifische Kommunikation ist hier wesentlich. Neue Möglichkeiten entstehen, wenn Klima-Kommunikation mit Gesundheit kombiniert wird. Während Botschaften zu Klimathemen tendenziell entweder moralisierend an Einzelne appellieren oder sperrig werden, weil sie komplexe strukturelle Rahmenbedingungen hinterfragen, verweisen gesundheitlich motivierte Botschaften meist auf individuelle Gesundheitsvorteile, wobei sie strukturelle Faktoren eher vernachlässigen. Diese komplementären Vor- und Nachteile können in einer auf Dialog ausgerichteten Kommunikation kombiniert werden.

Schließlich möchte der Bericht sektorenübergreifende Kooperation zwischen Politik, Verwaltung und Forschung in den Bereichen Gesundheit und Klima unter Berücksichtigung demographischer Dynamiken begünstigen. Speziell Gesundheits-*Co-Benefits* von Maßnahmen des Klimaschutzes bzw. der Anpassung an den Klimawandel bieten hier zahlreiche Chancen für eine fruchtbare Zusammenarbeit zum Nutzen von Gesundheit und Klima.

Kapitel 2: Veränderung der Gesundheitsdeterminanten

Kernbotschaften

Getrieben von der Temperaturzunahme, die mit beispielloser Geschwindigkeit vor sich geht, verändern sich weltweit – auch in Österreich – die klimatischen Bedingungen, welche die gesundheitlichen Einflussfaktoren direkt und indirekt mitbestimmen.

- Bei gesundheitsrelevanten Klimaindikatoren sind in folgenden Bereichen größere Veränderungen zu erwarten:
  - bei Extremereignissen hinsichtlich Auftrittshäufigkeit, Dauer und Intensität (z. B. Hitzewellen, Dürre, Starkniederschläge, Hochwasser)
  - bei der klimainduzierten Änderung der Verbreitungsgebiete lokal bisher nicht bekannter oder wenig verbreiteter allergener Pflanzen und krankheitsübertragender Organismen (z. B. *Anopheles*-Mücken)
  - bei der klimabedingt verstärkten Wirkung von Luftschadstoffen
- Um die Resilienz innerhalb der Gesellschaft gegenüber zu erwartenden Klimafolgen zu erhöhen, gilt es mögliche relevante Systemwechselwirkungen und daraus ableitbare Adaptionsstrategien zu erforschen.

Die demographische Zusammensetzung der Bevölkerung spielt für die Analyse der Auswirkungen des Klimas auf die Gesundheit ebenfalls eine wichtige Rolle.

Bevölkerungsgruppen unterscheiden sich hinsichtlich ihrer Vulnerabilität, wobei diese verschiedenste Ursachen haben kann: Besonders vulnerable Gruppen sind ältere Menschen, Kinder, Menschen mit Behinderung, chronisch kranke Menschen, Minderheiten und Personen mit niedrigem Einkommen, die aufgrund struktureller, rechtlicher und kultureller Barrieren oft nur eingeschränkten Zugang zur Gesundheitsinfrastruktur haben.

Infolge der fortschreitenden demographischen Alterung ist damit zu rechnen, dass ein zunehmender Anteil der Bevölkerung Österreichs Teil der Risikogruppe wird. Betrug die Zahl der Personen im Alter von 65 und mehr Jahren im Jahr 2017 noch 1,63 Mio., so wird diese bis 2030 um eine halbe Million (31 %) auf 2,13 Mio. zunehmen.

Weniger eindeutig sind die Vulnerabilitätseffekte von Migration, die als weitere wichtige Auswirkung klimatischer Veränderungen auf Bevölkerungen gesehen werden kann. Während diese zumeist innerhalb nationaler Grenzen stattfindet, deutet eine zunehmende Zahl an Studien darauf hin, dass Umwelteinflüsse auch internationale Migration hervorrufen können. Hier ist ebenso mit einer Zunahme des Anteils der Risikogruppe der nach Österreich zuwandernden Bevölkerung zu rechnen.

Nicht zu vernachlässigen ist auch der indirekte Einfluss von klimatischen Veränderungen auf Migrationstendenzen durch die Befeuerung von Konflikten, was zweifellos zu einem Anstieg der Vulnerabilität führt. Zugleich leistet Migration aber auch einen Beitrag zur Abschwächung des Effekts der Alterung, was tendenziell eher vulnerabilitätsmildernd wirken kann.

Um die zukünftigen Auswirkungen des Klimawandels auf vulnerable Bevölkerungsgruppen gering zu halten, sind rechtzeitig Vorsorgemaßnahmen zu treffen, welche den spezifischen Vulnerabilitätsmustern unterschiedlicher Bevölkerungsgruppen gerecht werden. Die Nicht-Berücksichtigung demographischer Faktoren kann zu fehlgeleiteten Politikmaßnahmen führen.

Auch volkswirtschaftliche Probleme können die Bereitstellung öffentlicher Gesundheitsleistungen beeinträchtigen und somit Vulnerabilität erhöhen.

Die prominentesten Faktoren sind steigende Ungleichheit, Alterung oder die Automatisierung der Produktion. Der Klimawandel kann zum einen Ursache ökonomischer Veränderungen sein, zugleich aber auch die vulnerabilitätssteigernde Wirkung der genannten ökonomischen Veränderungen verschärfen.

Nachhaltige wirtschaftliche Rahmenbedingungen werden erforderlich sein, um Ungleichheit befördernde Wirtschaftskrisen zu vermeiden und eine erfolgreiche Anpassung an den Klimawandel für alle zu gewährleisten.

Der Klimawandel beeinflusst das Gesundheitssystem bzw. die Gesundheitsversorgung, wobei die Kompetenzen zur Vermeidung oder Abschwächung seiner direkten und indirekten gesundheitlichen Folgen fragmentiert sind und oft außerhalb des Gesundheitssystems liegen.

Um der erhöhten Inanspruchnahme des Gesundheitssystems infolge des Klimawandels zu begegnen, gilt es, das Handlungsspektrum über die Akteure des Gesundheitssystems hinaus zu verbreitern.

Verstärkte Vorhaltung und Inanspruchnahme des Gesundheitssystems haben nicht nur gesundheitsökonomische Implikationen, sondern tragen ihrerseits selbst durch verstärkte Emissionen zum Klimawandel bei (z. B. durch Kühl- und Heizsysteme, Beschaffung und Transport etc.).

Ökonomische Bewertungen, die Kosten und Nutzen von spezifischen Maßnahmen zum Schutz der Gesundheit vor den Folgen des Klimawandels untersuchen, liegen kaum vor. Die erhöhte Krankheitslast führt jedoch unumstritten zu ökonomischen Folgekosten, u. a. bedingt durch erhöhte Präventionskosten und Inanspruchnahme, Produktivitätsausfälle (Krankenstände), direkte Schäden und Investitionsaufkommen.

2.1 Einleitung

In Anwendung des von der Weltgesundheitsorganisation bereitgestellten konzeptionellen Rahmens der Gesundheitsdeterminanten (WHO, 2010a) beschäftigt sich dieses Kapitel mit den sozialen, politischen und ökologischen Kontexten, die auf Gesundheit wirken – speziell Bevölkerungsdynamik, Wirtschaft und das Gesundheitssystem mit besonderem Augenmerk auf Veränderungen in der Vulnerabilität. Ausgangspunkt ist aber einmal mehr der Klimawandel, dessen direkte wie auch indirekte Gesundheitsauswirkungen im Kontext des komplexen Wechselspiels der drei genannten Determinanten gesehen werden müssen.

Nicht nur Änderungen in Klima, Wirtschaft und Gesundheitssystem beeinflussen die Gesundheit der Bevölkerung, auch die Änderungen der Bevölkerung selbst wandeln deren Anfälligkeit. In Österreich führen eine längere Lebenserwartung und Abwärtstrends in der Fertilität in den letzten Jahrzehnten zu einer Alterung der Bevölkerung. Diese Veränderung der Altersstruktur wirkt sich durch den verringerten Anteil an erwerbstätiger Bevölkerung über das Rentensystem und den vergrößerten Bedarf nach Langzeitpflege auf soziale Sicherungssysteme, wie das Gesundheitssystem, aus (Hsu u. a, 2015). In ähnlicher Weise trägt auch die Migration (nicht nur hinsichtlich der Bevölkerungszahl, sondern auch in Bezug auf ihre Zusammensetzung) zum demographischen Wandel bei (Philipov & Schuster, 2010). Zuletzt beeinflussen diese demographischen Veränderungen die Morbiditätsmuster, da sie sich auf den Anteil an gefährdeter Bevölkerung auswirken. Die Populationsdynamik ist somit als zentrale Gesundheitsdeterminante zu sehen.

Wenngleich nicht explizit im ursprünglichen konzeptionellen Rahmen der Gesundheitsdeterminanten genannt, hat auch der Klimawandel offensichtlich einen Einfluss auf Determinanten wie Wirtschaft, Gesundheitssystem und Bevölkerungsdynamik (IPCC, 2014). Gesundheitseinrichtungen können direkten Schaden nehmen, aber auch indirekte Schäden sind möglich, z. B. aufgrund des Wiederauftretens oder der erneuten Zunahme bestimmter Infektionskrankheiten, wobei zeitgerechtes Risikomanagement und Vorbereitungsmaßnahmen im öffentlichen Gesundheitssystem vonnöten sein werden, um mit den neuen Anforderungen Schritt zu halten. Antworten des öffentlichen Gesundheitswesens auf diese neuen Herausforderungen müssen hierbei sowohl die Möglichkeit der Emissionsminderung als auch der rechtzeitigen Anpassung sowie mögliche „Co-Benefits" in Betracht ziehen (Frumkin u. a., 2008; Haines, 2017). Treibhausgase zu reduzieren, würde nicht nur helfen, den Klimawandel einzudämmen, sondern auch gesundheitliche Vorteile bringen, weil klimabezogene Risiken verringert werden würden.

Was die Auswirkungen des Klimawandels auf die Bevölkerungsdynamik anbelangt, verdichtet sich die Evidenz, dass Extremwetterereignisse sowie eine Verschlechterung der Luft-qualität mit beträchtlicher zusätzlicher Mortalität einhergehen (Forzieri u. a., 2017; Silva u. a., 2013). Auch wirken die akuten Folgen des Klimawandels verstärkend auf Migration über kurze Distanzen, jedoch abschwächend auf Migration über größere Distanzen, da aufgrund von Einkommensverlusten schlichtweg die zur Auswanderung nötigen Ressourcen fehlen. Weiters verstärkt der Klimawandel ökonomische, politische und soziale „*Push*-Faktoren" in den Herkunftsgebieten (Black, Adger u. a., 2011). Die migrationsbedingten Veränderungen in Bevölkerungsverteilung und -struktur in Österreich wirken sich zugleich wieder auf die dem Klimawandel ausgesetzte Bevölkerung aus. Tatsächlich sind die vom Klimawandel ausgehenden gesundheitlichen Gefahren nicht gleichmäßig über alle Bevölkerungsschichten verteilt und es gilt demographische Unterschiede in der Vulnerabilität zu berücksichtigen (Muttarak u. a., 2016).

2.2 Entwicklung der gesundheitsrelevanten Klimaphänomene: Klimavergangenheit und Klimaprojektionen

Die Zusammenhänge zwischen Klimawandel und Gesundheit sind sehr vielfältig und zum Teil ziemlich komplex. Für die Entwicklung der Spezies Mensch war das Klima schon immer von großer Bedeutung; so ermöglichten die geringen Temperaturschwankungen des Holozäns die Entwicklung der Menschheit von der Steinzeit bis zu den gegenwärtigen Hochkulturen. Die aktuelle Klimaentwicklung unterscheidet sich von den Klimaänderungen in der Vergangenheit einerseits dadurch, dass sie anthropogen verursacht ist, andererseits dadurch, dass sie bedeutend schneller voranschreitet, als das während des Holozäns jemals der Fall war.

Einige meteorologische Phänomene sind von besonderer Relevanz für die menschliche Gesundheit (Tab. 2.1). Das Ausmaß der Veränderungen und die Unsicherheit der Aussagen wurden von KlimaexpertInnen eingeschätzt. In Übereinstimmung mit der internationalen Literatur werden bei Hitze und Dürre die stärksten Veränderungen erwartet bei gleichzeitig geringer Unsicherheit der Aussage. Sie gehen einher mit verminderter Abkühlung bei Nacht. Als ebenfalls sehr relevant bei gesicherter Aussage wird die zeitliche Verschiebung des Auftretens von Allergien eingeschätzt. Viele hydrologische Extremereignisse sind sowohl bezüglich Ausmaß als auch Sicherheit der Aussage etwas niedriger bewertet. Interessanterweise laufen Sicherheit der Aussage und Ausmaß der Änderung im Bereich niedriger Werte sehr parallel. Dies könnte bedeuten, dass es auf diesem Gebiet noch zu wenig Forschung gibt, um die Aussagen zu erhärten und Überraschungen daher durchaus möglich wären.

Klima-induzierte Phänomene	Indikatoren mit potentiellen gesundheitsschädlichen Entwicklungen	Mögliche Gesundheitsfolgen	Ausmaß der Veränderung
Lang-anhaltende Ereignisse	Anstieg der Zahl an Hitzetagen	Hitzestress	2
	kontinuierlicher Temperaturanstieg im Sommerhalbjahr	thermische Belastung	3
	verlängerte Dauer der Hitzeperiode	kumulierende Hitzebelastung	2
	verringerte nächtliche Abkühlung	Erholungsphase fehlt	2
	Gleichzeitigkeit von Hitze und hoher Luftfeuchte	thermische Belastung	2
	rasche Temperaturänderungen	thermische Belastung	1
Kälte	steigende Zahl an Kältetagen	Erfrierungen, Immunsystem belastet	-1
	Dauer der Kälteperiode verlängert	kumulierende Kältebelastung	-1
	sinkende Durchschnittstemperatur	Immunsystem belastet	-1
Hydro-logische Ereignisse	vermehrte Dürre	indirekte Wirkung durch Wasser- und Lebensmittelverknappung	3
	intensivere und/oder häufigere kleinräumige Starkniederschläge	Unfälle, Verletzungen, Traumata	2
	häufigere und/oder intensivere Hochwasserereignisse	Unfälle, Verletzungen, Traumata; Trinkwasserversorgung	1
	vermehrte und/oder heftigere Gewitter	Blitzschlag; Unfälle	2
	zunehmende Ereignisse mit großen Schneemassen	Unfälle, Verletzungen; Basisversorgung	1
	häufigere Vereisungsereignisse	Unfälle, Verletzungen	0
Wind-ereignisse	vermehrte und extremere Stürme	Unfälle, Verletzungen	0
	vermehrte und extremere Windhosen	Unfälle, Verletzungen	1
	vermehrte und extremere Tornados	Unfälle, Verletzungen	1
Lang-anhaltende Ereignisse	höhere Anzahl an Tagen mit Feinstaub-Grenzwertüberschreitung	Dauerbelastung der Atemwege und des Herz-Kreislauf-Systems	-1
	höhere Anzahl an Tagen mit Ozon-Grenzwertüberschreitung	Belastung der Atemwege und des Herz-Kreislauf-Systems	1
	vermehrte Nebellagen	Unfälle	1
Massen-bewegungen	häufigere Muren	physische Einwirkung	2
	häufigere Erdrutsche	phyische Einwirkung	2
	häufigere Felsstürze	physische Einwirkung	1
	häufigere Lawinen	physische Einwirkung	1
Krankheits-vektoren	zunehmende Anzahl und Verbreitung von Zecken	FSME, Lyme-Borreliose	1
	zunehmende Anzahl und Verbreitung von Nagern	Leptospirose, HFRS, Tularämie	1
	zunehmende Anzahl und Verbreitung von *Anopheles*-Mücken	Malaria	2
	zunehmende Anzahl und Verbreitung von *Aedes*-Mücken	Dengue-Fieber, Gelbfieber, Chikunguyafieber	2
	zunehmende Anzahl und Verbreitung von Sandmücken	Leishmaniose	2
	zunehmende Anzahl und Verbreitung von *Culex*-Mücken	West-Nil-Fieber	2
Pollen	Verlängerung der Saison	Allergien	2
	jahreszeitliche Verschiebung	Allergien	2
	stärkeres Auftreten allergener Pflanzen	Allergien	1
	Einwanderung von allergenen Neobiota	Allergien	2
Aquatische Systeme	erhöhter Wasserbedarf	Wasserverknappung	2
	geringere Schneemengen in tiefen Lagen	Wasserverknappung durch verstärkten Winterabfluss	2
	geringerer Grundwasseraufbau	Wasserverknappung	1
	Zunahme der Krankheitserreger im Süßwasser	*Giardia lamblia-*, *E. coli-*, Vibrionen- und *Cryptosporidium*-Infektionen	1
Nahrungs-mittel	lebensmittelbedingte Erkrankungen	*Campylobacter-*, Salmonellen-, *E. coli-* und Vibrionen-Infektionen; Mykotoxine	1
	Ernteeinbußen und -ausfälle	Lebensmittelverknappung	1
	erhöhter Pestizideinsatz durch vermehrte Schädlinge	Rückstände in Nahrungsmitteln, Wirkungen auf AnwenderInnen	2

Zunehmende Sicherheit der Aussage   Gesamter Wirkungsbereich   Inverse Wirkung   Keine Wirkung   Zunehmende Wirkung →

-1   0   1   2   3

Tab. 2.1: Klimainduzierte und gesundheitsrelevante Phänomene, zugehörige meteorologische Indikatoren und entsprechende potenzielle gesundheitliche Wirkungsweisen sowie Abschätzung von Ausmaß der Änderung und Unsicherheit der Aussage durch KlimaexpertInnen.

2.3 Veränderungen in der Bevölkerungsdynamik und -struktur

Die für Österreich in den kommenden Jahrzehnten zu erwartenden demographischen Wandlungsprozesse sind zu einem Großteil bereits in der aktuellen Bevölkerungsstruktur angelegt und recht gut vorhersagbar. Größere Unsicherheit besteht freilich in Bezug auf das Ausmaß zukünftiger Migration, welche sowohl von „push-Faktoren" in den Ursprungsländern als auch von „pull-Faktoren" in den Zielländern abhängen. Inwieweit die zukünftige politische und klimatische Instabilität in den Ursprungsländern zunehmen wird, lässt sich genauso schwer vorhersagen wie die von den jeweiligen politischen Umständen in den Zielländern abhängige Einwanderungspolitik. Österreich könnte in Zukunft mit anderen alternden Gesellschaften in einen Wettbewerb um knapper werdende Arbeitskräfte eintreten, die zum Teil „importiert" werden müssten. Infolge der zunehmenden Automatisierung kann es aber auch zu einem Schwinden der Nachfrage nach menschlicher Arbeitskraft kommen (Acemoglu & Restrepo, 2018).

Ein weiterer Unsicherheitsfaktor in Hinblick auf die Bevölkerung erwächst aus der geografischen Verteilung derselbigen. Das Fortschreiten der Urbanisierung in den Industrieländern wird zwar generell erwartet, in Bezug auf das Ausmaß sowie die daraus resultierenden sozioökonomischen, gesundheitlichen und klimarelevanten Folgen herrscht aber Ungewissheit.

2.4 Veränderungen der Wirtschaft

Die derzeitige Entwicklung der wirtschaftlichen Verhältnisse hin zu größerer Kapitalkonzentration führt zu einem Anwachsen von sozioökonomisch benachteiligten Gruppen. Diese sind besonders anfällig für klimainduzierte Gesundheitsrisiken. Während die Hauptströmungen der Wirtschaftswissenschaften Wachstum grundsätzlich als positiv einschätzen, weil es im Idealfall das Wohlstandsniveau aller Menschen erhöht, werden die umweltschädigenden Folgewirkungen von Wachstum oftmals vernachlässigt. Dies wird von verschiedenen nicht-neoklassischen Denkschulen wie z.B. der politischen Ökonomie, der ökologischen Ökonomie oder der heterodoxen Ökonomie kritisiert, weil die bloße Forderung nach mehr Wachstum zu kurz greift. Vielmehr wird ein gesamtgesellschaftlicher Diskurs darüber gefordert, wie Gesellschaften sich nachhaltig entwickeln sollen. Im Rahmen der Initiative „Wachstum im Wandel", getragen von Bundesministerien, Ländern, Universitäten und NGOs werden diese Fragen regelmäßig und ausführlich diskutiert.

Sozioökonomisch benachteiligte Gruppen und insbesondere armutsgefährdete Personen sind durch den Klimawandel ganz besonders bedroht, da sie nicht über die erforderlichen Ressourcen verfügen, um sich vor den negativen Auswirkungen zu schützen oder da sie durch ihre Lebens- oder Wohnsituation besonders exponiert sind. Zu armutsgefährdeten Personen gehören in einem überproportionalen Anteil Arbeitslose, Frauen, ältere Menschen, Kinder in Ein-Eltern-Haushalten oder in Mehrpersonenhaushalten mit mindestens drei Kindern und Menschen mit Migrationshintergrund (Lamei u.a., 2013). Verteilungspolitische Maßnahmen und die Reintegration in das Erwerbsleben werden daher mit zunehmendem Klimawandel eine größere Bedeutung erlangen.

Der Klimawandel kann vermehrte direkte Schäden an der öffentlichen Infrastruktur sowie an Produktionsanlagen durch Stürme, Starkregen, Hagel, Hochwasser oder Vermurungen verursachen. Darüber hinaus verringern höhere Temperaturen die Arbeitsproduktivität und damit auch die Wirtschaftsleistung (Dell u.a. 2009; Kjellstrom, Kovats u.a., 2009).

2.5 Veränderungen der Gesundheitssysteme

Als Konsens gilt, dass klimainduzierte Effekte zu verstärkter Nachfrage im Gesundheitssystem und damit zu erhöhten Kosten führen. Gesundheitsökonomische Studien bauen üblicherweise auf unterschiedlichen Zukunftsszenarien auf, sodass sie gewissen Schwankungsbreiten unterliegen. Wie stark sich die mannigfaltigen klimainduzierten direkten und indirekten Effekte letztlich in den Gesundheitssystemen auswirken, ist daher unsicher und in hohem Maße von (geo-) politischen Faktoren abhängig.

2.6 Überblick zu den Veränderungen der Gesundheitsdeterminanten

In der Menschheitsgeschichte ist es zwar immer wieder zu Schwankungen im mittleren Temperaturverlauf gekommen, noch nie haben sich diese jedoch in einem so kurzen Zeitraum zugetragen, wie es seit der industriellen Revolution der Fall ist. Auch wenn viele Menschen das angepeilte Klimaziel einer Zunahme von „lediglich" 2 °C innerhalb einiger Dekaden als akzeptabel oder gar begrüßenswert ansehen, sind die Konsequenzen der damit einhergehenden klimatischen Veränderungen noch nicht eindeutig zu bestimmen.

Tab. 2.2: Veränderung der Klimaindikatoren gruppiert nach klimainduzierten und gesundheits-relevanten Phänomenen: 3 zeigt eine starke für die Gesundheit nachteilige Änderung an, -1 steht für eine der Gesundheit förderliche Entwicklung. Unsicherheit: Dunkles Grau steht für große Unsicherheit, weiß steht für geringe Unsicherheit.

Mit überaus hoher Wahrscheinlichkeit lässt sich – auch für Österreich – von einer Zunahme an Extremwetterereignissen ausgehen (APCC, 2014). Die Folgewirkungen des Klimawandels können sich regional stark unterscheiden und in ländlichen Regionen anders ausfallen als in städtischen Ballungsräumen. Zugleich kommt es durch die klimatischen Veränderungen zu Anpassungsprozessen in der Biosphäre, die mit einem verstärkten Auftreten von Allergenen, aber auch Veränderungen in der geografischen wie auch jahreszeitlichen Verbreitung von Krankheitserregern einhergehen.

Parallel zu diesem Klimaszenario laufen gesellschaftliche Veränderungsprozesse ab, deren Gesundheitsfolgen mit dem Klimawandel interagieren. Wie in fast allen fortgeschrittenen Industrienationen ist auch in Österreich ein demographischer Wandel zu beobachten, der zur graduellen Alterung der Bevölkerung führt. Da ältere Menschen tendenziell eher als gefährdet einzustufen sind, erhöht sich das aus dem Klimawandel resultierende Gesundheitsrisiko. Auf globaler Ebene ist mit einer weiteren Zunahme der Bevölkerung zu rechnen, welche den Klimawandel beschleunigt, zugleich ist aber auch ein Anwachsen der globalen Migrationsströme, insbesondere aus den stark vom Klimawandel betroffenen Regionen in die gemäßigteren Temperaturzonen, zu erwarten.

Vor dem Hintergrund ökonomischer Veränderungen, die sich stark auf Produktionsprozesse und den globalen Güteraustausch auswirken, hat der Klimawandel das Potenzial, bestehende Ungleichheiten zu verschärfen und neue Ungleichheiten zu erzeugen. Menschen am unteren Ende der Einkommensverteilung weisen sowohl im globalen als auch im nationalen Rahmen größere Vulnerabilität auf, die durch den Klimawandel noch verschärft wird. Sie werden den Großteil der ökonomischen Einbußen aufgrund reduzierten Wirtschaftswachstums zu schultern haben. Dieser Entwicklung gilt es entgegenzuwirken, indem die Rahmenbedingungen globalen Wirtschaftens nachhaltig gestaltet werden.

Kapitel 3: Auswirkungen des Klimawandels auf die Gesundheit

Kernbotschaften

Zu den wichtigsten Auswirkungen des Klimawandels in Österreich mit direkten Folgen für die Gesundheit zählt die Zunahme von Extremereignissen, darunter insbesondere Hitze. Neben akuten, kurzfristigen Folgen von Temperaturextremen ist schon ein moderater Temperaturanstieg mit einer erhöhten Sterblichkeitsrate verbunden. Insgesamt ist die Sterblichkeitsrate im Winterhalbjahr immer noch höher, was auch auf andere saisonale Faktoren (z. B. Influenza) zurückzuführen ist. Die positiven Auswirkungen des Klimawandels im Sinne einer Reduzierung der Kältesterblichkeit werden allerdings die nachteiligen Folgen vermehrter Hitzewellen nicht ausgleichen. Zudem besteht die Gefahr, dass Veränderungen in der Arktis und des Golfstromes längere und kältere Winter mit einer erhöhten Zahl an Kältetoten auch in Österreich mit sich bringen könnten. Mittel- und langfristig können sich Menschen an Temperaturverschiebungen anpassen, wobei der Adaptionsfähigkeit an extreme Temperaturen physiologische Grenzen gesetzt sind.

Hohe Umgebungstemperaturen, insbesondere in Verbindung mit hoher Luftfeuchte, sind mit deutlichen Gesundheitsrisiken verbunden. Ein Fokus zukünftiger Prävention – vor allem bei Hitzewellen – sollte auf besonders vulnerable Gruppen (ältere Menschen, Kinder, PatientInnen mit Herz-Kreislauf- und psychischen Erkrankungen sowie Personen mit eingeschränkter Mobilität) gelegt werden.

Andere klimaassoziierte Extremereignisse führen zu zahlenmäßig geringeren körperlichen Schäden. Allerdings ist vor allem durch die mit ihnen verbundenen materiellen Schäden eine Zunahme psychischer Traumata zu erwarten. Da es zu diesem Thema aktuell in Österreich noch keine Studien gibt, besteht Forschungsbedarf zu langfristigen psychischen Folgen des Klimawandels.

Luftschadstoffe lagen 2010 an 9. Stelle der weltweiten Ursachen für verlorene gesunde Lebensjahre. Im Jahr 2012 gingen in Österreich 40.000 bis 65.000 gesunde Lebensjahre durch Luftschadstoffe verloren. Klimaschutzmaßnahmen können unmittelbare positive Auswirkungen auf die Luftqualität haben, wenn bei der Planung dieser Maßnahmen darauf geachtet wird.

Der Klimawandel begünstigt durch Erwärmung und durch geänderte Niederschlagsmuster die Ansiedlung verschiedener Arthropoden wie Zecken und Mücken bzw. führt zu einer Ausdehnung ihrer Siedlungsgebiete. Eine Reihe von Arthropoden kann als Krankheitsüberträger (sogenannte Vektoren) fungieren. Dazu müssen die Krankheiten entweder bereits heimisch sein oder durch globalen Handel und Personenverkehr eingeschleppt werden und sich auch in Wirtsorganismen, das sind Menschen oder andere Warmblüter, etablieren. Krankheitsüberwachung und Monitoring der Vektorenpopulationen und möglicher Erregerreservoire verringern das Risiko großer epidemischer Ausbrüche.

Die Folgen des Klimawandels werden den Migrationsdruck in Zusammenspiel mit anderen Faktoren verstärken, worauf das Gesundheitssystem (Versorgung und Betreuung ankommender MigrantInnen und funktionierende Surveillance zur Vorbeugung der Ausbreitung von neuen und alten Infektionskrankheiten) vorbereitet sein muss. Daten der intensivierten Surveillance aus den Jahren 2015 und 2016 haben keine signifikante Zunahme von Infektionskrankheiten in der nativen Bevölkerung in Österreich gezeigt. Durch Tourismus, Handel etc. besteht auch unabhängig von Migration ein reger Personenverkehr, durch den die österreichischen Gesundheitsdienste jederzeit auf bisher unbekannte Infektionskrankheiten bzw. Änderungen in Resistenzmustern vorbereitet sein müssen.

3.1 Einleitung

Der Klimawandel kann die Gesundheit über Wirkungsketten gefährden, die auf primären, sekundären oder tertiären Effekten basieren (Butler & Harley, 2010; McMichael, 2013). Sogenannte primäre oder direkte Wirkungen beschreiben unmittelbare Auswirkungen von Wetterphänomenen, wie die „extremen" Wetterereignisse Hitze oder Kälte, Sturm oder Starkregen, auf die Gesundheit. Unter sogenannten indirekten oder sekundären Wirkungen versteht man Gesundheitsfolgen aufgrund von Änderungen in verschiedenen (natürlichen) Systemen, die ihrerseits wiederum (auch) vom Klimawandel beeinflusst sind. Diese umfassen Ökosysteme, in denen z. B. Tiere oder Pflanzen vermehrt Allergene bilden bzw. freisetzen oder als Überträger (Vektoren) von Krankheiten dienen. Aber auch Auswirkungen auf die Landwirtschaft (z. B. durch Dürre- oder Starkregenereignisse) und damit verbunden allfällige Folgen auf unsere Ernährung, die in gesundheitlichen Problemen resultieren können, sind indirekte Effekte. Ein anderes Beispiel ist die atmosphärische Chemie, welche in Abhängigkeit von Temperatur und Sonneneinstrahlung Einfluss auf die gesundheitsrelevante Wirkung von Luftschadstoffen wie Ozon oder Feinstaub hat. Klimaänderungen beeinflussen auch direkt die Vermehrung und Überlebensfähigkeit von Krankheitserregern in der Umwelt und haben so in weiterer Folge gesundheitliche Auswirkungen. Tertiäre Effekte sind klimawandelinduzierte Veränderungen in anderen Weltregionen, die durch Handel und Personenverkehr die Gesundheit in Österreich betreffen.

3.2 Direkte Wirkungen

Direkte Auswirkungen extremer Wetterereignisse gefährden unabhängig vom Klimawandel die Gesundheit der österreichischen Bevölkerung. Dabei sind Hitzewellen am bedeutendsten. Sie werden mit dem Klimawandel an Häufigkeit und Intensität weiter zunehmen. Derzeit werden jährlich schon mehrere hundert Todesfälle in Folge von Hitze und von Hitzewellen in Österreich beobachtet (Hutter u. a., 2007). Mit der steigenden Zahl älterer BewohnerInnen steigt auch die Vulnerabilität der Bevölkerung. Im Gegenzug lässt sich bereits jetzt eine Anpassung beobachten, welche sich in einer Verschiebung der „optimalen Temperatur", das ist die Tagesmitteltemperatur mit der geringsten Sterblichkeit, zeigt.

Der Zusammenhang zwischen extremen Wetterereignissen und extremen Temperaturen und dem Anstieg von Sterblichkeit und Erkrankungsrisiko ist weltweit durch ausführliche Studien belegt und ließ sich auch an österreichischen Daten zeigen (Haas u. a., 2015). Prognostische Unsicherheiten ergeben sich aus zwei Überlegungen: Einerseits sind klimatologische Voraussagen hinsichtlich Häufigkeit und Intensität von Extremereignissen unsicherer als hinsichtlich der Durchschnittswerte, vor allem wenn es um kleinräumige Phänomene geht, die gerade im stark strukturierten Alpenraum wichtig sind. Andererseits führen sowohl Alterung der Bevölkerung als auch die laufende Anpassung an sich langsam ändernde Umweltbedingungen dazu, dass eine einfache Extrapolation historischer Dosis-Wirkungsbeziehungen wie z. B. zum Zusammenhang zwischen Temperatur und Sterberisiko nicht möglich ist. Die Anpassung an den Klimawandel erfolgt auf verschiedenen Ebenen (wie physiologische Reaktionen, Selektion weniger empfindlicher Personen, Anpassung im individuellen Verhalten, in gesellschaftlichen Regeln und in der Infrastruktur) und mit unterschiedlicher Geschwindigkeit. Daher lässt sich nur ungefähr abschätzen, ab wann die Geschwindigkeit des Klimawandels die Anpassungsfähigkeit überfordert (Wang u. a., 2018).

Andere extreme Wetterereignisse, wie Starkregen mit nachfolgenden Überschwemmungen und Murenabgängen, Gewitter und Stürme, bedingen gegenwärtig und in näherer Zukunft nicht eine ähnlich hohe Zahl von Todesfällen wie die Hitze (Kreft u. a., 2016). Sie führen aber von materiellen Schäden am Eigentum bis hin zur Bedrohung der Existenz. Die langfristigen psychischen Folgen wiederholter materieller Verluste wurden in anderen Ländern untersucht und sind auch für Österreich plausibel. Mangels eigener Untersuchungen, welche dringend erforderlich wären, können diese Folgen aber für Österreich nicht quantifiziert werden.

3.3 Indirekte Wirkungen

Unter den indirekten Wirkungen stehen vor allem Infektionskrankheiten im medialen Interesse. Infektionserreger werden in ihrem Wachstumszyklus von der Temperatur beeinflusst. Das betrifft vor allem jene Erreger, die über Wasser oder Nahrungsmittel auf den Menschen übertragen werden. Einige Gliederfüßer (Arthropoden), z. B. bestimmte Insekten und Spinnentiere, sind wichtige Überträger (Vektoren) von Krankheiten. Deren Auftreten im Jahreslauf und deren geografische Verbreitung (z. B. Seehöhe) hängen stark von der Temperatur ab. Die Vektoren selber werden jedoch erst zum Problem, wenn auch die Krankheitserreger heimisch werden. So wurden in Mitteleuropa in den vergangenen Jahren bereits Sandmücken und Dermacentor-Zecken nachgewiesen, die ursprünglich nur im Mittelmeerraum heimisch waren und lebensgefährliche Krankheitserreger wie Leishmanien oder Rickettsien übertragen. Eine kontinuierliche Überwachung (der Vektoren und der Krankheiten, etwa durch serologische Kontrollen an Menschen und allenfalls auch tierischen Wirten) und auch eine regelmäßige Schulung der ÄrztInnen ist erforderlich.

Für die derzeitige Gesundheitslast bedeutender ist die Belastung durch Luftschadstoffe (Fitzmaurice u. a., 2017; Gakidou u. a., 2017), wobei der Einfluss des Klimawandels auf diese allerdings noch unsicher ist. So nimmt die Bildung von Ozon und von sekundären Partikeln unter heißen sommerlichen Bedingungen zu. Andererseits verhindern winterliche inneralpine Inversionswetterlagen den Luftaustausch und erhöhen somit die Konzentration lokal gebildeter Schadstoffe. Sowohl primäre als auch sekundäre Luftschadstoffe führen über vielfältige Mechanismen zu entzündlichen Veränderungen – primär an den Atemwegen, sekundär auch im gesamten Organismus –, zu vegetativen Reaktionen, zu oxidativem Stress und zu Zellschäden. Fast alle Organsysteme sind daher von Luftschadstoffen betroffen, wobei unter einer kurzfristigen Schadstoffepisode vor allem kranke oder anderweitig vorgeschädigte Personen leiden. Der Klimawandel wird die Verteilung und die Umwandlung von Luftschadstoffen beeinflussen, aber für die Luftqualität sind die primären Emissionen von Schadstoffen bedeutender. Dabei ist es wichtig zu berücksichtigen, dass Maßnahmen zum Klimaschutz auch lokal vorteilhafte Wirkungen entfalten können, indem die Emission von Luftschadstoffen reduziert wird. Darauf wird unter „*Co-Benefits*" in Kapitel 4 näher eingegangen.

Ein weiteres Beispiel indirekter Wirkungen ist der Einfluss des Klimas auf die Pflanzenwelt, wobei im Hinblick auf die menschliche Gesundheit das Auftreten neuer allergener Pollen sowie die räumliche und zeitliche Ausdehnung allergener Arten im Vordergrund stehen. Allenfalls führt Trockenstress oder auch Kohlendioxid-Düngung zusätzlich zu vermehrten Gesundheitsfolgen (durch erhöhte Expression pflanzlicher Allergene). Derzeit leiden ca. 25 % der ÖsterreicherInnen an Allergien (Statistik Austria, 2015). Teilweise leiden diese

Menschen sehr darunter, da es für die sich daraus ergebenden Krankheiten (vor allem Heuschnupfen und Asthma) keine sehr wirksame kausale Therapie gibt und eine Allergenvermeidung nicht praktikabel ist.

3.4 Klimafolgen in anderen Weltregionen mit Gesundheitsrelevanz für Österreich

Auch wenn die Bevölkerung im Alpenraum im Vergleich zu anderen Weltgegenden weniger stark vom Klimawandel betroffen sein wird, wird Österreich über wirtschaftliche, soziale und politische Prozesse dennoch mit Klimafolgen in anderen Weltregionen konfrontiert werden. Selbst Probleme in entfernteren Weltgegenden wirken sich angesichts der globalen Vernetzung der Weltwirtschaft auf Österreich aus. Der Klimawandel – im Zusammenspiel mit dem globalen Wandel – wird das österreichische Gesundheitssystem so vor neue und große Herausforderungen stellen.

Beim Warenverkehr stehen unter anderem Qualitätseinbußen bei importierten Lebensmitteln (z. B. zunehmende Belastung mit Aflatoxinen im Falle vermehrter Niederschläge in den Anbauregionen) im Vordergrund. Hinsichtlich des Personenverkehrs erweckten Migrations- und Flüchtlingsströme (darunter auch sogenannte „Klimaflüchtlinge" und Opfer von „Klimakriegen") (Bonnie & Tyler, 2009; UNHCR, 2018; Williams, 2008) in den letzten Jahren größeres mediales Interesse. Diese rezenten Flüchtlingsbewegungen führten einerseits in Österreich zu einer Zunahme von Asylanträgen oder ImmigrantInnen, andererseits stellten sie den österreichischen Gesundheitsdienst vor neue Herausforderungen. Die aktuellen Daten, die sich nicht unbedingt auf Klimaflüchtlinge beziehen, aber sehr wohl auch auf diese anwendbar sind, weisen nicht auf eine relevante Infektionsgefahr für die autochthone Bevölkerung hin. Vielmehr sollten die Betreuung und die Gesundheit der MigrantInnen im Mittelpunkt des Interesses stehen. Hier sind Infektionskrankheiten und ihre entsprechende Therapie und Prophylaxe (Impfstatus) zu beachten. Wichtiger sind aber wahrscheinlich psychische Traumata, die einerseits durch die Fluchtursachen, andererseits durch Erlebnisse während der Flucht ausgelöst wurden.

Auch wenn die Flüchtlingsbewegungen der rezenten Vergangenheit nicht oder nur zu einem geringen Teil dem Klimawandel geschuldet sind, geben sie doch einen Vorgeschmack auf die Folgen eines ungebremsten Klimawandels im globalen Maßstab (Bowles u. a., 2015; Butler, 2016). Aller Voraussicht nach werden diese Klimafolgen in anderen Weltregionen im „komplexen Muster überlappender Stressoren" (Werz & Hoffman, 2013) die größte Herausforderung für das Gesundheitssystem und auch die Politik insgesamt darstellen. Im Detail sind die Folgen aber nicht vorhersehbar, da zu viele unzureichend kontrollierbare oder einschätzbare Faktoren eine wichtige Rolle spielen. So sind die konkreten Auswirkungen vor allem von den politischen Entscheidungen auf verschiedenen Ebenen und in verschiedenen Weltregionen abhängig.

In einem *Worst-Case*-Szenario destabilisiert der Klimawandel im Zusammenspiel mit Misswirtschaft und politischem Unvermögen Gesundheitssysteme und staatliche Ordnungen in einzelnen weniger stabilen Staaten (Grecequet u. a., 2017; Schütte u. a., 2018). Dies kann primär zu regionalen Gesundheitsproblemen führen. Sofern es sich um Infektionskrankheiten handelt, insbesondere um Infektionen, für die es keine Prävention (Impfungen) oder Therapie (z. B. Antibiotikaresistenzen, zum Teil durch insuffiziente Therapie begünstigt) gibt, können sich daraus in weiterer Folge weltweite Pandemien entwickeln, die auch das österreichische Gesundheitssystem vor große Herausforderungen stellen würden. Globale von der WHO koordinierte Krankheitssurveillance und internationale Solidarität sind wichtige Pfeiler einer präventiven Gesundheitspolitik.

3.5 Gesundheitsfolgen der demographischen Entwicklungen

Der Anteil an Kindern und Jugendlichen (< 20 Jahre) an der Bevölkerung Österreichs ist gesunken; dem steht ein Anstieg der Bevölkerung im nicht-mehr-erwerbsfähigen Alter (> 65 Jahre) gegenüber. Ein Rückgang der Bevölkerung im Haupterwerbsalter (20–64 Jahre) wurde seit 2001 durch Zuwanderung verhindert. Man muss damit rechnen, dass im Jahr 2050 27 % der Bevölkerung älter als 65 Jahre sein werden (siehe Kap. 2.3.2). Ursachen für diese Veränderungen sind neben dem Geburtenrückgang auch eine steigende Lebenserwartung.

Diese demographische Veränderung stellt schon jetzt, aber zunehmend in Zukunft eine Herausforderung für Pensionssicherungsmodelle, Gesundheitssysteme und Betreuungssysteme dar. Die öffentlichen Ausgaben für Langzeitpflege im stationären Bereich sind in Österreich zwischen 2005 und 2015 bereits um 4,7 % angestiegen und betrugen 2013 bereits 1,2 % des BIPs (OECD, 2015).

Das Gesundheitssystem sieht sich einer doppelten demographischen Herausforderung gegenüber. Es muss sich an die durch Alterung steigende und sich ändernde Nachfrage anpassen, gleichzeitig nimmt das Arbeitskräfteangebot für Gesundheitsberufe eben durch diese Alterung ab. Die Leistungsfähigkeit des Gesundheitssystems, bleibt es in den Grundstrukturen gleich, kann daher langfristig nur durch Zuwanderung aufrechterhalten werden.

Kapitel 4: Maßnahmen mit Relevanz für Gesundheit und Klima

Kernbotschaften

Gesundheits- und Klimapolitik strukturell zu koppeln, ist eine wichtige Voraussetzung zum Schutz der Bevölkerung vor den negativen Auswirkungen des Klimawandels und ein Beitrag zur Umsetzung der „Gesundheitsziele Österreich" und der *Sustainable Development Goals*. Die Folgen des Klimawandels werden in der österreichischen Gesundheitspolitik kaum berücksichtigt. Die „Gesundheitsziele Österreich" bieten jedoch prinzipiell einen geeigneten Rahmen, um den politischen Herausforderungen, mit denen Österreich aufgrund klimatischer und demographischer Veränderungen konfrontiert ist, zu begegnen. Die Handlungsempfehlungen aus der österreichischen Klimaanpassungsstrategie und den bisher veröffentlichten Strategien der Bundesländer weisen vielfältige Bezüge zu Gesundheit auf. Sie behandeln neben baulichen und infrastrukturellen Maßnahmen schwerpunktmäßig den Ausbau von Monitoring- und Frühwarnsystemen und die Implementierung von Aktionsplänen insbesondere als Reaktion auf zunehmende Extremwetterereignisse, wie z. B. Hitzewellen.

Der Gesundheitssektor ist ein energieintensiver, sozioökonomisch bedeutender und wachsender Sektor, dessen Integration in Klimastrategien der Gesundheit der Bevölkerung und dem Klima gleichermaßen zu Gute kommt. Obwohl gesamtgesellschaftlich bedeutend und klimarelevant, wird der Gesundheitssektor in Klimaschutzstrategien bislang nicht berücksichtigt. Den vielversprechendsten Ansatzpunkt bietet die Integration von Maßnahmen, die der Gesundheit der Bevölkerung und dem Klimaschutz gleichermaßen nutzen und auf eine stärkere strategische Ausrichtung auf Prävention und Gesundheitsförderung abzielen.

Indirekte Emissionen der Krankenbehandlung können über eine effizientere Verwendung von Arzneimitteln und medizinischen Produkten gesenkt werden. Aus internationalen *„Carbon Footprint"*-Studien geht hervor, dass die indirekten Treibhausgasemissionen über den Einkauf von Arzneimitteln und Medizinprodukten den weitaus größten Anteil an den gesamten Treibhausgasemissionen des Sektors haben. Das erfordert Maßnahmen im Kern des Krankenbehandlungssystems: Effizienzsteigerung durch Vermeidung von Über- und Fehlversorgung mit Medikamenten, evidenzbasierte Information über Screenings und Behandlungsverfahren, stärkere Integration von Gesundheitsförderung und Gesundheitskompetenz im Krankenbehandlungssystem. Dazu braucht es Forschung, die Evidenz zu denjenigen Bereichen liefert, die die größten Effekte auf die Gesundheit und das Klima haben.

Eine regelmäßige Überprüfung der Überwachungs- und Frühwarnsysteme sowie der Hitzeschutzpläne hinsichtlich ihrer Effektivität und Treffsicherheit ist eine wichtige Voraussetzung dafür, die Bevölkerung vor negativen Folgen des Klimawandels zu schützen. Österreich hat eine Reihe an **Überwachungs- und Frühwarnsystemen implementiert**, die angesichts des Klimawandels an Bedeutung gewinnen werden. Ob und inwieweit diese bei veränderten klimatischen Bedingungen angepasst werden müssen, ist derzeit nicht untersucht. Das Ausweisen spezieller Risikogruppen und -regionen in Hinblick auf extreme Wetterereignisse wie Hitze, aber auch im Zusammenspiel mit Schadstoffbelastungen sowie veränderter Ausbreitung von Krankheitserregern und Vektoren kann die Effektivität des Schutzes erhöhen.

Erreichbarkeit, gezielte Unterstützung und Betreuung von Risikogruppen gelten als zentral für den Schutz menschlicher Gesundheit vor Extremereignissen, insbesondere vor intensiveren und längeren Hitzewellen. Bildungsferne Schichten, einkommensschwache Personen, alleinstehende, alte und chronisch kranke Menschen – darunter auch MigrantInnen – sind von den Folgen des Klimawandels besonders betroffen, aber oft schwer zu erreichen. Eine verstärkte Sensibilisierung der AkteurInnen im Gesundheits- und Sozialbereich für die Betroffenheit von Risikogruppen wird als dringlich erachtet. Es ist sicherzustellen, dass diese Gruppen im Anlassfall auch erreicht werden. Effektiv sind Maßnahmen, die die Gesundheitskompetenz dieser Risikogruppen gezielt stärken, etwa über angemessene Informationsangebote, darüber hinaus aber auch konkrete Unterstützungsangebote für die Betroffenen bieten. Dazu zählt intensivere Betreuung bei Hitzeperioden durch ÄrztInnen, Pflegekräfte und ehrenamtlich Betreuende. Das impliziert auch entsprechende Unterstützung für die Betreuenden selbst.

Gezielte Anpassungs- und Klimaschutzmaßnahmen im Gesundheitswesen setzen die Integration des Themenfeldes „Klima und Gesundheit" in Aus-, Fort- und Weiterbildung voraus. Die Vermittlung der komplexen Zusammenhänge zwischen Klima, Gesundheit, Demographie und Gesundheitswesen sind sowohl für eine adäquate, professionelle Versorgung vulnerabler Bevölkerungsgruppen als auch für die Entwicklung von Klimaschutzmaßnahmen im Gesundheitssektor erforderlich. Das Potenzial von Vorsorge und Gesundheitskompetenz zum Schutz von Gesundheit, aber auch spezifisches Wissen zur Reduktion von Treibhausgasen gelten als wesentliche Ansatzpunkte. Die Aufnahme des Themas „Klima und Gesundheit" in die Aus-, Fort- und Weiterbildung sämtlicher Gesundheitsberufe (Medizin, Pflege, Krankenhausmanagement, Diätologie) würde eine wesentliche Verbesserung der Handlungsfähigkeit mit sich bringen. Ähnliches gilt für die Berücksichtigung des Themas in der forschungsnahen, universitären Lehre der Nachhaltigkeits-, Gesundheits- und Ernährungswissenschaften.

Um die negativen gesundheitlichen Auswirkungen des Klimawandels auf die Bevölkerung zu minimieren oder

weitestgehend zu vermeiden, sind Maßnahmen erforderlich, die über das Gesundheitswesen hinausgehen. Zusätzlich zu den Maßnahmen im Gesundheitswesen sind eine Reihe weiterer Sektoren gefordert, wichtige Beiträge zur Vermeidung negativer Folgen auf die Gesundheit zu leisten. Diese reichen von der Stadt- und Raumplanung, dem Bausektor, der Verkehrsinfrastruktur, über Tourismus bis hin zu einer entsprechenden Forschungsförderung. Nicht zuletzt gilt es, die Rolle und die Verantwortung globaler Konzerne, die die Gewinner gesundheits- und klimaschädlicher Entwicklungen sind, kritisch zu hinterfragen.

Gesundheitliche Zusatznutzen (Co-Benefits) von Klimaschutzmaßnahmen wirken relativ schnell, kommen der lokalen Bevölkerung direkt zu Gute, entlasten das öffentliche Budget und unterstützen damit das Erreichen von Klima- und Gesundheitszielen. Im Mittelpunkt der Empfehlungen stehen strukturelle Veränderungen, die klimafreundliche und gesundheitsförderliche Lebens- und Ernährungsstile begünstigen. Gesundheitliche „Co-Benefits" sind ein Argument, entschiedener in den Klimaschutz zu investieren. Die zentralen Ansatzpunkte sind:

- Ernährung: Konkrete Anreize weniger Fleisch, dafür mehr Obst und Gemüse, zu konsumieren, kommen der Gesundheit der Bevölkerung direkt zu Gute.
- Mobilität: Reduktion des motorisierten Verkehrs und strukturelle Unterstützung aktiver Bewegung wirken auch über verbesserte Luftqualität positiv auf die Gesundheit.
- Stadtplanung und Wohnen: Schaffung von urbanen Grünflächen und Umweltzonen zur Verbesserung der Luftqualität, Isolierung von Gebäuden sowie Fassaden- und Dachbegrünung, die sowohl für Klimaschutz als auch für Anpassung relevant sind.

4.1 Einleitung

Aus wissenschaftlicher Sicht ist unbestritten, dass die Folgen des Klimawandels für die menschliche Gesundheit überwiegend negativ ausfallen. Das Ausmaß der gesundheitlichen Auswirkungen für die Bevölkerung wird durch demographische Entwicklungen (Alterung sowie Migration) und durch sozioökonomische Ungleichheit wesentlich beeinflusst (Smith u. a., 2014; Watts u. a., 2015; Watts u. a., 2017) (siehe Kap. 2 und 3). Jene Nationen und Bevölkerungsgruppen, die zu den Hauptverursachern des Klimawandels zählen, werden sich am besten vor den negativen Klimafolgen schützen können. Damit sind reiche Länder wie Österreich nicht nur gefordert, die eigene Bevölkerung, insbesondere vulnerable Gruppen, vor den unausweichlichen Klimafolgen zu schützen, sondern auch einen entschiedenen Beitrag zum Klimaschutz zu leisten.

Kapitel 4 befasst sich mit Anpassungsmaßnahmen, die dazu beitragen, die österreichische Bevölkerung vor direkten und indirekten gesundheitlichen Folgen des Klimawandels zu schützen sowie mit Klimaschutzmaßnahmen, die gleichzeitig zur Verbesserung der Gesundheit beitragen. Gesundheitliche Zusatznutzen von Klimaschutzmaßnahmen (Co-Benefits) gelten für eine Transformation zu einer klimafreundlichen Gesellschaft als zentrale Ansatzpunkte.

4.2 Klimabezüge in Gesundheitspolitik und Gesundheitsstrategien

Negative gesundheitliche Folgen des Klimawandels sind weltweit und auch in Österreich bereits beobachtbar und werden in Zukunft verstärkt auftreten (Smith u. a., 2014; APCC, 2014; Watts u. a., 2017). Diese sind in der Bevölkerung ungleich verteilt. Damit entsteht auch für die österreichische Gesundheitspolitik Handlungsbedarf, Anpassungen an den Klimawandel im Bereich der Prävention und Versorgung insbesondere vulnerabler Bevölkerungsgruppen einzuleiten und Klimaschutzmaßnahmen im Gesundheitssystem zu initiieren.

Mit den „Gesundheitszielen Österreich" wurde ein relevanter gesundheitspolitischer Rahmen für Anpassungs- und Emissionsminderungsmaßnahmen geschaffen, der mit einer Zeitperspektive bis zum Jahr 2032 noch viel Entwicklungspotenzial für die Herausforderungen von Klimawandel, demographischer Entwicklung und Gesundheit bietet (BMGF, 2017e). Die tatsächliche Umsetzung der Gesundheitsziele wird aber wesentlich vom politischen und finanziellen Engagement des Bundes, der Bundesländer sowie der Gemeinden und Sozialversicherungsträger abhängen.

In Österreich haben sich die AkteurInnen des Gesundheitssystems und der Gesundheitspolitik mit dem Thema Klimawandel bislang nur wenig beschäftigt. In der bisherigen Auseinandersetzung wird, wenn überhaupt, hauptsächlich die Anpassung an die negativen Folgen des Klimawandels auf die Gesundheit behandelt. Der Beitrag des Gesundheitssystems zum Klimawandel ist weitgehend unberücksichtigt und hier besteht klarer Handlungsbedarf. Die Entwicklung einer Klimastrategie für das österreichische Gesundheitssystem wäre eine geeignete Maßnahme. Diese kann sowohl Antworten auf den notwendigen klimabezogenen Anpassungsbedarf geben, insbesondere vor dem Hintergrund der demographischen Entwicklung, als auch Maßnahmen des Gesundheitssystems zur Senkung der THG-Emissionen definieren.

Als strukturelle Maßnahme hat sich in anderen Ländern die Schaffung einer eigenen Koordinationsstelle für Nachhaltigkeit und Gesundheit bewährt (siehe die *Sustainable Development Unit* (SDU) in England), welche die langfristige Umsetzung einer zukünftigen Klimaschutzstrategie auch im österreichischen Gesundheitssystem auf Bundes- Landes- und

Gemeindeebene gewährleisten könnte. Eine solche Initiative kann auf den Maßnahmen des Gesundheitsziels 4 „Luft, Wasser, Boden und alle Lebensräume für künftige Generationen sichern" aufbauen (BMGF, 2017e).

Eine wesentliche Voraussetzung für die erfolgreiche Umsetzung von Klimaanpassungs- und Klimaschutzmaßnahmen im Gesundheitssystem ist die erfolgreiche Umsetzung politikfeldübergreifender Zusammenarbeit. Die WHO Europa betont in ihrem letzten Statusberichts zu Umwelt und Gesundheit in Europa (WHO Europe, 2017a), dass das Haupthindernis für eine erfolgreiche Umsetzung fehlende intersektorale Kooperation auf allen Ebenen ist. Dieser politikfeldübergreifende Zusammenhang wird durch die zentrale Rolle der Gesundheitsziele für die Umsetzung des SDG 3 „Gesundheit und Wohlergehen" in Österreich unterstrichen (BKA u. a., 2017). So weist das Bundeskanzleramt explizit darauf hin, dass die österreichischen Gesundheitsziele auch zur Erreichung einiger SDGs beitragen (BKA u. a., 2017, S. 15). Eine verstärkte Berücksichtigung von Synergien und Widersprüchen zwischen SDGs und Gesundheitszielen ist für die Umsetzung vorteilhaft. Ebenso erweitert eine wesentlich verstärkte über das Gesundheitsziel 4 hinausgehende Zusammenarbeit zwischen Gesundheitspolitik und Klimapolitik den Handlungsspielraum und kann die Effektivität von Maßnahmen erhöhen.

4.3 THG-Emissionen und Klimaschutzmaßnahmen des Gesundheitssektors

Der Gesundheitssektor ist ein sozioökonmisch bedeutender und wachsender Sektor, wird aber in Klimastrategien bislang noch nicht berücksichtigt. In Industrieländern weist der Gesundheitssektor einen hohen und wachsenden Anteil am BIP auf. Österreich liegt mit mehr als 10 % des BIP knapp über dem OECD Durchschnitt (OECD, 2017c).

Das Gesundheitssystem ist verantwortlich für die Wiederherstellung von Gesundheit, verursacht durch seinen Energieverbrauch und über den Konsum medizinischer Produkte selbst THG-Emissionen und trägt damit zum Klimawandel bei. Dies belastet wiederum die menschliche Gesundheit und führt zu einer Zunahme an Nachfrage von Gesundheitsleistungen. Das geschieht in einer Zeit, in der die öffentlichen Finanzierungsmöglichkeiten von Gesundheitsversorgung durch steigende Nachfrage auf Grund demographischer Entwicklungen und kostenintensiver medizinisch-technischer Fortschritte (European Commission, 2015; Kickbusch & Maag, 2006) bereits an ihre Grenzen stoßen. So appeliert auch die WHO an die AkteurInnen des Gesundheitswesens, sich am Kampf gegen den Klimawandel zu beteiligen (Neira, 2014) und betont die Vorbildrolle des Gesundheitssektors für

andere Sektoren (z. B. Gill & Stott, 2009; WHO & HCWH, 2009; McMichael u. a., 2009; WHO, 2012).

Bisher wurden drei „*Carbon Footprint*"-Studien nationaler Gesundheitssektoren veröffentlicht (USA, England, Australien), die die emprische Evidenz für die Klimarelevanz von Gesundheitssektoren in Industrieländern liefern (Brockway, 2009; SDU & SEI, 2009 und aktualisierte Versionen SDU & SEI, 2010, 2013; Chung & Meltzer, 2009; aktualisierte Version Eckelman & Sherman, 2016; Malik u. a., 2018). Diese bisher publizierten nationalen Carbon Footprint Studien zeigen, dass mit dem Wachstum des Sektors auch die THG-Emssionen kontinuierlich steigen. Die zahlenmäßigen Ergebnisse dieser Arbeiten sind auf Grund unterschiedlicher Berechnungsmethoden und Systemabgrenzungen nicht direkt vergleichbar, finden aber zu denselben Kernaussagen: 1. Die indirekten THG-Emissionen durch Vorleistungen in der Produktion der Produkte, die der Sektor bezieht, insbesondere die Produktion von Arzneimitteln, übersteigt die „vor Ort" entstehenden, direkten Emissionen bei weitem. 2. Krankenhäuser sind die größten Verursacher dieser Emissionen. 3. Ohne entsprechende Maßnahmen werden die THG-Emissionen mit dem Wachstum des Sektors weiterhin kontinuierlich ansteigen. Für Österreichs Gesundheitssektor ist zurzeit eine entsprechende Studie in Arbeit (Weisz u. a., 2018). Zwischenergebnisse weisen auf eine ähnliche Entwicklung hin.

Demnach muss der Fokus der Klimaschutzmaßnahmen von den direkten THG-Emissionen um die indirekten Emissionen (Vorleistungen) des Sektors erweitert werden. Konsequenterweise bedeutet dies, dass Klimaschutz im Gesundheitssektor nicht als randständiger und isolierter Aufgabenbereich organisiert werden kann, sondern im primären Leistungsbereich, der Krankenbehandlung, integrativ berücksichtigt werden muss, weil dort wesentliche klimarelevante Entscheidungen getroffen werden (Handlungsoption). Erst durch so eine integrative Herangehensweise, sowohl im Sinne der verbesserten Gesundheit als auch des Klimaschutzes, werden Prävention und Gesundheitsförderung und das Vermeiden inadäquater Krankenbehandlung wie Fehlbelegungen oder Über- und Fehlversorgung mit Medikamenten erfolgversprechende Ansatzpunkte (Handlungsoption).

Da jedoch Evidenz zu den Klima- und Umweltwirkungen des Gesundheitssektors sowie deren Rückwirkungen auf die Gesundheit kaum verfügbar ist, sind vertiefende empirische Analysen erforderlich, um das Ergebnis der Krankenbehandlung auch unter Berücksichtigung ökologischer Nebenwirkungen und den daraus resultierenden Gesundheitsfolgen betrachten zu können (Forschungsbedarf).

Aus- und Weiterbildung für Gesundheitsprofessionen zum Themenfeld „Klima und Gesundheit" ist nicht nur ein wichtiger Ansatz zur Vermeidung von klimawandelbedingten Folgen für die Gesundheit, sondern auch zur Entwicklung eines klimafreundlicheren Gesundheitssystems (Handlungsoption). Entsprechende Erweiterungen der Aus- und Weiterbildung sind auch eine wichtige Voraussetzung dafür, den Schutz vulnerabler Bevölkerungsgruppen in Hitzeperioden zu gewährleisten. Ähnliches gilt für die Berücksichtigung des

Themas in der forschungsnahen, universitären Lehre der Nachhaltigkeits-, Gesundheits- und Ernährungswissenschaften. Das Einbringen des Themas in die schulische Grundausbildung ist eine gute Möglichkeit, die Bevölkerung zu sensibilisieren und unterstützt damit die gesellschaftliche Handlungsfähigkeit.

Die zentrale Schlussfolgerung aus dieser Bewertung ist, dass ein nachhaltiges, klimafreundliches Gesundheitssystem durch einen Paradigmenwechsel des vorherrschenden, auf Krankenbehandlung fokussierten Systems hin zu einem präventionsorientierten und gesundheitsfördernden System, das die Effektivität der Gesundheitsleistungen erhöht und Fehlbelegungen, Über- und Fehlversorgung vermeidet, erreicht werden kann.

4.4 Anpassungsmaßnahmen an direkte und indirekte Einflüsse des Klimawandels auf die Gesundheit

In Strategien zur Anpassung an den Klimawandel wird das Thema Gesundheit in unterschiedlicher Tiefe aufgegriffen. In den bereits vorhandenen Länderstrategien könnten die gesundheitlichen Folgen verstärkt in die Maßnahmen integriert werden. Auf die Herausforderungen durch die demographische Entwicklung (z. B. Anstieg des Anteils der älteren Bevölkerung) wird ansatzweise eingegangen, wobei diese aber in den konkreten Handlungsempfehlungen nur wenig Berücksichtigung finden. Die Umsetzung der Maßnahmen könnte durch eine verstärkte disziplinen- und institutionenübergreifende Zusammenarbeit vorangetrieben werden. Dies gilt insbesondere, wenn Sektoren wie die Raum- und Stadtplanung, der Bausektor, das Naturgefahrenmanagement und der Katastrophenschutz inkludiert werden, weil hier sowohl Synergien mit großen Potenzialen nutzbar sind als auch nachteilige Folgen einer isolierten Betrachtung vermieden werden können.

Hitzeschutzpläne und Warndienste gewinnen zunehmend an Bedeutung, da mit einem weiteren Anstieg der Temperaturen und somit mit mehr Hitzewellen zu rechnen ist. Sie sind unerlässlich, um rechtzeitig Präventionsmaßnahmen zu ergreifen. Um Aussagen zur Effektivität bestehender Hitzeschutzpläne und -warndienste zu ermöglichen, müssen diese regelmäßig evaluiert werden. Bei Hitze bedürfen Risikogruppen, zu denen ältere, chronisch kranke und pflegebedürftige Menschen zählen, besonderer Aufmerksamkeit. Wird das Thema in die Aus- und Weiterbildung integriert und gibt es gezielte Unterstützung und Handlungsanleitungen sowohl für Pflegende als auch für die Betroffenen selbst, so steigert dies die Effektivität. Negative Auswirkungen von Hitze auf die Arbeitsproduktivität sind wissenschaftlich belegt. Vor allem Personen, die im Freien arbeiten, sind von Hitze besonders betroffen. Zum Schutz der ArbeitnehmerInnen sind hier gesetzliche Regelungen eine wichtige Handlungsoption.

Zu Klimawandel und Hitze in der Stadt liegen zahlreiche Forschungsarbeiten mit konkreten Maßnahmenempfehlungen vor. Die positiven Wirkungen auf Gesundheit durch mehr Grün in der Stadt sind belegt. Inwieweit dies in der Stadtplanung und Stadtentwicklung in Österreichs Städten berücksichtigt wird, ist nicht evaluiert. Hier besteht Forschungsbedarf.

Als Folge des Klimawandels muss neben Hitzeereignissen auch mit einer Zunahme von Häufigkeit und Intensität anderer gesundheitsrelevanter extremer Wetterereignisse, wie Dürre, Starkniederschlägen, Gewittern und Hochwasserereignissen, gerechnet werden (siehe 2.2). Überwachungs- und Frühwarnsysteme sind wesentlich, um die Gefährdung von Menschen und materielle Schäden zu verringern, bestenfalls zu vermeiden. Hinsichtlich der Entwicklung von Risikomanagement- und Anpassungsstrategien in alpinen Gemeinden, die mit Bevölkerungsrückgang und demographischer Alterung konfrontiert sind, besteht Forschungsbedarf.

Durch die klimawandelbedingte Verlängerung der Pollenflugsaison, eine höhere Pollenkonzentration und damit einhergehende stärkere Exposition steigen die Gefahr der Neusensibilisierung sowie die Belastung von bereits an Allergien leidenden Personen (dzt. ¼ der Personen in Österreich (Statistik Austria, 2015)). Speziell die Ambrosia-Pollen-Konzentration in der Luft könnte bis zum Jahr 2050 etwa 4-mal höher sein als heute (Hamaoui-Laguel u. a., 2015). Dieser Entwicklung kann nur durch eine konsequente Bekämpfung von stark allergenen Pflanzen entgegengewirkt werden (Karrer u. a., 2011). In der Stadtplanung kann durch die Auswahl geeigneter Baumarten und Sträucher im öffentlichen Raum die Pollenkonzentration allergologisch relevanter Arten maßgeblich reduziert werden (Brasseur u. a., 2017). Die Ausbreitung allergener Pflanzenarten steht zudem in komplexen Zusammenhang z. B. mit der Entwicklung der Luftschadstoffbelastung im urbanen Raum (Stickoxide, Feinstaub, Ozon etc.), was insbesondere pulmologische Erkrankungen (Heuschnupfen, Asthma, COPD) ansteigen lässt (D›Amato u. a., 2014). Erhöhte Schadstoffbelastung der Luft führt zu einer erhöhten allergenen Aggressivität der Pollen.

Es gibt stichhaltige Beweise, dass sich die Verletzungsmuster im Tourismus verschieben, vor allem durch die künstliche Beschneiung im Winter. Ob dies zu einer saisonalen Überlastung des Gesundheitssystems führt, ist unklar, da entsprechende Forschungen für Österreich fehlen. Für alpine Regionen eröffnet sich die Chance, gezielt Angebote zu entwickeln, die dazu beitragen, die gesundheitlichen Folgen des Klimawandels, insbesondere bei Hitzewellen, zu verringern.

4.5 Gesundheitliche Zusatznutzen von Klimaschutzmaßnahmen

Bestimmte Klimaschutzmaßnahmen zeigen kurzfristige und vor allem lokal wirksame positive Gesundheitseffekte. In der internationalen Literatur hat sich dazu seit den späten 2000er Jahren der Begriff *health co-benefits of climate change mitigation*" etabliert (Ezzati & Lin, 2010; Haines u. a., 2009; Ganten u. a., 2010; Edenhofer u. a., 2013; Smith u. a., 2014; Gao u. a., 2018).

Auf Grund der Langfristigkeit und globalen Verteilungsmuster der Effekte von Klimaschutzmaßnahmen und des kurzen Planungshorizonts politischer EntscheidungsträgerInnen sind diese direkten und schnell wirkenden Effekte, die der lokalen Bevölkerung zu Gute kommen, von besonderer politischer Bedeutung (Haines u. a., 2009; Smith u. a., 2014; Watts u. a., 2015; Watts u. a., 2017). Neben dem gesundheitlichen Nutzen für die Bevöerung können „*health co-benefits*" die Kosten von Klimaschutzmaßnahmen durch eine Reduktion der Gesundheitsausgaben und durch Zuwächse der Arbeitsproduktivität (teilweise) kompensieren. Da derartige ökonomische Bewertungen noch weitgehend ausstehen, ist hier Forschungsbedarf gegeben.

Der Verkehrs- und der Ernährungssektor zählen global wie national zu den Hautverursachern von THG-Emissionen wie auch von lebensstilassoziierten Erkrankungen. Geringe körperliche Bewegung und westliche Ernährungsmuster sind besonders schädlich, wenn sie in Kombination auftreten. Diese zeigen sich neben der Anzahl an Übergewichtigen (OECD, 2017b) durch erhöhte Prävalenz von kardiovaskulären Erkrankungen, Typ 2 Diabetes und bestimmten Krebsarten und führen zu einer verfrühten Sterblichkeit (WHO & FAO, 2003; Lozano u. a., 2012).

Die Studien zu den *Co-Benefits* von Ernährungsänderungen zeigen, dass der Fleischkonsum sowohl aus Klima- als auch aus Gesundheitsperspektive eine Schlüsselrolle einnimmt und eine Reduktion der Fleischproduktion und des Fleischkonsums die größten Effekte für beide Bereiche haben. Weitgehend offen ist, wie eine entsprechende Ernährungsumstellung gelingen könnte. Hier ist Forschungsbedarf gegeben. Festzuhalten ist, dass es keinerlei Evidenz dazu gibt, dass „weiche Maßnahmen", wie sie seitens der Politik auch in Österreich bevorzugt werden, in der Lage sind, die aktuellen Ernährungstrends substanziell zu ändern. In der Literatur zeigt sich, dass Preissignale begleitet von gezielten Informationskampagnen und weiteren unterstützenden Maßnahmen, wie etwa Werbeverboten, vielversprechend sind, die derzeitigen Ernährungsmuster grundsätzlich zu beeinflussen (WHO, 2015b; Thow u. a., 2014) (Forschungsbedarf, Handlungsbedarf). Als wesentliche Barriere gilt hier, dass die Nahrungsmittelindustrie in der Regel gegen Preisanreize durch Steuern und für „weiche Maßnahmen" eintritt (Du u. a., 2018).

Aus den Studien zu den *Co-Benefits* bezüglich geänderten Mobilitätsverhaltens kann zusammenfassend festgestellt werden, dass eine Mobilitätsverlagerung weg von motorisiertem Individualverkehr hin zu aktiven Mobilitätsformen, wie Zufußgehen und Radfahren, *Co-Benefits* generiert, da aktive Mobilität den bestehenden Bewegungsmangel mit seinen assoziierten Folgeerkrankungen abbaut, die Luftqualität verbessert und THG-Emissionen reduziert. Dies konnte bereits für die drei größten Städte Österreichs gezeigt werden (Wolkinger u. a., 2018). Dabei sind strukturelle Maßnahmen, die aktive Mobilität „unwiderstehlich" zu machen, vielversprechend. Internationale Untersuchungen zeigen, wie eine Transition hin zu radfahrfreundlichen Städten erreicht werden kann (Alverti u. a., 2016; Dill u. a., 2014; Larsen, 2017; Mueller u. a., 2015; Mueller u. a., 2018)"page":"968819","source":"CrossRef","abstract":"The aim of this paper is to explore the concept of "smart" cities from the perspective of inclusive community participation and Geographical Information Systems (GIS.

Auch das Spezialthema Flugverkehr erfordert im Zusammenhang mit *Co-Benefits* Aufmerksamkeit, da die ausgestoßenen Schadstoffemissionen über ihre starke Klimawirksamkeit hinaus schädlich für die menschliche Gesundheit sind. Dies gilt insbesondere für Feinstaub, sekundäre Sulfate und sekundäre Nitrate. Gleichzeitig weist eine Reduktion zahlreiche Umsetzungsbarrieren auf, die auf einen erhöhten Forschungsbedarf hinsichtlich gangbarer Transformationspfade, vor allem im Hinblick auf die Akzeptanz in der Bevölkerung, hinweisen.

Kapitel 5: Zusammenschau und Schlussfolgerungen

5.1 Einleitung

Im abschließenden Kapitel wird der Kenntnisstand zu Gesundheit, Demographie und Klimawandel aus den vorangegangenen Kapiteln zusammengefasst. Daraus werden Schlussfolgerungen gezogen und Handlungsoptionen für Österreich formuliert.

Handlungsoptionen und Maßnahmen dieser Zusammenschau rücken insbesondere die Makro-Ebene der von der Politik initiierbaren Maßnahmen in den Mittelpunkt, da der Bericht auf Vorschläge für nachhaltige Transformationen auf gesamtgesellschaftlicher Ebene fokussiert. Um erfolgreich zu sein, werden jedoch die Dynamiken auf den anderen Ebenen berücksichtigt.

Zur besseren Einordnung der Dringlichkeit der verschiedensten gesundheitsrelevanten Entwicklungen wurde ein zweistufiges Bewertungsverfahren durchgeführt. Zunächst haben KlimatologInnen die Veränderungen der potenziell gesundheitsschädlichen Klimaindikatoren aufgrund ihres Kenntnisstandes abgeschätzt (siehe Tab. 2.1). Basierend auf dieser Einschätzung haben die ExpertInnen, die themenübergreifend an der Erstellung des Sachstandsberichtes mitgewirkt haben, drei Gruppen von Kriterien bewertend herangezogen: Betroffene (Anteil der Betroffenen in der Bevölkerung, soziale Differenzierung, demographische Differenzierung), gesundheitliche Auswirkungen (Mortalität, physische und psychische Morbidität) und Handlungsoptionen (individuell, Gesundheitssystem bzw. staatlich). Demnach erhalten die höchste Dringlichkeit jene Klimaphänomene, bei denen der kombinierte Effekt auftritt, dass ein relativ hoher Anteil der Bevölkerung (und dabei auch sehr vulnerable Gruppen) mit ernsthaften gesundheitlich Auswirkungen zu rechnen hat. Abstufungen ergeben sich durch die unterschiedlichen Einschätzungen in den Kriterien. Aus praktischen Gründen wurden einzelne verwandte meteorologische Parameter, bei denen ähnliche Einschätzungen zu erwarten waren, zu größeren Gruppen zusammengefasst. Diese kleine ExpertInnenerhebung ist als themenübergreifende und somit integrative Orientierungshilfe gedacht – eine strenge wissenschaftliche Analyse kann sie nicht ersetzen.

Die Einschätzungen ergaben eine klare Kategorisierung in drei Dringlichkeitsstufen, mit der die einzelnen Themen aufgegriffen werden sollten (Tab. 5.1): Hitze führt die Tabelle mit höchster Dringlichkeit an, gefolgt von Pollen und Luftschadstoffen gemeinsam mit den Extremereignissen Starkniederschläge, Dürre, Hochwasserereignisse und Massenbewegungen. Wenig Bedeutung wird hingegen den mit Kälte in Verbindung stehenden Ereignissen, Knappheiten von Wasser oder Lebensmitteln sowie den Krankheitserregern in Wasser und Lebensmitteln beigemessen. Diese Priorisierung ergibt sich aus der Kombination des Anteils der betroffenen Bevölkerung und des Ausmaßes des Gesundheitseffektes und – in geringerem Umfang – der Dimension der Veränderung der Klimaindikatoren (Zeithorizont 2050). Bemerkenswert ist die hohe Dringlichkeit, die der Gruppe „Luftschadstoffe" zugeschrieben wird, obwohl die Unsicherheiten bezüglich deren weiterer Entwicklung groß sind. Da der Sammelbegriff sowohl Ozon- (steigende Tendenz) als auch Feinstaubkonzentrationen (wegen wärmerer Winter fallende Tendenz) umfasst, ist die Interpretation schwierig. Die Ereignisse von denen ökonomisch benachteiligte Personen sowie Alte und Kranke besonders betroffen sind, fallen großteils ebenfalls in die höchste Priorität bzw. profitieren diese besonders bei den sich am Ende der Tabelle befindlichen Kälteereignissen. Eine gesundheitliche Auswirkung von Ernteausfällen ist in Österreich für Grundnahrungsmittel weniger wahrscheinlich.

Die Tabelle zeigt deutlich, dass auf der individuellen ebenso wie auf der staatlichen Ebene Handlungsoptionen gesehen werden – in der Regel mehr auf der staatlichen Ebene. Diese wurden hinsichtlich ihres Charakters nicht differenziert, d.h. es sind sowohl vorbeugende Maßnahmen als auch Kriseninterventionen und nachsorgende Schritte inkludiert. Nicht alle sind im Gesundheitswesen angesiedelt, wie das Beispiel des drohenden erhöhten Pestizideinsatzes in der Landwirtschaft zeigt. Nur in einem einzigen Fall werden dem Individuum mehr Handlungsoptionen als dem Staat zugetraut – bei der Vereisung.

Besondere Beachtung findet in den nachfolgenden Ausführungen die Tatsache, dass viele der aus Klimaschutzsicht wichtigen Maßnahmen positive „Nebenwirkungen" haben. Dies gilt insbesondere für die Gesundheit, weshalb die Handlungen selbst ohne Klimaeffekt empfehlenswert sind.

Tab. 5.1: Priorisierung von gesundheitsrelevanten klimainduzierten Phänomenen: Die Experteneinschätzung dieser Priorisierung kombiniert Veränderungen in den Klimaindikatoren, Betroffenheit sowie Gesundheitseffekte mit 3 als höchste und 0 als geringste Priorität. Je dunkler die einzelnen Einschätzungen eingefärbt sind, umso unsicherer sind diese. Spezielle Betroffenheit sozial schwacher Gruppen oder alter und kranker Personen ist mit +++ am stärksten ausgeprägt. Individuelle und staatliche Handlungsoptionen sind mit 3 am stärksten gegeben.

5.2 Gesundheitliche Folgen des Klimawandels

Hier erfolgt eine Zusammenschau der gesundheitlichen Klimafolgen, denen innerhalb der nächsten Jahrzehnte die größte Bedeutung zukommt.

5.2.1 Hitze in Städten

Kritische Entwicklungen

- Städte sind besonders sensitiv, weil der Temperaturanstieg aufgrund der hohen Bebauungsdichte, zusätzlicher Wärmequellen und des hohen Versiegelungsgrades (Hitzeinseln, hohe Wärmespeicherkapazität, mangelnde Grünflächen) besonders ausgeprägt ist (hohe Übereinstimmung, starke Beweislage[1]).
- Gleichzeitig erfolgt hier der größte Bevölkerungszuwachs (hohe Übereinstimmung, starke Beweislage).
- Ältere und Kranke in Städten sind im doppelten Sinn vulnerabel, weil sie gesundheitlich anfälliger und oft weniger vernetzt sind, wodurch erhöhter Pflegebedarf entsteht (hohe Übereinstimmung, mittlere Beweislage).
- Die höheren Luftschadstoffbelastungen in der Stadt verstärken nachteilige Gesundheitseffekte der Hitze (hohe Übereinstimmung, mittlere Beweislage).

Die Häufigkeitsverteilung der Tagesmaxima der Temperatur in den Sommermonaten in Österreich hat sich deutlich zu höheren Temperaturen verschoben. Bis Mitte dieses Jahrhunderts ist zu erwarten, dass sich die Länge von Hitzeepisoden (Perioden mit Tagesmaxima von zumindest 30 °C) verdoppelt; bis Ende des Jahrhunderts könnte im Extremfall eine Verzehnfachung der Zahl der Hitzetage auftreten (Chimani u. a., 2016). Verschärfend wirkt auch die geringer werdende nächtliche Abkühlung; Nächte mit Temperaturminima über 17 °C haben in Wien um 50 % zugenommen (Vergleich 1960–1991 mit 1981–2010) (hohe Übereinstimmung, starke Beweislage).

Gesundheitseffekte

Die Zahl der Todesfälle pro Tag steigt statistisch mit der Tagesmaximaltemperatur oberhalb von 20–25 °C. Menschen können sich an Temperaturverschiebungen längerfristig anpassen, wobei der Adaption physiologische Grenzen gesetzt sind. Wegen der reduzierten Abkühlung in den Nachtstunden leidet auch die Erholungsfähigkeit. In der Hitzeperiode im August 2003 starben in 12 europäischen Ländern innerhalb von 14 Tagen um fast 40.000 Menschen mehr als im langjährigen Durchschnitt zu dieser Jahreszeit. Die Studie „*Cost of Inaction*" (Steininger u. a., 2015) hat aufgezeigt, dass unter der Annahme eines moderaten Klimawandels und mittlerer sozioökonomischer Entwicklung um 2030 in Österreich mit 400 hitzebedingten Todesfällen pro Jahr, Mitte des Jahrhunderts mit 1.060 Fällen pro Jahr zu rechnen ist, wobei der überwiegende Teil in Städten auftreten wird. Ökonomisch schwächere Schichten und MigrantInnen sind oft aufgrund ihrer Wohnsituation in dichter verbauten Stadtteilen mit weniger Grün, schlechterer Bausubstanz und Einschränkung der nächtlichen Durchlüftung wegen des Verkehrslärms stärker betroffen (hohe Übereinstimmung, mittlere Beweislage).

Hitzestress führt allgemein zur Beeinträchtigung der Lebensqualität, zu reduzierter Konzentrations- und Leistungsfähigkeit bis hin zur Belastung des Herz-Kreislauf-Systems, der Atemwege und im Extremfall zum Tod (hohe Übereinstimmung, starke Beweislage).

Handlungsoptionen

1. Es besteht ein beträchtlicher Anpassungsbedarf in stadtplanerischer Hinsicht und bei Gebäuden: Durchlüftungsschneisen, Grünraum wie Parks, Alleen, begrünte Fassaden oder Dächer (WHO Europe, 2017d; Bowler u. a., 2010; Hartig u. a., 2014; Lee & Maheswaran, 2011). Der Zugang zu urbanem Grünraum verringert das Mortalitätsrisiko durch Herz-Kreislauf-Erkrankungen statistisch signifikant (Gascon u. a., 2016). Urbaner Grünraum und offene Wasserflächen haben auch einen positiven Effekt auf die Luftqualität und können dazu beitragen, die Mortalität durch Luftverschmutzung zu reduzieren (Liu & Shen, 2014) (hohe Übereinstimmung, starke Beweislage).

2. Die österreichische Klimawandelanpassungsstrategie sieht umfassende stadtplanerische, bauliche und Verhaltensvorsorgemaßnahmen vor. Beispiele sind etwa Hitzeschutzpläne und Nachbarschaftshilfe während Hitzeepisoden (siehe auch Kap. 5.3). Zu beachten ist, dass Klimaanpassungsmaßnahmen nicht Klimaschutzmaßnahmen konterkarieren, wie etwa mit fossiler Energie betriebene Klimaanlagen, die nicht nur den Treibhausgasausstoß erhöhen, sondern auch parallel zur Abkühlung der Innenräume die Außenräume, d. h. die Stadt, erwärmen (hohe Übereinstimmung, mittlere Beweislage).

3. Die Reduktion der Kältetoten durch den Klimawandel kann die Zunahme der Hitzetoten nicht kompensieren (hohe Übereinstimmung, mittlere Beweislage). Es besteht das Risiko, dass in Österreich, bedingt durch Veränderungen in der Arktis und des Golfstromes, auch längere und kältere Winter auftreten könnten; dann könnte die Zahl der Kältetoten sogar zunehmen sowie die Luftqualität

---

1 Dieser Report arbeitet in Anlehnung an den IPCC mit einem zweidimensionalen Schema zum Umgang mit Unsicherheiten. Hohe/mittlere/niedrige Übereinstimmung gibt an, inwieweit die wissenschaftliche Community sich über einen Sachverhalt einig ist. Starke/mittlere/schwache Beweislage gibt an, wie belastbar die vorliegende Evidenz im Hinblick auf den Sachverhalt ist (d. h. Informationen aus Theorie, Beobachtungen oder Modellen, die angeben, ob eine Annahme oder Behauptung gültig ist).

durch den erhöhten Heizbedarf schlechter werden und der Ausstoß von CO_2 Emissionen steigen (Zhang u. a., 2016) (mittlere Übereinstimmung, schwache Beweislage).

5.2.2 Weitere extreme Wetterereignisse und ihre gesundheitlichen Folgen

Kritische Entwicklungen

Obwohl die statistische Absicherung des Zusammenhangs beobachteter Veränderungen mit dem Klimawandel nach streng wissenschaftlichen Kriterien bisher erst in wenigen Fällen, wie etwa Hitzeperioden, gelingt, lassen doch physikalische Überlegungen intensivere und ergiebigere Niederschläge, länger andauernde Trockenheit oder heftigere Stürme im Zuge des Klimawandels erwarten (mittlere Übereinstimmung, mittlere Beweislage). Wie die COIN Studie (Steininger u. a., 2015) zeigte, schlagen Schäden durch Extremereignisse schon jetzt in Österreich wirtschaftlich spürbar zu Buche, Tendenz stark steigend.

Gesundheitseffekte

Extreme Wetterereignisse können beträchtliche gesundheitliche Folgen haben, die von Erkrankungen über psychische Traumata bis zu Todesfällen reichen. Zu den direkten Auswirkungen extremer Wetterereignisse zählen Verletzungen durch herunterfallende, verblasene oder weggespülte Gegenstände (z. B. Dachziegel, Fensterscheiben). Indirekte (sekundäre) Auswirkungen sind z. B. bakterielle Infektionen durch mangelnde Wasserqualität nach Hochwässern. Zudem können intensive Niederschläge und Hochwässer, insbesondere auch bei Bodenverdichtung durch schwere Agrarmaschinen, die Pfützenbildung fördern und damit Habitatmöglichkeiten für Insekten und andere Krankheitsvektoren schaffen und so das Risiko von Infektionskrankheiten erhöhen. Tertiäre Folgen umfassen z. B. Auswirkungen von Migration auf das Gesundheitssystem, ausgelöst durch Extremereignisse in anderen Teilen der Welt. Die Folgen der (klimabedingten) Migration von Menschen auf die Gesundheit in Österreich sind angesichts des hohen Standards des österreichischen Gesundheitssystems derzeit kein ernstes Problem.

Zusammenfassend kann festgehalten werden, dass gesundheitliche Folgen extremer Wetterereignisse von der Exposition, d. h. Frequenz, Ausmaß und Andauer der Änderung, der Anzahl der den Ereignissen ausgesetzten Menschen und deren Sensitivität, abhängen. Extremwetterereignisse sind schlagzeilenwirksam und wirtschaftlich von besonderer Bedeutung (siehe COIN-Studie), aber die Zahl der exponierten Menschen ist – sieht man von extremen Temperaturereig-

nissen ab – verhältnismäßig klein, sodass die direkten gesundheitlichen Auswirkungen extremer Wettererscheinungen in Österreich relativ gering sind (hohe Übereinstimmung, mittlere Beweislage). Trotzdem können Extremereignisse Verletzungen oder Todesfälle und durch existenzbedrohende materielle Schäden posttraumatische Belastungsstörungen verursachen.

Handlungsoptionen

1. Integrale Ereignisdokumentation: Die Aufzeichnungen der unterschiedlichen AkteurInnen sind qualitativ weitgehend auf hohem Niveau und teilweise bereits auf Internetportalen verfügbar (Matulla & Kromp-Kolb, 2015). Die Vereinheitlichung und Zusammenführung dieser Informationen in einer Datenbank nach internationalen Vorbildern (siehe StartClim Projekt SNORRE; Matulla & Kromp-Kolb, 2015)) würde die Analyse und die Erarbeitung maßgeschneiderter Maßnahmen erleichtern (hohe Übereinstimmung, mittlere Beweislage).

2. Stärkung der Eigenvorsorge: Ein Risikomanagement, das auf ein Zusammenspiel zwischen öffentlichen und privaten Akteuren setzt, könnte Schäden und gesundheitliche Folgen noch weiter reduzieren. Nach der Einschätzung von Fachleuten befindet sich ein Großteil der Bevölkerung Österreichs auf der ersten von fünf Stufen der Risikovorsorge (Abb. 5.1): Absichtslosigkeit. Eigenvorsorge erfordert Fortschritte in Richtung der Absichtsbildung bis hin zum aktiven Schutzverhalten (Vorbereitung und aufwärts) (Rohland u. a., 2016).

   Mögliche Ansatzpunkte zur Stärkung der Eigenvorsorge sind die Aufnahme in schulische Lehrpläne, gezielt eingesetzte Informationen (Veranstaltungen und Broschüren), Beratungsdienste und Anreize zum vorbeugenden Katastrophenschutz, wie etwa technische und finanzielle Unterstützung sowie reduzierte Versicherungsprämien für gut vorbereitete Haushalte.

3. Differenzierter Umgang mit Personengruppen im Katastrophenfall: Mehr Berücksichtigung der unterschiedlichen Bedürfnisse und Potenziale verschiedener Personengruppen im Katastrophenfall wird von Damyanovic u. a. (2014)

Abb. 5.1: Spiralförmige Darstellung des Transtheoretischen Modells (TTM) (Rohland u. a., 2016)

gefordert. So sind ältere Personen vulnerabel, verfügen aber gleichzeitig über Erfahrungen, die für ein effektives Katastrophenmanagement wertvoll sind. Sozial wenig vernetzte Personen brauchen besondere Aufmerksamkeit. Hinzu kommen etwaige geschlechterspezifische, oft komplementäre Unterschiede in der Perspektive auf Katastrophen. Die Beteiligung unterschiedlichster, gut gemischter Gruppen an der Erstellung von Krisenschutzplänen, insbesondere auf Gemeindeebene, stellt sicher, dass sowohl deren Bedürfnisse berücksichtigt als auch deren Potenziale für einen effektiven Umgang mit Katastrophen genutzt werden (mittlere Übereinstimmung, mittlere Beweislage).

5.2.3 Vermehrtes Auftreten von Infektionserkrankungen durch Klimaerwärmung

Kritische Entwicklungen

Der Klimawandel (insbesondere die Klimaerwärmung) wirkt auch auf Erreger und Überträger von Infektionskrankheiten und steigert damit die Wahrscheinlichkeit, dass bestimmte Infektionserkrankungen in Österreich auftreten (APCC, 2014; Haas u. a., 2015; Hutter u. a., 2017) (siehe Addendum: Vektorübertragende Erkrankungen). Diese reichen von Viruserkrankungen bedingt durch regional neu auftretende Insekten, bakterielle Infektionen durch abnehmende Lebensmittel- und Wasserqualität bis zu Wundinfektionen. Das Auftreten dieser Infektionskrankheiten wird von komplexen Zusammenhängen mitgestaltet, die vom globalisierten Verkehr, vom temperaturabhängigen Verhalten der Menschen, Niederschlagsbedingungen bis zur Überlebensrate von Infektionserregern je nach Wassertemperatur reichen (hohe Übereinstimmung, mittlere Beweislage).

Gesundheitseffekte

Der Klimawandel wird in Europa das Vorkommen von Stechmücken als Überträger („Vektoren") von Krankheiten beeinflussen (ECDC, 2010), denn vor allem durch den globalisierten Handel und den Reiseverkehr nach Europa und auch Österreich (Becker u. a., 2011; Dawson u. a., 2017; Romi & Majori, 2008; Schaffner u. a., 2013) eingeschleppte subtropische und tropische Stechmückenarten (vor allem der Aedes-Gattung: Tigermücke, Buschmücke etc.) haben künftig hier bessere Überlebenschancen. Die Erweiterung ihrer Ausbreitungsgebiete, insbesondere an den Nord- und Höhengrenzen, wird erwartet (Focks u. a., 1995). Für einige unserer heimischen Stechmückenarten konnte gezeigt werden, dass sie bisher in Österreich nicht aufgetretene Infektionskrankheiten, wie West-Nil-Virus oder Usutu-Virus, übertragen können

(Cadar u. a., 2017; Wodak u. a., 2011). Zudem wurde die verstärkte Ausbreitung von Sandmücken und Dermacentor-Zecken („Buntzecken") als potenzielle Überträger von mehreren Infektionserkrankungen (Leishmanien, FSME-Virus, Krim-Kongo-Hämorrhagisches-Fieber-Virus, Rickettsien, Babesien etc.) beobachtet (Duscher u. a., 2013; Duscher u. a., 2016; Obwaller u. a., 2016; Poeppl u. a., 2013) (siehe Kap. 3.2.1).

Die Bedeutung aller Stechmücken als Krankheitsüberträger hängt stark von lokalen Wetterfaktoren (z. B. Feuchtigkeit) ab. Die Zusammenhänge sind aber noch nicht ausreichend erforscht, um endgültige Aussagen treffen zu können (Thomas, 2016) (siehe Addendum: Vektorübertragende Erkrankungen).

Weiters könnte es bei fortschreitender Erwärmung zu einer Zunahme der Lebensmittelerkrankungen (z. B. *Campylobacter*- und Salmonellen-Infektionen, Kontaminationen mit Schimmelpilztoxinen) beim Menschen kommen (Miraglia u. a., 2009; Seidel u. a., 2016; Versteirt u. a., 2012), aber die hohen nationalen Lebensmittelproduktionsstandards, insbesondere funktionierende Kühlketten, lassen in naher Zukunft keine wesentlichen Auswirkungen auf die Inzidenz dieser Erkrankungen in Österreich erwarten (hohe Übereinstimmung, mittlere Beweislage) (siehe Kap. 3.2.5 Lebensmittel).

Handlungsoptionen

Es können derzeit folgende zentrale Ansatzpunkte für Anpassungsmaßnahmen mit diesen Gesundheitsrisiken identifiziert werden:

1. Beobachtung der Vektoren und neuer Infektionserkrankungen: Ein internationales Beobachtungsnetz für Vektoren ermöglicht frühzeitige Informationen über Veränderungen des geografischen Vorkommens, insbesondere von Stechmücken, Sandmücken und Zecken. In Österreich bestehen Beobachtungssysteme für 44 Stechmückenarten und des West-Nil-Fiebers (AGES, 2018b). Forschungsbedarf besteht in Hinblick auf die Prognosen zur möglichen Arealvergrößerung der potenziellen Überträger. Die wesentlichen klimawandelbezogen neu auftretenden Infektionserkrankungen wurden bereits in den Katalog der anzeigepflichtigen Erkrankungen (BMGF, 2017a) aufgenommen und unterliegen damit einer genauen Beobachtung. Eine diesbezügliche Überprüfung und ggf. Adaptierung des Lebensmittelmonitorings in Österreich durch die AGES (BMGF, 2017g) könnte einen weiteren Beitrag zur Lebensmittelsicherheit leisten.

2. Bekämpfung der Vektoren: Die ECDC (2017) hält in einem aktuellen Literaturbericht mit Fokus auf die relevantesten Stechmückenarten fest, dass noch nicht ausreichend Evidenz für bestmögliche Bekämpfungsmaßnahmen vorliegt und empfiehlt Evaluierung, Publikation und Wissensaustausch zu Bekämpfungsmaßnahmen sowie die Information der Bevölkerung. Insbesondere ist eine möglichst gezielte auf gefährliche Arten ausgerichtete Bekämp-

fung wichtig, um nicht durch die Vernichtung von ungefährlichen Insekten (z. B. Zuckmücken) die Nahrungsgrundlage von Amphibien und anderen Tieren zu gefährden (hohe Übereinstimmung, mittlere Beweislage). Die AGES bietet der Bevölkerung bereits einen Informationsfolder zur Bekämpfung von Stechmücken im Wohngebiet ohne den ökologisch riskanten Einsatz von Giften an (AGES, 2015).

3. Bekämpfung der Infektionserkrankungen: Zentral für die rechtzeitige Bekämpfung der Infektionserkrankungen ist die Früherkennung und damit die Sensibilität der Gesundheitsberufe und auch der Bevölkerung. Die wesentlichen klimabezogenen Infektionserkrankungen sind medizinisch gut behandelbar und bisher in Österreich selten aufgetreten (hohe Übereinstimmung, starke Beweislage). Da erste Symptome der Erkrankungen von der Bevölkerung und den ÄrztInnen in der Primärversorgung oft nicht richtig zugeordnet werden, kann der gezielte Kompetenzaufbau bei den Gesundheitsdiensten (fachlich) und der Bevölkerung (Gesundheitskompetenz) durch die AGES und andere einen wesentlichen Beitrag leisten. Die Berücksichtigung von Fragen der Früherkennung klimawandelbedingter Infektionserkrankungen in der Grundausbildung der Gesundheitsberufe kann ebenfalls einen wichtigen Beitrag leisten (siehe Kap. 5.3.3). Als zuständige Institution obliegt es der AGES, die Prozesse und Strukturen der Früherkennung (inkl. Labordiagnostik) und angemessene Reaktionen auf Ausbrüche regelmäßig zu überprüfen und ggf. zu adaptieren. Hier kann die in der Zielsteuerung Gesundheit (Zielsteuerung-Gesundheit, 2017) beschlossene Neuausrichtung des öffentlichen Gesundheitsdienstes unterstützend wirken (Einrichtung überregionaler Expertenpools für neue Infektionserkrankungen).

4. Im Bereich der Lebensmittel kann ein adaptiertes Lebensmittelmonitoring zur klimawandelbezogenen Überprüfung und ggf. Adaptierung der Leitlinien für gute landwirtschaftliche und hygienische Praktiken ein Beitrag zum Gesundheitsschutz sein. Auch hier können die AGES bzw. das zuständige Ministerium für Landwirtschaft Schritte setzen. Zu berücksichtigen ist, dass der Einsatz von Desinfektionsmitteln negative Auswirkungen auf Umwelt und Mensch hat und häufig, insbesondere in Haushalten, unnötig ist (siehe Stadt Wien, 2009).

5.2.4 Ausbreitung allergener und giftiger Arten

Kritische Entwicklungen

Der Klimawandel, globalisierter Handels- und Reiseverkehr und veränderte Landnutzung führen zur Ausbreitung bisher nicht in Europa heimischer Pflanzen- und Tierarten, die diverse Folgen für die Bevölkerungsgesundheit haben (Frank u. a., 2017; Schindler u. a., 2015). Im Besonderen wird die Ausbreitung allergener Pflanzenarten, allen voran von *Ambrosia* (Traubenkraut, Ragweed), beobachtet (Lake u. a., 2017). Für Europa wird eine wesentliche Zunahme der Pollenbelastung durch *Ambrosia* prognostiziert, die durch komplexe Klimaverschiebungen (erhöhter Luftfeuchte, „Düngewirkung" durch CO_2 und Stickoxide, frühere Blüh- und Bestäubungsphasen durch die Erwärmung und Ausdehnung der Pollensaison; Wirkung von Ozon) verstärkt wird (Frank u. a., 2017; Hamaoui-Laguel u. a., 2015). Der deutsche Sachstandsbericht zu Klima und Gesundheit geht darüber hinaus von sechs weiteren neuen Pflanzenarten mit sicher gesundheitsgefährdendem Potenzial aus (Eis u. a., 2010) (siehe Kap. 3.2.2 und 3.2.3).

Zudem führen klimabedingt verlängerte Vegetationsperioden zu höherer und längerer Pollenbelastung. Vor allem in urbanen Gebieten hat die Konzentration an Pollen in der Luft zugenommen. Untersuchungen der täglichen Pollenkonzentration von verschiedenen allergenen Pflanzen in den USA während der letzten zwei Jahrzehnte belegen einen stetigen Anstieg der Pollenmengen und eine Ausdehnung der Pollensaison (Zhang u. a., 2015) (hohe Übereinstimmung, starke Beweislage).

Gesundheitseffekte

Die Ausbreitung allergener Pflanzenarten hat voraussichtlich weitreichende Folgen für die Bevölkerungsgesundheit. Sie lassen im komplexen Zusammenspiel mit Luftschadstoffen im urbanen Raum (Stickoxide, Feinstaub, Ozon etc.) insbesondere pulmologische Erkrankungen ansteigen (Heuschnupfen, Asthma, COPD) (D'Amato u. a., 2014). Erhöhte Schadstoffbelastung der Luft führt zu einer erhöhten allergenen Aggressivität der Pollen. Allergische Erkrankungen sind in Europa bereits häufig und nehmen weiter in ihrer Häufigkeit und Schwere zu. Man schätzt, dass in 10 Jahren 50 % der EuropäerInnen betroffen sein könnten (Frank u. a., 2017). Die Ragweedpollenallergie war 2009 in Österreich noch nicht so häufig wie in den östlichen Nachbarländern, die von Ragweed sehr stark betroffen sind. Die Sensibilisierungsrate auf Ragweedpollen unter den AllergikerInnen betrug im Jahr 2009 in Ostösterreich etwa 11 % (Hemmer u. a., 2010).

Unter extrem gewählten Klimaszenarien und ohne entsprechende Anpassungsmaßnahmen wird für 2050 eine wesentlich höhere gesundheitliche Belastung der Bevölkerung errechnet. Durch konsequente Bekämpfung von stark allergenen Pflanzen können erhebliche Therapiekosten eingespart werden. So wurden die gesundheitlichen Folgen der Ausbreitung von *Ambrosia* unter Annahme unterschiedlicher Klimaszenarien für Österreich und Bayern simuliert und hohe daraus entstehende Behandlungskosten für Allergien angenommen (Richter u. a., 2013) (hohe Übereinstimmung, mittlere Beweislage).

Handlungsoptionen

1. Bundesweites Monitoring: Der Aufbau eines bundesweiten Monitorings zur Erfassung der räumlich-zeitlichen Ausbreitung von *Ambrosia* und weiterer invasiver allergener Arten sowie eines entsprechenden Warndienstes für die Bevölkerung ist nicht abgeschlossen und kann einen wesentlichen Beitrag zur Abfederung gesundheitlicher Auswirkungen auf die Bevölkerung leisten (hohe Übereinstimmung, mittlere Beweislage).

2. Evaluierung von Maßnahmen: Die österreichische Strategie zur Anpassung an den Klimawandel (BMLFUW, 2017b) sieht Maßnahmen zur Bekämpfung vorhandener Populationen allergener Arten vor, inklusive der Schaffung einer Koordinierungsstelle unter Einbindung relevanter AkteurInnen und der Gemeinden. Durch gezielte Bekämpfungsmaßnahmen (z. B. Mähen oder Jäten vor der Samenbildung bei *Ambrosia*) und eine systematische Melde- und Bekämpfungspflicht von *Ambrosia* wurde in einigen europäischen Staaten eine wesentliche Reduktion der Bestände erreicht (Ambrosia, 2018). Eine rechtliche Verankerung der Bekämpfungsmaßnahmen kann nach neuerlicher Prüfung der Evidenz für Österreich in Abstimmung zwischen Bund und Bundesländern/Gemeinden und unter Einbeziehung der Landwirtschaftskammern und der Naturschutzbehörden die Bekämpfung von *Ambrosia* in Österreich wesentlich unterstützen.

3. Information: Derzeit bietet die AGES und der ÖWAV eine Bevölkerungsinformation zu *Ambrosia* mit Bekämpfungsmaßnahmen an (AGES, 2018a; ÖWAV, 2018), doch könnte eine wesentlich aktivere Öffentlichkeits- und Informationsarbeit zur Schaffung von entsprechendem Problembewusstsein bei Bevölkerung und landwirtschaftlichen Akteuren (z. B. Vogelfutterhersteller) die Wirksamkeit wesentlich erhöhen (mittlere Übereinstimmung, mittlere Beweislage).

4. Forschungsbedarf: Der Wissensstand über Ausbreitung und Auswirkungen allergener Pflanzenarten ist für Österreich gering und auf wenige Arten fokussiert, sodass insbesondere über wenig erforschte Arten, aber auch über geeignetes Management der Gesundheitsrisiken großer Forschungsbedarf besteht (BMLFUW, 2017b; Schindler u. a., 2015).

5.3 Sozioökonomische und demographische Einflussfaktoren auf die gesundheitlichen Auswirkungen des Klimawandels

5.3.1 Demographische Entwicklung und (klimainduzierte) Migration

Kritische Entwicklungen

Die Bevölkerung Österreichs wächst und altert bei einem schrumpfenden Anteil der Bevölkerung im Erwerbsalter, aber einem konstanten Anteil von Kindern und Jugendlichen. Die Auswirkungen der Alterung werden durch die Zuwanderung, insbesondere im jungen Erwachsenenalter, abgeschwächt. Österreichs Bevölkerung wächst hauptsächlich in den urbanen Regionen, während periphere Bezirke bildungs- und arbeitsplatzbedingte Bevölkerungsrückgänge bei gleichzeitig stärkerer Alterung verzeichnen (siehe Kap. 2.3.1) (hohe Übereinstimmung, starke Beweislage).

Internationale Zuwanderung könnte den Mangel an Arbeitskräften und BeitragszahlerInnen bei entsprechenden Integrationsbemühungen ausgleichen. Aufgrund der politischen Sensibilität des Themas ist die Zuwanderung die unsicherste Komponente des zukünftigen Bevölkerungswandels. Langfristig nimmt die Hauptvariante der Bevölkerungsprognose der Statistik Austria (2017a) einen jährlichen Wanderungssaldo von etwa 27.000 (Zeitraum 2036–2040) an. Stärkstes Wachstum ist für Wien prognostiziert, die Bundeshauptstadt wird dadurch künftig die jüngste Bevölkerung aller Bundesländer aufweisen (hohe Übereinstimmung, hohe Beweislage).

Österreich ist, wie andere west- und mitteleuropäische Länder, von klimabedingter Migration – wenn auch in geringem Umfang – hauptsächlich als potenzielles Zielland betroffen (Millock, 2015). Klimabedingte Migration ist aber bisher in seinen komplexen Zusammenhängen noch zu wenig wissenschaftlich erforscht bzw. zu widersprüchlich diskutiert, um verlässliche Prognosen für die Entwicklung in bestimmten Regionen erstellen zu können (Grecequet u. a., 2017; Schütte u. a., 2018; Black, Bennett u. a., 2011).

Im Zuge der Alterung der Bevölkerung wird auch in Österreich mit einem Anstieg der Inzidenz an chronischen Erkrankungen, wie Demenz, Atemwegserkrankungen, Herz-Kreislauf-Erkrankungen und Malignomen mit all ihren Folgeerscheinungen, gerechnet. Beachtenswert ist der relativ hohe Anteil psychischer Erkrankungen im hohen Alter: Über die Hälfte der psychischen Erkrankungen treten in der Altersgruppe der über 60-Jährigen auf (HVB & GKK Salzburg, 2011).

Gesundheitseffekte

Ältere Bevölkerungsgruppen: Insbesondere der hohe Anteil von Herz-Kreislauf-Erkrankungen, Diabetes und psychischen Erkrankungen bei über 60-Jährigen macht diese für die Folgen des Klimawandels, vor allem Hitze, besonders vulnerabel (Becker & Stewart, 2011; Bouchama u. a., 2007; Hajat u. a., 2017; Haas u. a., 2014; Hutter u. a., 2007). Durch häufigere Extremwetterereignisse ist in Zukunft mit einer Zunahme der psychischen Belastung für die ältere Bevölkerung zu rechnen (Clayton u. a., 2017).

Bevölkerungsgruppen mit Migrationshintergrund: Die gesundheitlichen Auswirkungen des Klimawandels stehen in engem Zusammenhang mit der Verknappung anderer sozioökonomischer Ressourcen, wie Mangel an Bildung, finanziellen Mitteln, verschiedenen strukturellen, rechtlichen und kulturellen Barrieren, eingeschränktem Zugang zur lokalen Gesundheitsinfrastruktur, Wohnverhältnissen etc. Besonders geflüchtete Menschen haben als Folge der entbehrungsreichen Flucht und den damit verbundenen physischen und psychischen Belastungen eine hohe Vulnerabilität (Anzenberger u. a., 2015). Das gesundheitliche Risiko der Übertragungen von eingeschleppten Krankheiten ist hingegen auch bei engem Kontakt sehr gering (Beermann u. a., 2015; Razum u. a., 2008).

Handlungsoptionen

Insbesondere der Anstieg des Anteils der älteren Bevölkerung in Kombination mit dem hohen Anteil an chronischen, somatischen und psychischen Erkrankungen dieser Gruppe machen Anpassungsmaßnahmen prioritär. Hier kann auf bereits bestehende Maßnahmen zur Adressierung der Versorgungsdefizite dieser Gruppe aufgebaut werden (BMGF, 2017c; Juraszovich u. a., 2015). Folgende Handlungsoptionen bieten sich an:

1. Gezielte Maßnahmen zur Stärkung der Gesundheitskompetenz für die besonders vulnerablen und wachsenden Zielgruppen (ältere Menschen, Personen mit Migrationshintergrund) (BMGF, 2017b; BMLFUW, 2017f) (siehe Kap. 5.3.3); insbesondere auch Nutzung von Multikulturalität im Personalmanagement der Gesundheitseinrichtungen (Diversitätsmanagement) und von transkultureller Medizin und Pflege (hohe Übereinstimmung, mittlere Beweislage)
2. Zielgruppenspezifische Prävention, Gesundheitsförderung und Behandlung im Bereich der psychischen Gesundheit bzw. Erkrankungen, vor allem für ältere Menschen und für Menschen mit Migrationshintergrund (Weigl & Gaiswinkler, 2016)
3. Zielgruppenspezifische Weiterentwicklung der Lebensbedingungen der hier identifizierten Hauptzielgruppen in Hinblick auf die gesundheitlichen Auswirkungen des Klimawandels. Entwicklung eines „*Health (and Climate) in*

all Policies"-Ansatzes (BMGF, 2017b; WHO, 2015a; Wismar & Martin-Moreno, 2014) (siehe Kap. 5.5.2)
4. Forschung in Hinblick auf den Zusammenhang zwischen demographischer Entwicklung (insbesondere Alterung, Migration, Urbanisierung, sozioökonomischer Status) einerseits und Gesundheit und Klimafolgen andererseits zur zielgruppenspezifischen und regionalen Handlungsmöglichkeit bezüglich Gesundheitssystem und Lebensbedingungen im ländlichen und städtischen Raum (Steininger u. a., 2015)
5. Forschung bezüglich der (positiven) Wirkung von „nachhaltigem" Lebensstil (naturnah, sozial abgesichert, weniger stark wettbewerbsorientiert, mehr solidarisch, sozial und ökologisch engagiert) auf die psychosoziale Gesundheit und zugleich auf den Klimaschutz (geringe Übereinstimmung, mittlere Beweislage)

5.3.2 Unterschiedliche Vulnerabilität und Chancengerechtigkeit bei klimainduzierten Gesundheitsfolgen

Kritische Entwicklungen

Morbidität, Mortalität, Lebenserwartung und -zufriedenheit unterscheiden sich nach biologischen und sozioökonomischen Kenngrößen und repräsentieren gesundheitliche Ungleichheiten in der Gesellschaft (BMGF, 2017b). Durch klimaassoziierte Veränderungen werden diese Ungleichheiten vielfach verstärkt. Die biologische Anpassungsfähigkeit an Belastungen durch den Klimawandel ist bei Kindern (hier vor allem Säuglinge und Kleinkinder), älteren (und vor allem sehr alten) Menschen und chronisch kranken bzw. gesundheitlich beeinträchtigten Menschen weit geringer. Zudem sind die Arbeits- und Wohnsituation für die direkte klimabedingte Exposition von Menschen entscheidend (z. B. Schwerarbeit im Freien auf Baustellen und in der Landwirtschaft, keine wohnortnahen Grünräume in Städten, Wohnungsüberbelegung, Obdachlosigkeit). Verstärkt werden die Ungleichheiten in den Vulnerabilitäten gegenüber Klimaveränderungen besonders durch sozioökonomische Faktoren, wie Armutsgefährdung, geringe Bildung, Arbeitslosigkeit und Migrationshintergrund (siehe Kap. 5.3.1) (hohe Übereinstimmung, mittlere Beweislage).

Laut EU-SILC (*European Community Statistics on Income and Living Conditions*) sind 14 Prozent der in Österreich lebenden Menschen als armuts- und ausgrenzungsgefährdet einzustufen. Ein deutlich erhöhtes Risiko der Armutsgefährdung haben kinderreiche Familien, Ein-Eltern-Haushalte, MigrantInnen, Frauen im Pensionsalter, arbeitslose Menschen sowie Hilfsarbeiter und Personen mit geringer Bildung. Sozioökonomische Ungleichheit führt bereits jetzt zu Unterschieden in der Gesundheit: PflichtschulabsolventInnen haben in Österreich eine um 6,2 Jahre niedrigere Lebenserwartung als AkademikerInnen (Till-Tentschert u. a., 2011).

Sowohl die Vereinten Nationen (Habtezion, 2013) als auch das Europäische Parlament (European Parliament, 2017) verweisen auf eine besondere Vulnerabilität von Frauen für die Folgen des Klimawandels, da vor allem Katastrophen und Flucht Frauen in besonderer Weise treffen.

Gesundheitseffekte

Es ist also davon auszugehen, dass bestimmte Bevölkerungsgruppen einer Kombination von mehreren Faktoren ausgesetzt sind, die ihre Chancen für einen adäquaten Umgang mit den (gesundheitlichen) Klimafolgen wesentlich reduzieren. Entsprechend zeigte sich bereits in der Vergangenheit bei klimabedingten Belastungen, wie Hitze und Naturkatastrophen, eine besondere Betroffenheit von benachteiligten Gruppen – oft verstärkt, wenn dies mit anderen Vulnerabilitäten (z. B. Alter) einhergeht (hohe Übereinstimmung, mittlere Beweislage). So war bei der Hitzewelle in Wien im Jahr 2003 die Sterblichkeit in den einkommensschwachen Bezirken besonders hoch (Moshammer u. a., 2009).

Gesundheitliche Klimafolgen wurden bisher allerdings kaum unter dem Gesichtspunkt sozialer Ungleichheit erforscht (siehe z. B. Haas u. a., 2014). Auch der (deutschsprachige) Diskurs zu gesundheitlicher Chancengerechtigkeit im Kontext von „Health in all Policies" wird bisher wenig in Bezug auf Klimafolgen geführt (BMGF, 2017c; FGÖ, 2016; Kongress „Armut und Gesundheit", 2017).

Während die ungleichen Chancen in den (gesundheitlichen) Folgen des Klimawandels auf einer globalen Ebene als zentraler Faktor erkannt wurden (Islam & Winkel, 2017; WHO Europe, 2010a, 2010b) und die vielfältigen Abhängigkeiten zwischen sozioökonomischem Status, Gesundheit und Klima auch im Rahmen der Nachhaltigen Entwicklungsziele (SDG) konzeptuell Berücksichtigung finden (Prüss-Üstün u. a., 2016), sind diese bisher in Österreich in der strategischen und politischen Diskussion zur Klimaanpassung konzeptuell zu wenig berücksichtigt (siehe z. B. BMLFUW, 2017b).

Handlungsoptionen

Steigende Ungerechtigkeit und ihre gesundheitlichen Folgen in den OECD-Staaten (Mackenbach u. a., 2008; OECD, 2017a)Johan P. et al. 2008; OECD 2017a erfordern Priorität für sorgfältige Analysen, Entwicklungsprognosen und Aktionsprogramme für gesundheitliche Chancengerechtigkeit in Österreich. Der Nutzen für den Arbeitsmarkt, die Wirtschaftsentwicklung und das Wohlbefinden der Bevölkerung wird generell hoch eingeschätzt (Mackenbach u. a., 2007; Mackenbach u. a., 2011; OECD, 2017a). International liegen evidenzbasierte Maßnahmenvorschläge für die Erreichung gesundheitlicher Chancengerechtigkeit vor (WHO, 2008)xOy4.

Der geringe Forschungsstand sowie der fehlende politische Diskurs zur gesundheitlichen Chancengerechtigkeit bei zunehmenden Klimafolgen in Österreich verweist deutlich auf das Manko politikfeldübergreifender Zusammenarbeit in Wissenschaft, öffentlicher Verwaltung und Politik (WHO Europe 2010a; WHO, 2014) (siehe Kap. 5.5.2). Die vielfältige Abhängigkeit von Bevölkerungsgesundheit, Chancengerechtigkeit und nachhaltiger gesellschaftlicher Entwicklung wird im Rahmen der SDGs gesehen (Prüss-Üstün u. a., 2016). Konkret verweist der letzte Bericht des BKA (BKA u. a., 2017) zur Umsetzung der SDGs in Österreich nicht nur im Bereich Gesundheit (SDG 3), sondern auch im Bereich Bildung (SDG 4) auf Chancengerechtigkeit als zentrales Ziel für eine nachhaltige Gesellschaft.

Handlungsoptionen zur Reduktion von Unterschieden in der Vulnerabilität der Bevölkerung gegenüber gesundheitlichen Folgen des Klimawandels werden daher sowohl aufbauend auf den Gesundheitszielen Österreich als auch im Forschungsbereich gesehen. Neben dem Gesundheitsziel 2 „Gesundheitliche Chancengerechtigkeit" sprechen auch die Gesundheitsziele 1 „Gesundheitsförderliche Lebens- und Arbeitsbedingungen", 3 „Gesundheitskompetenz" und 4 „Lebensräume" (BMGF, 2017b, 2017d, 2017e) jeweils Aspekte von gesundheitlicher Chancengerechtigkeit an.

1. Aufbauend auf den Maßnahmen des Gesundheitsziels 2 „Gesundheitliche Chancengerechtigkeit" (BMGF, 2017c), insbesondere im Bereich der Armutsbekämpfung, kann die Entwicklung gezielter Fördermaßnahmen im Bereich der Arbeits- und Lebenswelten verschärfende Klimaaspekte integrieren (BMGF, 2017b) (siehe Kap. 5.3.3). Die Implementierung einer Koordinierungs- und Austauschplattform im Sinne einer „community of practice" (siehe auch erste Erfahrungen Österreich: Partizipation, 2018) kann das praktische Lernen bei diesen Umsetzungsmaßnahmen unterstützen (mittlere Übereinstimmung, schwache Beweislage).

2. Die politikfeldübergreifende Zusammenarbeit in Bezug auf Chancengerechtigkeit kann im Rahmen der Entwicklung der SDGs in Österreich durch intensivierte Zusammenarbeit auf Ebene der öffentlichen Verwaltung, der Politik und der anderen gesellschaftlichen Sektoren (Wirtschaft, Zivilgesellschaft) durch eine bundesweit koordinierte Zusammenarbeit auf Bundes-, Landes- und Gemeindeebene (z. B. durch das BKA) gefördert werden (siehe Kap. 5.5.2).

3. Der besonderen Vulnerabilität von Frauen und Mädchen kann durch die Berücksichtigung von genderbezogenen Analysen der Klimafolgen, verstärkte Beteiligung von Frauen und Gendergerechtigkeit in den Entscheidungsprozessen zu Anpassungsstrategien begegnet werden (European Parliament, 2017).

4. Interdisziplinäre Forschungsvorhaben zu gesundheitlicher Chancengerechtigkeit im Lichte des Klimawandels sind zentral (hohe Übereinstimmung, schwache Beweislage). Forschungsförderungen durch den Klima- und Energiefonds, durch andere Forschungsfördereinrichtungen,

durch Bundesministerien und Bundesländer könnten dazu beitragen, wesentliche Einsichten für gezielte Maßnahmen zum Ausgleich von gesundheitlicher Ungleichheit vielfach benachteiligter Bevölkerungsgruppen und besonders betroffener Regionen zu generieren.

5.3.3 Gesundheitskompetenz und Bildung

Kritische Entwicklungen

Eine hohe persönliche Gesundheitskompetenz trägt dazu bei, Fragen der körperlichen und psychischen Gesundheit besser zu verstehen und gute gesundheitsrelevante Entscheidungen zu treffen (Parker, 2009). Geringe Gesundheitskompetenz hat für die betroffenen Personen eine Reihe negativer Auswirkungen auf die Gesundheit, z. B. geringere Therapietreue, spätere Diagnosen, schlechtere Selbstmanagementfähigkeiten und höhere Risiken für chronische Erkrankungen (Berkman u. a., 2011). Mangelnde Gesundheitskompetenz verursacht hohe Kosten im Gesundheitssystem (Eichler u. a., 2009; Haun u. a., 2015; Palumbo, 2017; Vandenbosch u. a., 2016; Vernon u. a., 2007).

Österreich weist laut einer repräsentativen Umfrage im internationalen Vergleich starken Nachholbedarf auf (HLS-EU-Consortium, 2012): 18 Prozent der Befragten hatten eine inadäquate, 38 Prozent eine problematische Gesundheitskompetenz. In Hinblick auf Chancengerechtigkeit ist begrenzte Gesundheitskompetenz in Österreich ein besonderes Problem, weil Menschen mit schlechtem Gesundheitszustand (86 %), wenig Geld (78 %) und im Alter über 76 Jahren (73 %) begrenzte Gesundheitskompetenz haben (Pelikan, 2015). Die eingeschränkte Gesundheitskompetenz ist jedoch nicht auf mangelnde kognitive Fähigkeiten auf der Personenebene zurückzuführen (NVS-UK; Rowlands u. a., 2013), sondern auf der Systemebene zu sehen. Daraus folgt auch für den klimawandelbedingten Anpassungsbedarf eine Priorisierung von Maßnahmen auf Systemebene (mittlere Übereinstimmung, mittlere Beweislage).

Gesundheitseffekte

Bildungsferne Schichten, einkommensschwache Personen, alleinstehende, alte Menschen – darunter auch MigrantInnen – gelten als von den Folgen des Klimawandels besonders betroffen, sind aber oft schwer mit Informationsangeboten zu erreichen (siehe Kap. 4.1) (hohe Übereinstimmung, mittlere Beweislage).

Auf die problematische Situation der Gesundheitskompetenz in Österreich wurde von staatlicher Seite in mehrfacher Weise reagiert und die Weiterentwicklung der Gesundheitskompetenz der österreichischen Bevölkerung wurde auch als Aufgabe der Gesundheitsreform „Zielsteuerung Gesundheit" erkannt (Zielsteuerung-Gesundheit, 2017) und als Umsetzungsdrehscheibe die Österreichische Plattform Gesundheitskompetenz (ÖPGK) eingerichtet. Damit sind im Rahmen des Gesundheitssystems wesentliche strategische Voraussetzungen geschaffen worden, um den gesundheitlichen Herausforderungen des Klimawandels zu begegnen. In den vorliegenden Dokumenten zur Gesundheitskompetenz werden aber bisher keinerlei explizite Bezüge zu gesundheitlichen Folgen des Klimawandels hergestellt.

Auch die Österreichische Strategie zur Anpassung an den Klimawandel (BMLFUW, 2017b) verweist in ihrem Aktionsplan wiederholt auf die Notwendigkeit von Bildungsmaßnahmen und koordinierten Informationskampagnen, insbesondere in Bezug auf Gesundheit. Die Bereitstellung entsprechender Finanzmittel und mehr Wertschätzung für die Bewusstseinsbildung (Gesundheitskompetenz) und das Erkennen des langfristigen Nutzens dieser Maßnahmen werden gefordert. Direkte Kooperationen im Rahmen der Gesundheitskompetenzmaßnahmen des Gesundheitssystems sind jedoch bisher nicht erfolgt. Derzeit sind in der ÖPGK neben den Institutionen des Gesundheitssystems auf Bundesebene die Ressorts für Bildung, Jugend, Soziales und Sport vertreten, aber nicht das Nachhaltigkeitsressort.

Handlungsoptionen

Die Stärkung der Gesundheitskompetenz der Bevölkerung ist als eine der wesentlichsten und effektivsten Anpassungsstrategien an die gesundheitlichen Folgen des Klimawandels zu sehen. Es ist anzunehmen, dass Informationsangebote, die nicht zielgruppenspezifisch und motivierend ausgerichtet sind, wenig Wirkung zeigen bzw. nicht die besonders betroffenen Bevölkerungsgruppen erreichen (Uhl u. a., 2017). Damit ergeben sich folgende Handlungsoptionen zur Stärkung der Gesundheitskompetenz der Bevölkerung:

1. Intersektoralen Zusammenarbeit von Gesundheits- und Klimazuständigen stärken (Bund und Länder), insbesondere im Rahmen der ÖPGK zur Finanzierung und Entwicklung klimabezogener Gesundheitskompetenz der Bevölkerung (hohe Übereinstimmung, mittlere Beweislage).

2. Informationskampagnen der Gesundheitsförderung und Prävention initiieren, die klimarelevantes Gesundheitsverhalten und -verhältnisse unterstützen, insbesondere zu aktiver Mobilität (z. B. körperliche Aktivitäten wie Radfahren und Zufußgehen im Alltag), gesunder Ernährung und Naherholung im Grünen. Förderliche Rahmenbedingungen durch Kommunen, Arbeitgeber, Pflege- und Sozialeinrichtungen, Schulen etc. unterstützen dieses Bemühen. Der personenbezogene Ansatz braucht unterstützende Rahmenbedingungen (z. B. Radwege, Essensangebot in Großküchen), um effektiv zu sein (hohe Übereinstimmung, mittlere Beweislage). Gesundheitliche *Co-Benefits* von Klimaschutz- und Anpassungsstrategien bieten hier vielversprechende Möglichkeiten (Sauerborn u. a., 2009).

3. Systematische Vermittlung von klimaspezifischem Gesundheitswissen an Gesundheitsfachkräfte in der Aus- und Fortbildung (siehe Kap. 4.3), da diese sowohl gesundheitliche Belastungen Einzelner und von Gruppen erkennen als auch individualisiert informieren können (siehe Kap. 5.2.3). Zudem können sie ggf. verhältnisbezogene Gesundheitsförderungs- und Präventionsmaßnahmen im lokalen Umfeld, z. B. in Kooperation mit den Kommunen initiieren. Schließlich ist die Sensibilisierung der Gesundheitsfachkräfte erforderlich, um die THG-Emissionen der Krankenbehandlung zu reduzieren (z. B. Vermeidung unnötiger Diagnostik oder Therapien) (siehe Kap. 4.2 und 5.4.4) (hohe Übereinstimmung, schwache Beweislage). Hier sind medizinische Universitäten, Fachhochschulen und Ärztekammern angesprochen. Problematisch ist dabei der sehr hohe Anteil der Pharmaindustrie an der Finanzierung der ärztlichen Fortbildung in Österreich (Hintringer u. a., 2015), der eine interessensunabhängige Fortbildung zur Vermeidung unnötiger Diagnostik und Therapie kaum möglich macht.

4. Systematische Entwicklung von Gesundheitsinformationssystemen, die von wirtschaftlichen Interessen unabhängig sind. Diese sind am effizientesten durch bestehende bundesweite Informationsangebote, z. B. der AGES oder des öffentlichen Gesundheitsportals (Gesundheit.gv.at, 2018), umsetzbar und können auf Standards der „Guten Gesundheitsinformation Österreich" (ÖPGK & BMGF, 2017) der ÖPGK zurückgreifen.

5. Persönliche Gespräche bzw. Beratung sind für eine Vermittlung von klimaschonendem Gesundheitsverhalten zentral (z. B. aktive Mobilität und gesunde Ernährung). Hier sind insbesondere die Gesundheitsfachkräfte, allen voran ÄrztInnen als „GesundheitsfürsprecherInnen" gefragt (Frank, 2005). Maßnahmen zur Verbesserung der Gesprächsqualität in der Krankenbehandlung (Aus-, Weiter- und Fortbildung) können um den Klimaaspekt erweitert werden (BMGF, 2016b; Gallé u. a., 2017; Nowak u. a., 2016).

6. Die Entwicklung des organisationalen und finanziellen Rahmens („organisationale Gesundheitskompetenz") (Abrams u. a., 2014; Brach u. a., 2012; Pelikan, 2017) ist eine notwendige Voraussetzung, um zielgruppenspezifische Informationsangebote umzusetzen. Die Realisierung in Jugendzentren und der offenen Jugendarbeit zeigt beispielhaft, wie ein zielgruppenspezifischer Zugang realisiert werden kann (Wieczorek u. a., 2017).

7. Gezielte Bildungsmaßnahmen im Schulsystem (Lehrpläne und Lehrpraxis), um Kindern und Jugendlichen einen Zugang zu klima- und gesundheitsrelevantem Verstehen und Handeln zu vermitteln (BMLFUW, 2017b). Dies ist von langfristiger Bedeutung für die Gesundheitskompetenz künftiger Generationen (McDaid, 2016), für Chancengerechtigkeit und für die gesellschaftliche Anpassungsfähigkeit an den Klimawandel. Aufbauend auf der Entwicklung von „Umweltkompetenz" in Österreich (Eder & Hofmann, 2012) oder *Environmental Literacy* (Scholz, 2011) Programmen im Schulwesen der USA (ELTF, 2015) wäre die enge Verschränkung von Umwelt-, Klima- und Gesundheitskompetenzen hier ein nächster Schritt.

8. Bildungsferne Schichten, einkommensschwache Personen, alleinstehende, alte Menschen – darunter auch MigrantInnen – und Menschen mit Behinderungen gelten als von Klimawandelfolgen besonders betroffen, benötigen aber angemessene Informationsangebote zur Förderung ihrer Gesundheitskompetenz. Die (transkulturelle) Sensibilisierung der AkteurInnen im Gesundheits- und Sozialbereich für diese Risikogruppen ist wichtig, um sie im Anlassfall auch zu erreichen (spezifische Kommunikationskompetenzen und -werkzeuge) (GeKo-Wien, 2018) (hohe Übereinstimmung, mittlere Beweislage).

9. Forschung zu den Informationsbedürfnissen und zu optimalen Informationsmedien der besonders betroffenen Bevölkerungsgruppen sowie regelmäßige Evaluation bestehender Angebote (z. B. gesundheitliche und meteorologische Warnsysteme), auch hinsichtlich des sich ändernden Informationssuchverhaltens der Bevölkerung (z. B. neue Medien oder Mehrsprachigkeit), um diese auch effektiv zu erreichen (mittlere Übereinstimmung, mittlere Beweislage).

5.4 Gemeinsame Handlungsfelder für Gesundheit und Klimaschutz

In den hier vorgestellten Handlungsfeldern können bedeutende Vorteile gleichzeitig für Gesundheit und Klima generiert werden. Die dazugehörigen Handlungsoptionen adressieren Verhältnisse und Verhalten gleichermaßen. Verhältnisse werden bereits laufend über politische Instrumente, wie Infrastrukturangebote, Preisanreize, Steuern und ordnungspolitische Maßnahmen, gestaltet. Hier ist Nachjustieren möglich, indem klima- und gesundheitsförderliche Handlungen attraktiver, klima- und gesundheitsschädliche Handlungen hingegen weniger attraktiv gemacht werden. Derart veränderte Verhältnisse können Verhaltensänderungen initiieren, vor allem wenn diese von Informationsangebote begleitet werden, die die Hintergründe nachvollziehbar machen und damit die Klima- und Gesundheitskompetenz der Bevölkerung fördern. Trotz alledem können manche Handlungsoptionen bei einigen AkteurInnen, aber auch bei KonsumentInnen aus unterschiedlichsten Gründen Widerstand hervorrufen. Eine Grundvoraussetzung für erfolgreiche Klima- und Gesundheitspolitik ist daher die Einbindung von AkteurInnen und Bevölkerung, um bei der konkreten Ausgestaltung von Maßnahmen unnötige Nachteile zu vermeiden und angestrebte Vorteile auszuschöpfen. Dies erfordert Forschung, sowohl im Vorfeld als auch begleitend zur Implementierung. Akzeptanz ist auch eine Frage des Framings: Die folgenden Ausführungen zielen lediglich auf gut begründete Maßnahmen ab, nicht auf das Framing, in dem sie eingeführt werden.

5.4.1 Gesunde, klimafreundliche Ernährung

Kritische Entwicklungen

Nachhaltige Ernährungsweisen müssen nach Lang (2017) geringe Treibhausgasemissionen verursachen, möglichst wenig Wasser in der Produktion verbrauchen, Biodiversität schützen, nahrhaft, sicher, verfügbar und leistbar für alle sein; sie müssen auch von hoher Qualität und kulturell angepasst sein sowie aus Arbeitsprozessen gewonnen werden, die gerecht und fair bezahlt sind, ohne externe Kosten an andere Stellen zu verschieben (hohe Übereinstimmung, starke Beweislage). Dann sind sie zugleich ein Beitrag zur Erfüllung der SDGs (Lang, 2017). Die Verantwortung für die Erreichung dieser von der Staatengemeinschaft gesteckten Ziele sieht er bei den Regierungen, die sowohl auf Produktionsweisen als auch auf Ernährungsgewohnheiten Einfluss nehmen können. Die Diskussion im vorliegenden Sachstandsbericht konzentriert sich auf Klima und Gesundheit, doch sollten die Wechselwirkungen mit anderen Entwicklungszielen nicht aus den Augen verloren werden.

Aus Klimasicht:

- Global gesehen verursacht die Landwirtschaft rund ein Viertel aller THG-Emissionen (Steinfeld u.a., 2006; Edenhofer u.a., 2014; Tubiello u.a., 2014). Viehzucht allein ist weltweit für 18 % der THG-Emissionen verantwortlich (Tubiello u.a., 2014).
- Es ist unbestritten, dass pflanzliche Produkte pro Nährwert zu einer wesentlich geringeren Klimabelastung führen als tierische Produkte, insbesondere Fleisch (Schlatzer, 2011).
- Ebenso unbestritten ist, dass Nahrungs- und Futtermittelproduktion, die mit Humusaufbau (z.B. biologische Landwirtschaft) einhergeht, aus Klimagründen jeder anderen Produktionsform vorzuziehen ist (hohe Übereinstimmung, starke Beweislage).
- Mineraldüngung ist wegen des hohen Energiebedarfs bei der Erzeugung und wegen des Humusabbaus klimaschädlich (hohe Übereinstimmung, starke Beweislage).
- Ökologische Landwirtschaft könnte zum Klimaschutz und zum Erhalt der Bodenfruchtbarkeit und der Biodiversität einen wichtigen Beitrag leisten (siehe Zaller, 2018) (hohe Übereinstimmung, mittlere Beweislage); ihr Beitrag zur

Gesundheit ist aufgrund der Reduktion des Pestizid- und Antibiotikaeinsatzes ebenfalls unumstritten.

- Das SDG 2 der UNO, Target 4, behandelt Nahrungsmittelproduktion und Klima: *„Bis 2030 die Nachhaltigkeit der Systeme der Nahrungsmittelproduktion sicherstellen und resiliente landwirtschaftliche Methoden anwenden, die die Produktivität und den Ertrag steigern, zur Erhaltung der Ökosysteme beitragen, die Anpassungsfähigkeit an Klimaänderungen, extreme Wetterereignisse, Dürren, Überschwemmungen und andere Katastrophen erhöhen und die Flächen- und Bodenqualität schrittweise verbessern"*. Gemessen wird der Erfolg am Anteil der nachhaltigen und produktiven landwirtschaftlichen Fläche.
- Rund 580.000 t vermeidbare Lebensmittelabfälle fallen in Österreich pro Jahr an, davon mehr als die Hälfte aus Haushalten, Einzelhandel und Gastronomie (Hietler & Pladerer, 2017) (hohe Übereinstimmung, mittlere Beweislage). Zu dieser Verschwendung trägt das meist fälschlich als „Ablaufdatum" interpretierte Mindesthaltbarkeitsdatum (MHD) bei (Pladerer u.a., 2016).

Aus gesundheitlicher Sicht:

- Der Anteil an Getreide, Gemüse und Obst sollte wesentlich höher sein, denn der Fleischkonsum übersteigt in Österreich das nach der österreichischen Ernährungspyramide (BMGF, 2018) gesundheitlich Wünschenswerte deutlich, z.B. bei Männern um den Faktor 3 (BMGF, 2017e) (hohe Übereinstimmung, starke Beweislage). In den kanadischen Ernährungsempfehlungen wurde aufgrund neuerer Evidenz auch der Anteil anderer tierischer Produkte, insbesondere Milch, reduziert (Food Guide Consultation, 2018).
- Ein derzeit viel diskutierter Spezialfall ist Palmöl, das wegen seiner physikalischen Eigenschaften und der billigen Produktion von der Lebensmittelindustrie gerne verwendet wird. Durch die mit seiner Gewinnung verbundenen Abholzung und Entwässerung von Regenwäldern erweist sich Palmöl in der Treibhausgasbilanz, neben anderen katastrophalen Umweltauswirkungen, als klimaschädlich (Fargione u.a., 2008). Gesundheitliche Bedenken hinsichtlich eines erhöhten Risikos für Diabetes, Gefäßverkalkungen und Krebs wurden auch bereits angemeldet (siehe z.B. Warnung der EFSA (2018) hinsichtlich Prozesskontaminanten mit besonders hohen Werten in Palmöl). Palmöl ist also weder klimafreundlich noch gesund (hohe Übereinstimmung, starke Beweislage).

Die Maßnahmen für eine gesunde Ernährung decken sich weitgehend mit jenen, die aus Klimasicht (und Sicht der Nachhaltigkeit) notwendig sind. Während Dokumente der Klimapolitik häufig auf den Gesundheitsvorteil verweisen, fehlen Klimabezüge in den Dokumenten der Gesundheitspolitik meist (Bürger, 2017).

Handlungsoptionen

1. Ansatzpunkte auf individueller Ebene sind z. B. Quantität, Fleischanteil und Qualität der Lebensmittel. Eine ausgewogenere Ernährung wäre auch ein Schritt zur Erfüllung des Target 2 des Nachhaltigen Entwicklungszieles 2: „2.2 *By 2030, end all forms of malnutrition*", denn in Österreich leiden ca. 30 % aller Jungen und ca. 25 % aller Mädchen im Alter von 8 bis 9 Jahren an Fehlernährung (Übergewicht) (BMGF, 2017h).

2. Klima- und gesundheitsförderliche Konsumentscheidungen werden leichter getroffen, wenn einerseits Gesundheits- und Klimakompetenz der KonsumentInnen stärker ausgeprägt sind, andererseits die Preisstruktur diesen entgegenkommt (siehe Kap. 4.5.2) (mittlere Übereinstimmung, mittlere Beweislage). Die Preisstruktur könnte z. B. durch stärkere Bindung von Förderungen an Humusaufbau und Biodiversitätsschutz, Klimafreundlichkeit und gesundheitliche Qualitätskriterien, durch THG-abhängige Steuern auf alle Lebensmittelkategorien (Springmann, Mason-D'Croz u. a. 2016b) oder durch schärfere Tierschutzbestimmungen oder Fleischsteuern (Weisz u. a. in Arbeit; siehe Haas u. a., 2017; ClimBHealth, 2017) beeinflusst werden und damit auch der Kostenwahrheit näherkommen.

3. Bei der Ernährung hat die Reduktion des Fleischkonsums die größten positiven Effekte für Klima und Gesundheit (Friel u. a., 2009; Scarborough, 2014; Scarborough, Clarke u. a., 2010; Scarborough, Nnoaham u. a., 2010; Scarborough u. a., 2012; Tilman & Clark, 2014; Springmann, Mason-D'Croz u. a., 2016b). Eine stärkere pflanzliche Ernährungsweise könnte die globale Mortalitätsrate spürbar senken und die ernährungsbezogenen Treibhausgase dramatisch reduzieren (siehe Kap. 4.5.2; Springmann, Mason-D'Croz u. a., 2016b) (hohe Übereinstimmung, starke Beweislage). Tierische Produkte spielen etwa bei dem Risiko von Diabetes mellitus Typ II und Herz-Kreislauf-Erkrankungen eine gewichtige Rolle. Deswegen sind Maßnahmen zur Reduktion des Fleischkonsums, wie die Verteuerung von Fleisch, aber auch die Steigerung der Attraktivität von Obst und Gemüse, besonders wichtig (hohe Übereinstimmung, starke Beweislage). Auch genderbezogene Maßnahmen, um den überdurchschnittlichen Fleischverbrauch bestimmter Personengruppen zu reduzieren (z. B. Männer), bieten sich an (siehe unten, siehe Kap. 4.5.2).

4. Die Rahmenbedingungen des Lebensmittelsektors sind derzeit im Wesentlichen nur hinsichtlich akuter Sofortschäden geregelt. Diese könnten im Sinne von Gesundheitsvorsorge und Klimaschutz geändert werden. Im derzeitigen System bleiben die Profite bei der Lebensmittelwirtschaft, die Kosten ungesunder Ernährung werden über das Sozial- und Gesundheitssystem von der Allgemeinheit getragen (Springmann, Mason-D'Croz u. a., 2016b). Ansatzpunkte: Das Umweltbundesamt in Deutschland sprach sich für die Senkung des Mehrwertsteuersatzes von Obst und Gemüse zum Vorteil von Klima und Gesundheit aus (Köder & Burger, 2017). Um eine nachhaltigere Form der Tierproduktion zu erreichen, plädiert die FAO schon seit längerem für Steuern sowie Gebühren, die Umweltschäden einrechnen (FAO, 2009). So könnte eine Besteuerung tierischer Produkte mit 60 €/t CO_2 in der EU-27 ca. 32 Mio. t CO_2-Äq. oder 7 % der landwirtschaftlichen THG-Emissionen einsparen (120 €/t CO_2 etwa 14 %) (Wirsenius u. a., 2011).

5. Veränderungen der Rahmenbedingungen (Verhältnisse) sollten durch Informationskampagnen begleitet werden, die die Eigenverantwortung der KonsumentInnen durch verständliche und umfassende Qualitätszeichen (Ökologie, Soziales, Gesundheit) unterstützen (hohe Übereinstimmung, schwache Beweislage). Ein radikalerer Schritt wäre eine Umkehr der Kennzeichnungspflicht: Statt das Klimafreundliche und Gesunde zu kennzeichnen, das Klimaschädliche und Ungesunde ausweisen.

6. Initiativen wie FoodCoops, Urban Gardening, solidarische Landwirtschaft, Pachtzellen, Nachbarschaftsgärten, Guerilla Gardening, Selbsterntefelder etc. sind ein weiterer attraktiver Zugang zur Änderung von Verhältnissen und Verhalten. Obwohl nicht zwingend notwendig, werden doch meist über diese Initiativen biologische, regionale und saisonale Produkte, vorwiegend Getreide, Obst und Gemüse, angeboten. In der Regel ernähren sich TeilnehmerInnen derartiger Initiativen gesünder und die LandwirtInnen haben mehr Gestaltungsmöglichkeit hinsichtlich Pflanzenauswahl und Bearbeitungsmethoden (mittlere Übereinstimmung, schwache Beweislage). Um das Potenzial solcher Initiativen für mehr Gesundheit und Klimaschutz zu nutzen, sollten gezielt Freiräume für Experimente geschaffen werden, in denen Bürokratie innovativ mit Herausforderungen umgeht. Für die Sicherstellung der Steuerleistung oder Erfüllung von Standards – anders als über Gewerbescheine – lassen sich Wege finden, die nicht die Initiativen per se in Frage stellen. Dabei könnte für die anstehenden Transformationsprozesse auf gesamtgesellschaftlicher Ebene gelernt werden (hohe Übereinstimmung, schwache Beweislage).

7. Ein wichtiger Ansatzpunkt sind die Umstellungen auf gesunde sowie klimafreundlichere Lebensmittel in staatlichen Einrichtungen wie Schulen, Kindergärten, Kasernen, Kantinen, Krankenhäusern und Altersheimen, aber auch in der Gastronomie (hohe Übereinstimmung, mittlere Beweislage). Die Umstellung kann bei im Wesentlichen gleichbleibenden Kosten erfolgen (Daxbeck u. a., 2011). Erste Ergebnisse eines Schulexperimentes zeigten merklichen Muskelauf- und Fettabbau selbst bei geringer Befassung von SchülerInnen mit Fragen der Ernährung, kombiniert mit freudvoller Bewegung, (Widhalm, 2018). In der Gastronomie könnten kleinere Portionen, mit der Möglichkeit nachzufassen, mindestens eine vegetarische Option und ein Krug Leitungswasser auf jedem Tisch wichtige Beiträge sein. Ein weiterer Interventionspunkt wäre die Entwicklung der Gesundheits- und Klimakompe-

tenz in der Aus- und Weiterbildung von KöchInnen, ErnährungsassistentInnen und EinkäuferInnen großer Lebensmittel- und Restaurantketten.

8. Weil die Effekte klimaschonender und gesunder Ernährung über Einhaltung von Klimazielen, Arbeitsproduktivitätsgewinnen und Einsparungen von Gesundheitsausgaben zur Entlastung öffentlicher Ausgaben führen können (Springmann, Godfray u. a., 2016; Keogh-Brown u. a., 2012; siehe Scarborough, Nnoaham u. a., 2010), müssten diese im Interesse staatlicher Politik sein.

9. Wie in anderen Forschungsbereichen ist eine strikte Ausrichtung der Forschung im Interesse des Allgemeinwohls, also auch dort wo kein wirtschaftlicher Nutzen zu erwarten ist und losgelöst von wirtschaftlichen Interessen, zentral (hohe Übereinstimmung, mittlere Beweislage). Erste wichtige Schritte in der medizinischen Forschung könnten erhöhte Transparenz bezüglich Finanzierung, Forschungsfrage, -ansatz und Auswertemethoden sowie Stichprobenselektion und -größe sein.

5.4.2 Gesunde, klimafreundliche Mobilität

Kritische Entwicklungen

Der Verkehrssektor spielt sowohl für das Klima als auch für die Gesundheit eine wichtige Rolle. In Österreich sind 29 % der Treibhausgasemissionen auf den Verkehr zurückzuführen, davon über 98 % auf den Straßenverkehr. Etwa 44 % der Emissionen des Straßenverkehrs entfielen im Jahr 2015 auf den Gütertransport und etwa 56 % auf den Personenverkehr. Seit 1990 (Bezugsjahr des Kyoto-Protokolls) sind die Emissionen um 60 % gestiegen, wobei der Güterverkehr überproportional stark anstieg (Umweltbundesamt, 2018).

Niedrige Treibstoffpreise in Österreich befördern den Verkauf bei Durchfahrten durch Österreich und im grenznahen Verkehr. Die dadurch jährlich lukrierten Mineralölsteuern entsprechen den Kosten der erforderlichen Emissionszertifikate innerhalb der gesamten ersten Kyoto-Periode (500–600 Mio. €). Hier wirken also fiskalpolitische Interessen den österreichischen Klimaschutzzielen entgegen (Stagl u. a., 2014).

Ein technologischer Wandel von fossil zu elektrisch betriebenen Fahrzeugen ist zwar notwendig, reicht aber allein zur Erreichung der Ziele nicht aus und wirft im Gegenzug andere Fragen auf, z. B. nach ausreichender Bereitstellung von Ökostrom (auch ladebedingter Stromspitzen), umweltgerechter Entsorgung von Altbatterien und der Teilhabe von ökonomisch benachteiligten Bevölkerungsgruppen an der Elektromobilität trotz höherer Anschaffungspreise. Darüber hinaus bleiben Probleme wie Unfallrisiken, Feinstaub durch Reifen- und Bremsbelagsabrieb sowie Aufwirbelung, Verkehrsstaus und Flächenverbrauch durch Straßeninfrastruktur ungelöst.

Gerade der hohe Flächenverbrauch von mehrspurigen Fahrzeugen in urbanen Räumen behindert vermehrte Aufenthalts- und Grünräume, die für eine verbesserte Lebensqualität der StadtbewohnerInnen speziell bei steigenden Temperaturen erforderlich sind. Auch das gesundheitliche Potenzial der Transformation wird durch Elektromobilität keineswegs ausgeschöpft (hohe Übereinstimmung, starke Beweislage).

Veränderungen im *Modal Split* (Verteilung des Verkehrs auf verschiedene Verkehrsmittel) für Passagiere und Waren müssen jedenfalls Teil der Lösung sein. Dass sie möglich sind, hat die Stadt Wien mit einer Reduktion des motorisierten Individualverkehrs von 35 % im Jahr 1995 auf 31 % 2013/14 gezeigt. Die Verschiebung zum öffentlichen Verkehr erfolgte nicht zuletzt durch die Preisreduktion der Jahreskarte bei gleichzeitiger Parkraumbewirtschaftung und Ausbaus des ÖV-Angebots (Tomschy u. a., 2016). Österreichweit überwiegt im Modal Split bei insgesamt steigenden Verkehrsaufkommen (d. h. stärkeres Wachstum im Individualverkehr) der Pkw-Verkehr mit 57 % (2013/14), der damit gegenüber 1995 gestiegen ist (51 %). Bahn und Bus sind mit 17 % im Jahr 1995 und 18 % 2013/14 fast konstant geblieben. Fußwege sind insgesamt rückläufig. Während in diesem Zeitraum die Verkehrsleistung mit dem Fahrrad deutlich gestiegen ist (von 2,3 auf 5,2 Mrd. Personenkilometer), ist die Summe der zu Fuß zurückgelegten Entfernung leicht rückläufig (von 5,2 auf 5,1 Mrd. Personenkilometer). Allerdings hat sich deren Verkehrswegeanteil deutlich von 26,9 % auf 17,4 % verringert, d. h. es werden im Durchschnitt weniger, aber längere Fußwege zurückgelegt. Im Bereich des Güterverkehrs ist mit einer signifikant erhöhten Verkehrsleistung auf der Straße eine gegenteilige Tendenz festzustellen. Diese Entwicklungen sind im Lichte eines Anstieges des Transportaufwandes (Pkw: 66 %, SNF: 73 %) zu sehen (Umweltbundesamt, 2017).

Besonders wichtig aus Klimasicht wäre die Reduktion des Flugverkehrs, der nicht im Pariser Klimaabkommen geregelt ist (hohe Übereinstimmung, starke Beweislage). Die freiwillig vereinbarten Maßnahmen von Montreal der Internationalen Zivilluftfahrtorganisation reichen bei weitem nicht aus, um das übergeordnete Ziel zu erreichen (Carey, 2016). Zudem prognostiziert die ICAO ein 300–700-prozentiges Wachstum des weltweiten Flugverkehrs bis 2050 (European Commission, 2017), das dem Pariser Abkommen entgegenwirken würde, sollte es sich tatsächlich einstellen. Die Zahl der Starts und Landungen in Österreich ist seit etwa 2008 zurückgegangen (Stadt Wien, 2018b). Die Passagierzahlen haben sich im österreichischen Flugverkehr seit 1990 mehr als verdreifacht (Statistik Austria, 2017c).

Da Siedlungsstrukturen, wie etwa die räumliche Anordnung von Wohnraum, Arbeitsstätten, Einkaufszentren, Schulen, Spitälern oder Altersheimen, den Verkehrsaufwand weitgehend determinieren, bedarf es auch der gesetzlichen Grundlagen und Richtlinien in der Raum- und Städteplanung, will man das Mobilitätsaufkommen reduzieren oder die notwendigen Wege für FußgängerInnen und RadfahrerInnen attraktiv gestalten (hohe Übereinstimmung, starke Beweislage).

Bei Befragungen geben über 40 % aller Befragten in Österreich an, dass sie sich durch Lärm belästigt fühlen. Eine der Hauptquellen der Lärmbelastung ist der Verkehr, wobei der Straßenverkehr als Lärmerreger dominiert. Allerdings ist, laut Mikrozensus der Statistik Austria, sein Anteil in den letzten Jahren etwas gesunken (Statistik Austria, 2017b).

Mangelnde Luftqualität stellt in Städten und in alpinen Tal- und Beckenlagen in Österreich weiterhin ein Problem dar. Dies betrifft vor allem Stickstoffdioxid – hier wurde 2016 von der EU ein Vertragsverletzungsverfahren gegen Österreich eingeleitet. Auch bei Feinstaub treten zeitweise Grenzwertüberschreitungen auf, bei Ozon wurden an rund 50 % der Stationen Grenzwertüberschreitungen festgestellt. Wesentliche Quelle für Stickoxide, Feinstaub und für die Vorläufersubstanzen von Ozon ist der Verkehr, insbesondere Dieselfahrzeuge (hohe Übereinstimmung, starke Beweislage).

Der Diesel-Abgasskandal hat offengelegt, dass einerseits die offiziellen Angaben zu den Pkw-Emissionen aufgrund der günstigen Fahrzyklen bei den Messungen weit unter den realen liegen, andererseits selbst diese Werte manipulativ nur im Test erreicht wurden. Die zuständigen Regelungen auf EU-Ebene wurden trotz wiederholter Hinweise auf die Unangemessenheit der Messzyklen erst nach dem Skandal zugunsten realitätsnäherer Angaben modifiziert. Klagen, die im Zuge des Abgasskandals eingebracht wurden, bezogen sich überwiegend auf Wertverluste der Pkw-Besitzer, während der erhöhte Beitrag zur Luftverunreinigung und zum Klimawandel praktisch ungesühnt bleibt. Das System, das solche Skandale provoziert – praktisch alle Hersteller haben Abgaswerte manipuliert – wurde in der Diskussion kaum thematisiert. Nach dem Skandal wurden lediglich verstärkte Kontrollen eingeführt.

Gesundheitseffekte

Die Reduktion des fossil angetriebenen Verkehrs und die Verschiebung des *Modal Splits* zugunsten aktiver Mobilität vermindern die Schadstoff- und Lärmbelastung des Personen- und Güterverkehrs und führen zu mehr gesundheitsförderlicher Bewegung. Damit können Fettleibigkeit und Übergewichtigkeit sowie das Risiko von Herz-Kreislauf-Erkrankungen, Atemwegserkrankungen und Krebs, aber auch Schlafstörungen und psychische Erkrankungen reduziert werden. Dies führt zu höherer Lebenserwartung und mehr gesunden Lebensjahren (hohe Übereinstimmung, mittlere Beweislage). Zugleich werden erhöhte Kosten von Gesundheitsservices und Krankenständen vermieden (Haas u. a., 2017; Mueller u. a., 2015; Wolkinger u. a., 2018) (siehe Kap. 4.5.3).

Der Wandel von „nicht-motorisiertem Verkehr" zu „aktiver Mobilität" in der Sprache der Fachwelt zeigt, dass Radfahren und Zufußgehen wieder vom privaten Hobby zum akzeptierten Verkehrsmittel des Alltags avancieren. Der größte gesundheitliche Effekt stellt sich meist bei jenen RadfahrerInnen ein, die ihren täglichen Weg in die Arbeit konsequent am Rad zurücklegen (Laeremans u. a., 2017).

Städte und Siedlungen, die nicht mehr „autogerecht", sondern auf aktive Mobilität hin gestaltet werden, verbessern die sozialen Kontakte und damit das Wohlbefinden und die Gesundheit. Dass sich dies auch auf die Integration älterer Mitmenschen und MigrantInnen auswirken kann, ist unmittelbar einsichtig (mittlere Übereinstimmung, mittlere Beweislage). Selbst die Kriminalität sinkt in „menschengerechter" gestalteten Städten gegenüber jenen, die auf motorisierten Verkehr hin ausgerichtet sind (Wegener & Horvath, 2017). Der höhere Anteil aktiver Mobilität im städtischen Bereich ermöglicht den Rückbau von Straßen und Parkplätzen zu Gunsten einer Entsiegelung und Begrünung z. B. durch Baumpflanzungen und ist damit eine wichtige Möglichkeit zur Entschärfung von Hitzeinseln (Stiles u. a., 2014; Hagen & Gasienica-Wawrytko, 2015).

Bei der Reduktion des Flugverkehrs geht es um gesundheitsrelevante Emissionen wie Feinstaub, sekundäre Sulfate und sekundäre Nitrate (Rojo, 2007; Yim u. a., 2013) sowie um Lärm und das erhöhte Risiko der Übertragung von Infektionskrankheiten (Mangili & Gendreau, 2005).

Handlungsoptionen

1. Der technologische Wandel von fossil zu alternativ betriebenen Fahrzeugen ist zwar notwendig, reicht aber allein nicht aus und benötigt daher die entschiedene Entwicklung attraktiver Angebote für aktive Mobilitätsformen sowie den öffentlichen Verkehr, um die Klimaziele zu erreichen und den gesundheitlichen Nutzen auszuschöpfen (hohe Übereinstimmung, mittlere Beweislage).

2. Die Treibhausgas- und Luftschadstoff-Emissionen alternativer Antriebssysteme (batteriebetriebene und brennstoffzellenbetriebene elektrische Fahrzeuge, biogasbetriebene Fahrzeuge und Hybridvarianten fossiler Pkws) liegen – auch wenn der Produktionsaufwand miteingerechnet wird – unter den Emissionen der aktuellsten Generation fossiler Pkws (hohe Übereinstimmung, starke Beweislage). Eine Elektrifizierung des Verkehrs, vor allem mit Ökostrom, würde die Emissionen für Treibhausgase und Stickoxide deutlich senken (Fritz u. a., 2017). Bei der Feinstaubbelastung fällt die Reduktion wegen der Aufwirbelung und des Reifen- sowie Bremsbelagsabriebs geringer aus.

3. Das Lärmproblem könnte bei geringen Geschwindigkeiten durch Elektrofahrzeuge deutlich entschärft werden (hohe Übereinstimmung, starke Beweislage). Allerdings dominieren bei Pkws die Rollgeräusche ab 30–40 km/h. Die Lärmreduktion gilt insbesondere auch für Elektro-Lkws. In der Umstellungsphase erhöhen lärmarme Verkehrsmittel das Sicherheitsrisiko (hohe Übereinstimmung, schwache Beweislage). Bei Güterzügen setzt die Einführung des lärmabhängigen Infrastrukturbenützungsentgelts in Österreich einen Anreiz für die Umrüstung auf leise Bremsen; dies kann bis zu 10 dB Lärmreduktion erzielen (Fritz u. a., 2017).

4. SDG 3.6, Indikator 3.6.1, fordert global die Halbierung der Verkehrstoten bis 2020. Die Statistik des BMI (Statistik Austria, 2018b) zeigt, dass die Verkehrstoten sinken und dass die Zielerreichung herausfordernd, aber keineswegs unerreichbar ist. Es geht um eine Reduktion des Autoanteils, der gefahrenen Kilometer und der tatsächlich gefahrenen Geschwindigkeiten. Durch Geschwindigkeitsreduktion kann mehreren Anliegen Rechnung getragen werden: Reduktion der tödlichen Verkehrsunfälle, der Schadstoffemissionen, der CO_2-Emissionen und des Lärms (hohe Übereinstimmung, starke Beweislage).

5. Die Resonanz der Bevölkerung auf die zahlreichen Initiativen der Zivilgesellschaft und der Kommunen in Österreich zeigen, dass sich ein Umdenken hinsichtlich der Einstellung zum eigenen Pkw entwickelt: Carsharing, Leihfahrräder, Lastenfahrräder usw. boomen (mittlere Übereinstimmung, starke Beweislage). Diese Veränderungen könnten für gesetzliche Bestimmungen im Sinne der Nachhaltigkeit und des Gesundheitsschutzes genutzt werden, indem aktive Mobilität und Sharing deutlich attraktiver gemacht werden als motorisierter Individualverkehr: Z. B. könnten Umweltzonen und Parkplätze nur für aktive Mobilität und Elektromobilität vorbehalten bleiben oder Genehmigungen für Carsharing Unternehmen nur für Elektrofahrzeuge gegeben werden.

6. Geeignete Raum- und Verkehrsplanung kann sicherstellen, dass typische Alltagswege (Schule, Arbeit, Einkauf, Freizeit) kurz und sicher sind, sodass sie zu Fuß und auch von Kindern allein zurückgelegt werden können (hohe Übereinstimmung, starke Beweislage). Radabstellplätze, die ganz nahe am Zielort sind, stellen einen Anreiz zur aktiven Mobilität dar, insbesondere wenn Pkw-Abstellplätze mit deutlich längeren Fußwegen verbunden sind. Als Anpassung an den Klimawandel sind Wetterschutzangebote, z. B. schattenspendende Bäume, Unterstände, Sitzgelegenheiten und Trinkwasserangebote, hilfreich (Pucher & Buehler, 2008). So können gut kombinierte Raumplanung und Parkraumbewirtschaftung die Attraktivität von Einkaufzentren am Stadtrand oder zwischen Siedlungen mindern und damit Verkehrswege reduzieren. Städte mit Einkaufsmöglichkeiten in Geh- oder Fahrraddistanz, Möglichkeiten der Interaktion und des Verweilens sind emissionsärmer, stressfreier und gesünder als autoorientierte Städte (Knoflacher, 2013) (hohe Übereinstimmung, starke Beweislage).

7. Ein wirkliches Umdenken wird Verkehrsexperten zufolge erst erfolgen, wenn der motorisierte Individualverkehr seine vollen externen Kosten bezahlen müsste und Kostenwahrheit im Verkehr erzielt wird (Sammer, 2016; Köppl & Steininger, 2004). Ein Ansatzpunkt ist beispielsweise, wenn AutobesitzerInnen die für die jeweilige Stadt typischen Mietkosten für die Größe eines Pkw-Stellplatzes als Parkgebühr bezahlen müssten. Um die Wirksamkeit solcher finanziellen Maßnahmen zu erhöhen, sollten regulatorische und planerische Maßnahmen die derzeitige Bevorzugung des motorisierten Individualverkehrs bei der

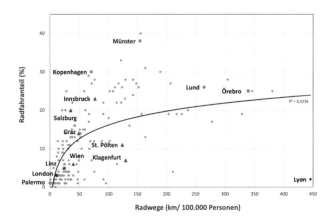

Abb. 5.2: Radverkehrsanteil in Abhängigkeit der Länge der Radwege für 167 europäische Städte. Datenquellen: BMLFUW, 2015; Mueller u. a., 2018; Websites der Landeshauptstädte.

Nutzung städtischer Flächen beenden, beispielsweise Abstellplätze und Garagen räumlich-baulich, finanziell und organisatorisch von Wohnungen völlig getrennt werden (Knoflacher, 2013).

8. Eine Statistik über 167 europäische Städte zeigt, dass der Anteil des Radverkehrs mit der Länge des Radwegenetzes wächst (5.2). Gewidmete Budgets für aktive Mobilität (z. B. für Infrastruktur und Bewusstseinsbildung) stellen eine gute Voraussetzung für die Förderung dieses Bereiches dar.

9. *Cost-Benefit*-Analysen haben für Belgien gezeigt, dass der wirtschaftliche Nutzen über die reduzierten Gesundheitskosten die ursprüngliche Investition in Radwege um einen Faktor 2 bis 14 übertrifft (Buekers u. a., 2015). Die WHO hat zur Abschätzung des ökonomischen Vorteils reduzierter Sterblichkeit als Folge regelmäßigen Gehens oder Radfahrens ein online Berechnungssystem entwickelt (*Health economic assessment tool* (HEAT*) for cycling and walking*), das die Kostenanalyse geplanter Infrastrukturprojekte erweitern sollte (WHO Europe, 2017b). In einer Studie für Graz, Linz und Wien wurde mittels Szenarien für evidenzbasierte Maßnahmeneffektivität gezeigt, dass durch Erhöhung des Radverkehrs bereits ohne Elektromobilität an die 60 Sterbefälle pro 100.000 Personen und fast 50 % der CO_{2equ}-Emissionen des Personenverkehrs reduziert werden können, bei gleichzeitiger Reduktion der Gesundheitskosten um fast 1 Mio. € pro 100.000 Personen. Dies ist durch einen bereits erprobten Maßnahmenmix aus Flaniermeilen, Zonen reduzierten Verkehrs, Ausbau der Fahrradwege und -infrastruktur, erhöhte Frequenzen im öffentlichen Verkehr und günstigere Verbundtarife im Stadt-Umland-Verkehr erzielbar. Ergänzt um E-Mobilität können – vorausgesetzt die Stromproduktion ist karbonneutral – 100 % der CO_{2equ}-Emissionen und 70–80 Sterbefälle pro 100.000 vermieden werden (Haas u. a., 2017; Wolkinger u. a., 2018) (hohe Übereinstimmung, starke Beweislage).

10. Um das enorme Potenzial des Mobilitätssektors für Klimaschutz und Gesundheitsförderung gleichermaßen zu nutzen, bedarf es der institutionalisierten Kooperation zwischen den zuständigen Ressorts in Kommunen, Ländern und auf nationaler Ebene. Funktionierende Zusammenarbeit setzt vor allem voraus, dass die notwendigen Ressourcen und Kapazitäten für den Informations- und Meinungsaustausch zur Verfügung gestellt werden (Wegener & Horvath, 2017) (hohe Übereinstimmung, mittlere Beweislage).

5.4.3 Gesundes, klimafreundliches Wohnen

Kritische Entwicklungen

Die Wohnsituation zählt zu den wichtigsten Faktoren für Gesundheit und Wohlbefinden (siehe auch SDG Ziel 3). Zugleich sind Bauen und Wohnen wichtige Faktoren in der Klimadiskussion, da sie einerseits Treibhausgasemissionen verursachen – und aufgrund der langen Lebensdauer von Gebäuden auch Lock-in-Effekte erzeugen können –, andererseits stark vom Klimawandel betroffen sind und daher Anpassungsmaßnahmen erforderlich machen (hohe Übereinstimmung, starke Beweislage). Daneben handelt es sich um einen wichtigen Wirtschaftssektor, auch in Hinblick auf Arbeitsplätze (hohe Übereinstimmung, starke Beweislage). Gebäude verursachen in Österreich zwar nur etwa 10 % der Treibhausgasemissionen, Tendenz sinkend, aber der Gebäude- und Wohnungsbestand in Österreich wächst seit 1961 linear an. Etwa 87 % der Wohngebäude sind Ein- und Zweifamilienhäuser, die durch den Autoverkehr Emissionen und ein Vielfaches an versiegelter Fläche nach sich ziehen; nur 13 % bestehen aus 3 oder mehr Wohnungen (BMLFUW, 2017a).

Durch den erwarteten Klimawandel und die veränderten Komfortbedingungen wird sich die Ausstattung von Gebäuden (z.B. Installation von Klimaanlagen und Beschattungseinrichtungen) verändern müssen. Die Gestaltung der Wohn-, Arbeits- und Infrastrukturbauten hat erhebliche Auswirkungen auf andere Bereiche, z.B. das Mobilitäts- und Freizeitverhalten (BMLFUW, 2017a).

Die verstärkte Hitzebelastung im Sommer mit fehlender nächtlicher Abkühlung führt vor allem in Städten zu ungünstigerem Raum- und Wohnklima und damit zu gesundheitlichen Belastungen (besonders für gesundheitlich vorbelastete und alte Menschen sowie Kinder) (hohe Übereinstimmung, starke Beweislage). Von sommerlicher Überhitzung betroffen sind vor allem Gebäude mit geringen Speichermassen, schlechter Wärmedämmung und hohem Glasanteil (Bürogebäude). Auch die Ausrichtung und Gestaltung der Gebäude ist relevant, wobei es um geringe Sonnenexposition der Fenster im Sommer, aber hohe im Winter geht. Der Kühlbedarf bzw. der Einsatz alternativer Maßnahmen zur Reduktion der

Raumtemperatur wird im Sommer steigen (APCC, 2014; Kranzl u.a., 2015) (hohe Übereinstimmung, starke Beweislage).

Mildere Winter wirken sich im Gebäudesektor insgesamt positiv aus; die winterliche Einsparung überwiegt vor allem in Gebäuden mit gutem thermischen Zustand derzeit noch den Bedarf an zusätzlichen Kühlleistungen während sommerlicher Hitzewellen (BMLFUW, 2017a).

Gesundheitseffekte

Neben Hitzestress im Sommer sind noch weitere Gesundheitseffekte zu beachten. Lärm und Luftschadstoffe sind wesentliche, gut untersuchte Belastungsfaktoren. Ab ca. 55 dB(A) Lärmpegel gemessen nachts vor dem Fenster können sich bereits gesundheitliche Folgen (WHO Europe, 2009), wie Störungen der Herz-Kreislauf-Regulation, psychische Erkrankungen, reduzierte kognitive Leistung oder Störungen des Zuckerhaushaltes, einstellen (WHO, 2009). Solche Pegel treten regelmäßig auf stark befahrenen Straßen auf (innerstädtisch und bei Freilandstraßen und Autobahnen).

Etwa 80 % des Energieaufwandes der österreichischen Haushalte wird im Bereich Wohnen für Heizung und Warmwasser verwendet. Effiziente Heizungs- und Warmwasseraufbereitungssysteme, und solche, die auf erneuerbare Energie zurückgreifen, sind daher wesentliche Beiträge zum Klimaschutz (hohe Übereinstimmung, starke Beweislage). Da die Abgase der Heizsysteme an die Außenluft abgegeben werden, beeinträchtigen fossil betriebene Systeme zudem die Luftqualität und damit die Gesundheit in Siedlungsgebieten (hohe Übereinstimmung, starke Beweislage). Auch einfache Holzöfen, bei denen feine Partikel (Feinstaub) ungefiltert in die Außenluft abgegeben werden, stellen eine gesundheitliche Belastung dar.

Elektrogeräte sind Wärmequellen in Innenräumen – je energieeffizienter, desto weniger Abwärme und desto weniger Treibhausgasemissionen.

Die Umgebung des Wohnorts spielt eine wichtige Rolle für Gesundheit und Wohlbefinden: Sie entscheidet auch über nahegelegenen Grünraum und Natur (siehe Kap. 5.2.1 und 4.4.3 und hier Raumordnung, Stadtplanung und urbane Grünräume) (hohe Übereinstimmung, mittlere Beweislage).

Handlungsoptionen

1. Klimafreundliche und gesundheitsfördernde Stadtplanung schafft die Grundlage für gesundes, klimafreundliches Wohnen. Es erscheint daher sinnvoll, KlimatologInnen und ÄrztInnen routinemäßig in die Stadtplanung einzubinden.
2. Klimawandelanpassung und Emissionsminderung sind im Bereich Bauen und Wohnen nicht getrennt voneinander und vom Verkehr zu betrachten. Maßnahmen zur Steigerung der Energieeffizienzstandards von Gebäuden sind in vielen Fällen zugleich wirkungsvolle Anpassungsmaßnahmen gegen Überhitzung (z.B. hohe Wärmedämmung,

Einsatz von Komfortlüftungsanlagen) (BMLFUW, 2017a) (hohe Übereinstimmung, starke Beweislage). Ähnliches gilt für beheizte bzw. gekühlte Büros, Krankenhäuser, Hotels, Schulen etc. Im Neubau kann mit technischen und raumplanerischen Maßnahmen vorausschauend agieren und negative Wirkungen vermieden werden. Politisch propagiertes „leistbares Wohnen" führt, wenn es als „billiges Bauen" umgesetzt wird, jedoch oft zu nicht leistbarem Wohnen, weil insbesondere die jährlichen Heizkosten viel höher sind als bei klimafreundlichen Bauten. Bei bestehenden Gebäuden sind Maßnahmen oft mit erheblichem finanziellen Aufwand verbunden (BMLFUW, 2017a) und unterschiedliche Eigentümerstrukturen und Interessen führen zu Problemlagen, die dringend einer Lösung bedürfen. Die Sanierungsrate bleibt beim Altbestand in Österreich bei gleichzeitig geringer Sanierungsqualität mit unter 1 % extrem niedrig. Höhere Sanierungsraten mit höherer Qualität hätten durch Reduktion des Hitzestresses positive Effekte für die Gesundheit (hohe Übereinstimmung, starke Beweislage). Richtlinien, Regelwerk und Fördermaßnahmen nehmen auf unterschiedlichen Ebenen zunehmend auf den Klimawandel Rücksicht, die engen Wechselwirkungen von Wohnen und Verkehr bzw. Autoabstellplätzen bleiben meist unberücksichtigt.

3. Ein- und Zweifamilienhäuser und die damit verbundenen Garagen und Autoabstellplätze bedeuten erhöhten Flächen-, Material- und Energieaufwand sowie meist eine langfristige Bindung an motorisierten Individualverkehr und sind daher aus Klima- und Gesundheitssicht im Neubau in Frage zu stellen (hohe Übereinstimmung, starke Beweislage). Die Flächenversiegelung pro Jahr zählt in Österreich zu den absoluten Spitzenwerten Europas: Von 2006 bis 2012 wurden pro Tag durchschnittlich 22 Hektar Boden verbaut; rund zehn Prozent Versiegelungszuwachs bei knapp zwei Prozent Bevölkerungswachstum (Chemnitz & Weigel, 2015). Den tief verwurzelten Zielvorstellungen vom „guten Leben" im Häuschen mit Garten sollten attraktive Lösungen, wie Mehrfamilienwohnungen mit Grünschneisen in verkehrsarmen, gut versorgten Zonen hoher Lebensqualität, und Angebote, wie *Urban Gardening*, Nachbarschaftsgärten oder Selbsterntefelder, entgegengestellt werden, die neben zahlreichen Vorteilen für Klima und Gesundheit auch Gemeinschaftsbildung befördern. Die Entwicklung geeigneter Passivhaus- bzw. Plusenergiehausstandards für größere Gebäude ist dringlich (hohe Übereinstimmung, starke Beweislage).

5.4.4 Emissionsreduktion im Gesundheitssektor

Kritische Entwicklungen

Das Gesundheitssystem Österreichs ist mit einem Anteil von 11 % am BIP (2016) (Statistik Austria, 2018a) ein wirtschaftlich, politisch und gesamtgesellschaftlich bedeutender Sektor. Es soll der Wiederherstellung der Gesundheit dienen, trägt aber gleichzeitig direkt (z. B. durch heizen/kühlen und Strom) und indirekt (vor allem über Konsum und Erzeugung medizinischer Produkte) zum Klimawandel bei (SDU, 2009, 2013), der wiederum die menschliche Gesundheit belastet und zu mehr Nachfrage an Gesundheitsleistungen führt. Gleichzeitig stößt die öffentliche Finanzierung der Gesundheitsversorgung bereits durch die alterungsbedingt steigende Nachfrage und den medizinisch-technischen Fortschritt an ihre Grenzen (European Commission, 2015).

Das Gesundheitssystem ist aufgrund seiner Klimarelevanz ein wesentlicher Ansatzpunkt für vielfältige Emissionsreduktionsstrategien (Bi & Hansen, 2018; Hernandez & Roberts, 2016; McMichael, 2013; WHO, 2015a; WHO & HCWH, 2009; Bouley u. a., 2017). Trotz entsprechender Hinweise im Österreichischen Sachstandsbericht Klimawandel (APCC, 2014b) wurde die Emissionsvermeidung des Gesundheitssektors in der österreichischen Klima- und Energiestrategie nicht angesprochen. Ebenso zeigen die Reformpapiere des Gesundheitssystems keinerlei Bezüge zum Klimawandel. Die Gesundheitsziele Österreichs sprechen zwar mit Ziel 4 die nachhaltige Gestaltung und Sicherung natürlichen Lebensgrundlagen an (Gesundheitsziele Österreich, 2018), geben allerdings keinen Hinweis auf die Notwendigkeit, die Emissionen des Gesundheitssektors zu reduzieren. Vor allem aus wirtschaftlichen Gründen haben einige Krankenhäuser in Österreich Energieeffizienzmaßnahmen gesetzt, die auch zu Emissionsreduktionen im Krankenhausbetrieb geführt haben.

Inzwischen befasst sich eine Vielzahl an überwiegend internationalen Publikationen und Initiativen mit Umwelt- und Klimaschutz in Gesundheitsorganisationen, die sich meist auf den traditionellen Umweltschutz beschränken (siehe Kap. 4.3.2). International liegen bislang einzelne *Carbon Footprint Studien* von Gesundheitssektoren vor. Diese zeigen die Bedeutung des Sektors (in den USA 10 % der THG-Emissionen (Eckelman & Sherman, 2016)), aber auch, dass die Vorleistungen, in Form ihrer indirekten THG-Emissionen, die vor Ort emittierten direkten Emissionen übersteigen. Unter allen Produktgruppen verursachen die Vorleistungen der pharmazeutischen Produkte den größten Anteil (siehe Kap. 4.3.2) (hohe Übereinstimmung, mittlere Beweislage). Für Österreichs Gesundheitssektor ist zurzeit eine entsprechende Studie in Arbeit (ACRP Projekt HealthFootprint, Weisz u. a., 2018), aber generell besteht hier großer Forschungsbedarf.

Gesundheitseffekte

Die vom Gesundheitssystem erzeugten Emissionen (z. B. Feinstaubemissionen) werden auch für eine große Zahl an verlorenen gesunden Lebensjahren (DALY) verantwortlich gemacht (Eckelman & Sherman, 2016). Ein weiterer Ansatzpunkt der jüngsten Diskussion ist die Vermeidung unnötiger oder nicht-evidenzbasierter Krankenbehandlungen (im Krankenhaus), zu denen z. B. die Vermeidung von Über- und Fehlversorgung mit Medikamenten, Mehrfachdiagnosen oder Fehlbelegungen (der Krankheitsdiagnose nicht entsprechende Versorgung) zählen (McGain & Naylor, 2014). Diese Vermeidung kann neben Vorteilen für die Gesundheit zu beträchtlichen Emissionsminderungen führen (hohe Übereinstimmung, mittlere Beweislage).

Handlungsoptionen

Die Erfahrungen der NHS England (Krankenanstaltenträger) können als Ausgangspunkt für strategische Handlungsoptionen für Österreich herangezogen werden. Kernelemente sind eine Emissionsminderungsstrategie (SDU, 2009) und die nationale Kompetenz- und Koordinationsstelle *Sustainable Development Unit*" (SDU, 2018), die die Umsetzung der Strategie durch Datensammlung und Informationskampagnen unterstützt.

1. Die Entwicklung einer spezifischen Klimaschutz- (und Anpassungs-) Strategie für das Gesundheitssystem als politisches Orientierungsdokument für die AkteurInnen auf Bundes-, Landes- und Organisationsebene ist notwendig. Diese kann auf internationalen Modellen (SDU, 2009, 2014) und dem Gesundheitsziel 4 aufbauen. Eine solche Strategie zielt darauf ab, THG-Emissionen des öffentlichen Gesundheitssystems zu reduzieren, Abfälle und Umweltverschmutzung zu minimieren und knappe Ressourcen bestmöglich zu nutzen. Damit kann sie an die Reformbestrebungen der Zielsteuerung Gesundheit anschließen. Als primärer Auftraggeber dieser bundesweiten Entwicklung wäre die Bundeszielsteuerungskommission in Kooperation mit dem zuständigen Bundesministerium für Nachhaltigkeit und Tourismus anzusehen. Eine solche Strategie kann neben den Zielsetzungen ein Wirkungsmodell und einen Aktionsplan für die zentralen und langfristig wichtigsten Maßnahmen vorlegen.

2. Die Einrichtung einer nationalen Koordinations-, Kompetenz- und Unterstützungsstelle für Nachhaltigkeit und Gesundheit nach Vorbild der „*Sustainable Development Unit*" hat sich in der Umsetzung anderer Strategien des Gesundheitssystems in Österreich bewährt (z. B. ÖPGK, Bundesinstitut für Qualität im Gesundheitswesen) und kann die Realisierung der Strategie durch Anleitungen, Praxismodelle und Öffentlichkeitsarbeit unterstützen.

3. Begleitend zur Umsetzung der Strategie ist die Entwicklung und Finanzierung einer „*community of practice*" mit entsprechenden, partizipativ gestalteten Austauschstrukturen der verschiedensten AkteurInnen zentral. Als Modell kann z. B. der Aufbau der ÖPGK mit ihrer Mitgliederstruktur, ihren Netzwerken, Konferenzen, Newsletter etc. herangezogen werden.

4. Das Umweltmanagement, vor allem im Krankenhaus, könnte durch die systematische (und ggf. verpflichtende) Implementation von Qualitätskriterien in die Qualitätssicherung (KAKuG) und durch Anreizmechanismen im Sinne des Bundesgesetz zur Qualität von Gesundheitsleistungen (GQG) unterstützt werden. Erfolgreiche Maßnahmen im Bereich Gebäude, Infrastruktur, Beschaffungswesens, Abfallmanagement etc. (siehe z. B. Projekte des ONGKG, 2018; Stadt Wien, 2018a) können als Ausgangspunkt für die Entwicklung der Qualitätskriterien genommen werden.

5. Nach internationalen Analysen hat die Vermeidung unnötiger oder nicht evidenzbasierter Diagnostik und Therapie großes Potenzial zur Reduktion der THG-Emissionen. Dadurch können gleichzeitig Risiken für PatientInnen und Gesundheitskosten vermieden werden (hohe Übereinstimmung, starke Beweislage). Eine systematische Einführung von *„choosing wisely*" bzw. „Gemeinsam klug entscheiden" (Gogol & Siebenhofer, 2016; Hasenfuß u. a., 2016) verspricht wesentliche Fortschritte bei der Vermeidung von Über-, Fehl- und Unterversorgung (Modellhafte Bsp.: AWMF, 2018; Choosing Wisely Canada, 2018; Choosing Wisely UK, 2018). Die ökonomischen und ökologischen Vermeidungspotenziale werden in ersten Abschätzungen (auch für Österreich) als sehr groß eingestuft (Berwick & Hackbarth, 2012; Sprenger u. a., 2016) (hohe Übereinstimmung, schwache Beweislage). Als umsetzungskritischer Faktor ist die gemeinsame Aushandlung der Diagnostik und Therapie zwischen den PatientInnen bzw. deren Angehörigen und dem ärztlichen Personal („*shared decision making*") zu betonen, die die Verbesserung der Gesprächsqualität in der Krankenbehandlung (ÖPGK, 2018) und der verfügbaren Entscheidungshilfen voraussetzt (Légaré u. a., 2016).

6. Die konsequente Umsetzung der Gesundheitsreform „Zielsteuerung Gesundheit", insbesondere die Priorisierung einer multiprofessionellen Primärversorgung sowie Gesundheitsförderung und Prävention, kann energieintensive Krankenhausbehandlungen und damit Emissionen vermeiden (hohe Übereinstimmung, schwache Beweislage). Verstärkte Gesundheitsförderung in der Krankenbehandlung (ONGKG, 2018) kann zu einem nachhaltigen und emissionsarmen Lebensstil beitragen (insbesondere gesündere Ernährung und mehr Bewegung durch aktive Mobilität). Die verstärkte Verlagerung von Krankenversorgung in die Primärversorgung kann durch Vermeidung von Überversorgung und Verkehr THG-Emissionen reduzieren (siehe Bouley u. a., 2017). Eine begleitende Forschung zu diesen klimabezogenen Effekten der Gesundheitsreform kann gesundheitspolitisch relevante Evidenz schaffen.

7. Parallel zu ersten Umsetzungsinitiativen sind Analysen klimarelevanter Prozesse im Gesundheitssystem erforderlich. Die Komplexität der Zusammenhänge kann am besten durch internationale, interprofessionelle, inter-/transdisziplinäre und praxisrelevante Forschungsvorhaben angemessen analysiert werden. Entsprechende Forschungsförderung durch den Klima- und Energiefonds, durch andere Forschungsfördereinrichtungen, durch die beteiligten Bundesministerien und durch die Bundesländer sind hier ebenso angesprochen, wie Forschungseinrichtungen im Bereich der Klima-, Gesundheits-, Sozialforschung und Ökonomie.

5.5 Systementwicklung und Transformation

5.5.1 Emissionsminderung und Anpassung an den Klimawandel in der Gesundheitsversorgung

Aus der bisherigen Bewertung lassen sich nun speziell transformationsrelevante Aspekte im Sinne einer Systementwicklung zusammenfassen. Diese knüpfen unmittelbar sowohl an die internationale Gesundheitspolitik an, die dem Zusammenhang von Klima und Gesundheit eine hohe Priorität beimisst (WHO Europe, 2017e), als auch an die „Transformation unserer Welt: die Agenda 2030 für nachhaltige Entwicklung" (United Nations, 2015) mit ihren 17 Entwicklungszielen (SDGs).

Auf einer strategischen Ebene hat sich die österreichische Gesundheitspolitik bisher nur punktuell an die gesundheitlichen Folgen des Klimawandels angepasst sowie kaum den eigenen Beitrag zur Reduktion der Emissionsminderung in den Planungsprozessen berücksichtigt (siehe Kap. 5.4.4). Erste Ansätze zur systematischen Verknüpfung von Klima und Gesundheit stellen die derzeit laufende Umsetzungsplanung für das Gesundheitsziel 4 auf Bundesebene und einzelne Anpassungsstrategien auf Länderebene dar.

1. Forschung und Evaluierung zur Anpassung des gesundheitlichen Monitoring- und Frühwarnsystems an die geänderten klimatischen Bedingungen (Kommunikationsmedien und schwer zu erreichende Zielgruppen) (hohe Übereinstimmung, mittlere Beweislage)
2. Systematische Berücksichtigung von klimabezogenen Themen in der Aus-, Weiter- und Fortbildung der Gesundheitsberufe: Neue klimabedingte Erkrankungen, Entwicklung von Gesundheits- und Klimakompetenz, Emissionsminderung im Gesundheitssektor (hohe Übereinstimmung, schwache Beweislage)

3. Die partnerschaftlichen Steuerungsstruktur „Zielsteuerung Gesundheit" bietet sehr gute, bisher nicht genutzte Ansatzpunkte für Klimaaspekte. Dies betrifft insbesondere:
   ○ Priorisierung der Primärversorgung (BMG, 2014; PrimVG, 2017): Resilienz der lokalen Bevölkerung, zielgruppenspezifische Gesundheitskompetenz (Hitze, Nahrungsmittelsicherheit, neue Infektionskrankheiten etc.), Unterstützung von Frühwarnsystemen und Krisenmanagement, Impfprogramme (hohe Übereinstimmung, mittlere Beweislage)
   ○ Priorisierung von Gesundheitsförderung und Prävention (BMGF, 2016a): Nachhaltige Lebensstile – gesunde Ernährung, mehr Bewegung durch aktive Mobilität (hohe Übereinstimmung, starke Beweislage)
   ○ Neuorganisation des Öffentlichen Gesundheitsdienstes (ÖGD): Überregionale Expertenpools für medizinisches Krisenmanagement zur raschen Intervention bei extremen Hitzeereignissen, verstärktem Auftreten von Allergenen, hochkontagiösen Erkrankungen und neuauftretenden Infektionserkrankungen (Vereinbarung Art. 15a B-VG, 2017, Art. 12) (hohe Übereinstimmung, mittlere Beweislage)
4. Eine integrierte Emissionsminderungs- und Anpassungsstrategie für das Gesundheitssystem (siehe Kap. 5.4.4)
5. Eine nationale Koordinations-, Kompetenz- und Unterstützungsstelle für Nachhaltigkeit und Gesundheit (siehe Kap. 5.4.4)

5.5.2 Politikbereichsübergreifende Zusammenarbeit

Die WHO forciert seit vielen Jahren einen politikbereichsübergreifenden Zugang als *Health in all Policies* oder *„Governance for health"* (Kickbusch & Behrendt, 2013; WHO, 2010b, 2014, 2015a). Dies folgt der Einsicht, dass für Bevölkerungsgesundheit neben dem Gesundheitssystem vor allem Lebens- und Arbeitsbedingungen sowie soziale Unterschiede entscheidend sind (Dahlgren & Whitehead, 1991). In dieser Tradition steht auch die Entwicklung der Gesundheitsziele Österreich (Gesundheitsziele Österreich, 2018). Dieser sehr relevante gesundheitspolitische Ansatzpunkt bietet mit seinem Umsetzungsrahmen bis zum Jahr 2032 viel Entwicklungspotenzial für die Herausforderungen von Klimawandel, demographischer Entwicklung und Gesundheit. Im aktuellen Bericht des Bundeskanzleramts wird bereits darauf hingewiesen, dass die Gesundheitsziele auch zur Erreichung vieler SDGs beitragen (BKA u. a., 2017, S. 15).

Dennoch beschränkt sich die konkrete Zusammenarbeit zwischen Gesundheitspolitik und Klimapolitik in Österreich bisher auf wenige Bereiche. Auch die WHO Europa betont in ihrem letzten Statusbericht zu Umwelt und Gesundheit in Europa (WHO Europe, 2017a), dass bisher das Haupthindernis für eine erfolgreiche Umsetzung von klimarelevanten Maßnahmen die fehlende intersektorale Kooperation auf allen Ebenen ist (hohe Übereinstimmung, starke Beweislage).

Die EU geht in ihrer Klimaanpassungsstrategie (European Commission, 2013b) und dem dazugehörigen Arbeitspapier zur Anpassung an die Auswirkungen des Klimawandels auf die Gesundheit (European Commission, 2013a) zurecht noch weiter und fordert die Integration von Gesundheit in klimabezogene Anpassungs- und Minderungsstrategien in allen anderen Sektoren, um einen besseren Nutzen für die Bevölkerungsgesundheit zu erreichen. Klimapolitik wird hier zum Motor für *„Health in all Policies"*. Für Österreich beschränkt sich diese Zusammenarbeit auf Bundesebene bisher auf die Berichterstattung der Fachressorts an das BKA in Bezug auf die SDGs (mittlere Übereinstimmung, mittlere Beweislage).

Vor dem Hintergrund der großen Synergien zwischen Klima- und Gesundheitspolitik, insbesondere im Bereich der *„health co-benefits"*, ist eine wesentlich stärkere strukturelle Koppelung zwischen den beiden Politikbereichen zentral. Klima und Gesundheit können auch in Bezug auf andere Sektoren, wie Bildung, Verkehr, Infrastruktur, Landwirtschaft, Soziales, Forschung, Wirtschaft etc., gemeinsam starke Argumentationen entwickeln, die politische Entscheidungen zum Wohl der Bevölkerung in diesen Bereichen ebenso wesentlich befördern. Daraus ergeben sich folgende Handlungsoptionen:

1. Strukturelle Koppelung von Klima- und Gesundheitspolitik: klare personelle Zuordnung der Kooperationsaufgaben in den einzelnen beteiligten Ressorts auf Führungs- und Fachebene, Austauschstrukturen für Klima und Gesundheit mit klarem politischen Auftrag, (zusätzlich finanzierte) Unterstützung mit fachlicher Expertise und mit Moderationskompetenzen für die komplexen partizipativen Aushandlungsprozesse, Einbeziehung nicht nur der Bundesressorts, sondern auch der Gemeinden, der zuständigen Landesstellen und der Sozialversicherungsträger, spezifische Finanzierungstöpfe für gemeinsame Umsetzungsmaßnahmen

2. Inhaltlich ist die Mitwirkung des Gesundheitssystems in der Entwicklung von klimapolitischen Strategien und Maßnahmen wesentlich, um Gesundheitsaspekte und Gesundheits-*Co-Benefits* zu identifizieren und Synergien zu nutzen. Zudem ist die Berücksichtigung von Klimaexpertisen in der Entwicklung der Emissionsminderungs- und Anpassungsstrategie für das Gesundheitssystem wichtig, um klimarelevante Ansatzpunkte klar zu lokalisieren (hohe Übereinstimmung, mittlere Beweislage).

3. Systematischer Einsatz der Gesundheitsfolgenabschätzung (Amegah u. a., 2013; GFA, 2018; Haigh u. a., 2015; McMichael, 2013) und Weiterentwicklung zu einem integrierten Impact Assessment im Sinne einer nachhaltigen Entwicklung (George & Kirkpatrick, 2007) unter Berücksichtigung der EU-Rahmenrichtlinie zur Umweltverträglichkeitsprüfung (Europäisches Parlament und Rat, 2014), wobei die Abwägung unterschiedlicher Interessen besonderen Augenmerkes bedarf (Smith u. a., 2010).

4. Nutzung einer gestärkten Koordination der SDG-Umsetzungsmaßnahmen für politikbereichsübergreifende Koordination und Zuständigkeiten in den einzelnen Ressorts mit spezifisch gewidmeten Finanzmitteln für substanzielle Fortschritte

5. Aufgrund der besonderen gesundheitlichen Belastung der städtischen Bevölkerung durch die Klimafolgen bedarf es einer politikbereichsübergreifenden Zusammenarbeit in der Stadtentwicklung. Auch die WHO sieht die Lebenswelt der Städte als Schwerpunkt zur Unterstützung der Bevölkerungsgesundheit in Verbindung mit der Agenda 2030 (SDG) und der Gesundheitskompetenz (WHO, 2016).

5.5.3 Transformationsprozesse, Governance und Umsetzung

Der Klimawandel ist zwar ein zentrales Problem, aber keineswegs die einzige globale ökologische Herausforderung. Andere, wie die Versauerung der Ozeane, der Verlust an Artenvielfalt, die Störung des Phosphor- und Stickstoffhaushaltes haben die gleiche Ursache: die Überbeanspruchung natürlicher Ressourcen (Steffen u. a., 2015). Die Resolution der UNO Generalversammlung „Transformation unserer Welt: die Agenda 2030 für nachhaltige Entwicklung" (United Nations, 2015) mit 17 Entwicklungszielen (SDG) und 169 Subzielen (Targets) ist ein Versuch zur Rettung des Planeten bei gleichzeitiger Beachtung sozialer und ökologischer Aspekte der Nachhaltigkeit. Im Wesentlichen besteht die Herausforderung darin, ein „gutes Leben für alle" innerhalb der ökologischen Grenzen zu ermöglichen, ohne dass diese Forderungen gegeneinander ausgespielt werden (United Nations, 2015).

Bezüglich des Klimawandels verweisen die SDGs auf die Umsetzung des Pariser Klimaabkommens. Dessen Einhaltung bedingt die Nutzung alternativer Energien und Rohstoffe (z. B. Bioökonomie, ressourcensparende Produktionsstrukturen und Infrastrukturen), aber auch Veränderungen von Produktions- und Lebensweisen (Energiewende, Mobilitätswende, Veränderung von Lebensstilen etc.). Solche Umgestaltungen haben weitreichende Auswirkungen auf Wirtschaftsstruktur, Wettbewerbsfähigkeit und Sozialstruktur (Görg u. a., 2016). Wirtschaftswachstum im bisherigen Sinn hat – vor allem wegen des Erreichens ökologischer Grenzen – als Problemlöser an Potenzial verloren (Meadows u. a., 1972; Jackson, 2012; Jackson & Webster, 2016). Der vom BMLFUW (nunmehr BMNT) initiierte Prozess „Wachstum im Wandel" versucht, diese Veränderungen gemeinsam mit Politik, Wissenschaft, Wirtschaft und Zivilgesellschaft auszuloten (Initiative Wachstum im Wandel, 2018). Zugleich erfordern der demographische Wandel und die veränderten Spielregeln in Wirtschaft und Politik Umgestaltungen in den sozialen Sicherungssystemen und in den Formen von Arbeit und Zusammenleben (siehe z. B. Hornemann & Steuernagel, 2017). Die komplexe Problematik kann nur durch eine umfassende Strategie bewältigt werden, welche die Wechselwirkungen der verschiedenen Bereiche versteht und gemeinsam adressiert (Görg u. a., 2016; Jorgensen u. a., 2015). Die Summe der notwendigen und sich gegenseitig bedingenden Veränderungen wird als Transformation oder auch als Transition bezeichnet – eine einheitliche Sprachregelung steht noch aus. Hier ist jedenfalls mit Transformation der Prozess der Veränderung gemeint, der technologischen Wandel einschließt, aber viel tiefer greift und dessen Endpunkt, abgesehen von einigen allgemeinen Kriterien, noch nicht feststeht (mittlere Übereinstimmung, schwache Beweislage).

Diese unerlässliche Transformation der Gesellschaft kann auch als Chance verstanden werden, neue Systeme und Strukturen zu schaffen, die auch in anderer Hinsicht den Zielen eines „guten Lebens für alle" besser entsprechen (Klein, 2014). Allerdings ist festzustellen, dass den besorgniserregenden naturwissenschaftlichen Analysen und Szenarien meist moderate Transformationsvorstellungen folgen, die eher inkrementell und innerhalb bestehender Systeme gedacht werden. Es scheint eine implizite, manchmal auch explizite, Annahme zu geben, dass Transformationsprozesse innerhalb des bestehenden politischen, ökonomischen, kulturellen und institutionellen Systems und mit dominanten AkteurInnen besser initiiert und verstärkt werden können (Brand, 2016). Übergreifende gesellschaftliche Transformationsprozesse gehen aber typischer Weise auch mit einer „revolutionären Veränderung der politischen Verhältnisse, der Organisationsformen der Arbeit, der Eigentumsverhältnisse, der Weltbilder, der Sozialstruktur und der Subjektivierungsformen" einher (siehe z. B. Barth u. a., 2016; Fischer-Kowalski & Haas, 2016; Leggewie & Welzer, 2009; Paech, 2012).

Derzeit fehlt es jedenfalls noch an einer allgemein akzeptierten Theorie, wie eine gesellschaftliche Transformation dieser Tiefe gelingen kann. Ein begleitender Forschungsprozess kann hilfreich sein, um Blockaden, Risiken und Fehlentwicklungen frühzeitig zu erkennen sowie positive Faktoren, wie Pioniere des Wandels, Experimente, Lernprozesse, innovative Politiken, Nischen oder lokale Nachhaltigkeitsinitiativen, zu stärken (Görg u. a., 2016). Die Transformationsprozesse, die durch den notwendigen Klimaschutz, aber auch die Digitalisierung und andere globale Entwicklungen ausgelöst werden, bedingen ebenso Veränderungen im Gesundheitssystem. Als Teil eines in der gegenwärtigen Form nicht als zukunftsfähig erachteten Sozialsystems (Hornemann & Steuernagel, 2017) wird es in den kommenden Jahren ebenfalls Transformationen unterliegen. Die derzeitigen Ansätze zur Veränderung, wie etwa das „Health in all policies"-Prinzip, der „Whole governance approach" der WHO oder das "Reorienting health systems" der „Ottawa Charta", sind notwendige und wichtige Schritte, bewegen sich aber innerhalb des bestehenden Systems. Radikaleres Umdenken würde ein Gesundheitssystem, das in all seinen Komponenten davon lebt, dass Menschen krank werden und bleiben, hinterfragen. Wohlbefinden und Gesundheit müssen das übergreifende Ziel sein, bei gleichzeitiger Sicherstellung von Chancengerechtigkeit für alle (mittlere Übereinstimmung, schwache Beweislage).

Die Widerstände gegen tiefgreifende Transformationen sind naturgemäß groß; Veränderungen machen immer Angst, insbesondere wenn es kein klares Bild des anzustrebenden neuen Zustandes gibt. Dies gilt insbesondere in Zeiten der Unsicherheit und erhöhter Existenzängste. Ansätze, wie das bedingungslose Grundeinkommen (Hornemann & Steuernagel, 2017) oder „Common Cause" (Crompton, 2010), ein Ansatz zur Stärkung intrinsischer Werte im Einzelnen und in der Gesellschaft, sprechen diese Problematik auf gänzlich unterschiedliche Weise an. Auch bestehende Systeme und Institutionen, wie etwa die Sozialpartnerschaft oder der Föderalismus, haben eine inhärente Erhaltungsneigung, die Veränderungen erschwert. Nicht zufällig bürden der Papst (Franziskus, 2015) und viele andere (z. B. Lietaer, 2012) die Verantwortung für Veränderung jedem Einzelnen auf. Das bedeutet nicht, dass nicht auch die Institutionen und der Staat Verantwortung tragen – im Gegenteil, bei ihnen liegt die Hauptverantwortung, aber notwendige Veränderungen können leichter erreicht werden, wenn die öffentliche Meinung diese mitträgt.

Hier kommen auch innovative Methoden der Wissenschaft ins Spiel, die Systeme nicht nur von außen beobachten und analysieren, sondern gezielt partizipative Veränderungsprozesse mit auslösen. Als Beispiel sei die FAS-Studie „Resilienz Monitor Austria" (Katzmair, 2015) genannt, die mit Zuständigen aus Verwaltung, Wirtschaft und Wissenschaft zunächst die Charakteristika resilienter Systeme erarbeitete und dann von diesen Personen die Resilienz ihres eigenen Systems bewerten ließ. Mit diesem Forschungsansatz wurde ein Ist-Zustand zur Resilienz erhoben – der sich im Übrigen relativ gut für Pandemien, aber schlecht für den Klimawandel darstellte – der jedoch zugleich einen Lernprozess bei den Verantwortlichen auslöste mit der Konsequenz einer erhöhten Systemresilienz (mittlere Übereinstimmung, mittlere Beweislage).

5.5.4 Monitoring, Wissenslücken und Forschungsbedarf

Daten zum Klimawandel und dessen Folgen

Messungen und Daten sind eine entscheidende Grundlage jeder Forschung und einer evidenzbasierten Politik, wie sie etwa im Public Health Action Cycle beschrieben wird (Rosenbrock & Hartung, 2011). Österreich hat an sich eine sehr gute Basis an Klimadaten im engeren Sinn, dennoch gibt es Bedarf an Verdichtung sowie räumlicher und inhaltlicher Ausweitung (CCCA, 2017). Das hängt in erster Linie damit zusammen, dass die Meteorologie die Messstellen so gewählt hat, dass sie möglichst standardisiert und repräsentativ für größere Gebiete sind und damit zur Beantwortung meteorologischer Fragestellungen dienen. Es wurde nicht unbedingt darauf geachtet, jene Parameter zu erfassen, die gemeinsam das Wohlbefinden des Menschen beschreiben. Daten in Siedlungsgebieten, insbesondere aber an den Orten, an denen sich Menschen aufhalten – Straßen, öffentlichen Plätzen, Innenhöfe –, sind rar. Messstellen in Städten befinden sich vorzugsweise am Stadtrand und in Parks (hohe Übereinstimmung, starke Beweislage).

Hinsichtlich der systematischen Erfassung von Klimawandelfolgen in praktisch allen Bereichen gibt es (nicht nur) in Österreich deutlichen Bedarf, wie die umfassende Studie zu den Kosten des Nicht-Handelns (Steininger u. a., 2015) deutlich aufzeigt. Auch als Grundlage für die Entscheidungsfindung, wie Anpassung an den Klimawandel aussehen soll, werden Daten benötigt. Der CCCA Science Plan 2017 (CCCA, 2017) fordert daher die Entwicklung und Umsetzung eines Konzepts zum Monitoring von Folgen des Klimawandels in allen Natursphären. Um das komplexe Zusammenwirken von direkten und indirekten Auswirkungen des Klimawandels besser verstehen zu können, wird der Aufbau und Betrieb von Testgebieten angeregt.

Daten zur Bevölkerungsgesundheit und Demographie

Österreich hat seit langem ein gut funktionierendes Meldewesen mit umfangreichen demographischen Daten. Die Zahl der Nicht-Registrierten ist in Österreich gering, allerdings gehören gerade Nicht-Registrierte häufig wirtschaftlich schwächeren Schichten mit spezifischen Gesundheitsproblemen an (hohe Übereinstimmung, starke Beweislage).

Die Erfassung der individuellen Krankengeschichten ist in Österreich sehr gut ausgebaut und mit der Digitalisierung der Gesundheitsakten werden verstreute Daten zusammengeführt und Aufzeichnungen vereinheitlicht. Die Zusammenführung von Datensätzen aus extramuraler und intramuraler Versorgung steht noch am Anfang, wurde aber für die laufende Reformperiode im Gesundheitswesen festgeschrieben. Vor allem der extramurale Bereich ist noch intransparent, wodurch das dringend notwendige (valide) Morbiditätsregister und damit ein belastbares Monitoring der Auswirkungen des Klimawandels auf die Gesundheit fehlen. Die Daten sind der Wissenschaft in der Regel zugänglich, aufgrund des strengen Datenschutzes allerdings erst nach Begutachtung des Forschungsvorhabens durch eine Ethikkommission.

Die Dokumentation der an einzelnen Krankenhäusern und anderen Gesundheitseinrichtungen durchgeführten Behandlungen ist geregelt und teilweise auch öffentlich einsehbar. Was fehlt sind (anonymisierte) Daten über Heilungserfolge und Misserfolge, insbesondere über längere Zeiträume (hohe Übereinstimmung, starke Beweislage).

Für die gegenwärtige Fragestellung noch wichtiger ist das Fehlen von Daten zum Umfeld der PatientInnen. Welche Ausbildung haben sie? Welcher Arbeit gehen sie nach? In welchen Familienverhältnissen leben sie? Wie viel Geld haben sie? Wo haben sie sich wie lange aufgehalten? Wie sieht das Wohnumfeld, wie das soziale Umfeld aus? Wie heiß wird es in der Wohnung? Welchem Lärm sind sie ausgesetzt? etc. Es ist fraglos aufwendig, diese Daten routinemäßig zu erheben, sie gehören aber ebenso wie die medizinische Anamnese zur Beschreibung der PatientInnen zu einer umfassenden Sicht auf Gesellschaft, Klimawandel und Gesundheit. Mit der digitalen Gesundheitsakte müsste es künftig möglich sein, einen Teil dieser Daten zu erheben. Ein umfassendes Bild kann jedoch nur über ein umfassendes Bevölkerungsregister erreicht werden, wie es in Skandinavien realisiert wurde (z. B. für Schweden: SND, 2017) (hohe Übereinstimmung, mittlere Beweislage) und das weltweit in Bezug auf Gesundheits- und Sozialdaten durchaus neidvoll als „Goldmine" bezeichnet wird (Webster, 2014).

Wissenslücken und Forschungsbedarf

Dieser Abschnitt fokussiert vor allem auf Wissenslücken, die sich aus der Verschneidung von Klimawandel, Demographie und Gesundheit ergeben.

In diese Kategorie gehören zunächst vergleichsweise geradlinige Aufgaben, wie Emissionserhebungen von Gesundheitsleistungen und das Aufzeigen von Minderungsmaßnahmen. *Life Cycle Analysis* Studien zu medizinischen Produkten und Produktgruppen, insbesondere für Arzneimittel, sind bislang nur vereinzelt verfügbar. An diese schließt die Frage der ökologischen Nebenwirkungen/Klimaeffekte der Krankenbehandlung in Bezug zum Ergebnis der Krankenbehandlung an: Lohnt der Erfolg den Schaden, z. B. gemessen an *disability adjusted life years* (DALYs)?

In eine ähnliche Richtung zeigt der Bedarf an Analysen der Wirksamkeit von Überwachungs- und Frühwarnsystemen hinsichtlich Verringerung gesundheitlicher Folgen: Wie lässt sich der Erfolg von Frühwarnsystemen quantifizieren? Wenig untersucht wurden bisher Traumata infolge extremer Wetterereignisse. Schon die kontinuierliche Konfrontation mit der scheinbar unentrinnbaren Klimakatastrophe und der dabei erlebten Ohnmacht kann psychische Erkrankungen, wie Angststörungen und Depressionen, begünstigen (Swim u. a., 2009; Searle & Gow, 2010; Bourque & Willox, 2014; Ojala, 2012).

Vor allem im städtischen Bereich stellt sich einerseits die Frage nach den gesundheitlichen Wirkungen von Feinstaub unterschiedlicher Zusammensetzung und Provenienz, andererseits aber auch zu dem komplexen Zusammenspiel zwischen der Entwicklung der Empfindlichkeit der Bevölkerung und dem Klimawandel, denn nur durch eine gemeinsame und integrierte Betrachtung können Anpassungsmaßnahmen an den Klimawandel entwickelt und umgesetzt werden.

Die zunehmende Technisierung von Gebäuden zur Erhöhung der Energieeffizienz wirft die Frage nach neuen gesundheitlichen Problemen und der Netto-THG-Reduktion unter Berücksichtigung des Carbon-Footprints auf.

Über 90 Jahre nach Einführung der biologischen Landwirtschaft bei gleichzeitig wachsendem Interesse an der Qualität der Nahrung und nachdem auch in Österreich klar geworden ist, dass die Ziele des Pariser Klimaabkommens ohne Übergang zu biologischer Landwirtschaft nicht erreichbar sind, wären wissenschaftlich abgesicherte Aussagen zur Wirkung von biologisch gegenüber konventionell produzierten Nahrungsmitteln auf Nährstoffzusammensetzung und Gesundheit dringend erforderlich. Wie in anderen Bereichen der Gesundheitsforschung, die enorme wirtschaftliche Implikationen haben, wäre es hilfreich, wenn derartige Untersuchungen von unabhängigen möglichst international besetzten Konsortien nach zuvor breit diskutierten Versuchsanordnungen durchgeführt und staatlich oder überstaatlich finanziert werden würden, um die Akzeptanz der Ergebnisse zu erhöhen.

Sowohl in der medizinischen als auch in der landwirtschaftlichen Forschung wäre mehr Transparenz hinsichtlich wissenschaftlicher Fragestellungen, Versuchsanordnungen, aber auch Finanzierungsquellen erforderlich, weil in beiden Bereichen Forschung und Ausbildung in hohem Maße von Interessensgruppen getragen werden. Wenn der einzige Lehrstuhl für Tierernährung einer Universität von einem großen Futtermittelkonzern gesponsert wird, wenn Untersuchungen über die gesundheitlichen Auswirkungen von Schokolade von einem von „Mars" finanzierten Lehrstuhl betrieben werden, können – berechtigt oder unberechtigt – Zweifel an der notwendigen Unabhängigkeit in der Wahl der Forschungsthemen und in den Ergebnissen aufkommen. Die zunehmende Abhängigkeit der Forschung von der Wirtschaft und die sich daraus ergebende undurchsichtige Interessenslage wird immer häufiger in den Universitäten (z. B. Zürcher Appell, 2013) und in der Gesellschaft als Problem gesehen (Kreiß, 2015). Die Klimawissenschaft kennt ebenfalls von der Industrie beeinflusste Publikationen und Stellungnahmen (Oreskes & Conway, 2009). Sie reagiert darauf mit breit angelegten und transparenten Assessments (IPCC, APCC).

Viele Aspekte der Anpassung an die gesundheitlichen Folgen des Klimawandels, aber auch der Emissionsreduktion, hängen eng mit sozialen, kulturellen, regionalen Kontexten und Voraussetzungen der Menschen und Gemeinschaften zusammen. Forschung, die sozioökonomische Bedingungen von Gesundheit und Klimaschutz in der notwendigen Differenziertheit betrachtet, ist daher wichtig.

Ökonomische Evaluierungen von gesundheitlichem Nutzen und (Gesundheits-)Kosten spezifischer (Klimaschutz-)Maßnahmen sind kaum verfügbar, sodass diese in der Bewertung nicht berücksichtigt werden (Steininger u. a., 2015). Die enormen Kostensteigerungen durch technologische und medikamentöse Weiterentwicklungen, die zwar lebensverlängernd wirken können, häufig aber keine hinreichende Lebensqualität bieten, erfordern eine gesellschaftliche Diskussion der emotionalen und ethischen Implikationen.

Ein weiterer Forschungsbereich sind geeignete Transformationspfade, die auch Akzeptanz in der Bevölkerung erzielen. Selbst wenn klar ist, was sowohl aus gesundheitlicher als auch aus Klimasicht erreicht werden soll – z. B. geringerer Fleischkonsum, weniger Flugverkehr oder dichtere Wohn-

strukturen – bleibt doch die Frage offen, wie die Maßnahmen konkret ausgestaltet werden können, um die Bevölkerung und die Entscheidungstragenden dafür zu gewinnen und wie Nachteile vermieden und Chancen genutzt werden können.

Daran schließt unmittelbar die Frage nach geeigneter Kommunikation der komplexen und oft auch unbequemen Zusammenhänge an. Hier finden sich in der internationalen Literatur sehr unterschiedliche, einander teils widersprechende Ansätze, die dringend einer Auflösung bedürfen: Fehlen geeignete Visionen? Geht es um richtiges Framing (Wehling, 2016)? Geht es ausschließlich um „elite nudges", Vorgaben der jeweils als Elite empfundenen Gruppen (Roberts, 2017)? Oder glauben die WissenschafterInnen selbst nicht, was sie wissen (Horn, 2014)? Diese Fragen, obwohl in den genannten Literaturzitaten auf das Klimaproblem bezogen, gelten in ähnlicher Weise für die Gesundheit (Holmes u. a., 2017), z. B. für die sogenannten Zivilisationskrankheiten, die weniger mit Medikamenten als mit Lebensstiländerungen zu verhindern bzw. zu bekämpfen wären.

Schließlich ist das von Brand (2016) monierte radikalere Denken zumindest in der Wissenschaft einzufordern. Das Gesundheitssystem als sozioökonomischer Akteur wird bislang kaum wissenschaftlich untersucht, wäre aber ein wichtiger Ansatzpunkt für Transformation. In Sachen Transformation läuft derzeit die Praxis der Wissenschaft voraus; unzählige Systeme und Strukturen entstehen weltweit (auch in Österreich) und werden einem Praxistest unterworfen: von alternativen Geldsystemen und Tauschkreisen, über gemeinwohlorientierte Banken, Versicherungen und Wohnraumerrichtungsgruppen bis hin zur Slow Food und Slow City Bewegung und den Transition Towns. Die Forschung ist aufgerufen, ihre Fachkompetenzen in inter- und transdisziplinären Projekten zu bündeln und sich mit diesen Entwicklungen hinsichtlich ihrer Relevanz für die menschliche Gesundheit unter Einfluss des Klimawandels zu befassen, vorausschauend ihr Potenzial abzuschätzen, hinderliche und förderliche Faktoren zu thematisieren und gegebenenfalls rechtzeitig auf Fehlentwicklungen hinzuweisen und zugleich eine Theorie der Transformation zu entwickeln, die in den schwierigen Prozess, einen gangbaren Weg zu finden, unterstützend eingreifen kann. Dieses Wissen auch in die forschungsgeleitete Lehre und somit in die Aus- und Weiterbildung sowie in politische Prozesse einzubringen, kann die Transformation beschleunigen.

Literaturverzeichnis

Abrams, M. A., Kurtz-Rossi, S., Riffenburgh, A., & Savage, B. (2014). Buidling Health Literate Organizations: A Guidebook to Achieving Organizational Change. Unity Point Health. Abgerufen von https://www.unitypoint.org/filesimages/Literacy/Health%20Literacy%20Guidebook.pdf

Acemoglu, D., & Restrepo, P. (2018). The Race between Man and Machine: Implications of Technology for Growth, Factor Shares, and Employment. American Economic Review, 108(6), 1488–1542. https://doi.org/10.1257/aer.20160696

AGES - Österreichische Agentur für Gesundheit und Ernährungssicherheit GmbH. (2015). Helfen Sie mit, die Gelsen einzudämmen! Abgerufen von https://www.ages.at/download/0/0/e47584ec28bad479d34c9c918d-755d7ed30817e4/fileadmin/AGES2015/Themen/Krankheitserreger_Dateien/West_Nil/Folder-Gelsen_WEB.PDF

AGES - Österreichische Agentur für Gesundheit und Ernährungssicherheit GmbH. (2018a). Ambrosia - Ambrosia artemisiifolia. Abgerufen 30. August 2018, von www.ages.at/themen/schaderreger/ragweed-oder-traubenkraut

AGES - Österreichische Agentur für Gesundheit und Ernährungssicherheit GmbH. (2018b). Österreichweites Gelsen-Monitoring der AGES. Abgerufen 30. August 2018, von https://www.ages.at/themen/ages-schwerpunkte/vektoruebertragene-krankheiten/gelsen-monitoring

Alverti, M., Hadjimitsis, D., Kyriakidis, P., & Serraos, K. (2016). Smart city planning from a bottom-up approach: local communities' intervention for a smarter urban environment. In Fourth International Conference on Remote Sensing and Geoinformation of the Environment (RSCy2016) (Bd. 9688, S. 968819). International Society for Optics and Photonics. https://doi.org/10.1117/12.2240762

Ambrosia. (2018). Ambrosia. Abgerufen 30. August 2018, von http://www.ambrosia.ch/

Amegah, T., Amort, F. M., Antes, G., Haas, S., Knaller, C., Peböck, M., … Wolschlager, V. (2013). Gesundheitsfolgenabschätzung. Leitfaden für die Praxis. Wien: Bundesministerium für Gesundheit.

Anzenberger, J., Bodenwinkler, A., & Breyer, E. (2015). Migration und Gesundheit. Literaturbericht zur Situation in Österreich. Wissenschaftlicher Ergebnisbericht. Wien: Gesundheit Österreich GmbH. Abgerufen von https://media.arbeiterkammer.at/wien/PDF/studien/Bericht_Migration_und_Gesundheit.pdf

APCC - Austrian Panel on Climate Change. (2014). Österreichischer Sachstandsbericht Klimawandel 2014: Austrian assessment report 2014 (AAR14). Wien: Verlag der Österreichischen Akademie der Wissenschaften.

AWMF - Arbeitsgemeinschaft der Wissenschaftlichen Medizinischen Fachgesellschaften. (2018). Gemeinsam Klug Entscheiden. Abgerufen 30. August 2018, von https://www.awmf.org/medizin-versorgung/gemeinsam-klug-entscheiden.html

Barth, T., Jochum, G., & Littig, B. (Hrsg.). (2016). Nachhaltige Arbeit. Soziologische Beiträge zur Neubestimmung der gesellschaftlichen Naturverhältnisse. Frankfurt/Main, New York: Campus Verlag.

Becker, N., Huber, K., Pluskota, B., & Kaiser, A. (2011). Ochlerotatus japonicus japonicus–a newly established neozoan in Germany and a revised list of the German mosquito fauna. European Mosquito Bulletin, 29, 88–102.

Beermann, S., Rexroth, U., Kirchner, M., Kühne, A., Vygen, S., & Gilsdorf, A. (2015). Asylsuchende und Gesundheit in Deutschland: Überblick über epidemiologisch relevante Infektionskrankheiten. Deutsches Ärzteblatt, 112(42), A1717–A1720.

Berkman, N. D., Sheridan, S. L., Donahue, K. E., Halpern, D. J., & Crotty, K. (2011). Low health literacy and health outcomes: an updated systematic review. Annals of Internal Medicine, 155, 97–107. https://doi.org/10.7326/0003–4819-155-2-201107190-00005

Berwick, D. M., & Hackbarth, A. D. (2012). Eliminating waste in US health care. JAMA, 307(14), 1513–1516. https://doi.org/10.1001/jama.2012.362

Bi, P., & Hansen, A. (2018). Carbon emissions and public health: an inverse association? The Lancet Planetary Health, 2(1), e8–e9. https://doi.org/10.1016/s2542-5196(17)30177–8

BKA, BMEIA, BMASK, BMB, BMGF, BMF, … Statistik Austria. (2017). Beiträge der Bundesministerien zur Umsetzung der Agenda 2030 für nachhaltige Entwicklung durch Österreich. Wien: Bundeskanzleramt Österreich. Abgerufen von http://archiv.bka.gv.at/DocView.axd?CobId=65724

Black, R., Adger, N., Arnell, N., Dercon, S., Geddes, A., & Thomas, D. (2011). Migration and global environmental change: Future challenges and opportunities. Final Project Report. London: The Government Office for Science. Abgerufen von http://eprints.soas.ac.uk/22475/1/11–1116-migration-and-global-environmental-change.pdf

Black, R., Bennett, S. R. G., Thomas, S. M., & Beddington, J. R. (2011). Climate change: Migration as adaptation. Nature, 478, 447–449.

BMG - Bundesministerium für Gesundheit. (2014). "Das Team rund um den Hausarzt". Konzept zur multiprofessionellen und interdisziplinären Primärversorgung in Österreich. Wien: Bundesgesundheitsagentur & Bundesministerium für Gesundheit. Abgerufen von https://www.bmgf.gv.at/cms/home/attachments/1/2/6/CH1443/CMS1404305722379/primaerversorgung.pdf

BMGF - Bundesministerium für Gesundheit und Frauen. (2016a). Gesundheitsförderungsstrategie im Rahmen des

Bundes-Zielsteuerungsvertrags. Wien: Bundesministerium für Gesundheit und Frauen. Abgerufen von https://www.bmgf.gv.at/cms/home/attachments/4/1/4/CH1099/CMS1401709162004/gesundheitsfoerderungsstrategie.pdf

BMGF - Bundesministerium für Gesundheit und Frauen. (2016b). Verbesserung der Gesprächsqualität in der Krankenversorgung. Strategie zur Etablierung einer patientenzentrierten Kommunikationskultur. Wien: Bundesministerium für Gesundheit und Frauen. Abgerufen von https://www.bmgf.gv.at/cms/home/attachments/8/6/7/CH1443/CMS1476108174030/strategiepapier_verbesserung_gespraechsqualitaet.pdf

BMGF - Bundesministerium für Gesundheit und Frauen. (2017a). Anzeigepflichtige Krankheiten in Österreich. Wien: Bundesministerium für Gesundheit und Frauen. Abgerufen von https://www.bmgf.gv.at/cms/home/attachments/5/7/7/CH1644/CMS1487675789709/liste_anzeigepflichtige_krankheiten_in__oesterreich.pdf

BMGF - Bundesministerium für Gesundheit und Frauen. (2017b). Gesundheitsziel 1: Gesundheitsförderliche Lebens- und Arbeitsbedingungen für alle Bevölkerungsgruppen durch Kooperation aller Politik- und Gesellschaftsbereiche schaffen. Bericht der Arbeitsgruppe. Aufl. Ausgabe April 2017. Wien: Bundesministerium für Gesundheit und Frauen. Abgerufen von https://gesundheitsziele-oesterreich.at/website2017/wp-content/uploads/2017/05/bericht-arbeitsgruppe-1-gesundheitsziele-oesterreich.pdf

BMGF - Bundesministerium für Gesundheit und Frauen. (2017c). Gesundheitsziel 2: Für gesundheitliche Chancengerechtigkeit zwischen den Geschlechtern und sozioökonomischen Gruppen unabhängig von Herkunft und Alter sorgen. Bericht der Arbeitsgruppe. Aufl. Ausgabe April 2017. Wien: Bundesministerium für Gesundheit und Frauen. Abgerufen von https://gesundheitsziele-oesterreich.at/website2017/wp-content/uploads/2017/11/gz_2_endbericht_update_2017.pdf

BMGF - Bundesministerium für Gesundheit und Frauen. (2017d). Gesundheitsziel 3: Gesundheitskompetenz der Bevölkerung stärken. Bericht der Arbeitsgruppe. Aufl. Ausgabe April 2017. Wien: Bundesministerium für Gesundheit und Frauen. Abgerufen von https://gesundheitsziele-oesterreich.at/website2017/wp-content/uploads/2017/05/bericht-arbeitsgruppe-3-gesundheitsziele-oesterreich.pdf

BMGF - Bundesministerium für Gesundheit und Frauen. (2017e). Gesundheitsziele Österreich. Richtungsweisende Vorschläge für ein gesünderes Österreich – Langfassung (Report). Wien: Bundesministerium für Gesundheit und Frauen. Abgerufen von https://gesundheitsziele-oesterreich.at/website2017/wp-content/uploads/2018/08/gz_langfassung_2018.pdf

BMGF - Bundesministerium für Gesundheit und Frauen. (2017f). Österreichischer Ernährungsbericht 2017. Wien: Bundesministerium für Gesundheit und Frauen.

Abgerufen von https://www.bmgf.gv.at/cms/home/attachments/9/5/0/CH1048/CMS1509620926290/erna_hrungsbericht2017_web_20171018.pdf

BMG - Bundesministerium für Gesundheit. (2017g). Lebensmittelsicherheitsbericht 2016. Zahlen, Daten, Fakten aus Österreich. Bericht nach § 32 Abs. 1 LMSVG. Wien. Abgerufen von https://www.verbrauchergesundheit.gv.at/lebensmittel/lebensmittelkontrolle/Lebensmittelsicherheitsbericht_2016.pdf

BMGF - Bundesministerium für Gesundheit und Frauen. (2017h). Childhood Obesity Surveillance Initiative (COSI). Bericht Österreich 2017. Wien: Bundesministerium für Gesundheit und Frauen. Abgerufen von https://www.bmgf.gv.at/cms/home/attachments/8/3/3/CH1048/CMS1509621215790/cosi_2017_20171019.pdf

BMGF - Bundesministerium für Gesundheit und Frauen. (2018). Die Österreichische Ernährungspyramide. Abgerufen 30. August 2018, von https://www.bmgf.gv.at/home/Ernaehrungspyramide

BMLFUW - Bundesministerium für Land- und Forstwirtschaft, Umwelt und Wasserwirtschaft. (2015). CO_2-Monitoring PKW 2015. Bericht über die CO_2-Emissionen neu zugelassener PKW in Österreich. Wien: Bundesministerium für Land- und Forstwirtschaft, Umwelt und Wasserwirtschaft. Abgerufen von https://www.bmnt.gv.at/dam/jcr:def569d0-1c97-4701-90ef-0a8e12119115/CO_2-Monitoring_Pkw%202016.pdf

BMLFUW - Bundesministerium für Land- und Forstwirtschaft, Umwelt und Wasserwirtschaft. (2017a). Die österreichische Strategie zur Anpassung an den Klimawandel. Teil 1 - Kontext. Wien: Bundesministerium für Land- und Forstwirtschaft, Umwelt und Wasserwirtschaft. Abgerufen von https://www.bmnt.gv.at/dam/jcr:b471ccd8-cb97-4463-9e7d-ac434ed78e92/NAS_Kontext_MR%20beschl_(inklBild)_18112017(150ppi)%5B1%5D.pdf

BMLFUW - Bundesministerium für Land- und Forstwirtschaft, Umwelt und Wasserwirtschaft. (2017b). Die österreichische Strategie zur Anpassung an den Klimawandel. Teil 2 - Aktionsplan. Handlungsempfehlungen für die Umsetzung. Wien: Bundesministerium für Land- und Forstwirtschaft, Umwelt und Wasserwirtschaft. Abgerufen von https://www.bmnt.gv.at/dam/jcr:9f582bfd-77cb-4729-8cad-dd38309c1e93/NAS_Aktionsplan_MR_Fassung_final_18112017%5B1%5D.pdf

Bonnie, D., & Tyler, G. (2009). Confronting a rising tide: A proposal for a convention on Climate change refugees. The Harvard Environmental Law Review, 33(2), 349–403.

Bouchama, A., Dehbi, M., Mohamed, G., Matthies, F., Shoukri, M., & Menne, B. (2007). Prognostic factors in heat wave–related deaths: a meta-analysis. Archives of Internal Medicine, 167(20), 2170–2176. https://doi.org/10.1001/archinte.167.20.ira70009

Bouley, T., Roschnik, S., Karliner, J., Wilburn, S., Slotterback, S., Guenther, R., … Torgeson, K. (2017). Climate-smart healthcare: low-carbon and resilience strategies for the health sector. Washington D.C.: The World Bank. Abgerufen von http://documents.worldbank.org/curated/en/322251495434571418/Climate-smart-healthcare-low-carbon-and-resilience-strategies-for-the-health-sector

Bourque, F., & Willox, A. C. (2014). Climate change: The next challenge for public mental health? International Review of Psychiatry, 26(4), 415–422. https://doi.org/10.3109/09540261.2014.925851

Bowler, D. E., Buyung-Ali, L. M., Knight, T. M., & Pullin, A. S. (2010). A systematic review of evidence for the added benefits to health of exposure to natural environments. BMC Public Health, 10(1), 456. https://doi.org/10.1186/1471-2458-10-456

Bowles, D. C., Butler, C. D., & Morisetti, N. (2015). Climate change, conflict and health. Journal of the Royal Society of Medicine, 108(10), 390–395. https://doi.org/10.1177/0141076815603234

Brach, C., Keller, D., Hernandez, L. M., Baur, C., Parker, R., Dreyer, B., … Schillinger, D. (2012). Ten Attributes of Health Literate Health Care Organizations. Washington D.C.: Institute of Medicine of the National Academies. Abgerufen von https://nam.edu/wp-content/uploads/2015/06/BPH_Ten_HLit_Attributes.pdf

Brand, U. (2016). Sozial-ökologische Transformation. In S. Bauriedl (Hrsg.), Wörterbuch Klimadebatte (S. 277–282). Bielefeld: Transcript.

Brasseur, G. P., Jacob, D., & Schuck-Zöller, S. (Hrsg.). (2017). Klimawandel in Deutschland. Berlin, Heidelberg: Springer Spektrum.

Brockway, P. (2009). Carbon measurement in the NHS: Calculating the first consumption-based total carbon footprint of an NHS Trust. (Dissertation). De Montfort University, Leicester. Abgerufen von https://www.dora.dmu.ac.uk/xmlui/handle/2086/3961

Buekers, J., Dons, E., Elen, B., & Luc, I. P. (2015). A health impact model for modal shift from car use to cycling or walking in Flanders. Application to two bicycle highways. Journal of Transport & Health, 2(4), 549–562. https://doi.org/10.1016/j.jth.2015.08.003

Bürger, C. (2017). Ernährungsempfehlungen in Österreich Analyse von Webinhalten der Bundesministerien BMG und BMLFUW hinsichtlich Co-Benefits zwischen gesunder und nachhaltiger Ernährung (Master Thesis). Alpen-Adria Universität, Wien. Abgerufen von https://www.aau.at/wp-content/uploads/2018/01/WP173web.pdf

Butler, C. (2016). Sounding the Alarm: Health in the Anthropocene. International Journal of Environmental Research and Public Health, 13(7), 665. https://doi.org/10.3390/ijerph13070665

Butler, C. D., & Harley, D. (2010). Primary, secondary and tertiary effects of eco-climatic change: the medical response. Postgraduate Medical Journal, 86(1014), 230–234. https://doi.org/10.1136/pgmj.2009.082727

Cadar, D., Maier, P., Muller, S., Kress, J., Chudy, M., Bialonski, A., … Schmidt-Chanasit, J. (2017). Blood donor screening for West Nile virus (WNV) revealed acute Usutu virus (USUV) infection, Germany, September 2016. Eurosurveillance, 22(14), 30501. https://doi.org/10.2807/1560-7917.ES.2017.22.14.30501

Carey, B. (2016). ICAO's Carbon-Offsetting Scheme Not Adequate, Groups Say. Abgerufen 11. September 2018, von https://www.ainonline.com/aviation-news/air-transport/2016-09-15/icaos-carbon-offsetting-scheme-not-adequate-groups-say

CCCA - Climate Change Centre Austria. (2017). Science Plan zur strategischen Entwicklung der Klimaforschung in Österreich. Wien: Climate Change Centre Austria. Abgerufen von https://www.ccca.ac.at/fileadmin/00_DokumenteHauptmenue/03_Aktivitaeten/Science_Plan/CCCA_Science_Plan_2_Auflage_20180326.pdf

Chemnitz, C., & Weigel, J. (2015). Bodenatlas. Daten und Fakten über Acker, Land und Erde. Berlin: Böll Stiftung. Abgerufen von https://www.boell.de/sites/default/files/bodenatlas2015_iv.pdf

Chimani, B., Heinrich, G., Hofstätter, M., Kerschbaumer, M., Kienberger, S., Leuprecht, A., … Truhetz, H. (2016). Klimaszenarien für das Bundesland Wien bis 2100. Factsheet, Version 1. Wien: CCCA Data Centre Vienna. Abgerufen von https://data.ccca.ac.at/dataset/oks15_factsheets_klimaszenarien_fur_das_bundesland_wien-v01/resource/0218e9b1-4a68-4ca7-8e02-ab124a40d2e0

Choosing Wisely Canada. (2018). Homepage. University of Toronto, Canadian Medical Association and St. Michael's Hospital. Abgerufen 11. März 2018, von https://choosingwiselycanada.org/

Choosing Wisely UK. (2018). Homepage. Academy of Medical Royal Colleges. Abgerufen 11. März 2018, von http://www.choosingwisely.co.uk/

Chung, J. W., & Meltzer, D. O. (2009). Estimate of the Carbon Footprint of the US Health Care Sector. JAMA, 302(18), 1970–1972. https://doi.org/10.1001/jama.2009.1610

Clayton, S., Manning, C. M., Krygsman, K., & Speiser, M. (2017). Mental Health and Our Changing Climate: Impacts, Implications, and Guidance. Washington D.C.: American Psychological Association, ecoAmerica. Abgerufen von https://www.apa.org/news/press/releases/2017/03/mental-health-climate.pdf

ClimBHealth. (2017). Climate and Health Co-benefits from Changes in Diet. Abgerufen 29. August 2018, von https://www.ccca.ac.at/home/

Crompton, T. (2010). Common Cause. A case for working with our values. WWF. Abgerufen von https://assets.wwf.org.uk/downloads/common_cause_report.pdf

Dahlgren, G., & Whitehead, M. (1991). Policies and strategies to promote social equity in health. Stockholm: Institute for Futures Studies. Abgerufen von https://core.ac.uk/download/pdf/6472456.pdf

D'Amato, G., Cecchi, L., D'Amato, M., & Annesi-Maesano, I. (2014). Climate change and respiratory diseases. European Respiratory Review, 23, 161–169. https://doi.org/10.1183/09059180.00001714

Damyanovic, D., Fuchs, B., Reinwald, F., Pircher, E., Allex, B., Eisl, J., … Hübl, J. (2014). GIAKlim - Gender Impact Assessment im Kontext der Klimawandelanpassung und Naturgefahren. Endbericht von StartClim2013.F,. Wien: BMLFUW, BMWFW, ÖBF, Land Oberösterreich. Abgerufen von http://www.startclim.at/fileadmin/user_upload/StartClim2013_reports/StCl2013F_lang.pdf

Dawson, W., Moser, D., Van Kleunen, M., Kreft, H., Pergl, J., Pysek, P., … Blackburn, T. M. (2017). Global hotspots and correlates of alien species richness across taxonomic groups. Nature Ecology and Evolution, 1(7), 0186. https://doi.org/10.1038/s41559-017-0186

Daxbeck, H., Ehrlinger, D., De Neef, D., & Weineisen, M. (2011). Möglichkeiten von Großküchen zur Reduktion ihrer CO_2-Emissionen (Maßnahmen, Rahmenbedingungen und Grenzen) – Sustainable Kitchen. Projekt SUKI. 5. Zwischenbericht (Vers. 0.3.1). Wien: Ressourcen Management Agentur (RMA). Abgerufen von http://www.rma.at/sites/new.rma.at/files/SUKI%20%20Methodenpapier%20Energieverbrauch.pdf

Dell, M., Jones, B. F., & Olken, B. A. (2009). Temperature and Income: Reconciling New Cross-Sectional and Panel Estimates. American Economic Review, 99(2), 198–204. https://doi.org/10.1257/aer.99.2.198

Dill, J., Mohr, C., & Ma, L. (2014). How Can Psychological Theory Help Cities Increase Walking and Bicycling? Journal of the American Planning Association, 80(1), 36–51. https://doi.org/10.1080/01944363.2014.934651

Du, M., Tugendhaft, A., Erzse, A., & Hofman, K. J. (2018). Sugar-Sweetened Beverage Taxes: Industry Response and Tactics. Yale Journal of Biology and Medicine, 91(2), 185–190.

Duscher, G. G., Feiler, A., Leschnik, M., & Joachim, A. (2013). Seasonal and spatial distribution of ixodid tick species feeding on naturally infested dogs from Eastern Austria and the influence of acaricides/repellents on these parameters. Parasites & Vectors, 6(1), 76. https://doi.org/10.1186/1756-3305-6-76

Duscher, G. G., Hodžić, A., Weiler, M., Vaux, A. G. C., Rudolf, I., Sixl, W., … Hubálek, Z. (2016). First report of Rickettsia raoultii in field collected Dermacentor reticulatus ticks from Austria. Ticks and Tick-borne Diseases, 7(5), 720–722. https://doi.org/10.1016/j.ttbdis.2016.02.022

ECDC - European Centre for Disease Prevention and Control. (2010). Climate change and communicable diseases in the EU Member States. Handbook for national vulnerability, impact and adaptation assessments. Stockholm:

ECDC. Abgerufen von http://ecdc.europa.eu/en/publications/Publications/1003_TED_handbook_climate-change.pdf

ECDC - European Centre for Disease Prevention and Control. (2017). Vector control with a focus on Aedes aegypti and Aedes albopictus mosquitoes: literature review and analysis of information. Stockholm: ECDC. Abgerufen von http://ecdc.europa.eu/sites/portal/files/documents/Vector-control-Aedes-aegypti-Aedes-albopictus.pdf

Eckelman, M. J., & Sherman, J. (2016). Environmental Impacts of the U.S. Health Care System and Effects on Public Health. PLoS ONE, 11(6), e0157014. https://doi.org/10.1371/journal.pone.0157014

Edenhofer, O., Knopf, B., & Luderer, G. (2013). Reaping the benefits of renewables in a nonoptimal world. Proceedings of the National Academy of Sciences, 110(29), 11666–11667. https://doi.org/10.1073/pnas.1310754110

Edenhofer, O., Pichs-Madruga, R., Sokona, Y., Kadner, S., Minx, J., & Brunner, S. (2014). Climate Change 2014: Mitigation of Climate Change Technical Summary. Cambridge, New York: Cambridge University Press. Abgerufen von https://www.ipcc.ch/pdf/assessment-report/ar5/wg3/ipcc_wg3_ar5_technical-summary.pdf

Eder, F., & Hofmann, F. (2012). Überfachliche Kompetenzen in der österreichischen Schule: Bestandsaufnahme, Implikationen, Entwicklungsperspektiven. In H.-P. Barbara (Hrsg.), Nationaler Bildungsbericht Österreich 2012. Band 2. Fokussierte Analysen bildungspolitischer Schwerpunktthemen (S. 71–109). Graz: Leykam. Abgerufen von https://www.bifie.at/nbb2012/

Eichler, K., Wieser, S., & Brügger, U. (2009). The costs of limited health literacy: a systematic review. International Journal of Public Health, 54, 313. https://doi.org/10.1007/s00038-009-0058-2

Eis, D., Helm, D., Laußmann, D., & Stark, K. (2010). Klimawandel und Gesundheit. Ein Sachstandsbericht. Berlin: Robert Koch-Institut.

ELTF - California State Superintendent of Public Instruction Tom Torlakson's statewide Environmental Literacy Task Force. (2015). A Blueprint for Environmental Literacy: Educating Every Student In, About, and For the Environment (ELTF). Redwood City: Californians Dedicated to Education Foundation. Abgerufen von https://www.cde.ca.gov/pd/ca/sc/documents/environliteracyblueprint.pdf

Europäisches Parlament und Rat. (2014). Richtlinie 2014/52/EU vom 16. April 2014 zur Änderung der Richtlinie 2011/92/EU über die Umweltverträglichkeitsprüfung bei bestimmten öffentlichen und privaten Projekten, Amtsblatt L124. Abgerufen von https://eur-lex.europa.eu/legal-content/de/TXT/PDF/?uri=OJ:L:2014:124:FULL

European Commission. (2013a). Adaptation to climate change impacts on human, animal and plant health. Commission Staff Working Document. Abgerufen von https://ec.europa.eu/clima/sites/clima/files/adaptation/what/docs/swd_2013_136_en.pdf

European Commission. (2013b). The EU Strategy on adaptation to climate change. Brüssel: European Commission. Abgerufen von https://ec.europa.eu/clima/policies/adaptation/what_en#tab-0–1

European Commission. (2015). The 2015 Ageing Report: Economic and budgetary projections for the 28 EU Member States (2013–2060). Brüssel: Directorate-General for Economic and Financial Affairs. Abgerufen von http://ec.europa.eu/economy_finance/publications/european_economy/2015/pdf/ee3_en.pdf

European Commission. (2017). Reducing Emissions from Aviation. Abgerufen 27. September 2017, von https://ec.europa.eu/clima/policies/transport/aviation_en

European Parliament. (2017). Report on women, gender equality and climate justice (2017/2086(INI)). Committee on Women's Rights and Gender Equality (No. A8-0403/2017). Brüssel: European Parliament 2014–2019. Abgerufen von http://www.europarl.europa.eu/sides/getDoc.do?pubRef=-//EP//NONSGML+REPORT+A8-2017–0403+0+DOC+PDF+V0//EN

Ezzati, M., & Lin, H.-H. (2010). Health benefits of interventions to reduce greenhouse gases. The Lancet, 375(9717), 804. https://doi.org/10.1016/S0140-6736(10)60342-X

FAO - Food and Agriculture Organization. (2009). The state of Food and Agriculture – Livestock in the balance. Rom: FAO. Abgerufen von http://www.fao.org/docrep/012/i0680e/i0680e01.pdf

Fargione, J., Hill, J., Tilman, D., Polasky, S., & Hawthorne, P. (2008). Land Clearing and the Biofuel Carbon Debt. Science, 319(5867), 1235–1238. https://doi.org/10.1126/science.1152747

FGÖ - Fonds Gesundes Österreich. (2016). FGÖ-Strategie „Gesundheitliche Chancengerechtigkeit 2021". Abgerufen von http://fgoe.org/sites/fgoe.org/files/2017–10/2016–08-19_0.pdf

Fischer-Kowalski, M., & Haas, W. (2016). Towards a socioecological theory of human labour. In H. Haberl, M. Fischer-Kowalski, F. Krausmann, & V. Winiwarter (Hrsg.), Social Ecology: Society-nature Relations across Time and Space (S. 169–196). Cham, Heidelberg, New York, Dordrecht, London: Springer International Publishing.

Fitzmaurice, C., Allen, C., Barber, R. M., Barregard, L., Bhutta, Z. A., Brenner, H., … Naghavi, M. (2017). Global, Regional, and National Cancer Incidence, Mortality, Years of Life Lost, Years Lived With Disability, and Disability-Adjusted Life-years for 32 Cancer Groups, 1990 to 2015: A Systematic Analysis for the Global Burden of Disease Study. JAMA Oncology, 3(4), 524–548.

Focks, D. A., Daniels, E., Haile, D. G., & Keesling, J. E. (1995). A Simulation-Model of the Epidemiology of Urban Dengue Fever - Literature Analysis, Model Development, Preliminary Validation, and Samples of Simulation Results. American Journal of Tropical Medicine and Hygiene, 53(5), 489–506. https://doi.org/10.4269/ajtmh.1995.53.489

Food Guide Consultation. (2018). Summary of Guiding Principles and Recommendations. Government of Canada. Abgerufen 18. März 2018, von https://www.foodguideconsultation.ca/guiding-principles-summary

Forzieri, G., Cescatti, A., Batista e Silva, F., & Feyen, L. (2017). Increasing risk over time of weather-related hazards to the European population: a data-driven prognostic study. The Lancet Planetary Health, 1(5), e200–e208. https://doi.org/10.1016/S2542-5196(17)30082–7

Frank, J. R. (Hrsg.). (2005). The CanMEDS 2005 Physician Competency Framework. Better standards. Better physicians. Better care. Ottawa: The Royal College of Physicians and Surgeons of Canada.

Frank, U., Ernst, D., Pritsch, K., Pfeiffer, C., Trognitz, F., & Epstein, M. M. (2017). Aggressive Ambrosia-Pollen auf dem Vormarsch. Oekoskop, 17(2), 19–21.

Franziskus, P. (2015). Laudato Si: Enzyklika. Über die Sorge für das gemeinsame Haus. Rom: Libreria Editrice Vaticana. Abgerufen von https://www.dbk.de/fileadmin/redaktion/diverse_downloads/presse_2015/2015–06-18-Enzyklika-Laudato-si-DE.pdf

Friel, S., Dangour, A. D., Garnett, T., Lock, K., Chalabi, Z., Roberts, I., … Haines, A. (2009). Public health benefits of strategies to reduce greenhouse-gas emissions: food and agriculture. The Lancet, 374(9706), 2016–2025. https://doi.org/10.1016/S0140-6736(09)61753–0

Fritz, D., Heinfellner, H., Lichtblau, G., Pölz, W., & Stranner, G. (2017). Update: Ökobilanz alternativer Antriebe. Wien: Umweltbundesamt. Abgerufen von www.umweltbundesamt.at/fileadmin/site/publikationen/DP152.pdf

Frumkin, H., Hess, J., Luber, G., Malilay, J., & McGeehin, M. (2008). Climate Change: The Public Health Response. American Journal of Public Health, 98(3), 435–445. https://doi.org/10.2105/AJPH.2007.119362

Gakidou, E., Afshin, A., Abajobir, A. A., Abate, K. H., Abbafati, C., Abbas, K. M., … Murray, C. J. L. (2017). Global, regional, and national comparative risk assessment of 84 behavioural, environmental and occupational, and metabolic risks or clusters of risks, 1990–2016: a systematic analysis for the Global Burden of Disease Study 2016. The Lancet, 390(10100), 1345–1422. https://doi.org/10.1016/S0140-6736(17)32366–8

Gallé, F., Soffried, J., & Sator, M. (2017). Gute Gesundheitsinformation trifft gute Gesprächsqualität. Soziale Sicherheit, 2017, 246.

Ganten, D., Haines, A., & Souhami, R. (2010). Health co-benefits of policies to tackle climate change. The Lancet, 376(9755), 1802–1804. https://doi.org/10.1016/S0140-6736(10)62139–3

Gao, J., Kovats, S., Vardoulakis, S., Wilkinson, P., Woodward, A., Li, J., … Liu, Q. (2018). Public health co-benefits of greenhouse gas emissions reduction: A systematic review. Science of The Total Environment, 627,

388–402. https://doi.org/10.1016/j.scitotenv.2018.01.193

Gascon, M., Triguero-Mas, M., Martínez, D., Dadvand, P., Rojas-Rueda, D., Plasència, A., & Nieuwenhuijsen, M. J. (2016). Residential green spaces and mortality: A systematic review. Environment International, 86, 60–67. https://doi.org/10.1016/j.envint.2015.10.013

GeKo-Wien. (2018). Gesundheit und Kommunikation in Wien. Abgerufen 11. März 2018, von https://www.geko.wien

George, C., & Kirkpatrick, C. (2007). Impact Assessment and Sustainable Development: An Introduction. In C. George & C. Kirkpatrick (Hrsg.), Impact Assessment and Sustainable Development. Cheltenham: Edward Elgar Publishing.

Gesundheit.gv.at. (2018). Öffentliches Gesundheitspotal Österreichs. Abgerufen 11. März 2018, von http://www.gesundheit.gv.at

Gesundheitsziele Österreich. (2018). Gesundheitsziele. Abgerufen 8. März 2018, von https://gesundheitsziele-oesterreich.at/gesundheitsziele/

GFA - Gesundheitsfolgenabschätzung. (2018). Homepage. Abgerufen 8. März 2018, von https://gfa.goeg.at/

Gill, M., & Stott, R. (2009). Health professionals must act to tackle climate change. The Lancet, 374(9706), 1953–1955. https://doi.org/10.1016/S0140-6736(09)61830–4

Gogol, M., & Siebenhofer, A. (2016). Choosing Wisely – Gegen Überversorgung im Gesundheitswesen – Aktivitäten aus Deutschland und Österreich am Beispiel der Geriatrie. Wiener Medizinische Wochenschrift, 166, 5155–5160. https://doi.org/10.1007/s10354-015–0424-z

Görg, C. (2016). Einrichtung einer Programmschiene zur Erforschung nachhaltiger Transformationspfade in Österreich. Unveröffentlicht. Wien: Arbeitsgruppe für Transformationsforschung in Österreich.

GQG. Bundesgesetz zur Qualität von Gesundheitsleistungen (Gesundheitsqualitätsgesetz), BGBl I Nr 179/2004 §.

Grecequet, M., DeWaard, J., Hellmann, J. J., Abel, G. J., Grecequet, M., DeWaard, J., … Abel, G. J. (2017). Climate Vulnerability and Human Migration in Global Perspective. Sustainability, 9(5), 720. https://doi.org/10.3390/su9050720

Haas, W., Weisz, U., Maier, P., & Scholz, F. (2015). Human Health. In K.W. Steininger, M. König, B. Bednar-Friedl, L. Kranzl, W. Loibl, & F. Prettenthaler (Hrsg.), Economic Evaluation of Climate Change Impacts (S. 191–213). Cham: Springer International Publishing.

Haas, W., Weisz, U., Maier, P., & Scholz, F. (2015). Human Health. In K. W. Steininger, M. König, B. Bednar-Friedl, L. Kranzl, W. Loibl, & F. Prettenthaler (Hrsg.), Economic Evaluation of Climate Change Impacts (S. 191–213). Cham: Springer International Publishing.

Haas, W., Weisz, U., Maier, P., Scholz, F., Themeßl, M., Wolf, A., … Pech, M. (2014). Auswirkungen des Klimawandels auf die Gesundheit des Menschen. Wien: Alpen-Adria-Universität Klagenfurt, CCCA Servicezentrum. Abgerufen von http://coin.ccca.at/sites/coin.ccca.at/files/factsheets/6_gesundheit_v4_02112015.pdf

Haas, W., Weisz, U., Lauk, C., Hutter, H.-P., Ekmekcioglu, C., Kundi, M., … Theurl, M. C. (2017). Climate and health co-benefits from changes in urban mobility and diet: an integrated assessment for Austria. Endbericht ACRP Forschungsprojekte B368593. Wien: Alpen-Adria-Universität Klagenfurt. Abgerufen von https://www.klimafonds.gv.at/wp-content/uploads/sites/6/20171116ClimBHealthACRP6EBB368593KR13AC6K10969.pdf

Habtezion, S. (2013). Overview of linkages between gender and climate change. New York: UNDP. Abgerufen von http://www.undp.org/content/dam/undp/library/gender/Gender%20and%20Environment/PB1_Africa_Overview-Gender-Climate-Change.pdf

Hagen, K., & Gasienica-Wawrytko, B. (2015). UHI und die Wiener Stadtquartiere - Das Projekt Urban Fabric & Microclimate. In J. Preiss & C. Härtel (Hrsg.), Urban Heat Island. Strategieplan Wien (S. 14–15). Wien: Magistrat der Stadt Wien, MA22 - Wiener Umweltschutzabteilung.

Haigh, F., Harris, E., Harris-Roxas, B., Baum, F., Dannenberg, A., Harris, M., … Spickett, J. (2015). What makes health impact assessments successful? Factors contributing to effectiveness in Australia and New Zealand. BMC Public Health, 15, 1009. https://doi.org/10.1186/s12889-015–2319-8

Haines, A. (2017). Health co-benefits of climate action. The Lancet Planetary Health, 1(1), e4–e5. https://doi.org/10.1016/S2542-5196(17)30003–7

Haines, A., McMichael, A. J., Smith, K. R., Roberts, I., Woodcock, J., Markandya, A., … Wilkinson, P. (2009). Public health benefits of strategies to reduce greenhouse-gas emissions: overview and implications for policy makers. The Lancet, 374(9707), 2104–2114. https://doi.org/10.1016/S0140-6736(09)61759–1

Hajat, S., Haines, A., Sarran, C., Sharma, A., Bates, C., & Fleming, L. E. (2017). The effect of ambient temperature on type-2-diabetes: case-crossover analysis of 4+ million GP consultations across England. Environmental Health, 16, 73. https://doi.org/10.1186/s12940-017–0284-7

Hamaoui-Laguel, L., Vautard, R., Liu, L., Solmon, F., Viovy, N., Khvorostyanov, D., … Epstein, M. M. (2015). Effects of climate change and seed dispersal on airborne ragweed pollen loads in Europe. Nature Climate Change, 5(8), 766–771. https://doi.org/10.1038/nclimate2652

Hartig, T., Mitchell, R., de Vries, S., & Frumkin, H. (2014). Nature and health. Annual Review of Public Health, 35, 207–228. https://doi.org/10.1146/annurev-publhealth-032013–182443

Hasenfuß, G., Märker-Herrmann, E., Hallek, M., & Fölsch, U. R. (2016). Initiative „Klug Entscheiden". Gegen Unter- und Überversorgung. Deutsches Ärzteblatt, 113, A603.

Haun, J. N., Patel, N. R., French, D. D., Campbell, R. R., Bradham, D. D., & Lapcevic, W. A. (2015). Association between health literacy and medical care costs in an integrated healthcare system: a regional population based study. BMC Health Services Research, 15, 249. https://doi.org/10.1186/s12913-015-0887-z

Hemmer, W., Schauer, U., Trinca, A.-M., & Neumann, C. (2010). Endbericht 2009 zur Studie: Prävalenz der Ragweedpollen-Allergie in Ostösterreich. St. Pölten: Amt der NÖ Landesregierung. Abgerufen von www.noe.gv.at/noe/Gesundheitsvorsorge-Forschung/Ragweedpollen_Allergie.pdf

Hernandez, A.-C., & Roberts, J. (2016). Reducing Healthcare's Climate Footprint. Opportunities for European Hospitals & Health Systems. Brussels: HCWH Europe.

Hietler, P., & Pladerer, C. (2017). Abfallvermeidung in der österreichischen Lebensmittelproduktion - Daten, Fakten, Maßnahmen. Wien: Österreichisches Ökologie Institut. Abgerufen von http://www.nachhaltigkeit.steiermark.at/cms/dokumente/12592682_1032680/a56135dd/153Abfallvermeidung%20in%20der%20Lebensmittelproduktion.pdf

Hintringer, K., Küllinger, R., & Wild, C. (2015). Sponsoring österreichischer Ärztefortbildung: Systematische Analyse der DFP-Fortbildungsdatenbank (No. 87). Wien: Ludwig Boltzmann Gesellschaft GmbH. Abgerufen von eprints.hta.lbg.ac.at/1053/1/Rapid_Assessment_007a.pdf

HLS-EU-Consortium. (2012). Comparative Report on Health Literacy in Eight EU Member States. The European Health Literacy Survey. International Consortium of the HLS-EU Project. Abgerufen von http://ec.europa.eu/chafea/documents/news/Comparative_report_on_health_literacy_in_eight_EU_member_states.pdf

Holmes, B. J., Best, A., Davies, H., Hunter, D., Kelly, M. P., Marshall, M., & Rycroft-Malone, J. (2017). Mobilising knowledge in complex health systems: a call to action. Pragmatics and Society, 13(3), 539–560. https://doi.org/10.1332/174426416X14712553750311

Horn, E. (2014). Zukunft als Katastrophe. Fiktion und Prävention, Frankfurt/Main: Fischer 2014. ISBN 9783100168030. 480 Seiten.

Hornemann, B., & Steuernagel, A. (2017). Sozialrevolution. Frankfurt/Main, New York: Campus Verlag.

Hsu, M., Huang, X., & Yupho, S. (2015). The development of universal health insurance coverage in Thailand: Challenges of population aging and informal economy. Social Science & Medicine, 145, 227–236. https://doi.org/10.1016/j.socscimed.2015.09.036

Hutter, H.-P., Moshammer, H., & Wallner, P. (2017). Klimawandel und Gesundheit. Auswirkungen. Risiken. Perspektiven. Wien: Manz.

Hutter, H.-P., Moshammer, H., Wallner, P., Leitner, B., & Kundi, M. (2007). Heatwaves in Vienna: effects on mortality. Wiener Klinische Wochenschrift, 119(7–8), 223–227. https://doi.org/10.1007/s00508-006-0742-7

HVB - Hauptverband der Österreichischen Sozialversicherungsträger, & GKK Salzburg. (2011). Analyse der Versorgung psychisch Erkrankter. Projekt „Psychische Gesundheit". Abschlussbericht. Wien, Salzburg: HVB, GKK Salzburg. Abgerufen von https://www.psychotherapie.at/sites/default/files/files/studien/Studie-Analyse-Versorgung-psychisch-Erkrankter-SGKK-HVB-2011.pdf

IAMP - InterAcademy Medical Panel (Hrsg.). (2010). Statement on the health co-benefits of policies to tackle climate change. Abgerufen von http://www.interacademies.org/14745/IAMP-Statement-on-the-Health-CoBenefits-of-Policies-to-Tackle-Climate-Change

Initiative Wachstum im Wandel. (2018). Homepage. Abgerufen 5. Februar 2018, von https://wachstumimwandel.at/

IPCC - Intergovernmental Panel on Climate Change. (2014). Climate Change 2014: Synthesis Report. Contribution of Working Groups I, II and III to the Fifth Assessment Report of the Intergovernmental Panel on Climate Change. Geneva: Intergovernmental Panel on Climate Change. Abgerufen von http://www.ipcc.ch/report/ar5/syr/

Islam, S. N., & Winkel, J. (2017). Climate Change and Social Inequality (DESA Working Paper No. 152). UN, Department of Economic & Social Affairs. Abgerufen von www.un.org/esa/desa/papers/2017/wp152_2017.pdf

Jackson, R. (2012). Occupy World Street. A global Roadmap for Radical Economic and Political Reform. White River Junction: Cheslea Green Publishing.

Jorgensen, S. E., Nielsen, F. B., Pulselli, F. M., Fiscus, D. A., & Bastianoni, S. (2015). Flourishing Within Limits to Growth: Following nature's way. London: Routledge.

Juraszovich, B., Sax, G., Rappold, E., Pfabigan, D., & Stewig, F. (2016). Demenzstrategie: Gut leben mit Demenz. Abschlussbericht - Ergebnisse der Arbeitsgruppen. Wien: Bundesministerium für Gesundheit & Sozialministerium. Abgerufen von http://www.bmg.gv.at/cms/home/attachments/5/7/0/CH1513/CMS1450082944440/demenzstrategie_abschlussbericht.pdf

KAKuG. Bundesgesetz über Krankenanstalten und Kuranstalten, BGBl Nr. 1/1957 §.

Karrer, G., Milakovic, M., Kropf, M., Hackl, G., Essl, F., Hauser, M., & Dullinger, S. (2011). Ausbreitungsbiologie und Management einer extrem allergenen, eingeschleppten Pflanze – Wege und Ursachen der Ausbreitung von Ragweed (Ambrosia artemisiifolia) sowie Möglichkeiten seiner Bekämpfung. Wien: BMLFUW.

Katzmair, H. (2015). Resilienz Monitor Austria. Wissenschaftlicher Endbericht. Wien: FAS Research.

Keogh-Brown, M., Jensen, H. T., Smith, R. D., Chalabi, Z., Davies, M., Dangour, A., … Haines, A. (2012). A whole-economy model of the health co-benefits of strategies to reduce greenhouse gas emissions in the UK. The Lancet,

380, S52. https://doi.org/10.1016/S0140-6736(13)60408–0

Kickbusch, I., & Behrendt, T. (2013). Implementing a Health 2020 vision: governance for health in the 21st century. Making it happen. Copenhagen: WHO Regional Office for Europe. Abgerufen von http://www.euro.who.int/__data/assets/pdf_file/0018/215820/Implementing-a-Health-2020-Vision-Governance-for-Health-in-the-21st-Century-Eng.pdf

Kickbusch, I., & Maag, D. (2006). Die Gesundheitsgesellschaft: Megatrends der Gesundheit und deren Konsequenzen für Politik und Gesellschaft. Gamburg: Verlag für Gesundheitsförderung.

Kjellstrom, T., Kovats, R. S., Lloyd, S. J., Holt, T., & Tol, R. S. J. (2009). The Direct Impact of Climate Change on Regional Labor Productivity. Archives of Environmental & Occupational Health, 64(4), 217–227. https://doi.org/10.1080/19338240903352776

Klein, N. (2014). This changes everything. Capitalism vs. the Climate. New York: Simon and Schuster.

Knoflacher, H. (2013). Virus Auto. Die Geschichte einer Zerstörung. Wien: Ueberreuter.

Köder, L., & Burger, A. (2017). Abbau umweltschädlicher Subventionen stockt weiter - 57 Milliarden Euro Kosten für Bürgerinnen und Bürger. Dessau-Roßlau: Umweltbundesamt Deutschland. Abgerufen von https://www.umweltbundesamt.de/presse/presseinformationen/abbau-umweltschaedlicher-subventionen-stockt-weiter

Kongress „Armut und Gesundheit". (2017). Dem Ansatz von Health in All Policy zu neuer Aktualität verhelfen. Diskussionspapier zum Kongress Armut und Gesundheit 2018. Gesundheit Berlin-Brandenburg e.V., Arbeitsgemeinschaft für Gesundheitsförderung, Kongress Armut und Gesundheit TU Berlin. Abgerufen von https://www.bzoeg.de/termine-leser/events/Kongress-armut-gesundheit-18.html?file=tl_files/bzoeg/redaktion/downloads/termine/2018/Diskussionspapier%20Kongress%20Armut%20und%20Gesundheit.pdf

Köppl, A., & Steininger, K. W. (Hrsg.). (2004). Reform umweltkontraproduktiver Förderungen in Österreich. Energie und Verkehr. Graz: Leykam.

Kranzl, L., Hummel, M., Loibl, W., Müller, A., Schicker, I., Toleikyte, A., … Bednar-Friedl, B. (2015). Buildings: Heating and Cooling. In Karl W. Steininger, M. König, B. Bednar-Friedl, L. Kranzl, W. Loibl, & F. Prettenthaler (Hrsg.), Economic Evaluation of Climate Change Impacts: Development of a Cross-Sectoral Framework and Results for Austria (S. 235–255). Cham: Springer International Publishing. https://doi.org/10.1007/978–3-319-12457-5_13

Kreft, S., Eckstein, D., & Melchior, I. (2016). Global Climate Risk Index 2017. Who Suffers Most From Extreme Weather Events? Weather-related Loss Events in 2015 and 1996 to 2015. Briefing Paper. Bonn: Germanwatch e.V. Abgerufen von https://germanwatch.org/en/12978

Kreiß, C. (2015). Gekaufte Forschung. Wissenschaft im Dienst der Konzerne. Berlin: Europaverlag.

Laeremans, M., Götschi, T., Dons, E., Kahlmeier, S., Brand, C., Nazelle, A., … Int Panis, L. (2017). Does an Increase in Walking and Cycling Translate into a Higher Overall Physical Activity Level? Journal of Transport & Health, 5, S20. https://doi.org/10.1016/j.jth.2017.05.301

Lake, I. R., Jones, N. R., Agnew, M., Goodess, C. M., Giorgi, F., Hamaoui-Laguel, L., … Epstein, M. M. (2017). Climate Change and Future Pollen Allergy in Europe. Environmental Health Perspectives, 125, 385–391. https://doi.org/10.1289/EHP173

Lamei, N., Till, M., Plate, M., Glaser, T., Heuberger, R., Kafka, E., & Skina-Tabue, M. (2013). Armuts- und Ausgrenzungsgefährdung in Österreich: Ergebnisse aus EU-SILC 2011. Wien: Bundesministerium für Arbeit, Soziales und Konsumentenschutz.

Lang, T. (2017). Re-fashioning food systems with sustainable diet guidelines: towards a SDG2 strategy. London: City University London Friends of the Earth. Abgerufen von https://friendsoftheearth.uk/sites/default/files/downloads/Sustainable_diets_January_2016_final.pdf

Larsen, J. (2017). The making of a pro-cycling city: Social practices and bicycle mobilities. Environment and Planning A, 49(4), 876–892. https://doi.org/10.1177/0308518X16682732

Lee, A. C. ., & Maheswaran, R. (2011). The health benefits of urban green spaces: a review of the evidence. Journal of Public Health, 33(2), 212–222. https://doi.org/10.1093/pubmed/fdq068

Légaré, F., Hébert, J., Goh, L., Lewis, K. B., Portocarrero, M. E. L., Robitaille, H., & Stacey, D. (2016). Do choosing wisely tools meet criteria for patient decision aids? A descriptive analysis of patient materials. BMJ Open, 6(8), e011918. https://doi.org/10.1136/bmjopen-2016–011918

Leggewie, C., & Welzer, H. (2009). Das Ende der Welt wie wir sie kannten. Klima, Zukunft und die Chancen der Demokratie. Berlin: Fischer S. Verlag.

Lietaer, B. (2012). Money and Sustainability. The Missing Link. A Report from the Club of Rom - EU Chapter to Finance Watch and the World Business Academy. Dorset: Triarchy Press.

Liu, H.-L., & Shen, Y.-S. (2014). The Impact of Green Space Changes on Air Pollution and Microclimates: A Case Study of the Taipei Metropolitan Area. Sustainability, 6, 8827–8855. https://doi.org/10.3390/su6128827

Lozano, R., Naghavi, M., Foreman, K., Lim, S., Shibuya, K., Aboyans, V., … Murray, C. J. (2012). Global and regional mortality from 235 causes of death for 20 age groups in 1990 and 2010: a systematic analysis for the Global Burden of Disease Study 2010. The Lancet, 380(9859), 2095–2128. https://doi.org/10.1016/S0140-6736(12)61728–0

Mackenbach, J. P., Meerding, W. J., & Kunst, A. (2007). Economic implications of socio-economic inequalities in health in the European Union. Rotterdam: European Communities.

Mackenbach, J. P., Meerding, W. J., & Kunst, A. E. (2011). Economic costs of health inequalities in the European Union. Journal of Epidemiology and Community Health, 65, 412–419. https://doi.org/10.1136/jech.2010.112680

Mackenbach, J. P., Stirbu, I., Roskam, A.-J. R., Schaap, M. M., Menvielle, G., Leinsalu, M., & Kunst, A. E. (2008). Socioeconomic Inequalities in Health in 22 European Countries. New England Journal of Medicine, 358, 2468–2481. https://doi.org/10.1056/NEJMsa0707519

Malik, A., Lenzen, M., McAlister, S., & McGain, F. (2018). The carbon footprint of Australian health care. The Lancet Planetary Health, 2(1), e27–e35. https://doi.org/10.1016/S2542-5196(17)30180–8

Mangili, A., & Gendreau, M. A. (2005). Transmission of infectious diseases during commercial air travel. The Lancet, 365(9463), 989–996. https://doi.org/10.1016/S0140-6736(05)71089–8

Matulla, C., & Kromp-Kolb, H. (2015). SNORRE - Screening von Witterungsverhältnissen. Endbericht von StartClim 2014.A. Wien: Zentralanstalt für Meteorologie und Geodynamik. Abgerufen von http://www.startclim.at/fileadmin/user_upload/StartClim2014_reports/StCl2014A_lang.pdf

McDaid, D. (2016). Investing in health literacy. What do we know about the co-benefits to the education sector of actions targeted at children and young people? Kopenhagen: WHO. Abgerufen von http://www.euro.who.int/__data/assets/pdf_file/0006/315852/Policy-Brief-19-Investing-health-literacy.pdf

McGain, F., & Naylor, C. (2014). Environmental sustainability in hospitals – a systematic review and research agenda. Journal of Health Services Research & Policy, 19(4), 245–252. https://doi.org/10.1177/1355819614534836

McMichael, A. J. (2013). Globalization, climate change, and human health. New England Journal of Medicine, 368(14), 1335–1343. https://doi.org/10.1056/NEJMra1109341

McMichael, A. J., Neira, M., Bertollini, R., Campbell-Lendrum, D., & Hales, S. (2009). Climate change: a time of need and opportunity for the health sector. The Lancet, 374(9707), 2123–2125. https://doi.org/10.1016/S0140-6736(09)62031–6

Meadows, D., Meadows, D., Randers, J., & Behrens III, W. (1972). The Limits to Growth. A report to the Club of Rome. Washington D.C.: Potomac Associates.

Miraglia, M., Marvin, H. J. P., Kleter, G. A., Battilani, P., Brera, C., Coni, E., … Vespermann, A. (2009). Climate change and food safety: An emerging issue with special focus on Europe. Food and Chemical Toxicology, 47(5), 1009–1021. https://doi.org/10.1016/j.fct.2009.02.005

Moshammer, H., Gerersdorfer, T., Hutter, H.-P., Formayer, H., Kromp-Kolb, H., & Schwarzl, I. (2009). Abschätzung der Auswirkungen von Hitze auf die Sterblichkeit in Oberösterreich (No. 13). Wien: BOKU-Met.

Mueller, N., Rojas-Rueda, D., Cole-Hunter, T., de Nazelle, A., Dons, E., Gerike, R., … Nieuwenhuijsen, M. (2015). Health impact assessment of active transportation: A systematic review. Preventive Medicine, 76, 103–114. https://doi.org/10.1016/j.ypmed.2015.04.010

Mueller, N., Rojas-Rueda, D., Salmon, M., Martinez, D., Ambros, A., Brand, C., … Nieuwenhuijsen, M. (2018). Health impact assessment of cycling network expansions in European cities. Preventive Medicine, 109, 62–70. https://doi.org/10.1016/j.ypmed.2017.12.011

Muttarak, R., Lutz, W., & Jiang, L. (2016). What can demographers contribute to the study of vulnerability? Vienna Yearbook of Population Research, 2015, 1–13. https://doi.org/10.1553/populationyearbook2015s1

Neira, M. (2014). Climate change: An opportunity for public health. Department of Public Health, Environmental and Social Determinants of Health, WHO. Abgerufen von http://www.who.int/mediacentre/commentaries/climate-change/en/

Nowak, P., Menz, F., & Sator, M. (2016). Ein zentraler Beitrag zur Gesundheitsreform und zur Stärkung der Gesundheitskompetenz - Bessere Gespräche in der Krankenversorgung. Soziale Sicherheit, 2016, 450–457.

Obwaller, A. G., Karakus, M., Poeppl, W., Töz, S., Özbel, Y., Aspöck, H., & Walochnik, J. (2016). Could Phlebotomus mascittii play a role as a natural vector for Leishmania infantum? New data. Parasites & Vectors, 9(1), 458. https://doi.org/10.1186/s13071-016–1750-8

OECD - Organisation for Economic Co-operation and Development. (2015). Health at a Glance 2015: OECD Indicators. Paris: OECD Publishing.

OECD - Organisation for Economic Co-operation and Development. (2017a). Bridging the Gap: Inclusive Growth. 2017 Update Report. Paris: OECD Publishing. Abgerufen von www.oecd.org/inclusive-growth/Bridging_the_Gap.pdf

OECD - Organisation for Economic Co-operation and Development. (2017b). Obesity Update 2017. OECD. Abgerufen von https://www.oecd.org/els/health-systems/Obesity-Update-2017.pdf

OECD - Organisation for Economic Co-operation and Development. (2017c). OECD Health Statistics 2017. Abgerufen 1. Dezember 2017, von http://www.oecd.org/els/health-systems/health-data.htm

Ojala, M. (2012). How do children cope with global climate change? Coping strategies, engagement, and well-being. Journal of Environmental Psychology, 32(3), 225–233. https://doi.org/10.1016/j.jenvp.2012.02.004

ONGKG - Österreichisches Netzwerk gesundheitsfördernder Krankenhäuser und Gesundheitseinrichtungen. (2018). Homepage. Abgerufen 8. März 2018, von http://www.ongkg.at/

ÖPGK - Österreichische Plattform Gesundheitskompetenz. (2018). Gute Gesprächsqualität im Gesundheitssystem.

Abgerufen 30. August 2018, von https://oepgk.at/die-oepgk/schwerpunkte/gespraechsqualitaet-im-gesundheitssystem/

ÖPGK - Österreichische Plattform Gesundheitskompetenz, & BMGF - Bundesministerium für Gesundheit und Frauen. (2017). Gute Gesundheitsinformation Österreich. Die 15 Qualitätskriterien. Der Weg zum Methodenpapier — Anleitung für Organisationen. Wien: ÖPGK und BMGF in Zusammenarbeit mit dem Frauengesundheitszentrum. Abgerufen von https://oepgk.at/wp-content/uploads/2017/04/Gute-Gesundheitsinformation-%C3%96sterreich.pdf

Oreskes, N., & Conway, E. (2009). Merchants of Doubt: How a Handful of Scientists Obscured the Truth on Issues from Tobacco Smoke to Global Warming. London: Bloomsbury.

ÖWAV - Österreichischer Wasser- und Abfallwirtschaftsverband. (2018). Neophyten. Abgerufen 30. August 2018, von https://www.oewav.at/Service/Neophyten

Paech, N. (2012). Befreiung vom Überfluss. Auf dem Weg in die Postwachstumsökonomie. München: Oekom.

Palumbo, R. (2017). Examining the impacts of health literacy on healthcare costs. An evidence synthesis. Health Services Management Research, 30, 197–212. https://doi.org/10.1177/0951484817733366

Parker, R. (2009). Measures of Health Literacy. Workshop Summary: What? So What? Now What? Washington D.C.: National Academies Press. Abgerufen von https://www.ncbi.nlm.nih.gov/books/n/nap12690/pdf/

Pelikan, J. M. (2015). Gesundheitskompetenz - ein vielversprechender Driver für die Gestaltung der Zukunft des österreichischen Gesundheitssystems. In A. W. Robert Bauer (Hrsg.), Zukunftsmotor Gesundheit. Entwürfe für das Gesundheitssystem von morgen (S. 173–194). Wiesbaden: Springer.

Pelikan, J. M. (2017). Gesundheitskompetente Krankenbehandlungseinrichtungen. Health literate health care organizations. Public Health Forum, 25(1), 66–70. https://doi.org/10.1515/pubhef-2016-2117

Philipov, D., & Schuster, J. (2010). Effect of migration on population size and age composition in Europe. Vienna Institute of Demography. Abgerufen von https://www.oeaw.ac.at/fileadmin/subsites/Institute/VID/PDF/Publications/EDRP/edrp_2010_02.pdf

Pladerer, C., Bernhofer, G., Kalleitner-Huber, M., & Hietler, P. (2016). Lagebericht zu Lebensmittelabfällen und -verlusten in Österreich. Wien: WWF, Mutter Erde. Abgerufen von https://www.muttererde.at/motherearth/uploads/2016/03/2016_Lagebericht_Mutter-Erde_WWF_OeOeI_Lebensmittelverschwendung_in_Oesterreich.pdf

Poeppl, W., Herkner, H., Tobudic, S., Faas, A., Auer, H., Mooseder, G., … Walochnik, J. (2013). Seroprevalence and asymptomatic carriage of Leishmania spp. in Austria, a non-endemic European country. Clinical Microbiology and Infection, 19(6), 572–577. https://doi.org/10.1111/j.1469–0691.2012.03960.x

PrimVG - Primärversorgungsgesetz. Bundesgesetz über die Primärversorgung in Primärversorgungseinheiten, GP XXV IA 2255/A AB 1714 S. 188. BR: AB 9882 § (2017). Abgerufen von https://www.ris.bka.gv.at/GeltendeFassung.wxe?Abfrage=Bundesnormen&Gesetzesnummer=20009948

Prüss-Üstün, A., Wolf, J., Corvalán, C., Bos, R., & Neira, M. P. (2016). Preventing disease through healthy environments. A global assessment of the burden of disease from environmental risks. Geneva: WHO. Abgerufen von http://apps.who.int/iris/bitstream/10665/204585/1/9789241565196_eng.pdf

Pucher, J., & Buehler, R. (2008). Making Cycling Irresistible: Lessons from The Netherlands, Denmark and Germany. Transport Reviews, 28(4), 495–528. https://doi.org/10.1080/01441640701806612

Razum, O., Zeeb, H., Meesmann, U., Schenk, L., Bredehorst, M., Brzoska, P., … Ulrich, R. (2008). Migration und Gesundheit. Berlin: Robert Koch-Institut.

Richter, R., Berger, U. E., Dullinger, S., Essl, F., Leitner, M., Smith, M., & Vogl, G. (2013). Spread of invasive ragweed: climate change, management and how to reduce allergy costs. Journal of Applied Ecology, 50(6), 1422–1430. https://doi.org/10.1111/1365–2664.12156

Roberts, D. (2017). Conservatives Probably Can't Be Persuaded on Climate Change. So Now What? Abgerufen 30. August 2018, von https://www.vox.com/energy-and-environment/2017/11/10/16627256/conservatives-climate-change-persuasion

Rohland, S., Pfurtscheller, C., Seebauer, S., & Borsdorf, A. (2016). Muss die Eigenvorsorge neu erfunden werden? Eine Analyse und Evaluierung der Ansätze und Instrumente zur Eigenvorsorge gegen wasserbedingte Naturgefahren (REInvent). Endbericht von StartClim 2015.A (StartClim). BMLFUW, BMWF, ÖBf, Land Oberösterreich.

Rojo, J. J. (2007). Future trends in local air quality impacts of aviation. Massachusetts Institute of Technology. Abgerufen von http://dspace.mit.edu/handle/1721.1/39707

Romi, R., & Majori, G. (2008). An overview of the lesson learned in almost 20 years of fight against the „Tiger" mosquito. Parassitologia, 50(1–2), 117–119.

Rosenbrock, R., & Hartung, S. (2011). Public Health Action Cycle / Gesundheitspolitischer Aktionszyklus. In BZgA (Hrsg.), Leitbegriffe der Gesundheitsförderung und Prävention. Glossar zu Konzepten, Strategien und Methoden (S. 469–471). Gamburg: Verlag für Gesundheitsförderung.

Rowlands, G., Khazaezadeh, N., Oteng-Ntim, E., Seed, P., Barr, S., & Weiss, B. D. (2013). Development and validation of a measure of health literacy in the UK: the newest vital sign. BMC Public Health, 13, 116. https://doi.org/10.1186/1471–2458-13-116

Sammer, G. (2016). Kostenwirksamkeit von Verkehrsmaßnahmen zum Klimaschutz. FSV-Seminar „Ende des fossilen Kfz-Verkehrs 2030?", 14.11.2016. Wien.

Sauerborn, R., Kjellstrom, T., & Nilsson, M. (2009). Invited Editorial: Health as a crucial driver for climate policy. Global Health Action, 2. https://doi.org/10.3402/gha.v2i0.2104

Scarborough, P., Allender, S., Clarke, D., Wickramasinghe, K., & Rayner, M. (2012). Modelling the health impact of environmentally sustainable dietary scenarios in the UK. European Journal of Clinical Nutrition, 66(6), 710–715. https://doi.org/10.1038/ejcn.2012.34

Scarborough, P. (2014). Dietary greenhouse gas emissions of meat-eaters, fish-eaters, vegetarians and vegans in the UK. Climate Change, 125(2), 179–192. https://doi.org/10.1007/s10584-014–1169-1

Scarborough, P., Clarke, D., Wickramasinghe, K., & Rayner, M. (2010). Modelling the health impacts of the diets described in 'Eating the Planet' published by Friends of the Earth and Compassion in World Farming. Oxford: British Heart Foundation Health Promotion Research Group, Department of Public Health, University of Oxford.

Scarborough, P., Nnoaham, K. E., Clarke, D., Capewell, S., & Rayner, M. (2010). Modelling the impact of a healthy diet on cardiovascular disease and cancer mortality. Journal of Epidemiology and Community Health, 66(5), 420–426. https://doi.org/10.1136/jech.2010.114520

Schaffner, F., Medlock, J. M., & Bortel, W. V. (2013). Public health significance of invasive mosquitoes in Europe. Clinical Microbiology and Infection, 19(8), 685–692. https://doi.org/10.1111/1469–0691.12189

Schindler, S., Staska, B., Adam, M., Rabitsch, W., & Essl, F. (2015). Alien species and public health impacts in Europe: a literature review. NeoBiota, 27, 1–23. https://doi.org/10.3897/neobiota.27.5007

Schlatzer, M. (2011). Tierproduktion und Klimawandel. Ein wissenschaftlicher Diskurs zum Einfluss der Ernährung auf Umwelt und Klima. Wien, Münster, Berlin: LIT Verlag.

Scholz, R. W. (2011). Environmental Literacy in Science and Society: From. Knowledge to Decisions. New York: Cambridge University Press.

Schütte, S., Gemenne, F., Zaman, M., Flahault, A., & Depoux, A. (2018). Connecting planetary health, climate change, and migration. The Lancet Planetary Health, 2(2), e58–e59. https://doi.org/10.1016/s2542-5196(18)30004–4

SDU - Sustainable Development Unit. (2009). Saving Carbon. Improving Health. NHS Carbon Reduction Strategy for England. National Health Service England. Abgerufen von https://www.sduhealth.org.uk/documents/publications/1237308334_qylG_saving_carbon,_improving_health_nhs_carbon_reducti.pdf

SDU - Sustainable Development Unit. (2013). NHS England Carbon Footprint (Update). Cambridge: National Health Service England. Abgerufen von https://www.sduhealth.org.uk/documents/Carbon_Footprint_summary_NHS_update_2013.pdf

SDU - Sustainable Development Unit. (2014). Sustainable, Resilient, Healthy People & Places. A Sustainable Development Strategy for the NHS, Public Health and Social Care system. Cambridge: National Health Service England. Abgerufen von https://www.sduhealth.org.uk/documents/publications/2014%20strategy%20and%20modulesNewFolder/Strategy_FINAL_Jan2014.pdf

SDU - Sustainable Development Unit. (2018). Homepage. Abgerufen 31. August 2018, von http://www.sduhealth.org.uk

SDU - Sustainable Development Unit, & SEI - Stockholm Environment Institute. (2009). NHS England Carbon Emissions Carbon Footprinting Report. National Health Service England. Abgerufen von https://www.sduhealth.org.uk/documents/resources/Carbon_Footprint_carbon_emissions_2008_r2009.pdf

SDU - Sustainable Development Unit, & SEI - Stockholm Environment Institute. (2010). NHS England Carbon Footprint. GHG emissions 1990–2020 baseline emissions update. National Health Service England. Abgerufen von https://www.sduhealth.org.uk/documents/publications/Carbon_Footprint_2010.pdf

Searle, K., & Gow, K. (2010). Do concerns about climate change lead to distress? International Journal of Climate Change Strategies and Management, 2(4), 362–379. https://doi.org/10.1108/17568691011089891

Seidel, B., Montarsi, F., Huemer, H. P., Indra, A., Capelli, G., Allerberger, F., & Nowotny, N. (2016). First record of the Asian bush mosquito, Aedes japonicus japonicus, in Italy: invasion from an established Austrian population. Parasites & Vectors, 9, 284. https://doi.org/10.1186/s13071-016–1566-6

Silva, R. A., West, J. J., Zhang, Y., Anenberg, S. C., Lamarque, J.-F., Shindell, D. T., … Zeng, G. (2013). Global premature mortality due to anthropogenic outdoor air pollution and the contribution of past climate change. Environmental Research Letters, 8(3), 034005. https://doi.org/10.1088/1748–9326/8/3/034005

Smith, K. E., Fooks, G., Collin, J., Weishaar, H., & Gilmore, A. B. (2010). Is the increasing policy use of Impact Assessment in Europe likely to undermine efforts to achieve healthy public policy? Journal of Epidemiology and Community Health, 64, 478–487. https://doi.org/10.1136/jech.2009.094300

Smith, K. R., Woodward, A., Campbell-Lendrum, D., Chadee, D. D., Honda, Y., Liu, Q., … Sauerborn, R. (2014). Human health: impacts adaptation and co-benefits. In IPCC (Hrsg.), Climate Change 2014: impacts, adaptation, and vulnerability Working Group II contribution to the IPCC 5th Assessment Report. Cambridge, UK and New York, NY (S. 709–754). Cambridge, New York: Cambridge University Press. Abgerufen von http://www.

ipcc.ch/pdf/assessment-report/ar5/wg2/WGIIAR5-Chap11_FINAL.pdf

SND - Swedish National Data Service. (2017). Homepage. Abgerufen 29. Dezember 2017, von https://snd.gu.se/en

Sprenger, M., Robausch, M., & Moser, A. (2016). Quantifying low-value services by using routine data from Austrian primary care. European Journal of Public Health, 2016, 1–4. https://doi.org/10.1093/eurpub/ckw080

Springmann, M., Godfray, H. C. J., Rayner, M., & Scarborough, P. (2016). Analysis and valuation of the health and climate change cobenefits of dietary change. Proceedings of the National Academy of Sciences, 113(15), 4146–4151. https://doi.org/10.1073/pnas.1523119113

Springmann, M., Mason-D'Croz, D., Robinson, S., Garnett, T., Godfray, H. C. J., Gollin, D., … Scarborough, P. (2016). Global and regional health effects of future food production under climate change: a modelling study. The Lancet, 387(10031), 1937–1946. https://doi.org/10.1016/S0140-6736(15)01156–3

Springmann, M., Mason-D'Croz, D., Robinson, S., Wiebe, K., Godfray, H. C. J., Rayner, M., & Scarborough, P. (2016). Mitigation potential and global health impacts from emissions pricing of food commodities. Nature Climate Change, 7(1), 69–74. https://doi.org/10.1038/nclimate3155

Stadt Wien. (2009). Nein zur Desinfektion im Haushalt. Abgerufen von www.wien.gv.at/umweltschutz/oekokauf/pdf/desinfektion-folder.pdf

Stadt Wien. (2014). STEP 2025. Stadtentwicklungsplan Wien. Wien: Magistratsabteilung 18 - Stadtentwicklung und Stadtplanung. Abgerufen von https://www.wien.gv.at/stadtentwicklung/studien/pdf/b008379a.pdf

Stadt Wien. (2018a). Ergebnisse und Kriterien beim „Öko-Kauf Wien". Abgerufen 11. März 2018, von www.wien.gv.at/umweltschutz/oekokauf/ergebnisse.html

Stadt Wien. (2018b). Flughafen Wien-Schwechat - Passagiere, Fluggüter und Flugverkehr 2001 bis 2016. Abgerufen 11. September 2018, von https://www.wien.gv.at/statistik/verkehr-wohnen/tabellen/flugverkehr-zr.html

Stagl, S., Schulz, N., Kratena, K., Mechler, R., Pirgmaier, E., Radunsky, K., … Köppl, A. (2014). Transformationspfade. In H. Kromp-Kolb, N. Nakicenovic, K. Steininger, A. Gobiet, H. Formayer, A. Köppl, … A. P. on C. Change (APCC) (Hrsg.), Österreichischer Sachstandsbericht Klimawandel 2014 (AAR14) (Bd. 3, S. 1025–1076). Wien: Verlag der Österreichischen Akademie der Wissenschaften.

Statistik Austria. (2015). Österreichische Gesundheitsbefragung 2014. Wien: Statistik Austria. Abgerufen von https://www.bmgf.gv.at/cms/home/attachments/1/6/8/CH1066/CMS1448449619038/gesundheitsbefragung_2014.pdf

Statistik Austria. (2017a). Bevölkerungsprognose bis 2080 für Österreich und die Bundesländer. Abgerufen von https://www.statistik.at/wcm/idc/idcplg?IdcService=GET_PDF_FILE&RevisionSelectionMethod=LatestReleased&dDocName=115244

Statistik Austria. (2017b). Umweltbedingungen, Umweltverhalten 2015, Ergebnisse des Mikrozensus. Wien: Statistik Austria. Abgerufen von http://www.laerminfo.at/dam/jcr:4a991352-bbc3-4667-9be1-d56f1bc4fcd3/projektbericht_umweltbedingungen_umweltverhalten_2015.pdf

Statistik Austria. (2017c). Verkehrsstatistik 2016. Wien: Statistik Austria. Abgerufen von http://www.statistik.at/wcm/idc/idcplg?IdcService=GET_NATIVE_FILE&RevisionSelectionMethod=LatestReleased&dDocName=115277

Statistik Austria. (2018a). Gesundheitsausgaben. Abgerufen 30. August 2018, von http://www.statistik.at/web_de/statistiken/menschen_und_gesellschaft/gesundheit/gesundheitsausgaben/index.html

Statistik Austria. (2018b). Straßenverkehrsunfälle: Jahresergebnisse 2017. Straßenverkehrsunfälle mit Personenschaden (Schnellbericht No. 4.3). Wien: Statistik Austria. Abgerufen von https://www.statistik.at/wcm/idc/idcplg?IdcService=GET_NATIVE_FILE&RevisionSelectionMethod=LatestReleased&dDocName=117882

Steffen, W., Richardson, K., Rockström, J., Cornell, S. E., Fetzer, I., Bennett, E. M., … Sörlin, S. (2015). Planetary boundaries: Guiding human development on a changing planet. Science, 347(6223), 1259855. https://doi.org/10.1126/science.1259855

Steinfeld, H., Gerber, P., Wassenaar, T., Castel, V., Rosales, M., & De Haan, C. (2006). Livestock's Long Shadow: Environmental Issues and Options. Rom: FAO - Food and Agriculture Organization.

Steininger, K. W., König, M., Bednar-Friedl, B., Kranzl, L., Loibl, W., & Prettenthaler, F. (Hrsg.). (2015). Economic Evaluation of Climate Change Impacts. Development of a Cross-Sectoral Framework and Results for Austria. Cham, Heidelberg, New York, Dordrecht, London: Springer International Publishing.

Stiles, R., Gasienica-Wawrytko, B., Hagen, K., Trimmel, H., Loibl, W., Köstl, M., … Feilmayr, W. (2014). Urban Fabric Types and Microclimate Response - Assessment and Design Improvement. Final Report. Wien: Climate and Energy Fund of the Federal State. Abgerufen von http://urbanfabric.tuwien.ac.at/documents/_SummaryReport.pdf

Swim, J., Clayton, S., Doherty, T., Gifford, R., Howard, G., Reser, J., … Weber, E. (2009). Psychology and Global Climate Change: Addressing a Multi-faceted Phenomenon and Set of Challenges. American Psychological Association's Task Force on the Interface Between Psychology and Global Climate Change. Abgerufen von http://www.apa.org/science/about/publications/climate-change.pdf

Thomas, S. (2016). Vector-born disease risk assessment in times of climate change: The ecology of vectors and pathogens (Dissertation). Universität Bayreuth. Abgerufen von https://epub.uni-bayreuth.de/1781/1/Thomas_Dissertation_November%202014.pdf

Thow, A. M., Downs, S., & Jan, S. (2014). A systematic review of the effectiveness of food taxes and subsidies to improve diets: Understanding the recent evidence. Nutrition Reviews, 72(9), 551–565. https://doi.org/10.1111/nure.12123

Till-Tentschert, U., Till, M., Glaser, T., Heuberger, R., Kafka, E., Lamei, N., & Skina-Tabue, M. (2011). Armuts- und Ausgrenzungsgefährdung in Österreich. Ergebnisse aus EU-SILC 2010. (S. und K. Bundesministerium für Arbeit, Hrsg.) (Bd. 8). Wien: Bundesministerium für Arbeit, Soziales und Konsumentenschutz.

Tilman, D., & Clark, M. (2014). Global diets link environmental sustainability and human health. Nature, 515(7528), 518–522. https://doi.org/10.1038/nature13959

Tomschy, R., Herry, M., Sammer, G., Klementschitz, R., Riegler, S., Follmer, R., … Spiegel, T. (2016). Österreich unterwegs 2013/2014: Ergebnisbericht zur österreichweiten Mobilitätserhebung „Österreich unterwegs 2013/2014". Wien: Bundesministerium für Verkehr, Innovation und Technologie. Abgerufen von https://www.bmvit.gv.at/verkehr/gesamtverkehr/statistik/oesterreich_unterwegs/downloads/oeu_2013-2014_Ergebnisbericht.pdf

Tubiello, F. N., Salvatore, M., Cóndor Golec, R. D., Ferrara, A., Rossi, S., Biancalani, R., … Flammini, A. (2014). Agriculture, Forestry and other Land Use Emissions by Sources and Removals by Sinks. 1990–2011 Analysis. Working Paper ESS/14–02. FAO - Food and Agriculture Organization. Abgerufen von www.fao.org/docrep/019/i3671e/i3671e.pdf

Uhl, I., Klackl, J., Hansen, N., & Jonas, E. (2017). Undesirable effects of threatening climate change information: A cross-cultural study. Group Processes & Intergroup Relations, 21(3), 513–529. https://doi.org/10.1177/1368430217735577

Umweltbundesamt. (2017). Klimaschutzbericht 2017. Wien: Umweltbundesamt. Abgerufen von http://www.umweltbundesamt.at/fileadmin/site/publikationen/REP0622.pdf

Umweltbundesamt. (2018). Klimaschutzbericht 2018. Wien: Umweltbundesamt. Abgerufen von http://www.umweltbundesamt.at/fileadmin/site/publikationen/REP0660.pdf

UNHCR - United Nations High Commissioner for Refugees. (2018). Climate Change and Disasters. Abgerufen 30. August 2018, von http://www.unhcr.org/climate-change-and-disasters.html

United Nations. (2015). Transformation unserer Welt: die Agenda 2030 für nachhaltige Entwicklung. Abgerufen von http://www.un.org/Depts/german/gv-70/band1/ar70001.pdf

Vandenbosch, J., Van den Broucke, S., Vancorenland, S., Avalosse, H., Verniest, R., & Callens, M. (2016). Health lite-racy and the use of healthcare services in Belgium. Journal of Epidemiology and Community Health, 2016, 1–7. https://doi.org/10.1136/jech-2015–206910

Vereinbarung Art. 15a B-VG. Vereinbarung gemäß Art 15a B-VG über die Organisation und Finanzierung des Gesundheitswesens, BGBl I Nr. 98/2017 (GP XXV RV 1340 AB 1372 S. 157. BR: AB 9703 S. 863) §.

Vernon, J. A., Trujillo, A., Rosenbaum, S. J., & DeBuono, B. (2007). Low health literacy: Implications for national health policy. Department of Health Policy, School of Public Health and Health Services, The George Washington University. Abgerufen von https://publichealth.gwu.edu/departments/healthpolicy/CHPR/downloads/LowHealthLiteracyReport10_4_07.pdf

Versteirt, V., De Clercq, E. M., Fonseca, D. M., Pecor, J., Schaffner, F., Coosemans, M., & Van Bortel, W. (2012). Bionomics of the established exotic mosquito species Aedes koreicus in Belgium, Europe. Journal of Medical Entomology, 49, 1226–1232. https://doi.org/10.1603/ME11170

Wang, Y., Nordio, F., Nairn, J., Zanobetti, A., & Schwartz, J. D. (2018). Accounting for adaptation and intensity in projecting heat wave-related mortality. Environmental Research, 161, 464–471. https://doi.org/10.1016/j.envres.2017.11.049

Watts, N., Adger, W. N., Agnolucci, P., Blackstock, J., Byass, P., Cai, W., … Costello, A. (2015). Health and climate change: policy responses to protect public health. The Lancet, 386(10006), 1861–1914. https://doi.org/10.1016/S0140-6736(15)60854–6

Watts, N., Adger, W. N., Ayeb-Karlsson, S., Bai, Y., Byass, P., Campbell-Lendrum, D., … Costello, A. (2017). The Lancet Countdown: tracking progress on health and climate change. The Lancet, 389(10074), 1151–1164. https://doi.org/10.1016/S0140-6736(16)32124–9

Webster, P. C. (2014). Sweden's health data goldmine. Canadian Medical Association Journal, 186(9), E310. https://doi.org/10.1503/cmaj.109–4713

Wegener, S., & Horvath, I. (2018). PASTA factsheet on active mobility Vienna/Austria. Abgerufen von http://www.pastaproject.eu/fileadmin/editor-upload/sitecontent/Publications/documents/AM_Factsheet_Vienna_WP2.pdf

Wehling, E. (2016). Politisches Framing. Wie eine Nation sich ihr Denken einredet – und daraus Politik macht. Köln: Herbert von Halem Verlag.

Weigl, M., & Gaiswinkler, S. (2016). Handlungsmodule für Gesundheitsförderungsmaßnahmen für/mit Migrantinnen und Migranten. Methoden- und Erfahrungssammlung. Wien: Gesundheit Österreich Forschungs- und Planungs GmbH. Abgerufen von https://jasmin.goeg.at/63/

Werz, M., & Hoffman, M. (2013). Climate change, migration, and conflict. In C. E. Werrel & F. Femia (Hrsg.), The Arab Spring and climate change (S. 33–40). Washington D.C.: Center for American Progress. Abgerufen von https://climateandsecurity.files.wordpress.com/2018/07/the-arab-spring-and-climate-change_2013_02.pdf

WHO - World Health Organization. (2008). Closing the gap in a generation: Health equity through action on the social determinants of health. Geneva: World Health Organization.

WHO - World Health Organization. (2010a). A conceptual framework for action on the social determinants of health. Geneva: World Health Organization. Abgerufen von www.who.int/sdhconference/resources/ConceptualframeworkforactiononSDH_eng.pdf

WHO - World Health Organization. (2010b). Adelaide statement on health in all policies: moving towards a shared governance for health and well-being. World Health Organization. Abgerufen von http://www.who.int/social_determinants/publications/9789241599726/en/

WHO - World Health Organization. (2012). World Health Statistics 2012. Geneva: World Health Organization. Abgerufen von http://www.who.int/iris/bitstream/10665/44844/1/9789241564441_eng.pdf

WHO - World Health Organization. (2014). Health in all policies: Helsinki statement. Framework for country action. The 8th Global Conference on Health Promotion. Geneva: World Health Organization.

WHO - World Health Organization. (2015a). Health in all policies: training manual. Geneva: World Health Organization.

WHO - World Health Organization. (2015b). Using Price Policies to Promote Healthier Diets. Kopenhagen: World Health Organization. Abgerufen von http://www.euro.who.int/__data/assets/pdf_file/0008/273662/Using-price-policies-to-promote-healthier-diets.pdf

WHO - World Health Organization. (2016). Shanghai Declaration on promoting health in the 2030 Agenda for Sustainable Development. World Health Organization. Abgerufen von http://www.who.int/healthpromotion/conferences/9gchp/shanghai-declaration/en/

WHO - World Health Organization, & FAO - Food and Agriculture Organization. (2003). Diet, Nutrition, and the Prevention of Chronic Diseases. Geneva: World Health Organization.

WHO - World Health Organization, & HCWH - Health Care Without Harm. (2009). Healthy Hospitals - Healthy Planet - Healthy People. Addressing climate change in health care settings. Discussion draft paper. World Health Organization & Health Care Without Harm. Abgerufen von http://www.who.int/globalchange/publications/climatefootprint_report.pdf

WHO Europe. (2009). Night Noise Guidelines for Europe. Kopenhagen: WHO Regional Office for Europe. Abgerufen von http://www.euro.who.int/__data/assets/pdf_file/0017/43316/E92845.pdf

WHO Europe. (2010a). Environment and health risks: a review of the influence and effects of social inequalities. Kopenhagen: World Health Organization. Abgerufen von http://www.euro.who.int/__data/assets/pdf_file/0003/78069/E93670.pdf

WHO Europe. (2010b). Social and gender inequalities in environment and health. Kopenhagen: World Health Organization. Abgerufen von www.euro.who.int/__data/assets/pdf_file/0010/76519/Parma_EH_Conf_pb1.pdf

WHO Europe. (2017a). Environment and health in Europe: status and perspectives. Kopenhagen: World Health Organization. Abgerufen von http://www.euro.who.int/__data/assets/pdf_file/0004/341455/perspective_9.06.17ONLINE.PDF

WHO Europe. (2017b). Health Economic Assessment Tool. Abgerufen 15. Dezember 2017, von http://www.heatwalkingcycling.org/#homepage

WHO Europe. (2017c). Protecting Health in Europe from Climate Change. Update 2017. Kopenhagen: World Health Organization. Abgerufen am 2018.12.12. von http://www.euro.who.int/__data/assets/pdf_file/0004/355792/ProtectingHealthEuropeFromClimateChange.pdf?ua=1

WHO Europe. (2017d). Urban green spaces: a brief for action. World Health Organization. Abgerufen von http://www.euro.who.int/__data/assets/pdf_file/0010/342289/Urban-Green-Spaces_EN_WHO_web.pdf?ua=1

WHO Europe. (2017e). Climate Change and Health. Fact sheets on sustainable development goals: health targets. Abgerufen 30. August 2018, von http://www.euro.who.int/en/media-centre/sections/fact-sheets/2017/fact-sheets-on-sustainable-development-goals-health-targets

Widhalm, K. (2018). Zwischenergebnisse nach 2 Schulhalbjahren Intervention. Abgerufen 18. März 2018, von http://www.eddykids.at/index.php/die-studie-eddy/news/63-zwischenergebnisse-nach-2-schulhalbjahren-intervention

Wieczorek, C. C., Ganahl, K., & Dietscher, C. (2017). Improving Organizational Health Literacy in Extracurricular Youth Work Settings. Health Literacy Research and Practice, 1(4), e233–e238. https://doi.org/10.3928/24748307-20171101-01

Williams, A. (2008). Turning the Tide: Recognizing Climate Change Refugees in International Law. Law & Policy, 30(4), 502–529. https://doi.org/10.1111/j.1467–9930.2008.00290.x

Wirsenius, S., Hedenus, F., & Mohlin, K. (2011). Greenhouse gas taxes on animal food products: rationale, tax scheme and climate mitigation effects. Climatic Change, 108(1–2), 159–184. https://doi.org/10.1007/s10584-010–9971-x

Wismar, M., & Martin-Moreno, J. M. (2014). Intersectoral working and Health in all Policies. In B. Rechel & M. McKee (Hrsg.), Facets of Public Health in Europe (1. Aufl., S. 199). Maidenhead: Open University Press.

Wodak, E., Richter, S., Bago, Z., Revilla-Fernandez, S., Weissenbock, H., Nowotny, N., & Winter, P. (2011). Detection and molecular analysis of West Nile virus infections in birds of prey in the eastern part of Austria in 2008 and 2009. Veterinary Microbiology, 149(3–4), 358–366. https://doi.org/10.1016/j.vetmic.2010.12.012

Wolkinger, B., Haas, W., Bachner, G., Weisz, U., Steininger, K. W., Hutter, H.-P., … Reifeltshammer, R. (2018). Evaluating Health Co-Benefits of Climate Change Mitigation in Urban Mobility. International Journal of Environmental Research and Public Health, 15(5), 880. https://doi.org/10.3390/ijerph15050880

Yim, S. H. L., Stettler, M. E. J., & Barrett, S. R. H. (2013). Air quality and public health impacts of UK airports. Part II: Impacts and policy assessment. Atmospheric Environment, 67, 184–192. https://doi.org/10.1016/j.atmosenv.2012.10.017

Zaller, J. G. (2018). Unser täglich Gift: Pestizide - die unterschätzte Gefahr (1. Auflage). Wien: Deuticke.

Zhang, J., Tian, W., Chipperfield, M. P., Xie, F., & Huang, J. (2016). Persistent shift of the Arctic polar vortex towards the Eurasian continent in recent decades. Nature Climate Change, 6(12), 1094–1099. https://doi.org/10.1038/nclimate3136

Zhang, Y., Bielory, L., Mi, Z., Cai, T., Robock, A., & Georgopoulos, P. (2015). Allergenic pollen season variations in the past two decades under changing climate in the United States. Global Change Biology, 21(4), 1581–1589. https://doi.org/10.1111/gcb.12755

Zielsteuerung-Gesundheit. (2017). Zielsteuerungsvertrag auf Bundesebene in der von der Bundes-Zielsteuerungskommission am 24. April 2017 zur Unterfertigung empfohlenen Fassung. Bund vertreten durch Bundesministerium für Gesundheit und Frauen. Abgerufen von http://www.burgef.at/fileadmin/daten/burgef/zielsteuerungsvertrag_2017-2021__urschrift.pdf

Zürcher Appell. (2013). Internationaler Appell für die Wahrung der wissenschaftlichen Unabhängigkeit. Abgerufen 19. März 2018, von http://www.zuercher-appell.ch/

Österreichischer Special Report

Gesundheit, Demographie und Klimawandel

(Langfassung)

(ASR 18)

Special Report
(Langfassung)

Projektkoordination
Willi Haas und Olivia Koland

Co-Chairs
Willi Haas (Soziale Ökologie)
Hanns Moshammer (Umweltmedizin)
Raya Muttarak (Demographie)

Coordinating Lead Authors/Koordinierende LeitautorInnen
Kapitel 1: Vorbemerkung: Ausgangspunkt, Grundsätze und Entstehung
Willi Haas, Hanns Moshammer, Raya Muttarak

Kapitel 2: Veränderung der Gesundheitsdeterminanten
Herbert Formayer (Klimatologie)
Christoph Matulla (Klimatologie)
Erich Striessnig (Demographie)

Kapitel 3: Auswirkungen des Klimawandels auf die Gesundheit
Cem Ekmekcioglu (Medizin)
Daniela Schmid (Epidemiologie)

Kapitel 4: Maßnahmen mit Relevanz für Gesundheit und Klima
Maria Balas (Umweltfolgenabschätzung & Klimawandel)
Ulli Weisz (Soziale Ökologie)

Kapitel 5: Zusammenschau und Schlussfolgerungen
Helga Kromp-Kolb (Klimatologie, gesellschaftliche Transformation)
Peter Nowak (Gesellschaft und Gesundheit, Gesundheitssoziologie)

Junior Scientists
Theresia Widhalm, Kathrin Lemmerer

Lead Authors/LeitautorInnen und Contributing Authors/Beitragende AutorInnen
(siehe Kap.)

Inhalt

Kapitel 1:
Vorbemerkung: Ausgangspunkt, Grundsätze und Entstehung des Special Reports

Coordinating Lead Authors/Koordinierende LeitautorInnen und Lead Authors/LeitautorInnen:
Willi Haas, Hanns Moshammer, Raya Muttarak, Olivia Koland

Contributing Authors/Beitragende AutorInnen:
Robert Griebler, Theresia Widhalm

Inhalt

1.1 Einleitung

Global betrachtet sind die Folgen des Klimawandels für die Gesundheit bereits heute spürbar, und aktuelle Projektionen des zukünftigen Klimas prognostizieren ein hohes Risiko für die Gesundheit der Weltbevölkerung (IPCC 2014: Smith u. a., 2014; Watts u. a., 2015; Watts u. a., 2017).

In der Diskussion des Klimawandels haben die Folgen für die Gesundheit von Anbeginn eine wichtige Rolle gespielt. Bereits im Jahr 1986 luden die Weltgesundheitsorganisation (WHO), die Weltorganisation für Meteorologie (WMO) und das Umweltprogramm der Vereinten Nationen (UNEP) zu einer wissenschaftlichen Tagung ein, um die komplexe Beziehung von Klima und Gesundheit zu diskutieren (McMichael u. a., 1996b). In den folgenden Jahren gewann das Thema durch die internationale Aufmerksamkeit für globale ökologische Krisenphänomene und den sogenannten Brundtland-Report „*Our Common Future*" (Brundtland Commission, 1987) zunehmend an Bedeutung. Die Europäische Charta Umwelt und Gesundheit rief 1989 Regierungen und Behörden auf, entschieden gegen den Klimawandel als prioritäres Umwelt- und Gesundheitsproblem vorzugehen (WHO, 1989). In den folgenden Jahren führten einige Länder erste Untersuchungen zur Beziehung von Klima und Gesundheit durch (z. B. US: Longstreth & Wiseman, 1989; Haile, 1989; Niederlande: Martens, 1996; Australien: NHMRC, 1991; Kanada: CGPC, 1995; UK: UK CCIRG, 1996). Nachdem 1990 der erste Sachstandsbericht des IPCC dem Thema Gesundheit nur wenig Platz einräumte, wurde im zweiten Sachstandsbericht 1995 ein ganzes Kapitel der Gesundheit gewidmet (IPCC: McMichael u. a., 1996a). Im Jahr darauf erschien ein ausführlicher Bewertungsbericht zu Klimawandel und Gesundheit einer gemeinsamen Arbeitsgruppe von Weltgesundheitsorganisation (WHO), Weltorganisation für Meteorologie (WMO) und Umweltprogramm der Vereinten Nationen (UNEP), der dem Thema nochmals Gewicht verlieh (McMichael u. a., 1996b). Der Bericht bewertete extreme Hitzeereignisse und Traumata in Folge von Katastrophen als kritisch (mittelstarke bis große Auswirkungen). Aber auch der Ausbreitung von Infektionserkrankungen, der Lebensmittelverknappung, den Folgen des Meeresspiegelanstiegs, dem Zusammenspiel von steigenden Temperaturen, der Luftverschmutzung und der vermehrten Ausbreitung von allergenen Pflanzen wurden mittlere Auswirkungen bei fortschreitendem Klimawandel zugeschrieben. Nach dem zweiten Sachstandsbericht des IPCC enthielten auch alle nachfolgenden IPCC Bewertungsberichte jeweils ein Kapitel zu menschlicher Gesundheit, die zunehmend das Thema vertieften und aus denen eine steigende Dringlichkeit ablesbar ist (McMichael u. a., 2000; Confalonieri u. a., 2007; Smith u. a., 2014).

In der letzten Dekade wurden zumindest drei Bewertungsberichte zum Thema Klimawandel und Gesundheit auf Länderebene (Austalien: Australian Academy of Science & Theo Murphy Fund, 2015; USA: Bélanger u. a., 2008) sowie eine Studie mit Länderprofilen von WHO und UNFCCC (2016)

erstellt. Zusätzlich wurden etwa 30 Berichte auf den Ebenen von Provinzen, Ländern oder Weltregionen veröffentlicht, die sich mit dem Thema Gesundheit und Klima in speziellen Kapiteln oder als Handbücher zur Abschätzung beschäftigen. Abgesehen von Länderstudien wurden in den letzten Jahren zahlreiche spezielle Untersuchungen durchgeführt, die unterschiedlichste Aspekte im komplexen Zusammenspiel von Gesundheit, Demographie und Klimawandel erforschen (siehe Herlihy u. a., 2016; Watts u. a., 2017; Hathaway & Maibach, 2018). Auch Europa war das Untersuchungsgebiet zahlreicher Forschungen (EEA, 2015; Kovats u. a., 1999).

Für Österreich muss der Klimawandel als bedeutende und weiterhin zunehmende Bedrohung für die Gesundheit eingestuft werden: Direkte Effekte des Klimawandels auf die Gesundheit werden ausgelöst durch Extremwetterereignisse, etwa vermehrte und intensivere Hitzeperioden, Überschwemmungen, Starkregen oder Dürre. Indirekte Effekte von Klima- und Wetterphänomenen wirken etwa auf Erreger und Überträger von Infektionskrankheiten und steigern damit die Wahrscheinlichkeit, dass bestimmte Infektionserkrankungen auftreten (APCC, 2014; Haas u. a., 2015; Hutter u. a., 2017).

Nach der ersten Darstellung im Österreichischen Sachstandsbericht Klimawandel 2014 AAR14 (APCC, 2014) erarbeitet der vorliegende Special Report eine umfassende Zusammenschau und Bewertung dieser Literatur. Diese umfasst Studien, die in wissenschaftlichen Zeitschriften veröffentlicht sind, aber auch Untersuchungen, die in der sogenannten „grauen" Literatur dokumentiert sind. Dabei wird auch für Österreich relevante internationale Literatur herangezogen. Ziel der Bewertung ist es, zu erkennen, wo wir als Forschungsgemeinschaft auf gesichertes Wissen zurückgreifen können, wo Konsens und wo Dissens herrscht, wo noch große Unsicherheiten bestehen und wo derzeit eine weitere Beobachtung von Entwicklungen angebracht ist. Dabei geht es nicht nur darum, drohende Gefahren zu erkennen, sondern es ist auch wichtig, Möglichkeiten zu identifizieren, insbesondere akkordierte Strategien, die nicht nur im Sinne des Klimaschutzes oder der Anpassung an den Klimawandel positive Effekte erzielen können, sondern gleichzeitig Gesundheitsvorteile für die Gesellschaft und somit für uns alle erwarten lassen.

Diese Möglichkeiten und Herausforderungen durch einen inhaltlich umfassenden, interdisziplinär ausgewogenen und transparenten Prozess verständlich aufzuarbeiten, ist Aufgabe des ersten Spezialberichts „Gesundheit, Demographie und Klimawandel" des *Austrian Panel on Climate Change* (APCC). Ziel ist eine glaubwürdige, für Österreich relevante und durch den Prozess legitimierte Bewertung, die als Entscheidungsgrundlage für Wissenschaft, Verwaltung und Politik eine Basis für effizientes und verantwortliches Handeln bereitstellt. Zudem kann eine aufeinander abgestimmte Klima- und Gesundheitspolitik ein wirkmächtiger Antrieb für eine gesellschaftliche Transformation sein, die aufgrund ihres Potenzials, die Lebensqualität zu verbessern, hohe Akzeptanz verspricht.

1.2 Zum Aufbau des Berichtes

Das Kapitel 1 ist eine Einführung zu diesem Special Report (ASR18). Es diskutiert die Relevanz des Berichts in sachlicher und politischer Hinsicht. Das Kapitel fasst die themenrelevanten Kernaussagen aus dem Österreichischen Sachstandsbericht Klimawandel (AAR14) zusammen und legt den Status Quo bezüglich Gesundheit und Klima für Österreich dar. Kapitel 2 beschäftigt sich mit den Veränderungen der Gesundheitsdeterminanten (siehe Abb. 1.2). Der Bericht richtet sein Hauptaugenmerk auf den Klimawandel im Zusammenspiel mit Veränderungen in der Bevölkerung, der Ökonomie und dem Gesundheitssystem als für die Gesundheit wesentliche Faktoren. Diese stehen auch in Wechselbeziehungen zueinander, da ein verändertes Klima z. B. Folgen für die Wirtschaft und das Gesundheitssystem mit sich bringt. Basierend auf den Verän-

derungen der Determinanten für Gesundheit fokussiert sich das Kapitel 3 auf die Auswirkungen des Klimawandels unter Berücksichtigung der auch durch die Determinanten veränderten Vulnerabilität der Bevölkerung. Dabei werden die Auswirkungen über die direkte und indirekte Exposition auf die Gesundheit bewertet. In der Folge werden in Kapitel 4 Anpassungsmaßnahmen sowie jene Klimaschutzmaßnahmen bewertend diskutiert, die ein Potenzial für *Co-Benefits* aufweisen. Kapitel 5 liefert eine Zusammenschau, zieht Schlussfolgerungen und zeigt vor dem Hintergrund der Unsicherheiten Handlungsoptionen auf bzw. diskutiert Schritte zur Systementwicklung und Transformation. Im Appendix finden sich der dem Bericht zugrundeliegende Umgang mit Unsicherheiten (A.1) und die Erläuterung zentraler Begriffe und wie diese im Bericht verstanden werden (A.2: Gesundheit, Gesundheitssystem, Klimaschutz, Anpassung, *Co-Benefits*). Im Bericht finden sich auch zwei verschiedene Typen an Boxen: Beispielboxen,

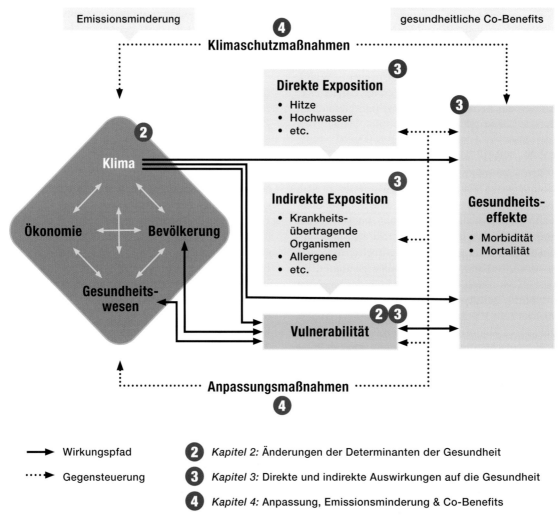

Abb. 1.1: Dynamisches Modell der im Special Report behandelten Determinanten und deren Auswirkungen auf die Gesundheit: Veränderungen in den vier Gesundheitsdeterminanten Klima, Bevölkerung, Wirtschaft und Gesundheitssysteme verursachen über Wirkungspfade Gesundheitseffekte, während Anpassungs- und Klimaschutzmaßnahmen gegensteuern. Die angesprochenen Veränderungen können sich direkt oder indirekt auf die Gesundheit auswirken, aber auch die Vulnerabilität (siehe Glossar) verändern, die für die Intensität der Effekte ebenfalls maßgeblich ist. Gesundheitseffekte werden anhand von Morbidität und Mortalität bemessen. Anmerkungen: Krankheitsübertragende Organismen werden in der Literatur oft Krankheitsüberträger oder Vektoren genannt. Die Nummern in der Grafik bezeichnen die entsprechenden Kapitel des Special Reports. Kapitel 1 Vorbemerkung und Kapitel 5 Schlussfolgerungen sind nicht verortet.

die ein Fallbeispiel vorstellen, und Spezialboxen, die einen Exkurs oder einen vertiefenden Aspekt einbringen. Kapitelübergreifend wichtige Themen wie z. B. Luftsschadstoffe werden in in einem Online-Supplement ausgeführt (abrufbar unter http://sr18.ccca.ac.at).

1.3 Relevanz

Der Österreichische Sachstandsbericht AAR14 hat die Relevanz des Klimawandels für die Gesundheit bereits in einigen Punkten verdeutlicht (siehe Kap. 1.4). Dieser Special Report ist eine Vertiefung und berücksichtigt auch neuere Studien zum Thema. Der Titel des Special Reports „Gesundheit, Demographie und Klimawandel" zeigt das hier relevante Spannungsfeld auf. Dass der Klimawandel Folgen für die Gesundheit hat, und zwar sowohl global, als auch in Europa und in Österreich, ist in der Wissenschaft unbestritten (APCC, 2014; Smith u. a., 2014; Watts u. a., 2015). Zwar erschweren komplexe Zusammenhänge (siehe Abb. 1.1) konkrete Aussagen und Prognosen zu den Gesundheitswirkungen, trotzdem ist der Einfluss des Klimawandels auf die Gesundheit in einigen Bereichen bereits evident und in zahlreichen Studien belegt. Hier sei vor allem auf die Zunahme der Hitzetage und den Anstieg hitzebedingter Mortalität verwiesen (siehe Kap. 3). Angesichts weiterer Temperaturanstiege legt diese Entwicklung entschiedenes Handeln seitens der Entscheidungstragenden nahe, um ein Ansteigen der Sterbefälle zu vermeiden (siehe Kap. 5). Neben solchen gut bekannten und dokumentierten Bereichen mit hoher Übereinstimmung und starker Beweislage gibt es aber auch viele Bereiche, die ebenso einer umfassenden zusammenschauenden Bewertung bedürfen. Beispiele reichen hier von Allergenen bis hin zur Wasserqualität.

Was ist nun die Rolle der Demographie im Wirkungszusammenhang zwischen Klimawandel und Gesundheit? Die Bevölkerungsdynamik gewinnt an Relevanz, weil der Klimawandel je nach Verteilung und Struktur der Bevölkerung unterschiedliche Folgen für die Gesundheit haben kann. Wenn sich zum Beispiel durch Alterung oder Migration die Größe von Risikogruppen ändert, verändert sich die Vulnerabilität bzw. Verletzlichkeit der Bevölkerung und damit die Auswirkung auf die Gesundheit. Mit Hilfe der Demographie werden die Größe, Verteilung und Zusammensetzung der Bevölkerung abgeschätzt. Erst das Wissen über die Dynamiken gefährdeter Bevölkerungsgruppen ermöglicht die umfassende Bewertung künftiger Gesundheitsfolgen. Darüber hinaus steht der Mensch sowohl als Verursacher als auch als Betroffener des Klimawandels im Zentrum des Klimasystems. Aus diesen Gründen ist die demographische Komponente in diesem Berichtunabdingbar.

Bezüglich Relevanz des Themas ist bemerkenswert, dass in den Maßnahmen zur Emissionsminderung und Anpassung an den Klimawandel im Zusammenwirken mit der Gesund-

heit auch erhebliche Chancen liegen, die in der Literatur „Co-Benefits" genannt werden. Klima- und Gesundheitspolitik können somit synergistisch zusammenspielen, mit Vorteilen für beide Bereiche. Ein prominentes Beispiel ist etwa die Erhöhung des Anteils der aktiven Mobilität in urbanen Räumen. Mehr zu Fuß gehen oder Rad fahren als Ersatz für Wege des motorisierten Individualverkehrs bringt vor allem durch ein Mehr an Bewegung erhebliche Gesundheitsvorteile und führt dabei gleichzeitig zu einer Reduktion des Ausstoßes an Treibhausgasemissionen (siehe Kap. 4). Zudem bringt eine Reduktion des motorisierten Individualverkehrs eine thermische Entlastung in Städten und mehr Freiraum durch den geringeren Flächenverbrauch aktiver Mobilität. Dieser Freiraum wird angesichts steigender Temperaturen zur Verbesserung des Mikroklimas, wie z. B. für die Begrünung, dringend benötigt. Um die *Co-Benefits* wirksam werden zu lassen und noch über ausreichend Gestaltungsspielraum zu verfügen, ist allerdings rechtzeitiges Handeln erforderlich sowie eine intersektorale Zusammenarbeit, die durch diesen Special Report unterstützt werden soll.

Intersektorale Zusammenarbeit ist bereits in einigen politischen Initiativen zu beobachten, an die dieser Special Report anknüpft. Zentral zu erwähnen sind hier die 2012 von der Bundesgesundheitskommission und dem Ministerrat beschlossenen Gesundheitsziele Österreichs des Bundesministeriums für Gesundheit und Frauen (BMGF, 2017), die der WHO-Strategie *Health in all Policies* folgen. Bereits das Ziel 1 zielt auf „gesundheitsförderliche Lebens- und Arbeitsbedingungen für alle Bevölkerungsgruppen durch Kooperation aller Politik- und Gesellschaftsbereiche" ab. Das zeigt deutlich, dass es nicht nur um eine qualitätsvolle Krankenbehandlung geht, sondern im Sinne des Konzepts der Gesundheitsdeterminanten (Dahlgren & Whitehead, 1991) um die Berücksichtigung aller wesentlichen Einflussfaktoren auf die Gesundheit der Bevölkerung, darunter auch Klima und Umwelt. Diese Determinanten-Orientierung ist eines der Grundprinzipien der Gesundheitsziele und eröffnet damit vielfältige Anknüpfungspunkte. In diesem Sinn beinhalten die Gesundheitsziele Österreichs auch das Ziel 4 mit dem Titel „Die natürlichen Lebensgrundlagen wie Luft, Wasser und Boden sowie alle unsere Lebensräume auch für künftige Generationen nachhaltig gestalten und sichern". In diesem werden geringe Luftqualität (NO_x, Feinstaub, Ozon), Lärm und auch der Klimawandel, insbesondere die klimawandelgerechte Gestaltung von Lebensräumen und die Hitzebelastung von vulnerablen Gruppen als umweltbedingte Gesundheitsprobleme angesprochen, die es zu vermeiden gilt. Ebenso werden Sterbefälle durch Hitzewellen thematisiert. Ziel 7 „Gesunde Ernährung mit qualitativ hochwertigen Lebensmitteln für alle zugänglich machen" bietet Anknüpfungspunkte für klimarelevante Fragen der Ernährung. Ziel 8 „Gesunde und sichere Bewegung im Alltag durch die entsprechende Gestaltung der Lebenswelten fördern" thematisiert aktive Mobilität, Raum- und Objektplanung.

Auch dem Special Report basiert auf der Grundüberlegung von Gesundheitsdeterminanten. So widmet sich das Kapitel 2

„Veränderung der Gesundheitsdeterminanten" dem Klimawandel sowie weiteren zentralen Gesundheitsdeterminanten wie den demographischen und sozioökonomischen Dynamiken und dem Gesundheitssystem (siehe Abb. 1.1). Dies soll integrierte Gesundheits- und Umweltstrategien ermöglichen.

Ein weiterer Anknüpfungspunkt ergibt sich mit der von der Generalversammlung der Vereinten Nationen 2015 beschlossenen Agenda 2030 „Transformation unserer Welt: die Agenda 2030 für nachhaltige Entwicklung" (Griggs u. a., 2013; Maurice, 2015; United Nations, 2015). Die darin enthaltenen globalen Nachhaltigkeitsziele *(Sustainable Development Goals – SDGs)* sollen universell anwendbar sein, national umgesetzt werden und international zu sozialer, ökonomischer und ökologischer Nachhaltigkeit als unteilbares Ganzes führen (Nilsson u. a., 2016). In Österreich wurden mit dem Ministerratsbeschluss von Jänner 2016 alle Bundesministerien mit der kohärenten Umsetzung der Agenda 2030 beauftragt (Haas u. a., 2017). Dies bedeutet, dass Ziel 3 „Ein gesundes Leben für alle Menschen jeden Alters gewährleisten und ihr Wohlergehen fördern" und Ziel 13 „Umgehend Maßnahmen zur Bekämpfung des Klimawandels und seiner Auswirkungen ergreifen" neben anderen sozialen, ökologischen und ökonomischen Zielen gemeinsam verfolgt werden. Der *Special Report* kann zur nationalen Umsetzung der SDGs einen wichtigen Beitrag leisten, indem er konkret Synergien und Konflikte zwischen den beiden Themen benennt sowie Handlungsoptionen aufzeigt.

Zusammenfassend lässt sich die Relevanz des *Special Reports* sachlich damit begründen, dass die Gesundheit auf vielfältigste Weise vom Klimawandel betroffen ist. In manchen Bereichen sind bereits klare, meist signifikant negative Auswirkungen feststellbar, während in anderen noch große Unsicherheiten bestehen. Vorteile für Klima und Gesundheit können lukriert werden, wenn rechtzeitig und entsprechend ausgerichtetgehandelt wird.

Politisch schließt der *Special Report* zunächst an die Klimapolitik an, die unter der Federführung des Bundesministeriums für Land- und Forstwirtschaft, Umwelt und Wasserwirtschaft (BMLFUW) diesen *Special Report* veranlasst hat. Die Klimapolitik selbst steht dabei in engem Wechselspiel mit anderen Politiken wie Energie-, Verkehrs-, Kommunal-, Regional-, Raumordnungs- und Landwirtschaftspolitik. Bislang fanden allerdings gesundheitliche Effekte, ob positiv oder negativ, in der Klimapolitik sowie in den damit verbundenen Politikfeldern noch wenig Beachtung. Des Weiteren spielt das Klima auch in der Gesundheitspolitik bisher noch keine oder eine vernachlässigbare Rolle. Der bereits genannte Prozess der Weiterentwicklung der Gesundheitsziele unter der Führung des Bundesministeriums für Gesundheit und Frauen (BMGF) weist hier ein hohes Potenzial für wechselseitige Bezüge auf, da sich dieser einer politikfeldübergreifenden Zusammenarbeit verschreibt. Zudem erfordern die SDGs eine integrative Betrachtung in der österreichischen Politik. All diese politischen Initiativen sind Entwicklungsfelder der jüngeren Vergangenheit, zu denen dieser *Special Report* einen direkten und konstruktiven Beitrag liefern kann.

1.4 Bisherige Bewertung von Gesundheit im Österreichischen Sachstandsbericht Klimawandel 2014

Im Jahr 2014 wurde in Österreich erstmals, angelehnt an die internationalen Sachstandsberichte, eine umfassende Bewertung des Sachstandes zum Thema Klimawandel erstellt. Im Folgenden werden die zentralen Punkte aus der Zusammenfassung für Entscheidungstragende und Synthese des Sachstandsberichts Klimawandel (AAR14) verkürzt zusammengefasst (APCC, 2014). Sämtliche Angaben zu Band und Kapiteln beziehen sich auf die Langfassung des AAR14, in welcher auch weiterführende Inhalte nachzulesen sind. Der Vertrauensbereich ist der Tab. A2 im Appendix zu entnehmen:

- **Ohne verstärkte Anstrengungen zur Anpassung an den Klimawandel wird die Verletzlichkeit Österreichs gegenüber dem Klimawandel in den kommenden Jahrzehnten zunehmen** (hohes Vertrauen, siehe Band 2, Kap. 6). Veränderungen im Zuge des Klimawandels beeinflussen in Österreich unter anderem die Gesundheit (hohes Vertrauen, siehe Band 2, Kap. 3).

- **Klimarelevante Transformation geht oft direkt mit gesundheitsrelevanten Verbesserungen und Erhöhung der Lebensqualität einher** (hohes Vertrauen, siehe Band 3, Kap. 4; Band 3, Kap. 6). Für den Wechsel vom Auto zum Fahrrad wurde beispielsweise eine positiv-präventive Wirkung nachgewiesen. Zusätzliche gesundheitsfördernde Effekte wurden ebenso für nachhaltige Ernährung (z. B. wenig Fleisch) nachgewiesen.

- **Der Klimawandel kann direkt oder indirekt Probleme für die menschliche Gesundheit verursachen.** Hitzewellen können insbesondere bei älteren Personen, aber auch bei Kleinkindern oder chronisch Kranken zu Herz-Kreislauf-Problemen führen. Es gibt eine ortsabhängige Temperatur, bei welcher die Sterblichkeitsrate am geringsten ist; jenseits dieser nimmt die Mortalität pro 1 °C Temperaturanstieg um 1–6% zu (sehr wahrscheinlich, hohes Vertrauen, siehe Band 2, Kap. 6; Band 3, Kap. 4). Verletzungen und Krankheiten, die in Zusammenhang mit Extremereignissen (z. B. Überschwemmungen und Muren) stehen und Allergien, ausgelöst durch bisher in Österreich nicht heimische Pflanzen, zählen ebenfalls zu den Auswirkungen des Klimawandels auf die Gesundheit.

- **Eine große Herausforderung für das Gesundheitssystem sind die indirekten Auswirkungen des Klimawandels auf die menschliche Gesundheit.** Hier spielen vor allem jene Krankheitserreger eine Rolle, die von blutsaugenden Insekten (und Zecken) übertragen werden. Krankheitserreger können sich regional ausbreiten (oder auch verschwinden). Einschleppungen sind praktisch nicht voraussagbar und die Möglichkeiten, Gegenmaßnahmen zu ergreifen, sind gering (möglich, mittleres Vertrauen, siehe Band 2, Kap. 6).

- **Gesundheitsrelevante Anpassung betrifft vielfach individuelle Verhaltensänderungen** entweder eines Großteils der Bevölkerung oder von Angehörigen bestimmter Risikogruppen (wahrscheinlich, mittlere Übereinstimmung, siehe Band 3, Kap. 4). Viele Maßnahmen der Anpassung und der Minderung haben möglicherweise indirekt bedeutsame gesundheitsrelevante Nebenwirkungen, wie etwa der Umstieg vom Auto auf das Fahrrad (wahrscheinlich, mittlere Übereinstimmung, siehe Band 3, Kap. 4).

- **Der Gesundheitssektor ist Verursacher und Betroffener des Klimawandels.** Im Bereich der Infrastruktur des Gesundheitssektors sind sowohl Minderungsmaßnahmen als auch Anpassungsmaßnahmen erforderlich. Wirksame Minderungsmaßnahmen können im Mobilitätsverhalten von MitarbeiterInnen und PatientInnen sowie in der Beschaffung von Ge- und Verbrauchsprodukten gesetzt werden (sehr wahrscheinlich, hohe Übereinstimmung, siehe Band 3, Kap. 4). Zur gezielten Anpassung fehlt es teilweise an Kenndaten aus der Medizin und der Klimaforschung, dennoch können schon jetzt Maßnahmen gesetzt werden – etwa in der Hitzevorsorge.

- **Sozial schwächere Gruppen sind im Allgemeinen den Folgen des Klimawandels stärker ausgesetzt.** Meist ist es das Zusammentreffen verschiedener Faktoren, die weniger privilegierte Bevölkerungsgruppen eher verwundbar für Folgen des Klimawandels machen. Die unterschiedliche Betroffenheit sozialer Gruppen ergibt sich durch die unterschiedliche Anpassungsfähigkeit auf geänderte Klimaverhältnisse sowie unterschiedliche Betroffenheit durch klimapolitische Maßnahmen, wie etwa höhere Relevanz von Steuern und Gebühren auf Energie (wahrscheinlich, hohes Vertrauen, siehe Band 2, Kap. 6). Aufbauend auf dem Sachstandsbericht Klimawandel (AAR14) wurden auch Broschüren erarbeitet, die die gesundheitsbezogenen Inhalte in einer leicht verständlichen Form als Informationen für den Pflegebereich, ApothekeninhaberInnen und ÄrztInnen aufbereitet haben (Balas, 2018a, 2018b, 2018c).

1.5 Ziele und Zielgruppen

Der vorliegende *Special Report* „Gesundheit, Demographie und Klimawandel" zielt als Bewertungsbericht zunächst darauf ab, eine Grundlage für Wissenschaft, Verwaltung und Politik bereitzustellen. So sollen der Stand des Wissens sowie der ableitbare Forschungsbedarf als nützliche Orientierungshilfe für Forschung und Forschungsförderung dienen. Der Stand des Wissens und seine Bewertung sollen aber auch den Handlungsbedarf verdeutlichen und die Handlungsoptionen aufzeigen, die bereits in der Literatur bzw. im ExpertInnendiskurs erkennbar sind. Der Bericht ist nicht eine „rezepthafte

Verschreibung" an Politik und Verwaltung (*not policy prescriptive*). Vielmehr stellt ereine durch breite Einbindung der Forschungsgemeinschaft glaubwürdige und durch Prozesssorgfalt legitimierte politikrelevante Ressource bereit, die Orientierung aber auch Impulse bieten soll (*policy relevance*). Damit kann der Bericht Entscheidungstragenden bzw. –vorbereitenden eine Legitimationsgrundlage für Umsetzungsschritte liefern.

Räumlich liegt der Fokus des Berichts auf der Bundes- und Länderebene, allerdings finden sich auch für Städte und Gemeinden brauchbare Informationen, wenngleich (bis auf einige Bereiche) keine räumlich ausdifferenzierte Betrachtung möglich ist, da es den Rahmen dieses Reports sprengen würde.

Thematisch soll der Bericht dazu beitragen, dass Klimapolitik und Klimaforschung Gesundheit als einen wirkmächtigen Antrieb anerkennen und gezielt nutzen. Während für konkrete Klimaschutzinitiativen die reduzierten Klimafolgen weder vom Ausmaß noch zeitlich oder räumlichabgeschätzt werden können, sind deren potenziellen Gesundheitsvorteile gut abschätzbar und stellen sich lokal und zeitnah ein. Damit bieten sie eine gute Legitimation für entschiedenes politisches Handeln (Ganten u.a., 2010; Haines, 2017; Haines u.a., 2009; IAMP, 2010). Im Fall der Anpassung an den Klimawandel ist eine potenzielle Reduktion von Gesundheitsfolgen ebenso ein legitimierendes evidenz-basiertes Argument (Steininger u.a., 2015).

Auch die demographischen Dynamiken erfordern im Zusammenspiel von Klimawandel und Gesundheit weit mehr Berücksichtigung als bisher. Bezogen auf die Gesundheitspolitik und die Gesundheitsforschung möchte der Bericht dazu beitragen, dass der Klimawandel und seine Folgen als ernstzunehmende Faktoren routinemäßig inkludiert werden. Zudem ist der Beitrag des Gesundheitssystems zu klimarelevanten Emissionen nicht unerheblich und sollte daher als Gegen-

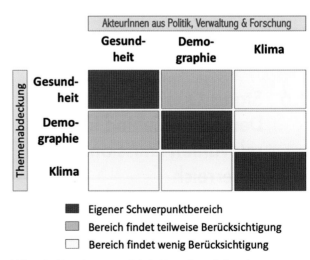

Abb. 1.2: AkteurInnen aus Politik, Verwaltung & Forschung im Bereich Gesundheit, Demographie und Klima decken unterschiedlich breit jeweils die anderen Themen ab. Eine integrierte Abdeckung sowie verstärkte Kooperation haben Potenzial für Verbesserungen für Gesundheit und Klima.

stand von Gesundheitsforschung und -politik ernsthafte Berücksichtigung finden. Abb. 1.2 verdeutlicht die momentane Situation und zeigt, welche unterschiedlichen Themen die verschiedenen AkteurInnen aus den einzelnen Bereichen abdecken bzw. berücksichtigen. Die hellen Felder zeigen den Entwicklungsbedarf auf. Diese Einschätzung basiert auf Diskussionen in den beiden Stakeholder-Workshops, die im Laufe der Berichterstellung begleitend abgehalten wurden.

Zielgruppenspezifische Kommunikation ist hier wesentlich. Neue Möglichkeiten entstehen, wenn Klima-Kommunikation mit Gesundheit kombiniert wird. Während Botschaften zu Klimathemen tendenziell entweder moralisierend an Einzelne appellieren oder sperrig werden, weil sie komplexe strukturelle Rahmenbedingungen hinterfragen, verweisen gesundheitlich motivierte Botschaften meist auf individuelle Gesundheitsvorteile, wobei sie teilweise strukturelle Faktoren vernachlässigen. Diese komplementären Vor- und Nachteile können in einer auf Dialog ausgerichteten Kommunikation kombiniert werden. Speziell Gesundheitsrisiken des Klimawandels sowie *Co-Benefits* von Klimaschutz- und Anpassungsstrategien haben ein großes Potenzial, handlungsorientierte Impulse bei Gesetzgebern, Verwaltung und Öffentlichkeit zu initiieren. In Österreich gibt es bereits Ansätze zu Kommunikationsformaten mit Schwerpunkt Gesundheit und Klima, die jedoch einer weiteren Entwicklung bedürfen. Ausführlichere Informationen zum Stand der österreichischen Forschung und wie das Thema bei Stakeholdern und in Risikogruppen besser verankert werden kann, bietet das Online-Supplement (siehe Supplement Kapitel S1 „Klima-Kommunikation und Gesundheit").

Schließlich möchte der Bericht eine sektorenübergreifende Zusammenarbeit zwischen Politik, Verwaltung und Forschung in den Bereichen Gesundheit und Klima unter Berücksichtigung demographischer Dynamiken begünstigen. Speziell Gesundheits-*Co-Benefits* von Maßnahmen des Klimaschutzes bzw. der Anpassung an den Klimawandel bieten hier zahlreiche Chancen für eine fruchtbare Zusammenarbeit zum Nutzen von Gesundheit und Klima.

1.6 Status Quo von Gesundheit, Demographie und klimarelevanten Emissionen in Österreich

Bevor wir im Kapitel 2 künftig zu erwartende gesundheitsrelevante Veränderungen des Klimas, der Demographie, der Wirtschaft und des Gesundheitssystems zusammenfassen, geben wir an dieser Stelle einen kurzen Abriss zur Ausgangssituation. Dabei fokussiert der Bericht auf zwei Themenkomplexe. Erstens skizziert er die Gesundheitssituation in Österreich unter Berücksichtigung der demographischen Eckda-

ten. Zweitens will er der Betrachtung des Klimawandels und seiner Folgen für die Gesundheit im Kapitel 3 den Status der klimarelevanten Emissionen voranstellen. Damit soll darauf verwiesen werden, dass Österreich nicht nur vom Klimawandel betroffen ist, sondern auch Mitverursacher des Klimawandels ist. Sollen die vereinbarten Ziele erreicht werden, ist eine rasche und entschiedene Transformation zu einem klimaneutralen Wirtschaftssystem durch sektorenübergreifende Kooperationen anzustreben (APCC, 2014).

1.6.1 Gesundheitssituation

Die Gesundheitssituation der österreichischen Bevölkerung wird hier auf Basis des Österreichischen Gesundheitsberichts 2016 skizziert (Griebler u. a., 2017). Der Bericht fokussiert den Berichtszeitraum 2005–2014/15 und zeichnet folgendes Bild:

- Lebenserwartung: Die Lebenserwartung in Österreich steigt für Männer wie für Frauen. Im Jahr 2014 konnten neugeborene Buben mit 78,6, neugeborene Mädchen mit 83,6 Lebensjahren rechnen (2016 sind dies 79,1 für Männer und 84,0 für Frauen). Ebenso wie die Lebenserwartung ist auch der Teil der Lebenserwartung, der in Gesundheit verbracht wird, gestiegen. So werden im Jahr 2014 geborene Österreicherinnen – im Durchschnitt – 66,6 Lebensjahre in guter oder sehr guter Gesundheit verbringen, 2014 geborene männliche Österreicher 65,9 Lebensjahre.

- Chronische Krankheiten und Gesundheitsprobleme: Im Jahr 2014 litten in Österreich rund 2,6 Millionen Menschen (ab 15 Jahren; 36 % der Bevölkerung) an dauerhaften Krankheiten bzw. chronischen Gesundheitsproblemen, vor allem an Rückenschmerzen und Allergien (jeweils 24 %), Bluthochdruck (21 %) und Nackenschmerzen (19 %). Rund 12 % der ÖsterreicherInnen sind von einer Arthrose betroffen, 5 % haben eine Diabeteserkrankung, je etwas mehr als 4 % leiden an Asthma und/oder chronischer Bronchitis oder chronisch obstruktiver Lungenerkrankung (COPD). Jährlich erkranken etwa 33.000 ÖsterreicherInnen neu an Typ-2-Diabetes und knapp 40.000 an Krebs (am häufigsten an Brustkrebs, Prostata-, Dickdarm-, Lungen- und Gebärmutterhalskrebs). Die Neuerkrankungsrate bei Krebs ist im Zeitraum 2005–2014 bei Frauen leicht (-6 %) und bei Männern deutlich (-16 %) rückläufig, wobei die Zunahme von Lungenkrebs-Erkrankungen bei Frauen (+29 %) auffällig ist. Rund 19.200 ÖsterreicherInnen erlitten im Jahr 2014 einen akuten Herzinfarkt, rund 20.200 einen ischämischen Schlaganfall. Während die Herzinfarktrate und die Krebsinzidenz häufiger Lokalisationen (Prostata, Lunge bei Männern, Darm) sinken, stieg die Rate ischämischer Schlaganfälle, die Lungenkrebsinzidenz bei Frauen sowie die Rate bösartiger Melanome. Allergien sind seit 2006/07 deutlich, Bluthochdruck in geringerem Ausmaß gestiegen.

Diabetes- und Asthmaprävalenz blieben weitgehend unverändert. Fast die Hälfte der ÖsterreicherInnen ist übergewichtig oder adipös, wobei gegenüber 2006/07 bei Personen von 30 Jahren und älter eine leichte Abnahme zu verzeichnen ist, allerdings mit einer deutlichen Zunahme bei der Altersgruppe 15–29. Bei rund 8 % der Bevölkerung liegt eine (ärztlich diagnostizierte) Depression vor. Psychisch bedingte Krankenstände (2 % aller Krankenstände) nehmen (im Vergleich zum Jahr 2005) zu und betreffen Frauen stärker als Männer (Griebler u. a., 2017). Gesundheitliche Einschränkungen im Alltag: 2,28 Millionen Menschen (ab 15 Jahren; 32 % der Bevölkerung) sind gesundheitsbedingt im Alltag eingeschränkt. Ihr Anteil hat sich seit 2006/2007 nicht nennenswert verändert. Mit Einschränkungen bei Basisaktivitäten der Körperpflege und Eigenversorgung sehen sich 16 % der ab 65-jährigen ÖsterreicherInnen (rund 250.000 Personen) konfrontiert. Rund 29 % sind von Einschränkungen bei der Haushaltsführung betroffen (433.000 Personen). Zum Stand Dezember 2014 bezogen in Österreich rund 455.000 Menschen Pflegegeld (rund 5 % der Bevölkerung).

- Die Lebenserwartung und die gesunden Lebensjahre sind stark bildungsabhängig: Je höher der formale Bildungsabschluss, desto höher die Lebenserwartung und desto größer der Teil, der davon in Gesundheit verbracht wird. Chronische Krankheiten und Gesundheitsprobleme treten bei Personen mit geringer formaler Bildung bzw. aus dem untersten Einkommensquintil häufiger auf als bei Personen mit einer höheren formalen Bildung bzw. aus dem obersten Einkommensquintil. Gesundheitsbedingte Einschränkungen im Alltag sind in der österreichischen Bevölkerung mit niedrigem Bildungsabschluss und mit sehr geringem Einkommen deutlich häufiger als in sozial besser gestellten Schichten. Übergewicht und Adipositas sind in der Bevölkerungsgruppe mit niedrigem formalem Bildungsniveau und geringem Haushaltseinkommen ein noch größeres Problem als in der Gesamtbevölkerung. Österreichs Frauen weisen eine um rund 5 Jahre längere Lebenserwartung auf als Österreichs Männer, sind jedoch insgesamt häufiger von chronischen Krankheiten und Gesundheitsproblemen (Allergien, Krankheiten/Beschwerden des Bewegungsapparats, Krebs bei unter 60-Jährigen, Depression) und gesundheitlichen Einschränkungen im Alltag betroffen. Österreichs Männer sind häufiger übergewichtig und adipös, erleiden häufiger einen Herzinfarkt oder einen ischämischen Schlaganfall, sind häufiger von Typ-2-Diabetes betroffen und erkranken ab einem Alter von 60 Jahren häufiger an Krebs.

1.6.2 Demographische Struktur

Die demographische Situation Österreichs wird ausführlich im Kapitel 2.3.1 behandelt. Es folgt eine kurze Darstellung der demographischen Ausgangslage.

- Die Bevölkerung Österreichs ist von 2007 bis 2017 um eine halbe Million gewachsen, allerdings entfielen nur 4 % dieses Zuwachses auf die Geburtenbilanz, während die restlichen 96 % durch Wanderungsgewinne erzielt wurden.

- Rechnet man aus dem Ausland zurückkehrende österreichische Staatsangehörige mit, kommen 63 % der nach Österreich Zugewanderten aus EU- bzw. EFTA-Staaten, während weitere 16 % aus europäischen Staaten außerhalb der EU kommen. Knapp 40 % dieser internationalen Zuwanderung geht nach Wien.

- Österreichs Bevölkerung wächst hauptsächlich in den urbanen Regionen der großen Städte, während ländliche und strukturschwächere Regionen aufgrund bildungs- und arbeitsplatzbedingter Abwanderung Bevölkerungsrückgänge verzeichnen. Dies führt auch zu verstärkter Alterung in den Abwanderungsgebieten, da gerade junge Menschen zur Erwerbstätigkeit oder für eine Ausbildung abwandern.

- Wie viele westliche Gesellschaften altert auch die österreichische Bevölkerung als Folge der Vorrückung geburtenstärkerer Jahrgänge aus den Baby-Boom-Generationen. Ein weiterer Faktor ist die steigende Lebenserwartung; bei Frauen wirken sich dabei Bildung und sozialer Status noch stärker positiv aus (siehe Jasilionis u. a., 2007).

- Die Gesamtfertilitätsrate Österreichs lag 2016 bei 1,53 Kindern pro Frau, wobei das Alter, in dem ein Kinderwunsch erstmalig realisiert wird, durch verstärkte Bildungs- und Erwerbsbeteiligung (siehe Neuwirth u. a., 2011) von Frauen stark angestiegen ist und 2016 bei 30,6 Jahren lag.

1.6.3 Klimarelevante Emissionen

Mit den weltweit zunehmenden Industrialisierungsprozessen sind deutliche Veränderungen des Klimas zu beobachten. In Österreich betrug die Erwärmung seit 1980 etwa 1 °C. Diese Veränderungen haben überwiegend anthropogene Ursachen. Der Beitrag der natürlichen Variabilität des Klimas beträgt mit hoher Wahrscheinlichkeit weniger als die Hälfte (APCC, 2014). Die Bewertung des vorliegenden Sachstandes zum Thema „Gesundheit, Demographie und Klimawandel" und der daraus ableitbare Handlungsbedarf sollten vor dem Hintergrund des völkerrechtlich bindenden Übereinkommens von Paris betrachtet werden. Die Situation Österreichs als Verursacher klimarelevanter Emissionen sowie der Handlungsbedarf wurden im aktuellen Klimaschutzbericht 2017 (Umweltbundesamt, 2017) ausführlich dargestellt. Folgende wichtige Aspekte können aus diesem zusammengefasst werden:

- In Österreich betrugen die Treibhausgasemissionen im Jahr 2015 78,9 Millionen Tonnen Kohlenstoffdioxid-Äquivalent (CO_2-Äquivalent). Die Emissionen lagen damit um 3,2 % über dem Niveau von 2014 und um 0,1 % über dem Wert von 1990. Die wichtigsten Verursacher von Treibhausgasemissionen (inkl. Emissionshandel, EH) waren im Jahr 2015 die Sektoren Energie und Industrie (45,3 %), Verkehr (28,0 %), Landwirtschaft (10,2 %) sowie Gebäude (10,1 %). Gegenüber 1990 sind die Emissionen des Verkehrs um 60 % angestiegen. Die Emissionen von Energie und Industrie (inkl. EH) sind schwach gesunken (-2,2 %), während die Emissionen der weiteren Sektoren Gebäude (-39,9 %), Landwirtschaft (-15,6 %) und Abfallwirtschaft (-25,2 %) deutlich gesunken sind.
- Das übergeordnete Ziel der in Paris im Dezember 2015 beschlossenen internationalen Klimapolitik ist die Begrenzung der globalen Erwärmung auf deutlich unter 2 °C. Dies bedeutet für die Industrieländer einen weitgehenden Verzicht auf den Einsatz fossiler Energieträger bis Mitte des Jahrhunderts. Österreichs Anteil fossiler Energieträger am Bruttoinlandsverbrauch betrug im Jahr 2016 66 % (Statistik Austria, 2018).
- Bis 2030 sieht ein Entwurf der neuen Effort-Sharing-Verordnung für Österreich umgerechnet eine Reduktion der Emissionen von 26 % gegenüber 2015 außerhalb des Emissionshandels vor. Bis 2050 wird nach wissenschaftlichem Konsens eine Verminderung der Treibhausgasemissionen von Industriestaaten um mindestens 80 % als notwendig angesehen.

- Um diese Ziele zu erreichen, ist ein weitreichender Wandel von Gesellschaft und Wirtschaft erforderlich. Eine schnelle Umsetzung des Pariser Übereinkommens ist unumgänglich, wenn die Klimaschutzkosten auf einem erträglichen Maß gehalten werden sollen. Insbesondere bei Investitionen in langlebige Infrastrukturen und zukunftsfähige Technologien liegt ein vielversprechender Ansatzpunkt zum Ausstieg aus der Nutzung der fossilen Energie. Weitere wichtige Punkte zur Zielerreichung sind die Verringerung der Verkehrsleistung und nachhaltiges Mobilitätsmanagement, die Erhöhung der Energieeffizienzstandards im Gebäudebereich, die (Rück-)Umstellung auf fleischarme Ernährung und das verstärkte Engagement für eine Kreislaufwirtschaft. Um diese Ziele zu erreichen, sind entschiedene Schritte erforderlich.

1.7 Zur Entstehung des Special Reports

Der APCC *Special Report* „Gesundheit, Demographie und Klimawandel" (ASR18) ist der erste APCC Special Report Österreichs, der vier Jahre nach dem Österreichischen Sachstandsbericht Klimawandel (AAR14) erscheint. Das Projekt zum ASR18 wurde im Rahmen des *Austrian Climate Research Program* (ACRP) des Klima- und Energiefonds (KLIEN) gefördert. Der Prozess folgt den Vorgaben des IPCC (siehe Abb. 1.3).

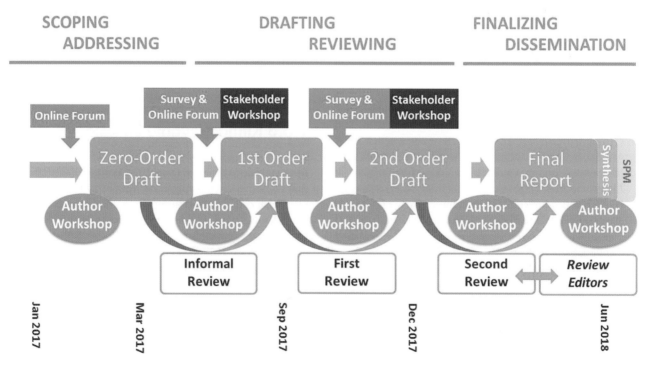

Abb. 1.3: Mehrstufiger Prozess der Erstellung des Special Reports (SPM = Summary for Policy Makers)

Organisationsstruktur, AutorInnen und Prozess

Die Leitung des Projektes lag bei Co-Chair Willi Haas (Universität für Bodenkultur), der zusammen mit den Co-Chairs Hanns Moshammer (Medizinische Universität Wien) und Raya Muttarak (Vienna Institute of Demography), mit Olivia Koland (Universität Graz) in der Prozesskoordination und im Projektmanagement und mit Zsofi Schmitz/Julia Kolar (Climate Change Centre Austria) im Review-Management das Projekt gesteuert hat. Das *Austrian Panel on Climate Change* (APCC) übernahm eine unterstützende und qualitätssichernde Rolle und gewährleistete eine Durchführung gemäß den festgelegten Standards.

Insgesamt waren rund 40 AutorInnen an der Erstellung des SR18 beteiligt. Die koordinierenden LeitautorInnen (CLAs) waren jeweils für ihr Kapitel sowie die Koordination der LAs und CAs verantwortlich. LeitautorInnen (LAs) trugen wesentlich zu ihren jeweiligen Kapiteln bei, etwa mit Subkapiteln, und sind gemeinsam mit den CLAs für das gesamte Kapitel inhaltlich verantwortlich. Beitragende AutorInnnen (CAs) trugen ohne Verantwortung für das Kapitel kleinere Teile bei. CLAs, LAs und CAs sind jeweils zu Beginn des Kapitels gelistet. Je ein Co-Chair war für ein Kapitel zuständig und wurde von einem Junior Researcher unterstützt.

Grundlegende Prinzipien

Der Erstellungsprozess des Special Reports folgte einigen Prinzipien, um eine umfassende, glaubwürdige und nachvollziehbare Bewertung des Sachstandes durch die österreichische Wissenschafts-Community zu gewährleisten:

- *Umfassend*: Der Bericht umfasst sowohl österreichische Forschung (von grauer bis peer-reviewter Literatur) als auch für Österreich relevante internationale Forschung.
- *Ausgewogen*: In einem wissenschaftlichen Screening-Prozess in der Projektantragsphase sowie der Scoping Phase nach Projektstart erging die Einladung zur Mitwirkung am Special Report an die gesamte österreichische Klimaforschungscommunity und diverse Wissenschaftsfelder.
- *Integrativ*: Von Beginn an wurden universitär wie außeruniversitär Forschende, Stakeholder aus Verwaltung, Politik, Wirtschaft und Zivilgesellschaft eingeladen, vorgelegte Entwürfe in unterschiedlichen Stadien zu kommentieren. Die Perspektiven unterschiedlichster AkteurInnen wurden auf zwei Stakeholder-Workshops sowie laufend über ein Online Portal einbezogen.
- *Transparent*: In einem mehrstufigen Reviewprozess fungierten Stakeholder, AutorInnen, und im Second Review insgesamt 27 nationale und internationale ExpertInnen als Reviewer. Die Rückmeldungen wurden aufgegriffen oder mit einer öffentlich einsehbaren Begründung abgelehnt. Ihre Einarbeitung wurde von acht Review-EditorInnen geprüft.
- *Bewertungscharakter*: Gesamt- und Einzelbewertungen wurden nach üblichen Standards wissenschaftlicher Plausi- bilität getroffen. Konsens oder Dissens in der wissenschaftlichen Literatur bzw. die Einschätzung der Unsicherheiten wurden nachvollziehbar ausgewiesen.

Kritische Reflexion

Ziel war es, den eineinhalb-jährigen Erstellungsprozess des SR18 so anzulegen, dass daraus Produkte entstehen, die einerseits vertrauenswürdig sind, andererseits effektiv bei Entscheidungen unterstützen. Speziell Kernbotschaften sollen bei zentralen AkteurInnen Resonanz hervorrufen.

Die Erstellung folgte hinsichtlich Prozess und Struktur den Standards des APCC, die ihrerseits in Anlehnung an die Vorgaben des IPCC entwickelt wurden. Diese boten gute Unterstützung, um eine glaubwürdige und legitimierte Bewertung der gesellschaftlich und politisch relevanten Themen sicherzustellen. Gleichzeitig waren die straffe Zeitvorgabe des Fördergebers einerseits und der geforderte mehrstufige und aufwändige Prozess andererseits eine große Herausforderung (siehe Abb. 1.3).

Der *Zero-Order-Draft* und die Scoping Phase waren hilfreich, um Stakeholder zu interessieren und AutorInnen zu rekrutieren. Letzteres ermöglichte wichtige Ergänzungen der potenziell Beitragenden, die aufgrund der Überschaubarkeit des ExpertInnenpools in Österreich schon in der Antragsphase benannt werden konnten. Die Mischung aus der Vorab-Nominierung und dem bewussten Offenhalten hat sich somit bewährt.

Das zeitliche Raster hat geholfen, die Kapitel zügig fertigzustellen, erforderte andererseits jedoch, dass an den Kapiteln parallel gearbeitet wurde. Der Abstimmungsbedarf war damit herausfordernd hinsichtlich der Herstellung eines einheitlichen Bewertungscharakters, der Behandlung kapitelübergreifender Themen und der Abstimmung mit dem Kapitel 5, das auf den vorhergehenden Kapitel 2 bis 4 aufbaut, aber gleichzeitig zu erstellen war.

Die zahlreichen Review-Kommentare waren für die Vollständigkeit und Tiefe der Themenbearbeitung nützlich. Für zukünftige Assessments wäre es ein Qualitätsgewinn, spezialisierte Reviews für Konzeption, Argumentationslinie und inhaltliche Kohärenz sowie für spezielle inhaltliche Fragen zu vergeben.

Gelungen war die Ausrichtung von zwei aufeinander aufbauenden Stakeholder-Workshops zur Diskussion des *Zero-Order-Drafts* und des *First-Order-Drafts*. Neben der frühzeitigen Einbindung der Stakeholder kann es für derartige Beteiligungsprozesse zukünftig zielführend sein, aktive ExpertInnen aus der Verwaltung oder der Praxis etwa in ein AutorInnentreffen einzubinden. Dies könnte dazu beitragen, die aus wissenschaftlicher Sicht synthetisierten Kernaussagen kohärenter zu machen und gezielt die gesellschaftliche und politische Relevanz zu heben.

Der *Special Report* ist ein sozialer und partizipativer Prozess, der eine hohe Eigenmotivation der AutorInnen erfordert. Ein zentraler Punkt für die wissenschaftliche Projektsteuerung ist es, das Commitment der AutorInnen so zeitig wie möglich im Prozess einzuholen. Dabei geht es nicht nur um die Übernahme der Verantwortung der AutorInnen für den eigenen Text, sondern für das gesamte Kapitel bzw. für den Gesamtreport. Als sehr hilfreich hat sich dabei ein informeller Review erwiesen, in dem die AutorInnen die jeweils anderen Kapitel kommentierten. Damit wurden kapitelübergreifende Diskussionen und Querverbindungen begünstigt.

Danksagung

Der *Special Report* ist die Leistung zahlreicher Mitwirkender, die wesentlich zum SR18 beigetragen haben. An dieser Stelle sei herzlich gedankt: den AutorInnen für ihre wertvollen Beiträge, den Reviewern und Review-EditorInnen für ihre zahlreichen Rückmeldungen, den Junior Researchers für ihre nützliche Unterstützung, und dem APCC für die Qualitätssicherung und wichtige Diskussionen. Ebenso gedankt sei den zahlreichen Stakeholdern, die den Bericht wesentlich befruchtet haben. Ein extra Dankeschön ist angebracht, da die umfangreichen inhaltlichen und koordinativen Arbeiten selbst durch Co-Chairs, CLAs und LAs nur durch einen hohen Anteil an Eigenleistungen möglich waren, da die Finanzierung den erforderlichen Aufwand bei weitem nicht abdecken konnte.

Literaturverzeichnis

APCC – Austrian Panel on Climate Change. (2014). Österreichischer Sachstandsbericht Klimawandel 2014: Austrian assessment report 2014 (AAR14). Wien: Verlag der Österreichischen Akademie der Wissenschaften.

Australian Academy of Science, & Theo Murphy (Australia) Fund. (2015). Climate Change Challenges to Health: Risks and Opportunities. Canberra. Abgerufen von https://www.science.org.au/supporting-science/science-sector-analysis/reports-and-publications/climate-change-challenges-health

Balas, M. (2018a). Klimawandel und Gesundheit – Information für Apothekeninhaber/innen. Climate Change Center Austria (CCCA).

Balas, M. (2018b). Klimawandel und Gesundheit – Information für Ärztinnen und Ärzte. Climate Change Center Austria (CCCA).

Balas, M. (2018c). Klimawandel und Gesundheit – Information für den Pflegebereich. Climate Change Center Austria (CCCA).

Bélanger, D., & Séguin, J. (2008). Human Health in a Changing Climate: A Canadian Assessment of Vulnerabilities and Adaptive Capacity. Ottawa: Health Canada.

BMGF – Bundesministerium für Gesundheit und Frauen (Hrsg.). (2017). Gesundheitsziele Österreich Richtungsweisende Vorschläge für ein gesünderes Österreich – Langfassung. Bundesministerium für Gesundheit und Frauen. Abgerufen von https://gesundheitsziele-oesterreich.at/website2017/wp-content/uploads/2017/06/gz_langfassung_de_20170626.pdf

Brundtland Commission. (1987). Report of the World Commission on environment and development: „Our Common Future". Oxford University Press.

CGPC. (1995). Bericht nicht mehr verfügbar.

Confalonieri, U., Menne, B., Akhtar, R., Ebi, K. L., Hauenge, M., Kovats, R. S., … Woodward, A. (2007). Human Health. In M. L. Parry, O. F. Canziani, J. P. Palutikof, P. J. van der Linden, & C. E. Hanson (Hrsg.), Climate Change 2007: Impacts, Adaptation and Vulnerability. Contribution of Working Group II to the Fourth Assessment Report of the Intergovernmental Panel on Climate Change (S. 391–431). Cambridge: Cambridge University Press.

Dahlgren, G., & Whitehead, M. (1991). Policies and strategies to promote social equity in health. Stockholm: Institute for Future Studies.

EEA – European Environmental Agency. (2015). Climate change and human health. Stockholm: EEA. Abgerufen von https://www.eea.europa.eu/signals/signals-2015/interviews/climate-change-and-human-health.

Ganten, D., Haines, A., & Souhami, R. (2010). Health co-benefits of policies to tackle climate change. The Lancet, 376(9755), 1802–1804. https://doi.org/10.1016/S0140-6736(10)62139–3

Griebler, R., Winkler, P., Gaiswinkler, S., Delcour, J., Nowotny, M., Pochobradsky, E., … Schmutterer, I. (2017). Österreichischer Gesundheitsbericht 2016. Berichtszeitraum 2005–2014/2015. Wien: Bundesministerium für Gesundheit und Frauen.

Griggs, D., Stafford-Smith, M., Gaffney, O., Rockström, J., Öhman, M. C., Shyamsundar, P., Noble, I. (2013). Policy: Sustainable development goals for people and planet. Nature, 495(7441), 305–307. https://doi.org/10.1038/495305a

Haas, W., Pichler, M., & Schaffartzik, A. (2017). Die Umsetzung der Sustainable Development Goals in Österreich: Sozial-ökologische Dimensionen ausgewählter Beispiele für Wissenschaft und Forschung. Wien: BMWFW.

Haas, W., Weisz, U., Maier, P., & Scholz, F. (2015). Human Health. In K.W. Steininger, M. König, B. Bednar-Friedl, L. Kranzl, W. Loibl, & F. Prettenthaler (Hrsg.), Economic Evaluation of Climate Change Impacts (S. 191–213). Cham: Springer International Publishing.

Haile, D. G. (1989). Computer simulation of the effects of changes in weather patterns on vector-borne disease transmission. In J. B. Smith & D. A. Tirpak (Hrsg.), The Potential Effects of Global Climate Change in the United States: Appendix G Health (S. 2–1). Washington D.C.: US Environmental Protection Agency. Abgerufen von http://hero.epa.gov/index.cfm/reference/download/reference_id/661#page=51

Haines, A. (2017). Health co-benefits of climate action. The Lancet Planetary Health, 1(1), PE4-E5. https://doi.org/10.1016/S2542-5196(17)30003–7

Haines, A., McMichael, A. J., Smith, K. R., Roberts, I., Woodcock, J., Markandya, A., … Wilkinson, P. (2009). Health and Climate Change 6: Public health benefits of strategies to reduce greenhouse-gas emissions: overview and implications for policy makers. The Lancet, 374(9707), 2104–2114. https://doi.org/10.1016/S0140-6736(09)61759–1

Hathaway, J., & Maibach, E. W. (2018). Health Implications of Climate Change: a Review of the Literature About the Perception of the Public and Health Professionals. Current Environmental Health Reports. https://doi.org/10.1007/s40572-018–0190-3

Herlihy, N., Bar-Hen, A., Verner, G., Fischer, H., Sauerborn, R., Depoux, A., Schütte, S. (2016). Climate change and health: scoping review of scientific literature 1990–2015 IJPH. European Journal of Public Health, 26(1). https://doi.org/10.1093/eurpub/ckw174.181

Hutter, H.-P., Moshammer, H., & Wallner, P. (2017). Klimawandel und Gesundheit Auswirkungen. Risiken. Perspektiven. Wien: Manz'sche Verlags- und Universitätsbuchhandlung.

IAMP – InterAcademy Medical Panel (Hrsg.). (2010). Statement on the health co-benefits of policies to tackle climate change. Abgerufen von http://www.interacademies.org/14745/IAMP-Statement-on-the-Health-CoBenefits-of-Policies-to-Tackle-Climate-Change

Jasilionis, D., Jdanov, D., & Leinsalu, M. (2007). Der Zusammenhang von Bildung und Lebenserwartung in Mittel- und Osteuropa. In Max-Plank-Gesellschaft (Hrsg.), Jahrbuch der Max-Planck-Gesellschaft 2007: Tätigkeitsberichte, Zahlen, Fakten (Bd. 2007, S. 103–108). München: Max-Planck-Gesellschaft zur Förderung der Wissenschaften.

Kovats, R. S., Haines, A., Stanwell-Smith, R., Martens, P., Menne, B., & Bertollini, R. (1999). Climate change and human health in Europe. BMJ, 318(7199), 1682–1685. https://doi.org/10.1136/bmj.318.7199.1682

Longstreth, J., & Wiseman, J. (1989). The potential impact of climate change on patterns of infectious disease in the United States. In J. B. Smith & D. A. Tirpak (Hrsg.), The Potential Effects of Global Climate Change in the United States: Appendix G Health (S. 3–1). Washington D.C.: US Environmental Protection Agency. Abgerufen von http://hero.epa.gov/index.cfm/reference/download/reference_id/661#page=51

Martens, W. J. M. (Hrsg.). (1996). Vulnerability of Human Population Health to Climate Change: State-of- Knowledge and Future Research Directions. Report No.410200004. Maastricht: Dutch National Research Programme on Global Air Pollution and Climate Change, University of Limburg.

Maurice, J. (2015). UN set to change the world with new development goals. The Lancet, 386(9999), 1121–1124. https://doi.org/10.1016/S0140-6736(15)00251–2

McMichael, A. J., Ando, M., Carcavallo, R., Epstein, P., Haines, A., Jendritzky, G., … Piver, W. (1996a). Human Population Health. In R. T. Watson, M. C. Zinyowera, & R. H. Moss (Hrsg.), Climate Change 1995: Impacts, Adaptations and Mitigation of Climate Change: Scientific-Technical Analyses – Contribution of Working Group II to the Second Assessment Report of the Intergovernmental Panel on Climate Change (S. 561–584). Cambridge: Cambridge University Press.

McMichael, A. J., Confalonieri, U., Githeko, A., Haines, A., Kovats, R. S., Martens, P., … Woodward, A. (2000). Human Health. In B. Metz, O. R. Davidson, J. W. Martens, S. N. M. van Rooijen, & L. V. W. McGrory (Hrsg.), Methodological and Technological Issues in Technology Transfer: Special Report of IPCC Working Group III (S. 329–347). Cambridge: Cambridge University Press.

McMichael, A. J., Haines, J. A., Slooff, R., & Sari Kovats, R. (Hrsg.). (1996b). Climate change and human health: An assessment. Geneva: World Health Organization.

Neuwirth, N., Baierl, A., Kaindl, M., Rille-Pfeiffer, C., & Wernhart, G. (2011). Der Kinderwunsch in Österreich: Umfang, Struktur und wesentliche Determinanten; eine Analyse anhand des Generations and Gender Programme (GGP). Wien: Österreichisches Institut für Familienforschung an der Universität Wien. Abgerufen von http://nbn-resolving.de/urn:nbn:de:0168- ssoar-350179

NHMRC – National Health and Medical Resaearch Council. (1991). Health Implications of Long Term Climatic Change. Canberra: Australian Government Publishing Service. Abgerufen von https://www.nhmrc.gov.au/guidelines-publications/eh16

Nilsson, M., Griggs, D., & Visbeck, M. (2016). Policy: Map the interactions between Sustainable Development Goals. Nature, 534(7607), 320–322. https://doi.org/10.1038/534320a

Smith, K. R., Woodward, A., Campbell-Lendrum, D., Chadee, D., Honda, Y., Liu, Q., … Sauerborn, R. (2014). Human health: impacts, adaptation, and co-benefits. In C. B. Field, V. R. Barros, D. J. Dokken, K. J. Mach, M. D. Mastrandrea, T. E. Bilir, … L. L. White (Hrsg.), Climate Change 2014: Impacts, Adaptation, and Vulnerability. Part A: Global and Sectoral Aspects. Contribution of Working Group II to the Fifth Assessment Report of the Intergovernmental Panel of Climate Change (S. 709–754). New York: Cambridge University Press.

Statistik Austria. (2018). Gesamtenergiebilanz Österreich 1970–2016. Abgerufen 17. März 2018, von http://www.statistik.at/web_de/statistiken/energie_umwelt_innovation_mobilitaet/energie_und_umwelt/energie/energiebilanzen/index.html

Steininger, K. W., König, M., Bednar-Friedl, B., Kranzl, L., Loibl, W., & Prettenthaler, F. (Hrsg.). (2015). Economic Evaluation of Climate Change Impacts: Development of a Cross-Sectoral Framework and Results for Austria. Cham: Springer International Publishing. https://doi.org/10.1007/978–3-319-12457-5

UK CCIRG – United Kingdom Climate Change Impacts Review Group. (1996). Review of the potential effects of climate change in the United Kingdom: 2nd Report. London: H.M.S.O.

Umweltbundesamt. (2017). Klimaschutzbericht 2017. Wien: Umweltbundesamt. Abgerufen von http://www.umweltbundesamt.at/fileadmin/site/publikationen/REP0622.pdf

United Nations. (2015). Transformation unserer Welt: die Agenda 2030 für nachhaltige Entwicklung. Abgerufen von http://www.un.org/Depts/german/gv-70/band1/ar70001.pdf

Watts, N., Adger, W. N., Agnolucci, P., Blackstock, J., Byass, P., Cai, W., … Costello, A. (2015). Health and climate change: policy responses to protect public health. The Lancet, 386(10006), 1861–1914. https://doi.org/10.1016/S0140-6736(15)60854–6

Watts, N., Adger, W. N., Ayeb-Karlsson, S., Bai, Y., Byass, P., Campbell-Lendrum, D., … Costello, A. (2017). The Lancet Countdown: tracking progress on health and climate change. The Lancet, 389(10074), 1151–1164. https://doi.org/10.1016/S0140-6736(16)32124–9

WHO – World Health Organization. (1989). Europäische Charta zu Umwelt und Gesundheit, 1989. World Health Organization. Abgerufen von http://www.euro.who.int/__data/assets/pdf_file/0019/136252/ICP_RUD_113_ger.pdf

WHO – World Health Organization, & UNFCCC – United Nations Framework Convention on Climate Change. (2016). WHO UNFCCC Climate and Health Country Profiles – Reference Document. World Health Organization. Abgerufen von http://www.who.int/globalchange/resources/reference-document.pdf?ua=1

Kapitel 2: Veränderung der Gesundheitsdeterminanten

Coordinating Lead Authors/Koordinierende LeitautorInnen:
Herbert Formayer, Christoph Matulla, Erich Striessnig

Lead Authors/LeitautorInnen:
Florian Bachner, Sabine Haas, Ivan Frankovic, Alexander Hanika, Thomas Fent, Roman Hoffmann, Christian Gepp, Herbert Formayer, Matthias Schlögl, Julia Bobek, Christa Hammerl, Inge Auer, Hans Ressl, Karsten Schulz, Helfried Scheifinger, Martin Piringer, Maria Balas, Helga Kromp- Kolb, Kathrin Baumann-Stanzer, Marcus Hirtl, Wolfgang Schöner, Stana Simic, Theresia Widhalm

Inhalt

Kernbotschaften

Getrieben von der Temperaturentwicklung, die mit beispielloser Geschwindigkeit voranschreitet, verändern sich weltweit wie auch in Österreich die klimatischen Bedingungen, welche über konkrete Witterungsverläufe auf die Gesundheit direkten und indirekten Einfluss haben.

- Bei gesundheitsrelevanten Klimaphänomenen sind in folgenden Bereichen größere Veränderungen zu erwarten:
  - Extremereignisse hinsichtlich Auftrittshäufigkeit, Dauer und Intensität (z. B. Hitzewellen, Hochwasser, Starkniederschläge),
  - erhöhte Konzentrationen von Luftschadstoffen durch Klimawandel oder Klimaschutzmaßnahmen und
  - klimainduzierte Änderung der Verbreitungsgebiete lokal bisher nicht bekannter oder wenig verbreiteter allergener Pflanzen und krankheitsübertragender Organismen (z. B. Anopheles-Mücken).

Um die Resilienz der Gesellschaft gegenüber erwartbaren gesundheitsrelevanten Klimafolgen zu erhöhen, müssen mögliche relevante Systemwechselwirkungen erforscht und daraus Adaptionsstrategien abgeleitet werden.

Die demographische Zusammensetzung der Bevölkerung spielt für die Analyse der Auswirkungen des Klimawandels auf die Gesundheit ebenfalls eine wichtige Rolle.

- Bevölkerungsgruppen unterscheiden sich hinsichtlich ihrer Vulnerabilität, da diese verschiedenste Ursachen haben kann: Besonders vulnerable Gruppen sind ältere Menschen, Kinder, Menschen mit Behinderung, Personengruppen mit niedrigem Einkommen, die aufgrund struktureller, rechtlicher und kultureller Barrieren oft nur eingeschränkten Zugang zur Gesundheitsinfrastruktur oder zu Gesundheitsverständnis haben. Diese strukturellen Rahmenbedingungen sind allerdings von jenen, welche in der persönlichen Lebensführung verankert sind (Ernährung, sportliche Aktivitäten, Lebensstil), abzugrenzen.
- Infolge der fortschreitenden demographischen Alterung ist damit zu rechnen, dass ein zunehmender Anteil der Bevölkerung Österreichs Teil der Risikogruppe wird. Betrug die Zahl der Personen im Alter von 65 und mehr Jahren im Jahr 2017 1,63 Mio., so wird diese bis 2030 um eine halbe Million (31 %) auf 2,13 Mio. zunehmen.
- Weniger eindeutig sind die Vulnerabilitätseffekte von Migration, die als weitere wichtige Auswirkung klimatischer Veränderungen auf Bevölkerungen gesehen werden kann. Während diese zumeist innerhalb nationaler Grenzen stattfindet, deutet eine zunehmende Zahl an Studien darauf hin, dass Umwelteinflüsse auch internationale Migration hervorrufen können. Durch Migration nach Österreich ist mit einer Zunahme des Anteils der Risikogruppe an der österreichischen Bevölkerung zu rechnen.
- Nicht zu vernachlässigen ist auch der indirekte Einfluss von klimatischen Veränderungen auf Migrationstendenzen durch die Befeuerung von Konflikten, was zweifellos für eine Zunahme der Vulnerabilität sorgt. Zugleich leistet Migration einen Beitrag zur Abschwächung des Effekts der Alterung, was tendenziell eher vulnerabilitätsmildernd wirken kann.
- Um die zukünftigen Auswirkungen des Klimawandels auf vulnerable Bevölkerungsgruppen in Österreich gering zu halten, sind rechtzeitig Vorsorgemaßnahmen zu treffen, welche den Bedürfnissen der unterschiedlichen Bevölkerungsgruppen gerecht werden. Die Nicht-Berücksichtigung demographischer Faktoren kann zu fehlgeleiteten Politikmaßnahmen führen.

Auch ökonomische Veränderungen können die Bereitstellung von Gesundheitsleistungen beeinträchtigen und somit Vulnerabilität erhöhen.

- Die prominentesten Faktoren sind steigende Ungleichheit, Alterung oder die Automatisierung der Produktion. Der Klimawandel kann zum einen Ursache ökonomischer Veränderungen sein, zugleich aber auch die vulnerabilitätssteigernde Wirkung der genannten ökonomischen Veränderungen verschärfen.
- Nachhaltige wirtschaftliche Rahmenbedingungen werden erforderlich sein, um Ungleichheit befördernde Wirtschaftssyteme und -krisen zu vermeiden und eine erfolgreiche Anpassung an den Klimawandel für alle zu gewährleisten.

Der Klimawandel beeinflusst das Gesundheitssystem bzw. die Gesundheitsversorgung, wobei die Kompetenzen zur Vermeidung oder Abschwächung seiner direkten und indirekten gesundheitlichen Folgen fragmentiert sind und oft außerhalb des Gesundheitssystems liegen.

- Um der erhöhten Inanspruchnahme des Gesundheitssystems infolge des Klimawandels zu begegnen, sind Maßnahmen erforderlich, die über den Verantwortungsbereich des Gesundheitssystems hinausgehen.
- Verstärkte Vorhaltung und Inanspruchnahme des Gesundheitssystems haben nicht nur gesundheitsökonomische Implikationen, sondern tragen ihrerseits selbst durch verstärkte Emissionen zum Klimawandel bei (z. B. durch Kühl- und Heizsysteme, Beschaffung und Transport etc.).
- Ökonomische Bewertungen, die Kosten und Nutzen von spezifischen Maßnahmen zum Schutz der Gesundheit vor den Folgen des Klimawandels untersuchen, liegen kaum vor. Die erhöhte Krankheitslast führt jedoch unumstritten zu ökonomischen Folgekosten, u. a. bedingt durch erhöhte Präventionskosten und Inanspruchnahme, Produktivitätsausfälle (Krankenstände), direkte Schäden und Investitionsaufkommen.

2.1 Einleitung

In Anwendung des von der Weltgesundheitsorganisation bereitgestellten konzeptionellen Rahmens der Gesundheitsdeterminanten (WHO, 2010) beschäftigt sich dieses Kapitel mit den sozialen, politischen und ökologischen Kontexten, die sich auf Gesundheit auswirken – speziell Bevölkerungsdynamik, Wirtschaft und das Gesundheitssystem. Besonderes Augenmerk wird auch auf Veränderungen in der Vulnerabilität gelegt. Ausgangspunkt ist aber einmal mehr der Klimawandel, dessen direkte, wie auch indirekte Gesundheitsauswirkungen im Kontext des komplexen Wechselspiels der drei genannten Determinanten gesehen werden muss. Eine Zunahme der Häufigkeit wie auch der Intensität von Extremwetterereignissen wie Flutkatastrophen, Dürren oder Hitzewellen können direkte körperliche und psychische Gesundheitsfolgen haben (McMichael & Lindgren, 2011). Beispiele für indirekte Gesundheitsfolgen des Klimawandels sind die Ausbreitung von Krankheitserregern und auch allergenen Pflanzen, die sich aus den Veränderungen des Ökosystems ergeben. Des Weiteren beeinflusst der Klimawandel das sozioökonomische und politische Umfeld, in dem Ungleichheiten im Gesundheitssystem entstehen können (Walpole u. a., 2009).

Dieses Kapitel berücksichtigt, dass die Gesundheitsdeterminanten nicht statisch bleiben, sondern einem ständigen Wandlungsprozess unterworfen sind. Die Finanzkrise von 2008 illustriert beispielsweise wie wirtschaftliche Veränderungen durch die Schwächung sozialer Sicherungssysteme Gesundheit negativ beeinflussen können. Infolge fiskalischer Einschnitte im Wohlfahrtsstaat geriet das Gesundheitssystem in vielen europäischen Ländern wie Griechenland, Spanien oder Portugal stark unter Druck (Karanikolos u. a., 2013). Tatsächlich zeigt eine Vielzahl an empirischen Studien konsistente Evidenz für einen Anstieg bei den Selbstmorden wie auch verschlechterte psychische Gesundheit infolge der europäischen Finanzkrise (Parmar u. a., 2016). In diesem Fall scheint die sich verschlechternde Wirtschaftslage die Gesundheitssituation der Bevölkerung durch Stress und Angst vor Jobverlust zu belasten sowie durch mangelnde Finanzierung des Gesundheitssystems die Versorgung zu gefährden. Dies erhöht die Vulnerabilität gegenüber den Folgen des Klimawandels.

Zugleich befand sich das Gesundheitssystem – als weitere wichtige Gesundheitsdeterminante – in einem permanenten Reformzustand. In vielen Ländern mit allgemeiner Gesundheitsversorgung herrscht Bedarf an der Reformierung des Gesundheitsmanagements wie auch der Finanzierung. Die Bandbreite der nötigen Veränderungen reicht dabei von Dezentralisierungsschritten auf der regionalen oder auch lokalen Ebene, wie z. B. in Italien, über die Entwicklung von Präventions- und Gesundheitsförderungskampagnen, wie z. B. in Spanien und Portugal, bis hin zur Standardisierung und Defragmentierung von Pflegeleistungen, wie z. B. in Österreich (Hofmarcher, 2014; Serapioni & Matos, 2014). Während einige Politikmaßnahmen darauf abzielten, die öffentliche Gesundheit zu verbessern und Gesundheitsleistungen aufrechtzuerhalten, handelte es sich oftmals auch um Maßnahmen zur Kürzung von Kosten infolge des ökonomischen Schocks. Das verringerte Ausmaß der Krankenversicherung in Spanien oder der Anstieg von Selbstbehalten in Dänemark, Frankreich und Italien können dabei als Beispiele gesehen werden, wie die wirtschaftlichen Rahmenbedingungen sich auf die Gleichheit im Gesundheitssystem auswirken können (Wenzl u. a., 2017).

Aber nicht nur Transformationen in der Wirtschaft und im Gesundheitssystem beeinflussen die Gesundheit der Bevölkerung, auch die Bevölkerung selbst verändert sich. Die Veränderung der Bevölkerung wird im Wesentlichen durch Fertilität, Mortalität und Migration bestimmt, woraus sich die Bevölkerungsgröße und -verteilung ergeben. In Österreich führen eine längere Lebenserwartung und langfristige Abwärtstrends in der Fertilität zu einer Alterung der Bevölkerung. Diese Veränderung der Altersstruktur wirkt sich durch den verringerten Anteil an erwerbstätiger Bevölkerung auf das Rentensystem und durch den vergrößerten Bedarf nach Langzeitpflege auf soziale Sicherungssysteme, wie das Gesundheitssystem, aus (Hsu u. a., 2015). In ähnlicher Weise trägt auch die Migration (nicht nur hinsichtlich der Bevölkerungszahl, sondern auch ihrer Zusammensetzung) zum demographischen Wandel bei (Philipov & Schuster, 2010). Zuletzt beeinflussen diese demographischen Veränderungen die Morbiditätsmuster, da sie sich auf den Anteil an gefährdeter Bevölkerung auswirken. Die Populationsdynamik ist somit als zentrale Gesundheitsdeterminante zu sehen.

Wenngleich nicht explizit im ursprünglichen konzeptionellen Rahmen der sozialen Gesundheitsdeterminanten genannt, hat auch der Klimawandel offensichtlich einen Einfluss auf Determinanten wie Wirtschaft, Gesundheitssystem und Bevölkerungsdynamik. Was die Auswirkungen des Klimawandels auf die Wirtschaft anbelangt, dürften einige Länder in der nördlichen Hemisphäre sogar profitieren, da sich die landwirtschaftliche Produktion erhöhen und Heizkosten verringern könnten. Für den Großteil der restlichen Welt, speziell in den tropischen und subtropischen Gebieten, werden jedoch eher negative wirtschaftliche Effekte der Erderwärmung vorhergesagt, die vom Rückgang der Ernteerträge und der Arbeitsproduktivität bis hin zu Schäden an Produktionsstätten reichen (IPCC, 2007b). Weiters sagt der IPCC voraus, dass die positiven wirtschaftlichen Effekte des Klimawandels sich bei einem weiteren Anstieg der Emissionen (was mit einem Anstieg der globalen Durchschnittstemperaturen einhergeht) ins Negative kehren und zunehmend intensivieren.

Ebenso kann der Klimawandel sich auf das Gesundheitssystem auswirken. Gesundheitseinrichtungen können direkten Schaden nehmen, aber auch indirekte Schäden sind möglich, z. B. aufgrund des Wiederauftretens oder der erneuten Zunahme bestimmter Infektionskrankheiten, wobei zeitgerechtes Risikomanagement und Vorbereitungsmaßnahmen im öffentlichen Gesundheitssystem vonnöten sein werden, um mit den neuen Anforderungen Schritt zu halten. Antworten des öffentlichen Gesundheitswesens auf diese neuen Herausforderungen müssen hierbei sowohl die Möglichkeit der Klimawandelabschwächung als auch der rechtzeitigen Anpassung sowie mögliche „Co-Benefits" in Betracht ziehen (Frumkin u. a., 2008; Haines, 2017). Treibhausgase zu reduzieren, würde nicht nur helfen, den Klimawandel einzudämmen, sondern auch gesundheitliche Vorteile bringen, weil klimabezogene Risiken verringert werden würden.

Was die Auswirkungen des Klimawandels auf die Bevölkerungsdynamik anbelangt, verdichtet sich die Evidenz, dass Extremwetterereignisse sowie eine Verschlechterung der Luftqualität mit beträchtlicher Überschussmortalität einhergehen (Forzieri u. a., 2017; Silva u. a., 2013). Zugleich wirkt sich der Klimawandel auf Migration aus, die Effekte können jedoch sowohl positiv als auch negativ sein: Während der Klimawandel einerseits Migration über kürzere Distanzen erhöht, verringert er gleichzeitig Migration über weitere Strecken. Weiters dürfte der Klimawandel Migration eher indirekt beeinflussen, und zwar indem er die ökonomischen, politischen und gesellschaftlichen Treiber von Migration anfeuert (Black, Adger u. a., 2011). Die damit einhergehenden Veränderungen in der Bevölkerungsverteilung und -struktur wirken sich zugleich wieder auf die dem Klimawandel ausgesetzte Bevölkerung aus. Tatsächlich sind die vom Klimawandel ausgehenden gesundheitlichen Gefahren nicht gleichmäßig über alle Bevölkerungsschichten verteilt und es gilt, demographische Unterschiede in der Vulnerabilität zu berücksichtigen (Muttarak u. a., 2016).

Der Klimawandel kann also als neue Form des Gesundheitsrisikos bezeichnet werden, welche Vorbereitungs- und Anpassungsmaßnahmen, sowohl vonseiten des Staates (z. B. Gesundheitssystem, Infrastruktur, Frühwarnsysteme) als auch vonseiten der Individuen (z. B. individuelle Vorbereitung, Diversifikation von Lebensgrundlagen, Anpassung des Lebensstils) erfordert. Die Auswirkungen des Klimawandels auf Gesundheit können nur dann in Grenzen gehalten werden, wenn man die von ihm hervorgerufenen Veränderungen in den Gesundheitsdeterminanten rechtzeitig erkennt und auf sie eingeht.

Diesem Ziel verpflichtet, widmet sich Kapitel 2.2 zunächst dem Klimawandel als Gesundheitsdeterminante. Die speziell für Österreich zu erwartenden Auswirkungen sich global verändernder klimatischer Bedingungen werden beschrieben und in Bezug auf ihre Folgen für die gesundheitlichen Rahmenbedingungen analysiert. Im Anschluss daran beschäftigt sich Kapitel 2.3 mit dem demographischen Wandel, der zeitgleich mit dem Klimawandel für Veränderungen in der österreichischen Gesundheitslandschaft sorgt. Hier gilt es einerseits das Phänomen der Alterung in Österreich und anderen industrialisierten Ländern zu thematisieren, andererseits das anhaltend starke Bevölkerungswachstum in anderen Teilen der Welt, das sich ebenfalls auf Österreich auswirkt, weil es den Migrationsdruck aber auch den ökologischen Fußabdruck der Menschheit im Allgemeinen erhöht. Kapitel 2.4 bezieht als weitere Gesundheitsdeterminante die Wirtschaft mit ein und stellt diese in den Kontext der bereits besprochenen Veränderungen in Umwelt und Demographie. Beide können zum Auslöser für Krisenerscheinungen werden, welche sich auf Produktivität, Ertrag und Wachstum auswirken. Zuletzt kommt Kapitel 2.5 noch auf das Gesundheitssystem zu sprechen, welches als Gesundheitsdeterminante von den zuvor genannten Einflussfaktoren einem permanenten Reformdruck ausgesetzt ist. Um den Anforderungen öffentlicher Gesundheit im 21. Jahrhundert gerecht zu werden, muss sich das Gesundheitssystem mit den Folgewirkungen von Klimawandel und Demographie auseinandersetzen und Antworten auf neue Herausforderungen finden. Es gilt, vulnerable Gruppen aber auch Hochrisikogebiete zu identifizieren und spezifisch auf diese abgestimmte Vorsorgemaßnahmen zu entwickeln, um nicht leistbare Ineffizienzen zu vermeiden. Wie stark sich Klimawandel und demographischer Wandel letzten Endes auf die öffentliche Gesundheit auswirken, wird nicht zuletzt vom Erfolg oder Misserfolg dieser Bemühungen abhängen.

2.2 Entwicklung der gesundheitsrelevanten Klimaindikatoren: Klimavergangenheit und Klimaprojektionen

2.2.1 Klimawandel & Treibhausgase

Für die Entwicklung der Spezies Mensch war das Klima schon immer von großer Bedeutung. Das Holozän, in dem sich die Menschheit von der Steinzeit bis zur Gegenwart entwickelt hat, ist von geringen Temperaturschwankungen geprägt (siehe Abb. 2.1).

Das letzte Millennium (rechts in Abb. 2.1) wird in drei Abschnitte unterteilt: das „mittelalterliche Klimaoptimum", die „kleine Eiszeit" und der aktuelle Zeitraum anthropogener Erwärmung. Das „mittelalterliche Klimaoptimum" wird u. a. mit warmen Meeresoberflächentemperaturen im Nordatlantik in Verbindung gebracht, die dazu führten, dass die vorherrschenden Westwinde im Vergleich zu anderen Perioden milde, feuchte Luftmassen in den europäischen Kontinent getragen haben. Dieser Effekt wurde durch häufige positive Phasen der NAO (Nordatlantische Oszillation; Hurrel, 1995) verstärkt. Abgesehen davon gab es während des „mittelalterlichen Klimaoptimums" ungewöhnlich wenige Vulkaneruptionen (Glaser, 2001). Die „kleine Eiszeit" hingegen war von besonders starken und häufig auftretenden Vulkanausbrüchen geprägt, die zu einer Abkühlung führten. Darüber hinaus war die Sonne während der „kleinen Eiszeit" in ihrer (auf die letzten 2000 Jahre bezogenen) inaktivsten Phase und hat daher dem Klimasystem vergleichsweise wenig Energie zur Verfügung gestellt. Beide Effekte haben sich überlagert und niedrige Durchschnittstemperaturen zur Folge gehabt (siehe z. B. Pfister, 1999). Die Folge waren Hungersnöte und Epidemien in Eurasien, die beispielsweise in China sehr gut dokumentiert sind. Aus historischen Aufzeichnungen lässt sich ablesen, dass während kälterer Perioden die Wahrscheinlichkeit größerer Epidemien, die mehr als 3 chinesische Provinzen

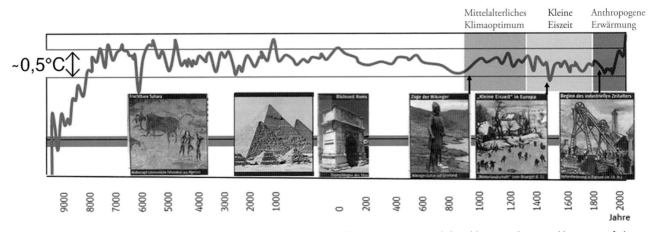

Abb. 2.1 (Matulla, Ressl): Temperaturverlauf im Holozän, in dem die Menschheit eine rasante, sich beschleunigende Entwicklung (von Pfeil und Bogen bis hin zur Erforschung des Weltraums) erfahren hat. Rechts oben sind die drei Phasen, in die das letzte Millennium unterteilt wird, benannt (siehe Text).

betrafen, gegenüber wärmeren Perioden um 40 % erhöht war (McMichael, 2012). Auch die Pestepidemie in Europa fällt in diesen Zeitraum. Die „anthropogene Warmzeit" beginnt Mitte des 19. Jahrhunderts in der industriellen Revolution. Neben abnehmendem Vulkanismus und einer Zunahme der Sonnenaktivität haben vor allem steigende und seither stets wachsende, anthropogen verursachte Treibhausgasemissionen die Abstrahlung der Energie von der Erdoberfläche (im langwelligen Bereich) ins All erschwert und derart die beobachtete Erwärmung forciert (siehe z. B. IPCC, 2001).

Die gegenwärtige Klimaentwicklung unterscheidet sich von Klimaänderungen in der Vergangenheit einerseits dadurch, dass sie anthropogen verursacht ist, andererseits dadurch, dass sie bedeutend schneller voranschreitet, als das während des Holozäns jemals der Fall war. Gleichzeitig unterscheiden sich moderne Gesellschaften in vielen Aspekten von den Gesellschaften früherer Zeitalter. Technologische Errungenschaften und höherer Wohlstand haben neue Vulnerabilitäten mit sich gebracht.

Der anthropogene Treibhauseffekt

Der Treibhauseffekt ist ein Phänomen, das das Leben auf der Erde überhaupt erst ermöglicht. Sonnenstrahlung trifft auf die Erde und etwa 30 % davon werden von der Atmosphäre und der Erdoberfläche zurück ins Weltall reflektiert. Die verbleibende Einstrahlung wird von der Atmosphäre und der Erdoberfläche absorbiert, diese erwärmen sich und geben die Energie in Form von langwelliger Wärmestrahlung wieder ab. Treibhausgase (THG) in der Atmosphäre verstärken die Absorption der Wärmestrahlung, die von der Erdoberfläche, der Atmosphäre selbst und von den Wolken emittiert wird, was dazu führt, dass sich Erdoberfläche und Atmosphäre zusätzlich erwärmen. Gäbe es keinen Treibhauseffekt, würde die Temperatur der Erdoberfläche bei durchschnittlich -18 °C liegen (IPCC, 2013).

Das Treibhausgas, das diesen Effekt überwiegend verursacht, ist Wasserdampf. Aber auch Spurengase, die durch menschliche Aktivitäten in die Atmosphäre eingetragen werden, tragen dazu bei. Dies sind unter anderem Kohlendioxid (CO_2), Methan (CH_4) und Lachgas (N_2O). Sie kommen zum Teil natürlich in der Atmosphäre vor, werden aber seit der industriellen und der Agrarrevolution verstärkt durch menschliche Aktivitäten ausgestoßen. Die Verbrennung fossiler Energieträger ist die primäre Quelle von atmosphärischem CO_2, aber auch Entwaldung, Landnutzungsänderungen und Bodendegradation tragen zu höheren Raten an CO_2-Emissionen bei. CH_4- und N_2O-Emissionen werden beispielsweise durch landwirtschaftliche Aktivitäten – vor allem Rinderzucht –, die Abfallwirtschaft und die Verbrennung von Biomasse verursacht (EPA, 2017).

Messungen aus Eisbohrkernen belegen, dass die Konzentration der Treibhausgase in der Atmosphäre eng mit der globalen Durchschnittstemperatur zusammenhängt (Abb. 2.2). Wegen starker Rückkoppelungsmechanismen zwischen Temperatur und CO_2-Konzentration kann sowohl ein Temperaturanstieg einen CO_2-Anstieg bedingen (astronomische Auslöser in Paläozeiten, Abb. 2.2), als auch umgekehrt (gegenwärtiger Eintrag von CO_2 in die Atmosphäre). Die ständig steigende THG-Konzentration in der Atmosphäre – 2015 wurden erstmals seit Beginn der direkten CO_2-Messungen in der Atmosphäre Mitte des vorigen Jahrhunderts 400 parts per million (1 ppm, entspricht 0,001 ‰) überschritten – führt daher zur Erwärmung. Die Tatsache, dass der Klimawandel stattfindet und menschengemacht ist, steht in der Wissenschaft außer Frage (Cook u. a., 2016).

Die Erhöhung der Durchschnittstemperatur führt bereits jetzt zu Veränderungen in der Phänologie der Pflanzen, die sich in weiterer Folge auf Prozesse in Ökosystemen und damit auch auf die Biodiversität auswirken. Die Wüstenbildung und andere Landschaftsveränderungen schreiten voran. Die Erwärmung der Meere hat bereits erhebliche Auswirkungen auf die Biodiversität in den Meeren, beispielsweise verlieren durch das Korallensterben viele Arten ihr Habitat. Das Verschwinden des Meereises in den Polarregionen und der Anstieg des Meeresspiegels sind bereits merkbar, ebenso regi-

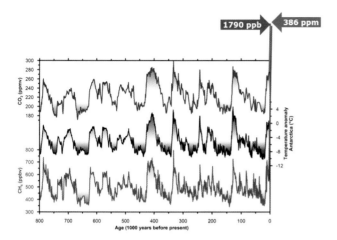

Abb. 2.2: Atmosphärische CO2- (in ppm, blau) und CH4- (in ppb, rot) Konzentration sowie Temperaturabweichungen in der Antarktis (in °C, schwarz) in den letzten 800.000 Jahren. Sichtbar wird die stark erhöhte THG-Konzentration der Gegenwart (rechts). Quelle: Centre for Ice and Climate (2018), Universität Kopenhagen, lt. Skeptikalscience.com

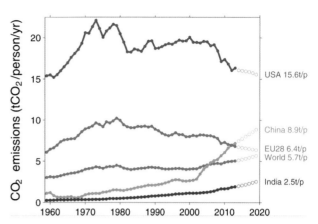

Abb. 2.4: Pro-Kopf-Emissionen in t CO2 pro Person und Jahr verschiedener Länder im Vergleich zwischen 1960 und 2020. Quelle: Quéré u. a., 2016.

onale Einschränkungen in der Wasserverfügbarkeit. Diese Effekte werden mit zunehmender Erwärmung weiter verschärft. Der Klimawandel zeigt sich aber nicht nur in der Erhöhung der Durchschnittstemperaturen. Es ist eine Zunahme an Extremwetterereignissen wie Dürren, Hitzewellen, Starkregenereignissen und tropischen Wirbelstürmen (Hurrikans, Taifune,) zu erwarten und auch zum Teil schon zu beobachten. Die Veränderungen können bewaffnete Konflikte und Fluchtbewegungen auslösen bzw. diese verstärken (IPCC, 2014).

Anteile am THG-Ausstoß

Global gesehen tragen die Wirtschaftssektoren Produktion von Strom und Wärme, Land- und Forstwirtschaft und Landnutzung, Industrie sowie Transport am meisten zu den THG-Emissionen bei (Abb. 2.3).

Betrachtet man die Emissionen der verschiedenen Länder, so weist China vor den USA und Europa die meisten CO$_2$-Emissionen auf. Betrachtet man jedoch die Emissionen pro Kopf, liegen die USA nach wie vor mit Abstand vor den anderen Industrieländern und China. China hat unterdessen bei den Pro-Kopf-Emissionen die EU etwa 2010 überholt und auch die Pro-Kopf-Emissionen in Indien steigen deutlich an (siehe Abb. 2.4)

Trends in Österreich

In Österreich lagen die Pro-Kopf-Emissionen 2013 mit 7,1 t geringfügig über dem EU-28-Mittel, jedoch deutlich über dem globalen Durchschnitt von 4,4 t (Umweltbundesamt, 2017). Beim Anteil der einzelnen Sektoren an den THG-Emissionen in Österreich zeigt sich im Vergleich mit den internationalen Daten (siehe Abb. 2.3) ein geringerer Anteil an Emissionen aus der Landwirtschaft und, besonders auffallend, ein doppelt so hoher Anteil aus dem Sektor Verkehr (verglichen mit dem Sektor Transport bei den internationalen Daten). Darüber hinaus sind die Emissionen im Verkehr im Vergleich zu 1990 drastisch angestiegen (siehe Abb. 2.5).

RCP-Szenarien

Wie stark der globale Klimawandel in Zukunft ausfallen wird und welche Auswirkungen damit verbunden sind, hängt vom menschlichen Verhalten ab. Dieses bestimmt die Emissionen und damit die THG-Konzentration in der Atmosphäre. Um verschiedene Szenarien darzustellen, nutzt das *Intergovernmental Panel on Climate Change* (IPCC) sogenannte „*representative concentration pathways* (RCPs)", die verschiedene Maximalwerte und Zeitpunkte beschreiben, zu denen die THG-Emissionen ihr Maximum erreichen und wieder sinken (siehe Abb. 2.6).

Das im Pariser Klimaabkommen festgeschriebene Ziel einer Erwärmung um nicht mehr als 2 °C gegenüber vorindustrieller Zeit entspricht dem ambitioniertesten IPCC Sze-

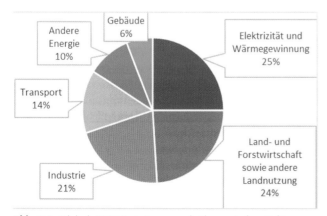

Abb. 2.3: Globale THG-Emissionen nach ökonomischen Sektoren. Elektrizität und Wärmegewinnung sowie verschiedene Landnutzungsformen machen gemeinsam die Hälfte der anthropogen emittierten THGs aus. Quelle: IPCC, 2013

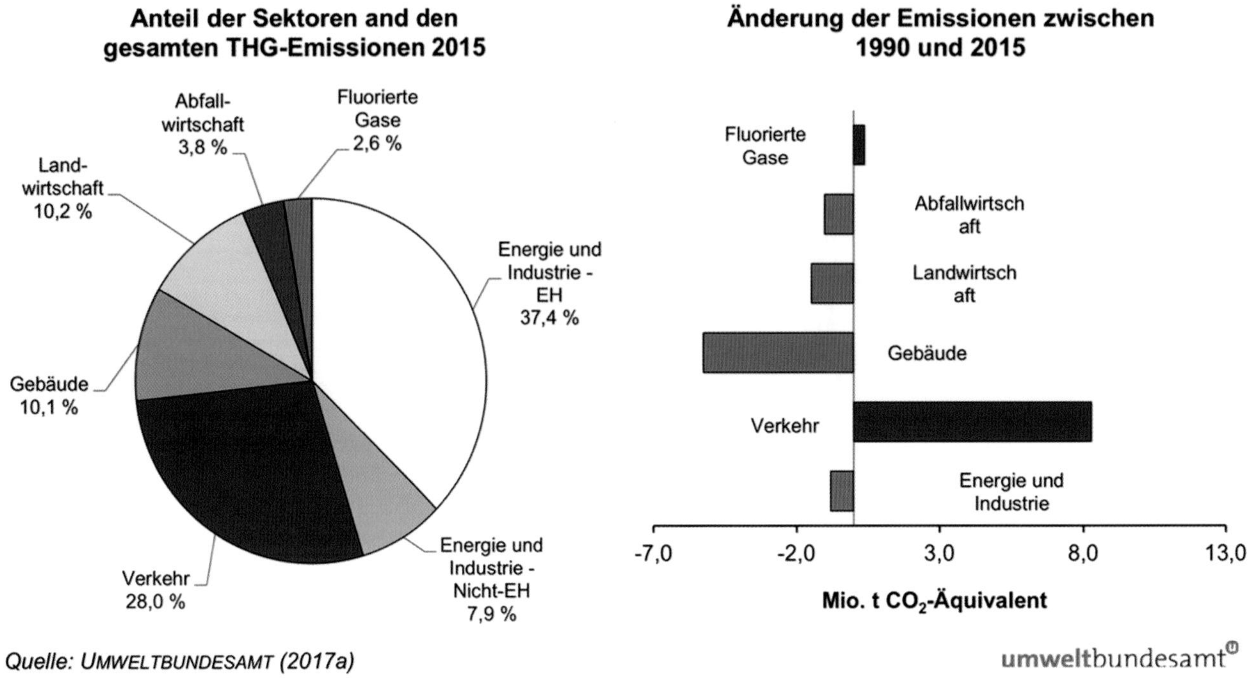

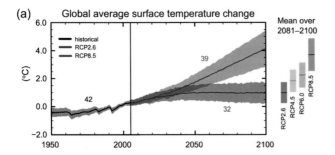

Anteil der Sektoren and den gesamten THG-Emissionen 2015

Abfall-wirtschaft 3,8 %
Fluorierte Gase 2,6 %
Land-wirtschaft 10,2 %
Energie und Industrie - EH 37,4 %
Gebäude 10,1 %
Verkehr 28,0 %
Energie und Industrie - Nicht-EH 7,9 %

Änderung der Emissionen zwischen 1990 und 2015

Fluorierte Gase
Abfallwirtsch aft
Landwirtsch aft
Gebäude
Verkehr
Energie und Industrie

-7,0   -2,0   3,0   8,0   13,0

Mio. t CO₂-Äquivalent

Quelle: UMWELTBUNDESAMT (2017a)

umweltbundesamt

Abb. 2.5: Anteil der Sektoren an den gesamten THG-Emissionen 2015 (links) und Änderung der Emissionen zwischen 1990 und 2015 (rechts). Besonders der Sektor Verkehr verzeichnet einen starken Zuwachs. Der Anteil des Sektors Verkehr ist in Österreich doppelt so hoch wie im globalen Durchschnitt. Quelle: Umweltbundesamt, 2017

nario, dem RCP 2.6 Szenario. Unter realistischen Annahmen und Berücksichtigung der wirtschaftlichen Entwicklung muss der jährliche globale THG-Ausstoß nicht später als 2020 sein Maximum erreichen. Die Industriestaaten müssen zudem bis 2050 ihre THG-Emissionen um 80–95 % reduzieren.

Weltweit muss 2030 das Emissionsniveau wieder auf jenes von 1990 gesenkt werden und bis 2050 weiter auf 20–30 % des Emissionsniveaus von 1990 sinken. Um das 1,5 °C Ziel zu erreichen, ist eine deutlich raschere Reduktion der Treibhausgasemissionen nötig.

In Österreich war die Temperatur um 2014 im Mittel mehr als 2 °C höher als die Durchschnittstemperatur Ende

(a) Global average surface temperature change

6.0
4.0
2.0
0.0
-2.0
1950   2000   2050   2100

historical
RCP2.6
RCP8.5

(°C)

42
39
32

Mean over 2081–2100

RCP2.6
RCP4.5
RCP6.0
RCP8.5

Abb. 2.6: Anstieg der globalen Durchschnittstemperatur bis 2100 unter den zwei extremen RCP-Szenarien unter Berücksichtigung von 32 bzw. 39 Modellen. Rechts sind die durchschnittlichen Temperaturen zwischen 2081 und 2100 unter allen vier RCP-Szenarien dargestellt. Die größeren Unsicherheiten im RPC 8.5 Szenario sind darauf zurückzuführen, dass Vorhersagen schwerer werden, je weiter das Szenario sich von den Bedingungen der Gegenwart entfernt. Quelle: IPCC, 2013

des 19. Jahrhunderts – das ist ein etwa doppelt so hoher Anstieg wie die Erwärmung im globalen Durchschnitt. Auch bei Einhaltung des 2 °C Ziels könnte in Österreich die Durchschnittstemperatur um 4 °C bezogen auf Ende des 19. Jahrhunderts ansteigen (APCC, 2014).

Das Pariser Klimaabkommen und Konsequenzen

Im Dezember 2015 wurde auf der COP21 in Paris zwischen den Regierungen von 195 Ländern ein Abkommen ausgehandelt, das 2016 schon von hinreichend vielen Parlamenten ratifiziert worden war, sodass es im November 2016 völkerrechtlich verbindlich in Kraft treten konnte. Auch Österreich und die EU haben das Pariser Klimaabkommen ratifiziert. Man hat sich darauf geeinigt, den Anstieg der Durchschnittstemperatur weltweit auf deutlich weniger als 2 °C im globalen Durchschnitt gegenüber dem vorindustriellen Stand zu beschränken und Anstrengungen zu machen, den Temperaturanstieg auf 1,5 °C zu beschränken (Europäische Kommission, 2016). Auch bei Erreichen des 1,5 °C Ziels muss noch mit erheblichen Auswirkungen auf Umwelt, Gesundheit und Wirtschaft gerechnet werden.

Im Pariser Übereinkommen wurden keine verbindlichen Maßnahmen für die einzelnen Länder festgesetzt, wie das vereinbarte Ziel zu erreichen ist, noch rechtliche Konsequenzen bei Nichteinhaltung des jeweiligen Ziels, aber es legt ein Verfahren der schrittweisen Anhebung der Reduktionen fest. Die derzeit von den Regierungen versprochenen Beiträge zur Emissionsreduktion (*Nationally Determined Contributions*, NDCs) decken nur etwa ein Drittel der für ein Erreichen einer Erwärmung deutlich unter 2 °C benötigten Emissionsreduktion ab (UNEP, 2017).

In der Klima- und Energiestrategie „mission2030" (BMNT & BMVIT 2018) bekennt sich die österreichische Bundesregierung zum Pariser Klimaziel, strebt allerdings gemäß aktuellen EU-Vorgaben bis 2030 nur eine 36 %ige Reduktion der Treibhausgasemissionen gegenüber 2005 an (BMNT & BMVIT, 2018). Dies wird zu Einhaltung des Pariser Abkommens nicht genügen. Konkrete organisatorische Schritte und Instrumente zur Zielerreichung sind in der österreichischen Strategie nicht angeführt.

2.2.2 Gesundheitsrelevante Klimafaktoren

Der Klimawandel kann sich sowohl direkt als auch indirekt auf die menschliche Gesundheit auswirken. Unter den direkten Auswirkungen sind thermische Effekte von besonderer Bedeutung. Neben diesen treten aber auch Todesfälle, Verletzungen und Krankheiten als direkte Folge extremer Wetterereignisse, wie etwa Stürme oder Hochwasser, auf. Auch Traumata infolge erschreckender oder schmerzhafter Erlebnisse in Zusammenhang mit Extremereignissen zählen zu dieser Kategorie. Die indirekten Auswirkungen sind noch vielfältiger als die direkten: Höhere Temperaturen können sich beispielsweise auf die Menge und das saisonale Auftreten allergener Pollen auswirken, während sich durch eine Zunahme an Starkregenereignissen und eine darauffolgende Zunahme an krankheitsübertragenden Insekten zusätzliche gesundheitliche Auswirkungen ergeben können. In Tabelle 2.1 wurden meteorologische Veränderungen und deren gesundheitsrelevanten Wirkungen zusammenfassend dargestellt.

Im Folgenden wird die gegenwärtige Situation gesundheitsrelevanter Klimafaktoren in Österreich kurz umrissen.

Direkte Auswirkungen

Im Bezug auf die direkten Auswirkungen ist es wichtig, zwischen Klimaveränderungen, also Veränderungen der klimatischen Verhältnisse im 30-jährigen Mittel, und Wetterextremen, die in täglichen oder noch kürzeren zeitlichen Skalen stattfinden, zu unterscheiden. Sowohl die Häufigkeit als auch das Ausmaß von Wetterextremen können sich im Zuge des Klimawandels ändern. Der statistische Nachweis dieser Änderungen ist oft schwierig, da die verfügbaren Zeitreihen meist eine zu geringe zeitliche wie räumliche Auflösung aufweisen (APCC, 2014).

Thermische Effekte

Zu warme Temperaturen können in verschiedener Hinsicht unterschiedliche Wirkungen auf die Gesundheit haben. Sehr heiße Temperaturen können in Kombination mit Sonnenstrahlung oder körperlicher Aktivität zu einer direkten Überhitzung des Körpers (Hitzschlag) führen. Weiter verbreitet ist jedoch eine generelle thermische Belastung, welche nicht nur von den absoluten Temperaturwerten, sondern auch von der Länge der Belastung abhängt, da diese kumuliert. Deshalb sind Hitzewellen besonders belastend. Dabei ist nicht nur die Maximaltemperatur unter Tag relevant, sondern auch die nächtliche Abkühlung, also die Minimumtemperatur. Die nächtliche Abkühlung spielt eine besondere Rolle für die Innenklimate der Gebäude, da nächtliches Lüften häufig die einzige Möglichkeit ist, Wohnbereiche während einer Hitzewelle zu kühlen. Die meteorologische Kenngröße zur Quantifizierung der akuten Hitzebelastung ist das Temperaturmaximum. Gerne werden hierfür in Österreich die Anzahl der Hitzetage (Höchsttemperatur ≥ 30 °C) verwendet. Als Indikator für die nächtliche Abkühlung dient das Temperaturminimum und als Grenzwert für Nächte mit geringer Abkühlung werden Tropennächte (Abkühlung nicht unter 20 °C) verwendet. Tropennächte sind derzeit noch recht selten in Österreich und werden überwiegend in städtischen Gebieten erreicht. In Wien wurden aber auch schon Nächte beobachtet, in denen das Temperaturminimum nicht unter 25 °C absank.

Für Hitzewellen gibt es weltweit verschiedene Definitionen. Eine für Mitteleuropa sehr brauchbare Definition stammt aus Tschechien (Kyselý, 2004) und klassifiziert eine Hitzewelle als Ereignis, das voraussetzt, dass an mindestens 3 aufeinanderfolgenden Tagen eine Maximaltemperatur von > 30 °C erreicht wird. Die HItzewelle endet, wenn die maximale Temperatur an einem Tag unter 25 °C oder die mittlere Maximaltemperatur aller Tage der Periode unter 30 °C sinkt.

In Österreich hat die Temperatur im Jahresmittel seit den 1880er Jahren um mehr als 2 °C zugenommen, was im Vergleich zur Temperaturzunahme im globalen Mittel eine doppelt so hohe Erwärmung bedeutet. Diese verlief in zwei Schüben, wobei vor allem die zweite Erwärmungsphase von 1980 bis heute von anthropogenen THGs angetrieben wurde (APCC, 2014). Obwohl die Temperaturzunahme in ganz Österreich sehr ähnlich ist, ist die Hitzebelastung durch die Seehöhenabhängigkeit der Temperatur räumlich stark unterschiedlich.

Als ein Beispiel für die wärmsten österreichischen Regionen im pannonischen Osten Österreichs kann die Station Wien Hohe Warte dienen. Sie liegt zwar im Stadtgebiet von Wien, jedoch am stark begrünten Stadtrand in den Ausläufern des Wienerwaldes. Dadurch ist sie nicht so stark durch den städtischen Wärmeinseleffekt beeinflusst (dem dichtbebauten städtischen Bereich ist ein eigener Abschnitt gewidmet, siehe Spezialfall Stadt). An der Station Wien Hohe Warte ist die Anzahl der Hitzetage (Tage mit Temperaturmaximum gleich oder über 30 °C) von 9,9 Tagen (Mittelwert für den Zeitraum 1961–1990) auf 15,3 Tage (Mittelwert für den Zeitraum 1981–2010) gestiegen, sie haben sich also praktisch verdoppelt. Auch die nächtliche Hitzebelastung zeigt einen zunehmenden Trend. Die mittlere jährliche Anzahl der warmen Nächte (Tage mit Temperaturminimum gleich oder über

17 °C) ist an der Station der Hohen Warte in der gleichen Zeit von 18,4 auf 27,8 gestiegen. Tropennächte traten 1961–1990 auf der Hohen Warte im Durchschnitt 1,6 Mal pro Jahr auf, heute (1988–2017) bereits in 5,6 Nächten. Damit hat sich deren Anzahl mehr als verdreifacht.

Am anderen Ende der Temperaturskala stehen Kälteereignisse, die sich ebenfalls auf die menschliche Gesundheit auswirken. Frosttage mit einer Minimaltemperatur < 0 °C kommen in den Tieflagen Österreichs in etwa an 80 Tagen im Jahr vor, während sie im Hochgebirge an über 200 Tagen im Jahr auftreten können. An der Station Wien Hohe Warte wurden im Zeitraum 1961–1990 noch 72,0 Frosttage im Jahr gemessen, in den letzten 30 Jahren (1988–2017) hingegen nur mehr 62,8 Tage. Einen ähnlich starken Rückgang beobachtet man bei den Eistagen (Maximaltemperatur < 0 °C). Hier nahmen die Werte von 24,1 Eistagen während der Klimanormalperiode 1961–1990 auf 18,6 während der letzten 30 Jahre ab.

In Abbildung 2.7 ist die zeitliche Entwicklung der Temperaturindikatoren Hitzetage, Tropennächte, Frosttage (Minimumtemperatur < 0 °C) sowie Eistage für die Station Wien Hohe Warte seit Beginn des 20. Jahrhunderts dargestellt. Trotz der starken Schwankungen der Indikatoren von Jahr zu Jahr sind die Zunahme der Hitzebelastung sowie die Abnahme der Kältebelastung deutlich zu sehen. Am dramatischsten ist die Entwicklung bei den Tropennächten. Kamen Tropennächte in Wien zu Beginn des 20. Jahrhunderts nur alle paar Jahre vor, so war das letzte Jahr ohne Tropennacht das Jahr 1985. Seit den 1990er Jahren treten immer wieder Einzeljahre mit 10 und mehr Tropennächten auf. 2015 konnten sogar 23 Tropennächte beobachtet werden.

Spezialfall Stadt

Das Klima im urbanen Raum unterscheidet sich deutlich vom Klima der ruralen Umgebung. Der hohe Anteil der Versiegelung, charakterisiert durch niedrige Reflexion und erhöhte Absorption der Sonneneinstrahlung, die Wärmespeicherung der Gebäude, die fehlende Vegetation, reduzierte Ventilation, die verhinderte Strahlungsabkühlung in bebauten Gebieten sowie die Freisetzung von anthropogener Wärme sind die wichtigsten Ursachen der veränderten Energiebilanz in Städten, die unter anderem zu einer deutlichen Temperaturunterschied zwischen Stadt und Umland führen (Landsberg, 1981; Oke, 1982; Oke u.a., 1991). Dieses Phänomen ist in der Literatur als städtische Wärmeinsel (*Urban Heat Island*; UHI) bekannt. Der UHI-Effekt ist besonders in der Nacht ausgeprägt und kann sowohl positive (z.B. geringerer Heizbedarf im Winter) als auch negative Auswirkungen (z.B. mehr Kühlbedarf im Sommer) haben.

Die extreme Wärmebelastung, besonders die Exposition gegenüber übermäßiger Hitzebelastung während länger andauernden Hitzewellen, erhöht das Risiko für die menschliche Gesundheit und kann schwere Erkrankungen hervorrufen (Souch & Grimmond, 2004; Tan u.a., 2007;

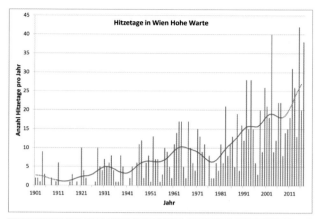

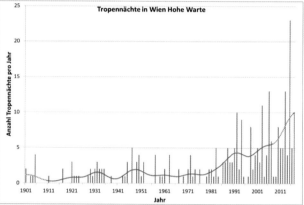

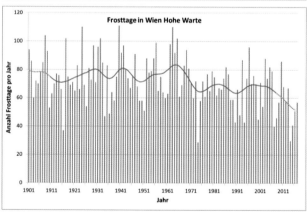

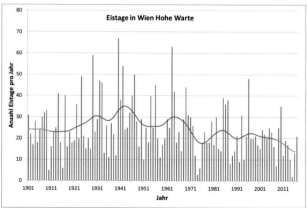

Abb. 2.7: Entwicklung der Hitzetage (links oben), der Tropennächte (rechts oben), der Frosttage (links unten) sowie der Eistage (rechts unten) seit Beginn des 20. Jahrhunderts an der Station Wien Hohe Warte. Datenquelle ZAMG.

Baccini u. a., 2008; Gabriel & Endlicher, 2011; Son u. a., 2012). Im Sommer beeinflusst Hitzestress durch hohe Temperaturen das Wohlbefinden und kann u. a. die Produktivität am Arbeitsplatz vermindern. Mit zunehmendem Klimawandel wird sich dieser Effekt noch weiter verstärken. Klimaszenarien (IPCC, 2007a, 2013) zeigen, dass im Zuge des Klimawandels die Auftretenshäufigkeit von extremen Lufttemperaturen im Sommer sowie die Intensität der Hitzewellen in Süd- und Mitteleuropa bis Ende des 21. Jahrhunderts steigen werden. Die zunehmende Urbanisierung und die Erweiterungen der Stadtgebiete können die Problematik der städtischen Wärmeinsel zusätzlich intensivieren (siehe OECD, 2010; Rosenzweig u. a., 2011; UN-HABITAT, 2011). Aus diesen Gründen können gesundheitliche Risiken im Zusammenhang mit extremer Hitze ein erhebliches Problem für die städtische Bevölkerung in der Zukunft darstellen.

Die Wärmebelastung in österreichischen Städten zeigt einen deutlichen Anstieg in den vergangenen Jahrzehnten. Obwohl Wien gut durchlüftet ist und einen hohen Vergetationsanteil hat, ist an der Station Wien Innere Stadt die Hitzebelastung deutlich höher als an der Station Wien Hohe Warte: Es werden jährlich durchschnittlich 21,2 Hitzetage und 53,5 warme Nächte, in mehreren Jahren schon über 30 Tropennächten, registriert. Die zunehmende Hitzebelastung ist sowohl auf regionale Klimaänderungen als auch auf die Stadtentwicklung zurückzuführen. Eine ähnliche Zunahme der Lufttemperaturen wurde auch in anderen österreichischen Landeshauptstädten beobachtet, wobei die Bevölkerung in der Hauptstadt Wien, und hier vor allem in den dicht verbauten Bezirken, der größten Hitzebelastung ausgesetzt ist.

Andere Extremereignisse

Im Gegensatz zu extremen Temperaturereignissen sind andere Extremwetterereignisse von geringerer Bedeutung für die menschliche Gesundheit in Österreich. Windereignisse, wie Stürme, Windhosen oder Tornados, können Unfälle und Verletzungen verursachen, die Zahl der Betroffenen bleibt jedoch meist gering. Ebenso verhält es sich bei Massenbewegungen, also Muren, Lawinen, Erdrutschen oder Steinschlägen. Selbst die recht häufigen Blitzschläge, immerhin mehr als 150.000 Entladungen im Mittel pro Jahr über Österreich (ALDIS, 2018), gefährden nur selten Menschen. Im Zeitraum 2000 bis 2014 gab es in Österreich 10 Todesopfer durch Blitzschlag (OVE, 2018), somit weniger als ein Todesopfer pro Jahr.

Hydrologische Ereignisse

Von größerer Bedeutung sind hydrologische Ereignisse, die neben der direkten physischen Einwirkung von Wassermassen auf den Menschen auch Auswirkungen auf die Trinkwasser-

qualität und die Abwasserentsorgung haben können. Hierunter fallen kleinräumige Starkniederschläge, Überflutungsereignisse, Schneefall, Vereisung und Gewitter sowie Dürreperioden.

Von Starkniederschlägen wird meist gesprochen, wenn entweder Niederschlagsmengen gewisse Schwellenwerte überschreiten, wobei dazu mehr oder weniger willkürlich festgelegte Grenzwerte (z. B. 30 mm Tagesniederschlag) herangezogen werden, oder wenn die Niederschlagsmenge im Vergleich zum Durchschnittsniederschlag einer Region mit einer gewissen Seltenheit auftritt (z. B. 99er Perzentil). Ebenso werden Hochwasserereignisse nach der Häufigkeit, in der der Pegelstand im jeweiligen Ausmaß überschritten wird, klassifiziert (z. B. 100-jähriges Hochwasser, HQ100).

Aufgrund der topographischen Situation in Österreich ist es schwierig, einheitliche Niederschlagstrends zu erkennen. Grundsätzlich sind in der anthropogenen Erwärmungsphase beim Niederschlag die Veränderungen aber deutlich weniger signifikant als bei der Temperatur (Nemec u. a., 2011). In den vergangenen zwei Jahrhunderten ist keine Zunahme der exzessiv nassen oder exzessiv trockenen Monate in den großen Flusseinzugsgebieten des Großraums Alpen feststellbar. In der Periode 1976–2007 haben allerdings die maximalen jährlichen Hochwasserabflüsse in etwa 20 % der Einzugsgebiete in Österreich zugenommen, wobei 43 % der Jahreshöchsthochwässer auf lange Niederschläge zurückzuführen waren (APCC, 2014).

Bei kleinräumigen kurzfristigen Starkniederschlägen mit einer Dauer von einer Stunde und kürzer gibt es aber einen eindeutigen Zusammenhang zwischen der Niederschlagsintensität und der Temperatur. Dies wurde erstmals von Lenderink und Van Meijgaard (2008) aufgezeigt und auch für Wien von Formayer und Fritz (2017) nachgewiesen. Für Wien ergibt sich ein Anstieg der Niederschlagsintensität von etwa 10 % pro Grad Erwärmung für derartige kleinräumige Starkniederschläge.

Langanhaltende Ereignisse

Auch länger anhaltende Witterungsbedingungen können sich auf die Gesundheit auswirken. So führen etwa lange andauernde Inversionswetterlagen zu einer Kumulation von Feinstaub. Obwohl Feinstaubbelastung in Österreich leicht rückläufig ist, werden nach wie vor die EU-Grenzwerte für die Feinstaubbelastung überschritten. Episoden mit erhöhter Ozonkonzentration treten besonders in warmen, trockenen Sommern verstärkt auf. Auf die Trends bei der Schadstoffbelastung wird in der Spezialbox Luftschadstoffe (Kap. 3) genauer eingegangen.

Auch Nebellagen können langanhaltend und klimatisch beeinflusst sein und durch eine erhöhte Unfallgefahr die menschliche Gesundheit beeinflussen. Von Nebeltagen wird gesprochen, wenn die relative Luftfeuchte (RH) über 93 % liegt. Bisher liegt noch keine Untersuchung der zeitlichen Entwicklung der Nebelhäufigkeit in Österreich vor.

Biotropie

Welche klimatischen Faktoren tatsächlich Biotropie ("Wetterfühligkeit") auslösen, ist nicht eindeutig geklärt. In einem vom deutschen Umweltbundesamt in Auftrag gegebenen Bericht wurde Empfindlichkeit gegenüber Kälte als häufigstes Phänomen genannt, gefolgt von stürmischem und warmem Wetter („Föhn") (Zacharias & Koppe, 2015). Zur Entwicklung von Föhnereignissen in Österreich im Rahmen des Klimawandels liegen derzeit keine Daten vor. Kälte wurde bereits weiter oben behandelt. Ebenso biotropisch wirksam ist Schwüle, die in Tagen ausgedrückt werden kann, an denen der Dampfdruck einen Wert größer 18 hPa aufweist. In Österreich ist hier klimawandelbedingt ein steigender Trend zu verzeichnen, der besonders in niederen Lagen stark ausgeprägt ist (Matzarakis u. a., 2006).

Indirekte Auswirkungen

Der Klimawandel nimmt Einfluss auf zahlreiche Umweltfaktoren, die wiederum Auswirkungen auf die Gesundheit haben. Meist beeinflusst nicht ein klimatischer Faktor (z. B. Häufung an Hitzetagen) einen Umweltfaktor (z. B. Pollenmenge) direkt, sondern es sind komplexe Wirkungszusammenhänge und Wechselwirkungen im Spiel, die überdies von wechselnden Rahmenbedingungen abhängig sind.

Krankheitsvektoren

Das häufigere Auftreten bereits heimischer Krankheitsvektoren (z. B. Zecken) wie auch die Einwanderung bisher nicht in Österreich vorkommender Arten (z. B. *Aedes*-Mücken) wird je nach den Ansprüchen des jeweiligen Organismus von Änderungen im Klima beeinflusst. Da die meisten wirbellosen Tiere ektotherm sind, also ihre Körpertemperatur nicht selbst regulieren können, profitieren viele dieser Arten von einer höheren Umgebungstemperatur, die ihren Stoffwechsel beschleunigen und ihre Vermehrungsrate erhöhen kann. Mildere Winter ohne Bodenfröste, eine längere Vegetationsperiode und zunehmende Sommertrockenheit, wie sie in Österreich bereits spürbar sind (APCC, 2014), begünstigen ebenfalls das Überleben vieler Schadorganismen und Vektoren (Akademien der Wissenschaften Schweiz, 2016).

Auch Wirbeltiere, z. B. Nager und Wild, werden vermehrt von Krankheiten befallen, die zuvor nicht oder nur selten in Österreich auftraten. Durch sie können diese auf Menschen übertragen werden, insbesondere auf Jäger und Landwirte. Ein Beispiel dafür ist die Tularemie (StartClim 2016).

Pollen

Änderungen der Verbreitungsgebiete allergener Pflanzen, Veränderungen des saisonalen Zyklus bei Pflanzen und damit Verschiebung der Pollensaison, Änderungen der erzeugten Pollenmengen und Änderung der Allergenität der Polleninhaltsstoffe können durch den Klimawandel, insbesondere die steigenden Durchschnittstemperaturen, aber auch durch die erhöhte CO_2-Konzentration in der Atmosphäre beeinflusst werden (Katelaris, 2016). Die dreigeteilte Abfolge der Pollensaison wird von Baumpollen im Spätwinter und Frühling eingeleitet, von den Graspollen im Frühsommer fortgesetzt und durch die Blüte der krautigen Pflanzen, die bis in den Herbst hinein andauern kann, beendet. Die Frühlingsphasen haben sich seit den fünfziger Jahren um etwa 7 bis 10 Tage nach vor verschoben und die Herbstphasen um wenige Tage nach hinten. Die Pollensaison hat sich daher verlängert. Auf Basis empirischer Beziehungen für verschiedene Klimaszenarien errechnete saisonale Pollenproduktionen und maximale Pollenkonzentrationen in der Atmosphäre liegen um das 1,3–8,0 bzw. 1,1–7,3-fache höher als die bisherigen Werte. Hinsichtlich der Allergenität der Pollen sind die wissenschaftlichen Befunde widersprüchlich, jedoch finden Veränderungen offenkundig statt. Besonders intensiv wurde in Österreich Ragweed (oder *Ambrosia artemisiafolia*) untersucht, das sich vom Südosten Europas vordringend mit zunehmenden Temperaturen systematisch in Österreich ausbreitet und Allergien zu einer Jahreszeit auslöst, in der PollenallergikerInnen bisher nur geringen Belastungen ausgesetzt waren. Näheres dazu findet sich in Kapitel 3.

Zu beachten ist insbesondere, dass Trockenperioden, Hitzewellen und hohe Pollenkonzentrationen zusammenhängen und so eine gesundheitswirksame Mehrfachbelastung auftritt.

Aquatische Systeme

Zusätzlich zu den bereits oben behandelten hydrologischen Extremereignissen nehmen langsam voranschreitende Phänomene wie der Gletscherschwund und Veränderungen im Grundwasserstand Einfluss auf die Trinkwasserqualität und künftig eventuell auch -verfügbarkeit. Grundwasserstandsveränderungen gefährden überwiegend kleinräumig strukturierte Versorgungseinheiten, speziell in Gebieten mit schwach ausgeprägten, nicht zusammenhängenden Grundwasserkörpern, wie im Kristallin oder Flysch (APCC, 2014); die Auswirkungen des Klimawandels sind noch mit beträchtlichen Unsicherheiten behaftet.

Das Gletschervolumen Österreichs hat in den letzten Jahrzehnten massiv abgenommen – zwischen 1969 und 1998 um 16,6 % (APCC, 2014). Zunehmend ist bei gletschergespeisten alpinen Flüssen im Sommer mit Niedrigwasser und daher höheren Wassertemperaturen zu rechnen. Temperaturerhöhungen in Oberflächengewässern können die Vermehrung von wärmebegünstigten Bakterien, zu denen auch Cholera Vibrionen zählen, fördern. Seit den 1980er Jahren betrug der Anstieg der Wassertemperatur in österreichischen Fließgewässern 1,5 °C im Sommer bzw. 0,7 °C im Winter (APCC, 2014).

Die Trinkwasserqualität kann auch durch intensive Niederschläge im Einzugsgebiet von Quellen beeinträchtigt werden: Im Wiener Hochquellenwasser steigt z. B. bei starken Gewittern im zerklüfteten Karstgebiet infolge von Einschwemmungen von der Erdoberfläche die Bakterienzahl im

Wasser an. Desinfektionsmaßnahmen gewinnen daher an Bedeutung (Kromp & Knieli, 2012)

Überschwemmungsereignisse führen häufig zu Verunreinigung des Wassers aus Öltanks, Fahrzeugen, Industrielagern etc., sodass aus seichten Brunnen und Quellen – auch auf längere Zeit – kein Trinkwasser mehr zur Verfügung steht. Bei mangelnder mobiler Versorgung mit sauberem Trinkwasser oder fehlendem Verständnis für die Problematik können gesundheitliche Folgen nicht ausgeschlossen werden. Von den meisten Trinkwasserversorgern wird aber bereits an Lösungsmöglichkeiten gearbeitet.

Lebensmittel

Die durch den Klimawandel verstärkt auftretenden Extremwetterereignisse, mögliche Wasserverknappung und durch warme Temperaturen begünstigte Schadinsekten wirken sich negativ auf die Landwirtschaft aus und können im Prinzip über geringere Lebensmittelverfügbarkeit die Gesundheit besonders einkommensschwacher Gruppen über hohe Lebensmittelpreise beeinflussen. Dies spielt in Österreich, das derzeit nicht auf lokale Lebensmittelproduktion angewiesen ist, kaum eine Rolle. Wichtiger ist, dass Keime, die über Lebensmittel übertragen werden können, von wärmeren Temperaturen begünstigt werden und das Gewährleisten der Kühlkette daher an Bedeutung gewinnt (siehe Kap. 3).

Landwirtschaft und Biodiversität

Der Klimawandel und die Anpassung der Landwirtschaft an den Klimawandel (z. B. mehr Mahden pro Jahr) beeinflussen die Biodiversität in komplexer Weise: Die Artenzusammensetzung der Pflanzen ändert sich ebenso wie das Auftreten und die Abundanz von Pflanzenschädlingen sowie Pilz- und anderen Erkrankungen. Neben der Gefahr der Übertragung dieser Krankheiten auf den Menschen (siehe oben), kann vermehrter Pestizideinsatz bei den LandarbeiterInnen zu gesundheitlichen Folgen führen. KonsumentInnen können primär durch erhöhte Rückstände in Lebensmitteln betroffen sein.

Migration

Die Auswirkungen des Klimawandels auf Migrationsbewegungen sind in den letzten Jahren in den Mittelpunkt wissenschaftlicher, politischer und öffentlicher Debatten gerückt. Migration kann u. a. ausgelöst werden durch plötzliche Extremereignisse, durch langfristige klimatische Veränderungen, bei denen Migration sehr oft als Adaptionsstrategie verstanden wird, und durch Vertreibungen aufgrund von Konflikten in Zusammenhang mit Klima- oder Umweltveränderungen. Sie stehen jedenfalls in enger Verbindung mit sozialen, ökonomischen, politischen und anderen Aspekten (Mayrhofer, 2017)

Schätzungen gehen davon aus, dass allein durch den Klimawandel, insbesondere den Meeresspiegelanstieg, Hunger-

und Dürrekatastrophen, bis Mitte des Jahrhunderts bis zu 200 Millionen Menschen migrieren werden. Verstärkt durch die erwartete Verdreifachung der Bevölkerung von Afrika und den erheblichen Anstieg im Nahen Osten muss mit zunehmenden Migrationsströmen nach Europa gerechnet werden. Nähere Ausführungen zu den daraus resultierenden gesundheitlichen Herausforderungen finden sich in Kapitel 3.

2.2.3 Meteorologische Indikatoren heute & Zukunftsszenarien

Im folgenden Abschnitt werden einige der für die oben beschriebenen gesundheitlichen Effekte relevanten meteorologischen Indikatoren im Istzustand und deren zukünftige Entwicklung aus Klimaszenarien beschrieben. Die Auswahl ist einerseits in der Relevanz der Gesundheitseffekte, andererseits in der Verfügbarkeit von meteorologischen Daten begründet.

Datenbasis

Datenbasis für die Berechnung der gesundheitsrelevanten meteorologischer Indikatoren waren die gerasterten Temperatur- und Niederschlagsdatensätze SPARTACUS der ZAMG (Hiebl & Frei, 2016, 2018) für den historischen Beobachtungszeitraum 1981 bis 2010. Für die Klimaszenarien wurden die ÖKS 15 Klimaszenarien (Chimani u. a., 2016) verwendet. Die ÖKS 15 Szenarien basieren auf den aktuellsten regionalen Klimamodellen für Europa (EURO-CORDEX). Für jeweils 13 ausgewählte Regionalmodelle der Emissionsszenarien RCP 4.5 und RCP 8.5 wurden die Szenarien fehlerkorrigiert und auf 1 × 1 km Auflösung für ganz Österreich ermittelt. Im Rahmen des ACRP Forschungsprojektes CLIMAMAP (2018) wurden daraus Indikatoren für jedes einzelne Klimamodell berechnet. Basierend auf den CLIMAMAP Ergebnissen wurden für diesen Bericht die ausgewählten Indikatoren für ganz Österreich visualisiert. Hierbei wurde jeweils der Istzustand, also die Werte aus den Beobachtungsdaten für den Zeitraum 1981–2010, dargestellt. Für die Visualisierung des Klimawandels wurde nur das Ensemblemittel (Median) des Emissionsszenarios RCP 8.5 für das Ende des 21. Jahrhunderts (2071–2100) dargestellt. Dies stellt die langfristige Entwicklung ohne die Umsetzung von Klimaschutzmaßnahmen dar und gibt damit die extremste Entwicklung innerhalb des 21. Jahrhunderts wider. Für alle Zeiträume davor und für das Emissionsszenario RCP 4.5 fallen die Klimaänderungssignale schwächer aus. Ergebnisse für andere Zeiträume und RCP 4.5 können auf Bundeslandebene vom Projekt CLIMAMAP bezogen werden.

Für die Abschätzung der zukünftigen Gewitterwahrscheinlichkeit musste auf die Originalergebnisse der EURO-CORDEX Modelle (Jacob u. a., 2014) zurückgegriffen werden, da für die Berechnung des Showalter Indexes (Showalter, 1953) auch Informationen von höheren Luftschichten benötigt werden, welche nicht im ÖKS 15 Datensatz enthalten sind. Dabei wurden jedoch dieselben Modelle wie in ÖKS 15 verwendet. Die Auswertungen des Showalter-Indexes erfolgten im ACRP Projekt SWITCH-OFF.

Unsicherheiten

Bei Klimaszenarien handelt es sich um Projektionen für die Zukunft, bei denen bestimmte Annahmen getroffen werden müssen. Unsicherheiten von Klimaprojektionen stammen daher einerseits aus den Limitierungen der verwendeten Klimamodelle und ihrer statistischen Nachbearbeitung sowie aus den Annahmen, wie sich das menschliche Verhalten – insbesondere die Emission von Treibhausgasen – in den nächsten Jahrzehnten entwickeln wird.

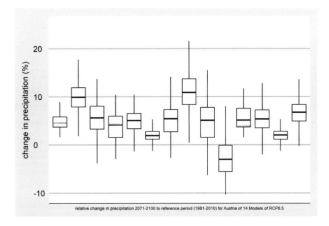

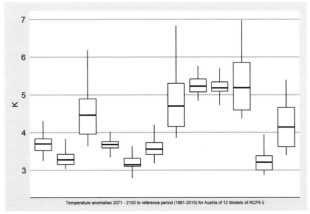

Abb. 2.8: Klimaänderungssignale für die Jahresmitteltemperatur (links) sowie den Jahresniederschlag (rechts) aller ÖKS 15 Modelle für das RCP 8.5 am Ende des 21. Jahrhunderts. Die Boxen und Balken geben die Bandbreite des Klimaänderungssignals eines Modelles innerhalb von Österreich wieder. Bei der Temperatur zeigen alle Modelle eine klare Erwärmung und der regionale Unterschied innerhalb eines Modells als auch der Unterschied zwischen den Modellen ist deutlich geringer als das Klimaänderungssignal. Beim Niederschlag sind sowohl die räumlichen Unterschiede als auch die Unterschiede zwischen den Modellen deutlich stärker ausgeprägt. Wiewohl die meisten Modelle eine Niederschlagszunahme erwarten lassen, gilt dies nicht für alle Teile Österreichs.

Den Unsicherheiten aufgrund des menschlichen Verhaltens wird durch das Verwenden verschiedener Emissionsszenarien Rechnung getragen. Grundsätzlich zeigt sich, je höher die angenommenen Emissionen ausfallen, umso stärker wird das Klimaänderungssignal (siehe Abb. 2.8). Wie erwähnt, wurden für die Berechnung die Emissionsszenarien RCP 4.5 und RCP 8.5 verwendet, wobei es beim RCP 4.5 bis zum Ende des Jahrhunderts gelingt, die Treibhausgaskonzentrationen zu stabilisieren und beim RCP 8.5 keine internationalen Klimaschutzmaßnahmen umgesetzt werden.

Um eine Abschätzung der modellbedingten Unsicherheiten zu ermöglichen, wird nicht nur ein Klimamodell verwendet, sondern ein Ensemble von verschiedenen Modellen sowie Modellkombinationen aus Global- und Regionalmodellen. In Abb. sind die Klimaänderungssignale für die Jahresmitteltemperatur (links) und den Jahresniederschlag (rechts) für das RCP 8.5 am Ende des 21. Jahrhunderts dargestellt. Bei der Temperatur zeigen alle Modelle eine klare Erwärmung und der Unterschied zwischen den Modellen ist deutlich geringer (ca. 1,5 °C) als das Klimaänderungssignal (ca. 4 °C). Auch ist die Erwärmung relativ gleichmäßig in ganz Österreich. Bei den meisten Modellen beträgt die maximale räumliche Differenzierung etwa 1 °C, nur bei vier Varianten ist diese etwas größer und reicht bis zu 2 °C.

Beim Niederschlag sind sowohl die räumlichen Unterschiede als auch die Unterschiede zwischen den Modellen deutlich größer. Da die Niederschlagsverhältnisse in Österreich durch den Einfluss der Alpen stark differenziert sind, ist ein unterschiedliches Klimaänderungssignal in verschiedenen Regionen durchaus zu erwarten. Jedoch ergeben die Klimamodelle keine eindeutigen regionalen Trends und für ganz Österreich gemittelt zeigen sich doch deutliche Unterschiede zwischen den Modellen von einer Niederschlagsabnahme von etwa 4 % im Median (dicke Linie in der Box) bis zu einem Anstieg von 11 %.

Grundsätzlich kann gesagt werden, dass die Klimaszenarien für die Temperatur und alle darauf aufbauenden Indikatoren sehr robust und belastbar sind. Beim Niederschlag sind die Unterschiede zwischen den Modellen deutlich größer, besonders was Niederschlagssummen betrifft. Bei Starkniederschlägen, sowohl als ein- wie auch mehrtägige Ereignisse, zeigen die meisten Modelle eine Intensitätszunahme. Da jedoch relevante Prozess, wie Gewitter für kleinräumige Ereignisse, sowie Vb-Lagen und „cut-off lows", welche für mehrtägige großflächige Starkniederschläge in Österreich verantwortlich sind, nicht oder nur unzulänglich in den Modellen abgebildet sind, müssen diese Szenarien mit großer Vorsicht interpretiert werden. Um den unterschiedlichen Unsicherheitsverhalten der Klimaszenarien gerecht zu werden, wurde in der Tabelle 2.1 für jeden Indikator separat eine Aussage zur Sicherheit angegeben.

Thermische Effekte

Wie schon in den letzten Jahrzehnten zeigen alle thermischen Indikatoren einen klaren Trend im 21. Jahrhundert. Betrachtet man die Hitzetage (Abb. 2.9), also Tage mit einem Temperaturmaximum von zumindest 30 °C, so treten derzeit in der wärmsten Region Österreichs, dem Seewinkel im Burgenland, knapp 20 Hitzetage im Jahr auf. In den Tieflagen und den inneralpinen Tallagen werden Werte von 10 bis 15 Hitzetagen erreicht und ab Lagen um 1000 m Seehöhe kommen keine Hitzetage mehr vor. Sollten keine Klimaschutzmaßnahmen gesetzt werden, so muss man am Ende des 21. Jahrhunderts in den wärmsten Regionen Österreichs mit mehr als 50 Hitzetagen im Jahr rechnen. Großflächig werden in den Tieflagen um die 40 Hitzetage erreicht und eine Hitzebelastung, wie wir sie derzeit im Seewinkel haben, kommt dann in den Hochlagen des Wald- und Mühlviertels vor. Hitzetage sind dann auch in Mittelgebirgsregionen bis zu 2000 m Seehöhe zu erwarten.

Tropennächte (siehe Abb. 2.10), also Nächte mit einem Temperaturminimum von mindestens 20 °C sind heute noch sehr selten und kommen nur im Seewinkel, dem östlichen Niederösterreich und dem Rheintal in Vorarlberg sowie innerstädtisch in Wien, im oberösterreichischen Zentralraum und im Grazer Becken vor. Dabei liegen die Mittelwerte zwischen 1 und 5 Tropennächte pro Jahr und nur in der Wiener Innenstadt werden Werte über 5 erreicht. Nach dem RCP 8.5 Szenario werden am Ende des 21. Jahrhunderts Tropennächte flächendeckend in Österreich auftreten und in den Tieflagen in 20 bis 30 Nächten vorkommen. Im Seewinkel und in der Wiener Innenstadt werden sogar Werte über 30 Tropennächte erreicht. Damit wird die fehlende nächtliche Abkühlung ein österreichweites Problem und speziell während Hitzewellen wird diese Belastung über mehrere Tage hinweg akkumulieren.

Die Kältebelastung wird im 21. Jahrhundert sukzessive abnehmen. Als Beispiel hierfür ist in Abbildung 2.11 die Entwicklung der Eistage, also Tage mit einem Temperaturmaximum unter 0 °C, dargestellt. Derzeit treten in den wärmsten Regionen im Mittel rund 20 Eistage pro Jahr auf. Mit der Seehöhe nimmt die Anzahl zu und in 1.000 m Seehöhe werden in etwa 50 Eistage erreicht. Bis zum Ende des 21. Jahrhunderts werden die Eistage deutlich abnehmen und in den Tieflagen werden im Mittel weniger als 10 Eistage auftreten und in 1.000 m Seehöhe werden sie auf etwa 25 Tage zurückgehen. Aufgrund der hohen Variabilität der Witterung bei uns in Österreich im Winter werden die Eistage in den Tieflagen nicht vollständig verschwinden. Dadurch wird sich frostempfindliche mediterrane Vegetation bei uns nicht langfristig etablieren können. Es werden aber in Einzeljahren Winter vorkommen, in denen es keine Eistage geben wird. Dadurch wird sich die Überlebenswahrscheinlichkeit von Krankheitserregern bzw. Vektoren deutlich verändern.

Extremwetterereignisse

Bei der Prognose von Extremereignissen stoßen die regionalen Klimamodelle teilweise an ihre Grenzen und viele relevante Prozesse werden von den Modellen gar nicht oder nur unzureichend abgebildet. Bei vielen Extremereignissen spielen Starkniederschläge eine zentrale Rolle. Sie sind nicht nur

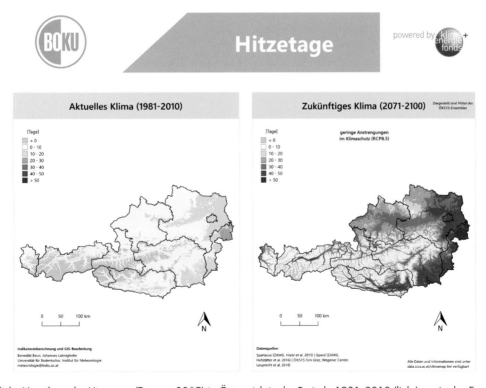

Abb. 2.9: Räumliche Verteilung der Hitzetage (Tmax ≥ 30 °C) in Österreich in der Periode 1981–2010 (links) sowie das Ensemblemittel der ÖKS 15 Modelle für das Emissionsszenario RCP 8.5 am Ende des Jahrhunderts (2071–2100). Liegen derzeit die Werte in den wärmsten Regionen Österreichs bei etwa 15 Hitzetagen pro Jahr, so werden diese bis zum Ende des Jahrhunderts auf über 50 Hitzetage ansteigen und Werte, wie sie derzeit im Seewinkel oder in Wien vorkommen, erreichen die Mittelgebirgslagen.

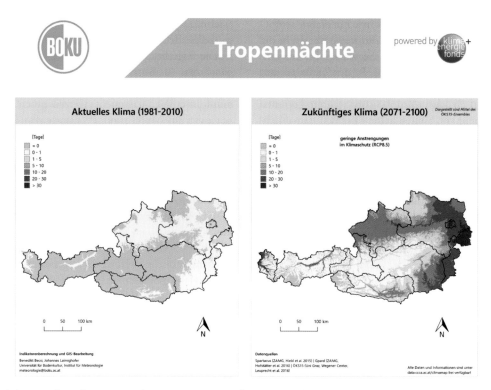

Abb. 2.10: Räumliche Verteilung der Tropennächte (Tmin ≥ 20 °C) in Österreich in der Periode 1981–2010 (links) sowie das Ensemblemittel der ÖKS 15 Modelle für das Emissionsszenario RCP 8.5 am Ende des Jahrhunderts (2071–2100). Derzeit werden in den wärmsten Regionen Österreichs bis zu 5 Tropennächte pro Jahr beobachtet, nur innerstädtisch in Wien werden höhere Werte erreicht. Am Ende des 21. Jahrhunderts werden in den Flachlandbereichen und auch in den inneralpinen Tälern Werte von 20 Tropennächten im Mittel erreicht und im Seewinkel und in Wien sogar über 30 Tropennächte.

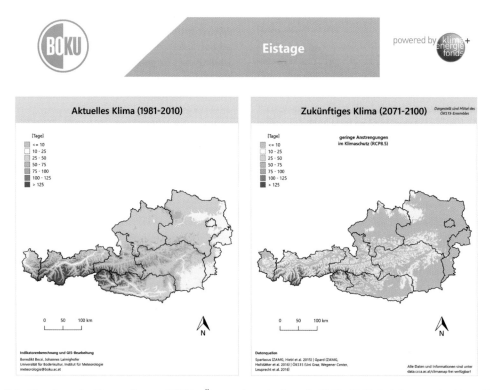

Abb. 2.11: Räumliche Verteilung der Eistage (Tmax < 0 °C) in Österreich in der Periode 1981–2010 (links) sowie das Ensemblemittel der ÖKS 15 Modelle für das Emissionsszenario RCP 8.5 am Ende des Jahrhunderts (2071–2100). Derzeit werden in den wärmsten Regionen Österreichs weniger als 25 Eistage pro Jahr beobachtet. Mit der Seehöhe nehmen diese rasch zu und auf 1000 m Seehöhe liegen die Werte bereits um 50 Eistage pro Jahr. Bis zum Ende des 21. Jahrhunderts werden die Eistage flächendeckend abnehmen und selbst in Lagen um 1000 m Seehöhe werden weniger als 25 Eistage pro Jahr auftreten.

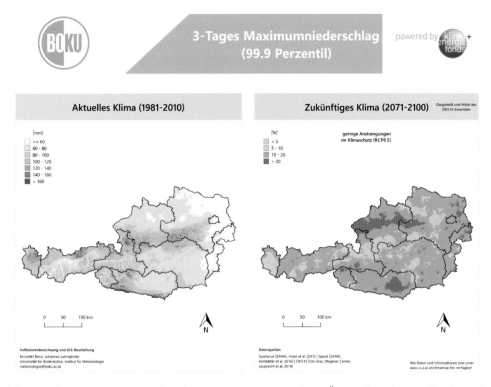

Abb. 2.12: Räumliche Verteilung von 3-tägigen Starkniederschlägen (99,9 Perzentile) in Österreich in der Periode 1981–2010 (links) sowie das Klimaänderungssignal des Ensemblemittels der ÖKS 15 Modelle für das Emissionsszenario RCP 8.5 am Ende des Jahrhunderts (2071–2100). Derzeit werden die höchsten Niederschlagswerte mit rund 150 mm entlang des Nord- und Südstaus der Alpen erreicht.

direkt für Überschwemmungen, sondern sind auch für Murgänge, Erdrutsche oder Lawinen eine Voraussetzung. Aufgrund der unterschiedlichen zugrundeliegenden Prozesse muss man hierbei zwischen großräumigen, langanhaltenden Starkniederschlägen und kleinräumigen, kurzfristigen Gewittern unterscheiden.

Für ersteres haben wir als Indikator die dreitägige Niederschlagssumme der 99.9 Perzentile (Abb. 2.12) verwendet. Dies entspricht in etwa einem Niederschlagsereignis, das alle zwei bis drei Jahre stattfindet. Auf der linken Seite von Abb. 2.12 sieht man die heutige Verteilung dieses dreitägigen Extremniederschlages. In den Stauregionen werden hierbei bis zu 160 mm Niederschlag erreicht, im Weinviertel und dem Seewinkel hingegen lediglich Werte um 60 mm. Betrachtet man das Klimaänderungssignal für diesen Indikator (rechte Seite), so sieht man, dass es in ganz Österreich zu einem Anstieg der Niederschlagssumme kommt. In einigen kleinen Regionen in Vorarlberg, dem Salzkammergut und in Niederösterreich liegt der Anstieg unter 5 %, im Großteil des Bundesgebietes beträgt der Anstieg um 10 % und im Zentralraum Oberösterreichs, sowie in Unterkärnten liegt der Anstieg sogar über 20 %. Trotz der Unsicherheiten bei den Niederschlagsszenarien muss man daher von einem Anstieg von Extremereignissen ausgehen, die langanhaltende großräumige Starkniederschläge beinhalten bzw. von diesen verursacht werden.

Bei kleinräumigen, kurzfristigen Starkniederschlägen wurde schon in Kapitel 2.2.2 ausgeführt, dass temperaturbe-

dingt mit einem Anstieg der Niederschlagsintensität um etwa 10 % je Grad Temperaturanstieg zu rechnen ist. Dies sagt jedoch nichts über die zukünftige Häufigkeit von schweren Gewittern aus. Im ACRP Projekt SWITCH-OFF wurden hierzu Auswertungen des Showalter- Indexes durchgeführt. Der Showalter-Index ist ein Maß für die Labilität der Luftschichtung. Bei Werten unter Null sind Gewitter möglich und bei Werten unter -3 sind schwere Gewitter wahrschein-

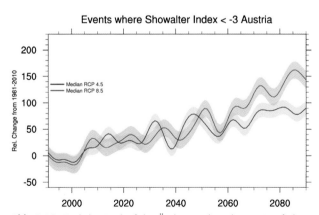

Abb. 2.13: Zeitlicher Verlauf der Änderung der relativen Häufigkeit von starken Gewittern (Showalterwerte < -3) in Österreich bezogen auf den Zeitraum 1981–2010 für die ÖKS 15 Ensemblemittel der Emissionsszenarien RCP 4.5 (blau) sowie RCP 8.5 (rot). Die farblich unterlegten Flächen repräsentieren den Wertebereich ± einer Standardabweichung. Beide Emissionsszenarien zeigen eine deutliche Zunahme, wobei diese im RCP 8.5 stärker ausfällt (Formayer u. a., 2018).

Klima-induzierte Phänomene	Indikatoren mit potentiellen gesundheitsschädlichen Entwicklungen	Mögliche Gesundheitsfolgen	Ausmaß der Veränderung
Lang-anhaltende Ereignisse	Anstieg der Zahl an Hitzetagen	Hitzestress	2
	kontinuierlicher Temperaturanstieg im Sommerhalbjahr	thermische Belastung	3
	verlängerte Dauer der Hitzeperiode	kumulierende Hitzebelastung	2
	verringerte nächtliche Abkühlung	Erholungsphase fehlt	2
	Gleichzeitigkeit von Hitze und hoher Luftfeuchte	thermische Belastung	2
	rasche Temperaturänderungen	thermische Belastung	1
Kälte	steigende Zahl an Kältetagen	Erfrierungen, Immunsystem belastet	-1
	Dauer der Kälteperiode verlängert	kumulierende Kältebelastung	-1
	sinkende Durchschnittstemperatur	Immunsystem belastet	-1
Hydro-logische Ereignisse	vermehrte Dürre	indirekte Wirkung durch Wasser- und Lebensmittelverknappung	3
	intensivere und/oder häufigere kleinräumige Starkniederschläge	Unfälle, Verletzungen, Traumata	2
	häufigere und/oder intensivere Hochwasserereignisse	Unfälle, Verletzungen, Traumata; Trinkwasserversorgung	1
	vermehrte und/oder heftigere Gewitter	Blitzschlag; Unfälle	2
	zunehmende Ereignisse mit großen Schneemassen	Unfälle, Verletzungen; Basisversorgung	1
	häufigere Vereisungsereignisse	Unfälle, Verletzungen	0
Wind-ereignisse	vermehrte und extremere Stürme	Unfälle, Verletzungen	0
	vermehrte und extremere Windhosen	Unfälle, Verletzungen	1
	vermehrte und extremere Tornados	Unfälle, Verletzungen	1
Lang-anhaltende Ereignisse	höhere Anzahl an Tagen mit Feinstaub-Grenzwertüberschreitung	Dauerbelastung der Atemwege und des Herz-Kreislauf-Systems	-1
	höhere Anzahl an Tagen mit Ozon-Grenzwertüberschreitung	Belastung der Atemwege und des Herz-Kreislauf-Systems	1
	vermehrte Nebellagen	Unfälle	1
Massen-bewegungen	häufigere Muren	physische Einwirkung	2
	häufigere Erdrutsche	phyische Einwirkung	2
	häufigere Felsstürze	physische Einwirkung	1
	häufigere Lawinen	physische Einwirkung	1
Krankheits-vektoren	zunehmende Anzahl und Verbreitung von Zecken	FSME, Lyme-Borreliose	1
	zunehmende Anzahl und Verbreitung von Nagern	Leptospirose, HFRS, Tularämie	1
	zunehmende Anzahl und Verbreitung von *Anopheles*-Mücken	Malaria	2
	zunehmende Anzahl und Verbreitung von *Aedes*-Mücken	Dengue-Fieber, Gelbfieber, Chikunguyafieber	2
	zunehmende Anzahl und Verbreitung von Sandmücken	Leishmaniose	2
	zunehmende Anzahl und Verbreitung von *Culex*-Mücken	West-Nil-Fieber	2
Pollen	Verlängerung der Saison	Allergien	2
	jahreszeitliche Verschiebung	Allergien	2
	stärkeres Auftreten allergener Pflanzen	Allergien	1
	Einwanderung von allergenen Neobiota	Allergien	2
Aquatische Systeme	erhöhter Wasserbedarf	Wasserverknappung	2
	geringere Schneemengen in tiefen Lagen	Wasserverknappung durch verstärkten Winterabfluss	2
	geringerer Grundwasseraufbau	Wasserverknappung	1
	Zunahme der Krankheitserreger im Süßwasser	*Giardia lamblia*-, *E. coli*-, Vibrionen- und *Cryptosporidium*-Infektionen	1
Nahrungs-mittel	lebensmittelbedingte Erkrankungen	*Campylobacter*-, Salmonellen-, *E. coli*- und Vibrionen-Infektionen; Mykotoxine	1
	Ernteeinbußen und -ausfälle	Lebensmittelverknappung	1
	erhöhter Pestizideinsatz durch vermehrte Schädlinge	Rückstände in Nahrungsmitteln, Wirkungen auf AnwenderInnen	2

Zunehmende Sicherheit der Aussage · Gesamter Wirkungsbereich · Inverse Wirkung · Keine Wirkung · Zunehmende Wirkung →

-1 · 0 · 1 · 2 · 3

Tab. 2.1: Zusammenstellung der meteorologischen Indikatoren und der potentiellen gesundheitlichen Wirkung und der Wirkungsweisen basierend auf den Ausführungen des vorangegangen Kapitels sowie Ausmaß der Änderung und Sicherheit der Aussage auf Basis einer ExpertInneneinschätzung (es konnte in allen Fällen Konsens der drei beteiligten KlimawissenschafterInnen erzielt werden).

lich. Eine Auswertung dieser Showalter-Werte von allen ÖKS 15 Modellen differenziert nach den Emissionsszenarien ist in Abbildung 2.13 dargestellt. Dabei wurde die Unterschreitungshäufigkeit von Showalter-Werten unter -3 für ganz Österreich aggregiert und als relative Änderung gegenüber dem Referenzzeitraum 1981–2010 dargestellt. Dabei zeigt sich eine deutliche Zunahme der niedrigen Showalter-Werte, was mit einer Zunahme von schweren Gewittern gleichzusetzen ist. Der Anstieg ist bei dem RCP 8.5 deutlich stärker als beim RCP 4.5.

Da jedoch die räumlichen Strukturen der Showalter-Indexwerte im Alpenraum sowie das saisonale Auftreten der niedrigen Werte in einigen Regionalmodellen nur sehr schlecht reproduziert werden, dürfen diese Ergebnisse nicht überinterpretiert werden. Belastbare Szenarien zur Gewitterhäufigkeit und Intensität werden erst in einigen Jahren verfügbar sein, wenn konvektionsauflösende Modelle mit hinreichender Qualität zur Verfügung stehen. Dennoch muss man aus heutiger Sicht eher von einem Anstieg der Häufigkeit von schweren Gewittern in Österreich und den damit einhergehenden Problemen durch Hagel, Blitzschlag, Sturmböen, kleinräumigen Überflutungen und Murgängen ausgehen.

2.2.4 Zusammenfassende Bewertung

Die vorangegangenen Ausführungen zeigen, dass die Zusammenhänge zwischen Klimawandel und Gesundheit sehr vielfältig und zum Teil ziemlich komplex sind. Tabelle 2.1 gibt einen Überblick über die im Vorangegangenen angeführten Veränderungen meteorologischer oder klimatologischer Art als Folge des Klimawandels und der Wirkungsweise dieser Veränderungen. Das Ausmaß der Veränderung und die Sicherheit der Aussage (Spalte 4) wurden von KlimaexpertInnen eingeschätzt. In Übereinstimmung mit der internationalen Literatur werden Hitze und Dürre als die stärksten Veränderungen eingeschätzt, bei gleichzeitig hoher Sicherheit der Aussage. Sie gehen einher mit geringerer Abkühlung bei Nacht. Als sehr relevant bei gesicherter Aussage wird auch die zeitliche Verschiebung des Auftretens von Allergien eingeschätzt. Viele hydrologische Extremereignisse sind sowohl bezüglich Ausmaß als auch Sicherheit der Aussage etwas niedriger bewertet. Interessanterweise laufen Sicherheit der Aussage und Ausmaß der Änderung im Bereich niedriger Werte sehr parallel. Dies könnte bedeuten, dass es auf diesem Gebiet noch zu wenig Forschung gibt, um die Aussagen zu erhärten und Überraschungen daher durchaus möglich wären.

2.3 Veränderungen in der Bevölkerungsdynamik und -struktur

2.3.1 Bevölkerungsdynamik

Wie im vorangegangenen Kapitel erörtert, führt der Klimawandel zu einer Zunahme an Extremwetterereignissen, was noch nicht vollständig vorhersehbare Folgen für Mensch und Infrastruktur hat. Infolge der fortschreitenden demographischen Alterung und der altersbedingten höheren Vulnerabilität wird ein zunehmender Anteil der Bevölkerung Teil der Risikogruppe. Hier gilt es, rechtzeitig Vorsorgemaßnahmen zu treffen, um die zukünftigen Auswirkungen des Klimawandels gering zu halten.

Bevölkerungsdynamik: Globale Ebene

Dank verbesserter Hygiene und medizinischer Möglichkeiten, insbesondere der Erfindung von Antibiotika, erlebte die Weltbevölkerung seit dem Ende des 2. Weltkrieges ein bis dahin nie dagewesenes Wachstum. Ausgehend von 2,5 Milliarden im Jahr 1950 leben inzwischen mehr als 7 Milliarden Menschen auf dem Planeten. Dieser starke Anstieg ist auch dadurch zu erklären, dass der Rückgang der Geburtenraten in vielen Ländern jenem der Sterberaten erst mit einem gewissen zeitlichen Abstand folgte. Ob hinter dieser Entwicklung eine globale Konvergenz demographischer Regime steckt und alle Gesellschaften zeitversetzt durch denselben Prozess des „demographischen Übergangs" gehen, ist weiterhin Gegenstand akademischer Auseinandersetzungen (Wilson, 2011). Fest steht, dass diese radikalen Umwälzungen nicht alle Länder der Welt zur selben Zeit erfasst haben und mit zunehmender Dauer immer stärkere Auswirkungen auf die Bevölkerungsstruktur hatten.

Dies resultiert – noch ehe wir den Klimawandel zu berücksichtigen beginnen – in unterschiedlichen demographischen Herausforderungen, die es zu bewältigen gilt. Länder mit zum Teil bis heute anhaltend hohen Geburtenraten weisen einen sehr hohen Anteil an Kindern und Jugendlichen auf, deren Ernährung gesichert und deren Ausbildung finanziert werden muss, ehe sie hoffentlich einen Zugang zum Arbeitsmarkt finden und sich selbst versorgen können. Infolge des explosionsartigen Bevölkerungswachstums, mit dem die landwirtschaftlichen Erträge nicht Schritt halten können, kommt es zur erhöhten Abhängigkeit von Nahrungsmittelimporten, oftmals konfliktträchtiger Überbeanspruchung natürlicher Ressourcen und Produktivitätseinbußen sowie zu nicht nachhaltigen Umwidmungen von Landgebieten. In Ermangelung von Kenntnissen moderner landwirtschaftlicher Produktionsverfahren führte dies bereits im 20. Jahrhundert immer wieder zu verheerenden Hungerkatastrophen, die mit Kämpfen um knappe Ressourcen, der Gefahr von Bürgerkriegen und der Entwurzelung breiter Bevölkerungsschichten einhergingen (Kelley u. a., 2015; Missirian & Schlenker, 2017). Der Klimawandel droht diese gefährliche Gemengelage noch zu verschärfen.

Auch Länder in der Spätphase des demographischen Übergangs kämpfen mit den Folgen einer unausgewogenen Bevölkerungsstruktur. Einer immer kleiner werdenden Bevölkerung im erwerbsfähigen Alter steht hier ein zunehmender Anteil an nicht mehr erwerbstätiger Bevölkerung gegenüber, was mit einem Rückgang an gesellschaftlicher Innovationskraft, wirtschaftlicher Dynamik und sogar mit gerontokratischen Verhältnissen in Verbindung gebracht wird. Solche "Untergangsszenarien" ergeben sich – nebst anhaltend niedriger Frauenerwerbsquoten (Loichinger, 2015) – in erster Linie aus der vermeintlichen Unverrückbarkeit von Altersgrenzen (Lutz, 2014). Können gesellschaftliche Institutionen flexibel an den Anstieg der Lebenserwartung angepasst werden, fallen die Prognosen weitaus weniger pessimistisch aus. Längst nicht alle Menschen über 65 sind abhängig oder pflegebedürftig. Immer mehr Menschen erreichen bei anhaltend guter Gesundheit ein immer höheres Alter. Hinzu kommt, dass die Alten von heute wesentlich besser gebildet sind, als sie es früher waren. Dieser Vorsprung an Humanressourcen kann einen großen Teil der altersbedingten Nachteile wettmachen (Sanderson & Scherbov, 2013; Skirbekk u. a., 2012), sodass der Reichtum nach wie vor eher in den alten Gesellschaften zu finden ist und hier aufgrund der größeren finanziellen Möglichkeiten zwar von potentiell größeren Sachschäden, aber auch einer geringeren altersbedingten Vulnerabilität gegenüber dem Klimawandel ausgegangen werden kann.

Aus den starken ökonomischen Disparitäten zwischen dem „globalen Süden" und dem „globalen Norden", die auch der Asynchronizität des demographischen Übergangs geschuldet sind, kommt es zu einer Zunahme der Migrationsströme. Die Feststellung, dass die globalen Migrationsströme seit 1995 lediglich in absoluten Zahlen, nicht jedoch relativ zur Bevölkerungsanzahl zugenommen haben und der Großteil der Wanderungsbewegungen regional stattfindet (Abel & Sander, 2014), überrascht dabei zumeist. Neuere Studien zu diesem Thema, die auch die Bevölkerungsbewegungen im Zusammenhang mit dem arabischen Frühling miteinbeziehen, sind jedoch noch ausständig.

Als eine andere Art der geographischen Bevölkerungsumverteilung, die im 20. Jahrhundert auf dramatische Weise vorangeschritten ist, gilt die Urbanisierung. Lebten um 1950 um die 30 % der Weltbevölkerung in urbanen Ballungsräumen, so waren es im Jahr 2015 bereits 54 %. Für das Jahr 2050 wird global ein Anteil von 66,5 % vorhergesagt (United Nations, 2014), wobei es auch hier wiederum starke regionale Unterschiede gibt: In den bereits heute stärker urbanisierten Industrieländern wird sich der Anteil sogar auf 88 % belaufen. Die Zunahme der urbanen Bevölkerung erfolgt sowohl durch endogenes Bevölkerungswachstum als auch durch den starken Zuzug aus ländlichen Gebieten, die ihrerseits der Gefahr beschleunigter Alterung ausgesetzt sind. Laut Vereinten Nationen wird sich beinahe das gesamte Wachstum der Weltbevölkerung in den nächsten Jahrzehnten in Städten zutragen.

Die Urbanisierung ist dabei, wie schon seit ihren historischen Anfängen, mit der Hoffnung auf bessere Erwerbsmöglichkeiten, Zugang zu Gesundheitsleistungen und höhere Lebensstandards einerseits, aber auch mit Befürchtungen zunehmender Verelendung marginalisierter Bevölkerungsschichten andererseits verbunden (Henderson, 2003; Lucas & Robert, 2004). Während beispielsweise der Anteil der Slumbevölkerung an der gesamten städtischen Bevölkerung Afrikas südlich der Sahara seit 1990 im Sinne der *Millennium Development Goals* leicht abgenommen hat, betrug dieser im Jahr 2014 noch immer 55,2 % (United Nations, 2015). Umso wichtiger wird es sein, das städtische Wachstum nachhaltig zu planen und die wachsende städtische Bevölkerung vor den gesundheitsschädigenden Auswirkungen schlechter werdender Umweltbedingungen zu beschützen.

Noch ergibt die systematische Literaturübersicht der Auswirkungen von Urbanisierung auf die menschliche Gesundheit ein gemischtes Bild (Eckert & Kohler, 2014). Demnach kann Urbanisierung viele der gesundheitlichen Probleme in den Entwicklungsländern – insbesondere Mangelernährung – abmildern. Sie muss dabei aber von einer informierten und vorausschauenden Gesundheitspolitik begleitet werden. Fraglich ist, ob dieser Befund auch in Zeiten globaler Erwärmung aufrechterhalten werden kann (Jones u. a., 2015). Aufgrund des „*urban heat island*"-Effekts (Georgescu u. a., 2014; Oke, 1982) erwärmen sich Städte sehr viel stärker und geben Hitze auch langsamer wieder ab, als dies in ländlichen Gebieten der Fall ist. Womöglich kommt es dadurch sogar zu einer Trendwende im Urbanisierungsprozess (Rizwan u. a., 2008). In vielen Entwicklungsländern ist zudem die Besiedlung von sogenannten klimatischen „*Hazard-Zones*" durch sozioökonomisch benachteiligte Bevölkerungsgruppen zu beobachten, welche sich die städtischen Preise nicht leisten können, aber dennoch der Urbanisierung folgen (für einen Überblick über die spezifisch österreichische Situation siehe Kap. 2.2.2).

Umgekehrt kann man auch von Auswirkungen der Urbanisierung auf den Klimawandel ausgehen. Durch veränderte Landnutzung und Versiegelung der Böden in städtischen Gebieten führt der Klimawandel tendenziell eher zu einer Zunahme der Oberflächentemperatur (Kalnay & Cai, 2003). Dies hängt jedoch von der Ausdehnung der Städte in ihre Umländer ab („*urban sprawl*"). Je nach lokalen klimatischen Bedingungen kann die stärkere Bevölkerungskonzentration mittels verringerter Transportwege zu geringeren Emissionswerten beitragen (Bart, 2010) oder durch verbesserte Anbindung an das Energienetz auch zu erhöhtem Energiekonsum führen (Liddle & Lung, 2010; Madlener & Sunak, 2011). Unabhängig davon ist jedoch im Zuge der Globalisierung von einer Zunahme und Intensivierung der Transportwege im Personen- und Güterverkehr auszugehen.

Bevölkerungsdynamik: Österreich

Die Bevölkerung Österreichs wächst und altert. Das Wachstum ist in erster Linie auf die internationale Zuwanderung zurückzuführen, die Alterung ist hauptsächlich eine Folge des Baby-Booms der Nachkriegszeit, welcher nun an der Schwelle zum Pensionsalter steht.

Demographische Struktur Österreichs	
Bevölkerungsstand 1.1.2017	8.772.865
Anteil bis 19 Jahre	19,60%
Anteil 20 bis 64 Jahre	61,90%
Anteil 65 und mehr Jahre	18,50%
Anteil ausländische Staatsang.	15,30%
Anteil im Ausland geboren	18,90%
Bevölkerungswachstum 2007-17	489.881
Geburtenbilanz 2007-16	17.534
Wanderungsbilanz 2007-16[1]	472.347

Tab. 2.2: Statistik Austria, Statistik des Bevölkerungsstandes und der Bevölkerungsbewegung, eigene Berechnungen.

In den 10 Jahren vom 1.1.2007 bis zum 1.1.2017 ist die Bevölkerungszahl Österreichs um eine ½ Million von 8,28 Millionen auf 8,77 Millionen gestiegen. 96% dieses Zuwachses waren Wanderungsgewinne, nur 4% entfielen auf die Geburtenbilanz. Der Bevölkerungsanteil mit ausländischer Staatsangehörigkeit stieg in diesem Zeitraum von 9,7% auf 15,3%, der Anteil der im Ausland Geborenen von 14,7% auf 18,9%.

Mehr als die Hälfte (52%) der in diesem Zeitraum aus dem Ausland nach Österreich Zugewanderten sind Angehö-

rige anderer EU- bzw. EFTA-Staaten. Die größte Gruppe bilden die Deutschen, gefolgt von Rumänen und Ungarn. Rechnet man aus dem Ausland zurückkehrende österreichische Staatsangehörige mit, entfallen nahezu ⅔ (63%) der Zuwanderung der letzten zehn Jahre auf BürgerInnen aus EU- bzw. EFTA-Staaten.

Weitere 16% der Zugewanderten kommen aus europäischen Staaten außerhalb der EU, im Wesentlichen Menschen aus nicht zur EU gehörigen Nachfolgestaaten Jugoslawiens, der Russischen Föderation und der Türkei.

Der Anteil der Zugewanderten aus außereuropäischen Ländern machte in den vergangenen zehn Jahren in Summe ein gutes Fünftel aus (21%). Die größte Gruppe sind Angehörige asiatischer Staaten mit 15% (Afghanistan, Syrien, Iran), gefolgt von Afrikanern (Nigeria, Somalia, Ägypten) und Amerikanern (USA, Brasilien, Kanada) mit jeweils rund 3%.

Die Struktur der EmigrantInnen ist ein Spiegel der Immigration mit zwei Ausnahmen: Es wandern deutlich mehr österreichische Staatsangehörige ab als zu, im Saldo waren das in den letzten zehn Jahren jährlich rund 7.000 Personen. Infolge der hohen Anteile von Flüchtlingen aus asiatischen Kriegsgebieten beträgt der Anteil asiatischer Staatsangehöriger bei der Abwanderung bloß 9%.

Knapp 40% der internationalen Zuwanderung geht nach Wien. Dies ist der Hauptgrund des starken Bevölkerungswachstums in der Bundeshauptstadt (siehe unten). Jeweils 12% entfallen auf die Bundesländer Nieder- und Oberösterreich, 10% auf die Steiermark, 9% auf Tirol und 6% auf das Land Salzburg. Nach Kärnten und Vorarlberg kommen jeweils 4% der ImmigrantInnen, ins Burgenland nur 2%.

1,72 Millionen bzw. 19,6% der 8,77 Millionen Einwohner Österreichs sind Kinder und Jugendliche im Alter unter 20 Jahren. 5,43 Millionen Menschen (61,9%) zählen zum Erwerbsalter zwischen 20 und 64 Jahren, 1,63 Millionen bzw. 18,5% befinden sich im Pensionsalter von 65 und mehr Jahren. Während der Anteil des Erwerbsalters in den letzten Jahren relativ konstant war, ist der Anteil der jüngeren Menschen leicht gesunken, jener der älteren Menschen hingegen gestiegen. So wie viele westliche Gesellschaften altert auch die österreichische Bevölkerung. Dafür gibt es mehrere Ursachen: Durch die Alterung der Baby-Boom-Generationen rücken stärkere Jahrgänge in höhere Alter nach, die Personen im Pensionsalter bekommen ein immer größeres Gewicht. Zudem steigt die Lebenserwartung stetig an, pro Jahrzehnt gewinnen wir 2,5 bis 3 Jahre an zusätzlichen Lebensjahren. Außerdem kommen mehr von Kriegsverlusten unversehrt gebliebene Männergenerationen in höhere Alter. Dies bewirkt auch, dass der Frauenüberschuss unter den älteren Menschen sinkt. Auf der anderen Seite liegt das Fertilitätsniveau deutlich unter 2 Kindern pro Frau und somit unter dem sogenannten Bestandserhaltungsniveau, bei dem sich langfristig eine Elterngeneration durch ihre Kinder ersetzt. Die Zuwanderung nach Österreich schwächt jedoch den Alterungsprozess ab. ImmigrantInnen sind im Durchschnitt deutlich jünger als die Gesamtbevölkerung, somit verstärken sie die Bevölkerung im

Abb. 2.14: Statistik Austria, Internationale Zuwanderung nach Österreich 2007–2016

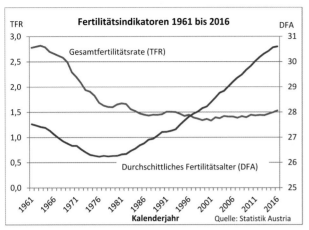

Abb. 2.15: Statistik Austria, Fertalitätsindikatoren 1961–2016

jungen Erwachsenenalter. Ohne Zuwanderung würde die Bevölkerung Österreichs nicht mehr zunehmen und stärker altern.

Österreichs Bevölkerung wächst hauptsächlich in den urbanen Regionen der großen Städte, während periphere und strukturschwache Bezirke Bevölkerungsrückgänge verzeichnen. Diese Verluste sind weitgehend auf bildungs- und arbeitsplatzbedingte Abwanderung zurückzuführen. Die Binnenwanderungsverluste führen auch dazu, dass die Geburtenzahlen in den Abwanderungsregionen sinken und es somit zu Sterbefallüberschüssen kommt.

Eine weitere Folge des Urbanisierungsprozesses ist die stärkere Alterung in den Abwanderungsgebieten. Junge Menschen gehen in die Städte, die älteren bleiben zurück und bekommen somit ein demographisch höheres Gewicht. In den urbanen Regionen werden hingegen die jüngeren Generationen durch die Zuwanderung aus dem In- und Ausland verstärkt, was zu einer jüngeren Altersstruktur als im Bundesdurchschnitt führt.

Die Gesamtfertilitätsrate (TFR) Österreichs lag 2016 bei 1,53 Kindern pro Frau. Damit ist sie seit dem Jahr 2001 mit dem Nachkriegsminimum von 1,33 wieder deutlich gestiegen und hat das Niveau des Jahres 1984 erreicht. Im Jahr 1963, dem Höhepunkt des Baby-Booms, lag sie bei 2,82 Kindern pro Frau. Der Wiederanstieg der Fertilität im 21. Jahrhundert kommt nicht unerwartet. Die Rückgänge in der Vergangenheit hingen mit gesellschaftlichen Veränderungen zusammen. Die verstärkte Bildungs- und höhere Erwerbsbeteiligung junger Frauen, damit verbundene Berufs- und Karriereplanungen sowie zu einem gewissen Maß auch Probleme bei der Vereinbarkeit von Beruf und Familie, veranlasste junge Paare zu einem Aufschub ihrer Kinderwünsche in eine spätere Lebensphase. Dies spiegelt sich im durchschnittlichen Fertilitätsalter wider, welches zwischen 1976 und 2001 von 26,2 auf 28,4 Jahre gestiegen ist. 2016 betrug es bereits 30,6 Jahre. Bei vielen Paaren ist bereits der Zeitpunkt gekommen, wo in der Vergangenheit aufgeschobene Kinderwünsche realisiert werden. Längerfristig könnte sich die TFR bei einem Wert von 1,6 Kindern pro Frau einpendeln. Dieses Niveau haben in der Nachkriegszeit alle Frauenjahrgänge, die ihre reproduktive Phase bereits abgeschlossen haben, niemals unterschritten (Bongaarts & Sobotka, 2012).

Österreichweit ist die Lebenserwartung bei der Geburt seit Mitte des 20. Jahrhunderts stark angestiegen. Betrug sie 1951 noch 62,4 Jahre für Männer und 67,7 Jahre für Frauen, so lag sie 2016 bereits bei 79,1 Jahren für Männer und 84,0 Jahren für Frauen. Mit den beginnenden 1970er Jahren ist ein nahezu stetiger Zuwachs der Lebenserwartung eingetreten. Im Jahr 2015 ist die Lebenserwartung leicht gesunken, dies wird auf die Grippewelle im Spätwinter sowie auf die extreme Hitzewelle im Hochsommer zurückgeführt (Klotz & Wisbauer, 2017).

Zur Abschätzung der Lebenserwartung in Gesundheit stehen für Österreich mehrere Quellen zur Verfügung. Für den

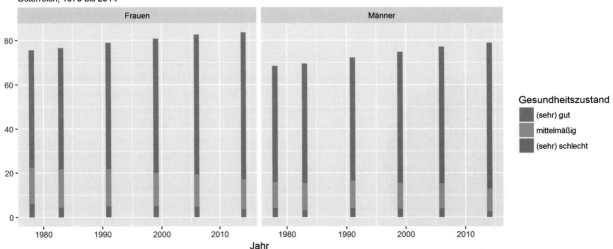

Abb. 2.16: Statistik Austria, Lebenserwartung in Gesundheit in Österreich 1978–2014

Vergleich über längere Zeiträume gibt es die Daten aus Sondermodulen des Mikrozensuses, aus Gesundheitsbefragungen und dem EU-SILC (Eurostat, 2015). Obwohl diese Erhebungen teilweise unterschiedlichen Konzepten folgen, zeigen sie im Trend die gleiche Entwicklung: Die Zuwächse in der Lebenserwartung sind gewonnene Jahre in subjektiv gutem Gesundheitszustand. Zwischen den Jahren 1978 und 2014 ist die Lebenserwartung der Männer um 10,4 Jahre, jene der Frauen um 8,0 Jahre gestiegen. Der Zuwachs bei den Lebensjahren in (sehr) guter Gesundheit fiel mit 13,5 Jahren (Männer) bzw. 13,7 Jahren (Frauen) deutlich stärker aus, die Lebensjahre in mittelmäßiger bzw. (sehr) schlechter Gesundheit gingen zurück. Bei den Männern waren dies 1,6 bzw. 1,5 Jahre, bei den Frauen sogar 3,2 Jahre bzw. 2,4 Jahre. Somit verbringen Männer 84 % und Frauen 80 % ihrer Lebenszeit in (sehr) guter Gesundheit. Bezogen auf die über 65-jährige Bevölkerung liegen diese Werte bei 63 % (Männer) bzw. 53 % (Frauen). Rund drei Viertel der Lebenszeit von Männern und etwa 70 % jener der Frauen werden ohne chronische Gesundheitsprobleme bzw. ohne Einschränkungen bei Tätigkeiten des normalen Alltagslebens durch gesundheitliche Probleme verbracht (Statistik Austria, 2017a).

Mortalität und Lebenserwartung sind eng verknüpft mit Bildung und sozialem Status. Je höher der Bildungsgrad, desto höher auch die Lebenserwartung. So hatten 2011/12 35-jährige Akademiker eine um 7 Jahre höhere Restlebenserwartung als Männer, die keine über die Pflichtschule hinausgehenden Bildungsabschlüsse erwerben konnten. Bei den Frauen betrug die Differenz 2,8 Jahre. Dahinter steckt unter anderem auch die Tatsache, dass Menschen mit niedrigeren Bildungsabschlüssen häufig in Berufen mit höherer körperlicher Belastung und stärkerem Unfallrisiko beschäftigt sind, was sich in der Mortalität widerspiegelt. Insbesondere armuts- und ausgrenzungsgefährdete Männer haben signifikant höhere Sterberisiken als nicht gefährdete Personen (EU-SILC, 2008).

2.3.2 Zukünftige Demographieentwicklung

Während Prognosen zukünftiger Bevölkerungsentwicklung mit zunehmender Entfernung zur Gegenwart immer stärker von ihren ungewissen Annahmen abhängen und sich bisweilen in ihren Vorhersagen stark voneinander unterscheiden können, sind die Trends für die nächsten Jahrzehnte zu einem großen Teil bereits im starken Bevölkerungswachstum des 20. Jahrhunderts grundgelegt. Infolge der Trägheit des Bevölkerungssystems (DemographInnen sprechen von *„Population Momentum"*), aber auch als Konsequenz der stetig ansteigenden Lebenserwartung, können wir trotz der bereits stark im Sinken begriffenen Geburtenraten bis weit in die zweite Hälfte des 21. Jahrhunderts mit einer weiter anwachsenden Weltbevölkerung rechnen.

Zukünftige Demographieentwicklung: Globale Ebene

Dieses Bevölkerungswachstum verteilt sich aber keineswegs gleichmäßig über den Globus. Während die Bevölkerungszahlen in einigen Ländern Osteuropas und Ostasiens bereits rückläufig sind, führen anhaltend hohe Geburtenraten in weiten Teilen Afrikas zu einem starken Anstieg der Bevölkerung. Unterdessen befindet sich Indien auf dem besten Weg, zukünftig das bevölkerungsreichste Land der Welt zu werden, während China dank der mittlerweile aufgegebenen Ein-Kind-Politik, sowie intensiver Bemühungen im Bereich der Bildung langsam auf Stabilisierung zusteuert und längerfristig mit einer schrumpfenden Bevölkerung zu rechnen hat.

Was den ökologischen Fußabdruck anbelangt, gilt es an dieser Stelle festzuhalten, dass dieser sich nicht nur aus der Anzahl, sondern auch den Konsumgewohnheiten der Menschen ergibt, sodass das vergleichsweise geringe Wachstum bzw. „Nicht-Schrumpfen" der Bevölkerung in den fortgeschrittenen Industrienationen als wesentlich größere Herausforderung angesehen werden muss (Cohen, 1995; Raftery u. a., 2017). Der noch weit verbreiteten Ansicht, wonach eine optimale Geburtenrate in der Nähe des Bestandserhaltungsniveaus (etwa 2,1 Kinder im Durchschnitt pro Frau) zu liegen habe, muss im Lichte neuerer Forschungsergebnisse (Striessnig & Lutz, 2014) widersprochen werden: Geht man davon aus, dass die kleineren Geburtskohorten der Zukunft mit einem höheren Bildungsniveau und somit höherer Produktivität ausgestattet sein werden als ihre Eltern und Großeltern, so lässt sich zeigen, dass Geburtenraten weit unterhalb des Bestandserhaltungsniveaus zu bevorzugen sind, da ein Bevölkerungsrückgang auch zur Abschwächung des Klimawandels beitragen würde.

Ein weiterer Trend, der sich bereits heute stark abzeichnet, ist die zunehmende Alterung, insbesondere in jenen Teilen der Welt, die sich schon in der Spätphase des demographischen Übergangs von einstmals hohen zu mittlerweile sehr niedrigen Geburten- und Sterberaten befinden. Die Bevölkerungspyramiden dieser Gesellschaften weisen längst keine klassische Pyramidenform mehr auf, da ein stetig zunehmender Anteil der Bevölkerung den höheren Altersgruppen angehört. Diese Entwicklung wird sich zwar langfristig wieder abschwächen, wenn geburtenschwächere Jahrgänge das Pensionsantrittsalter erreichen, kann die sozialen Sicherungssys-

Bevölkerungsprognose Österreichs (Hauptvariante)				
Jahr (1.1.)	Bevölkerung insgesamt	In Prozent		
		–19 J.	20–64 J.	65+ J.
2017	8.772.865	19,6 %	61,9 %	18,5 %
2020	8.981.218	19,4 %	61,7 %	18,9 %
2030	9.417.982	19,6 %	57,8 %	22,6 %
2050	9.767.122	18,7 %	54,0 %	27,3 %
2080	10.006.302	18,8 %	52,1 %	29,2 %

Tab. 1.2: Statistik Austria, Statistik des Bevölkerungsstandes und der Bevölkerungsbewegung, eigene Berechnungen.

teme, wie Pensions- oder Krankenversicherung, in den betroffenen Ländern mittelfristig jedoch vor große Herausforderungen stellen (siehe Kap. 2.4). Zugleich führt die demographische Alterung aber auch zu einer erhöhten Vulnerabilität gegenüber klimatischen Veränderungen, da ältere Menschen zumeist über geringere Anpassungsfähigkeiten verfügen und klimatische Einwirkungen (z. B. Kälte- und Hitzewellen) dadurch stärker wirksam sind, was in (siehe Kap. 3) noch genauer ausgeführt wird.

Ein möglicher Beitrag zur Lösung, zumindest des aus der gesellschaftlichen Alterung resultierenden Problems des verringerten Anteils an Bevölkerung im erwerbsfähigen Alter, könnte von Zuwanderung kommen. Diese dürfte sich in der Zukunft in nicht geringem Ausmaß auch als Folge des Klimawandels ergeben und zusätzlich zu den Alten eine weitere Gruppe mit erhöhter Vulnerabilität erzeugen. Aufgrund der politischen Sensibilität des Themas lässt sich aber schwer abschätzen, in welchem Ausmaß die alternden Gesellschaften der Zukunft die Zuwanderung von Arbeitskräften zulassen werden. Migration ist daher auch die unsicherste der demographischen Komponenten, die zum zukünftigen Bevölkerungswandel beitragen.

Zukünftige Demographieentwicklung: Österreich

Die Bevölkerung Österreichs wächst und altert. Dieser Prozess wird sich auch in Zukunft fortsetzen. Das Bevölkerungswachstum beruht auf Wanderungsgewinnen, die Alterung ist in erster Linie eine Folge des Baby-Booms der Nachkriegszeit welcher nun sukzessive ins Pensionsalter nachrückt, aber auch der unter dem einfachen Reproduktionsniveau liegenden Fertilität und der steigenden Lebenserwartung.

Ausgehend von den 8,77 Millionen (2017) wird die Bevölkerungszahl gemäß Hauptvariante der Bevölkerungsprognose von Statistik Austria aus 2016 im Jahr 2020 die 9-Millionen-Grenze überschreiten und 2030 mit 9,42 Millionen um 7,3 % höher liegen als heute. Bis 2050 steigt die Bevölkerung auf 9,77 Millionen (+11,4 % bzw. +1 Million gegenüber 2017, bis 2080 schließlich auf 10,0 Millionen (+14,0 %).

In den nächsten 10 Jahren wird zu diesem Bevölkerungswachstum neben den starken Wanderungsgewinnen auch noch eine leicht positive Geburtenbilanz beitragen. Nach 2030 jedoch, wenn die starken Baby-Boom-Jahrgänge zur Gänze im Pensionsalter stehen werden, wird die Zahl der Sterbefälle über jene der Geburten steigen. Während die Zahl der jährlichen Geburten bei rund 90.000 relativ konstant bleibt, nimmt dann die Zahl der Sterbefälle auf über 100.000 zu, der Sterbefallüberschuss erreicht sein Maximum in der 2. Hälfte mit einer Differenz von mehr als 20.000.

Diese Entwicklung basiert auf der Annahme, dass die TFR langfristig auf 1,60 steigt (2016: 1,53; siehe Kap. 2.3.1) und die Lebenserwartung für beide Geschlechter auch in Zukunft weiter wächst: 2016 betrug sie für Männer 79,1 und für Frauen 84,0 Jahre. In der Hauptvariante wird unterstellt, dass sie bis 2080 bei den Männern auf 89,2 und bei den Frauen auf 92,3 Jahre steigt.

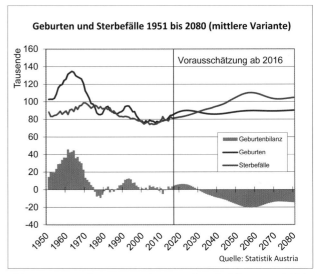

Abb. 2.17: Statistik Austria, Geburten und Sterbefälle 1951–2080 (mittlere Variante)

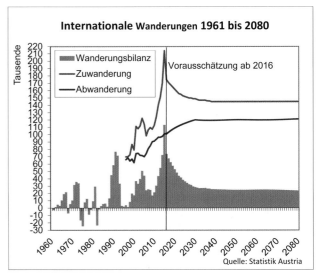

Abb. 2.18: Statistik Austria, Internationale Wanderungen 1961–2080

Aufgrund der aktuellen geopolitischen Lage ist die Zahl der ImmigrantInnen nach Österreich vergleichsweise hoch. Dennoch sind im langjährigen Durchschnitt mehr als die Hälfte aller Zuwandernden Angehörige von EU- bzw. EFTA-Staaten. Dies wurde nur durch die außerordentliche Flüchtlingswelle im Jahr 2015 unterbrochen. In diesem Jahr wanderten insgesamt über 214.000 Personen nach Österreich zu. 2016 waren es nur mehr 174.000, etwa so viele Personen wie 2014. Langfristig wird in der Hauptvariante der Prognose angenommen, dass die internationale Zuwanderung auf 145.000 Personen zurückgeht (Zu der Frage möglicher Migrationsströme infolge des Klimawandels siehe Kap. 2.3.3 Migration durch Klimawandel). Gleichzeitig steigt die Zahl der aus Österreich abwandernden Personen an (2016: knapp 110.000 Personen), sodass sich der jährliche Wanderungssaldo langfristig bei etwa 25.000 einpendeln dürfte. In allen

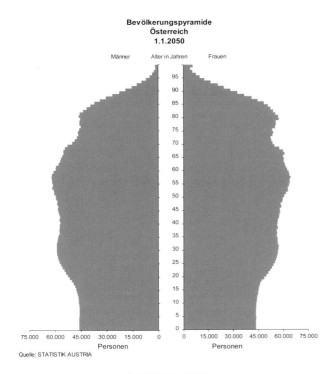

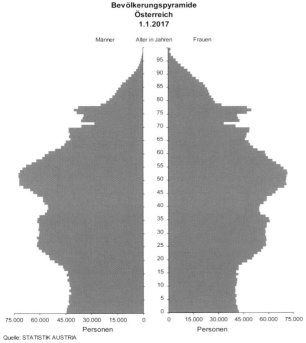

Abb. 2.19 und 2.20: Statistik Austria, Bevölkerungspyramiden für Österreich 2017 und 2050

Prognosejahren bis 2080 sollte der Wanderungsgewinn Österreichs höher sein als das erwartete Geburtendefizit, somit wird in Zukunft ein kontinuierliches Bevölkerungswachstum prognostiziert.

Neben dem Bevölkerungswachstum setzt sich künftig auch der Alterungsprozess fort. Derzeit befinden sich die starken Baby-Boom-Jahrgänge noch im Erwerbsalter, 2030 wird der Großteil bereits ins Pensionsalter gewechselt sein. Die

Zahl der Bevölkerung im Alter von 65 und mehr Jahren nimmt zwischen 2017 und 2030 um eine halbe Million von derzeit. 1,63 Millionen auf 2,13 Millionen zu. Ihr Anteil an der Gesamtbevölkerung steigt von 18,5 % auf 22,6 %. Der Altenquotient, welcher das Verhältnis der Bevölkerung im Pensionsalter zu jener im Erwerbsalter misst, steigt zwischen 2017 und 2030 von 29,9 auf 39,1. Auf 100 Personen im Alter von 20 bis 64 Jahren entfallen somit 39,1 Menschen, die 65 Jahre und älter sind.

Die Bevölkerung im Alter von 20 bis 64 Jahren steigt nur minimal an, nämlich von 5,43 Millionen auf 5,44 Millionen Wegen des starken Wachstums der älteren Bevölkerung sinkt der Anteil des Erwerbspotentials an der Gesamtbevölkerung bis 2030 von 61,9 % auf 57,8 %. Die Zahl der Kinder und Jugendlichen bis 19 Jahre nimmt von 1,72 Millionen auf 1,84 Millionen zu, ihr Anteil bleibt jedoch bei 19,6 % konstant. Der Jugendquotient (Verhältnis der Altersgruppen bis 19 Jahre zu 20 bis 64 Jahre) steigt leicht an, von 31,6 auf 33,9.

Längerfristig (bis zum Jahr 2080) steigt die Zahl der älteren Menschen weiterhin stark an, die Zahl der Kinder und Jugendlichen nimmt tendenziell leicht zu. Die Bevölkerung im Erwerbsalter sinkt jedoch ab. Grosso modo werden dann jährlich mehr Menschen ins Pensionsalter wechseln als Jugendliche und ImmigrantInnen zum Erwerbspotenzial hinzukommen. Der Altenquotient steigt bis dahin auf 56,1 weiterhin stark an, der Jugendquotient nur leicht auf 36,0. Der Gesamtquotient (Summe aus Jugend- und Altenquotient) steigt langfristig auf 92,1. Eine demographische Abhängigkeit in dieser Größenordnung wurde in Österreich bereits um 1971 gemessen, also in der Zeit nach dem Baby-Boom.

Damals war der Jugendquotient jedoch noch doppelt so hoch wie der Altenquotient; 2080 wird der Altenquotient den Jugendquotienten jedoch um mehr als die Hälfte übersteigen.

Der Alterungsprozess der Bevölkerung ist im Wesentlichen durch die aktuelle Bevölkerungsstruktur bestimmt. Höhere oder niedrigere Zuwanderung, schwächer oder stärker steigende Lebenserwartung sowie unterschiedliche Fertilitätsentwicklungen können diesen Prozess abschwächen oder verstärken, aber nicht verhindern. Tatsache ist, dass die Zuwanderung den Alterungsprozess der Bevölkerung mildert, da ImmigrantInnen im Durchschnitt deutlich jünger sind als die Gesamtbevölkerung. So betrug das Durchschnittsalter der Bevölkerung im Jahr 2016 42,4 Jahre, jenes der ImmigrantInnen 29,8 Jahre. Ohne Zuwanderung nach Österreich würde der Alterungsprozess demnach extrem stark ausfallen, nach diesem Szenario steigt der Anteil der Bevölkerung im Pensionsalter langfristig auf über 36 %.Die neun Bundesländer Österreichs werden unterschiedliche Entwicklungen erleben. Das stärkste Wachstum wird für Wien prognostiziert. Knapp 40 % der internationalen Zuwanderung entfallen auf die Bundeshauptstadt, deshalb wird Wien künftig auch die jüngste Altersstruktur aller Bundesländer ausweisen. Anfang der 2020er Jahre sollte Wien, so wie am Ende der Monarchie, wieder mehr als zwei Millionen Einwohner zählen. Kärnten hingegen wird langfristig infolge von Geburtendefiziten und Binnenwanderungsverlusten an Bevölkerung verlieren und

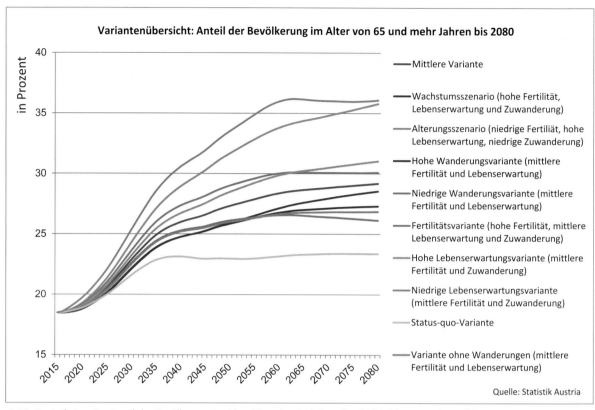

Abb. 2.22: Statistik Austria, Anteil der Bevölkerung im Alter 65 und mehr Jahren bis 2080 (Variantenübersicht)

bald vom Bundesland Salzburg einwohnermäßig überflügelt werden. Neben Wien werden in der Ostregion auch Niederösterreich und Burgenland ein überdurchschnittlich starkes Bevölkerungswachstum erfahren. Das langfristige Wachstum Tirols liegt im Bundesschnitt. Abgesehen von Kärnten wird auch in Oberösterreich, Salzburg, Steiermark und Vorarlberg das künftige Bevölkerungswachstum unterdurchschnittlich stark ausfallen.

Kleinräumiger differenziert sind es im Wesentlichen die Ballungsräume, also die Städte und deren Umland, wo die Bevölkerung künftig weiter wachsen wird. In Wien gilt dies für alle Gemeindebezirke außer der Inneren Stadt. Periphere Bezirke haben hingegen mit Bevölkerungsrückgängen zu rechnen. Dazu zählen das nördliche Wald- und Mühlviertel, das südwestliche Niederösterreich, die Ober- und Oststeiermark, das südliche Burgenland sowie Osttirol und die nicht zentralen Bezirke Kärntens. Dort, wo die Bevölkerung wächst, wird künftig auch die Altersstruktur vergleichsweise jünger sein als in den schrumpfenden Abwanderungsbezirken.

Unterschiedliche Vulnerabilität demographischer und sozioökonomischer Gruppen

Um Vulnerabilitäten zu reduzieren ist es wesentlich, besonders betroffene Gruppen und die konkreten Ursachen der Vulnerabilität zu identifizieren. Im Einklang mit dem Sustainable Development Goal 10, das die Gleichberechtigung für alle zum Ziel hat, gilt es, das Konzept der demographisch dif-

ferentiellen Vulnerabilität (*differential demographic vulnerability*) in Vulnerabilitätsanalysen und damit verbundenen politischen Maßnahmen zu berücksichtigen. Als wesentlicher Bestandteil einer nachhaltigen Entwicklung wurde dieser Ansatz bereits von mehreren ExpertInnengruppen herangezogen: Zunächst in Vorbereitung des *United Nations* (UN) *World Summit on Sustainable Development in 2002* (Lutz u. a., 2002) und ein Jahrzehnt später für den RIO+20 Earth Summit (Lutz u. a., 2012). Im Kern wird bei dem Ansatz davon ausgegangen, dass die individuelle Vulnerabilität und die Fähigkeit sich an wandelnde Umweltgegebenheiten anzupassen nicht nur maßgeblich zwischen Ländern, Regionen, Gemeinschaften und Haushalten variiert, sondern selbst innerhalb einzelner Familien, wobei hierbei die Faktoren Alter und Geschlecht eine wesentliche Rolle spielen. Die fehlende Berücksichtigung einer solchen demographischen Heterogenität kann zu einer fehlgeleiteten Politik führen, die nicht ausreichend auf die gefährdeten Gruppen ausgerichtet ist (Muttarak u. a., 2016).

Weshalb bestimmte Gruppen innerhalb einer Population eine höhere Vulnerabilität gegenüber sich wandelnden Umweltbedingungen haben, kann anhand des Zusammenspiels verschiedener Risikofaktoren analysiert und verstanden werden. Abweichungen in der individuellen Vulnerabilität können unterschiedliche Ursachen haben wie Ungleichheiten in der physiologischen Anfälligkeit, der Exponiertheit sowie sozioökonomische und psychosoziale Faktoren, die die Risikowahrnehmung und Reaktionsfähigkeit beeinflussen.

Physiologische Anfälligkeit

Biologische Unterschiede machen unterschiedliche demographische Gruppen mehr oder weniger anfällig gegenüber extremen Wetterereignissen und klimatischen Schocks. So war der Großteil der Todesfälle während der Hitzewelle im Sommer 2003 in 12 europäischen Ländern in der ältesten Bevölkerungsgruppe (> 65 Jahre) zu verzeichnen, da es für diese im Vergleich zu jüngeren Kohorten schwieriger ist, die Körpertemperatur zu regulieren (Robine u. a., 2008). Gleichermaßen bewirken Unterschiede in der Physiognomie und dem Kreislaufsystem eine höhere Anfälligkeit von jungen Kindern (insbesondere < 5) gegenüber starken Temperaturschwankungen. Diese sind auch besonders anfällig gegenüber Malariaerregern, was im Falle einer Ausbreitung der Malaria aufgrund eines Temperaturanstiegs zu einem Anstieg der Morbidität und Mortalität in dieser Altersgruppe führen kann (Loevinsohn, 1994; WHO, 2011). Zudem sind gerade Kinder und ältere Menschen beim Eintreten einer Naturkatastrophe oder eines extremen Wetterereignisses benachteiligt, da sie im Schnitt über geringere körperliche Bewältigungsressourcen verfügen. Unterschiedliche Vulnerabilität kann dementsprechend bis zu einem gewissen Grad durch physiologische Unterschiede in der Bevölkerung erklärt werden.

Unterschiede in der Exponiertheit

Neben biologischen Faktoren beeinflussen auch soziale Faktoren das Risiko, nachteilig vom Klimawandel betroffen zu sein. Frauen sind (unabhängig vom Alter) stärker von Hitzewellen betroffen. Dieser Umstand ist nicht nur auf physiologische Unterschiede, wie eine verminderte Transpirationsfähigkeit zurückzuführen, sondern auch auf Unterschiede im Lebensstil (D'Ippoliti u. a., 2010). Soziale Isolation und Alleinleben stellen wesentliche Risikofaktoren während einer Hitzewelle dar. Da Frauen im Alter häufiger alleine leben als Männer, weisen sie eine um 15 % höhere Sterblichkeitsrate während extremer Hitzewellen auf. Im Gegensatz hierzu haben Männer, da sie häufiger außerhalb des Hauses tätig sind, eine höhere Wahrscheinlichkeit bei Flutkatastrophen und Stürmen zu sterben (Zagheni u. a., 2016). In diesen Fällen werden die Unterschiede in der Vulnerabilität durch sozial konstruierte demographische Faktoren und damit einhergehende Normen hervorgerufen.

Die Wahrscheinlichkeit von Naturkatastrophen und extremen Wetterereignissen betroffen zu sein, wird auch durch den sozioökonomischen Status bedingt. Verschiedene Studien zeigen, dass sozial und finanziell benachteiligte Gruppen häufiger in Gebieten leben, die ein erhöhtes Umweltrisiko aufweisen, etwa weil sie in der Nähe einer Müllverbrennungs- oder Industrieanlage liegen (Braubach & Fairburn, 2010). Außerdem befinden sich Niedrigeinkommenshaushalte vermehrt in Küsten- und Flutgebieten und sind damit häufiger Sturmfluten und Überschwemmungen ausgesetzt, wie Studien aus Vietnam (Bangalore u. a., 2017), Großbritannien (Walker u. a., 2006) und Indien (De Sherbinin & Bardy, 2015) zeigen.

Ueland und Warf (Ueland & Warf, 2006) nennen Diskriminierung am Arbeits- und Wohnungsmarkt sowie eingeschränkten Zugang zu Hypothekenkrediten als Hauptursachen für diese wohnräumliche Benachteiligung von finanziell schwächer gestellten Haushalten, von der oft auch ethnische Minderheiten betroffen sind (Ard, 2015; Mohai u. a., 2009; Mohai & Saha, 2007). Die soziale Stellung in der Gesellschaft kann damit die ungleiche Verteilung von Umweltrisiken zwischen Bevölkerungsgruppen erklären.

Differentielle Vulnerabilität

Des Weiteren sind demographische und sozioökonomische Merkmale wesentliche Einflussfaktoren, ob und inwieweit Bevölkerungen in der Lage sind, sich gegen nachteilige Auswirkungen des Klimawandels abzusichern und auf diese zu reagieren. In der Literatur werden häufig ältere Menschen, Kinder, Frauen, Menschen mit Behinderung, Minderheiten und Personen mit niedrigem Einkommen als besonders vulnerabel gegenüber Umweltschocks beschrieben (Cutter, 1995; Fothergill u. a., 1999; Masozera u. a., 2007). Diese Gruppen haben aufgrund ihrer gesellschaftlich benachteiligten Position in der Regel weniger Ressourcen zur Verfügung, um Kllimaschocks vorzubeugen und auf diese angemessen zu reagieren.

Die Benachteiligung ist hierbei häufig mehrdimensional: Sie kann u. a. sozial wegen eines Minderheitenstatus (z. B. Mitglieder bestimmter religiöser/ethnischer Gruppen), ökonomisch aufgrund eines niedrigen Einkommens- und Wohlstandsniveaus und politisch durch fehlende Repräsentation und politische Entscheidungsmacht (z. B. Frauen und Kinder) assoziiert sein (Gaillard, 2010). Die demographischen und sozioökonomischen Merkmale, die die Vulnerabilität bedingen, hängen entscheidend von der gesellschaftlichen Position und den sozialen Identitäten ab. Einige Gruppen haben aufgrund ihrer benachteiligten Stellung geringeren Zugang zu ökonomischen und sozialen Ressourcen sowie Wissen und Informationen, die helfen würden, auf Katastrophen und negative Umwelteinflüsse zu reagieren (Flatø u. a., 2017).

Faktoren, die eine erhöhte Vulnerabilität bedingen, sind nicht statisch, sondern hängen von dem jeweiligen Risiko ab. So sind Frauen nicht immer vulnerabler als Männer. Studien zeigen, dass gerade junge und mittelalte Männer wegeneiner niedrigeren Risikowahrnehmung und einer erhöhten Risikobereitschaft (z. B. Fahren eines Autos in überfluteten Straßen, Überqueren von überfluteten Brücken) ein höheres Risiko haben, bei Flutkatastrophen zu sterben (Ashley & Ashley, 2008; Doocy u. a., 2013; Pereira u. a., 2017). Auch fällt es manchen ethnischen Minderheiten – trotz ihres oft benachteiligten sozialen Status – aufgrund eines engen Zusammenhalts leichter, sich von Katastrophen zu erholen, wie beispielsweise die vietnamesische Minderheit in New Orleans, die nach Hurrikan Katrina schneller als die übrige Bevölkerung in die betroffenen Gebiete zurückgekehrt ist (Vu u. a., 2009). Dies zeigt, dass Vulnerabilitäten dynamisch sind und durch eine Vielzahl unterschiedlicher Einflüsse variieren.

2.3.3 Gesundheitsauswirkungen bedingt durch Bevölkerungsdynamiken

Vorzeitige Mortalität durch Klimawandel und klimainduzierte Naturkatastrophen

Mit Hilfe von statistischen Verfahren hat die Weltgesundheitsorganisation die zukünftige Entwicklung klimabedingter Todesursachen geschätzt, wie etwa extreme Temperaturen, Überflutungen, Durchfallerkrankungen, Malaria und Unterernährung (WHO, 2014). Aufgrund klimatischer Veränderungen ist weltweit zwischen 2030 und 2050 mit beinahe 250.000 zusätzlichen Todesfällen jährlich zu rechnen. Für das Jahr 2030 wird etwa von 38.000 zusätzlichen Todesfällen aufgrund von Hitze, 48.000 aufgrund von Durchfallerkrankungen, 60.000 aufgrund von Malaria und 95.000 zusätzlichen Todesfällen aufgrund von Unterernährung im Kindesalter ausgegangen. Es ist anzunehmen, dass die tatsächlichen Zahlen der klimainduzierten Mortalität sogar noch höher liegen werden, da die Schätzungen lediglich ausgewählte Todesursachen und nicht indirekte Einflüsse auf die Gesundheit berücksichtigen, etwa den Effekt des Klimas auf Konflikte, ökonomische Ressourcen und Migration.

Für Europa zeigt eine kürzlich veröffentlichte Studie von Forzieri u. a. (2017), die das Risikomodell des *Intergovernmental Panel on Climate Change* (IPCC) zur Schätzung von klimabedingten Mortalitätsrisiken verwendet, dass für den Zeitraum von 2071–2100 mit einem fünfzigfachen Anstieg klimainduzierter Todesfälle (152.000 zusätzliche Todesfälle) im Vergleich zur Referenzperiode 1981–2010 (3.000 klimabedingte Todesfälle) zu rechnen ist. Der Anstieg des Mortalitätsrisikos, das vor allem auf dem häufigeren Auftreten von Hitzewellen gründet, ist besonders in südeuropäischen Ländern stark ausgeprägt.

Veränderungen in der Luftqualität sind ein weiterer klimabedingter Faktor, der einen entscheidenden Einfluss auf die Sterblichkeitsrate hat. So verhindern unregelmäßige oder verminderte Regenfälle die Reinigung der Luft von verschmutzenden Partikeln wie z. B. *„volatile organic compounds"* (VOCs) und Feinstaub. Auch Bäume emittieren vermehrt Schadstoffe bei erhöhten Temperaturen. Eine Reihe von Studien haben versucht, den Einfluss derartiger Veränderungen der Luftqualität auf die menschliche Gesundheit zu schätzen (Silva u. a., 2013). Ausgehend von diesen Studien ist zu erwarten, dass die mit dem Klimawandel einhergehende Verschlechterung der Luftqualität ungefähr 60.000 zusätzliche Todesfälle im Jahr 2030 verursachen wird. Diese Zahl soll auf bis zu 260.000 Todesfälle im Jahr 2100 ansteigen.

Die genauen Vorhersagen hängen entscheidend von dem zukünftigen Emissionsausstoß und der weiteren sozioökonomischen Entwicklung ab. Während Vermeidungsstrategien (Mitigation) dazu beitragen können, das Risiko des Eintretens negativer Klimaereignisse zu verringern, können Maßnahmen zur Vulnerabilitätsreduktion und zur verbesserten Anpassungsfähigkeit (Adaptation) helfen, die klimabedingte Sterblichkeit zu verringern. Empirische Studien zeigen, dass die Anpassungsfähigkeit entscheidend durch die sozioökonomische Entwicklung eines Landes, besonders im Gesundheits- und Bildungsbereich, bedingt wird. Bildung verbessert maßgeblich die kognitiven Fähigkeiten und die Problemlösungskompetenzen und gibt Zugang zu Wissen und Informationen, die hilfreich sind, um auf Umweltschocks zu reagieren und diese zu verarbeiten (Hoffmann & Muttarak, 2017). Die AutorInnen Lutz u. a. (2014) zeigen in ihrer Studie, dass Länder mit höherem Bildungsgrad – vor allem dem von Frauen – eine signifikant niedrigere Sterblichkeit aufgrund von Naturkatastrophen aufweisen. Eine verbesserte Bildung kann somit entscheidend dazu beitragen, Vulnerabilitäten und damit die klimabedingte Sterblichkeit zu reduzieren (Pamuk u. a., 2011; Montez & Friedman, 2015).

Migration durch Klimawandel

In den vergangenen Jahren hat sich die Anzahl und Intensität von extremen Wetterereignissen wie schweren Stürmen, Überflutungen oder Dürren deutlich erhöht (Hoffmann & Muttarak, 2017). In vielen Regionen der Welt untergraben die sich verschlechternden klimatischen Bedingungen die Lebensgrundlage von Haushalten. Besonders betroffen sind arme Haushalte in ländlichen Gebieten von Entwicklungsländern, deren Existenz von Subsistenzwirtschaft abhängig ist.

Es gibt verschiedene Möglichkeiten für die Betroffenen, auf die sich verändernden Bedingungen zu reagieren. Eine Adaptionsstrategie stellt die Migration dar. Die Abwanderung aus klimatisch unwirtlichen Regionen ist ein globales Phänomen, das während der gesamten Menschheitsgeschichte eine große Rolle gespielt hat (Black, Bennett u. a., 2011; Hunter u. a., 2015). Auch aus gesundheitlicher Sicht ist das Thema von Bedeutung, da Migrationsbewegungen vielfältige Auswirkungen auf die Gesundheit sowohl der MigrantInnen als auch der Bevölkerung in den Zielländern haben können.

Umweltbedingte Migration bezeichnet jede Form von Mobilität von Menschen, die durch klimatische Einflüsse ausgelöst wird. Diese kann sowohl intern, also innerhalb der Grenzen eines Landes, wie auch international sein. Es lassen sich Migrationsbewegungen, die durch plötzliche klimatische Veränderungen ausgelöst werden und die häufig zu einer dauerhaften Übersiedlung des Haushalts führen (Klimaflucht), von solchen unterscheiden, die als Anpassungsstrategie auf langfristige Veränderungen, etwa dem Verlust von kultivierbarer Fläche, erfolgen.

Schätzungen gehen von derzeit mehreren Millionen UmweltmigrantInnen weltweit aus, wobei bislang wenige verlässliche Zahlen existieren, die den genauen Umfang, insbesondere der internationalen Umweltmigration, erfassen (Bremner & Hunter, 2014; Morton, 2007; Myers, 2002). Die geschätzte Zahl der aufgrund von Naturkatastrophen, also kurzfristigen Ereignissen, Vertriebenen lag in den Jahren 2008–2013 bei jährlich durchschnittlich 27,5 Millionen

(IDMC, 2014). Gewaltsame Konflikte stellen einen weiteren von der Umwelt bedingten Faktor dar, der zu kurzfristigen Fluchtbewegungen führen kann. So können beispielsweise Dürrekatastrophen zum Ausfall von Ernten führen, was Konflikte über die knapper werdenden Nahrungsmittel zur Folge haben kann (Burrows & Kinney, 2016; Hsiang u. a., 2013; Mayrhofer, 2017; Reuveny, 2007).

Migrationsentscheidungen werden in der Regel als Kollektiventscheidungen von Haushalten getroffen (Klaiber, 2014). Als langfristige Anpassungsstrategie ist Migration meist dadurch gekennzeichnet, dass nur einzelne Mitglieder des Haushalts die zumeist ländliche Herkunftsregion mit dem Ziel verlassen, Arbeit zu finden, um den Haushalt mit einem zusätzlichen Einkommen zu unterstützen. Die Erwirtschaftung von Einkommen außerhalb des stark von Umwelteinflüssen abhängigen landwirtschaftlichen Sektors ermöglicht dem Haushalt, Risiken effektiv zu streuen und unempfindlicher gegen mögliche Umweltschäden zu sein, die aufgrund fehlender oder gering entwickelter Kredit-, Kapital- und Versicherungsmärkte nicht ausreichend abgesichert werden können. Kommt es zu klimatischen Veränderungen oder einem Umweltschock (z. B. eine Naturkatastrophe), kann die Familie auf die zusätzliche Einkommensquelle zurückgreifen (Findley, 1994; Gray, 2009). Neben der Erwirtschaftung von zusätzlichen Einkommen verringert die Migration einzelner Familienmitglieder aber auch den zu deckenden Nahrungsmittelbedarfs, was zu einer Steigerung der Resilienz, d. h. der Widerstandsfähigkeit eines Haushalts, beitragen kann.

Umweltbedingte Mobilität findet in den meisten Fällen innerhalb der Grenzen des Herkunftslandes statt, da für viele Haushalte die politischen und sozioökonomischen Kosten einer grenzüberschreitenden Migration zu hoch sind (Hugo, 1996; Hunter u. a., 2015). Typischerweise vollzieht sich der Migrationsprozess in unterschiedlichen Etappen wobei zunächst Destinationen im unmittelbaren Umfeld der Herkunftsregionen bevorzugt werden, bevor anschließend weiter entfernte Ziele ausgewählt werden. Nicht selten ist umweltbedingte Migration zirkulär bzw. saisonal (temporäre Migration), d. h. der/die MigrantIn kehrt nach einer gewissen Zeit in die Herkunftsregion zurück, bevor er/sie möglicherweise erneut emigriert. Aufgrund der (vermeintlich) besseren Arbeitssituation sind städtische Ballungszentren häufig das Ziel der Migration aus dem ländlichen Raum, was in vielen Ländern zu einer zunehmenden Urbanisierung und damit einhergehenden Herausforderungen (negative Auswirkungen auf die Umwelt, Verarmung, Gesundheitsprobleme etc.) führt. Der Zustrom von MigrantInnen (auch ausgelöst durch Umwelteinflüsse) kann einen erhöhten Druck auf den Arbeitsmarkt und die Löhne in Städten zur Folge haben, was wiederum verstärkte Mobilitätsbewegungen, auch in andere Länder, auslösen kann (Maurel & Tuccio, 2016). So kann umweltbedingte Migration, selbst wenn sie sich primär innerhalb eines Landes vollzieht, indirekt zu einem Anstieg der internationalen Arbeitsmigration beitragen.

Die komplexe Verzahnung unterschiedlicher Wanderungsbewegungen verdeutlicht die Schwierigkeiten, die mit einer genauen Messung und Vorhersage von umweltbedingten Migrationsprozessen einhergehen. Hinzu kommt, dass Migrationsbewegungen durch eine Vielzahl sozialer, kultureller, politischer, rechtlicher und ökonomischer Kontextfaktoren (die sowohl in zeitlicher wie auch geographischer Hinsicht variieren können) beeinflusst wird, was die Analyse und Abgrenzung zusätzlich erschwert (Hunter u. a., 2015). Umweltbedingte Migration ist eng verknüpft mit Armut, die sich sowohl verstärkend als auch hemmend auf die Mobilität von Haushalten auswirken kann. Gerade den ärmsten Haushalten, die häufig am stärksten von sich verschlechternden Umweltbedingungen betroffen sind, fehlt es an Ressourcen, um sich gegen Extremereignisse abzusichern und diese zu bewältigen (erhöhte Vulnerabilität). So können verschlechternde Umweltbedingungen in armen Gegenden paradoxerweise zu einem Rückgang der Mobilität führen, weil Haushalten die benötigten Ressourcen fehlen, um die betroffene Region zu verlassen (Gray, 2009; Nawrotzki & Bakhtsiyarava, 2016). Bei den Haushalten, die Migration als Adaptionsstrategie nutzen, handelt es sich deshalb im Regelfall nicht um die ärmsten Haushalte, sondern oftmals jüngere Haushalte, die durch weniger starke Bindungen und einen kürzeren Zeithorizont gekennzeichnet sind. Innerhalb des Haushalts sind es meist die Mitglieder ohne tiefere familiäre Bindungen, die ein besonders hohes Maß an Mobilität aufweisen.

Österreich ist, wie andere west- und mitteleuropäische Länder, von umweltbedingter Migration – wenn auch in geringem Umfang – hauptsächlich als potentielles Zielland von MigrantInnen betroffen (Millock, 2015) (siehe Kap. 2.3.1). Es ist jedoch nicht auszuschließen, dass auch innerhalb Österreichs und Europas sich verändernde klimatische Bedingungen zu verstärkten Mobilitätsprozessen führen werden. So sind beispielsweise die Länder, die an die Nordsee grenzen, stark vom Anstieg des Meeresspiegels und dem daraus resultierenden Verlust von Landfläche betroffen (Mulligan u. a., 2014; Science for Environment Policy, 2015). Eine Form der Mobilität in Europa, die bereits heute eine wesentliche Rolle spielt und die stark durch Umwelteinflüsse beeinflusst wird, ist der Tourismus. Auch für diese Form der kurzfristigen Mobilität sind weitere Veränderungen in den nächsten Jahren, z. T. auch induziert durch sich verändernde klimatische Gegebenheiten, zu erwarten.

Migration ist eng mit gesundheitlichen Fragestellungen verknüpft. Durch Migrationsbewegungen entstehen neue Anforderungen an die Gesundheitssysteme der Zielländer, die es rechtzeitig zu berücksichtigen gilt. So verfügen MigrantInnen im Schnitt im Zielland über geringe sozioökonomische Ressourcen (wie Bildung oder finanzielle Mittel) und haben aufgrund verschiedener struktureller, rechtlicher und kultureller Barrieren oft nur eingeschränkten Zugang zur lokalen Gesundheitsinfrastruktur (Hoffmann, 2016; Rechel u. a., 2013). Gerade geflüchtete Menschen, die aus dem außereuropäischen Ausland nach Österreich kommen, sind als Folge der entbehrungsreichen Flucht häufig hohen gesundheitlichen Belastungen ausgesetzt. Zudem können traumatische Fluchterfahrungen und Unsicherheiten sowie die damit verbundenen Belastungen zu psychischen Krankheitszuständen wie Depressionen führen (Anzenberger u. a., 2015). Darüber hinaus können unter Geflüchteten mit der Flucht assoziierte infektiöse und akut behandlungsbedürftige Krankheiten auftreten (z. T. aufgrund fehlenden Impfschutzes). Auch wenn einzelne Übertragungen bei engem Kontakt möglich sind, besteht laut medizinischen Studien nur ein sehr geringes Risiko für die Allgemeinbevölkerung (Beermann u. a., 2015; Robert Koch Institut, 2008). Um möglichen negativen gesundheitlichen Folgen und zusätzlichen Belastungen des Gesundheitssystems durch Migration vorzubeugen, gilt es, rechtzeitig adäquate Präventionsstrategien (wie Informationskampagnen, Behandlungsprogramme etc.) zu entwickeln, die Verantwortliche wie medizinisches Personal informieren und auf die spezifischen gesundheitlichen Herausforderungen vorbereiten.

2.3.4 Zusammenfassende Bewertung

Wie alle modellbasierten Aussagen über die Zukunft hängen auch Bevölkerungsprognosen mit zunehmender Länge des Prognosezeitraums immer stärker von den getroffenen Annahmen in Bezug auf zukünftige Fertilität, Mortalität und Migration ab. Bei den hier getätigten auf Bevölkerungsprognosen basierenden Aussagen, sind daher stets gewisse Schwankungsbreiten zu berücksichtigen (Abel u. a., 2016). Zugleich fallen diese aufgrund der Trägheit des Bevölkerungssystems aber geringer aus als beispielsweise bei Vorhersagen in Bezug auf das Klimasystem, wie sie in Kapitel 2.2 vorgestellt wurden. Aufgrund der Persistenz gesellschaftlicher Normen verändern sich Fertilitätsraten in den seltensten Fällen innerhalb weniger Jahre, sondern zumeist eher über Generationen. Nur unter extremen Bedingungen, wie sie z. B. im Iran der 1980er Jahre vorherrschten, kann dieser Prozess schneller ablaufen (Abbasi-Shavazi & McDonald, 2006).Auch die bestimmenden Faktoren von Mortalität ändern sich meistens nur schleichend.

Insofern lässt sich sagen, dass die für Österreich in den kommenden Jahrzehnten zu erwartenden demographischen Wandlungsprozesse, wie sie in diesem Unterkapitel beschrieben wurden, zu einem Großteil bereits in der aktuellen Bevölkerungsstruktur grundgelegt sind. Größere Unsicherheit besteht freilich in Bezug auf das Ausmaß zukünftiger Migration, welche sowohl von „push-Faktoren" in den Ursprungsländern als auch von „pull-Faktoren" in den Zielländern abhängen. Inwieweit die zukünftige politische und klimatische Instabilität in den Ursprungsländern zunehmen wird, lässt sich genauso schwer vorhersagen wie die von den jeweiligen politischen Umständen in den Zielländern abhängige Einwanderungspolitik. Wie im nächsten Kapitel noch genauer besprochen wird, könnte Österreich in Zukunft mit anderen alternden Gesellschaften in einen Wettbewerb um knapper werdende Arbeitskräfte eintreten, die zum Teil „importiert" werden müssten. Infolge der zunehmenden

Automatisierung kann es aber auch zu einem Schwinden der Nachfrage nach menschlicher Arbeitskraft kommen (Acemoglu & Restrepo, 2018).

Ein weiterer Unsicherheitsfaktor in Hinblick auf die Bevölkerung erwächst aus der geographischen Verteilung derselbigen. Das Fortschreiten der Urbanisierung in den Industrieländern gilt zwar weitestgehend als Konsens, in Bezug auf das Ausmaß sowie die daraus resultierenden sozioökonomischen, gesundheitlichen und klimarelevanten Folgen herrscht aber Ungewissheit. Für eine detailierte Behandlung des Themas Unsicherheit sei in diesem Zusammenhang auf die Shared Socioeconomic Pathways (SSPs) verwiesen (KC & Lutz, 2017; O'Neill u. a., 2014).

2.4 Veränderungen der Wirtschaft

Dieses Unterkapitel ist den Auswirkungen der Wirtschaft auf die Gesundheit und Vulnerabilität der Bevölkerung bzw. besonderer Risikogruppen gewidmet. Da die medizinische Versorgung, vorbeugende Präventionsmaßnahmen und auch Anpassungen an den Klimawandel mit Kosten verbunden sind, bestimmt die wirtschaftliche Entwicklung maßgeblich, ob und wie weit die Bevölkerung in der Lage ist, sich auf die Folgen des Klimawandels einzustellen. Dabei kommt der Nachhaltigkeit der wirtschaftlichen Entwicklung entscheidende Bedeutung zu. Nachhaltigkeit bedeutet in diesem Zusammenhang, die Bedürfnisse der Gegenwart zu befriedigen, ohne zu riskieren, dass künftige Generationen ihre eigenen Bedürfnisse nicht befriedigen können (Hauff, 1987). Kapitel 2.4.1 behandelt die Auswirkungen des demographischen Wandels auf das Wirtschaftswachstum. Dieses bestimmt im Wesentlichen, ob in einer Volkswirtschaft ausreichend materieller Wohlstand erwirtschaftet wird. Die Verteilung dieses Wohlstands wiederum bestimmt, wer davon profitiert. Im Falle einer besonders ungleichen Verteilung besteht trotz guter wirtschaftlicher Entwicklung die Gefahr einer Unterversorgung von Teilen der Bevölkerung. Kapitel 2.4.2 widmet sich daher dem Themenbereich Wirtschaftskrisen, Ungleichheit und Automatisierung. Kapitel 2.4.3 behandelt die Auswirkungen des Klimawandels bzw. von Klimaschutzmaßnahmen auf die Wirtschaft. Insbesondere werden die Auswirkungen auf die Arbeitsproduktivität und auf Produktionsanlagen und Infrastruktur in den Fokus genommen.

2.4.1 Wirtschaftswachstum in Österreich und der Welt, Auswirkungen des demographischen Wandels auf das Wirtschaftswachstum

Der Output einer Volkswirtschaft, gemessen als Bruttoinlandsprodukt, wird durch den Einsatz von Produktionsfaktoren (z. B. Arbeit, Kapital und Boden) erwirtschaftet. Der demographische Wandel (siehe Kap. 2.3.1) führt zu einem Rückgang des Produktionsfaktors Arbeit. Stark vereinfacht wäre ein Rückgang des Bruttoinlandsprodukts bzw. des materiellen Wohlstands zu erwarten. Es stellt sich die Frage, ob es gelingt diesen Rückgang durch andere Produktionsfaktoren oder Produktionsprozesse zu kompensieren. Die aktuellen Prognosen zum Wirtschaftswachstum erlauben einen optimistischen Ausblick. Mittelfristig wird für den Zeitraum von 2017 bis 2021 für den Euroraum im Durchschnitt ein reales Wachstum von 1,8 % erwartet, für die EU 1,9 %, für die OECD Staaten 2,1 % und für die gesamte Weltwirtschaft 3,5 % (Institut für höhere Studien, 2017a). Diese Aussicht stützt sich auf das Wachstum von Konsum und Investitionen. Die Bereitschaft zu Investitionen hängt vom Zinssatz und von der in Zukunft zu erwartenden wirtschaftlichen Entwicklung ab. Nur bei positiven Zukunftserwartungen bleibt das Investitionsniveau hoch.

Der im langfristigen Vergleich niedrige Ölpreis (nach Preisen von über 100 USD je Barrel bis in den Sommer 2014 liegt der Preis seit Ende 2014 unter 70 USD je Barrel), die niedrigen Zinsen und der im Vergleich zu anderen wichtigen Währungen eher schwache Euro könnten in der Eurozone kurzfristig für positive Impulse sorgen. Die aus österreichischer Sicht wichtigsten Exportmärkte sind mittel- und westeuropäische Staaten (Deutschland, Italien, Schweiz, Frankreich und Großbritannien), die USA, Staaten aus dem CEE Raum (Tschechien, Ungarn und Polen) und China. Eine kleine Volkswirtschaft ist von der Entwicklung der Exportmärkte besonders abhängig. Da diese eine ähnliche demographische Dynamik aufweisen, ist Österreich von den Auswirkungen des demographischen Wandels besonders stark betroffen. Im Sinne einer Diversifikation wäre es auf lange Sicht sinnvoll, die Handelsbeziehungen mit Ländern mit einer „jungen" Bevölkerung zu intensivieren.

Die Alterung führt zu einem Rückgang der Personen im erwerbsfähigen Alter; wenn weniger Arbeitskräfte weniger Wohlstand erwirtschaften, der wegen der steigenden Lebenserwartung auf mehr Leute aufzuteilen ist, ergibt das weniger Wohlstand für jeden Einzelnen. Bedeutet das für alternde Gesellschaften zwangsläufig härtere Verteilungskämpfe? Im neoklassischen Wachstumsmodel nach Solow (1956) und Swan (1956) werden Bevölkerungswachstum und das Wachstum der Arbeitskräfte als konstant angenommen, der Anteil der Arbeitskräfte an der Gesamtbevölkerung bleibt daher gleich, das Bildungsniveau wird nicht berücksichtigt. Mit schnellerem Bevölkerungswachstum sinken der Kapitalstock pro Kopf und das Einkommen pro Kopf, es kommt zu Wohlstandsverlusten. Eine alternde Bevölkerung wächst (unter Vernachlässigung von Migration) nur langsam bzw. schrumpft. Somit müsste eine alternde Bevölkerung einen höheren Wohlstand erzielen. Diese Schlussfolgerung ist irreführend, weil das Modell keine Veränderungen der Altersstruktur berücksichtigt und daher, wie eingangs erwähnt, der Anteil der erwerbstätigen Bevölkerung konstant bleibt – was in einer realen alternden Bevölkerung nicht zutrifft.

Mankiw u. a. (1992) erweitern dieses Modell um die Bildung und zeigen deren positiven Einfluss auf das Wirtschaftswachstum. Der positive Effekt von Investitionen (Kapital) wird durch die Erweiterung abgeschwächt, bleibt aber bestehen. Rasches Bevölkerungswachstum wirkt sich weiterhin negativ auf Wirtschaftswachstum, Einkommen und Wohlstand aus. Lutz u. a. (2008) bauen auf diesen Arbeiten auf, verfeinern aber die Einflüsse von Bildungs- und Altersstruktur und zeigen, dass Arbeitskräfte mit tertiärer Bildung die Produktivität am stärksten prägen. Die Einführung neuer Technologien wird von den 40–65-Jährigen mit Sekundarschulbildung und den 15–39-Jährigen mit tertiärer Bildung bestimmt. Die AutorInnen folgern, dass die 40–65-Jährigen mit höherer Schulbildung die Übernahme vorhandener Neuentwicklungen vorantreiben und die 15–39-Jährigen mit akademischer Bildung für Innovationen sorgen. Investitionen in die Bildung führen nicht nur für die Einzelnen zu höherem Einkommen und einem geringeren Risiko von Arbeitslosigkeit, sondern unterstützen auch langfristiges Wirtschaftswachstum.

Die endogene Wachstumstheorie erklärt technischen Fortschritt als Folge wirtschaftlicher Aktivitäten. Investitionen in neue Technologien und Humankapital erhöhen die Produktivität und ermöglichen so langfristiges Wachstum. In Romer (1990) bestimmt der Bestand an Humankapital die Wachstumsrate. Die Kosten für Investitionen in Forschung und Entwicklung (F&E) fallen sofort an, der dadurch erzielte Zugewinn an Produktivität erfolgt zu einem späteren Zeitpunkt. Deshalb beeinflusst der Zinssatz die Rate des technischen Fortschritts. Im Rahmen der Modellannahmen bleiben weniger entwickelte Länder mit geschlossener Volkswirtschaft langfristig auf einem Pfad mit niedrigem Wachstum. Selbst Länder mit einer großen Bevölkerung und damit vielen AkteurInnen, die ihr Wissen und ihre Ideen in den Wertschöpfungsprozess einbringen, können ohne internationale Vernetzungen nicht aufholen. Intensive Handelsbeziehungen bzw. Wissenstransfer mit hoch entwickelten Ländern sind eine grundlegende Voraussetzung für beschleunigtes Wachstum. Prettner (2013) zeigt, dass die steigende Lebenserwartung das Wachstum des Pro-Kopf-Outputs beschleunigt, wenn sie aufgrund zusätzlicher Kapitalbildung zu einem Sinken des Zinssatzes führt (Aksoy u. a., 2017), und dass eine Verringerung der Fertilität das Wachstum des Pro-Kopf-Outputs bremst. Unter der Annahme endogenen Wachstums übertrifft der positive Effekt der steigenden Lebenserwartung den negativen Effekt der sinkenden Fertilität und die Alterung der Bevölkerung begünstigt das langfristige Wirtschaftswachstum.

Der sinkende Anteil von Personen im erwerbsfähigen Alter führt nicht zwangsläufig zu einer Verringerung des Wohlstands. Ein Vergleich mit anderen hoch entwickelten Ländern macht plausibel, dass die Beschäftigungsquoten in Österreich steigerungsfähig sind. Eine Steigerung stimuliert nicht nur das Wirtschaftswachstum, sie entlastet auch die Sozialsysteme, was wiederum Investitionen in die Bildung erleichtert. Bessere und effizientere Bildungssysteme könnten zu einem früheren Eintritt in den Arbeitsmarkt und zu geringerer Arbeitslosigkeit führen. Der frühere Eintritt in den Arbeitsmarkt könnte zu einer etwas höheren Fertilität führen, weil die wirtschaftliche Unsicherheit am Beginn der Karriere oft zu einer Verschiebung des Kinderwunsches führt. Besser ausgebildete Arbeitskräfte gehen außerdem im Durchschnitt später in Pension. Die Bevölkerungsalterung bedeutet keine Bedrohung für den Wohlstand, sondern stellt vielmehr eine Herausforderung dar, die demographischen Trends zu nutzen. Bildung und Fortbildung über das gesamte Erwerbsleben, Maßnahmen, die die Gesundheit und Arbeitsfähigkeit lange erhalten sowie ein investitionsfreundliches Umfeld sind dabei entscheidend.

2.4.2 Wirtschaftskrisen, Ungleichheit, Automatisierung

Die allgemeine wirtschaftliche Entwicklung beeinflusst, wie eine Gesellschaft insgesamt für die Herausforderungen durch den Klimawandel und die demographischen Veränderungen gewappnet ist. Für ärmere bzw. weniger entwickelte Länder mit geringer Wirtschaftsleistung sind die Folgen des Klimawandels bedrohlicher als für die hochentwickelten Industriestaaten. Die Verteilung des Wohlstands innerhalb der Gesellschaft bestimmt, welche Gruppen besonders gefährdet bzw. vulnerabel sind. Die unterschiedliche Verwundbarkeit ergibt sich z. B. aus dem ungleichen verfügbaren Einkommen oder über ungleichen Zugang zu Bildungs- und Informationsangeboten sowie zur Gesundheitsvorsorge (siehe Kap. 2.3.1 und 2.5.2). Die zunehmende Häufigkeit oder Verschärfung von Naturereignissen – wie Hochwasser oder Tornados – ist grundsätzlich kein gesellschaftliches, sondern ein durch Wetterphänomene verursachtes Problem; in Bezug auf die Vulnerabilität wird daraus aber ein gesellschaftliches Problem (Beck, 2010). Menschen die armutsgefährdet bzw. von Armut betroffen sind, werden durch den Klimawandel stärker und unmittelbarer bedroht als Wohlhabende, die über ausreichend Ressourcen verfügen, um Anpassungsmaßnahmen (z. B. Klimaanlagen, gesunde Ernährung, Erholung in kühleren Regionen, Verlegung des Wohnsitzes) vorzunehmen. Ungleichheit besteht auch in Bezug auf die Verfügbarkeit von leistbarer Energie. Viele Menschen in südlichen Ländern sind nicht mit Elektrizität versorgt und daher beim Kochen und Heizen auf einfache Verbrennungsöfen angewiesen. Zudem sind die Auswirkungen des Klimawandels regional unterschiedlich und verstärken damit die Ungleichheit (Kopatz u. a., 2010).

Die Ungleichheit in der Verteilung des Wohlstands bedingt daher in Zeiten des Klimawandels auch eine Ungleichheit in Bezug auf die Bedrohung durch den Klimawandel. Das gilt sowohl auf der Makroebene (für die Ungleichheit zwischen Ländern) als auch auf der Mikroebene (für die Ungleichheit innerhalb einer Gesellschaft). Arbeitslose, Frauen, ältere Menschen, Kinder in Ein-Eltern-Haushalten oder in Mehrpersonenhaushalten mit mindestens drei Kindern und Menschen mit Migrationshintergrund sind eher armutsgefährdet und somit vulnerabler in Bezug auf den Klimawandel (Lamei u. a., 2013). Durch Wirtschaftskrisen können auch zunächst resiliente Gesellschaften bzw. Gesellschaftsschichten zunehmend vulnerabel werden, z. B. durch Arbeitslosigkeit oder Sparmaßnahmen im Gesundheitssektor (Karanikolos u. a., 2013).

Die Arbeitslosenquote nach Eurostat-Definition ist in Österreich als Folge des Krisenquintetts (Subprimekrise – Finanzkrise – Wirtschaftskrise – Staatsschuldenkrise – Russland-Sanktionen) von ursprünglich 4,7 % zwischen 2007 und 2011 auf 5,5 % (2012–2015) angestiegen und erreichte 2016 mit 6,0 % einen vorläufigen Höhepunkt (Institut für Höhere Studien, 2017a, 2017b; Statistik Austria, 2017b). Als Folge des wieder beschleunigten Wirtschaftswachstums nimmt auch die Beschäftigung zu. Die Zahl der unselbständig Beschäftigten stieg 2016 um 1,6 %; für 2017 wird ein Anstieg von 1,8 % bzw. 1,4 % erwartet. Da gleichzeitig die Zunahme des Arbeitskräftepotenzials zurückgeht, nimmt die Arbeitslosigkeit ab. Im Euroraum ist die Arbeitslosenquote seit dem Höhepunkt von 12 % im Jahr 2013 sogar um mehr als 2,5 Prozentpunkte auf rund 9,5 % gesunken (Österreichische Nationalbank, 2017), in den EU-28 ging sie von 10,9 % im Jahr 2013 auf 8,6 % zurück. Zusammen mit der Steuerreform führt das zu einem Anstieg beim privaten Konsum. Dieser Anstieg unterstützt wiederum das Wirtschaftswachstum.

Die Alterung der Bevölkerung führt zu einem Rückgang der Bevölkerung im erwerbsfähigen Alter (siehe Kap. 2.3.1). Die Arbeitslosigkeit sollte damit langfristig eher abnehmen, es wird sogar häufig ein Arbeitskräftemangel vorausgesagt. Ob dieser Fall tatsächlich eintritt, hängt nicht nur von der demographischen und wirtschaftlichen Entwicklung, sondern auch von der Gestaltung der Produktionsprozesse ab. Die zunehmende Automatisierung (auch unter den Schlagworten Digitalisierung bzw. Industrie 4.0 besprochen) erhöht für viele Berufsgruppen das Risiko, arbeitslos zu werden. Aktuell werden unterschiedliche Zukunftsszenarien entworfen, in denen vor allem im niedrig qualifizierten Bereich Arbeitsplätze verloren gehen, während die Nachfrage nach hoch qualifizierten Arbeitskräften weiter zunimmt (Bonekamp & Sure, 2015; Roblek u. a., 2016; Weber, 2016). Im Gegensatz dazu vertreten Autor und Dorn (2013) die These, dass vor allem die Arbeitsplätze von Beschäftigten mit mittlerer Qualifikation und mittlerem Einkommen bedroht sind. Sie begründen diese Entwicklung damit, dass Computer effizient und präzis Routineaufgaben erledigen können, bei denen vorgegebene Regeln befolgt werden müssen. Hochqualifizierte Tätigkeiten, die Intuition, Kreativität und Eigenständigkeit erfordern, können nur eingeschränkt automatisiert werden. Außerdem fehlt Computern bzw. von Computern gesteuerten Robotern eine Schnittstelle zur Interaktion mit Menschen oder mit Objekten, deren Form und Lage nicht vorhersehbar ist. Deshalb ist die Automatisierung von Tätigkeiten, die eine verbale Kommunikation mit anderen Menschen oder die Erkennung und physische Handhabung unterschiedlicher Gegenstände erfordern, mit hohen Kosten verbunden und mitunter unwirtschaftlich. Im von Autor und Dorn skizzierten Szenario würde die Ungleichheit sogar noch stärker steigen, weil gerade die Arbeitsplätze im mittleren Einkommenssegment verloren gehen. Beschäftigte, denen der Aufstieg in hochqualifizierte und hochbezahlte Berufe nicht gelingt, sind in diesem Szenario von Arbeitslosigkeit bedroht bzw. müssen in den Niedriglohnsektor wechseln. Insgesamt würde die Zahl der Beschäftigten abnehmen. Sollte dieser Fall tatsächlich eintreten, stellt die Alterung der Gesellschaft keine Bedrohung für den Arbeitsmarkt dar, sondern mildert die Auswirkungen der zunehmenden Digitalisierung und Automatisierung.

2.4.3 Auswirkungen des Klimawandels und der Klimaschutzmaßnahmen auf dieWirtschaft

Auswirkungen auf die Wirtschaftsleistung und das Wachstum

Zahlreiche Studien gehen von negativen Auswirkungen des Klimawandels auf die Wirtschaftsleistung aus. Vor allem in den letzten Jahren konnten hierzu empirische Belege gefunden werden, basierend auf historischen Wirtschafts- und Temperaturdaten. So zeigen beispielsweise Dell u. a. (2009), dass höhere Jahresdurchschnittstemperaturen mit geringerer Wirtschaftsleistung assoziiert sind, sowohl im Ländervergleich als auch im Vergleich von Regionen innerhalb eines Landes. Außerdem weisen die AutorInnen in Dell u. a. (2012) ebenfalls deutliche und negative Auswirkungen von höheren Temperaturen auf das Wirtschaftswachstum nach, jedoch lediglich für arme Länder. Obwohl diese Literatur klimabedingte wirtschaftliche Schäden bisher hauptsächlich in armen Ländern feststellen kann, so könnten zukünftige, bisher nicht dagewesene, Temperatur- und allgemeine Wetterextrema auch Länder wie Österreich wirtschaftlich betreffen. Dann sind direkte Auswirkungen auf die österreichische Wirtschaft im Bereich der Land- und Forstwirtschaft zu erwarten. Mehrere Studien weisen darauf hin, dass erhöhte Temperaturen und damit einhergehende verlängerte Wachstumsphasen sowie der CO_2-Düngeeffekt Erntemengen zunächst positiv beeinflussen könnten (Mitter u. a., 2015;

Schönhart u. a., 2014). Diese Vorteile könnten jedoch teilweise oder womöglich vollständig durch negative Klimafolgen verloren gehen, insbesondere durch häufiger werdende extreme Wetterereignisse und der Störung natürlicher Ökosysteme (Zulka & Götzl, 2015). Die Forstwirtschaft wird wahrscheinlich negativ durch den Klimawandel betroffen sein, da sich wärmere Winter positiv auf die Anzahl der schädlichen Borkenkäfer auswirken. Zudem werden häufiger vorkommende Stürme das Waldwachstum bremsen (Lexer u. a., 2015). Ebenso sind negative Klimafolgen für das produzierende Gewerbe zu erwarten. Diese umfassen neben erhöhten Kühlungskosten bei wärmeempfindlicher Ware oder Produktionsprozessen vor allem die Verzögerungen von (*Just-in-time*) Lieferketten durch Störungen der Infrastruktur (Urban & Steininger, 2015). Im Hinblick auf den österreichischen Tourismus stehen sich wirtschaftliche Schäden in der Wintersaison und Zugewinne im Sommer gegenüber. Der Wintertourismus wird dabei durch die klimabedingte fallende Schneesicherheit besonders stark getroffen. Dessen wirtschaftliche Einbußen übersteigen bei weitem die positiven Auswirkungen auf den Sommertourismus, welche sich durch längere Warmwetterphasen ergeben (Köberl u. a., 2015). Eine Anpassung durch künstlichen Schnee wird aufgrund der zukünftig zu hohen Wintertemperaturen als keine durchführbare Adaptionsstrategie angesehen (Steiger & Abegg, 2011). In Steininger u. a. (2016) wurde eine umfassende Betrachtung, bei welcher nicht nur die Auswirkungen des Klimawandels auf einzelne Sektoren in Betracht gezogen wird, sondern ebenfalls die gesamtwirtschaftlichen Beziehungen berücksichtigt werden, vorgenommen. Darin kommen die AutorInnen zum Schluss, dass insgesamt negative Auswirkungen des Klimawandels auf das Bruttonationaleinkommen als auch auf die Wohlfahrt zu erwarten sind.

Auswirkungen auf die Arbeitsproduktivität

Der globale Klimawandel erhöht langfristig Temperaturen und verändert somit die Bedingungen, unter welchen Menschen arbeiten. Dies betrifft nicht nur die Arbeit im Freien, sondern bei ungenügendem Schutz auch die Beschäftigung in Innenräumen. Die wissenschaftliche Evidenz belegt eindeutige negative Auswirkungen auf die Arbeitsproduktivität durch Hitze (Kjellstrom, Kovats u. a., 2009). Studien auf globaler Ebene identifizieren dabei die größten Produktivitätsschäden in ohnehin warmen Weltregionen (Kjellstrom, Holmer u. a., 2009, Dunne u. a., 2013). Es sind jedoch auch negative Konsequenzen für Österreich zu erwarten. Im Rahmen des Projekts COIN wurden die Produktivitätsauswirkungen des Klimawandels bewertet, basierend auf Projektionen hinsichtlich regionaler Temperaturen, Luftfeuchtigkeit und Windgeschwindigkeit in Österreich (Urban & Steininger, 2015). Gesamtwirtschaftlich verursachen demnach klimatische Veränderungen Produktivitätsverluste in Österreich. Am stärksten sind arbeitsintensive Wirtschaftszweige betroffen, wie etwa die Sektoren Gesundheit, Einzelhandel, Immobilien und der öffentliche Sektor. Die größten Auswirkungen in Österreich sind dabei in Wien, dem Wiener Umland sowie dem Burgenland zu erwarten.

Auswirkungen auf Produktionsanlagen und die Infrastruktur

Durch höhere Temperaturen und damit häufiger auftretende Extremwetterereignisse wird der Klimawandel die öffentliche Infrastruktur und die Produktionsanlagen beeinflussen. Weltweit sind hier vor allem Küstenregionen aufgrund des vom Klimawandel ausgelösten steigenden Meeresniveaus betroffen (McGranahan u. a., 2007). Außerdem stellen erhöhte Niederschlagsmengen sowie häufiger auftretende Wetterextreme als Folge wachsender Durchschnittstemperaturen eine Gefahr für die öffentliche und private Infrastruktur auch abseits der Küstenregionen dar. In Österreich sind die Auswirkungen von Wetterereignissen auf die Straßeninfrastruktur von großer wirtschaftlicher Bedeutung. Bereits jetzt verursachen Niederschläge Schäden von jährlich ca. 18 Millionen Euro. Die Schadenskosten werden sich unter Berücksichtigung von Projektionen hinsichtlich Niederschlagsmengen und Straßennutzung im Laufe der nächsten 40 Jahre vorrausichtlich mehr als verdoppeln (Bednar-Friedl u. a., 2015). Ebenso ist zu erwarten, dass die durch Hochwasser von Fließgewässern in Österreich verursachten Kosten steigen werden. Die wirtschaftlichen Auswirkungen variieren zwischen den verschiedenen Wirtschaftszweigen. Durch notwendige Wiederherstellungsarbeiten werden die Sektoren Produktion und Handel eher profitieren, wohingegen öffentliche Ausgaben durch finanzielle Leistungen zur Schadensabdeckung belastet werden (Prettenthaler u. a., 2015).

Auswirkungen durch Klimaschutzmaßnahmen

Die oben genannten negativen Auswirkungen auf die Wirtschaft machen, neben anderen Gründen, eine entschiedene Reduktion von Treibhausgasemissionen notwendig. Es ist jedoch zu erwarten, dass Klimaschutzmaßnahmen sich ebenfalls auf die Wirtschaft auswirken können. So gehen die häufig genannten Klimaschutzinstrumente, CO_2-Steuern sowie -Zertifikathandel notwendigerweise mit Preissteigerungen von karbonintensiven Gütern einher, welche sich negativ auf die Wettbewerbsfähigkeit nationaler Sektoren auswirken können und beispielsweise in Österreich zu steigender Arbeitslosigkeit und Einkommensverlusten führen könnten. Besonders für die USA weisen mehrere Studien starke negative Wettbewerbseffekte durch Klimaschutzmaßnahmen nach (Levinson & Taylor, 2008; Aldy & Pizer, 2015). Internationale Abkommen können jedoch Anreize zur Abwanderung von karbonintensiver Produktion vermindern oder eliminieren. Ebenso können Klimaschutzmaßnahmen die Entwicklung und Verbreitung neuer umweltfreundlicher Technologie fördern (Kemp & Pontoglio, 2011), sodass heimische Sektoren international kompetitiver werden.

Neben den Folgen für die produzierende Wirtschaft, haben Klimaschutzmaßnahmen auch direkte Auswirkungen auf die Haushalte. So führen beispielsweise höhere Energiepreise zu einer stärkeren finanziellen Belastung. Da der Anteil der Ausgaben für Energie in einkommensschwächeren Haushalten höher liegt, können sich CO_2-Steuern regressiv auswirken und die bereits vulnerablen ärmeren Bevölkerungsgruppen noch stärker gefährden (Fullerton, 2008). Empirische Evidenz verortet in der Regel einen existenten aber schwachen Regressivitätscharakter von Klimaschutzmaßnahmen (Baranzini u. a., 2000; Fullerton & Heutel, 2011). Die Regressivität kann jedoch abgemildert werden durch eine entsprechende progressive Umverteilung von Steuereinnahmen (Barker & Köhler, 1998). Außerdem kann der Umstieg auf umweltfreundliche Technologien über den gesamten Lebenszyklus eines Produkts sogar zu Kosteneinsparungen führen, wie z. B. bei einem Elektroauto (Samaras & Meisterlin, 2008).

2.4.4 Zusammenfassende Bewertung

Bedingt durch den demographischen Wandel wird der Anteil der Bevölkerung im erwerbsfähigen Alter abnehmen. In einem optimistischen Szenario kann dieser Rückgang durch Bildung und zunehmende Automatisierung ausgeglichen werden. Im günstigen Fall kann so das erreichte Wohlstandsniveau aufrechterhalten bzw. sogar weiter gesteigert werden. Die höhere (gesunde) Lebenserwartung kann sich positiv auf die wirtschaftliche Entwicklung auswirken, indem z. B. das Pensionsantrittsalter angepasst wird und steigende Kapitalbildung für Investitionen genutzt wird. Weiters kann eine intensivere internationale Vernetzung den technischen Fortschritt und damit auch das Wirtschaftswachstum beschleunigen. Abgesehen vom Wachstum kommt der Verteilung des Wohlstands eine große Bedeutung zu. Zu den armutsgefährdeten Personen gehören insbesonders Arbeitslose, Frauen, ältere Menschen, Kinder in Ein-Eltern-Haushalten oder in Mehrpersonenhaushalten mit mindestens drei Kindern und Menschen mit Migrationshintergrund. Diese sind wiederum stärker vom Klimawandel bedroht, da sie nicht über die erforderlichen Resourcen verfügen, um sich vor den negativen Auswirkungen zu schützen. Verteilungspolitische Maßnahmen und die Reintegration in das Erwerbsleben werden daher in Zukunft eine größere Bedeutung erlangen. Der Klimawandel verursacht z. B. durch Stürme, Starkregen, Hagel, Hochwasser oder Vermurungen direkte Schäden an der öffentlichen Infrastruktur sowie an Produktionsanlagen. Darüberhinaus verringern höhere Temperaturen die Arbeitsproduktivität und damit die Wirtschaftsleistung.

2.5 Veränderungen der Gesundheitssysteme

Das österreichische Gesundheitssystem ist ein zentraler Sektor des Staates. Im Jahr 2015 waren knapp 400.000 Personen bzw. rund 7 % der Erwerbstätigen im Gesundheits- und Sozialsektor beschäftigt (Statistik Austria, 2017a). Die Gesundheitsausgaben beliefen sich auf rund 35 Milliarden Euro oder 10,3 % des Bruttoinlandproduktes (Statistik Austria, 2018). Das österreichische Gesundheitssystem ist durch hohe Ressourcenausstattung und Inanspruchnahme charakterisiert, rund 270 Spitäler und mehr als 45.000 Ärzte stehen zur Verfügung. Österreich hat eine der höchsten Krankenhaushäufigkeiten (Aufenthalte im Verhältnis zur Bevölkerung) und Ärztedichten (Ärzte im Verhältnis zur Bevölkerung) der Welt (Bachner u. a., 2013).

Bisher wurde das Thema Klimawandel in der österreichischen gesundheitspolitischen Debatte wenig prominent behandelt, zunehmende klimabedingte Ereignisse stellen das Gesundheitssystem jedoch vor zentrale Herausforderungen. Einerseits ist eine Verantwortung als zentraler Wirtschaftszweig und Emittent von Treibhausgasen gegeben, andererseits werden die gesundheitlichen Folgen des Klimawandels zu erhöhter Inanspruchnahme führen. Beide Prozesse bedingen vielseitige Anpassungsstrategien. Im Folgenden werden diese Herausforderungen dargestellt und gleichzeitig eine inhaltliche Brücke zu Kapitel 4 geschlagen, das u. a. Lösungs- und Anpassungsstrategien aufarbeitet.

Entwicklung des österreichischen Gesundheitssystems

Eine wesentliche Basis des Gesundheitssystems in Österreich stellt die gesetzliche Regelung der Sozialversicherung dar. 1889 wurde die österreichische Sozialversicherung als Selbstverwaltung, im heutigen Sinne, erstmals eingeführt.

Die sinkende Volksgesundheit und somit die verminderte Verfügbarkeit wehrtauglicher Männer und die aufstrebende Arbeiterbewegung waren vorrangig die treibenden Kräfte für die Initiierung einer solchen Sozialversicherung nach dem Vorbild der Bismarckschen staatlichen Sozialgesetze (Eckhart, 2009).

Die Wurzeln für eine soziale Absicherung reichen bis ins Mittelalter zurück, wobei u. a. den sogenannten Bruderladen der Bergleute große Bedeutung zukam. Im 19. Jahrhundert gab es im Kaisertum Österreich (später Österreich-Ungarn) bereits – allerdings meist wirkungslose – Verordnungen zur sozialen Absicherung, wie z. B. die Dienstbotenordnung von 1810, die Gewerbeordnung von 1859 oder die Einführung der Allgemeinen Arbeiter-, Kranken- und Invalidenunterstützungskasse 1868 in Wien, um nur einige zu nennen.

Der Einführung der österreichischen Sozialversicherung im Jahr 1889 gingen zahlreiche Beratungen voraus, 1887 sanktionierte schlussendlich Kaiser Franz Joseph das Arbeiter- und Unfallversicherungsgesetz (Teschner, 1994), 1888 das erste österreichische Krankenversicherungsgesetz (Horr, 1963) und 1889 das Bruderladengesetz (Rudolf, 1989), das die Knappschaftskassen mit den übrigen Krankenkassen gleichstellte.

Die Erste Republik (nach dem Zusammenbruch der österreichisch-ungarischen Monarchie 1918) ist durch einen bedeutenden Ausbau der Sozialpolitik gekennzeichnet. Dazu gehören nach der Einführung der Arbeitslosenversicherung im Jahre 1920, der weitere Ausbau der Sozialversicherung mit den Regelungen für Angestellte, Land- und Forstarbeiter, die Ausweitung der Krankenversicherung auf alle in einem Arbeits-, Dienst- oder Lohnverhältnis stehenden Personen sowie 1926 durch das Angestelltenversicherungsgesetz die Regelung der Kranken-, Unfall- und Pensionsversicherung für Privatangestellte (Hofmarcher, 2013).

Die Zwischenkriegszeit wurde maßgeblich durch den Mediziner Julius Tandler geprägt, der 1919 in den Wiener Gemeinderat gewählt und zum Unterstaatssekretär und Leiter des Volksgesundheitsamtes bestellt wurde. 1920 schuf er das Krankenanstaltengesetz und sicherte damit den österreichischen Krankenhäusern die Übernahme der Kosten durch Bund, Länder und Gemeinden. Als amtsführender Stadtrat für das Wohlfahrts- und Gesundheitswesen der Stadt Wien kämpfte Tandler mit großem Engagement gegen die auch noch kriegsbedingte katastrophale Situation auf dem Gesundheitssektor und für den Ausbau der Fürsorge. Ganz besonders engagierte er sich in der Bekämpfung der hohen Säuglingssterblichkeit und der Tuberkulose (Maderthaner, 1997).

Im Gegensatz zu dieser Entwicklung – Sozialausgaben in Österreich nahmen von 10,7 % an den Staatsausgaben 1923 auf 23,5 % 1932 zu (Tálos, 1995) – stand die Politik ganz im Zeichen des Austrofaschismus. Es kam zu Kürzungen des Krankengeldes, zur Einschränkung der Familienversicherung und der Einführung der Beitragspflicht zur Krankenversicherung für Rentenempfänger.

Der „Anschluss" an das Deutsche Reich 1938 brachte auch bezüglich der Sozialversicherung mit der Reichsversicherungsordnung deutsche Rechtsvorschriften mit sich. Die Selbstverwaltung der Sozialversicherung wurde abgeschafft und durch das „Führerprinzip" ersetzt (Rudolf, 1989).

Nach dem Ende des Zweiten Weltkrieges und der Wiedererrichtung der Republik Österreich wurde am 12. Juni 1947 das Sozialversicherungs-Überleitungsgesetz eingeführt, die Selbstverwaltung war damit wieder hergestellt. Als Dachorganisation wurde 1948 der Hauptverband der österreichischen Sozialversicherungsträger eingerichtet.

Das ab 1.1.1956 geltende Allgemeine Sozialversicherungsgesetz (ASVG) löste die bis dahin geltenden Gesetze auf dem Gebiet der Sozialversicherung ab. Es fasste die Kranken-, Unfall- und Pensionsversicherung für ArbeiterInnen und Angestellte in Industrie, Bergbau, Gewerbe, Handel, Verkehr und Land- und Forstwirtschaft zusammen und regelte außerdem die Krankenversicherung der PensionistInnen. Die Krankenversicherung sah nun z. B. vor, Arbeitsunfähigkeit infolge einer Krankheit als eigenen Versicherungsfall anzuerkennen, das Krankengeld wurde erhöht und der Mutterschutz ins Krankenversicherungsrecht übernommen (Horr, 1963).

Die stetige Novellierung des ASVG verbesserte einerseits die soziale Situation deutlich – waren 1955 70,20 % der Bevölkerung versichert, so waren es 1980 99,4 % (Tálos, 1981) –, andererseits machte sich schon bald die Problematik der Finanzierung des Gesundheitswesens in Österreich bemerkbar.

Im Gesundheitsbereich wurden zahlreiche neue Leistungen präventiven Charakters eingeführt, darunter z. B. die Gesundenuntersuchungen seit 1974. Ab 1980 traten erneut Finanzierungsprobleme des österreichischen Sozialversicherungsmodelles auf, ausgelöst durch Konjunkturschwankungen und die überproportional steigenden Aufwendungen für Krankenhäuser. Dies lag sowohl am laufenden Ausbau von Leistungen als auch an der steigenden Lebenserwartung. Diese demographische Entwicklung führt durch die Behandlung von Alterskrankheiten zu erhöhten Kosten.

1978 (bis 1996) wurde zur Bewältigung der Finanzierungsprobleme der KrankenanstaltenZusammenarbeitsfonds (KRAZAF) gegründet. Gleichzeitig setzte man sich das Ziel, die österreichische Krankenanstaltenfinanzierung zu reformieren. Der KRAZAF finanzierte sich aus Mitteln der Umsatzsteuer und der Sozialversicherung. Mit einer Vereinbarung über die Reform des Gesundheitswesens und der Krankenanstaltenfinanzierung wurde der KRAZAF mit Beginn 1997 durch einen Strukturfond auf Bundesebene und neun Landesfonds abgelöst und die angestrebte leistungsorientierte Krankenanstaltenfinanzierung (LKF) eingeführt (Eckhart, 2009).

Seit 1889 besteht nun in Österreich das soziale Krankenversicherungssystem, das seit 2010 durch die Einbeziehung von EmpfängerInnen der bedarfsorientierten Mindestsicherung 99,9 % der Bevölkerung Zugang zu medizinisch hochwertigen Leistungen ermöglicht. Das Gesundheitssystem finanziert sich aus Steuer- und Sozialversicherungsmitteln, die Belastungen der Lohnkosten durch die Krankenversicherungsbeiträge sind daher relativ gering. Zu den Herausforderungen des Systems gehört nach wie vor die Stärkung von Gesundheitsförderung und Prävention.

Aktuelle Gesundheitsreformen

Die Gesundheitsreformen der letzten Jahre widmeten sich vor allem einer Verbesserung der Koordination und Steuerung des Gesundheitswesens ohne explizit auf den Klimawandel einzugehen. Nachhaltige Finanzierung soll u. a. durch Entlastungen des bettenführenden intramuralen Bereichs erreicht werden. Qualitativ gleichwertige ambulante Leistungen sind dabei der vollstationären Leistungserbringung (Aufenthalt mit mindestens einer Nächtigung) vorzuziehen. Einige der verfolgten Strategien der aktuellen Gesundheitsreform „Zielsteuerung-Gesundheit" wirken sich jedoch begünstigend auf klimabedingte Anpassungsstrategien und Erfordernisse aus.

In diesem Kontext legt die aktuelle Gesundheitsreform „Zielsteuerung-Gesundheit" einen Fokus auf den Ausbau der niedergelassenen Primärversorgung (insbesondere der Allgemeinmedizin). Hier ergibt sich auch eine der größten Herausforderungen des Systems, da aufgrund der Altersverteilung große Pensionierungswellen vor allem in ländlichen Gebieten prognostiziert werden. Gleichzeitig wird es für die Sozialversicherungsträger zunehmend schwerer, Kassenstellen in ruralen Gebieten nachzubesetzen. Hier soll vor allem mit Primärversorgungszentren gegengesteuert werden, die mehrere ÄrztInnen beschäftigen können und somit attraktivere Arbeitsplätze darstellen als der derzeitige Regelfall der Einzelordination des Allgemeinmediziners.

Der Primärversorgung wird auch eine Schlüsselrolle hinsichtlich der Prävention und Behandlung von klimainduzierten Gesundheitsfolgen zugeschrieben. Angesichts der mannigfaltigen gesundheitlichen Auswirkungen des Klimawandels werden vor allem regionale Antworten auf diese Phänomene benötigt werden. Die lokalen Gesundheitsdiensteanbieter – und dabei insbesondere die Allgemeinmediziner als erste lokale Anlaufstelle – nehmen dabei eine tragende Rolle ein (Blashki u. a., 2007).

Neben hoher Zufriedenheit mit dem Gesundheitssystem und Gewährleistung nachhaltiger Finanzierung legt die aktuelle Gesundheitsreform (2016–2021) auch einen Schwerpunkt auf die Steigerung der Gesundheitskompetenz, die ebenfalls eine große Bedeutung hinsichtlich des Umgangs mit klimainduzierten Ereignissen hat. Die Stärkung der individuellen Gesundheitskompetenz ist als eine der wesentlichsten und effektivsten Anpassungsstrategien zu sehen (siehe Kap. 4). Durch Wissensvermittlung und Aufklärung kann Verhalten beeinflusst werden (z. B. das Vermeiden von übermäßiger Sonnenexposition, ausreichende Flüssigkeitszufuhr etc.).

2.5.1 Einfluss des Klimawandels auf Gesundheitssysteme global und in Österreich

Die gesundheitlichen Auswirkungen des Klimawandels sind mittlerweile unumstritten und durch zahlreiche Studien und Publikationen belegt (APCC, 2014). Damit wird der Klimawandel nicht nur zu einer umweltpolitischen, sondern auch zu einer der zentralsten gesundheitspolitischen Herausforderungen des 21. Jahrhunderts (Costello u. a., 2009). Zu aktuellen Schwierigkeiten für nationale Gesundheitssysteme, wie z. B. die Auswirkungen des demographischen Wandels, kommt somit noch eine weitere hinzu, deren Stärke und Ausmaß stark von der Vulnerabilität von Regionen, Bevölkerungsgruppen und (Gesundheits-)Systemen abhängt. Obgleich die Entwicklungsländer des Südens unter wesentlich stärkeren direkten und indirekten Auswirkungen des Klimawandels leiden, sind auch die Länder Europas – und damit Österreich – zunehmend betroffen (Krämer u. a., 2013).

Direkte Folgen ergeben sich aufgrund von Schäden und Krankheiten, beispielsweise als Folge von extremen Wetterereignissen. Die direkt belasteten Umweltsysteme vermitteln weitere Einflüsse, wie zunehmende Luftverschmutzung und sich verändernde Muster von vektor-, nahrungs- bzw. wasserbasierten Erkrankungen, die zu einer unmittelbaren Nachfragesteigerung von Gesundheitsleistungen sowohl präventiver als auch kurativer Natur führen. Für den Public Health Bereich ergeben sich spezifische Herausforderungen, die Anpassungsstrategien in mehreren mit dem Gesundheitssystem verwobenen Bereichen notwendig machen.

Status Quo und Herausforderungen aus der Public Health Perspektive

Einflüsse auf die Bevölkerungsgesundheit sind gleichzeitig direkte oder indirekte Einflüsse auf das Gesundheitssystem. Im engeren Sinne definiert die WHO Gesundheitssysteme als die Gesamtheit aller Organisationen, Menschen und Handlungen, deren primäres Ziel es ist, Gesundheit zu fördern, wiederherzustellen und zu erhalten (WHO, 2018). Im Sinne eines determinantenorientierten Ansatzes hat die Definition in den letzten Jahren eine Erweiterung erfahren und so sind nun auch Anstrengungen, die zur Verbesserung der Gesundheitsdeterminanten (siehe Kap. 2.2) beitragen, als „Health in all Policies"-Ansatz miterfasst. Gesundheitliche Folgen des Klimawandels sind demnach durch eine gesundheitsorientierte Gesamtpolitik zu beeinflussen, die in Österreich meist außerhalb des Gesundheitssystems verortet ist, dennoch aber vom Gesundheitssystem im engeren Sinne adressiert werden kann (Blashki u. a., 2007).

Die vielen unterschiedlichen klimabedingten Gesundheitsrisiken zeigen die Notwendigkeit eines breiten Handlungsspektrums auf, das nicht nur die AkteurInnen des Gesundheitssystems umfasst, sondern darüber hinaus koordinatives Handeln erfordert. Insbesondere in Österreich ist die Akteurslandschaft durch starke Fragmentierung hinsichtlich der Zuständigkeiten geprägt. Dies erhöht nicht nur die Komplexität des Gesundheitssystems selbst, sondern stellt auch eine über alle Sektoren hinweg zentrale Herausforderung dar.

Im österreichischen Gesundheitssystem wurde in diesem Zusammenhang mit den Gesundheitszielen Österreich ein breiter Stakeholderprozess aufgesetzt, der mit dem Gesundheitsziel 4 „Luft, Wasser, Boden und alle Lebensräume für künftige Generationen sichern", versucht, im Sinne eines „Health in all Policies"-Ansatzes den Zusammenhang zwischen Gesundheit und Klima in anderen Politikfeldern zu positionieren und mit Maßnahmen zu hinterlegen. Derzeit sind mehr als 20 staatliche und nicht staatliche Institutionen unter der Koordination des Bundesministeriums für Gesundheit und Frauen beteiligt.

Ein ähnlicher Ansatz wird auch in der österreichischen Klimawandelanpassungsstrategie verfolgt, deren Ziel es ist, nachteilige Auswirkungen des Klimawandels auf Umwelt, Gesellschaft und Wirtschaft zu vermeiden und die sich ergebenden Chancen zu nutzen (BMLFUW, 2017). Der Prozess wird vom Lebensministerium koordiniert und entwickelt entlang von 14 Aktivitätsfeldern schrittweise Handlungsempfehlun-

gen. Das Aktivitätsfeld 9 adressiert unmittelbar Gesundheit und nennt 8 Handlungsempfehlungen, die meist präventiver Natur sind (siehe Kap. 4.3.1). Beide Prozesse sollen sich gegenseitig verstärken.

2.5.2 Auswirkungen des Klimawandels auf die Gesundheitsversorgung

Die gesundheitlichen Folgen des Klimawandels werden in Kapitel 3 ausführlich beschrieben, gemein ist ihnen der mittelbare oder auch unmittelbare Einfluss auf die Gesundheitssysteme bzw. die Gesundheitsversorgung, wobei die Effekte äußerst vielfältig und oftmals schwer kausal fassbar sind. In Anlehnung an den APCC Sachstandsbericht 2014 können Gesundheitsfolgen des Klimawandels und damit verbunden systemische Auswirkungen in direkte (primäre), indirekte (sekundäre) und tertiäre Auswirkungen unterschieden werden.

Zu den offensichtlichsten direkten gesundheitlichen Auswirkungen zählen beispielsweise steigende Inzidenzen von Verletzungen durch extreme Wetterereignisse oder akute Herz-Kreislauf-Erkrankungen aufgrund von Hitze. Sekundäre gesundheitliche Klimafolgen ergeben sich durch Viruserkrankungen bedingt durch regional neuartig auftretende Insekten, Atemwegserkrankungen durch Verschlechterung der Luftqualität, Allergien durch regional neu auftretende Pflanzen, Haut- und Krebserkrankungen durch intensivere Sonneneinstrahlung und Hitze, bakterielle Infektionen durch abnehmende Lebensmittel- und Wasserqualität und auch psychische Traumata durch Extremereignisse (Gerlinger, 2013). Schließlich können noch tertiäre Auswirkungen genannt werden, die ebenfalls indirekte Einflüsse haben, indem beispielsweise Klimastressoren in anderen Weltregionen zu Migrationsbewegungen führen, die die Gesundheitssyteme zusätzlich belasten (APCC, 2014).

Dies bedeutet für das Gesundheitssystem, dass eine verstärkte Vorhaltung entsprechender präventiver, notfalltechnischer und kurativer Kapazitäten für den Katastrophenfall aber auch für langfristige gesundheitliche Auswirkungen, wie etwa zunehmende Prävalenzen von chronischen (Atemwege, Tumore, Allergien) oder akuten herzkreislaufbedingten Erkrankungen notwendig ist. Die Bereitstellung und die Inanspruchnahme bewirken nicht nur gesundheitsökonomische Implikationen (siehe Kap. 2.5.3), sondern tragen ihrerseits selbst durch verstärkte Emissionen zum Klimawandel bei (z. B. durch Kühl- und Heizsysteme, Beschaffung und Transport etc.).

Wissenschaftliche Studien zu klimainduzierten zukünftigen Vorhaltekapazitäten in Österreich liegen derzeit nicht vor, es existiert jedoch eine fragmentierte Evidenz zur Krankheitslast (siehe Kap. 3) etwa im Falle von vermehrten Hitzetagen. So kamen Hutter u. a. (2007) zum Ergebnis, dass im Zeitraum 1998–2004 an Hitzetagen die Anzahl der Todesfälle unter der älteren Bevölkerungsschicht (65+) in Wien signifikant anstieg. Im Jahr 2003 gab es eine Häufung von Hitzetagen, die zu 180 zusätzlichen Todesfällen führte. Zumindest 130 dieser Todesfälle hätten gemäß Hutter u. a. durch prompte medizinische Hilfe und rechtzeitige Aufklärung der Risikogruppen zum Verhalten bei extremer Hitze verhindert werden können. Moshammer u. a. (2009) konnten zeigen, dass ebenso in ländlichen Regionen (Mühlviertel) die Sterblichkeit signifikant von Temperaturschwankungen beeinflusst wird (Moshammer u. a., 2009). Auf ähnliche Zahlen kommen auch andere AutorInnen, daher ist davon auszugehen, dass alleine in Europa jährlich mehrere tausend hitzebedingte Todesfälle vermeidbar wären (Kovats & Ebi, 2006).

Evidenz aus den USA zeigt, dass sich die Hospitalisierungsraten aufgrund von Hitzeexposition um 393 % für jeden Anstieg um 10° Fahrenheit über der Durchschnittstemperatur erhöhen. Ischämische Schlaganfälle führten zu einem 3 %igen und akutes Nierenversagen zu einem 15 %igen Anstieg der Spitalsaufnahmen in Kalifornien (Basu u. a., 2012).

Vulnerable Gruppen und Hoch-Risiko-Gebiete

Das Phänomen gesundheitlicher Ungleichheit wird durch klimaassoziierte Veränderungen vielfach verstärkt. Meist sind die (auch ohne Klimawandel) vulnerablen Bevölkerungsgruppen (siehe Kap. 2.3.1) besonders betroffen und hinsichtlich präventiver Maßnahmen in den Vordergrund zu stellen. Diesbezüglich gilt es, auch aufseiten des Gesundheitssystems, verschiedene Faktoren zu beachten.

Eine wichtige Rolle spielen biologische Unterschiede: Kinder (hier vor allem Säuglinge und Kleinkinder) sowie ältere (und vor allem sehr alte) Menschen haben eine höhere Vulnerabilität ebenso chronisch kranke bzw. gesundheitlich beeinträchtigte Menschen.

Darüber hinaus ergeben sich aus der spezifischen Lebenssituation unterschiedliche Vulnerabilitäten, wobei u. a. die Arbeits- und die Wohnsituation von besonderer Relevanz sind. Menschen, die vorrangig im Freien arbeiten (z. B. auf Baustellen, in der Landwirtschaft) und/oder körperlich sehr anstrengende Arbeit leisten (z. B. viele Formen der Fabriksarbeit, Lagerarbeit, Pflege, Erntearbeiter) sind Klimaveränderungen viel stärker ausgesetzt als Menschen, die körperlich weniger anstrengende Arbeit in (klimatisierten) Büros leisten. Desgleichen sind Bevölkerungsgruppen, die in stark verbauten Gebieten leben, von den Klimafolgen stärker betroffen als Menschen, die in oder nah bei Grünräumen wohnen. Besonders vulnerabel sind obdachlose Menschen sowie Personen, die in Wohnungen mit schlechter Bausubstanz (z. B. ohne ausreichende Isolierung) und/oder Überbelag leben.

Besonders relevant in Hinblick auf die Vulnerabilität sind sozioökonomische Faktoren.

1. Zunächst zeigt sich bei fast allen Gesundheitsindikatoren ein „sozialer Gradient", d. h. sozial benachteiligte Gruppen (sichtbar durch Armutsgefährdung, geringere Bildung, Arbeitslosigkeit etc.) weisen fast durchgängig einen schlechteren Gesundheitszustand auf.

2. Des Weiteren sind sozioökonomisch benachteiligte Gruppen deutlich stärker von den oben ausgeführten – tendenziell die Vulnerabilität erhöhenden – Lebensbedingungen betroffen als besser gestellte Gruppen. So sind z. B. Menschen mit geringerem Einkommen und Bildung viel häufiger in Berufen zu finden, die in Hinblick auf Klimaveränderungen besondere Belastungen mit sich bringen und in Wohnsituationen (sowohl hinsichtlich Lage und Qualität als auch Wohnform), die eine erhöhte Vulnerabilität bedingen. Besonders ausgeprägt ist dies bei der großen Gruppe von MigrantInnen, die in sozial prekären Verhältnissen lebt.

3. Außerdem sind die Kompensations- bzw. Anpassungsmöglichkeiten an Klimaveränderungen ungleich verteilt. Personen mit geringerem Einkommen haben viel seltener die Chance, beispielsweise über die Gestaltung oder Ausstattung der Wohnung (Begrünung, „Verschattung", Klimaanlagen etc.) oder durch Urlaube, die Belastungen aufgrund der Klimaveränderungen zu reduzieren.

Dies bedeutet, dass sozioökonomisch benachteiligte Personen eine besonders hohe Vulnerabilität aufweisen, weil sich die Belastungen auf mehreren Ebenen gegenseitig verstärken und zugleich wenig Kompensations- oder Anpassungsmöglichkeiten vorliegen. Entsprechend zeigte sich in der Vergangenheit bei spezifischen durch Klimaveränderungen verursachten besonderen Belastungen (Hitze, klimabedingte Naturkatastrophen etc.) eine besondere Betroffenheit von sozioökonomisch benachteiligten Gruppen – oft nochmals verstärkt, wenn dies mit anderen Vulnerabilitäten (z. B. Alter) einhergeht. So war bei der Hitzewelle in Wien im Jahr 2003 die Sterblichkeit in den einkommensschwachen Bezirken besonders hoch (Hutter u. a., 2007).

Laut aktuellen SILC-Daten sind 14 Prozent der in Österreich lebenden Menschen als armuts- und ausgrenzungsgefährdet einzustufen. Ein deutlich erhöhtes Risiko der Armutsgefährdung haben kinderreiche Familien, Ein-Eltern-Haushalte, MigrantInnen, Frauen im Pensionsalter, arbeitslose Menschen sowie HilfsarbeiterInnen und Personen mit geringer Bildung (Eurostat, 2018).

Zusätzlich ist zu berücksichtigen, dass Wohlfahrt je nach Bevölkerungsgruppe unterschiedlich wahrgenommen wird. Sind zwei Personen mit unterschiedlichem Einkommen von demselben gesundheitlichen Effekt betroffen, so werden sie diesen unterschiedlich wahrnehmen. Aus diesem Grund ist es empfehlenswert, dass die Ergebnisse ökonomischer Bewertungen zu den gesundheitlichen Folgen, die durch die Folgen des Klimawandels entstehen, nicht nur auf aggregierter Ebene betrachtet werden, sondern auch differenziert nach unterschiedlichen Bevölkerungsgruppen (Schmitt u. a., 2016; WHO, 2013).

Prävention des Klimawandels im Gesundheitssystem

Die Primärprävention des Klimawandels an sich ergibt sich durch staatliche oder globale Maßnahmen, die seine direkte Bekämpfung im Fokus haben (CO_2-Reduktion). Sie finden meist außerhalb des Gesundheitssystems im engeren Sinne statt und erfordern u. a. Interventionen in Umwelt-, Wirtschafts-, Verkehrs- und Technologiepolitik.

Zwar erzeugt der Gesundheitssektor selbst eine beachtliche Menge an klimasensitiven Emissionen, dieses Phänomen steht jedoch selten im Fokus der Klimadebatte. Studien haben gezeigt, dass Maßnahmen im Gesundheitswesen (z. B. hohe thermische Gebäudestandards, effizientes Energiemanagement, Umstieg auf erneuerbare Energieträger) ein nennenswertes Reduktionspotenzial besitzen (z. B. NHS Carbon Footprint, siehe Kap. 4.3). Gesundheitsförderung und Krankheits-Prävention reduzieren zudem die Nutzung des Gesundheitssystems und fördern somit indirekt den Klimaschutz.

Die gesundheitspolitische Agenda ist meist von Bemühungen geprägt, deren eigentliche Intention Effizienzsteigerungen und Kostensenkungen darstellen und u. a. die Reduktion von vermeidbaren Aufenthalten bezwecken. Diese Ziele stehen nicht notwendigerweise in Wettbewerb mit Klimaschutzzielen, sondern ergänzen sich vielmehr gegenseitig. Programme wie die aktuelle Gesundheitsreform Zielsteuerung-Gesundheit, die die Steigerung der Gesundheitskompetenz, den Ausbau von gesundheitsförderlichen und präventiven Maßnahmen sowie die Inanspruchnahme ambulanter vor stationärer Behandlung fordern, unterstützen so implizit den Klimaschutz (BMGF, 2017, Zielsteuerungsvertrag).

Derzeit finden die aktiven Bemühungen des Gesundheitswesens hinsichtlich Klimaschutzes eher punktuell und auf regionaler Ebene statt. Da die Gesundheitsversorgung vielfach in die Verantwortung der Bundesländer fällt, kommt es zu regionalen Unterschieden. Das österreichische Netzwerk gesundheitsfördernder Krankenhäuser und Gesundheitseinrichtungen, an dem zur Zeit 35 Einrichtungen teilnehmen, hat sich u. a. explizit das Ziel gesetzt, als Energie- und Ressourcenverbraucher durch strategische Optimierung des Einkaufs- und des Abfallmanagements erheblich zum Umweltschutz beizutragen (BMGFJ, 2008). Manche Einrichtungen konnten bereits Mobilitätskonzepte, nachhaltige Müllkonzepte, Einkaufsgemeinschaften und Energiegewinnungskonzepte umsetzen (APCC, 2014).

Prävention der Folgen des Klimawandels im Gesundheitssystem

Die prominenteste Präventionsebene im Zusammenhang mit Klimawandel und Gesundheit bezieht sich auf die Prävention seiner Symptome. Es geht meist um Vermeidung oder Abschwächung von direkten und indirekten gesundheitlichen Folgen. Aus präventiver Sicht ergeben sich dabei Brennpunkte hinsichtlich Hoch-Risiko-Gebieten und vulnerablen Bevölkerungsgruppen.

2.5.3 Auswirkungen auf Gesundheitsausgaben

Der Klimawandel bringt eine breite Palette an Implikationen für die menschliche Gesundheit und damit verbunden auch für die nationalen Gesundheitssysteme mit sich. Extreme Temperaturen bzw. extreme Wetterereignisse sowie Luftverschmutzung haben Einfluss auf die Morbidität und Mortalität einer Bevölkerung. Dies wirkt sich im Gesundheitssystem durch eine erhöhte Inanspruchnahme von Leistungen aus; in der Wirtschaft werden die Effekte durch krankenstandsbedingte Produktivitätseinbußen sichtbar. Durch den Klimawandel induzierte gesundheitliche Belastungen betreffen somit nicht nur Einzelpersonen, sondern auch die Gesamtgesellschaft und gehen mit zusätzlichen, teilweise vermeidbaren, Verlusten an Lebensqualität und Einkommen einher.

Diese Wirkungsmechanismen können monetär bewertet werden, wobei anzumerken ist, dass sich Prognosen als schwierig darstellen, da mitunter das Versursacherprinzip, ein sonst gängiger Mechanismus in Umweltfragen, für den Klimawandel praktisch nicht anwendbar ist. Internationale Organisationen wie die Weltgesundheitsorganisation (WHO, 2013, 2015) geben dennoch Anhaltspunkte für die Berechnung der wirtschaftlichen Kosten, die im Zusammenhang mit dem Klimawandel und dem Fehlen geplanter Anpassungsmaßnahmen entstehen. Durch die monetäre Bemessung gesundheitlicher Effekte aufgrund der Folgen des Klimawandels soll Entscheidungsträgern eine evidenzbasierte Informationsgrundlage geliefert werden, um das Ausmaß der Effekte abschätzen zu können und darauf aufbauend entsprechende Gegenmaßnahmen einzuleiten.

Für Aussagen über die Auswirkungen des Klimawandels auf die nationalen Gesundheitsausgaben ist die Datenverfügbarkeit hinsichtlich Morbidität und Mortalität, Behandlungskosten (stationär und ambulant) und gegebenenfalls potenzieller Produktivitäts- und Lebensqualitätseinbußen Voraussetzung (WHO, 2013). Diese Daten sind jedoch nicht immer bzw. teilweise nur schwer verfügbar, wodurch internationale Evidenz zum Thema Klimawandel und Gesundheitsausgaben nur in sehr limitierter und fragmentierter Form vorliegt. Ökonomische Bewertungen, die Kosten und Nutzen von spezifischen Gesundheitsmaßnahmen zum Schutz der Gesundheit vor den Folgen des Klimawandels untersuchen, liegen kaum vor (Hutton, 2011; Hutton & Menne, 2014).

Guy Hutton und Menne (2014) zeigen in einem Review ökonomische Evidenz zu gesundheitlichen Effekten des Klimawandels für Europa (siehe Tab.). Insgesamt konnten vierzig Studien zu diesem Thema identifiziert werden, wovon acht Studien die Kosten von Gesundheitsschäden, die in Zusammenhang mit dem Klimawandel stehen, berechnet

Diagnose	Region	Jahr	Methode	Jährliche Kosten bzw. Einsparungspotenzial	Quelle
Herz-Kreislauf-, Atemwegs- und Durchfallerkrankungen	EU	2050	CGE**	38 Milliarden Euro Ersparnis	(Bosello u. a., 2006)
Hitze, Salmonellen, Flut	EU	2080	Bottom-up*	46–147 Milliarden Euro Kosten	(Kovats u. a., 2011)
Hitze	EU	2080	Bottom-up*	50–118 Milliarden Euro	(Watkiss u. a., 2009)
Salmonellen	EU	2011–2040	Bottom-up*	70–140 Millionen Euro	(Watkiss u. a., 2009)
Herz und Atemwege	EU	2050	Bottom-up*	125 Milliarden Euro	(Holland u. a., 2011)
Luftverschmutzung	OECD Europa, Ost-Europa	2100	CGE**	0,0 2 % des BIP	(Nordhaus & Boyer, 2000)

*Bottom-up bedeutet, dass unterschiedliche Effekte der wirtschaftlichen Auswirkungen des Klimawandels nach Sektoren untersucht wurden, ohne die Verbindung zwischen sektoralen Auswirkungen und der breiteren Wirtschaft, wo es Auswirkungen auf die Preise von Waren und Dienstleistungen und die daraus resultierende Nachfrage geben könnte, zu untersuchen.

**CGE (Computable General Equilibrium) ist ein ökonometrisches Simulationsmodell, bei dem mittels spezieller Software Auswirkungen in unterschiedlichen Wirtschaftssektoren berechnet werden können.

Tab. 2.3: Evidenz für ökonomische Effekte klimabedingter Gesundheitsschäden

haben. Insgesamt zeigt die Evidenzsammlung ein sehr heterogenes Bild hinsichtlich der zugrundeliegenden Diagnosen (Herz-Kreislauf-Erkrankungen, Salmonellen bzw. nicht weiter spezifizierte Diagnosen bedingt durch Hitze und Luftverschmutzung), Zeithorizont (2011–2100), Berechnungsmethode (CGE Modelle, Bottom-up Modellierungen) sowie Kosten bzw. Einsparungspotenzialen (38 Milliarden jährliche Ersparnisse bis 147 Milliarden Euro jährliche Kosten).

Sowohl in Guy Hutton und Menne (2014) als auch bei anderen Quellen (Hübler u. a., 2008; Kovats u. a., 2011; Merrill u. a., 2006; Schmeltz u. a., 2016; Watkiss u. a., 2009) wird ersichtlich, dass die erhöhte Mortalität aufgrund von Hitzewellen ein verbreiteter Maßstab für die ökonomische Bewertung des Klimawandels und seiner Effekte auf die Gesundheit ist.

Für Österreich liegt kaum gesundheitsökonomische Evidenz vor, die klimainduzierte Effekte auf die Gesundheit evaluiert. Ein Versuch, den Effekt von klimabedingten Veränderungen auf die Gesundheitsausgaben monetär zu bemessen, wurde im Projekt ClimBHealth unternommen. Der Fokus der Untersuchung lag dabei auf den Bereichen urbane Mobilität sowie Ernährung. Um die gesundheitlichen Effekte ökonomisch zu bewerten, wurden direkte medizinische Kosten (nicht-medizinische Kosten für Transporte, Aufenthalte für Angehörige etc. wurden aufgrund fehlender Datengrundlage in den Berechnungen nicht berücksichtigt) für die stationären Aufenthalte von PatientInnen sowie für Medikamente herangezogen. Die Berechnung der indirekten Kosten basierte auf Veränderungen in der Zahl der Krankenstandstage sowie der Sterblichkeit. Bei der ökonomischen Bewertung von Veränderungen im Bereich urbaner Mobilität wurden folgende Diagnosen berücksichtigt: Atemwegserkrankungen, Herz-Kreislauf-Erkrankungen und Lungenkrebs. Ökonomische Effekte wurden einerseits verbesserter Luftqualität sowie andererseits erhöhter gesundheitsfördernder physischer Aktivität zugerechnet. Je nach gewähltem Szenario kann durch eine Verbesserung der Luftqualität ein Einsparungspotenzial (direkte und indirekte Kosten) der Gesundheitsausgaben in Höhe von 7,4 Millionen Euro (*Green Mobility*) bis 9,8 Millionen Euro (*Zero Emissions*) erzielt werden. Die Spanne des Einsparungspotenzials durch eine erhöhte gesundheitsförderliche physische Aktivität reicht von 4,4 Millionen Euro (*Green Mobility*) bis 9,2 Millionen Euro (*Zero Emissions*). Die ökonomische Bewertung der Veränderung des Ernährungsverhaltens und die damit verbundenen Veränderungen auf Gesundheit wurden mittels direkter Kosten aufgrund von vermiedenen Diabetes- und Darmkrebserkrankungen und der reduzierten Gesamtsterblichkeit berechnet und je nach Szenario auf 15,8 Millionen Euro (*Happier Animals*) bzw. 24,2 Millionen Euro (*Healthier People*) geschätzt. Indirekte Kosteneinsparungen aufgrund eines Rückgangs der Krankenstände bedingt durch verminderte Morbidität und Mortalität werden auf 65,4 Millionen Euro (*Happier Animals*) bzw. 179,2 Millionen Euro (*Healthier People*) geschätzt (Haas u. a., 2016).

Richter u. a. (2013) konzentrierten sich in einer Untersuchung auf mit dem Klimawandel in Verbindung stehende Allergien und deren Kosten. Unter Annahme unterschiedlicher Szenarien wurde die Verbreitung von Ambrosiapollen in Österreich und Bayern simuliert. Unter den extremer gewählten Klimaszenarien und ohne entsprechende Anpassungsmaßnahmen wurden jährliche Behandlungskosten für Allergien zwischen 290–365 Millionen Euro (Zeithorizont 2050) geschätzt.

2.5.4 Zusammenfassende Bewertung

Die in Kapitel 2.5 getroffenen Aussagen hängen stark von der Güte der zugrundeliegenden Prognosen und deren Annahmen ab. Als Konsens gilt jedoch, dass klimainduzierte Effekte zu verstärkter Nachfrage im Gesundheitssystem und damit zu erhöhten Folgekosten führen. Insbesondere die Ergebnisse der gesundheitsökonomischen Studien unterliegen häufig gewissen Schwankungsbreiten und bauen üblicherweise auf unterschiedlichen Szenarien auf. Wie stark sich die mannigfaltigen klimainduzierten direkten und indirekten Effekte letztlich in den Gesundheitssystemen auswirken, ist unsicher und in hohem Maße von (geo)politischen Faktoren abhängig.

2.6 Zusammenfassung

Zusammenfassend muss festgehalten werden, dass es in der Menschheitsgeschichte zwar immer wieder zu Schwankungen im mittleren Temperaturverlauf gekommen ist, diese sich jedoch noch nie in einem so kurzen Zeitraum zugetragen haben, wie es seit der industriellen Revolution der Fall ist. Auch wenn viele Menschen das angepeilte Klimaziel einer Zunahme von „lediglich" 2 °C innerhalb einiger Dekaden als akzeptabel oder gar begrüßenswert ansehen, gilt es doch darauf hinzuweisen, dass die Konsequenzen der damit einhergehenden klimatischen Veränderungen noch nicht eindeutig zu bestimmen sind und mitunter katastrophal ausfallen können.

Mit überaus hoher Wahrscheinlichkeit lässt sich – auch für Österreich – von einer Zunahme an Extremwetterereignissen ausgehen. Die Folgewirkungen des Klimawandels können sich aber regional stark unterscheiden und in ländlichen Regionen gänzlich anders ausfallen als in städtischen Ballungsräumen, wo im Sommer mit erhöhter Wärmebelastung zu rechnen sein wird. Zugleich kommt es durch die klimatischen Veränderungen zu Anpassungsprozessen in der Biosphäre, die mit einem verstärkten Auftreten von Allergenen, aber auch Veränderungen in der geographischen und jahreszeitlichen Verbreitung von Krankheitserregern einhergehen.

Parallel zu diesem Umweltszenario laufen gesellschaftliche Veränderungsprozesse ab, die in ihrem Einfluss auf zukünftige Gesundheitsfolgen mit dem Klimawandel interagieren. Wie in fast allen fortgeschrittenen Industrienationen ist auch in Österreich ein demographischer Wandel zu beobachten, der zur graduellen Alterung der Bevölkerung führt und das aus dem Klimawandel resultierende Gesundheitsrisiko zusätzlich erhöht, zumal ältere Menschen tendenziell eher als gefährdet einzustufen sind. Auf globaler Ebene bewirkt der demographische Übergang eine weitere Zunahme der Bevölkerung, welche den Klimawandel beschleunigt, und zugleich ein Anwachsen der globalen Migrationsströme, insbesondere aus den stark vom Klimawandel betroffenen Regionen in die gemäßigteren Temperaturzonen.

Vor dem Hintergrund ökonomischer Veränderungen, die sich stark auf Produktionsprozesse und den globalen Güteraustausch auswirken, hat der Klimawandel das Potential, bestehende Ungleichheiten zu verschärfen und neue Ungleichheiten zu erzeugen. Menschen am unteren Ende der Einkommensverteilung weisen sowohl im globalen als auch im nationalen Rahmen eine größere Vulnerabilität auf, was durch den Klimawandel noch verschärft wird, weil sie infolge reduzierten Wachstums den Großteil der ökonomischen Einbußen zu schultern haben werden (siehe Kap. 2.4.2). Dieser Entwicklung gilt es entgegenzuwirken, indem die Rahmenbedingungen globalen Wirtschaftens nachhaltig gestaltet werden.

Literaturverzeichnis

Abbasi-Shavazi, M. J., & McDonald, P. (2006). Fertility Decline in the Islamic Republic of Iran: 1972–2000. Asian Population Studies, 2(3), 217–237. https://doi.org/10.1080/17441730601073789

Abel, G. J., Barakat, B., Kc, S., & Lutz, W. (2016). Meeting the Sustainable Development Goals leads to lower world population growth. Proceedings of the National Academy of Sciences, 113(50), 14294–14299. https://doi.org/10.1073/pnas.1611386113

Abel, G. J., & Sander, N. (2014). Quantifying global international migration flows. Science, 343(6178), 1520–1522. https://doi.org/10.1126/science.1248676

Acemoglu, D., & Restrepo, P. (2018). The Race between Man and Machine: Implications of Technology for Growth, Factor Shares, and Employment. American Economic Review, 108(6), 1488–1542. https://doi.org/10.1257/aer.20160696

Akademien der Wissenschaften Schweiz. (2016). Brennpunkt Klima Schweiz. Grundlagen, Folgen und Perspektiven. Bern.

Aksoy, Y., Basso, H. S., & Smith, R. P. (2017). Medium-run implications of changing demographic structures for the macro-economy. National Institute Economic Review, 241, R58–R64. https://doi.org/10.1177/002795011724100114

ALDIS. (2018). Flashes (Bundesländer) Jahresstatistik. Abgerufen 24. Juni 2018, von https://www.aldis.at/blitzstatistik/diagramme/flashes-bundeslaender-jahresstatistik/?ADMCMD_noBeUser=1%27A%3D0

Aldy, J. E., & Pizer, W. A. (2015). The Competitiveness Impacts of Climate Change Mitigation Policies. Journal of the Association of Environmental and Resource Economists, 2(4), 565–595. https://doi.org/10.1086/683305

Anzenberger, J., Bodenwinkler, A., & Breyer, E. (2015). Migration und Gesundheit. Literaturbericht zur Situation in Österreich. Wissenschaftlicher Ergebnisbericht. Wien: Gesundheit Österreich GmbH. Abgerufen von https://media.arbeiterkammer.at/wien/PDF/studien/Bericht_Migration_und_Gesundheit.pdf

APCC – Austrian Panel on Climate Change. (2014). Österreichischer Sachstandsbericht Klimawandel 2014: Austrian assessment report 2014 (AAR14). Wien: Verlag der Österreichischen Akademie der Wissenschaften.

Ard, K. (2015). Trends in exposure to industrial air toxins for different racial and socioeconomic groups: A spatial and temporal examination of environmental inequality in the U.S. from 1995 to 2004. Social Science Research, 53, 375–390. https://doi.org/10.1016/j.ssresearch.2015.06.019

Ashley, S. T., & Ashley, W. S. (2008). Flood Fatalities in the United States. Journal of Applied Meteorology and Climatology, 47(3), 805–818. https://doi.org/10.1175/2007JAMC1611.1

Autor, D. H., & Dorn, D. (2013). The Growth of Low-Skill Service Jobs and the Polarization of the US Labor Market. American Economic Review, 103(5), 1553–1597. https://doi.org/10.1257/aer.103.5.1553

Baccini, M., Biggeri, A., Accetta, G., Kosatsky, T., Katsouyanni, K., Analitis, A., … Michelozzi, P. (2008). Heat Effects on Mortality in 15 European Cities. Epidemiology, 19(5), 711–719.

Bachner, F., Ladurner, J., Habimana, K., Ostermann, H., Stadler, I., & Habl, C. (2013). Das österreichische Gesundheitswesen im internationalen Vergleich. Ausgabe 2012. Wien: Gesundheit Österreich GmbH / ÖBIG. Abgerufen von https://goeg.at/sites/default/files/inline-files/Das%20%C3%B6sterreichische%20Gesundheitswesen%20im%20internationalen%20Vergleich%202012.pdf

Bangalore, M., Smith, A., & Veldkamp, T. (2017). Exposure to Floods, Climate Change, and Poverty in Vietnam. Natural Hazards and Earth System Sciences Discussions, 1–28. https://doi.org/10.5194/nhess-2017–100

Baranzini, A., Goldemberg, J., & Speck, S. (2000). A future for carbon taxes. Ecological Economics, 32(3), 395–412. https://doi.org/10.1016/S0921-8009(99)00122–6

Barker, T., & Köhler, J. (1998). Equity and Ecotax Reform in the EU: Achieving a 10 per cent Reduction in CO 2 Emissions Using Excise Duties. Fiscal Studies, 19(4), 375–402. https://doi.org/10.1111/j.1475–5890.1998.tb00292.x

Bart, I. L. (2010). Urban sprawl and climate change: A statistical exploration of cause and effect, with policy options for the EU. Land Use Policy, 27(2), 283–292. https://doi.org/10.1016/j.landusepol.2009.03.003

Basu, R., Pearson, D., Malig, B., Broadwin, R., & Green, R. (2012). The Effect of High Ambient Temperature on Emergency Room Visits. Epidemiology, 23(6), 813–820.

Beck, U. (2010). Remapping social inequalities in an age of climate change: for a cosmopolitan renewal of sociology*. Global Networks, 10(2), 165–181. https://doi.org/10.1111/j.1471–0374.2010.00281.x

Bednar-Friedl, B., Wolkinger, B., König, M., Bachner, G., Formayer, H., Offenthaler, I., & Leitner, M. (2015). Transport. In K.W. Steininger, M. König, B. Bednar-Friedl, L. Kranzl, W. Loibl, & F. Prettenthaler (Hrsg.), Economic Evaluation of Climate Change Impacts (S. 279–300). Cham: Springer International Publishing.

Beermann, S., Kirchner, M., Vygen, S., & Gilsdorf, A. (2015). Asylsuchende und Gesundheit in Deutschland. Überblick über epidemologisch relevante Infektionskrankheiten. Deutsches Ärzteblatt, 112(42). Abgerufen von https://edoc.rki.de/bitstream/handle/176904/2151/25d2DtldjKhxo.pdf?sequence=1

Black, R., Adger, N., Arnell, N., Dercon, S., Geddes, A., & Thomas, D. (2011). Migration and global environmental change: Future challenges and opportunities. Final Project Report. London: The Government Office for Science. Abgerufen von http://eprints.soas.ac.uk/22475/1/11–1116-migration-and-global-environmental-change.pdf

Black, R., Bennett, S. R. G., Thomas, S. M., & Beddington, J. R. (2011). Climate change: Migration as adaptation. Nature, 478, 447–449.

Blashki, G., McMichael, T., & Karoly, D. J. (2007). Climate change and primary health care. Australian Family Physician, 36(12), 986–989.

BMGF – Bundesministerium für Gesundheit und Frauen. (2017). Gesundheitsziele Österreich. Richtungsweisende Vorschläge für ein gesünderes Österreich – Langfassung (Report). Wien: Bundesministerium für Gesundheit und Frauen. Abgerufen von https://gesundheitsziele-oesterreich.at/website2017/wp-content/uploads/2018/08/gz_langfassung_2018.pdf

BMGFJ – Bundesministerium für Gesundheit, Familie und Jugend. (2008). Gesundheitsfördernde Krankenhäuser und Gesundheitseinrichtungen Konzept und Praxis in Österreich. Wien: BMGFJ. Abgerufen von http://www.das-nachhaltige-krankenhaus.at/Dokumente/docs/Dietscher%20et%20al.%202008_Gesundheitsfoerderung.pdf

BMLFUW – Bundesministerium für Land- und Forstwirtschaft, Umwelt und Wasserwirtschaft. (2017). Die österreichische Strategie zur Anpassung an den Klimawandel. Teil 1 – Kontext. Wien: Bundesministerium für Land- und Forstwirtschaft, Umwelt und Wasserwirtschaft. Abgerufen von https://www.bmnt.gv.at/dam/jcr:b471ccd8-cb97-4463-9e7d-ac434ed78e92/NAS_Kontext_MR%20beschl_(inklBild)_18112017(150ppi)%5B1%5D.pdf

BMNT – Bundesministerium für Nachhaltigkeit und Tourismus, & BMVIT – Bundesministerium für Verkehr, Innovation und Technologie. (2018). #mission2030 Die Klima- und Energiestrategie der Österreichischen Bundesregierung. Abgerufen 30. August 2018, von https://mission2030.info/

Bonekamp, L., & Sure, M. (2015). Consequences of Industry 4.0 on Human Labour and Work Organisation. Journal of Business and Media Psychology, 6(1), 33–40.

Bongaarts, J., & Sobotka, T. (2012). A Demographic Explanation for the Recent Rise in European Fertility. Population and Development Review, 38(1), 83–120. https://doi.org/10.1111/j.1728–4457.2012.00473.x

Bosello, F., Roson, R., & Tol, R. S. J. (2006). Economy-wide estimates of the implications of climate change: Human health. Ecological Economics, 58(3), 579–591. https://doi.org/10.1016/j.ecolecon.2005.07.032

Braubach, M., & Fairburn, J. (2010). Social inequities in environmental risks associated with housing and residential location—a review of evidence. European Journal of Public Health, 20(1), 36–42. https://doi.org/10.1093/eurpub/ckp221

Bremner, J. L., & Hunter, L. M. (2014). Migration and the Environment. Population Bulletin, 69(1). Abgerufen von http://www.prb.org/pdf14/migration-and-environment.pdf

Burrows, K., & Kinney, P. L. (2016). Exploring the climate change, migration and conflict nexus. International Journal of Environmental Research and Public Health, 13(4), 443. https://doi.org/10.3390/ijerph13040443

Centre for Ice and Climate. (2018). Past atmospheric composition and greenhouse gases. Niels Bohr Institute. Abgerufen 20. September 2018, von http://www.iceandclimate.nbi.ku.dk/research/past_atmos/composition_greenhouse/

Chimani, B., Heinrich, G., Hofstätter, M., Kerschbaumer, M., Kienberger, S., Leuprecht, A., Truhetz, H. (2016). ÖKS15 – Klimaszenarien für Österreich. Daten, Methoden und Klimaanalyse. Projektendbericht. Wien. Abgerufen von https://data.ccca.ac.at/dataset/endbericht-oks15-klimaszenarien-fur-osterreich-daten-methoden-klimaanalyse-v01

CLIMAMAP. (2018). Homepage. Abgerufen 30. August 2018, von https://clima-map.com/

Cohen, J. E. (1995). How Many People Can the Earth Support? The Sciences, 35(6), 18–23. https://doi.org/10.1002/j.2326–1951.1995.tb03209.x

Cook, J., Oreskes, N., Doran, P. T., Anderegg, W. R. L., Verheggen, B., Maibach, E. W., … Rice, K. (2016). Consensus on consensus: a synthesis of consensus estimates on human-caused global warming. Environmental Research Letters, 11(4), 048002. https://doi.org/10.1088/1748–9326/11/4/048002

Costello, A., Abbas, M., Allen, A., Ball, S., Bell, S., Bellamy, R., … Patterson, C. (2009). Managing the health effects of climate change: Lancet and University College London Institute for Global Health Commission. The Lancet, 373(9676), 1693–1733. https://doi.org/10.1016/S0140-6736(09)60935–1

Cutter, S. L. (1995). The forgotten casualties: women, children, and environmental change. Global Environmental Change, 5(3), 181–194. https://doi.org/10.1016/0959–3780(95)00046-Q

De Sherbinin, A., & Bardy, G. (2015). Social vulnerability to floods in two coastal megacities: New York City and Mumbai. Vienna Yearbook of Population Research, 13, 131–165.

Dell, M., Jones, B. F., & Olken, B. A. (2009). Temperature and Income: Reconciling New Cross-Sectional and Panel Estimates. American Economic Review, 99(2), 198–204. https://doi.org/10.1257/aer.99.2.198

Dell, M., Jones, B. F., & Olken, B. A. (2012). Temperature Shocks and Economic Growth: Evidence from the Last Half Century. American Economic Journal: Macroeconomics, 4(3), 66–95. https://doi.org/10.1257/mac.4.3.66

D'Ippoliti, D., Michelozzi, P., Marino, C., de'Donato, F., Menne, B., Katsouyanni, K., … Perucci, C. A. (2010). The impact of heat waves on mortality in 9 European cities: results from the EuroHEAT project. Environmental Health, 9(1), 37. https://doi.org/10.1186/1476-069X-9–37

Doocy, S., Daniels, A., Murray, S., & Kirsch, T. D. (2013). The Human Impact of Floods: a Historical Review of Events 1980–2009 and Systematic Literature Review. PLoS Currents Disasters. https://doi.org/10.1371/currents.dis.f4deb457904936b07c09daa98ee8171a

Dunne, J. P., Stouffer, R. J., & John, J. G. (2013). Reductions in labour capacity from heat stress under climate warming. Nature Climate Change, 3(6), 563–566. https://doi.org/10.1038/nclimate1827

Eckert, S., & Kohler, S. (2014). Urbanization and Health in Developing Countries: A Systematic Review. World Health & Population, 15(1), 7–20. https://doi.org/10.12927/whp.2014.23722

Eckhart, E. (2009). Krankenversicherung in Österreich – Struktur, Finanzierungsprobleme und Reformansätze (Diplomarbeit). Universität Wien, Wien. Abgerufen von othes.univie.ac.at/4559/1/2009–04-08_9505663.pdf

EPA – Environmental Protection Agency. (2017). Global Greenhouse Gas Emissions Data. Abgerufen 30. August 2018, von https://www.epa.gov/ghgemissions/global-greenhouse-gas-emissions-data

EU-SILC. (2008). Armutsgefährdung in Österreich. EU-SILC 2008. Eingliederungsindikatoren. Statistik Austria im Auftrag des BMASK. Bundesministerium für Arbeit, Soziales und Konsumentenschutz. Abgerufen von http://www.statistik.at/wcm/idc/idcplg?IdcService=GET_PDF_FILE&dDocName=043350

Eurostat (2015). EU SILC - Statistics of Income and Living Conditions. Abgerufen von https://www.unicef-irc.org/datasets/SILC_matrix.pdf

Eurostat. (2018). Datenbank der Europäischen Kommission, Bevölkerung und soziale Bedingungen. Abgerufen 30. August 2018, von https://ec.europa.eu/eurostat/

Findley, S. E. (1994). Does drought increase migration? A study of migration from rural Mali during the 1983–1985 drought. The International Migration Review, 28(3), 539–553. https://doi.org/10.2307/2546820

Flatø, M., Muttarak, R., & Pelser, A. (2017). Women, Weather, and Woes: The Triangular Dynamics of Female-Headed Households, Economic Vulnerability, and Climate Variability in South Africa. World Development,

90, 41–62. https://doi.org/10.1016/j.worlddev.2016.08.015

Formayer, H., Reichl, J., Offenthaler, I., Nadeem, I., Schmidthaler, M., König, M., Laimighofer, J. (2018). Shifts in Weather Incidents Threatening reliability of the electricity distribution and transmission /economic performance due to climate Change & Opportunities For Foresight planning. Final Report. Finanziert von: Finanziert von: Klima- und Energiefonds – Austrian Climate Research Programme, 37 (No. ACRP7- SWITCH- OFF- KR14AC7K11859). Wien: Institut für Meteorologie, Universität für Bodenkultur Wien.

Formayer, H., & Fritz, A. (2017). Temperature dependency of hourly precipitation intensities – surface versus cloud layer temperature. International Journal of Climatology, 37(1), 1–10. https://doi.org/10.1002/joc.4678

Forzieri, G., Cescatti, A., e Silva, F. B., & Feyen, L. (2017). Increasing risk over time of weather-related hazards to the European population: a data-driven prognostic study. The Lancet Planetary Health, 1(5), e200–e208. https://doi.org/10.1016/S2542-5196(17)30082–7

Fothergill, A., Maestas, E. G. M., & Darlington, J. D. (1999). Race, Ethnicity and Disasters in the United States: A Review of the Literature. Disasters, 23(2), 156–173. https://doi.org/10.1111/1467–7717.00111

Frumkin, H., Hess, J., Luber, G., Malilay, J., & McGeehin, M. (2008). Climate Change: The Public Health Response. American Journal of Public Health, 98(3), 435–445. https://doi.org/10.2105/AJPH.2007.119362

Fullerton, D. (2008). Distributional Effects of Environmental and Energy Policy: An Introduction (Working Paper No. 14241). National Bureau of Economic Research. https://doi.org/10.3386/w14241

Fullerton, D., & Heutel, G. (2011). Analytical General Equilibrium Effects of Energy Policy on Output and Factor Prices. The B.E. Journal of Economic Analysis & Policy, 10(2). https://doi.org/10.2202/1935–1682.2530

Gabriel, K. M. A., & Endlicher, W. R. (2011). Urban and rural mortality rates during heat waves in Berlin and Brandenburg, Germany. Environmental Pollution, 159(8), 2044–2050. https://doi.org/10.1016/j.envpol.2011.01.016

Gaillard, J. C. (2010). Vulnerability, capacity and resilience: Perspectives for climate and development policy. Journal of International Development, 22(2), 218–232. https://doi.org/10.1002/jid.1675

Georgescu, M., Morefield, P. E., Bierwagen, B. G., & Weaver, C. P. (2014). Urban adaptation can roll back warming of emerging megapolitan regions. Proceedings of the National Academy of Sciences, 111(8), 2909–2914. https://doi.org/10.1073/pnas.1322280111

Gerlinger, T. (2013). Klimawandel und Gesundheitssystem: Über die Schwierigkeiten der Anpassung an neue Herausforderungen. In H. J. Jahn, A. Krämer, & T. Wörmann (Hrsg.), Klimawandel und Gesundheit: Internationale, nationale und regionale Herausforderungen und Antworten (S. 113–122). Berlin, Heidelberg: Springer. https://doi.org/10.1007/978–3-642-38839-2_7

Glaser, R. (2001). Klimageschichte Mitteleuropas. 1000 Jahre Wetter, Klima, Katastrophen. Darmstadt: Wissenschaftliche Buchgesellschaft.

Gray, C. L. (2009). Rural out-migration and smallholder agriculture in the southern Ecuadorian Andes. Population and Environment, 30(4–5), 193–217. https://doi.org/10.1007/s11111-009–0081-5

Haas, W., Weisz, U., Lauk, C., Hutter, H.-P., Ekmekcioglu, C., Kundi, M., … Theurl, M. (2016). ClimBHealth. Climate and health co-benefits from changes in urban mobility and diet: an integrated assessment for Austria. Wien: Alpen-Adria Universität. Abgerufen von https://www.klimafonds.gv.at/wp-content/uploads/sites/6/20171116ClimBHealthACRP6EBB368593KR13AC6K10969.pdf

Haines, A. (2017). Health co-benefits of climate action. The Lancet Planetary Health, 1(1), e4–e5. https://doi.org/10.1016/S2542-5196(17)30003–7

Hauff, V. (1987). Unsere gemeinsame Zukunft – der Brundtlandbericht der Weltkommission für Umwelt und Entwicklung. Technical Report. Greven: Eggenkamp Verlag.

Henderson, V. (2003). The Urbanization Process and Economic Growth: The So-What Question. Journal of Economic Growth, 8(1), 47–71. https://doi.org/10.1023/A:1022860800744

Hiebl, J., & Frei, C. (2016). Daily temperature grids for Austria since 1961 – concept, creation and applicability. Theoretical and Applied Climatology, 124(1), 161–178. https://doi.org/10.1007/s00704-015–1411-4

Hiebl, J., & Frei, C. (2018). Daily precipitation grids for Austria since 1961 – development and evaluation of a spatial dataset for hydroclimatic monitoring and modelling. Theoretical and Applied Climatology, 132(1), 327–345. https://doi.org/10.1007/s00704-017–2093-x

Hoffmann, R. (2016). Gesundheitliche Ungleichheit: Ursachen und empirische Befunde. In N. Tomaschek & J. Fritz (Hrsg.), University – Society – Industry (S. 117–133). Münster: Waxmann.

Hoffmann, R., & Muttarak, R. (2017). Learn from the Past, Prepare for the Future: Impacts of Education and Experience on Disaster Preparedness in the Philippines and Thailand. World Development, 96, 32–51. https://doi.org/10.1016/j.worlddev.2017.02.016

Hofmacher, M. M. (2013). Das österreichische Gesundheitssystem. Akteure, Daten, Analysen. Medizinisch Wissenschaftliche Verlagsgesellschaft. Abgerufen von https://www.bmgf.gv.at/cms/home/attachments/0/6/3/CH1066/CMS1379591881907/oe_gesundheitssystem.pdf

Hofmarcher, M. M. (2014). The Austrian health reform 2013 is promising but requires continuous political ambition. Health Policy, 118(1), 8–13. https://doi.org/10.1016/j.healthpol.2014.09.001

Holland, M., Amann, M., Heyes, C., Rafaj, P., Schoepp, W., Hunt, A., & Watkiss, P. (2011). Technical Policy Briefing Note 6: Ancillary Air Quality Benefits. The reduction in air quality impacts and associated economic benefits of mitigation policy: Summary of results from the EC RTD ClimateCost Project. Stockholm: Stockholm Environment Institute. Abgerufen von http://pure.iiasa.ac.at/id/eprint/9714/

Horr, F. (Hrsg.). (1963). Die gesetzliche Krankenversicherung – einst und jetzt. Soziale Sicherheit, 7.

Hsiang, S. M., Burke, M., & Miguel, E. (2013). Quantifying the Influence of Climate on Human Conflict. Science, 341(6151), 1235367–1235367. https://doi.org/10.1126/science.1235367

Hsu, M., Huang, X., & Yupho, S. (2015). The development of universal health insurance coverage in Thailand: Challenges of population aging and informal economy. Social Science & Medicine, 145, 227–236. https://doi.org/10.1016/j.socscimed.2015.09.036

Hübler, M., Klepper, G., & Peterson, S. (2008). Costs of climate change: The effects of rising temperatures on health and productivity in Germany. Ecological Economics, 68(1), 381–393. https://doi.org/10.1016/j.ecolecon.2008.04.010

Hugo, G. (1996). Environmental concerns and international migration. International Migration Review, 30(1), 105–131. https://doi.org/10.2307/2547462

Hunter, L. M., Luna, J. K., & Norton, R. M. (2015). Environmental dimensions of migration. Annual Review of Sociology, 41(1), 377–397. https://doi.org/10.1146/annurev-soc-073014–112223

Hurrell, J. W. (1995). Decadal Trends in the North Atlantic Oscillation: Regional Temperatures and Precipitation. Science, 269(5224), 676–679. https://doi.org/10.1126/science.269.5224.676

Hutter, H.-P., Moshammer, H., Wallner, P., Leitner, B., & Kundi, M. (2007). Heatwaves in Vienna: effects on mortality. Wiener Klinische Wochenschrift, 119(7), 223–227. https://doi.org/10.1007/s00508-006–0742-7

Hutton, G. (2011). The economics of health and climate change: key evidence for decision making. Global Health, 7, 18. https://doi.org/10.1186/1744–8603-7-18

Hutton, G., & Menne, B. (2014). Economic Evidence on the Health Impacts of Climate Change in Europe. Environmental Health Insights, 8, 43–52. https://doi.org/10.4137/EHI.S16486

IDMC – Internal Displacement Monitoring Centre. (2014). Global Estimates 2014. People displaced by disasters. Geneva: Norwegian Refugee Council. Abgerufen von http://www.internal-displacement.org/sites/default/files/inline-files/201409-global-estimates2.pdf

Institut für Höhere Studien. (2017a). Mittelfristige Prognose der österreichischen Wirtschaft 2017 – 2018. Heimisches Konjunkturhoch gestützt von weltweitem Aufschwung. Wien. Abgerufen von https://www.ihs.ac.at/fileadmin/public/2016_Files/Documents/Presseinfo_SeptemberPrognose2017.pdf

Institut für Höhere Studien. (2017b). Prognose der österreichischen Wirtschaft 2017 – 2021. Österreichs Wirtschaft auf Wachstumskurs. Wien. Abgerufen von https://www.ihs.ac.at/fileadmin/public/2016_Files/Documents/20170719_Presseinfo_mittelfPrognoseJuli2017.pdf

IPCC – Intergovernmental Panel on Climate Change. (2001). The Scientific Basis. Contribution of the Working Group I to the Third Assessment Report of the Intergovernmental Panel on Climate Change. Cambridge, New York: Cambridge University Press.

IPCC – Intergovernmental Panel on Climate Change. (2007a). Climate Change 2007: Impacts, Adaptation and Vulnerability. Cambridge: Cambridge University Press. Abgerufen von https://www.ipcc.ch/pdf/assessment-report/ar4/wg2/ar4_wg2_full_report.pdf

IPCC – Intergovernmental Panel on Climate Change. (2007b). Zusammenfassung für politische Entscheidungsträger. Klimaänderung 2007: Wissenschaftliche Grundlagen. Bern, Wien, Berlin: IPCC. Abgerufen von https://www.ipcc.ch/pdf/reports-nonUN-translations/deutch/IPCC2007-WG1.pdf

IPCC – Intergovernmental Panel on Climate Change. (2013). The Physical Science Basis. Contributionof Working Group I to the Fifth Assessment Report of the Intergovernmental Panel on Climate Change. Cambridge, New York: Cambridge University Press.

IPCC – Intergovernmental Panel on Climate Change. (2014). Climate Change 2014: Synthesis Report. Contribution of Working Groups I, II and III to the Fifth Assessment Report of the Intergovernmental Panel on Climate Change. Geneva: Intergovernmental Panel on Climate Change. Abgerufen von http://www.ipcc.ch/report/ar5/syr/

Jacob, D., Petersen, J., Eggert, B., Alias, A., Christensen, O. B., Bouwer, L. M., … Yiou, P. (2014). EURO-CORDEX: new high-resolution climate change projections for European impact research. Regional Environmental Change, 14(2), 563–578. https://doi.org/10.1007/s10113-013–0499-2

Jones, B., O'Neill, B. C., McDaniel, L., McGinnis, S., Mearns, L. O., & Tebaldi, C. (2015). Future population exposure to US heat extremes. Nature Climate Change, 5(7), 652–655. https://doi.org/10.1038/nclimate2631

Kalnay, E., & Cai, M. (2003). Impact of urbanization and land-use change on climate. Nature; London, 423(6939), 528–531. https://doi.org/10.1038/nature01675

Karanikolos, M., Mladovsky, P., Cylus, J., Thomson, S., Basu, S., Stuckler, D., … McKee, M. (2013). Financial crisis, austerity, and health in Europe. The Lancet, 381(9874), 1323–1331. https://doi.org/10.1016/S0140-6736(13)60102–6

Katelaris, C. (2016). Impacts of Climate Change on Allergic Diseases. In P. Beggs (Hrsg.), Impacts of Climate Change on Allergens and Allergic Diseases (S. 157–178). Cambridge: Cambridge University Press.

KC, S., & Lutz, W. (2017). The human core of the shared socioeconomic pathways: Population scenarios by age, sex and level of education for all countries to 2100. Global Environmental Change, 42, 181–192. https://doi.org/10.1016/j.gloenvcha.2014.06.004

Kelley, C. P., Mohtadi, S., Cane, M. A., Seager, R., & Kushnir, Y. (2015). Climate change in the Fertile Crescent and implications of the recent Syrian drought. Proceedings of the National Academy of Sciences, 112(11), 3241–3246. https://doi.org/10.1073/pnas.1421533112

Kemp, R., & Pontoglio, S. (2011). The innovation effects of environmental policy instruments – A typical case of the blind men and the elephant? Ecological Economics, 72, 28–36. https://doi.org/10.1016/j.ecolecon.2011.09.014

Kjellstrom, T., Holmer, I., & Lemke, B. (2009). Workplace heat stress, health and productivity – an increasing challenge for low and middle-income countries during climate change. Global Health Action, 2(1), 2047. https://doi.org/10.3402/gha.v2i0.2047

Kjellstrom, T., Kovats, R. S., Lloyd, S. J., Holt, T., & Tol, R. S. J. (2009). The Direct Impact of Climate Change on Regional Labor Productivity. Archives of Environmental & Occupational Health, 64(4), 217–227. https://doi.org/10.1080/19338240903352776

Klaiber, H. A. (2014). Migration and household adaptation to climate: A review of empirical research. Energy Economics, 46, 539–547. https://doi.org/10.1016/j.eneco.2014.04.001

Klotz, J., & Wisbauer, A. (2017). Zum Anstieg der Mortalität im Jahr 2015 (Statistische Nachrichten No. 9/2017) (S. 740–742). Wien: Statistik Austria.

Köberl, J., Prettenthaler, F., Nabernegg, S., & Schinko, T. (2015). Tourism. In K.W. Steininger, M. König, B. Bednar-Friedl, L. Kranzl, W. Loibl, & F. Prettenthaler (Hrsg.), Economic Evaluation of Climate Change Impacts (S. 367–388). Cham: Springer International Publishing.

Kopatz, M., Spitzer, M., & Christanell, A. (2010). Energiearmut: Stand der Forschung, nationale Programme und regionale Modellprojekte in Deutschland, Österreich und Großbritannien. Wuppertal: Wuppertal Institut für Klima, Umwelt, Energie GmbH. Abgerufen von http://nbn-resolving.de/urn:nbn:de:101:1–201011032778

Kovats, S., & Ebi, K. L. (2006). Heatwaves and public health in Europe. European Journal of Public Health, 16(6), 592–599. https://doi.org/10.1093/eurpub/ckl049

Kovats, S., Lloyd, S., Hunt, A., & Watkiss, P. (2011). Technical Policy Briefing Note 5. Health. The impacts and economic costs on health in Europe and the costs and benefits of adaptation. In The ClimateCost Project (Bd. 1: Europe). Stockholm: Stockholm Environment Institute.

Krämer, A., Wörmann, T., & Jahn, H. J. (2013). Klimawandel und Gesundheit: Grundlagen und Herausforderungen für den Public Health-Sektor. In H. J. Jahn, A. Krämer, & T. Wörmann (Hrsg.), Klimawandel und Gesundheit: Internationale, nationale und regionale Herausforderungen und Antworten (S. 1–21). Berlin, Heidelberg: Springer. https://doi.org/10.1007/978–3-642-38839-2_1

Kromp, B., & Knieli, M. (2012). Ökologische und ökonomische Betreitstellung von Trinkwasser (mit Erläuterungen). Positionspapier. Programm für umweltgerechte Leistungen, „ÖkoKauf Wien" und Die Umweltberatung Wien. Abgerufen von https://www.wien.gv.at/umweltschutz/oekokauf/pdf/trinkwasser-bereitstellung.pdf

Kyselý, J. (2004). Mortality and displaced mortality during heat waves in the Czech Republic. International Journal of Biometeorology, 49(2), 91–97. https://doi.org/10.1007/s00484-004–0218-2

Lamei, N., Till, M., Plate, M., Glaser, T., Heuberger, R., Kafka, E., & Skina-Tabue, M. (2013). Armuts- und Ausgrenzungsgefährdung in Österreich: Ergebnisse aus EU-SILC 2011. Wien: Bundesministerium für Arbeit, Soziales und Konsumentenschutz.

Landsberg, H. E. (1981). The Urban Climate. New York, London, Toronto, Sydney, San Francisco: Academic Press.

Lenderink, G., & Van Meijgaard, E. (2008). Increase in hourly precipitation extremes beyond expectations from temperature changes. Nature Geoscience, 1(8), 511–514. https://doi.org/10.1038/ngeo262

Levinson, A., & Taylor, M. S. (2008). Unmasking the pollution haven effect. International Economic Review, 49(1), 223–254. https://doi.org/10.1111/j.1468–2354.2008.00478.x

Lexer, M. J., Jandl, R., Nabernegg, S., & Bednar-Friedl, B. (2015). Forestry. In Economic Evaluation of Climate Change Impacts (S. 147–167). Cham: Springer International Publishing.

Liddle, B., & Lung, S. (2010). Age-structure, urbanization, and climate change in developed countries: revisiting STIRPAT for disaggregated population and consumption-related environmental impacts. Population and Environment, 31(5), 317–343. https://doi.org/10.1007/s11111-010–0101-5

Loevinsohn, M. E. (1994). Climatic warming and increased malaria incidence in Rwanda. The Lancet, 343(8899), 714–718. https://doi.org/10.1016/S0140-6736(94)91586–5

Loichinger, E. (2015). Labor force projections up to 2053 for 26 EU countries, by age, sex, and highest level of educational attainment. Demographic Research, 32(15), 443–486. https://doi.org/10.4054/DemRes.2015.32.15

Lucas, J., Robert E. (2004). Life Earnings and Rural-Urban Migration. Journal of Political Economy, 112(S1), S29–S59. https://doi.org/10.1086/379942

Lutz, W. (2014). The truth about aging populations. Harvard Business Review, 1, F1401E.

Lutz, W., Butz, W. P., Castro, M., Dasgupta, P., Demeny, P. G., Ehrlich, I., … Yeoh, B. (2012). Demography's Role in Sustainable Development. Science, 335(6071), 918–918. https://doi.org/10.1126/science.335.6071.918-a

Lutz, W., Cuaresma, J. C., & Sanderson, W. (2008). The demography of educational attainment and economic growth. Science, 319(5866), 1047–1048.

Lutz, W., Muttarak, R., & Striessnig, E. (2014). Universal education is key to enhanced climate adaptation. Science, 346(6213), 1061–1062. https://doi.org/10.1126/science.1257975

Lutz, W., & Shah, M. (2002). Population should be on the Johannesburg agenda. Abgerufen 31. August 2018, von https://www.nature.com/articles/418017a

Maderthaner, W. (1997). Hugo Breitner, Julius Tandler: Architekten des Roten Wien. Wien: Verein für Geschichte der Arbeiterbewegung.

Madlener, R., & Sunak, Y. (2011). Impacts of urbanization on urban structures and energy demand: What can we learn for urban energy planning and urbanization management? Sustainable Cities and Society, 1(1), 45–53. https://doi.org/10.1016/j.scs.2010.08.006

Mankiw, N. G., Romer, D., & Weil, D. N. (1992). A Contribution to the Empirics of Economic Growth. Quarterly Journal of Economics, 107(2), 407–437. https://doi.org/10.2307/2118477

Masozera, M., Bailey, M., & Kerchner, C. (2007). Distribution of impacts of natural disasters across income groups: A case study of New Orleans. Ecological Economics, 63(2), 299–306. https://doi.org/10.1016/j.ecolecon.2006.06.013

Matzarakis, A., Endler, C., Neumcke, R., Koch, E., & Rudel, E. (2006). Auswirkungen des Klimawandels auf das klimatische Tourismuspotential. Endbericht von StartClim 2006.D2. in StartClim'2006: Klimawandel und Gesundheit, Tourismus, Energie. Wien: Institut für Meteorologie, Universität für Bodenkultur Wien. Abgerufen von http://www.startclim.at/fileadmin/user_upload/reports/StCl06_endbericht.pdf

Maurel, M., & Tuccio, M. (2016). Climate Instability, Urbanisation and International Migration. Journal of Development Studies, 52(5), 735–752. https://doi.org/10.1080/00220388.2015.1121240

Mayrhofer, M. (2017). Migration, Climate Change and Social and Economic Inequalities. Endbericht von StartClim 2016 in StartClim'2016: Weitere Beiträge zur Umsetzung der österreichischen Anpassungsstrategie. BMLFUW, BMWF, ÖBf, Land Oberösterreich. Abgerufen von http://www.startclim.at/fileadmin/user_upload/StartClim'2016_reports/StCl2016_en_final_report.pdf

McGranahan, G., Balk, D., & Anderson, B. (2007). The rising tide: assessing the risks of climate change and human settlements in low elevation coastal zones. Environment and Urbanization, 19(1), 17–37. https://doi.org/10.1177/0956247807076960

McMichael, A. J., & Lindgren, E. (2011). Climate change: present and future risks to health, and necessary respon-

ses. Journal of Internal Medicine, 270(5), 401–413. https://doi.org/10.1111/j.1365–2796.2011.02415.x

McMichael, A. J. (2012). Insights from past millennia into climatic impacts on human health and survival. Proceedings of the National Academy of Sciences, 109(13), 4730–4737. https://doi.org/10.1073/pnas.1120177109

Merrill, C. T., Miller, M., & Steiner, C. (2006). Hospital Stays Resulting from Excessive Heat and Cold Exposure Due to Weather Conditions in U.S. Community Hospitals, 2005: Statistical Brief #55. In Healthcare Cost and Utilization Project (HCUP) Statistical Briefs. Rockville: Agency for Healthcare Research and Quality (US). Abgerufen von https://www.ncbi.nlm.nih.gov/books/NBK56045/

Millock, K. (2015). Migration and Environment. Annual Review of Resource Economics, 7(1), 35–60. https://doi.org/10.1146/annurev-resource-100814–125031

Missirian, A., & Schlenker, W. (2017). Asylum applications respond to temperature fluctuations. Science, 358(6370), 1610–1614. https://doi.org/10.1126/science.aao0432

Mitter, H., Schönhart, M., Meyer, I., Mechtler, K., Schmid, E., Sinabell, F., … Bednar-Friedl, B. (2015). Agriculture. In Economic Evaluation of Climate Change Impacts (S. 123–146). Cham: Springer International Publishing.

Mohai, P., Lantz, P. M., Morenoff, J., House, J. S., & Mero, R. P. (2009). Racial and Socioeconomic Disparities in Residential Proximity to Polluting Industrial Facilities: Evidence From the Americans' Changing Lives Study. American Journal of Public Health, 99(S3), S649–S656. https://doi.org/10.2105/AJPH.2007.131383

Mohai, P., & Saha, R. (2007). Racial Inequality in the Distribution of Hazardous Waste: A National-Level Reassessment. Social Problems, 54(3), 343–370. https://doi.org/10.1525/sp.2007.54.3.343

Montez, J. K., & Friedman, E. M. (2015). Educational attainment and adult health: Under what conditions is the association causal? Social Science & Medicine, 127, 1–7. https://doi.org/10.1016/j.socscimed.2014.12.029

Morton, J. F. (2007). The impact of climate change on smallholder and subsistence agriculture. Proceedings of the National Academy of Sciences, 104(50), 19680–19685. https://doi.org/10.1073/pnas.0701855104

Moshammer, H., Gerersdorfer, T., Hutter, H.-P., Formayer, H., Kromp-Kolb, H., & Schwarzl, I. (2009). Abschätzung der Auswirkungen von Hitze auf die Sterblichkeit in Oberösterreich. Wien: BOKU-Met. Abgerufen von https://meteo.boku.ac.at/report/BOKU-Met_Report_13_online.pdf

Mulligan, M., Burke, S. M., & Douglas, C. (2014). Environmental Change and Migration Between Europe and Its Neighbours. In People on the Move in a Changing Climate. The Regional Impact of Environmental Change on Migration (S. 49–79). https://doi.org/10.1007/978–94-007-6985-4_3

Muttarak, R., Lutz, W., & Jiang, L. (2016). What can demographers contribute to the study of vulnerability? Vienna

Yearbook of Population Research, 2015, 1–13. https://doi.org/10.1553/populationyearbook2015s1

Myers, N. (2002). Environmental refugees: a growing phenomenon of the 21st century. Philosophical Transactions of the Royal Society B: Biological Sciences, 357(1420), 609–613. https://doi.org/10.1098/rstb.2001.0953

Nawrotzki, R. J., & Bakhtsiyarava, M. (2016). International Climate Migration: Evidence for the Climate Inhibitor Mechanism and the Agricultural Pathway. Population, Space and Place, 23(4). https://doi.org/10.1002/psp.2033

Nemec, J., Chimani, B., Gruber, C., & Auer, I. (2011). Ein neuer Datensatz homogenisierter Tagesdaten (ÖGM Bulletin No. 1) (S. 19–20). Wien: Österreichische Gesellschaft für Meteorologie. Abgerufen von http://www.meteorologie.at/docs/OEGM_bulletin_2011_1.pdf

Nordhaus, W., & Boyer, J. (2000). Warming the World: Economic Models of Global Warming. Cambridge: MIT Press.

OECD – Organisation for Economic Co-operation and Development. (2010). Cities and Climate Change. Paris: OECD Publishing. Abgerufen von http://www.oecd.org/env/cities-and-climate-change-9789264091375-en.htm

Oke, T. R. (1982). The energetic basis of the urban heat island. Quarterly Journal of the Royal Meteorological Society, 108(455), 1–24. https://doi.org/10.1002/qj.49710845502

Oke, T. R., Johnson, G. T., Steyn, D. G., & Watson, I. D. (1991). Simulation of surface urban heat islands under 'ideal' conditions at night part 2: Diagnosis of causation. Boundary-Layer Meteorology, 56(4), 339–358. https://doi.org/10.1007/BF00119211

O'Neill, B. C., Kriegler, E., Riahi, K., Ebi, K. L., Hallegatte, S., Carter, T. R., … van Vuuren, D. P. (2014). A new scenario framework for climate change research: the concept of shared socioeconomic pathways. Climatic Change, 122(3), 387–400. https://doi.org/10.1007/s10584-013–0905-2

Österreichische Nationalbank. (2017). Gesamtwirtschaftliche Prognose der OeNB für Österreich 2017 bis 2019. Wien: Österreichische Nationalbank. Abgerufen von https://www.oenb.at/dam/jcr:7cc1332b-c5a6-443a-a0ab-90ef8ff51980/SH_Prognose_Juni%202018.pdf

OVE – Österreichischer Verband für Elektronik. (2018). Archiv. Abgerufen 30. August 2018, von https://www.ove.at/presse/archiv/

Pamuk, E. R., Fuchs, R., & Lutz, W. (2011). Comparing Relative Effects of Education and Economic Resources on Infant Mortality in Developing Countries. Population and Development Review, 37(4), 637–664. https://doi.org/10.1111/j.1728–4457.2011.00451.x

Parmar, D., Stavropoulou, C., & Ioannidis, J. P. A. (2016). Health outcomes during the 2008 financial crisis in Europe: systematic literature review. BMJ, 354, i4588. https://doi.org/10.1136/bmj.i4588

Pereira, S., Diakakis, M., Deligiannakis, G., & Zêzere, J. L. (2017). Comparing flood mortality in Portugal and Greece (Western and Eastern Mediterranean). International Journal of Disaster Risk Reduction, 22, 147–157. https://doi.org/10.1016/j.ijdrr.2017.03.007

Pfister, C. (1999). Wetternachhersage. 500 Jahre Klimavariationen und Naturkatastrophen. Bern: Haupt.

Philipov, D., & Schuster, J. (2010). Effect of migration on population size and age composition in Europe. Vienna Institute of Demography. Abgerufen von https://www.oeaw.ac.at/fileadmin/subsites/Institute/VID/PDF/Publications/EDRP/edrp_2010_02.pdf

Prettenthaler, F., Kortschak, D., Hochrainer-Stigler, S., Mechler, R., Urban, H., & Steininger, K. W. (2015). Catastrophe management: riverine flooding. In Economic Evaluation of Climate Change Impacts (S. 349–366). Cham: Springer International Publishing.

Prettner, K. (2013). Population aging and endogenous economic growth. Journal of Population Economics, 26(2), 811–834. https://doi.org/10.1007/s00148-012–0441-9

Quéré, C. L., Andrew, R. M., Canadell, J. G., Sitch, S., Korsbakken, J. I., Peters, G. P., Zaehle, S. (2016). Global Carbon Budget 2016. Earth System Science Data, 8(2), 605–649. https://doi.org/10.5194/essd-8–605-2016

Raftery, A. E., Zimmer, A., Frierson, D. M. W., Startz, R., & Liu, P. (2017). Less than 2 °C warming by 2100 unlikely. Nature Climate Change. https://doi.org/10.1038/nclimate3352

Rechel, B., Mladovsky, P., Ingleby, D., Mackenbach, J. P., & Mckee, M. (2013). Health in Europe 5 Migration and health in an increasingly diverse Europe. The Lancet, 381(9873), 1235–1245. https://doi.org/10.1016/S0140-6736(12)62086–8

Reuveny, R. (2007). Climate change-induced migration and violent conflict. Political Geography, 26(6), 656–673. https://doi.org/10.1016/j.polgeo.2007.05.001

Richter, R., Berger, U. E., Dullinger, S., Essl, F., Leitner, M., Smith, M., & Vogl, G. (2013). Spread of invasive ragweed: climate change, management and how to reduce allergy costs. Journal of Applied Ecology, 50(6), 1422–1430. https://doi.org/10.1111/1365–2664.12156

Rizwan, A. M., Dennis, L. Y. C., & Liu, C. (2008). A review on the generation, determination and mitigation of Urban Heat Island. Journal of Environmental Sciences, 20(1), 120–128. https://doi.org/10.1016/S1001-0742(08)60019–4

Robert Koch Institut. (2008). Migration und Gesundheit. Schwerpunktbericht der Gesundheitsberichterstattung des Bundes. Berlin: Robert Koch Institut. Abgerufen von https://www.rki.de/DE/Content/Gesundheitsmonitoring/Gesundheitsberichterstattung/GBEDownloadsT/migration.pdf;jsessionid=8B2FBCCC06A1F807575DB0DA7D5EB4D1.1_cid298?__blob=publicationFile

Robine, J.-M., Cheung, S. L. K., Le Roy, S., Van Oyen, H., Griffiths, C., Michel, J.-P., & Herrmann, F. R. (2008). Death toll exceeded 70,000 in Europe during the summer of 2003. Comptes Rendus Biologies, 331(2), 171–178. https://doi.org/10.1016/j.crvi.2007.12.001

Roblek, V., Meško, M., & Krapež, A. (2016). A Complex View of Industry 4.0. SAGE Open, 6(2). https://doi.org/10.1177/2158244016653987

Romer, P. M. (1990). Endogenous Technological Change. Journal of Political Economy, 98(5, Part 2), S71–S102. https://doi.org/10.1086/261725

Rosenzweig, C., Solecki, W. D., Hammer, S. A., & Mehrotra, S. (2011). Climate Change and Cities – First Assessment Report of the Urban Climate Change Research Network. Cambridge: Cambridge University Press.

Rudolf, G. (Hrsg.). (1989). 100 Jahre österreichische Sozialversicherung. Soziale Sicherheit, 9.

Samaras, C., & Meisterling, K. (2008). Life Cycle Assessment of Greenhouse Gas Emissions from Plug-in Hybrid Vehicles: Implications for Policy. Environmental Science & Technology, 42(9), 3170–3176. https://doi.org/10.1021/es702178s

Sanderson, W. C., & Scherbov, S. (2013). The characteristics approach to the measurement of population aging. Population and Development Review, 39(4), 673–685. https://doi.org/10.1111/j.1728–4457.2013.00633.x

Schmeltz, M. T., Petkova, E. P., & Gamble, J. L. (2016). Economic Burden of Hospitalizations for Heat-Related Illnesses in the United States, 2001–2010. International Journal of Environmental Research and Public Health, 13(9), 894. https://doi.org/10.3390/ijerph13090894

Schmitt, L. H. M., Graham, H. M., & White, P. C. L. (2016). Economic Evaluations of the Health Impacts of Weather-Related Extreme Events: A Scoping Review. International Journal of Environmental Research and Public Health, 13(11), 1105. https://doi.org/10.3390/ijerph13111105

Schönhart, M., Mitter, H., Schmid, E., Heinrich, G., & Gobiet, A. (2014). Integrated Analysis of Climate Change Impacts and Adaptation Measures in Austrian Agriculture. German Journal of Agricultural Economics, 0(3), 1–21.

Science for Environment Policy. (2015). Migration in response to environmental change (No. 51). Bristol: European Commission DG Environment by the Science Communication Unit. Abgerufen von http://ec.europa.eu/environment/integration/research/newsalert/pdf/migration_in_response_to_environmental_change_51si_en.pdf

Serapioni, M., & Matos, A. R. (2014). Citizen participation and discontent in three Southern European health systems. Social Science & Medicine, 123, 226–233. https://doi.org/10.1016/j.socscimed.2014.06.006

Showalter, A. K. (1953). A Stability Index for Thunderstorm Forecasting. Bulletin of the American Meteorological Society, 34(6), 250–252.

Silva, R. A., West, J. J., Zhang, Y., Anenberg, S. C., Lamarque, J.-F., Shindell, D. T., … Zeng, G. (2013). Global premature mortality due to anthropogenic outdoor air pollution and the contribution of past climate change. Environmental Research Letters, 8(3), 034005. https://doi.org/10.1088/1748–9326/8/3/034005

Skirbekk, V., Loichinger, E., & Weber, D. (2012). Variation in cognitive functioning as a refined approach to comparing aging across countries. Proceedings of the National Academy of Sciences, 109(3), 770–774. https://doi.org/10.1073/pnas.1112173109

Solow, R. M. (1956). A Contribution to the Theory of Economic Growth. The Quarterly Journal of Economics, 70(1), 65–94.

Son, J.-Y., Lee, J.-T., Anderson, G. B., & Bell, M. L. (2012). The Impact of Heat Waves on Mortality in Seven Major Cities in Korea. Environmental Health Perspectives, 120(4), 566–571. https://doi.org/10.1289/ehp.1103759

Souch, C., & Grimmond, C. S. B. (2004). Applied climatology: 'heat waves'. Progress in Physical Geography: Earth and Environment, 28(4), 599–606. https://doi.org/10.1191/0309133304pp428pr

StartClim. (2016). Untersuchung zur Verbreitung der Tularämie unter dem Aspekt des Klimawandels. StartClim²005.C2. Teilprojekt von StartClim²005 „Klimawandel und Gesundheit!". Wien: StartClim²005. Abgerufen von http://www.startclim.at/fileadmin/user_upload/reports/StCl05C2.pdf

Statistik Austria. (2017a). Jahrbuch der Gesundheitsstatistik 2017. Wien: Statistik Austria. Abgerufen von http://www.statistik.at/wcm/idc/idcplg?IdcService=GET_PDF_FILE&RevisionSelectionMethod=LatestReleased&dDocName=111556

Statistik Austria. (2017b). Arbeitslose und Arbeitslosenquoten nach ILO-Konzept nach Alter und Geschlecht. Abgerufen von http://www.statistik.at/wcm/idc/idcplg?IdcService=GET_PDF_FILE&RevisionSelectionMethod=LatestReleased&dDocName=063260

Statistik Austria. (2018). Gesundheitsausgaben. Abgerufen 30. August 2018, von http://www.statistik.at/web_de/statistiken/menschen_und_gesellschaft/gesundheit/gesundheitsausgaben/index.html

Steiger, R., & Abegg, B. (2011). Climate change impacts on Austrian ski areas. In A. Borsdorf, J. Stötter, & E. Veulliet (Hrsg.) (Bd. Proceedings of the Innsbruck conference November 21–23, 2011 Managing Alpine future II, S. 288–297). Wien: Verlag der Österreichischen Akademie der Wissenschaften.

Steininger, K. W., Bednar-Friedl, B., Formayer, H., & König, M. (2016). Consistent economic cross-sectoral climate change impact scenario analysis: Method and application to Austria. Climate Services, 1, 39–52. https://doi.org/10.1016/j.cliser.2016.02.003

Striessnig, E., & Lutz, W. (2014). How does education change the relationship between fertility and age-dependency under environmental constraints? A long-term simulation exercise. Demographic Research, 30, 465–492. https://doi.org/10.4054/DemRes.2014.30.16

Swan, T. W. (1956). Economic growth and capital accumulation. The Economic Record, 32(2), 334–361.

Tálos, E. (1981). Staatliche Sozialpolitik in Österreich – Rekonstruktion und Analyse (2. Aufl.). Wien: Verlag für Gesellschaftskritik.

Tálos, E. (1995). Sozialpolitik in der Ersten Republik. In E. Tálos, H. Dachs, E. Hanisch, & A. Staudinger (Hrsg.), Handbuch des politischen Systems Österreichs. Erste Republik 1918 –1933 (S. 371–394). Wien: Manz.

Tan, J., Zheng, Y., Song, G., Kalkstein, L. S., Kalkstein, A. J., & Tang, X. (2007). Heat wave impacts on mortality in Shanghai, 1998 and 2003. International Journal of Biometeorology, 51(3), 193–200. https://doi.org/10.1007/s00484-006-0058-3

Teschner, H. (1994). 1889 – 1989. 100 Jahre Sozialversicherung im Spiegel der Literatur. In 100 Jahre österreichische Sozialversicherung (S. 259–274). Wien.

Ueland, J., & Warf, B. (2010). Racialized Topographies: Altitude and Race in Southern Cities. Geographical Review, 96(1), 50–78. https://doi.org/10.1111/j.1931–0846.2006.tb00387.x

Umweltbundesamt. (2017). Klimaschutzbericht 2017. Wien: Umweltbundesamt. Abgerufen von http://www.umweltbundesamt.at/fileadmin/site/publikationen/REP0622.pdf

UNEP – United Nations Environment Programme. (2017). The Emissions Gap Report 2017. A UN Environment Synthesis Report. UNEP. Abgerufen von https://wedocs.unep.org/bitstream/handle/20.500.11822/22070/EGR_2017.pdf?sequence=1&isAllowed=y

UN-HABITAT. (2011). Cities and Climate Change: Global Report on Human Settlements 2011. UN-HABITAT.

United Nations. (2014). World urbanization prospects: The 2014 revision (No. ST/ESA/SER.A/352). New York: Department of Economic and Social Affairs, Population Division, United Nations. Abgerufen von http://esa.un.org/unpd/wup/Highlights/WUP2014-Highlights.pdf

United Nations. (2015). The Millennium Development Goals Report 2015. New York: United Nations. Abgerufen von http://mdgs.un.org/unsd/mdg/Resources/Static/Products/Progress2015/English2015.pdf

Urban, H., & Steininger, K. W. (2015). Manufacturing and Trade: Labour Productivity Losses, Chapter 16. In Economic Evaluation of Climate Change Impacts (S. 301–322). Springer.

Vu, L., VanLandingham, M. J., Do, M., & Bankston, C. L. (2009). Evacuation and Return of Vietnamese New Orleanians Affected by Hurricane Katrina. Organization & Environment, 22(4), 422–436. https://doi.org/10.1177/1086026609347187

Walker, G., Burningham, K., Fielding, J., Smith, G., Thrush, D., & Fay, H. (2006). Addressing environmental inequalities : Flood risk (Report). Bristol: Environment Agency. Abgerufen von https://www.staffs.ac.uk/assets/SC020061_SR1%20report%20-%20inequalities%20flood%20risk_tcm44-21951.pdf

Walpole, S. C., Rasanathan, K., & Campbell-Lendrum, D. (2009). Natural and unnatural synergies: climate change policy and health equity. Bulletin of the World Health Organization, 87, 799–801. https://doi.org/10.1590/S0042-96862009001000017

Watkiss, P., Horrocks, L., Pye, S., Searl, A., & Hunt, A. (2009). Impacts of climate change in human health in Europe. PESETA-Human health study. Seville: European Commission, Institute for Prospective Technological Studies. Abgerufen von http://www.oscc.gob.es/docs/documentos/19.PESETA.pdf

Weber, E. (2016). Industry 4.0: Job-producer or employment-destroyer? (Research Report No. 2/2016). Leibniz-Informationszentrum Wirtschaft Leibniz Information Centre for Economics. Abgerufen von https://www.econstor.eu/handle/10419/161710

Wenzl, M., Naci, H., & Mossialos, E. (2017). Health policy in times of austerity—A conceptual framework for evaluating effects of policy on efficiency and equity illustrated with examples from Europe since 2008. Health Policy, 121(9), 947–954. https://doi.org/10.1016/j.healthpol.2017.07.005

WHO – World Health Organization. (2010). A conceptual framework for action on the social determinants of health. Geneva: World Health Organization. Abgerufen von www.who.int/sdhconference/resources/ConceptualframeworkforactiononSDH_eng.pdf

WHO – World Health Organization. (2011). World Malaria Report 2011. Geneva: World Health Organization. Abgerufen von http://www.who.int/malaria/world_malaria_report_2011/en/

WHO – World Health Organization. (2013). Climate Change and Health: A tool to estimate health and adaptation costs. Kopenhagen: WHO Regional Office for Europe. Abgerufen von http://www.euro.who.int/__data/assets/pdf_file/0018/190404/WHO_Content_Climate_change_health_DruckIII.pdf

WHO – World Health Organization. (2014). Quantitative risk assessment of the effects of climate change on selected causes of death, 2030s and 2050s. Geneva: World Health Organization. Abgerufen von http://apps.who.int/iris/handle/10665/134014

WHO – World Health Organization. (2015). Operational framework for building climate resilient health systems. Geneva: World Health Organization. Abgerufen von https://apps.who.int/iris/bitstream/handle/10665/189951/9789241565073_eng.pdf

WHO – World Health Organization. (2018). Health Systems Strengthening Glossary. Abgerufen 30. August 2018, von http://www.who.int/healthsystems/hss_glossary/en/index5.html

Wilson, C. (2011). Understanding global demographic convergence since 1950. Population and Development Review, 37(2), 375–388. https://doi.org/10.1111/j.1728–4457.2011.00415.x

Zacharias, S., & Koppe, C. (2015). Einfluss des Klimawandels auf die Biotropie des Wetters und die Gesundheit bzw. die Leistungsfähigkeit der Bevölkerung in Deutschland. Dessau-Roßlau: Umweltbundesamt. Abgerufen von https://www.umweltbundesamt.de/publikationen/einfluss-des-klimawandels-auf-die-biotropie-des

Zagheni, E., Muttarak, R., & Striessnig, E. (2016). Differential mortality patterns from hydro-meteorological disasters: Evidence from cause-of-death data by age and sex. Vienna Yearbook of Population Research, 2015, 47–70. https://doi.org/10.1553/populationyearbook2015s47

Zulka, K. P., & Götzl, M. (2015). Ecosystem Services: Pest Control and Pollination. In Economic Evaluation of Climate Change Impacts (S. 169–189). Cham: Springer International Publishing.

Kapitel 3: Auswirkungen des Klimawandels auf die Gesundheit

Coordinating Lead Authors/Koordinierende LeitautorInnen:
Cem Ekmekcioglu, Daniela Schmid

Lead Authors/LeitautorInnen:
Franz Allerberger, Ivo Offenthaler, Lukas Richter, Helfried Scheifinger

Contributing Authors/Beitragende AutorInnen:
Kathrin Lemmerer, Henriette Löffler-Stastka, Carola Lütgendorf-Caucig, Hanns Moshammer, Christian Nagl, Hans-Peter Hutter, Manfred Radlherr, Ulrike Schauer, Stana Simic, Peter Wallner, Julia Walochnik

Junior Scientist:
Kathrin Lemmerer

Inhalt

Kernbotschaften

- **Zu den wichtigsten direkten Auswirkungen des Klimawandels (in Österreich) auf die Gesundheit zählt die Zunahme von Extremereignissen, darunter insbesondere Hitze.** Neben akuten, kurzfristigeren Folgen von Temperaturextremen ist schon ein moderater Temperaturanstieg mit einer erhöhten Sterblichkeitsrate verbunden. Insgesamt ist die Sterblichkeitsrate im Winterhalbjahr immer noch höher, was auch auf andere saisonale Faktoren (z. B. Influenza) zurückzuführen ist. Menschen können sich an Temperaturverschiebungen anpassen, wobei der Adaptionsfähigkeit an extreme Temperaturen physiologische Grenzen gesetzt sind.

- **Hohe Umgebungstemperaturen, insbesondere in Verbindung mit hoher Luftfeuchte, sind mit deutlichen Gesundheitsrisiken verbunden.** Ein Fokus zukünftiger Prävention – vor allem bei Hitzewellen – sollte auf besonders vulnerable Gruppen (ältere Menschen, Kinder, PatientInnen mit Herz-Kreislauf- und psychischen Erkrankungen sowie Personen mit eingeschränkter Mobilität) gelegt werden.

- **Andere klimaassoziierte Extremereignisse führen zu geringeren akuten negativen Folgen, durch damit verbundene materielle Schäden ist aber eine Zunahme psychischer Traumen zu vermuten.** Dazu gibt es aktuell in Österreich jedoch noch keine Studien, es besteht daher Forschungsbedarf zu langfristigen psychischen Folgen des Klimawandels.

- **Luftschadstoffe lagen 2010 an 9. Stelle der weltweiten Ursachen für verlorene gesunde Lebensjahre.** Im Jahr 2012 gingen in Österreich 40.000 bis 65.000 gesunde Lebensjahre durch Luftschadstoffe verloren. Luftschadstoffe beeinflussen das Klima und das Klima wiederum beeinflusst die Verteilung und Bildung von Luftschadstoffen. Klimaschutzmaßnahmen können unmittelbare positive Auswirkungen auf die Luftqualität haben, worauf bei der Planung dieser Maßnahmen zu achten ist.

- **Der Klimawandel begünstigt durch Erwärmung und durch geänderte Niederschlagsmuster die Ansiedlung verschiedener Arthropoden bzw. führt zu einer Ausdehnung ihrer Siedlungsgebiete.** Eine Reihe von Insekten und Spinnentieren, die bereits heimisch sind oder durch globalen Handel und Personenverkehr eingeschleppt werden, können als Vektoren Krankheiten übertragen. Krankheitsüberwachung und Monitoring der Vektorenpopulationen verringern das Risiko großer epidemischer Ausbrüche.

- **Die Folgen des Klimawandels werden den Migrationsdruck in Zusammenspiel mit anderen Faktoren verstärken, worauf das Gesundheitssystem hinsichtlich Versorgung und Betreuung ankommender MigrantInnen und funktionierender Surveillance zur Vorbeugung der Ausbreitung von neuen und alten Infektionskrankheiten vorbereitet sein muss.** Daten der intensivierten Surveillance aus den Jahren 2015 und 2016 mit verstärkter Migration haben keine signifikante Zunahme von Infektionskrankheiten in der nativen Bevölkerung in Österreich gezeigt. Durch Tourismus, Handel, etc. besteht auch unabhängig von Migration ein reger Personenverkehr, durch den die österreichischen Gesundheitsdienste jederzeit auf bisher unbekannte Infektionskrankheiten bzw. Änderungen in Resistenzmustern vorbereitet sein müssen.

3.1. Einleitung

Nicht nur der Klimawandel selbst beeinflusst die Gesundheit, sondern auch die Maßnahmen, die als Anpassung oder zur Abschwächung des menschengemachten Klimawandels gesetzt werden. Diese können teilweise unerwartete Auswirkungen auf die Gesundheit haben. Im Sinne eines „Gesundheit in allen Politikbereichen"-Ansatzes sollten gesundheitliche Erwägungen auch bei Klimawandelmaßnahmen berücksichtigt werden, die nicht direkt den Gesundheitssektor betreffen. Diese „Nebenwirkungen von Maßnahmen" werden allerdings nicht in diesem, sondern in Kapitel 4 ausführlich behandelt.

Die Auswirkungen des Klimawandels auf die Gesundheit können auf verschiedene Arten eingeteilt und dargestellt werden. Wichtig sind die Unterscheidungen nach vorteilhaften und schädlichen Auswirkungen oder die Bewertungen nach Sicherheit bzw. Wahrscheinlichkeit des Eintrittes. Es ist allerdings übersichtlicher und gebräuchlich, wenn man die gesundheitlichen Auswirkungen des Klimawandels in primäre, sekundäre und tertiäre Folgen gliedert (Butler & Harley, 2010; McMichael, 2013).

3.2 Direkte Wirkungen auf die Gesundheit

Sogenannte „direkte" Wirkungen beschreiben unmittelbare Auswirkungen von Wetterphänomenen auf die Gesundheit. In aller Regel handelt es sich hierbei um „extreme" Wetterereignisse wie Hitze oder Kälte, Sturm, Starkregen oder Dürre (*„primary effects"*, (Butler & Harley, 2010; McMichael, 2013)). Derartige extreme Ereignisse hat es schon immer gegeben und daher sollten die Gesellschaft und das Gesundheitssystem auch bereits darauf vorbereitet gewesen sein. Jede „Wetterkatastrophe" beweist, dass die Vorbereitung nicht optimal war, da es dem Wesen und der Definition einer „Katastrophe" entspricht, dass die regional vorhandenen Ressourcen nicht ausreichen, ihre Folgen zu bewältigen. Mit dem Klimawandel können manche Extremereignisse in Zukunft häufiger oder seltener auftreten oder in Intensität und Dauer zu- oder abnehmen. Es könnten sich auch unsere Maßstäbe ändern, ab welchem Ausmaß ein Ereignis als „extrem" beurteilt wird. Ein Beispiel dafür sind „Hitzewellen": Die Definition, ab wann von solchen gesprochen wird, unterscheidet sich offensichtlich je nach betreffender Klimaregion. In Stockholm wird man bereits bei niedrigeren Temperaturen von einer Hitzewelle sprechen als in Rom oder Tel Aviv. Wenn sich das Klima ändert und die Bewohner sich langsam an diese Änderungen anpassen, könnte sich der Begriff des „Normalen", an das sie optimal angepasst sind, entsprechend wandeln. Entscheidend für die Wirkung des Klimawandels durch Extremereignisse wird daher auch sein, wie rasch der Wandel fortschreitet.

Direkte Wirkungen haben unmittelbare und relativ leicht abschätzbare Gesundheitsfolgen. Wenn man von der möglichen längerfristigen Anpassung absieht, kann man die Effekte einfach anhand historischer Daten studieren. Schwieriger ist allerdings die exakte Prognose zukünftiger Entwicklungen unter Annahme verschiedener Emissionsszenarien, da die meteorologischen bzw. klimatologischen Modelle besser zur Abschätzung von durchschnittlichen Trends als von Extremen geeignet sind. Extremereignisse treten häufig recht kleinräumig auf. Von EntscheidungsträgerInnen werden daher kleinräumige und oft auch zeitlich hochauflösende Vorhersagen benötigt, welche die KlimatologInnen vor erhebliche Herausforderungen stellen.

3.2.1 Temperatur (Hitzewellen und Kälteperioden)

Der Klimawandel manifestiert sich primär in einer Erwärmung, also einer Temperaturzunahme (der Atmosphäre, in weiterer Folge aber auch der Gewässer und Böden) (siehe Kap. 2.2). Bei den direkten Wirkungen des Klimawandels auf die Temperatur denkt man daher zuerst an Hitze bzw. Hitzewellen. In diesem Kapitel ist aber genauso der Einfluss der Kälte zu diskutieren. Dabei muss eine Reduktion extremer Kälteperioden durchaus als gesundheitlich positive Folge des Klimawandels betrachtet werden. Grundsätzlich wird aber zu diskutieren sein, wie „Temperaturextreme" unter dem Einfluss des Klimawandels zu definieren sein werden: Mit einer kontinuierlichen Verschiebung der Durchschnittstemperatur wird sich auch unsere physiologische und soziokulturelle Anpassung an die Temperatur ändern und Temperaturen, die derzeit „extrem" erscheinen, können in Zukunft oder in einem anderen Klimakontext durchaus als „normal" oder „erträglich"angesehen werden.

Davon abzugrenzen sind absolute physiologische Grenzen der thermischen Regulierung. Diese Grenzen hängen nicht nur von der Lufttemperatur ab. Es müssen zusätzlich die Strahlungswärme und die Luftfeuchtigkeit berücksichtigt werden und auch die körpereigene Temperaturproduktion, die vor allem vom Ausmaß der Muskelarbeit abhängt. Mora und KoautorInnen haben erst unlängst gezeigt, dass Hitze auf verschiedenen Wegen (über Ischämie, also Unterversorgung des Gewebes mit Blut, direkte Zellschädigung durch Hitze, entzündliche Reaktionen, sowie Störungen der Blutgerinnung und Schäden an der quergestreiften Muskulatur) in diversen Körperorganen zu Gesundheitsschäden führt (Mora, Counsell u. a., 2017). Die physiologischen und pathophysiologischen Mechanismen der Thermoregulation sind in einem eigenen Online-Supplement dokumentiert (siehe Supplement Kapitel S2 „Wärmehaushalt, Temperaturregulation und Hyperthermie des Menschen").

Im Zusammenhang mit Temperaturextremen sind nicht nur akute Effekte von Hitze und Kälte interessant, sondern auch erste Studien zum Zusammenhang zwischen Übersterblichkeit durch Hitzewellen und nachfolgender Verringerung der winterlichen Übersterblichkeit. Neue Studienansätze versuchen auch mittelfristige Temperatureffekte zu modellieren. So zeigte etwa eine schwedische Studie (Rocklöv u. a., 2009), dass sich nach einem strengen Winter mit erhöhter Wintersterblichkeit die Übersterblichkeit in Hitzewellen reduziert. Die AutorInnen schließen daraus auf einen verzögerten *Harvesting*-Effekt bzw. darauf, dass von Hitze und Kälte zumindest teilweise die gleichen Risikogruppen betroffen sind. Als „*Harvesting*"-Effekt bezeichnet man das durch die Hitze bedingte frühere Eintreten des Todes bei schwer kranken Personen, deren Tod sehr wahrscheinlich ohne Hitzeexposition in einigen Tagen eingetreten wäre (Huynen u. a., 2001). Die gleiche Arbeitsgruppe (Rocklöv & Forsberg, 2008) konnte aber auch zeigen, dass selbst oder gerade im kalten Skandinavien die Übersterblichkeit durch Hitzewellen schwerwiegender ist als durch Kälteepisoden. Zu einem ähnlichen Ergebnis kam jüngst eine amerikanische Arbeitsgruppe (Weinberger u. a., 2017). Weitere Forschung sei aber hinsichtlich nicht tödlicher Gesundheitsfolgen und auch einer besseren Charakterisierung der Risikogruppen notwendig (Astrom u. a., 2011).

Sofern Daten verfügbar sind, können potentielle Effekte von extremen Temperaturperioden auf unterschiedliche Gruppierungen, hier vor allem ältere vs. jüngere Menschen und Kranke vs. Gesunde, abgeschätzt werden. Wichtig wäre es, neben der Temperatur an sich die Variabilität der Temperatur innerhalb eines Tages bzw. zwischen aufeinander folgenden Tagen genauer zu betrachten, da rasche Temperaturänderungen ein besonders starker Belastungsfaktor sind (Guo u. a., 2016; Zanobetti u. a., 2012).

Interessant sind auch Studien zur kurzfristigen Anpassung. So zeigt es sich, dass Hitzewellen früh im Sommer zu einem deutlicheren Sterberisiko führen, als wenn sie später im Sommer auftreten (Gasparrini u. a., 2016).

Hintergrund zur hitzeassoziierten Übersterblichkeit

Der Einfluss der Umgebungstemperatur auf den Gesundheitszustand des Menschen ist erwiesen. Ein eigenes Online-Supplement behandelt unmittelbare Effekte von Hitze auf die Gesundheit, wie Sonnenstich und Hitzeschlag (siehe Supplement Kapitel S2 „Wärmehaushalt, Temperaturregulation und Hyperthermie des Menschen"). Die schwerwiegendste

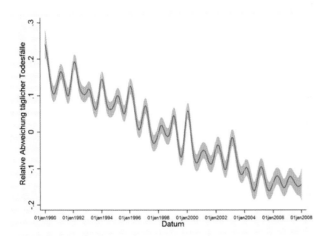

Abb. 3.1: Tägliche Todesfälle in Wien (alle Todesursachen) in den Jahren 1990 bis 2007, geglättete Kurve (mit 50 Freiheitsgraden). Relative Abweichung vom Mittelwert (ca. 50 Todesfälle pro Tag): 0,1 bedeutet 10 % oder ca. 5 Fälle mehr, -0,1 entsprechend 5 Fälle weniger.

gesundheitliche Auswirkung der Abweichungen von „gewohnten" Temperaturen in extremen Hitze- oder Kälteperioden ist der Tod. Die Relevanz von Hitze oder Kälte als direkte und indirekte Todesursache wird allerdings in Todesursachenregistern unterschätzt, da eher die daraus resultierenden Folgen, wie z. B. kardiovaskuläre Insuffizienz, als Todesursachen gemeldet werden. Im Jahr 1997 definierten Donoghue u. a. den hitzeassoziierten Todesfall als Tod bei einer Person, deren Exposition gegenüber hoher Umgebungstemperatur den Tod unmittelbar verursacht oder signifikant dazu beigetragen hat (Donoghue u. a., 1997).

Die Schätzung der hitzeassoziierten Exzess-Mortalität (i. e. hitzeverbundene Übersterblichkeit) ist von zunehmender Bedeutung. Der kausale Zusammenhang zwischen erhöhter Temperatur und Übersterblichkeit wurde bereits von vielen Forschungsgruppen beschrieben (Bunker u. a., 2016; Gasparrini u. a., 2015; Martinez u. a., 2016; Ragettli u. a., 2017; Song u. a., 2017). Aber auch Kälte ist ein entscheidender Einflussfaktor für die Sterblichkeit und dürfte sogar mit einem höheren Anteil an Todesfällen assoziiert sein als Hitze (größerer absoluter Effekt auf die Sterblichkeit) (Gasparrini u. a., 2015). Die positiven Auswirkungen des Klimawandels auf die Reduzierung der Kältesterblichkeit werden allerdings die nachteiligen Folgen vermehrter Hitzewellen nicht ausgleichen (Kinney u. a., 2015; Wang u. a., 2016). Im Gegensatz zur Hitze, die bereits und besonders am gleichen Tag zu einer erhöhten Sterblichkeit führt, ist die Wirkung der Kälte verzögert und in der kalten Jahreszeit ist die Durchschnittstemperatur über die vergangenen Tage und Wochen ein besserer Prädiktor für die Zahl der Todesfälle. Auch in Österreich ist die Sterblichkeit in den Wintermonaten höher als im Sommer (eigene Auswertung von Daten der Statistik Austria; Abb. 3.1). Neben der Lufttemperatur haben auch infektionsepidemiologische Faktoren, z. B. die Influenza im Winter und das gehäufte Auftreten von Zoonosen im Sommer, Einfluss auf die Mortalität. Die Saisonalität diverser Infektionskrank-

heiten wird unter anderem von der jahreszeitlich typischen Temperatur bestimmt. Die Zusammenhänge im Detail sind komplex und reichen vom temperaturabhängigen Verhalten der Menschen bis zur temperaturabhängigen Überlebensrate der Infektionserreger. Auch die desinfizierende Wirkung von UV-Strahlung oder von Ozon sowie adjuvante Effekte anderer Luftschadstoffe spielen eventuell eine Rolle.

Seit 2009 operiert in einigen europäischen Ländern ein einheitliches System für „Mortalitäts-Monitoring" (Euro-MOMO, 2018). Ziel ist das Erfassen der Übersterblichkeit (i. e. Auftreten einer Todesfallzahl/100.000 Einwohner über dem erwarteten Wert) in nahezu Echtzeit. Diese Beobachtungen werden wöchentlich von jedem teilnehmenden Land auf der EuroMOMO Webseite veröffentlicht. Im Rahmen dieses Projektes wurde ein Modell entwickelt, welches die saisonale influenzaassoziierte Übersterblichkeit berechnet. Anwendungen dieses Modells mit Daten aus Österreich zeigen, dass die Übersterblichkeit im Winter mehr von der saisonalen Influenza als von Kälteextremen bestimmt ist (AGES, 2018). Dies unterstreicht deutlich die Notwendigkeit, bei der Berechnung der mit Hitze- und Kälteextremen assoziierten Übersterblichkeit sämtliche bekannten Einflussfaktoren auf die Sterblichkeit als Störfaktoren oder Effektveränderer zu berücksichtigen. Dazu zählen das Alter (≥ 65 Jahre, ≤ 5 Jahre), sozioökonomische Bedingungen (geringes Einkommen, niedriges Bildungsniveau etc.), kardiovaskuläre und respiratorische Begleiterkrankungen, Infektionskrankheiten (wie z. B. Influenza und bakterielle Infektionen der tiefen Atemwege) sowie das Wohnen in städtischen Gebieten durch das Auftreten des sogenannten *„urban heat island"*-Effekts (Gasparrini u. a., 2015; Macintyre u. a., 2018; Moshammer u. a., 2009; Sarkar & De Ridder, 2011; Son u. a., 2017; Vanasse u. a., 2017; Zhang u. a., 2013). Hinzu kommt, dass die hitzeassoziierte Übersterblichkeit durch den Harvesting-Effekt überschätzt werden kann. Armstrong und KoautorInnen (Armstrong u. a., 2017) zeigten allerdings, dass die meisten Todesopfer von Hitze und Kälte mindestens ein ganzes Lebensjahr im Vergleich zum prognostizierten Lebensalter ohne diese Wetterextreme verlieren.

Der kausale Zusammenhang zwischen Konzentration der Luftschadstoffe und der Mortalität ist unbestritten (Neuberger u. a., 2013). Die hitzeassoziierte Übersterblichkeit wird durch den Effekt der Luftschadstoffe auf die Übersterblichkeit aber nicht wesentlich beeinträchtigt (Buckley u. a., 2014; Moshammer u. a., 2006). Nichtsdestotrotz wird von einigen Forschern der Faktor „Luftschadstoffe" als möglicher Störfaktor oder Effektveränderer bei der Berechnung der hitzeassoziierten Übersterblichkeit berücksichtigt (Bunker u. a., 2016; Gasparrini u. a., 2015; Martinez u. a., 2016).

Exzess-Todesfälle assoziiert mit vergangenen Hitzewellen

Im Jahr 1995 wurde in Chicago die mit der damaligen Hitzewelle in Verbindung gebrachte Übersterblichkeit auf 750 Todesfälle geschätzt (Whitman u. a., 1997), in England und

Wales auf 620 Todesfälle (Rooney u. a., 1998). 5.000 Todesfälle wurden im Jahr 2003 in Paris auf die Hitzewelle zurückgeführt (Dousset u. a., 2011) . In der Schweiz wurde im selben Jahr ein Anstieg der Mortalität von 7 % verzeichnet (Grize u. a., 2005) und 200 Todesfälle wurden in Frankfurt am Main (Deutschland) mit Hitze in Zusammenhang gebracht (Heudorf & Meyer, 2005). Die meisten dieser Untersuchungen konnten einen Anstieg des hitzeassoziierten Sterberisikos mit steigendem Alter nachweisen.

Laut Mora u. a. ist eine globale Abschätzung der hitzeassoziierten Mortalität schwierig, da es an umfassenden Daten dazu fehlt (Mora, Dousset u. a., 2017). Die oben erwähnte Definition für den hitzeassoziierten Todesfall (Donoghue u. a., 1997) wird nicht einheitlich angewandt und bietet Raum für unterschiedliche Interpretationen. Nichtsdestotrotz wurden von Forzieri u. a., die kürzlich die wetterbedingten Gefahren für die europäische Bevölkerung untersuchten, die hitzeassoziiertenTodesfälle in Europa (EU28, Schweiz, Norwegen und Island) für die Periode 1981–2010 auf etwa 2700 pro Jahr geschätzt (Forzieri u. a., 2017). Laut Ergebnissen dieser Studie ist Hitze die wetterbedingte Gefahr mit dem höchsten Sterberisiko. Gemäß Projektion auf das Jahr 2100 wird der Klimawandel für 90 % der durch wetterbedingte Gefahren verursachten Mortalität verantwortlich sein. Der von den AutorInnen erwähnte positive Effekt des Klimawandels sind die voraussichtlich geringer ausgeprägten Kältewellen. Der dadurch bedingte Rückgang der kälteassoziierten Übersterblichkeit macht allerdings die hitzebedingte Übersterblichkeit nicht wett. Bis zum Ende des 21. Jahrhunderts erwarten Forzieri u. a. einen Anstieg der klimaassoziierten Todesfälle um das 50-fache des aktuellen Werts. Allgemein zeigen Prognosen einen erwarteten Anstieg der durch Hitze und den Klimawandel bedingten Mortalität (Forzieri u. a., 2017; Mora, Dousset u. a., 2017; Sanderson u. a., 2017).

Gesundheitseffekte abseits von Hitzewellen

Nicht nur Hitzewellen, die eher kurzzeitig auftreten (maximal einige Wochen), haben Auswirkungen auf Gesundheit und Sterblichkeit des Menschen. Wie von Moshammer u. a. beschrieben verhält sich dieser Zusammenhang annähernd U-förmig. Zum Beispiel wurde für den oberösterreichischen Zentralraum die niedrigste Sterblichkeit bei 22 °C beobachtet. Eine Erwärmung um 10 °C führte zu einer 10-prozentigen und eine Abkühlung von 10 °C zu einer 5-prozentigen Mortalitätserhöhung (Moshammer u. a., 2009). Diese Studie konnte zeigen, dass die „optimale Temperatur", also jene Tagesdurchschnittstemperatur mit der geringsten Sterblichkeit, im nördlichen und höher gelegenen Mühlviertel um ca. 1 °C niedriger ist als im wärmeren Zentralraum um Linz. Selbst dieser kleinräumige Unterschied weist auf ein feines Anpassungsvermögen hin, wie es ja auch Muthers u. a. (Muthers u. a., 2010) für Wien beobachtet haben. Durch den Anstieg der durchschnittlichen Temperatur um 1 °C über die optimale Temperatur erhöht sich die kardiovaskuläre (3,44 %; 95 % KI 3,10 %–3,78 %), respiratorische (3,60 %; 3,18–

4,02) sowie zerebrovaskuläre (1,40 %; 0,06–2,75) Mortalität bei Personen über 65 Jahre (Bunker u. a., 2016). Ähnliche Effekte wurden allerdings auch bei einer Verringerung der Temperatur um 1 °C unter den optimalen Wert beobachtet.

Neben der Sterblichkeit werden noch andere Gesundheitsindikatoren von der Temperatur beeinflusst. Hier sind vor allem Krankenhausaufnahmen und andere Hinweise auf eine Zunahme bzw. Verschlechterung von Atemwegserkrankungen zu nennen (Bayram u. a., 2017; Bernstein & Rice, 2013; Song u. a., 2017; Turner u. a., 2012). Auch Auswirkungen von Hitzeperioden auf die Schwangerschaft (Beltran u. a., 2014; Strand u. a., 2011) sowie Krankenhausaufnahmen wegen Nierenleiden bei älteren Menschen (Gronlund u. a., 2014) wurden untersucht.

Inwiefern sich die optimale Temperatur durch Anpassung an den Klimawandel verschieben wird und wie rasch diese Anpassung erfolgen kann, ist noch nicht ausreichend genau bekannt.

Österreich

Nach der Hitzewelle im Sommer 2003 wurde die Übersterblichkeit in Wien für den Zeitraum von Mai bis September von Hutter u. a. analysiert und wie auch in anderen Ländern Europas beobachtet (Hutter u. a., 2007). Der hitzebedingte Anstieg der Gesamtmortalität (unter Berücksichtigung aller Todesursachen), verglichen mit der Vorsaison, wurde auf 13 % geschätzt. Die resultierende Anzahl der hitzeassoziierten Todesfälle war 180, wobei 50 Todesfälle auf den Harvesting-Effekt zurückgeführt wurden. Der Sommer 2003 zeichnete sich durch eine hohe Anzahl an Tagen mit starker und extremer Hitzebelastung im Vergleich zu den anderen Sommern der Periode 1971–2006 aus. Zwar wies der Sommer 2003 die höchste hitzeassoziierte Mortalität in der Periode 1971–2006 auf, diese unterschied sich allerdings nicht signifikant von der hitzeassoziierten Mortalität der Jahre 1992, 1994 und 2000. Dies kann auf die abnehmende Sensitivität des Organismus gegenüber Hitze im Sinne eines Gewöhnungseffektes zurückzuführen sein (Muthers u. a., 2010).

Wang u. a. (2018) machten auf die Bedeutung der Anpassung aufmerksam, wenn man den Impact zukünftiger Hitzewellen vorhersagen will. Haas u. a. (2015) wiesen auf einen anderen Faktor hin. In der Studie COIN (*Cost Of INaction*) wurde die mit dem Klimawandel assoziierte Übersterblichkeit eines Durchschnittsjahres der 2030er und 2050er unter Berücksichtigung des Überalterungsgrades der Bevölkerung prädiktiert. Bei einer Klimaänderung geringeren Ausmaßes ergibt sich eine 1,5- bis 1,7-fache Erhöhung der Mortalität in den 2030ern gegenüber der Annahme keiner Klimaveränderung, während sich bei extremer Klimaänderung eine 2,9- bis 3,2-fache Mortalitätserhöhung darstellt (Haas u. a., 2015).

Ausblick

In einer Kooperation der Abteilung Surveillance & Infektionsepidemiologie der Agentur für Gesundheit und Ernährungssicherheit (AGES) mit der Statistik Austria und der Zentralanstalt für Meteorologie und Geodynamik (ZAMG) wird gegenwärtig (Stand Mitte 2017), in Anlehnung an das Europäische Mortalitäts-Monitoring, an einem nahezu in Echtzeit operierenden Überwachungssystem für hitzeassoziierte Mortalität gearbeitet. Diesem wird ein statistisches Modell zugrunde liegen, in dem auch infektionsepidemiologische Daten und andere Faktoren mit Einfluss auf Mortalität, wie Alter und Wohnort (*urban heat island effect*), berücksichtigt werden.

3.2.2 Feuchtigkeit, Niederschlag und Luftbewegung

Hier ist vor allem an Starkregenereignisse zu denken mit direkten Auswirkungen auf die Trinkwasserver- und Abwasserentsorgung. Probleme mit der Trinkwasserqualität und -quantität treten natürlich auch bei Trockenperioden auf. Beide Extreme können die Landwirtschaft mit Auswirkungen auf die Lebensmittelsicherheit und -qualität schädigen. Da die Wasserqualität (und -quantität) nicht nur im Zuge von Extremwetterereignissen vom Klimawandel beeinflusst wird, wird dieser Aspekt aber in einem eigenen Unterkapitel (3.3.4) behandelt. Ebenso werden Biodiversität und Landwirtschaft als wesentlicher Faktor für eine sichere und gesunde Ernährung und somit für die Gesundheit in einem eigenen Unterkapitel (3.3.6) und ausführlicher in einem Online-Supplement besprochen (siehe Supplement Kapitel S3 „Biodiversität und Landwirtschaft"). Im Hinblick auf Extremereignisse sind Schäden an der Infrastruktur und an Wohnbauten durch Überschwemmungen, Vermurungen und dergleichen unmittelbar gesundheitswirksam. Gesundheitliche Auswirkungen haben auch Stürme als Folge extremer Druck- und Temperaturunterschiede. Die Folgen hinsichtlich akuter traumatischer Schäden und längerfristiger psychischer (posttraumatischer) Schäden durch Extremwetterereignisse werden in den nachfolgenden Unterkapiteln aufgezeigt. Die Behandlung psychischer Probleme (vor allem bei Randgruppen) ist in Österreich nicht nur unzureichend etabliert, sondern auch in Hinblick auf diesbezügliche Auswirkungen des Klimawandels nicht national erforscht. Psychische Folgeschäden von materiellen und körperlichen Beeinträchtigungen spielen jedoch sowohl bei Extremereignissen in Österreich wie auch im Ausland sowie bei Flucht und Migration (siehe Kap. 3.4.2) eine wichtige Rolle. Deshalb wird dem Thema hier im Folgenden ein größerer Platz eingeräumt.

Akute traumatische (körperliche) Folgen extremer Wetterereignisse

Wetterereignisse haben schon immer das Leben und die Gesundheit der Menschen bedroht (Handwerk, 2014). Man könnte argumentieren, dass alle grundsätzlichen Errungenschaften der Zivilisation von den ersten Behausungen bis zur Beherrschung des Feuers dazu dienten, die Menschen vor den Unbilden der Witterung zu schützen. Insgesamt war die Menschheit dabei auch erfolgreich. Dennoch kommen nach wie vor Menschen (auch in Österreich) durch Stürme, Überflutungen, Muren, Lawinen, Blitzschlag und Hagel zu Schaden. Unmittelbare körperliche Schäden sind eher selten, unmittelbare Todesfälle noch seltener. Verletzungen führen allerdings auch indirekt, z. B. in Folge von Wundinfektionen, zum Tod und Schäden am Eigentum und an der Infrastruktur können noch indirektere Gesundheitsschäden nach sich ziehen. Die Trinkwasserqualität kann beeinträchtigt werden, Verkehrswege können unterbrochen werden, wodurch die Versorgung und die Hilfeleistung verzögert werden. Häuser können Schaden nehmen, unter anderem mit längerfristigen Belastungen, etwa durch Schimmelbildung.

Die Zahl der unmittelbaren Todesfälle ist im Grunde bekannt und überschaubar. So gab es in Österreich laut Statistik Austria im Jahr 2016 insgesamt 80.669 Todesfälle, davon 4.213 durch „Verletzungen und Vergiftungen", von diesen 2.410 durch „Unfälle", hiervon etwa 40 durch „Ertrinken und Untergehen". Kein Todesopfer wird 2016 wegen Blitzschlages, Sturm oder Überschwemmung von der Statistik Austria gemeldet. 2017 berichteten die Medien von einem Todesfall durch Blitzschlag (im August). Die Zahl der Opfer durch Blitzschlag nimmt laut einer Grafik auf „Salzburg24" (Salzburg24, 2017) in Österreich deutlich ab. Die Zahl der Lawinentoten weist keinen klaren Trend auf und schwankt stark von Jahr zu Jahr um ca. 20 bis 30 Personen (Bergsteigen.com, 2016). Dem stehen durchschnittlich ca. 300 Alpintodesfälle pro Jahr gegenüber (Österreichisches Kuratorium für Alpine Sicherheit, 2017).

Die meisten dieser Todesfälle ereignen sich in der Freizeit und sind nicht auf den Klimawandel, in aller Regel nicht einmal auf Extremwetterereignisse, zurückzuführen. Die Abnahme bei den Verletzungen und Todesfällen durch Blitzschlag beruht nicht auf einer Abnahme der Intensität und Häufigkeit von Gewittern (das Gegenteil scheint der Fall zu sein), sondern darauf, dass sich weniger Personen trotz Gewitter im Freien aufhalten (müssen) und immer mehr Menschen den Aufenthalt im Freien bei Gewitter meiden.

Prognosen sind in diesem Bereich besonders unsicher. Aber mittelfristig dürften andere Extremereignisse als Hitzewellen auch weiterhin von untergeordneter Bedeutung bezüglich unmittelbarer Todesfälle sein. Leichtsinniges Freizeitverhalten bleibt die wichtigere Ursache für Todesfälle in diesem Zusammenhang.

Im Ländervergleich liegt Österreich in den Jahren 1996 bis 2015 weltweit an 50. Stelle mit jährlich durchschnittlich 3 Todesfällen je 1 Million Einwohner durch Extremwetterereignisse (Kreft u. a., 2016).

Psychische Folgen von Extremwetterereignissen

Sowohl körperliche als auch materielle Schäden durch Extremereignisse haben einen starken und fallweise länger wirkenden

Einfluss auf die psychische Gesundheit (Berry u. a., 2010; Bunz & Mücke, 2017; Clayton u. a., 2015; Clayton u. a., 2017; Matsubayashi u. a., 2013). Die Folgen werden unter anderem von regionalen Moderator-Variablen, wie die gesellschaftliche Kohäsion und die institutionelle Unterstützung, z. B. durch staatliche Stellen oder durch Versicherungen, beeinflusst. Während Studien aus anderen Ländern (Anastario u. a., 2008; Cobham & McDermott, 2014; Kõlves u. a., 2013) deutlich den Einfluss von Schäden durch Extremwetterereignisse auf die psychische Gesundheit der Betroffenen belegen, fehlen derartige Studien in Österreich weitgehend. In einer früheren Metaanalyse zahlreicher Studien zur Auswirkung von verschiedenen natürlichen und durch Menschen verursachten Katastrophen auf die psychische Gesundheit zeigte sich z. B., dass zwischen 6,9 bis 39,9 % der Individuen psychische Symptome aufwiesen. Dabei stand die Angststörung im Vordergrund, relativ häufig kam es aber auch zu Phobien, Depressionen, somatischen Störungen und Alkohol-Abusus (Clayton u. a., 2017; Rubonis & Bickman, 1991).

Extreme Wetterereignisse produzieren Milliardenschäden und zerstören Häuser, Unternehmen und Ernteerträge. Bei einer prolongierten oder häufiger wiederkehrenden Zerstörung von Eigentum und Einkommen (z. B. durch Dürreperioden oder Hochwasser) ist die psychische Belastung besonders hoch (Clayton u. a., 2017).

Die Anerkennung von Realtraumatisierungen als Auslöser psychischer Störungen führte zwar zur Einführung der diagnostischen Kategorie der Posttraumatischen Belastungsstörung in die Klassifikationssysteme des DSM (*Diagnostic and Statistical Manual of Mental Disorders*) und der ICD (*International Statistical Classification of Diseases and Related Health Problems*), jedoch sind darin die Heterogenität der Symptomatik und die klinischen Erscheinungsformen nach verschiedenen traumatischen Erfahrungen durch Extremwetterereignisse – v. a. auch die Langzeitfolgen betreffend – vernachlässigt. Dabei sollte beachtet werden, dass die Folgen nach Traumatisierungen individuell äußerst verschieden sein können und eine sehr viel breitere Symptomatik vorliegen kann, als die diagnostischen Kriterien der gängigen Klassifikationssysteme zu Traumafolgestörungen aufweisen (Bunz & Mücke, 2017).

Die längerfristigen psychischen Folgen von Extremwetterereignissen (beispielsweise durch posttraumatischen Stress nach Überschwemmungen, Lawinen, Vermurungen) sowie die Auswirkung des Klimawandels auf die psychische Gesundheit sind durch Studien aus anderen Weltgegenden (USA, siehe Report der *American Psychological Association*) belegt (Bunz & Mücke, 2017; Clayton u. a., 2017). So litten nach dem Hurrikan Katrina im Jahr 2005 geschätzte 30 % aller interviewten Personen aus der Gegend New Orleans an einer posttraumatischen Belastungsstörung (Galea u. a., 2007). In einer umfangreichen Zusammenfassung verschiedener Studien zu Opfern von Überschwemmungen zeigte sich, dass innerhalb von 6 Monaten nach dem Ereignis etwa 16 % an einer posttraumatischen Belastungsstörung litten (Chen & Liu, 2015). Diese Daten belegen eindrucksvoll, dass natürli-

che Extremereignisse einen deutlichen Effekt auf die Psyche aufweisen können.

Realtraumata und langfristige psychische Folgen

Der Zusammenhang zwischen (Real-)Traumata und einer (un-)günstigen psychischen Entwicklung hängt auch vom Alter der traumatisierten Person ab. Bei traumatisierten Kindern führt die fehlende Entwicklung bzw. der Verlust selbstregulatorischer Prozesse zu Problemen bei der Selbstdefinition, wie z. B. Störungen in der Ich-Wahrnehmung, Verlust autobiographischer Erinnerungen sowie ungenügende Affektmodulation und Impulskontrolle, einschließlich aggressiver Handlungen gegen sich selbst und andere. Solche Personen (Kinder und Erwachsene) tendieren entweder zu aggressiven, bedrohlichen, furchtlosen, ausagierenden oder zu nachgiebigen, unterwürfigen, ängstlichen und inkompetenten Verhaltensweisen. In diesem Zusammenhang lassen einzelne Studien vermuten, dass Naturkatastrophen wie Überschwemmungen zu Aggression und Verhaltensproblemen bei Kindern führen können (Cole & Putnam, 1992; Durkin u. a., 1993). Auch andere mentale Probleme wie die posttraumatische Belastungsstörung oder Angststörungen können nach extremen Naturereignissen bei Kindern auftreten (Burke u. a., 2018; Garcia & Sheehan, 2016).

Traumatische Erfahrungen können die Bindungssicherheit stören und sich besonders gravierend auf die gesunde psychische Entwicklung auswirken, wenn das Realtrauma mit wiederholten bzw. lebenslangen Gewalterfahrungen oder unsicheren Bindungen in Zusammenhang steht. Zahlreiche Studien (Clayton u. a., 2017) zeigten, dass Bindungsstörungen (mit panischer Angst, desorganisiertem Verhalten, Fühlen und Denken, extremem Klammern, Weglaufen, psychosomatischer Symptombildung) mit traumatischen Trennungs- und Verlusterlebnissen sowie Traumata (in Form von körperlicher und psychischer Gewalt) oder mit Unsicherheit durch Inkonsistenzerfahrungen in der Geschichte der PatientInnen verbunden waren.

Der Mangel oder Verlust an Selbstregulation ist laut Van der Kolk u. a. (2000) die am weitesten reichende Wirkung psychischer Traumatisierung sowohl bei Kindern als auch bei Erwachsenen. Traumatisierte Personen wenden eine Vielfalt von Methoden an, um wieder Kontrolle über ihre Affektregulation zu gewinnen.

Resilienz

In ausreichend repräsentativen Kohortenstudien (Yen u. a., 2002; Zanarini u. a., 2002) wurde eine nur mäßige Korrelation zwischen traumatischen Erlebnissen und verschiedenen manifesten Persönlichkeitsstörungen (PS) gefunden. Zlotnick u. a. (2002) bestätigten dies, indem sie untersuchten, inwieweit PatientInnen mit PS und komorbider (begleitender) Posttraumatischer Belastungsstörung (PTBS) sich in den Symptommustern von PatientInnen mit einer PS ohne PTBS bzw. von PatientInnen mit einer PTBS aber ohne einer PS unterscheiden: Sie fanden keine signifikanten Differenzen bezüglich der Schwere und des Ausmaßes der Psychopathologie der PTBS und des Ausmaßes an genereller Beeinträchtigung zwischen den Gruppen.

Dennoch berichten eine Vielzahl von Studien aus dem Bereich der Psychotraumatologie vom Einfluss traumatischer Ereignisse auf die Persönlichkeitsentwicklung (Caspi u. a., 2014; Cobham & McDermott, 2014). Hierbei wird auch das Moment der Kontinuität zwischen Gesundheit und Krankheit betont und auf Resilienzfaktoren (Iacoviello & Charney, 2014) hingewiesen. Resilienz umfasst die individuellen Charakteristika, wie z. B. Anpassungsfähigkeit, Handlungsorientierung, Selbstbewusstsein, soziale Problemlösungsfähigkeiten, reife Abwehrmechanismen (Humor), Verantwortungsübernahme, Bindungen etc., die es einem ermöglichen, mit Widrigkeiten erfolgreich umzugehen und sich zu entwickeln. Resilienz ist ein multidimensionales Merkmal, das mit dem Kontext variiert und mit den Faktoren Zeit, Alter, Geschlecht und kulturelle Herkunft sowie innerpsychischem und körperlichem Zustand eines Individuums, das verschiedenen Lebensumständen ausgesetzt ist, in Beziehung steht (Iacoviello & Charney, 2014). In diesem Zusammenhang spielen viele Aspekte eine Rolle, wie beispielsweise die individuellen Ressourcen, das soziale Umfeld, die kulturellen Gegebenheiten (Caspi u. a., 2014) und die Resilienz einer Gesamtgesellschaft (Curtis u. a., 2017). Hierbei stehen die Akkulturationsleistungen mit der individuellen Resilienz in Wechselwirkung (Han u. a., 2016).

Die psychischen Folgen von Traumata hängen auch von der institutionellen und sozialen Einbettung der Betroffenen in der Gesellschaft ab. Nationale (Parth u. a., 2014) und internationale Studien (Clayton u. a., 2017) sowie Migrationsstudien berichten marginal über langfristige psychische Dysfunktionen. Fallberichte aus dem Arbeitsfeld der transkulturellen Psychiatrie, beispielsweise über Flüchtlinge aus langjährig kriegserschütterten Ländern, zeigen Identitätsentwicklungsstörungen und weisen auf Integrationsschwierigkeiten hin. Die Forschungslage ist jedoch nicht eindeutig und gerade für Österreich nicht in ausreichender Datenlage vorhanden.

Andere längerfristige psychische Folgen durch zunehmende Temperaturen oder steigende Meeresspiegel treten graduell zutage und werden indirekt in Studien über Extremwetterereignisse, die Menschen zur Migration zwingen, erwähnt. Persönlichkeitsveränderungen, die nach extremer Belastung oder mit Faktoren der Migration durch Klimaänderung (Ahsan u. a., 2011) auftreten, werden sporadisch beschrieben (Jacobson u. a., 2012). Die langfristigen Auswirkungen auf die Identitätsbildung, die Wertebildung, den Halt, die Sicherheit und das psychische Funktionieren stellen eine Forschungslücke dar.

Dennoch ist die Implementierung und Sensibilisierung für das Thema der psychischen Folgen von Extremwetterereignissen in manchen Ausbildungsplänen inkludiert (Jacobson u. a., 2012), eine durchgängige Strategie im Sinne einer *Health Advocacy*"–Kompetenzentwicklung (Frank, 2005)

kann als Herausforderung für die nächste Zukunft gesehen werden.

3.2.3 UV-Strahlung

Die UV-Strahlung hängt vielfältig mit dem Klima und dem Klimawandel zusammen: Der UV-Anteil ist ein wichtiger Teil der solaren Globalstrahlung, die ein bedeutender externer Taktgeber des terrestrischen Klimas ist. Menschliche Aktivitäten haben über die Produktion und Freisetzung langlebiger Substanzen, die die stratosphärische Ozonschicht zerstören, über Jahrzehnte zu einer Verringerung dieser Schutzschicht geführt. Mit dem Montreal Protocol (1987) wurde der weltweite Verzicht auf ozonzerstörende Substanzen vereinbart. Dies betraf vor allem Fluor-Chlor-Kohlenwasserstoffe (FCKW). Die Vereinbarung wurde dadurch erleichtert, dass einerseits Alternativen für die FCKW zur Verfügung standen, andererseits die Industrie wegen auslaufender Patente ihr Interesse an diesen Stoffgruppen verloren hatte. Etwa seit der Jahrtausendwende sistiert der Abbau der Ozonschicht und eventuell zeigen sich bereits erste Anzeichen für eine Erholung. Allerdings unterliegt die Ozonschicht weiter großen Schwankungen, insbesondere im zeitlich und räumlich höher auflösenden Maßstab (z. B. einige Tage, Alpenraum). Die Fluktuation hat womöglich auch im Zusammenhang mit dem Klimawandel deutlich zugenommen (sog. „Ozon-Minilöcher"). Je weniger vorhersehbar die Intensität der UV-Strahlung ist, desto schwieriger ist es, der Bevölkerung einfache Verhaltensmaßregeln zu nennen. Das macht es für die Einzelnen komplizierter, sich adäquat zu schützen.

Bezüglich des Montrealer Protokolls muss allerdings auf neue Beobachtungen verwiesen werden (Montzka u. a., 2018), die Hinweise auf eine Verletzung des Protokolls geben. Die Verlangsamung des Abfalls der atmosphärischen Konzentration von Trichlor-Fluor-Methan stellt noch keine Gefahr für die stratosphärische Ozonschicht dar, beeinträchtigt aber das Vertrauen in internationale Verträge. Dieses Vertrauen ist auch im Klimaschutz essenziell und daher wäre es bedenklich, wenn sich diese Hinweise bestätigen.

Stärker als durch die Dicke der Ozonschicht wird die Belastung der Bevölkerung durch ihr eigenes Verhalten (Aufenthalt im Freien, Bekleidung etc.) beeinflusst, welches wiederum starken Wettereinflüssen unterliegt. Generell steigt an „schönen" sonnigen Tagen die UV-Exposition. Wird es zu heiß, werden die Menschen allerdings am Tage eher schattige Plätze aufsuchen und die pralle Sonne meiden. UV-Strahlung, die zu Sonnenbrand führt (erythemal wirksame Strahlung) wirkt aber nicht nur bei direkter Sonnenstrahlung ein, sondern auch bei diffusem Licht durch Brechung und Streuung und somit auch bei einem Aufenthalt im Schatten. Es sind daher noch zusätzliche Modellierungsarbeiten notwendig, um die Auswirkungen des Klimawandels auf die UV-Belastung und deren gesundheitliche Konsequenzen abschätzen zu können (Schrempf u. a., 2016). Weitere Details werden in einem eigenen Online-Supplement dokumentiert (siehe Supplement Kapitel S4 „UV-Strahlung"). Dort werden auch die positiven und negativen Wirkungen von UV-Strahlung auf die Gesundheit diskutiert. Besonders relevant ist das erhöhte Hautkrebsrisiko, wobei UV-Strahlung vor allem Basaliome und Plattenepithel-Karzinome verursacht. Aber auch das Risiko für das gefährliche Melanom wird durch häufige und intensive UV-Belastung erhöht.

3.2.4 Biotropie

Die Biotropie beschreibt die Wirkungen bestimmter Wetterphänomene auf das psychische und physische Befinden des gesunden und kranken Menschen (Wetterfühligkeit). Welche Wettereigenschaften für das Wohlbefinden einzelner Menschen bedeutsam sind, ist aber nicht ganz klar. Zacharias und Koppe haben 2015 im Auftrag des deutschen Umweltbundesamtes einen umfangreichen Bericht zu „Einfluss des Klimawandels auf die Biotropie des Wetters und die Gesundheit bzw. die Leistungsfähigkeit der Bevölkerung in Deutschland" vorgelegt (Zacharias & Koppe, 2015). In diesem Text gehen sie auf Folgen des Klimawandels auf die Gesundheit ein und machen darauf aufmerksam, dass die Lufttemperatur nur einer von vielen Wetterparametern ist, der direkten Einfluss auf Gesundheit und Wohlbefinden hat. Ihre Arbeit beruht einerseits auf einer detaillierten Literatur-Recherche, andererseits auf einer repräsentativen Befragung zu Wetterfühligkeit in Deutschland. Dieser Befragung ist zu entnehmen, dass ca. die Hälfte der Befragten sich selbst als „wetterfühlig" bezeichnet, wobei Empfindlichkeit gegenüber Kälte am häufigsten genannt wird, gefolgt von stürmischem und warmem Wetter.

In der Tat lassen sich in epidemiologischen Studien für zahlreiche Wetterparameter Zusammenhänge mit Gesundheitsindikatoren (tägliche Sterblichkeit, Krankenhausaufnahmen usw.) zeigen. In Zeitreihenstudien zu Luftschadstoffen

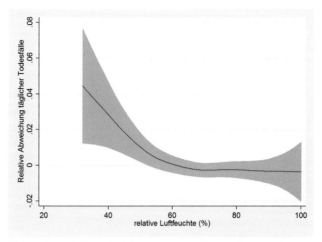

Abb. 3.3: Tägliche Todesfälle in Wien in Abhängigkeit von der Luftfeuchte am gleichen Tag (Glättung mit 3 Freiheitsgraden, kontrolliert für den langfristigen Verlauf und die Temperatur)

und Gesundheit aus Österreich (Neuberger u.a., 2013; Neuberger u.a., 2007) wurde die APHEA-Methode (*Air Pollution on Health: a European Approach*) befolgt (Katsouyanni u.a., 1996; Katsouyanni u.a., 1995) und auf Temperatur, Luftfeuchte und Luftdruck kontrolliert, und zwar jeweils auf den Mittelwert jenes Tages aller Tage von 0 bis -3, wo der Zusammenhang am deutlichsten war sowie auf die wirksamste Differenz zwischen zwei Tagen für alle drei Parameter. In der Regel zeigten 4–5 der so gewählten 6 Parameter (T, F, P, ΔT, ΔF, ΔP) einen signifikanten Effekt. Der Zusammenhang mit dem Gesundheitsindikator war häufig nicht linear und musste mittels Glättungsfunktion modelliert werden (Abb. 3.2 bis 3.5). Auch der Effekt einer plötzlichen Temperaturänderung (Differenz zwischen Maximal- und Minimaltemperatur am gleichen Tag) kann an Sterbedaten aus Wien gezeigt werden (unveröffentlichte Analyseergebnisse).

Unzulänglich untersucht sind elektromagnetische Witterungsphänomene und ihre Wirkung auf die Gesundheit. Sehr niederfrequente pulsförmige elektromagnetische Wellen werden von Gewitterentladungen ausgelöst und breiten sich kontinentweit aus. Diese sogenannten „Sferics" können gemessen und in Tage mit hoher und mit niedriger Sferics-Aktivität unterteilt werden. Zusammenhänge mit Wohlbefinden, Kopfschmerzen (Vaitl u.a., 2001) und biologischen Effekten (Panagopoulos & Balmori, 2017) werden diskutiert. Die Sferics-Aktivität wurde in Österreich bisher nur auf Privatinitiative in Salzburg gemessen (Oberfeld, persönliche Mitteilung). Diese Zeitreihe über wenige Jahre zeigte eine Assoziation mit der täglichen Sterblichkeit in Österreich (Moshammer, persönliche Mitteilung).

Interessant sind auch Berichte über die häufig beklagte „Föhn-Empfindlichkeit", wobei nicht ganz klar ist, welcher Aspekt dieser Wetterlage – warme Luft, trockene Luft, starker Wind, Luftdruckschwankung (Berg, 1950) oder sogar Saharastaub – für die Beschwerden verantwortlich ist. Andererseits gibt es Hinweise auf gesundheitlich positive Effekte der Luftionisation, wobei die Mechanismen noch unklar sind (Wallner u.a., 2015).

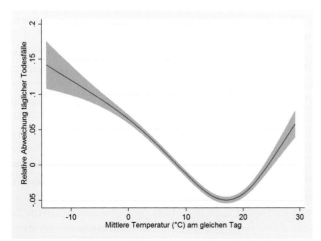

Abb. 3.2: Tägliche Todesfälle in Wien in Abhängigkeit von der Temperatur am gleichen Tag (Glättung mit 3 Freiheitsgraden, kontrolliert für den langfristigen Verlauf wie in Abb. 3.1 dargestellt)

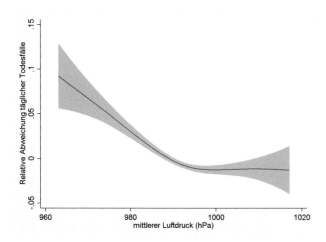

Abb. 3.4: Tägliche Todesfälle in Wien in Abhängigkeit vom Luftdruck am gleichen Tag (Glättung mit 3 Freiheitsgraden, kontrolliert für den langfristigen Verlauf und die Temperatur)

Da die meisten meteorologischen Parameter miteinander assoziiert sind und sie immer gemeinsam auf biologische Systeme einwirken, ist es sehr schwer, die Bedeutung des einzelnen Parameters herauszuschälen. Das für die Gesundheit bedeutendste Wetterelement ist mit Sicherheit die Lufttemperatur. Aber auch die anderen Faktoren sollten nicht vergessen werden. Auf Luftschadstoffe wird wegen ihrer Bedeutung in einem eigenen Themenblock eingegangen. Ihre biologischen Wirkungen und allfällige Trends im Alpenraum (auch heruntergebrochen auf kleinräumige Gebiete im Zuge des Klimawandels) erfordern jedenfalls weitere und detailliertere Forschung.

3.2.5 Zusammenfassende Bewertung

Unmittelbare Auswirkungen extremer Wetterereignisse gefährden bereits unabhängig vom Klimawandel die Gesundheit der österreichischen Bevölkerung. Dabei sind Hitzewellen zahlenmäßig am bedeutendsten. Sie werden an Häufigkeit und Intensität weiter zunehmen. Mit der steigenden Zahl älterer BewohnerInnen steigt auch die Vulnerabilität. Im Gegenzug lässt sich bereits jetzt eine Anpassung beobachten, welche sich in einer Verschiebung der „optimalen Temperatur", das ist die tägliche Temperatur mit der geringsten Sterblichkeit, zeigt. Gleichzeitig sterben immer noch mehr Menschen in der kalten Jahreshälfte. Der Klimawandel wird jedoch diese Winterübersterblichkeit weniger reduzieren als er die Hitzesterblichkeit erhöhen wird.

Der Zusammenhang zwischen extremen Wetterereignissen, insbesondere extremen Temperaturen, und dem Anstieg von Sterblichkeit und Erkrankungsrisiko ist weltweit durch ausführliche Studien belegt und ließ sich auch an österreichischen Daten reproduzieren. Prognostische Unsicherheiten ergeben sich aus zwei Überlegungen: Einerseits sind klimatologische Voraussagen hinsichtlich Häufigkeit und Intensität von Extremereignissen unsicherer als hinsichtlich der Durchschnittswerte, vor allem wenn es um kleinräumige Voraussagen geht, die gerade im stark strukturierten Alpenraum wichtig sind. Andererseits führen sowohl Alterung der Bevölkerung als auch die laufende Anpassung an sich langsam ändernde Umweltbedingungen dazu, dass eine einfache Extrapolation historischer Dosis-Wirkungsbeziehungen wie z. B. zum Zusammenhang zwischen Temperatur und Sterberisiko nicht möglich ist. Da die Anpassung an den Klimawandel auf verschiedenen Ebenen (wie etwa physiologische Reaktionen, Selektion weniger empfindlicher Personen, Anpassung im individuellen Verhalten, in gesellschaftlichen Regeln und in der Infrastruktur) mit unterschiedlicher Geschwindigkeit erfolgt, lässt sich nur ungefähr abschätzen, ab wann die Geschwindigkeit des Klimawandels die Anpassungsfähigkeit überfordert.

3.3 Indirekte Wirkungen

Unter sogenannten „indirekten" Wirkungen versteht man Gesundheitsfolgen aufgrund von Änderungen in verschiedenen (natürlichen) Systemen in der Region, die ihrerseits wiederum (auch) vom Klimawandel beeinflusst sind. Diese umfassen Ökosysteme, in denen Veränderungen, z. B. bei Pflanzen und Tieren, zu gehäufter Exposition gegenüber Allergenen oder Überträgern (Vektoren) von Krankheiten führen können, aber auch Auswirkungen auf die Landwirtschaft und damit verbunden allfällige Folgen auf unsere Ernährung, die in gesundheitlichen Problemen resultieren können. Ein anderes Beispiel wäre die atmosphärische Chemie, welche in Abhängigkeit von Temperatur und Sonneneinstrahlung Einfluss auf die gesundheitsrelevante Schadstoffbelastung hat. Klimaänderungen beeinflussen daneben auch direkt die Vermehrung und Überlebensfähigkeit von Krankheitserregern in der Umwelt und haben so in weiterer Folge gesundheitliche Auswirkungen.

Derartige indirekte Wirkungen stellen eine Schwierigkeit für Zukunftsprojektionen dar. Während sie zwar durch langfristige klimatische Änderungen angetrieben werden, die sich vergleichsweise gut modellieren lassen, entfalten sich ihre gesundheitlichen Auswirkungen in aller Regel nicht isoliert, sondern meist in Kombination mit anderen Einflussfaktoren. Beispiele hierfür wären: Vermehrte Sonneneinstrahlung kann zu erhöhten Ozonwerten führen, wenn die entsprechenden Vorläufersubstanzen, wie z. B. Kohlenwasserstoffe oder Stickoxide, produziert werden. Die Zunahme einer Zeckenpopulation in einer bestimmten Region kann zu einem erhöhten FSME-Risiko führen. Dieses Risiko wird aber auch vom Impfstatus sowie vom persönlichen Berufs- und Freizeitverhalten bestimmt. Verschiedene Insektenarten können als Vektoren für Krankheiten fungieren, sobald sie sowie die Krankheitserreger aufgrund des globalen Handels- und Reiseverkehrs in den Alpenraum importiert wurden. Dies sind nur einige Fälle, die zeigen sollen, dass der Klimawandel allein nicht als Treiber für Effekte auf die Gesundheit ausreicht; er wirkt häufig in einem komplexen Zusammenspiel mit verschiedenen Faktoren.

3.3.1 Krankheitsübertragung durch Arthropoden – Sandmücken und Zecken

Ein wichtiger medizinischer Aspekt der Klimaerwärmung ist die Veränderung der Verbreitung der als Vektoren fungierenden Arthropoden (Aspöck & Walochnik, 2014). Darüber, dass der Klimawandel in Europa das Vorkommen übertragbarer Krankheiten beeinflussen wird, besteht heute ein weitgehender Konsens (Fischer u. a., 2010; Lindgren & Ebi, 2010; Medlock & Leach, 2015; Rakotoarivony & Schaffner, 2012). Stechmücken haben eine ausgeprägte Empfindlichkeit gegenüber klimatischen Veränderungen – Faktoren, die maßgeblich ihr Verbreitungsgebiet bestimmen, insbesondere deren Latitudinal- und Höhengrenzen (Focks u. a., 1995). Lokale Wetterfaktoren und Feuchtigkeit bestimmen zudem die Intensität der Stechmückenaktivität und somit den Zeitpunkt von vektorbedingten Krankheitsausbrüchen (Gill, 1921). Für einige unserer heimischen Stechmückenarten wurde schon früh gezeigt, dass sie menschliche Pathogene wie West-Nil-Virus oder Usutu-Virus übertragen können (Cadar u. a., 2017; Wodak u. a., 2011). Der Klimawandel kann aber auch die Invasion exotischer Vektoren, welche vermutlich passiv im Rahmen globaler Handelsaktivitäten eingeführt werden, begünstigen und dazu führen, dass vektorübertragene Krankheiten in Regionen eingeführt werden, welche bisher nicht betroffen waren (Fischer u. a., 2010; Lindgren & Ebi, 2010; Rakotoarivony & Schaffner, 2012). Vorhersagen der Auswirkungen des Klimawandels auf Pathogen-Übertragungen durch invasive Stechmückenarten erfolgten für Europa erstmals im Jahr 2012 als technischer Bericht des *European Center for Disease Prevention and Control* (ECDC, 2012). Stechmücken sind vor allem global gesehen von besonderer Bedeutung und werden daher in einem eigenen Themenblock ausführlich dargestellt (Supplement Kapitel S5 „Vektorübertragene Krankheiten, Stechmücken").

Der schon lange in Österreich heimische Holzbock (*Ixodes ricinus*) dehnt sein Verbreitungsgebiet in immer höhere alpine Lagen aus. Er ist ein wichtiger Verbreiter verschiedener Krankheiten, wobei die virale Frühsommer-Meningo-Enzephalitis (FSME) und die bakterielle Borreliose hervorzuheben sind.

In Mitteleuropa verdienen bei den Krankheitsüberträgern zwei Entwicklungen der letzten Jahre besondere Aufmerksamkeit: der Nachweis von Sandmücken (Diptera, Psychodidae, Phlebotominae, in Österreich nachgewiesen ist *Phlebotomus mascittii*) und die Ausbreitung von *Dermacentor*-Zecken, insbesondere der Auwaldzecke (*Dermacentor reticulatus*).

Beide sind mögliche Überträger von z. T. lebensgefährlichen Krankheitserregern. Sandmücken übertragen neben mehreren Viren und Bakterien auch Leishmanien, einzellige Parasiten, die weltweit mindestens 60.000 Todesfälle pro Jahr verursachen. Dermacentor-Zecken übertragen u. a. das FSME-Virus, das Krim-Kongo-Hämorrhagische Fieber-Virus und verschiedene Rickettsien. Letztere gehören zu den Bakterien und sind die Erreger des Zeckenbissfiebers. Beide Vektoren stammen primär aus dem Mittelmeerraum und ihre Ausbreitung steht in direktem Zusammenhang mit Klimaveränderungen. Darüber hinaus werden, v. a. durch die Globalisierung, laufend neue Erreger und auch neue Vektoren nach Österreich eingeschleppt, von denen sich manche, abhängig von einer Reihe von Faktoren, durchaus in Österreich etablieren könnten. Zu nennen ist hier *Aedes albopictus* (Zittra u. a., 2017).

Im Jahre 2009 wurden die ersten Sandmücken in Österreich (Kärnten) gefangen (Naucke u. a., 2011). Inzwischen wurden stabile Sandmücken-Populationen in drei weiteren Bundesländern nachgewiesen (Obwaller u. a., 2014; Poeppl u. a., 2013). Außerdem konnte bei einem in Österreich gefangenen ungesogenen Sandmücken-Weibchen DNA von Leishmanien im Darm nachgewiesen werden (Obwaller u. a., 2016). Eine weitere Ausbreitung der vorhandenen aber auch der benachbarten Sandmücken-Populationen aufgrund der sich ändernden Klimabedingungen ist sehr wahrscheinlich und das Vorliegen eines menschlichen und tierischen Erreger-Reservoirs konnte bereits mehrfach bestätigt werden (Poeppl u. a., 2013). Auch das Verbreitungsareal der Auwaldzecke in Österreich hat sich in den vergangenen Jahren deutlich vergrößert und es konnte nachgewiesen werden, dass österreichische Dermacentor-Zecken Träger von Krankheitserregern sind – Rickettsien aber auch Babesien, die bei Tier und Mensch eine malariaähnliche Erkrankung verursachen können (Duscher u. a., 2013; Duscher u. a., 2016). Als Anzeiger für die Verbreitung von Dermacentor übertragenen Infektionen in einem Habitat kann die canine Babesiose („Hundemalaria", Piroplasmose) angesehen werden. Eine Melde-/Informationspflicht für Tierärzte könnte hier wertvolle Informationen liefern.

Umfassende phylogeographische Studien mit molekularbiologischen Techniken wären wichtig, um Prognosen über mögliche Arealvergrößerungen dieser und auch anderer wichtiger Überträger von Krankheitserregern zu erstellen.

Weitere Details zu Stechmücken sind im Online-Supplement ausgeführt (siehe Supplement Kapitel S5 „Vektor-übertragene Krankheiten, Stechmücken").

3.3.2 Zunahme allergischer Belastung durch Pollen

Frank u. a. (2017) weisen darauf hin, dass atopische Erkrankungen häufig sind und weiter in ihrer Häufigkeit und

Schwere zunehmen. Pollenallergien seien nicht nur für Heuschnupfen verantwortlich, sondern durch Kreuzreaktionen auch für Lebensmittelunverträglichkeiten. Die Häufigkeit und Schwere von allergischen Reaktionen habe in den letzten Jahrzehnten rasant zugenommen (Frank u. a., 2017). Bereits jedes dritte Kind leide an einer Allergie und man schätzt, dass in 10 Jahren 50 % der Europäer betroffen sein könnten. Unabhängig davon, aber in Kombination noch schwerwiegender, belegen Untersuchungen der täglichen Pollenkonzentration von verschiedenen allergenen Pflanzen in den USA während der letzten zwei Jahrzehnte einen stetigen Anstieg der Pollenmengen und eine Ausdehnung der Pollensaison (Zhang u. a., 2015). Mit der Zunahme von Allergikern und der Zunahme von allergenen Pollen ist davon auszugehen, dass einerseits der Prozentsatz der Allergiker, die gegenüber einer bestimmten Pollenart allergisch reagieren, ansteigen wird (Sensibilisierungsrate), und dass andererseits die Schwere der allergischen Symptome bei den Betroffenen bei Kontakt zunehmen wird.

Der Klimawandel beeinflusst die Pollenbelastung der Menschen dabei auf vier unterschiedlichen Wegen:
- Änderung der Verbreitungsgebiete allergener Pflanzen
- Verschiebung der Pollensaison
- Änderung der erzeugten Pollenmengen
- Änderung der Allergenität der Polleninhaltsstoffe

Diese Punkte werden in einem eigenen Online-Supplement ausführlich dargestellt (siehe Supplement Kapitel S6 „Allergene Pollen und Klimawandel").

Europäische Forschungsprojekte zu Pollenallergien

Frank und KoautorInnen führen weiter aus, dass der Klimawandel durch teilweise erhöhte Luftfeuchte, „Düngewirkung" durch CO_2 und Stickoxide, frühere Blüh- und Bestäubungsphasen durch die Erwärmung und Ausdehnung der Pollensaison durch neue invasive Arten wie *Ambrosia artemisiifolia* (Ragweed aus dem amerikanischen Sprachgebrauch, auf Deutsch Beifuß-Traubenkraut oder in der Folge Ambrosia) die Problematik verstärkt. Sie berichten über das laufende EU-Projekt ATOPICA (www.atopica.eu), das vor allem die Sensibilisierungsrate gegenüber Ambrosia unter anderem in Österreich untersucht und bereits einen hohen Prozentsatz von Sensibilisierten und unter diesen wiederum einen hohen Prozentsatz mit Asthmasymptomen belegt. Bereits das GA²LEN Projekt (Burbach u. a., 2009) hat einen Zusammenhang zwischen Asthma und Ambrosia-Allergie aufgezeigt. Diverse Witterungseinflüsse erhöhen die Allergenität der Ambrosia-Pollen (Ghiani u. a., 2016). Verschiedene Modellrechnungen im Rahmen von ATOPICA sagen für die Zukunft eine deutliche Verbreitung von Ambrosia in ganz Europa voraus mit stärkerer Verbreitung in Nordeuropa (Hamaoui-Laguel u. a., 2015; Storkey u. a., 2014).

Frank und MitarbeiterInnen (Frank u. a., 2017) verweisen aber auch auf die Wirkung von Ozon, welches die Pollen allergener und aggressiver macht und auf die evolutionäre Anpassung der Pflanzen an das sich ändernde Klima mit noch nicht abschätzbaren Folgen. Der Zusammenhang zwischen Pollen und Luftschadstoffen ist allerdings sehr komplex: Luftschadstoffe, aber auch Hitze- und Dürrestress, können die Pflanzen zur aggressiveren Expression von Allergenen verleiten (Beck u. a., 2013; Frank & Ernst, 2016; Reinmuth-Selzle u. a., 2017; Zhao u. a., 2016). Aktuelle Wetterbedingungen müssen ebenfalls berücksichtigt werden. So steigt das Risiko für Asthmaanfälle im Zuge von Gewittern, wie in einer Stellungnahme der *World Allergy Organization* betont wird (D'Amato u. a., 2015). Qualitative Veränderungen der Pollen spielen hierbei eine größere Rolle als quantitative (Moshammer, Schinko & Neuberger, 2005).

Die Bedeutung von *Ambrosia* als invasive allergene Pflanzenart (Richter u. a., 2013) berechtigt, darauf beispielhaft näher einzugehen.

3.3.3 Ambrosia

Ambrosia hat viele Namen, darunter Ragweed, Fetzenkraut oder beifußblättriges Traubenkraut (wissenschaftlich *Ambrosia artemisiifolia*). Ursprünglich war *Ambrosia* in Nordamerika heimisch und wurde nach Europa, Asien und Australien eingeschleppt. Es wird als invasive Art bzw. Neophyt betrachtet, der sich rasch ausbreiten und damit die heimische Biodiversität bedrohen kann. Zudem spielt *Ambrosia* für PollenallergikerInnen eine große Rolle.

Die *Ambrosia*-Pollenallergie ist in Österreich zwar noch nicht so häufig wie in den östlichen Nachbarländern, die von *Ambrosia* weitaus stärker befallen sind, wie jede Pollenallergie stellt sie jedoch für Betroffene eine nicht unerhebliche Belastung dar. Die Sensibilisierungsrate auf *Ambrosia*-Pollen unter den AllergikerInnen beträgt in Ostösterreich etwa 11 %, wobei der Anstieg der Sensibilisierungsraten in den vergangenen Jahrzehnten als eher moderat zu bezeichnen ist (Hemmer u. a., 2010).

Die Besonderheit der *Ambrosia*-Pollenallergie ist, dass sie als „Herbstheuschnupfen" die Allergiesaison in den Herbst hinein verlängert (Sofiev & Bergmann, 2013). Die Reizschwelle bei *Ambrosia*-Pollen scheint deutlich geringer zu sein als bei anderen Pollenallergien; so reichen schon Konzentrationen von nur wenigen *Ambrosia*-Pollenkörnern pro Kubikmeter Luft aus, um Beschwerden auszulösen (Comtois & Gagnon, 1988).

Eine wichtige Säule im Umgang mit Allergien stellt die Allergenvermeidung dar. Einige Bundesländer haben es sich, in Kooperation mit dem österreichischen Pollenwarndienst (2018), der Forschungsgruppe Aerobiologie und Polleninformation der Medizinischen Universität Wien und der Zentralanstalt für Meteorologie und Geodynamik, zur Aufgabe gemacht, Pollendaten zu sammeln, auszuwerten und damit eine Pollenvorhersage für die nächsten drei Tage in der jeweiligen Region zur Verfügung zu stellen. Damit werden betroffenen AllergikerInnen Informationen zu Pollenflug und

Abb. 3.5: Ambrosia (*Ambrosia artemisiifolia*), © Mag. Dr. Katharina Bastl, Medizinische Universität Wien, Universitätsklinik für Hals-, Nasen- und Ohrenkrankheiten, Kopf- und Halschirurgie; Forschungsgruppe Aerobiologie und Polleninformation (katharina. bastl@meduniwien.ac.at)

Abb. 3.6: Ambrosia (*Ambrosia artemisiifolia*), © Mag. Dr. Katharina Bastl, Medizinische Universität Wien, Universitätsklinik für Hals-, Nasen- und Ohrenkrankheiten, Kopf- und Halschirurgie; Forschungsgruppe Aerobiologie und Polleninformation (katharina. bastl@meduniwien.ac.at)

-belastungen angeboten, um die Lebensgewohnheiten an die aktuelle Pollensituation anzupassen zu können.

Die künftige Ausbreitung und Auswirkung von *Ambrosia* unter den prognostizierten Klimawandelszenarien kann schwer eingeschätzt werden (Ziska u. a., 2011). Gewächshausstudien haben gezeigt, dass eine höhere Menge an Pollen bei erhöhtem Kohlenstoffdioxidgehalt der Luft produziert wird (Wayne u. a., 2002). Es gäbe auch mehr Samen, die wiederum mehr *Ambrosia* und damit größere Auswirkung auf PollenallergikerInnen und die Landwirtschaft bedeuten würden. Allerdings benötigt die Pflanze nicht nur ein gewisses Maß an Licht, sondern auch an Niederschlag. So sind im sehr heißen und trockenen Sommer 2015 lokal exponierte Bestände oftmals vertrocknet.

In einigen Bundesländern, wie etwa in Niederösterreich, wurden bereits Standortmeldungen über Funde von *Ambrosia* entgegengenommen, ausgewertet und über das Geoinformationssystem verortet, um die Ausbreitung der Pflanze beobachten zu können. Im Juli 2017 wurde nun, unter der Federführung der ExpertInnen des Österreichischen Pollenwarndienstes, ein österreichweites *Ambrosia*-Meldesystem, der „*Ragweedfinder*" (2018) vorgestellt.

Diese webbasierte Meldeplattform soll jedoch nicht nur der Erfassung der Standortmeldungen dienen. Durch die Möglichkeit, Symptomdaten anzugeben, wird den AllergikerInnen neben einer Übersicht über verifizierte Bestände auch mitgeteilt, wie stark im Bereich eines *Ambrosia*-Bestandes die Symptome anderer *Ambrosia*-PollenallergikerInnen waren. Dies erfolgt mittels einer spezifischen Darstellung in einer Österreichkarte. Gemeinsam mit der Prognose des Pollenwarndienstes wird hier den Betroffenen eine Möglichkeit zur Verfügung gestellt, um den Kontakt mit dem belastenden Allergen durch Planung bzw. Anpassung der persönlichen Lebensgewohnheiten noch effektiver vermeiden bzw. verringern zu können.

Die Erfassung der Pflanzenbestände selbst, die nach Verifizierung auch direkt in die Geodatenbanken der Bundesländer übernommen werden können, könnten in weiterer Folge Erkenntnisse zu den unmittelbaren Auswirkungen des Klimawandels auf das Ausbreitungsverhalten dieser invasiven Pflanzenart liefern.

3.3.4 Aquatische Systeme

Wasser unterliegt auf unserem Planeten, inklusive der Erdatmosphäre, einem Kreislauf. Es ist immer gleich viel vorhanden, die Verteilung und der Aggregatzustand erfahren aber eine ständige Veränderung. Die Verteilung ist sowohl geographisch zu sehen – hinsichtlich der Meere, Gletscher und Polkappen, der Steppen, Wüsten und Feuchtgebiete – als auch in unterirdischen Speichern als Grundwasser, als Oberflächenwasser in Flüssen, Seen und Meeren, gebunden in der biologischen Masse von Pflanzen, Menschen und Tieren, sowie in künstlichen Systemen und letzten Endes als Wasserdampf in der Atmosphäre, der als Niederschlag den Kreislauf schließt.

Der Klimawandel beeinflusst sowohl Wasserverfügbarkeit als auch -qualität.

Die Auswirkungen des Wasserangebots (Menge und/oder Güte) auf die menschliche Gesundheit hängen vom Verwendungszweck des Wassers ab, das vom Nahrungsmittel als Trinkwasser über die landwirtschaftliche und industrielle Nutzung bis zur Freizeitgestaltung reicht. Außerdem gibt es im naturräumlich stark gegliederten Österreich deutliche regionale Unterschiede des Wasserhaushaltes. Österreich befindet sich an der Schnittstelle mehrerer Klimazonen: die pannonische Zone im Osten, der atlantische Einfluss im Westen und die alpine Klimazone. Die Prognosen über die Entwicklung der Niederschläge reichen von einer Reduktion im Osten bis zu einer Erhöhung der Niederschläge im Westen.

Neben den Risiken durch zu starkes (Hochwässer) oder geringes (Trockenheit) Angebot ist u. a. mit folgenden Auswirkungen zu rechnen: Verlagerung/Umverteilung von Schadstoffen (inkl. Remobilisierung aus Sediment oder Gletschermassen), unkontrollierte Freisetzung und/oder Einspülung unerwünschter Substanzen nach Starkregen oder Überschwemmungen, Einwanderung wärmebedürftiger Pathogene, Häufung von (toxischen) Algenblüten und verstärkte Anforderungen an Wasseraufbereitung und Abwasserklärung (Whitehead u. a., 2009). Zur besseren Übersichtlichkeit sind die möglichen Auswirkungen nachstehend nach quantitativen (Wasserverfügbarkeit) und qualitativen Aspekten (Wassergüte) gegliedert, wobei sich die Gruppierung gerade bei Überschwemmungsfolgen überlappt.

Quantitative Aspekte und Verteilung (Wasserverfügbarkeit)

Die Wasserverfügbarkeit beeinflusst unmittelbar über das Trinkwasserangebot und mittelbarer über Nahrungsmittelproduktion und Anlagensicherheit (Kühlwasser, Energiegewinnung) die menschliche Gesundheit.

Dabei ist mit folgenden Klimawirkungen zu rechnen: 1. Erhöhung des Wasserbedarfs durch steigende Temperaturen bei paralleler Verringerung des Wasserangebotes durch Verdunstung, 2. verfrühte Ausschöpfung des Wasserangebotes durch geringere Schneemengen (Wasserspeicher), 3. geringerer Grundwasseraufbau durch eine Zunahme von Starkregen (Kromp-Kolb u. a., 2014) mit austrocknungsbedingt vorwiegendem Oberflächenabfluss, 4. zeitliches Überangebot durch teilweise sehr kleinräumige Starkregenereignisse und Hochwassergefahr.

Trinkwasser wird in Österreich zur Gänze aus Grundwasser (Brunnen und Quellfassungen) gewonnen (BMG, 2015). Daher wirken sich quantitative Veränderungen des Grundwassers direkt auf unser Trinkwasser aus. Reduzierte Niederschläge führen zu einer verlangsamten Grundwasserneubildung und zu einem Absinken des Grundwasserspiegels und damit auch zu mangelnden Reserven in niederschlagsarmen Zeiten. Niederschläge in Form von Schnee haben einen nachhaltigen Einfluss auf die Grundwasserneubildung, da bei Tauwetter eine großflächige Versickerung stattfindet. Andererseits treten nach schneearmen Wintern seltener die gefürchteten Frühjahrshochwässer durch die Schneeschmelze in den Bergen auf. Hohe Niederschlagsmengen – besonders in kurzer Zeit – führen zur Hochwassergefahr, vor allem wenn zu wenig Überschwemmungs- bzw. Versickerungsflächen durch Verbauung und Versiegelung vorhanden sind.

Sowohl weltweit als auch in Österreich kommt es durch höhere Temperaturen einerseits zu einem Schmelzen der Gletscher und Abschwemmen in die Flüsse und Meere, andererseits zu einer intensiveren Verdunstung durch höhere Temperaturen und Niederschlag, der wiederum zu einer Umverteilung des Wasserangebotes führen kann. Der Mensch hat durch Versiegelungsflächen und Oberflächenkanäle lange Jahre die Umverteilung forciert, indem die Niederschlagswässer in Bäche und Flüsse geleitet wurden. Der Kreislauf wird daher verzerrt und die lokale Grundwasserneubildung verringert. In den letzten Jahren wurde wieder mehr Augenmerk auf das Schließen des Wasserkreislaufs und das Rückhalten der Niederschlagswässer und lokale Versickerung gelegt. Regionale Notversorgungsleitungen bzw. überregionale Zusammenschlüsse der Wasserversorgung können quantitative Engpässe entschärfen.

Im Rahmen des länderübergreifenden Projekpaketes „GENESIS-Groundwater and dependent ecosystems" (GENESIS, 2018) haben über einen Zeitraum von 3 Jahren 17 Partner aus 6 Ländern (Frankreich, Österreich, Deutschland, Italien, Slowenien, Schweiz) an Konzepten und Lösungen im Umgang mit Wasserknappheit im Alpenraum gearbeitet. Der Einfluss des Klimawandels auf die Wasserressourcen alpiner Regionen sowie die Entwicklung von Wassernutzungen wurden in 22 Testgebieten untersucht und eine Reihe von Handlungsempfehlungen für die Wasserwirtschaft sowie politische Entscheidungsträger erarbeitet (Hohenwallner u. a., 2011; Kløve u. a., 2014).

Da nicht nur der Klimawandel, sondern auch Bewirtschaftung und Infrastruktur Einfluss auf die Wasserverfügbarkeit haben, muss eine integrierte Planung zur nachhaltigen Nutzung von Wasserressourcen etwa zwischen Landwirtschaft, Tourismus und Energieerzeugung eingeleitet und in Form von Kooperationsabkommen abgesichert werden. Zur Erhebung des Handlungsbedarfs und der Evaluierung von Maßnahmen wird die Installation von Monitoring-, Berechnungs- und Frühwarnsystemen vorgeschlagen. Anpassungsmöglichkeiten können allgemein die Effizienzsteigerung der Wassernutzung, die Grundwasseranreicherung oder die Mehrfachnutzung sein. Im Einzelfall sind aber auf regionaler bzw. lokaler Ebene die Bewirtschaftung bzw. Notfallpläne auszuarbeiten, die auf die spezielle Situation abgestimmt sind.

Aktuell sind Gesundheitsfolgen von Hitzewellen die in Österreich unmittelbarste und auch volkswirtschaftlich bedeutendste Folge des Klimawandels (siehe Kap. 3.2.1). Die Situation wird durch den besonders starken Aufbau kleinräumiger Wärmeinseln im dichtbewohnten urbanen Bereich verschärft und betrifft allein durch die besonders exponierten Ballungsräume Wien und Graz mit zusammen ca. 3 Millionen Menschen ein Drittel der österreichischen Bevölkerung. Der Flüssigkeitsbedarf steigt außerhalb von klimatisierten Rückzugsorten stark an. Eine Verknappung des Trinkwasserangebotes (s. o.) würde die Situation noch verschärfen.

Weitere Auswirkungen auf die Gesundheit ergeben sich vor allem bei einer Verknappung des für die Landwirtschaft verfügbaren Wassers. Neben offensichtlichen Produktionseinbußen bei Trockenheit sind auch Einschränkungen bei der Lebensmittelqualität (z. B. durch begünstigtes Wachstum giftproduzierender Getreidepilze) Gegenstand der Forschung (Battilani u. a., 2012). Parallel ist – auch im Forstbereich – mit vermehrtem Druck zur Pestizidausbringung zu rechnen, wo Wassermangel die Schädlingsresistenz der Pflanzen vermindert oder teils invasive Schädlinge durch höhere Temperaturen begünstigt werden (Kolström u. a., 2011; Ramsfield u. a., 2016).

Als entferntere Glieder der Wirkungskette kommen letztlich auch extreme Verschiebungen des Wasserangebots ins Spiel. Dies reicht von einer trockenheitsbedingten Verknappung samt Engpässen im Energiebedarf von Prävention (Klimatisierung) und Gesundheitswesen bis hin zu Auswirkungen auf industrielle Anlagensicherheit (Kühl-, Prozesswasser) (Rübbelke & Vögele, 2011), wenngleich das letztgenannte Risiko für Österreich als gering eingeschätzt wird (Grussmann u. a., 2014). Ein plötzliches Überangebot durch abrupte Frühjahrsabflüsse oder Starkregen birgt neben den direkten physischen Gesundheitsgefahren auch das Risiko der Freisetzung von Schadstoffen aus Lagerbeständen oder Altlasten. Atemwegserkrankungen durch Schimmelbildung an Bausubstanz und Einrichtung sind ein zusätzliches Risiko (Gebbeken u. a., 2016) und zwar sowohl bei mangelnder Sanierung als auch bei ungenügendem Selbstschutz bei Sanierungsarbeiten (Chew u. a., 2006; Cummings u. a., 2010).

Qualitative Aspekte (Wasserqualität)

Anders als beim Wasserangebot ist eine Verschlechterung der Wasserqualität weniger offensichtlich und erfordert aufwändigere Maßnahmen zur rechtzeitigen Erkennung. Die Übersicht wird durch eine Trennung zwischen biologischen und chemischen Beeinträchtigungen erleichtert.

Biologisch

Die biologische Aktivität (und damit z. B. auch die Vermehrung von Keimen) nimmt mit der Wassertemperatur zu. Neben einem grundsätzlich günstigeren Milieu steigt mit der Durchschnittstemperatur die Überlebensfähigkeit neuer, wärmebedürftiger Krankheitserreger mit zumindest einem aquatischen Entwicklungsstadium.

In den letzten Jahren wurde eine Temperaturerhöhung in Oberflächengewässern beobachtet (Dokulil u. a., 2010). Das führt zu einer Eutrophierung der Gewässer, aber auch zu einer Versalzung, die sich in einer höheren Leitfähigkeit – bedingt durch einen höheren Gehalt an anorganischen Stoffen – auswirkt. Diese Veränderungen begünstigen die Vermehrung von Bakterien wie Vertretern der Gattung *Vibrio*, die vornehmlich in leicht bis stark salzhaltigen Gewässern vorkommen. Über eine Zunahme von vibrioassoziierten Infektionen bei Badegästen durch erhöhte Gewässertemperaturen wurde in Europa aber auch den USA bereits mehrfach berichtet (Baker-Austin u. a., 2017; Baker-Austin u. a., 2016; Baker-Austin u. a., 2013; Newton u. a., 2012). In Österreich kam es erstmals im Jahr 2001 zu Ohren- und Wundinfektionen mit Nicht-Cholera-Vibrionen (NCV, nicht choleratoxigene *Vibrio cholerae* nonO1/nonO139) im Neusiedler See, wobei es in den Folgejahren auch einen Todesfall durch Sepsis bei einem Risikopatienten gab (Huhulescu u. a., 2007). Für den Neusiedler See und die Salzlacken des Seewinkels konnte in den

Folgejahren das Vorhandensein einer endemischen *V. cholerae* Population demonstriert werden (Kirschner u. a., 2008; Pretzer u. a., 2017; Schauer u. a., 2015).

Zusätzlich traten während einer Hitzewelle im Jahr 2015 erstmals schwerwiegende NCV-Infektionen (nekrotisierende Fasciitis, einer davon mit Todesfolge) bei zwei Patienten auf, die mit Freizeitaktivitäten mit zwei Kleinteichen in Zusammenhang standen (Hirk u. a., 2016). In diesen konnten im Folgejahr *V. cholerae* in ähnlich hohen Konzentrationen wie im Neusiedler See gefunden werden (Kirschner u. a., 2017). In den Untersuchungen wurde auch ein signifikanter Zusammenhang zwischen dem Vorkommen von NCV und der Leitfähigkeit der Gewässer entdeckt. Zukünftige geplante Untersuchungen in dem Zusammenhang sollen Aufschluss über weitere Zusammenhänge – auch mit dem Klimawandel – bringen.

Neben verbesserten Wachstumsbedingungen können auch Trockenheit oder Einschwemmung nach Hochwässern zu einem Konzentrationsanstieg von Erregern im Oberflächenwasser führen. Gerade zur Badesaison kann die temperaturbedingte Erhöhung der Keimzahl in Badegewässern durch Aufkonzentration bei sinkendem Wasservolumen und gleichzeitiger Nährstoffanreicherung unterstützt werden. Ebenfalls wärmebegünstigt sind Vorkommen und Verbreitung von pathogenen Cyanobakterien (Botana, 2016; Paerl u. a., 2016), darunter vornehmlich Ausscheider der toxischen Microcystine und von Cylindrospermopsin. Namengebend für letzteres Toxin ist ein im 20. Jahrhundert eingeschlepptes und sich offenbar mit milderen Temperaturen nach Nordeuropa ausbreitendes (sub)tropisches Cyanobakterium (Eis u. a., 2011).

Überschwemmungen nach Starkregen beeinträchtigen die Badegewässerqualität durch den Eintrag von Fäkalbakterien (insbesondere Vibrionen, Giardien, Cryptosporidien) beträchtlich (EEA, 2014; Eis u. a., 2011). Eine Häufung von Starkregen durch den Klimawandel wird als wahrscheinlich angesehen (Kromp-Kolb u. a., 2014).

Starkregenereignisse führen zu einem rascheren Durchfluss des Bodens, der damit seine Filterwirkung und die Reinigungsfähigkeit von Mikroorganismen verliert (Wolf, 2003). Trinkwasserversorger haben sich auf diese Problematik durch Notfallpläne mit Desinfektionsmöglichkeiten einzustellen. Der Trinkwasserkontrolle in Niederösterreich wurden im Sommer 2017 trotz der Trockenheit mehrere Fälle von mikrobiologischen Verunreinigungen aufgrund sehr kleinräumiger Starkregenereignisse gemeldet, auf die die Wasserversorger nicht vorbereitet waren, da sie von den regionalen Vorhersagen nicht erfasst wurden. Auch dahingehend werden Vorbereitungsmaßnahmen erforderlich sein. Die Überwachung des Trinkwassers ist durch das Lebensmittelsicherheits- und Verbraucherschutzgesetz (BGBl. I Nr. 13/2006 i.d.F. BGBl. I Nr. 51/2017) sowie die Trinkwasserverordnung (BGBl. II Nr. 304/2001 i.d.F. BGBl. II 362/2017) geregelt, welche von den Ländern und den Städten mit eigenem Statut in mittelbarer Bundesverwaltung umgesetzt werden. Die Trinkwasserverordnung sieht die Information von Abnehmern und Lebensmittelbehörden der Länder über etwaige Verwendungseinschränkungen und das Setzen von Maßnahmen zur alsbaldigen Wiederherstellung der Trinkwasserqualität vor.

Giardia und Cryptosporidium

Der umfangreiche Einsatz von Wasser in der Lebensmittelindustrie, insbesondere in der Produktion von Obst und Gemüse, begünstigt vor allem Parasiten, für die kontaminiertes Trinkwasser als Übertragungsweg wichtig ist. *Giardia* und *Cryptosporidium* können auf dem fäkal-oralen Weg auf den Menschen übertragen werden. Es ist von einer positiven Assoziation zwischen Temperaturerhöhungen und Niederschlägen sowie der Übertragung dieser beiden Parasiten auszugehen (Lal u. a., 2013). Starkregenereignisse korrelieren mit der Wahrscheinlichkeit, *Giardia* und *Cryptosporidium* in Oberflächen- und Flusswasser zu finden (Sterk u. a., 2013) und führen – vor allem auf Karstböden – zu erhöhter Einschwemmung von Kot von Haus- und Wildtieren. Starker Niederschlag und nachfolgender Oberflächenabfluss erhöhen somit das Risiko von Ausbrüchen durch *Giardia* und *Cryptosporidium* (Utaaker & Robertson, 2015). Weder *Giardia* noch *Cryptosporidium* unterliegen in Österreich der gesetzlichen Meldepflicht. Eine derartige Meldepflicht sollte eingeführt werden.

Chemisch

Eine – klimatisch (mit)bedingte – Beeinträchtigung der chemischen Wasserqualität ist durch mehrere Faktoren möglich:

- Eine ungewollte Freisetzung oder Verlagerung nach Extremwetterereignissen, insbesondere Überflutungen von Siedlungs- oder Gewerbegebieten wie z. B. die Freisetzung von Heizöl aus geborstenen Tanks während der Überflutungen 2002 (Adam-Passardi, 2014), der Eintrag belasteter Sedimente oder die Ausspülung aus (Alt)deponien (Laner u. a., 2008)
- Eine trockenheitsbedingte Konzentrationserhöhung vorhandener Schadstoffmengen durch schwindendes Wasservolumen
- Eine Remobilisierung früherer Schadstoffeinträge durch Erwärmung (Ma u. a., 2016) oder Schmelze (Bogdal u. a., 2009)
- Verstärkter agrarischer/forstlicher Biozideinsatz zur Kompensation dürrebedingter Abwehrschwächen und/oder zur Abwehr wärmebegünstigter Pflanzenschädlinge (Olesen & Bindi, 2002)
- Verdünnung oder auch Konzentrierung von Stoffen, wie z. B. Nitrat, durch Veränderung der lokalen Niederschlagsmenge, sodass sich große Grundwasserkörper in landwirtschaftlichen Regionen erst in Jahrzehnten wieder regenerieren können (Rechnungshof, 2015).

Zusammenfassend lässt sich sagen, dass klimatische Bedingungen die Inzidenz und die Übertragung vieler wasserbedingter Krankheiten beeinflussen. Der Klimawandel kann das Risiko für diese Erkrankungen durch die Beeinflussung der Wetterverhältnisse über wärmere Temperaturen, extreme Niederschlagsereignisse und verminderte Wasserverfügbarkeit

erhöhen. Die Schwankungen der Niederschläge werden höchstwahrscheinlich die Versorgung mit frischem Trinkwasser beeinträchtigen, wodurch das Risiko von trinkwasserbedingten Krankheiten erhöht wird. Zusätzlich zu den Infektionskrankheiten wird die Verbreitung von Chemikalien und Schwermetallen in der Umwelt durch wechselnde Wasserströme beeinflusst. Die Verringerung der Frischwasserverfügbarkeit aufgrund des Klimawandels kann in manchen Gebieten kritische Auswirkungen auf die Wasserqualität haben. Verminderte Wasserressourcen werden auch Konsequenzen für eine sichere Lebensmittelproduktion und Lebensmittelverarbeitung haben (Schuster-Wallace u. a., 2014).

3.3.5 Lebensmittel

Lebensmittelassoziierte Erkrankungen unter dem Aspekt des Klimawandels

Der Welternährungstag am 16. Oktober 2016 stand im Zeichen der Klimaänderung: *„Climate is changing. Food and agriculture must too"*. Steigende Meeresspiegel, Häufung der Extremwetterereignisse (schwere Unwetter, Überschwemmungen, Dürre, Frost), steigende Temperaturen und damit Änderungen in der Vegetation nehmen weltweit zu. Klimawandel und Klimavariabilität können sich auf das Schlagendwerden von Lebensmittelsicherheitsrisiken in verschiedenen Stadien der Nahrungskette – von der Primärproduktion bis zum Verbrauch – auswirken (Tirado u. a., 2010). Der Klimawandel kann auch sozioökonomische Aspekte von Nahrungsmittelsystemen wie Landwirtschaft, Tierproduktion, Welthandel sowie demographische und menschliche Verhaltensweisen beeinflussen, die alle auf die Lebensmittelsicherheit einwirken. Die Umwelttemperatur gilt als ein wichtiger Faktor bei der Übertragung von Gastroenteritis-Erregern. Studien haben versucht, die Beziehung zwischen Umwelttemperatur und lebensmittelbedingten Krankheiten abzuschätzen. Die Meldungen über lebensmittelbedingte Erkrankungen waren signifikant mit der Außentemperatur desselben Monats und der des Vormonats verbunden. Diese Beziehung wurde nur bei Temperaturen von mehr als 7,5 °C beobachtet – ein Schwelleneffekt. Die stärkste Assoziation wurde mit der Temperatur im vorigen Monat gefunden (Bentham & Langford, 2001). Die AutorInnen schließen aus der doch relativ langen Latenzzeit, dass Faktoren am Anfang der Produktionskette der Lebensmittel und des Distributionsnetzes eine wichtigere Rolle spielen dürften. Es ist daher plausibel, dass eine Zunahme wärmeren Wetters die Übertragung von infektiösen Darmkrankheiten erleichtern kann. Die Klimamodelle deuten für Europa auf eine Zunahme der mittleren Sommertemperaturen im Bereich von 1,5 °C bis 2 °C bis 2050 hin. Unter ansonsten unveränderten Ausgangsfaktoren würde dies zu einer Zunahme der Zahl der Gastroenteritis-Fälle führen. Die Zunahme der Fälle wäre jedoch abhängig von der jeweiligen

Grundlinien-Inzidenz der Erkrankung in der jeweiligen Bevölkerung (Kovats, 2003).

Lebensmittelbedingte Krankheitsausbrüche

In Südkorea wurde die Beziehung zwischen saisonalen Veränderungen von Temperatur und relativer Feuchtigkeit und der Inzidenz von lebensmittelbedingten Krankheitsausbrüchen für den Zeitraum 2003–2012 untersucht. Acht Krankheitserreger, die häufig mit lebensmittelbedingten Krankheiten assoziiert sind, wurden dafür willkürlich ausgewählt. Enteropathogene *Escherichia coli* zeigten die stärkste Korrelation mit Temperaturwerten und der relativen Feuchtigkeit, gefolgt von *Vibrio parahaemolyticus*, *Campylobacter jejuni* und *Salmonella* spp. Die Ergebnisse dieser Studie zeigen, dass enteropathogene *E. coli*, *V. parahaemolyticus* und *Campylobacter* spp. wahrscheinlich am stärksten von den Bedingungen des Klimawandels betroffen sind. Auch *Bacillus cereus* und *Staphylococcus aureus*-Enterotoxikosen korrelierten positiv mit der Temperatur und der relativen Feuchtigkeit; Noroviren und *Clostridium perfringens* wiesen hingegen eine negative Korrelation auf. Die AutorInnen wiesen darauf hin, dass diese Ergebnisse aufgrund regionaler klimatischer Unterschiede nicht für andere Länder oder Regionen gelten müssen (Kim u. a., 2015).

Sporadisch auftretende lebensmittelassoziierte Erkrankungen

Die Witterung hat auch einen Einfluss auf das Risiko endemischer (sporadisch auftretender) lebensmittelassoziierter Erkrankungen. Lebensmittelbedingte Infektionen durch *Campylobacter*, Salmonellen und andere enterale Erreger zählen zu den häufigsten Infektionskrankheiten. Diese Gastroenteritiden zeigen auch in Österreich einen deutlichen Jahresgang mit Häufigkeitsmaxima im Spätsommer. In Österreich wurden im Jahr 2016 insgesamt 7086 *Campylobacter*-Infektionen und 1415 Salmonellen-Erkrankungen an die Gesundheitsbehörden gemeldet. Beide Erkrankungen weisen einen ausgeprägten saisonalen Trend auf mit deutlich erhöhter Inzidenz in den Sommermonaten (Abb. 3.7 und 3.8). Dies gilt ebenfalls – wenn auch weniger ausgeprägt – für die 177 gemeldeten Infektionen mit enterohämorrhagischen *E. coli* (EHEC), auch Shigatoxin-bildende *E. coli* (STEC) oder Verotoxin-bildende *E. coli* (VTEC) genannt, im Jahr 2016 (Abb. 3.9).

Campylobacter

Nach ausgeprägten Wärmeperioden sind erhöhte *Campylobacter*-Prävalenzen in Geflügelfleisch festgestellt worden. Eine direkte Vermehrung von *Campylobacter* in Lebensmitteln ist unwahrscheinlich. Erhöhte Einbringung in Masthuhnbestände durch Insekten und erhöhte Übertragungsraten innerhalb der Herden werden als temperaturassoziiert angesehen. Zusammenhänge zwischen Temperatur und der *Campylo-*

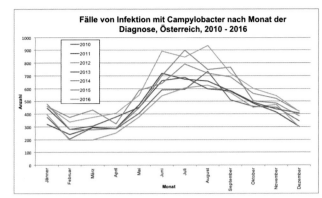

Abb. 3.7: Fälle von Infektionen mit *Campylobacter*, saisonaler Verlauf, Österreich, 2010–2016

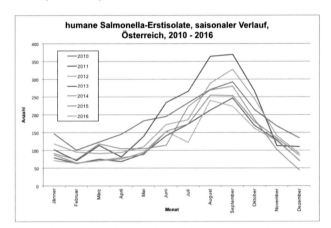

Abb. 3.8: Humane *Salmonella*-Erstisolate, saisonaler Verlauf, Österreich, 2010–2016

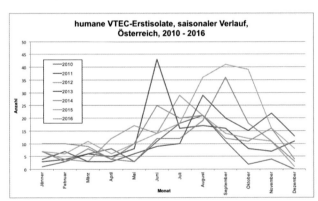

Abb. 3.9: Humane Erstisolate von enterohaemorrhagischen *E. coli*, saisonaler Verlauf, Österreich, 2010–2016

bacter-Inzidenz beim Menschen wurden für England und Wales (Louis u. a., 2005) sowie für Deutschland (Stark u. a., 2009) berichtet.

Salmonellen

Salmonellen vermehren sich bei hohen Temperaturen in Lebens- und Futtermitteln wesentlich besser. Dies erklärt neben anderen Faktoren, warum einige Studien einen signifikanten Zusammenhang zwischen Außentemperatur und Salmonellose-Inzidenz beim Menschen feststellten (Bentham & Langford, 2001). Vor allem für die Wochen vor der Zunahme von Salmonellosen lässt sich häufig eine erhöhte Außentemperatur belegen (Sant'Ana, 2010). Etwa ein Drittel („*population attributable fraction*") der Salmonellose Fälle von England, Wales, Polen, den Niederlanden, der Tschechischen Republik und der Schweiz können so mit höheren Temperaturen erklärt werden (Semenza & Menne, 2009). Die Mechanismen, die dieser beobachteten Saisonalität lebensmittelbedingter Erkrankungen zugrunde liegen, sind aber noch nicht vollständig verstanden; sie basieren wahrscheinlich auf einem komplexen Zusammenspiel verschiedener Faktoren, einschließlich dem des menschlichen Verhaltens und von Konsummustern (Uyttendaele u. a., 2015). Hinzu kommt, dass höhere Temperaturen beziehungsweise Wärmeperioden in der Regel zu Veränderungen im Ernährungsverhalten der Menschen sowie zu häufigerem Verzehr von Risikoprodukten (z. B. Grillfleisch oder Speiseeis) führen (Stark u. a., 2009). In der österreichischen Bevölkerung variiert die Inzidenz von *Salmonella*-Fällen schon jetzt saisonal. Dies sollte sich als Reaktion auf globale Klimaveränderungen noch verstärken (Kendrovski & Gjorgjev, 2012). Eine europaweite Studie basierend auf laborbestätigten Fällen von indigenen Salmonellen-Infektionen fand eine starke lineare Assoziation zwischen der Umgebungstemperatur und der Anzahl der gemeldeten Fälle von Salmonellose über einer Schwelle von 6 °C. Es gab einige Hinweise darauf, dass Erwachsene (15–64 Jahre) und Infektionen mit *Salmonella Enteritidis* die größte Empfindlichkeit gegenüber Temperatureffekten zeigten. Der größte Effekt zeigte sich – auch in dieser Studie – für die Außentemperatur eine Woche vor Beginn der Erkrankung (Kovats u. a., 2004).

Enteropathogene Escherichia coli

Auch enteropathogene *E. coli*, insbesondere Shigatoxin-bildende *E. coli* (EHEC), zeigen in Österreich eine ausgeprägte saisonale Variabilität. Gesicherte Kenntnisse über die Infektketten sind meist nur bei Ausbrüchen vorliegend; die Unsicherheiten betreffend den Infektionsquellen von Einzelerkrankungen machen derzeit Voraussagen hinsichtlich der Auswirkungen des Klimawandels auf die künftige Inzidenz von EHEC-Infektionen in Österreich unmöglich.

Nicht-Cholera-Vibrionen

Nicht-*Cholera-Vibrio*-Infektionen unterliegen in Österreich nicht der gesetzlichen Meldepflicht. Während in Küstenländern durch Meeresfrüchte übertragene Nicht-Cholera-Vibrionen für einen Großteil der lebensmittelassoziierten Erkrankungen verantwortlich sind, haben Studien in Österreich diesen Bakterien nur eine marginale Rolle als Erreger lebensmittelassoziierter Gastroenteritiden attestiert (Huhulescu u. a., 2009; Spina u. a., 2015). Die Public Health Agency von Kanada evaluierte die Auswirkungen der Wassertemperatur auf die Keimzahl von *Vibrio parahaemolyticus* in rohen Austern und in Erntegewässern. Es wurde zwischen der Wassertemperatur und der Anzahl von *V. parahaemolyticus* in Austern und Wasser eine positive Korrelation gefunden, was eine kausale Assoziation zwischen der Wassertemperatur und dem *V. parahaemolyticus*-Vorkommen nahelegt (Young u. a., 2015).

Mykotoxine

Die klimatischen Veränderungen beeinflussen auch die Pilzkolonisation von Pflanzen sowie die Bildung und Diffusion von Mykotoxinen. Temperatur, Feuchtigkeit und Niederschlagsmenge beeinflussen toxigene Schimmelpilze und deren Wechselwirkung mit Wirtspflanzen (Uyttendaele u. a., 2015). Im Allgemeinen fördern Bedingungen, die für die Wirtspflanze nachteilig sind (z. B. Dürrebelastung, Stress, hervorgerufen durch Schädlingsbefall und schlechter Nährstoffstatus), die Produktion von Mykotoxinen (FAO, 2008). Darüber hinaus bauen hohe Außentemperaturen und verstärkte Niederschläge die Pestizide rascher ab (Miraglia u. a., 2009). Mykotoxine, insbesondere Aflatoxine, die häufig in tropischen und subtropischen Gebieten vorkommen, könnten in der EU aufgrund des Klimawandels ein Problem werden (Uyttendaele u. a., 2015). Die *Public Health Agency of Canada* (PHAC) hat im Rahmen des Programms zur Anpassung an den Klimawandel die Entwicklung eines Risikomodellierungsrahmens zur Bewertung der Auswirkungen des Klimawandels und erforderlicher Anpassungen an die Lebensmittel- und Wassersicherheit finanziert.

Die entwickelte quantitative mikrobielle Risikobewertung (QMRA) bietet die Möglichkeit, „*what-if*"-Analysen zu evaluieren, um verschiedene Produktionstechniken, Anpassungs-, Interventions- oder Abschwächungsstrategien und Konsummuster zu bewerten und zu vergleichen (Smith u. a., 2015). Für Kanada wurde so eine relative Zunahme an verlorenen Lebensjahren in Gesundheit (DALY für „*disability adjusted life years*") aufgrund von Nierenkrebs durch das Mykotoxin Ochratoxin A um 3,4 % über 10 Jahre im Falle einer Lufttemperaturerhöhung um 0,04 °C pro Jahr und einer Zunahme um 6,8 % über 10 Jahre im Falle eines Lufttemperaturanstiegs um 0,08 °C pro Jahr prognostiziert (Smith u. a., 2015). Der Klimawandel wird das Vorkommen von Mykotoxin in verschiedensten Lebensmitteln beeinflussen. Die Gruppe um Meulenaer an der Universität Ghent in Belgien beurteilte die Wirkung des Klimawandels auf die Wachstums- und Mykotoxinproduktion des Schimmelpilzes *Alternaria* auf Tomaten in Abhängigkeit zu Temperaturänderungen. Daten für Spanien und Polen wurden mit vier repräsentativen Konzentrationspfaden (*Representative Concentration Pathway* – RCP: RCP2.6, RCP4.5, RCP6.0 und RCP8.5) miteinander verglichen. Für Spanien gab es keine signifikanten Unterschiede für die repräsentativen Konzentrationswege (RCP) 2.6 und 4.5. Für die extremen RCP-Szenarien (6.0 und 8.5) war der für die weit entfernte Zukunft vorhergesagte Durchmesser der Pilzkolonien deutlich kleiner als der derzeitige. Dies wurde durch die erwarteten höheren Temperaturen (18,2–38,2 °C) erklärt, die für optimales Pilzwachstum zu hoch werden.

Für Polen gab es einen signifikanten Unterschied in den verschiedenen Zeitperioden, der Durchmesser der Pilzkolonien war für die weit entfernte Zukunft größer als der der nahen Zukunft, welcher seinerseits den aktuellen Durchmesser übersteigen wird. Dies soll auf die vorhergesagten höheren Umgebungstemperaturen in der fernen Zukunft zurückzuführen sein (14,2–28,4 °C), die näher an der optimalen Wachstumstemperatur von *Alternaria* spp. liegen als die gegenwärtigen (niedrigeren) Außentemperaturen. Nach den Ergebnissen dieser Studie wird die Mykotoxin-Belastung von Tomaten in Polen in der fernen Zukunft (2081–2100) ähnlich sein wie die Situation in Spanien im studierten Zeitraum von 1981–2000 (Van de Perre u. a., 2015). Aflatoxin-Belastung von Mais ist weltweit von Bedeutung. Die Spezien *Aspergillus flavus* und *Aspergillus parasiticus* sind hauptverantwortlich für diese Mykotoxin-Produktion. Bei Weizen und Reis wird eine Aflatoxin-Belastung in Europa derzeit nicht als Problem angesehen. Im Auftrag der Europäischen Behörde für Lebensmittelsicherheit (EFSA) hat eine Expertengruppe ein Modell entwickelt, um das Risiko von Aflatoxin-Kontaminationen aufgrund von *A. flavus* in Mais bei der Ernte vorhersagen zu können; zudem sollten die künftigen Rollen von Weizen und Reis als Wirtspflanzen beurteilt werden. Basierend auf einer Datenbank mit mittleren Tagestemperaturen während der Entstehung, Blüte und Ernte von Mais, Weizen und Reis sowie auf meteorologischen Daten (Temperatur, relative Feuchtigkeit und Regen) wurden die Erntepathologie und das *A. flavus*-Verhalten auf europäischem Territorium über 100 Jahre in drei verschiedenen Klimaszenarien (Gegenwart sowie + 2 °C und + 5 °C Szenarien) modelliert. Es wird erwartet, dass das Risiko von *A. flavus*-Kontaminationen in Mais sowohl in den + 2 °C- als auch + 5 °C-Szenarien ansteigt, in Weizen und in Reis soll das Risiko hingegen sehr niedrig bleiben (Battilani u. a., 2012).

3.3.6 Landwirtschaft und Biodiversität

Eine ausführlichere Darstellung der Thematik findet sich in einem Online-Supplement (siehe Supplement Kapitel S3 „Biodiversität und Landwirtschaft").

Nach Definition der Ernährungs- und Landwirtschaftsorganisation der Vereinten Nationen (FAO, 2003) ist Ernährungssicherheit gegeben, wenn alle Menschen zu jeder Zeit physisch, sozial und ökonomisch Zugang zu sicherer Nahrung in ausreichender Menge und Qualität haben. Die Landwirtschaft hat daher eine große Bedeutung für die menschliche Gesundheit. Bis 2050 ist laut UN (United Nations, 2017b) von einem Bevölkerungszuwachs von derzeit etwa 7,8 Milliarden auf 9,8 Milliarden Menschen auszugehen. Um den damit verbundenen erhöhten Bedarf an Nahrungsmitteln zu decken, muss die globale Nahrungsmittelproduktion bis 2050 um 70 % steigen (FAO & PAR, 2011). Gleichzeitig werden mit dem Klimawandel Entwicklungen erwartet, die sich negativ auf die Landwirtschaft auswirken und die Proble-

matik weiter verschärfen können. Die Versorgung mit Nahrungsmitteln in ausreichender Menge und Qualität ist Basis für unsere Gesundheit (WHO u. a., 2015) und abhängig von Nahrungsmittelproduktion, -verteilung und Handelsstrukturen. Alle diese Aspekte können durch den Klimawandel beeinflusst werden (Chakraborty & Newton, 2011).

Biodiversität, Landwirtschaft und Gesundheit

Wesentliche Grundlage für Landwirtschaft und Nahrungsmittelproduktion ist Biodiversität – die biologische Vielfalt auf Ebene der Gene, Arten und Lebensräume. Sie ist auch Voraussetzung für Ökosystemleistungen. Dazu zählen etwa Wasserverfügbarkeit, Bodenfruchtbarkeit, Schutz vor Erosion, Bestäubung, Regulierung des Nährstoffkreislaufs, natürliche Schädlingskontrolle, Erhalt von Wildtieren und Pflanzen (Glötzl, 2011). Biodiversität hat über zahlreiche weitere Aspekte direkt und indirekt großen Einfluss auf unsere Gesundheit und unser Wohlbefinden. Dazu gehören Regulierung von Klima und Infektionskrankheiten, Reinigung von Luft und Wasser durch Filterwirkung, Schutz vor Naturkatastrophen (z. B. Hochwässer), Bereitstellung von Arzneimitteln sowie Erholungsräumen (Millennium Ecosystem Assessment, 2005; WHO, 2012; WHO u. a., 2015).

Zu den bedeutendsten Treibern für den globalen Biodiversitätsverlust zählt u. a. der Klimawandel. Eine rasche Umsetzung vorhandener Strategien – wie etwa die „Österreichische Biodiversitätsstrategie 2020+" (BMLFUW, 2014) – ist notwendig, um dem Biodiversitätsverlust entgegen zu wirken.

Landwirtschaft ist durch die oben genannten Faktoren in hohem Maße abhängig von vielfältigen Ökosystemleistungen und beeinflusst sie in einem komplexen Zusammenspiel. Landnutzungsänderungen (v. a. Umwandlung von natürlichen Ökosystemen in landwirtschaftlich genutzte Flächen) und Intensivierung der Landwirtschaft mit einem hohen Einsatz an synthetischen Düngern und Pestiziden sowie daraus resultierende Schadstoffeinträge gehören zu weiteren zentralen Treibern des Biodiversitätsverlustes. Sie tragen durch hohe Treibhausgasemissionen zum Klimawandel bei (Foley u. a., 2011). Unsere Ernährungsgewohnheiten beeinflussen maßgeblich das Klima; z. B. ist die landwirtschaftliche Tierhaltung global für fast zwei Drittel der Treibhausgasemissionen aus der Landwirtschaft verantwortlich (FAO u. a., 2015). Der Pro-Kopf-Verbrauch für Fleisch betrug in Österreich 2016 rund 97 kg (Statistik Austria, 2017).

Durch diese Wechselwirkungen ergibt sich eine enge Verknüpfung von Klimawandel, Biodiversität und Landwirtschaft und damit die enorme Herausforderung, die Nahrungsmittelproduktion zukünftig nachhaltiger weiterzuentwickeln und gleichzeitig die Ernährungssicherheit einer steigenden Bevölkerung zu gewährleisten (FAO & PAR, 2011; Foley u. a., 2011), was wiederum Grundlage unserer Gesundheit ist.

Die Intensivierung der Landwirtschaft hat in der Vergangenheit dazu beigetragen, den steigenden Nahrungsmittelbedarf zu decken. Mit dieser Bewirtschaftungsform verbunden sind jedoch Schäden von Ökosystemen und der Verlust ihrer Leistungen sowie Risiken für die menschliche Gesundheit und Beeinträchtigungen der Produktqualität (z. B. durch Pestizide). In der biologischen Landwirtschaft ist der Einsatz von Pestiziden und Antibiotika beschränkt. Rückstände in konventionell erzeugten Nahrungsmitteln (Obst und Gemüse) sind die Hauptquellen der Pestizid-Exposition in der Bevölkerung (Mie u. a., 2017). Um die Gesundheitsrisiken dieser Exposition besser bewerten zu können, sind v. a. Studien zu Langzeitfolgen erforderlich. Epidemiologische Studien (vorwiegend aus den USA) lassen negative Effekte gewisser Pestizide auf die kognitive und neuronale Entwicklung von Kindern bei Expositionen erkennen, die auch in der Allgemeinbevölkerung vorkommen (Mie u. a., 2017; Muñoz-Quezada u. a., 2013). Regelmäßiger Konsum biologisch produzierter Lebensmittel konnte hingegen mit geringeren Pestizidkonzentrationen im Urin assoziiert werden (Curl u. a., 2015). Hinsichtlich der Nährstoffzusammensetzung scheint es derzeit wenige Unterschiede zwischen biologisch und konventionell produzierten Nahrungsmitteln zu geben (Mie u. a., 2017). Ein erhöhtes Risiko für das Auftreten verschiedener Tumoren bzw. Krebsarten konnte in einer Reihe von groß angelegten Arbeitsplatzstudien in der Landwirtschaft gezeigt werden, wie z. B. in *der Agricultural Health Study* und der *AGRICAN cohort study* (Engel u. a., 2017; Lemarchand u. a., 2017).

Wenig im Fokus der Aufmerksamkeit stehen die Pestizid-Exposition und deren gesundheitlichen Effekte bei LandarbeiterInnen/KleinbäuerInnen in den Ländern des globalen Südens, die aufgrund fehlender Schutzmaßnahmen besonders gefährdet sind (Eddleston u. a., 2002; United Nations, 2017a). Dies konnte auch in einer österreichischen Feldstudie zu den gesundheitlichen Auswirkungen von Pestizidexposition bei LandarbeiterInnen im Bananenanbau in Ecuador gezeigt werden (Hutter u. a., 2017, 2018a, 2018b).

Klimawandel und Landwirtschaft

Trotz Intensivierung der Landwirtschaft mit einem enormen Ressourcenverbrauch sind fast 800 Millionen Menschen chronisch unterernährt (FAO u. a., 2015). Daneben führt die mit intensiven Bewirtschaftungsmethoden verbundene globale Konzentration des Anbaus auf einige wenige Nutzpflanzen zu einer Homogenisierung unserer Ernährung und beeinträchtigt die Resilienz landwirtschaftlicher Systeme. Durch deren Monotonisierung und den Anbau auf großen Flächen sind lokale und globale Anbausysteme vulnerabler gegenüber Schädlingen und Krankheiten. Mit dem Klimawandel wird eine Zunahme dieser Problematik erwartet (WHO u. a., 2015). Zu weiteren mit dem Klimawandel verbundenen Risiken für die Landwirtschaft, welche die Nahrungsmittelproduktion oder Produktqualität negativ beeinflussen können, zählen eine erhöhte Frequenz von Wetter- und Klimaextremen wie Dürreperioden, Hitzewellen, Starkregenereignisse, Überschwemmungen und Stürmen (Glötzl, 2011) und in der Folge die Beeinträchtigung der Bodenfruchtbarkeit und der

Nährstoffspeicherkapazität sowie die Leistungsverringerung und ein erhöhtes Krankheitsrisiko bei Nutztieren (APCC, 2014). Es ist davon auszugehen, dass die Effekte des Klimawandels auf die Landwirtschaft je nach Region sehr unterschiedlich ausfallen werden (Aydinalp & Cresser, 2008). Eine Zusammenfassung der zu erwartenden Auswirkungen auf die Landwirtschaft in Österreich sowie zu Anpassungsmaßnahmen findet sich im Österreichischen Sachstandsbericht Klimawandel (APCC, 2014).

3.3.7 Luftverschmutzung

Luftverschmutzung ist laut dem „*Global Burden of Disease*" Bericht der WHO (Fitzmaurice u. a., 2017; Gakidou u. a., 2017) die bedeutendste Umwelturache für Krankheit weltweit. Auch in Österreich gehen nach den besten Schätzungen jährlich mehrere tausend Todesfälle auf das Konto der Luftverschmutzung und sie verkürzt die Lebenserwartung der ÖsterreicherInnen im Durchschnitt um ein halbes bis ein ganzes Jahr. Aufgrund der Wichtigkeit des Themas wird ihm ein eigenes Online-Supplement gewidmet (siehe Supplement Kapitel S7 „Luftschadstoffe und Klimawandel").

In Österreich wie in vielen Ländern Europas und der nördlichen Hemisphäre sind die Konzentrationen an Indikatorschadstoffen rückläufig. Bereits ab den 1970er Jahren war die Abnahme von Schwefeldioxid deutlich und Österreich hat damals eine Vorreiterrolle in Europa eingenommen. Der Erfolg beruhte auf der Entfernung von Schwefel aus Erdölprodukten und aus der Rauchgaswäsche bei Verbrennung von Kohle und anderen schwefelhaltigen Brennstoffen. In der Rauchgaswäsche wurde und wird Schwefel als Gips gebunden, der als Baustoff Verwendung findet. Dies war somit eines der ersten Beispiele für einen groß angelegten Reinigungsprozesses, der langfristig auch wirtschaftliche Vorteile brachte. Während die Luftbelastung mit Schwefeldioxiden den Klimawandel aufgrund der kühlenden Wirkung der Sulfate abgeschwächt hatte, wurde in der Folge dieser Effekt durch die erfolgreiche Entschwefelung wieder weitgehend aufgehoben (Visioni u. a., 2017). Gegenwärtig wird überlegt, im Sinne von Geoengineering, Sulfate in hohe atmosphärische Schichten einzubringen, um damit den Klimawandel aufzuhalten. Dies ist zwar anders zu sehen als der unbeabsichtigte Eintrag in „Nasenhöhe", aber die Verweildauer der Sulfate in der Stratosphäre sowie die chemischen Nebenwirkungen der Sulfate in so großer Höhe sind noch unzureichend erforscht.

In den letzten Jahren war eine weitere Abnahme beim Feinstaub festzustellen, wobei dieser Trend teilweise auch durch klimatische Faktoren verstärkt worden ist. Hier sind besonders die wärmeren Winter hervorzuheben, die zu weniger Feinstaub aus dem Hausbrand beigetragen haben. Dieses Potential der Emissionsminderung ist jedoch weitgehend ausgeschöpft, bzw. bewirkt ein Umstieg von fossilen auf nachwachsende Brennstoffe teilweise wieder eine Zunahme der Feinstaubemission aus dem Hausbrand. Heißere trockenere

Sommer werden in Zukunft zu einer Zunahme von sekundären Partikeln führen, wobei die chemisch-meteorologischen Modelle sehr komplex sind, wodurch genaue Prognosen noch unsicher sind.

Maßnahmen, die zu einem Verzicht auf Verbrennungsvorgänge führen (wie die bessere Isolierung von Gebäuden oder der Umstieg auf muskelgetriebene Mobilität), reduzieren nicht nur die Emission von Luftschadstoffen, sondern auch von Treibhausgasen. Vielfach sind diese Maßnahmen zusätzlich mit direkten positiven Gesundheitsauswirkungen verbunden, z.B. durch körperliche Betätigung, und oft gehen diese mit einer Reduktion von Lärm einher, der ebenfalls ein gesundheitlich bedeutender Umweltfaktor ist.

Das österreichische Messnetz erfasst die Indikatorstoffe laut Immissionsschutzgesetz-Luft, wie sie von der EU vorgegeben sind. Das Messnetz ist von guter Qualität und erlaubt die Erfassung räumlicher und zeitlicher Unterschiede, welche, wie mehrere Studien belegt haben, prädiktiv für Gesundheitswirkungen sind. Es ist nicht sicher, ob mit einer Änderung der Technologien, die zu den Emissionen führen, wie z.B. die Kfz-Motoren-Technik, den aktuellen Indikatorsubstanzen die gleiche Bedeutung und Gesundheitsrelevanz zukommt. Zusätzlich zu den klassischen Luftschadstoffen wäre es sicher sinnvoll, auch ultrafeine Partikel beziehungsweise die Anzahlkonzentrationen der Partikel zu messen und die chemische Zusammensetzung des Feinstaubes an mehreren Stationen regelmäßig zu erfassen, was bisher nur im Rahmen einzelner Forschungsvorhaben erfolgte.

Trotz der großen Bedeutung der Luftschadstoffe für die Gesundheit (auch in Österreich) sind die Forschungsförderfonds in Österreich häufig nicht bereit, entsprechende Forschung zu finanzieren. Die Politik ist allenfalls anlassbezogen und daher an raschen Ergebnissen interessiert, was lediglich Querschnittsstudien erlaubt, deren kausale Aussagekraft jedoch eingeschränkt ist. Die Bereitstellung von Daten und die Verknüpfung von Daten aus verschiedenen Registern, selbst in anonymisierter Form, sind in Österreich aus legistischen und technischen Gründen erschwert bis unmöglich. Trotzdem wurden auch in Österreich wichtige Forschungsarbeiten zur gesundheitlichen Auswirkung von Luftschadstoffen erbracht, die weitgehend im Einklang mit der internationalen Literatur stehen und vielfältige akute und langfristige Effekte der Luftschadstoffe belegen.

3.3.8 Zusammenfassende Bewertung

Unter den indirekten Wirkungen stehen vor allem Infektionskrankheiten im medialen Interesse. Tatsächlich wird der Klimawandel Auswirkungen auf Krankheiten haben, die durch Lebensmittel, Trinkwasser oder Arthropoden übertragen werden. Ein funktionierendes Gesundheitssystem und eine umfassende Gesundheitsüberwachung können das Risiko großer epidemischer Ausbrüche wahrscheinlich gering halten. Für die derzeitige Gesundheitslast bedeutender ist die Belas-

tung durch Luftschadstoffe, wobei der Einfluss des Klimawandels auf diese allerdings noch unsicher ist. Der Klimawandel wird die Verteilung und die Umwandlung von Luftschadstoffen zwar beeinflussen, aber für die Luftqualität sind die primären Emissionen von Schadstoffen bedeutender. Dabei ist es vor allem wichtig zu berücksichtigen, dass vernünftige Maßnahmen zum Klimaschutz auch lokal vorteilhafte Wirkungen entfalten können, indem unter anderem die Emission von Luftschadstoffen reduziert wird. Darauf wird unter „Co-Benefits" in Kapitel 4.5 näher eingegangen.

3.4 Klimafolgen in anderen Weltregionen mit Gesundheitsrelevanz für Österreich

Globale Klimafolgen mit Gesundheitsrelevanz für Österreich beschreiben Folgen von Veränderungen in fernen Ländern, die durch Handel und Personenverkehr sekundär Auswirkungen auf das österreichische Gesundheitssystem haben. Beim Warenverkehr stehen unter anderem Qualitätseinbußen bei importierten Lebensmitteln (z.B. zunehmende Belastung mit Aflatoxinen im Falle vermehrter Niederschläge in den Anbauregionen) im Vordergrund. Hinsichtlich des Personenverkehrs erweckten Migrations- und Flüchtlingsströme (sogenannte „Klimaflüchtlinge" und Opfer von „Klimakriegen") (Bonnie & Tyler, 2009; UNHCR, 2018; Williams, 2008) in den letzten Jahren größeres mediales Interesse. Diese rezenten Flüchtlingsbewegungen führten in Österreich einerseits zu einer Zunahme von Asylanträgen oder ImmigrantInnen, andererseits stellten sie den österreichischen Gesundheitsdienst und dessen Repräsentanten im Falle internationaler Hilfeleistung (z.B. in afrikanischen Flüchtlingslagern) vor neue Herausforderungen. Auch wenn die Flüchtlingsbewegungen der jüngsten Vergangenheit nicht oder nur zu einem geringen Teil dem Klimawandel geschuldet sind, geben sie doch einen Vorgeschmack der Folgen eines ungebremsten Klimawandels im globalen Maßstab (Bowles u.a., 2015; Butler, 2016). Aller Voraussicht nach werden diese fernen Klimawirkungen die größte Herausforderung für das Gesundheitssystem und die Politik insgesamt darstellen. Die konkreten Auswirkungen werden aber vor allem von den politischen Entscheidungen auf diversen Ebenen und in verschiedenen Weltregionen abhängen und sind daher nicht vorhersehbar.

In einem Worst-Case-Szenario destabilisiert der Klimawandel im Zusammenspiel mit Misswirtschaft und politischem Unvermögen Gesundheitssysteme und staatliche Ordnungen in einzelnen weniger stabilen Staaten (Grecequet u.a., 2017; Schütte u.a., 2018). Dies kann in erster Linie zu regionalen Gesundheitsproblemen führen. Sofern es sich um Infektionskrankheiten handelt, für die es keine Prävention (Impfungen) oder Therapie (z.B. Antibiotikaresistenzen, durch insuffiziente Therapie zum Teil begünstigt) gibt, können sich daraus in weiterer Folge weltweite Pandemien entwickeln, die auch das österreichische Gesundheitssystem vor große Herausforderungen stellen würden. Globale von der WHO koordinierte Krankheitssurveillance und internationale Solidarität sind wichtige Pfeiler einer präventiven Gesundheitspolitik.

3.4.1 Globaler Güterverkehr

Die Beeinträchtigung der Landwirtschaft in tropischen und subtropischen Ländern, die Veränderung der Qualität der importierten Produkte und Störungen in der Produktionskette (z. B. sind viele wichtige Produktionsstätten und Umschlagsplätze in Hafenstädten gelegen und sowohl extreme Wetterereignisse als auch langsame Veränderungen wie der Meeresspiegelanstieg können die Funktion dieser Knotenpunkte beeinträchtigen) haben primär Auswirkungen auf den heimischen Konsum und die Wirtschaft, aber indirekt auch auf die Gesundheit. Details mit möglichen direkten Folgen für die Gesundheit wurden beispielsweise im Kapitel „Lebensmittel" (siehe Kap. 3.3.5) diskutiert.

3.4.2 Globaler Personenverkehr

Hitze und MigrantInnen

Sozial benachteiligte MigrantInnen sind häufig verstärkt hitzeexponiert. Dies betrifft sowohl den Arbeitsplatz (etwa Baustellen oder Küchen) als auch die Wohnung, da sich diese nicht selten in einer Hitzeinsel befindet, in einem Haus mit schlechter Bausubstanz etc. (Wiesböck u. a., 2016). Die Vulnerabilität wird durch geringe *Health Literacy* verstärkt. Bei muslimischen MigrantInnen können während des Ramadans, wenn dieser streng eingehalten wird, Gesundheitsprobleme auftreten, da auch bei großer Hitze tagsüber nichts getrunken wird.

Da zum Thema „Hitze und MigrantInnen" wenig wissenschaftliche Literatur existiert, förderte das ACRP (*Austrian Climate Research Program*) das Projekt „EthniCityHeat", an dem 3 Wiener Universitäten beteiligt waren. Im Rahmen des Projekts wurden Tiefeninterviews mit Stakeholdern und türkischen MigrantInnen sowie eine quantitative Erhebung (n=800) zu Hitzewahrnehmung, Anpassungsmaßnahmen usw. durchgeführt. Dabei zeigte sich etwa, dass ältere türkische MigrantInnen stärker unter Hitze litten als ältere ÖsterreicherInnen (die im Rahmen eines anderen Projekts befragt worden waren). Knapp 70 Prozent der Befragten hielten bei Hitze den ganzen Tag die Fenster offen, was die Wohnungen zusätzlich aufheizt. Ein weiteres Produkt des Projekts war eine Toolbox zur Hitzeanpassung für Multiplikatorinnen (Mayrhuber u. a., 2016; Wanka u. a., 2016; Wiesböck u. a., 2016).

Infektionserkrankungen bei MigrantInnen

Migration und Wanderbewegungen haben viele Ursachen und Motive (Iversen u. a., 2012; Winchie & Carment, 1989; Winter-Ebmer, 1994). Einzelne Personen mögen durchaus aus Abenteuerlust oder mit dem Ziel den eigenen Horizont zu erweitern, etwa zur Ausbildung und um die eigene Karriere zu fördern sowie aus verschiedenen persönlichen und anderen Umständen den Wohnort, den Staat oder gar den Kontinent wechseln. Wenn sich größere Bevölkerungsgruppen auf den Weg machen, werden deren Motive meist von überindividuellen Gründen bestimmt. Probleme im Herkunftsland, die zur Aufgabe des Wohnortes zwingen oder zumindest nachdrücklich motivieren, sind vielfältig und überlagern sich oft gegenseitig. Überbevölkerung, Misswirtschaft, Ausbeutung der natürlichen Ressourcen, feindliche Übergriffe von Nachbarstaaten oder von Parteien und Gruppen im eigenen Land, Konflikte und Benachteiligung wegen religiöser, ethnischer oder sonstiger Merkmale und unglückliche oder zynisch beabsichtigte Interventionen aus dem fernen Ausland, nicht zuletzt auch von europäischen Staaten und ihren mächtigen Interessengruppen, können Menschen unter anderem zur Aufgabe ihrer Heimat zwingen. Die Grenzen zwischen Konventions-, Wirtschafts- und Klimaflüchtlingen sind fließend. Oft hat der Klimawandel im Zusammenhang mit Misswirtschaft und mangelnder Anpassungsfähigkeit zuerst zu einer Landflucht geführt. Die urbanen Zentren konnten den Zustrom neuer Bewohner nicht verkraften und weder sanitär befriedigende Unterkünfte noch angemessene Arbeit bereitstellen. Ressourcenknappheit und Versagen der Eliten spielen oft eine wichtige Rolle. So können sich Unzufriedenheit, ethnische und religiöse Spannungen, Ausbeutung und Verzweiflung ausbreiten und letztendlich kriegerische Handlungen auslösen und Fluchtbewegungen begünstigen.

Die Flüchtlingsströme, die sich von Subsahara-Afrika und dem Horn von Afrika durch die Sahara, über das Mittelmeer oder über Landrouten aus Asien nach Europa bewegten, sind nicht ausschließlich dem Klimawandel zuzuordnen. Nichtsdestotrotz hat klimatischer Druck oft eine nicht unwesentliche Rolle gespielt (Bowles u. a., 2015; Butler, 2016; Kelley u. a., 2015) und Folgen des Klimawandels werden den Migrationsdruck in Zukunft verstärken.

Die Erfahrungen mit Flüchtlingswellen der vergangenen Jahre haben gezeigt, dass Flüchtlinge durch materielle Notlagen und erlittene physische und psychische Traumen ein erhöhtes Risiko für den Erwerb von Infektionen im Vergleich zur ansässigen Bevölkerung haben. Asylwerbende MigrantInnen und insbesondere Kinder aus Herkunftsländern mit Beeinträchtigung der Gesundheitsversorgung zeichnen sich oft durch niedrigeren Impfschutz gegenüber den betreffenden Infektionskrankheiten aus. Bei nicht zufriedenstellender Durchimpfung in der ansässigen Bevölkerung, wie etwa gegen Masern, können sich importierte Infektionserreger, die besonders leicht übertragbar sind (z. B. via Tröpfcheninfektion), auf die ansässige Bevölkerung übertragen. Nichtsdestotrotz haben Infektionskrankheiten in der Flüchtlingspopula-

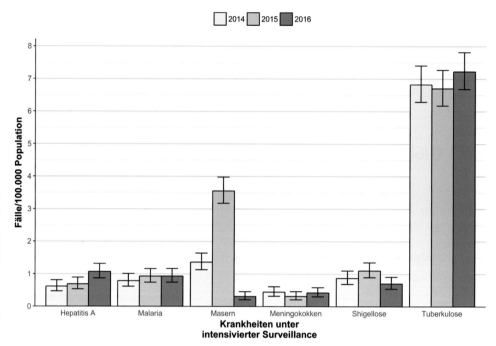

Abb. 3.10: Inzidenz per 100.000 Einwohner mit 95 % Konfidenzintervall von Hepatitis A, Malaria, Masern, invasive Meningokokken-Erkrankung, Shigellose und Tuberkulose in der österreichischen Bevölkerung (inkludiert Nativ-[in Österreich Geborene] und Nicht-Nativ-Bevölkerung) der Jahre mit starker Flüchtlingsbewegung (2015 und 2016) im Vergleich zu 2014.

tion gewöhnlich eine zu vernachlässigende Wirkung auf die Epidemiologie der Infektionskrankheiten in der Population des Host- und Transit-Landes (Castelli & Sulis, 2017).

Die führenden Herkunftsländer der Asylwerber in Österreich im Jahr 2015 und 2016 waren gemäß anteilsmäßiger Verteilung die Hoch-TBC-Inzidenzländer (>= 40 Fälle/100.000 Personen/Jahr) Afghanistan (2015: 29,4 %; 2016: 28,8 %), Pakistan (2015: 3,4 %; 2016: 6 %), Somalia (2015: 2,4 %; 2016: 3,8 %), die Russische Föderation (2015: 1,6 %; 2016: 3,1 %) und die Niedrig-TBC-Inzidenzländer Syrien (2015: 28,4 %; 2016: 21,8 %) und Irak (2015: 15,5 %; 2016: 6,9 %) (Indra & Schmid, 2017).

Die asylwerbenden MigrantInnen in Österreich werden in den Aufnahme-/Transitzentren medizinisch erstuntersucht, bei Bedarf therapeutisch betreut und auf manifeste Tuberkulose klinisch und radiologisch untersucht (*post-arrival-screening* auf aktive TBC für eine ehestmögliche Detektion eines importierten aktiven TBC-Falles). Kindern und Jugendlichen werden je nach Impfstatus die Masern-, Mumps-, Röteln-Impfung und die Vierfach-Impfung gegen Diphtherie, Tetanus, Polio und Keuchhusten angeboten.

Zusätzlich operiert seit September 2015 in den Aufnahme-/Transitzentren ein syndrombasiertes Surveillancesystem zur rechtzeitigen Entdeckung und Abklärung von Häufungen von Hautausschlägen, Atemwegserkrankungen, Durchfall, Fieber, akuter Gelbsucht und Tod unklarer Genese.

Im Rahmen des nationalen Surveillancesystems für meldepflichtige Infektionserkrankungen wurde für Masern, Tuberkulose, Hepatitis A, Shigellose, Rückfallfieber, Cholera, Diphtherie, Polio, Malaria, Typhus und Brucellose die epidemiologische Überwachung intensiviert. Auswahlkriterien hierfür waren das erhöhte Risiko für den Erwerb dieser Infek-

tionen in der Flüchtlingspopulation (ECDC, 2015a, 2015b), hohes Verbreitungspotential und der Status der Elimination in der ansässiger Population. Ziel der intensivierten Surveillance ist es, das Auftreten dieser Infektionskrankheiten über das erwartete Ausmaß in der heimischen Bevölkerung sowie ein gehäuftes Auftreten bei der asylwerbenden Migrantenpopulation rechtzeitig zu erkennen und mit entsprechenden Maßnahmen zu kontrollieren. Die „enhanced" Surveillance (verstärkte Überwachung) inkludiert eine zweimonatliche Auswertung der Fallzahlen nach Monat der Diagnose der ausgewählten Infektionskrankheiten und nach WHO-Region des Geburtslandes (Österreich, EU27/EEA/CH exklusive Österreich, WHO-Region Europa andere, WHO Östliches Mittelmeer, WHO Afrika, Restliche WHO Regionen) sowie die Schätzung der einjährigen Inzidenz in der österreichischen Bevölkerung bzw. nach WHO-Region des Herkunftslandes für die Jahre 2014, 2015 und 2016 im Vergleich. Abb. 3.10 illustriert die Inzidenz per 100.000 Einwohner von Hepatitis A, Malaria, Masern, invasive Meningokokken-Erkrankung, Shigellose und Tuberkulose in der österreichischen Bevölkerung (inkludiert Nativ-[in Österreich Geborene] und Nicht-Nativ-Bevölkerung Österreichs) in den Jahren mit starker Flüchtlingsbewegung (2015 und 2016) im Vergleich zu 2014.

Daten der intensivierten Surveillance zeigen keine signifikanten Änderungen in der einjährigen Inzidenz der invasiven Meningokokken-Erkrankung in der österreichischen Bevölkerung (wie oben definiert) und in der Nativbevölkerung (in Österreich Geborene) in den Jahren 2015 und 2016 im Vergleich zu 2014 (österr. Nativ: 2014, 2015, 2016: 0,4, 0,3, 0,4 per 100.000 EW); auch wurden keine signifikanten Änderungen in der einjährigen Inzidenz der Shigellose in der österrei-

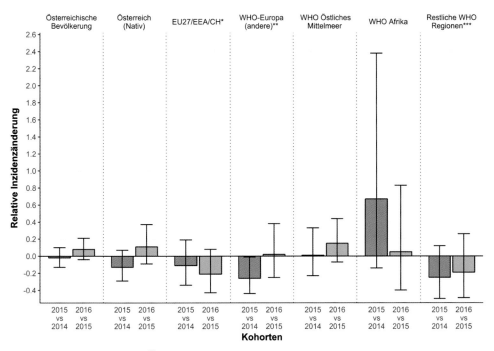

Abb. 3.11: Relative Änderung der TBC-Inzidenz / 100.000 Einwohner und 95 % Konfidenzintervall des Jahres 2016 im Vergleich zum Jahr 2015 (blau) bzw. des Jahres 2015 im Vergleich zum Jahr 2014 (rot) der österreichischen Bevölkerung und der geburtsland-/geburtsregionspezifischen Bevölkerungssubgruppen

* EU27/EEA/CH exklusive Österreich;
** WHO-Region Europa exklusive EU27/EEA/CH und Österreich;
*** WHO Regionen Amerika, Südostasien und West-Pazifik, sowie Länder ohne WHO-Mitgliedschaft

chischen Nativbevölkerung festgestellt (2014, 2015 und 2016: 0,9, 0,8 und 0,7 per 100.000 EW), trotz gehäuften Auftretens dieser Erkrankung in der Flüchtlingspopulation in den Aufnahme-/Transitzentren in Österreich im Jahr 2015. Ähnliches wurde auch für Hepatitis A beobachtet: gleichbleibende Inzidenz in den Jahren 2014 und 2015 in der österreichischen Nativbevölkerung (2014, 2015: 0,5 per 100.000 EW) bei Häufungen von Hepatitis A im Jahr 2015 bei Kindern in der asylwerbenden Bevölkerung. Der Anstieg von Hepatitis A im Jahr 2016 in der österreichischen Nativbevölkerung und die Häufungen von Hepatitis A im Jahr 2016 bei Kindern in der asylwerbenden Bevölkerung sind epidemiologisch voneinander unabhängig. Der 3,1-fache Anstieg der Masern-Inzidenz in der österreichischen Nativbevölkerung im Jahr 2015 im Vergleich zu 2014 und der starke Rückgang im Jahr 2016 ist nicht von der Masernaktivität in der asylwerbenden Bevölkerung Österreichs beeinflusst (Abb. 3.10).

Die Inzidenz der TBC in der österreichischen Bevölkerung (wie oben definiert) des Jahres 2016 unterschied sich von jener des Jahres 2015 um +8 % (95 %KI: -4 %; 21 %) und die in 2015 von 2014 um -2 % (95 %KI: -13 %; 10 %).

Abb. 3.11 stellt die relativen Änderungen in der TBC-Inzidenz per 100.000 Einwohner mit 95 % Konfidenzintervall des Jahres 2016 im Vergleich zum Jahr 2015 (blau) bzw. des Jahres 2015 im Vergleich zum Jahr 2014 (rot) der österreichischen Bevölkerung (wie oben definiert) und der Bevölkerungssubgruppen nach WHO-Region des Geburtslandes dar.

Im Vergleich zu 2014 war die TBC Inzidenz 2015 in der österreichischen Nativbevölkerung um 13 % niedriger (95 %KI: -29 %; +7 %) und in der Bevölkerungsgruppe von

der WHO-Region Östliches Mittelmeer um 1 % (95 %KI: -23 %; +33 %) höher sowie in der Bevölkerungsgruppe aus der WHO Region Afrika um 67 % höher (95 %KI: -14 %; +238 %). Im Jahr 2016 im Vergleich zu 2015 war die TBC-Inzidenz in der österreichischen Nativbevölkerung und in der Bevölkerungsgruppe kommend von der WHO-Region Östliches Mittelmeer um 12 % (95 %KI: -9 %; +38 %) bzw. um 15 % (95 %KI: -8 %; +43 %) höher. Für die Bevölkerungsgruppe von der WHO Region Afrika beobachtete man im Jahr 2016 eine TBC-Inzidenz, die sich um +5 % von der im Jahr 2015 unterschied (95 %KI: -40 %; +83 %). Für die anderen WHO Regionen beobachtete man im Jahr 2015 im Vergleich zu 2014 (EU27/EEA/CH exklusive Österreich, WHO-Region Europa andere und restliche WHO Regionen) niedrigere Inzidenzen und im Jahr 2016 im Vergleich zu 2015 geringere oder beinahe gleich bleibende Inzidenzen.

In der österreichischen Nativbevölkerung zeigte sich der sinkende 2008–2016 Langzeittrend mit einem jährlichen Rückgang von 5 Fällen/1 Million Einwohner etwas verflacht im Vergleich zum 2008–2015 Langzeittrend (Rückgang: 5,5 Fälle/1 Million Einwohner/Jahr), bedingt durch eine Inzidenz 2016 von 2,9/100.000 Einwohner der Nativbevölkerung im Vergleich zu 2,5/100.000 im Jahr 2015 und 2,9/100.000 im Jahr 2014.

Mittels Kaplan-Meier Analysen wurden kumulierte TBC-Erkrankungswahrscheinlichkeiten bei den Asylwerberkohorten der Einreisejahre 2014, 2015 und 2016 geschätzt. Dabei zeigte sich eine signifikant niedrigere TBC-Wahrscheinlichkeit in 2015 im Vergleich zu 2014 und 2016. Dies ist einerseits auf den hohen Anteil von Asylwerbenden aus Niedrig-

TBC-Inzidenzländern in der Einreisekohorte von 2015 zurückzuführen (44 % der Asylwerber kamen aus Syrien und dem Irak), andererseits auf eine ungewöhnlich niedrige TBC-Morbidität in einzelnen herkunftslandspezifischen Asylwerberkohorten von Hoch-TBC-Inzidenzländern (wie die Russische Föderation & Somalia).

Für die Jahre 2015 und 2016 gibt es derzeit weder einen epidemiologischen noch einen molekularbiologischen Hinweis auf TBC-Übertragung von der asylwerbenden Population in Österreich auf die ansässige Bevölkerung (Indra & Schmid, 2017).

Die vorliegenden Daten der intensivierten Surveillance von Infektionskrankheiten in Österreich, die unter dem Aspekt der infektionsepidemiologischen Relevanz im Rahmen der verstärkten Flüchtlingsbewegung der Jahre 2015 und 2016 ausgewählt wurden, unterstützen die Schlussfolgerung von zahlreichen Beobachtungen zu Infektionskrankheiten und Migration: Die epidemiologische Entwicklung von Infektionskrankheiten in der einheimischen Bevölkerung des Gastlandes ist nicht systemisch mit Migration assoziiert (Castelli & Sulis, 2017; ECDC, 2015a).

Es ist natürlich auch unabhängig von Klimawandel und Flüchtlingsbewegungen ein reger globaler Reiseverkehr zu beobachten. Handel und Tourismus spielen bei der weltweiten Verbreitung von Infektionskrankheiten eine wichtige Rolle (Mangili & Gendreau, 2005; Silverman & Gendreau, 2009) und die österreichischen Gesundheitsdienste müssen daher jederzeit für hierzulande bisher unbekannte Infektionskrankheiten oder eine Änderung im Resistenzmuster vertrauter Keime bereit sein.

3.4.3 Zusammenfassende Bewertung

Menschen besiedeln seit der Steinzeit alle Klimazonen von den Tropen bis in die arktischen Gebiete und sind in einem weiten Temperaturbereich überraschend anpassungsfähig. Letztendlich sind der Anpassung aber Grenzen gesetzt. Bereits jetzt gibt es Weltgegenden, wo Individuen und die meisten Säugetiere nicht das ganze Jahr über ohne technische Hilfsmittel (Klimatisierung) überleben können, wobei neben der Temperatur auch der Luftfeuchtigkeit eine wichtige Rolle zukommt. Gebiete, die zu heiß zum permanenten Leben sind, werden sich in Zukunft ausdehnen, wenngleich im Alpenraum in naher und auch mittelfristiger Zukunft sicher nicht so extreme Klimaänderungen zu erwarten sind.

Obwohl der Alpenraum im Vergleich zu anderen Weltgegenden weniger stark vom Klimawandel direkt betroffen sein wird, wird Österreich dennoch mit Klimafolgeschäden in anderen Weltgegenden konfrontiert sein, entweder bei Hilfseinsätzen vor Ort oder durch MigrantInnen. Der globale Wandel, der nur zum Teil auf den Klimawandel zurückzuführen ist, wird auch das österreichische Gesundheitssystem vor neue und große Herausforderungen stellen. Im Detail sind die Folgen aber nicht vorhersehbar, da zu viele andere unzureichend kontrollierbare Faktoren eine wichtige Rolle spielen.

Angst vor der Einschleppung von Infektionskrankheiten und diffuse Vorstellungen von kultureller „Überfremdung" stehen im Mittelpunkt medialer Berichterstattung über Migration. Die aktuellen Daten, die sich nicht unbedingt auf Klimaflüchtlinge beziehen, aber sehr wohl auch auf diese anwendbar sind, weisen nicht auf eine relevante Infektionsgefahr für die autochthone Bevölkerung hin. Vielmehr sollten die Betreuung und die Gesundheit der MigrantInnen im Mittelpunkt des Interesses stehen. Hier sind Infektionskrankheiten und ihre entsprechende Therapie und Prophylaxe (Impfstatus) zu beachten. Der Schwerpunkt wird aber wahrscheinlich auf psychischen Traumata als Fluchtgrund und als Folge der Fluchtbedingungen liegen. Die Ausführungen zu posttraumatischen Störungen, die in anderem Zusammenhang in Kapitel 3.2.2 angesprochen wurden, gelten auch hier.

3.5 Gesundheitsfolgen der demographischen Entwicklungen

Mit 31.10.2011 hatte Österreich 8.401.940 EinwohnerInnen (Statistik Austria, 2016). Der Anteil an Kindern und Jugendlichen (< 20 Jahre) ist gesunken; dem steht ein Anstieg der Bevölkerung im nicht mehr erwerbsfähigen Alter (> 65 Jahre) gegenüber. Ein Rückgang der Bevölkerung im Haupterwerbsalter (20–64 Jahre) wurde seit 2001 durch Zuwanderung verhindert. Nichtsdestotrotz steuert Österreich weiterhin auf eine Überalterung der Gesellschaft zu. Man muss damit rechnen, dass im Jahr 2050 27 % der Bevölkerung älter als 65 Jahre sein werden (OECD, 2015). Ursachen für diese Veränderungen sind neben dem Geburtenrückgang auch eine steigende Lebenserwartung.

Diese demographische Veränderung stellt schon jetzt, aber zunehmend in Zukunft eine Herausforderung für Pensionssicherungsmodelle, Gesundheitssysteme und Betreuungssysteme dar. Die öffentlichen Ausgaben für Langzeitpflege im stationärem Bereich sind in Österreich zwischen 2005 und 2015 um 4,7 % angestiegen und betrugen 2013 1,2 % des BIPs (OECD, 2015).

3.5.1 Erkrankungen des höheren Lebensalters

Parallel zur zunehmenden Alterung der Bevölkerung wird man mit einem Anstieg der Inzidenz an chronischen Erkrankungen wie Demenz, Atemwegserkrankungen, Herz-Kreislauf-Erkrankungen und Malignomen mit allen ihren Folgeerscheinungen zu rechnen haben. Diese Patientengruppe benötigt eine spezielle interdisziplinäre Versorgung mit dem Ziel des Erhalts bzw. der Verbesserung der gesundheitsbezogenen Lebensqualität (Fitzmaurice u. a., 2017; Gakidou u. a., 2017; Soobiah u. a., 2017). Mehr als die Hälfte der über 65-Jährigen geben Einschränkungen des täglichen Lebens an (OECD, 2015). Durch verbesserte medizinische Versorgung, Screening Programme und Entwicklungen in der Therapie von chronischen Erkrankungen und Malignomen steigt somit auch parallel die Prävalenz.

Aus einer Studie des Hauptverbandes und der GKK Salzburg (BMG & Gesundheit Österreich GmbH, 2012) geht hervor, dass mehr als die Hälfte der psychisch Erkrankten älter als 60 Jahre sind. In einer Langzeitstudie (Jung u. a., 2007) wurden rund 600 75-jährige BewohnerInnen zweier Wiener Bezirke auf Depression untersucht: 16,5 % litten an einer mehr oder weniger starken Depression. Europäische Vergleichsstudien finden bei 10–17 % eine Depression. Auffällig war, dass mit zunehmendem Alter auch depressive Erkrankungen zunahmen. In einer Nachuntersuchung 30 Monate später konnte eine Verdoppelung der *Minor Depression* und eine Verdreifachung von Subsyndromalen Depressionen festgestellt werden.

3.5.2 Kosten

Seit 1990 sind in Österreich die staatlichen Ausgaben im Gesundheitssystem stetig gestiegen. Im Jahr 2013 betrugen die öffentlichen Gesundheitsausgaben insgesamt 34,9 Milliarden Euro, bzw. 10,8 % des BIP. Davon waren 26,2 Milliarden Euro bzw. 75,2 % öffentliche Ausgaben (Statistik Austria, 2018). Kostentreiber sind neben den stationären Behandlungen (35 % der Gesundheitsausgaben), ambulante Behandlungen (29 % der Gesundheitsausgaben) und Langzeitpflege (15 % der Gesundheitsausgaben). Hinzu kommen steigende Ausgaben für Medikamente, vor allem für moderne Tumortherapien.

Durch zunehmende Bevölkerungsalterung und andere demographische Veränderungen kommt es zu Kostenveränderungen in den Gesundheitsausgaben. Hinzu kommen neue Technologien und damit ein Potential für einen Kostenanstieg durch Inanspruchnahme derselben, was wiederum mit Auswirkungen auf das Gesamtüberleben von Erkrankten verbunden ist.

Ökonomie in der Medizin darf kein Tabu sein, auch nicht bei chronisch kranken PatientInnen oder PatientInnen am Ende des Lebens. In Zeiten der Knappheit im Gesundheitswesen muss der Einsatz der zur Verfügung stehenden Ressourcen kontinuierlich optimiert werden.

Die OECD (OECD, 2015) berichtet, dass psychische Erkrankungen in Österreich rund 3,5 % des Bruttoinlandsprodukts (BIP), also etwa elf Milliarden Euro kosten. Sie stellt kritisch fest, dass trotzdem die Versorgung psychisch Kranker nur ungenügend verfolgt werde. Des Weiteren fordert der Hauptverband der österreichischen Sozialversicherungsträger in seinem Bericht (BMG & Gesundheit Österreich GmbH, 2012; BMGF, 2016), dass der Gesundheitsförderung und Prävention mehr Beachtung geschenkt werden muss. Bei Depressionen im höheren Lebensalter (ab 65 Jahre) soll Betroffenen eine Psychotherapie angeboten werden (S3-Leitlinie/Nationale Versorgungsleitlinie Unipolare Depression für Deutschland der Deutschen Gesellschaft für Psychiatrie, 2009). Bei schweren Formen einer Depression im Alter sollte eine Kombination aus Pharmako- und Psychotherapie angeboten werden (Deutsche Gesellschaft für Psychiatrie, 2009; Kasper u. a., 2012). Bei leichten kognitiven Einschränkungen und einer Depression im Alter sollte eine Psychotherapie (bevorzugt als Einzeltherapie) offeriert werden (Deutsche Gesellschaft für Psychiatrie, 2009). Wichtig ist, da Psychotherapie auch einen wesentlichen Einfluss auf die Stabilität des Behandlungserfolgs und auf die Prävention von Rückfällen hat, dass diese bereits in der Akutphase begonnen wird, um Bewältigungsstrategien zu entwickeln und Auslöser erkennen zu lernen. Dadurch ist die Veränderung von Mustern, der Zugewinn an Umgangsmöglichkeiten und letztlich eine nachhaltige Wirkung zu erreichen, wie Befunde aus der Präventionsforschung und Psychotherapieforschung nachweisen.

3.5.3 Zusammenfassende Bewertung

Das Gesundheitssystem sieht sich demographischen Herausforderungen gegenüber. Das betrifft sowohl die Alterung der AkteurInnen im Gesundheitssystem als auch in der Bevölkerung. Eine steigende Lebenserwartung ist als Zeichen einer gesünderen Bevölkerung zu begrüßen: höhere individuelle Lebenserwartung geht in der Regel mit einer höheren Lebenserwartung in Gesundheit einher. Das Durchschnittsalter der Bevölkerung hängt aber auch von der Geburtenrate ab, die rückläufig ist bzw. auf einem niedrigen Niveau stabil. Die Leistungsfähigkeit der österreichischen Gesellschaft wie des Gesundheitssystems kann daher langfristig nur durch Zuwanderung aufrechterhalten werden. Die Angebote des Gesundheitssystems müssen sich an die Altersverteilung in der Bevölkerung anpassen.

Literaturverzeichnis

Adam-Passardi, V. (2014). Die Flutkatastrophe in Niederösterreich 2002. In O. Grün & A. Schenker-Wicki (Hrsg.), Katastrophenmanagement (S. 103–115). Wiesbaden: Springer Fachmedien Wiesbaden.

AGES – Österreichische Agentur für Gesundheit und Ernährungssicherheit GmbH. (2018). Grippe. Abgerufen 9. August 2018, von https://www.ages.at/themen/krankheitserreger/grippe/mortalitaet/

Ahsan, R., Karuppannan, S., & Kellett, J. (2011). Climate Migration and Urban Planning System: A Study of Bangladesh. Environmental Justice, 4(3), 163–170. https://doi.org/10.1089/env.2011.0005

Anastario, M. P., Larrance, R., & Lawry, L. (2008). Using Mental Health Indicators to Identify Postdisaster Gender-Based Violence among Women Displaced by Hurricane Katrina. Journal of Women's Health, 17(9), 1437–1444. https://doi.org/10.1089/jwh.2007.0694

APCC – Austrian Panel on Climate Change. (2014). Österreichischer Sachstandsbericht Klimawandel 2014: Austrian assessment report 2014 (AAR14). Wien: Verlag der Österreichischen Akademie der Wissenschaften.

Armstrong, B., Bell, M. L., de Sousa Zanotti Stagliorio Coelho, M., Leon Guo, Y.-L., Guo, Y., Goodman, P., … Gasparrini, A. (2017). Longer-Term Impact of High and Low Temperature on Mortality: An International Study to Clarify Length of Mortality Displacement. Environmental health perspectives, 125(10), 107009. https://doi.org/10.1289/EHP1756

Aspöck, H., & Walochnik, J. (2014). Durch blutsaugende Insekten und Zecken übertragene Krankheitserreger des Menschen in Mitteleuropa aus der Sicht von Klimawandel und Globalisierung. Gredleriana, 14, 61–98.

Astrom, D. O., Forsberg, B., & Rocklöv, J. (2011). Heat wave impact on morbidity and mortality in the elderly population: a review of recent studies. Maturitas, 69(2), 99–105. https://doi.org/10.1016/j.maturitas.2011.03.008

Aydinalp, C., & Cresser, M. S. (2008). The Effects of Global Climate Change on Agriculture. American-Eurasian J. Agric. & Environ. Sci., 3(5), 672–676.

Baker-Austin, C., Trinanes, J. A., Taylor, N. G. H., Hartnell, R., Siitonen, A., & Martinez-Urtaza, J. (2013). Emerging Vibrio risk at high latitudes in response to ocean warming. Nature Climate Change, 3(1), 73–77. http://dx.doi.org/10.1038/nclimate1628

Baker-Austin, C., Trinanes, J. A., Salmenlinna, S., Lofdahl, M., Siitonen, A., Taylor, N. G. H., & Martinez-Urtaza, J. (2016). Heat Wave-Associated Vibriosis, Sweden and Finland, 2014. Emerging infectious diseases, 22(7), 1216–1220. https://doi.org/10.3201/eid2207.151996

Baker-Austin, C., Trinanes, J., Gonzalez-Escalona, N., & Martinez-Urtaza, J. (2017). Non-Cholera Vibrios: The Microbial Barometer of Climate Change. Trends in microbiology, 25(1), 76–84. https://doi.org/10.1016/j.tim.2016.09.008

Battilani, P., Rossi, V., Giorni, P., Pietri, A., Gualla, A., Van der Fels-Klerx, H. J., … Brera, C. (2012). Modelling, predicting and mapping the emergence of aflatoxins in cereals in the EU due to climate change. EFSA Supporting Publications, 9(1), EN-223. https://doi.org/10.2903/sp.efsa.2012.EN-223

Bayram, H., Bauer, A. K., Abdalati, W., Carlsten, C., Pinkerton, K. E., Thurston, G. D., … Takaro, T. K. (2017). Environment, Global Climate Change, and Cardiopulmonary Health. American journal of respiratory and critical care medicine, 195(6), 718–724. https://doi.org/10.1164/rccm.201604-0687PP

Beck, I., Jochner, S., Gilles, S., McIntyre, M., Buters, J. T. M., Schmidt-Weber, C., … Traidl-Hoffmann, C. (2013). High Environmental Ozone Levels Lead to Enhanced Allergenicity of Birch Pollen. PLoS ONE, 8(11), 1–7. https://doi.org/10.1371/journal.pone.0080147

Beltran, A. J., Wu, J., & Laurent, O. (2014). Associations of meteorology with adverse pregnancy outcomes: a systematic review of preeclampsia, preterm birth and birth weight. International journal of environmental research and public health, 11(1), 91–172. https://doi.org/10.3390/ijerph110100091

Bentham, G., & Langford, I. H. (2001). Environmental temperatures and the incidence of food poisoning in England and Wales. International Journal of Biometeorology, 45(1), 22–26. https://doi.org/10.1007/s004840000083

Berg, H. (1950). Die Wirkung des Föhns auf den menschlichen Organismus. Geofisica pura e applicata, 17(3–4), 104–111. https://doi.org/10.1007/BF02018347

Bergsteigen.com. (2016). Weniger Unfälle im Winter 2015/16. Abgerufen 9. August 2018, von https://www.bergsteigen.com/news/neuigkeiten/weniger-unfaelle-im-winter-201516/

Bernstein, A. S., & Rice, M. B. (2013). Lungs in a warming world: climate change and respiratory health. Chest, 143(5), 1455–1459. https://doi.org/10.1378/chest.12–2384

Berry, H. L., Bowen, K., & Kjellstrom, T. (2010). Climate change and mental health: a causal pathways framework. International Journal of Public Health, 55(2), 123–132. https://doi.org/10.1007/s00038-009–0112-0

BMG – Bundesministerium für Gesundheit. (2015). Österreichischer Trinkwasserbericht 2011–2013. Wien: Bundesministerium für Gesundheit. Abgerufen von https://www.bmgf.gv.at/cms/home/attachments/2/3/7/CH1254/CMS1069238654727/trinkwasserbericht_20150318.pdf

BMG – Bundesministerium für Gesundheit, & Gesundheit Österreich GmbH. (2012). Österreichischer Strukturplan Gesundheit 2012. Wien: Bundesministerium für Gesundheit. Abgerufen von www.burgef.at/fileadmin/daten/burgef/Berichte/OESG_2012.pdf

BMGF – Bundesministerium für Gesundheit und Frauen. (2016). Hospiz- und Palliativversorgung in Österreich. Wien: Bundesministerium für Gesundheit und Frauen. Abgerufen von https://www.bmgf.gv.at/home/Gesundheit/Gesundheitssystem_Qualitaetssicherung/Planung_und_spezielle_Versorgungsbereiche/Hospiz-_und_Palliativversorgung_in_Oesterreich

BMLFUW – Bundesministerium für Land- und Forstwirtschaft, Umwelt und Wasserwirtschaft. (2014). Biodiversitäts-Strategie Österreich 2020+. Vielfalt erhalten – Lebensqualität und Wohlstand für uns und zukünftige Generationen sichern! Wien: Bundesministerium für Land- und Forstwirtschaft, Umwelt und Wasserwirtschaft. Abgerufen von https://www.bmnt.gv.at/dam/jcr:7dd9ff6f-1a39-4f77-8c51-6dceaf6b195f/Biodiversit%C3%A4tsstrategie2020_dt.pdf

Bogdal, C., Schmid, P., Zennegg, M., Anselmetti, F. S., Scheringer, M., & Hungerbühler, K. (2009). Blast from the Past: Melting Glaciers as a Relevant Source for Persistent Organic Pollutants. Environmental Science & Technology, 43(21), 8173–8177. https://doi.org/10.1021/es901628x

Bonnie, D., & Tyler, G. (2009). Confronting a rising tide: A proposal for a convention on Climate change refugees. The Harvard Environmental Law Review, 33(2), 349–403.

Botana, L. M. (2016). Toxicological Perspective on Climate Change: Aquatic Toxins. Chemical Research in Toxicology, 29(4), 619–625. https://doi.org/10.1021/acs.chemrestox.6b00020

Bowles, D. C., Butler, C. D., & Morisetti, N. (2015). Climate change, conflict and health. Journal of the Royal Society of Medicine, 108(10), 390–395. https://doi.org/10.1177/0141076815603234

Buckley, J. P., Samet, J. M., & Richardson, D. B. (2014). Commentary: Does air pollution confound studies of temperature? Epidemiology, 25(2), 242–245. https://doi.org/10.1097/EDE.0000000000000051

Bunker, A., Wildenhain, J., Vandenbergh, A., Henschke, N., Rocklöv, J., Hajat, S., & Sauerborn, R. (2016). Effects of Air Temperature on Climate-Sensitive Mortality and Morbidity Outcomes in the Elderly; a Systematic Review and Meta-analysis of Epidemiological Evidence. EBioMedicine, 6, 258–268. https://doi.org/10.1016/j.ebiom.2016.02.034

Bunz, M., & Mücke, H.-G. (2017). Klimawandel – physische und psychische Folgen. Bundesgesundheitsblatt – Gesundheitsforschung – Gesundheitsschutz, 60(6), 632–639. https://doi.org/10.1007/s00103-017-2548-3

Burbach, G. J., Heinzerling, L. M., Edenharter, G., Bachert, C., Bindslev-Jensen, C., Bonini, S., … Zuberbier, T. (2009). GA2LEN skin test study II: clinical relevance of inhalant allergen sensitizations in Europe. Allergy, 64(10), 1507–1515. https://doi.org/10.1111/j.1398-9995.2009.02089.x

Burke, S. E. L., Sanson, A. V., & Van Hoorn, J. (2018). The Psychological Effects of Climate Change on Children. Current Psychiatry Reports, 20(5), 35. https://doi.org/10.1007/s11920-018-0896-9

Butler, C. (2016). Sounding the Alarm: Health in the Anthropocene. International Journal of Environmental Research and Public Health, 13(7), 665. https://doi.org/10.3390/ijerph13070665

Butler, C. D., & Harley, D. (2010). Primary, secondary and tertiary effects of eco-climatic change: the medical response. Postgraduate Medical Journal, 86(1014), 230–234. https://doi.org/10.1136/pgmj.2009.082727

Cadar, D., Maier, P., Muller, S., Kress, J., Chudy, M., Bialonski, A., … Schmidt-Chanasit, J. (2017). Blood donor screening for West Nile virus (WNV) revealed acute Usutu virus (USUV) infection, Germany, September 2016. Eurosurveillance, 22(14), 30501. https://doi.org/10.2807/1560-7917.ES.2017.22.14.30501

Caspi, A., Houts, R. M., Belsky, D. W., Goldman-Mellor, S. J., Harrington, H., Israel, S., … Moffitt, T. E. (2014). The p Factor: One General Psychopathology Factor in the Structure of Psychiatric Disorders? Clinical Psychological Science, 2(2), 119–137. https://doi.org/10.1177/2167702613497473

Castelli, F., & Sulis, G. (2017). Migration and infectious diseases. Clinical Microbiology and Infection: The Official Publication of the European Society of Clinical Microbiology and Infectious Diseases, 23(5), 283–289. https://doi.org/10.1016/j.cmi.2017.03.012

Chakraborty, S., & Newton, A. C. (2011). Climate change, plant diseases and food security: an overview: Climate change and food security. Plant Pathology, 60(1), 2–14. https://doi.org/10.1111/j.1365-3059.2010.02411.x

Chen, L., & Liu, A. (2015). The Incidence of Posttraumatic Stress Disorder After Floods: A Meta-Analysis. Disaster Medicine and Public Health Preparedness, 9(3), 329–333. https://doi.org/10.1017/dmp.2015.17

Chew, G. L., Wilson, J., Rabito, F. A., Grimsley, F., Iqbal, S., Reponen, T., … Morley, R. L. (2006). Mold and Endotoxin Levels in the Aftermath of Hurricane Katrina: A Pilot Project of Homes in New Orleans Undergoing Renovation. Environmental Health Perspectives, 114(12), 1883–1889. https://doi.org/10.1289/ehp.9258

Clayton, S., Manning, C. M., Krygsman, K., & Speiser, M. (2017). Mental Health and Our Changing Climate: Impacts, Implications, and Guidance. Washington D.C.: American Psychological Association, Climate for Health, ecoAmerica. Abgerufen von http://www.cridlac.org/digitalizacion/pdf/eng/doc19764/doc19764-contenido.pdf

Clayton, S., Devine-Wright, P., Stern, P. C., Whitmarsh, L., Carrico, A., Steg, L., … Bonnes, M. (2015). Psychological research and global climate change. Nature Climate Change, 5, 640–646. https://doi.org/10.1038/nclimate2622

Cobham, V. E., & McDermott, B. (2014). Perceived Parenting Change and Child Posttraumatic Stress Following a Natural Disaster. Journal of Child and Adolescent Psychopharmacology, 24(1), 18–23. https://doi.org/10.1089/cap.2013.0051

Cole, P. M., & Putnam, F. W. (1992). Effect of incest on self and social functioning: a developmental psychopathology perspective. Journal of Consulting and Clinical Psychology, 60(2), 174–184. http://dx.doi.org/10.1037/0022-006X.60.2.174

Comtois, P., & Gagnon, L. (1988). Concentration pollinique et fréquence des symptômes de pollinose : une méthode pour déterminer les seuils cliniques. Revue Française d'Allergologie et d'Immunologie Clinique, 28(4), 279–286. https://doi.org/10.1016/S0335-7457(88)80046-7

Cummings, K. J., Van Sickle, D., Rao, C. Y., Riggs, M. A., Brown, C. M., & Moolenaar, R. L. (2010). Knowledge, Attitudes, and Practices Related to Mold Exposure Among Residents and Remediation Workers in Posthurricane New Orleans. Archives of Environmental & Occupational Health, 6(3), 101–108. https://doi.org/10.3200/AEOH.61.3.101–108

Curl, C. L., Beresford, S. A. A., Fenske, R. A., Fitzpatrick, A. L., Lu, C., Nettleton, J. A., & Kaufman, J. D. (2015). Estimating Pesticide Exposure from Dietary Intake and Organic Food Choices: The Multi-Ethnic Study of Atherosclerosis (MESA). Environmental Health Perspectives, 123(5), 475–483. https://doi.org/10.1289/ehp.1408197

Curtis, S., Fair, A., Wistow, J., Val, D. V., & Oven, K. (2017). Impact of extreme weather events and climate change for health and social care systems. Environmental Health, 16(1), 128. https://doi.org/10.1186/s12940-017-0324-3

D'Amato, G., Holgate, S. T., Pawankar, R., Ledford, D. K., Cecchi, L., Al-Ahmad, M., … Annesi-Maesano, I. (2015). Meteorological conditions, climate change, new emerging factors, and asthma and related allergic disorders. A statement of the World Allergy Organization. World Allergy Organization Journal, 8, 73. https://doi.org/10.1186/s40413-015–0073-0

Deutsche Gesellschaft für Psychiatrie. (2009). S3-Leitlinie / Nationale Versorgungsleitlinie Unipolare Depression. Langfassung (1. Auflage, Version 5 ed.). Berlin: Deutsche Gesellschaft für Psychiatrie. Abgerufen von https://www.leitlinien.de/mdb/downloads/nvl/depression/archiv/depression-1aufl-vers5-lang.pdf

Dokulil, M. T., Teubner, K., Jagsch, A., Nickus, U., Adrian, R., Straile, D., … Padisak, J. (2010). The impact of climate change on lakes in Central Europe. In D. D (Hrsg.), The Impact of Climate Change on European Lakes (Bd. 4, S. 387–409). Dordrecht: Springer.

Donoghue, E. R., Graham, M. A., Jentzen, J. M., Lifschultz, B. D., Luke, J. L., & Mirchandani, H. G. (1997). Criteria for the diagnosis of heat-related deaths: National Association of Medical Examiners. Position paper. National Association of Medical Examiners Ad Hoc Committee on the Definition of Heat-Related Fatalities. American Journal of Forensic Medicine and Pathology, 18(1), 11–14.

Dousset, B., Gourmelon, F., Laaidi, K., Zeghnoun, A., Giraudet, E., Bretin, P., … Vandentorren, S. (2011). Satellite monitoring of summer heat waves in the Paris metropolitan area. International Journal of Climatology, 31(2), 313–323. https://doi.org/10.1002/joc.2222

Durkin, M. S., Khan, N., Davidson, L. L., Zaman, S. S., & Stein, Z. A. (1993). The effects of a natural disaster on child behavior: evidence for posttraumatic stress. American Journal of Public Health, 83(11), 1549–1553. https://doi.org/10.2105/AJPH.83.11.1549

Duscher, G. G., Feiler, A., Leschnik, M., & Joachim, A. (2013). Seasonal and spatial distribution of ixodid tick species feeding on naturally infested dogs from Eastern Austria and the influence of acaricides/repellents on these parameters. Parasites & Vectors, 6(1), 76. https://doi.org/10.1186/1756–3305-6-76

Duscher, G. G., Hodžić, A., Weiler, M., Vaux, A. G. C., Rudolf, I., Sixl, W., … Hubálek, Z. (2016). First report of Rickettsia raoultii in field collected Dermacentor reticulatus ticks from Austria. Ticks and Tick-borne Diseases, 7(5), 720–722. https://doi.org/10.1016/j.ttbdis.2016.02.022

ECDC – European Centre for Disease Prevention and Control. (2012). The climatic suitability for dengue transmission in continental Europe. Stockholm: ECDC. Abgerufen von http://ecdc.europa.eu/sites/portal/files/media/en/publications/Publications/TER-Climatic-suitablility-dengue.pdf

ECDC – European Centre for Disease Prevention and Control. (2015a). Expert Opinion on the public health needs of irregular migrants, refugees or asylum seekers across the EU's southern and south-eastern borders. Stockholm: ECDC. Abgerufen von http://ecdc.europa.eu/sites/portal/files/media/en/publications/Publications/Expert-opinion-irregular-migrants-public-health-needs-Sept-2015.pdf

ECDC – European Centre for Disease Prevention and Control. (2015b). Risk of importation and spread of malaria and other vector-borne diseases associated with the arrival of migrants to the EU. ECDC. Abgerufen von http://ecdc.europa.eu/sites/portal/files/media/en/publications/Publications/risk-malaria-vector-borne-diseases-associated-with-migrants-october-2015.pdf

Eddleston, M., Karalliedde, L., Buckley, N., Fernando, R., Hutchinson, G., Isbister, G., … Smit, L. (2002). Pesticide poisoning in the developing world–a minimum pesticides list. The Lancet, 360(9340), 1163–1167. https://doi.org/10.1016/S0140-6736(02)11204–9

EEA – European Environment Agency. (2014). Qualität der europäischen Badegewässer 2013. Luxemburg: Amt für Veröffentlichungen der Europäischen Union.

Eis, D., Helm, D., Laußmann, D., & Stark, K. (2010). Klimawandel und Gesundheit. Ein Sachstandsbericht. Berlin: Robert Koch-Institut.

Engel, L. S., Werder, E., Satagopan, J., Blair, A., Hoppin, J. A., Koutros, S., … Beane Freeman, L. E. (2017). Insecticide Use and Breast Cancer Risk among Farmers' Wives in the Agricultural Health Study. Environmental Health Perspectives, 125(9), 097002. https://doi.org/10.1289/EHP1295

EuroMOMO. (2018). Homepage. Abgerufen 30. August 2018, von https://www.euromomo.eu/

FAO – Food and Agriculture Organization. (2003). Trade Reforms and Food Security. Conceptualizing the linkages. Rom: FAO. Abgerufen von www.fao.org/3/a-y4671e.pdf

FAO – Food and Agriculture Organization. (2008). Changing structure of global food consumption and trade. In High-level conference on world food security: The challenges of climate change and bioenergy. Report of the Conference. Reinbek: FAO. Abgerufen von www.fao.

org/fileadmin/user_upload/foodclimate/HLCdocs/ HLC08-Rep-E.pdf

FAO – Food and Agriculture Organization, IFAD – International Fund for Agricultural Development, & WFP´ – World Food Programme. (2015). The State of Food Insecurity in the World: Meeting the 2015 International Hunger Targets: Taking Stock of Uneven Progress. Rom: FAO, IFAD, WFP. Abgerufen von www.fao.org/3/ a-i4646e.pdf

FAO – Food and Agriculture Organization, & PAR – Platform for Agrobiodiversity Research. (2011). Biodiversity for Food and Agriculture. Contributing to food security and sustainability in a changing world. Rom: FAO, PAR. Abgerufen von http://www.fao.org/fileadmin/templates/ biodiversity_paia/PAR-FAO-book_lr.pdf

Fischer, D., Thomas, S., & Beierkuhnlein, C. (2010). Climate Change Effects on Vector-Borne Diseases in Europe. Nova Acta Leopoldina, 112(384), 99107.

Fitzmaurice, C., Allen, C., Barber, R. M., Barregard, L., Bhutta, Z. A., Brenner, H., … Naghavi, M. (2017). Global, Regional, and National Cancer Incidence, Mortality, Years of Life Lost, Years Lived With Disability, and Disability-Adjusted Life-years for 32 Cancer Groups, 1990 to 2015: A Systematic Analysis for the Global Burden of Disease Study. JAMA Oncology, 3(4), 524–548.

Focks, D. A., Daniels, E., Haile, D. G., & Keesling, J. E. (1995). A Simulation-Model of the Epidemiology of Urban Dengue Fever – Literature Analysis, Model Development, Preliminary Validation, and Samples of Simulation Results. American Journal of Tropical Medicine and Hygiene, 53(5), 489–506. https://doi.org/10.4269/ ajtmh.1995.53.489

Foley, J. A., Ramankutty, N., Brauman, K. A., Cassidy, E. S., Gerber, J. S., Johnston, M., … Zaks, D. P. M. (2011). Solutions for a cultivated planet. Nature, 478(7369), 337–342. http://dx.doi.org/10.1038/nature10452

Forzieri, G., Cescatti, A., Batista e Silva, F., & Feyen, L. (2017). Increasing risk over time of weather-related hazards to the European population: a data-driven prognostic study. The Lancet Planetary Health, 1(5), e200– e208. https://doi.org/10.1016/S2542-5196(17)30082–7

Frank, J. R. (Hrsg.). (2005). The CanMEDS 2005 Physician Competency Framework. Better standards. Better physicians. Better care. Ottawa: The Royal College of Physicians and Surgeons of Canada.

Frank, U., Ernst, D., Pritsch, K., Pfeiffer, C., Trognitz, F., & Epstein, M. M. (2017). Aggressive Ambrosia-Pollen auf dem Vormarsch. Oekoskop, 17(2), 19–21.

Frank, U., & Ernst, D. (2016). Effects of NO^2 and Ozone on Pollen Allergenicity. Frontiers in Plant Science, 7, 91. https://doi.org/10.3389/fpls.2016.00091

Gakidou, E., Afshin, A., Abajobir, A. A., Abate, K. H., Abbafati, C., Abbas, K. M., … Murray, C. J. L. (2017). Global, regional, and national comparative risk assessment of 84 behavioural, environmental and occupational, and metabolic risks or clusters of risks, 1990–2016:

a systematic analysis for the Global Burden of Disease Study 2016. The Lancet, 390(10100), 1345–1422. https://doi.org/10.1016/S0140-6736(17)32366–8

Galea, S., Brewin, C. R., Gruber, M., Jones, R. T., King, D. W., King, L. A., … Kessler, R. C. (2007). Exposure to Hurricane-Related Stressors and Mental Illness After Hurricane Katrina. Archives of General Psychiatry, 64(12), 1427–1434. https://doi.org/10.1001/archpsyc.64.12.1427

Garcia, D. M., & Sheehan, M. C. (2016). Extreme Weatherdriven Disasters and Children's Health. International Journal of Health Services, 46(1), 79–105. https://doi. org/10.1177/0020731415625254

Gasparrini, A., Guo, Y., Hashizume, M., Lavigne, E., Tobias, A., Zanobetti, A., … Armstrong, B. G. (2016). Changes in Susceptibility to Heat During the Summer: A Multicountry Analysis. American journal of epidemiology, 183(11), 1027–1036. https://doi.org/10.1093/aje/ kwv260

Gasparrini, A., Guo, Y., Hashizume, M., Lavigne, E., Zanobetti, A., Schwartz, J., … Armstrong, B. (2015). Mortality risk attributable to high and low ambient temperature: a multicountry observational study. The Lancet, 386(9991), 369–375. https://doi.org/10.1016/S0140-6736(14)62114–0

Gebbeken, N., Videkhina, I., Pfeiffer, E., Garsch, M., & Rüdiger, L. (2016). Risikobewertung und Schutz von baulichen Infrastrukturen bei Hochwassergefahr. Bautechnik, 93(4), 199–213. https://doi.org/10.1002/ bate.201600003

GENESIS. (2018). GENESIS-Groudwater and dependent ecosystems. Abgerufen 14. Februar 2018, von http:// www.alpine-space.org/2007–2013/projects/projects/ detail/Alp-Water-%20Scarce/show/index.html#project_ outputs

Ghiani, A., Ciappetta, S., Gentili, R., Asero, R., & Citterio, S. (2016). Is ragweed pollen allergenicity governed by environmental conditions during plant growth and flowering? Scientific Reports, 6, 30438. https://doi.org/ 10.1038/srep30438

Gill, C. A. (1921). The Role of Meteorology in Malaria. Indian Medical Gazette, 56(9), 341–342.

Glötzl, M. (2011). Ökosystemleistungen und Landwirtschaft: Erstellung eines Inventars für Österreich. Wien: Umweltbundesamt. Abgerufen von www.umweltbundesamt.at/ fileadmin/site/publikationen/REP0355.pdf

Grecequet, M., DeWaard, J., Hellmann, J. J., Abel, G. J., Grecequet, M., DeWaard, J., … Abel, G. J. (2017). Climate Vulnerability and Human Migration in Global Perspective. Sustainability, 9(5), 720. https://doi. org/10.3390/su9050720

Grize, L., Huss, A., Thommen, O., Schindler, C., & Braun-Fahrländer, C. (2005). Heat wave 2003 and mortality in Switzerland. Swiss Medical Weekly, 135(13–14), 200– 205. https://doi.org/10.4414/smw.2005.11009

Gronlund, C. J., Zanobetti, A., Schwartz, J. D., Wellenius, G. A., & O'Neill, M. S. (2014). Heat, heat waves, and hospital admissions among the elderly in the United States, 1992–2006. Environmental Health Perspectives, 122(11), 1187–1192. https://doi.org/10.1289/ehp.1206132

Grussmann, S., Janke, J., & Schibany, A. (2014). Die wirtschaftlichen Kosten des Klimawandels in Österreich. Wien: Institut für Höhere Studien IHS.

Guo, Y., Gasparrini, A., Armstrong, B. G., Tawatsupa, B., Tobias, A., Lavigne, E., … Tong, S. (2016). Temperature Variability and Mortality: A Multi-Country Study. Environmental Health Perspectives, 124(10), 1554–1559. https://doi.org/10.1289/EHP149

Haas, W., Weisz, U., Maier, P., & Scholz, F. (2015). Human Health. In K. W. Steininger, M. König, B. Bednar-Friedl, L. Kranzl, W. Loibl, & F. Prettenthaler (Hrsg.), Economic Evaluation of Climate Change Impacts (S. 191–213). Cham: Springer International Publishing.

Hamaoui-Laguel, L., Vautard, R., Liu, L., Solmon, F., Viovy, N., Khvorostyanov, D., … Epstein, M. M. (2015). Effects of climate change and seed dispersal on airborne ragweed pollen loads in Europe. Nature Climate Change, 5(8), 766–771. https://doi.org/10.1038/nclimate2652

Han, L., Berry, J. W., & Zheng, Y. (2016). The Relationship of Acculturation Strategies to Resilience: The Moderating Impact of Social Support among Qiang Ethnicity following the 2008 Chinese Earthquake. PLoS ONE, 11(10), e0164484. https://doi.org/10.1371/journal.pone.0164484

Handwerk, B. (2014). How Climate Change May Have Shaped Human Evolution. Abgerufen 14. August 2018, von https://www.smithsonianmag.com/science-nature/how-climate-change-may-have-shaped-human-evolution-180952885/

Hemmer, W., Schauer, U., Trinca, A.-M., & Neumann, C. (2010). Endbericht 2009 zur Studie: Prävalenz der Ragweedpollen-Allergie in Ostösterreich. St. Pölten: Amt der NÖ Landesregierung. Abgerufen von www.noe.gv.at/noe/Gesundheitsvorsorge-Forschung/Ragweedpollen_Allergie.pdf

Heudorf, U., & Meyer, C. (2005). Gesundheitliche Auswirkungen extremer Hitze – am Beispiel der Hitzewelle und der Mortalität in Frankfurt am Main im August 2003. Das Gesundheitswesen, 67(5), 369–374. https://doi.org/10.1055/s-2004-813924

Hirk, S., Huhulescu, S., Allerberger, F., Lepuschitz, S., Rehak, S., Weil, S., … Indra, A. (2016). Necrotizing fasciitis due to Vibrio cholerae non-O1/non-O139 after exposure to Austrian bathing sites. Wiener Klinische Wochenschrift, 128(3–4), 141–145. https://doi.org/10.1007/s00508-015-0944-y

Hohenwallner, D., Saulnier, G. M., Castaings, W., Astengo, A., Brencic, M., Bruno, M. C., … Zolezzi, G. (2011). Water management in a changing environment: strategies against water scarcity in the Alps: project outcomes and recommendations: Alp-Water-Scarce Oct. 2008 – Oct. 2011. Chambéry: University of Savoie. Abgerufen von https://openpub.fmach.it/handle/10449/21596

Huhulescu, S., Kiss, R., Brettlecker, M., Cerny, R. J., Hess, C., Wewalka, G., & Allerberger, F. (2009). Etiology of Acute Gastroenteritis in Three Sentinel General Practices, Austria 2007. Infection, 37(2), 103–108. https://doi.org/10.1007/s15010-008–8106-z

Huhulescu, S., Indra, A., Feierl, G., Stoeger, A., Ruppitsch, W., Sarkar, B., & Allerberger, F. (2007). Occurrence of Vibrio cholerae serogroups other than O1 and O139 in Austria. Wiener Klinische Wochenschrift, 119(7–8), 235–241. https://doi.org/10.1007/s00508-006–0747-2

Hutter, H.-P., Moshammer, H., Wallner, P., Leitner, B., & Kundi, M. (2007). Heatwaves in Vienna: effects on mortality. Wiener Klinische Wochenschrift, 119(7–8), 223–227. https://doi.org/10.1007/s00508-006–0742-7

Hutter, H.-P., Moshammer, H., Wallner, P., Shahrakisanavi, S., Ludwig, H., & Kundi, M. (2017). Occupational exposure to pesticides and health effects in male banana plantation workers in ecuador. Occupational & Environmental Medicine, 74(1), A129–A129. https://doi.org/10.1136/oemed-2017–104636.338

Huynen, M. M., Martens, P., Schram, D., Weijenberg, M. P., & Kunst, A. E. (2001). The impact of heat waves and cold spells on mortality rates in the Dutch population. Environmental Health Perspectives, 109(5), 463–470.

Iacoviello, B. M., & Charney, D. S. (2014). Psychosocial facets of resilience: implications for preventing posttrauma psychopathology, treating trauma survivors, and enhancing community resilience. European Journal of Psychotraumatology, 5(4), 23970. https://doi.org/10.3402/ejpt.v5.23970

Indra, A., & Schmid, D. (2017). Nationale Referenzzentrale für Tuberkulose. Jahresbericht 2016. AGES. Abgerufen von https://www.ages.at/download/0/0/48733282c9afdbe904709bd0d1eb6fc9fb1f0e40/fileadmin/AGES2015/Themen/Krankheitserreger_Dateien/Tuberkulose/tuberkulose_report_2016.pdf

Iversen, V. C., Sveaass, N., & Morken, G. (2012). The role of trauma and psychological distress on motivation for foreign language acquisition among refugees. International Journal of Culture and Mental Health, 7(1), 59–67. https://doi.org/10.1080/17542863.2012.695384

Jacobson, S. K., Carlton, J. S., & Devitt, S. E. C. (2012). Infusing the Psychology of Climate Change into Environmental Curricula. Ecopsychology, 4(2), 94–101. https://doi.org/10.1089/eco.2012.0014

Jung, R., Trukeschitz, B., & Schneider, U. (2007). Informelle Pflege und Betreuung älterer Menschen durch erwerbstätige Personen in Wien. Darstellung von Dimension und Struktur auf Basis bisheriger Erhebungen (No. 2007). Forschungsinstitut für Altersökonomie. Abgerufen von http://epub.wu.ac.at/1378/1/document.pdf

Kasper, S., Lehofer, M., Frey, R., Haring, C., Hausmann, A., Hofmann, P., … Wrobel, M. (2012). Depression. Medikamentöse Therapie. Konsensus-Statement – State of the art 2012. CliniCum Neuropsy, (Sonderausgabe November 2012). Abgerufen von http://oegpb.at/files/2014/07/Kons_Depressionen1112.pdf

Katsouyanni, K., Schwartz, J., Spix, C., Touloumi, G., Zmirou, D., Zanobetti, A., … Anderson, H. R. (1996). Short term effects of air pollution on health: a European approach using epidemiologic time series data: the APHEA protocol. Journal of Epidemiology and Community Health, 50, 12–18. https://doi.org/10.1136/jech.50.Suppl_1.S12

Katsouyanni, K., Zmirou, D., Spix, C., Sunyer, J., Schouten, J. P., Ponka, A., … Et, A. (1995). Short-term effects of air pollution on health: a European approach using epidemiological time-series data. The APHEA project: background, objectives, design. European Respiratory Journal, 8(6), 1030–1038.

Kelley, C. P., Mohtadi, S., Cane, M. A., Seager, R., & Kushnir, Y. (2015). Climate change in the Fertile Crescent and implications of the recent Syrian drought. Proceedings of the National Academy of Sciences, 112(11), 3241–3246. https://doi.org/10.1073/pnas.1421533112

Kendrovski, V., & Gjorgjev, D. (2012). Climate Change: Implication for Food-Borne Diseases (*Salmonella* and Food Poisoning Among Humans in R. Macedonia). In A. Amer Eissa (Hrsg.), Structure and Function of Food Engineering (S. 151–170). InTech.

Kim, Y. S., Park, K. H., Chun, H. S., Choi, C., & Bahk, G. J. (2015). Correlations between climatic conditions and foodborne disease. Food Research International, 68, 24–30. https://doi.org/10.1016/j.foodres.2014.03.023

Kinney, P. L., Schwartz, J., Pascal, M., Petkova, E., Tertre, A. L., Medina, S., & Vautard, R. (2015). Winter Season Mortality: Will Climate Warming Bring Benefits? Environ Res Lett, 10(6), 064016. https://doi.org/10.1088/1748–9326/10/6/064016

Kirschner, A., Indra, A., Hirk, S., & Huhulescu, S. (2017). *Vibrio cholerae* nonO1/nonO139 in niederösterreichischen Badegewässern. Projektbericht für das Amt der Niederösterreichischen Landesregierung Abteilung Umwelthygiene Landhausplatz. St. Pölten.

Kirschner, A., Schlesinger, J., Farnleitner, A. H., Hornek, R., Suss, B., Golda, B., … Reitner, B. (2008). Rapid growth of planktonic *Vibrio cholerae* non-O1/non-O139 strains in a large alkaline lake in Austria: dependence on temperature and dissolved organic carbon quality. Applied and Environmental Microbiology, 74(7), 2004–2015. https://doi.org/10.1128/AEM.01739–07

Kløve, B., Ala-Aho, P., Bertrand, G., Gurdak, J. J., Kupfersberger, H., Kværner, J., Pulido-Velazquez, M. (2014). Climate change impacts on groundwater and dependent ecosystems. Journal of Hydrology, 518, 250–266. https://doi.org/10.1016/j.jhydrol.2013.06.037

Kolström, M., Lindner, M., Vilén, T., Maroschek, M., Seidl, R., Lexer, M. J., Corona, P. (2011). Reviewing the Science and Implementation of Climate Change Adaptation Measures in European Forestry. Forests, 2(4), 961–982. https://doi.org/10.3390/f2040961

Kõlves, K., Kõlves, K. E., & De Leo, D. (2013). Natural disasters and suicidal behaviours: A systematic literature review. Journal of Affective Disorders, 146(1), 1–14. https://doi.org/10.1016/j.jad.2012.07.037

Kovats, R. S., Edwards, S. J., Hajat, S., Armstrong, B. G., Ebi, K. L., & Menne, B. (2004). The effect of temperature on food poisoning: a time-series analysis of salmonellosis in ten European countries. Epidemiology and Infection, 132(3), 443–453. https://doi.org/10.1017/S0950268804001992

Kovats, S. (2003). Climate change, temperature and foodborne disease. Eurosurveillance, 7(49), 2339. https://doi.org/10.2807/esw.07.49.02339-en

Kreft, S., Eckstein, D., & Melchior, I. (2016). Global Climate Risk Index 2017. Who Suffers Most From Extreme Weather Events? Weather-related Loss Events in 2015 and 1996 to 2015. Briefing Paper. Bonn: Germanwatch e.V. Abgerufen von https://germanwatch.org/en/12978

Kromp-Kolb, H., Lindenthal, T., & Bohunovsky, L. (2014). Österreichischer Sachstandsbericht Klimawandel 2014. GAIA – Ecological Perspectives for Science and Society, 23(4), 363–365. https://doi.org/10.14512/gaia.23.4.17

Lal, A., Baker, M. G., Hales, S., & French, N. P. (2013). Potential effects of global environmental changes on cryptosporidiosis and giardiasis transmission. Trends in Parasitology, 29(2), 83–90. https://doi.org/10.1016/j.pt.2012.10.005

Laner, D., Fellner, J., & Brunner, P. H. (2008). Gefährdung durch Deponien und Altablagerungen im Hochwasserfall – Risikoanalyse und Minimierung (GEDES). Wien: TU Wien: Institut für Wassergüte, Ressourcenmanagement und Abfallwirtschaft.

Lemarchand, C., Tual, S., Leveque-Morlais, N., Perrier, S., Belot, A., Velten, M., … group, A. (2017). Cancer incidence in the AGRICAN cohort study (2005–2011). Cancer Epidemiology, 49, 175–185. https://doi.org/10.1016/j.canep.2017.06.003

Lindgren, E., & Ebi, K. L. (2010). Climate change and communicable diseases in the EU Member States. Handbook for national vulnerability, impact and adaptation assessments. Stockholm: ECDC.

Louis, V. R., Gillespie, I. A., O'Brien, S. J., Russek-Cohen, E., Pearson, A. D., & Colwell, R. R. (2005). Temperature-Driven *Campylobacter* Seasonality in England and Wales. Applied and Environmental Microbiology, 71(1), 85–92. https://doi.org/10.1128/AEM.71.1.85–92.2005

Ma, J., Hung, H., & Macdonald, R. W. (2016). The influence of global climate change on the environmental fate of persistent organic pollutants: A review with emphasis on the Northern Hemisphere and the Arctic as a receptor. Global and Planetary Change, 146, 89–108. https://doi.org/10.1016/j.gloplacha.2016.09.011

Macintyre, H. L., Heaviside, C., Taylor, J., Picetti, R., Symonds, P., Cai, X. M., & Vardoulakis, S. (2018). Assessing urban population vulnerability and environmental risks across an urban area during heatwaves – Implications for health protection. Science of The Total Environment, 610–611, 678–690. https://doi.org/10.1016/j.scitotenv.2017.08.062

Mangili, A., & Gendreau, M. A. (2005). Transmission of infectious diseases during commercial air travel. The Lancet, 365(9463), 989–996. https://doi.org/10.1016/S0140-6736(05)71089–8

Martinez, G. S., Baccini, M., De Ridder, K., Hooyberghs, H., Lefebvre, W., Kendrovski, V., … Spasenovska, M. (2016). Projected heat-related mortality under climate change in the metropolitan area of Skopje. BMC Public Health, 16, 407. https://doi.org/10.1186/s12889-016–3077-y

Matsubayashi, T., Sawada, Y., & Ueda, M. (2013). Natural disasters and suicide: Evidence from Japan. Social Science & Medicine, 82, 126–133. https://doi.org/10.1016/j.socscimed.2012.12.021

Mayrhuber, E. S., Kutalek, R., Allex, B., Hutter, H.-P., Wallner, P., Eder, R., & Arnberger, A. (2016). Heat Vulnerabilities in Urban Migrant Communities: A Mixed-Methods Study from Vienna. ISA, The Futures We Want: Global Sociology and the Struggles for a Better World – Book of Abstracts.

McMichael, A. J. (2013). Globalization, climate change, and human health. New England Journal of Medicine, 368(14), 1335–1343. https://doi.org/10.1056/NEJMra1109341

Medlock, J. M., & Leach, S. A. (2015). Effect of climate change on vector-borne disease risk in the UK. Lancet Infectious Diseases, 15(6), 721–730. https://doi.org/10.1016/S1473-3099(15)70091–5

Mie, A., Andersen, H. R., Gunnarsson, S., Kahl, J., Kesse-Guyot, E., Rembiałkowska, E., … Grandjean, P. (2017). Human health implications of organic food and organic agriculture: a comprehensive review. Environmental Health, 16(1). https://doi.org/10.1186/s12940-017–0315-4

Millennium Ecosystem Assessment. (2005). Ecosystems and human well-being: synthesis. Washington, D.C.: Island Press.

Miraglia, M., Marvin, H. J. P., Kleter, G. A., Battilani, P., Brera, C., Coni, E., … Vespermann, A. (2009). Climate change and food safety: An emerging issue with special focus on Europe. Food and Chemical Toxicology, 47(5), 1009–1021. https://doi.org/10.1016/j.fct.2009.02.005

Montzka, S. A., Dutton, G. S., Yu, P., Ray, E., Portmann, R. W., Daniel, J. S., … Elkins, J. W. (2018). An unexpected and persistent increase in global emissions of ozone-depleting CFC-11. Nature, 557(7705), 413–417. https://doi.org/10.1038/s41586-018–0106-2

Mora, C., Counsell, C. W. W., Bielecki, C. R., & Louis, L. V. (2017). Twenty-Seven Ways a Heat Wave Can Kill You: Deadly Heat in the Era of Climate Change. Circulation Cardiovascular quality and outcomes, 10(11), e004233.

https://doi.org/doi:10.1161/CIRCOUTCOMES.117.004233/-/DC1.

Mora, C., Dousset, B., Caldwell, I. R., Powell, F. E., Geronimo, R. C., Bielecki, C. R., … Trauernicht, C. (2017). Global risk of deadly heat. Nature Climate Change, 7(7), 501–506. https://doi.org/10.1038/nclimate3322

Moshammer, H., Gerersdorfer, T., Hutter, H.-P., Formayer, H., Kromp-Kolb, H., & Schwarzl, I. (2009). Abschätzung der Auswirkungen von Hitze auf die Sterblichkeit in Oberösterreich (No. 13). Wien: BOKU-Met.

Moshammer, H., Hutter, H.-P., Frank, A., Gerersdorfer, T., Hlava, A., Sprinzl, G., & Leitner, B. (2006). Einflüsse der Temperatur auf Mortalität und Morbidität in Wien. Wien: Medizinische Universität Wien, ZPH Institut für Umwelthygiene.

Moshammer, H., Schinko, H., & Neuberger, M. (2005). Total pollen counts do not influence active surface measurements. Atmospheric Environment, 39(8), 1551–1555. https://doi.org/10.1016/j.atmosenv.2004.11.030

Muñoz-Quezada, M. T., Lucero, B. A., Barr, D. B., Steenland, K., Levy, K., Ryan, P. B., … Vega, C. (2013). Neurodevelopmental effects in children associated with exposure to organophosphate pesticides: A systematic review. NeuroToxicology, 39, 158–168. https://doi.org/10.1016/j.neuro.2013.09.003

Muthers, S., Matzarakis, A., & Koch, E. (2010). Summer climate and mortality in Vienna – a human-biometeorological approach of heat-related mortality during the heat waves in 2003. Wiener Klinische Wochenschrift, 122(17), 525–531. https://doi.org/10.1007/s00508-010–1424-z

Naucke, T. J., Lorentz, S., Rauchenwald, F., & Aspöck, H. (2011). Phlebotomus (Transphlebotomus) mascittii Grassi, 1908, in Carinthia: first record of the occurrence of sandflies in Austria (Diptera: Psychodidae: Phlebotominae). Parasitology Research, 109(4), 1161–1164. https://doi.org/10.1007/s00436-011–2361-0

Neuberger, M., Moshammer, H., & Rabczenko, D. (2013). Acute and Subacute Effects of Urban Air Pollution on Cardiopulmonary Emergencies and Mortality: Time Series Studies in Austrian Cities. International Journal of Environmental Research and Public Health, 10(10), 4728–4751. https://doi.org/10.3390/ijerph10104728

Neuberger, M., Rabczenko, D., & Moshammer, H. (2007). Extended effects of air pollution on cardiopulmonary mortality in Vienna. Atmospheric Environment, 41(38), 8549–8556. https://doi.org/10.1016/j.atmosenv.2007.07.013

Newton, A., Kendall, M., Vugia, D. J., Henao, O. L., & Mahon, B. E. (2012). Increasing rates of vibriosis in the United States, 1996–2010: review of surveillance data from 2 systems. Clinical Infectious Diseases, 54(Suppl 5), 391–395. https://doi.org/10.1093/cid/cis243

Obwaller, A. G., Poeppl, W., Taucke, T. J., Luksch, U., Mooseder, G., Aspöck, H., & Walochnik, J. (2014). Stable populations of sand flies (Phlebotominae) in Eastern

Austria: a comparison of the trapping seasons 2012 and 2013. Trends in Entomology, 10, 49–53.

Obwaller, A. G., Karakus, M., Poeppl, W., Töz, S., Özbel, Y., Aspöck, H., & Walochnik, J. (2016). Could *Phlebotomus mascittii* play a role as a natural vector for *Leishmania infantum*? New data. Parasites & Vectors, 9(1), 458. https://doi.org/10.1186/s13071-016–1750-8

OECD – Organisation for Economic Co-operation and Development. (2015). Health at a Glance 2015: OECD Indicators. Paris: OECD Publishing.

Olesen, J. E., & Bindi, M. (2002). Consequences of climate change for European agricultural productivity, land use and policy. European Journal of Agronomy, 16(4), 239–262. https://doi.org/10.1016/S1161-0301(02)00004–7

Österreichisches Kuratorium für Alpine Sicherheit. (2017). 2016 weniger Alpinunfälle in Österreich. Abgerufen von https://www.alpinesicherheit.at/data/docs/2017/20170104%20presseaussendung%20rueckblick%202016.pdf

Paerl, H. W., Gardner, W. S., Havens, K. E., Joyner, A. R., McCarthy, M. J., Newell, S. E., … Scott, J. T. (2016). Mitigating cyanobacterial harmful algal blooms in aquatic ecosystems impacted by climate change and anthropogenic nutrients. Harmful Algae, 54, 213–222. https://doi.org/10.1016/j.hal.2015.09.009

Panagopoulos, D. J., & Balmori, A. (2017). On the biophysical mechanism of sensing atmospheric discharges by living organisms. Science of The Total Environment, 599–600, 2026–2034. https://doi.org/10.1016/j.scitotenv.2017.05.089

Parth, K., Hrusto-Lemes, A., & Löffler-Stastka, H. (2014). Different types of traumatization – Inner pressure, affect regulation, interpersonal and social consequences – Implications of Psychoanalytic Theory on the understanding of Individual, Social and Cultural Phenomena. In P. T. Fenton (Hrsg.), Psychoanalytic Theory: Perspectives, Techniques and Social Implications. (S. 71–108). New York: Nova Sciences Publishing.

Poeppl, W., Obwaller, A. G., Weiler, M., Burgmann, H., Mooseder, G., Lorentz, S., … Naucke, T. J. (2013). Emergence of sandflies (Phlebotominae) in Austria, a Central European country. Parasitology Research, 112(12), 4231–4237. https://doi.org/10.1007/s00436-013–3615-9

Pollenfrühwarndienst. (2018). Homepage. Abgerufen 30. August 2018, von www.pollenwarndienst.at

Pretzer, C., Druzhinina, I. S., Amaro, C., Benediktsdottir, E., Hedenstrom, I., Hervio-Heath, D., … Kirschner, A. K. T. (2017). High genetic diversity of *Vibrio cholerae* in the European lake Neusiedler See is associated with intensive recombination in the reed habitat and the long-distance transfer of strains. Environmental Microbiology, 19(1), 328–344. https://doi.org/10.1111/1462–2920.13612

Ragettli, M. S., Vicedo-Cabrera, A. M., Schindler, C., & Röösli, M. (2017). Exploring the association between heat and mortality in Switzerland between 1995 and 2013. Environmental Research, 158, 703–709. https://doi.org/10.1016/j.envres.2017.07.021

Ragweedfinder. (2018). Homepage. Abgerufen 11. März 2018, von www.ragweedfinder.at

Rakotoarivony, L. M., & Schaffner, F. (2012). ECDC guidelines for the surveillance of invasive mosquitoes in Europe. Eurosurveillance, 17(36), 20265. https://doi.org/10.2807/ese.17.36.20265-en

Ramsfield, T. D., Bentz, B. J., Faccoli, M., Jactel, H., & Brockerhoff, E. G. (2016). Forest health in a changing world: effects of globalization and climate change on forest insect and pathogen impacts. Forestry, 89(3), 245–252. https://doi.org/10.1093/forestry/cpw018

Rechnungshof. (2015). Bericht des Rechnungshofes. Umsetzung der Wasserrahmenrichtlinie im Bereich Grundwasser im Weinviertel. Wien: Rechnungshof. Abgerufen von http://www.rechnungshof.gv.at/fileadmin/downloads/_jahre/2015/berichte/teilberichte/niederoesterreich/Niederoesterreich_2015_07/Niederoesterreich_2015_07_3.pdf

Reinmuth-Selzle, K., Kampf, C. J., Lucas, K., Lang-Yona, N., Fröhlich-Nowoisky, J., Shiraiwa, M., Pöschl, U. (2017). Air Pollution and Climate Change Effects on Allergies in the Anthropocene: Abundance, Interaction, and Modification of Allergens and Adjuvants. Environmental Science & Technology, 51(8), 4119–4141. https://doi.org/10.1021/acs.est.6b04908

Richter, R., Berger, U. E., Dullinger, S., Essl, F., Leitner, M., Smith, M., & Vogl, G. (2013). Spread of invasive ragweed: climate change, management and how to reduce allergy costs. Journal of Applied Ecology, 50(6), 1422–1430. https://doi.org/10.1111/1365–2664.12156

Rocklöv, J., & Forsberg, B. (2008). The effect of temperature on mortality in Stockholm 1998–2003: a study of lag structures and heatwave effects. Scandinavian Journal of Public Health, 36(5), 516–523. https://doi.org/10.1177/1403494807088458

Rocklöv, J., Forsberg, B., & Meister, K. (2009). Winter mortality modifies the heat-mortality association the following summer. European Respiratory Journal, 33(2), 245–251. https://doi.org/10.1183/09031936.00037808

Rooney, C., McMichael, A. J., Kovats, R. S., & Coleman, M. P. (1998). Excess mortality in England and Wales, and in Greater London, during the 1995 heatwave. Journal of Epidemiology and Community Health, 52(8), 482–486. http://dx.doi.org/10.1136/jech.52.8.482

Rübbelke, D., & Vögele, S. (2011). Impacts of climate change on European critical infrastructures: The case of the power sector. Environmental Science & Policy, 14(1), 53–63. https://doi.org/10.1016/j.envsci.2010.10.007

Rubonis, A. V., & Bickman, L. (1991). Psychological impairment in the wake of disaster: the disaster-psychopathology relationship. Psychological Bulletin, 109(3), 384–399. https://doi.org/10.1037/0033–2909.109.3.384

Salzburg24. (2017). Was ihr über Blitze wissen solltet: Tipps zum richtigen Verhalten bei Gewittern. Abgerufen 20. August 2018, von http://www.salzburg24.at/was-ihrueber-blitze-wissen-solltet-tipps-zum-richtigen-verhalten-bei-gewittern/5031036

Sanderson, M., Arbuthnott, K., Kovats, S., Hajat, S., & Falloon, P. (2017). The use of climate information to estimate future mortality from high ambient temperature: A systematic literature review. PloS One, 12(7), e0180369. https://doi.org/10.1371/journal.pone.0180369

Sant'Ana, A. de S. (2010). Special Issue on Climate Change and Food Science. Food Research International, 43(7), 1727–1728. https://doi.org/10.1016/j.foodres.2010.08.009

Sarkar, A., & De Ridder, K. (2011). The Urban Heat Island Intensity of Paris: A Case Study Based on a Simple Urban Surface Parametrization. Boundary-Layer Meteorology, 138(3), 511–520. https://doi.org/10.1007/s10546-010–9568-y

Schauer, S., Jakwerth, S., Bliem, R., Baudart, J., Lebaron, P., Huhulescu, S., … Kirschner, A. (2015). Dynamics of Vibrio cholerae abundance in Austrian saline lakes, assessed with quantitative solid-phase cytometry. Environmental Microbiology, 17(11), 4366–4378. https://doi.org/10.1111/1462–2920.12861

Schrempf, M., Haluza, D., Simic, S., Riechelmann, S., Graw, K., & Seckmeyer, G. (2016). Is Multidirectional UV Exposure Responsible for Increasing Melanoma Prevalence with Altitude? A Hypothesis Based on Calculations with a 3D-Human Exposure Model. International Journal of Environmental Research and Public Health, 13(10), 961. https://doi.org/10.3390/ijerph13100961

Schuster-Wallace, C., Dickin, S., & Metcalfe, C. (2014). Waterborne and Foodborne Diseases, Climate Change Impacts on Health. In B. Freedman (Hrsg.), Global Environmental Change (S. 615–622). Dordrecht: Springer Netherlands.

Schütte, S., Gemenne, F., Zaman, M., Flahault, A., & Depoux, A. (2018). Connecting planetary health, climate change, and migration. The Lancet Planetary Health, 2(2), e58–e59. https://doi.org/10.1016/s2542-5196(18)30004–4

Semenza, J. C., & Menne, B. (2009). Climate change and infectious diseases in Europe. The Lancet Infectious Diseases, 9(6), 365–375. https://doi.org/10.1016/S1473-3099(09)70104–5

Silverman, D., & Gendreau, M. (2009). Medical issues associated with commercial flights. The Lancet, 373(9680), 2067–2077. https://doi.org/10.1016/S0140-6736(09)60209–9

Smith, B. A., Ruthman, T., Sparling, E., Auld, H., Comer, N., Young, I., … Fazil, A. (2015). A risk modeling framework to evaluate the impacts of climate change and adaptation on food and water safety. Food Research International, 68, 78–85. https://doi.org/10.1016/j.foodres.2014.07.006

Sofiev, M., & Bergmann, K.-C. (Hrsg.). (2013). Allergenic Pollen. A Review of the Production, Release, Distribution and Health Impacts. Dordrecht, New York: Springer.

Son, J.-Y., Lee, J.-T., & Bell, M. L. (2017). Is ambient temperature associated with risk of infant mortality? A multicity study in Korea. Environmental Research, 158, 748–752. https://doi.org/10.1016/j.envres.2017.07.034

Song, X., Wang, S., Hu, Y., Yue, M., Zhang, T., Liu, Y., … Shang, K. (2017). Impact of ambient temperature on morbidity and mortality: An overview of reviews. Science of The Total Environment, 586, 241–254. https://doi.org/10.1016/j.scitotenv.2017.01.212

Soobiah, C., Daly, C., Blondal, E., Ewusie, J., Ho, J., Elliott, M. J., … Straus, S. E. (2017). An evaluation of the comparative effectiveness of geriatrician-led comprehensive geriatric assessment for improving patient and healthcare system outcomes for older adults: a protocol for a systematic review and network meta-analysis. Systematic Reviews, 6(1), 65. https://doi.org/10.1186/s13643-017–0460-4

Spina, A., Kerr, K. G., Cormican, M., Barbut, F., Eigentler, A., Zerva, L., … Allerberger, F. (2015). Spectrum of enteropathogens detected by the FilmArray GI Panel in a multicentre study of community-acquired gastroenteritis. Clinical Microbiology and Infection, 21(8), 719–728. https://doi.org/10.1016/j.cmi.2015.04.007

Stark, K., Niedrig, M., Biederbick, W., Merkert, H., & Hacker, J. (2009). Die Auswirkungen des Klimawandels: Welche neuen Infektionskrankheiten und gesundheitlichen Probleme sind zu erwarten? Bundesgesundheitsblatt, 52(7), 699–714. https://doi.org/10.1007/s00103-009–0874-9

Statistik Austria. (2016). Bevölkerung. Abgerufen 30. August 2018, von https://www.statistik.at/web_de/statistiken/menschen_und_gesellschaft/bevoelkerung/index.html

Statistik Austria. (2017). Versorgungsbilanz für Fleisch nach Arten 2016. Abgerufen von http://www.statistik.at/wcm/idc/idcplg?IdcService=GET_PDF_FILE&RevisionSelectionMethod=LatestReleased&dDocName=022374

Statistik Austria. (2018). Gesundheitsausgaben. Abgerufen 30. August 2018, von http://www.statistik.at/web_de/statistiken/menschen_und_gesellschaft/gesundheit/gesundheitsausgaben/index.html

Sterk, A., Schijven, J., Nijs, T. de, & Roda Husman, A. M. de. (2013). Direct and Indirect Effects of Climate Change on the Risk of Infection by Water-Transmitted Pathogens. Environmental Science & Technology, 47(22), 12648–12660. https://doi.org/10.1021/es403549s

Storkey, J., Stratonovitch, P., Chapman, D. S., Vidotto, F., & Semenov, M. A. (2014). A Process-Based Approach to Predicting the Effect of Climate Change on the Distribution of an Invasive Allergenic Plant in Europe. PLoS ONE, 9(2), e88156. https://doi.org/10.1371/journal.pone.0088156

Strand, L. B., Barnett, A. G., & Tong, S. (2011). The influence of season and ambient temperature on birth outcomes: a review of the epidemiological literature. Environmental Research, 111(3), 451–462. https://doi.org/10.1016/j.envres.2011.01.023

Tirado, M. C., Clarke, R., Jaykus, L. A., McQuatters-Gollop, A., & Frank, J. M. (2010). Climate change and food safety: A review. Food Research International, 43(7), 1745–1765. https://doi.org/10.1016/j.foodres.2010.07.003

Turner, L. R., Barnett, A. G., Connell, D., & Tong, S. (2012). Ambient temperature and cardiorespiratory morbidity: a systematic review and meta-analysis. Epidemiology, 23(4), 594–606.

UNHCR – United Nations High Commissioner for Refugees. (2018). Climate Change and Disasters. Abgerufen 30. August 2018, von http://www.unhcr.org/climate-change-and-disasters.html

United Nations. (2017a). Report of the Special Rapporteur on the right to food. Effects of pesticides on the right to food (Human Rights Council No. A/HRC/34/48). United Nations.

United Nations. (2017b). World Population Prospects: The 2017 Revision, Key Findings and Advance Tables. Working Paper (No. ESA/P/WP/248). United Nations, Department of Economic and Social Affairs, Population Division.

Utaaker, K. S., & Robertson, L. J. (2015). Climate change and foodborne transmission of parasites: A consideration of possible interactions and impacts for selected parasites. Food Research International, 68, 16–23. https://doi.org/10.1016/j.foodres.2014.06.051

Uyttendaele, M., Liu, C., Hofstra, N., Uyttendaele, M., Liu, C., & Hofstra, N. (2015). Special issue on the impacts of climate change on food safety. Food Research International, Complete(68), 1–6. https://doi.org/10.1016/j.foodres.2014.09.001

Vaitl, D., Propson, N., Stark, R., & Schienle, A. (2001). Natural very-low-frequency sferics and headache. International Journal of Biometeorology, 45(3), 115–123. https://doi.org/10.1007/s004840100097

Van de Perre, E., Jacxsens, L., Liu, C., Devlieghere, F., & De Meulenaer, B. (2015). Climate impact on *Alternaria* moulds and their mycotoxins in fresh produce: The case of the tomato chain. Food Research International, 68, 41–46. https://doi.org/10.1016/j.foodres.2014.10.014

Van der Kolk, B. A., McFarlane, A., & Weisaeth, L. (Hrsg.). (2000). Traumatic Stress: Grundlagen und Behandlungsansätze. Theorie, Praxis und Forschungen zu posttraumatischem Streß sowie Traumatherapie. Paderborn: Junfermann.

Vanasse, A., Talbot, D., Chebana, F., Bélanger, D., Blais, C., Gamache, P., Gosselin, P. (2017). Effects of climate and fine particulate matter on hospitalizations and deaths for heart failure in elderly: A population-based cohort study. Environment International, 106, 257–266. https://doi.org/10.1016/j.envint.2017.06.001

Visioni, D., Pitari, G., & Aquila, V. (2017). Sulfate geoengineering: a review of the factors controlling the needed injection of sulfur dioxide. Atmospheric Chemistry and Physics, 17(6), 3879–3889. https://doi.org/10.5194/acp-17-3879-2017

Wallner, P., Kundi, M., Panny, M., Tappler, P., & Hutter, H.-P. (2015). Exposure to Air Ions in Indoor Environments: Experimental Study with Healthy Adults. International Journal of Environmental Research and Public Health, 12(11), 14301–14311. https://doi.org/10.3390/ijerph121114301

Wang, Y., Nordio, F., Nairn, J., Zanobetti, A., & Schwartz, J. D. (2018). Accounting for adaptation and intensity in projecting heat wave-related mortality. Environmental Research, 161, 464–471. https://doi.org/10.1016/j.envres.2017.11.049

Wang, Y., Shi, L., Zanobetti, A., & Schwartz, J. D. (2016). Estimating and projecting the effect of cold waves on mortality in 209 US cities. Environment International, 94, 141–149. https://doi.org/10.1016/j.envint.2016.05.008

Wanka, A., Wiesböck, L., Mayrhuber, E., Kutalek, R., Allex, B., Kolland, F., … Arnberger, A. (2016). Are certain social groups affected differently by urban heat waves? An intersectional pilot study on persons with Turkish migrant background in Vienna. In Tagungsband 17 Klimatag. Aktuelle Klimaforschung in Österreich. Graz: CCCA.

Wayne, P., Foster, S., Connolly, J., Bazzaz, F., & Epstein, P. (2002). Production of allergenic pollen by ragweed (*Ambrosia artemisiifolia* L.) is increased in CO_2-enriched atmospheres. Annals of Allergy, Asthma & Immunology, 88(3), 279–282. https://doi.org/10.1016/S1081-1206(10)62009-1

Weinberger, K. R., Haykin, L., Eliot, M. N., Schwartz, J. D., Gasparrini, A., & Wellenius, G. A. (2017). Projected temperature-related deaths in ten large U.S. metropolitan areas under different climate change scenarios. Environment international, 107, 196–204. https://doi.org/10.1016/j.envint.2017.07.006

Whitehead, P. G., Wilby, R. L., Battarbee, R. W., Kernan, M., & Wade, A. J. (2009). A review of the potential impacts of climate change on surface water quality. Hydrological Sciences Journal, 54(1), 101–123. https://doi.org/10.1623/hysj.54.1.101

Whitman, S., Good, G., Donoghue, E. R., Benbow, N., Shou, W., & Mou, S. (1997). Mortality in Chicago attributed to the July 1995 heat wave. American Journal of Public Health, 87(9), 1515–1518. https://doi.org/10.2105/AJPH.87.9.1515

WHO – World Health Organization. (2012). Our Planet, Our Health, Our Future. Human health and the Rio Conventions: biological diversity, climate change and desertification. Discussion Paper. World Health Organization. Abgerufen von http://discovery.ucl.ac.uk/1477192/1/Patz_Our_planet_our_health.pdf

WHO – World Health Organization, CBD – Convention on Biological Diversity, & UNEP – United Nations Environment Programme. (2015). Connecting global priorities: biodiversity and human health: a state of knowledge review. Geneva: World Health Organization.

Wiesböck, L., Wanka, A., Mayrhuber, E. A.-S., Allex, B., Kolland, F., Hutter, H. P., Kutalek, R. (2016). Heat Vulnerability, Poverty and Health Inequalities in Urban Migrant Communities: A Pilot Study from Vienna. In W. Leal Filho, U. M. Azeiteiro, & F. Alves (Hrsg.), Climate Change and Health (S. 389–401). Cham: Springer International Publishing.

Williams, A. (2008). Turning the Tide: Recognizing Climate Change Refugees in International Law. Law & Policy, 30(4), 502–529. https://doi.org/10.1111/j.1467–9930.2008.00290.x

Winchie, D. B., & Carment, D. W. (1989). Migration and motivation: the migrant's perspective. International Migration Review, 23(1), 96–104. https://doi.org/10.1177/019791838902300105

Winter-Ebmer, R. (1994). Motivation for migration and economic success. Journal of Economic Psychology, 15(2), 269–284. https://doi.org/10.1016/0167–4870(94)90004-3

Wodak, E., Richter, S., Bago, Z., Revilla-Fernandez, S., Weissenbock, H., Nowotny, N., & Winter, P. (2011). Detection and molecular analysis of West Nile virus infections in birds of prey in the eastern part of Austria in 2008 and 2009. Veterinary Microbiology, 149(3–4), 358–366. https://doi.org/10.1016/j.vetmic.2010.12.012

Wolf, N. (2003). Qualitätsmanagement in der österreichischen Trinkwasserversorgung. Ermittlung von Einflussfaktoren für ein Vorhersagemodell für die Trinkwasserqualität (Diplomarbeit). Europa Fachhochschule Fresenius, Wien. Abgerufen von www.noe.gv.at/noe/Gesundheitsvorsorge-Forschung/Diplomarbeit_Wolf.pdf

Yen, S., Shea, M. T., Battle, C. L., Johnson, D. M., Zlotnick, C., Dolan-Sewell, R., … McGlashan, T. H. (2002). Traumatic exposure and posttraumatic stress disorder in borderline, schizotypal, avoidant, and obsessive-compulsive personality disorders: findings from the collaborative longitudinal personality disorders study. Journal of Nervous and Mental Disease, 190(8), 510–518.

Young, I., Gropp, K., Fazil, A., & Smith, B. A. (2015). Knowledge synthesis to support risk assessment of climate change impacts on food and water safety: A case study of the effects of water temperature and salinity on *Vibrio parahaemolyticus* in raw oysters and harvest waters. Food Research International, 68, 86–93. https://doi.org/10.1016/j.foodres.2014.06.035

Zacharias, S., & Koppe, C. (2015). Einfluss des Klimawandels auf die Biotropie des Wetters und die Gesundheit bzw. die Leistungsfähigkeit der Bevölkerung in Deutschland (Bd. 06/2015). Dessau-Roßlau: Umweltbundesamt.

Zanarini, M. C., Yong, L., Frankenburg, F. R., Hennen, J., Reich, D. B., Marino, M. F., & Vujanovic, A. A. (2002). Severity of reported childhood sexual abuse and its relationship to severity of borderline psychopathology and psychosocial impairment among borderline inpatients. Journal of Nervous and Mental Disease, 190(6), 381–387.

Zanobetti, A., O'Neill, M. S., Gronlund, C. J., & Schwartz, J. D. (2012). Summer temperature variability and long-term survival among elderly people with chronic disease. Proceedings of the National Academy of Sciences of the United States of America, 109(17), 6608–6613. https://doi.org/10.1073/pnas.1113070109

Zhang, Yinling, Bai, Z., & Liu, W. (2013). Assessing the Surface Urban Heat Island Effect in Xining, China. In F. Bian, Y. Xie, X. Cui, & Y. Zeng (Hrsg.), Geo-Informatics in Resource Management and Sustainable Ecosystem (S. 264–273). Springer Berlin Heidelberg.

Zhang, Yong, Bielory, L., Mi, Z., Cai, T., Robock, A., & Georgopoulos, P. (2015). Allergenic pollen season variations in the past two decades under changing climate in the United States. Global Change Biology, 21(4), 1581–1589. https://doi.org/10.1111/gcb.12755

Zhao, F., Elkelish, A., Durner, J., Lindermayr, C., Winkler, J. B., Ruëff, F., … Frank, U. (2016). Common ragweed (*Ambrosia artemisiifolia* L.): allergenicity and molecular characterization of pollen after plant exposure to elevated NO2. Plant, Cell & Environment, 39(1), 147–164. https://doi.org/10.1111/pce.12601

Ziska, L., Knowlton, K., Rogers, C., Dalan, D., Tierney, N., Elder, M. A., … Frenz, D. (2011). Recent warming by latitude associated with increased length of ragweed pollen season in central North America. Proceedings of the National Academy of Sciences, 108(10), 4248–4251. https://doi.org/10.1073/pnas.1014107108

Zittra, C., Vitecek, S., Obwaller, A. G., Rossiter, H., Eigner, B., Zechmeister, T., … Fuehrer, H.-P. (2017). Landscape structure affects distribution of potential disease vectors (Diptera: Culicidae). Parasites & Vectors, 10(1), 205. https://doi.org/10.1186/s13071-017-2140-6

Zlotnick, C., Franklin, C. L., & Zimmerman, M. (2002). Is comorbidity of posttraumatic stress disorder and borderline personality disorder related to greater pathology and impairment? American Journal of Psychiatry, 159(11), 1940–1943.

Kapitel 4: Maßnahmen mit Relevanz für Gesundheit und Klima

Coordinating Lead Authors/Koordinierende LeitautorInnen:
Maria Balas, Ulli Weisz

Lead Authors/LeitautorInnen:
Robert Groß, Peter Nowak, Peter Wallner

Contributing Authors/Beitragende AutorInnen:
Franz Allerberger, Dennis Becker, Michael Bürkner, Alexander Dietl, Willi Haas, Nina Knittel, Gordana Maric, Christian Pollhamer, Manfred Radlherr, David Raml, Kathrin Raunig, Thomas Thaler, Theresia Widhalm, Maja Zuvela-Aloise

Inhalt

Kernbotschaften

Gesundheits- und Klimapolitik strukturell zu koppeln, ist eine wichtige Voraussetzung zum Schutz der Bevölkerung vor den negativen Auswirkungen des Klimawandels und ein Beitrag zur Umsetzung der „Gesundheitsziele Österreich" und der Sustainable Development Goals. Die Folgen des Klimawandels werden in der österreichischen Gesundheitspolitik kaum berücksichtigt Die „Gesundheitsziele Österreich" bieten jedoch prinzipiell einen geeigneten Rahmen, um den politischen Herausforderungen, mit denen Österreich aufgrund klimatischer und demographischer Veränderungen konfrontiert ist, zu begegnen. Die Handlungsempfehlungen aus der österreichischen Anpassungsstrategie und den bisher veröffentlichten Strategien der Bundesländer weisen vielfältige Bezüge zur Gesundheit auf. Sie behandeln neben baulichen und infrastrukturellen Maßnahmen schwerpunktmäßig den Ausbau von Monitoring- und Frühwarnsystemen und die Implementierung von Aktionsplänen insbesondere als Reaktion auf zunehmende Extremwetterereignisse, wie z. B. Hitzewellen.

Der Gesundheitssektor ist ein energieintensiver, sozioökonomisch bedeutender und wachsender Sektor, dessen Integration in Klimastrategien der Gesundheit der Bevölkerung und dem Klima gleichermaßen zu Gute kommt. Obwohl gesamtgesellschaftlich bedeutend und klimarelevant, wird der Gesundheitssektor in Klimaschutzstrategien bislang nicht als relevanter Sektor angeführt und berücksichtigt. Den vielversprechendsten Ansatzpunkt bietet die Integration von Maßnahmen, die der Gesundheit der Bevölkerung und dem Klimaschutz gleichermaßen nutzen und auf eine stärkere strategische Ausrichtung auf Prävention und Gesundheitsförderung abzielen.

Indirekte Emissionen der Krankenbehandlung können über eine effizientere Verwendung von Arzneimitteln und medizinischen Produkten gesenkt werden. Aus internationalen „Carbon Footprint"-Studien geht hervor, dass die indirekten Treibhausgasemissionen über den Einkauf von Arzneimitteln und Medizinprodukten den weitaus größten Anteil an den gesamten Treibhausgasemissionen des Sektors haben. Das erfordert Maßnahmen im Kern des Krankenbehandlungssystems: Effizienzsteigerung durch Vermeidung von Über- und Fehlversorgung mit Medikamenten, evidenzbasierte Information über Screenings und Behandlungsverfahren, stärkere Integration von Gesundheitsförderung und Gesundheitskompetenz im Krankenbehandlungssystem. Dazu braucht es Forschung, die Evidenz zu denjenigen Bereichen liefert, die die größten Effekte auf die Gesundheit und das Klima haben.

Um die Bevölkerung vor den neagtiven Folgen des Klimawandels zu schützen, wird eine Überprüfung der Überwachungs- und Frühwarnsysteme sowie der Hitzeschutzplänen hinsichtlich ihrer Effektivität und Treffsicherheit empfohlen. Österreich hat eine Reihe an Überwachungs- und Frühwarnsystemen implementiert, die angesichts des Klimawandels an Bedeutung gewinnen werden. Ob und inwieweit diese bei veränderten klimatischen Bedingungen angepasst werden müssen, ist derzeit nicht untersucht. Spezielle Risikogruppen und -regionen sollten in Hinblick auf extreme Wetterereignisse, auch im Zusammenspiel mit Schadstoffbelastungen sowie einer veränderten Ausbreitung von Krankheitserregern und Vektoren etc., für einen effektiven Schutz ausgewiesen werden.

Erreichbarkeit, gezielte Unterstützung und Betreuung von Risikogruppen gelten als zentral für den Schutz menschlicher Gesundheit vor Extremereignissen, insbesondere vor intensiveren und längeren Hitzewellen. Bildungsferne Schichten, einkommensschwache Personen, alleinstehende, alte und chronisch kranke Menschen – darunter auch MigrantInnen – sind von den Folgen des Klimawandels besonders betroffen, aber oft schwer zu erreichen. Eine verstärkte Sensibilisierung der AkteurInnen im Gesundheits- und Sozialbereich für die Betroffenheit von Risikogruppen wird als dringlich erachtet. Es ist sicherzustellen, dass diese Gruppen im Anlassfall auch erreicht werden. Effektiv sind Maßnahmen, die sowohl die Gesundheitskompetenz dieser Risikogruppen gezielt stärken, etwa über angemessene Informationsangebote, darüber hinaus aber auch konkrete Unterstützungsangebote für Betroffene bieten. Dazu zählt intensivere Betreuung bei Hitzeperioden durch ÄrztInnen, Pflegekräfte und ehrenamtlich Betreuende. Das impliziert auch entsprechende Unterstützung für die Betreuenden selbst.

Gezielte Anpassungs- und Klimaschutzmaßnahmen im Gesundsheitswesen setzen die Integration des Themenfeldes „Klima und Gesundheit" in Aus-, Fort- und Weiterbildung voraus. Die Vermittlung der komplexen Zusammenhänge zwischen Klima, Gesundheit und Gesundheitswesen sind sowohl für eine adäquate, professionelle Versorgung vulnerabler Bevölkerungsgruppen als auch für die Entwicklung von Klimaschutzmaßnahmen im Gesundheitssektor erforderlich. Das Potential von Vorsorge und Gesundheitskompetenz zum Schutz von Gesundheit aber auch zur Reduktion von Treibhausgasen ist ein wesentlicher Ansatzpunkt. Es wird empfohlen, das Thema in die Aus-, Fort- und Weiterbildung sämtlicher Gesundheitsberufe (Medizin, Pflege, Management Ernährungswissenschaften, Diätologie) aufzunehmen. Zudem sollte es verstärkt in der forschungsnahen, universitären Lehre im Bereich der Nachhaltigkeits- und Gesundheitswissenschaften berücksichtigt werden.

Um die negativen, gesundheitlichen Auswirkungen des Klimawandels auf die Bevölkerung zu minimieren oder weitestgehend zu vermeiden, sind Maßnahmen erforderlich, die über das Gesundheitswesen hinausgehen. Zusätzlich zu den Maßnahmen im Gesundheitswesen sind eine Reihe weiterer Sektoren gefordert, wichtige Beiträge zur Vermeidung negativer Folgen auf die Gesundheit zu leisten. Diese reichen von der Stadt- und Raumplanung, dem Bausektor, der Verkehrsinfrastruktur, über Tourismus bis hin zu einer entsprechenden Forschungsförderung. Nicht zuletzt gilt es, die Rolle und die Verantwortung globaler Konzerne, die die Gewinner gesundheits- und klimaschädlicher Entwicklungen sind, kritisch zu hinterfragen.

Gesundheitliche Zusatznutzen (*Co-Benefits*) von Klimaschutzmaßnahmen wirken relativ schnell, kommen der lokalen Bevölkerung direkt zu Gute, entlasten das öffentliche Budget und unterstützen damit die Erreichung von Klima- und Gesundheitszielen. Im Mittelpunkt der Empfehlungen stehen strukturelle Veränderungen, die klimafreundliche und gesundheitsförderliche Lebens- und Ernährungsstile begünstigen. Gesundheitliche „Co-benefits" sind ein Argument, entschiedener in den Klimaschutz zu investieren. Die zentralen Ansatzpunkte sind:

- Ernährung: Konkrete Anreize bieten, um weniger Fleisch (dafür mehr Obst und Gemüse) zu konsumieren.
- Mobilität: Reduktion des motorisierten Verkehrs und strukturelle Unterstützung aktiver Bewegung wirken auch über verbesserte Luftqualität positiv auf die Gesundheit.
- Stadtplanung und Wohnen: Schaffung von urbanen Grünflächen und Umweltzonen zur Verbesserung der Luftqualität, Isolierung von Gebäuden sowie Fassaden- und Dachbegrünung, die sowohl für den Klimaschutz als auch für die Anpassung relevant sind, vorantreiben.

4.1 Einleitung

Der Klimawandel findet statt. Er ist weltweit, so auch in Österreich, bereits spürbar und wird sich in absehbarer Zukunft verstärken. Aus wissenschaftlicher Sicht ist unbestritten, dass die Folgen des Klimawandels für die menschliche Gesundheit überwiegend negativ ausfallen. Das Ausmaß der gesundheitlichen Auswirkungen für die Bevölkerung wird durch demographische Entwicklungen (Alterung sowie Migration) und durch sozioökonomische Ungleichheit wesentlich beeinflusst (Smith u. a., 2014; Watts u. a., 2015, Watts u. a., 2017; siehe Kap. 2, Kap. 3). Jene Nationen und Bevölkerungsgruppen, die zu den Hauptverursachern des Klimawandels zählen, werden sich am besten vor den negativen Klimafolgen schützen können. Damit sind reiche Länder (wie Österreich) gefordert, ihren Beitrag zum Klimaschutz zu leisten und gleichzeitig die eigene Bevölkerung, insbesondere vulnerable Gruppen, vor den unausweichlichen Klimafolgen zu schützen.

Kapitel 4 befasst sich mit Anpassungsmaßnahmen, die dazu beitragen, die österreichische Bevölkerung vor direkten und indirekten gesundheitlichen Folgen des Klimawandels zu schützen sowie mit Klimaschutzmaßnahmen, die zur Milderung des globalen Klimawandels beitragen, um zukünftige katastrophale Schäden für die globale menschliche Gesundheit möglichst abzuwenden (Smith u. a., 2014; Watts u. a., 2015). Beides geht weit über das Gesundheitswesen hinaus und betrifft unterschiedliche Felder und AkteurInnen. Dies spiegelt sich in Kapitel 4 wider, das thematisch einen breiten Bogen spannt. Es umfasst politische Strategien, Aktionspläne, kurz-, mittel- und langfristige Maßnahmen und Empfehlungen, die an ExpertInnen, Stakeholder und die Bevölkerung

gerichtet sind. Es gibt den Stand der politischen Umsetzung und den Stand der aktuellen Forschung wieder, erfasst, sofern verfügbar, Evidenz zur Effektivität implementierter bzw. vorgeschlagener Maßnahmen und leitet daraus Handlungsoptionen sowie Handlungs- und Forschungsbedarf ab. Der Schwerpunkt liegt auf der nationalen Politik und der Forschung zu Österreich. Auf den internationalen Kontext wird, sofern relevant, Bezug genommen.

Das Kapitel beginnt mit Klimabezügen von Gesundheitspolitik und Gesundheitsstrategien (4.2). Ausgehend von *Carbon Footprint* Studien befasst sich Kapitel 4.3 mit Umwelt- und Klimaschutzmaßnahmen im Gesundheitssektor. Kapitel 4.4. behandelt gesundheitsrelevante Anpassungen an den Klimawandel und geht damit über das Gesundheitswesen hinaus. Hier werden vorwiegend politische Anpassungsmaßnahmen aus den Bereichen Katastrophenschutz, Raum- und Stadtplanung, Arbeitsgesundheit und Schutz vor Naturgefahren dargestellt. Aufgrund der Relevanz für Österreich wird schwerpunktmäßig auf Anpassungsmaßnahmen an Extremwetterereignisse, insbesondere auf Maßnahmen zum Schutz vor Hitze, eingegangen (siehe Kap. 3). Im Vordergrund stehen Überwachungs- und Frühwarnsysteme, die u. a. auch in der Ausbreitung allergener Pflanzen eine Rolle spielen (siehe Kap. 3). Darauf folgt der Abschnitt zu gesundheitlichen Zusatznutzen (*Co-Benefits*) von Klimaschutz (4.5). Da letztendlich alle Klimaschutzmaßnahmen positive Effekte auf die Gesundheit haben können (Smith u. a., 2014), die global verteilt und zeitversetzt wirksam werden, musste hier diese Einschränkung auf „*Co-Benefits*" vorgenommen werden. Behandelt werden diejenigen Bereiche, die wegen der Relevanz für Klima und Gesundheit und der verfügbaren Studien für Österreich besonders bedeutsam sind. Das sind Ernährung, Mobilität und urbane Grünräume. Letztere finden sich aufgrund des Anpassungsschwerpunkts in Kapitel 4.4.3.

4.2 Klimabezüge in Gesundheitspolitik und in Gesundheitsstrategien

4.2.1 Einleitung

Kapitel 2 und 3 haben deutlich gemacht, dass große, in der Bevölkerung ungleich verteilte, klimawandelbedingte gesundheitliche Folgen zu erwarten und teilweise schon zu beobachten sind (siehe Kap. 3.3.1). Damit entsteht auch für die österreichische Gesundheitspolitik Handlungsbedarf, Anpassungen an den Klimawandel im Bereich der Prävention und Versorgung insbesondere vulnerabler Bevölkerungsgruppen einzuleiten und Klimaschutzmaßnahmen im Gesundheitssystem zu initiieren. Gleichzeitig besteht vor allem aus Gründen der Effizienzsteigerung, der Kostenvermeidung und des zu erwartenden demographischen Wandels Reformbedarf im Gesundheitswesen. Die österreichische Gesundheitspolitik versucht diesen Herausforderungen seit 2012 durch neue strategische und rechtliche Rahmenbedingungen zu begegnen. Kapitel 4.2 fasst zunächst internationale Strategien zusammen, die Klima und Gesundheit gemeinsam behandeln. Danach werden zwei zentrale nationale gesundheitspolitische Strategien dahingehend analysiert, inwieweit sie Klimaschutz und gesundheitsbezogenen Anpassungsaspekte berücksichtigen bzw. dafür Voraussetzungen schaffen.

4.2.2 Internationale Strategien

International sind in den letzten Jahren gesundheitspolitische Strategien entstanden, die auch für Österreich relevant und teils bindend sind. Das Regionalbüro der Weltgesundheitsorganisation für Europa (WHO Europe) hat in der „Erklärung von Parma zu Umwelt und Gesundheit" (WHO Europe, 2010) Klimaanpassung und Klimaschutz eng verknüpft. Die sechs strategischen Ziele der Parma-Erklärung zeigen dies deutlich:

1. Einbeziehung von Gesundheitsfragen in Maßnahmen zur Eindämmung des Klimawandels und zur Anpassung an den Klimawandel;
2. Stärkung der Gesundheitssysteme und -dienstleistungen;
3. Entwicklung und Stärkung von Frühwarn- und Bereitschaftssystemen für extreme Wetterereignisse und Seuchenausbrüche;
4. Sensibilisierung für eine gesunde Minderungs- und Anpassungspolitik in allen Sektoren;
5. Erhöhung des Beitrags des Gesundheits- und Umweltsektors zur Verringerung der Treibhausgasemissionen und zur effizienten Nutzung von Energien und Ressourcen;
6. Wissen, Forschung und Werkzeuge gemeinsam nutzen.

Zur Umsetzung dieser Ziele wurde die WHO-Arbeitsgruppe „Health in Climate Change" (HIC) mit VertreterInnen der Umwelt- und Gesundheitsressorts der WHO Länder etabliert. Inzwischen liegen weitere strategische und wissenschaftliche Dokumente der WHO Europa vor (WHO Europe, 2017), die ein breites Spektrum an Themen und Maßnahmen abdecken, wie beispielsweise 10 Komponenten eines klimaresilienten Gesundheitssystems (WHO, 2015a). Die Ostrava Deklaration der 6. Europäischen Ministerkonferenz zu „Umwelt und Gesundheit" (WHO Europa, 2017) unterstützt das Pariser Klimaschutzübereinkommen, „in dem die Bedeutung des Rechts auf Gesundheit hinsichtlich künftiger Maßnahmen zum Schutz des Klimas anerkannt wird" (ibid.: S. 2). Demnach sei „[…] auf eine Gesellschaft sowie auf Infrastrukturen und Gesundheitssysteme hinzuarbeiten, die insbesondere für den Klimawandel gerüstet sind" (ibid.: S. 3).

Die größte Herausforderung ist die Entwicklung von politikfeldübergreifender Zusammenarbeit, um Klimaanpassungs- und Emissionsminderungsmaßnahmen in den Gesundheitssystemen umzusetzen (WHO Europe, 2017a). Die vielfältigen Zusammenhänge zwischen Bevölkerungsgesundheit und nachhaltiger gesamtgesellschaftlicher Entwicklung werden auch in der Analyse der Sustainable Development Goals (SDGs) der Vereinten Nationen (Prüss-Üstün u. a., 2016; siehe Kap. 1) unterstrichen. Sie zeigt, dass letztendlich alle SDGs auf Gesundheitsdeterminanten wirken, wie auch Bevölkerungsgesundheit die Entwicklung aller SDGs beeinflusst (siehe Kap. 2). Demnach wirkt eine intakte natürliche Umwelt nicht nur direkt positiv auf die Gesundheit, sondern auch indirekt über sozioökonomische Determinanten von Gesundheit. Diese verändern die Exposition und damit die Vulnerabilität bestimmter Bevölkerungsgruppe gegenüber krankmachenden Umweltrisiken. Wenn Menschen erkranken, kann dies wiederum Auswirkungen auf ihren sozioökonomischen Status haben.

Neben diesen Initiativen der WHO Europa stellt „THE PEP", das „Transport, Health and Environment Pan-European Programme" (UNECE & WHO Europe, 2018), eine für Österreich relevante internationale Klimaschutzinitiative mit Bezug auf Bevölkerungsgesundheit dar. Dieses wurde von der Wirtschaftskommission für Europa der Vereinten Nationen (United Nations Economic Commission for Europe) und WHO Europa 2001 initiiert. 56 europäische Staaten setzen jeweils mehrjährige Aktionsschwerpunkte, die die Entwicklung nachhaltiger Transportsysteme mit aktuellen Umwelt- und Gesundheitsfragen verbinden sollen. In Österreich koordiniert das Bundesministerium für Nachhaltigkeit und Tourismus (BMNT) die gemeinsamen Aktivitäten mit dem Bundesministerium für Verkehr, Innovation und Technologie (BMVIT), dem Bundesministerium für Arbeit, Soziales, Gesundheit und Konsumentenschutz (BMASGK) und mit regionalen Umsetzungsprojekten in den Bundesländern (BMFLUW, 2014).

Die EU hat 2013 ihre Klimaanpassungsstrategie (European Commission, 2013c) beschlossen und gleichzeitig ein Arbeitspapier zur „Anpassung an die Auswirkungen des Klimawandels auf die Gesundheit von Mensch, Tier und Pflanze" (European Commission, 2013a) vorgelegt, das in Bezug auf die Gesundheit und das Gesundheitssystem der Menschen drei Aktionsbereiche vorschlägt. Es konnten keine Hinweise gefunden werden, dass dieses Arbeitspapier von der österreichischen Gesundheitspolitik aufgegriffen worden wäre. Die Aktionsbereiche umfassen:

1. Wissen und Bewusstsein der europäischen BürgerInnen über Klimawandel und Gesundheit stärken, damit diese auf die Erfordernisse reagieren können.
2. Einbeziehung des Klimawandels in die Gesundheitspolitik mit dem spezifischen Ziel, im Gesundheitssystem Maßnahmen zur Bekämpfung des Klimawandels und der gesundheitlichen Folgen zu forcieren.
3. Integration von Gesundheit in klimabezogene Anpassungs- und Minderungsstrategien in allen anderen Sektoren, um besser auf den Nutzen für die Bevölkerungsgesundheit abzielen zu können (ebendort S. 25; eigene Übersetzung).

Ein Beispiel für ein systematisches, strategisches Vorgehen auf nationaler Ebene ist die „*Sustainable Development Strategy for the NHS, Public Health and Social Care System* 2014–2020" (SDU, 2015) aus England. Diese Strategie zielt darauf ab, die Treibhausgasemissionen (THG-Emissionen) des öffentlichen Gesundheitssystems in England (National Health Service, NHS England) zu reduzieren, Abfälle und Umweltverschmutzung zu minimieren, knappe Ressourcen bestmöglich zu nutzen sowie die Widerstandsfähigkeit der regionalen Bevölkerung und der Gesundheitseinrichtungen gegenüber dem Klimawandel zu stärken. Wesentlich ist, dass mit der „*Sustainable Development Unit*" (SDU, 2018) eine Unterstützungsstelle für ganz England eingerichtet ist, die die Umsetzung der Strategie durch Anleitungen, Praxismodelle und Öffentlichkeitsarbeit unterstützt.

4.2.3 Gesundheitsziele Österreich

Der bisher zentralste politikfeldübergreifende Ansatzpunkt für Klimaanpassung in der österreichischen Gesundheitspolitik war die Entwicklung der „Gesundheitsziele Österreich" (BMG, 2012; Gesundheitsziele Österreich, 2018a), die einen strategischen Rahmen für die Erhöhung der gesunden Lebensjahre der österreichischen Bevölkerung im Sinne von „Gesundheit in allen Politikfeldern" („*Health in all Policies*" WHO, 2015a) formulieren. Gesundheitsziel 4 „Luft, Wasser, Boden und alle Lebensräume für künftige Generationen sichern" wurde formuliert, weil „[e]ine intakte Umwelt eine wichtige Grundlage für das Wohlbefinden und die Gesundheit der Menschen darstellt" (Gesundheitsziele Österreich, 2018b). Derzeit erarbeitet eine Arbeitsgruppe aus 30 ExpertInnen aus Ministerien, Interessensvertretungen und Wissenschaft Wirkungsziele und Umsetzungsmaßnahmen dafür. Es ist zu erwarten, dass hier auch Anpassungs- und Klimaschutzmaßnahmen für das Gesundheitswesen formuliert werden.

Relevant erscheint der Informationsbedarf der Bevölkerung zu individuellen präventiven Handlungsmöglichkeiten in Hinblick auf gesundheitliche Risiken des Klimawandels (z. B. Hitzewellen, Pollenbelastung) (siehe Kap. 3). Dies entspricht auch dem Gesundheitsziel 3 „Die Gesundheitskompetenz der Bevölkerung stärken" (BMGF, 2017e). Der Bericht der dazu eingerichteten Arbeitsgruppe (BMGF, 2017a) formuliert Wirkungsziele und Maßnahmen für das Gesundheitswesen, Bildungswesen und den Produktions- und Dienstleistungssektor. Zentral für die Umsetzung des Gesundheitsziels 3 war die Einrichtung der Österreichischen Plattform Gesundheitskompetenz (ÖPGK, 2018), die die Entwicklung und Koordination von Maßnahmen zur Stärkung der Gesundheitskompetenz der Bevölkerung systematisch umsetzen soll. In den vorliegenden Dokumenten zur Gesundheitskompetenz werden aber bisher keine expliziten Bezüge zu gesundheitlichen Folgen des Klimawandels hergestellt. Eine systematische Entwicklung von leicht auffindbaren, gut verständlichen, interessensunabhängigen Gesund-

heitsinformationssystemen kann als eine wesentliche Voraussetzung angesehen werden, um für die Bevölkerung und die im Gesundheitswesen Beschäftigten Anpassungsmaßnahmen auf klimabezogene Gesundheitsrisiken zukünftig effektiv und effizient umsetzen zu können.

Die bisher auf Bundes- und Länderebene verwirklichten Informationsmaßnahmen beziehen sich vorwiegend auf Anpassung an die Gesundheitsrisiken durch Hitzewellen und umfassen persönliche Beratung und schriftliche Information (siehe Kap. 4.4). Ein Evaluationsbericht zu deutschen Informationssystemen zu Klimawandel und Gesundheit (Capellaro & Sturm, 2015) verweist darauf, dass sowohl die Beachtung von Grundlagen der Gesundheitskompetenz als auch prinzipiell auf Gesundheit ausgerichtete Informationsangebote (nicht Gefahren hervorheben, sondern Gesundheitsgewinne) zentral für die Effektivität dieser Informationsmedien sind. Für die österreichischen Informationsangebote liegen keine Evaluationsergebnisse vor (siehe Kap. 4.4). Demgegenüber haben das deutsche Umweltbundesamt und das Robert-Koch-Institut in ihren Handlungsempfehlungen zu Klimawandel und Gesundheit auf die Notwendigkeit regelmäßiger Evaluationen der Informationsmedien hingewiesen (Mücke u. a., 2013).

Die Folgen des Klimawandels werden sozioökonomisch benachteiligte Gruppen besonders treffen (siehe Kap. 4.2 und 2), und daher eine Verringerung der gesundheitlichen Chancengerechtigkeit nach sich ziehen, sofern nicht gegengesteuert wird (siehe Paavola, 2017). Daher sind auch die Maßnahmen zum Gesundheitsziel 2 „Gesundheitliche Chancengerechtigkeit für alle Menschen in Österreich sicherstellen" (BMGF, 2017d) ein wesentlicher Ansatzpunkt für Anpassungsstrategien im Sinne der Gesundheit der österreichischen Bevölkerung. In den vorliegenden Dokumenten zum Gesundheitsziel 2 ist aber bisher kein Hinweis auf entsprechende Herausforderungen durch den Klimawandel gegeben.

Der Bevölkerungsgruppe der Kinder und Jugendlichen wurde aufbauend auf der österreichischen „Kindergesundheitsstrategie" (BMG, 2011), die in einem breiten partizipativen Prozess auch unter Beteiligung des damaligen Bundesministeriums für Land- und Forstwirtschaft, Umwelt und Wasserwirtschaft (BMLFUW) entwickelt wurde, mit dem Ziel „Gesundes Aufwachsen für alle Kinder und Jugendlichen bestmöglich gestalten und unterstützen", ein eigenes Gesundheitsziel (Gesundheitsziel 6) gewidmet. Während die Kindergesundheitsstrategie an einigen Stellen auch auf klimarelevante Maßnahmen (v. a. im Kontext der Mobilität) Bezug nimmt, fehlen solche Zusammenhänge im Arbeitsgruppenbericht zum Gesundheitsziel 6 (BMGF, 2017f). In der Umsetzung wurde aber schrittweise der Schwerpunkt „Chancengerechtigkeit" (BMG, 2015) entwickelt, der gerade hinsichtlich gesundheitlicher Klimafolgen relevant sein könnte. Hier werden etwa Aus- und Weiterbildungsinitiativen in Kooperation mit dem Programm „klimaaktiv mobil" (Klimaaktiv, 2018) genannt (siehe Kap. 4.2.5).

Schließlich widmet sich das Gesundheitsziel 1 „Gesundheitsförderliche Lebens- und Arbeitsbedingungen für alle

Bevölkerungsgruppen durch Kooperation aller Politik- und Gesellschaftsbereiche schaffen" der politikfeldübergreifenden Zusammenarbeit im Sinne einer gesundheitsfördernden Gesamtpolitik ("*Health in all Policies*"). In Hinblick auf gesundheitliche Zusatznutzen von Klimaschutzmaßnahmen (*Co-Benefits*) (siehe Kap. 4.5) wäre die Kooperation zwischen AkteurInnen aus den Bereichen Umwelt/Klima und Gesundheitswesen/Public Health, aber auch aus anderen Bereichen wie Städteplanung, Verkehrsplanung, Ernährungspolitik, Arbeitnehmerschutz wesentlich, ist aber im Bericht der Arbeitsgruppe zum Gesundheitsziel 1 (BMGF, 2017c) nicht explizit erwähnt. Von besonderer Bedeutung könnte in Zukunft die systematische Einführung von Gesundheitsfolgenabschätzungen im Zusammenhang mit klimarelevanten Maßnahmen und Projekten werden (GFA, 2018; McMichael, 2013). Die EU-Rahmenrichtlinie zur Umweltverträglichkeitsprüfung (Europäisches Parlament und Rat, 2014) sieht jetzt schon vor, Projekte in Hinblick auf "Risiken für die menschliche Gesundheit" zu beurteilen. Wie weit diese nicht nur direkte, sondern auch indirekte medizinische Risiken im Sinne der integrierten Sichtweise der SDGs (Prüss-Üstün u. a., 2016) berücksichtigen, ist bisher nicht analysiert.

4.2.4 Gesundheitsreform Zielsteuerung Gesundheit

Die seit 2013 in Österreich laufende Gesundheitsreform "Zielsteuerung Gesundheit" (siehe Kap. 5.2.3) betont den engen Konnex zu den Gesundheitszielen und setzt sich prinzipiell Ziele, die auch Potentiale zur Anpassung an Klimafolgen und Klimaschutz des Gesundheitssektors eröffnen. In der Detailanalyse der gesetzlichen Grundlagen und Verträge zur Gesundheitsreform zeigt sich allerdings, dass bisher in wesentlichen Konzeptpapieren der Gesundheitsreform kein Bezug auf Klimafolgen genommen wird. Dies kann nicht zuletzt darauf zurückgeführt werden, dass die Komplexität der Verhandlungsprozesse innerhalb des Gesundheitssystems so hoch ist, dass auf die Einbeziehung intersektoraler Kooperationen verzichtet wurde. Als spezifische Ansatzpunkte für Anpassungs- und Klimaschutzmaßnahmen in der Gesundheitsreform sind besonders hervorzuheben:

- Priorisierung der Primärversorgung: Die 2017 gesetzlich beschlossene Primärversorgung (BMG, 2014; PrimVG, 2017) ist ein Herzstück der laufenden Gesundheitsreform und könnte sowohl in Hinblick auf Anpassung an gesundheitsrelevante Klimafolgen als auch zur Reduzierung der THG-Emissionen des Gesundheitswesens (siehe Kap. 4.3) einen wesentlichen Einfluss haben (siehe McMichael, 2013). In der internationalen Literatur (siehe Blashki u. a., 2007) wird in ersten konzeptuellen Überlegungen die zentrale Rolle der Primärversorgung für die Anpassung und Resilienz der lokalen Bevölkerung und von Gemeinschaften betont, insbesondere durch die Vermittlung von spezi-

fischer Gesundheitskompetenz (beispielsweise im Zusammenhang mit Hitze, Nahrungsmittelsicherheit oder neuen Infektionskrankheiten), den Aufbau von Frühwarnsystemen, die Entwicklung von Katastrophenplänen und Krisenmanagement sowie Impfprogramme. In den vorliegenden Konzepten zur österreichischen Gesundheitsreform werden diese Aufgaben der Primärversorgung weder erwähnt noch systematisch mitgeplant. Aber auch in Australien, wo seit über einem Jahrzehnt dazu eine intensive fachliche Diskussion geführt wird (Blashki u. a., 2007), werden gesundheitliche Klimafolgen noch nicht in der Planung des zukünftigen Gesundheitssystems berücksichtigt (Burton u. a., 2014). Bisher sind die Auswirkungen auf THG-Emissionen durch eine stärkere Verlagerung der Gesundheitsversorgung vom stationären Bereich in die Primärversorgung für Österreich nicht untersucht. Es gibt Hinweise darauf, dass beispielsweise durch Vermeidung von Überversorgung und Verkehr Emissionen verhindert werden können (Bouley u. a., 2017). Diese zeigen Forschungsbedarf auf.

- Priorisierung von Gesundheitsförderung und Prävention: Die im Rahmen der Gesundheitsreform entwickelte "Gesundheitsförderungsstrategie" (BMGF, 2016a) soll einen für die Jahre 2013–2022 gültigen Rahmen zur Stärkung von zielgerichteter und abgestimmter Gesundheitsförderung und Primärprävention in Österreich schaffen. Dieses Strategiedokument stellt aber keinen expliziten Bezug zum Klimawandel her, obwohl mit der Bezugnahme auf die Gesundheitsziele und *"Health in all Policies"* Ansatzpunkte dazu gegeben sind. Insbesondere die in der Gesundheitsförderungsstrategie gesetzten Schwerpunkte auf Chancengerechtigkeit und Gesundheitskompetenz könnten für eine klimabezogene Anpassungspolitik im Gesundheitssystem genutzt werden. Hier sind die Initiativen und Maßnahmen zu gesundheitsfördernden Krankenhäusern und Gesundheitseinrichtungen erwähnenswert (ONGKG, 2018), die Versorgungsleistungen nach Kriterien nachhaltiger Entwicklung gestaltet haben (Weisz u. a., 2009; Weisz u. a., 2011; Weisz, 2015, siehe Abschnitt 4.3.2.3) und die ökologische Beschaffung von Lebensmitteln thematisieren (ONGKG, 2017) (siehe Kap. 4.3.2). Hervorzuheben ist auf Bundesebene das Programm zur "Aktiven Mobilität" des Fonds Gesundes Österreich (FGÖ), der über seine Einbindung in die bereits erwähnten "THEPEP"-Aktivitäten explizite Bezüge zum Klimaschutz herstellt und von ca. 100 Umsetzungsinitiativen in den Bereichen aktive Mobilität, Radfahren, Zufußgehen, Mobilität und Klimaschutz berichtet (BMLFUW, 2014; FGÖ, 2017). Damit greift der FGÖ den Zusammenhang zwischen Gesundheitsförderung und Klimaschutz auf, der bisher sonst kaum in der österreichischen Gesundheitsförderungspolitik diskutiert wird.

- Neuorganisation des Öffentlichen Gesundheitsdienstes (ÖGD): Hier sollen unter anderem überregionale ExpertInnenpools für medizinisches Krisenmanagement zur raschen Intervention bei hochkontagiösen (hochanste-

223

ckenden) Erkrankungen geschaffen werden (Vereinbarung Art. 15a B-VG). Die 2014 drohende Ebola-Epidemie zeigte, dass der ÖGD nur unzureichend auf solche Krisen reagieren kann und übergreifende Strukturen braucht. Dies ist für die angemessene Versorgung von aufgrund des Klimawandels neuauftretenden Infektionserkrankungen relevant (siehe Kap. 3.5). Mögliche neue Infektionserkrankungen sind zwar in die Liste der „Anzeigepflichtige[n] Krankheiten in Österreich" (BMGF, 2017a) aufgenommen worden, aber überregionale Strukturen der Verantwortlichkeiten bezüglich Risikobewertung und des Risikomanagements fehlen derzeit. Die im früheren Strategiepapier zum ÖGD erwähnten breiteren Public Health Aufgaben (BMG, 2013) werden nicht mehr explizit in der Reformagenda angeführt, obwohl sie hier sowohl im Hinblick auf Allergene (siehe Kap. 3) als auch auf regionale Stärkung der Gesundheitskompetenz der Bevölkerung eine wesentliche Rolle spielen könnten.

- Verbesserung der Gesprächsqualität in der Krankenversorgung: Ausgehend vom Gesundheitsziel 3 (Gesundheitskompetenz) entwickelten Bund, Länder und Sozialversicherung die Strategie „Verbesserung der Gesprächsqualität in der Krankenversorgung" (BMGF, 2016b). Insbesondere wird im Kontext der Risikokommunikation über Diagnose- oder Behandlungsmöglichkeiten auf die Initiative *„choosing wisely"* verwiesen, die unter dem Slogan „manchmal ist es besser, nichts zu tun" über Risiken von Fehl- und Überversorgung informiert (Gogol & Siebenhofer, 2016; Hasenfuß u. a., 2016). Damit sollen nicht nur unnötige Risiken für die PatientInnen, sondern auch übermäßiger Verbrauch an pharmazeutischen und medizintechnischen Produkten mitsamt deren finanziellen und ökologischen Folgen (Berwick & Hackbarth, 2012) vermieden werden. Eine erste Studie für Oberösterreich schätzt, dass zumindest 1,2 % der Gesundheitsausgaben durch diese überflüssigen Behandlungen entstehen (Sprenger u. a., 2016). Um PatientInnen nicht notwendige Therapien zu ersparen, braucht das medizinische Personal ausgezeichnete kommunikative Kompetenzen und gut verständliche Patienteninformationen, die häufig nicht zur Verfügung stehen (Légaré u. a., 2016).

4.2.5. Zusammenfassende Bewertung

Mit den „Gesundheitszielen Österreich" wurde ein relevanter gesundheitspolitischer Rahmen für Anpassungs- und Emissionsminderungsmaßnahmen geschaffen, der mit einer Zeitperspektive bis zum Jahr 2032 noch viel Entwicklungspotential für die Herausforderungen von Klimawandel, demographischer Entwicklung und Gesundheit bietet. Die tatsächliche Umsetzung der Gesundheitsziele wird aber wesentlich vom politischen und finanziellen Engagement des Bundes, der Bundesländer sowie der Gemeinden und Sozialversicherungsträger abhängen. Die derzeit vorliegenden Maßnahmenpa-

piere sind durch das freiwillige Engagement unterschiedlichster AkteurInnen entstanden, beinhalten aber nur wenige breitenwirksam angelegte Maßnahmen. Ohne klare politische und finanzielle Priorisierung sowie verbindliche rechtliche Verankerung wird der Gesundheitszielprozess wahrscheinlich mit nur marginalen gesundheitlichen Auswirkungen abschließen.

Für Österreich muss festgehalten werden, dass sich das Gesundheitssystem und die Gesundheitspolitik mit dem Thema Klimawandel bisher fast nur hinsichtlich Anpassung an die negativen Folgen des Klimawandels auf die Gesundheit auseinandergesetzt haben, aber nicht mit ihrem Beitrag zum Klimawandel. Hier besteht klarer Handlungsbedarf. Darauf kann zunächst durch die Entwicklung einer Klimaschutzstrategie für das österreichische Gesundheitssystem reagiert werden. Diese kann sowohl Antworten auf den notwendigen klimabezogenen Anpassungsbedarf geben (insbesondere vor dem Hintergrund der demographischen Entwicklung) als auch Maßnahmen des Gesundheitssystems zum Klimaschutz definieren. Strukturell erfordert die langfristige Umsetzung einer zukünftigen Klimaschutzstrategie im österreichischen Gesundheitssystem auf Bundes-, Landes- und Gemeindeebene die Schaffung einer eigenen, österreichischen Koordinationsstelle für Nachhaltigkeit und Gesundheit nach dem Vorbild der Sustainable Development Unit (SDU) in England. Eine solche Initiative kann auf den Maßnahmen des Gesundheitsziels 4 „Luft, Wasser, Boden und alle Lebensräume für künftige Generationen sichern" aufbauen.

Eine wesentliche Voraussetzung für die erfolgreiche Umsetzung der Klimaanpassungs- und Klimaschutzmaßnahmen im Gesundheitssystem ist die erfolgreiche Umsetzung politikfeldübergreifender Zusammenarbeit. Auch die WHO Europa betont in ihrem letzten Statusberichts zu Umwelt und Gesundheit in Europa (WHO Europe, 2017a), dass das Haupthindernis für eine erfolgreiche Umsetzung fehlende intersektorale Kooperation auf allen Ebenen ist. Dieser politikfeldübergreifende Zusammenhang wird durch die zentrale Rolle der Gesundheitsziele für die Umsetzung des SDG 3 „Gesundheit und Wohlergehen" in Österreich unterstrichen (BKA u. a., 2017). Im aktuellen Bericht des Bundeskanzleramts wird explizit darauf hingewiesen, dass die Gesundheitsziele auch zur Erreichung von SDGs beitragen (BKA u. a., 2017, S. 15). Bei genauerer Durchsicht können darüber hinaus Schnittstellen zu weiteren SDGs identifiziert werden. Eine verstärkte Berücksichtigung von Synergien und Widersprüchen zwischen SDGs und Gesundheitszielen und eine verstärkte Zusammenarbeit zwischen Gesundheitspolitik und Klimapolitik sind (über das Gesundheitsziel 4 hinausgehend) zu empfehlen.

4.3 THG-Emissionen und Klimaschutzmaßnahmen des Gesundheitssektors

4.3.1. Einleitung

Zwei wesentliche Merkmale des Gesundheitssystems zeigen seine besondere Bedeutung für den Klimawandel: (1) Seine sozioökonomische Rolle und (2) seine systemischen Interaktionen mit dem Klimawandel. Das Gesundheitssystem ist verantwortlich für die Wiederherstellung von Gesundheit, trägt aber gleichzeitig durch seine Leistungen vor Ort, insbesondere über die Beschaffung medizinischer Produkte, zum Klimawandel bei (siehe Kap. 4.3.2). Dies belastet wiederum die menschliche Gesundheit und führt zu einer Zunahme an Nachfrage von Gesundheitsleistungen in einer Zeit, in der die öffentlichen Finanzierungsmöglichkeiten von Gesundheitsversorgung durch steigende Nachfrage aufgrund demographischer Entwicklungen und medizinisch-technischer Fortschritte (European Commission, 2015; Kickbusch & Maag, 2006) bereits an ihre Grenzen stoßen (siehe Kap. 2).

Die Gesundheitssysteme hochindustrialisierter Länder sind mit einem Anteil am BIP von bis 8 %–16 % (Hofmarcher & Quentin, 2013; Chung & Meltzer, 2009) wirtschaftlich, politisch und gesamtgesellschaftlich bedeutende Sektoren (siehe Kap. 2). Sie tragen wesentlich zur Gesundheit der Bevölkerung und damit zur gesundheitlichen Lebensqualität und dem Wohlergehen der Bevölkerung bei. Dies erfolgt in modernen Gesellschaften primär über Krankenbehandlung. So findet sich in der gesundheitssoziologischen Literatur immer wieder der Vorschlag, diese als „Krankenbehandlungssysteme" zu bezeichnen (z. B. Forster & Krajic, 2013). Gesundheitsysteme und ihre Organisationen sind wegen demographischer Veränderungen (siehe Kap. 2) und klimawandelbedingter negativer Auswirkungen auf die Gesundheit (siehe Kap. 3) besonders gefordert. Sie sind nicht nur durch Arbeitsproduktivitätsverluste betroffen, sondern auch in ihrem „Kerngeschäft" durch Veränderung der Nachfrage an Gesundheitsleistungen (Weisz, 2016). Zudem tragen sie selbst über ihren Konsum an Produkten und Dienstleistungen, bedingt durch eine material- und energieintensive Form der Krankenbehandlung, als Verursacher von THG-Emissionen zum Klimawandel bei (z. B. SDU, 2016). Somit nehmen diese Sektoren und ihre Leitorganisationen, die Krankenhäuser, eine besondere und hinsichtlich ihrer Gesamteffekte auf Gesundheit auch widersprüchliche Rolle ein (Weisz u. a., 2011; Mohrman u. a., 2012; Schroeder u. a., 2013; Weisz, 2016; Weisz & Haas, 2016). Es wird von verschiedenen Seiten (auch von der WHO) an die Verantwortung der AkteurInnen des Gesundheitswesens appelliert, sich am Kampf gegen den Klimawandel zu beteiligen (Neira, 2014) und sich der Vorbildwirkung des Gesundheitssektors für andere Sektoren bewusst zu sein (Gill & Stott, 2009; WHO & HCWH, 2009; McMichael u. a., 2009; WHO, 2012).

Der Gesundheitssektor ist, anders als beispielsweise der Energie-, Transport- oder Landwirtschaftssektor, kaum Thema von Forschung, die sich mit Emissionsminderung befasst. Der Großteil der gesundheitsbezogenen Klimaschutzforschung behandelt gesundheitliche Zusatznutzen von Klimaschutzmaßnahmen („health co-benefits"; Smith u. a., 2014; Watts u. a., 2017; siehe Kap. 4.5). Das Gesundheitssystem als sozioökonomischer Akteur wird in der internationalen Klimafolgenforschung bislang kaum behandelt. Allerdings nehmen vor allem in jüngerer Zeit entsprechende Bemühungen zu. Ausdrücklich betont wird, dass hier Handlungs- und Forschungsbedarf besteht (McMichael u. a., 2009; Smith u. a., 2014; Whitmee u. a., 2015); zuletzt durch die „Lancet Commission on Health and Climate Change", die in diesem Zusammenhang den öffentlichen Investitionsbedarf hervorhebt (Watts u. a., 2017).

4.3.2 Carbon Footprint Studien und klimarelevante „hot spots"

Voraussetzung für eine evidenzbasierte Entwicklung von Klimaschutzstrategien für den Gesundheitssektor und die Integration dieses Sektors in Klimaschutz- und „Low Carbon"-Strategien sind Analysen zu den durch das Gesundheitswesen verursachten THG-Emissionen (Watts u. a., 2015). International liegen bislang drei „Carbon Footprint"-Studien nationaler Gesundheitssektoren vor: Aus England (Brockway, 2009; SDU & SEI, 2009 und aktualisierte Versionen SDU & SEI, 2010; SDU, 2013), den USA (Chung & Meltzer, 2009; aktualisierte Version Eckelman & Sherman, 2016) und Australien (Malik u. a., 2018). Diese Studien beruhen auf durch Emissiondaten erweiterten multiregionalen Input-Output (MRIO)-Modellen (Minx u. a., 2009). Die Ergebnisse dieser Arbeiten sind, u. a. aufgrund unterschiedlicher Systemabgrenzungen, nicht direkt vergleichbar, finden aber zu denselben Kernaus-

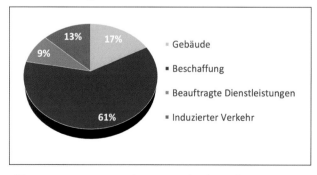

Abb. 4.1: THG-Emissionen des NHS England (Quelle: eigene Darstellung nach SDU, 2013). Anteil der THG-Emissionen des National Health Service England nach direkten (gelb) und indirekten (blau) Emissionskategorien und durch den Sektor induzierten privaten Verkehr (grau).

sagen: 1. Die indirekten THG-Emissionen durch Vorleistungen in der Produktion der Produkte, die der Sektor bezieht (insbesondere die Produktion von Arzneimittel) übersteigt die „vor Ort" entstehenden, direkten Emissionen bei weitem. 2. Krankenhäuser sind die größten Verursacher dieser Emissionen. 3. Ohne entsprechende Maßnahmen werden die THG-Emissionen mit dem Wachstum des Sektors weiterhin kontinuierlich ansteigen.

Die direkten und indirekten THG-Emissionen, die dem NHS England zuzurechnen sind, lagen im Jahr 2012 bei 18,6 Megatonnen (Mt) (SDU, 2013). Das entspricht 25 % aller THG-Emissionen des öffentlichen Sektors in diesem Jahr und und 3,1 % des gesamten *Carbon Footprints* von England (SDU, 2013). Die indirekten Emissionen über die Beschaffung von Produkten verursachen mit 61 % den größten Anteil. 17 % entfallen auf den direkten Energieverbrauch in Gebäuden, 13 % auf vom NHS England induzierten privaten Verkehr und 9 % auf beauftragte Dienstleistungen (siehe Abb. 4.1).

Unter allen Produktgruppen der Beschaffung verursachen die Vorleistungen pharmazeutischer Produkte mit einem Anteil von über 20 % an den gesamten THG Emissionen die meisten Emissionen, gefolgt von den medizinische Gebrauchs- und Verbrauchsgüter mit einem Anteil von 10 % (ibid.; siehe für US Eckelman & Sherman, 2016; für Australien Malik u. a., 2018). Medizinische Interventionen, insbesondere medikamentöse Therapien, sind damit für den Großteil der in der Produktionskette verursachten THG-Emissionen verantwortlich. Die effektivsten Interventionen müssten demnach am primären Leistungsbereich des Systems, der Krankenbehandlung ansetzen. Dies unterstützt sowohl das Argument mehr in Prävention und Gesundheitsförderung zu investieren als auch unnötige Krankenbehandlung zu vermeiden (Weisz, 2016; siehe Kap. 2 und 4.2).

Eckelman und Sherman (2016) gehen in ihren Analysen einen Schritt weiter. Zunächst zeigen sie in der Aktualisierung des *Carbon Footprints* (aufbauend auf Chung & Meltzer, 2009), dass innerhalb eines Jahrzehnts (2003–2013) die THG-Emissionen des US Gesundheitssektors um 30 % angestiegen und mit 650 Mt CO_{2e} für fast 10 % der nationalen Emissionen verantwortlich sind. Zudem analysieren sie weitere Umweltauswirkungen des Sektors, wie Feinstaubemissionen (PM), und berechnen deren negative Gesundheitseffekte in Form von *Disability Adjusted Life Years* (DALYs). Solche Analysen stehen für Österreich noch aus. Auch wäre es zielführend, die ökologischen und gesundheitlichen Nebenwirkungen in Bezug zum Ergebnis (*Outcome*) der Krankenbehandlung zu stellen (siehe Tennison, 2010; Weisz, 2013). Dies sind Bereiche, denen sich die Forschung in Zukunft verstärkt widmen sollte.

International gibt es aktuell Bemühungen detailliertere Analysen zu den Vorleistungen ausgewählter Arzneimittel und Produktgruppen über *Life Cycle Assessments* (LCA) zu ermitteln, wie Beispiele aus England (ERM & SDU, 2014, 2017) und eine laufende europäische Studie, an der Gesundheitsorganisationen aus Deutschland, Frankreich und Schwe-

den beteiligt sind, zeigen (HCWH, 2018). Diese sind damit konfrontiert, dass LCA-Studien zu medizinischen Produkten, insbesondere zu Arzneimittel, nur vereinzelt verfügbar sind. Deren Ermittlung ist nicht nur methodisch herausfordernd (siehe SDU & ERM, 2012), sondern auch auf schwer zugängliche, oft streng vertrauliche, Daten angewiesen (Wernet u. a., 2010). Die SDU kooperiert diesbezüglich mit der „*Sustainable Healthcare Coaltion*" (SHC 2018), in die v. a. internationale Pharmakonzerne eingebunden sind (siehe Weisz u. a., 2018).

Neben dem Energiebedarf in den Gebäuden spielen innerhalb der direkten Emissionen jüngeren Studien zu Folge auch bestimmte Anästhesiegase eine nicht zu unterschätzende Rolle (Sherman u. a., 2014; Campbell & Pierce, 2015; Vollmer u. a., 2015). Dazu zählen Gase, die aufgrund ihrer medizinischen Notwendigkeit von Regelungen aus dem „*Montreal Protocol on Substances that Deplete the Ozone Layer*" (UNEP, 2017) ausgenommen sind. Weltweit wurden im Jahr 2014 durch deren Verwendung drei Mt CO_{2e} freigesetzt. Mit einem Anteil von 80 % haben Deflurane das größte Treibhauspotential (Charlesworth & Swinton, 2017). Anastesiegase sind für 5 % des Carbon Footprints aller Akutversorgungseinrichtungen und für 2 % der gesamten THG-Emissionen des NHS England verantwortlich (SDU, 2015). Klimafreundliche, teurere Alternativen sind in Diskussion. Charlesworth und Swinton betonen, dass hier v. a. die Kosten eine Barriere für den Klimaschutz darstellen (ibid.).

Für Österreich liegt bislang nur eine Studie zum direktem Energieverbrauch für Krankenanstalten vor (Benke u. a., 2009). „*HealthFootprint*", ein zurzeit laufendes durch das Austrian Climate Research Programme (ACRP) gefördertes Projekt untersucht erstmals den Carbon Footprint des österreichischen Gesundheitssektors (Weisz, Pichler u. a., 2017). Über einen „*top-down*"-Ansatz werden ähnlich den bisherigen Studien die gesamten THG-Emissionen des Sektors für den Zeitraum 2005–2015 ermittelt sowie – der Methodik des NHS England folgend – die durch privaten Verkehr induzierten Emissionen. Zwischenergebnisse zeigen, dass etwa 4,3 % des nationalen Carbon Footprints durch den öffentlichen Gesundheitssektor verursacht werden. Auffallend ist hierbei der rund 30 %ige Anstieg der Ausgaben für Arzneimittel in diesem Zeitraum (OECD, 2017b; Weisz u. a., 2018). Parallel dazu werden über einen „*bottom up*"-Ansatz mittels LCA klimarelevante „*hot spots*" untersucht. Die Ergebnisse aus HealthFootprint werden mit ExpertInnen aus der österreichischen Gesundheits- und Klimapolitik diskutiert, um politikrelevante Empfehlungen zu entwickeln. Sie stellen die empirische Basis für eine zukünftige Klimaschutzstrategie des österreichischen Gesundheitssektors dar und sollen einen Beitrag zur nationalen Klimastrategie liefern (ibid.).

In dem Sparkling Science Projekt „*Sustainable Care*", in dem ForscherInnen aus *Palliative Care* und Sozialer Ökologie mit der Gesunden- und Krankenpflegeschule (GuK Schule) des Wiener SMZ Ost – Donauspital kooperierten, bearbeiteten die SchülerInnen Themen, um „Wege zu einer nachhaltigen Sorgekultur im Krankenhaus" zu explorieren. In einem

Teilprojekt wurde der Energieverbrauch des Donauspitals mit seinen Vorleistungen berechnet und mit dem Energieverbrauch von vier Spitälern aus Österreich, Deutschland und der Schweiz verglichen. Mit diesem Teilprojekt sollten SchülerInnen und LehreInnen der GuK Schule für das Thema Klimawandel im Kontext einer nachhaltigen Entwicklung sensibilisiert werden (Weisz & Heimerl, 2016).

4.3.3 Klimaschutzmaßnahmen des Gesundheitssektors

Basierend auf den *Carbon Footprint* Studien des NHS England wurden entsprechende Strategien zur Emissionsminderung des Sektors entwickelt (SDU, 2015). Mit Maßnahmen, die schwerpunktmäßig auf Energieeinsparungen fokussieren, konnten im umfassten Zeitraum trotz einer 18 % Steigerung der Leistungen des Sektors die THG-Emissionen um 11 % reduziert werden. Die aktuelle Klimastrategie der SDU setzt sich bis zum Jahr 2020 ambitionierte Ziele, die hauptsächlich über den Einsatz von „*low carbon*" Technologien, Nutzung erneuerbarer Energieträger, Einsparungen im Transport, Abfallvermeidung und nicht näher ausgeführte „*less intensive models of care*" erreicht werden sollen (SDU, 2015, 2016; siehe Tomson, 2015).

Ansätze aus der Literatur

Eine Vielzahl an überwiegend internationalen Publikationen befasst sich mit Aspekten von Umwelt- und Klimaschutz in Gesundheitsorganisationen, mitunter auch umfassender im Kontext nachhaltiger Entwicklung bzw. einer nachhaltigen Krankenbehandlung (Schroeder u. a., 2013). Die Beiträge sind ähnlich wie die Literatur zum betrieblichen Umweltmanagement, deren Ursprünge bis in die 1980er Jahre zurückgehen, anwendungsorientiert, praxisbezogen und wenig theoriegeleitet (siehe Weisz u. a., 2011; Fischer, 2014). Sie werden heute unter den Bezeichnungen „*environmental sustainability*", „*greening health care*", „*greening hospitals*", „*sustainable hospitals*" oder in jüngerer Zeit unter „*sustainable care*", bzw. „*sustainable health*" und teilweise auch unter „*climate friendly health care*" geführt. Diese Literatur befasst sich vorwiegend mit nicht sektorspezifischen Bereichen und Maßnahmen. Umweltbedingte Gesundheitseffekte und die Betroffenheit des Systems durch den Klimawandel werden wenig und wenn, dann meist getrennt von der Verursacherproblematik angesprochen. Mitunter werden Wettbewerbsvorteile als Motivation für mehr „ökologisches Engagement" genannt, wie dies von den *Corporate Social Responsibility* (CSR) Aktivitäten großer Unternehmen bekannt ist. Selten wird der Versuch unternommen, die ökologischen Nebenwirkungen der Krankenbehandlung in Bezug zum Ergebnis der Krankenbehandlung zu stellen (Weisz, 2016).

Ein Vorschlag ökologische Nachhaltigkeitsansätze im Krankenhaus systematisch zu fassen, baut auf dem "Sozialen Setting Ansatz" (Pelikan & Halbmayer, 1999) aus der Gesundheitsförderungsforschung auf, der mit einer System-Umwelt-Perspektive operiert, und erweitert ihn zum „Sozialökologischen Setting". Mögliche Ansatzpunkte für ökologische Nachhaltigkeits- und damit auch Klimastrategien im Krankenhaus werden entlang der Schnittstellen zur Natur definiert. Krankenbehandlung und Gesundheitsförderung steht als direkte Schnittstelle zur „menschlichen Natur" im Zentrum. Damit wird auf die besondere Rolle von Krankenbehandlung für Umwelt- und Klimaschutz verwiesen (Weisz, 2016).

McGain und Naylor (2014) identifizieren in ihrem Review zu „*environmental sustainability in hospitals*" die in der Literatur zentral behandelten Bereiche. Diese inkludieren den direkten Energieverbrauch, Wasser, Beschaffung, Abfall, Transport, Architektur, Gebäude und psycholgische Faktoren. Damit setzen die meisten Vorschläge bei Maßnahmen aus dem herkömmlichen Umweltmanagement an. Die Tatsache, dass der Großteil der THG-Emissionen, die durch den Gesundheitssektor verursacht werden, in direkter Beziehung zu den Gesundheitsservices und Entscheidungen über Arzneimittelverwendung stehen, lässt die AutorInnen folgern, dass die positiven Effekte präventiver Maßnahmen viel bewirken können. Ähnliche Argumente finden sich in einem Überblick zur aktuellen Literatur zu „*sustainable care*" (Weisz, 2016). Hier werden u. a. praxisorientierte Beiträge (Mohrman & Shani, 2012; Schroeder u. a., 2013) hervorgehoben und gefolgt, „[…] dass eine nachhaltige Entwicklung des gesamten Sektors nur erreicht werden kann, wenn sich das auf kurative Medizin ausgerichtete vorherrschende Modell des Krankenbehandlungssystems hin zu einem vorsorgenden Gesundheitssystem entwickelt." (Weisz 2016: S. 285). Mehr Evidenz zu den positiven Effekten von Prävention und Gesundheitsförderung inklusive erzielbarer Kosteneinsparungen sind hier erforderlich.

Im Rahmen der Projektreihe „Das nachhaltige Krankenhaus", das mit dem Wiener Otto Wagner Spital (OWS) als Pilotspital unter Beteiligung der Berliner Immanuel Diakonie durchgeführt wurde (Weisz u. a., 2009; Weisz, 2015), wurden Nachhaltigkeitsaspekte einer patientInnenorientierten Angebotsplanung unter dem Gesichtspunkt der Gesundheitsförderung am Beispiel der Versorgung langzeitbeatmeter PatientInnen analysiert (Weisz u. a., 2011; Weisz & Haas, 2016). Diese Studie, an der die 1. Lungenabteilung des OWS beteiligt war, basiert auf einem gemeinsam mit KrankenhausakteurInnen entwickeltem Nachhaltigkeitskonzept für Krankenhäuser, das auf die Kernleistungen (*Outcome*) und deren unerwünschte ökologische, soziale und ökonomische Neben- und Langzeitwirkungen fokussiert. Die Ergebnisse zeigen verkürzte Aufenthaltsdauern auf Intensivstationen, Kosteneinsparungen und reduzierte Umweltbelastung. Dies führte zur Einrichtung eines Beatmungszentrums mit abgestuften Versorgungseinheiten (eines sogenannten „*Weaning Center*") im Pilotspital (ibid., Weisz, 2015). Hier wird anhand eines konkreten

Beispiels gezeigt, dass sich Nachhaltigkeitsstrategien im Gesundheitswesen besonders lohnen, wenn sie auf die Verbesserung medizinischer Kernleistungen abzielen (ibid., siehe SDU, 2018). Dadurch, so wird weiter argumentiert, erweisen sie sich auch anschlussfähig an die AkteurInnen aus dem medizinischen Bereich (Weisz, 2015; Weisz & Haas, 2016).

„Umweltschutz ist Gesundheitsschutz" als Ansatzpunkt für die Praxis

International entstanden seit Mitte der 1990er Jahre eine Reihe von Umweltschutzinitiativen im Krankenhausbereich („green hospital movement"). Dazu zählen neben den Aktivitäten der Sustainable Development Unit des NHS England (SDU, 2018) (siehe Kap. 4.3.2 und 4.3.3), u. a. die des internationalen Netzwerks *Health Care Without Harm* (HCWH), die US-Initiative „*Sustainabilty Roadmap for Hospitals*", die *Canadian Coalition for Green Health Care* und die 2010 gegründete Task Force „*Health Promoting Hospitals and the Environment*" des *International Health Promoting Hospitals Network* (HPH). Erreicht werden soll, dass Krankenhäuser, bzw. ihre Träger, Themen des betrieblichen Umwelt- und Nachhaltigkeitsmanagements verstärkt aufgreifen, entsprechende Umweltschutzstrategien implementieren und kontinuierlich ihre ökologische Performance verbessern. Die prioritären Themen sind ähnlich zur Literatur: Energie, Wasser, Transport, Abfall, toxische Substanzen, Gebäude und zunehmend auch Lebensmittel.

Medizinische und pflegerische Fachkräfte gelten für Umwelt- und Klimaschutz als besonders gut ansprechbar. Von ihnen wird erwartet, dass sie sich dafür überdurchschnittlich engagieren und einen wichtigen Beitrag dazu leisten können (Weisz, 2016). Darauf zielen Appelle ab, die an die entsprechenden Berufsgruppen gerichtet sind (Gill & Stott, 2009; De Francisco Shapovalova u. a., 2015; ICN, 2017). Mit der Leitidee „Umweltschutz ist Gesundheitsschutz" wird die Verantwortung und die Verursacherrolle der AkteurInnen angesprochen (Fitzpatrick, 2010). Fortbildungsprogramme, wie etwa die „Klimaanpassungsschule" der Charité Berlin (Charité Berlin, 2018), sind auf Anpassung ausgerichtet und fokussieren auf Klimafolgen für das Gesundheitswesen. Sensibilisierung der AkteurInnen und entsprechendes Fachwissen, insbesondere die Diagnostik von durch den Klimawandel verstärkten oder neu auftretenden Erkrankungen (siehe Kap. 3), gelten als grundlegende Voraussetzungen für die Entwicklung entsprechender Maßnahmen und deren Umsetzung (Barna u. a., 2012; Guitton & Poitras, 2017). Daher wird immer wieder nachdrücklich gefordert, das Thema „Klima und Gesundheit" verpflichtend in Curricula aufzunehmen (Watts u. a., 2017). International und auch in Österreich ist dies weder in Pflegeausbildungen noch in den Ausbildungen von MedizinerInnen und KrankenhausmangerInnen vorgesehen (Weisz, Reitinger u. a., 2017). Initiativen aus England können hier beispielgebend sein (Thompson u. a., 2014). Darüberhinaus wird empfohlen, das Thema „Klimawandel und Gesundheit" auch in die schulische Grundausbildung einzubringen. Bildungsmaterialien für Grund- und Sekundarschulen stehen, z. B. in Deutschland über das Bundesministerium für Umwelt, Naturschutz und Reaktorsicherheit, Referat Gesundheit und Klimawandel, online zur Verfügung (BMU, 2018).

Krankenanstaltenträger und Krankenhäuser befassen sich international und auch in Österreich – teilweise in Verbindung mit den erwähnten Netzwerken – mit der Analyse ihres Energie- und Wasserverbrauchs und ihres Abfallaufkommens und entwickeln für ausgewählte Produktgruppen ökologische Einkaufskriterien (z. B. Ökokauf Wien). Mitunter setzen sie punktuelle, über die rechtlichen Vorschriften hinausgehende, Umweltschutzmaßnahmen. Das ist vor allem dann der Fall, wenn sich dadurch finanzielle Einsparungen ergeben. So konnten manche Einrichtungen bereits Mobilitäts-, Müll- und Energiekonzepte sowie Einkaufsgemeinschaften erfolgreich umsetzen (APCC, 2014). Zu den freiwilligen Maßnahmen zählen darüber hinaus Umweltzertifizierungen, die regelmäßige Veröffentlichung von Umweltberichten und die strukturelle Verankerung in den Organisationen (z. B. in Form von Umwelt- oder Nachhaltigkeitsbeauftragten), die als wichtige Voraussetzung für die Entwicklung längerfristiger Strategien gelten (siehe die NHS SDU Klimaschutzstrategien).

Das österreichische Netzwerk gesundheitsfördernder Krankenhäuser und Gesundheitseinrichtungen (ONGKG) hat sich in der Vergangenheit in seinen jährlichen Konferenzen immer wieder, allerdings nicht kontinuierlich, mit Nachhaltigkeits- und Umweltthemen befasst. Es setzt sich zum Ziel, durch strategische Optimierung des Einkaufs- und des Abfallmanagements zum Umweltschutz beizutragen und engagiert sich im Bereich nachhaltiger Ernährung mit Fokus auf Lebensmittelabfälle (ONGKG, 2017). Empfehlenswert wäre eine systematische Auseinandersetzung mit dem Thema in Bezug auf die Gesundheitsförderung, die das Kernanliegen des Netzwerks ist.

4.3.4 Zusammenfassende Bewertung

Der Gesundheitssektor ist trotz seiner sozioökonomischen Bedeutung kaum Thema der Klimafolgenforschung, die sich mit Emissionsminderung befasst und wird in Klimastrategien bislang nicht berücksichtigt. Hier besteht Forschungs- und Handlungsbedarf. Die bisher publizierten nationalen Carbon Footprint Studien liefern die empirische Evidenz für den Beitrag von Gesundheitssektoren hochindustrialisierter Länder zum Klimawandel. Daraus geht hervor, dass mit dem Wachstum des Sektors auch die THG-Emissionen kontinuierlich steigen (hohe Übereinstimmung, mittlere Beweislage). Für Österreichs Gesundheitssektor ist zurzeit eine entsprechende Studie in Arbeit. Zwischenergebnisse weisen auf eine ähnliche Entwicklung hin. Die Ergebnisse der bisherigen Studien zeigen, dass die Vorleistungen, in Form ihrer indirekten THG-

Emissionen, die vor Ort emittierten direkten Emissionen bei weitem übersteigen. Der größte Anteil entsteht durch Arzneimittel und medizinische Produkte (hohe Übereinstimmung, mittlere Beweislage). Maßnahmen, so wird gefolgert, müssen demnach auf den primären Leistungsbereich des Systems, die Krankenbehandlung, gelegt werden (Empfehlung/Handlungsoption). Dies unterstützt sowohl das Argument stärker in präventive Gesundheitsförderung zu investieren als auch unnötige Krankenbehandlungen zu vermeiden.

Um konkrete Maßnahmen zu entwickeln, die zur Reduktion der indirekten THG-Emissionen der Arzneimittel und Medizinprodukte beitragen, sind detailliertere LCA Analysen erforderlich. Diese sind allerdings für die sektorspezifischen und gleichzeitig besonders klimarelevanten Produkte kaum verfügbar. Hier wird hoher Forschungsbedarf festgestellt. Evidenz zu den Auswirkungen von Gesundheitssektoren, die die Gesundheit belasten, ist kaum verfügbar. Empfohlen wird, ökologische Nebenwirkungen der Krankenbehandlung in Bezug zum Ergebnis, also dem *Outcome* der Krankenbehandlung, zu stellen. Analysen zu den positiven Effekten von Prävention und Gesundheitsförderung inklusive der erzielbaren Kosteneinsparungen könnten die Argumentation einer klimafreundlicheren Gesundheitsversorgung unterstützen. Dies impliziert auch die stärkere Integration des Themas in Nachhaltigkeits- und Gesundheitsstudien. Somit ist hier Forschungs- und Handlungsbedarf gegeben.

Eine entsprechende Aus- und Weiterbildung für Gesundheitsprofessionen zum Themenfeld „Klima und Gesundheit" wird im Kontext des Klimawandels immer dringlicher (Handlungsoption/Empfehlung). Diese Empfehlung wird als wichtige Voraussetzung für den Schutz vulnerabler Bevölkerungsgruppen in Hitzeperioden gesehen. Darüberhinaus wird empfohlen, das Thema auch in die schulische Grundausbildung einzubringen.

Umwelt- und Klimaschutzmaßnahmen im Gesundheitswesen behandeln vor allem nicht sektorspezifische Bereiche und Maßnahmen (hohe Übereinstimmung, hohe Beweislage). Da der Großteil der THG-Emissionen, die im Gesundheitssektor verursacht werden, in Beziehung zu den Gesundheitsservices und Entscheidungen über Arzneimittelverwendung stehen, bieten die Effekte präventiver und gesundheitsfördernder Maßnahmen zusätzlich zu denjenigen aus dem „traditionellen" Umweltschutzmanagement weit mehr Reduktions- bzw. Verbesserungspotential (hohe Übereinstimmung, geringe Beweislage). Die zentrale Schlussfolgerung daraus ist, dass ein nachhaltiges Gesundheitssystem nur durch einen Paradigmenwechsel des vorherrschenden, auf Krankenbehandlung fokussierten, Systems erreicht werden kann.

4.4 Anpassungsmaßnahmen an direkte und indirekte Einflüsse des Klimawandels auf die Gesundheit

4.4.1 Einleitung

Der Klimawandel wird erhebliche negative gesundheitliche Konsequenzen haben und kann Ursache für das verstärkte Auftreten von Krankheiten und für die Entstehung neuer Krankheitsbilder sein (WHO, 2015a; IPCC, 2014b; European Commission, 2013b; siehe Kap. 3). Art und Umfang des Ausmaßes werden letztlich davon abhängen, welche Schritte zur Anpassung ergriffen werden und welche Grundversorgung den verschiedenen Bevölkerungsgruppen zur Verfügung steht. Bei der Planung und Umsetzung von Anpassungsmaßnahmen ist generell auf die Bedürfnisse verschiedener Bevölkerungsschichten und Altersgruppen zu achten.

Der vorliegende Abschnitt befasst sich damit, inwieweit Gesundheit und demographische Entwicklung in der Anpassungspolitik und in den Anpassungsstrategien berücksichtigt werden. Eingegangen wird auch auf Überwachungs- und Frühwarnsysteme, die als wesentliche Voraussetzung dafür gelten, negative gesundheitliche Folgen zu vermeiden und das Gesundheitswesen, Hilfsorganisationen und die Bevölkerung auf klimawandelbedingte Veränderungen sowie Akutsituationen vorzubereiten. Dies gilt sowohl für direkte Einflüsse (extreme Wetterereignisse, wie Hitze, Starkniederschläge, Sturm) als auch für indirekte Einflüsse (Ausbreitung von Krankheitserregern und Vektoren, Ausweitung der Pollenflugsaison etc.).

Neben Akutmaßnahmen wie Frühwarnungen und der Vermittlung von zielgruppengerechten Verhaltenstipps braucht es mittel- und langfristige strukturelle Anpassungsmaßnahmen zur Reduktion der direkten und indirekten gesundheitlichen Folgen des Klimawandels, die nicht nur die Gesundheitspolitik und das Gesundheitswesen, sondern auch andere Bereiche und Sektoren (z. B. Raumordnung, Stadtplanung, Bauwesen, Wirtschaft) betreffen.

4.4.2 Gesundheit und demographischer Wandel in Anpassungspolitiken und Anpassungsstrategien

Den gesundheitlichen Folgen des Klimawandels und dem daraus resultierenden Handlungsbedarf wird in Anpassungsstrategien sowohl international als auch in Österreich ein hoher Stellenwert eingeräumt. Im Übereinkommen von Paris (UNFCCC, 2015), mit dem sich erstmals alle Staaten dieser

Österreichische Anpassungsstrategie – Handlungsempfehlungen für das Aktivitätsfeld Gesundheit
– Allgemeine Öffentlichkeitsarbeit sowie spezifisch zur Vorbereitung auf Extremereignisse oder Ausbrüche von Infektionskrankheiten
– Umgang mit Hitze und Trockenheit
– Umgang mit Hochwässern, Muren, Lawinen, Rutschungen und Steinschlägen
– Ausbau des Wissensstands und Vorbereitung zum Umgang mit Erregern/Infektionskrankheiten
– Risikomanagement hinsichtlich der Ausbreitung allergener und giftiger Arten
– Umgang mit Schadstoffen und ultravioletter Strahlung
– Verknüpfung und Weiterentwicklung von Monitoring- und Frühwarnsystemen
– Aus- und Weiterbildung von Ärztinnen und Ärzten sowie des Personals in medizinisch, therapeutisch, diagnostischen Gesundheitsberufen (MTDG) unter Berücksichtigung von klimarelevanten Themen

Tab. 4.1: Die acht Handlungsempfehlungen für das Aktivitätsfeld Gesundheit in der österreichischen Strategie zur Anpassung an den Klimawandel (BMNT vormals BMLFUW, 2017a, 2017b).

Welt zur Eindämmung der Erderwärmung verpflichten, bekennen sich die Vertragsstaaten auch dazu, das Recht auf Gesundheit zu fördern und zu berücksichtigen.

Ein die EU-Strategie zur Anpassung (European Commission, 2013b) begleitendes Arbeitspapier widmet sich den Auswirkungen des Klimawandels auf die Gesundheit und schlägt Handlungsbereiche vor (siehe Kap. 4.2.2).

Die österreichische Strategie zur Anpassung an die Folgen des Klimawandels (BMLFUW, 2017a, 2017b) hat sich im Aktivitätsfeld Gesundheit zum Ziel gesetzt, direkte (z. B. durch Hitzewellen) und indirekte (z. B. durch die Ausbreitung allergener Arten) klimawandelbedingte Gesundheitseffekte durch geeignete Maßnahmen im Bedarfsfall zu bewältigen und zu vermeiden sowie frühzeitig Vorsorgemaßnahmen zu setzen. Neben allgemeinen Handlungsprinzipien sind acht Handlungsempfehlungen sowie weitere Schritte beschrieben.

Die demographische Entwicklung wird als Herausforderung wiederholt adressiert und im Rahmen einer allgemeinen Empfehlung erwähnt. So sollen bei der Planung und Umsetzung von Maßnahmen vor allem in den Aktivitätsfeldern Gesundheit, Bauen und Wohnen, Energie, Raumordnung, Verkehrsinfrastruktur, Stadt – Urbane Frei- und Grünräume die unterschiedlichen Bedürfnisse der Generationen und die demographische Entwicklung berücksichtigt werden.

Der erste Fortschrittsbericht zur Anpassung an die Folgen des Klimawandels (BMLFUW, 2015a) hält fest, dass in sämtlichen Aktivitätsfeldern (wie auch im Bereich Gesundheit) erste Maßnahmen in Angriff genommen wurden, jedoch ein beträchtlicher Teil der vorgeschlagenen Schritte derzeit weder in Planung noch umgesetzt ist. Daraus wird abgeleitet, dass angesichts der Auswirkungen des Klimawandels auf die Gesundheit (siehe Kap. 3) Handlungsbedarf besteht. Dies betrifft z. B. die Identifizierung von Risikogruppen und -gebieten sowie die Erstellung von bioklimatischen Belastungs- und Analysekarten. Weiteren Handlungsbedarf sieht der Fortschrittsbericht bei der systematischen Aufbereitung und Auswertung allergischer Erkrankungen inklusive der Identifizierung von Risikogebieten. Der Bericht schlägt auch den Aufbau einer Datenbank zu klimatisch bedingten Erkrankungen, Personenschäden und Todesfällen vor. Inwieweit die demographische Entwicklung bei der Umsetzung von Maßnahmen berücksichtigt wird, lässt sich aus dem Fortschrittsbericht nicht ableiten.

Viele Handlungsempfehlungen zum Schutz der menschlichen Gesundheit vor den Folgen des Klimawandels erfordern die enge Zusammenarbeit mit anderen Aktivitätsfeldern, wie z. B. Bauen und Wohnen, Raumordnung, urbane Frei- und Grünräume, Schutz vor Naturgefahren oder Landwirtschaft. Um die Umsetzung zu erleichtern, sollte eine verstärkte Vernetzung sämtlicher betroffenen AkteurInnen sowie eine verbesserte Koordination und Kooperation der verschiedenen Fachdisziplinen untereinander erfolgen.

In Ergänzung zur österreichischen Anpassungsstrategie (BMLFUW, 2017a, 2017b), und um auf die spezifischen Herausforderungen der jeweiligen Bundesländer einzugehen, haben bisher fünf Bundesländer eine Anpassungsstrategie verabschiedet (Oberösterreich, Steiermark, Vorarlberg, Tirol und Salzburg). In Kärnten wird aktuell an einer Anpassungsstrategie gearbeitet. Wien und Niederösterreich behandeln anpassungsrelevante Aspekte in den Klimaschutzprogrammen. Im Burgenland wird Anpassung direkt in den Fachbereichen berücksichtigt.

Maßnahmen im Gesundheitsbereich werden in den Länderstrategien unterschiedlich behandelt. Die oberösterreichische Klimawandel-Anpassungsstrategie und das Land Tirol fokussieren auf die Umsetzung eines Hitzeplans (Amt der oberösterreichischen Landesregierung, 2013; Amt der Tiroler Landesregierung, 2015). Die Umsetzung in Oberösterreich erfolgte gemäß dem ersten Umsetzungsbericht in Form der Veröffentlichung von Tipps zum Umgang mit Hitze auf der Website „Gesundes Oberösterreich" (Amt der oberösterreichischen Landesregierung, 2016). Ein Hitzeschutzplan für

Tirol liegt noch nicht vor. Die demographische Entwicklung wird in den vorliegenden Länderstrategien teilweise als Herausforderung adressiert.

In den Anpassungsstrategien der Länder Steiermark und Vorarlberg werden neben Hitze auch Themen wie die Ausbreitung allergener Arten und das Auftreten neuer Krankheitserreger aufgegriffen.

Es ist zu empfehlen, dass die demographische Entwicklung sowie notwendige Maßnahmen verstärkt in Anpassungsstrategien Eingang finden. Die Ergebnisse des ersten Fortschrittsberichts zur österreichischen Anpassungsstrategie machen deutlich, dass die Umsetzung von Handlungsempfehlungen sowohl im Gesundheitswesen als auch in anderen Sektoren forciert werden sollte, um gesundheitliche Folgen zu minimieren bzw. zu vermeiden.

4.4.3 Hitze und Gesundheit

Der Klimawandel wird auch in Österreich sehr wahrscheinlich zu einer Zunahme von Hitzewellen führen. Es ist davon auszugehen, dass sowohl die Dauer von Hitzewellen als auch deren Intensität zunehmen wird (APCC, 2014).

Der Einfluss der meteorologischen Bedingungen auf die menschliche Gesundheit ist seit langem bekannt und durch zahlreiche wissenschaftliche Studien belegt. Länger andauernde Hitzeperioden führen zu erhöhter Mortalität und Morbidität (siehe Kap. 3). Hohe Temperaturen in den Sommermonaten beeinflussen generell das Wohlbefinden der Menschen und können zur Verringerung der Konzentration und Arbeitsproduktivität führen (Koppe u. a., 2004).

Eine kurzfristig wirksame Maßnahme bei Hitzewellen ist die Herausgabe von Hitzewarnungen verbunden mit klaren und praktikablen Handlungsanweisungen für die Bevölkerung. Bis zum Hitzesommer 2003 mit seinen zahlreichen Todesopfern (siehe Kap. 3) fehlten in den meisten europäischen Ländern Frühwarnsysteme und Aktionspläne (Kirch u. a., 2005). Die COIN-Studie (*Cost of Inaction*) zu den Kosten des Nichthandelns geht von 400 zusätzlichen hitzebedingten Todesfällen für den Zeitraum 2016 bis 2045 aus (Haas u. a., 2014). Dies unterstreicht die Notwendigkeit von Hitzeschutzplänen und -warndiensten. Zusätzlich braucht es mittel- und langfristige Maßnahmen zur Reduktion der Hitzebelastung, die sowohl das Gesundheitswesen als auch etliche andere Sektoren wie die Raum- und Stadtplanung, die Errichtung von Gebäuden oder die Wirtschaft betreffen, um die Hitzebelastung zu reduzieren.

Hitzewarndienste und Hitzeschutzpläne

Die Zentralanstalt für Meteorologie und Geodynamik (ZAMG) erstellt Hitzewarnungen auf Basis prognostizierter Werte für die gefühlte Temperatur (PT). Dabei werden Temperatur, Luftfeuchtigkeit, Wind und auch Strahlung entsprechend berücksichtigt.

Seit Juni 2017 liegt ein „Gesamtstaatlicher Hitzeschutzplan" des Bundesministeriums für Arbeit, Soziales, Gesundheit und Konsumentenschutz (BMASGK, vormals BMGF, 2017b) vor. Er legt fest, dass die ZAMG bei bevorstehender Hitzebelastung automatisch Hitzewarnungen an vordefinierte Stellen der betroffenen Bundesländer, die jeweilige Landesgeschäftsstelle der Apothekerkammer und das BMASGK sendet. Letzteres stellt auf seiner Homepage Informationen über das richtige Verhalten bei Hitzebelastung zur Verfügung und richtet ein Hitzetelefon zur Beratung der Bevölkerung ein.

Bereits vor Veröffentlichung des gesamtstaatlichen Hitzeschutzplanes hatten einige Bundesländer Hitzewarnsysteme oder einen Hitzeschutzplan implementiert. Ein wesentliches Ziel besteht darin, besonders vulnerable Bevölkerungsgruppen und relevante Einrichtungen rechtzeitig zu informieren. Eine Evaluierung hinsichtlich positiver gesundheitlicher Auswirkungen liegt nicht vor.

In Anlehnung an den steirischen Hitzeschutzplan wurde 2013 der Kärntner Hitzeschutzplan erarbeitet. Der niederösterreichische Hitzewarndienst warnt seit 2016 diverse Einrichtungen und Organisationen. In Wien besteht seit 2010 ein Hitzewarndienst, die Warnungen erfolgen im Anlassfall über die Wiener Stadtmedien und die Website der Landessanitätsdirektion, die auch Tipps und Empfehlungen, wie z. B. den Wiener Hitzeratgeber (Stadt Wien, 2015), bereitstellt.

Hitzeschutzpläne und Warndienste dürften sehr wahrscheinlich zunehmend an Bedeutung gewinnen, da mit einem weiteren Anstieg von Hitzetagen und -wellen sowie mit höheren Temperaturen an Hitzetagen zu rechnen ist (siehe Kap. 2). Mit der frühzeitigen Warnung ist es möglich, rechtzeitig Präventionsmaßnahmen zu ergreifen und auch in der Personalplanung zu reagieren. Eine Herausforderung besteht insbesondere darin, sämtliche Risikogruppen zu erreichen. Vor allem ältere Personen (> 65 Jahre) mit niedrigem sozioökonomischem Status und schlechtem Gesundheitszustand sowie der Tendenz zur sozialen Isolation sind eine Gruppe mit erhöhtem Gesundheitsrisiko (Wanka u. a., 2014).

Monitoring und Evaluierung von Hitzeschutzplänen und -warnsystemen

Durch Monitoring und Evaluierung sollen Hitzeereignisse und deren Folgen quantitativ erfasst und bewertet werden, um gegebenenfalls Nachbesserungen und Weiterentwicklungen der Interventionsmaßnahmen zu veranlassen (BMLFUW, 2017b; WHO, 2011). Die Evaluierung der deutschen Klimawandelanpassungsstrategie zeigt eine positive Nutzen-Kosten-Relation von Hitzewarnsystemen. Nach Hübler & Klepper (2007) tragen Hitzewarnsysteme zur Schadensminderung durch die Vermeidung von vorzeitigen Todesfällen (rund 2,36 Milliarden Euro pro Jahr in Deutschland) bei und bewirken zusätzlich noch direkte Effekte durch die Senkung der Kosten für das öffentliche Gesundheitssystem (Krankenhäuser, niedergelassene Ärzte, Blaulichtorganisationen). Die Effektivität von Hitzewarnsystemen und Hitzeaktionsplänen bei der Vermeidung hitzebedingter Gesundheitsschäden wird mit 30 % eingeschätzt. Durch die verminderte Anzahl an Spitalseinwei-

Box Fallbeispiel: Der steirische Hitzeschutzplan

Den Empfehlungen der WHO folgend liegt seit 2011 ein Hitzeschutzplan inklusive eines Hitzewarnsystems (HWS) für das Land Steiermark vor. Der Hitzeschutzplan wird auch im Hinblick auf die Klimawandelanpassungsstrategie Steiermark 2050 regelmäßig aktualisiert (aktuell 4. Auflage, Reinthaler u. a., 2016).

Der Beobachtungszeitraum für das HWS beschränkt sich (von Mai bis einschließlich September) auf jene Monate, in denen der Eintritt von Hitzewellen wahrscheinlich ist. Die ersten Hitzewellen im Jahr bringen aufgrund der fehlenden Akklimatisation ein besonderes Gefährdungspotential (Koppe, 2005) mit sich. Die Warnstufe des Steirischen Hitzeschutzplans wird aktiviert, wenn über einen Zeitraum von mindestens drei Tagen mit einer starken Wärmebelastung nach der Äquivalenztemperatur des Bioklima-Index (Klimaatlas Steiermark) bzw. PET-Systems (PET = physiologisch äquivalente Temperatur) zu rechnen ist. Das Erreichen des Schwellenwertes für das Auslösen der Hitzewarnung wird von der ZAMG Steiermark definiert und nach Rücksprache mit der Landessanitätsdirektion Steiermark freigegeben.

Die Kombination der Entscheidungsfindung von Modell (meteorologische Vorhersagen) und menschlicher Beurteilung (Akklimatisationsproblematik bei der ersten Hitzewelle, Schwellenwert-Grenzfälle) soll realitätsnahe Entscheidungen garantieren und adäquate Resonanz bei Bevölkerung und Stakeholdern hervorrufen. Die Entscheidung bereits bei starker und nicht erst bei extremer Wärmebelastung zu warnen, korrespondiert mit der Erkenntnis von schnell und signifikant ansteigenden Mortalitätsraten (Muthers, 2010) innerhalb der ersten Tage von Hitzewellen.

Der steirische Hitzeschutzplan hat prinzipiell empfehlenden Charakter und richtet sich allgemein an die Bevölkerung mit Verhaltenstipps und Vorsorgemaßnahmen bei Hitzewellen, insbesondere aber an verantwortliche Personen in der Kinderbetreuung der Altenpflege und extramuralen und sonstigen Betreuungseinrichtungen, ÄrztInnen und Spitäler, Apotheken, Schulen und Behörden. Bei Aktivierung des HWS werden diese mittels Hitzewarn-E-Mails über die bevorstehende Hitzewelle verständigt.

Bei großen Organisationen werden möglichst letztverantwortliche Adressaten angeschrieben, um Latenzeffekte bei der Kommunikation in den Hierarchien zu minimieren und das Risikobewusstsein bei den Letztverantwortlichen zu aktivieren. Die frühestmögliche Verständigung soll den Einrichtungen für notwendige Maßnahmen im Bereich der Betreuung und Versorgung, von haustechnischen Aktivitäten und sonstiger temporärer Services (z. B. Anrufdienste), ausreichend Vorlaufzeit verschaffen. Größeren Einrichtungen wird zudem die Erarbeitung interner Aktionspläne empfohlen.

Im Zuge der Evaluation von deutschen Informationssystemen zu Klimawandel und Gesundheit hat sich gezeigt, dass sich Risikopersonen bei Hitzewarnungen nicht besser schützen als Personen, denen diese Warnsysteme unbekannt sind. Die allgemeinen Newsletter-Systeme beinhalten großteils kaum Handlungsanweisungen. Es braucht daher möglichst konkret ausformulierte Verhaltensempfehlungen, um Betroffene wie auch Verantwortliche weitestgehend zu gesundheitlicher Handlungskompetenz hinzuführen (Capellaro & Sturm, 2015). Hitzewarn-E-Mails in der Steiermark enthalten aus diesem Grund konkrete Verhaltenstipps, allgemeine Informationen und Hyperlinks für zielgruppenangepasste Informationen (Merkblätter).

Evaluierung des steirischen Hitzewarnsystems (HWS)

In der Saison 2017 wurde das HWS vier Mal ausgelöst und im Herbst erstmalig mittels einer Online-Umfrage qualitativ evaluiert. Als Adressaten wurden Ansprechpersonen aus Altenpflege, Kinderbetreuung, Spitälern und Blaulichtorganisationen ausgewählt. Eine Rücklaufquote von 13 % ergab ein Sample von 169 fertigen Interviews. Neben sehr guten allgemeinen Zufriedenheitswerten (69 % sind sehr zufrieden) geben 38 % an, dass das HWS für die Arbeit in den Einrichtungen sehr hilfreich sei (teilweise hilfreich 42 %).

Der Hitzeschutzplan wurde von 43 % der Befragten gelesen und ist weiteren 27 % zumindest bekannt. Die Hitzewarn-E-Mails werden von 77 % innerhalb von zwölf Stunden gelesen, dies ist angesichts schnell ansteigender Mortalitätsraten besonders wichtig.

59 % der Befragten suchen weder nach Hitzewarnungen noch nach Informationen zum Thema Hitzeschutz (7 % suchen regelmäßig). Dies unterstreicht die Bedeutung entsprechend aufbereitete Informationen zur Verfügung zu stellen und zu weiteren Informationsquellen hinzuleiten. 44 % der Befragten geben an, die Hyperlinks, die zu Informationsportalen des Landes Steiermark und der ZAMG führen, zu nutzen. Die Informationen des Portals zum Hitzeschutzplan werden von 52 % als eher hilfreich (18 % sehr hilfreich) eingestuft.

Abb. 4.2: Evaluierung HWS Steiermark – Bereich Altenpflege, (HSPL Steiermark, 2017; unveröffentlichte Rohdaten)

sungen entsteht so in Deutschland ein Einsparungspotential von 165 Millionen Euro pro Jahr.

Hitzewarnsysteme haben im Verhältnis zum geringen Aufwand einen relativ hohen Nutzen für die Gesellschaft. Es bestehen keine Trade-Offs mit anderen Zielen oder Maßnahmen. Die Kosten sind nach der Implementierung überschaubar. In Relation dazu kann von steigendem Nutzen bei zunehmender Häufigkeit, Intensität und Dauer von Hitzewellen ausgegangen werden. Sie stellen in diesem Sinne eine *Low-regret-* als auch eine *Need-to-have*-Maßnahme dar (Tröltzsch u. a., 2012).

Grundsätzlich haben Hitzewarnsysteme eine mittlere Effektivität. Einerseits können Teile der vulnerablen Gruppen nicht direkt erreicht werden (alleinstehende Menschen, Obdachlose), daher ist die Aktivierung des Problembewusstseins bei Angehörigen und der Zivilgesellschaft wichtig. Andererseits sind Hitzewarnungen alleine noch kein Garant für die Umsetzung von empfohlenen Maßnahmen. Als wichtigste Handlungsauslöser lassen sich neben der eigenen Erfahrung von körperlichen Beschwerden vor allem das direkte Gespräch mit ÄrztInnen, Pflegepersonal, Familie und Vertrauenspersonen identifizieren (Babcicky & Seebauer, 2016).

Alter und Hitze

Ältere, chronisch kranke und pflegebedürftige Personen leiden besonders unter Hitze, da im Alter die Fähigkeit zur Wärmeregulation abnimmt sowie Gesamtkörperwasser und Durstwahrnehmung verringert sind. Dadurch steigt die Gefahr der Austrocknung (Exsikkose). Bei zu schnellem Flüssigkeitsersatz kann es zu lebensgefährlicher Überwässerung kommen. Auch bestimmte, vor allem von älteren Menschen eingenommene, Medikamente beeinflussen den Flüssigkeits-, Elektrolyt- und Wärmehaushalt. Vorerkrankungen (z. B. Herz-Kreislauf- und chronische Atemwegserkrankungen) verschlimmern die Situation. Dies erhöht die Gefahr von Mortalität und Morbidität bei Hitze (siehe Kap. 3). Pflegebedürftigkeit und eingeschränkte Mobilität sowie soziale Isolation und ein niedriger sozioökonomischer Status zählen zu den stärksten Einflussfaktoren für lebensbedrohliche Zustände (Allex u. a., 2013; Wanka u. a., 2014). Angesichts der Alterung der Bevölkerung und der Zunahme von Hitzewellen (siehe Kap. 2) ist dadurch auch das Gesundheitssystem und die Gesundheitspolitik gefordert (siehe Kap. 2 und 4.2).

Die Ergebnisse einer Studie in Wien zeigen, dass die Herausforderungen den VerwaltungsbeamtInnen in Wien zwar bekannt sind, aber erst wenige der möglichen Anpassungsmaßnahmen für ältere Menschen umgesetzt seien. Dies begründet sich aus unzureichender ressortübergreifender Zusammenarbeit sowie finanziellem und personellem Ressourcenmangel (Allex u. a., 2013). Zwischen subjektiver Informiertheit und erfolgten Verhaltensänderungen besteht allerdings eine Diskrepanz (Wanka u. a., 2014).

Konkrete Einblicke, wie ältere Menschen und Pflegekräfte Hitze im Alltag erleben und bewältigen, gibt das Projekt „CARE & HEAT" (Weisz, Reitinger u. a., 2017; Zentrum für Citizen Science, 2017). Im Projekt wurden Erfahrungen von überwiegend Wiener SeniorInnen gesammelt, die Einblicke in spezifische Problemlagen und Hinweise im Umgang mit Hitze geben. Diese umfassen bekannte Maßnahmen (ausreichende Flüssigkeitszufuhr, Abdunkeln der Wohnung etc.) und konkrete Tipps, die in Abhängigkeit der Wohnsituation stehen (z. B. zu Hause/im Garten bleiben oder das Aufsuchen von kühlen Orten) sowie den Einsatz von Klimaanlagen beinhalten. Auffallend ist, dass Hitze eher mit dem Alter als mit dem Klimawandel in Verbindung gebracht wird und kaum Maßnahmen angesprochen werden, die über individuelle Verhaltensanpassung hinausgehen. In der Reflexion dieser Einblicke mit VertreterInnen aus Wiener Gesundheitseinrichtungen aus dem intra- und extramuralen Bereich (Krankenanstalten, mobile Pflege, IG pflegende Angehörige), der Ausbildung (Gesunden- und Krankenpflege) und unterschiedlichen Perspektiven (Pflege, Medizin, Management, Forschung) wurde darauf hingewiesen, dass Pflegekräfte zu wenig für das Thema sensibilisiert sind, Fachwissen fehlt und im Berufsalltag individuelle Anpassungsstrategien überwiegen. Die daraus abgeleiteten Empfehlungen gehen über persönliche Verhaltenshinweise bei Hitze hinaus und behandeln auch mittel- und längerfristige strukturelle Maßnahmen. Diese richten sich an Gesundheitsorganisationen, die Gesundheitspolitik sowie die Stadtplanung. Zu den Vorschlägen für konkrete Unterstützungsangebote für ältere und chronisch kranke Menschen zählen beispielsweise der freie Eintritt in (kühle) Museen oder „*Public Health Nurses*" zur Entlastung von Pflegekräften. Zusätzlich ist es notwendig, für ausreichend Personalressourcen in den Sommermonaten zu sorgen. Empfohlen wird das Thema „Klimawandel und Gesundheit" bzw. „Klima, Alter und Care" in die Aus-, Fort- und Weiterbildung von Gesundheitsberufen und in inter- und transdisziplinär ausgerichtete Lehrgänge aus den Bereichen Gesundheitswissenschaften und Nachhaltigkeit zu integrieren. Eine zentrale Schlussfolgerung aus „CARE & HEAT" ist, dass die am stärksten von Hitze Betroffenen und ihre Betreuenden zu wenig auf Hitze vorbereitet sind und zu wenig Unterstützung erhalten (Weisz, Reitinger u. a., 2017). Ähnliche Schlussfolgerungen finden sich für Großbritannien bei Paavola, 2017 (siehe für Frankreich: Fouillet u. a., 2008). Die prognostizierte Zunahme an extremen sommerlichen Temperaturen unterstreicht den Handlungsbedarf.

Arbeitsgesundheit

In der Arbeitsgesundheit spielen klimawandelbedingte höhere Temperaturen und zunehmende Luftfeuchtigkeit eine wichtige Rolle. Durch die vermehrte Beanspruchung des Herz-Kreislauf-Systems neigen Arbeitskräfte bei zunehmender Hitze nicht nur dazu häufiger krank zu werden, sondern sind auch anfälliger für Fehler und Unfälle aufgrund nachlassender Konzentration (Parsons, 2014). Hitzeextrema bringen zusätzliche Gesundheitsrisiken wie Hitzeschlag, starke Dehydrierung oder Erschöpfung mit sich. Körpertemperaturen über 40,6 °C sind lebensbedrohlich (UNDP, 2016). Der thermische Komfort der ArbeiterInnen bestimmt außerdem die Arbeitsfähigkeit und hat somit einen direkten Einfluss auf die Produktivität eines Unternehmens oder einer gesamten Volkswirtschaft (Kjellstrom, Kovats u. a., 2009).

Internationale Institutionen, wie etwa die Internationale Organisation für Standardisierung (ISO) oder die Internationale Arbeitsorganisation (ILO), empfehlen daher die Arbeitszeit je Stunde den klimatischen Bedingungen anzupassen und gegebenenfalls zu reduzieren, um gesundheitliche Schäden zu vermeiden (ISO 7243:1989, ISO 7933:2004 und Institution of Occupational Safety and Health, 2001). Abhängig von einem Index, der sowohl Temperatur als auch andere Klimaindikatoren und Einflussfaktoren für die Gesundheit berücksichtigt, ergibt sich ein Verhältnis zwischen Arbeit und Erholung. Dieser Index, der sogenannte *Wet Bulb Globe Temperature* (WBGT) *Index*, wird als Berechnungsgrundlage für Arbeitsfähigkeit im Zusammenhang mit Klimawandel verwendet (Burke u. a., 2015; DARA & Climate Vulnerable Forum, 2012; Roson & Sartori, 2016; Roson & Van der Mensbrugghe, 2012; Takakura u. a., 2017; Zander u. a., 2015). Hierbei wird zwischen unterschiedlichen Arbeitsintensitäten, gemessen in Watt (200 W für leichte Arbeit, 300 W für mittelschwere und 400 W für sehr körperbetonte Arbeit), und Arbeitsplätzen in geschlossenen Räumen oder im Freien differenziert. Beispielsweise ist ein WBGT von 31 °C mit einem Arbeitsumfang für mittelschwere Arbeit von 75 % und einer Erholungszeit von 25 % assoziiert (Abb.). Bei einem WBGT von 42 °C würde diese und auch andere Arbeitstätigkeiten auf 10 % reduziert werden unter der Annahme, dass 6 Minuten je Stunde auch unter extremer Hitze gearbeitet werden kann (Bröde u. a., 2018).

Die Unterscheidung der Arbeitsplätze ist wichtig, da die Anpassungsmöglichkeiten bei Arbeiten im Freien sehr beschränkt sind. Bei Arbeitsplätzen in geschlossenen Räumen kann man grundsätzlich davon ausgehen, dass die Möglichkeit der Kühlung durch Klimaanlagen besteht, wobei diese

wiederum Klimaschutzzielen entgegenwirken (Dahl, 2013). Anpassungsstrategien inkludieren auch das Verlegen der Arbeitszeit von Hitzespitzen zu kühleren Randzeiten des Tages und Beschattung. Beide Optionen sind für Arbeitstätigkeiten im Freien limitiert, weshalb die Land- und Forstwirtschaft, der Bausektor und die Grundstoffindustrie am stärksten betroffen sind (Bennett & McMichael, 2010). Zusätzlich ist in diesen Sektoren die Arbeitsintensität höher als etwa im Service- und Handelssektor. Im Bauarbeiter-Schlechtwetterentschädigungsgesetz (BSchEG BGBl. Nru. 129/1957 i. d. g. F.) ist seit 01.01.2013 Hitze als Schlechtwetter anerkannt. Darin ist auch festgehalten, dass Kriterien durch die Bauarbeiter Urlaubs- und Abfertigungskasse (BUAK) festzulegen sind. Als Schlechtwetterstunden gelten gemäß BUAK Stunden, an denen 35 °C im Schatten überschritten werden. Grundsätzlich besteht zwar gem. § 5 (2) BSchEG die Verpflichtung, eine Wartezeit von 3 Stunden auf der Baustelle einzuhalten (um abzuwarten, ob sich die Witterungsbedingungen ändern), dies ist aber bei Hitze nicht zielführend, da die Temperatur bis ca. 21 Uhr eher ansteigt bzw. gleichbleibt als absinkt. Die Entscheidung, ob bei Schlechtwetter gearbeitet wird oder nicht, obliegt nach dem BSchEG dem Arbeitgeber (BAUAkademie, 2018).

Das österreichische Forschungsprojekt COIN (Steininger u. a., 2015) hat für alle Fertigungs- und Handelssektoren die zukünftigen Produktivitätseinbußen berechnet und anhand eines makroökonomischen Modells auch die dadurch entstehenden Kosten für zwei Analysezeiträume (2016–2045 und 2036–2065) ermittelt. Bereits im Szenario eines moderaten Klimawandels für die erste Betrachtungsperiode 2016 bis 2045 ist ein Rückgang der Arbeitsproduktivität zu erwarten. Ein starker Klimawandel hingegen verursacht im Zeitraum von 2016 bis 2045 Produktivitätsverluste von bis zu 40 Millionen Euro jährlich, im Zeitraum 2036 bis 2065 bereits bis zu 140 Millionen Euro jährlich. Auf regionaler Ebene betrachtet werden laut dieser Studie Wien, das Wiener Umland und das Burgenland am stärksten von Produktivitätsverlusten betroffen sein. Zusätzlich verursachen die Produktivitätsverluste in den betrachteten Sektoren gesamtwirtschaftlich einen drei- bis vierfach höheren Schaden (Urban & Steininger, 2014).

Internationale Studien zeigen, dass die Arbeitsproduktivität aufgrund des Klimawandels drastisch sinken wird. Kjellstrom, Holmer u. a. (2009) kommen zum Schluss, dass bis zu den 2080er Jahren die größten Rückgänge zwischen 11 % und 27 % in Südostasien, Latein- und Zentralamerika und der Karibik auftreten werden. Dunne u. a. (2013) verwenden Projektionen eines Erdsystemmodells, um zu zeigen, dass die Arbeitskapazität in Spitzenmonaten schon bis 2050 auf 80 % reduziert wird. Ein bisher vernachlässigter Aspekt im Zusammenhang mit Arbeitsgesundheit sind internationale Einflusskanäle, durch welche Arbeitsproduktivitätsverluste im Ausland auch die österreichische Volkswirtschaft beeinträchtigen können. Negative Auswirkungen von Hitze auf die Arbeitsproduktivität sind wissenschaftlich belegt (praktisch sicher), gesetzliche Regelungen zum Schutz der ArbeitnehmerInnen sind nur für Bauarbeiter und die darin geregelten Berufsgrup-

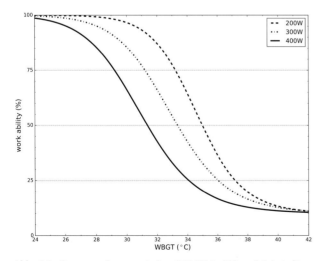

Abb. 4.3: Zusammenhang zwischen WBGT (in °C) und Arbeitsfähigkeit als prozentualer Anteil einer Stunde, für leichte (200W), mittlere (300W) und schwere (400W) Arbeit. Quelle: (Bröde u. a., 2018), basierend auf (Kjellstrom, Holmer u. a., 2009).

pen vorhanden, wobei die Arbeitgeber entscheiden, ob gearbeitet wird oder nicht. Hier wird Handlungsbedarf für Österreich festgestellt.

Raumordnung, Stadtplanung und urbane Grünräume

Zur Reduzierung der Wärmebelastung in städtischen Gebieten wurden in den letzten Jahren zahlreiche stadtplanerische Konzepte und Strategien entwickelt. In einer Stadt mit komplexer Bebauungsstruktur und ungleicher Verteilung der Grün- und Wasserflächen ist das räumliche Muster der Wärmebelastung sehr unterschiedlich. Aus stadtplanerischer Sicht ist somit die Information über Intensität, Häufigkeit und räumliche Verteilung der Hitzebelastung von hoher Relevanz, um effiziente Anpassungsstrategien entwickeln und umsetzen zu können. Grünflächen sind aufgrund ihrer Funktionalität von besonderer Bedeutung in der Stadtplanung (Akbari u. a., 2001; Wilby & Perry, 2006; Gill u. a., 2007).

Die Erhaltung bestehender Grünflächen sowie die Ausweitung städtischer Vegetation sind wichtige Anpassungsmaßnahmen, um den städtischen Hitzeinseleffekt abzuschwächen (Santamouris, 2014; Zhang u. a., 2014; Georgi & Dimitrio,u 2010; Norton u. a., 2015). Die regulierende Wirkung von Grünflächen auf das Mikroklima dicht bebauter Siedlungsgebiete ist vielfach belegt (Brandenburg u. a., 2015; Brandl, 2011; Kuttler, 2011b; Mathey u. a., 2012; Rößler, 2015; Stiles u. a.; 2010, Stiles u. a., 2014). Die Vegetation in städtischen Bereichen trägt nicht nur zur Reduzierung der Oberflächentemperaturen bei (Gill u. a., 2007; Bowler u. a., 2010; Dousset u. a., 2011), sondern weist auch soziale, ökologische und ökonomische Funktionen auf. Grünflächen haben ein relativ niedriges Reflexionsvermögen (*Albedo* von 0.2, siehe Gaffin u. a., 2009), erzeugen aber aufgrund der Abschattung und Verdunstungskühlung einen Kühleffekt (Shashua-Bar & Hoffman, 2000; Peng u. a., 2012; Gill u. a., 2007). Offene Grünflächen lassen in der Nacht die Temperatur absinken, während dichte Baumbestände das Aufheizen untertags mindern (Rößler, 2015). Der von Bäumen beschattete Bereich erhitzt sich demnach weniger stark und speichert weniger Wärme (Brandenburg u. a., 2015). Errechnete potentielle Abkühlungseffekte unterschiedlicher Stadtvegetationstypen betragen im Vergleich zu einer asphaltierten ein Hektar großen Referenzfläche über den Tagesverlauf bis 2,1 °C (Mathey u. a., 2012). Den Spitzenwert weisen Grünanlagen mit dichtem und gemischtem Baumbestand auf. Auch bebaute Gebiete mit einer starken Durchgrünung können Abkühlefekte von bis zu 1,7 °C erreichen (Mathey u. a., 2012: 18). Kleinräumige Strukturen, wie Einzelbäume oder Fassadenbegrünung, leisten einen positiven mikroklimatischen Beitrag (Rößler, 2015). Die Luft unter einem Baum ist um bis zu 1 Grad, die direkte Umgebung eines Baumes um bis zu 3 °C kühler (Brandl, 2011).

Zusätzlich zu Grünanlagen und Bäumen weisen Wasserflächen eine hohe Relevanz als Anpassungsmaßnahme in Städten auf (Hathway & Sharples, 2012; Theeuwes u. a., 2013).

Durch die Verdunstungskühlung und höhere thermische Kapazität werden extreme Temperaturen in der Nähe von Wasserflächen sowie die Tagesschwankungen in der Lufttemperatur reduziert. Je höher der Temperaturgradient zwischen den Grün- oder Wasserflächen und der Umgebung ist, desto größer ist die Intensität der physischen Kühlung.

Konzepte zur Verminderung der Wärmebelastung in städtischen Gebieten messen auch der Erhöhung der Albedo von Oberflächen wie Dächern, Fassaden oder dem Boden (Hamdi & Schayes, 2008; Krayenhoff & Voogt, 2010; Santamouris, 2014) eine hohe Bedeutung zu. Durch die Erhöhung der Dachalbedo, diese reicht von 0 (keine Reflexion) bis 1 (100 % Reflexion), um 0,1 kann die durchschnittliche städtische Umgebungstemperatur im Ausmaß von 0,1 °C bis zu 0,33 °C gesenkt werden (Santamouris, 2014). Die Kühlungseffekte sind bei der maximalen Lufttemperatur am stärksten ausgeprägt.

Mangels frei verfügbarer Flächen in innerstädtischen Gebieten ist die Schaffung weiterer Grünflächen eingeschränkt, obwohl die Gebäudedächer das Potential für die Realisierung neuer Begrünung bieten (Susca u. a., 2011). Studien zeigen, dass Gründächer einen ähnlichen Kühleffekt wie hochreflektierende Dächer aufweisen (Rosenzweig u. a., 2006; Smith & Roebber, 2011; Chen u. a., 2009; Li u. a., 2014; Fallmann u. a., 2014; Li & Norford, 2016). Inwieweit die Umgebungstemperatur reduziert wird, hängt jedoch vom Standort, der Gebäudehöhe und -geometrie, der Art der Vegetation, den Bodeneigenschaften und dessen Wassergehalt ab (Chen u. a., 2009; Coutts u. a., 2013; Santamouris, 2014). Die besten Ergebnisse erzielen bepflanzte und bewässerte Substratschichten (Temperaturen um die 20 °C; Kuttler, 2011a). Unterschieden wird zwischen extensiven (Substratschicht ca. 15 cm; niedrigwüchsige und genügsame Arten) und intensiven Dachbegrünungen (dickere Substratschicht). Intensive Dachbegrünungen bewirken stärkere Abkühlungseffekte (Brandenburg u. a., 2015).

In Wien wurde die höchste Hitzebelastung im Stadtzentrum sowie in Wohn- und Industriegebieten mit hohem Versiegelungsgrad (Anteil der Gebäude und befestigten Flächen an den Siedlungsflächen), wenig Grünflächen und auf flachem Terrain beobachtet (Zuvela-Aloise, 2013). Laut Statistiken der Umweltschutzabteilung der Stadt Wien können in Wien die Dächer aufgrund ihrer geometrischen Eigenschaften bis zu maximal 45 % bepflanzt werden (Erlach, 2012). Allerdings werden nur ca. 2–3 % dieser Fläche tatsächlich als Gründächer genutzt. Modellsimulationen zeigen, dass durch in großem Umfang angewendete Maßnahmen wie Entsiegelung, Erhöhung der Grün- und Wasserflächen, Änderung in der Reflexion der Oberflächen, Dachbegrünung etc. die Wärmebelastung innerhalb des Stadtgebietes deutlich reduziert werden kann (Zuvela-Aloise u. a., 2016). Auch in einzelnen Stadtteilen kann durch kleinräumige, gezielte und möglicherweise kombinierte Maßnahmen, wie der Vergrößerung des Grünanteils (+20 %), der Reduzierung der Bebauungsdichte (-10 %) und durch Entsiegelung (-20 %) eine erhebliche Kühlungswirkung erzielt werden. Somit könnte die beobach-

235

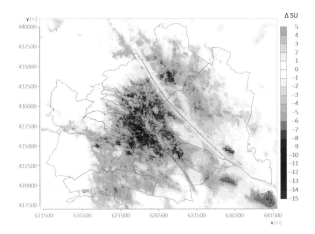

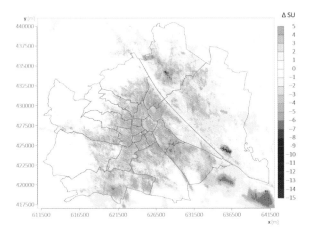

Abb. 4.4: Änderung der mittleren jährlichen Anzahl der Sommertage (Tmax ≥ 25 °C) in der Stadt Wien und Umgebung basierend auf Modellsimulationen mit erhöhten Dachalbedo (von 0.2 auf 0.68) auf allen Dächern (links) und einer Dachbegrünung von 100 % der potentiell verfügbaren Dachfläche (45 % der Gesamtdachfläche) (rechts) in Vergleich zum Ist-Stand (Referenzsimulation mittels des MUKLIMO_3 Stadtklimamodells für den Zeitraum 1981–2010) (Zuvela-Aloise u. a., 2018).

tete Klimaerwärmung für die Stadt teilweise kompensiert werden. Weitere Modellergebnisse haben gezeigt, dass die Erhöhung der Reflexion (weiße Dächer) einen ähnlichen Kühlungseffekt wie Gründächer erzielen können, wenn das Gründachpotential vorhanden ist (Abb. 4.4).

Die Ausweitung des städtischen Grünraums geht mit einer Vielzahl weiterer *Co-Benefits* einher. Diese Adaptionsmaßnahmen tragen auch dazu bei, das Treibhausgas CO_2 zu binden (Scholz u. a., 2016; Kuttler, 2011b: 9) oder begünstigen Verhaltensweisen der Stadtbevölkerung, die mit einem geringeren CO_2-Ausstoß einhergehen (Bednar-Friedl & Radunsky, 2014; Arnberger u. a., 2017). Ferner hat urbanes Grün einen positiven Effekt auf die Biodiversität (Herberg & Kube, 2013; Threlfall u. a., 2017). Zwar gehen sowohl der Erhalt als auch die Neuschaffung von urbanen Grünflächen mit hohen Kosten einher, jedoch ist davon auszugehen, dass diese wesentlich

geringer ausfallen, als jene, die durch Nichtanpassung entstehen würden (Loibl u. a., 2015; Drlik & Muhar, 2011).

Obwohl die Schaffung von Grünflächen im urbanen Raum oftmals als *No-regret*-Maßnahme gegen die Folgen des Klimawandels in Städten bezeichnet wird (Vetter u. a., 2017), gehen einige der beschriebenen Maßnahmen bei genauerer Betrachtung mit Konfliktpotentialen einher. Mögliche negative Nebenwirkungen, wie vermehrtes Aufkommen von allergenen Pollen (König u. a., 2014; Kowarik u. a., 2016) und die Beeinträchtigung der Luftzirkulation durch Stadtbäume (Pugh u. a., 2012), sollten vermieden werden. Der Anstieg der jährlichen Durchschnittstemperaturen führt zu einer Verlängerung der Vegetationsperiode und stärkerem Wachstum (König u. a., 2014). Bei der Neupflanzung ist also speziell darauf zu achten, dass Arten mit geringer allergener Wirkung favorisiert werden.

Ferner sind gesamtstädtische und integrative Konzepte notwendig, um mögliche Nutzungskonflikte (Rößler, 2015) und Verdrängungsdynamiken („grüne Gentrifizierung") (Wolch u. a., 2014) zu vermeiden. Um privaten Eigentümern die Vorteile von Dach- und Fassadenbegrünung aufzuzeigen, braucht es gezielte Informationsmaterialien und -kampagnen und die Schaffung von Anreizen durch gezielte Förderprogramme (Rößler, 2015).

Die Evidenz zu den positiven gesundheitlichen Auswirkungen von urbanen Grünflächen auf die Gesundheit und das Wohlbefinden gilt als weithin gesichert. Grünräume beeinflussen das Wohlbefinden und die Gesundheit positiv (Bowler u. a., 2010; Hartig u. a., 2014; Lee & Maheswaran, 2011). Der Aufenthalt im Grünen kann auch dazu beitragen, die psychische Gesundheit und kognitive Leistungen günstig zu beeeinflussen (Bratman u. a., 2012). Der Zugang zu urbanem Grünraum verringert das Mortalitätsrisiko durch Herz-Kreislauf-Erkrankungen statistisch signifikant. Evidenz zu einer Senkung der Gesamtmortalität durch den Zugang zu urbanen Grünflächen liegt erst vereinzelt vor (Gascon u. a., 2016).

Eine Metastudie über die Effekte von urbanem Grünraum auf die Luftqualität zeigt, dass alle Arten von städtischem Grün einen positiven Effekt auf die Luftqualität haben und dazu beitragen können, die Mortalität durch Luftverschmutzung zu reduzieren (Liu & Shen, 2014). Eine aktuelle Studie (Abhijith u. a., 2017) differenziert hinsichtlich der Wirkung und Lage von grüner Infrastruktur. Positive Effekte zur Verringerung der Luftverschmutzung werden Fassaden und Dachbegrünung sowie niedrigen Hecken in engen Straßenschluchten und durchgehenden Baumreihen auf breiten Straßenzügen zugeschrieben. Einen weiteren Einfluss auf die Luftqualität haben die Breite und Dichte des Grüngürtels. Durch Bepflanzung mit hohen Bäumen in engen Straßenschluchten kann es zu einer Verschlechterung der Luftqualität kommen. Dies sollte bei städtebaulichen Projekten berücksichtigt werden (Abhijith u. a., 2017).

Für die Planung von urbanen Grünräumen wurde von der WHO Europa eine Handlungsanleitung für Städte und Gemeinden veröffentlicht (WHO Europe, 2017b). Neben

Box Spezialthema: Stadtentwicklung und die Rolle demographischer Veränderungsprozesse im Kontext des Klimawandels

Die jüngeren IPCC Reports (SREX & AR5) machen deutlich, dass Risiken und Chancen nicht nur von den Folgen des Klimawandels abhängig sind, sondern auch von der gesellschaftlichen Entwicklung und deren Implikationen. Anpassungsstrategien sollten daher den Umwelt- und Gesellschaftswandel berücksichtigen (Birkmann u. a., 2017: 268). Erste neuere Ansätze (Adelphi u. a., 2015; Umweltbundesamt, 2017; Schauser u. a., 2015) heben die Bedeutung einer getrennten Betrachtung von heutigem und zukünftigem klimatischen Einfluss und der damit einhergehenden Sensitivität hervor und stellen einem zukünftigen Klima auch eine zukünftige Umwelt und Bevölkerung gegenüber (siehe Umweltbundesamt, 2017; Adelphi u. a., 2015). Ein Trend, der sowohl die Umwelt als auch die Bevölkerung in Zukunft maßgeblich beeinflussen wird, ist der demographische Wandel, welcher teilweise bereits in den Fokus von Forschung und Praxis gerückt ist. An dieser Stelle sei beispielsweise auf das Forschungsprojekt „Einfluss des demographischen Wandels auf die Empfindlichkeit von Städten gegenüber dem Klimawandel" (DeKliWa, 2018) verwiesen. Das von der Deutschen Forschungsgemeinschaft (DFG) geförderte Projekt untersucht, wie demographische Veränderungsprozesse und Klimawandel interagieren (Laufzeit 2015–2018). Als Beispiel mit konkretem Praxisbezug sei das integrierte Klimaanpassungskonzept der Stadt Hagen (Nordrhein-Westfalen) genannt. Das vom Bundesministerium für Umwelt, Naturschutz, Bau und Reaktorsicherheit (BMUB) geförderte „kommunale Leuchtturmvorhaben" erfasst aktuelle Herausforderungen, die sich aufgrund des demographischen und klimatischen Wandels für eine Kommune ergeben können und zeigt erste Handlungsansätze zur integrierten Betrachtung dieser beiden Trends (Laufzeit 2015–2018, Informationen auf der Projektseite der Stadt Hagen (2018).

Der demographische Wandel kann vereinfacht als ein Wandel der Bevölkerungsstruktur und ihrer Zusammensetzung verstanden werden. Wesentliche Eigenschaften dieses Wandels sind sowohl für Deutschland als auch für Österreich (siehe Kap. 2) die Zunahme der älteren Bevölkerungskohorten, die Heterogenisierung der Gesellschaft sowie ein Nebeneinander von wachsenden und schrumpfenden Regionen und Städten (siehe Mäding, 2006, zu Österreich: Schipfer, 2005; ÖROK, 2014). Die veränderte Bevölkerungsstruktur führt einerseits zu veränderten THG-Emissionen, andererseits ist durch den Wandel auch eine veränderte Bevölkerung von den Folgen des Klimawandels betroffen. Insbesondere die Alterung der Gesellschaft wird einen erhöhten Handlungsbedarf mit sich bringen. Dies sei im Folgenden ausgeführt.

Sieht man Klimawandel, Demographie und Gesundheit im Kontext mit der Stadtentwicklung, so lassen sich einige relevante Zusammenhänge erkennen. Die besondere Empfindlichkeit älterer Menschen gegenüber Hitzebelastungen (siehe Kap. 3) sowie die Zunahme der älteren Bevölkerung (siehe Kap. 2) führen zu einer besonderen Problematik. Dies ist jedoch nur ein Beispiel für Zusammenhänge, die sich zwischen den beiden Trends Klimawandel und demographischer Wandel ergeben können. Sowohl Klimawandel als auch der Wandel der Demographie führen zu unterschiedlichen Ansprüchen an zukünftige Städte und Regionen. Die zunehmende Anzahl an Personen führt speziell in Wachstumsregionen zu einem steigenden Nutzungsdruck auf die Fläche. Entscheidungen über die Nachverdichtung von Baulücken oder die Bebauung und Versiegelung von Frischluftschneisen können, sofern klimatischen Belangen keine größere Rolle bei der Flächenentwicklung beigemessen werden, dazu führen, dass sich die Städte immer weiter aufheizen und damit die Bildung von urbanen Hitzeinseln begünstigen (siehe Halbig u. a., 2016; Rößler, 2015; Brandenburg u. a., 2015). Dies ist nicht nur für wachsende Städte insgesamt, sondern besonders für eine alternde Gesellschaft relevant, da mittelfristig die absolute Anzahl der sehr hitzesensitiven Bevölkerungsgruppe der Senioren trotz Schrumpfung der Gesamtbevölkerung zunimmt. In Städten und Regionen, in denen die Bevölkerungsentwicklung rückläufig ist, bietet sich an, das Potential durch Rückbau oder Entsiegelung von klimarelevanten Flächen nicht nur zu erhalten, sondern diese gegebenenfalls noch auszubauen und zu vernetzen und so die thermische Belastung bereits heute zu reduzieren. Dies gilt auch für Hochwasserrisikogebiete oder Gebiete mit Gefährdung durch Starkregen oder Muren.

Wenn demographische und klimatische Veränderungen aufeinandertreffen, bieten sie, je nach Ausprägung und räumlicher Manifestation, Chancen oder auch Risiken. Entwicklungschancen können nur dann ergriffen werden, wenn auf Ebene der Stadtentwicklung eine integrierte Betrachtung stattfindet. Eine sektorale Anpassung an demographische Veränderungsprozesse, wie beispielsweise unter dem Begriff „Barrierefreiheit" durchgeführte Maßnahmen zur Förderung der altersgerechten Mobilität (z. B. das Absenken von Bordsteinkanten), kann das Abflussverhalten bei einem Starkregenereignis beeinflussen und Schäden erhöhen. Darum ist es notwendig, dass Informationen über potenziell gefährdete Bereiche in die Durchführung und Planung von Maßnahmen der Barrierefreiheit mit einfließen. Auch die Planung und Allokation von sozialen Infrastrukturen, wie Alten- und Pflegeheimen, sollte nicht losgelöst von den stadtklimatischen Gegebenheiten betrieben werden. Bereits heute belastete Bereiche sollten für die Standortwahl möglichst vermieden werden. Neubauten bzw. Sanierungen sollten mit entsprechender Verschattung und baulichen Vorsorgemaßnahmen geplant und betrieben werden.

Die Rolle demographischer Veränderungsprozesse im Rahmen der Anpassung an die Folgen des Klimawandels ist somit als hoch einzustufen. Aussagen zur zukünftigen Betroffenheit der Bevölkerung sind ebenso zwingend notwendig wie Informationen über den Klimawandel selbst. Nur durch eine gemeinsame und integrierte Betrachtung können zukunftsweisende Anpassungsmaßnahmen an den Klimawandel entwickelt und umgesetzt werden. Auch wenn die Unsicherheiten durch die Berücksichtigung demographischer Prognosen oder Szenarien sich weiter erhöhen, gilt es, sich mit Hilfe von adaptiven Strategien und sogenannter *No-regret*-Maßnahmen oder der sequenziellen Realisierung von Planinhalten auf mögliche Zukünfte vorzubereiten (siehe BMVBS, 2013). Es besteht nach wie vor Forschungsbedarf, inwiefern es gelingen kann, die beiden Trends im Rahmen der Stadtentwicklung integriert zu betrachten.

der Reduzierung des Hitzestresses betont er die nachgewiesenen vielfältigen positiven Effekte von Grünräumen auf die körperliche und seelische Gesundheit und ihre soziale Komponente. Sie fördern das Konzentrationsvermögen sowie die körperliche und geistige Entwicklung von Kindern und tragen zur sozialen Integration bei, da sie für alle sozialen Schichten zugänglich sind.

4.4.4 Hochwasser, Muren, Rutschungen und Waldbrand

Frühwarnung zu Naturgefahren

Frühwarnsysteme zu Naturgefahren haben einen bedeutenden Stellenwert im integrativen Risikomanagement, wobei Frühwarnsysteme immer als Teil eines breiten Maßnahmenportfolios zu sehen sind (Blöschl, 2008; Jöbstl u. a., 2011; Schimmel & Hübl, 2016; Schimmel u. a., 2017). Im Bereich des Hochwasserrisikomanagements gibt es besonders seit den 1990er Jahren massive Anstrengungen, Frühwarnsysteme wissenschaftlich weiterzuentwickeln. Ziel ist es, die Prognose von möglichen Hochwasserereignissen zu verbessern. Als Folge davon wurde die Europäische Initiative *European Flood Awareness System* (EFWRS) etabliert (Thielen u. a., 2009; Parker & Priest, 2012).

In Österreich sind die zentralen Akteure die ZAMG bzw. die (derzeitige) Abteilung IV/4 Wasserhaushalt (Hydrographisches Zentralbüro (HZB)) des Bundesministeriums für Nachhaltigkeit und Tourismus sowie die jeweiligen Länderorganisationen (Hydrographischer Dienst). Die öffentliche Hand stellt für zahlreiche Flüsse Pegelstände sowie Hinweise bzgl. Hochwasserprognosen für die Bevölkerung zur Verfügung. Die Prognoseintervalle sind – abhängig vom Flusseinzugsgebiet – bis zu 48 Stunden vor Eintreffen des Ereignisses im Internet (teilweise mit Webcams) erhältlich (BMLFUW, 2015b).

Dadurch kann die Bevölkerung an einigen Flüssen mit einer Frühwarnzeit von bis zu 48 Stunden rechnen, was die Möglichkeit schafft, Wertgegenstände und sich selbst in Sicherheit zu bringen. Ein Beispiel für eine 48-Stunden-Prognose stellt das Frühwarnsystem der Donau dar (Blöschl, 2008;

Blöschl & Nester, 2014). Daneben gibt es weitere lokale Frühwarnsysteme, wie z. B. am Kremsfluss in der Stadt Krems oder für die Grazer Bäche von der Stadt Graz, wo die Bevölkerung über SMS informiert wird (Jöbstl u. a., 2011). Darüber hinaus existieren grenzüberschreitende Ansätze, wie z. B. die Hochwasserprognose für den Tiroler Inn, wo die Informationen bzgl. eines möglichen Hochwasserereignisses dem Bayerischen Frühwarnsystem bis zu 48 Stunden vorher übermittelt werden (Huttenlau u. a., 2016).

Die Kommunikationswege erfolgen sehr unterschiedlich und reichen von klassischen Medienkanälen (Fernsehen, Radio, Telefon, Fax oder SMS), bis zu Web-Applikationen und Social Media, z. B. www.uwz.at die Österreichische Unwetterzentrale von UBIMET, wo sämtliche Warnungen (kostenpflichtig) auch per SMS verschickt werden können (Jöbstl u. a., 2011; Parker & Priest, 2012). Neben verschiedenen Systemen im Hochwassermanagement gibt es auch zu anderen extremen Wetterereignissen und dadurch ausgelösten Naturgefahren Frühwarnsysteme, wie etwa bei Lawinen, Massenbewegungen oder Wildbachereignissen. Hier hat es ebenfalls in den letzten Jahren intensive Anstrengungen und Ansätze gegeben, um Frühwarnsysteme zu errichten bzw. deren Prognose zu verbessern, wie z. B. beim Aufbau eines Frühwarnsystems am Gschliefgraben in Oberösterreich (Preuner u. a., 2017; Schimmel & Hübl, 2016; Schimmel u. a., 2017; Scolobig u. a., 2017).

Frühwarnsysteme können einen positiven Beitrag zur Verringerung von Schäden (Menschenleben, Gebäudeschäden) leisten, insbesondere zur Vermeidung von psychischem Stress (Parker u. a., 2009; Priest u. a., 2011). Allgemein haben Studien gezeigt, dass der Nutzen von Frühwarnungen im Rahmen einer Kosten-Nutzen-Analyse positiv ist (Pappenberger u. a., 2015), aber häufig nicht das gesamte Potential von Frühwarnsystemen ausgenutzt wird, da die Bevölkerung kein oder ein zu geringes Interesse an Frühwarnsystemen zeigt (Priest u. a., 2011). Die gesundheitlichen Auswirkungen von Frühwarnsystemen sind bislang auch in der internationalen Literatur kaum evaluiert worden. In der Studie von RPA und FHRC (2004) wurden erste Versuche unternommen, diese Effekte zu untersuchen, wobei jedoch insgesamt noch weiterer Forschungsbedarf besteht (Parker u. a., 2009).

Die größten Herausforderungen für Frühwarnsysteme, insbesondere in Richtung Klimawandel, sind die effiziente Vorhersage von Sturzfluten und Starkregen, d. h. *Extreme*

Rainfall Alerts (ERAs) (Jöbstl u. a., 2011; Parker u. a., 2011; Panziera u. a., 2016). Die Schwierigkeit liegt insbesondere in dem kurzen Zeitfenster von wenigen Stunden bis zum Eintritt des Ereignisses sowie in der räumlichen Verortung, um Sturzfluten effizient vorherzusagen, wobei dies in Österreich bereits teilweise mit Hilfe von INCA (*Integrated Nowcasting through Comprehensive Analysis*) möglich ist (Jöbstl u. a., 2011). Diese hochauflösende Wetteranalyse mit -vorhersagemodell wurde von der ZAMG zur Darstellung des Wettergeschehens der nächsten Stunden entwickelt. Es liefert auf einem 1-km Raster stündlich Analysen und Vorhersagen von Temperatur, Luftfeuchte, Wind, Globalstrahlung und viertelstündlich von Bewölkung, Niederschlag und Niederschlagsart für die nächsten 6 Stunden.

Waldbrandmonitoring

Waldbrände treten in den alpinen Regionen besonders im Frühjahr und Sommer auf. Aufgrund der globalen Erwärmung ist mit mehr und intensiveren Bränden zu rechnen. Vor allem in den Jahren 2011, 2012 und 2013 wurde eine außergewöhnlich starke Häufung von Waldbränden beobachtet (Müller u. a., 2015).

Nach Waldbränden kann Bodenerosion auftreten. In der Folge steigt die Gefahr von Massenbewegungen (etwa Lawinen). Die Auswirkungen von Waldbränden auf die Sicherheit der Bevölkerung sind derzeit in Österreich noch wenig erforscht. Durch den Klimawandel dürfte die Gefahr von Waldbränden steigen (Vacik u. a., 2014). Die ZAMG erstellt eine Karte, die für jeden Tag die Waldbrandgefahr abbildet. Dies basiert auf einem Index, der sich aus Lufttemperatur, Luftfeuchtigkeit, Windgeschwindigkeit, Niederschlagsrate sowie kurz- und langwelliger Strahlung errechnet.

Maßnahmen im Naturgefahrenmanagement und im Katastrophenschutz

Österreich verfügt über ein gut funktionierendes und flächendeckendes System des vorbeugenden und abwehrenden Naturgefahrenmanagements, einerseits durch eine hohe Dichte an permanenten und temporären Schutzmaßnahmen, andererseits durch ein flächendeckendes Katastrophenmanagement (Rudolf-Miklau, 2009; Jachs, 2011; Rudolf-Miklau & Sauermoser, 2011; Perzl & Walter, 2012). Zu den direkten Auswirkungen des Klimawandels zählen unter anderem eine Zunahme der Wahrscheinlichkeit von extremen Wetterereignissen (APCC, 2014) und dadurch ausgelöste Naturgefahren, die eine zunehmende Bedrohung für die Gesellschaft hinsichtlich der Häufigkeit als auch des Ausmaßes bedeuten (siehe Kap. 3). Dies verschärfte in den vergangenen Jahrzehnten auch die Herausforderung im Naturgefahrenmanagement für die Gesellschaft durch eine massive Siedlungspolitik in Österreich, wo im Jahr 2012 insgesamt 118.272 Gebäude im Bereich von roten und gelben Gefahrenzonen der Wildbach- und Lawinenverbauung lokalisiert werden konnten (Fuchs u. a., 2015; Fuchs u. a., 2017). Rote Gefahrenzonen sind

durch Wildbäche oder Lawinen derart gefährdet, dass ihre ständige Benützung für Siedlungs- und Verkehrszwecke wegen der voraussichtlichen Schadenswirkungen oder der Häufigkeit der Gefährdung nicht oder nur mit unverhältnismäßig hohem Aufwand möglich ist (BGBl. Nr. 436/1976). Die gelbe Gefahrenzone umfasst alle übrigen durch Wildbäche oder Lawinen gefährdeten Flächen, deren ständige Benützung für Siedlungs- oder Verkehrszwecke infolge dieser Gefährdung beeinträchtigt ist (BGBl. Nr. 436/1976).

Dieser Trend kann sich in den nächsten Jahrzehnten durch den demographischen Wandel weiter verschärfen, vor allem in siedlungsdynamischen Gemeinden, die ihre jetzigen verfügbaren Baulandreserven innerhalb des potentiellen Hochwasserabflussgebietes haben (Löschner u. a., 2017). Durch den Klimawandel können sich diese Gebiete noch massiv vergrößern (Blöschl u. a., 2011). Eine Möglichkeit besteht in der Absiedlung von Gebäuden und der Infrastruktur aus gefährdeten Gebieten, wie es zum Teil in Österreich immer wieder durchgeführt wurde bzw. wird (Seebauer & Babcicky, 2016). Hier sind jene Haushalte die größte Herausforderung, die sich gegen eine Absiedlung aussprechen, da dies meist Haushalte betagter Einwohner sind, die eigentlich eine verstärkte Unterstützung benötigen würden (Thaler, 2017).

Neben den direkten Klimawandelfolgen spielen weitere Faktoren eine bedeutende Rolle, wie z. B. der demographische Wandel, der zu einer vorausblickenden Anpassung im Katastrophenmanagement führen muss (Balas u. a., 2015; Steinführer, 2015). Die größten Herausforderungen entstehen durch den steigenden Anteil von Personen, die Hilfe von Dritten benötigen (die so genannte „*dependency ratio*"). Diese Personen werden einerseits kaum in der Lage sein, sich im Ereignisfall bzw. in der Phase des Wiederaufbaus selbst zu helfen, und andererseits auch nicht am freiwilligen Katastrophenmanagement teilnehmen können (Steinebach & Uhlig, 2013; Ehl, 2014; Balas u. a., 2015). Dies kann tiefgreifende Änderungen und neue Anforderungen für das aktuelle Naturgefahren- und Katastrophenmanagement bedeuten (Balas u. a., 2015).

Um bei extremen Wetterereignissen Schäden an der Verkehrsinfrastruktur zu vermeiden und die Gesundheit und das Leben von Personen zu schützen, sieht die österreichische Anpassungsstrategie den weiteren Ausbau von Informations- und Frühwarnsystemen sowie die Erstellung von Gefahren- und Risikokarten vor (BMLFUW, 2017b). Inhalt und Bedeutung der Informations- und Frühwarnsysteme sind der Bevölkerung ausreichend zu vermitteln. Wesentlich erscheint hier die Erarbeitung von regionalen Schwellenwerten, ab denen mit Verkehrsunterbrechungen bzw. Schäden an der Infrastruktur und damit einhergehenden Gefährdungen von Menschen zu rechnen ist. Das betrifft Niederschlagsdauer und -intensität in Bezug auf Massenbewegungen, Windspitzen, Nassschnee- und Eislastereignisse (Windwurf, Ast- und Baumfall) sowie Temperatur und Feuchtigkeit bzgl. Belagsschäden. Große Verkehrsbetreiber wie die ÖBB und die ASFINAG verfügen über Informations- und Frühwarnsysteme. Die ÖBB im Falle von Hochwasser und Bränden; die ASFINAG mit einem Wetterprognoseprogramm besonders für den Winterdienst inklusive automatisierter Alarmierung bei extremen Wetterereignissen. Die ASFINAG hat im Jahr 2014 eine Strategie zum Naturgefahrenmanagement erarbeitet und für ausgewählte Abschnitte Naturgefahrenhinweiskarten erstellt (BMLFUW, 2015a).

Die Frage der kritischen Infrastruktur stellt eine wichtige Thematik für die zukünftig ältere Gesellschaft dar; z. B. kommt es aufgrund von Straßensperren – ausgelöst durch Naturgefahrenereignisse – bereits jetzt in einigen Gebieten in Österreich wiederholt zu einer Nichterreichbarkeit von Siedlungen, Schulen oder Arbeitsplätzen. Eine große Aufgabe besteht in der Sicherstellung der medizinischen Versorgung der älteren Menschen, da diese durch die Straßensperren nur mehr teilweise gewährleistet werden kann (Perzl & Walter, 2012; Pfurtscheller, 2014). Auch hier werden zukünftige Forschungsarbeiten benötigt, insbesondere um ein besseres Verständnis für die Entwicklung von Risikomanagement- und Anpassungsstrategien in alpinen Gemeinden zu erzielen, die mit Bevölkerungsrückgang und demographischer Alterung konfrontiert sind.

Um bei zeitlich und lokal schwer vorhersagbaren extremem Wetterereignissen potentielle Schäden zu minimieren und handlungsfähig zu bleiben, ist die Abschätzung potentieller Schäden durch Risikokarten ein bedeutender Aspekt. In Baden-Württemberg wurden in Folge eines außergewöhnlichen Starkregenereignisses im Juli 2010 für das Einzugsgebiet der Glems zusätzlich zu den Hochwassergefahrenkarten Starkregengefahrenkarten erstellt. Die Karten zeigen die potentiell vom Starkregenabfluss betroffenen Flächen und die zu erwartende Tiefe der Überschwemmung sowie Angaben zur möglichen Fließgeschwindigkeit (Starkregengefahr.de, 2018).

4.4.5 Infektionskrankheiten

Durch die globale Erwärmung und andere Faktoren, wie die Globalisierung, Fernreisen, internationaler Handel und Bevölkerungsfluktuation, dürften Infektionskrankheiten, die bisher in Österreich kaum aufgetreten sind, zunehmend an Bedeutung gewinnen. Bereits vorhandene Vektoren können weitere zusätzliche Erkrankungen übertragen. Potenzielle Vektoren, wie z. B. die Asiatische Tigermücke (*Aedes albopictus*) oder die Japanische (Asiatische) Buschmücke (*Aedes japonicus*), die zahlreiche Krankheitserreger wie Dengue-, Chikungunya-, Gelb- und West-Nil-Fieber übertragen können, sind für Österreich bereits nachgewiesen (Stechmücken-Surveillance der AGES, 2018a; siehe Kap. 3).

Überwachung von Infektionskrankheiten und Vektoren

Meldepflichtige Krankheiten

Die Überwachung, verlässliche Erfassung und Weiterleitung von Informationen über das räumliche und zeitliche Auftreten von Infektionskrankheiten sind zentral, um Maßnahmen in der Prävention und im Akutfall ergreifen zu können. In Österreich regeln eine Reihe von Gesetzen die Überwachung und Bekämpfung von Infektionskrankheiten (Epidemiengesetz BGBl. Nr. 186/1950 § i. d. g. F., Verordnung betrifft u. a. anzeigepflichtige übertragbare Krankheiten). Im Rahmen der EU-Meldepflicht wurde auch in Österreich ein elektronisches Meldesystem (Epidemiologisches Meldesystem (EMS)) eingerichtet. Dort werden neu auftretende Infektionskrankheiten erfasst, die sich im Zuge der klimatischen Änderungen in Österreich etablieren könnten. Seit 2015 ist das West-Nil-Fieber anzeigepflichtig, seit 2016 zusätzlich Dengue- und Chikungunya-Fieber, Hanta-Virus-Infektionen und Zika-Virus-Infektionen (siehe Kap. 3).

Stechmücken-Monitoring

Das Europäische Zentrum für die Prävention und Kontrolle von Krankheiten (ECDC) misst den durch Stechmücken übertragenen Krankheiten große Bedeutung zu. 2012 wurden daher eigene „*Mosquito guidelines*" ausgearbeitet, um die EU-Mitgliedsstaaten bei der Erstellung von Überwachungsprogrammen zu unterstützen und die Datenmeldung zu harmonisieren. In Österreich wurde im Jahr 2011 ein Stechmücken-Surveillance-System etabliert (siehe Spezialthema: Vektorübertragene Krankheiten, Stechmücken Kap. 3).

Umgang mit Infektionskrankheiten

Überwachungssysteme sind die Grundlage für die Planung von Präventivmaßnahmen und zur Durchführung gezielter Bekämpfungsmaßnahmen von Vektoren. Mit dem steirischen Seuchenplan (Reinthaler u. a., 2016) wurde ein Instrument geschaffen, das auf Basis von internationalem und nationalem Wissen regionale Handlungsanleitungen gibt. Er zielt darauf ab, AmtsärztInnen, (Fach-)ÄrztInnen vor Ort und im stationären Bereich sowie allen anderen koordinierenden Einsatzkräften aktuelle, gut strukturierte, gebündelte Informationen über Kerndaten, Hauptcharakteristika und Differenzialdiagnosen von in Frage kommenden Infektionskrankheiten zur Verfügung zu stellen.

Gesundheitliche Auswirkungen im Zusammenhang mit (aufgrund des Klimawandels) neu auftretenden übertragbaren Krankheiten sind in der Regel vermeidbar, sofern das Gesundheitssystem vorbereitet und die Bevölkerung informiert ist. Die österreichische Anpassungsstrategie (BMNT, 2017a, 2017b) empfiehlt, das Wissen und die Datenlage bezüglich der Einschleppung und Etablierung vektorübertragener Krankheiten zu verbessern. Es fehlt an Aufklärungs-

und Vorsorgemaßnahmen sowie an Informationen über den Zusammenhang mit dem Klimawandel. Informationen für die Bevölkerung liegen für das West-Nil-Virus vor (AGES, 2015b, 2018b). Neben Hintergrundinformationen zum West-Nil-Fieber bietet der Folder Infos zu den Krankheitssymptomen und zur Vermeidung von Mückenstichen. Zusätzlich informieren ein Video und ein Folder wie jede/jeder Einzelne dazu beitragen kann, Gelsen einzudämmen (AGES, 2015a).

Für weitere Infektionskrankheiten, die in Österreich verstärkt auftreten können, sind zusätzliche leicht verständliche Informationen erforderlich und regionalspezifische Aufklärungskampagnen für die Bevölkerung zu empfehlen. So tritt das von Nagetieren, wie der Rötelmaus, übertragene Hantavirus gehäuft in der Steiermark, Kärnten und dem Südburgenland auf (Zentrum für Virologie, 2017). Nager, insbesondere Mäuse, neigen – abhängig von Klimafaktoren (milde Winter) und dem Nahrungsangebot (z. B. Bucheckern) – zu Massenvermehrungen. Die Viren werden von infizierten Tieren über Speichel, Urin und Kot ausgeschieden. Die Ansteckung des Menschen erfolgt vor allem durch Einatmen von virushältigem Staub (Balas u. a., 2010). Die Anzahl der Infektionen kann jährlichen Schwankungen unterliegen. So ist es in den Jahren 2004, 2007, 2012 und 2014 zu Häufungen mit 72, 78, 264 und 72 Erkrankungsfällen gekommen. Für das Jahr 2017 sind 74 Fälle nachgewiesen worden (Zentrum für Virologie, 2017).

Das Robert Koch-Institut in Deutschland hält es für unerlässlich, dass die behandelnden Ärzte klimabedingt zunehmende Krankheiten erkennen bzw. differenzialdiagnostisch in Betracht ziehen (Eis u. a., 2013). Dies muss durch verstärkte Aus- und Weiterbildung sichergestellt werden. Zudem sind die Anpassungsmaßnahmen im Bereich vektorübertragener Krankheiten relativ beschränkt. Zum Teil existieren keine Impfmöglichkeiten (z. B. Borreliose).

Lebensmittelbedingte Infektionen

Das in Österreich jährlich durchgeführte Lebensmittelmonitoring wird durch das Lebensmittelsicherheits- und Verbraucherschutzgesetz geregelt. Die Auswahl der Erzeugnisse und der darin zu untersuchenden Stoffe sowie die Verteilung der Untersuchungen auf die Bundesländer werden gemeinsam von Bund und Ländern festgelegt. Klimawandelbedingte Veränderungen hinsichtlich der Kontamination mit Schimmelpilztoxinen und bakterieller Belastungen wurden bisher nicht berücksichtigt. Auch wenn der saisonale Trend für *Campylobacter*- und Salmonellen-Infektionen in den Industrieländern multifaktoriell ist, kann bei fortschreitender Erwärmung eine Zunahme der Erkrankungsfälle beim Menschen nicht ausgeschlossen werden. Schätzungen auf der Basis wissenschaftlicher Studien und Modellrechnungen gehen davon aus, dass ein durchschnittlicher Temperaturanstieg um 1 °C zu einer Erhöhung der Inzidenz lebensmittelbedingter Gastroenteritiden um 4–5 % führt (Health Protection Agency, 2015). Um nachteilige gesundheitliche Auswirkungen zu vermeiden und

die Lebensmittelsicherheit langfristig zu gewährleisten, sollten Leitlinien für gute landwirtschaftliche und hygienische Praktiken vorausschauend aktualisiert werden (Uyttendaele u. a., 2015).

Die Folgen des Klimawandels im Hinblick auf Ernährungssicherheit sind vielschichtig und komplex. Im Wesentlichen haben alle Manifestationen des Klimawandels einen Einfluss und es gibt zunehmend Hinweise, dass diese Veränderungen die Lebensmittelsicherheit und die Ernährungssicherung beeinflussen (Kendrovski & Gjorgjev, 2012). Wegen der hohen nationalen Lebensmittelproduktionsstandards, insbesondere einer funktionierenden Kühlkette, ist derzeit nicht zu befürchten, dass der Klimawandel in naher Zukunft wesentliche Auswirkungen auf die Inzidenz dieser Erkrankungen in Österreich haben wird. Dennoch ist eine Stärkung der bestehenden Kapazitäten für die öffentliche Gesundheit zur Früherkennung und eine Sensibilisierung der Bevölkerung über den möglichen Zusammenhang zwischen Klimawandel und lebensmittelbedingten Infektionskrankheiten angezeigt.

4.4.6 Allergische Erkrankungen

Allergien zählen zu den häufigsten chronischen Erkrankungen und Gesundheitsproblemen. Jede vierte Person in Österreich leidet an einer der unterschiedlichen Formen von Allergien (Statistik Austria, 2015). Durch die klimawandelbedingte Verlängerung der Pollenflugsaison, eine höhere Pollenkonzentration und damit einhergehender stärkerer Exposition steigt die Gefahr einer Sensibilisierung sowie erhöhten Belastung von bereits an Allergien leidenden Personen. Feststellbar ist auch eine gesteigerte Aggressivität von Pollen, die mit einer erhöhten Schadstoffbelastung der Luft in Zusammenhang gebracht wird. Um gesundheitliche Auswirkungen zu reduzieren, bedarf es einer laufenden Überwachung und Frühwarnung betroffener Personen. Umfassende Informationen und Verhaltenstipps zum Thema Allergierisiko und Pollen inklusive der aktuellen Pollenbelastung bietet der Pollenwarndienst (2018) an. Ein wichtiges Instrument ist auch der „*RagweedFinder*" (2018), der 2017 installiert wurde (siehe Kap. 3).

Aktuelle Forschungsergebnisse belegen den Zusammenhang zwischen dem Klimawandel und der raschen Ausbreitung der hoch allergenen Beifuß-Ambrosie (*Ambrosia artemisiifolia*, Ragweed). Bis zum Jahr 2050 könnte die Ambrosiapollenkonzentration in der Luft etwa 4-mal höher sein als heute (Hamaoui-Laguel u. a., 2015). Die erfolgreichste und ökologisch sinnvollste Bekämpfungsmaßnahme ist das Ausreißen per Hand; wenn möglich mit Handschuhen, ab der Blütezeit zusätzlich mit Mundschutz (hohe Pollenbelastung!). Das Pflanzenmaterial muss ab der Blütezeit nachhaltig vernichtet werden (Verbrennen, professionelle Biomasse-Verwertungsanlagen). Generell braucht es eine konsequente Bekämpfung von stark allergenen Pflanzen (Karrer u. a., 2011).

Eine wichtige Rolle zur Reduktion allergener Pollen liegt bei der Stadtplanung. Durch die Auswahl von geeigneten Baumarten und Sträuchern für Parks, öffentliche Plätze und die Begrünung von Straßen kann die Pollenkonzentration allergologisch relevanter Arten maßgeblich reduziert werden (Brasseur u. a., 2017).

4.4.7 Anpassungsmaßnahmen im Tourismus

Die spezifische Betroffenheit des Tourismussektors durch die Folgen des Klimawandels und Anpassungsmöglichkeiten sind längst fixer Bestandteil der allgemeinen Debatte zur Klimafolgenabschätzung und Klimapolitik (Becken, 2013; Scott u. a., 2005). Der 5. IPCC- Sachstandsbericht und der österreichische Sachstandsbericht des APCC widmen dem Tourismus eigene Kapitel (Küstentourismus 5.4.4.2, Tourismus im ländlichen Raum 9.3.4.4, wirtschaftliche Betrachtungen 10.6., beobachtbare Klimaveränderung 18.4.2.3. sowie den Weltregionen, hier besonders Europa 23.3.6. IPCC, 2014; APCC, 2014). Verschiedene Überblicksarbeiten zur Situation des Tourismus im Zusammenhang mit dem Klimawandel sind verfügbar (UNWTO & UNEP, 2008; Simpson u. a., 2008; Scott u. a., 2012; Becken & Hay, 2012; Rosselló-Nadal, 2014, Strasdas & Zeppenfeld, 2016). Das Verhältnis von Tourismus und Gesundheit findet sich als potenzieller Einflussbereich des Klimawandels gelegentlich erwähnt (Scott u. a., 2005; UNWTO & UNEP, 2008). Fokussierte Forschungen sind dazu aber nicht vorhanden. Der IPCC AR5 berücksichtigt Tourismus zwar, im Kapitel zu Gesundheit wird aber kein Bezug hergestellt (Scott u. a., 2016). Der österreichische Sachstandsbericht AAR14 stellt Tourismus und Gesundheit in ein gemeinsames Kapitel, beschränkt sich aber auf die Erwähnung von „Kur- und Wellnesstourismus" als gemeinsame Schnittmenge (APCC, 2014: 936). Vermehrt kommt es zur Verbindung von Gesundheits- und Umweltagenden mit Projekten der Tourismusentwicklung (Holden, 2016).

Zwei Faktoren, die die Anpassungsbedürfnisse in den Bereichen der touristischen Beherbergung, Versorgung und Freizeitmobilität besonders betreffen, wurden in diesem Kapitel berücksichtigt: Vermehrte Hitze im Sommer, deren Auswirkung auf die Badegewässerqualität und weniger Schnee im Winter. In beiden Bereichen dienen die Adaptionen nicht nur dem Komfort, sondern sollen auch für Sicherheit und Gesundheit der Touristen sorgen (siehe Kap. 3; Tapper, 1978; Wilks & Page, 2003). Die Anpassungen wirken sich aber negativ auf die Emissionsreduktion aus. Wie stark sie zu Buche schlagen, ist derzeit kaum abschätzbar. Emissionsberechnungen für den österreichischen Tourismus sind rar und ignorieren in der Regel notwendige Vorleistungen von Infrastrukturprojekten; ganz im Gegensatz zu beispielsweise Wertschöpfungsberechnungen der österreichischen Seilbahnbetriebe, in denen sämtliche Vorleistungen abgebildet werden

(Pröbstl & Jiricka, 2012; Manova, 2016). Ökonomischer Nutzen und Folgen der Emissionen von Tourismusbetrieben sind auf diese Weise nur schwer bewertbar (BMWFJ, 2012). Im Folgenden wird der Zusammenhang aus touristischer Klimawandelanpassung und Gesundheit skizziert.

Nebenwirkungen von Klimawandelanpassungsmaßnahmen im Wintertourismus auf das Gesundheitssystem

Die Qualität der Skipiste steht in einem direkten Verhältnis zum Verletzungsrisiko der SkisportlerInnen und kann somit von wichtiger Bedeutung für das Gesundheitssystem sein (Ruedl u. a., 2014). In der Regel wird davon ausgegangen, dass ein mit Schneekanonen und Pistenraupen durchgeführtes Pistenmanagement das Unfallrisiko senkt, da weniger Gefahrenquellen vorhanden sind (Greier, 2011; Bergstrøm & Ekeland, 2004). Der vermehrte Einsatz von Kunstschnee seit den 1990er Jahren führte dazu, dass sich die Verletzungsmuster signifikant verschoben haben (Van Geertruyden & Goldschmidt, 1993). Auf beschneiten Pisten häufen sich beispielsweise Hand- und Daumenverletzungen (Fiennes u. a., 1990). Es ist davon auszugehen, dass das Verletzungsrisiko insgesamt ab-, die Schwere der Verletzungen allerdings zugenommen hat (Davidson & Laliotis, 1996; Girardi u. a., 2010). 1980 wurden beispielsweise in der Universitätsklinik für Unfallchirurgie Innsbruck 2.711 PatientInnen wegen Verletzungen beim alpinen Skisport erstbehandelt, rund 18 % erlitten Verletzungen der Hand, in 61 % der Fälle war der Daumen betroffen. 1953 waren es 700 (Pechlaner u. a., 1987). Das Unfallrisiko beim Ski- und Snowboardfahren kann zwar durch Schutzhelme und Protektoren reduziert werden, deren Erzeugung müsste aber konsequenterweise in eine Berechnung der CO_2-Emissionen des Wintersporttourismus eingerechnet werden (siehe dazu oben).

Dieser Zusammenhang sollte bei einer Ausweitung von Beschneiungsanlagen in Betracht gezogen werden, da Rückwirkungen auf die öffentliche Gesundheitsversorgung zu erwarten sind. Für die Schweiz wurde gezeigt, dass die Verletzten die Ambulanzen vor allem in einer Zeit aufsuchen, in der diese ohnehin durch Atemwegs- und Grippeerkrankungen stark belastet sind. Verletzte Skitouristen stellen eine zusätzliche Bürde dar, die eine dementsprechende Ressourcenplanung voraussetzt (Matter-Walstra u. a., 2006). Im Gesundheitswesen schlägt sich das Versorgen der Skitouristen in entsprechendem Material- und Energieverbrauch – und somit auch als CO_2-Emission – nieder.

Sommertourismus und Badegewässerqualität

Das IPCC kommt zu dem Schluss, dass die erhöhten Sommertemperaturen ab dem Jahre 2050 zu einer Verlagerung von Touristenaufkommen von Süd- nach Nordeuropa führen könnten (Scott u. a., 2005). Veränderte Bedingungen können in den alpinen Regionen zu einer Intensivierung des Sommertourismus beitragen und Trends verstärken (Fleischhacker u. a., 2009). Die klimaunabhängige Entwicklung zum Gesundheitstourismus (Peris-Ortiz & Álvarez-García, 2015) könnte für alpine Regionen die Möglichkeit bieten, auf die forcierte präventive Investition in Gesundheit und Fitness mit gezielten Angeboten zu reagieren (Schobersberger, 2009). Wie Studien zeigen, steigt besonders bei älteren Befragten die Präferenz für Gesundheits-, Sport- und Wellnessurlaub in den heimischen Bergen (Fleischhacker u. a., 2009), wobei die Beurteilung von Folgegenerationen schwierig erscheint (BMWFW, 2013). Dies könnte die Transportemissionen des gesamttouristischen Aufkommens der österreichischen Bevölkerung reduzieren und Spätkosten im Gesundheitssystem vermeiden helfen. Der Betrieb beheizter Wellnessanlagen setzt CO_2-Mengen frei, die jene des Wintersporturlaubs übersteigen könnten. Es gibt aber ein hohes Einsparungspotential durch Effizienzsteigerungen (Formayer & Kromp-Kolb, 2009). Vermehrte Hitzeereignisse können Anpassungen im Hitzewarnsystem und -management erfordern (siehe Kap. 3). Dies kann zur konfliktbeladenen staatlichen Angebotsregulierung führen, um Hitzeschäden vorzubeugen. So kommt es zur Schließung der Wanderrouten im Uluru-Kata-Tjuta-Nationalpark in Australien, sobald eine Tageshöchsttemperatur von über 36 °C zu erwarten ist (Skinner & De Dear, 2001).

Im Alpenraum wird ein signifikant ansteigender Trend der Oberflächentemperatur in Badegewässern beobachtet (Schulz & Wieser, 2013). Die Temperatur des Oberflächenwassers kann 2050 um 2,4 bis 3 °C höher liegen als heute (Dokulil, 2014). Dies verändert die Qualität von Badegewässern (siehe Kap. 3.3.4). Cyanobakterien oder Blaualgen stellen im Zusammenhang mit der globalen Erwärmung eine Gefahr für die menschliche Gesundheit dar (Eis u. a., 2010). In Oberflächengewässern, in denen das Baden behördlich nicht untersagt ist, sind gemäß EU-Richtlinie 76/160/EWG Grenz- bzw. Richtwerte für mikrobiologische, physikalische, chemische und andere geltende Parameter festgelegt. Das Badegewässermonitoring wird von der AGES (BMGF, 2018) durchgeführt.

Tourismus und Transport

Transportmittel und das Verkehrsaufkommen sind Schlüsselfaktoren des touristischen Einflusses auf die Umwelt und Gesundheit der Bevölkerung. Das BMWFW reagierte darauf mit dem Konzept Tourismusmobilität 2030, das auf eine Effizienzsteigerung touristischer Mobilität durch Vernetzung verschiedener Verkehrsträger abzielt (BMWFW, 2013). Eine Verminderung der tourismusbedingten CO_2-Emissionen ist nur durch eine Erhöhung der Energieeffizienz bei gleichzeitiger Senkung des Energieverbrauchs der Transportmittel, vor allem bei Gästen aus dem nahen Ausland, sowie einer Verlängerung durchschnittlicher Reisezeiten möglich. Wird die Energieeffizienz ohne die durchschnittliche Reisezeit gesteigert, sind Rebound-Effekte und eine Steigerung der CO_2-Emissionen zu erwarten (Simpson u. a., 2008). Das IPCC hält die politisch forcierte Reduktion des Touristentransports

für wichtig (IPCC, 2014a). Der Bericht des Expertenbeirats Tourismusstrategie 2015 des BMWFW wie auch die Nächtigungsstatistik 2016 zeigen aber, dass Österreich zunehmend eine Fernreisedestination für internationale Gäste aus dem asiatischen Raum darstellt (Austriatourism, 2016, 2017; BMWFW, 2015). Dies kann die CO_2-Emissionen deutlich erhöhen, da auf den Touristentransport rund 75 % der touristischen CO_2-Emissionen entfallen (Simpson u. a., 2008). Konzentrationsprozesse, die durch Klimaveränderung verstärkt werden können, erhöhen darüber hinaus die Emissionsbelastungen an den Anfahrtsrouten sowie in den Zieldestinationen (Bätzing & Lypp, 2009; Reddy & Wilkes, 2012; Fleischhacker u. a., 2009).

Die Anpassungsleistungen bieten positive Effekte sowohl für das Ziel der Emissionsreduktion wie auch für die Gesundheit der von den Emissionen Betroffenen. Strecken, die vor Ort zu Fuß oder per Rad zurückgelegt werden, bieten darüber hinaus einen gesundheitlichen Mehrwert für die beteiligten Touristen, auf die durch eine entsprechende Angebotsgestaltung eingewirkt werden kann. Eine Schätzung des individuellen ökologischen Fußabdrucks deutscher Touristen zeigt, dass Touristen durch die Wahl von Transportmitteln und bestimmten Urlaubsformen ihre CO_2-Emissionen halbieren können (WWF, 2009).

Es ist eine starke Evidenz auszumachen, dass mit technischen Klimawandelanpassungsstrategien im Wintertourismus neue Verletzungsmuster auftreten. Die Beweislage für eine saisonale Überlastung des Gesundheitssystems ist schwach. Entsprechende Forschungen für Österreich fehlen (hoher Forschungsbedarf). Der Konnex aus Tourismus und Mobilität weist dagegen bei starker Beweislage ähnliche *Co-Benefits* auf, wie sie im Kapitel 4.4.3 diskutiert werden. Ein Sonderfall touristischer Mobilität stellt die An- und Abreise dar. Hier herrscht hoher Handlungs- und Forschungsbedarf, da die THG-Emissionen der touristischen Mobilität zwischen Herkunfts- und Zielort bis dato nicht erhoben wurden. Bei starker Beweislage und hoher Übereinstimmung generiert die Mobilitätsverlagerung zu aktiven Mobilitätsformen, wie dem Zufußgehen und Radfahren, in Urlaubsorten *Co-Benefits*. Internationale Untersuchungen zeigen, wie eine Transition hin zu radfahrfreundlichen Städten erreicht werden kann (Alverti u. a., 2016; Dill u. a., 2014; Larsen, 2017).

4.4.8 Zusammenfassende Bewertung

Direkte und indirekte gesundheitliche Folgen des Klimawandels auf die Gesundheit gelten als wissenschaftlich belegt (hohe Übereinstimmung, starke Beweislage, siehe Kap. 3). Die Auswirkungen können durch Anpassungsmaßnahmen zu einem großen Teil reduziert oder sogar vermieden werden.

In Strategien zur Anpassung an den Klimawandel wird das Thema Gesundheit in unterschiedlicher Tiefe aufgegriffen. Vor allem in den bereits vorhandenen Länderstrategien sollten die gesundheitlichen Folgen verstärkt in die Maßnahmen integriert werden. Auf die Herausforderungen durch die demographische Entwicklung wird ansatzweise eingegangen, in den Handlungsempfehlungen aber erst wenig aufgegriffen. Um die Umsetzung der Maßnahmen voranzutreiben, ist eine verstärkte disziplinen- und institutionenübergreifende Zusammenarbeit zu empfehlen. Maßnahmen mit Relevanz für die Gesundheit betreffen viele weitere Sektoren, wie die Raum- und Stadtplanung, den Bausektor, das Naturgefahren- management, den Katastrophenschutz etc.

Hitzeschutzpläne und Warndienste dürften zunehmend an Bedeutung gewinnen, da mit einem weiteren Anstieg der Temperaturen und mit mehr Hitzewellen zu rechnen ist. Sie sind unerlässlich, um rechtzeitig Präventionsmaßnahmen zu ergreifen (hohe Übereinstimmung, mittlere Beweislage). Um Aussagen zur Effektivität bestehender Hitzeschutzpläne und -warndienste zu ermöglichen, sollten diese evaluiert werden.

Hohe Aufmerksamkeit muss bei Hitze auf Risikogruppen gelegt werden, zu denen ältere, chronisch kranke und pflege- bedürftige Menschen zählen (hohe Übereinstimmung, mitt- lere Beweislage). Einerseits ist das Thema in die Aus- und Weiterbildung zu integrieren, andererseits braucht es die gezielte Unterstützung und Handlungsanleitungen sowohl für Pflegende als auch für die Betroffenen selbst.

Negative Auswirkungen von Hitze auf die Arbeitsproduk- tivität sind wissenschaftlich belegt (hohe Übereinstimmung, starke Beweislage). Vor allem Personen, die im Freien arbei- ten, sind von Hitze stark betroffen. Zum Schutz der Arbeit- nehmerInnen wird hier besonders auf gesetzlicher Basis Handlungsbedarf gesehen. Die Anpassungsmöglichkeiten sind beschränkt und liegen etwa bei Bauarbeitern vorwiegend in der Einstellung der Arbeit.

Zu Klimawandel und Hitze in der Stadt liegen zahlreiche Forschungsarbeiten mit konkreten Maßnahmenempfehlun- gen vor. Die positiven Wirkungen auf Gesundheit durch mehr Grün in der Stadt sind belegt (hohe Übereinstimmung, starke Beweislage). Inwieweit dies in der Stadtplanung und Stadtentwicklung in Österreichs Städten berücksichtigt wird, ist nicht evaluiert. Hier besteht Forschungsbedarf.

Der Anteil von Menschen, die älter als 65 Jahre sind, wird in Zukunft stark ansteigen (siehe Kap. 2.3). Es braucht eine gemeinsame und integrierte Betrachtung der Auswirkungen des Klimawandels und der demographischen Entwicklung, um zukunftsweisende Anpassungsmaßnahmen entwickeln und umsetzen zu können. Hier besteht hoher Handlungsbedarf.

Als Folge des Klimawandels ist eine Zunahme extremer Wetterereignisse möglich (mittleres Vertrauen), die zu einer Bedrohung von Gesundheit und Leben der Bevölkerung füh- ren können. Überwachungs- und Frühwarnsysteme sind wesentlich, um die Gefährdung von Menschen und Schäden zu verringern, bestenfalls zu vermeiden. Hinsichtlich der Ent- wicklung von Risikomanagement- und Anpassungsstrategien in alpinen Gemeinden, die mit Bevölkerungsrückgang und demographischer Alterung konfrontiert sind, besteht For- schungsbedarf.

Im Tourismus lässt sich eine starke Beweislage erkennen, dass sich die Verletzungsmuster verschieben. Dies steht in Zusammenhang mit der gängigen technischen Anpassung im Wintertourismus, der künstlichen Beschneiung. Die entspre- chende Beweislage für eine saisonale Überlastung des Gesund- heitssystems ist schwach, da entsprechende Forschungen für Österreich fehlen (hoher Forschungsbedarf). Der bestehende Trend zum Gesundheitstourismus (Peris-Ortiz & Álvarez- García, 2015), der klimaunabhängig ist, könnte sich auf- grund des Klimawandels verstärken. Für alpine Regionen eröffnet sich die Chance, gezielt Angebote zu entwickeln, die dazu beitragen, die gesundheitlichen Folgen des Klimawan- dels, insbesondere bei Hitzewellen, zu verringern.

4.5 Gesundheitliche Zusatz- nutzen von Klimaschutz- maßnahmen

4.5.1 Einleitung

Im Pariser Klimaabkommen (siehe Kap. 1) haben sich die Mitgliedstaaten der Klimarahmenkonvention der Vereinten Nationen, darunter auch Österreich, dazu verpflichtet die Erhöhung der globalen Durchschnittstemperatur deutlich unter 2 °C, nach Möglichkeit auf 1,5 °C, gegenüber vorindus- triellen Werten zu begrenzen (UNFCCC, 2018). Kritisch ist der Zeitpunkt der Emissionsminderung. Je später Redukti- onsziele erreicht werden, desto höher werden die Anstrengun- gen, die Schäden und letztendlich die Klimakosten und die Auswirkungen auf die menschliche Gesundheit sein (IPCC, 2014b; Watts u. a., 2015, 2017). Bei Überschreiten der Tem- peraturziele erhöht sich zudem die Gefahr nicht linearer abrupter irreversibler Veränderungen des Erdsystems (Lenton u. a., 2008). Die internationale Staatengemeinschaft ist gefor- dert, entsprechende Maßnahmen zum Einhalten der gesetz- ten Reduktionsziele rasch umzusetzen und diese zu finanzie- ren (siehe Edenhofer & Jakob, 2017). Dabei sei das Jahr 2020 kritisch: Sollten die globalen THG-Emissionen weiterhin ungebremst ansteigen oder auch nur auf demselben Niveau bleiben, werden die globalen Klimaziele fast unerreichbar sein (Figueres u. a., 2017). Österreich ist gefordert, Klimaschutz- maßnahmen raschest umzusetzen und die erforderliche Anpassung an unausweichliche Klimafolgen zügig voranzu- treiben.

Klimaschutzmaßnahmen unterliegen hinsichtlich ihrer zeitlichen und räumlichen Auswirkungen zwei prinzipiell zu unterscheidenen Wirkungen auf Gesundheit: Grundsätzlich wirkt Emissionsminderung der Intention entsprechend glo- bal auf das Klima, allerdings aufgrund der Trägheit des Klima- systems langfristig (IPCC, 2014b). Da der Klimawandel viel- fältige negative direkte und indirekte Auswirkungen auf die Gesundheit hat und haben wird (siehe Kap. 3), können global und langfristig gesehen alle Klimaschutzmaßnahmen dazu beitragen, zukünftige Schäden für die Gesundheit zu vermeiden (Smith u. a., 2014; Whitmee u. a., 2015; Watts u. a., 2017). Bestimmte Klimaschutzmaßnahmen zeigen darüber hinaus kurzfristigere und vor allem lokal wirksame positive Gesundheitseffekte. In der internationalen Literatur hat sich dazu seit den späten 2000er Jahren der Begriff „*health co-benefits of climate change mitigation*" etabliert (Ezzati & Lin, 2010; Haines u. a., 2009; Ganten u. a., 2010; Edenhofer u. a., 2013; Smith u. a., 2014; Gao u. a., 2018). Mit diesen gesundheitlichen Zusatznutzen befasst sich das Kapitel 4.5.

Diese Forschung ist an die Politik adressiert. Betont und gefordert wird, dass Klimaschutzstrategien die positiven Effekte auf Gesundheit und deren volkswirtschaftliche und gesamtgesellschaftliche Bedeutung für eine nachhaltige Entwicklung berücksichtigen müssen (Haines u. a., 2009; IAMP, 2010; Ganten u. a., 2010; The Lancet, 2012); zuletzt sehr eindringlich im Vorfeld der Klimakonferenz in Paris und im Prozess der Entwicklung der SDGs (siehe Kap. 1 und 4.2).

Smith u. a. (2014) befassen sich mit gesundheitlichen Zusatznutzen im Gesundheitskapitel des 5. IPCC Assessment Reports. Die AutorInnen untergliedern diese in acht „*Co-Benefits*" Kategorien, darunter „*healthy low greenhouse gas emission diets*", „*increases in active travel*" und „*increases in urban green space*" (ibid.: S. 738, siehe WHO & UNFCCC, 2018). Aufgrund der Relevanz und der verfügbaren Studien für Österreich geht der folgende Abschnitt auf diese Themenbereiche unter den Titeln „Gesunde und klimafreundliche Ernährung" und „Gesunde und klimafreundliche Mobilität" – ergänzt durch eine Spezialthemenbox zum Flugverkehr – ein. Urbane Grünräume wurden wegen ihres Anpassungsschwerpunkts im vorhergehenden Abschnitt behandelt (siehe Kap. 4.4.3).

Abgesehen vom Gesundheitssektor (siehe Kap. 4.3), können die vielfältigen Klimaschutzmaßnahmen aus anderen Sektoren mit ihren ebenso vielfältigen meist indirekten Bezügen zur Gesundheit in diesem Spezialbericht nicht dargestellt werden. Da erneuerbare Energieträger eine zentrale Rolle in allen Klimastrategien einnehmen, werden in einer weiteren Spezialthemenbox gesundheitliche Auswirkungen von Windkraftanlagen kritisch diskutiert.

4.5.2 Gesunde und klimafreundliche Ernährung

Hintergrund

Die industrielle Landwirtschaft und westliche Ernährungsmuster belasten die Umwelt und die öffentliche Gesundheit. Global gesehen verursacht die Landwirtschaft rund ein Viertel aller THG- Emissionen. Viehzucht allein ist weltweit für 18 % der THG-Emissionen verantwortlich (Tubiello u. a., 2013). In Österreich liegt der Beitrag des Landwirtschaftssektors an den nationalen THG-Emissionen ohne Hinzurech-

nung von Landnutzungsveränderungen bei rund 10 % (Umweltbundesamt, 2014, 2015). Westliche Ernährungsmuster sind durch einen hohen Anteil an tierischen Produkten bei gleichzeitigem geringen Anteil an Obst und Gemüse gekennzeichnet (für Österreich: Elmadfa u. a., 2012). Gemeinsam mit dem Verzehr hoch verarbeiteter, energiereicher und nährstoffarmer Lebensmittel und insbesondere verarbeiteter Fleischprodukte steht diese Ernährung im Zusammenhang mit der weltweiten Zunahme ernährungsbezogener, nicht übertragbarer Erkrankungen. Diese zeigen sich neben der Anzahl an Übergewichtigen (OECD, 2017a) durch erhöhte Prävalenz von kardiovaskulären Erkrankungen, Typ 2 Diabetes und bestimmten Krebsarten und führen zu einer verfrühten Sterblichkeit (WHO & FAO, 2003; Lozano u. a., 2012). Auch Österreich folgt diesem Trend. Die beobachtbare globale Ernährungstransition (z. B. Popkin, 2006; Vranken u. a., 2014) wird laut Tilman und Clark (2014) durch Urbanisierung und steigende Einkommen verursacht und vorangetrieben. Wenn sich dieser Trend fortsetzt, wird die Lebensmittelproduktion und die damit verbundene Landnutzung im Jahr 2050 zu einem Großteil der geschätzten 80 %igen Zunahme der THG-Emissionen im Landwirtschaftssektor beitragen (ibid.).

Auch wenn Details zu einer gesünderen und nachhaltigeren Ernährung nach wie vor umstritten sind (z. B. EAT Forum, 2017; Lang, 2014), ist es unbestritten, dass der Fleischkonsum sowohl aus Klima- als auch aus Gesundheitsperspektive eine Schlüsselrolle einnimmt. Er steigt weltweit (Vranken u. a., 2014) und stagniert in Österreich auf hohem Niveau (AMA, 2017; Statistik Austria, 2017c). Laut Ernährungsempfehlungen sollte Österreichs Fleischverzehr zwischen 60 % und 70 % abnehmen (DGE, 2004; Elmadfa u. a., 2012; Schutter u. a., 2015). Entsprechende Ernährungsänderungen stellen eine große letztendlich globale Herausforderung dar, werden aber auch als wichtige Möglichkeit gesehen, Klimaziele zu erreichen und gleichzeitig die öffentliche Gesundheit zu fördern. Dies belegen entsprechende „*Co-Benefits*"-Studien (Smith u. a., 2014).

Klima- und Gesundheitseffekte von Ernährungsumstellung: Weltweit, EU und Österreich

In der Literatur werden meist gewisse Ernährungsumstellungen vorausgesetzt, um das theoretische Ausmaß von Verbesserungspotentialen für Klima und Gesundheit aufzuzeigen (für die globale Ebene: Tilman & Clark, 2014; Springmann, Godfray u. a., 2016; für UK: Friel u. a., 2009; Scarborough, Clarke u. a., 2010; Scarborough, Nnoaham u. a., 2010; Scarborough u. a., 2012; und auch – allerdings ohne Analysen der gesundheitlichen Effekte: Westhoek u. a., 2014 für die EU sowie Zessner u. a. (2011) und Schutter u. a. (2015) (für Österreich). Springmann, Mason-D'Croz u. a. (2016b) gehen hier weiter. Die AutorInnen untersuchen globale Klima- und Gesundheitseffekte von Szenarien, die weltweit THG-abhängige Steuern auf alle Lebensmittelkategorien einführen und damit zu entsprechenden Ernährungsumstellungen führen.

Die Einnahmen aus den Steuern sollten, so die AutorInnen, für Einkommensverluste und Gesundheitsförderung verwendet werden. Zwei Studien zeigen, dass die Effekte von gesünderer Ernährung über Arbeitsproduktivitätsgewinne und Einsparungen von Gesundheitsausgaben zur Entlastung öffentlicher Ausgaben führen (für die globale Ebene: Springmann, Mason-D'Croz u.a., 2016a ; für UK: Keogh-Brown u.a., 2012, siehe Scarborough u.a., 2010). Diese ökonomischen Bewertungen, die volkswirtschaftliche Effekte unterschiedlicher Ernährungsszenarien abschätzen, sind methodisch noch weitgehend unausgreift, wie Springmann, Godfray u.a. (2016) betonen.

Gemeinsam ist all diesen Studien die Schlussfolgerung, dass die Reduktion der Produktion und des Verzehrs von Fleisch die größten Effekte für beide Bereiche hat und der Fleischkonsum in den industrialisierten Ländern aus Klima- und Gesundheitssicht entsprechend abnehmen müsse. Offen bleibt weitgehend, wie das gelingen kann. Die Literatur zur Effektivität von politischen Maßnahmen, die auf eine Änderung der Konsummuster und eine Verbesserung der Ernährungsverhalten abzielen, zeigt, dass es keinerlei Evidenz dazu gibt, dass „weiche Maßnahmen", die auf Information und Freiwilligkeit setzen, wie sie seitens der Politik bevorzugt werden (für Österreich: Elmadfa u.a., 2012), in der Lage sind, die aktuellen Ernährungstrends substantiell zu ändern (Cecchini u.a., 2010; Mozaffarian u.a., 2014,). Dieser Eindruck wird durch die beobachtete Zunahme ernährungsbezogener Erkrankungen – auch in Österreich – bestätigt. Vielmehr geht hervor, dass letztendlich nur „harte" Maßnahmen, insbesondere Preissignale – begleitet von gezielten Informationskampagnen und weiteren Maßnahmen (u.a. auch Werbeeinschränkungen) –, den Lebensmittelkonsum substantiell ändern könnten (WHO, 2015b; Moodie u.a., 2013; Cuevas & Haines, 2016). Mit einem systematischen Literaturreview und Metaanalysen bestätigen Giles u.a. (2014) die Effektivität finanzieller Anreize für gesundheitliche Verhaltensände-

rungen. Einige AutorInnen nehmen gegenüber der Industrie eine kritische Stellung ein. So benennen Moodie u.a. (2013) die transnationalen Konzerne der Ernährungsindustrie bzw. deren Produkte als wesentliche Verursacher lebensstilassoziierter Erkrankungen. Sie folgern, dass es keinerlei Evidenz dazu gibt, dass freiwillige Maßnahmen oder Kooperationen mit der Industrie effektiv oder sicher wären (ibid., siehe Cecchini u.a., 2010; Swinburn u.a., 2011; Kraak & Story, 2015)

Die Ergebnisse der bisherigen Studien sind aufgrund verschiedener Betrachtungsebenen sowie unterschiedlicher Annahmen von Ernährungsumstellungen und auch uneinheitlicher methodischer Herangehensweisen, schwer vergleichbar (Ürge-Vorsatz u.a., 2014; Gao u.a., 2018). Aleksandrowicz u.a. (2016) analysieren in einem Review 63 wissenschaftliche Studien, die bis Mitte 2016 publiziert wurden, um zu verallgemeinerbaren Aussagen bezüglich der Größenordnung der Klima- und Gesundheitseffekte von Ernährungsumstellungen zu gelangen. Sie zeigen u.a., dass bei grundätzlichen Änderungen der Ernährungsmuster (*sustainable dietary patterns*) bis zu 70% Reduktion der durch Landwirtschaft verursachten THG-Emissionen (inklusive Landnutzungsänderung) möglich seien. Die vergleichende Analyse der Gesundheitseffekte war nach Angabe der AutorInnen nur eingeschränkt möglich. Die Gesundheitseffekte könnten das relative Risiko (RR), frühzeitig an einer ernährungsbedingten Erkrankung zu sterben, um bis zu fast 20% senken (bezogen auf die Gesamtsterblichkeit).

In einer durch das ACRP finanzierten Studie wurden die Klima- und Gesundheitsnutzen von Ernährungsänderungen für Österreich analysiert und ökonomische Effekte auf öffentliche Gesundheitsausgaben sowie für Konsumenten und Produzenten berechnet (Weisz u.a., in Arbeit; siehe Haas u.a., 2017; ClimbHealth, 2017). Dabei wurde das Potential möglichst realisierbarer Ernährungsveränderungen für Österreich entlang der Wirkungskette von Akzeptanz und Implementierung von Maßnahmen über Veränderungen der Ernährung

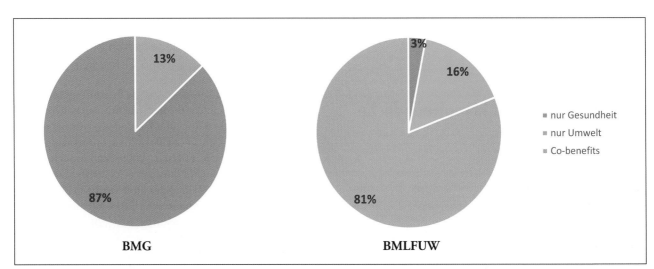

Abb. 4.5: Verwendung von „*Co-Benefits*" als Argument in Ernährungsinformationen in Webportalen des BMLFUW und des BMG (Bürger, 2017: S. 48f). Legende: Nur Gesundheit (orange), nur Umwelt (grün), „*Co-Benefits*" (blau) argumentativ genützt. Die Erhebung fand zwischen Oktober 2014 und März 2015 statt.

bis zu den Klima- und Gesundheitseffekten untersucht. Zwei aufeinander aufbauende Ernährungsszenarien zeigen das Ausmaß der positiven Effekte ausgewählter politischer Maßnahmen auf inländische produktionsbezogene THG-Emissionen und auf die Gesundheit. Dabei werden Änderungen in der Gesamtsterblichkeit und im Auftreten (Inzidenzen) von Typ 2 Diabetes und Kolonkarzinom im Vergleich zur Baseline (Jahr 2010) berücksichtigt. Der Schwerpunkt der Ernährungsveränderungen liegt auf der Reduktion des Fleischkonsums zu Gunsten von Obst, Gemüse und Hülsenfrüchten. Erreicht wird die Fleischreduktion in zwei Schritten: Zunächst werden hohe Tierschutzstandards verpflichtend eingeführt (siehe Global 2000, 2018). Dies führt über Preissteigerung zu einem Rückgang in der Fleischnachfrage und somit in der Fleischproduktion. In einem nächsten Schritt werden zusätzlich Fleischsteuern eingeführt, die einen weiteren Nachfragerückgang bewirken (die Publikation der Studie ist zurzeit in Arbeit).

Die Frage, wie und ob die Politik die wissenschaftlichen Erkenntnisse zu den Synergien zwischen gesunder und nachhaltiger Ernährung in ihren Ernährungsinformationen an die Bevölkerung als Argument verwendet, war Thema einer Masterarbeit. In einer Vollerhebung wurden entsprechende Webinhalte der (damaligen) österreichischen Ministerien BMLFUW und BMG systematisch analysiert (Bürger, 2017). Es zeigt sich, dass in den Umweltportalen der gesundheitliche Zusatznutzen einer ökologisch nachhaltigeren Ernährung argumentativ häufig genutzt wird. Dem gegenüber wird in den Gesundheitsportalen auf „Co-Benefits" und die Bedeutung einer gesunden Ernährung für Umwelt und Klima wenig Bezug genommen (siehe Abb. 4.5).

4.5.3 Gesundheitsfördernde und klimafreundliche Mobilität

Als energieintensiver Sektor sind Verkehr und Transport für 22 % der globalem CO_{2equ} (CO_2 Äquivalente) Emissionen verantwortlich (Shaw u. a., 2014). In Österreich belief sich 2016 der nationale Anteil auf 29 % (Umweltbundesamt, 2018). Gleichzeitig wirken sich Luftverschmutzung, Lärm, Unfälle und der Mangel an Bewegung durch die Nutzung motorisierter Verkehrsmittel auf die menschliche Gesundheit aus. Laut WHO (2015c) sterben jährlich weltweit 1,25 Millionen Menschen bei Verkehrsunfällen. Über 300.000 davon sind 15–29-Jährige, für die Verkehrsunfälle damit die häufigste Todesursache darstellen.

Das IPCC identifiziert den Transportsektor daher als Bereich für Co-Benefits und empfiehlt das Entwerfen von Transportsystemen, die aktive Personenmobilität fördern und den motorisierten Verkehr reduzieren. Mit „hohem Vertrauen" geht es davon aus, dass dies neben der Verringerung des THG-Ausstoßes auch Vorteile für die menschliche Gesundheit durch verbesserte Luftqualität und erhöhte phy-

sische Aktivität hat. Im Detail verweist das IPCC auf folgende in Studien erforschte Vorteile einer aktiveren Mobilität: Erhöhte physische Aktivität, reduzierte Fettleibigkeit, verringerte Belastung durch nicht übertragbare Krankheiten, Vermeidung von direkten Gesundheitskosten, verbesserte geistige Gesundheit, verringerte Luftverschmutzungsexposition, erhöhter lokaler Zugang zu essentiellen Dienstleistungen sowie erhöhte Sicherheit im Straßenverkehr (IPCC, 2014; Smith u. a., 2014).

Die WHO gibt an, dass die Förderung aktiver Personenmobilität eines der effektivsten Mittel ist, um das Niveau körperlicher Aktivität in der Bevölkerung anzuheben (WHO, 2011). Eine Metaanalyse über 13 Studien weltweit kommt zu dem Schluss, dass erhöhte physische Aktivität und verminderte Luftverschmutzung das Auftreten von verschiedenen Krankheiten wie einige Krebsarten, Diabetes, Herzerkrankungen und Demenz verringern kann (Shaw u. a., 2014). Die AutorInnen bemängeln allerdings die in vielen Aspekten noch nicht ausreichende wissenschaftliche Qualität der Studien.

Europa

Innerhalb der letzten zehn Jahre wurden mehr als 400.000 frühzeitige Todesfälle pro Jahr durch die unmittelbaren Auswirkungen der Luftverschmutzung verursacht. Zudem schätzt die europäische Umweltagentur bei unvollständiger Datenlage die Zahl der von einem überdurchschnittlichen Lärmpegel belasteten EuropäerInnen auf 125 Millionen ein (Europäische Umweltagentur, 2016). Zur Unterstützung von Radfahren und Gehen (vor allem im Planungsprozess) hat die WHO Europe 2014 einen Rechner zur Bewertung von Effekten für Gesundheit und Ökonomie online gestellt (WHO Europe, 2014, 2017c). Neueste Ergebnisse weisen auch auf einen Zusammenhang zwischen Luftverschmutzung und reduziertem Geburtsgewicht hin (Smith u. a., 2017).

Zahlreiche Studien zu europäischen Städten, wie z. B. Barcelona, Malmö, Sofia und Freiburg zeigen in Szenarien mit ehrgeizigen Politikpaketen, dass die Treibhausgasemissionen aus dem Stadtverkehr zwischen 2010 auf 2040 um bis zu 80 % reduziert werden können. Die Ergebnisse verweisen auf eine bessere Luftqualität, geringere Lärmbelastung, weniger verkehrsbedingte Verletzungen und Todesfälle, mehr körperliche Aktivität, weniger Staus und reduzierte Transportkosten. Eine Detailstudie für Kopenhagen (Bevölkerung im erwerbsfähigen Alter, entspricht 0,4 Millionen EW) zeigt, dass eine Steigerung des Fahrradanteils von 33 % auf 50 % bei den Fahrten zu Arbeitsplatz und Bildungseinrichtungen die Krankheitslast um 19,5 *Disability Adjusted Life Years* (DALYs) jährlich reduzieren kann. Diese setzt sich aus einer Erhöhung der physischen Aktivität (dadurch minus 76,0 DALYs), mehr direkter Exposition von RadfahrerInnen gegenüber Luftverschmutzung (plus 5,4 DALYs) und mehr Verkehrsunfällen (plus 51,2 DALYs) zusammen (Holm u. a., 2012). Eine Detailstudie für Barcelona (3,2 Millionen EW) zeigt, dass eine 40 %ige Verringerung langer Autofahrten durch Fahrten mit den öffentlichen Verkehrsmitteln und Rädern (zu glei-

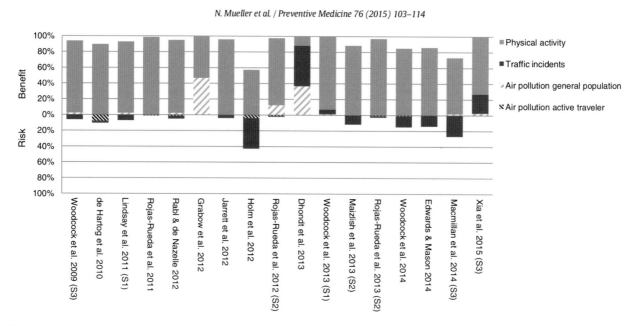

N. Mueller et al. / Preventive Medicine 76 (2015) 103–114

Abb. 4.6: Relativer Beitrag verschiedener Einflussfaktoren auf die Gesundheit bei Übergang zu aktiver Mobilität (Mueller u. a., 2015). Legende: Der obere Teil der Abbildung quantifiziert die Vorteile, der untere (unter 0 %) die Risiken der Beiträge aktiver Mobilität. In hellem Grau ist die Wirkung der Bewegung, in dunklem die Zu- bzw. Abnahme der Verkehrsunfälle dargestellt. Helle, grobe Schraffur stellt die generelle Schadstoffbelastung dar und dunkle, feine die Belastung für den aktiven Mobilitätsteilnehmer.

chen Teilen) zu jährlichen Reduktionen von 302 DALYs führt (z. B. durch eine Reduktion von 127 Diabetesfällen und 44 Herz-Kreislauf-Erkrankungen) (Rojas-Rueda u. a., 2013). Eine Szenario-Rechnung für die Stadt Basel (0,2 Millionen EW), die auf einer 10 %igen Verringerung des Verkehrs gegenüber einer Verringerung durch bereits entschiedene Maßnahmen und einer 50 %igen Umstellung der privaten Pkw-Flotte auf Elektrofahrzeuge basiert, ergibt eine Reduktion um 4 DALYs pro 1 000 EW pro Jahr und eine 20 %ige Reduktion der CO_2-Emissionen (Perez u. a., 2015). Mueller u. a. (2015) kommen bei einem Review von 17 (teils auch zuvor genannter) Studien zum Schluss, dass der Gesundheitsgewinn durch erhöhte körperliche Aktivität beim Gehen oder Radfahren noch bedeutender ist als durch die Reduktion der Umweltbelastungen. Als einfacher Indikator kann gelten, dass radfahrende StadtbewohnerInnen im Schnitt um etwa 4 kg leichter sind als autofahrende (Dons u. a., 2017).

Eine spezielle Studie bewertet die epidemiologische Evidenz für die Gesundheitsvorteile des Radfahrens folgendermaßen: Die positiven Auswirkungen der körperlichen Aktivität auf die Gesundheit der RadfahrerInnen übertreffen bei weitem die negativen Auswirkungen durch andere Aspekte. So sind Verletzungen durch Unfälle auf Bevölkerungsebene durch ihre geringe Anzahl von geringer Gesundheitsrelevanz und in hohem Maße von lokalen Faktoren abhängig, allerdings sind Unfallopfer natürlich überproportional betroffen. Risiken durch erhöhte Exposition gegenüber Luftverschmutzung können als klein angenommen werden (mit begrenzter Beweislage für spezifische negative Wirkmechanismen für RadfahrerInnen). Die AutorInnen geben Entscheidungsträ-

gerInnen eine klare Empfehlung zur Förderung des Radfahrens, wobei sie darauf hinweisen, dass Sicherheitsverbesserungen optimiert werden sollten (Götschi u. a., 2016).

Zahlreiche Studien kommen zu dem Ergebnis, dass die Vorteile der körperlichen Aktivität auch die Nachteile der erhöhten Exposition gegenüber Luftverunreinigungen und des Risikos eines Verkehrsunfalles übersteigen (Abb. 4.6, Mueller u. a., 2015). Das ist erklärbar, weil nur ein Drittel der Menschen in Europa die empfohlenen Minimalwerte körperlicher Tätigkeit erreichen (für Erwachsene 150 min Bewegung mittlerer Intensität in der Woche) und Inaktivität u. a. ein wesentlicher Risikofaktor für nichtübertragbare Erkrankungen ist (Gerike u. a., 2016). Auch bei E-Bike-FahrerInnen ist der Vorteil körperlicher Aktivität gegeben, da diese zwar pro km weniger Muskelkraft einsetzen müssen, in der Regel aber deutlich längere Strecken fahren. Darüber hinaus bleiben auch ältere Menschen solcherart länger aktiv (Wegener & Horvath, 2017). Diese Ergebnisse wurden zwar in Städten gewonnen, dürften aber für den ländlichen Raum in vergleichbarer Weise gelten.

Österreich

Im Jahr 2016 ereigneten sich im österreichischen Straßenverkehr 38.466 Unfälle mit Personenschaden, davon 415 mit tödlichem Ausgang. Mit Abstand die meisten Unfälle trugen sich auf Landstraßen zu (Statistik Austria, 2017a). 39 % der Bevölkerung Österreichs fühlten sich im Jahr 2015 durch Verkehrslärm belästigt (Statistik Austria, 2017b), wobei Personen im unteren Einkommensdrittel nach einer detaillierten

Analyse der Mikrozensus-Daten von 2011 stärker betroffen sind (Wegscheider-Pichler, 2014). Luftverschmutzung, etwa durch Stickoxidbelastung, für die der Kfz-Verkehr in Ballungsgebieten der Hauptverursacher ist (Umweltbundesamt Deutschland, 2016), ist die Ursache für etwa 7.000 vorzeitige Todesfälle in Österreich pro Jahr (EEA, 2015).

Die Bundeshauptstadt Wien, wie auch andere österreichische Städte, haben durch ihre dichte Bebauung und die dadurch relativ kurzen Wege günstige Voraussetzungen für aktive Mobilität und damit für eine Reduktion der THG-Emissionen bei gleichzeitiger Verbesserungen der Gesundheit. Der Radverkehrsanteil in Wien ist zudem im Vergleich zu anderen mitteleuropäischen Städten derzeit noch sehr gering. Allerdings ist durch den guten öffentlichen Verkehr auch der Anteil des motorisierten Individualverkehrs geringer (EMTA, 2016).

Innerhalb Österreichs zeigt sich eine Bandbreite von 4–23 % im Radverkehrsanteil am Verkehrswegeaufkommen (BMLFUW, 2015; Tomschy u. a., 2016; Mueller u. a., 2018; VCÖ, 2016; siehe Abb. 5.3 im Kap. 5.4.2). Trotz Unsicherheiten bei der Erhebung dieser Daten sind im Vergleich zu anderen radfahrfreundlichen Städten in Europa deutliche Steigerungspotentiale zu erkennen. So finden sich folgende Radverkehrsanteile in diesen Städten: Groningen 31 % und Eindhoven 40 % (Niederlande), Kopenhagen 30 % und Odense 27 % (Dänemark) sowie Münster 38 % und Göttingen 27 % (Deutschland) (unterschiedliche Bezugsjahre zwischen 2007 und 2014) (Mueller u. a., 2018). Diese Analyse von 167 europäischen Städten zeigt einen positiven Zusammenhang zwischen der Länge des Radwegenetzes pro 100.000 Personen und dem Fahrradanteil, aber auch, dass weitere Faktoren notwendig sind, um Radfahren „unwiderstehlich" zu machen, wie von Pucher und Buehler (2008) aufgrund der Situation in den Niederlanden, Dänemark und Deutschland angeführt.

Eine quantitative Abschätzung der Relevanz der verkehrspolitischen Ziele der Stadt Wien für 2025 (Stärkung des Fuß- und Radverkehrs bei gleichzeitiger Abnahme des motorisierten Individualverkehrs) (siehe MA 18, 2015: 15 & 23) zeigt deutliche Co-Benefits. Hier wurde festgehalten, dass in Wien bis 2025 80 % der Wege im öffentlichen Verkehr, zu Fuß oder mit dem Fahrrad zurückgelegt werden sollen. Die Netto-Reduktion der Krankheitslast in DALYs beträgt 699, wobei sich diese aus einer Reduktion von 808 DALYs durch mehr körperliche Aktivität einerseits, einer Zunahme von 78 DALYs durch erhöhte Exposition der RadfahrerInnen gegenüber Feinstaub (PM 2,5) und von 31 DALYs durch vermehrte Verkehrsunfälle andererseits, zusammensetzt. Die CO_2-Emissionen sind je nach Besetzungsgrad und technischem Fortschritt (ausgedrückt in reduzierten Emissionsfaktoren) um 35 bis 56 % gesunken (Maier, 2015). Die Abschätzung der zusätzlichen Belastungen der RadfahrerInnen gegenüber Feinstaub beruhen bei dieser Studie auf einer ausführlichen Untersuchung der Schadstoffexposition an verschiedenen ausgewählten Orten in Wien (Pfaffenbichler u. a., 2011).

In einer kürzlich durchgeführten Studie zu den drei größten Städten in Österreich (Wien, Graz und Linz) wurden ebenso Co-Benefits abgeschätzt (siehe Tab. 4.2 und Abb. 4.7). Dabei wurden Effektivität von Maßnahmen aus der Vergangenheit herangezogen und die politisch beschlossenen Maßnahmen (green mobility) wie auch ein Szenario mit erhöhter aktiver Mobilität (green exercise) und ein Szenario für Zero-Emissions modellhaft berechnet (in letzterem Szenario wird der restliche motorisierte Individualverkehr des Szenarios green exercise auf E-Mobilität umgestellt). Die Ergebnisse in Tab 4.2 zeigen die Verbesserungen gegenüber der Ausgangssituation (baseline).

	CO$_{2equ}$-Reduktion	Reduktion jährlicher Sterbefälle
Green mobility (beschlossene Maßnahmen)	0,3 Mt	540
Green exercise (Fokus auf aktive Mobilität)	0,5 Mt	1.160
Zero-Emissions (wie zuvor plus E-Mobilität)	1,2 Mt	1.520

Tab. 4.2: Abschätzung der Reduktion an Sterbefällen und CO2equ-Emissionen für die Städte Wien, Graz und Linz; Ausgangssituation des Personenverkehrs in den drei Städten: 1,2 Mt CO$_{2equ}$-Emissionen (Quelle: Haas u. a., 2017; Wolkinger u. a., 2018)

Die Szenarien wurden auch ökonomisch bewertet. So ergeben makroökonomische Effekte bezüglich Bruttoinlandsprodukt (BIP) eine Reduktion von 0,01 % bis 0,07 %, aber positive Effekte für das frei verfügbare Einkommen der Haushalte (+0,17 % bis +0,26 %). Die Gesundheitsausgaben für das green mobility Szenario reduzieren sich um rund 12 Millionen Euro, im green exercise um 18 Millionen Euro (Haas u. a., 2017).

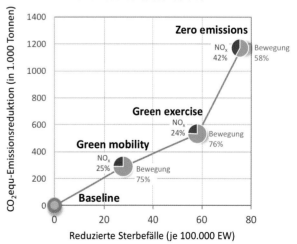

Abb. 4.7: CO$_{2equ}$-Reduktion und reduzierte Sterbefälle basierend auf drei Maßnahmen-Szenarien, die aufgrund der festgestellten Effektivität den Verkehrsmittelmix verändern. Kreisdiagramme im Liniendiagramm geben den Beitrag der reduzierten NO$_x$-Luftverschmutzung und der vermehrten Bewegung zu der Reduktion der Sterbefälle an (Quelle: Haas u. a., 2017).

4.5.4 Klimaschutz und gesundheitlicher Nutzen durch urbane Grünräume

Urbane Grünräume haben neben ihrer abschwächenden Wirkung auf Temperaturextreme, wie sie in städtischen *„hot spots"* auftreten (siehe Kap. 2.2.2 und 4.4.3), positive Effekte auf die Luftqualität und damit auf die Gesundheit der lokalen Bevölkerung, insbesondere in Kombination mit Verkehrsberuhigung. Dies geht beispielsweise aus einem Bericht über die Einführung von Umweltzonen in Leipzig hervor (Löschau u. a., 2017). Durch die zusätzliche CO_2-Bindung tragen urbane Grünräume, wenn auch nicht in einem großen Ausmaß, zum Klimaschutz bei (siehe Zuvela-Aloise u. a., 2016, Zuvela-Aloise u. a, 2018). Da die Ausweitung urbaner Grünräume schwerpunktmäßig im Rahmen der Anpassung an Hitzewellen diskutiert wird, werden die Aspekte des Klimaschutzes gemeinsam mit denen der Anpassung im vorhergehenden Kapitel behandelt (siehe Kap. 4.4.5).

4.5.5 Zusammenfassende Bewertung

Neben der Forschung zu den direkten und indirekten gesundheitlichen Auswirkungen des Klimawandels (siehe Kap. 3) bilden Analysen gesundheitlicher *Co-Benefits* von Klimaschutzmaßnahmen einen Schwerpunkt der Klimaforschung, die sich mit Gesundheit befasst. Aufgrund der Langfristigkeit, der globalen Verteilungsmuster von Effekten von Klimaschutzmaßnahmen und des kurzen Planungshorizonts von politischen EntscheidungsträgerInnen sind direkte und schneller wirkende Effekte, die der lokalen Bevölkerung zu Gute kommen, von besonderer politischen Bedeutung (z. B. Haines u. a., 2009; Watts u. a., 2017*)*. Neben dem gesundheitlichen Nutzen für die Bevökerung ist das Hauptargument, dass *„health co-benefits"* die Kosten von Klimaschutzmaßnahmen über eine Reduktion der Gesundheitsausgaben und Gewinne an Arbeitsproduktivität (teilweise) kompensieren können. Da derartige ökonomische Bewertungen noch weitgehend ausstehen, ist hier Forschungsbedarf gegeben.

Der Verkehrs- und der Ernährungssektor zählen global wie national zu den Hautverursachern von THG-Emissionen. Geringe körperliche Bewegung und westliche Ernährungsmuster zählen, insbesondere in Kombination, zu den wesentlichen Ursachen von lebensstilassoziierten Erkrankungen. Aufgrund der Relevanz und der verfügbaren Studien für Österreich wurde hier der Stand der Forschung einer gesunden und klimafreundlichen Ernährung und Mobilität (siehe Kap. ´4.5.2 und 4.5.3) zusammengefasst.

Die Studien zu den *Co-Benefits* von Ernährungsänderungen zeigen bei starker Beweislage und hoher Übereinstimmung, dass der Fleischkonsum sowohl aus Klima- als auch aus Gesundheitsperspektive eine Schlüsselrolle einnimmt und eine Reduktion die größten Effekte für beide Bereiche hat. Gefolgert wird, dass der Fleischkonsum in den industrialisierten Ländern aus Klima- und Gesundheitssicht drastisch reduziert werden müsse (starke Beweislage, hohe Übereinstimmung). Weitgehend offen ist, wie eine entsprechende Ernährungsumstellung gelingen könnte. Hier ist Forschungsbedarf gegeben. Festzuhalten ist, dass es keinerlei Evidenz dazu gibt, dass „weiche Maßnahmen", wie sie seitens der Politik auch in Österreich bevorzugt werden, in der Lage sind, die aktuellen Ernährungstrends substantiell zu ändern (hohe Übereinstimmung).

Betont wird, dass Preissignale, begleitet von gezielten Informationskampagnen und weiteren, unterstützenden Maßnahmen (wie etwa Werbeverbote), in der Lage sind, die derzeitigen Ernährungsmuster grundsätzlich zu beeinflussen (z. B. WHO, 2015b); (mittlere Beweislage, hohe Übereinstimmung; → Forschungsbedarf, Handlungsbedarf). Kritisch vermerkt wird die Rolle der Industrie, die als Gewinner der derzeitigen Lage gesehen werden kann.

Aus den Studien zu den *Co-Benefits* geänderten Mobilitätsverhaltens kann zusammenfassend festgestellt werden, dass bei starker Beweislage und hoher Übereinstimmung eine Mobilitätsverlagerung weg von motorisiertem Individualverkehr hin zu aktiven Mobilitätsformen, wie das Zufußgehen und Radfahren, *Co-Benefits* generiert. Dabei stehen strukturelle Maßnahmen im Vordergrund. Internationale Untersuchungen zeigen, wie eine Transition hin zu radfahrfreundlichen Städten erreicht werden kann (Alverti u. a., 2016; Dill u. a., 2014; Larsen, 2017).

Box Spezialthema: Gesundheits- und Klimawirkungen des Flugverkehrs

Auf EU-Ebene entfallen 13 % aller CO_2-Emissionen, die durch den Transport verursacht werden, auf den Flugverkehr (Zahlen aus 2012, EEA, 2016b) Wäre der weltweite Flugverkehr ein Staat, wäre er unter den zehn größten CO_2-Verursachern weltweit (European Commission, 2017). Fliegen verursacht im Vergleich zu Pkw-Fahrten doppelt so hohe CO_2-Emissionen pro Personenkilometer, im Vergleich mit der Bahn sind die Emissionen des Flugverkehrs sogar 28-fach höher (Umweltbundesamt, 2017b;

VCÖ, 2017b). Eine Besonderheit des Flugverkehrs im Vergleich zum Kfz-Verkehr ist, dass beim Flugaufkommen einer Mehrheit von Nicht- bzw. Wenigfliegenden eine Minderheit Vielfliegender gegenübersteht, die von der Externalisierung der verursachten Kosten durch Subventionen und von den dadurch sinkenden Ticketpreisen profitieren (VCÖ, 2017a).

Die International Civil Aviation Organisation ICAO prognostiziert ein 300–700 %iges Wachstum des weltweiten Flugverkehrs bis 2050 (European Commission, 2017). Dies ist gegenläufig zu den im Pariser Klimaabkommen vereinbarten Zielen. Aus diesem Grund hat der österreichische Verwaltungsgerichtshof den Bau der dritten Flugpiste am Flughafen Wien-Schwechat, der einen deutlichen Anstieg der Emissionen und anderer Belastungen mit sich bringen würde, kurzzeitig gestoppt (Bundesverwaltungsgericht Österreich, 2017). Die Entscheidung wurde jedoch vom Verfassungsgerichtshof aufgehoben.

Die vom Flugverkehr ausgestoßenen Schadstoffemissionen sind über ihre starke Klimawirksamkeit hinaus schädlich für die menschliche Gesundheit. Insbesondere Feinstaub, sekundäre Sulfate und sekundäre Nitrate wurden in einer Studie des MIT mit 310 frühzeitigen Todesfällen in den USA in Verbindung gebracht (Rojo, 2007), während eine britische Studie mit 110 frühzeitigen Todesfällen durch Flughafenemissionen in Großbritannien von einer weit höheren Wirkung ausgeht (Yim u. a., 2013).

Zahlreiche Studien bestätigen das Risiko von Herz-Kreislauf-Erkrankungen im Zusammenhang mit Fluglärm (Correia u. a., 2013; Huss u. a., 2010; Röösli u. a., 2017), wobei ein bis zu 48 % erhöhtes Herzinfarktrisiko bei BewohnerInnen rund um Schweizer Flughäfen festgestellt wurde (Huss u. a., 2010). Die stärksten Effekte durch Fluglärm auf die Einnahme von Herz-Kreislauf- sowie Schlafmedikamenten werden in der zweiten Nachthälfte

sichtbar (Greiser u. a., 2006). Fluglärm wurde auch mit erhöhter Gereiztheit und Leistungsminderung (Haines u. a., 2001; Stansfeld u. a., 2000) sowie mit lärminduzierten Schlafstörungen und dem Auftreten von Diabetes in Verbindung gebracht (Eze u. a., 2017).

Weitere Gesundheitswirkungen des Flugverkehrs sind etwa die mögliche Verschärfung von chronischen Herz- oder neurologischen Erkrankungen und das gehäufte Auftreten medizinischer Notfälle durch die Bedingungen im Flugzeug (Silverman & Gendreau, 2009). Darüber hinaus werden regelmäßige Geschäftsreisen, vor allem wenn sie Langstreckenflüge inkludieren, neben kurzfristigen negativen Gesundheitswirkungen durch Jet Lag (Silverman & Gendreau, 2009) mit erhöhtem Herzinfarkts- und Schlaganfallrisiko sowie venöser Thromboembolie in Verbindung gebracht (Cohen & Gössling, 2015).

Zusammenfassend kann festgestellt werden, dass eine Reduktion des Flugverkehrs mit *Co-Benefits* für das Klima und die Gesundheit verbunden ist. Die Beweislage ist hier ausreichend und es ist eine große Übereinstimmung unter ExpertInnen gegeben. Gleichzeitig weist eine Reduktion zahlreiche Umsetzungsbarrieren auf, die einen erhöhten Forschungsbedarf hinsichtlich gangbarer Transformationspfade, vor allem im Hinblick auf die Akzeptanz in der Bevölkerung, anzeigen.

Box Spezialthema: Diskussionspunkt gesundheitliche Auswirkungen von Windkraftanlagen

Die Dekarbonisierung der Elektrizitätserzeugung erfordert einen wachsenden Anteil erneuerbarer Energien. Der dazu erforderliche Ausbau von Windkraftanlagen stößt immer wieder auf Widerstand betroffener AnrainerInnen. In den Auseinandersetzungen werden gesundheitliche Auswirkungen als Argument gegen Windenergieprojekte angeführt. Hier werden diese benannt und bewertet.

Die für den Zeitraum bis 2050 geplante weitgehende Dekarbonisierung des Energiesystems erfordert einen Anteil von 91 % erneuerbarer Energieträger am Bruttoendenergieverbrauch (Krutzler u. a., 2016). Im Jahr 2016 ist dieser Anteil auf 33,5 % (404 Petajoule) angestiegen (Statistik Austria, 2017d). Wie von den meisten technischen Anlagen gehen auch von Windkraftanalgen Belastungen aus (Bunz u. a., 2016). Störungsaspekte wie Betriebsgeräusche und standortbedingte visuelle Beeinträchtigung sind die potentiell kritischen Aspekte. Beim Betrieb von Windkraftanlagen entstehen ungleichmäßige und in ihrer Lautstärke schwankende Geräusche, eine sogenannte Amplitudenmodulation (Bunz u. a., 2016; Pohl u. a., 2014) sowie mechanischer und aerodynami-

scher Lärm (Eichler, 2012; Malsch & Hornberg, 2007; Saidur u. a., 2011; Twardella, 2013).

Inwiefern diese Geräusche von AnrainerInnen akustisch als belästigend wahrgenommen werden und Stressbeschwerden wie Gereiztheit oder Schlafprobleme auslösen können, hängt zusätzlich zum Lautstärkepegel von unterschiedlichen moderierenden Faktoren ab (Arezes u. a., 2014; Bakker u. a., 2012; Bunz u. a., 2016; Pohl u. a., 2014; Van den Berg u. a., 2008). Hierzu zählen beispielsweise die subjektive Geräuschsensibilität, die Sichtbarkeit der Windräder vom Wohnort aus oder ein möglicher wirtschaftlicher Vorteil aus der Stromerzeugung (Bakker u. a., 2012; Bunz u. a., 2016; Janssen u. a., 2011; Pedersen & Persson Waye, 2005; Taylor u. a., 2013; Van den Berg u. a., 2008). In diesem Zusammenhang hängt die persönliche Beurteilung der Anlagengeräusche und der Sichtbarkeit der Windräder seitens der lokalen Bevölkerung maßgeblich von ihrer grundsätzlichen Einstellung gegenüber Windkraftanalgen ab (Arezes u. a., 2014; Janssen u. a., 2011; Pedersen & Persson Waye, 2005; Pohl u. a., 2014; Taylor u. a., 2013). Somit spielt neben der Einhaltung größerer Distanzen der Windräder zu den Siedlungsgebieten, der Reduktion der Betriebsgeräusche und der farblichen Abstimmung der Anlagen auf die Umgebung auch die frühzeitige Einbindung der AnrainerInnen in die Planungs- und Umsetzungsprozesse von Windkraftanlagen eine wesentliche Rolle. Dazu werden in der Literatur transparente und partizipative Methoden empfohlen, da diese potenzielle Auswirkungen schon bei der Gestaltung von Projekten minimieren können. Eiswurf und Eisfall, Brand oder herabfallende Anlagenteile sind durch technisch-bauliche Maßnahmen sowie optimierte Sicherheitssysteme als Gefahrenquellen für die Gesundheit reduzierbar bzw. können vollständig beseitigt werden (Bunz u. a., 2016; Eichler, 2012; Zajicek & Drapalik, 2017).

Den möglichen gesundheitlichen Auswirkungen von Windkraftanlagen sind jedenfalls die Entlastungen von den gesundheitlichen Auswirkungen der zu ersetzenden fossil betriebenen Kraftwerke (wie Feinstaub- und NO_x-Emissionen sowie Wasserverschmutzung und Lärmbelastungen) gegenüberzustellen. Die Gesamtbeurteilung von Windkraftprojekten hängt von der konkreten Umsetzung im Einzelfall ab. Transparente und partizipative Planungsprozesse sowie optimale Gestaltung sind dabei die kritischen Faktoren, durch die im Idealfall gesundheitliche Auswirkungen sowie mangelnde Akzeptanz weitgehend vermieden werden können.

Literaturverzeichnis

Abhijith, K. V., Kumar, P., Gallagher, J., McNabola, A., Baldauf, R., Pilla, F., … Pulvirenti, B. (2017). Air pollution abatement performances of green infrastructure in open road and built-up street canyon environments – A review. Atmospheric Environment, 162, 71–86. https://doi.org/10.1016/j.atmosenv.2017.05.014

Adelphi, PRC, & EURAC. (2015). Vulnerabilität Deutschlands gegenüber dem Klimawandel (Climate Change No. 2015). Dessau-Roßlau: Umweltbundesamt. Abgerufen von https://www.umweltbundesamt.de/sites/default/files/medien/378/publikationen/climate_change_24_2015_vulnerabilitaet_deutschlands_gegenueber_dem_klimawandel_1.pdf

AGES – Österreichische Agentur für Gesundheit und Ernährungssicherheit GmbH. (2015a). Helfen Sie mit, die Gelsen einzudämmen! Abgerufen von https://www.ages.at/download/0/0/e47584ec28bad479d34c9c918d755d7ed30817e4/fileadmin/AGES2015/Themen/Krankheitserreger_Dateien/West_Nil/Folder-Gelsen_WEB.PDF

AGES – Österreichische Agentur für Gesundheit und Ernährungssicherheit GmbH. (2015b). West Nil Virus. Wien. Abgerufen von https://www.ages.at/download/0/0/fb49d95a0280ba25190c952e9b2029ddb3a9ce49/fileadmin/AGES2015/Themen/Krankheitserreger_Dateien/West_Nil/AGES-Folder_West_Nil_Virus_1f_BF.PDF

AGES – Österreichische Agentur für Gesundheit und Ernährungssicherheit GmbH. (2018a). Homepage. Abgerufen 30. August 2018, von https://www.ages.at

AGES – Österreichische Agentur für Gesundheit und Ernährungssicherheit GmbH. (2018b). Österreichweites Gelsen-Monitoring der AGES. Abgerufen 30. August 2018, von https://www.ages.at/themen/ages-schwerpunkte/vektoruebertragene-krankheiten/gelsen-monitoring/

Akbari, H., Pomerantz, M., & Taha, H. (2001). Cool surfaces and shade trees to reduce energy use and improve air quality in urban areas – ScienceDirect. Solar Energy, 70(3), 295–310. https://doi.org/10.1016/S0038-092X(00)00089-X

Aleksandrowicz, L., Green, R., Joy, E. J. M., Smith, P., & Haines, A. (2016). The Impacts of Dietary Change on Greenhouse Gas Emissions, Land Use, Water Use, and Health: A Systematic Review. PLoS ONE, 11(11), e0165797. https://doi.org/10.1371/journal.pone.0165797

Allex, B., Arnberger, A., Wanka, A., Eder, R., Hutter, H.-P., Kundi, M., … Grewe, H. A. (2013). The Elderly under Urban Heat Pressure – Strategies and Behaviours of Elderly Residents against Urban Heat. In M. Schrenk, V. V. Popovich, P. Zeile, & P. Elisei (Hrsg.), Proceedings REAL CORP 20–23 May 2013 (S. 909–915). Rom: REAL CORP. Abgerufen von http://www.realcorp.at/archive/CORP2013_91.pdf

Alverti, M., Hadjimitsis, D., Kyriakidis, P., & Serraos, K. (2016). Smart city planning from a bottom-up approach: local communities' intervention for a smarter urban environment. In Fourth International Conference on Remote Sensing and Geoinformation of the Environment (RSCy2016) (Bd. 9688, S. 968819). International Society for Optics and Photonics. https://doi.org/10.1117/12.2240762

AMA – Agrarmarkt Austria. (2017). Marktinformationen. Abgerufen 28. August 2018, von https://amainfo.at/ueber-uns/marktinformationen/

Amt der Oberösterreichischen Landesregierung. (2013). Oberösterreichische Klimawandel-Anpassungsstrategie. Linz: Direktion Umwelt und Wasserwirtschaft, Abteilung Umweltschutz,. Abgerufen von http://www.land-oberoesterreich.gv.at/files/publikationen/us_klimawandelanpass.pdf

Amt der Oberösterreichischen Landesregierung. (2016). Gesundes Oberösterreich. Abgerufen 30. August 2018, von https://www.gesundes-oberoesterreich.at/

Amt der Tiroler Landesregierung. (2015). Anpassung an den Klimawandel – Herausforderungen und Chancen. Stand 19.03.2015 (Bericht der Klimaschutzkoordination). Abgerufen von https://www.tirol.gv.at/fileadmin/themen/umwelt/klima/Klimastrategie/Teil_III_Anpassung_an_den_Klimawandel_20150319.pdf

APCC – Austrian Panel on Climate Change. (2014). Österreichischer Sachstandsbericht Klimawandel 2014: Austrian assessment report 2014 (AAR14). Wien: Verlag der Österreichischen Akademie der Wissenschaften.

Arezes, P. M., Bernardo, C. A., Ribeiro, E., & Dias, H. (2014). Implications of Wind Power Generation: Exposure to Wind Turbine Noise. Procedia – Social and Behavioral Sciences, 109, 390–395. https://doi.org/10.1016/j.sbspro.2013.12.478

Arnberger, A., Allex, B., Eder, R., Ebenberger, M., Wanka, A., Kolland, F., … Hutter, H.-P. (2017). Elderly resident's uses of and preferences for urban green spaces during heat periods. Urban Forestry & Urban Greening, 21, 102–115. https://doi.org/10.1016/j.ufug.2016.11.012

Austriatourism. (2016). Sommersaison 2016. Abgerufen von https://www.austriatourism.com/fileadmin/user_upload/Media_Library/Downloads/Tourismusforschung/2016G_Sommersaison_Hochrechnung_ZusFassung.pdf

Austriatourism. (2017). Wintersaison 2017. Abgerufen von https://www.austriatourism.com/fileadmin/user_upload/Media_Library/Downloads/Tourismusforschung/2017G_Wintersaison_Hochrechnung_ZusFass.pdf

Babcicky, P., & Seebauer, S. (2016). PATCH:ES – Fallstudienbericht Klimawandelanpassung von Privathaushalten. Graz: Wegener Center für Klima und globalen Wandel, Universität Graz. Abgerufen von http://anpassung.ccca.at/patches/wp-content/uploads/sites/2/2017/04/1-1_PATCHES_Fallstudienbericht_Privathaushalte_BabcickySeebauer_compressed.pdf

Bakker, R. H., Pedersen, E., van den Berg, G. P., Stewart, R. E., Lok, W., & Bouma, J. (2012). Impact of wind turbine sound on annoyance, self-reported sleep disturbance and psychological distress. Science of The Total Environment, 425, 42–51. https://doi.org/10.1016/j.scitotenv.2012.03.005

Balas, M., Essl, F., Felderer, A., Formayer, H., Prutsch, A., & Uhl, M. (2010). Klimaänderungsszenarien und Vulnerabilität. Aktivitätsfelder Gesundheit, Natürliche Ökosysteme und Biodiversität, Verkehrsinfrastruktur, Energie, Bauen und Wohnen. Wien: Umweltbundesamt. Abgerufen von https://www.bmnt.gv.at/dam/jcr:2117d7fe-5e49-457d-95fc-412dae504a55/VulnerabilitaetsberichtII-Dez2010.pdf

Balas, M., Glas, N., Liehr, C., Pfurtscheller, C., Fordinal, I., & Babcicky, P. (2015). Freiwilligenengagement in der Zukunft: Maßnahmen für die langfristige Absicherung der Freiwilligenarbeit im Katastrophenschutz. Wien: Umweltbundesamt. Abgerufen von www.umweltbundesamt.at/fileadmin/site/publikationen/REP0529.pdf

Barna, S., Goodman, B., & Mortimer, F. (2012). The health effects of climate change: What does a nurse need to know? Nurse Education Today, 32(7), 765–771. https://doi.org/10.1016/j.nedt.2012.05.012

Bätzing, W., & Lypp, D. (2009). Verliert der Tourismus in den österreichischen Alpen seinen flächenhaften Charakter? Eine Analyse der Veränderungen der Gästebetten und Übernachtungen auf Gemeindeebene zwischen 1985 und 2005 (Bd. 56, S. 327–356). Erlangen: Fränkische Geographische Gesellschaft. Abgerufen von http://fgg-erlangen.de/fgg/ojs/index.php/mfgg/article/view/32/22

BAUAkademie. (2018). Homepage. Abgerufen 30. August 2018, von http://www.bauakademie.at/

Becken, S. (2013). A review of tourism and climate change as an evolving knowledge domain. Tourism Management Perspectives, 6, 53–62. https://doi.org/10.1016/j.tmp.2012.11.006

Becken, S., & Hay, J. (2012). Climate Change and Tourism: From Policy to Practice (Bd. 3). London: Routledge. https://doi.org/10.4324/9780203128961

Bednar-Friedl, B., & Radunsky, K. (2014). Emissionsminderung und Anpassung an den Klimawandel. In APCC – Austrian Panel on Climate Change (Hrsg.), Österreichischer Sachstandsbericht Klimawandel 2014: Austrian assessment report 2014 (AAR14) (Bd. 3, Kap. 1, S. 707–769). Wien: Verlag der Österreichischen Akademie der Wissenschaften.

Benke, G., Leutgöb, K., Varga, M., Kolpek, M., & Greisberger, H. (2009). Das energieeffiziente Krankenhaus: Realistische Ansatzpunkte und Maßnahmenidentifikation (Berichte aus Energie- und Umweltforschung No. 22). Wien: Bundesministerium für Verkehr, Innovation und Technologie. Abgerufen von https://nachhaltigwirtschaften.at/resources/nw_pdf/0922_energieeff_krankenhaus.pdf?m=1469659694

Bennett, C. M., & McMichael, A. J. (2010). Non-heat related impacts of climate change on working populations. Global Health Action, 3(1), 5640. https://doi.org/10.3402/gha.v3i0.5640

Bergstrøm, K. A., & Ekeland, A. (2004). Effect of trail design and grooming on the incidence of injuries at alpine ski areas. British Journal of Sports Medicine, 38(3), 264–268. https://doi.org/10.1136/bjsm.2002.000270

Berwick, D. M., & Hackbarth, A. D. (2012). Eliminating Waste in US Health Care. JAMA, 307(14), 1513–1516. https://doi.org/10.1001/jama.2012.362

Birkmann, J., Greiving, S., & Serdeczny, O. M. (2017). Das Assessment von Vulnerabilitäten, Risiken und Unsicherheiten. In G. P. Brasseur, D. Jacob, & S. Schuck-Zöller (Hrsg.), Klimawandel in Deutschland: Entwicklung, Folgen, Risiken und Perspektiven (S. 267–276). Berlin,

Heidelberg: Springer. https://doi.org/10.1007/978–3-662-50397-3_26

BKA, BMEIA, BMASK, BMB, BMGF, BMF, Statistik Austria. (2017). Beiträge der Bundesministerien zur Umsetzung der Agenda 2030 für nachhaltige Entwicklung durch Österreich. Wien: Bundeskanzleramt Österreich. Abgerufen von http://archiv.bka.gv.at/DocView.axd?CobId=65724

Blashki, G., McMichael, T., & Karoly, D. J. (2007). Climate change and primary health care. Australian Family Physician, 36(12), 986–989.

Blöschl, G., Viglione, A., Merz, R., Parajka, J., Salinas, J. L., & Schöner, W. (2011). Auswirkungen des Klimawandels auf Hochwasser und Niederwasser. Österreichische Wasser- und Abfallwirtschaft, 63(1), 21–30. https://doi.org/10.1007/s00506-010–0269-z

Blöschl, G. (2008). Flood warning - on the value of local information. International Journal of River Basin Management, 6(1), 41–50. https://doi.org/10.1080/15715124.2008.9635336

Blöschl, G., & Nester, T. (2014). Hochwasser 2013: Evaluierung des Prognosemodells und der Kommunikation. Linz: Amtes der Oberösterreichischen Landesregierung Direktion Umwelt und Wasserwirtschaft Abteilung Oberflächengewässerwirtschaft. Abgerufen von http://www.anschober.at/fileadmin/user_upload/Bilder/Wasser/Hochwasser_Downloads/2014–01-20_Endbericht_TU-Wien_Evaluierung-Prognose-Kommunikation.pdf

BMG – Bundesministerium für Gesundheit. (2011). Kinder-Gesundheitsstrategie. Wien: Bundesministerium für Gesundheit. Abgerufen von https://www.sozialministerium.at/cms/site/attachments/0/6/1/CH4153/CMS1344847459935/kindergesundheitsstrategie_2011.pdf

BMG – Bundesministerium für Gesundheit. (2012). Rahmen-Gesundheitsziele. Richtungsweisende Vorschläge für ein gesünderes Österreich. Langfassung. Wien: Bundesministerium für Gesundheit. Abgerufen von https://broschuerenservice.sozialministerium.at/Home/Download?publicationId=587

BMG – Bundesministerium für Gesundheit. (2013). Nationale Strategie öffentliche Gesundheit: Grundlage für die Weiterentwicklung des Öffentlichen Gesundheitsdienstes in Österreich. Steuerungsgruppe zum Projekt „ÖGD-Reform". Wien: Bundesministerium für Gesundheit. Abgerufen von https://www.sozialministerium.at/site/Gesundheit/Gesundheitssystem/Gesundheitssystem_Qualitaetssicherung/Oeffentlicher_Gesundheitsdienst/

BMG – Bundesministerium für Gesundheit. (2014). "Das Team rund um den Hausarzt". Konzept zur multiprofessionellen und interdisziplinären Primärversorgung in Österreich. Wien: Bundesgesundheitsagentur & Bundesministerium für Gesundheit. Abgerufen von https://www.bmgf.gv.at/cms/home/attachments/1/2/6/CH1443/CMS1404305722379/primaerversorgung.pdf

BMG – Bundesministerium für Gesundheit. (2015). Kinder- und Jugendgesundheitsstrategie 2014. Schwerpunkt Chancengerechtigkeit. Wien: Bundesministerium für Gesundheit. Abgerufen von https://www.bmgf.gv.at/cms/home/attachments/0/7/7/CH1351/CMS1433931290209/kinder_jugendgesundheitsstrategie2014.pdf

BMGF – Bundesministerium für Gesundheit und Frauen. (2016a). Gesundheitsförderungsstrategie im Rahmen des Bundes-Zielsteuerungsvertrags. Wien: Bundesministerium für Gesundheit und Frauen. Abgerufen von https://www.bmgf.gv.at/cms/home/attachments/4/1/4/CH1099/CMS1401709162004/gesundheitsfoerderungsstrategie.pdf

BMGF – Bundesministerium für Gesundheit und Frauen. (2016b). Verbesserung der Gesprächsqualität in der Krankenversorgung. Strategie zur Etablierung einer patientenzentrierten Kommunikationskultur. Wien: Bundesministerium für Gesundheit und Frauen. Abgerufen von https://www.bmgf.gv.at/cms/home/attachments/8/6/7/CH1443/CMS1476108174030/strategiepapier_verbesserung_gespraechsqualitaet.pdf

BMGF – Bundesministerium für Gesundheit und Frauen. (2017a). Anzeigepflichtige Krankheiten in Österreich. Wien: Bundesministerium für Gesundheit und Frauen. Abgerufen von https://www.bmgf.gv.at/cms/home/attachments/5/7/7/CH1644/CMS1487675789709/liste_anzeigepflichtige_krankheiten_in__oesterreich.pdf

BMGF – Bundesministerium für Gesundheit und Frauen. (2017b). Gesamtstaatlicher Hitzeschutzplan. Wien: Bundesministerium für Gesundheit und Frauen. Abgerufen von https://www.bmgf.gv.at/cms/home/attachments/8/6/4/CH1260/CMS1310973929632/gesamtstaatlicher_hitzeschutzplan.pdf

BMGF – Bundesministerium für Gesundheit und Frauen. (2017c). Gesundheitsziel 1: Gesundheitsförderliche Lebens- und Arbeitsbedingungen für alle Bevölkerungsgruppen durch Kooperation aller Politik- und Gesellschaftsbereiche schaffen. Bericht der Arbeitsgruppe. Aufl. Ausgabe April 2017. Wien: Bundesministerium für Gesundheit und Frauen. Abgerufen von https://gesundheitsziele-oesterreich.at/website2017/wp-content/uploads/2017/05/bericht-arbeitsgruppe-1-gesundheitsziele-oesterreich.pdf

BMGF – Bundesministerium für Gesundheit und Frauen. (2017d). Gesundheitsziel 2: Für gesundheitliche Chancengerechtigkeit zwischen den Geschlechtern und sozioökonomischen Gruppen unabhängig von Herkunft und Alter sorgen. Bericht der Arbeitsgruppe. Aufl. Ausgabe April 2017. Wien: Bundesministerium für Gesundheit und Frauen. Abgerufen von https://gesundheitsziele-oesterreich.at/website2017/wp-content/uploads/2017/11/gz_2_endbericht_update_2017.pdf

BMGF – Bundesministerium für Gesundheit und Frauen. (2017e). Gesundheitsziel 3: Gesundheitskompetenz der Bevölkerung stärken. Bericht der Arbeitsgruppe. Aufl.

Ausgabe April 2017. Wien: Bundesministerium für Gesundheit und Frauen. Abgerufen von https://gesundheitsziele-oesterreich.at/website2017/wp-content/uploads/2017/05/bericht-arbeitsgruppe-3-gesundheitsziele-oesterreich.pdf

BMGF – Bundesministerium für Gesundheit und Frauen. (2017f). Gesundheitsziel 6: Gesundes Aufwachsen für alle Kinder und Jugendlichen bestmöglich gestalten und unterstützen. Bericht der Arbeitsgruppe. Aufl. Ausgabe April 2017. Wien: Bundesministerium für Gesundheit und Frauen. Abgerufen von https://gesundheitsziele-oesterreich.at/website2017/wp-content/uploads/2017/05/bericht-arbeitsgruppe-6-gesundheitsziele-oesterreich.pdf

BMGF – Bundesministerium für Gesundheit und Frauen. (2017g). Childhood Obesity Surveillance Initiative (COSI). Bericht Österreich 2017. Wien: Bundesministerium für Gesundheit und Frauen. Abgerufen von https://www.bmgf.gv.at/cms/home/attachments/8/3/3/CH1048/CMS1509621215790/cosi_2017_20171019.pdf

BMGF – Bundesministerium für Gesundheit und Frauen. (2018). Badegewässer in Österreich. Abgerufen 30. August 2018, von www.bmgf.gv.at/home/Gesundheit/VerbraucherInnengesundheit/Badegewaesser

BMLFUW – Bundesministerium für Land- und Forstwirtschaft, Umwelt und Wasserwirtschaft. (2014). THE PEP. Pan-Europäisches Programm für Verkehr, Umwelt und Gesundheit. Österreichs Beiträge und Initiativen. Wien. Abgerufen von https://www.bmvit.gv.at/verkehr/international_eu/downloads/pep.pdf

BMLFUW – Bundesministerium für Land- und Forstwirtschaft, Umwelt und Wasserwirtschaft. (2015a). Anpassung an den Klimawandel in Österreich. Fortschrittsbericht. Wien: Bundesministerium für Land- und Forstwirtschaft, Umwelt und Wasserwirtschaft. Abgerufen von https://www.bmnt.gv.at/dam/jcr:affd5225-8d2b-4772–9977-da229f5b5690/Fortschrittsbericht-Final_v17_2015-12-02_klein.pdf

BMLFUW – Bundesministerium für Land- und Forstwirtschaft, Umwelt und Wasserwirtschaft. (2015b). EHYD – Aktuelle Daten. Wien: Bundesministerium für Land- und Forstwirtschaft, Umwelt und Wasserwirtschaft. Abgerufen von https://ehyd.gv.at/assets/eHYD/pdf/20150722_Aktuelle_Daten.pdf

BMLFUW – Bundesministerium für Land- und Forstwirtschaft, Umwelt und Wasserwirtschaft. (2017a). Die österreichische Strategie zur Anpassung an den Klimawandel. Teil 1 – Kontext. Wien: Bundesministerium für Land- und Forstwirtschaft, Umwelt und Wasserwirtschaft. Abgerufen von https://www.bmnt.gv.at/dam/jcr:b471ccd8-cb97-4463-9e7d-ac434ed78e92/NAS_Kontext_MR%20beschl_(inklBild)_18112017(150ppi)%5B1%5D.pdf

BMLFUW – Bundesministerium für Land- und Forstwirtschaft, Umwelt und Wasserwirtschaft. (2017b). Die österreichische Strategie zur Anpassung an den Klimawandel. Teil 2 – Aktionsplan. Handlungsempfehlungen für die Umsetzung. Wien: Bundesministerium für Land- und Forstwirtschaft, Umwelt und Wasserwirtschaft. Abgerufen von https://www.bmnt.gv.at/dam/jcr:9f582bfd-77cb-4729-8cad-dd38309c1e93/NAS_Aktionsplan_MR_Fassung_final_18112017%5B1%5D.pdf

BMU – Bundesministerium für Umwelt, Naturschutz und Reaktorsicherheit. (2018). Bildungsmaterialen zu Klima und Gesundheit. Abgerufen 8. Mai 2018, von https://www.umweltbundesamt.de/presse/pressemitteilungen/umwelt-gesundheit-bildungsmaterialien-aktualisiert

BMVBS – Bundesministerium für Verkehr, Bau und Stadtentwicklung. (2013). Flexibilisierung der Planung für eine klimawandelgerechte Stadtentwicklung: Verfahren, Instrumente und Methoden für anpassungsflexible Raum- und Siedlungsstrukturen (BMVBS-Online-Publikationen No. 16). Berlin: Bundesministerium für Verkehr, Bau und Stadtentwicklung. Abgerufen von https://www.bbr.bund.de/BBSR/DE/Veroeffentlichungen/ministerien/BMVBS/Online/2013/ON162013.html?nn=441864

BMWFJ – Bundesministerium für Wirtschaft, Familie und Jugend. (2012). Energiestatus Österreich 2012. Wien: Bundesministerium für Wirtschaft, Familie und Jugend.

BMWFW – Bundesministerium für Wissenschaft, Forschung und Wirtschaft. (2013). Tourismusmobilität 2030. Studie – Langfassung. Wien: Bundesministerium für Wissenschaft, Forschung und Wirtschaft. Abgerufen von https://www.wko.at/branchen/tourismus-freizeitwirtschaft/HP_Tourismusmobilitaet2030_Langfassung_25.11.pdf

BMWFW – Bundesministerium für Wissenschaft, Forschung und Wirtschaft. (2015). Bericht des Expertenbeirates Tourismusstrategie. Österreich Tourismus auf dem Weg in die Zukunft. Wien: Bundesministerium für Wissenschaft, Forschung und Wirtschaft.

Bouley, T., Roschnik, S., Karliner, J., Wilburn, S., Slotterback, S., Guenther, R., … Torgeson, K. (2017). Climate-smart healthcare: low-carbon and resilience strategies for the health sector. Washington D.C.: The World Bank. Abgerufen von http://documents.worldbank.org/curated/en/322251495434571418/Climate-smart-healthcare-low-carbon-and-resilience-strategies-for-the-health-sector

Bowler, D. E., Buyung-Ali, L. M., Knight, T. M., & Pullin, A. S. (2010). A systematic review of evidence for the added benefits to health of exposure to natural environments. BMC Public Health, 10(1), 456. https://doi.org/10.1186/1471–2458-10-456

Brandenburg, C., Damyanovic, D., Reinwald, F., Allex, B., Gantner, B., Czachs, C., … Kniepert, M. (2015). Urban Heat Islands – Strategieplan Wien. Wien: Magistrat der Stadt Wien, Wiener Umweltschutzabteilung – Magistratsabteilung 22. Abgerufen von https://www.wien.gv.at/umweltschutz/raum/pdf/uhi-strategieplan.pdf

Brandl, H. (Hrsg.). (2011). Stadtentwicklungsplan Klima: Urbane Lebensqualität im Klimawandel sichern. Berlin: Senatsverwaltung für Stadtentwicklung, Kommunikation.

Brasseur, G. P., Jacob, D., & Schuck-Zöller, S. (Hrsg.). (2017). Klimawandel in Deutschland. Berlin, Heidelberg: Springer Spektrum.

Bratman, G. N., Hamilton, J. P., & Daily, G. C. (2012). The impacts of nature experience on human cognitive function and mental health. Annals of the New York Academy of Sciences, 1249(1), 118–136. https://doi.org/10.1111/j.1749–6632.2011.06400.x

Brockway, P. (2009). Carbon measurement in the NHS: Calculating the first consumption-based total carbon footprint of an NHS Trust. (Dissertation). De Montfort University, Leicester. Abgerufen von https://www.dora.dmu.ac.uk/xmlui/handle/2086/3961

Bröde, P., Fiala, D., Lemke, B., & Kjellstrom, T. (2018). Estimated work ability in warm outdoor environments depends on the chosen heat stress assessment metric. International Journal of Biometeorology, 62(3), 331–345. https://doi.org/10.1007/s00484-017–1346-9

Bundesverwaltungsgericht Österreich. (2017). Dritte Piste des Flughafens Wien-Schwechat darf nicht gebaut werden. Abgerufen 28. August 2018, von https://www.bvwg.gv.at/presse/dritte_piste_des_flughafens_wien.html

Bunz, M., Lütkehus, I., Myck, T., Plaß, D., & Straff, W. (2016). Mögliche gesundheitliche Effekte von Windenergieanlagen. Dessau-Roßlau: Umweltbundesamt. Abgerufen von http://www.umweltbundesamt.de/publikationen/moegliche-gesundheitliche-effekte-von

Bürger, C. (2017). Ernährungsempfehlungen in Österreich Analyse von Webinhalten der Bundesministerien BMG und BMLFUW hinsichtlich Co-Benefits zwischen gesunder und nachhaltiger Ernährung (Master Thesis). Alpen-Adria Universität, Wien. Abgerufen von https://www.aau.at/wp-content/uploads/2018/01/WP173web.pdf

Burke, M., Hsiang, S. M., & Miguel, E. (2015). Global non-linear effect of temperature on economic production. Nature, 527(7577), 235–239. https://doi.org/10.1038/nature15725

Burton, A. J., Bambrick, H. J., & Friel, S. (2014). Is enough attention given to climate change in health service planning? An Australian perspective. Global Health Action, 7(1), 23903. https://doi.org/10.3402/gha.v7.23903

Campbell, M., & Pierce, J. M. T. (2015). Atmospheric science, anaesthesia, and the environment. BJA Education, 15(4), 173–179. https://doi.org/10.1093/bjaceaccp/mku033

Capellaro, M., & Sturm, D. (2015). Evaluation von Informationssystemen zu Klimawandel und Gesundheit (Umwelt und Gesundheit No. 03/2015). Dessau-Roßlau: Umweltbundesamt. Abgerufen von http://www.bmub.bund.de/fileadmin/Daten_BMU/Pools/Forschungsdatenbank/fkz_3712__62_207_evaluation_klimawandel_gesundheit_bf.pdf

Cecchini, M., Sassi, F., Lauer, J. A., Lee, Y. Y., Guajardo-Barron, V., & Chisholm, D. (2010). Tackling of unhealthy diets, physical inactivity, and obesity: health effects and cost-effectiveness. The Lancet, 376(9754), 1775–1784. https://doi.org/10.1016/S0140-6736(10)61514–0

Charité Berlin. (2018). Klimaanpassungsschule. Abgerufen von http://klimawandelundgesundheit.org/startseite.html

Charlesworth, M., & Swinton, F. (2017). Anaesthetic gases, climate change, and sustainable practice. The Lancet Planetary Health, 1(6), e216–e217. https://doi.org/10.1016/S2542-5196(17)30040–2

Chen, H., Ooka, R., Huang, H., & Tsuchiya, T. (2009). Study on mitigation measures for outdoor thermal environment on present urban blocks in Tokyo using coupled simulation. Building and Environment, 44(11), 2290–2299. https://doi.org/10.1016/j.buildenv.2009.03.012

Chung, J. W., & Meltzer, D. O. (2009). Estimate of the Carbon Footprint of the US Health Care Sector. JAMA, 302(18), 1970–1972. https://doi.org/10.1001/jama.2009.1610

ClimBHealth. (2017). Climate and Health Co-benefits from Changes in Diet. Abgerufen 29. August 2018, von https://www.ccca.ac.at/home/

Cohen, S. A., & Gössling, S. (2015). A darker side of hypermobility. Environment and Planning A, 47(8), 166–1679. https://doi.org/10.1177/0308518X15597124

Correia, A. W., Peters, J. L., Levy, J. I., Melly, S., & Dominici, F. (2013). Residential exposure to aircraft noise and hospital admissions for cardiovascular diseases: multi-airport retrospective study. BMJ, 347, f5561–f5561. https://doi.org/10.1136/bmj.f5561

Coutts, A. M., Daly, E., Beringer, J., & Tapper, N. J. (2013). Assessing practical measures to reduce urban heat: Green and cool roofs. Building and Environment, 70, 266–276. https://doi.org/10.1016/j.buildenv.2013.08.021

Cuevas, S., & Haines, A. (2016). Health benefits of a carbon tax. The Lancet, 387(10013), 7–9. https://doi.org/10.1016/S0140-6736(15)00994–0

Dahl, R. (2013). Cooling Concepts: Alternatives to Air Conditioning for a Warm World. Environmental Health Perspectives, 121(1), a18–a25. https://doi.org/10.1289/ehp.121-a18

DARA, & Climate Vulnerable Forum. (2012). Climate Vulnerability Monitor: A Guide to the Cold Calculus of a Hot Planet. Madrid: DARA.

Davidson, T. M., & Laliotis, A. T. (1996). Alpine skiing injuries. A nine-year study. Western Journal of Medicine, 164(4), 310–314.

De Francisco Shapovalova, N., Meguid, T., & Campbell, J. (2015). Health-care workers as agents of sustainable development. The Lancet Global Health, 3(5), e249–e250. https://doi.org/10.1016/S2214-109X(15)70104-X

DeKliWa. (2018). DFG-Projekt „Einfluss des Demographischen Wandels auf die Empfindlichkeit von Städten gegenüber dem Klimawandel (DeKliWa)". Abgerufen 30. August 2018, von http://www.rop.tu-dortmund.de/cms/de/Fachgebiet/aktuelles/Virtueller-Poster-Walk/index.html

DGE – Deutsche Gesellschaft für Ernährung. (2004). DGE-Ernährungskreis – Lebensmittelmengen. Abgerufen von https://www.dge.de/uploads/media/EU-04–2005-Sonderdruck-Pyramide.pdf

Dill, J., Mohr, C., & Ma, L. (2014). How Can Psychological Theory Help Cities Increase Walking and Bicycling? Journal of the American Planning Association, 80(1), 36–51. https://doi.org/10.1080/01944363.2014.934651

Dokulil, M. T. (2014). Predicting summer surface water temperatures for large Austrian lakes in 2050 under climate change scenarios. Hydrobiologia, 731(1), 19–29. https://doi.org/10.1007/s10750-013–1550-5

Dons, E., Götschi, T., Rojas-Rueda, D., Anaya Boig, E., Avila-Palencia, I., Brand, C., Int Panis, L. (2017). 1967 – Male Car Drivers Are 4 kg Heavier Than Cyclists: Results from a Cross-Sectional Analysis in Seven European Cities. Journal of Transport & Health, 5, 27–28. https://doi.org/10.1016/j.jth.2017.05.311

Dousset, B., Gourmelon, F., Laaidi, K., Zeghnoun, A., Giraudet, E., Bretin, P., … Vandentorren, S. (2011). Satellite monitoring of summer heat waves in the Paris metropolitan area. International Journal of Climatology, 31(2), 313–323. https://doi.org/10.1002/joc.2222

Drlik, S., & Muhar, A. (2011). Handlungsfelder und Handlungsverantwortliche zur Klimawandelanpassung öffentlicher Grünanlagen in Städten. Endbericht von StartClim²010.A in Start-Clim²010: Anpassung an den Klimawandel: Weitere Beiträge zur Erstellung einer Anpassungsstrategie für Österreich. Wien: Institut für Landschaftsentwicklung, Erholungs- und Naturschutzplanung (ILEN), Universität für Bodenkultur. Abgerufen von http://www.startclim.at/fileadmin/user_upload/StartClim²010_reports/StCl10A.pdf

Dunne, J. P., Stouffer, R. J., & John, J. G. (2013). Reductions in labour capacity from heat stress under climate warming. Nature Climate Change, 3(6), 563–566. https://doi.org/10.1038/nclimate1827

EAT Forum. (2017). Homepage. Abgerufen von http://www.eatforum.org/

Eckelman, M. J., & Sherman, J. (2016). Environmental Impacts of the U.S. Health Care System and Effects on Public Health. PLoS ONE, 11(6), e0157014. https://doi.org/10.1371/journal.pone.0157014

Edenhofer, O., Knopf, B., & Luderer, G. (2013). Reaping the benefits of renewables in a nonoptimal world. Proceedings of the National Academy of Sciences, 110(29), 11666–11667. https://doi.org/10.1073/pnas.1310754110

Edenhofer, Ottmar, & Jakob, M. (2017). Klimapolitik: Ziele, Konflikte, Lösungen. München: Verlag C.H. Beck.

EEA – European Environment Agency. (2015). Vorzeitige Todesfälle durch Luftverschmutzung. Kopenhagen: EEA. Abgerufen von https://www.eea.europa.eu/downloads/ca5c91aa24ff479fbb59375337f8a537/1461254126/vorzeitige-todesfaelle-durch-luftverschmutzung.pdf

EEA – European Environment Agency (Hrsg.). (2016a). Auf dem Weg zu einer sauberen und intelligenten Mobilität Transport und Umwelt in Europa. Kopenhagen: EEA.

EEA – European Environment Agency. (2016b). European Aviation Environmental Report. EASA, EEA, EUROCONTROL. Abgerufen von https://ec.europa.eu/transport/sites/transport/files/european-aviation-environmental-report-2016-72dpi.pdf

Ehl, F. (2014). Demografischer Wandel und Bevölkerungsschutz – eine Herausforderung für den Betreuungsdienst. In H.-J. Wendekamm & C. Endreß (Hrsg.), Dimensionen der Sicherheitskultur (S. 251–266). Wiesbaden: Springer Verlag.

Eichler, A. (2012). Windkraft in Österreich – Strukturen, Probleme, Chancen (Diplomarbeit). Universität Wien, Raumforschung und Raumordnung, Wien. Abgerufen von http://othes.univie.ac.at/21249/1/2012–04-18_0508485.pdf

Eis, D., Helm, D., Laußmann, D., & Stark, K. (2010). Klimawandel und Gesundheit. Ein Sachstandsbericht. Berlin: Robert Koch-Institut.

Elmadfa, I., Hasenegger, V., Wagner, K., Putz, P., Weidl, N.-M., Wottawa, D., Rieder, A. (2012). Österreichischer Ernährungsbericht 2012. 1. Auflage. Wien: Institut für Ernährungswissenschaften, Universität Wien. Abgerufen von https://www.bmgf.gv.at/cms/home/attachments/4/5/3/CH1048/CMS1348749794860/oeb12.pdf

EMTA – European Metropolitan Transport Authorities. (2016). EMTA Barometer 2016 Data. Abgerufen von https://www.emta.com/IMG/pdf/2016_barometer_summary.pdf?3617/c81b0a89300e793b1ab7e56d-d2a49f442de6327b

Erlach, N. (2012). Dachgrün. Studie im Auftrag der MA 22. Wien: Wiener Umweltschutzabteilung (MA 22). Abgerufen von https://www.wien.gv.at/kontakte/ma22/studien/pdf/dachgruen.pdf

ERM – Environmental Resources Management, & SDU – Sustainable Development Unit. (2012). Greenhouse Gas Accounting Sector Guidance for Pharmaceutical Products and Medical Devices – Summary Document. London: ERM & NHS. Abgerufen von https://ghgprotocol.org/sites/default/files/Summary-Document_Pharmaceutical-Product-and-Medical-Device-GHG-Accounting_November-2012_0.pdf

ERM – Environmental Resources Management, & SDU – Sustainable Development Unit. (2014). Identifying High Greenhouse Gas Intensity Prescription Items for NHS in England. London: ERM & NHS. Abgerufen von https://www.sduhealth.org.uk/documents/publications/2014/GHG_Prescription_Feb_2014.pdf';google.navigateTo(parent,window,redirectUrl);})();</script>		<noscript>		<META content="0;URL=https://www.sduhealth.org.uk/documents/publications/2014/GHG_Prescription_Feb_2014.pdf

ERM – Environmental Resources Management, & SDU – Sustainable Development Unit. (2017). Identifying High Greenhouse Gas Intensity Procured Items for the NHS in England. London: ERM & NHS. Abgerufen von https://www.sduhealth.org.uk/documents/publications/2014/GHG_Prescription_Feb_2014.pdf

Europäisches Parlament und Rat. (2014). Richtlinie 2014/52/EU vom 16. April 2014 zur Änderung der Richtlinie 2011/92/EU über die Umweltverträglichkeitsprüfung bei bestimmten öffentlichen und privaten Projekten, Amtsblatt L124. Abgerufen von https://eur-lex.europa.eu/legal-content/de/TXT/PDF/?uri=OJ:L:2014:124:FULL

European Commission. (2013a). Adaptation to climate change impacts on human, animal and plant health. Commission Staff Working Document. Abgerufen von https://ec.europa.eu/clima/sites/clima/files/adaptation/what/docs/swd_2013_136_en.pdf

European Commission. (2013b). Mitteilung der Kommission an das europäische Parlament, den Rat, den Europäischen Wirtschafts- und Sozialausschuss und den Ausschuss der Regionen: Eine EU-Strategie zur Anpassung an den Klimawandel, Brüssel, COM(2013) 2016 final. Abgerufen von http://eur-lex.europa.eu/LexUriServ/LexUriServ.do?uri=COM:2013:0216:FIN:DE:PDF

European Commission. (2013c). The EU Strategy on adaptation to climate change. Brüssel: European Commission. Abgerufen von https://ec.europa.eu/clima/policies/adaptation/what_en#tab-0–1

European Commission. (2015). The 2015 Ageing Report: Economic and budgetary projections for the 28 EU Member States (2013–2060). Brüssel: Directorate-General for Economic and Financial Affairs. Abgerufen von http://ec.europa.eu/economy_finance/publications/european_economy/2015/pdf/ee3_en.pdf

European Commission. (2017). Reducing Emissions from Aviation. Abgerufen 27. September 2017, von https://ec.europa.eu/clima/policies/transport/aviation_en

Eze, I. C., Foraster, M., Schaffner, E., Vienneau, D., Héritier, H., Rudzik, F., Probst-Hensch, N. (2017). Long-term exposure to transportation noise and air pollution in relation to incident diabetes in the SAPALDIA study. International Journal of Epidemiology, 46(4), 1115–1125. https://doi.org/10.1093/ije/dyx020

Ezzati, M., & Lin, H.-H. (2010). Health benefits of interventions to reduce greenhouse gases. The Lancet, 375(9717), 804. https://doi.org/10.1016/S0140-6736(10)60342-X

Fallmann, J., Emeis, S., & Suppan, P. (2014). Mitigation of urban heat stress – a modelling case study for the area of Stuttgart. DIE ERDE – Journal of the Geographical Society of Berlin, 144(3–4), 202–216.

Reinthaler, F., Feierl, G., Wassermann-Neuhold, M., & Wallenko, H. (2016). Steirischer Seuchenplan (4. Auflage) Feenstra, O. (Hrsg), (S. 352). Graz: Steiermärkischen Landesregierung Abteilung 8 – Gesundheit, Pflege und Wissenschaft. Abgerufen von http://www.verwaltung.

steiermark.at/cms/dokumente/11681099_74836508/51debcea/SP2016final.pdf

FGÖ – Fonds Gesundes Österreich. (2017). Aktive Mobilität. Informationen und Projekte. Gesundheit Österreich GmbH, Geschäftsbeeich Fonds Gesundes Österreich. Abgerufen von fgoe.org/sites/fgoe.org/files/2017–10/2017–05-04.pdf

Fiennes, A., Melcher, G., & Ruedi, T. P. (1990). Winter sports injuries in a snowless year: skiing, ice skating, and tobogganing. BMJ, 300(6725), 659–661. https://doi.org/10.1136/bmj.300.6725.659

Figueres, C., Schellnhuber, H. J., Whiteman, G., Rockström, J., Hobley, A., & Rahmstorf, S. (2017). Three years to safeguard our climate. Nature, 546(7660), 593–595. https://doi.org/10.1038/546593a

Fischer, M. (2014). Fit for the Future? A New Approach in the Debate about What Makes Healthcare Systems Really Sustainable. Sustainability, 7(1), 294–312. https://doi.org/10.3390/su7010294

Fitzpatrick, J. (2010). The impact of healthcare on the environment: improving sustainability in the health service. Nursing Times, 106(9), 18–20.

Fleischhacker, V., Formayer, H., Seisser, O., Wolf-Eberl, S., & Kromp-Kolb, H. (2009). Auswirkungen des Klimawandels auf das künftige Reiseverhalten im österreichischen Tourismus. Am Beispiel einer repräsentativen Befragung der österreichischen Urlaubsreisenden. Bundesministeriums für Wirtschaft, Familie und Jugend. Wien: BOKU-Met Report 19. Abgerufen von https://meteo.boku.ac.at/report/BOKU-Met_Report_19_online.pdf

Formayer, H., & Kromp-Kolb, H. (2009). Klimawandel und Tourismus in Oberösterreich. Forschungsreihe: Auswirkungen des Klimawandels auf Oberösterreich. Forschungsbericht im Auftrag des OÖ Umweltlandesrat Rudi Anschober und der Landes-Tourismusorganisation Oberösterreich. Wien: BOKU-Met Report 18. Abgerufen von http://www.anschober.at/fileadmin/user_upload/Bilder/Umwelt/Downloads/4_Tourismus_BOKU2009.pdf

Forster, R., & Krajic, K. (2013). Gesundheit und Medizin. In E. Flicker & R. Forster (Hrsg.), Forschungs- und Anwendungsfelder der Soziologie (S. 141–156). Wien: Facultas.

Fouillet, A., Rey, G., Wagner, V., Laaidi, K., Empereur-Bissonnet, P., Le Tertre, A., … Hémon, D. (2008). Has the impact of heat waves on mortality changed in France since the European heat wave of summer 2003? A study of the 2006 heat wave. International Journal of Epidemiology, 37(2), 309–317. https://doi.org/10.1093/ije/dym²53

Friel, S., Dangour, A. D., Garnett, T., Lock, K., Chalabi, Z., Roberts, I., … Haines, A. (2009). Public health benefits of strategies to reduce greenhouse-gas emissions: food and agriculture. The Lancet, 374(9706), 2016–2025. https://doi.org/10.1016/S0140-6736(09)61753–0

Fuchs, S., Keiler, M., & Zischg, A. (2015). A spatiotemporal multi-hazard exposure assessment based on property data. Natural Hazards and Earth System Sciences, 15(9), 2127–2142. https://doi.org/10.5194/nhess-15–2127-2015

Fuchs, Sven, Röthlisberger, V., Thaler, T., Zischg, A., & Keiler, M. (2017). Natural Hazard Management from a Coevolutionary Perspective: Exposure and Policy Response in the European Alps. Annals of the American Association of Geographers, 107(2), 382–392. https://doi.org/10.1080/24694452.2016.1235494

Gaffin, S., Khanbilvardi, R., Rosenzweig, C., Gaffin, S. R., Khanbilvardi, R., & Rosenzweig, C. (2009). Development of a Green Roof Environmental Monitoring and Meteorological Network in New York City. Sensors, 9(4), 2647–2660. https://doi.org/10.3390/s90402647

Ganten, D., Haines, A., & Souhami, R. (2010). Health co-benefits of policies to tackle climate change. The Lancet, 376(9755), 1802–1804. https://doi.org/10.1016/S0140-6736(10)62139–3

Gao, J., Kovats, S., Vardoulakis, S., Wilkinson, P., Woodward, A., Li, J., … Liu, Q. (2018). Public health co-benefits of greenhouse gas emissions reduction: A systematic review. Science of The Total Environment, 627, 388–402. https://doi.org/10.1016/j.scitotenv.2018.01.193

Gascon, M., Triguero-Mas, M., Martínez, D., Dadvand, P., Rojas-Rueda, D., Plasència, A., & Nieuwenhuijsen, M. J. (2016). Residential green spaces and mortality: A systematic review. Environment International, 86, 60–67. https://doi.org/10.1016/j.envint.2015.10.013

Georgi, J. N., & Dimitriou, D. (2010). The contribution of urban green spaces to the improvement of environment in cities: Case study of Chania, Greece. Building and Environment, 45(6), 1401–1414. https://doi.org/10.1016/j.buildenv.2009.12.003

Gerike, R., de Nazelle, A., Nieuwenhuijsen, M., Panis, L. I., Anaya, E., Avila-Palencia, I., Götschi, T. (2016). Physical Activity through Sustainable Transport Approaches (PASTA): a study protocol for a multicentre project. BMJ Open, 6(1), e009924. https://doi.org/10.1136/bmjopen-2015–009924

Gesundheitsziele Österreich. (2018a). Gesundheitsziele. Abgerufen 8. März 2018, von https://gesundheitsziele-oesterreich.at/gesundheitsziele/

Gesundheitsziele Österreich. (2018b). Luft, Wasser, Boden und alle Lebensräume für künftige Generationen sichern. Abgerufen 8. März 2018, von https://gesundheitsziele-oesterreich.at/luft-wasser-boden-lebensraeume-sichern

GFA – Gesundheitsfolgenabschätzung. (2018). Homepage. Abgerufen 8. März 2018, von https://gfa.goeg.at/

Giles, E. L., Robalino, S., McColl, E., Sniehotta, F. F., & Adams, J. (2014). The Effectiveness of Financial Incentives for Health Behaviour Change: Systematic Review and Meta-Analysis. PLoS ONE, 9(3), e90347. https://doi.org/10.1371/journal.pone.0090347

Gill, M., & Stott, R. (2009). Health professionals must act to tackle climate change. The Lancet, 374(9706), 1953–1955. https://doi.org/10.1016/S0140-6736(09)61830–4

Gill, S. E., Handley, J. F., Ennos, A. R., & Pauleit, S. (2007). Adapting Cities for Climate Change: The Role of the Green Infrastructure. Built Environment, 33(1), 115–133. https://doi.org/10.2148/benv.33.1.115

Girardi, P., Braggion, M., Sacco, G., De Giorgi, F., & Corra, S. (2010). Factors affecting injury severity among recreational skiers and snowboarders: an epidemiology study. Knee Surgery, Sports Traumatology, Arthroscopy, 18(12), 1804–1809. https://doi.org/10.1007/s00167-010–1133-1

Global 2000. (2018). Fleischatlas Österreich. Zurück zum Sonntagsbraten. Abgerufen von https://www.global2000.at/sites/global/files/import/content/fleisch/Sonntagsbraten_Hintergrundpapier4.pdf_me/Sonntagsbraten_Hintergrundpapier4.pdf

Gogol, M., & Siebenhofer, A. (2016). Choosing Wisely – Gegen Überversorgung im Gesundheitswesen – Aktivitäten aus Deutschland und Österreich am Beispiel der Geriatrie. Wiener Medizinische Wochenschrift, 166, 5155–5160. https://doi.org/10.1007/s10354-015–0424-z

Götschi, T., Garrard, J., & Giles-Corti, B. (2016). Cycling as a Part of Daily Life: A Review of Health Perspectives. Transport Reviews, 36(1), 45–71. https://doi.org/10.1080/01441647.2015.1057877

Greier, K. (2011). Skilaufverletzungen im Schulsport und Möglichkeiten der Prävention. Sportverletz Sportschaden, 25(4), 216–221. https://doi.org/10.1055/s-0031–1281816

Greiser, E., Janhsen, K., & Greiser, C. (2006). Beeinträchtigung durch Fluglärm: Arzneimittelverbrauch als Indikator für gesundheitliche Beeinträchtigungen. Förderkennzeichen, 205(51), 100.

Guitton, M. J., & Poitras, J. (2017). Acquiring an operative sustainability expertise for health professionals. The Lancet Planetary Health, 1(8), e299–e300. https://doi.org/10.1016/S2542-5196(17)30130–4

Haas, W., Weisz, U., Maier, P., Scholz, F., Themeßl, M., Wolf, A., Pech, M. (2014). Auswirkungen des Klimawandels auf die Gesundheit des Menschen. Wien: Alpen-Adria-Universität Klagenfurt, CCCA Servicezentrum. Abgerufen von http://coin.ccca.at/sites/coin.ccca.at/files/factsheets/6_gesundheit_v4_02112015.pdf

Haas, W., Weisz, U., Lauk, C., Hutter, H.-P., Ekmekcioglu, C., Kundi, M., … Theurl, M. C. (2017). Climate and health co-benefits from changes in urban mobility and diet: an integrated assessment for Austria. Endbericht ACRP Forschungsprojekte B368593. Wien: Alpen-Adria-Universität Klagenfurt. Abgerufen von https://www.klimafonds.gv.at/wp-content/uploads/sites/6/20171116ClimBHealthACRP6EBB368593KR13AC6K10969.pdf

Haines, A., McMichael, A. J., Smith, K. R., Roberts, I., Woodcock, J., Markandya, A., … Wilkinson, P. (2009).

Public health benefits of strategies to reduce greenhouse-gas emissions: overview and implications for policy makers. The Lancet, 374(9707), 2104–2114. https://doi.org/10.1016/S0140-6736(09)61759–1

Haines, M. M., Stansfeld, S. A., Job, R. F. S., Berglund, B., & Head, J. (2001). Chronic aircraft noise exposure, stress responses, mental health and cognitive performance in school children. Psychological Medicine, 31(2), 265–277. https://doi.org/10.1017/S0033291701003282

Halbig, G., Kurmutz, U., & Knopf, D. (2016). Klimawandelgerechtes Stadtgrün. In Bundesinstitut für Bau-, Stadt- und Raumforschung (Hrsg.), Grün in der Stadt. Heft 6. Informationen zur Raumentwicklung (S. 675–689). Stuttgart: Franz Steiner Verlag. Abgerufen von https://www.bbsr.bund.de/BBSR/DE/Veroeffentlichungen/IzR/2016/6/Inhalt/downloads/halbig-kurmutz-knopf-dl.pdf;jsessionid=7DDCDE529BD856160A583280786F969A.live21301?__blob=publicationFile&v=3

Hamaoui-Laguel, L., Vautard, R., Liu, L., Solmon, F., Viovy, N., Khvorostyanov, D., … Epstein, M. M. (2015). Effects of climate change and seed dispersal on airborne ragweed pollen loads in Europe. Nature Climate Change, 5(8), 766–771. https://doi.org/10.1038/nclimate2652

Hamdi, R., & Schayes, G. (2008). Sensitivity study of the urban heat island intensity to urban characteristics. International Journal of Climatology, 28(7), 973–982. https://doi.org/10.1002/joc.1598

Hartig, T., Mitchell, R., de Vries, S., & Frumkin, H. (2014). Nature and health. Annual Review of Public Health, 35, 207–228. https://doi.org/10.1146/annurev-publhealth-032013–182443

Hartl, S. (2014). Weaning Center. Wien.

Hasenfuß, G., Märker-Herrmann, E., Hallek, M., & Fölsch, U. R. (2016). Initiative „Klug Entscheiden". Gegen Unter- und Überversorgung. Deutsches Ärzteblatt, 113, A603.

Hathway, E. A., & Sharples, S. (2012). The interaction of rivers and urban form in mitigating the Urban Heat Island effect: A UK case study. Building and Environment, 58, 14–22. https://doi.org/10.1016/j.buildenv.2012.06.013

HCWH – Health Care Without Harm. (2018). Health Care's Climate Footprint. Abgerufen 10. März 2018, von https://noharm-global.org/issues/global/health-care%E2%80%99s-climate-footprint

Health Protection Agency. (2015). Health Effects of Climate Change in the UK 2008. London: Department of Health. Abgerufen von https://www.climatenorthernireland.org.uk/cmsfiles/resources/files/Health-Effects-of-Climate-Change-in-the-UK-2008_Department-of-Health-Update.pdf

Herberg, A., & Kube, A. (2013). Klimawandel und Städte: Naturschutz und Lebensqualität. In F. Essl & W. Rabitsch (Hrsg.), Biodiversität und Klimawandel: Auswirkungen und Handlungsoptionen für den Naturschutz in Mitteleuropa (S. 254–262). Berlin: Springer Spektrum.

Hofmarcher, M., & Quentin, W. (2013). Austria: Health system review. Health Systems in Transition, 15(7), 1–291.

Holden, A. (2016). Environment and Tourism (3rd Edition). London, New York: Routledge.

Holm, A. L., Glumer, C., & Diderichsen, F. (2012). Health Impact Assessment of increased cycling to place of work or education in Copenhagen. BMJ Open, 2(4), e001135–e001135. https://doi.org/10.1136/bmjopen-2012–001135

Hübler, M., & Klepper, G. (2007). Kosten des Klimawandels. Die Wirkung steigender Temperaturen auf Gesundheit und Leistungsfähigkeit. Frankfurt/Main: Institut für Weltwirtschaft Kiel, WWF. Abgerufen von https://mobil.wwf.de/fileadmin/fm-wwf/Publikationen-PDF/Kosten_des_Klimawandels_Gesundheitsstudie.pdf

Huss, A., Spoerri, A., Egger, M., & Röösli, M. (2010). Aircraft Noise, Air Pollution, and Mortality From Myocardial Infarction: Epidemiology, 21(6), 829–836. https://doi.org/10.1097/EDE.0b013e3181f4e634

Huttenlau, M., Bellinger, J., Schattan, P., Förster, K., Oesterle, F., Schneider, K., Kirnbauer, R. (2016). Flood forecasting system for the Tyrolean Inn River (Austria): current state and further enhancements of a modular forecasting system for alpine catchments. In G. Koboltschnig (Hrsg.), Conference Proceedings (S. 79–86). Klagenfurt: Internationale Forschungsgesellschaft Interpraevent. Abgerufen von http://interpraevent2016.ch/assets/editor/files/IP16_CP_digital.pdf

IAMP – InterAcademy Medical Panel (Hrsg.). (2010). Statement on the health co-benefits of policies to tackle climate change. Abgerufen von http://www.interacademies.org/14745/IAMP-Statement-on-the-Health-CoBenefits-of-Policies-to-Tackle-Climate-Change

ICN – International Council of Nurses. (2017). Nurses' Role in achieving the Sustainable Development Goals. International Nurses Day Resources and Evidence. Geneva. Abgerufen von https://www.icnvoicetolead.com/wp-content/uploads/2017/04/ICN_AVoiceToLead_guidancePack-9.pdf

Institution of Occupational Safety and Health. (2001). Guidelines on Occupational Safety and Health Management Systems ILO-OSH 2001. Geneva: International Labour Office. Abgerufen von http://www.ilo.org/wcmsp5/groups/public/@ed_protect/@protrav/@safework/documents/normativeinstrument/wcms_107727.pdf

IPCC – Intergovernmental Panel on Climate Change. (2014a). Climate Change 2014: Mitigation of Climate Change. Contribution of Working Group III to the Fifth Assessment Report of the Intergovernmental Panel for Climate Change. Cambridge, New York: Cambridge University Press. Abgerufen von http://www.ipcc.ch/report/ar5/wg3/

IPCC – Intergovernmental Panel on Climate Change. (2014b). Climate Change 2014: Synthesis Report. Contribution of Working Groups I, II and III to the Fifth Assessment Report of the Intergovernmental Panel on

Climate Change. Geneva: Intergovernmental Panel on Climate Change. Abgerufen von http://www.ipcc.ch/report/ar5/syr/

Jachs, S. (2011). Einführung in das Katastrophenmanagement. Wien: Tredition Verlag.

Janssen, S. A., Vos, H., Eisses, A. R., & Pedersen, E. (2011). A comparison between exposure-response relationships for wind turbine annoyance and annoyance due to other noise sources. Journal of the Acoustical Society of America, 130(6), 3746–3753. https://doi.org/10.1121/1.3653984

Jöbstl, C., Ortner, S., Knoblauch, H., & Zenz, G. (2011). Hochwasserereignisse in kleinen, urbanen Einzugsgebieten – Vorhersage und Vorwarnung am Beispiel Graz. Österreichische Wasser- und Abfallwirtschaft, 63(7), 146–152. https://doi.org/10.1007/s00506-011-0309-3

Karrer, G., Milakovic, M., Kropf, M., Hackl, G., Essl, F., Hauser, M., & Dullinger, S. (2011). Ausbreitungsbiologie und Management einer extrem allergenen, eingeschleppten Pflanze – Wege und Ursachen der Ausbreitung von Ragweed (Ambrosia artemisiifolia) sowie Möglichkeiten seiner Bekämpfung. Wien: BMLFUW.

Kendrovski, V., & Gjorgjev, D. (2012). Climate Change: Implication for Food-Borne Diseases (Salmonella and Food Poisoning Among Humans in R. Macedonia). In A. Amer Eissa (Hrsg.), Structure and Function of Food Engineering (S. 151–170). London: IntechOpen.

Keogh-Brown, M., Jensen, H. T., Smith, R. D., Chalabi, Z., Davies, M., Dangour, A., … Haines, A. (2012). A whole-economy model of the health co-benefits of strategies to reduce greenhouse gas emissions in the UK. The Lancet, 380, S52. https://doi.org/10.1016/S0140-6736(13)60408-0

Kickbusch, I., & Maag, D. (2006). Die Gesundheitsgesellschaft: Megatrends der Gesundheit und deren Konsequenzen für Politik und Gesellschaft. Gamburg: Verlag für Gesundheitsförderung.

Kirch, W., Bertollini, R., & Menne, B. (Hrsg.). (2005). Extreme Weather Events and Public Health Responses. Berlin, Heidelberg: Springer.

Kjellstrom, T., Holmer, I., & Lemke, B. (2009). Workplace heat stress, health and productivity – an increasing challenge for low and middle-income countries during climate change. Global Health Action, 2(1), 2047. https://doi.org/10.3402/gha.v2i0.2047

Kjellstrom, T., Kovats, S., Lloyd, S. J., Holt, T., & Tol, R. S. J. (2009). The Direct Impact of Climate Change on Regional Labor Productivity. Archives of Environmental & Occupational Health, 64(4), 217–227. https://doi.org/10.1080/19338240903352776

Klimaaktiv. (2018). klimaaktiv mobil. Abgerufen 8. März 2018, von https://www.klimaaktiv.at/mobilitaet.htm

König, M., Loibl, W., & Steiger, R. (2014). Der Einfluss des Klimawandels auf die Anthroposphäre. In APCC – Austrian Panel on Climate Change (Hrsg.), Österreichischer Sachstandsbericht Klimawandel 2014: Austrian assessment report 2014 (AAR14) (Bd. 2, Kap. 6, S. 641–704). 2014: Verlag der Österreichischen Akademie der Wissenschaften.

Koppe, C. (2005). Gesundheitsrelevante Bewertung von thermischer Belastung unter Berücksichtigung der kurzfristigen Anpassung der Bevölkerung an die lokalen Witterungsverhältnisse (Dissertation). Albert-Ludwigs-Universität Freiburg. Abgerufen von https://freidok.uni-freiburg.de/data/1802

Koppe, C., Sari Kovats, R., Menne, B., Jendritzky, G., Europe, W. H. O. R. O. for, Medicine, L. S. of H. and T., … Wetterdienst, D. (2004). Heat-waves: risks and responses. Kopenhagen: WHO Regional Office for Europe.

Kowarik, I., Bartz, R., & Brenck, M. (Hrsg.). (2016). Ökosystemleistungen in der Stadt: Gesundheit schützen und Lebensqualität erhöhen. Berlin, Leipzig: Naturkapital Deutschland – TEEB DE.

Kraak, V. I., & Story, M. (2015). Influence of food companies' brand mascots and entertainment companies' cartoon media characters on children's diet and health: a systematic review and research needs. Obesity Reviews, 16(2), 107–126. https://doi.org/10.1111/obr.12237

Krayenhoff, E. S., & Voogt, J. A. (2010). Impacts of Urban Albedo Increase on Local Air Temperature at Daily–Annual Time Scales: Model Results and Synthesis of Previous Work. Journal of Applied Meteorology and Climatology, 49(8), 1634–1648. https://doi.org/10.1175/2010JAMC2356.1

Krutzler, T., Wiesenberger, H., Heller, C., Gössl, M., Stranner, G., Storch, A., Schindler, I. (2016). Szenario erneuerbare Energie 2030 und 2050. Wien: Umweltbundesamt. Abgerufen von http://www.umweltbundesamt.at/fileadmin/site/publikationen/REP0576.pdf

Kuttler, W. (2011a). Climate change in urban areas. Part 1, Effects. Environmental Sciences Europe, 23(1), 11. https://doi.org/10.1186/2190–4715-23-11

Kuttler, W. (2011b). Climate change in urban areas. Part 2, Measures. Environmental Sciences Europe, 23(1), 1–15. https://doi.org/10.1186/2190–4715-23-21

Lang, T. I. M. (2014). Sustainable Diets: another hurdle or a better food future? Development, 57(2), 240–256. https://doi.org/10.1057/dev.2014.73

Larsen, J. (2017). The making of a pro-cycling city: Social practices and bicycle mobilities. Environment and Planning A, 49(4), 876–892. https://doi.org/10.1177/0308518X16682732

Lee, A. C., & Maheswaran, R. (2011). The health benefits of urban green spaces: a review of the evidence. Journal of Public Health, 33(2), 212–222. https://doi.org/10.1093/pubmed/fdq068

Légaré, F., Hébert, J., Goh, L., Lewis, K. B., Portocarrero, M. E. L., Robitaille, H., & Stacey, D. (2016). Do choosing wisely tools meet criteria for patient decision aids? A descriptive analysis of patient materials. BMJ Open, 6(8), e011918. https://doi.org/10.1136/bmjopen-2016–011918

Lenton, T. M., Held, H., Kriegler, E., Hall, J. W., Lucht, W., Rahmstorf, S., & Schellnhuber, H. J. (2008). Tipping elements in the Earth's climate system. Proceedings of the National Academy of Sciences, 105(6), 1786–1793. https://doi.org/10.1073/pnas.0705414105

Li, D., Bou-Zeid, E., & Oppenheimer, M. (2014). The effectiveness of cool and green roofs as urban heat island mitigation strategies. Environmental Research Letters, 9(5), 055002. https://doi.org/10.1088/1748–9326/9/5/055002

Li, X.-X., & Norford, L. K. (2016). Evaluation of cool roof and vegetations in mitigating urban heat island in a tropical city, Singapore. Urban Climate, 16, 59–74. https://doi.org/10.1016/j.uclim.2015.12.002

Liu, H.-L., & Shen, Y.-S. (2014). The Impact of Green Space Changes on Air Pollution and Microclimates: A Case Study of the Taipei Metropolitan Area. Sustainability, 6, 8827–8855. https://doi.org/10.3390/su6128827

Loibl, W., Tötzer, T., Köstl, M., Nabernegg, S., & Steininger, K. W. (2015). Cities and Urban Green. In K. W. Steininger, M. König, B. Bednar-Friedl, L. Kranzl, W. Loibl, & F. Prettenthaler (Hrsg.), Economic Evaluation of Climate Change Impacts: Development of a Cross-Sectoral Framework and Results for Austria (S. 323–347). Cham: Springer International Publishing. https://doi.org/10.1007/978–3-319-12457-5_17

Löschau, G., Wiedensohler, A., Birmili, W., Rasch, F., Spindler, G., Müller, K., Kühne, H. (2017). Messtechnische Begleitung der Einführung der Umweltzone Leipzig. Abschlussbericht: Immissionssituation von 2010 bis 2016 und Wirkung der Umweltzone auf die straßennahe Luftqualität (No. 6). Dresden: Sächsisches Landesamt für Umwelt, Landwirtschaft und Geologie. Abgerufen von https://www.tropos.de/fileadmin/user_upload/Entdecken/gut_zu_wissen/Daten_PDF/Abschlussbericht_Umweltzone_Leipzig_2017.pdf

Löschner, L., Herrnegger, M., Apperl, B., Senoner, T., Seher, W., & Nachtnebel, H. P. (2017). Flood risk, climate change and settlement development: a micro-scale assessment of Austrian municipalities. Regional Environmental Change, 17(2), 311–322. https://doi.org/10.1007/s10113-016–1009-0

Lozano, R., Naghavi, M., Foreman, K., Lim, S., Shibuya, K., Aboyans, V., … Murray, C. J. (2012). Global and regional mortality from 235 causes of death for 20 age groups in 1990 and 2010: a systematic analysis for the Global Burden of Disease Study 2010. The Lancet, 380(9859), 2095–2128. https://doi.org/10.1016/S0140-6736(12)61728–0

MA 18 – Stadtentwicklung und Stadtplanung. (2011). Werkstattbericht Nr. 114. 2011. Radverkehrserhebung Wien. Entwicklungen, Merkmale und Potenziale. Stand 2010. Wien: Stadt Wien. Abgerufen von http://www.wien.gv.at/stadtentwicklung/studien/pdf/b008167.pdf

MA 18 – Stadtentwicklung und Stadtplanung. (2015). Fachkonzept Mobilität. STEP 2025. Stadtentwicklung Wien 2015. Wien: Stadt Wien. Abgerufen von https://www.wien.gv.at/stadtentwicklung/studien/pdf/b008390b.pdf

Mäding, H. (2006). Demographischer Wandel als Herausforderunge für die Kommunen. In P. Gans & A. Schmitz-Veltin (Hrsg.), Demographische Trends in Deutschland: Folgen für Städte und Regionen (Bd. 226, S. 338–354). Hannover: Demographische Trends in Deutschland: Folgen für Städte und Regionen (pp. 338–354). Hannover: Akademie für Raumforschung und Landesplanung.

Maier, P. (2015). Wachsende Fahrradnutzung in Wien und ihre Relevanz für Klima und Gesundheit (Social Ecology Working Paper No. 165). Wien: Institute of Social Ecology. Abgerufen von https://www.aau.at/wp-content/uploads/2016/11/working-paper-165-web.pdf

Malik, A., Lenzen, M., McAlister, S., & McGain, F. (2018). The carbon footprint of Australian health care. The Lancet Planetary Health, 2(1), e27–e35. https://doi.org/10.1016/S2542-5196(17)30180–8

Malsch, A. K. F., & Hornberg, C. (2007). Infraschall und tieffrequenter Schall – ein Thema für den umweltbezogenen Gesundheitsschutz in Deutschland?: Mitteilung der Kommission „Methoden und Qualitätssicherung in der Umweltmedizin". Bundesgesundheitsblatt – Gesundheitsforschung – Gesundheitsschutz, 50(12), 1582–1589. https://doi.org/10.1007/s00103-007–0407-3

Manova. (2016). Wertschöpfung durch österreichische Seilbahnen (Endbericht). Wien: Manova. Abgerufen von https://www.wko.at/branchen/transport-verkehr/seilbahnen/Wertschoepfung-durch-Oesterreichische-Seilbahnen.pdf

Mathey, J., Rößler, S., Lehmann, I., & Bräuer, A. (2012). Anpassung an den Klimawandel durch Stadtgrün – klimatische Ausgleichspotenziale städtischer Vegetationsstrukturen und planerische Aspekte. In Nachhaltiges Flächenmananagement von Industrie- und Gewerbebrachen (S. 17–20). Lehr- und Forschungszentrum für Landwirtschaft Raumberg-Gumpenstein.

Matter-Walstra, K., Widmer, M., & Busato, A. (2006). Seasonal variation in orthopedic health services utilization in Switzerland: The impact of winter sport tourism. BMC Health Services Research, 6:25, 1–10. https://doi.org/10.1186/1472–6963-6-25

McGain, F., & Naylor, C. (2014). Environmental sustainability in hospitals – a systematic review and research agenda. Journal of Health Services Research & Policy, 19(4), 245–252. https://doi.org/10.1177/1355819614534836

McMichael, A. J. (2013). Globalization, climate change, and human health. New England Journal of Medicine, 368, 1343.

McMichael, A., Neira, M., Bertollini, R., Campbell-Lendrum, D., & Hales, S. (2009). Climate change: a time of need and opportunity for the health sector. The Lancet, 374(9707), 2123–2125. https://doi.org/10.1016/S0140-6736(09)62031–6

Minx, J. C., Wiedmann, T., Wood, R., Peters, G. P., Lenzen, M., Owen, A., … Ackerman, F. (2009). Input-Output

Analysis and Carbon Footprinting: An Overview of Applications. Economic Systems Research, 21(3), 187–216. https://doi.org/10.1080/09535310903541298

Mohrman, S. A., (Rami) Shani, A. B., & McCracken, A. (2012). Chapter 1 Organizing for Sustainable Health Care: The Emerging Global Challenge. In S. A. Mohrman & A. B. (Rami) Shani (Hrsg.), Organizing for Sustainable Health Care (Bd. 2, S. 1–39). Emerald Group Publishing Limited.

Moodie, R., Stuckler, D., Monteiro, C., Sheron, N., Neal, B., Thamarangsi, T., … Casswell, S. (2013). Profits and pandemics: prevention of harmful effects of tobacco, alcohol, and ultra-processed food and drink industries. The Lancet, 381(9867), 670–679. https://doi.org/10.1016/S0140-6736(12)62089-3

Mozaffarian, D., Rogoff, K. S., & Ludwig, D. S. (2014). The Real Cost of Food: Can Taxes and Subsidies Improve Public Health? JAMA, 312(9), 889. https://doi.org/10.1001/jama.2014.8232

Mücke, H.-G., Straff, W., Faber, M., Hafenberger, M., Laußmann, D., Scheidt-Nave, C., & Stark, K. (2013). Klimawandel und Gesundheit. Allgemeiner Rahmen zu Handlungsempfehlungen für Behörden und weitere Akteure in Deutschland. Berlin: Umweltbundesamt, Robert Koch Institut. Abgerufen von https://edoc.rki.de/handle/176904/295

Mueller, N., Rojas-Rueda, D., Cole-Hunter, T., de Nazelle, A., Dons, E., Gerike, R., … Nieuwenhuijsen, M. (2015). Health impact assessment of active transportation: A systematic review. Preventive Medicine, 76, 103–114. https://doi.org/10.1016/j.ypmed.2015.04.010

Mueller, N., Rojas-Rueda, D., Salmon, M., Martinez, D., Ambros, A., Brand, C., … Nieuwenhuijsen, M. (2018). Health impact assessment of cycling network expansions in European cities. Preventive Medicine, 109, 62–70. https://doi.org/10.1016/j.ypmed.2017.12.011

Müller, M., Vacik, H., Valese, E., Müller, M. M., Vacik, H., & Valese, E. (2015). Anomalies of the Austrian Forest Fire Regime in Comparison with Other Alpine Countries: A Research Note. Forests, 6(4), 903–913. https://doi.org/10.3390/f6040903

Muthers, S. (2010). Untersuchung des Zusammenhangs von thermischem Bio-Klima und Mortalität in Österreich auf der Grundlage von Messdaten und regionalen Klimamodellen (Dissertation). Universität Freiburg. Abgerufen von http://www.freidok.uni-freiburg.de/volltexte/7920/

Neira, M. (2014). Climate change: An opportunity for public health. Department of Public Health, Environmental and Social Determinants of Health, WHO. Abgerufen von http://www.who.int/mediacentre/commentaries/climate-change/en/

Norton, B. A., Coutts, A. M., Livesley, S. J., Harris, R. J., Hunter, A. M., & Williams, N. S. G. (2015). Planning for cooler cities: A framework to prioritise green infrastructure to mitigate high temperatures in urban lands-

capes. Landscape and Urban Planning, 134, 127–138. https://doi.org/10.1016/j.landurbplan.2014.10.018

OECD – Organisation for Economic Co-operation and Development. (2017a). Obesity Update 2017. OECD. Abgerufen von https://www.oecd.org/els/health-systems/Obesity-Update-2017.pdf

OECD – Organisation for Economic Co-operation and Development. (2017b). OECD Health Statistics 2017. Abgerufen 1. Dezember 2017, von http://www.oecd.org/els/health-systems/health-data.htm

ONGKG – Österreichisches Netzwerk gesundheitsfördernder Krankenhäuser und Gesundheitseinrichtungen. (2017). Konferenzbuch. Abgerufen 30. August 2018, von http://www.ongkg.at/fileadmin/user_upload/ONGKG_Konferenzen/22.Konferenz_2017/22.Konferenz_Konferenzbuch.pdf

ONGKG – Österreichisches Netzwerk gesundheitsfördernder Krankenhäuser und Gesundheitseinrichtungen. (2018). Konzept und Ziele. Abgerufen 30. August 2018, von http://www.ongkg.at/konzept-und-ziele/warum-gesundheitsfoerderung.html

ÖPGK – Österreichische Plattform Gesundheitskompetenz. (2018). Österreichische Plattform Gesundheitskompetenz. Abgerufen 8. März 2018, von https://oepgk.at

ÖROK – Österreichische Raumordnungskonferenz. (2014). ÖROK-Regionalprognosen 2014–2030: Bevölkerung. Abgerufen von https://www.oerok-atlas.at/#indicator/65en

Paavola, J. (2017). Health impacts of climate change and health and social inequalities in the UK. Environmental Health, 16, 113. https://doi.org/10.1186/s12940-017-0328-z

Panziera, L., Gabella, M., Zanini, S., Hering, A., Germann, U., & Berne, A. (2016). A radar-based regional extreme rainfall analysis to derive the thresholds for a novel automatic alert system in Switzerland. Hydrology and Earth System Sciences, 20(6), 2317–2332. https://doi.org/10.5194/hess-20-2317-2016

Pappenberger, F., Cloke, H. L., Parker, D. J., Wetterhall, F., Richardson, D. S., & Thielen, J. (2015). The monetary benefit of early flood warnings in Europe. Environmental Science & Policy, 51, 278–291. https://doi.org/10.1016/j.envsci.2015.04.016

Parker, D. J., & Priest, S. J. (2012). The Fallibility of Flood Warning Chains: Can Europe's Flood Warnings Be Effective? Water Resources Management, 26(10), 2927–2950. https://doi.org/10.1007/s11269-012-0057-6

Parker, D. J., Priest, S. J., & McCarthy, S. S. (2011). Surface water flood warnings requirements and potential in England and Wales. Applied Geography, 31(3), 891–900. https://doi.org/10.1016/j.apgeog.2011.01.002

Parker, D. J., Priest, S. J., & Tapsell, S. M. (2009). Understanding and enhancing the public's behavioural response to flood warning information. Meteorological Applications, 16(1), 103–114. https://doi.org/10.1002/met.119

Parsons, K. (2014). Human thermal environments: the effects of hot, moderate, and cold environments on human health, comfort, and performance. CRC Press.

Pechlaner, S., Suckert, K., & Sailer, R. (1987). Handverletzungen im alpinen Skilauf. Sportverletzung, Sportschaden, 4(1), 171–176. https://doi.org/10.1055/s-2007–993710

Pedersen, Eja, & Persson Waye, K. (2005). Perception and annoyance due to wind turbine noise-a dose-response relationship. Journal of the Acoustical Society of America, 116(6), 3460–3470. https://doi.org/10.1121/1.1815091

Pelikan, J. M., & Halbmayer, E. (1999). Gesundheitskompetente Krankenbehandlungseinrichtungen. Health literate health care organizations. In J. M. Pelikan & S. Wolff (Hrsg.), Das gesundheitsfördernde Krankenhaus: Konzepte und Beispiele zur Entwicklung einer lernenden Organisation (S. 13–36). München, Weinheim: Juventa,.

Peng, S., Piao, S., Ciais, P., Friedlingstein, P., Ottle, C., Bréon, F.-M., Myneni, R. B. (2012). Surface Urban Heat Island Across 419 Global Big Cities. Environmental Science & Technology, 46(2), 696–703. https://doi.org/10.1021/es2030438

Perez, L., Trüeb, S., Cowie, H., Keuken, M. P., Mudu, P., Ragettli, M. S., Künzli, N. (2015). Transport-related measures to mitigate climate change in Basel, Switzerland: A health-effectiveness comparison study. Environment International, 85, 111–119. https://doi.org/10.1016/j.envint.2015.08.002

Peris-Ortiz, M., & Álvarez-García, J. (Hrsg.). (2015). Health and Wellness Tourism: Emergence of a New Market Segment. Springer.

Perzl, F., & Walter, D. (2012). Gefährdung der Verkehrsinfrastruktur durch Naturgefahren: Identifikation durch Schneelawinen gefährdeter Verkehrswege-Abschnitte. Innsbruck: Bundesforschungszentrum für Wald. Abgerufen von https://www.researchgate.net/profile/Frank_Perzl/publication/281292236_Gefahrdung_der_Verkehrsinfrastruktur_durch_Naturgefahren_Identifikation_durch_Schneelawinen_gefahrdeter_Verkehrswege-Abschnitte/links/55e05ad508ae6abe6e88843e/Gefaehrdung-der-Verkehrsinfrastruktur-durch-Naturgefahren-Identifikation-durch-Schneelawinen-gefaehrdeter-Verkehrswege-Abschnitte.pdf

Pfaffenbichler, P., Unterpertinger, F., Lechner, H., Simader, G., & Bannert, M. (2011). BikeRisk-Risiken des Radfahrens im Alltag. Wien: Österreichische Energieagentur. Abgerufen von https://trid.trb.org/view/1278746

Pfurtscheller, C. (2014). Regional economic impacts of natural hazards – the case of the 2005 Alpine flood event in Tyrol (Austria). Natural Hazards Earth System Sciences, 14(2), 359–378. https://doi.org/10.5194/nhess-14–359-2014

Pohl, J., Gabriel, J., & Hübner, G. (2014). Untersuchung der Beeinträchtigung von Anwohnern durch Geräuschemissionen von Windenergieanlagen und Ableitung übertrag-barer Interventionsstrategien zur Verminderung dieser. Halle (Saale): DBU, DEWI, WPD. Abgerufen von https://www.dbu.de/OPAC/ab/DBU-Abschlussbericht-AZ-28754.pdf

Pollenfrühwarndienst. (2018). Homepage. Abgerufen 30. August 2018, von www.pollenwarndienst.at

Popkin, B. M. (2006). Global nutrition dynamics: the world is shifting rapidly toward a diet linked with noncommunicable diseases. American Journal of Clinical Nutrition, 84(2), 289–298. https://doi.org/10.1093/ajcn/84.1.289

Preuner, P., Riegler, M., & Scolobig, A. (2017). Sozialwissenschaftliche Aspekte beim Aufbau eines Frühwarnsystems am Gschliefgraben. In I. Wimmer-Frey, A. Römer, & C. Janda (Hrsg.) (S. 185–190). Gehalten auf der Arbeitstagung „Angewandte Geowissenschaften an der GBA", Bad Ischl, Hallstatt, Gmunden, Wien: Angewandte Geowissenschaften an der GBA. Abgerufen von http://opac.geologie.ac.at/wwwopacx/wwwopac.ashx?command=getcontent&server=images&value=ATA_2017_185.pdf

Priest, S. J., Parker, D. J., & Tapsell, S. M. (2011). Modelling the potential damage-reducing benefits of flood warnings using European cases. Environmental Hazards, 10(2), 101–120. https://doi.org/10.1080/17477891.2011.579335

PrimVG – Primärversorgungsgesetz. Bundesgesetz über die Primärversorgung in Primärversorgungseinheiten, GP XXV IA 2255/A AB 1714 S. 188. BR: AB 9882 § (2017). Abgerufen von https://www.ris.bka.gv.at/GeltendeFassung.wxe?Abfrage=Bundesnormen&Gesetzesnummer=20009948

Pröbstl, U., & Jiricka, A. (2012). Carbon Foot Print Skilifte Lech. Internationale Seilbahnrundschau, 4, 24–25.

Prüss-Üstün, A., Wolf, J., Corvalán, C., Bos, R., Neira, M. P., & WHO. (2016). Preventing disease through healthy environments. A global assessment of the burden of disease from environmental risks. Geneva: World Health Organization.

Pucher, J., & Buehler, R. (2008). Making Cycling Irresistible: Lessons from The Netherlands, Denmark and Germany. Transport Reviews, 28(4), 495–528. https://doi.org/10.1080/01441640701806612

Pugh, T. A. M., MacKenzie, A. R., Whyatt, J. D., & Hewitt, C. N. (2012). Effectiveness of Green Infrastructure for Improvement of Air Quality in Urban Street Canyons. Environmental Science & Technology, 46(14), 7692–7699. https://doi.org/10.1021/es300826w

Ragweedfinder. (2018). Homepage. Abgerufen 11. März 2018, von www.ragweedfinder.at

Reddy, M. V., & Wilkes, K. (Hrsg.). (2012). Tourism, Climate Change and Sustainability. New York: Routledge.

Rojas-Rueda, D., de Nazelle, A., Teixidó, O., & Nieuwenhuijsen, M. (2013). Health impact assessment of increasing public transport and cycling use in Barcelona: A morbidity and burden of disease approach. Preventive Medicine, 57(5), 573–579. https://doi.org/10.1016/j.ypmed.2013.07.021

Rojo, J. J. (2007). Future trends in local air quality impacts of aviation. Massachusetts Institute of Technology. Abgerufen von http://dspace.mit.edu/handle/1721.1/39707

Röösli, M., Vienneau, D., Foraster, M., Eze, I. C., Héritier, H., Schaffner, E., Habermacher, M. (2017). Short and long term effects of transportation noise exposure (SiRENE): an interdisciplinary approach. Gehalten auf der Proceedings of the 12th ICBEN Congress on Noise as a Public Health Problem, Zürich.

Rosenzweig, C., Solecki, W., Parshall, L., Gaffin, S., Lynn, B., Goldberg, R., … Hodges, S. (2006). Mitigating New York City's heat island with urban forestry, living roofs, and light surfaces. Gehalten auf der Sixth Symp. on the UrbanEnvironment, Atlanta: American Meteorology. Abgerufen von www.giss.nasa.gov/research/news/20060130/103341.pdfRosenzwer

Roson, R., & Sartori, M. (2016). Estimation of Climate Change Damage Functions for 140 Regions in the GTAP 9 Data Base. Journal of Global Economic Analysis, 1(2), 78–115. https://doi.org/10.21642/JGEA.010202AF

Roson, R., & Van der Mensbrugghe, D. (2012). Climate change and economic growth: impacts and interactions. International Journal of Sustainable Economy, 4(3), 270–285. https://doi.org/10.1504/IJSE.2012.047933

Rosselló-Nadal, J. (2014). How to evaluate the effects of climate change on tourism. Tourism Management, 42, 334–340. https://doi.org/10.1016/j.tourman.2013.11.006

Rößler, S. (2015). Klimawandelgerechte Stadtentwicklung durch grüne Infrastruktur. Raumforschung und Raumordnung, 73(2), 123–132. https://doi.org/10.1007/s13147-014-0310-y

RPA – Risk and Policy Analysts, & FHRC – Flood Hazard Research Centre. (2004). The appraisal of human-related intangible impacts of flooding. Report to Defra/EA, R&D Project FD2005. London: Department for Environment, Food and Rural Affairs. Abgerufen von bfw.ac.at/crue_documents/pjr_274_226.pdf

Rudolf-Miklau, F. (2009). Naturgefahren-Management in Österreich: Vorsorge – Bewältigung – Information. Wien: LexisNexis.

Rudolf-Miklau, F., & Sauermoser, S. (Hrsg.). (2011). Handbuch Technischer Lawinenschutz. Berlin: Ernst & Sohn.

Ruedl, G., Philippe, M., Sommersacher, R., Dünnwald, T., Kopp, M., & Burtscher, M. (2014). Aktuelles Unfallgeschehen auf österreichischen Skipisten. Sportverletzung, Sportschaden, 28(4), 183–187. https://doi.org/10.1055/s-0034-1385244

Saidur, R., Rahim, N. A., Islam, M. R., & Solangi, K. H. (2011). Environmental impact of wind energy. Renewable and Sustainable Energy Reviews, 15(5), 2423–2430. https://doi.org/10.1016/j.rser.2011.02.024

Santamouris, M. (2014). Cooling the cities – A review of reflective and green roof mitigation technologies to fight heat island and improve comfort in urban environments. Solar Energy, 103, 682–703. https://doi.org/10.1016/j.solener.2012.07.003

Scarborough, P., Allender, S., Clarke, D., Wickramasinghe, K., & Rayner, M. (2012). Modelling the health impact of environmentally sustainable dietary scenarios in the UK. European Journal of Clinical Nutrition, 66(6), 710–715. https://doi.org/10.1038/ejcn.2012.34

Scarborough, P., Clarke, D., Wickramasinghe, K., & Rayner, M. (2010). Modelling the health impacts of the diets described in 'Eating the Planet' published by Friends of the Earth and Compassion in World Farming. Oxford: British Heart Foundation Health Promotion Research Group, Department of Public Health, University of Oxford.

Scarborough, P., Nnoaham, K. E., Clarke, D., Capewell, S., & Rayner, M. (2010). Modelling the impact of a healthy diet on cardiovascular disease and cancer mortality. Journal of Epidemiology and Community Health, 66(5), 420–426. https://doi.org/10.1136/jech.2010.114520

Schauser, I., Lindner, C., Greiving, S., Lückenkötter, J., Fleischhauer, M., Schneiderbauer, S., Zebisch, M. (2015). A consensus based vulnerability assessment to climate change in Germany. International Journal of Climate Change Strategies and Management, 7(3), 306–326. https://doi.org/10.1108/IJCCSM-11–2013-0124

Schimmel, A., & Hübl, J. (2016). Automatic detection of debris flows and debris floods based on a combination of infrasound and seismic signals. Landslides, 13(5), 1181–1196. https://doi.org/10.1007/s10346-015–0640-z

Schimmel, A., Hübl, J., Koschuch, R., & Reiweger, I. (2017). Automatic detection of avalanches: evaluation of three different approaches. Natural Hazards, 87(1), 83–102. https://doi.org/10.1007/s11069-017–2754-1

Schipfer, R. K. (2005). Der Wandel der Bevölkerungsstruktur in Österreich: Auswirkungen auf Regionen und Kommunen. Working Paper No. 5. Wien: Österreichisches Institut für Familienforschung an der Universität Wien. Abgerufen von https://www.ssoar.info/ssoar/handle/document/35684

Schobersberger, W. (2009). Climate change as a chance for Alpine health tourism? In Proceedings of the Innsbruck Conference October 15–17, 2007 (Bd. 2, S. 175–181). Institut für interdisziplinäre Gebirgsforschung.

Scholz, T., Ronchi, S., & Hof, A. (2016). Ökosystemdienstleistungen von Stadtbäumen in urban-industriellen Stadtlandschaften Analyse, Bewertung und Kartierung mit Baumkatastern. Journal für Angewandte Geoinformatik, 2, 462–471.

Schroeder, K., Thompson, T., Frith, K., & Pencheon, D. (2013). Sustainable Healthcare. Chichester: John Wiley & Sons.

Schulz, L., & Wieser, G. (2013). Alpine Lakes Network SILMAS. Beitrag Kärnten – Endbericht. Klagenfurt am Wörthersee: Amt der Kärnter Landesregierung.

Schutter L., Bruckner, M., Giljum, S., & Klein, F. (2015). Achtung heiß und fettig. Klima & Ernährung in Österreich. Auswirkungen der Österreichischen Ernährung auf das Klima. Wien: WWF Österreich. Abgerufen von https://www.wwf.at/de/view/files/download/showDownload/?tool=12&feld=download&sprach_connect=3023

Scolobig, A., Riegler, M., Preuner, P., Linnerooth-Bayer, J., Ottowitz, D., Hoyer, S., … Jochum, B. (2017). Warning System Options for Landslide Risk: A Case Study in Upper Austria. Resources, 6(3), 37. https://doi.org/10.3390/resources6030037

Scott, D., Hall, C. M., & Gössling, S. (2012). Tourism and Climate Change: Impacts, Adaptation and Mitigation. London, New York: Routledge.

Scott, D., Hall, C. M., & Gössling, S. (2015). A review of the IPCC Fifth Assessment and implications for tourism sector climate resilience and decarbonization. Journal of Sustainable Tourism, 24(1), 8–30. https://doi.org/10.1080/09669582.2015.1062021

Scott, D., Wall, G., & McBoyle, G. (2005). The evolution of the climate change issue in the tourism sector. In C. M. Hall & J. E. S. Higham (Hrsg.), Tourism, Recreation and Climate Change (S. 44–60). Bristol: Channel View Publications.

SDU – Sustainable Development Unit. (2013). NHS England Carbon Footprint (Update). Cambridge: National Health Service England. Abgerufen von https://www.sduhealth.org.uk/documents/Carbon_Footprint_summary_NHS_update_2013.pdf

SDU – Sustainable Development Unit. (2015). Sustainable, Resilient, Healthy People & Places. Sustainable Development Strategy for the NHS, Public Health and Social Care System 2014–2020. Cambridge: National Health Service England. Abgerufen von https://www.sduhealth.org.uk/documents/publications/2014 %20strategy%20and%20modulesNewFolder/Strategy_FINAL_Jan2014.pdf

SDU – Sustainable Development Unit. (2016). Sustainable development in the health and care system: Health Check 2016. Cambridge: National Health Service England. Abgerufen von http://www.sduhealth.org.uk/documents/publications/2016/20160119 %20SDUupdate2016 %20Web.pdf

SDU – Sustainable Development Unit. (2018). Homepage. Abgerufen 31. August 2018, von http://www.sduhealth.org.uk

SDU – Sustainable Development Unit, & SEI – Stockholm Environment Institute. (2009). NHS England Carbon Emissions Carbon Footprinting Report. National Health Service England. Abgerufen von https://www.sduhealth.org.uk/documents/resources/Carbon_Footprint_carbon_emissions_2008_r2009.pdf

SDU – Sustainable Development Unit, & SEI – Stockholm Environment Institute. (2010). NHS England Carbon Footprint: GHG emissions 1990–2020 baseline emissions update. National Health Service England. Abgerufen von https://www.sduhealth.org.uk/documents/publications/Carbon_Footprint_2010.pdf

Seebauer, S., & Babcicky, P. (2016). RELOCATE – Absiedlung von hochwassergefährdeten Haushalten im Eferdinger Becken: Begleitforschung zu sozialen Folgewirkungen. Endbericht von StartClim²015.B (StartClim²015). BMLFUW, BMWF, ÖBf, Land Oberösterreich. Abgerufen von http://www.startclim.at/fileadmin/user_upload/StartClim²015_reports/StCl2015B_lang.pdf

Shashua-Bar, L., & Hoffman, M. E. (2000). Vegetation as a climatic component in the design of an urban street: An empirical model for predicting the cooling effect of urban green areas with trees. Energy and Buildings, 31(3), 221–235. https://doi.org/10.1016/S0378-7788(99)00018–3

Shaw, C., Hales, S., Howden-Chapman, P., & Edwards, R. (2014). Health co-benefits of climate change mitigation policies in the transport sector. Nature Climate Change, 4(6), 427–433. https://doi.org/10.1038/nclimate2247

SHC – Sustainable Healthcare Coalition. (2018). Homepage. Abgerufen 30. August 2018, von http://www.shcoalition.org/

Sherman, J. D., Schonberger, R. B., & Eckelman, M. (2014). Estimate of carbon dioxide equivalents of inhaled anesthetics in the United States. In Proceedings of the American Society of Anesthesiologists Annual Meeting, New Orleans, La (S. 11–15).

Silverman, D., & Gendreau, M. (2009). Medical issues associated with commercial flights. The Lancet, 373(9680), 2067–2077. https://doi.org/10.1016/S0140-6736(09)60209–9

Simpson, M. C., Gössling, S., Scott, D., Hall, C. M., & Gladin, E. (2008). Climate Change Adaptation and Mitigation in the Tourism Sector: Frameworks, Tools and Practices. Paris: UNEP, University of Oxford, UNWTO, WMO. Abgerufen von https://www.cabdirect.org/cabdirect/abstract/20083177476

Skinner, C. J., & De Dear, R. J. (2001). Climate and tourism–an Australian perspective. In A. Matzarakis & C. R. de Freitas (Hrsg.), Proceedings of the First International Workshop on Climate, Tourism and Recreation (S. 239–256). Thessaloniki.

Smith, Kathryn R., & Roebber, P. J. (2011). Green Roof Mitigation Potential for a Proxy Future Climate Scenario in Chicago, Illinois. Journal of Applied Meteorology and Climatology, 50(3), 507–522. https://doi.org/10.1175/2010JAMC2337.1

Smith, K.R., Woodward, A., Campbell-Lendrum, D., Chadee, D. D., Honda, Y., Liu, Q., … Sauerborn, R. (2014). Human health: impacts adaptation and co-benefits. In IPCC (Hrsg.), Climate Change 2014: impacts, adaptation, and vulnerability Working Group II contribution to the IPCC 5th Assessment Report. Cambridge, UK and New York, NY (S. 709–754). Cambridge, New York: Cambridge University Press. Abgerufen von http://www.ipcc.ch/pdf/assessment-report/ar5/wg2/WGIIAR5-Chap11_FINAL.pdf

Smith, R. B., Fecht, D., Gulliver, J., Beevers, S. D., Dajnak, D., Blangiardo, M., … Toledano, M. B. (2017). Impact of London's road traffic air and noise pollution on birth weight: retrospective population based cohort study. BMJ, 359, j5299. https://doi.org/10.1136/bmj.j5299

Sprenger, M., Robausch, M., & Moser, A. (2016). Quantifying low-value services by using routine data from Austrian primary care. European Journal of Public Health, 2016, 1–4. https://doi.org/10.1093/eurpub/ckw080

Springmann, M., Godfray, H. C. J., Rayner, M., & Scarborough, P. (2016). Analysis and valuation of the health and climate change cobenefits of dietary change. Proceedings of the National Academy of Sciences, 113(15), 4146–4151. https://doi.org/10.1073/pnas.1523119113

Springmann, M., Mason-D'Croz, D., Robinson, S., Garnett, T., Godfray, H. C. J., Gollin, D., … Scarborough, P. (2016a). Global and regional health effects of future food production under climate change: a modelling study. The Lancet, 387(10031), 1937–1946. https://doi.org/10.1016/S0140-6736(15)01156-3

Springmann, M., Mason-D'Croz, D., Robinson, S., Wiebe, K., Godfray, H. C. J., Rayner, M., & Scarborough, P. (2016b). Mitigation potential and global health impacts from emissions pricing of food commodities. Nature Climate Change, 7(1), 69–74. https://doi.org/10.1038/nclimate3155

Stadt Hagen. (2018). Integriertes Klimaanpassungskonzept Hagen. Abgerufen 30. August 2018, von https://www.hagen.de/web/de/fachbereiche/fb_69/fb_69_05/fb_69_0505/integriertes_klimaanpassungskonzept.html

Stadt Wien. (2015). Wiener Hitzeratgeber. Abgerufen von https://www.wien.gv.at/umwelt/klimaschutz/pdf/hitzeratgeber.pdf

Stansfeld, S., Haines, M., & Brown, B. (2000). Noise and Health in the Urban Environment. Reviews on Environmental Health, 15(1), 43–82. https://doi.org/10.1515/REVEH.2000.15.1–2.43

Starkregengefahr.de. (2018). Starkregengefahren im Einzugsgebiet der Glems. Ein Beitrag der Anliegerkommunen zur Steigerung des Risikobewusstseins für Starkregengefahren. Abgerufen 30. August 2018, von www.starkregengefahr.de/glems

Statistik Austria. (2015). Österreichische Gesundheitsbefragung 2014. Wien: Statistik Austria. Abgerufen von https://www.bmgf.gv.at/cms/home/attachments/1/6/8/CH1066/CMS1448449619038/gesundheitsbefragung_2014.pdf

Statistik Austria. (2017a). Straßenverkehrsunfälle Jahresergebnisse 2016 – Straßenverkehrsunfälle mit Personenschaden. Abgerufen 30. August 2018, von https://www.statistik.at/web_de/statistiken/energie_umwelt_innovation_mobilitaet/verkehr/strasse/unfaelle_mit_personenschaden/index.html

Statistik Austria. (2017b). Umweltbedingungen, Umweltverhalten 2015, Ergebnisse des Mikrozensus. Wien: Statistik Austria. Abgerufen von http://www.laerminfo.at/dam/jcr:4a991352-bbc3-4667-9be1-d56f1bc4fcd3/projektbericht_umweltbedingungen_umweltverhalten_2015.pdf

Statistik Austria. (2017c). Versorgungsbilanzen. Abgerufen 15. November 2017, von http://www.statistik.at/web_de/statistiken/wirtschaft/land_und_forstwirtschaft/preise_bilanzen/versorgungsbilanzen/index.html

Statistik Austria. (2017d). Energiedaten Österreich 2016 – Änderung wichtiger Kennzahlen und Einflussfaktoren im Vergleich zum Vorjahr. Statistik Austria. Abgerufen von http://www.statistik.at/web_de/statistiken/energie_umwelt_innovation_mobilitaet/energie_und_umwelt/energie/index.html

Steinebach, G., & Uhlig, C. (2013). Sicherheit im demographischen Wandel. In M. Junkernheinrich & K. Ziegler (Hrsg.), Räume im Wandel: Empirie und Politik (S. 193–218). Wiesbaden: Springer Fachmedien Wiesbaden.

Steinführer, A. (2015). Bürger in der Verantwortung. Veränderte Akteursrollen in der Bereitstellung ländlicher Daseinsvorsorge. Raumforschung und Raumordnung, 73(1), 5–16. https://doi.org/10.1007/s13147-014-0318-3

Steininger, K. W., König, M., Bednar-Friedl, B., Kranzl, L., Loibl, W., & Prettenthaler, F. (Hrsg.). (2015). Economic Evaluation of Climate Change Impacts. Development of a Cross-Sectoral Framework and Results for Austria. Cham, Heidelberg, New York, Dordrecht, London: Springer International Publishing.

Stiles, R., Gasienica-Wawrytko, B., Hagen, K., Trimmel, H., Loibl, W., Köstl, M., Feilmayr, W. (2014). Urban Fabric Types and Microclimate Response - Assessment and Design Improvement. Final Report. Wien: Climate and Energy Fund of the Federal State. Abgerufen von http://urbanfabric.tuwien.ac.at/documents/_SummaryReport.pdf

Stiles, R., Hagen, K., & Trimmel, H. (2010). Wirkungszusammenhänge Freiraum und Mikroklima. Wien: Bundesministerium für Verkehr, Innovation und Technologie. Abgerufen von https://nachhaltigwirtschaften.at/resources/hdz_pdf/aspernplus_freiraum-mikroklima.pdf?m=1469659857

Strasdas, W., & Zeppenfeld, R. (2016). Tourismus und Klimawandel in Mitteleuropa – Einführung. In Tourismus und Klimawandel in Mitteleuropa: Wissenschaft trifft Praxis – Ergebnisse der Potsdamer Konferenz 2014 (S. 1–29). Wiesbaden: Springer.

Susca, T., Gaffin, S. R., & Dell'Osso, G. R. (2011). Positive effects of vegetation: Urban heat island and green roofs. Environmental Pollution, 159(8), 2119–2126. https://doi.org/10.1016/j.envpol.2011.03.007

Swinburn, B. A., Sacks, G., Hall, K. D., McPherson, K., Finegood, D. T., Moodie, M. L., & Gortmaker, S. L. (2011). The global obesity pandemic: shaped by global drivers and local environments. The Lancet, 378(9793), 804–814. https://doi.org/10.1016/S0140-6736(11)60813-1

Takakura, J., Fujimori, S., Takahashi, K., Hijioka, Y., Hasegawa, T., Yasushi Honda, & Masui, T. (2017). Cost of preventing workplace heat-related illness through worker breaks and the benefit of climate-change mitigation. Environmental Research Letters, 12(6), 064010. https://doi.org/10.1088/1748–9326/aa72cc

Tapper, E. M. (1978). Ski injuries from 1939 to 1976: The Sun Valley experience. American Journal of Sports Medicine, 6, 114–121. https://doi.org/10.1177/036354657 800600304

Taylor, J., Eastwick, C., Wilson, R., & Lawrence, C. (2013). The influence of negative oriented personality traits on the effects of wind turbine noise. Personality and Individual Differences, 54(3), 338–343. https://doi.org/10.1016/j.paid.2012.09.018

Tennison, I. (2010). Indicative carbon emissions per unit of healthcare activity. Briefing No. 23. NHS Sustainable Development Unit, Eastern Region Health Observatory. Abgerufen von https://www.sduhealth.org.uk/documents/publications/Bed_Days1.pdf

Thaler, T. (2017). The challenges with voluntary resettlement processes as a need under changing climate conditions. In F. van Straalen, T. Hartmann, & J. Sheehan (Hrsg.), Property Rights and Climate Change Land use under changing environmental conditions (S. 25–37). Abingdon: Routledge Taylor & Francis Group.

The Lancet. (2012). Global health in 2012: development to sustainability. The Lancet, 379(9812), 193. https://doi.org/10.1016/S0140-6736(12)60081–6

Theeuwes, N. E., Solcerová, A., & Steeneveld, G. J. (2013). Modeling the influence of open water surfaces on the summertime temperature and thermal comfort in the city. Journal of Geophysical Research: Atmospheres, 118(16), 8881–8896. https://doi.org/10.1002/jgrd.50704

Thielen, J., Bartholmes, J., Ramos, M.-H., & de Roo, A. (2009). The European Flood Alert System – Part 1: Concept and development. Hydrology and Earth System Sciences, 13(2), 125–140. https://doi.org/10.5194/hess-13–125-2009

Thompson, T., Walpole, S., Braithwaite, I., Inman, A., Barna, S., & Mortimer, F. (2014). Learning objectives for sustainable health care. The Lancet, 384(9958), 1924–1925. https://doi.org/10.1016/S0140-6736(14)62274–1

Threlfall, C. G., Mata, L., Mackie, J. A., Hahs, A. K., Stork, N. E., Williams, N. S. G., & Livesley, S. J. (2017). Increasing biodiversity in urban green spaces through simple vegetation interventions. Journal of Applied Ecology, 54(6), 1874–1883. https://doi.org/10.1111/1365–2664.12876

Tilman, D., & Clark, M. (2014). Global diets link environmental sustainability and human health. Nature, 515(7528), 518–522. https://doi.org/10.1038/nature13959

Tomschy, R., Herry, M., Sammer, G., Klementschitz, R., Riegler, S., Follmer, R., Spiegel, T. (2016). Österreich unterwegs 2013/2014: Ergebnisbericht zur österreichweiten Mobilitätserhebung „Österreich unterwegs 2013/2014". Wien: Bundesministerium für Verkehr, Innovation und Technologie. Abgerufen von https://www.bmvit.gv.at/verkehr/gesamtverkehr/statistik/oesterreich_unterwegs/downloads/oeu_2013-2014_Ergebnisbericht.pdf

Tomson, C. (2015). Reducing the carbon footprint of hospital-based care. Future Hospital Journal, 2(1), 57–62. https://doi.org/10.7861/futurehosp.15.016

Tröltzsch, J., Görlach, B., Lückge, H., Peter, M., & Sartorius, C. (2012). Kosten und Nutzen von Anpassungsmaßnahmen Klimawandel, Analyse von 28 Anpassungsmaßnahmen in Deutschland (Climate Change 2012). Dessau-Roßlau: Umweltbundesamt. Abgerufen von http://www.umweltbundesamt.de/publikationen/kosten-nutzen-von-anpassungsmassnahmen-an-den

Tubiello, F. N., Salvatore, M., Rossi, S., Ferrara, A., Fitton, N., & Smith, P. (2013). The FAOSTAT database of greenhouse gas emissions from agriculture. Environmental Research Letters, 8(1), 015009. https://doi.org/10.1088/1748–9326/8/1/015009

Twardella, D. (2013). Bedeutung des Ausbaus der Windenergie für die menschliche Gesundheit. UMID, 3, 14–19.

Umweltbundesamt. (2014). Austria's National Inventory Report 2014. Submission under the United Nations Framework Convention on Climate Change and the Kyoto Protocol. Wien: Umweltbundesamt. Abgerufen von www.umweltbundesamt.at/fileadmin/site/publikationen/REP0475.pdf

Umweltbundesamt. (2015). Emissionszahlen Datenbasis 2013. Datenblätter. Wien: Umweltbundesamt.

Umweltbundesamt. (2017). Klimaschutzbericht 2017. Wien: Umweltbundesamt. Abgerufen von http://www.umweltbundesamt.at/fileadmin/site/publikationen/REP0622.pdf

Umweltbundesamt. (2018). Klimaschutzbericht 2018. Wien: Umweltbundesamt. Abgerufen von http://www.umweltbundesamt.at/fileadmin/site/publikationen/REP0660.pdf

Umweltbundesamt Deutschland. (2016). Feinstaub. Abgerufen 2. Mai 2017, von www.umweltbundesamt.de/themen/ luft/luftschadstoffe/feinstaub

UNDP – United Nations Development Programme. (2016). Climate Change and Labour : Impacts of Heat in the Workplace. UNDP. Abgerufen von https://www.ilo.org/wcmsp5/groups/public/---ed_emp/---gjp/documents/publication/wcms_476194.pdf

UNECE – United Nations Economic Commission for Europe, & WHO Europe. (2018). Pan-European Programme. Abgerufen 30. August 2018, von https://thepep.unece.org/

UNEP – United Nations Environment Programme. (2017). The Montreal Protocol on Substances that deplete the Ozone Layer. Abgerufen 14. Dezember 2017, von http://ozone.unep.org/en/treaties-and-decisions/montreal-protocol-substances-deplete-ozone-layer

UNFCCC – United Nations Framework Convention on Climate Change. (2015). Adoption of the Paris Agreement. Abgerufen von https://unfccc.int/resource/docs/2015/cop21/eng/l09r01.pdf

UNFCCC – United Nations Framework Convention on Climate Change. (2018). Paris Agreement. Abgerufen 13. März 2018, von http://unfccc.int/2860.php

UNWTO – United Nations World Tourism Organization, & UNEP – United Nations Environment Programme. (2008). Climate Change and Tourism. Responding to Global Challenges. Madrid: World Tourism Organization.

Urban, H., & Steininger, K. W. (2015). Manufacturing and Trade: Labour Productivity Losses. In K. W. Steininger, M. König, B. Bednar-Friedl, L. Kranzl, W. Loibl, & F. Prettenthaler (Hrsg.), Economic Evaluation of Climate Change Impacts: Development of a Cross-Sectoral Framework and Results for Austria (S. 301–322). Cham: Springer International Publishing. https://doi.org/10.1007/978–3-319-12457-5_16

Ürge-Vorsatz, D., Herrero, S. T., Dubash, N. K., & Lecocq, F. (2014). Measuring the Co-Benefits of Climate Change Mitigation. Annual Review of Environment and Resources, 39(1), 549–582. https://doi.org/10.1146/annurev-environ-031312–125456

Uyttendaele, M., Liu, C., Hofstra, N., Uyttendaele, M., Liu, C., & Hofstra, N. (2015). Special issue on the impacts of climate change on food safety. Food Research International, Complete(68), 1–6. https://doi.org/10.1016/j.foodres.2014.09.001

Vacik, H., Arpaci, A., & Müller, M. M. (2014). Monitoring der Waldbrandgefahr in Österreich und anderen Alpenländern (Wildbach- und Lawinenverbau No. 173) (S. 256–267).

Van den Berg, F., Pedersen, E., Bouma, J., & Bakker, R. (2008). WINDFARMperception – Visual and acoustic impact of wind turbine farms on residents. Groningen: University of Groningen, University of Gothenburg and University Medical Centre Groningen. Abgerufen von https://www.rug.nl/research/portal/files/14620621/WFp-final.pdf

Van Geertruyden, J. P., & Goldschmidt, D. P. (1993). Hand injuries on artificial ski slope. Journal of Hand Surgery: British & European Volume, 18(6), 712–713. https://doi.org/10.1016/0266–7681(93)90228-8

VCÖ – Verkehrsclub Österreich. (2016). Welche Kosten entstehen der Allgemeinheit durch den Verkehr? Abgerufen 17. September 2018, von https://www.vcoe.at/service/fragen-und-antworten/welche-kosten-entstehen-fuer-den-steuerzahler-durch-den-verkehr

VCÖ – Verkehrsclub Österreich. (2017a). Ausgeblendete Kosten des Verkehrs. Wien: VCÖ. Abgerufen von https://www.vcoe.at/service/schriftenreihe-mobilitaet-mit-zukunft-pdf-und-print/ausgeblendete-kosten-des-verkehrs-pdf

VCÖ – Verkehrsclub Österreich. (2017b). Personenmobilität auf Klimakurs bringen. Wien: VCÖ. Abgerufen von https://www.vcoe.at/service/schriftenreihe-mobilitaet-mit-zukunft-pdf-und-print/personenmobilitaet-auf-klimakurs-bringen-pdf

Vereinbarung Art. 15a B-VG. Vereinbarung gemäß Art 15a B-VG über die Organisation und Finanzierung des Gesundheitswesens, BGBl I Nr. 98/2017 (GP XXV RV 1340 AB 1372 S. 157. BR: AB 9703 S. 863 §.

Vetter, A., Chrischilles, E., Eisenack, K., Kind, C., Mahrenholz, P., & Pechan, A. (2017). Anpassung an den Klimawandel als neues Politikfeld. In G. P. Brasseur, D. Jacob, & S. Schuck-Zöller (Hrsg.), Klimawandel in Deutschland: Entwicklung, Folgen, Risiken und Perspektiven (S. 325–334). Berlin, Heidelberg: Springer. https://doi.org/10.1007/978–3-662-50397-3_32

Vollmer, M. K., Rhee, T. S., Rigby, M., Hofstetter, D., Hill, M., Schoenenberger, F., & Reimann, S. (2015). Modern inhalation anesthetics: Potent greenhouse gases in the global atmosphere. Geophysical Research Letters, 42(5), 1606–1611. https://doi.org/10.1002/2014GL062785

Vranken, L., Avermaete, T., Petalios, D., & Mathijs, E. (2014). Curbing global meat consumption: Emerging evidence of a second nutrition transition. Environmental Science & Policy, 39, 95–106. https://doi.org/10.1016/j.envsci.2014.02.009

Wanka A., Arnberger A., Allex B., Eder R., Hutter H.-P., & Wallner P. (2014). The challenges posed by climate change to successful ageing. Zeitschrift für Gerontologie und Geriatrie, 47(6), 468–474. https://doi.org/doi:10.1007/s00391-014–0674-1

Watts, N., Adger, W. N., Agnolucci, P., Blackstock, J., Byass, P., Cai, W., … Costello, A. (2015). Health and climate change: policy responses to protect public health. The Lancet, 386(10006), 1861–1914. https://doi.org/10.1016/S0140-6736(15)60854–6

Watts, N., Adger, W. N., Ayeb-Karlsson, S., Bai, Y., Byass, P., Campbell-Lendrum, D., … Costello, A. (2017). The Lancet Countdown: tracking progress on health and climate change. The Lancet, 389(10074), 1151–1164. https://doi.org/10.1016/S0140-6736(16)32124–9

Wegener, S., & Horvath, I. (2018). PASTA factsheet on active mobility Vienna/Austria. Abgerufen von http://www.pastaproject.eu/fileadmin/editor-upload/sitecontent/Publications/documents/AM_Factsheet_Vienna_WP2.pdf

Wegscheider-Pichler, A. (2014). Umweltbetroffenheit und -verhalten von Personengruppen abhängig von Einkommen und Kaufkraft Mikrozensus Umwelt und EU-SILC – Statistical Matching. Wien: Statistik Austria. Abgerufen von http://www.zbw.eu/econis-archiv/handle/11159/36

Weisz, U., Pichler, P., Jaccard, I., Bachner, F., Lepuschütz, L., Haas, W., Weisz, H. (2017). Carbon Footprint of the Austrian Health Sector (Health Footprint): 1. Zwischenbericht. Wien: Alpen-Adria-Universität Klagenfurt.

Abgerufen von https://www.klimafonds.gv.at/assets/Uploads/Projektberichte/2016/ACRP-2016/20170412HealthFootprintACRP9ZB1B670168KR16AC0K13225.pdf

Weisz, U., Pichler, P., Jaccard, I., Bachner, F., Lepuschütz, L., Haas, W., Weisz, H. (2018). Carbon Footprint of the Austrian Health Sector (Health Footprint): 2. Zwischenbericht. Wien: Alpen-Adria-Universität Klagenfurt.

Weisz, U., Reitinger, E., Dressel, G., & Auer, E. (2017). Care & Heat. How do citizens and health professionals cope with heat waves in caring situations? Endbericht. Wien: Programm Top Citizen Science des BMWFW.

Weisz, U. (2013). Nachhaltigkeitsmonitoring für Krankenhausstationen. Projekt MOKA (Endbericht). Wien: FFG, Programm Bridge.

Weisz, U. (2015). Das nachhaltige Krankenhaus – sozialökologisch und transdisziplinär erforscht. Ein Beispiel für Synergien zwischen nachhaltiger Entwicklung und Gesundheit auf Organisationsebene (Dissertation). Alpen-Adria-Universität Klagenfurt, Klagenfurt.

Weisz, U. (2016). Zur Arbeit an der Natur im Krankenhaus. Perspektiven nachhaltiger Krankenbehandlung. In T. Barth, G. Jochum, & B. Littig (Hrsg.), Nachhaltige Arbeit: soziologische Beiträge zur Neubestimmung der gesellschaftlichen Naturverhältnisse (S. 267–288). Frankfurt: Campus Verlag.

Weisz, U, & Haas, W. (2016). Health through socioecological lenses – a case for sustainable hospitals. In H. Haberl, M. Fischer-Kowalski, F. Krausmann, & V. Winiwarter (Hrsg.), Social Ecology: Society-Nature Relations across Time and Space (S. 559–576). Schweiz: Springer.

Weisz, U., Haas, W., Pelikan, J. M., & Schmied, H. (2011). Sustainable Hospitals: A Socio-Ecological Approach. GAIA – Ecological Perspectives for Science and Society, 20(3), 191–198. https://doi.org/10.14512/gaia.20.3.10

Weisz, U., Haas, Wi., Pelikan, J. M., Schmied, H., Himpelmann, M., Purzner, K., … David, H. (2009). Das nachhaltige Krankenhaus. Erprobungsphase (Social Ecology Working Paper No. 119). Wien: Bundesministeriums für Verkehr, Innovation und Technologie. Abgerufen von https://www.aau.at/wp-content/uploads/2016/11/working-paper-119-web.pdf

Weisz, U., & Heimerl, K. (2016). Sustainable Care: Gesundheits- und KrankenpflegeschülerInnen erforschen die Potenziale einer nachhaltigen Sorgekultur. Projektmappe zum Projektabschluss. Wien: Alpen-Adria-Universität Klagenfurt.

Wernet, G., Conradt, S., Isenring, H. P., Jiménez-González, C., & Hungerbühler, K. (2010). Life cycle assessment of fine chemical production: a case study of pharmaceutical synthesis. International Journal of Life Cycle Assessment, 15(3), 294–303. https://doi.org/10.1007/s11367-010–0151-z

Westhoek, H., Lesschen, J. P., Rood, T., Wagner, S., De Marco, A., Murphy-Bokern, D., … Oenema, O. (2014). Food choices, health and environment: Effects of cutting Europe's meat and dairy intake. Global Environmental Change, 26, 196–205. https://doi.org/10.1016/j.gloenvcha.2014.02.004

Whitmee, S., Haines, A., Beyrer, C., Boltz, F., Capon, A. G., de Souza Dias, B. F., … Yach, D. (2015). Safeguarding human health in the Anthropocene epoch: report of The Rockefeller Foundation–Lancet Commission on planetary health. The Lancet, 386(10007), 1973–2028. https://doi.org/10.1016/S0140-6736(15)60901–1

WHO – World Health Organization. (2011). Health in the green economy: health co-benefits of climate change mitigation: transport sector. Geneva: World Health Organization. Abgerufen von http://apps.who.int/iris/handle/10665/70913

WHO – World Health Organization. (2012). World Health Statistics 2012. Geneva: World Health Organization. Abgerufen von http://www.who.int/iris/bitstream/10665/44844/1/9789241564441_eng.pdf

WHO – World Health Organization. (2015a). Operational framework for building climate resilient health systems. Geneva: World Health Organization. Abgerufen von http://www.who.int/iris/bitstream/10665/189951/1/9789241565073_eng.pdf

WHO – World Health Organization. (2015b). Using Price Policies to Promote Healthier Diets. Kopenhagen: World Health Organization. Abgerufen von http://www.euro.who.int/__data/assets/pdf_file/0008/273662/Using-price-policies-to-promote-healthier-diets.pdf

WHO – World Health Organization. (2015c). Global status report on road safety 2015. Geneva: World Health Organization. Abgerufen von http://apps.who.int/iris/bitstream/10665/189242/1/9789241565066_eng.pdf

WHO – World Health Organization, & FAO – Food and Agriculture Organization. (2003). Diet, Nutrition, and the Prevention of Chronic Diseases. Geneva: World Health Organization.

WHO – World Health Organization, & HCWH – Health Care Without Harm. (2009). Healthy Hospitals – Healthy Planet – Healthy People. Addressing climate change in health care settings. Discussion draft paper. World Health Organization & Health Care Without Harm. Abgerufen von http://www.who.int/globalchange/publications/climatefootprint_report.pdf

WHO – World Health Organization, & UNFCCC – United Nations Framework Convention on Climate Change. (2018). Climate and Health Country Profile Italy. Abgerufen von http://www.who.int/globalchange/resources/countries/en/

WHO Europe. (2010). Parma Declaration on Environment and Health. World Health Organization. Abgerufen von http://www.euro.who.int/__data/assets/pdf_file/0011/78608/E93618.pdf

WHO Europe. (2014). Health economic assessment tools (HEAT) for walking and for cycling. Methods and user guide, 2014 update. Economic assessment of transport infastructure and policies. Kopenhagen: World Health

Organization. Abgerufen von http://www.euro.who.int/__data/assets/pdf_file/0010/256168/ECONOMIC-ASSESSMENT-OF-TRANSPORT-INFRASTRUC-TURE-AND-POLICIES.pdf?ua=1

WHO Europe. (2017a). Environment and health in Europe: status and perspectives. Kopenhagen: World Health Organization. Abgerufen von http://www.euro.who.int/__data/assets/pdf_file/0004/341455/perspective_9.06.17ONLINE.PDF

WHO Europe. (2017b). Urban green spaces: a brief for action. World Health Organization. Abgerufen von http://www.euro.who.int/__data/assets/pdf_file/0010/342289/Urban-Green-Spaces_EN_WHO_web.pdf?ua=1

Wilby, R. L., & Perry, G. L. W. (2006). Climate change, biodiversity and the urban environment: a critical review based on London, UK. Progress in Physical Geography: Earth and Environment, 30(1), 73–98. https://doi.org/10.1191/0309133306pp470ra

Wilks, J., & Page, S. (2003). Managing Tourist Health and Safety in the New Millennium. Amsterdam, Boston: Pergamon.

Wolch, J. R., Byrne, J., & Newell, J. P. (2014). Urban green space, public health, and environmental justice: The challenge of making cities 'just green enough'. Landscape and Urban Planning, 125, 234–244. https://doi.org/10.1016/j.landurbplan.2014.01.017

Wolkinger, B., Haas, W., Bachner, G., Weisz, U., Steininger, K. W., Hutter, H.-P., … Reifeltshammer, R. (2018). Evaluating Health Co-Benefits of Climate Change Mitigation in Urban Mobility. International Journal of Environmental Research and Public Health, 15(5), 880. https://doi.org/10.3390/ijerph15050880

WWF. (2009). Der touristische Klima-Fußabdruck. WWF-Bericht über die Umweltauswirkungen von Urlaub und Reisen. Frankfurt/Main: WWF Deutschland. Abgerufen von https://www.wwf.de/fileadmin/fm-wwf/Publikationen-PDF/Der_touristische_Klima-Fussabdruck.pdf

Yim, S. H. L., Stettler, M. E. J., & Barrett, S. R. H. (2013). Air quality and public health impacts of UK airports. Part II: Impacts and policy assessment. Atmospheric Environment, 67, 184–192. https://doi.org/10.1016/j.atmosenv.2012.10.017

Zajicek, L., & Drapalik, M. (2017). Risikoanalyse der Nutzung von Kleinwindkraftanlagen in urbanen Gebieten. Gehalten auf der 9. Internationale Energiewirtschaftstagung an der TU Wien, Wien: Institut für Sicherheits- und Risikowissenschaften, Universität für Bodenkultur Wien.

Zander, K. K., Botzen, W. J. W., Oppermann, E., Kjellstrom, T., & Garnett, S. T. (2015). Heat stress causes substantial labour productivity loss in Australia. Nature Climate Change, 5(7), 647–651. https://doi.org/10.1038/nclimate2623

Zentrum für Citizen Science. (2017). Sorgearbeit und Hitze. Abgerufen 30. August 2017, von https://www.zentrum-fuercitizenscience.at/de/p/care-heat

Zentrum für Virologie. (2017). Virusepidemiologische Information Nr. 11/17 (S. 5–7). Medizinische Universität Wien. Abgerufen von https://www.virologie.meduni-wien.ac.at/fileadmin/virologie/files/Epidemiologie/2017/1117.pdf

Zessner, M., Helmich, K., Thaler, S., Weigl, M., Wagner, K. H., Haider, T., Heigl, S. (2011). Ernährung und Flächennutzung in Österreich. Österreichische Wasser- und Abfallwirtschaft, 63(5), 95–104. https://doi.org/10.1007/s00506-011–0293-7

Zhang, B., Xie, G., Gao, J., & Yang, Y. (2014). The cooling effect of urban green spaces as a contribution to energy-saving and emission-reduction: A case study in Beijing, China. Building and Environment, 76, 37–43. https://doi.org/10.1016/j.buildenv.2014.03.003

Zuvela-Aloise, M. (2013). FOCUS-I: Adaption and mitigation of the climate change impact on urban heat stress based on model runs derived with an urban climate model ZAMG (ACRP Final Report).

Zuvela-Aloise, M., Koch, R., Buchholz, S., & Früh, B. (2016). Modelling the potential of green and blue infrastructure to reduce urban heat load in the city of Vienna. Climatic Change, 135(3), 425–438. https://doi.org/10.1007/s10584-016–1596-2

Zuvela-Aloise, M., Andre, K., Schwaiger, H., Bird, D. N., & Gallaun, H. (2018). Modelling reduction of urban heat load in Vienna by modifying surface properties of roofs. Theoretical and Applied Climatology, 131(3), 1005–1018. https://doi.org/10.1007/s00704-016–2024-2

Kapitel 5: Zusammenschau und Schlussfolgerungen

Coordinating Lead Authors/Koordinierende LeitautorInnen:
Helga Kromp-Kolb, Peter Nowak

Lead Authors/LeitautorInnen:
Martin Schlatzer

Contributing Authors/Beitragende AutorInnen:
Herbert Formayer, Mailin Gaupp-Berghausen, Astrid Gühnemann, Willi Haas, Elisabeth Raser, Sandra Wegener, Theresia Widhalm

Inhalt

5.1 Einleitung

In diesem abschließenden Kapitel werden Hauptthemen des Wissens zu Gesundheit, Demographie und Klimawandel aus den vorangegangenen Kapiteln zusammengefasst und daraus Schlussfolgerungen und Handlungsoptionen für Österreich formuliert. Für jedes Hauptthema werden drei zentrale Inhalte möglichst prägnant formuliert:

- „Kritische Entwicklungen": Was sind jeweils die zentralen Probleme? Worin liegen kritische Entwicklungen zu Klima, Demographie und anderen gesundheitlichen Determinanten?
- „Gesundheitseffekte": Was sind mögliche Gesundheitseffekte dieser Entwicklungen und wie sind sie zu bewerten? Welche gesicherten Aussagen können wir als Forschungsgemeinschaft machen? Wo herrscht Konsens und wo Dis-

sens? Wo fehlen Daten und wo bestehen noch größere Unsicherheiten? Wo sind weitere Untersuchungen angebracht? Was wird man in absehbarer Zeit nicht klären können?

- „Handlungsoptionen": Welche Handlungsoptionen können aufgezeigt werden? Welche Barrieren und Ansatzpunkte sind von diesen zu erwarten? Wo liegt der politische Nutzen? Insbesondere welche Maßnahmen (politische Strategien, die Klima und Gesundheit betreffen, mit hohem transformativen Potenzial) können gesetzt werden?

Das Gesundheitssystem im engeren Sinn als auch die (globale) Gesellschaft werden zunehmend als komplexe adaptive Systeme (*„Complex adaptive Systems"*, CAS) verstanden und beschrieben (Ellis & Herbert, 2011; Sturmberg u. a., 2012), die sich über Feedback-Schleifen, emergente Verhaltensweisen, nichtlineare und koevolutionäre Prozesse, erforderliche Vielfalt von Maßnahmen und einfache Regeln entwickeln.

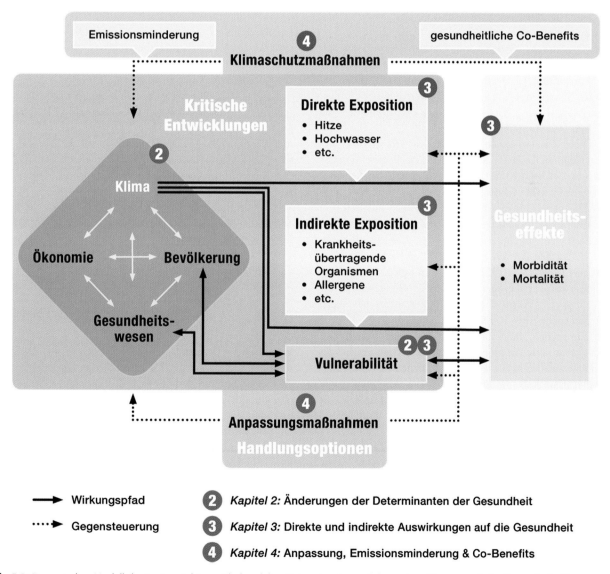

Abb. 5.1: Dynamisches Modell der im Special Report behandelten Determinanten und deren Auswirkungen auf die Gesundheit: Die Nummern in der Grafik bezeichnen die entsprechenden Unterkapitel der Zusammenschau des Special Reports.

Maßnahmen zu Klimaschutz und -anpassung können aus dieser systemischen Sicht prinzipiell auf drei oder vier Ebenen gesetzt werden (Sturmberg, 2018):

- Makro-Ebene des politischen Systems
- Meso-Ebene der beteiligten Organisationen
- Mikro-Ebene der Interaktionen zwischen beteiligten Personen
- Nano-Ebene der Person und dem Zusammenspiel von körperlichen, psychischen und sozialen Prozessen

Die Handlungsoptionen und Maßnahmen in dieser Zusammenschau rücken insbesondere die Makro-Ebene der von der Politik initiierten Schritte in den Mittelpunkt, da der Bericht Vorschläge für nachhaltige Transformationen auf gesamtgesellschaftlicher Ebene machen will. Die konkreten Aktionen auf der Makro-Ebene in komplexen adaptiven Systemen haben dabei die Dynamik auf den anderen Ebenen zu berücksichtigen, um erfolgreich zu sein. In den vorangegangenen Kapiteln wurden einige dieser Maßnahmen bereits angesprochen. Dieses abschließende Kapitel will die Themen der vorangegangen nochmals aufgreifen und in einen systemischen Zusammenhang stellen.

Das dynamische Modell der im Special Report behandelten Determinanten und deren Auswirkungen auf die Gesundheit, das im Kapitel 1 entwickelt wurde, um den Aufbau dieses Berichtes und der dargestellten Zusammenhänge zu illustrieren (siehe Kap. 1.1), zeigt die komplexen und zum Teil zirkulären Zusammenhänge eines adaptiven Systems deutlich. Diese Zusammenhänge bilden den Hintergrund des abschließenden Kapitels: Als „1. Kritische Entwicklungen" werden die wichtigsten Veränderungen in den vier Gesundheitsdeterminanten Klima, Bevölkerung, Wirtschaft und Gesundheitssystem sowie die daraus folgenden direkten und indirekten Expositionen der Bevölkerung pointiert zusammengefasst. Die daraus resultierenden „2. Gesundheitseffekte" bilden den zweiten Schwerpunkt in der Beschreibung der Hauptthemen. Die „3. Handlungsoptionen" beschreiben möglichst konkret die daraus ableitbaren Ansatzpunkte für Anpassungs- und Klimaschutzmaßnahmen in den jeweiligen Bereichen (siehe Abb. 5.1).

Die Hauptthemen dieser Zusammenschau gliedern sich in

- die akzentuierte Analyse der gesundheitlichen Folgen des Klimawandels und die damit verbundenen Handlungsoptionen (Kap. 5.2),
- die sozialen und demographischen Einflussfaktoren, die spezifische Handlungsoptionen in den Vordergrund rücken (Kap. 5.3),
- die gemeinsamen Handlungsfelder für Gesundheit und Klimaschutz, insbesondere den gesundheitlichen Zusatznutzen von Klimamaßnahmen (*Co-Benefits*) fokussierend, (Kap. 5.4) und
- systemische Transformationslinien, die im Sinne einer langfristigen Entwicklung die Adaptierung übergreifender Systembedingungen und -prozesse zusammenfassen (Kap. 5.5).

Den komplexen Zusammenhängen ist es geschuldet, dass einzelne Handlungsoptionen an mehreren Stellen auftauchen.

Eine Redundanz, die auch hilft, wesentliche Ansatzpunkte zu unterstreichen.

Neben dieser Herleitung des Schlusskapitels aus dem Vorangegangenen stützt sich das Kapitel auch auf eine Erweiterung der in Kapitel 2.2 (Entwicklung der gesundheitsrelevanten Klimaindikatoren: Klimavergangenheit und Klimaprojektionen) vorgestellten Tabelle der meteorologischen Größen und deren potentiellen gesundheitlichen Wirkung und Wirkungsweisen. Die ExpertInnen, die themenübergreifend an der Erstellung des Sachstandsberichtes mitgewirkt haben, wurden gebeten, die in Tabelle 2.1 gelisteten und hinsichtlich des Ausmaßes ihrer Änderung im Zuge des Klimawandels bewerteten Größen nach drei Gruppen von Kriterien einzuschätzen: Betroffene (Anteil Betroffener in der Bevölkerung, soziale Differenzierung, demographische Differenzierung), gesundheitliche Auswirkungen (Mortalität, Morbidität physisch, Morbidität psychisch) und Handlungsoptionen (individuell, Gesundheitssystem bzw. staatlich). Aus praktischen Gründen wurden einzelne verwandte meteorologische Parameter, bei denen ähnliche Einschätzungen zu erwarten waren, zu größeren Gruppen zusammengefaßt. Diese kleine Expertenerhebung ist als themenübergreifende und somit integrative Orientierungshilfe gedacht – eine strenge wissenschaftliche Analyse kann sie nicht ersetzen.

Die Einschätzungen ergaben eine klare Kategorisierung in drei Dringlichkeitsstufen, mit der die einzelnen Themen aufgegriffen werden sollten (Tab. 5.1): Hitze führt die Tabelle mit höchster Dringlichkeit an, gefolgt von Pollen und Luftschadstoffen gemeinsam mit den Extremereignissen Starkniederschläge, Dürre, Hochwasserereignissen und Massenbewegungen. Wenig Bedeutung wird hingegen den mit Kälte in Verbindung stehenden Ereignissen, Knappheiten von Wasser oder Lebensmitteln oder Krankheitserregern in Wasser und Lebensmitteln beigemessen. Diese Priorisierung ergibt sich aus dem Anteil der Betroffenen und dem Ausmaß des Gesundheitseffektes und – in geringerem Maße – dem Ausmaß der Veränderung der Klimaindikatoren. Bemerkenswert ist die hohe Dringlichkeit, die der Gruppe „Luftschadstoffe" beigemessen wird, obwohl die Unsicherheiten bezüglich deren weiterer Entwicklung groß sind. Da der Sammelbegriff sowohl Ozon- (steigende Tendenz) als auch Feinstaubkonzentrationen (wegen wärmerer Winter fallende Tendenz) umfasst, ist die Interpretation schwierig. Die Ereignisse von denen ökonomisch schwache, sowie Alte und Kranke besonders betroffen sind, fallen großteils ebenfalls in die höchste Priorität, bzw. profitieren diese besonders bei den sich am Ende der Tabelle befindlichen Kälteereignissen. Eine direkte Auswirkung von Ernteausfällen ist in Österreich für Gundnahrungsmittel weniger wahrscheinlich.

Die Tabelle zeigt deutlich, dass sowohl auf der individuellen als auch auf der staatlichen Ebene Handlungsoptionen gesehen werden – in der Regel mehr auf der staatlichen Ebene. Diese wurden hinsichtlich ihres Charakters nicht differenziert, d. h. es sind sowohl vorbeugende Maßnahmen, als auch Kriseninterventionen, als auch nachsorgende inkludiert. Nicht alle sind im Gesundheitswesen angesiedelt, wie das Bei-

Tab. 5.1: Priorisierung von gesundheitsrelevanten klimainduzierten Phänomenen: Die Experteneinschätzung dieser Priorisierung kombiniert Veränderungen in den Klimaindikatoren, Betroffenheit sowie Gesundheitseffekte mit 3 als höchste und 0 als geringste Priorität. Je dunkler die einzelnen Einschätzungen eingefärbt sind, umso unsicherer sind diese. Spezielle Betroffenheit sozial schwacher Gruppen oder alte und kranke Personen sind mit +++ am stärksten ausgeprägt. Individuelle und staatliche Handlungsoptionen sind mit 3 am stärksten gegeben.

spiel des Pestizideinsatzes zeigt. Nur in einem einzigen Fall werden dem Individuum mehr Handlungsoptionen als dem Staat zugetraut – bei der Vereisung.

In den nun nachfolgenden Ausführungen kommt zu den hier diskutierten Aspekten noch ein Gesichtspunkt hinzu, der von besonderer Bedeutung ist: Viele der Maßnahmen, die aus Klimaschutzsicht wichtig wären, haben positive „Nebenwirkungen", oft solche derentwegen sich die Maßnahme empfehlen würde, selbst ohne Klimaeffekt.

5.2 Gesundheitliche Folgen des Klimawandels

Die gesundheitlichen Folgen des Klimawandels sind vielfältig (siehe Kap. 3 und 4) und abhängig vom Ausmaß des Klimawandels. In den folgenden Abschnitten werden jene vier Bereiche nochmals zusammenfassend dargestellt, denen innerhalb der nächsten Jahrzehnte die größte Bedeutung zukommt: Hitze, andere Extremereignisse, neue Infektionskrankheiten und die Ausbreitung allergener und giftiger Arten.

5.2.1 Hitze in Städten

Kritische Entwicklungen

1. Städte sind gegenüber dem Klimawandel besonders sensitiv, weil der Temperaturanstieg in Städten aufgrund der hohen Bebauungsdichte und des hohen Versiegelungsgrades besonders ausgeprägt ist.
2. Gleichzeitig verzeichnen Städte – auch in Österreich – den stärksten Bevölkerungszuwachs, und zwar vor allem von sozial schwächeren Schichten. Auch der demographische Wandel ist spürbar. Schlechterer Gesundheitszustand trifft in Städten häufig auf geringere Gesundheitskompetenz und besonders hitzebelastete Wohn- und Arbeitsbedingungen.
3. Älteren, Kranken und Kindern, d.h. gegenüber Hitze weniger resistenten Personen, fehlt gerade in Städten, in denen die Familien häufig zerissener und Menschen meist außer Haus berufstätig sind, oft die Familieneinbindung, wodurch erhöhter institutionalisierter Pflegebedarf entsteht.
4. Städte weisen in der Regel höhere Luftschadstoffbelastungen auf als der ländliche Raum, daher können Klimaschutzmaßnahmen gerade in Städten einen wichtigen Beitrag zur Verbesserung der Luftqualität leisten.

Der Lösungsbedarf dieser problembehafteten Trends wird durch den Klimawandel also noch verschärft.

In allen größeren Städten überlagern sich städtische Wärmeinseln und klimawandelbedingter Temperaturanstieg und bedingen besonders hohe Temperaturen in dicht verbauten Gebieten. Oberflächenversiegelung und das Fehlen von Grünflächen und somit von Verdunstungsflächen führen zu einer höheren Durchschnittstemperatur. Die hohe Wärmespeicherkapazität vieler Baumaterialien und zusätzliche Wärmequellen in Siedlungen, Gewerbe und Industrie verstärken den Effekt. Die Häufigkeitsverteilung der Tagesmaxima der Temperatur in den Sommermonaten hat sich deutlich zu höheren Temperaturen verschoben, ohne dass sich dabei das kalte Ende der Verteilung wesentlich verändert hätte (APCC, 2014, Band 1, Kap. 5). Bis Mitte dieses Jahrhunderts ist zu erwarten, dass Hitzeepisoden (zusammenhängende Perioden mit Tagesmaxima über 30 °C) im Schnitt etwa doppelt so viele Tage wie bisher umfassen; bis Ende des Jahrhunderts könnte im Extremfall eine Verzehnfachung der Zahl der Hitzetage auftreten (Chimani u.a., 2016). Charakteristisch ist auch die geringer werdende nächtliche Abkühlung; Nächte, in denen die Temperatur nicht unter 17 °C sinkt, haben in Wien im Zeitraum von 1960–1991 von 18,4 auf 27,8 pro Jahr in der Periode 1981–2010 zugenommen und werden noch weiter ansteigen.

Gesundheitseffekte

Es ist bekannt, dass die Zahl der Todesfälle pro Tag statistisch mit der Tagesmaximaltemperatur in engem Zusammenhang steht. Diese Kausalität ist jedoch lokal unterschiedlich, d.h. dass die Temperatur, bei der die geringste Zahl an Todesfällen auftritt, je nach lokalem Klima variiert. Daran zeigt sich, dass Menschen sich langfristig an Klimaverhältnisse anpassen können. Studien, vor allem aus dem Sportbereich, belegen auch eine kurzfristige Anpassungsmöglichkeit. Die Frage einer anhaltenden Angleichung an eine klimawandelbedingte Temperaturerhöhung, insbesondere im Sinne einer prophylaktischen Maßnahme, ist hingegen nicht hinreichend untersucht.

Davon unabhängig ist festzustellen, dass Hitzeepisoden über Dehydrierung und andere gesundheitliche Effekte zu erhöhten Mortalitätsraten führen. Wegen der reduzierten Abkühlung in den Nachtstunden leidet auch die Erholungsfähigkeit. In der Hitzeperiode im August 2003 starben in 12 europäischen Ländern innerhalb von 14 Tagen um fast 40.000 Menschen mehr als im langjährigen Durschnitt zu dieser Jahreszeit. Die Studie „Cost of Inaction" (Steininger u.a., 2014) hat aufgezeigt, dass unter der Annahme eines moderaten Klimawandels und mittlerer sozioökonomischer Entwicklung in den nächsten Jahrzehnten in Österreich mit 400 hitzebedingten Todesfällen pro Jahr bzw. Mitte des Jahrhunderts mit 1.060 Fällen pro Jahr zu rechnen ist, wobei der überwiegende Teil in Städten auftreten wird.

Die Betroffenheit der städtischen Bevölkerung von Hitzeepisoden ist nach Bezirken oder Stadtvierteln sehr unterschiedlich. Typischerweise leben Menschen aus sozial schwächeren Schichten und MigratInnen in dichter verbauten Stadtteilen mit weniger Grün, d.h. in Bereichen mit höheren Temperaturen. Da die Häuser oft schlecht isoliert sind, dringt die Wärme tagsüber ein, nachts können jedoch Fenster – wegen des Verkehrslärms – nicht geöffnet werden. Die einkommensbedingte geringere Mobilität (auch die Fahrt mit öffentlichen Verkehrsmitteln verursacht Kosten) und die Ermüdung nach langer, anstrengender Arbeit schränken die Möglichkeiten ein, abends und am Wochenende aus der heißen Stadt zu fliehen. Ganztägige Arbeit meist beider Elternteile bedingt eine weniger gute Betreuung von Kindern und Alten und Erkrankungen werden oft nur verzögert medizinisch betreut.

Neben den hitzebedingten Todesfällen führen Hitzeperioden auch zu Belastung des Herz-Kreislauf-Systems, der Atemwege, zu reduzierter Konzentrations- und Leistungsfähigkeit und allgemein zur Beeinträchtigung der Lebensqualität.

Handlungsoptionen

Im Laufe dieses Jahrhunderts ergibt sich, unabhängig vom zugrunde gelegten Klimaszenario, jedenfalls beträchtlicher Anpassungsbedarf in stadtplanerischer Hinsicht und bei Gebäuden (APCC 2014, WHO Europe, 2008). So ist es z. B. wichtig, Durchlüftungsschneisen, insbesondere für Kaltluft, offen zu halten oder zu eröffnen. Wind ist eine oft unterschätzte Einflussgröße für die Überhitzung der Städte. Grünraum – seien es Parks, Alleen, begrünte Fassaden oder Dächer – beeinflusst sowohl das psychisch-mentale und soziale Wohlbefinden als auch die physische Gesundheit positiv (WHO, 2017d; Bowler u. a., 2010; Hartig u. a., 2014; Lee & Maheswaran, 2011). Der Zugang zu urbanem Grünraum verringert das Mortalitätsrisiko durch Herz-Kreislauf-Erkrankungen statistisch signifikant (Gascon u. a., 2016). Urbaner Grünraum hat zudem einen positiven Effekt auf die Luftqualität und kann dazu beitragen, die Mortalität durch Luftverschmutzung zu reduzieren (Liu & Shen, 2014). Grünraum verlangt aber auch die Sicherstellung der Bewässerung in langen Hitzeperioden und daher eine Anpassung des Regenwassermanagements. Bei geeigneter Planung kann dies zugleich als Entlastung des Kanalisationssystems bei Starkniederschlägen konzipiert werden.

Weiterer Zuzug und die erwartete Verdichtung und Ausweitung des verbauten Gebietes werden die Situation verschärfen (APCC, 2014). Die Österreichische Klimawandelanpassungsstrategie befasst sich ausführlich mit Maßnahmen zur Hitzeanpassung und unterscheidet stadtplanerische, bauliche und Verhaltensvorsorgemaßnahmen, wie etwa Hitzeschutzpläne und Nachbarschaftshilfe während Hitzeepisoden; von der WHO Europe und der EU liegen entsprechende Empfehlungen für Hitzeschutzpläne vor (Grewe & Blättner, 2011; WHO Europe, 2017c). Ggf. sind ergänzende Anpassungen im Bereich des Arbeitsschutzes, etwa bei Schwerarbeit im Freien, zu prüfen. Zu beachten ist, dass Klimaanpassungsmaßnahmen nicht Klimaschutzmaßnahmen konterkarieren, wie etwa mit fossiler Energie betriebene Klimaanlagen, die nicht nur den Treibhausgasausstoß erhöhen, sondern auch parallel zur Abkühlung der Innenräume die Außenräume (d. h. die Stadt) erwärmen.

Der Vollständigkeit halber sei erwähnt, dass die Reduktion der Kältetoten durch den Klimawandel die Hitzetoten nicht kompensieren kann. Es ist sogar zu befürchten, dass, bedingt durch Veränderungen in der Arktis und des Golfstromes, in Österreich auch längere und kältere Winter auftreten könnten; dann würde die Zahl der Kältetoten eventuell sogar zunehmen und die Luftqualität unter dem erhöhten Heizbedarf leiden (Zhang u. a., 2016).

5.2.2 Extreme Wetterereignisse und ihre gesundheitlichen Folgen

Kritische Entwicklungen

Der Klimawandel weist neben der systematischen Veränderung der mittleren Verhältnisse meteorologischer Größen wie Temperatur, Feuchte, Niederschlag oder Wind auch Änderungen in den extremen Ereignissen auf. Obwohl die statistische Absicherung des Zusammenhangs beobachteter Entwicklungen mit dem Klimawandel nach streng wissenschaftlichen Kriterien bisher erst in wenigen Fällen (wie etwa Hitzeperioden) gelingt, lassen physikalische Überlegungen dennoch intensivere und ergiebigere Niederschläge, länger andauernde Trockenheit oder heftigere Stürme im Zuge des Klimawandels erwarten. Wie die COIN Studie (Steininger u. a., 2014) zeigte, schlagen Schäden durch Extremereignisse schon jetzt in Österreich wirtschaftlich spürbar zu Buche, Tendenz stark steigend. Extreme Wetterereignisse oder durch solche ausgelöste Ereignisse, wie etwa Überschwemmungen oder Muren, können auch beträchtliche gesundheitliche Folgen haben, die von Erkrankungen über psychische Traumata bis zu Mortalitäten reichen. Wenn sie bestimmte Kriterien hinsichtlich Ausmaß und Seltenheit erfüllen, können Extremereignisse gegenüber der WHO meldepflichtig sein.

Da im vorangegangenen Abschnitt den Hitzewellen bereits Aufmerksamkeit gewidmet wurde, werden diese – abgesehen von dem Hinweis, dass Hitzewellen und ihre gesundheitlichen Folgen natürlich auch den ländlichen Raum betreffen – hier nicht behandelt.

Zu den direkten Auswirkungen extremer Wetterereignisse zählen Verletzungen durch Gegenstände, die herunterfallen (z. B. Dachziegel, Fensterscheiben) oder vom Sturm verblasen oder von den Fluten mitgerissen werden. Indirekte (sekundäre) Auswirkungen sind z. B. bakterielle Infektionen durch mangelnde Wasserqualität nach Hochwässern. Tertiäre Auswirkungen umfassen z. B. Auswirkungen von Migration auf das Gesundheitssystem, ausgelöst durch Extremereignisse in anderen Teilen der Welt. Eine Zusammenstellung der Auswirkungen von extremen Ereignissen, insbesondere Überschwemmungen, und vorgeschlagenen Gegenmaßnahmen finden sich in WHO Europe 2017b und 2017c.

Gesundheitseffekte

Statistisches Material zu direkten Auswirkungen extremer Wetterereignisse auf die Gesundheit liegt für Österreich nicht in integrierter, aussagekräftiger Form vor. Die Unfallstatistik der Statistik Austria lässt den vorsichtigen Schluss zu, dass direkte gesundheitliche Schäden durch derartige Ereignisse statistisch nicht signifikant sind. Dennoch wird jedes Jahr in den Medien von Verletzten und manchmal auch Todesopfern in Zusammenhang mit Stürmen, Hochwässern, Muren, Lawinen und Waldbränden berichtet und allein der digitale Ereigniskataster des Forsttechnischen Dienstes Wildbach- und Lawinenverbauung des BMLFUW (nunmehr BMNT) verzeichnet jährlich über 100 (teils über 200) Ereignisse, von denen mindestens 40 % als „stark" oder „extrem" klassifiziert werden (Hübl u. a., 2015; Hübl u. a., 2016; Hübl u. a., 2017), d. h. dass sie das Potential zu ernsten Schadensereignissen haben.

Starkniederschläge und Hochwässer können die Gesundheit auch durch Qualitätsverlust im Trinkwasser indirekt beeinträchtigen. Das Wiener Hochquellwasser weist, z. B. nach Starkregen in den Quellgebieten, verstärkte Trübung auf, sodass es spezifischer Maßnahmen bedarf, es für den menschlichen Konsum aufzubereiten. In Hochwassergebieten, wie z. B. im Kamptal nach dem Hochwasser 2005 (persönliche Mitteilung Kromp-Kolb), müssen einzelne Siedlungen mit abgefülltem Trinkwasser von außerhalb versorgt werden, weil die Wasserqualität nicht den Trinkwassernormen entspricht. Da die kommunalen und staatlichen Strukturen diesbezüglich hinreichend gut ausgebaut sind, kommt es in der Regel zu keinen gesundheitlichen Beeinträchtigungen.

Intensive Niederschläge und Hochwässer können, insbesondere bei Bodenverdichtung durch schwere Agrarmaschinen, die Pfützenbildung fördern und damit Habitatmöglichkeiten für Insekten und andere Krankheitsvektoren schaffen und so das Risiko von Infektionskrankheiten erhöhen.

Dagegen sind die Auswirkungen der (klimabedingten) Migration von Menschen auf die Gesundheit in Österreich angesichts des hohen Standards des österreichischen Gesundheitssystems derzeit kein ernstes Problem.

Zusammenfassend kann festgehalten werden, dass gesundheitliche Folgen extremer Wetterereignisse von der Exposition, d. h. Frequenz, Ausmaß und Andauer der Änderung, der Anzahl der den Ereignissen ausgesetzten Menschen und deren Sensitivität abhängig sind. Extreme Wetterereignisse in Österreich sind zwar schlagzeilenwirksam und auch wirtschaftlich von besonderer Bedeutung (siehe COIN-Studie), aber die Zahl der exponierten Menschen ist – sieht man von extremen Temperaturereignissen ab – verhältnismäßig klein, sodass die direkten gesundheitlichen Auswirkungen in Österreich relativ gering sind. Dies heißt nicht, dass Extremereignisse nicht Verletzungen oder Todesfälle verursachen können, oder dass die Zerstörung des eigenen Heims, des Unternehmens oder der eigenen landwirtschaftlichen Ernte/Erträge nicht hohe psychische Belastungen und posttraumatische Belastungsstörungen bei Betroffenen hervorrufen können. Tropische Wirbelstürme, großflächige Überschwemmungen bei starkem Monsoon, Waldflächenbrände bei Trockenheit etc. bringen in anderen Teilen der Welt massive gesundheitliche Folgen für eine große Zahl von Menschen mit sich.

Handlungsoptionen

Trotz der derzeit geringeren Bedeutung extremer Wetterereignisse für die Gesundheit könnten künftige Analysen erleichtert und robuster gemacht werden, wenn eine integrale Ereignisdokumentation vorläge. Die Akteure entlang der von Extremereignissen ausgelösten Handlungsketten (v. a. ZAMG, Blaulichtorganisationen (Feuerwehr, Rettung, Polizei), der Forsttechnische Dienst für Wildbach- und Lawinenverbauung, die Geologische Bundesanstalt, das Bundesforschungszentrum für Wald und die Landesregierungen) dokumentieren Einsätze und deren Umstände weitgehend auf qualitativ hohem Niveau. Teilweise sind die Daten auch auf Internetportalen der Öffentlichkeit zugänglich (Matulla & Kromp-Kolb, 2015). Die erhobenen Daten umfassen primär physische und wirtschaftliche Schäden. Allerdings werden die Folgen von Katastrophen neben diesen Faktoren auch maßgeblich von sozialen Aspekten beeinflusst, die jedoch in Ereignisdokumentationen oft nicht beachtet werden (Damyanovic u. a., 2014). Die Aufzeichnungen der unterschiedlichen AkteurInnen dienen verschiedenen Aufgabenstellungen, sind daher nicht einheitlich und in keiner Datenbank zusammengeführt. International gibt es Vorbilder, wie eine derartige Datenbank aussehen und geführt werden könnte (siehe das StartClim Projekt SNORRE; Matulla & Kromp-Kolb, 2015). Eine entsprechende Initiative des Bundes würde vermutlich zum jetzigen Zeitpunkt in Anbetracht der Zunahme extremer Ereignisse auf weitgehend positive Resonanz stoßen.

Von den Blaulichtorganisationen und dem Zivilschutz wird eine Steigerung der Sensibilisierung der österreichischen Bevölkerung und der Eigenvorsorge gefordert, die dazu beitragen könnte, Schäden aber auch gesundheitliche Folgen noch weiter zu reduzieren. Der Bevölkerung muss stärker bewusst werden, dass jeder für sich selbst verantwortlich ist und der Staat die Sicherheit des Einzelnen im Katastrophenfall nicht immer gewährleisten kann. Dies deutlich zu kommunizieren, wäre Aufgabe des Staates.

Eigenvorsorge ist ein wesentlicher Bestandteil jeder Art von Risikomanagement, das immer ein Zusammenspiel zwischen öffentlichen und privaten Akteuren erfordert. Dementsprechend wurde 2017 von der LandesumweltreferentInnenkonferenz eine eigene Arbeitsgruppe zur Eigenvorsorge eingesetzt, an der sich 8 Länder und das BMLFUW (jetzt BMNT) beteiligen. Nach dem sogenannten Transtheoretischen (Stufen-) Modell (Abb. 5.2) befindet sich ein Großteil der österreichischen Bevölkerung auf der ersten von 4 Stufen zur Verhaltensänderung: Der Stufe der Absichtslosigkeit. Eigenvorsorge setzt ein allgemeines Risikobewusstsein voraus, das nach besagtem Stufenmodell über die Stufe der Absichtsbildung letztendlich zu aktivem Schutzverhalten von Betroffenen (Stufe 3 aufwärts) führt (Rohland u. a., 2016).

Die Ermutigung zu Eigenverantwortung (schon in der Schule), gezielt eingesetzte Informationsveranstaltungen und -material zur Bewußtseinsbildung, Beratungsdienste hinsichtlich der Möglichkeiten des Eigenschutzes und Anreize zum vorbeugenden Katastrophenschutz, wie etwa technische und

Abb. 5.2: Spiralförmige Darstellung des TTMs (Rohland u. a., 2016)

finanzielle Unterstützung beim individuellen Hochwasserschutz, reduzierte Versicherungsprämien für gut vorbereitete Haushalte etc. wären mögliche Ansatzpunkte.

Mehr Bewusstsein für die unterschiedlichen Bedürfnisse verschiedener Menschengruppen im Katastrophenfall wird gefordert (Damyanovic u. a., 2014). Ältere Personen stellen, z. B. hinsichtlich ihrer körperlichen und gesundheitlichen Verfassung, eine vulnerable Gruppe dar, verfügen aber über Erfahrung und Wissen im Zusammenhang mit Naturgefahren und Krisen, die wertvoll für ein effektives Katastrophenmanagement sind. Sozial wenig eingebundenen Menschen fehlt das Netzwerk, das in vielen anderen Fällen Sensibilisierung für die Bedürfnisse schafft und daher Hilfeleistungen auslöst. Frauen sind in die grundsätzlichen Entscheidungen der Gemeinde bzw. der Hilfsorganisationen zum Teil weniger eingebunden. Bei der Erstellung von Krisenschutzplänen, insbesondere aber bei der Bewältigung von Traumata, sollten diese Unterschiede berücksichtigt werden.

5.2.3 Neue Infektionserkrankungen durch Klimaerwärmung

Kritische Entwicklungen

Der Klimawandel (insbesondere die Klimaerwärmung) wirkt auch auf Erreger und Überträger von Infektionskrankheiten und steigert damit die Wahrscheinlichkeit, dass bestimmte Infektionserkrankungen in Österreich auftreten (APCC, 2014; Haas u. a., 2015; Hutter u. a., 2017). Diese reichen von Viruserkrankungen, bedingt durch regional neu auftretende Insekten, bakterielle Infektionen durch abnehmende Lebensmittel- und Wasserqualität bis zu Wundinfektionen. Das Auftreten dieser Infektionskrankheiten wird von komplexen Zusammenhängen mitbestimmt, die vom globalisierten Verkehr, dem temperaturabhängigen Verhalten der Menschen, den Niederschlagsbedingungen bis zur Überlebensrate von Infektionserregern je nach Wassertemperatur reichen.

Gesundheitseffekte

Im Mittelpunkt der öffentlichen Diskussion steht bisher die Übertragung neuer Infektionserkrankungen für Menschen und Tiere durch subtropische und tropische Stechmückenarten. Darüber, dass der Klimawandel in Europa das Vorkommen von Stechmücken als Überträger („Vektoren") von Krankheiten beeinflussen wird, besteht heute weitgehender Konsens (ECDC, 2010). In der jüngeren Vergangenheit kam es bereits, verstärkt durch den globalisierten Handel und Reiseverkehr, also nicht primär durch den Klimawandel, zur Einschleppung von subtropischen und tropischen Stechmückenarten (vor allem der Aedes-Gattung: Tigermücke, Buschmücke etc.) nach Europa und auch Österreich (Becker, Huber u. a., 2011; Dawson u. a., 2017; Romi & Majori, 2008; Schaffner u. a., 2013). Stechmücken haben eine ausgeprägte Empfindlichkeit gegenüber klimatischen Veränderungen, sodass die Erweiterung ihrer Ausbreitungsgebiete, insbesondere an den Nord- und Höhengrenzen, erwartet wird (Focks u. a., 1995). Neben neuen Infektionsrisiken durch die Ausbreitung neuer Stechmückenarten konnte aber auch für einige unserer heimischen Stechmückenarten gezeigt werden, dass sie bisher in Österreich nicht aufgetretene Infektionskrankheiten, wie West-Nil-Virus oder Usutu-Virus, übertragen können (Cadar u. a., 2017; Wodak u. a., 2011). Die Bedeutung aller Stechmücken als Krankheitsüberträger hängt stark von lokalen Wetterfaktoren und der Feuchtigkeit ab – Zusammenhänge, die aber noch nicht ausreichend erforscht sind, um endgültige Aussagen machen zu können (Thomas, 2016).

Neben den neuen Mückenarten wird auch die verstärkte Ausbreitung von Sandmücken und Dermacentor-Zecken („Buntzecken") als potentielle Überträger von mehreren Infektionserkrankungen (Leishmanien, FSME-Virus, Krim-Kongo-Hämorrhagisches-Fieber-Virus, Rickettsien, Babesien etc.) beobachtet (Duscher u. a., 2013; Duscher u. a., 2016; Obwaller u. a., 2016; Poeppl u. a., 2013; siehe Kap. 3.2.1).

Weiters könnte es bei fortschreitender Erwärmung zu einer Zunahme der Lebensmittelerkrankungen (z. B. *Campylobac-*

ter- und Salmonellen-Infektionen, Kontaminationen mit Schimmelpilztoxinen) beim Menschen kommen (Miraglia u. a., 2009; Seidel u. a., 2016; Versteirt u. a., 2012). Die hohen nationalen Lebensmittelproduktionsstandards, insbesondere funktionierende Kühlketten, lassen in naher Zukunft aber keine wesentlichen Auswirkungen auf die Inzidenz dieser Erkrankungen in Österreich erwarten (siehe Kap. 3.2.5 Lebensmittel).

Handlungsoptionen

Es können derzeit drei zentrale Ansatzpunkte für Anpassungsmaßnahmen an diese Gesundheitsrisiken identifiziert werden:

1. Beobachtung der Vektoren und neuer Infektionserkrankungen

Insbesondere Stechmücken, Sandmücken und Zecken sollen als potentielle Überträger von Krankheitserregern auf Mensch und Tier in Hinblick auf ihr geografisches Vorkommen beobachtet werden. Hier bestehen international von der WHO und dem Europäischen Zentrum für die Prävention und die Kontrolle von Krankheiten (ECDC) (Van der Berg u. a., 2013; Zeller u. a., 2013) Beobachtungssysteme für Stechmücken. Auch die AGES hat für Österreich seit dem Jahr 2011 ein Monitoring von 44 Gelsenarten und des West-Nil-Fiebers aufgebaut (AGES, 2018b). Forschungsbedarf besteht in Hinblick auf die Prognosen über mögliche Arealvergrößerungen der Überträger von Krankheitserregern.

Die wesentlichen klimawandelbezogen neu auftretenden Infektionserkrankungen wurden bereits in den Katalog der anzeigepflichtigen Erkrankungen (BMGF, 2017a) aufgenommen und unterstehen damit einer genauen Beobachtung. Eine diesbezügliche Überprüfung und ggf. Adaptierung des Lebensmittelmonitorings in Österreich durch die AGES (BMGF, 2017b) könnte einen weiteren Beitrag zur Lebensmittelsicherheit bringen.

Das öffentliche Interesse an invasiven Krankheitsvektoren hat stark zugenommen, sodass durch Monitoring mit Unterstützung der Bevölkerung nicht nur die Verbreitung von Stechmücken besser erfasst werden könnte, sondern auch das Bewusstsein in der Bevölkerung für Brutstätten geschärft würde. Ein derartiges Projekt wird zurzeit im Rahmen von StartClim 2017 vom Umweltbundesamt durchgeführt.

2. Bekämpfung der Vektoren

International werden lokale Stechmückenbekämpfungsprogramme durchgeführt, um einer weiteren Ausbreitung von exotischen Stechmückenarten so weit als möglich entgegenzuwirken (siehe Biebinger, 2013). Die AGES bietet für die Bevölkerung einen Informationsfolder zur Bekämpfung von Gelsen im Wohngebiet ohne den ökologisch riskanten Einsatz von Giften an (AGES, 2015). Die Entwicklung von Bekämpfungsstrategien zur angemessenen Reaktion auf die

Beobachtung relevanter Vektoren ist ein wirksamer Schritt zur Bekämpfung von Vektoren (Biebinger, 2013). Die ECDC (2017) hält in einem aktuellen Literaturbericht mit Fokus auf die relevantesten Stechmückenarten fest, dass noch nicht ausreichend Evidenz für bestmögliche Bekämpfungsmaßnahmen vorliegt und empfiehlt Evaluierung, Publikation und Wissensaustausch zu Bekämpfungsmaßnahmen und zur Information der Bevölkerung. Insbesondere ist gezielte Bekämpfung gefährlicher Arten wichtig, um nicht durch die Vernichtung ungefährlicher Insekten (z. B. Zuckmücken) die Nahrungsgrundlage von Amphibien und anderen Tieren zu gefährden. Grundsätzlich liegen die Planung und Einführung von geeigneten Maßnahmen zur Eindämmung von Gelsen, die Krankheiten auf den Menschen übertragen, in der Zuständigkeit der Bundesländer. Als bundesweit zuständige Einrichtung kommt hier aber der AGES eine zentrale Rolle in der Wissensentwicklung, Planung und Koordination von überregionalen Maßnahmen zu.

3. Bekämpfung der Infektionserkrankungen

Zentral für die rechtzeitige Bekämpfung der Infektionserkrankungen ist die Früherkennung und damit die Sensibilität der Gesundheitsberufe (insbesondere der ÄrztInnen in der Primärversorgung) sowie der Bevölkerung. Die wesentlichen klimabezogenen Infektionserkrankungen sind medizinisch gut behandelbar und es sind bisher nur wenige Fälle in Österreich aufgetreten. Dies hat aber auch zur Folge, dass erste Symptome von der Bevölkerung und den ÄrztInnen in der Primärversorgung zunächst nicht diesen Erkrankungen zugeordnet werden. Der gezielte Aufbau von fachlicher Kompetenz bei den Gesundheitsdiensten und von Gesundheitskompetenz in der Bevölkerung durch die AGES und andere könnte einen wesentlichen Beitrag leisten. Langfristig ist auch die Früherkennung der klimawandelbedingten Infektionserkrankungen in der Grundausbildung der Gesundheitsberufe verstärkt zu berücksichtigen (siehe Kap. 5.3.3). Als zuständige Institution obliegt es der AGES, die Prozesse und Strukturen der Früherkennung (inkl. Labordiagnostik) und angemessene multisektorale und multidisziplinäre Reaktionen auf klima- und wetterbedingte Ausbrüche übertragbarer Krankheiten regelmäßig zu überprüfen und ggf. zu adaptieren. Hier kann die in der Zielsteuerung Gesundheit (Zielsteuerung-Gesundheit, 2017) beschlossene Neuausrichtung des öffentlichen Gesundheitsdienstes (Einrichtung überregionaler Expertenpools für neue Infektionserkrankungen) unterstützend wirken.

Im Bereich der Lebensmittel kann ein klimawandelbezogenes, adaptiertes Lebensmittelmonitoring zur gezielten Überprüfung und ggf. Adaptierung der Leitlinien für gute landwirtschaftliche und hygienische Praktiken ein Beitrag zum Gesundheitsschutz sein. Auch hier können die AGES bzw. das für Landwirtschaft zuständige Ministerium Schritte setzen. Der Einsatz von Desinfektionsmittel hat negative Auswirkungen auf die Umwelt und die Menschen und ist besonders in Privathaushalten häufig unnötig (siehe Stadt Wien, 2009).

5.2.4 Ausbreitung allergener und giftiger Arten

Kritische Entwicklungen

Der Klimawandel, globalisierter Handels- und Reiseverkehr und veränderte Landnutzung führen zur Ausbreitung bisher in Europa nicht heimischer Pflanzen- und Tierarten, die diverse gesundheitliche Folgen für die Bevölkerungsgesundheit haben (Frank u. a., 2017; Schindler u. a., 2015). Im Besonderen wird die Ausbreitung allergener Pflanzenarten, allen voran Ambrosia (Traubenkraut, Ragweed), beobachtet und als wesentlich zunehmend prognostiziert (Lake u. a., 2017). Für Europa wird eine starke Zunahme der Pollenbelastung durch Ambrosia vorhergesagt, die sich durch komplexe Klimaverschiebungen (erhöhter Luftfeuchte, „Düngewirkung" durch CO_2 und Stickoxide, frühere Blüh- und Bestäubungsphasen durch die Erwärmung und Ausdehnung der Pollensaison, Wirkung von Ozon) verstärkt (Frank u. a., 2017; Hamaoui-Laguel u. a., 2015). Der deutsche Sachstandsbericht zu Klima und Gesundheit geht darüber hinaus von sechs weiteren neuen Pflanzenarten mit sicher gesundheitsgefährdendem Potential aus (Eis u. a., 2010) (siehe Kap. 3.2.2 und 3.2.3).

Aber nicht nur klimabedingt neu auftretende Arten, sondern auch klimabedingt verlängerte Vegetationsperioden führen zu höherer und längerer Pollenbelastung. Vor allem in urbanen Gebieten hat die Konzentration an Pollen in der Luft zugenommen. Untersuchungen der täglichen Pollenkonzentration von verschiedenen allergenen Pflanzen in den USA während der letzten zwei Jahrzehnte belegen einen stetigen Anstieg der Pollenmengen und eine Ausdehnung der Pollensaison (Zhang u. a., 2015).

Gesundheitseffekte

Die Ausbreitung allergener Pflanzenarten hat voraussichtlich weitreichende Folgen für die Bevölkerungsgesundheit, die in komplexen Zusammenhängen, z. B. mit der Entwicklung der Luftqualität im urbanen Raum (Ozon, Stickoxide, Feinstaub etc.), insbesondere pulmologische Erkrankungen (Heuschnupfen, Asthma, COPD) ansteigen lassen (D'Amato u. a., 2014). Eine erhöhte Schadstoffbelastung der Luft führt zu einer gesteigerten allergenen Aggressivität der Pollen. Allergische Erkrankungen sind in Europa bereits häufig und nehmen weiter in ihrer Abundanz und Schwere zu. Man schätzt, dass in 10 Jahren 50 % der Europäer betroffen sein könnten (Frank u. a., 2017). Die Ragweedpollenallergie war 2009 in Österreich noch nicht so häufig wie in den östlichen Nachbarländern. Die Sensibilisierungsrate auf Ragweedpollen

unter den AllergikerInnen betrug im Jahr 2009 in Ostösterreich etwa 11 % (Hemmer u. a., 2010).

Durch konsequente Bekämpfung von stark allergenen Pflanzen können erhebliche Therapiekosten eingespart werden. So wurden die gesundheitlichen Folgen der Ausbreitung von *Ambrosia* von Richter u. a. (2013) unter Annahme unterschiedlicher Klimaszenarien für Österreich und Bayern simuliert. Unter extrem gewählten Klimaszenarien und ohne entsprechende Anpassungsmaßnahmen wird für 2050 eine wesentlich höhere gesundheitliche Belastung der Bevölkerung mit daraus entstehenden hohen Behandlungskosten für Allergien angenommen.

Handlungsoptionen

Der Wissensstand über die Ausbreitung von allergenen Pflanzenarten und die Auswirkungen auf die Bevölkerungsgesundheit ist für Österreich noch gering und auf wenige Arten fokussiert, weshalb großer Forschungsbedarf zu wenig erforschten Arten aber auch geeignetem Management der Gesundheitsrisiken besteht (BMLFUW, 2017b; Schindler u. a., 2015).

Für ein gutes Risikomanagement in Hinblick auf (neue) allergene Pflanzenarten sind zunächst die Beobachtung derselben und darauf aufbauende Warnsysteme entscheidend. Einige Bundesländer betreiben bereits in Kooperation mit dem österreichischen Pollenwarndienst, der Forschungsgruppe Aerobiologie und Polleninformation der Medizinischen Universität Wien und der Zentralanstalt für Meteorologie und Geodynamik ein Pollenerfassungssystem, das eine Pollenvorhersage für die nächsten drei Tage in der jeweiligen Region zur Verfügung stellen kann. Damit werden betroffenen AllergikerInnen Informationen zu Pollenflug und -belastungen angeboten, um die Lebensgewohnheiten an die aktuelle Pollensituation anpassen zu können (Pollenwarndienst, 2018). Im Juli 2017 wurde darüber hinaus ein spezifisches Ragweed-Meldesystem (Ragweedfinder, 2018) eingerichtet. Dieses System soll den Betroffenen die Möglichkeit geben, den Kontakt mit Ambrosia durch Vermeidung belasteter Regionen zu verringern. Die Erfassung der Pflanzenbestände selbst könnte in weiterer Folge auch Erkenntnisse zu den Auswirkungen des Klimawandels auf das Ausbreitungsverhalten dieser invasiven Pflanzenart liefern. Der Aufbau eines bundesweiten Monitorings zur Erfassung der räumlich-zeitlichen Ausbreitung von *Ambrosia* und weiterer invasiver allergener Arten sowie eines entsprechenden Warndienstes für die Bevölkerung ist nicht abgeschlossen und kann einen wesentlichen Beitrag zur Abfederung gesundheitlicher Auswirkungen auf die Bevölkerung leisten.

Die österreichische Strategie zur Anpassung an den Klimawandel (BMLFUW, 2017b) sieht darüber hinaus Maßnahmen zur Bekämpfung bzw. Eindämmung vorhandener Populationen allergener Arten vor, inklusive der Schaffung einer Koordinierungsstelle unter Einbindung der relevanten AkteurInnen und der Gemeinden. Gezielte Bekämpfung (z. B. das Mähen oder Jäten vor der Samenbildung bei

Ambrosia) zur Verhinderung einer weiteren Ausbreitung wird u. a. in Berlin seit Jahren unter Beteiligung der Bevölkerung durchgeführt (Freie Universität Berlin, 2018). In einigen europäischen Staaten, wie z. B. in der Schweiz, wurde durch eine systematische Melde- und Bekämpfungspflicht von Ambrosia eine wesentliche Reduktion der Bestände erreicht (Ambrosia, 2018). Auch der Österreichische Wasser- und Abfallwirtschaftsverband (ÖWAV) gibt Broschüren zur Neophytenbekämpfung heraus, u. a. zu *Ambrosia* (ÖWAV, 2018). Systematische wissenschaftliche Evaluierungen dieser Maßnahmen stehen aber noch aus. Eine rechtliche Verankerung der Bekämpfungsmaßnahmen kann nach neuerlicher Prüfung der Evidenz für Österreich in Abstimmung zwischen Bund und Bundesländern/Gemeinden und unter Einbeziehung der Landwirtschaftskammern und der Naturschutzbehörden die Bekämpfung von *Ambrosia* in Österreich wesentlich unterstützen.

Derzeit bietet die AGES eine Bevölkerungsinformation zu *Ambrosia* an (AGES, 2018a), die zusätzlich die Bekämpfung durch die Bevölkerung empfiehlt. Aber eine wesentlich aktivere Öffentlichkeits- und Informationsarbeit zur Schaffung von entsprechendem Problembewusstsein bei der Bevölkerung und auch in Hinblick auf die landwirtschaftliche Produktion (z. B. Vogelfutterhersteller) steht noch aus.

5.3 Sozioökonomische und demographische Einflussfaktoren auf die gesundheitlichen Auswirkungen des Klimawandels

5.3.1 Demographische Entwicklung und klimainduzierte Migration

Kritische Entwicklungen

Die Bevölkerung Österreichs wächst und altert. Während der Anteil des Erwerbsalters in den letzten Jahren relativ konstant war, ist der Anteil der jüngeren Menschen leicht gesunken, jener der älteren Menschen hingegen gestiegen. Die Auswirkungen der Alterung geburtenstarker Jahrgänge, der Zunahme der Lebenserwartung und niedriger Fertilitätsraten werden aber durch die Zuwanderung jüngerer Altersgruppen abgeschwächt. Österreichs Bevölkerung wächst hauptsächlich in den urbanen Regionen der großen Städte, während periphere und strukturschwächere Bezirke Bevölkerungsrückgänge verzeichnen. Bildungs- und arbeitsplatzbedingte Abwanderung in die Städte führt aber zu einer stärkeren Alterung in den Abwanderungsgebieten. Zahl und Anteil der Menschen im

Pensionsalter von 65 und mehr Jahren werden in Zukunft stark ansteigen (siehe Kap. 2.3.1).

Internationale Zuwanderung könnte den Mangel an Arbeitskräften und BeitragszahlerInnen bei entsprechenden Integrationsbemühungen ausgleichen. Aufgrund der politischen Sensibilität des Themas lässt sich aber schwer abschätzen, in welchem Ausmaß in Österreich die Zuwanderung jüngerer Menschen zugelassen wird. Migration ist daher auch die unsicherste der demographischen Komponenten, die zum zukünftigen Bevölkerungswandel beitragen. Langfristig wird in der Hauptvariante der Bevölkerungsprognose der Statistik Austria angenommen, dass die internationale Zuwanderung 145.000 Personen pro Jahr beträgt. Gleichzeitig steigt die Zahl der aus Österreich abwandernden Personen an, sodass sich der jährliche Wanderungssaldo langfristig bei etwa +25.000 einpendeln dürfte. Das stärkste Wachstum wird für Wien prognostiziert, das mit einem Anteil von 40 % der internationalen Zuwanderung künftig die jüngste Altersstruktur aller Bundesländer haben wird.

Österreich ist (wie andere west- und mitteleuropäische Länder) von klimabedingter Migration – wenn auch in geringem Umfang – hauptsächlich als potentielles Zielland für MigrantInnen betroffen (Millock, 2015). Es ist jedoch nicht auszuschließen, dass auch innerhalb Österreichs und Europas sich verändernde klimatische Bedingungen zu verstärkten Mobilitätsprozessen führen. Klimabedingte Migration ist aber bisher in seinen komplexen Zusammenhängen noch zu wenig wissenschaftlich erforscht bzw. widersprüchlich diskutiert, um verlässliche Prognosen für die Entwicklung in Europa bzw. Österreich machen zu können (Grecequet u. a., 2017; Schütte u. a., 2018; Black, Bennett u. a., 2011).

Parallel zur zunehmenden Alterung der Bevölkerung wird auch in Österreich mit einem Anstieg der Inzidenz an chronischen Erkrankungen wie Demenz, Atemwegserkrankungen, Herz- Kreislauf-Erkrankungen und Malignomen mit allen ihren Folgeerscheinungen gerechnet. Beachtenswert ist der relativ hohe Anteil psychischer Erkrankungen im hohen Alter in Österreich: über die Hälfte der psychischen Erkrankungen treten in der Altersgruppe der über 60-Jährigen auf (HVB & GKK Salzburg, 2011).

Gesundheitseffekte

Gesundheitliche Folgen des Klimawandels werden sich voraussichtlich durch die demographische Entwicklung auf bestimmte Bevölkerungsgruppen besonders stark auswirken. Dies hängt in vielen Aspekten mit Fragen der gesundheitlichen Chancengerechtigkeit zusammen (siehe Kap. 5.3.2). Dennoch sollen hier zwei Bevölkerungsgruppen, die voraussichtlich in den nächsten Jahren wachsen werden und als besonders vulnerabel gelten, hervorgehoben werden.

Für einige gesundheitliche Auswirkungen des Klimawandels (z. B. akute Herz-Kreislauf-Erkrankungen aufgrund von Hitze) sind ältere Bevölkerungsgruppen besonders vulnerabel (Haas u. a., 2014; Hutter u. a., 2007). Insbesondere der hohe

Anteil von bereits bestehenden Herz-Kreislauf-Erkrankungen, Diabetes und psychischen Erkrankungen bei der Altersgruppe der über 60-Jährigen macht diese für die Folgen des Klimawandels, vor allem die Hitze, verletzlich (Becker & Stewart, 2011; Bouchama u. a., 2007; Hajat u. a., 2017). Es ist zu erwarten, dass die psychische Belastung durch häufigere Extremwetterereignisse für die ältere Bevölkerung eine besondere Bedeutung hat (Clayton u. a., 2017). Für Österreich fehlen aber einschlägige Studien, die den gesundheitlichen Zusammenhang von Klimafolgen, Urbanisierung, Alterung sowie der Zunahme von bestimmten chronischen Erkrankungen für die Entwicklung von handlungsrelevanten Szenarien genauer klären.

Die gesundheitlichen Auswirkungen des Klimawandels für den Bevölkerungsanteil mit Migrationshintergrund stehen in engem Zusammenhang mit anderen sozioökonomischen Ressourcen, wie Mangel an Bildung, finanziellen Mitteln, verschiedenen strukturellen, rechtlichen und kulturellen Barrieren, eingeschränktem Zugang zur lokalen Gesundheitsinfrastruktur, Wohnverhältnisse etc. Besonders geflüchtete Menschen haben als Folge der entbehrungsreichen Flucht und den damit verbundenen physischen und psychischen Belastungen eine hohe Vulnerabilität (Anzenberger u. a., 2015). Umgekehrt besteht für die Bevölkerung des Ziellandes durch Zuwanderung, auch wenn einzelne Übertragungen bei engem Kontakt möglich sind, nur ein sehr geringes gesundheitliches Risiko (Beermann u. a., 2015; Razum u. a., 2008).

Handlungsoptionen

Insbesondere der Anstieg des Anteils der älteren Bevölkerung in Kombination mit dem hohen Anteil an chronischen somatischen und psychischen Erkrankungen dieser Gruppe machen Anpassungsmaßnahmen prioritär. Hier kann auf bereits bestehende Möglichkeiten zur Beantwortung der Versorgungsdefizite für diese Bevölkerungsgruppe aufgebaut werden (BMGF, 2017d; Juraszovich u. a., 2016). Um den gesundheitlichen Herausforderungen im Zusammenhang mit dem klimatischen und demographischen Wandel zu begegnen, eröffnen sich folgende Handlungsoptionen:

1. Forschung in Hinblick auf den Zusammenhang zwischen zukünftigen demographischen Entwicklungen (insbesondere Alterung, Migration, Urbanisierung, sozioökonomischer Status) einerseits, und Gesundheit und Klimafolgen andererseits, die eine genauere Prognose des zielgruppenspezifischen und regionalen Handlungsbedarfs in Österreich in Bezug auf regionale Anpassungsnotwendigkeiten im Bereich des Gesundheitssystems und der Lebensbedingungen im ländlichen und städtischen Raum ermöglichen (Steininger u. a., 2015).

2. Forschung in Hinblick auf die (positive) Wirkung von „nachhaltigem" Lebensstil (naturnah, sozial abgesichert, weniger stark wettbewerbsorientiert, mehr solidarisch, sozial und ökologisch engagiert) auf die psychosoziale Gesundheit und zugleich auf den Klimaschutz.

3. Gezielte Maßnahmen zur Stärkung der Gesundheitskompetenz und adäquater zielgruppenspezifischer Kommunikationsstrategien für die besonders vulnerablen und wachsenden Zielgruppen (ältere Menschen, Personen mit Migrationshintergrund) (BMGF, 2017b; BMLFUW, 2017c; siehe Kap. 5.3.3); insbesondere auch Weiterentwicklung des Diversitätsmanagements in der Krankenbehandlung und der transkulturellen Medizin und Pflege.

4. Zielgruppenspezifische Prävention, Gesundheitsförderung und Behandlung im Bereich der psychischen Gesundheit bzw. Erkrankungen, vor allem für ältere Menschen und Menschen mit Migrationshintergrund (Weigl & Gaiswinkler, 2016).

5. Zielgruppenspezifische Weiterentwicklung der Lebensbedingungen der hier identifizierten Hauptzielgruppen in Hinblick auf die gesundheitlichen Auswirkungen des Klimawandels. Entwicklung eines „Health (and Climate) in all Policies"-Ansatzes (BMGF, 2017c; WHO, 2015; Wismar & Martin-Moreno, 2014; siehe Kap. 5.5.2).

5.3.2 Unterschiedliche Vulnerabilität und Chancengerechtigkeit bei klimainduzierten Gesundheitsfolgen

Kritische Entwicklungen

Morbidität, Mortalität, Lebenserwartung und -zufriedenheit unterscheiden sich nach sozialem Status und weiteren sozioökonomischen Kenngrößen und repräsentieren gesundheitliche Ungleichheiten in der Gesellschaft (BMGF, 2017c). Das Phänomen gesundheitlicher Ungleichheit wird durch klimaassoziierte Veränderungen vielfach verstärkt. Meist sind es die auch ohne Klimawandel vulnerablen Bevölkerungsgruppen, die besonders betroffen sind. Die diesbezüglich – auch auf Seiten des Gesundheitssystems – zu beachtenden Faktoren finden sich auf mehreren Ebenen: Die biologische Anpassungsfähigkeit an Belastungen durch den Klimawandel ist bei bestimmten Bevölkerungsgruppen niedriger, insbesondere bei Kindern (hier vor allem Säuglinge und Kleinkinder), älteren (und vor allem sehr alten) Menschen und chronisch kranken bzw. gesundheitlich beeinträchtigten Menschen. Die Arbeits- und die Wohnsituation ist entscheidend für die direkte Exposition von Personen gegenüber gesundheitlichen Belastungen aufgrund der Klimafolgen (z. B. Schwerarbeit auf Baustellen und in der Landwirtschaft, wohnortnahe Grünräume in Städten, Obdachlosigkeit, Wohnungsüberbelegung). Verstärkt werden die Ungleichheiten in den Vulnerabilitäten und Kompensations- bzw. Anpassungsmöglichkeiten an Klimaveränderungen durch – die Kombination von – sozioökonomischen Faktoren, wie Armutsgefährdung, geringe Bildung, Arbeitslosigkeit, Migrationshintergrund (siehe Kap. 5.3.1).

Laut EU-SILC (*European Community Statistics on Income and Living Conditions*) sind 14 Prozent der in Österreich lebenden Menschen als armuts- und ausgrenzungsgefährdet einzustufen. Ein deutlich erhöhtes Risiko der Armutsgefährdung haben kinderreiche Familien, Ein-Eltern-Haushalte, MigrantInnen, Frauen im Pensionsalter, arbeitslose Menschen sowie HilfsarbeiterInnen und Personen mit geringer Bildung. Die gesundheitlichen Auswirkungen von sozioökonomischer Ungleichheit sind bereits jetzt in Österreich gravierend: Pflichtschulabsolventen haben eine um 6,2 Jahre niedrigere Lebenserwartung als Akademiker (Till-Tentschert u. a., 2011).

Sowohl die Vereinten Nationen (Habtezion, 2013) als auch das Europäische Parlament (European Parliament, 2017) verweisen auf eine besondere Vulnerabilität von Frauen für die Folgen des Klimawandels. Vor allem Katastrophen und Flucht können durch bestehende Ungleichheiten zwischen den Geschlechtern Frauen in besonderer Weise treffen.

Gesundheitseffekte

Es ist davon auszugehen, dass bestimmte Bevölkerungsgruppen einer Kombination von mehreren Faktoren ausgesetzt sind, die ihre Chancen auf einen adäquaten Umgang mit den (gesundheitlichen) Klimafolgen wesentlich reduzieren. Entsprechend zeigte sich bereits in der Vergangenheit bei spezifischen durch Klimaveränderungen hervorgerufenen Belastungen (Hitze, klimabedingte Naturkatastrophen etc.) eine besondere Betroffenheit von sozioökonomisch benachteiligten Gruppen – oft nochmals verstärkt, wenn dies mit anderen Vulnerabilitäten (z. B. Alter) einhergeht. So war, beispielsweise bei der Hitzewelle in Wien im Jahr 2003, die Sterblichkeit in den einkommensschwachen Bezirken besonders hoch (Hutter u. a., 2007).

Festzuhalten ist, dass bisher in Österreich gesundheitliche Klimafolgen kaum unter dem Gesichtspunkt sozialer Ungleichheit erforscht wurden (siehe Haas u. a., 2014) und wir nur sehr wenig über die spezifische Exposition von direkten und indirekten gesundheitlichen Klimafolgen in Hinblick auf benachteiligte Bevölkerungsgruppen in Österreich wissen. Umgekehrt wird der (deutschsprachige) Diskurs zu gesundheitlicher Chancengerechtigkeit im Kontext von *„Health in all Policies"* bisher wenig in Bezug auf Klimafolgen geführt (BMGF, 2017d; FGÖ, 2016; Kongress "Armut und Gesundheit", 2017). Grundargumente finden sich in Deutschland und Österreich im Diskurs zur „Umweltgerechtigkeit" (Ökobüro, 2016), aber eine spezifische Ausarbeitung in Hinblick auf Klimawandel fehlt bislang für Österreich.

Während die ungleichen Chancen in den (gesundheitlichen) Folgen des Klimawandels auf einer globalen Ebene als zentraler Faktor erkannt wurden (Islam & Winkel, 2017; WHO Europe, 2010a, 2010b) und die vielfältigen Abhängigkeiten zwischen sozioökonomischem Status, Gesundheit und Klima im Rahmen der Nachhaltigen Entwicklungsziele (SDG) konzeptuell Berücksichtigung finden (Prüss-Üstün u. a., 2016), werden diese bisher in der strategischen und poli-

tischen Diskussion zur Klimaanpassung zu wenig berücksichtigt (siehe BMLFUW, 2017b).

Handlungsoptionen

Vor dem Hintergrund steigender Ungerechtigkeiten und deren gesundheitlichen und wirtschaftlichen Folgen in den OECD-Staaten (Mackenbach u. a., 2008; OECD, 2017a) sind sorgfältige Analysen, Entwicklungsprognosen und Aktionsprogramme im Bereich der gesundheitlichen Chancengerechtigkeit für Österreich als prioritär zu betrachten. Der Nutzen von mehr gesundheitlicher Gerechtigkeit für den Arbeitsmarkt, die Wirtschaftsentwicklung und das Wohlbefinden der Bevölkerung wird generell hoch eingeschätzt (Mackenbach u. a., 2007; Mackenbach u. a., 2011; OECD, 2017a). International liegen evidenzbasierte Maßnahmenvorschläge für die Erreichung gesundheitlicher Chancengerechtigkeit vor (WHO, 2008).

Der geringe Forschungsstand und der fehlende politische Diskurs zur gesundheitlichen Chancengerechtigkeit im Bereich der gesundheitlichen Klimafolgen macht auch für Österreich deutlich, dass die größte Herausforderung die Entwicklung von politikfeldübergreifender Zusammenarbeit in Wissenschaft, öffentlicher Verwaltung und Politik zu Klima und Gesundheit ist (WHO Europe, 2010a; WHO, 2014) (siehe Kap. 5.5.2). Die vielfältige Abhängigkeit von Bevölkerungsgesundheit, Chancengerechtigkeit und nachhaltiger gesamtgesellschaftlicher Entwicklung wird im Rahmen der SDGs gesehen (Prüss-Üstün u. a., 2016). Auch der letzte Bericht des BKA (BKA u. a., 2017) zur Umsetzung der SDGs in Österreich verweist nicht nur im Bereich Gesundheit (SDG 3), sondern auch im Bereich Bildung (SDG 4) auf Chancengerechtigkeit als zentrales Ziel für eine nachhaltige Gesellschaft.

Handlungsoptionen zur Reduktion von Unterschieden in der Vulnerabilität der Bevölkerung gegenüber gesundheitlichen Folgen des Klimawandels werden daher sowohl im Forschungsbereich als auch aufbauend auf den Gesundheitszielen Österreich gesehen. Neben dem Gesundheitsziel 2 „Gesundheitliche Chancengerechtigkeit" sprechen auch die Gesundheitsziele 1 „Gesundheitsförderliche Lebens- und Arbeitsbedingungen", 3 „Gesundheitskompetenz" und 4 „Lebensräume" (BMGF, 2017c, 2017e, 2017f) jeweils Aspekte von gesundheitlicher Chancengerechtigkeit an.

1. Forschungsvorhaben, die die gesundheitliche Chancengerechtigkeit in Bezug auf den Klimawandel in Österreich zum Thema machen, sind zentral. Entsprechende Forschungsförderung durch den Klima- und Energiefonds, durch andere Forschungsfördereinrichtungen, durch die beteiligten Bundesministerien und durch die Bundesländer sind hier ebenso angesprochen wie die universitären und außeruniversitären Forschungseinrichtungen im Bereich der Klima-, Gesundheits- und Sozialforschung. Forschungen mit dem Schwerpunkt auf vielfach benachteiligte Bevölkerungsgruppen und besonders betroffene Regionen versprechen hier wesentliche Einsichten für

gezielte Schritte zum Ausgleich von gesundheitlicher Ungleichheit und deren Folgen.

2. Aufbauend auf den Maßnahmen des Gesundheitsziels 2 „Gesundheitliche Chancengerechtigkeit" (BMGF, 2017d), insbesondere im Bereich der Armutsbekämpfung, kann die Entwicklung gezielter Fördermaßnahmen im Bereich der Arbeits- und Lebenswelten (BMGF, 2017c) und im Bereich der Gesundheitskompetenz der Bevölkerung (siehe Kap. 5.3.3) wesentlich zur Verbesserung der gesundheitlichen Chancengerechtigkeit beitragen. Die Implementierung einer Koordinierungs- und Austauschplattform im Sinne einer *„community of practice"* (siehe auch erste Erfahrungen in Österreich: Partizipation, 2018) unterstützt die Abstimmung und das praktische Lernen innerhalb dieser Umsetzungsmaßnahmen.

3. Die politikfeldübergreifende Zusammenarbeit in Bezug auf Chancengerechtigkeit kann im Rahmen der Entwicklung der SDGs in Österreich durch intensivierte Zusammenarbeit auf Ebene der öffentlichen Verwaltung, der Politik und der anderen gesellschaftlichen Sektoren (Wirtschaft, Zivilgesellschaft) durch eine bundesweite Koordination auf Bundes-, Landes- und Gemeindeebene (z. B. durch das BKA) gefördert werden (siehe Kap. 5.5.2).

4. Der besonderen Vulnerabilität von Frauen und Mädchen kann durch die Berücksichtigung von genderbezogenen Analysen der Klimafolgen, verstärkte Beteiligung von Frauen und Gendergerechtigkeit in den Entscheidungsprozessen zu Anpassungsstrategien begegnet werden (European Partliament, 2017).

5.3.3 Gesundheitskompetenz und Bildung

Kritische Entwicklungen

Gesundheitskompetenz (*Health Literacy*) ist eine Schlüsseldeterminante von Gesundheit (Kickbusch, Pelikan u. a., 2016). Eine hohe persönliche Gesundheitskompetenz und die verständliche Gestaltung von Gesundheitsinformationen tragen dazu bei, Fragen der körperlichen und psychischen Gesundheit besser zu verstehen und gute gesundheitsrelevante Entscheidungen zu treffen (Parker, 2009). Für betroffene Personen hat geringe Gesundheitskompetenz eine Reihe negativer Auswirkungen auf die Gesundheit, z. B. geringere Therapietreue, häufigere späte Diagnosen, schlechtere Selbstmanagement-Fähigkeiten und höhere Risiken für chronische Erkrankungen (Berkman u. a., 2011). Sozioökonomisch benachteiligte Menschen sind von diesen negativen Auswirkungen überdurchschnittlich häufig betroffen. Auf Bevölkerungsebene verursacht geringe Gesundheitskompetenz hohe Kosten im Gesundheitssystem (Eichler u. a., 2009; Haun u. a., 2015; Palumbo, 2017; Vandenbosch u. a., 2016; Vernon u. a., 2007).

Der „*European Health Literacy Survey* (HLS-EU-Studie)" (HLS-EU-Consortium, 2012) zeigte erstmals im internationalen Vergleich für Österreich einen starken Nachholbedarf in der Entwicklung der Gesundheitskompetenz der österreichischen Bevölkerung auf. In Österreich hatten 18 Prozent der Befragten eine inadäquate, 38 Prozent eine problematische Gesundheitskompetenz. d. h. etwas mehr als jede/r zweite ÖsterreicherIn hat eine begrenzte Gesundheitskompetenz. Damit ist diese Einschränkung nicht ein Problem von Minderheiten in Österreich, sondern eines der Mehrheitsbevölkerung. In Hinblick auf Chancengerechtigkeit ist begrenzte Gesundheitskompetenz in Österreich ein besonderes Problem, weil sie bei Menschen mit schlechtem Gesundheitszustand (86 %), wenig Geld (78 %) und im Alter über 76 Jahren (73 %) vorhanden ist (Pelikan, 2015). Es ist wichtig, hervorzuheben, dass die österreichische Bevölkerung in jenem Teil der Befragung, der sich mit den kognitiven Fähigkeiten beschäftigt, den zweitbesten Platz belegt ("NVS-UK"; Rowlands u. a., 2013). Damit ist die eingeschränkte Gesundheitskompetenz nicht auf begrenzte intellektuelle Fähigkeiten der österreichischen Bevölkerung zurückzuführen, sondern auf Besonderheiten des österreichischen Gesundheitssystems und die beschränkte Qualität der Gesundheitsinformations- und Kommunikationsangebote in Österreich. Die Defizite sind also zunächst auf der Systemebene zu sehen und nicht auf der Personenebene. Daraus folgt auch für den klimawandelbedingten Anpassungsbedarf eine Priorisierung von Maßnahmen auf Systemebene im Bereich der Gesundheitskompetenz.

Was die Chancengerechtigkeit im Bildungsbereich anbelangt, besteht in Österreich weiterhin großer Nachholbedarf (OECD, 2017b): Der Anteil der Personen mit Hochschulabschluss, deren Eltern noch keinen Hochschulabschluss hatten, fällt im OECD Vergleich sehr gering aus. d. h. das österreichische Bildungssystem unterstützt sozialen Aufstieg kaum und benachteiligte Gruppen können ihre Situation durch Bildung nur wenig verbessern. Damit treffen die gesundheitlichen Herausforderungen des Klimawandels in Österreich auf eine Situation, in der insbesondere vulnerable Bevölkerungsgruppen die Angebote, die Krankenbehandlung, die Prävention und die Gesundheitsförderung und ihre Mitwirkung darin nicht ausreichend verstehen.

Gesundheitseffekte

Vor dem Hintergrund der großen Schwierigkeiten, die die gesundheitlichen Folgen des Klimawandels im Bezug auf das Verständnis von komplexen Zusammenhängen für große Teile der Menschen bringen, sind Lücken in der grundlegenden Bildung und Gesundheitskompetenz der Bevölkerung bzw. das Fehlen von zielgruppengerechten Gesundheitsinformationen als wesentliches Gesundheitsrisiko einzuschätzen. Bildungsferne Schichten, einkommensschwache Personen, Alleinstehende und alte Menschen – darunter auch MigrantInnen – gelten als von den Folgen des Klimawandels besonders betroffen, sind aber oft schwer mit Informationsangeboten zu erreichen (siehe Kap. 4.1).

Die problematische Situation der Gesundheitskompetenz in Österreich führte bereits 2012 zur Formulierung des Gesundheitsziels 3 „Die Gesundheitskompetenz der Bevölkerung stärken" (BMGF, 2017e) und 2015 zur Einrichtung der Österreichischen Plattform Gesundheitskompetenz (ÖPGK, 2018b). Die ÖPGK hat die Aufgabe übernommen, in den nächsten 15–20 Jahren das Gesundheitsziel 3 umzusetzen und die Gesundheitskompetenz der Bevölkerung durch Maßnahmen im Bereich des Gesundheitssystems, des Bildungssystems und des Wirtschaftssystems wesentlich zu stärken. Die Weiterentwicklung der Gesundheitskompetenz wurde auch als Aufgabe der Gesundheitsreform „Zielsteuerung Gesundheit" erkannt und als ein operatives Ziel definiert (Zielsteuerung-Gesundheit, 2017). Damit sind im Rahmen des Gesundheitssystems wesentliche strategische Voraussetzungen geschaffen worden, die bei entsprechender Weiterführung und systematischem Ausbau der Maßnahmen helfen können, den gesundheitlichen Herausforderungen des Klimawandels für die österreichische Bevölkerung zu begegnen. In den vorliegenden Dokumenten und Maßnahmen zur Gesundheitskompetenz werden aber bisher keinerlei explizite Bezüge zu gesundheitlichen Folgen des Klimawandels hergestellt.

Auch die Österreichische Strategie zur Anpassung an den Klimawandel (BMLFUW, 2017b) verweist in ihrem Aktionsplan wiederholt auf die Notwendigkeit von Bildungsmaßnahmen und koordinierten Informationskampagnen insbesondere in Bezug auf Gesundheit. Die Bereitstellung entsprechender Finanzmittel und mehr Wertschätzung für die Bewusstseinsbildung (Gesundheitskompetenz) und das Erkennen des langfristigen Nutzens dieser Maßnahmen werden gefordert. Direkte Kooperationen mit den Gesundheitskompetenzmaßnahmen des Gesundheitssystems sind jedoch bisher nicht erfolgt. Derzeit sind in der ÖPGK neben den Institutionen des Gesundheitssystems auf Bundesebene die Ressorts für Bildung, Jugend, Soziales und Sport vertreten, aber nicht das Nachhaltigkeitsressort.

Handlungsoptionen

Die Stärkung der Gesundheitskompetenz der Bevölkerung ist als eine der wesentlichsten und effektivsten Anpassungsstrategien an die gesundheitlichen Folgen des Klimawandels zu sehen. Zentral ist der Zusammenhang mit großen Unterschieden in der Vulnerabilität und Erreichbarkeit spezifischer Bevölkerungsgruppen. Es ist anzunehmen, dass Informationsangebote, die nicht zielgruppenspezifisch und motivierend ausgerichtet sind, wenig Wirkung zeigen bzw. nicht die besonders betroffenen Gruppen erreichen (Uhl u. a., 2017). Damit ergeben sich folgende Handlungsoptionen zur Stärkung der Gesundheitskompetenz der Bevölkerung:

1. Forschung zu den Informationsbedürfnissen bzw. -lücken und zu optimalen Informationsmedien der besonders betroffenen Bevölkerungsgruppen. Hier ist auch die regelmäßige Evaluation von bestehenden Informationsangeboten für die Bevölkerung (z. B. gesundheitliche und meteorologische Warnsysteme) zentral, um diese effektiver gestalten zu können und an unterschiedliches, sich veränderndes Informationssuchverhalten der Bevölkerung anpassen zu können (z. B. Einsatz neuer Medien oder mehrsprachiger Informationsangebote).

2. Verstärkung der intersektoralen Zusammenarbeit zwischen Gesundheitssystem und Klimamaßnahmen in Hinblick auf die Stärkung der klimabezogenen Gesundheitskompetenz der Bevölkerung. Insbesondere die systematische Mitwirkung der klimaverantwortlichen Stellen des Bundes und der Länder an der strategischen Ausrichtung und mittelfristigen Finanzierung der Umsetzung von Gesundheitskompetenzmaßnahmen im Rahmen der ÖPGK verspricht wesentliche Synergieeffekte.

3. Ausbau von Informationskampagnen im Bereich der Gesundheitsförderung und Prävention auf Verhaltens- und Verhältnisebene, die klimarelevantes Gesundheitsverhalten und -verhältnisse unterstützen, insbesondere zu aktiver Mobilität (z. B. körperliche Aktivitäten wie Radfahren und Zufußgehen zu Mobilitätszwecken), gesunder Ernährung und Nutzung von Grünräumen zur Erholung. Hier sind Informationen zentral, die die Entwicklung von Rahmenbedingungen durch Kommunen, Arbeitgeber, Pflege- und Sozialeinrichtungen, Schulen etc. anregen, um aktive Mobilität, klima- und gesundheitsbezogene ArbeitnehmerInnenunterstützung und gesunde nachhaltige Ernährung zu ermöglichen. Ein rein personenbezogener Ansatz, der die Bevölkerung zur „Eigenverantwortung" ermahnt, aber keine unterstützenden Rahmenbedingungen (z. B. Radwege, Essensangebot in den Großküchen) anbietet, wird wenig Einfluss haben. Auf bestehende Programme und Kooperationen zwischen diversen bundesweiten und regionalen Akteuren, insbesondere auch des FGÖ, kann hier aufgebaut werden. Gut konzipierte Informationskampagnen zu Gesundheitsrisiken des Klimawandels und den *Co-Benefits* von Klimaschutz- und Anpassungsstrategien bieten vielversprechende Möglichkeiten (Sauerborn u. a., 2009).

4. Der systematischen Vermittlung von klimaspezifischem Gesundheitswissen an Gesundheitsfachkräfte kommt zentraler Stellenwert zu, da sie sowohl die Belastung von einzelnen Personen und Bevölkerungsgruppen lokal erkennen können als auch individualisierte Gesundheitsinformationen an die Betroffenen weitergeben können (siehe Kap. 5.2.3). Darüber hinaus können die Gesundheitsfachkräfte ggf. verhältnisbezogene Gesundheitsförderungs- und Präventionsmaßnahmen im lokalen Umfeld, z. B. in Kooperation mit den Kommunen initiieren. Schließlich ist die Sensibilisierung der Gesundheitsfachkräfte für klimarelevante Folgen ihrer Tätigkeit (z. B. Vermeidung unnötiger Diagnostik oder Therapien) ein wesentlicher Beitrag zur Emissionsreduktion durch das Gesundheitssystem selbst (siehe Kap. 4.2 und 5.4.4). „Klimawandel und Gesundheit" bzw.

„Klima, Alter und Care" (siehe Kap. 4.3) fordern, dies in der Aus- und Fortbildung von Gesundheitsberufen (Entwicklung der Curricula und Weiterbildungsangebote) und in entsprechenden inter- und transdisziplinären Studien („*sustainabilty studies*") zu etablieren. Hier sind die Aus- und Fortbildungsanbieter für Gesundheitsberufe (Medizinische Universitäten, Fachhochschulen, Ärztekammern) angesprochen, die Adaptierung von Curricula und Bildungsangeboten zu prüfen. Problematisch ist in diesem Zusammenhang der sehr hohe Anteil der Pharmaindustrie an der Finanzierung der ärztlichen Fortbildung in Österreich (Hintringer u. a., 2015), der eine interessensunabhängige Fortbildung zur Vermeidung von unnötiger Diagnostik und Therapie kaum möglich macht.

5. Systematische Entwicklung von leicht auffindbaren, gut verständlichen, von wirtschaftlichen Interessen unabhängigen Gesundheitsinformationssystemen ist eine wesentliche Voraussetzung, um für die Bevölkerung (und auch die MitarbeiterInnen im Gesundheitswesen) Anpassungsmaßnahmen in Hinblick auf klimabezogene Gesundheitsrisiken effizient umzusetzen. Diese Maßnahmen sind am wirksamsten bundesweit durch bestehende Informationsangebote, z. B. der AGES oder das öffentliche Gesundheitsportal (Gesundheit.gv.at, 2018), durchführbar und können auf den Standards der „Guten Gesundheitsinformation Österreich" (ÖPGK & BMGF, 2017) der ÖPGK aufbauen.

6. Neben guter schriftlicher Gesundheitsinformation kommt dem interaktiven Austausch, dem persönlichen Gespräch bzw. der Beratung eine zentrale Rolle in der effektiven Vermittlung von angemessenem Gesundheitsverhalten zu. Hier sind insbesondere die Gesundheitsfachkräfte, allen voran ÄrztInnen wesentliche Kommunikatoren und „GesundheitsfürsprecherInnen" (Frank, 2005), die entsprechende Gesprächsführungskompetenzen brauchen. Hier kann auf den Maßnahmen zur Verbesserung der Gesprächsqualität in der Krankenbehandlung, insbesondere im Bereich der Aus-, Weiter- und Fortbildung, aufgebaut werden (BMGF, 2016b; Gallé u. a., 2017; Nowak u. a., 2016).

7. Neben den individuellen Kommunikationsfähigkeiten der Gesundheitsfachkräfte ist auch die Entwicklung des organisationalen und finanziellen Rahmens für die Vermittlung relevanter Gesundheitsinformationen – „organisationale Gesundheitskompetenz" – zentral (Abrams u. a., 2014; Brach u. a, 2012; Pelikan, 2017). Die entsprechende Priorisierung von Gesundheitskompetenzaufgaben, insbesondere innerhalb der Gesundheitseinrichtungen, durch die Führung und die Investition in die Gesundheitskompetenz der MitarbeiterInnen ist eine notwendige Voraussetzung, damit zielgruppenspezifische Informationsangebote tatsächlich umgesetzt werden. Die Umsetzung von „organisationaler Gesundheitskompetenz" in Jugendzentren und der offenen Jugendarbeit zeigt beispielhaft, wie ein zielgruppenspezifischer Zugang realisiert werden kann (Wieczorek u. a., 2017).

8. Schließlich betont die Österreichische Strategie zur Anpassung an den Klimawandel (BMLFUW, 2017b) in ihrem Aktionsplan wiederholt die Notwendigkeit von Bildungsmaßnahmen. Hier ist das Schulsystem in besonderer Weise angesprochen, um Kindern und Jugendlichen Zugang zu klima- und gesundheitsrelevantem Verstehen und Handeln zu verschaffen. Der gemeinsame und systematische Einbau von grundlegendem Wissen zu Gesundheit und Klima in die Lehrpläne und die Lehrpraxis ist von langfristiger Bedeutung für die Gesundheitskompetenz der zukünftigen Generationen (McDaid, 2016). Gute Bildungsangebote (und die dafür erforderlichen öffentlichen Investitionen) helfen langfristig auch dem sozioökonomischen und gesundheitlichen Ausgleich und befördern die Anpassungsfähigkeit an den Klimawandel. In diesem Zusammenhang sind die Entwicklung von „Umweltkompetenz" in Österreich (Eder & Hofmann, 2012) oder „Environmental Literacy" (Scholz, 2011) im Schulwesen der USA (ELTF, 2015) in den letzten Jahren beachtenswert. Die enge Verschränkung von Umwelt- und Gesundheitskompetenzen kann hier ein nächster Schritt sein.

9. Bildungsferne Schichten, einkommensschwache Personen, Alleinstehende, alte Menschen – darunter auch MigrantInnen – und Menschen mit Behinderungen gelten von den Folgen des Klimawandels als besonders betroffen, sind aber oft schwer zu erreichen. Die (transkulturelle) Sensibilisierung der AkteurInnen im Gesundheits- und Sozialbereich für die Betroffenheit dieser Risikogruppen ist wichtig, um sie im Anlassfall (auch) zu erreichen. Damit rücken Maßnahmen in den Blick, die sowohl die Gesundheitskompetenz dieser Risikogruppen gezielt stärken (angemessene Informationsangebote) als auch die spezifischen Kommunikationskompetenzen und -werkzeuge entwickeln (GeKo-Wien, 2018).

5.4 Gemeinsame Handlungsfelder für Gesundheit und Klimaschutz

Vorweg sei darauf hingewiesen, dass die nachfolgend beschriebenen Handlungsoptionen aus einer Mischung von Bewußtseinsbildung, Anreizen, Steuern und ordnungspolitischen Maßnahmen verschiedener Art bestehen. Darunter sind einige, die Widerstand hervorrufen können. Eine Grundvoraussetzung für erfolgreiche Klima- und Gesundheitspolitik ist daher Bewußtseinsbildung und Einbindung der Bevölkerung, um die Opposition gegen notwendige Maßnahmen möglichst gering zu halten. Akzeptanz ist auch eine Frage des Framings: Die folgenden Ausführungen zielen lediglich auf Maßnahmen ab, nicht auf das Framing, in dem sie eingeführt werden.

5.4.1 Gesunde klimafreundliche Ernährung

Kritische Entwicklungen

Nachhaltige Ernährungsweisen müssen nach Lang geringe Trebhausgasemissionen verursachen, wenig graues Wasser enthalten, Biodiversität schützen, nahrhaft, sicher, verfügbar und leistbar für alle sein; sie müssen auch von hoher Qualität und kulturell angepasst sein sowie aus Arbeitsprozessen gewonnen werden, die gerecht und fair bezahlt sind, ohne externe Kosten an andere Stellen zu verschieben. Dann sind sie zugleich ein Beitrag zur Erfüllung der Nachhaltigen Entwicklungsziele der UNO (Lang, 2017). Die Verantwortung für die Erreichung dieses Zieles sieht er bei den Regierungen, die sowohl auf Produktionsweisen als auch auf Ernährungsgewohnheiten Einfluss nehmen sollten. Wenn diese Verantwortung von Regierungsseite nicht wahrgenommen wird, müssen andere einspringen. Die Diskussion im vorliegenden Sachstandsbericht konzentriert sich auf Klima und Gesundheit, doch sollten die anderen Aspekte nicht aus den Augen verloren werden.

Aus Klimasicht sind die Emissionen aus landwirtschaftlicher Produktion, Transport und Verarbeitung relevant. Es ist unbestritten, dass pflanzliche Produkte (sowie pflanzenbetonte Ernährungsweisen) zu einer wesentlich geringeren Klimabelastung führen als tierische Produkte, insbesondere Fleisch (Schlatzer, 2011). Ebenso unbestritten ist, dass die Nahrungs- und Futtermittelproduktion, die mit Humusaufbau (z. B. biologische Landwirtschaft) einhergeht, aus Klimagründen jeder anderen Produktionsform vorzuziehen ist. Mineraldüngung ist wegen des hohen Energiebedarfs bei der Erzeugung und des Humusabbaus klimaschädlich.

Ökologische Landwirtschaft könnte zum Klimaschutz und zum Erhalt der Bodenfruchtbarkeit und der Biodiversität einen wichtigen Beitrag leisten, ihr Beitrag zur Gesundheit ist, aufgrund der Reduktion des Pestizid- und Antibiotikaeinsatzes, ebenfalls unumstritten. Auch im zweiten der Nachhaltigen Entwicklungsziele der UNO, geht es im Target 4 um Nahrungsmittelproduktion und Klima: „2.4 Bis 2030 die Nachhaltigkeit der Systeme der Nahrungsmittelproduktion sicherstellen und resiliente landwirtschaftliche Methoden anwenden, die die Produktivität und den Ertrag steigern, zur Erhaltung der Ökosysteme beitragen, die Anpassungsfähigkeit an Klimaänderungen, extreme Wetterereignisse, Dürren, Überschwemmungen und andere Katastrophen erhöhen und die Flächen- und Bodenqualität schrittweise verbessern". Gemessen wird der Erfolg am Anteil der nachhaltigen und produktiven landwirtschaftlichen Fläche.

Eine neue Studie belegt nun, dass ökologische Landwirtschaft die Weltbevölkerung – auch 2050 mit etwa 9,8 Milliarden Menschen – bei gesundheitlich sinnvoller Ernährung ernähren könnte, obwohl dafür wegen der geringeren Erträge pro Hektar zunächst mehr Fläche benötigt wird (Muller, 2017).

Unbegrünte Brachen – in Österreich inzwischen selten geworden – oder die Abholzung von (Regen-)Wäldern, z. B. in Entwicklungsländern, sind Kohlenstoffquellen. Beheizte Glashäuser und künstliche Bewässerung, wie etwa in den Ländern Südeuropas, sind energieintensiv und daher THG-bedeutsam. Außer bei Produkten, die mit dem Flugzeug transportiert werden, ist vor allem die *„last mile"* relevant (siehe Kap. 4.5.2).

Keineswegs zu vernachlässigen sind die Emissionen, die eingespart werden könnten, würde die Vergeudung von Nahrungs- und Futtermitteln reduziert. Rund 580.000 t vermeidbare Lebensmittelabfälle fallen in Österreich pro Jahr an, davon mehr als die Hälfte aus Haushalten, Einzelhandel und Gastronomie (Hietler & Pladerer, 2017). Zu dieser Verschwendung trägt das häufig als „Ablaufdatum" interpretierte Mindesthaltbarkeitsdatum (MHD) bei (Pladerer u. a., 2016).

Der Klimawandel, insbesondere die Zunahme extremer Ereignisse und das Auftreten neuer Schädlinge und Krankheiten könnten zu Ertragsschwankungen und daraus resultierend höherer Volatilität der Lebensmittelpreise führen, die wiederum Auswirkungen auf die Leistbarkeit gesunder Lebensmittel und damit auf die Gesundheit insbesondere von Kindern aus sozial schwächeren Schichten hätten. Da jedoch die Lebensmittelpreise von zahlreichen Faktoren beeinflußt werden, ist zumindestens in den nächsten Jahrzehnten in Österreich nicht mit nennenswerten Folgen zu rechnen.

Auch aus gesundheitlicher Sicht sollte der Anteil an Getreide, Gemüse und Obst wesentlich höher sein, denn der Fleischkonsum übersteigt in Österreich das nach der Österreichischen Ernährungspyramide (BMGF, 2018) gesundheitlich Wünschenswerte deutlich, bei den Männern z. B. um einen Faktor 3 (BMGF, 2017b). Neuere Erkenntnisse führten auch zur Reduktion anderer tierischer Produkte, insbesondere Milch, in den Empfehlungen zu gesunder Ernährung (siehe die neuen „Guiding Principles" von *Health Canada* (Food Guide Consultation, 2018).

Ein derzeit viel diskutierter Spezialfall ist Palmöl, das einerseits als Beimischung zum Dieseltreibstoff als Klimaschutzmaßnahme von der EU propagiert wird, andererseits wegen seiner physikalischen Eigenschaften und billigen Produktion von der Lebensmittelindustrie gerne verwendet wird. Aufgrund der mit seiner Gewinnung verbundenen Abholzung und Entwässerung von Regenwäldern erweist sich Palmöl in der Treibhausgasbilanz jedoch, abgesehen von anderen katastrophalen Umweltauswirkungen, als klimaschädlich (Fargione u. a., 2008). Gesundheitliche Bedenken hinsichtlich eines erhöhten Risikos für Diabetes, Gefäßverkalkungen und Krebs wurden auch bereits angemeldet (z. B. Warnung der EFSA hinsichtlich Prozesskontaminanten mit besonders hohen Werten in Palmöl). Palmöl ist also weder klimafreundlich noch gesund.

Erfreulicherweise decken sich daher die Maßnahmen, die zur Gewährleistung gesunder Ernährung zu treffen sind, weitgehend mit jenen, die aus Klimasicht (und darüber hinaus aus Sicht der Nachhaltigkeit) notwendig sind. Das Bewußtsein für diese *Co-Benefits* ist jedoch unsymmetrisch, denn in Papieren zur Klimapolitik wird darauf wesentlich häufiger verwiesen als in solchen zur Gesundheitspolitik (siehe Kap. 5.4.2).

Handlungsoptionen

Wie bei der Mobilität, liegen auch bei der Ernährung einige Handlungsoptionen auf der individuellen Ebene. Ansatzpunkte sind die Konsummenge, der Fleischkonsum oder auch die Qualität der Lebensmittel. Klima- und gesundheitsförderliche Entscheidungen werden aber leichter getroffen, wenn einerseits die Preisstruktur diesen entgegenkommt, andererseits die Gesundheitskompetenz oder das Klimabewusstsein stärker ausgeprägt sind (siehe Kap. 4.5.2). Die Preisstruktur könnte z.B. durch stärkere Bindung von Förderungen an Humusaufbau und Biodiversitätsschutz, Klimafreundlichkeit und gesundheitliche Qualitätskriterien, durch THG-abhängige Steuern auf alle Lebensmittelkategorien (Springmann, Mason-D'Croz u.a. 2016) oder durch schärfere Tierschutzbestimmungen oder Fleischsteuern (Weisz u.a., in Arbeit; siehe Haas u.a., 2017, ClimbHealth, 2017) beeinflußt werden und damit auch der Kostenwahrheit näher kommen.

Informationskampagnen, die zu mehr Eigenverantwortung der KundInnen – z.B. hinsichtlich der Genießbarkeit von Produkten über das MHD hinaus – und verständlichere und umfassende Qualitätszeichen (Ökologie, Soziales, Gesundheit) wären ein weiterer Schritt zur Verbrauchsreduktion bzw. klimafreundlicheren und gesünderen Selektion. Ein radikaleres Mittel wäre eine Umkehr der Kennzeichnungspflicht: Nicht das Klimafreundliche und Gesunde muss ausgewiesen werden, sondern die klimaschädlichen und ungesunden Faktoren.

Im Zusammenhang mit der Ernährung haben die Reduktion der Produktion und des Verzehrs von Fleisch die größten positiven Effekte für Klimawandel und Gesundheit (Friel u.a., 2009; Scarborough, 2014; Scarborough, Clarke u.a., 2010, Scarborough, Nnoaham u.a., 2010; Scarborough u.a., 2012; Tilman & Clark, 2014; Springmann, Mason-D'Croz u.a., 2016). Eine Umstellung zu einer stärker pflanzlichen Ernährungsweise könnte die globale Mortalitätsrate spürbar senken und die ernährungsbezogenen Treibhausgase dramatisch reduzieren (siehe Kap. 4.5.2; Springmann, Mason-D'Croz u.a., 2016). Tierische Produkte spielen bei dem Risiko von Diabetes mellitus 2, Bluthochdruck und Herz-Kreislauf-Erkrankungen eine gewichtige Rolle. Deswegen sind Regelungen zur Reduktion des Fleischkonsums besonders wichtig; dabei kann es sich um Maßnahmen zur Verteuerung von Fleisch handeln, wie in Kapitel 4.5.2 beschrieben, aber auch um Maßnahmen zur Steigerung der Attraktivität von Obst und Gemüse (siehe unten). Das Umweltbundesamt in Deutschland sprach sich für die Besteuerung tierischer Nahrungsmittel mit den regulären 19 % aus bei gleichzeitiger Senkung des Mehrwertsteuersatzes auf Obst und Gemüse oder öffentliche Verkehrsmittel, um einen zusätzlichen Vorteil für das Klima und die Gesundheit zu erreichen (Köder & Burger, 2017). Die FAO plädierte bereits vor mehreren Jah-

ren für Steuern sowie Gebühren auf den Gebrauch natürlicher Ressourcen (oder Zahlungen für Umweltleistungen), sodass ProduzentInnen die gesamten Kosten von Umweltschäden einrechnen müssten, um eine nachhaltigere Form der Tierproduktion zu erreichen (FAO, 2009). Eine Studie der Universität Göteborg zeigte, dass die landwirtschaftlichen THG-Emissionen durch eine Besteuerung tierischer Produkte (60 €/t CO_2) in den EU-27 Ländern die CO_{2e} um ca. 32 Millionen t gesenkt werden könnten (Wirsenius u.a., 2011).

Es gibt eine Reihe von Initiativen, die auf der Ebene des sozialen Umfeldes etwas zu klimafreundlicher und gesunder Ernährung und zur Bewußtseinsbildung beitragen. Zu diesen Initiativen zählen Food-Coops, Urban Gardening, solidarische Landwirtschaft, Pachtzellen, Nachbarschaftsgärten, Guerilla Gardening, Selbsterntefelder etc. Obwohl nicht zwingend notwendig, werden doch meist über diese Initiativen biologische, regionale und saisonale Produkte, vorwiegend Getreide, Obst und Gemüse, angeboten. In der Regel übernehmen TeilnehmerInnen und KundInnen derartiger Initiativen mehr Verantwortung für ihre Ernährung und ernähren sich daher gesünder und die LandwirtInnen haben mehr Gestaltungsmöglichkeit hinsichtlich Pflanzenauswahl und Bearbeitungsmethoden. Für bestehende Probleme, wie etwa die Sicherstellung der Steuerleistung, lassen sich Wege finden, die nicht die Initiativen per se in Frage stellen.

An bewußtseinsbildenden Maßnahmen, die gleichzeitig zum Klimaschutz und zum Anheben der Bevölkerungsgesundheit beitragen, können auch staatliche Einrichtungen und die Gastronomie teilhaben. Erste Ergebnisse eines Schulexperimentes zeigten, selbst bei geringer Ausweitung der Befassung von SchülerInnen mit Fragen der Ernährung, kombiniert mit freudvoller Bewegung, im Schnitt einen merklichen Muskelauf- und Fettabbau (Widhalm, 2018). In Schulen, Kindergärten, Kasernen, Kantinen, Krankenhäusern und Altersheimen könnten verstärkt gesunde sowie klimafreundlichere Lebensmittel in einer vernünftigen Zusammensetzung angeboten werden, womit Treibhausgasemissionen reduziert und die Bevölkerungsgesundheit wesentlich angehoben würden – bei im Wesentlichen gleichbleibenden Kosten (Daxbeck u.a., 2011). Kleinere Portionen mit der Möglichkeit nachzufassen, mindestens eine vegetarische Option auf der Speisekarte und grundsätzlich ein Krug Leitungs- oder Quellwasser auf dem Tisch wären mögliche Beiträge der Gastronomie. Ein weiterer Interventionspunkt ist die Ausbildung der KöchInnen, der ErnährungsassistentInnen und der EinkäuferInnen großer Lebensmittelketten.

In Österreich wurden in den letzten Jahren einige Kampagnen zur Minderung der Lebensmittelvergeudung von staatlicher, betrieblicher oder NGO-Seite gestartet. Große Lebensmittelketten sind z.B. Partnerschaften mit Lebensmittel „tafeln" eingegangen – zugleich ein Beitrag zur Ernährung von Bedürftigen. Initiativen wie food-sharing oder „Unverschwendet" (EEA, 2018) helfen, überschüssige Lebensmittel oder Obst an jene zu vermitteln, die sie brauchen können. Einige alternative Catering-Anbieter haben sich auf Lebensmittel spezialisiert, die vom Handel wegen Überschreitens des „Mindesthaltbarkeitsdatums" entsorgt würden.

Teilweise greifen diese Initiativen und mögliche Maßnahmen bereits spürbar in übergeordnete Systeme ein und nur eine Kultur der Toleranz für Experimente wird deren Weiterentwicklung ermöglichen. So würde es eine Fülle bürokratischer Hürden mit sich bringen, wenn *Food-Coops* ein Gewerbeschein bräuchten; die kleinen Genossenschaften oder Vereine (*Food-Coops* bestehen selten aus mehr als 30 Teilnehmerinnen) könnten diese nicht bewältigen und würden sich auflösen.

Die Rahmenbedingungen des Lebensmittelsektors, der im Wesentlichen nur hinsichtlich akuter Sofortschäden geregelt ist, wären ein Ansatzpunkt für Maßnahmen zur Gesundheitsvorsorge und zum Klimaschutz. Im derzeitigen System bleiben die Profite bei der Lebensmittelwirtschaft, die Kosten für die ungesunde Ernährung aber werden über das Sozial- und Gesundheitssystem von der Allgemeinheit getragen (Springmann, Mason-D'Croz u. a., 2016).

Weil sowohl die Effekte einer gesünderen Ernährung als auch eines eingeschränkten Klimawandels über Arbeitsproduktivitätsgewinne und Einsparungen von Gesundheitsausgaben zur Entlastung öffentlicher Ausgaben führen können (Springmann, Godfray u. a., 2016; Keogh-Brown u. a., 2012; siehe Scarborough, Nnoaham u. a., 2010), müsste der Staat Interesse an klimaschonender und gesunder Ernährung haben.

Dies wäre auch ein Schritt zur Erfüllung des Target 2 des Nachhaltigen Entwicklungszieles 2: "*2.2 By 2030, end all forms of malnutrition*", denn in Österreich leiden ca. 30 % aller Jungen und ca. 25 % aller Mädchen im Alter von 8 bis 9 Jahren an Fehlernährung (Übergewicht) (BMGF, 2017g): "*Prevalence of malnutrition (weight for height > +2 or < -2 standard deviation from the median of the WHO Child Growth Standards) among children under 5 years of age, by type (wasting and overweight)*" (United Nations, 2018).

Erstaunlicherweise ist die Forschung hinsichtlich der Auswirkungen der Ernährung auf die Gesundheit im Vergleich zu anderen Teilen der Gesundheitsforschung nicht sehr gut aufgestellt. Erst in den letzten Jahren wird diesem Sektor mehr Aufmerksamkeit gewidmet. Holistische Betrachtungen sind zugegebenermaßen auch wissenschaftsmethodisch nicht leicht handhabbar. So fehlen z. B. schlüssige Untersuchungen über mögliche positive Auswirkungen biologischer Landwirtschaft auf die Ernährung weitgehend, wenn man von Studien über die Schädlichkeit von Pflanzenschutzmitteln oder den Aufbau von Antibiotikaresistenz absieht (European Parliament, 2016). Weil Menschen, die sich biologisch ernähren, sehr häufig weniger Fleisch essen, sich mehr bewegen und auch sonst einen gesünderen Lebensstil pflegen, ist es schwer, die Wirkung der Nahrung zu isolieren.

Wie in manch anderem Forschungsbereich ist hier zentral, dass es auch von wirtschaftlichen Interessen losgelöste Forschung gibt. Erste wichtige Schritte in der medizinischen Forschung könnten erhöhte Transparenz bezüglich Forschungsfrage, Forschungsansatz und Auswertemethoden sowie Stichprobenselektion und -größe sein.

5.4.2 Gesunde klimafreundliche Mobilität

Kritische Entwicklungen

Der Verkehrssektor spielt sowohl für das Klima als auch für die Gesundheit eine wichtige Rolle. In Österreich sind 29 % der Treibhausgasemissionen auf den Verkehr zurückzuführen (2016), davon über 98 % auf den Straßenverkehr. Etwa 34 % der Emissionen des Straßenverkehrs entfallen auf den Gütertransport und etwa 56 % auf den Individualverkehr. Seit 1990 (Bezugsjahr des Kyotoprotokolls) sind die Emissionen um 60 % gestiegen, wobei insbesondere der Güterverkehr dazu beiträgt (Umweltbundesamt, 2018). Die Reduktion des Transports mit fossil angetriebenen Fahrzeugen wird daher ein wichtiger Beitrag zur Erreichung des Pariser Klimaabkommens sein.

Nach älteren Berechnungen gehen bis zu 30 % der verkehrsbedingten Emissionen auf Treibstoffexporte im Tank zurück. Niedrige Preise in Österreich befördern den Verkauf an durchfahrende Lkws sowie Pkws im Grenzbereich. Die dadurch jährlich lukrierten Einnahmen an Mineralölsteuern liegen in einer ähnlichen Größenordnung wie die innerhalb der gesamten ersten Kyoto-Periode von Österreich nötigen Zukäufe an international gehandelten Emissionszertifikaten (500–600 Millionen €). Hier bestehen also fiskalpolitische Interessen, die österreichischen Klimaschutzzielen entgegenwirken (Stagl u. a., 2014).

Ein technologischer Wandel von fossil zu elektrisch betriebenen Fahrzeugen ist zwar ein Schritt in die richtige Richtung, reicht aber allein zur Erzielung der notwendigen gesellschaftlichen Transformation nicht aus und wirft im Gegenzug andere Fragen auf, z. B. Bereitstellung von Ökostrom, Entsorgung von ausgedienten Batterien, Abdeckung von ladebedingten Stromspitzen usw. Darüber hinaus bleiben auch durch die Elektromobilität Probleme wie Unfallrisiken, Feinstaub durch Reifen- und Bremsbelagsabrieb, Verkehrsstaus und Flächenverbrauch durch Straßeninfrastruktur ungelöst. Gerade der hohe Flächenverbrauch von mehrspurigen Fahrzeugen um und in Städten behindert vermehrte Aufenthalts- und Grünräume, die für eine verbesserte Lebensqualität der StadtbewohnerInnen speziell bei steigenden Temperaturen erforderlich sind. Auch das gesundheitliche Potential der Transformation wird mit einer reinen Technologieumstellung keineswegs ausgeschöpft.

Veränderungen im *Modal Split* (Verteilung des Transportaufkommens auf verschiedene Verkehrsmittel) für Passagiere und Waren müssen Teil der Lösung sein. Dass sie möglich sind, hat die Stadt Wien mit einer Reduktion des motorisierten Individualverkehrs von 35 % im Jahr 1995 auf 31 % 2013/14 gezeigt. Die Verschiebung erfolgte zugunsten des ÖV-Anteils, der, nicht zuletzt durch die Preisreduktion der Jahreskarte bei gleichzeitiger Parkraumbewirtschaftung und Ausbau des ÖV-Angebots, von 32 % auf 40 % erhöht werden konnte (Tomschy u. a., 2016). Österreichweit überwiegt im

Modal Split bei insgesamt steigenden Verkehrsaufkommen (d.h. stärkeres Wachstum im Individualverkehr) der Pkw-Verkehr mit 57% (2013/14), der damit gegenüber 1995 gestiegen ist (51%). Bahn und Bus sind mit 17% im Jahr 1995 und 18% 2013/14 fast konstant geblieben. Fußwege sind insgesamt rückläufig. Im Bereich des Güterverkehrs ist mit einer signifikant erhöhten Verkehrsleistung auf der Straße eine gegenteilige Tendenz festzustellen. Diese Entwicklungen sind im Lichte eines Anstieges des Transportaufwandes (Pkw: 66%, SNF: 73%) zu sehen (Umweltbundesamt, 2017).

Besonders wichtig aus Klimasicht bei gleichzeitiger Reduktion gesundheitsrelevanter Schadstoff- und Lärmemissionen wäre die Reduktion des Flugverkehrs, der nicht im Pariser Klimaabkommen geregelt ist. Die von der Internationalen Zivilluftfahrtorganisation ICAO 2016 im Abkommen von Montreal freiwillig vereinbarten Maßnahmen reichen bei weitem nicht aus, um das übergeordnete Ziel, den Temperaturanstieg auf 2°C zu begrenzen, einzuhalten (Carey, 2016). Zudem prognostiziert die ICAO ein 300–700 prozentiges Wachstum des weltweiten Flugverkehrs bis 2050 (European Commission, 2017). Diese Entwicklung würde dem Pariser Abkommen sogar entgegenwirken, sollte sie sich tatsächlich einstellen. Die Zahl der Starts und Landungen in Österreich ist seit 2008 eher zurückgegangen. Während der nationale Flugverkehr seit 1990 praktisch gleich geblieben ist, haben sich die Personenkilometer im grenzüberschreitenden Flugverkehr von und nach Österreich in diesem Zeitraum mehr als verdreifacht (Stadt Wien, 2018b).

Da Siedlungsstrukturen, wie etwa die räumliche Anordnung von Wohnraum, Arbeitsstätten, Einkaufszentren, Schulen, Spitälern oder Altersheimen, den Verkehrsaufwand weitgehend determinieren, bedarf es auch der gesetzlichen Grundlagen und Richtlinien in der Raum- und Städteplanung, will man das Mobilitätsaufkommen reduzieren oder die notwendigen Wege für FußgängerInnen und RadfahrerInnen attraktiv gestalten. In unmittelbarem Zusammenhang mit dem Gesundheitssystem ist ein weiterer Aspekt von Interesse: Die Zentralisierung von Gesundheitseinrichtungen, wie z.B. Krankenhäusern, kann den Individualverkehr vor allem durch die ambulante Versorgung deutlich erhöhen, wenn keine alternative dezentrale Versorgung angeboten wird bzw. keine gute Anbindung an den öffentlichen Verkehr gewährleistet ist (Gühnemann, persönliche Mitteilung; Haas, persönliche Mitteilung). Daneben kann die Lage der Gesundheitseinrichtungen gesundheitliche Auswirkungen durch schlechtere Erreichbarkeit, insbesondere benachteiligter Gruppen, zur Folge haben.

Bei Befragungen geben über 40% aller Befragten in Österreich an, dass sie sich durch Lärm belästigt fühlen. Eine der Hauptquellen der Lärmbelastung ist der Verkehr, wobei der Straßenverkehr als Lärmerreger dominiert. Allerdings ist, laut Mikrozensus der Statistik Austria, sein Anteil in den letzten Jahren etwas gesunken (Statistik Austria, 2017).

Neben dem Klimawandel stellt in Österreich mangelnde Luftqualität in Städten und in alpinen Tal- und Beckenlagen weiterhin ein Problem dar. Dies betrifft vor allem Stickstoffdioxid – hier wurde sogar 2016 von der EU ein Vertragsverletzungsverfahren gegen Österreich eingeleitet. Auch bei Feinstaub werden zeitweise die Grenzwerte überschritten. Die Ozonbelastung ist im außeralpinen Bereich und im Mittel- und Hochgebirge immer noch hoch – an rund 50% der Stationen gibt es Grenzwertüberschreitungen. Wesentliche Quelle für Stickoxide, Feinstaub und für die Vorläufersubstanzen von Ozon ist der Verkehr, insbesondere Dieselfahrzeuge. Der Trend zum Dieselfahrzeug ist in Österreich nach wie vor ungebrochen, 57,0% Dieselfahrzeugen stehen 42,3% Benzinfahrzeugen gegenüber (der Rest verteilt sich auf Elektro-, Flüssiggas-, Erdgas- und Hybrid-Fahrzeuge) (BMLFUW, 2015).

Der Diesel-Abgasskandal hat offengelegt, dass die Luft in zweifacherweise über Gebühr vom Pkw-Verkehr belastet wird. Zum einen liegen die offiziellen Angaben zu den Emissionen aufgrund der Erhebungsmethode basierend auf günstigen Fahrzyklen weit unter den realen, zum anderen wurden selbst diese Werte manipulativ nur im Test erreicht. Es ist bemerkenswert, dass die zuständigen Regelungen auf EU-Ebene trotz wiederholter Hinweise auf die Unangemessenheit der vorgeschriebenen Messzyklen erst nach dem Skandal zugunsten realitätsnäherer Angaben modifiziert wurden, und dass die Klagen, die im Zuge des Abgasskandals eingebracht wurden, sich überwiegend auf Wertverluste der Pkw-Besitzer bezogen, während der erhöhte Beitrag zur Luftverunreinigung und zum Klimawandel praktisch ungesühnt bleibt. Das System, das solche Skandale provoziert – und ein kurzer Blick zurück zeigt, dass praktisch alle Hersteller Abgaswerte manipulieren oder manipuliert haben –, wurde in der gesamten bisherigen Diskussion nicht thematisiert. Nach dem Skandal wurden lediglich verstärkte Kontrollen eingeführt.

Gesundheitseffekte

Reduktion des motorisierten Verkehrs, insbesondere des fossil angetriebenen, und Verschiebung des Modal Split zugunsten aktiver Mobilität sind neben den positiven Auswirkungen auf den Klimawandel in mehrfacher Hinsicht gesundheitlich relevant. Zum einen gehen die Lärmbelastung und die Belastung der Luft mit Schadstoffen durch Personen- und Güterverkehr zurück, zum anderen werden mehr Wege zu Fuß oder mit dem Fahrrad zurückgelegt, sodass die Menschen mehr Bewegung machen. Damit können Verbesserungen hinsichtlich Fettleibigkeit, nicht übertragbarer Krankheiten, wie Herz-Kreislauf-Erkrankungen, Atemwegserkrankungen und Krebs, aber auch bezüglich Schlafstörungen, mentaler Gesundheit, Lebenserwartung und Lebensqualität erzielt werden. Zugleich werden erhöhte Kosten von Gesundheitsservices und Krankenständen vermieden (Haas u.a., 2017; Mueller u.a., 2015; Wolkinger u.a., 2018) (für eine ausführliche Diskussion siehe Kap. 4.5.3 Gesundheitsfördernde und klimafreundliche Mobilität).

Ein Wandel in der Sprache signalisiert die zunehmende Bedeutung, die dem Fuß- und Radverkehr zugemessen wird: In der Fachwelt ist nicht mehr von „nicht-motorisiertem Verkehr" die Rede, sondern von „aktiver Mobilität", die das Radfahren und Zufußgehen als Verkehrsmittel im Alltag versteht und nicht als Freizeitaktivität. Dass gerade dieser Aspekt wichtig ist, zeigt die Tatsache, dass der größte gesundheitliche Effekt bei jenen RadfahrerInnen zu verzeichnen war, die ihren täglichen Weg in die Arbeit konsequent am Rad zurücklegten (Laeremans u. a., 2017).

Darüber hinaus können Städte und Siedlungen, die nicht mehr „autogerecht", sondern auf aktive Mobilität hin ausgerichtet gestaltet werden, die sozialen Kontakte und damit das Wohlbefinden und die Gesundheit verbessern. Dass sich dies auch auf die Integration älterer Mitmenschen und MigrantInnen auswirken kann, ist unmittelbar einsichtig. Selbst die Kriminalität sinkt in „menschengerechter" gestalteten Städten, d. h. in Städten, die den Bedürfnissen der Menschen mehr Gewicht einräumen als jenen des motorisierten Verkehrs (Wegener & Horvath, 2017). Der höhere Anteil aktiver Mobilität bewirkt neben mehr Fitness, Lärmreduktion und besserer Luftqualität, dass gewonnene Flächen begrünt werden können, was nicht nur die Lebensqualität erhöht, sondern auch den Wärmeinseleffekt der Städte mindert (Mueller u. a., 2018). Im städtischen Bereich ist der Rückbau von Straßen und Parkplätzen, eine Entsiegelung entlang von Straßenzügen, die Auflassung von Straßenabschnitten sowie die Begrünung, z. B. durch Baumpflanzungen, eine wichtige Möglichkeit, um Hitzeinseln zu entschärfen (Stiles u. a., 2014; Hagen & Gasienica-Wawrytko, 2015).

Bei der Reduktion des Flugverkehrs geht es um gesundheitsrelevante Emissionen wie Feinstaub, sekundäre Sulfate und sekundäre Nitrate (Rojo, 2007; Yim u. a., 2013) sowie um Lärm und das erhöhte Risiko der Übertragung von Infektionskrankheiten (Mangili & Gendreau, 2005; siehe Spezialthema: Gesundheits- und Klimawirkungen des Flugverkehrs in Kap. 4).

Handlungsoptionen

Eine wirksame und notwendige Maßnahme, die sowohl dem Klimaschutz als auch der Gesundheit dient, ist der Umstieg von fossilen Antriebssystemen auf elektrische. Die Treibhausgas- und Luftschadstoffemissionen von alternativen Antriebssystemen (batteriebetriebene und brennstoffzellenbetriebene elektrische Fahrzeuge, biogasbetriebene Fahrzeuge und Hybridvarianten fossiler Pkws) liegen unter den Emissionen der aktuellsten Generation fossiler Pkw, sodass mit einem höheren Grad der Elektrifizierung speziell die Treibhausgasemissionen drastisch reduziert werden können. Dies schließt den Produktionsaufwand mit ein; die Ergebnisse für Treibhausgase und Stickoxide werden noch deutlicher, wenn der elektrische Strom aus erneuerbaren Energien stammt (Fritz u. a., 2017). Nicht eingeschlossen in diese Betrachtungen ist die Feinstaubbelastung durch Aufwirbelung und Reifenabrieb, bei letzterem schneiden Elektrofahrzeuge wegen des höheren Gewichtes etwas schlechter ab als andere.

Elektrofahrzeuge sind bei geringen Geschwindigkeiten deutlich leiser, sodass mit dem Umstieg auch das Lärmproblem gemildert wird. Bei Pkws dominieren allerdings ab 30–40 km/h die Rollgeräusche. Die Lärmreduktion gilt insbesondere auch für Elektro-Lkws. Mit der Einführung des lärmabhängigen Infrastrukturbenützungsentgelts im österreichischen Bahnverkehr soll ein Anreiz für die Umrüstung auf leise Bremsen bei Güterzügen gesetzt werden. Damit kann eine Verbesserung von bis zu 10 dB erzielt werden (Fritz u. a., 2017). Die lärmarmen Verkehrsmittel wirken sich allerdings speziell in der Umstellungsphase auch negativ auf die Sicherheit im Straßenverkehr aus.

Die SDGs haben unter dem Ziel 3 „Gesundheit und Wohlergehen" die Zielvorgabe definiert, bis 2030 die Anzahl der Todesfälle und Krankheiten durch gefährliche Chemikalien in Luft, Wasser und Boden zu verringern. Dies bedeutet, dass auch der Verkehrssektor emissionsärmer werden muss. Ferner fordert SDG 3.6, Indikator 3.6.1, global die Halbierung der Verkehrstoten bis 2020. Die Statistik des BMI (Statistik Austria, 2018) zeigt, dass die Verkehrstoten in Österreich in den letzten Jahren signifikant gesunken sind und sich weiter im Sinken befinden. Eine Halbierung im Sinne der SDGs muss zwar durchaus als Herausforderung gesehen werden, ist aber keineswegs unerreichbar. Das Österreichische Verkehrssicherheitsprogramm 2011 bis 2020 (BMVIT, 2011) gibt als Ziel 50 % weniger Verkehrstote und 40 % weniger Schwerverletzte bis 2020 im Vergleich zum Durchschnitt der Jahre 2080–2010 an. Aus der Aufschlüsselung der Verkehrstoten nach Bundesländern wird sichtbar, dass Wien trotz seiner Bevölkerungsdichte in absoluten Zahlen die geringste Anzahl von Toten aufweist. Die Stadt Wien hat darüber hinaus das ambitionierte Ziel, eine Halbierung der Zahl der Verletzten bis 2020 zu erreichen, und langfristig wird eine „Version Zero" angestrebt (Stadt Wien, 2005). Negative Spitze ist hingegen Niederösterreich: Es geht in erster Linie um eine Reduktion des Autoanteils und der zulässigen, vor allem aber der tatsächlich gefahrenen Geschwindigkeiten. Durch Geschwindigkeitsreduktion kann mehreren Anliegen Rechnung getragen werden: Die Zahl der tödlichen Verkehrsunfälle zu senken, die Schadstoffemissionen, die CO_2-Emissionen und auch den Lärm zu reduzieren.

Zahlreiche Initiativen der Zivilgesellschaft und von Gemeinden in Österreich zeigen, dass sich in der Bevölkerung ein Umdenken hinsichtlich der Einstellung zum eigenen Pkw entwickelt: Carsharing, Leihfahrräder, Lastenfahrräder usw. boomen. Diese Veränderungen könnten für gesetzliche Bestimmungen im Sinne der Nachhaltigkeit und des Gesundheitsschutzes genutzt werden: Z. B. könnten Genehmigungen für Carsharingunternehmen nur für Elektrofahrzeuge vergeben werden oder besondere Vergünstigungen hinsichtlich der Parkgenehmigungen nur gewährt werden, wenn Elektrofahrzeuge zum Einsatz kommen.

Durch geeignete Raum- und Verkehrsplanung kann sichergestellt werden, dass die typischen Alltagswege (in die Schule, zur Arbeit, zum Einkaufen, zu Freizeitzwecken etc.) kurz und sicher sind, sodass sie zu Fuß und auch von Kindern allein zurückgelegt werden können. Radabstellplätze, die ganz nahe am Zielort stehen und womöglich überdacht sind, stel-

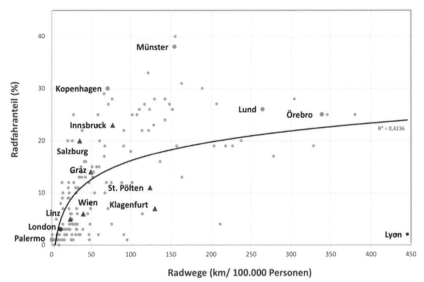

Abb. 5.3: Anteil des Radverkehrs in Abhängigkeit von der Länge der Radwege für 167 europäische Städte inklusive Graz, Linz und Wien. Datenquelle: Mueller u. a., 2018. Grafik wurde um die Landeshauptstädte Innsbruck, Klagenfurt und St. Pölten ergänzt; Datenquelle Radwegenetz: Websites der Landeshauptstädte.

len einen Anreiz zur aktiven Mobilität dar, insbesondere wenn Pkw-Abstellplätze mit deutlich längeren Fußwegen verbunden sind. Als Anpassungsmaßnahme an den Klimawandel müsste darauf geachtet werden, dass es Wetterschutzangebote gibt, z. B. schattenspendende Bäume und Unterstände für Platzregen und Gewitter, aber auch Sitzgelegenheiten und Wasserangebote zum Trinken (Pucher & Buehler, 2008).

Eine Statistik von über 167 europäischen Städten zeigt, dass der Anteil des Radverkehrs mit der Länge des Radwegenetzes wächst (Mueller u. a., 2018). Gewidmete Budgets für aktive Mobilität (z. B. für Infrastruktur und Bewusstseinsbildung) stellen eine gute Voraussetzung für die Förderung dieses Bereiches dar.

Cost-Benefit-Analysen haben für Belgien gezeigt, dass der wirtschaftliche Nutzen über die reduzierten Gesundheitskosten die ursprüngliche Investition in Radwege um den Faktor 2 bis 14 übertrifft (Buekers u. a., 2015). Die WHO hat zur Abschätzung des ökonomischen Wertes reduzierter Sterblichkeit als Folge regelmäßigen Gehens oder Radfahrens ein – zweifellos noch verbesserungsfähiges – online Berechnungssystem entwickelt (*Health economic assessment tool* (HEAT) *for cycling and walking*), das zur Kostenanalyse verschiedener bestehender oder geplanter Infrastrukturprojekte eingesetzt werden kann (WHO Europe, 2017e). In einer Studie für die Städte Graz, Linz und Wien wurde mittels Szenarien für evidenzbasierte Maßnahmeneffektivität gezeigt, dass durch Erhöhung des Radverkehrs bereits ohne Elektromobilität an die 60 Sterbefälle pro 100.000 Personen und fast 50 % der CO_{2equ}-Emissionen des Personenverkehrs reduziert werden können bei gleichzeitiger Reduktion der Gesundheitskosten um fast 1 Million € pro 100.000 Personen (Details siehe Kap. 4.5.3; Haas u. a., 2017; Wolkinger u. a., 2018).

Die gesamten externen Kosten des Straßenverkehrs in Österreich wurden für das Jahr 2015 auf circa Euro 16 Mrd. geschätzt. Dabei liegt der Kostendeckungsgrad bei unter 60 %

(VCÖ, 2016). Eine europäische Studie rechnet mit einer Belastung der Bevölkerung Österreichs durch externe Kosten des Verkehrs im Jahr 2008 in der Höhe von Euro 1.671 pro EinwohnerIn, von denen knapp 94 % durch den Straßenverkehr verursacht werden (Van Essen u. a., 2008). Grundsätzlich ist daher die Berücksichtigung aller externer Kosten eine wesentliche Voraussetzung für die Herstellung von Kostenwahrheit zwischen den Verkehrsträgern und ein potentiell äußerst wirksames Instrument zur Verminderung von Klima- und Luftschadstoffemissionen (Sammer, 2016). Auch im Flugverkehr ist eine Berücksichtigung der Umweltkosten z. B. durch marktbasierte Instrumente wie handelbare Zertifikate oder emissionsabhängige Start- und Landegebühren, ein Instrument zur Reduktion der negativen Klima- und Gesundheitseffekte (Wadud & Gühnemann, 2016; Scheelhaase u. a., 2015).

Die Trennung der Autoabstellplätze von den Gebäuden und Unterbringung außerhalb der Siedlungen sowie Parkraumbewirtschaftung sind wesentliche Elemente zur Steuerung der Verkehrsmittelwahl in Städten. Knoflacher (Knoflacher, 2013) meint, dass ein wirkliches Umdenken erst erfolgen wird, wenn der motorisierte Individualverkehr auch die vollen Kosten seines Platzbedarfes trägt, d. h. wenn etwa die für die jeweilige Stadt typischen Mietkosten für einen Platz der Größe eines Pkw-Stellplatzes als Parkgebühr verrechnet würden und Abstellplätze und Garagen räumlich-baulich, finanziell und organisatorisch von Wohnungen völlig getrennt werden.

Kombinierte Lösungen von Raumplanung und Parkplatzbewirtschaftung könnten die Attraktivität von Einkaufzentren am Stadtrand oder zwischen Siedlungen reduzieren und damit viel zur Reduktion von Verkehrswegen beitragen. Städte mit Einkaufsmöglichkeiten in Geh- oder Fahrraddistanz und Möglichkeiten der Interaktion und des Verweilens sind emissionsärmer, stressfreier und gesünder als autoorientierte Städte (Knoflacher, 2013).

Die Verkehrsplanung müsste überdies berücksichtigen, dass in der Realität höhere Fahrgeschwindigkeiten häufig keine Zeitersparnis bringen, weil längere Wege in Kauf genommen werden, sodass beschleunigter Pkw-Verkehr (z. B. Stadtautobahnen) mehr Autoverkehr und mehr Emissionen bedeutet (Knoflacher, 2013).

Um das enorme Potential des Mobilitätssektors für Klimaschutz und Gesundheitsförderung gleichermaßen zu nutzen, bedarf es der institutionalisierten Kooperation zwischen den jeweils zuständigen Ressorts in den Kommunen, den Ländern und auf nationaler Ebene. Der Verkehrs- und der Gesundheitssektor der Stadt Wien arbeiten zwar in einzelnen Projekten zusammen, haben aber keine gemeinsame Basis oder institutionalisierten Austausch. Funktionierende Zusammenarbeit setzt vor allem voraus, dass die notwendigen Ressourcen und Kapazitäten für den Austausch zur Verfügung gestellt werden (Wegener & Horvath, 2017) (siehe Kap. 5.5.2).

5.4.3 Gesundes klimafreundliches Wohnen

Kritische Entwicklungen

Die Wohnsituation zählt zu den wichtigsten Faktoren für Gesundheit und Wohlbefinden (siehe auch SDG Ziel 3). Zugleich sind Bauen und Wohnen wichtige Faktoren in der Klimadiskussion, da sie einerseits Treibhausgasemissionen verursachen – aufgrund der langen Lebensdauer von Gebäuden auch lock-in-Effekte erzeugen können –, und andererseits stark vom Klimawandel betroffen sind und daher Anpassungsmaßnahmen erforderlich machen. Daneben handelt es sich um einen wichtigen Wirtschaftssektor, auch in Hinblick auf Arbeitsplätze. Gebäude verursachen in Österreich zwar nur etwa 10 % der Treibhausgasemissionen, Tendenz sinkend, aber der Gebäude- und Wohnungsbestand in Österreich wächst seit 1961 linear an. Etwa 87 % der Gebäude sind Ein- und Zweifamilienhäuser, die durch den Autoverkehr ein Vielfaches an spezifischer versiegelter Fläche nach sich ziehen, nur 13 % bestehen aus 3 oder mehr Wohnungen (BMLFUW, 2017a; siehe auch Diskussion in Kapitel 5.4.2 Gesunde, klimafreundliche Mobilität).

Durch den erwarteten Klimawandel und die veränderten Komfortbedingungen werden sich die Ausstattung von Gebäuden (z. B. Installation von Klimaanlagen und Beschattungseinrichtungen) und der Immobilienmarkt verändern. Die Gestaltung der Wohn-, Arbeits- und Infrastrukturbauten weist ein erhebliches Wirkungspotenzial im Bereich Klimawandel auf, z. B. hinsichtlich des Mobilitäts- und des Freizeitverhaltens (Stadtflucht während Hitzeepisoden etc.) (BMLFUW, 2017a).

Die verstärkte Hitzebelastung im Sommer (höhere Extrem- und Durchschnittstemperaturen, häufigere und intensivere Hitzewellen) und die vor allem in Städten fehlende nächtliche Abkühlung führen zu ungünstigerem Raum- und Wohnklima und damit zu gesundheitlichen Belastungen (besonders für gesundheitlich vorbelastete und alte Menschen, sowie Kinder), insbesondere in exponierten und überhitzungsgefährdeten Gebäuden (Hitzestress, erhöhte Hitzemortalität) (siehe Kap. 2.2 gesundheitsrelevante Klimaänderungen und Kapitel 3.3 direkte Wirkungen auf die Gesundheit). Von sommerlicher Überhitzung betroffen sind vor allem Gebäude mit geringen Speichermassen, schlechter Wärmedämmung und hohem Glasanteil (Bürogebäude). Auch die Ausrichtung und Gestaltung der Gebäude ist relevant, wobei es um geringe Sonnenexposition der Fenster im Sommer, aber hohe im Winter geht. Der Kühlbedarf bzw. der Einsatz alternativer Maßnahmen zur Reduktion der Raumtemperatur wird im Sommer steigen (APCC, 2014; Kranzl u. a., 2015).

Mildere Winter wirken sich im Gebäudesektor insgesamt positiv aus; die winterlichen Einsparungen überwiegen vor allem in Gebäuden mit gutem thermischen Zustand gegenüber dem Bedarf an zusätzlichen Kühlleistungen während sommerlicher Hitzewellen (BMLFUW, 2017a). Zu beachten ist, dass der Klimawandel, bedingt durch veränderte großräumige Strömungsmuster, auch wieder längere und kältere Winter mit sich bringen könnte, sodass der guten thermischen Isolierung auch für den Winter weiterhin Bedeutung zukommt.

Gesundheitseffekte

Neben den gesundheitlichen Auswirkungen der verstärkten Hitzebelastung im Sommer (siehe Abschnitt „Hitze in Städten") sind noch weitere Gesundheitseffekte zu beachten. Lärm und Luftschadstoffe, die von außen eindringen, sind wesentliche und gut untersuchte Belastungsfaktoren (siehe Kap. 3, Spezialthema Luftschadstoffe und Lärm). Ab ca. 54 dB(A) Lärmpegel können sich bereits gesundheitliche Folgen einstellen. Lärm kann Änderungen der Herz-Kreislauf-Regulation, psychische Erkrankungen, reduzierte kognitive Leistung oder Störungen des Zuckerhaushaltes auslösen. Schallschutzfenster bieten Hilfe gegen den Dauerpegel des Straßenlärms.

Etwa 80 % des Energieaufwandes der österreichischen Haushalte wird im Bereich Wohnen für Heizung und Warmwasser verwendet. Effiziente Heizungs- und Warmwasseraufbereitungssysteme und solche, die auf erneuerbare Energie zurückgreifen, sind daher wesentliche Beiträge zum Klimaschutz. Da die Abgase der Heizsysteme an die Außenluft abgegeben werden, beeinträchtigen fossil betriebene Systeme die Luftqualität und damit die Gesundheit in Siedlungsgebieten. Auch einfache Holzöfen, bei denen feine Partikel (Feinstaub) ungefiltert an die Aussenluft abgegeben werden, stellen eine gesundheitliche Belastung dar. In ländlichen Gebieten und in Substandardwohnungen finden sich öfters noch Einzelöfen (Kohle, Öl, Holz), die nicht nur ineffizient sind, sondern auch die Innenluft mit Schadstoffen belasten und daher die Gesundheit beeinträchtigen.

Private Haushalte wenden für das Wohnen inklusive Energie und Wohnungsausstattung ca. 31 % (WKO, 2011) der monatlichen Haushaltsaugaben auf. Diese Mittel können gesundheitsfördernd und klimafreundlich eingesetzt werden, indem z. B. beim Kauf von Farben und Lacken auf Produkte mit wenig Lösemitteln und Formaldehyd, ohne Weichmacher, Glykole bzw. Glykolether oder Biozide (Fungizide, Insektizide und Bakterizide) und mit wenig Konservierungsstoffen geachtet wird. Das gleiche Ziel könnte auch durch entsprechend strenge Grenzwertvorgaben für die Industrie erreicht werden. Elektrogeräte stellen Wärmequellen im Inneren dar – je energieeffizienter, desto weniger Abwärme und desto weniger Treibhausgasemissionen. Mit zunehmender Automatisierung der Haushalte und elektronischer Steuerung stellt sich verstärkt auch die Frage nach den gesundheitlichen Wirkungen von Funkfeldern. Möglicherweise ist dies ein Bereich, in dem die Bemühungen um Einsparung von Energie und damit Treibhausgasemissionen gesundheitlichen Zielen entgegenlaufen, doch fehlt es noch an unabhängiger Forschung zur Wirkung von Funkwellen auf die Gesundheit.

Neben der Situation in der Wohnung bzw. im Haus spielt auch die Umgebung eine wichtige Rolle für Gesundheit und Wohlbefinden: Sie entscheidet nicht nur über Luftschadstoffe und Lärm, sondern z. B. auch über nahegelegenen Grünraum und Natur (siehe Kap. 5.2.1 und 4.4.3 und hier Raumordnung, Stadtplanung und urbane Grünräume).

Handlungsoptionen

Klimafreundliche und gesundheitsfördernde Stadtplanung schafft die Grundlage für gesundes klimafreundliches Wohnen. Es erscheint daher sinnvoll, KlimatologInnen und ÄrztInnen routinemäßig in die Stadtplanung einzubinden.

Klimawandelanpassung und Emissionsvermeidung bzw. -minderung (Klimaschutz) können im Bereich Bauen und Wohnen nicht getrennt werden, genauso wie die Sparte Verkehr inkludiert werden muss. Eine Vielzahl an notwendigen Anpassungsmaßnahmen steht in einem engen Zusammenhang mit Klimaschutzmaßnahmen. Maßnahmen zur Steigerung der Energieeffizienzstandards von Gebäuden sind in vielen Fällen zugleich wirkungsvolle Lösungen gegen die Überhitzung, z. B. hohe Wärmedämmung, Einsatz von Komfortlüftungsanlagen (BMLFUW, 2017a). Ähnliches gilt für beheizte bzw. gekühlte durch Menschen genutzte Wohn- und Nichtwohngebäude (Büros, Krankenhäuser, Hotels, Schulen etc.) im Neubau, in der Sanierung und im Bestand.

Im Neubau kann mit technischen und raumplanerischen Maßnahmen vorausschauend agiert werden und negative Wirkungen können somit weitgehend vermieden werden. Die Bereitstellung der notwendigen Informationen und geeigneter Instrumente zur Umsetzung der Maßnahmen könnten viel dazu beitragen, Fehler zu vermeiden. Bei bestehenden Gebäuden hingegen sind Maßnahmen oft mit erheblichem finanziellen Aufwand verbunden (BMLFUW, 2017a) und unterschiedliche Eigentümerstrukturen und Interessen führen zu deutlichen Problemlagen. Das Richtlinie- und Regelwerk und eine Vielzahl von Fördermaßnahmen auf unterschiedlichen Ebenen berücksichtigen zunehmend den Klimawandel,

kaum jedoch die engen Wechselwirkungen von Wohnen und Autoabstellplätzen. Allerdings gibt es auch die gegenläufige Tendenz, das politisch propagierte, sogenannte „leistbare Wohnen", das teilweise als „billiges Bauen" umgesetzt wird, und letztlich zu nicht leistbarem Wohnen führt, weil die Betriebskosten, insbesondere die Heizkosten, viel höher sind als bei klimafreundlichen Bauten. Ebenso bleibt die Sanierungsrate beim Altbestand in Österreich mit unter 1 % extrem niedrig und die Sanierungsqualität könnte auf Basis verfügbarer Technologie deutlich höher sein – mit positiven Effekten für die Gesundheit durch Reduktion des Hitzestress.

Ein- und Zweifamilienhäuser, wie auch mit den Gebäuden direkt verbundene Garagen und Autoabstellplätze, bedeuten erhöhten Flächen-, Material- und Energieaufwand und sind daher im Neubau in Frage zu stellen. Die Entwicklung geeigneter Passivhaus- bzw. Plusenergiehausstandards für größere Gebäude ist dringlich. Auch die Raumplanung und die Siedlungspolitik sind gefragt. Die Flächenversiegelung pro Jahr zählt in Österreich zu den Spitzenwerten Europas: Von 2006 bis 2012 wurden pro Tag durchschnittlich 22 Hektar Boden verbaut. Die Versiegelung stieg um rund zehn Prozent, während die Bevölkerung nur um knapp zwei Prozent wuchs (Chemnitz & Weigel, 2015). Hier gegenzusteuern bedeutet allerdings einen Eingriff in die tief verwurzelte Zielvorstellung vieler ÖsterreicherInnen, zu deren Vorstellung vom „guten Leben" ein Häuschen mit Garten gehört. Als attraktive Lösungen bieten sich z. B. Grünschneisen, verkehrsarme Zonen mit hoher Lebensqualität, Urban Gardening, Pachtzellen, Nachbarschaftsgärten oder Selbsterntefelder an, die u. U. den zusätzlichen Vorteil der Gemeinschaftsbildung haben.

5.4.4 Emissionsreduktion im Gesundheitssektor

Kritische Entwicklungen

Zwei wesentliche Merkmale des Gesundheitssystems zeigen seine besondere Bedeutung für den Klimawandel: (1) Seine sozioökonomische Rolle und (2) seine systemischen Interaktionen mit dem Klimawandel. Das Gesundheitssystem ist verantwortlich für die Wiederherstellung von Gesundheit, trägt gleichzeitig durch seine Leistungen vor Ort, insbesondere aber über die Beschaffung medizinischer Produkte, zum Klimawandel bei (SDU, 2009, 2013). Dies belastet wiederum die menschliche Gesundheit und führt zu einer Zunahme an Nachfrage von Gesundheitsleistungen in einer Zeit, in der die öffentlichen Finanzierungsmöglichkeiten von Gesundheitsversorgung durch steigende Nachfrage aufgrund demographischer Entwicklungen und medizinisch-technischer Fortschritte (European Commission, 2015) bereits an ihre Grenzen stößt. Die Gesundheitssysteme hochindustrialisierter Länder sind mit einem Anteil am BIP von bis 8 %-16 % (Chung & Meltzer, 2009; Hofmarcher & Quentin, 2013) wirtschaftlich, politisch und gesamtgesellschaftlich bedeutende Sektoren (siehe Kap. 4.2).

Das Gesundheitssystem und seine Einrichtungen tragen selbst über ihren Konsum an Produkten und Dienstleistungen, bedingt durch eine material- und energieintensive Form der Krankenbehandlung, als Verursacher von THG-Emissionen zum Klimawandel bei. Das Gesundheitssystem ist damit ein wesentlicher Ansatzpunkt für vielfältige Emissionreduktionsstrategien (Bi & Hansen, 2018; Hernandez & Roberts, 2016; McMichael, 2013; WHO, 2015; WHO & HCWH, 2009; Bouley u. a., 2017). Für Österreich ist bemerkenswert, dass trotz der Hinweise im Sachstandsbericht zum Klimawandel (APCC, 2014) zur Bedeutung des Gesundheitssektor dieser, z. B. in der Entwicklung der integrierten Energie- und Klimastrategie (Maurer u. a., 2016), in keiner Weise auf die Emissionsvermeidung angesprochen wird. Ebenso zeigen auch die Reformpapiere des Gesundheitssystems keinerlei Bezüge zum Klimawandel – mit Ausnahme des Gesundheitsziels 4 ("Die natürlichen Lebensgrundlagen wie Luft, Wasser und Boden sowie alle unsere Lebensräume auch für künftige Generationen nachhaltig gestalten und sichern"; Gesundheitsziele Österreich, 2018b).

Inzwischen befassen sich eine Vielzahl an überwiegend internationalen Publikationen und Initiativen mit Umwelt- und Klimaschutz in Gesundheitsorganisationen, die sich meist auf den traditionellen Umweltschutz beschränken (siehe Kap. 4.3.2). Zentral für die Reduktion der Emissionen im Gesundheitssektor ist in der jüngsten Diskussion (McGain & Naylor, 2014) die Vermeidung unnötiger oder nicht evidenzbasierter Krankenbehandlungen (im Krankenhaus).

Gesundheitseffekte

Das Ausmaß des direkten und indirekten Carbon Footprints der Gesundheitssysteme ist noch wenig erforscht. International liegen bislang nur einzelne Carbon Footprint Studien von Gesundheitssektoren vor. Diese Studien zeigen, dass die Vorleistungen in Form ihrer indirekten THG-Emissionen die vor Ort emittierten direkten Emissionen bei weitem übersteigen. Unter allen Produktgruppen haben die Vorleistungen der pharmazeutischen Produkte den größten Anteil (siehe Kap. 4.3.2). Die vom Gesundheitssystem erzeugten Emissionen werden auch für eine großen Zahl an verlorenen gesunden Lebensjahren (DALY) verantwortlich gemacht. Für Österreichs Gesundheitssektor ist zurzeit eine entsprechende Studie in Arbeit (ACRP Projekt HealthFootprint), aber generell besteht hier großer Forschungsbedarf, nicht nur für den Carbon Footprint des Gesundheitssystems selbst, sondern auch für die Auswirkungen auf die Gesundheit der Bevölkerung.

Handlungsoptionen

Beispielgebend ist in Hinblick auf die Handlungsoptionen zur Emissionsminderung wiederum der NHS England, der zunächst mit einer Emissionsminderungsstrategie (SDU, 2009) eine gesundheitspolitische und praktische Priorisie-

rung und Orientierung für das Gesundheitssystem in Richtung Klimaschutz gegeben hat. Wesentliches strukturelles Element ist die nationale Kompetenz- und Koordinationsstelle *„Sustainable Development Unit"* (SDU, 2018), die die Umsetzung der Strategie durch Datensammlung und Informationskampagnen unterstützt. Für Österreich muss festgehalten werden, dass sich das Gesundheitssystem und die Gesundheitspolitik mit dem Thema Klimawandel bisher fast nur hinsichtlich Anpassung an die negativen Folgen des Klimawandels auf die Gesundheit auseinandersetzten, aber nicht bezüglich ihres Beitrags zum Klimawandel (siehe dazu Kap. 4.3.2). Die englischen Erfahrungen sind Ausgangspunkt für strategische Handlungsoptionen in Österreich:

1. Die Entwicklung einer spezifischen Klimaschutz- (und Anpassungs-) Strategie für das Gesundheitssystem als politisches Orientierungsdokument für die vielfältigen AkteurInnen auf Bundes-, Landes- und Organisationsebene. Diese kann auf internationalen Modellen (SDU, 2009, 2014) und den Arbeiten am Gesundheitsziel 4 aufbauen. Eine solche Strategie zielt darauf ab, die THG-Emissionen des öffentlichen Gesundheitssystems zu reduzieren, Abfälle und Umweltverschmutzung zu minimieren und knappe Ressourcen bestmöglich zu nutzen und kann damit gut an die Reformbestrebungen der Zielsteuerung Gesundheit anschließen. Als primärer Auftraggeber dieser bundesweiten Entwicklung ist die Bundeszielsteuerungskommission in Kooperation mit dem für Klimaschutz zuständigen Bundesministerium anzusehen. Eine solche Strategie kann neben den gemeinsamen Zielsetzungen ein Wirkungsmodell und einen daraus abgeleiteten Aktionsplan für die zentralen und langfristig wichtigsten Maßnahmen vorlegen.

2. Die Einrichtung einer nationalen Koordinations-, Kompetenz- und Unterstützungsstelle für Nachhaltigkeit und Gesundheit nach Vorbild der *„Sustainable Development Unit"* hat sich auch in der Umsetzung anderer Strategien des Gesundheitssystems in Österreich bewährt (z. B. ÖPGK, Bundesinstitut für Qualität im Gesundheitswesen) und kann die Umsetzung der Strategie durch Anleitungen, Praxismodelle und Öffentlichkeitsarbeit unterstützen.

3. Da die Umsetzung von Klimaschutz- und Anpassungsmaßnahmen sehr viele AkteurInnen im Gesundheitswesen betrifft, ist die Entwicklung und Finanzierung einer „community of practice" mit entsprechenden, partizipativ gestalteten Austauschstrukturen zentral. Als Modell kann z. B. der Aufbau der ÖPGK mit ihrer Mitgliederstruktur, ihren Netzwerken, Konferenzen, Newslettern etc. herangezogen werden.

4. Die traditionellen Ansätze des Umweltmanagement, vor allem im Krankenhaus, können durch die systematische (und ggf. verpflichtende) Implementierung von Qualitätskriterien in die vorhandenen Strukturen der Qualitätssicherung (KAKuG) und durch Anreizmechanismen im Sinne des Bundesgesetzes zur Qualität von Gesundheitsleistungen (GQG) unterstützt werden. Erfolgreiche Maßnahmen im Bereich der Gebäude, der Infrastruktur, des

Beschaffungswesens, des Abfallmanagement etc. (siehe z. B. Projekte des ONGKG, 2018; Stadt Wien, 2018a) können als Ausgangspunkt für die Entwicklung der Qualitätskriterien genommen werden.

5. Wie beschrieben, legen die neueren internationalen Analysen nahe, dass die Vermeidung unnötiger oder nicht evidenzbasierter Diagnostik und Therapie den größten Unterschied für die THG-Emissionen des Gesundheitssystems erzielen kann und gleichzeitig unnötige Kosten für die öffentliche Hand und unnötige Risiken für die PatientInnen vermeidet. Hier verspricht eine systematische Einführung von *„Choosing Wisely"* bzw. „Gemeinsam Klug Entscheiden" (Gogol & Siebenhofer, 2016; Hasenfuß u. a., 2016) in Österreich wesentliche Fortschritte in Richtung der Vermeidung von Über-, Fehl- und Unterversorgung. Es kann auf einer Reihe internationaler Modelle aufgebaut werden (AWMF, 2018; Choosing Wisely Canada, 2018; Choosing Wisely UK, 2018). Die ökonomischen und ökologischen Vermeidungspotentiale werden in ersten Abschätzungen (auch für Österreich) als sehr groß eingestuft (Berwick & Hackbarth, 2012; Sprenger u. a., 2016). Ein umsetzungskritischer Faktor ist die gelungene, gemeinsame Aushandlung der Diagnostik und Therapie zwischen den PatientInnen bzw. deren Angehörigen und dem ärztlichen Personal (*„shared decision making"*), die als Voraussetzung die Verbesserung der Gesprächsqualität in der Krankenbehandlung (ÖPGK, 2018a) und der verfügbaren Entscheidungshilfen benötigen (Légaré u. a., 2016).

6. Die konsequente Umsetzung wesentlicher Elemente der Gesundheitsreform „Zielsteuerung Gesundheit", insbesondere die Priorisierung einer multiprofessionellen Primärversorgung, sowie die Gesundheitsförderung und Prävention sind auch aus Sicht der Emissionsminderung vielversprechend. Die neue Primärversorgung kann energieintensive Krankenhausbehandlungen vermeiden helfen. Verstärkte Orientierung der Krankenbehandlung in Richtung Gesundheitsförderung (ONGKG, 2018) kann zu einem nachhaltigem Lebensstil und damit zur Emissionsminderung beitragen. Darüber hinaus kann die verstärkte Verlagerung von Krankenversorgung in die Primärversorgung, sowohl durch Vermeidung von Überversorgung als auch von Verkehr, THG-Emissionen reduzieren (siehe Bouley u. a., 2017). Eine begleitende Forschung zu diesen klimabezogenen Effekten der Gesundheitsreform kann gesundheitspolitisch relevante Evidenz schaffen.

7. Für alle diese Bereiche fehlen in Österreich auf weiten Strecken Forschungen, sodass, parallel zu ersten Umsetzungsinitiativen, unbedingt auch die Analyse der klimarelevanten Prozesse im Gesundheitssystem als Handlungsfeld zu sehen ist. Die Komplexität der (internationalen) Zusammenhänge kann am besten mittels internationaler interprofessioneller und praxisrelevanter Forschungsvorhaben angemessen untersucht werden. Entsprechende Forschungsförderung durch den Klima- und Energiefonds, andere Forschungsfördereinrichtungen, die beteiligten Bundesministerien und die Bundesländer ist hier angebracht, ebenso wie die Beteiligung von universitären und außeruniversitären Forschungseinrichtungen im Bereich der Klima-, Gesundheits-, Sozialforschung und Ökonomie.

5.5 Systementwicklung und Transformation

5.5.1 Anpassung der Gesundheitsversorgung an den Klimawandel

Kritische Entwicklungen

Dem Zusammenhang zwischen Klima und Gesundheit wird eine hohe Priorität in der internationalen Gesundheitspolitik beigemessen, wobei zumeist ein starker Bezug zu den SDGs hergestellt wird (WHO Europe, 2017a). Die zentralen Gesundheitsrisiken aufgrund des Klimawandels vor dem Hintergrund der demographischen Entwicklung der österreichischen Bevölkerung wurden bereits zusammenfassend dargestellt und dafür Handlungsoptionen skizziert. Diese sind: 1) Hitze in Städten; 2) Extreme Wetterereignisse und ihre gesundheitlichen Folgen; 3) Neue Infektionserkrankungen durch Klimaerwärmung; 4) Ausbreitung allergener und giftiger Arten. Wie die Detailauswertungen zeigen, sind die gesundheitlichen Folgen in erster Linie für bestimmte vulnerable Gruppen der Gesamtbevölkerung riskant, die aufgrund der geografischen Lage, dem Bildungsgrad, dem Einkommen, dem Alter und dem Gesundheitsstatus besonders betroffen sind. Aber gerade bildungsferne Schichten, einkommensschwache Personen, Alleinstehende und alte Menschen – darunter auch MigrantInnen – sind oft für Anpassungsmaßnahmen schwer zu erreichen. Daher ist die Art und Weise, wie das Gesundheitssystem und die politischen Entscheidungstragenden auf die lokalen und sozialen Herausforderungen reagieren, entscheidend für die tatsächlichen Gesundheitseffekte auf Teile der Bevölkerung (Smith u. a., 2014). Die in der österreichischen Strategie zur Anpassung an die Folgen des Klimawandels (BMLFUW, 2017a) vorgeschlagenen Handlungsempfehlungen für die Gesundheit richten sich nicht nur an Akteure im Gesundheitswesen, sondern adressieren u. a. auch andere Sektoren sowie Interessensvertretungen, Gemeinden, Medien und Forschungseinrichtungen. Als übergeordnetes Ziel des Aktivitätsfelds Gesundheit ist die Bewältigung und Vermeidung von klimawandelbedingten Gesundheitsrisiken durch geeignete Maßnahmen im Bedarfsfall sowie das frühzeitige Setzen von Vorsorgemaßnahmen angeführt. Hier soll der Fokus auf die Anpassungspolitik und -strategien des Gesundheitssystems selbst gelegt werden.

Die gesundheitsbezogenen Monitoring- und Frühwarnsysteme (Infektionserkrankungen, Hitze, Mücken, Luftgüte, Pollenwarnung, Waldbrände, Badegewässer, Lebensmittel etc.) sind zwar im Einzelnen ausbaufähig, aber zumeist ausreichend (siehe Kap. 4.4.2). Evaluierungen zu deren Effektivität bei veränderten klimatischen Bedingungen liegen für Österreich aber kaum vor. Wie bereits ausgeführt, haben die durchgehende Berücksichtigung von ungleichen Betroffenheiten und Zugängen von einzelnen Bevölkerungsgruppen, vor allem in Hinblick auf Lebens- und Arbeitsbedingungen, und die dafür notwendige Gesundheitskompetenz wesentliche Entwicklungspotentiale (siehe Kap. 5.3).

Im Bereich der Ausbildung der Gesundheitsberufe sind die gesundheitlichen Folgen des Klimawandels und die Beteiligung des Gesundheitssystems an den Ursachen des Klimawandels bisher kaum berücksichtigt. Neben den spezifischen Kenntnissen zu neu auftretenden Infektionserkrankungen oder Allergien fehlt es vor allem an der Lehre einer bevölkerungs- und gemeindebezogenen *Public-Health*-Perspektive, die die Lebens- und Arbeitsbedingungen der regionalen Bevölkerung mit ihren Risiken und Ressourcen einschätzen kann. Auch die geringe Bedeutung von Gesundheitsförderung, Prävention und Gesundheitskompetenz in der derzeitigen ÄrztInnenausbildung und -fortbildung erhält vor dem Hintergrund des Klimawandels besondere Bedeutung.

Auf einer strategischen Ebene hat die österreichische Gesundheitspolitik bisher nur punktuell die gesundheitlichen Folgen des Klimawandels in den eigenen Planungsprozessen berücksichtigt. Erste Ansätze zur systematischen Verknüpfung von Klima und Gesundheit stellen die derzeit laufende Umsetzungsplanung für das Gesundheitsziel 4 auf Bundesebene und einzelne Anpassungsstrategien auf Länderebene dar.

Handlungsoptionen

Für die bestehenden Anpassungsmechanismen im Gesundheitssystem lassen sich über die bereits beschriebenen spezifischen Handlungsoptionen (siehe Kap. 5.2 und 5.3) hinaus folgende Ansatzpunkte für eine bessere Anpassungspolitik im Gesundheitssystem festmachen:

1. Forschung, ob und inwieweit die gesundheitlichen Monitoring- und Frühwarnsysteme bei veränderten klimatischen Bedingungen angepasst werden müssen.
2. Die systematische Berücksichtigung von klimabezogenen Themen in der Aus-, Weiter- und Fortbildung der Gesundheitsberufe, insbesondere neue Gesundheitsrisiken, daran angepasste Behandlungspraktiken (z. B. die Einnahme von entwässernden Medikamenten an Hitzetagen), die Betroffenheiten einzelner Bevölkerungsgruppen, verstärkte Kommunikationskompetenzen zur Unterstützung von Gesundheitsförderung und Gesundheitskompetenz, verhältnisbezogene Interventionsformen und Auswirkungen des Gesundheitssystems auf Klima und Umwelt (inkl. Vermeidung von Über-, Fehl- und Unterversorgung) sind wesentlich.
3. Die zentrale Herausforderung in der österreichischen Gesundheitspolitik (auch in Hinblick auf eine gezielte Klimaanpassungsstrategie) ist die komplexe Entscheidungs- und Finanzierungsstruktur zwischen Bund, Ländern und Sozialversicherungsträgern. Dies führte 2012 zur Entwicklung einer partnerschaftlichen Steuerungsstruktur, die als „Zielsteuerung Gesundheit" die drei zentralen Finanziers des Gesundheitssystems an gemeinsamen Zielen orientieren will. Die „Zielsteuerung Gesundheit" bietet daher sehr gute, bisher nicht genutzte Möglichkeiten für die Anpassung des Gesundheitssystems an die Klimafolgen. Dies betrifft insbesondere:

○ Die Priorisierung der Primärversorgung: Die 2017 gesetzlich beschlossene Primärversorgung (BMG, 2014; PrimVG, 2017) ist ein Herzstück der laufenden Gesundheitsreform und könnte sowohl in Hinblick auf die Anpassung an gesundheitsrelevante Klimafolgen als auch bezüglich der Reduzierung des Klimaimpacts des Gesundheitswesens einen wesentlichen Einfluss haben (McMichael, 2013). Die neue Primärversorgung kann in der Anpassung und Resilienz der lokalen Bevölkerung und der Gemeinschaften eine zentrale Rolle übernehmen und *„public health services"* anbieten: Vermittlung von zielgruppenspezifischer Gesundheitskompetenz (Hitze, Nahrungsmittelsicherheit, neue Infektionskrankheiten etc.), Unterstützung von Frühwarnsystemen und Krisenmanagement sowie Impfprogramme.

○ Priorisierung von Gesundheitsförderung und Prävention: Die im Rahmen der Gesundheitsreform entwickelte „Gesundheitsförderungsstrategie" (BMGF, 2016a) schafft einen langfristigen Rahmen für die Stärkung von zielgerichteter und abgestimmter Gesundheitsförderung und Primärprävention in Österreich. Hier kann über Ergänzung eines eigenen priorisierten Schwerpunktes zur Gesundheitsförderung in und durch Gesundheitseinrichtungen ein neuer Umsetzungsschwerpunkt für die Landesebene geschaffen werden. In diesem Zusammenhang sind Maßnahmen zu gesundheitsfördernden Krankenhäusern und Gesundheitseinrichtungen erwähnenswert (siehe ONGKG, 2018), da hier systematische Reorientierung von Krankenbehandlung in Richtung Gesundheitsförderung seit zwei Jahrzehnten erprobt ist und erste Maßnahmen zur nachhaltigen Entwicklung von Gesundheitseinrichtungen gesetzt wurden (Weisz, 2015; Weisz u. a., 2011; Weisz u. a., 2015). Das Österreichische Netzwerk Gesundheitsfördernder Krankenhäuser plant auch 2018 die Jahreskonferenz zu nachhaltiger und gesunder Ernährung in und durch Gesundheitseinrichtungen auszurichten. Aufgebaut werden kann hier auf den klimarelevanten Gesundheitsförderungsaktivitäten des Programms zur „Aktiven Mobilität" des Fonds Gesundes Österreich (FGÖ), der von über 100 Umsetzungsinitiativen in den Bereichen Aktive Mobilität, Radfahren, Zufußgehen, Mobilität und Klimaschutz berichtet

(BMLFUW, 2014; FGÖ, 2017). Die Themenbereiche könnten um die Ernährung erweitert werden. Entscheidend für eine effektive Umsetzung sind hier der Einsatz evidenzbasierter Maßnahmen und die Überprüfung der Wirkung und ggf. unerwünschter Nebenwirkungen dieser Regelungen.

- Neuorganisation des Öffentlichen Gesundheitsdienstes (ÖGD): Hier sollen u. a. überregionale Expertenpools für medizinisches Krisenmanagement zur raschen Intervention bei hochkontagiösen Erkrankungen geschaffen werden (Vereinbarung Art. 15a B-VG, 2017, Art. 12). Diese überregionalen Strukturen können ein wesentlicher Ansatzpunkt für die angemessene Versorgung von aufgrund des Klimawandels neu auftretenden Infektionserkrankungen sein. Die im früheren Strategiepapier zum ÖGD erwähnten breiteren Public Health Aufgaben (BMG, 2013) fehlen noch in der Reformagenda, obwohl sie, auch in Hinblick auf Allergene und regionaler Stärkung der Gesundheitskompetenz der Bevölkerung, eine wesentliche Rolle spielen können.

4. Nicht zuletzt kann eine integrierte Emissionsminderungs- und Anpassungsstrategie für das Gesundheitssystem (wie sie bereits für die Emissionsminderung beschrieben wurde) einen strategischen Rahmen schaffen, der den vielfältigen Akteuren auf allen Ebenen des Gesundheitssystems eine gemeinsame Orientierung und Priorisierung von klimarelevanten Maßnahmen im Gesundheitssystem bieten kann.

5. Auch die für die Emissionsminderung skizzierte nationale Koordinations-, Kompetenz- und Unterstützungsstelle für Nachhaltigkeit und Gesundheit nach Vorbild der englischen „Sustainable Development Unit" (SDU, 2018) kann die übergreifenden Anpassungserfordernisse im Gesundheitssystem durch Anleitungen, Praxismodelle und Öffentlichkeitsarbeit unterstützen.

5.5.2 Politikbereichsübergreifende Zusammenarbeit

Kritische Entwicklungen

Die WHO forciert seit vielen Jahren einen politikbereichsübergreifenden Zugang zur Verbesserung der Bevölkerungsgesundheit, bekannt als „Health in All Policies" oder „Governance for health" (Kickbusch & Behrendt, 2013; WHO, 2010, 2014, 2015). Die grundlegende Einsicht dahinter ist, dass nur ein kleiner Teil der Bevölkerungsgesundheit durch das Gesundheitssystem bestimmt wird, weil Lebens- und Arbeitsbedingungen und soziale Unterschiede viel entscheidender sind (Dahlgren & Whitehead, 1991). In dieser Tradition steht auch die Entwicklung der Gesundheitsziele Österreich (Gesundheitsziele Österreich, 2018a). Dadurch wurde ein sehr relevanter gesundheitspolitischer Ansatzpunkt für Klimaanpassungs- und Klimaschutzmaßnahmen in Österreich geschaffen, der mit einem Umsetzungsrahmen bis zum Jahr 2032 noch viel Entwicklungspotential für die Herausforderungen von Klimawandel, demographische Entwicklung und Gesundheit bietet. Dieser politikfeldübergreifende Zusammenhang wird nicht zuletzt durch die zentrale Rolle der Gesundheitsziele für die Umsetzung der SDG 3 der UN in Österreich unterstrichen (BKA u. a., 2017). Im aktuellen Bericht des Bundeskanzleramts wird darauf hingewiesen, dass die Gesundheitsziele auch zur Erreichung vieler SDGs beitragen (BKA u. a., 2017, S. 15).

Gesundheitseffekte

Dennoch beschränkt sich die konkrete Zusammenarbeit zwischen Gesundheitspolitik und Klimapolitik in Österreich bisher auf wenige Bereiche, wie die Kooperation zur Entwicklung des Gesundheitsziels 4. Auch die WHO Europa betont in ihrem letzten Statusberichts zu Umwelt und Gesundheit in Europa (WHO Europe, 2017a), dass bisher das Haupthindernis für eine erfolgreiche Umsetzung von klimarelevanten Maßnahmen die fehlende intersektorale Kooperation auf allen Ebenen ist.

Die EU geht in ihrer Klimaanpassungsstrategie (European Commission, 2013b) und dem dazugehörigen Arbeitspapier zur Anpassung an die Auswirkungen des Klimawandels auf die Gesundheit (European Commission, 2013a) zurecht noch weiter und fordert die Integration von Gesundheit in klimabezogene Anpassungs- und Minderungsstrategien in allen anderen Sektoren, um einen größeren Nutzen für die Bevölkerungsgesundheit zu erreichen. Klimapolitik wird hier zum Motor für Health in All Policies. Für Österreich beschränkt sich diese Zusammenarbeit auf Bundesebene bisher auf relativ eingeschränkte Berichterstattungen der Fachressorts an das BKA in Bezug auf die SDGs.

Handlungsoptionen

Vor dem Hintergrund der großen Synergien zwischen Klima- und Gesundheitspolitik, insbesondere im Bereich der „health co-benefits", ist eine wesentlich stärkere strukturelle Kopplung zwischen den beiden Politikbereichen zentral. Klima und Gesundheit können auch in Bezug auf andere Sektoren, wie Bildung, Verkehr, Infrastruktur, Landwirtschaft, Soziales, Forschung, Wirtschaft etc., gemeinsam starke Argumentationen entwickeln, die politische Entscheidungen zum Wohl der Bevölkerung in allen Bereichen wesentlich befördern. Daraus ergeben sich folgende Handlungsoptionen:

1. Strukturelle Koppelung von Klima- und Gesundheitspolitik:

   Die Erfahrungen aus der politikübergreifenden Zusammenarbeit zeigen, dass diese Kooperationen zunächst klarer personeller Zuordnung der Kooperationsaufgaben in den einzelnen beteiligten Ressorts auf der Führungsebene und der Fachebene bedürfen. Entsprechende Austauschstrukturen für Klima und Gesundheit werden langfristig benötigt und brauchen einen klaren politischen Auftrag, der sich an gemeinsam entwickelten strategischen Dokumenten orientiert. Diese Kooperationen benötigen zumeist auch (zusätzlich finanzierte) Unterstützung mit fachlicher Expertise und Moderationskompetenzen für die komplexen partizipativen Aushandlungsprozesse. Da in einigen Bereichen die Gemeinden, Bundesländer und Sozialversicherungsträger wesentliche Zuständigkeiten haben, ist ihre Einbeziehung für die tatsächliche Umsetzung von strategischen Maßnahmen entscheidend. Die internationalen und österreichischen Erfahrungen zeigen, dass hierzu großes Engagement der beteiligten Personen auf allen Ebenen der öffentlichen Verwaltung und der politischen Entscheidungsträger notwendig ist. Dies inkludiert auch spezifische Finanzierungstöpfe, die den gemeinsamen Umsetzungsmaßnahmen gewidmet sind.

2. Im Besonderen ist die Mitwirkung des Gesundheitssystems in der Entwicklung von klimapolitischen Strategien und Maßnahmen wesentlich, um die Gesundheitsaspekte und Health *Co-Benefits* zu identifizieren und Synergien nutzen zu können. Ebenso ist die Berücksichtigung von Klimaexpertisen in der Entwicklung der skizzierten Emissionsminderungs- und Anpassungsstrategie für das Gesundheitssystem wichtig, um klimarelevante Ansatzpunkte klar zu lokalisieren.

3. Ein spezifisches Instrument für die Umsetzung von *Health in all Policies* im Kontext von Klimaanpassungs- und Emissionsminderungsmaßnahmen ist der systematische Einsatz von Gesundheitsfolgenabschätzung (Amegah u. a., 2013; GFA, 2018; Haigh u. a., 2015; McMichael, 2013). Die Weiterentwicklung in Richtung eines integrierten *Impact Assessments* im Sinne einer nachhaltigen Entwicklung (George & Kirkpatrick, 2007), insbesondere unter Berücksichtigung der EU-Rahmenrichtlinie zur Umweltverträglichkeitsprüfung (Europäisches Parlament und Rat, 2014), ist ein lohnender Schritt hinsichtlich einer gemeinsamen politischen Entwicklung, wobei die Abwägung unterschiedlicher Interessen besonderen Augenmerkes bedarf (Smith u. a., 2010).

4. Die Kooperationen zu weiteren Politikbereichen können über eine gestärkte Koordination der SDG-Umsetzungsmaßnahmen getragen werden. Auch hier bedarf es politikbereichsübergreifender Zuständigkeiten in den einzelnen Ressorts und spezifisch gewidmeter Finanzmittel, um substantielle Fortschritte zu erreichen.

5. Bedeutung erhält politikbereichsübergreifende Zusammenarbeit ebenfalls in der Stadtentwicklung aufgrund der Urbanisierung und der teilweise besonderen gesundheitlichen Belastung der städtischen Bevölkerung durch die Klimafolgen. Die WHO unterstreicht in ihrem Abschlussdokument zur letzten globalen Gesundheitsförderungskonferenz die Lebenswelt der Städte als Schwerpunkt für zukünftige Maßnahmen zur Unterstützung der Bevölkerungsgesundheit und verbindet diesen mit den nachhaltigen Entwicklungszielen der Agenda 2030 (SDG) und der Gesundheitskompetenz (WHO, 2016).

5.5.3 Transformationsprozesse, Governance und Umsetzung

Der Klimawandel ist zwar ein zentrales Problem, aber keineswegs die einzige globale ökologische Herausforderung. Andere, wie die Versauerung der Ozeane, der Verlust an Artenvielfalt, die Störung des Phosphor- und Stickstoffhaushaltes, haben die gleiche Ursache: die Überbeanspruchung natürlicher Ressourcen (Steffen u. a., 2015). Dahinter stehen ein Wirtschafts- und ein Finanz- und Geldsystem, die Wachstum brauchen, um stabil zu sein und daher dazu drängen, die natürlichen Ressourcen, die Lebensgrundlagen der Menschheit, zügellos auszuschöpfen (siehe Lietaer, 2012). Papst Franziskus (2015) kritisiert in seiner Enzyklika „*Laudato si!*" mit sehr klaren Worten das gegenwärtige Wirtschaftssystem, das nicht nur die Umwelt, sondern auch die Menschen und deren Gesundheit zerstöre.

Aus naturwissenschaftlicher Sicht muss das oberste Gebot sein, das globale Ökosystem in seiner Funktionsfähigkeit zu erhalten. Innerhalb der Grenzen der natürlichen Umwelt ist für das Wohlergehen und die Gesundheit aller Menschen einschließlich künftiger Generationen zu sorgen. Wie viele Ressourcen jeder Mensch nutzen darf, hängt u. a. von der Zahl der Menschen ab. Ein dafür taugliches Wirtschaftssystem zu entwickeln, das die natürlichen Ressourcen einbezieht, Lebensqualität vor Lebensstandard reiht und langfristiges Denken belohnt, ist die Aufgabe, vor der die Menschheit steht (siehe Daly, 2015; Diamond, 2005; Raworth, 2017). Nach Hüther (2011) ist der Mensch das einzige Lebewesen, das in der Lage ist, den Planeten zu zerstören, aber auch das einzige, das ihn noch retten kann.

Die Resolution der UNO Generalversammlung „Transformation unserer Welt: die Agenda 2030 für nachhaltige Entwicklung" (United Nations, 2015) mit 17 Entwicklungszielen (SDGs) und 169 Subzielen (Targets) ist ein Versuch zur Rettung des Planeten bei gleichzeitiger Beachtung sozialer und ökologischer Aspekte der Nachhaltigkeit. Im Wesentlichen besteht die Herausforderung darin, ein „gutes Leben für Alle" innerhalb der ökologischen Grenzen zu ermöglichen, ohne dass diese Forderungen gegeneinander ausgespielt werden (United Nations, 2015).

Bezüglich des Klimawandels verweisen die SDGs auf die Umsetzung des Pariser Klimaabkommens. Dessen Einhaltung bedingt die Nutzung alternativer Energien und Rohstoffe (z. B. Bioökonomie, ressourcensparende Produktionsstrukturen und ressourceneffiziente Infrastrukturen), aber auch Veränderungen von Produktions- und Lebensweisen (Energiewende, Mobilitätswende, Veränderung von Lebensstilen etc.). Solche Umgestaltungen haben weitreichende Auswirkungen auf Wirtschaftsstruktur, Wettbewerbsfähigkeit und Sozialstruktur (Görg, 2016). Der vom BMLFUW (nunmehr BMNT) initiierte Prozess „Wachstum im Wandel" versucht, diese Veränderungen gemeinsam mit Politik, Wissenschaft, Wirtschaft und Zivilgesellschaft auszuloten (Initiative Wachstum im Wandel, 2018). Zugleich erfordern der demographische Wandel und die veränderten Spielregeln in Wirtschaft und Politik Änderungen in den sozialen Sicherungssystemen und in den Formen von Arbeit und Zusammenleben (siehe Hornemann & Steuernagel, 2017). Wirtschaftswachstum im bisherigen Sinn hat – vor allem wegen des Erreichens ökologischer Grenzen – als Problemlöser an Potential verloren (Meadows u. a., 1972; Jackson, 2012; Jackson & Webster, 2016). Die komplexe Problematik kann nur durch eine umfassende Strategie bewältigt werden, welche die Wechselwirkungen der verschiedenen Bereiche versteht und gemeinsam adressiert (Görg, 2016; Jorgensen u. a., 2015). Die Summe der notwendigen und sich gegenseitig bedingenden Veränderungen wird als Transformation oder auch als Transition bezeichnet – eine einheitliche Sprachregelung steht noch aus. Hier ist jedenfalls mit Transformation der Prozess der Veränderung gemeint, der technologischen Wandel einschließt, aber viel tiefer greift und dessen Endpunkt, abgesehen von einigen allgemeinen Kriterien, noch nicht feststeht.

Diese aus Gründen des Klimawandels und der Verantwortung des Menschen im Anthropozän unerlässliche Transformation der Gesellschaft kann ebenso als Chance verstanden werden, neue Systeme und Strukturen zu schaffen, die auch in anderer Hinsicht den Zielen eines guten Lebens für alle besser entsprechen (Klein, 2014). Polanyi (1978 [1944]) glaubte, dass das Ende der Marktwirtschaft den Anfang einer Ära nie dagewesener Freiheit bedeuten könnte, da eine solche Gesellschaft es sich leisten kann, gleichermaßen gerecht und frei zu sein. Allerdings ist festzustellen, dass den dramatischen naturwissenschaftlichen Analysen und Szenarien meist vergleichsweise biedere Transformationsvorstellungen folgen, wie die IPCC Berichte belegen. Die Transformation wird oft eher inkrementell (schrittweise aufeinander aufbauend) und innerhalb bestehender Systeme gedacht. Es scheint eine meist implizite Annahme zu geben, dass Transformationsprozesse innerhalb des bestehenden politischen, ökonomischen, kulturellen und institutionellen Systems und mit dominanten AkteurInnen besser initiiert und verstärkt werden können (Brand, 2016). Übergreifende gesellschaftliche Transformationsprozesse gehen aber typischer Weise auch mit einer „revolutionären Veränderung der politischen Verhältnisse, der Organisationsformen der Arbeit, der Eigentumsverhältnisse, der Weltbilder, der Sozialstruktur und der Subjektivierungsformen" einher (Barth u. a., 2016; Leggewie & Welzer, 2009; Paech, 2012).

Derzeit fehlt es jedenfalls noch an einer allgemein akzeptierten Theorie, wie eine gesellschaftliche Transformation dieser Tiefe gelingen kann. Ein begleitender Forschungsprozess kann hilfreich sein, um Blockaden, Risiken und Fehlentwicklungen frühzeitig zu erkennen sowie positive Faktoren wie Pioniere des Wandels, Experimente, Lernprozesse, innovative Politiken, Nischen oder lokale Nachhaltigkeitsinitiativen zu stärken (Görg, 2016). Die Transformationsprozesse, die durch den notwendigen Klimaschutz, aber auch die Digitalisierung und andere globale Entwicklungen ausgelöst werden, bedingen ihrerseits Veränderungen im Gesundheitssystem. Als Teil eines in der gegenwärtigen Form nicht als zukunftsfä-

hig betrachteten Sozialsystems (Hornemann & Steuernagel, 2017) wird es in den kommenden Jahren ebenfalls Transformationen unterliegen. Die derzeitigen Ansätze zur Veränderung, wie etwa das „Health in all policies"-Prinzip, der „Whole governace approach" der WHO oder das "Reorienting health systems" der „Ottawa Charta", sind notwendige und wichtige Schritte, bewegen sich aber innerhalb des bestehenden Systems. Radikaleres Umdenken würde ein Gesundheitssystem, das in all seinen Komponenten davon lebt, dass Menschen krank werden und bleiben, hinterfragen. Wohlbefinden und Gesundheit müssen das übergreifende Ziel sein, bei gleichzeitiger Sicherstellung von Chancengerechtigkeit für alle.

Die Widerstände gegen tiefgreifende Transformationen sind naturgemäß groß; Veränderungen machen immer Angst, vor allem wenn es kein klares Bild des anzustrebenden neuen Zustandes gibt. Dies gilt insbesondere in Zeiten der Unsicherheit und erhöhter Existenzängste. Ansätze, wie das bedingungslose Grundeinkommen (Hornemann & Steuernagel, 2017), oder „Common Cause" (Crompton, 2010), ein Ausgangspunkt zur Stärkung intrinsischer Werte im Einzelnen und in der Gesellschaft, sprechen diese Problematik auf gänzlich unterschiedliche Weisen an. Auch bestehende Systeme und Institutionen, wie etwa die Sozialpartnerschaft oder der Föderalismus, haben eine inhärente Erhaltungsneigung, die Veränderungen erschwert. Nicht zufällig bürdet der Papst (Franziskus, 2015) neben vielen anderen die Verantwortung für Veränderung jedem Einzelnen auf. Das bedeutet nicht, dass Institutionen und der Staat keine Verantwortung tragen – im Gegenteil, bei ihnen liegt die Hauptverantwortung –, aber notwendige Veränderungen können leichter erreicht werden, wenn die öffentliche Meinung diese mitträgt.

Hier kommen auch innovative Methoden der Wissenschaft ins Spiel, die Systeme nicht nur beobachtend und analysierend von außen betrachten, sondern gezielt eingreifen und so Veränderungsprozesse mit auslösen. Als Beispiel sei die FAS-Studie „Resilienz Monitor Austria" (Katzmair, 2015) genannt, die, gefördert im Österreichischen Förderungsprogramms für Sicherheitsforschung KIRAS, mit Zuständigen aus der staatlichen Verwaltung, von den Bedarfsträgern, der Wirtschaft und der Wissenschaft zunächst die Charakteristika resilienter Systeme erarbeitete und dann von diesen Personen ihr eigenes System hinsichtlich Resilienz gegenüber z. B. dem Klimawandel oder Pandemiefällen durchleuchten ließ. Mit diesem Forschungsansatz wurde zwar ein Istzustand zur Resilienz erhoben – der sich im übrigen relativ gut für Pandemien, aber schlecht für den Klimawandel darstellte –, der aber zugleich schon wieder veraltet war, weil allein durch das neue Bewußtsein der Verantwortlichen eine Veränderung einsetzte.

5.5.4 Monitoring, Wissenslücken und Forschungsbedarf

Daten zum Klimawandel und dessen Folgen

Messungen und Daten sind eine entscheidende Grundlage jeder Forschung und einer evidenzbasierten Politik, wie sie etwa im *Public Health Action Cycle* beschrieben wird (Rosenbrock & Hartung, 2011). Der Fragestellung entsprechend geht es im Fall der Klimaforschung vor allem um Langzeitmessungen, d. h. um das Verfügbarmachen von Daten aus der vordigitalen Zeit, Proxidaten usw.

Österreich hat an sich eine sehr gute Basis an Klimadaten im engeren Sinn mit einem dichten Messnetz und langen Klimareihen, die teilweise bis ins 18. Jahrhundert zurückreichen. Dennoch gibt es Bedarf an Verdichtung sowie räumlicher und inhaltlicher Ausweitung (CCCA, 2017). Das hängt in erster Linie damit zusammen, dass die Meteorologie sich auf die – möglichst von Menschen unbeeinflussten – atmosphärischen Prozesse konzentriert hat und die Messstellen so gewählt wurden, dass sie standardisiert und repräsentativ für größere Gebiete sind. Daten in Siedlungsgebieten, insbesondere aber an den Orten, an denen sich Menschen aufhalten (Straßen, öffentlichen Plätzen, Innenhöfe), sind rar. Messstellen in Städten befinden sich vorzugsweise am Stadtrand und in Parks. Darüber hinaus wurde nicht unbedingt darauf geachtet, all jene Parameter zu erfassen, die gemeinsam das Wohlbefinden des Menschen beschreiben, sondern vielmehr jene, die zur Lösung meteorologischer Fragestellungen dienen und die vergleichsweise leicht erfassbar sind.

Hinsichtlich der systematischen Erfassung von Klimawandelfolgen gibt es (nicht nur) in Österreich deutlichen Bedarf. Wie die umfassende Studie zu den Kosten des Nicht-Handelns (Steininger u. a., 2015) deutlich aufzeigt, fehlt es in praktisch allen Bereichen an belastbaren Daten. Auch als Grundlage für die Entscheidungsfindung, wie Anpassung an den Klimawandel aussehen soll, werden Daten benötigt. Der *CCCA Science Plan 2017* (CCCA, 2017) fordert daher die Entwicklung und Umsetzung eines Konzepts zum Monitoring von Folgen des Klimawandels in allen Natursphären. Um das komplexe Zusammenwirken von direkten primären und indirekten Auswirkungen des Klimawandels besser verstehen zu können, wird der Aufbau und Betrieb von Testgebieten zur Erfassung der Klimafolgen angeregt.

Daten zur Bevölkerungsgesundheit und Demographie

Österreich hat seit langem ein gut funktionierendes Meldewesen, sodass umfangreiche demographische Daten zur österreichischen Bevölkerung vorliegen. Die Zahl der Nicht-Registrierten ist in Österreich gering, allerdings gehören gerade diese Personen häufig wirtschaftlich schwächeren Schichten mit den für diese typischen Gesundheitsproblemen an.

Die Erfassung der individuellen Krankengeschichten ist in Österreich sehr gut ausgebaut und mit der Digitalisierung der Gesundheitsakten werden verstreute Daten zusammengeführt und Aufzeichnungen vereinheitlicht. Grundsätzlich ist die Datenbasis daher gut. Die Zusammenführung von Datensätzen aus der extramuralen und intramuralen Versorgung steht noch am Anfang, wurde aber als klares Ziel für die laufende Reformperiode im Gesundheitswesen festgeschrieben. Solange vor allem der extramurale Bereich intransparent bleibt, fehlt die Basis für das dringend notwendige (valide) Morbiditätsregister. Dieses wäre aber die Grundvoraussetzung für ein belastbares Monitoring der Auswirkungen des Klimawandels auf die Gesundheit.

Problematischer ist u. U. der Zugang zu diesen Daten, da sie naturgemäß einem strengen Datenschutz unterliegen. Der Wissenschaft sind sie, nach Begutachtung des Forschungsvorhabens durch eine Ethikkommission, in der Regel jedoch zugänglich.

Auch die Dokumentation der an einzelnen Krankenhäusern und anderen Gesundheitseinrichtungen durchgeführten Behandlungen ist geregelt und teilweise öffentlich einsehbar. Was fehlt, sind Daten über Heilungserfolge und Misserfolge, insbesondere über längere Zeiträume. Indirekte Folgen, z. B. Autoimmunerkrankungen als Folge von Implantaten, sind zwar in der Literatur beschrieben, bleiben aber Einzelstudien vorbehalten.

Für die gegenwärtige Fragestellung noch wichtiger ist das Fehlen von Daten zum Umfeld der PatientInnen. Welche Ausbildung haben sie? Welcher Arbeit gehen sie nach? In welchen Familienverhältnissen leben sie? Wieviel Geld haben sie? Wo haben sie sich wie lange aufgehalten? Wie sieht das Wohnumfeld, wie das soziale Umfeld aus? Wie heiß wird es in der Wohnung? Welchem Lärm sind sie ausgesetzt? etc. Es ist fraglos aufwendig, diese Daten routinemäßig zu erheben, sie gehören aber ebenso wie die medizinische Anamnese zur Beschreibung der PatientInnen zu einer umfassenden Sicht auf Gesellschaft, Klimawandel und Gesundheit. Mit der digitalen Gesundheitsakte müsste es künftig möglich sein, einen Teil dieser Daten zu erheben. Ein umfassendes Bild auf die Situation der Bevölkerung kann jedoch nur über umfassende Bevölkerungsregister erreicht werden, wie sie in Skandinavien realisiert wurden (z. B. für Schweden: SND, 2017), die weltweit in Bezug auf Gesundheits- und Sozialdaten durchaus neidvoll als „Goldminen" bezeichnet werden (Webster, 2014).

Wissenslücken und Forschungsbedarf

Die vorangegangenen Kapitel und Abschnitte haben eine Fülle offener Fragen aufgezeigt, deren Beantwortung großteils weiterer Forschung bedarf. Es sind dies teilweise Fragen, die sich innerhalb eines Bereiches bewegen, entweder des Klimas, der Gesundheit oder der Demographie, wie etwa die Frage nach der zu erwartenden Intensitätsveränderung extremer Wetterereignisse. In diesem Abschnitt interessieren aber vor allem Fragen, die sich aus den Überschneidungen der Bereiche ergeben.

In diese Kategorie gehören zunächst vergleichsweise geradlinige Aufgaben, wie Emissionserhebungen des Gesundheitssektors und das Aufzeigen von Minderungsmaßnahmen. *Life Cycle Analysis* Studien zu medizinischen Produkten und Produktgruppen, insbesondere für Arzmeimittel, sind bislang nur vereinzelt verfügbar. An diese schließt die Frage der ökologischen Nebenwirkungen/Klimaeffekte der Krankenbehandlung in Bezug zum Ergebnis der Krankenbehandlung an: Lohnt der Erfolg den Schaden, z. B. gemessen an *disability adjusted life years* (DALYs)?

In eine ähnliche Richtung zeigt der Bedarf an Analysen der Wirksamkeit von Überwachungs- und Frühwarnsystemen hinsichtlich Vermeidung oder Verringerung gesundheitlicher Folgen: Es scheint offenkundig, aber lässt sich der Erfolg von Frühwarnsystemen auch quantifizieren? In diesem Zusammenhang sei auch der wenig untersuchte Komplex der Traumata infolge extremer Wetterereignisse genannt. Schon die kontinuierliche Konfrontation mit der scheinbar unentrinnbaren Klimakatastrophe und die erlebte Ohnmacht dieser Entwicklung gegenüber kann bei Kindern Schlafstörungen und Depressionen auslösen (Kromp-Kolb, persönliche Mitteilung).

Vor allem im städtischen Bereich stellt sich einerseits die Frage nach den gesundheitlichen Wirkungen von Feinstaub unterschiedlicher Zusammensetzung und Provenienz, andererseits aber auch zu dem komplexen Zusammenspiel zwischen der Entwicklung der Empfindlichkeit der Bevölkerung und dem Klimawandel, denn nur durch eine gemeinsame und integrierte Betrachtung können zukunftsweisende Anpassungsmaßnahmen an den Klimawandel entwickelt und umgesetzt werden.

Die zunehmende Technisierung von Gebäuden, als Folge des Versuches die Energieeffizienz zu erhöhen, wirft die Frage auf, welche neuen gesundheitlichen Probleme entstehen und ob tatsächlich ein Carbon-Vorteil entsteht, berücksichtigt man den gesamten *Carbon-Footprint*.

Über 90 Jahre nach Einführung der biologischen Landwirtschaft, in einer Zeit wachsenden Interesses an der Qualität der Nahrung und nachdem auch in Österreich klar geworden ist, dass die Ziele des Pariser Klimaabkommens ohne großflächigen Übergang zu biologischer Landwirtschaft nicht erreichbar sind, wären wissenschaftlich abgesicherte Aussagen zur Wirkung von biologischen gegenüber konventionell produzierten Nahrungsmitteln auf die Nährstoffzusammensetzung und auf die Gesundheit dringend erforderlich. Wie in anderen Bereichen der Gesundheitsforschung, die enorme wirtschaftliche Implikationen haben, wäre es hilfreich, wenn derartige Untersuchungen von unabhängigen möglichst international besetzten Konsortien nach zuvor breit diskutierten Versuchsanordnungen durchgeführt und staatlich oder überstaatlich finanziert werden würden, um die Akzeptanz der Ergebnisse zu erhöhen.

Sowohl in der medizinischen als auch in der landwirtschaftlichen Forschung wäre mehr Transparenz hinsichtlich wissenschaftlicher Fragestellungen, Versuchsanordnungen und Finanzierungsquellen erforderlich, weil in beiden Berei-

chen Forschung und Ausbildung in hohem Maße von Interessensgruppen getragen werden. Wenn der einzige Lehrstuhl für Tierernährung einer Universität von einem großen Futtermittelkonzern gesponsort ist, wenn Untersuchungen über die gesundheitlichen Auswirkungen von Schokolade von einem von „Mars" finanzierten Lehrstuhl betrieben werden, können – berechtigt oder unberechtigt – Zweifel an der notwendigen Unabhängigkeit in der Wahl der Forschungsthemen und in den Ergebnissen aufkommen. Die zunehmende Abhängigkeit der Forschung von der Wirtschaft und die sich daraus ergebende undurchsichtige Interessenslage wird immer häufiger in den Universitäten (z. B. Zürcher Appell, 2013) und in der Gesellschaft als Problem gesehen (Kreiß, 2015). In der Klimawissenschaft liegt die Sache etwas anders, doch kennt auch sie von der Industrie beeinflußte Publikationen und Stellungnahmen (Oreskes & Conway, 2009). Sie setzt sich dagegen durch gemeinsame breit angelegte transparente Assessments (IPCC, APCC) zur Wehr.

Viele Aspekte der Anpassung an die gesundheitlichen Folgen des Klimawandels, aber auch der Emissionsreduktion, hängen eng mit sozialen, kulturellen, regionalen Kontexten und Voraussetzungen der Menschen und Gemeinschaften zusammen. Forschung, die sozioökonomische Bedingungen von Gesundheit und Klimaschutz in der notwendigen Differenziertheit betrachtet, ist daher wichtig. Die Berücksichtigung der individuellen Voraussetzungen und des Umfeldes, bei der Windenergie z. B. der unterschiedlichen akustischen, situativen und moderierenden Faktoren, steht ebenfalls noch aus.

Ökonomische Evaluierungen von Kosten und gesundheitlichem Nutzen spezifischer Maßnahmen sind kaum verfügbar, insbesondere nicht hinsichtlich Klimaschutzmaßnahmen, sodass in der Diskussion um solche die möglichen Einsparungen von Gesundheitskosten nicht einbezogen werden können (Steininger u. a., 2015). Die enormen Kostensteigerungen durch technologische und medikamentöse Weiterentwicklungen, die zwar lebensverlängernd wirken können, häufig aber keine hinreichende Lebensqualität bieten, erfordern eine gesellschaftliche Diskussion der emotionalen und ethischen Implikationen.

Angesichts der Fülle verfügbarer meteorologischer und medizinischer Daten könnten routinemäßig durchgeführte Analysen (in geeigneter Skala räumlich disaggregiert) geeignet sein, nicht nur Entwicklungen sichtbar zu machen, sondern auch Forschungsfragen aufzuwerfen und Hinweise auf notwendige Verbesserungen der Datenlage zu geben. Andererseits besteht das Problem, dass Untersuchungen oft entweder sehr spezifisch, kleinräumig oder kurzfristig sind und daher Verallgemeinerungen schwer möglich machen, oder dass sie aufgrund der Datenlage nicht die richtige zeitliche oder räumliche Auflösung zulassen.

Ein Forschungsbereich, der häufig genannt wird, ist die Frage nach geeigneten Transformationspfaden, die Akzeptanz in der Bevölkerung erzielen. Selbst wenn klar ist, was sowohl aus gesundheitlicher als auch aus Klimasicht erreicht werden soll – z. B. geringerer Fleischkonsum, weniger Flugverkehr oder dichtere Wohnstrukturen – bleibt doch die Frage offen, wie die Bevölkerung und (oft auch) die EntscheidungsträgerInnen dafür gewonnen werden können.

Daran schließt unmittelbar die Frage nach geeigneter Kommunikation der komplexen und oft unbequemen Zusammenhänge an. Hier finden sich in der internationalen Literatur sehr unterschiedliche, einander teils widersprechende Ansätze, die dringend einer Auflösung bedürfen: Fehlen geeignete Visionen? Geht es um richtiges Framing (Wehling, 2016)? Geht es ausschließlich um *„elite nudges"*, die Vorgaben der jeweils als Elite empfundenen Gruppen (Roberts, 2017)? Oder glauben die WissenschafterInnen selbst nicht, was sie wissen (Horn, 2014)? Diese Fragen, obwohl in den genannten Literaturzitaten auf das Klimaproblem bezogen, gelten in ähnlicher Weise für die Gesundheit (Holmes u. a., 2017), z. B. für die sogenannten Zivilisationskrankheiten, die weniger mit Medikamenten als mit Lebensstiländerungen zu verhindern bzw. zu bekämpfen wären.

Schließlich ist das von Brand (2016) monierte radikalere Denken zumindest in der Wissenschaft einzufordern. Das Gesundheitssystem als sozioökonomischer Akteur wird bislang kaum wissenschaftlich untersucht, wäre aber ein wichtiger Ansatzpunkt für Transformation. In Sachen Transformation läuft derzeit die Praxis der Wissenschaft voraus; unzählige Systeme und Strukturen entstehen weltweit (auch in Österreich) und werden einem Praxistest unterworfen: Von alternativen Geldsystemen und Tauschkreisen, über gemeinwohlorientierte Banken, Versicherungen und Wohnraumerrichtungsgruppen bis hin zur *Slow Food* und *Slow City* Bewegung und den *Transition Towns*. Die Forschung ist aufgerufen, sich mit diesen Entwicklungen zu befassen, vorausschauend ihr Potential abzuschätzen und gegebenenfalls rechtzeitig auf Fehlentwicklungen hinzuweisen und zugleich eine Theorie der Transformation zu entwickeln, die in dem schwierigen Prozess, einen gangbaren Weg zu finden, unterstützend eingreifen kann. Dieses Wissen auch in die forschungsgeleitete Lehre und somit in die Aus- und Weiterbildung einzubringen, kann die Transformation beschleunigen.

Literaturverzeichnis

Abrams, M. A., Kurtz-Rossi, S., Riffenburgh, A., & Savage, B. (2014). Buidling Health Literate Organizations: A Guidebook to Achieving Organizational Change. Unity Point Health. Abgerufen von https://www.unitypoint.org/filesimages/Literacy/Health%20Literacy%20Guidebook.pdf

AGES – Österreichische Agentur für Gesundheit und Ernährungssicherheit GmbH. (2015). Helfen Sie mit, die Gelsen einzudämmen! Abgerufen von https://www.ages.at/download/0/0/e47584ec28bad479d34c9c918d755d7ed30817e4/fileadmin/AGES2015/Themen/Krankheitserreger_Dateien/West_Nil/Folder-Gelsen_WEB.PDF

AGES – Österreichische Agentur für Gesundheit und Ernährungssicherheit GmbH. (2018a). Ambrosia – Ambrosia artemisiifolia. Abgerufen 30. August 2018, von www.ages.at/themen/schaderreger/ragweed-oder-traubenkraut

AGES – Österreichische Agentur für Gesundheit und Ernährungssicherheit GmbH. (2018b). Österreichweites Gelsen-Monitoring der AGES. Abgerufen 30. August 2018, von https://www.ages.at/themen/ages-schwerpunkte/vektoruebertragene-krankheiten/gelsen-monitoring

Ambrosia. (2018). Ambrosia. Abgerufen 30. August 2018, von http://www.ambrosia.ch/

Amegah, T., Amort, F. M., Antes, G., Haas, S., Knaller, C., Peböck, M., Wolschlager, V. (2013). Gesundheitsfolgenabschätzung. Leitfaden für die Praxis. Wien: Bundesministerium für Gesundheit.

Anzenberger, J., Bodenwinkler, A., & Breyer, E. (2015). Migration und Gesundheit. Literaturbericht zur Situation in Österreich. Wissenschaftlicher Ergebnisbericht. Wien: Gesundheit Österreich GmbH. Abgerufen von https://media.arbeiterkammer.at/wien/PDF/studien/Bericht_Migration_und_Gesundheit.pdf

APCC – Austrian Panel on Climate Change. (2014). Österreichischer Sachstandsbericht Klimawandel 2014: Austrian assessment report 2014 (AAR14). Wien: Verlag der Österreichischen Akademie der Wissenschaften.

AWMF – Arbeitsgemeinschaft der Wissenschaftlichen Medizinischen Fachgesellschaften. (2018). Gemeinsam Klug Entscheiden. Abgerufen 30. August 2018, von https://www.awmf.org/medizin-versorgung/gemeinsam-klug-entscheiden.html

Barth, T., Jochum, G., & Littig, B. (Hrsg.). (2016). Nachhaltige Arbeit. Soziologische Beiträge zur Neubestimmung der gesellschaftlichen Naturverhältnisse. Frankfurt/Main, New York: Campus Verlag.

Becker, J. A., & Stewart, L. K. (2011). Heat-Related Illness. American Family Physician, 83(11), 1325–1330.

Becker, N., Huber, K., Pluskota, B., & Kaiser, A. (2011). Ochlerotatus japonicus japonicus–a newly established neozoan in Germany and a revised list of the German mosquito fauna. European Mosquito Bulletin, 29, 88–102.

Beermann, S., Rexroth, U., Kirchner, M., Kühne, A., Vygen, S., & Gilsdorf, A. (2015). Asylsuchende und Gesundheit in Deutschland: Überblick über epidemiologisch relevante Infektionskrankheiten. Deutsches Ärzteblatt, 112(42), A1717–A1720.

Berkman, N. D., Sheridan, S. L., Donahue, K. E., Halpern, D. J., & Crotty, K. (2011). Low health literacy and health outcomes: an updated systematic review. Annals of Internal Medicine, 155, 97–107. https://doi.org/10.7326/0003–4819-155-2-201107190-00005

Berwick, D. M., & Hackbarth, A. D. (2012). Eliminating waste in US health care. JAMA, 307(14), 1513–1516. https://doi.org/10.1001/jama.2012.362

Bi, P., & Hansen, A. (2018). Carbon emissions and public health: an inverse association? The Lancet Planetary

Health, 2(1), e8–e9. https://doi.org/10.1016/s2542-5196(17)30177–8

Biebinger, S. (2013). Die Tigermücke: Eine Herausforderung für die Schweiz – Situation und Handlungsbedarf (Master Thesis). MAS Umwelttechnik und -management, Basel. Abgerufen von http://www.kantonslabor.bs.ch/dam/jcr:2ea48e1b-761e-4818-8693-4d559c2c6349/Masterarbeit_Tigerm%C3%BCcke_Biebinger.pdf

BKA, BMEIA, BMASK, BMB, BMGF, BMF, Statistik Austria. (2017). Beiträge der Bundesministerien zur Umsetzung der Agenda 2030 für nachhaltige Entwicklung durch Österreich. Wien: Bundeskanzleramt Österreich. Abgerufen von http://archiv.bka.gv.at/DocView.axd?CobId=65724

Black, R., Bennett, S. R. G., Thomas, S. M., & Beddington, J. R. (2011). Climate change: Migration as adaptation. Nature, 478, 447–449.

BMG – Bundesministerium für Gesundheit. (2013). Nationale Strategie öffentliche Gesundheit: Grundlage für die Weiterentwicklung des Öffentlichen Gesundheitsdienstes in Österreich. Steuerungsgruppe zum Projekt „ÖGD-Reform". Wien: Bundesministerium für Gesundheit. Abgerufen von https://www.sozialministerium.at/site/Gesundheit/Gesundheitssystem/Gesundheitssystem_Qualitaetssicherung/Oeffentlicher_Gesundheitsdienst/

BMG – Bundesministerium für Gesundheit. (2014). "Das Team rund um den Hausarzt". Konzept zur multiprofessionellen und interdisziplinären Primärversorgung in Österreich. Wien: Bundesgesundheitsagentur & Bundesministerium für Gesundheit. Abgerufen von https://www.bmgf.gv.at/cms/home/attachments/1/2/6/CH1443/CMS1404305722379/primaerversorgung.pdf

BMGF – Bundesministerium für Gesundheit und Frauen. (2016a). Gesundheitsförderungsstrategie im Rahmen des Bundes-Zielsteuerungsvertrags. Wien: Bundesministerium für Gesundheit und Frauen. Abgerufen von https://www.bmgf.gv.at/cms/home/attachments/4/1/4/CH1099/CMS1401709162004/gesundheitsfoerderungsstrategie.pdf

BMGF – Bundesministerium für Gesundheit und Frauen. (2016b). Verbesserung der Gesprächsqualität in der Krankenversorgung. Strategie zur Etablierung einer patientenzentrierten Kommunikationskultur. Wien: Bundesministerium für Gesundheit und Frauen. Abgerufen von https://www.bmgf.gv.at/cms/home/attachments/8/6/7/CH1443/CMS1476108174030/strategiepapier_verbesserung_gespraechsqualitaet.pdf

BMGF – Bundesministerium für Gesundheit und Frauen. (2017a). Anzeigepflichtige Krankheiten in Österreich. Wien: Bundesministerium für Gesundheit und Frauen. Abgerufen von https://www.bmgf.gv.at/cms/home/attachments/5/7/7/CH1644/CMS1487675789709/liste_anzeigepflichtige_krankheiten_in__oesterreich.pdf

BMGF – Bundesministerium für Gesundheit und Frauen. (2017b). Österreichischer Ernährungsbericht 2017. Wien: Bundesministerium für Gesundheit und Frauen. Abgerufen von https://www.bmgf.gv.at/cms/home/attachments/9/5/0/CH1048/CMS1509620926290/erna_hrungsbericht2017_web_20171018.pdf

BMGF – Bundesministerium für Gesundheit und Frauen. (2017c). Gesundheitsziel 1: Gesundheitsförderliche Lebens- und Arbeitsbedingungen für alle Bevölkerungsgruppen durch Kooperation aller Politik- und Gesellschaftsbereiche schaffen. Bericht der Arbeitsgruppe. Aufl. Ausgabe April 2017. Wien: Bundesministerium für Gesundheit und Frauen. Abgerufen von https://gesundheitsziele-oesterreich.at/website2017/wp-content/uploads/2017/05/bericht-arbeitsgruppe-1-gesundheitsziele-oesterreich.pdf

BMGF – Bundesministerium für Gesundheit und Frauen. (2017d). Gesundheitsziel 2: Für gesundheitliche Chancengerechtigkeit zwischen den Geschlechtern und sozioökonomischen Gruppen unabhängig von Herkunft und Alter sorgen. Bericht der Arbeitsgruppe. Aufl. Ausgabe April 2017. Wien: Bundesministerium für Gesundheit und Frauen. Abgerufen von https://gesundheitsziele-oesterreich.at/website2017/wp-content/uploads/2017/11/gz_2_endbericht_update_2017.pdf

BMGF – Bundesministerium für Gesundheit und Frauen. (2017e). Gesundheitsziel 3: Gesundheitskompetenz der Bevölkerung stärken. Bericht der Arbeitsgruppe. Aufl. Ausgabe April 2017. Wien: Bundesministerium für Gesundheit und Frauen. Abgerufen von https://gesundheitsziele-oesterreich.at/website2017/wp-content/uploads/2017/05/bericht-arbeitsgruppe-3-gesundheitsziele-oesterreich.pdf

BMGF – Bundesministerium für Gesundheit und Frauen. (2017f). Gesundheitsziel 4: Lebensräume. Wien: Bundesministerium für Gesundheit und Frauen. Abgerufen von https://gesundheitsziele-oesterreich.at/website2017/wp-content/uploads/2018/08/gz_langfassung_2018.pdf

BMGF – Bundesministerium für Gesundheit und Frauen. (2017g). Lebensmittelsicherheitsbericht 2016. Zahlen, Daten, Fakten aus Österreich. Bericht nach § 32 Abs. 1 LMSVG. Wien. Abgerufen von https://www.verbrauchergesundheit.gv.at/lebensmittel/lebensmittelkontrolle/Lebensmittelsicherheitsbericht_2016.pdf

BMGF – Bundesministerium für Gesundheit und Frauen. (2018). Die Österreichische Ernährungspyramide. Abgerufen 30. August 2018, von https://www.bmgf.gv.at/home/Ernaehrungspyramide

BMLFUW – Bundesministerium für Land- und Forstwirtschaft, Umwelt und Wasserwirtschaft. (2014). THE PEP. Pan-Europäisches Programm für Verkehr, Umwelt und Gesundheit. Österreichs Beiträge und Initiativen. Wien. Abgerufen von https://www.bmvit.gv.at/verkehr/international_eu/downloads/pep.pdf

BMLFUW – Bundesministerium für Land- und Forstwirtschaft, Umwelt und Wasserwirtschaft. (2015). CO_2-Monitoring PKW 2015. Bericht über die CO_2-Emissionen neu zugelassener PKW in Österreich. Wien: Bundesministerium für Land- und Forstwirtschaft, Umwelt und

Wasserwirtschaft. Abgerufen von https://www.bmnt. gv.at/dam/jcr:def569d0-1c97-4701-90ef-0a8e12119115/CO$_2$-Monitoring_Pkw%202016.pdf

BMLFUW – Bundesministerium für Land- und Forstwirtschaft, Umwelt und Wasserwirtschaft. (2017a). Die österreichische Strategie zur Anpassung an den Klimawandel. Teil 1 – Kontext. Wien: Bundesministerium für Land- und Forstwirtschaft, Umwelt und Wasserwirtschaft. Abgerufen von https://www.bmnt.gv.at/dam/jcr:b471ccd8-cb97-4463-9e7d-ac434ed78e92/NAS_Kontext_MR%20beschl_(inklBild)_18112017(150ppi)%5B1%5D.pdf

BMLFUW – Bundesministerium für Land- und Forstwirtschaft, Umwelt und Wasserwirtschaft. (2017b). Die österreichische Strategie zur Anpassung an den Klimawandel. Teil 2 – Aktionsplan. Handlungsempfehlungen für die Umsetzung. Wien: Bundesministerium für Land- und Forstwirtschaft, Umwelt und Wasserwirtschaft. Abgerufen von https://www.bmnt.gv.at/dam/jcr:9f582bfd-77cb-4729-8cad-dd38309c1e93/NAS_Aktionsplan_MR_Fassung_final_18112017%5B1%5D.pdf

BMVIT – Bundesministerium für Verkehr, Innovation und Technologie. (2011). Österreichisches Verkehrssicherheitsprogramm 2011 bis 2020, 124 Seiten; Abgerufen am 16.12.2018 von https://www.bmvit.gv.at/service/publikationen/verkehr/strasse/verkehrssicherheit/downloads/vsp2020_2011.pdf

Bouchama, A., Dehbi, M., Mohamed, G., Matthies, F., Shoukri, M., & Menne, B. (2007). Prognostic factors in heat wave–related deaths: a meta-analysis. Archives of Internal Medicine, 167(20), 2170–2176. https://doi.org/10.1001/archinte.167.20.ira70009

Bouley, T., Roschnik, S., Karliner, J., Wilburn, S., Slotterback, S., Guenther, R., … Torgeson, K. (2017). Climate-smart healthcare: low-carbon and resilience strategies for the health sector. Washington D.C.: The World Bank. Abgerufen von http://documents.worldbank.org/curated/en/322251495434571418/Climate-smart-healthcare-low-carbon-and-resilience-strategies-for-the-health-sector

Bowler, D. E., Buyung-Ali, L. M., Knight, T. M., & Pullin, A. S. (2010). A systematic review of evidence for the added benefits to health of exposure to natural environments. BMC Public Health, 10(1), 456. https://doi.org/10.1186/1471-2458-10-456

Brach, C., Keller, D., Hernandez, L. M., Baur, C., Parker, R., Dreyer, B., … Schillinger, D. (2012). Ten Attributes of Health Literate Health Care Organizations. Washington D.C.: Institute of Medicine of the National Academies. Abgerufen von https://nam.edu/wp-content/uploads/2015/06/BPH_Ten_HLit_Attributes.pdf

Brand, U. (2016). Sozial-ökologische Transformation. In S. Bauriedl (Hrsg.), Wörterbuch Klimadebatte (S. 277–282). Bielefeld: Transcript.

Buekers, J., Dons, E., Elen, B., & Luc, I. P. (2015). A health impact model for modal shift from car use to cycling or walking in Flanders. Application to two bicycle highways. Journal of Transport & Health, 2(4), 549–562. https://doi.org/10.1016/j.jth.2015.08.003

Cadar, D., Maier, P., Muller, S., Kress, J., Chudy, M., Bialonski, A., … Schmidt-Chanasit, J. (2017). Blood donor screening for West Nile virus (WNV) revealed acute Usutu virus (USUV) infection, Germany, September 2016. Eurosurveillance, 22(14), 30501. https://doi.org/10.2807/1560-7917.ES.2017.22.14.30501

Carey, B. (2016). ICAO's Carbon-Offsetting Scheme Not Adequate, Groups Say. Abgerufen 11. September 2018, von https://www.ainonline.com/aviation-news/air-transport/2016-09-15/icaos-carbon-offsetting-scheme-not-adequate-groups-say

CCCA – Climate Change Centre Austria. (2017). Science Plan zur strategischen Entwicklung der Klimaforschung in Österreich. Wien: Climate Change Centre Austria. Abgerufen von https://www.ccca.ac.at/fileadmin/00_DokumenteHauptmenue/03_Aktivitaeten/Science_Plan/CCCA_Science_Plan_2_Auflage_20180326.pdf

Chemnitz, C., & Weigel, J. (2015). Bodenatlas. Daten und Fakten über Acker, Land und Erde. Berlin: Böll Stiftung. Abgerufen von https://www.boell.de/sites/default/files/bodenatlas2015_iv.pdf

Chimani, B., Heinrich, G., Hofstätter, M., Kerschbaumer, M., Kienberger, S., Leuprecht, A., Truhetz, H. (2016). Klimaszenarien für das Bundesland Wien bis 2100. Factsheet, Version 1. Wien: CCCA Data Centre Vienna. Abgerufen von https://data.ccca.ac.at/dataset/oks15_factsheets_klimaszenarien_fur_das_bundesland_wien-v01/resource/0218e9b1-4a68-4ca7-8e02-ab124a40d2e0

Choosing Wisely Canada. (2018). Homepage. University of Toronto, Canadian Medical Association and St. Michael's Hospital. Abgerufen 11. März 2018, von https://choosingwiselycanada.org/

Choosing Wisely UK. (2018). Homepage. Academy of Medical Royal Colleges. Abgerufen 11. März 2018, von http://www.choosingwisely.co.uk/

Chung, J. W., & Meltzer, D. O. (2009). Estimate of the carbon footprint of the US health care sector. JAMA, 302(18), 1970–1972. https://doi.org/10.1001/jama.2009.1610

Clayton, S., Manning, C. M., Krygsman, K., & Speiser, M. (2017). Mental Health and Our Changing Climate: Impacts, Implications, and Guidance. Washington D.C.: American Psychological Association, ecoAmerica. Abgerufen von https://www.apa.org/news/press/releases/2017/03/mental-health-climate.pdf

ClimBHealth. (2017). Climate and Health Co-benefits from Changes in Diet. Abgerufen 29. August 2018, von https://www.ccca.ac.at/home/

Crompton, T. (2010). Common Cause. A case for working with our values. WWF. Abgerufen von https://assets.wwf.org.uk/downloads/common_cause_report.pdf

Dahlgren, G., & Whitehead, M. (1991). Policies and strategies to promote social equity in health. Stockholm: Institute for Futures Studies. Abgerufen von https://core.ac.uk/download/pdf/6472456.pdf

Daly, H. (2015). Economics for a full world. Great Transition Initiative. Tellus Institute. Abgerufen von https://www.greattransition.org/images/Daly-Economics-for-a-Full-World.pdf

D'Amato, G., Cecchi, L., D'Amato, M., & Annesi-Maesano, I. (2014). Climate change and respiratory diseases. European Respiratory Review, 23, 161–169. https://doi.org/10.1183/09059180.00001714

Damyanovic, D., Fuchs, B., Reinwald, F., Pircher, E., Allex, B., Eisl, J., Hübl, J. (2014). GIAKlim – Gender Impact Assessment im Kontext der Klimawandelanpassung und Naturgefahren. Endbericht von StartClim2013.F. Wien: BMLFUW, BMWFW, ÖBF, Land Oberösterreich. Abgerufen von http://www.startclim.at/fileadmin/user_upload/StartClim2013_reports/StCl2013F_lang.pdf

Dawson, W., Moser, D., Van Kleunen, M., Kreft, H., Pergl, J., Pysek, P., … Blackburn, T. M. (2017). Global hotspots and correlates of alien species richness across taxonomic groups. Nature Ecology and Evolution, 1(7), 0186. https://doi.org/10.1038/s41559-017-0186

Daxbeck, H., Ehrlinger, D., De Neef, D., & Weineisen, M. (2011). Möglichkeiten von Großküchen zur Reduktion ihrer CO_2-Emissionen (Maßnahmen, Rahmenbedingungen und Grenzen) – Sustainable Kitchen. Projekt SUKI. 5. Zwischenbericht (Vers. 0.3.1). Wien: Ressourcen Management Agentur (RMA). Abgerufen von http://www.rma.at/sites/new.rma.at/files/SUKI%20%20Methodenpapier%20Energieverbrauch.pdf

Diamond, J. (2005). Collapse: How Societies Choose to Fail or Survive. München: Penguin.

Duscher, G. G., Feiler, A., Leschnik, M., & Joachim, A. (2013). Seasonal and spatial distribution of ixodid tick species feeding on naturally infested dogs from Eastern Austria and the influence of acaricides/repellents on these parameters. Parasites & Vectors, 6(1), 76. https://doi.org/10.1186/1756-3305-6-76

Duscher, G. G., Hodžić, A., Weiler, M., Vaux, A. G. C., Rudolf, I., Sixl, W., … Hubálek, Z. (2016). First report of Rickettsia raoultii in field collected Dermacentor reticulatus ticks from Austria. Ticks and Tick-borne Diseases, 7(5), 720–722. https://doi.org/10.1016/j.ttbdis.2016.02.022

ECDC – European Centre for Disease Prevention and Control. (2017) Vector control with a focus on Aedes aegypti and Aedes albopictus mosquitoes: literature review and analysis of information. Stockholm: ECDC. Abgerufen von http://ecdc.europa.eu/sites/portal/files/documents/Vector-control-Aedes-aegypti-Aedes-albopictus.pdf

ECDC – European Centre for Disease Prevention and Control. (2010). Climate change and communicable diseases in the EU Member States. Handbook for national vulnerability, impact and adaptation assessments. Stockholm: ECDC. Abgerufen von http://ecdc.europa.eu/en/publications/Publications/1003_TED_handbook_climate-change.pdf

Eder, F., & Hofmann, F. (2012). Überfachliche Kompetenzen in der österreichischen Schule: Bestandsaufnahme, Implikationen, Entwicklungsperspektiven. In H.-P. Barbara (Hrsg.), Nationaler Bildungsbericht Österreich 2012. Band 2. Fokussierte Analysen bildungspolitischer Schwerpunktthemen (S. 71–109). Graz: Leykam. Abgerufen von https://www.bifie.at/nbb2012/

EEA – European Environment Agency. (2018). Meteorological and hydrological droughts. Abgerufen 4. Februar 2018, von https://www.eea.europa.eu/data-and-maps/indicators/river-flow-drought-2/assessment/#_edn1;

Eichler, K., Wieser, S., & Brügger, U. (2009). The costs of limited health literacy: a systematic review. International Journal of Public Health, 54, 313. https://doi.org/10.1007/s00038-009-0058-2

Eis, D., Helm, D., Laußmann, D., & Stark, K. (2010). Klimawandel und Gesundheit. Ein Sachstandsbericht. Berlin: Robert Koch-Institut.

Ellis, B., & Herbert, S. I. (2011). Complex adaptive systems (CAS): an overview of key elements, characteristics and application to management theory. Informatics in Primary Care, 19(1), 33–37. https://doi.org/10.14236/jhi.v19i1.791

ELTF – California State Superintendent of Public Instruction Tom Torlakson's statewide Environmental Literacy Task Force. (2015). A Blueprint for Environmental Literacy: Educating Every Student In, About, and For the Environment (ELTF). Redwood City: Californians Dedicated to Education Foundation. Abgerufen von https://www.cde.ca.gov/pd/ca/sc/documents/environliteracyblueprint.pdf

Europäisches Parlament und Rat. (2014). Richtlinie 2014/52/EU vom 16. April 2014 zur Änderung der Richtlinie 2011/92/EU über die Umweltverträglichkeitsprüfung bei bestimmten öffentlichen und privaten Projekten, Amtsblatt L124. Abgerufen von https://eur-lex.europa.eu/legal-content/de/TXT/PDF/?uri=OJ:L:2014:124:FULL

European Commission. (2013a). Adaptation to climate change impacts on human, animal and plant health. Commission Staff Working Document. Abgerufen von https://ec.europa.eu/clima/sites/clima/files/adaptation/what/docs/swd_2013_136_en.pdf

European Commission. (2013b). The EU Strategy on adaptation to climate change. Brüssel: European Commission. Abgerufen von https://ec.europa.eu/clima/policies/adaptation/what_en#tab-0-1

European Commission. (2015). The 2015 Ageing Report: Economic and budgetary projections for the 28 EU Member States (2013–2060). Brüssel: Directorate-General for Economic and Financial Affairs. Abgerufen von http://ec.europa.eu/economy_finance/publications/european_economy/2015/pdf/ee3_en.pdf

European Commission. (2017). Reducing Emissions from Aviation. Abgerufen 27. September 2017, von https://ec.europa.eu/clima/policies/transport/aviation_en

European Parliament. (2016). Human health implications of organic food and organic agriculture. Brüssel: European Parliament Research Service. Scientific Foresight Unit. Abgerufen von http://www.europarl.europa.eu/RegData/etudes/STUD/2016/581922/EPRS_STU(2016)581922_EN.pdf

European Parliament. (2017). Report on women, gender equality and climate justice (2017/2086(INI)). Committee on Women's Rights and Gender Equality (No. A8-0403/2017). Brüssel: European Parliament 2014–2019. Abgerufen von http://www.europarl.europa.eu/sides/getDoc.do?pubRef=-//EP//NONSGML+REPORT+A8-2017–0403+0+DOC+PDF+V0//EN

FAO – Food and Agriculture Organization. (2009). The state of Food and Agriculture – Livestock in the balance. Rom: FAO. Abgerufen von http://www.fao.org/docrep/012/i0680e/i0680e01.pdf

Fargione, J., Hill, J., Tilman, D., Polasky, S., & Hawthorne, P. (2008). Land Clearing and the Biofuel Carbon Debt. Science, 319(5867), 1235–1238. https://doi.org/10.1126/science.1152747

FGÖ – Fonds Gesundes Österreich. (2016). FGÖ-Strategie „Gesundheitliche Chancengerechtigkeit 2021". Abgerufen von http://fgoe.org/sites/fgoe.org/files/2017–10/2016–08-19_0.pdf

FGÖ – Fonds Gesundes Österreich. (2017). Aktive Mobilität. Informationen und Projekte. Gesundheit Österreich GmbH, Geschäftsbereich Fonds Gesundes Österreich. Abgerufen von fgoe.org/sites/fgoe.org/files/2017–10/2017–05-04.pdf

Focks, D. A., Daniels, E., Haile, D. G., & Keesling, J. E. (1995). A Simulation-Model of the Epidemiology of Urban Dengue Fever – Literature Analysis, Model Development, Preliminary Validation, and Samples of Simulation Results. American Journal of Tropical Medicine and Hygiene, 53(5), 489–506. https://doi.org/10.4269/ajtmh.1995.53.489

Food Guide Consultation. (2018). Summary of Guiding Principles and Recommendations. Government of Canada. Abgerufen 18. März 2018, von https://www.foodguideconsultation.ca/guiding-principles-summary

Frank, J. R. (Hrsg.). (2005). The CanMEDS 2005 Physician Competency Framework. Better standards. Better physicians. Better care. Ottawa: The Royal College of Physicians and Surgeons of Canada.

Frank, U., Ernst, D., Pritsch, K., Pfeiffer, C., Trognitz, F., & Epstein, M. M. (2017). Aggressive Ambrosia-Pollen auf dem Vormarsch. Oekoskop, 17(2), 19–21.

Franziskus, P. (2015). Laudato Si: Enzyklika. Über die Sorge für das gemeinsame Haus. Rom: Libreria Editrice Vaticana. Abgerufen von https://www.dbk.de/fileadmin/redaktion/diverse_downloads/presse_2015/2015–06-18-Enzyklika-Laudato-si-DE.pdf

Freie Universität Berlin. (2018). Berliner Aktionsprogramm gegen Ambrosia. Abgerufen 11. März 2018, von http://ambrosia.met.fu-berlin.de/ambrosia/aktionsprogramm.php

Friel, S., Dangour, A. D., Garnett, T., Lock, K., Chalabi, Z., Roberts, I., … Haines, A. (2009). Public health benefits of strategies to reduce greenhouse-gas emissions: food and agriculture. The Lancet, 374(9706), 2016–2025. https://doi.org/10.1016/S0140-6736(09)61753–0

Fritz, D., Heinfellner, H., Lichtblau, G., Pölz, W., & Stranner, G. (2017). Update: Ökobilanz alternativer Antriebe. Wien: Umweltbundesamt. Abgerufen von www.umweltbundesamt.at/fileadmin/site/publikationen/DP152.pdf

Gallé, F., Soffried, J., & Sator, M. (2017). Gute Gesundheitsinformation trifft gute Gesprächsqualität. Soziale Sicherheit, 2017, 246.

Gascon, M., Triguero-Mas, M., Martínez, D., Dadvand, P., Rojas-Rueda, D., Plasència, A., & Nieuwenhuijsen, M. J. (2016). Residential green spaces and mortality: A systematic review. Environment International, 86, 60–67. https://doi.org/10.1016/j.envint.2015.10.013

GeKo-Wien. (2018). Gesundheit und Kommunikation in Wien. Abgerufen 11. März 2018, von https://www.geko.wien

George, C., & Kirkpatrick, C. (2007). Impact Assessment and Sustainable Development: An Introduction. In C. George & C. Kirkpatrick (Hrsg.), Impact Assessment and Sustainable Development. Cheltenham: Edward Elgar Publishing.

Gesundheit.gv.at. (2018). Öffentliches Gesundheitspotal Österreichs. Abgerufen 11. März 2018, von http://www.gesundheit.gv.at

Gesundheitsziele Österreich. (2018a). Gesundheitsziele. Abgerufen 8. März 2018, von https://gesundheitsziele-oesterreich.at/gesundheitsziele/

Gesundheitsziele Österreich. (2018b). Luft, Wasser, Boden und alle Lebensräume für künftige Generationen sichern. Abgerufen 8. März 2018, von https://gesundheitsziele-oesterreich.at/luft-wasser-boden-lebensraeume-sichern

GFA – Gesundheitsfolgenabschätzung. (2018). Homepage. Abgerufen 8. März 2018, von https://gfa.goeg.at/

Gogol, M., & Siebenhofer, A. (2016). Choosing Wisely – Gegen Überversorgung im Gesundheitswesen – Aktivitäten aus Deutschland und Österreich am Beispiel der Geriatrie. Wiener Medizinische Wochenschrift, 166, 5155–5160. https://doi.org/10.1007/s10354-015–0424-z

Görg, C. (2016). Einrichtung einer Programmschiene zur Erforschung nachhaltiger Transformationspfade in Österreich. Unveröffentlicht. Wien: Arbeitsgruppe für Transformationsforschung in Österreich.

GQG. Bundesgesetz zur Qualität von Gesundheitsleistungen (Gesundheitsqualitätsgesetz), BGBl I Nr 179/2004 §.

Grecequet, M., DeWaard, J., Hellmann, J. J., Abel, G. J., Grecequet, M., DeWaard, J., … Abel, G. J. (2017). Climate Vulnerability and Human Migration in Global Perspective. Sustainability, 9(5), 720. https://doi.org/10.3390/su9050720

Grewe, H. A., & Blättner, B. (2011). Hitzeaktionspläne in Europa. Prävention und Gesundheitsförderung, 6(3), 158–163. https://doi.org/10.1007/s11553-010–0290-x

Haas, W., Weisz, U., Maier, P., & Scholz, F. (2015). Human Health. In K.W. Steininger, M. König, B. Bednar-Friedl, L. Kranzl, W. Loibl, & F. Prettenthaler (Hrsg.), Economic Evaluation of Climate Change Impacts (S. 191–213). Cham: Springer International Publishing.

Haas, W., Weisz, U., Maier, P., Scholz, F., Themeßl, M., Wolf, A., Pech, M. (2014). Auswirkungen des Klimawandels auf die Gesundheit des Menschen. Wien: Alpen-Adria-Universität Klagenfurt, CCCA Servicezentrum. Abgerufen von http://coin.ccca.at/sites/coin.ccca.at/files/factsheets/6_gesundheit_v4_02112015.pdf

Haas, W., Weisz, U., Lauk, C., Hutter, H.-P., Ekmekcioglu, C., Kundi, M., … Theurl, M. C. (2017). Climate and health co-benefits from changes in urban mobility and diet: an integrated assessment for Austria. Endbericht ACRP Forschungsprojekte B368593. Wien: Alpen-Adria-Universität Klagenfurt. Abgerufen von https://www.klimafonds.gv.at/wp-content/uploads/sites/6/2017 1116ClimBHealthACRP6EBB368593KR13AC6K109 69.pdf

Habtezion, S. (2013). Overview of linkages between gender and climate change. New York: UNDP. Abgerufen von http://www.undp.org/content/dam/undp/library/gender/Gender%20and%20Environment/PB1_Africa_Overview-Gender-Climate-Change.pdf

Hagen, K., & Gasienica-Wawrytko, B. (2015). UHI und die Wiener Stadtquartiere – Das Projekt Urban Fabric & Microclimate. In J. Preiss & C. Härtel (Hrsg.), Urban Heat Island. Strategieplan Wien (S. 14–15). Wien: Magistrat der Stadt Wien, MA22 – Wiener Umweltschutzabteilung.

Haigh, F., Harris, E., Harris-Roxas, B., Baum, F., Dannenberg, A., Harris, M., … Spickett, J. (2015). What makes health impact assessments successful? Factors contributing to effectiveness in Australia and New Zealand. BMC Public Health, 15, 1009. https://doi.org/10.1186/s12889-015–2319-8

Hajat, S., Haines, A., Sarran, C., Sharma, A., Bates, C., & Fleming, L. E. (2017). The effect of ambient temperature on type-2-diabetes: case-crossover analysis of 4+ million GP consultations across England. Environmental Health, 16, 73. https://doi.org/10.1186/s12940-017–0284-7

Hamaoui-Laguel, L., Vautard, R., Liu, L., Solmon, F., Viovy, N., Khvorostyanov, D., … Epstein, M. M. (2015). Effects of climate change and seed dispersal on airborne ragweed pollen loads in Europe. Nature Climate Change, 5(8), 766–771. https://doi.org/10.1038/nclimate2652

Hartig, T., Mitchell, R., de Vries, S., & Frumkin, H. (2014). Nature and health. Annual Review of Public Health, 35, 207–228. https://doi.org/10.1146/annurev-publhealth-032013–182443

Hasenfuß, G., Märker-Herrmann, E., Hallek, M., & Fölsch, U. R. (2016). Initiative „Klug Entscheiden". Gegen Unter- und Überversorgung. Deutsches Ärzteblatt, 113, A603.

Haun, J. N., Patel, N. R., French, D. D., Campbell, R. R., Bradham, D. D., & Lapcevic, W. A. (2015). Association between health literacy and medical care costs in an integrated healthcare system: a regional population based study. BMC Health Services Research, 15, 249. https://doi.org/10.1186/s12913-015–0887-z

Hemmer, W., Schauer, U., Trinca, A.-M., & Neumann, C. (2010). Endbericht 2009 zur Studie: Prävalenz der Ragweedpollen-Allergie in Ostösterreich. St. Pölten: Amt der NÖ Landesregierung. Abgerufen von www.noe.gv.at/noe/Gesundheitsvorsorge-Forschung/Ragweedpollen_Allergie.pdf

Hernandez, A.-C., & Roberts, J. (2016). Reducing Healthcare's Climate Footprint. Opportunities for European Hospitals & Health Systems. Brussels: HCWH Europe.

Hietler, P., & Pladerer, C. (2017). Abfallvermeidung in der österreichischen Lebensmittelproduktion – Daten, Fakten, Maßnahmen. Wien: Österreichisches Ökologie Institut. Abgerufen von http://www.nachhaltigkeit.steiermark.at/cms/dokumente/12592682_1032680/a56135dd/153Abfallvermeidung%20in%20der%20Lebensmittelproduktion.pdf

Hintringer, K., Küllinger, R., & Wild, C. (2015). Sponsoring österreichischer Ärztefortbildung: Systematische Analyse der DFP-Fortbildungsdatenbank (No. 87). Wien: Ludwig Boltzmann Gesellschaft GmbH. Abgerufen von eprints.hta.lbg.ac.at/1053/1/Rapid_Assessment_007a.pdf

HLS-EU-Consortium. (2012). Comparative Report on Health Literacy in Eight EU Member States. The European Health Literacy Survey. International Consortium of the HLS-EU Project. Abgerufen von http://ec.europa.eu/chafea/documents/news/Comparative_report_on_health_literacy_in_eight_EU_member_states.pdf

Hofmarcher, M., & Quentin, W. (2013). Austria: Health system review. Health Systems in Transition, 15(7), 1–291.

Holmes, B. J., Best, A., Davies, H., Hunter, D., Kelly, M. P., Marshall, M., & Rycroft-Malone, J. (2017). Mobilising knowledge in complex health systems: a call to action. Pragmatics and Society, 13(3), 539–560. https://doi.org/10.1332/174426416X14712553750311

Horn, E. (2014). Zukunft als Katastrophe. Fiktion und Prävention, Frankfurt/Main: Fischer 2014. ISBN 9783100168030. 480 Seiten.

Hornemann, B., & Steuernagel, A. (2017). Sozialrevolution. Frankfurt/Main, New York: Campus Verlag.

Hübl, J., Beck, M., Kyriazis, G., Sauermoser, C., & Frankl, D. (2017). Ereignisdokumentation 2016 (IAN Report No. 183). Wien: Institut für Alpine Naturgefahren, Universität für Bodenkultur. Abgerufen von www.baunat.

boku.ac.at/fileadmin/data/H03000/H87000/H87100/DAN_IAN_Reports/Rep183_Eckerbach.pdf

Hübl, J., Beck, M., Moser, M., & Riedl, C. (2015). Ereignisdokumentation 2014 (IAN Reports No. 167). Institut für Alpine Naturgefahren, Universität für Bodenkultur. Abgerufen von http://www.baunat.boku.ac.at/fileadmin/data/H03000/H87000/H87100/IAN_Reports/REP167.pdf

Hübl, J., Beck, M., Zöchling, M., Moser, M., Kienberger, C., Jenner, A., & Forstlechner, D. (2016). Ereignisdokumentation 2015 (IAN Reports No. 175). Wien: Institut für Alpine Naturgefahren, Universität für Bodenkultur. Abgerufen von http://www.baunat.boku.ac.at/fileadmin/data/H03000/H87000/H87100/DAN_IAN_Reports/Rep175_-_Ereignisdokumentation_2015.pdf

Hüther, G. (2011). Was wir sind und was wir sein könnten. Ein neurobiologischer Mutmacher. Frankfurt/Main: Fischer Taschenbuch.

Hutter, H.-P., Moshammer, H., & Wallner, P. (2017). Klimawandel und Gesundheit. Auswirkungen. Risiken. Perspektiven. Wien: Manz.

Hutter, H.-P., Moshammer, H., Wallner, P., Leitner, B., & Kundi, M. (2007). Heatwaves in Vienna: effects on mortality. Wiener Klinische Wochenschrift, 119(7–8), 223–227. https://doi.org/10.1007/s00508-006–0742-7

HVB – Hauptverband der Österreichischen Sozialversicherungsträger, & GKK Salzburg. (2011). Analyse der Versorgung psychisch Erkrankter. Projekt „Psychische Gesundheit". Abschlussbericht. Wien, Salzburg: Hauptverband der Österreichischen Sozialversicherungsträger, GKK Salzburg. Abgerufen von https://www.psychotherapie.at/sites/default/files/files/studien/Studie-Analyse-Versorgung-psychisch-Erkrankter-SGKK-HVB-2011.pdf

Initiative Wachstum im Wandel. (2018). Homepage. Abgerufen 5. Februar 2018, von https://wachstumimwandel.at/

Islam, S. N., & Winkel, J. (2017). Climate Change and Social Inequality (DESA Working Paper No. 152). UN, Department of Economic & Social Affairs. Abgerufen von www.un.org/esa/desa/papers/2017/wp152_2017.pdf

Jackson, R. (2012). Occupy World Street. A global Roadmap for Radical Economic and Political Reform. White River Junction: Cheslea Green Publishing.

Jackson, T., & Webster, R. (2016). Limits revisitetd. A review of the limits to growth debate. London: All-Party Parliamentary Group on Limits to Growth. Abgerufen von https://limits2growth.org.uk/wp-content/uploads/2016/04/Jackson-and-Webster-2016-Limits-Revisited.pdf

Jorgensen, S. E., Nielsen, F. B., Pulselli, F. M., Fiscus, D. A., & Bastianoni, S. (2015). Flourishing Within Limits to Growth: Following Nature's Way. London: Routledge.

Juraszovich, B., Sax, G., Rappold, E., Pfabigan, D., & Stewig, F. (2016). Demenzstrategie: Gut leben mit Demenz. Abschlussbericht – Ergebnisse der Arbeitsgruppen. Wien: Bundesministerium für Gesundheit & Sozialministerium. Abgerufen von http://www.bmg.gv.at/cms/home/attachments/5/7/0/CH1513/CMS1450082944440/demenzstrategie_abschlussbericht.pdf

KAKuG. Bundesgesetz über Krankenanstalten und Kuranstalten, BGBl Nr. 1/1957 §.

Katzmair, H. (2015). Resilienz Monitor Austria. Wissenschaftlicher Endbericht. Wien: FAS Research.

Keogh-Brown, M., Jensen, H. T., Smith, R. D., Chalabi, Z., Davies, M., Dangour, A., … Haines, A. (2012). A whole-economy model of the health co-benefits of strategies to reduce greenhouse gas emissions in the UK. The Lancet, 380, S52. https://doi.org/10.1016/S0140-6736(13)60408–0

Kickbusch, I., & Behrendt, T. (2013). Implementing a Health 2020 vision: governance for health in the 21st century. Making it happen. Copenhagen: WHO Regional Office for Europe. Abgerufen von http://www.euro.who.int/__data/assets/pdf_file/0018/215820/Implementing-a-Health-2020-Vision-Governance-for-Health-in-the-21st-Century-Eng.pdf

Kickbusch, I., Pelikan, J. M., Haslbeck, J., Apfel, F., & Tsouros, A. D. (2016). Gesundheitskompetenz. Die Fakten. Schweiz: Careum Stiftung.

Klein, N. (2014). This changes everything. Capitalism vs. the Climate. New York: Simon and Schuster.

Knoflacher, H. (2013). Virus Auto. Die Geschichte einer Zerstörung. Wien: Ueberreuter.

Köder, L., & Burger, A. (2017). Abbau umweltschädlicher Subventionen stockt weiter – 57 Milliarden Euro Kosten für Bürgerinnen und Bürger. Dessau-Roßlau: Umweltbundesamt Deutschland. Abgerufen von https://www.umweltbundesamt.de/presse/presseinformationen/abbau-umweltschaedlicher-subventionen-stockt-weiter

Kongress „Armut und Gesundheit". (2017). Dem Ansatz von Health in All Policy zu neuer Aktualität verhelfen. Diskussionspapier zum Kongress Armut und Gesundheit 2018. Gesundheit Berlin-Brandenburg e.V., Arbeitsgemeinschaft für Gesundheitsförderung, Kongress Armut und Gesundheit TU Berlin. Abgerufen von https://www.bzoeg.de/termine-leser/events/Kongress-armut-gesundheit-18.html?file=tl_files/bzoeg/redaktion/downloads/termine/2018/Diskussionspapier%20Kongress%20Armut%20und%20Gesundheit.pdf

Kranzl, L., Hummel, M., Loibl, W., Müller, A., Schicker, I., Toleikyte, A., Bednar-Friedl, B. (2015). Buildings: Heating and Cooling. In Karl W. Steininger, M. König, B. Bednar-Friedl, L. Kranzl, W. Loibl, & F. Prettenthaler (Hrsg.), Economic Evaluation of Climate Change Impacts: Development of a Cross-Sectoral Framework and Results for Austria (S. 235–255). Cham: Springer International Publishing. https://doi.org/10.1007/978–3-319-12457-5_13

Kreiß, C. (2015). Gekaufte Forschung. Wissenschaft im Dienst der Konzerne. Berlin: Europaverlag.

Laeremans, M., Götschi, T., Dons, E., Kahlmeier, S., Brand, C., Nazelle, A., Int Panis, L. (2017). Does an Increase in

Walking and Cycling Translate into a Higher Overall Physical Activity Level? Journal of Transport & Health, 5, S20. https://doi.org/10.1016/j.jth.2017.05.301

Lake, I. R., Jones, N. R., Agnew, M., Goodess, C. M., Giorgi, F., Hamaoui-Laguel, L., … Epstein, M. M. (2017). Climate Change and Future Pollen Allergy in Europe. Environmental Health Perspectives, 125, 385–391. https://doi.org/10.1289/EHP173

Lang, T. (2017). Re-fashioning food systems with sustainable diet guidelines: towards a SDG2 strategy. London: City University London Friends of the Earth. Abgerufen von https://friendsoftheearth.uk/sites/default/files/downloads/Sustainable_diets_January_2016_final.pdf

Lee, A. C. K., & Maheswaran, R. (2011). The health benefits of urban green spaces: a review of the evidence. Journal of Public Health, 33(2), 212–222. https://doi.org/10.1093/pubmed/fdq068

Légaré, F., Hébert, J., Goh, L., Lewis, K. B., Portocarrero, M. E. L., Robitaille, H., & Stacey, D. (2016). Do choosing wisely tools meet criteria for patient decision aids? A descriptive analysis of patient materials. BMJ Open, 6(8), e011918. https://doi.org/10.1136/bmjopen-2016–011918

Leggewie, C., & Welzer, H. (2009). Das Ende der Welt wie wir sie kannten. Klima, Zukunft und die Chancen der Demokratie. Berlin: Fischer S. Verlag.

Lietaer, B. (2012). Money and Sustainability. The Missing Link. A Report from the Club of Rom – EU Chapter to Finance Watch and the World Business Academy. Dorset: Triarchy Press.

Liu, H.-L., & Shen, Y.-S. (2014). The Impact of Green Space Changes on Air Pollution and Microclimates: A Case Study of the Taipei Metropolitan Area. Sustainability, 6, 8827–8855. https://doi.org/10.3390/su6128827

Mackenbach, J. P., Meerding, W. J., & Kunst, A. (2007). Economic implications of socio-economic inequalities in health in the European Union. Rotterdam: European Communities.

Mackenbach, J. P., Meerding, W. J., & Kunst, A. E. (2011). Economic costs of health inequalities in the European Union. Journal of Epidemiology and Community Health, 65, 412–419. https://doi.org/10.1136/jech.2010.112680

Mackenbach, J. P., Stirbu, I., Roskam, A.-J. R., Schaap, M. M., Menvielle, G., Leinsalu, M., & Kunst, A. E. (2008). Socioeconomic Inequalities in Health in 22 European Countries. New England Journal of Medicine, 358, 2468–2481. https://doi.org/10.1056/NEJMsa0707519

Mangili, A., & Gendreau, M. A. (2005). Transmission of infectious diseases during commercial air travel. The Lancet, 365(9463), 989–996. https://doi.org/10.1016/S0140-6736(05)71089–8

Matulla, C., & Kromp-Kolb, H. (2015). SNORRE – Screening von Witterungsverhältnissen. Endbericht von StartClim 2014.A. Wien: Zentralanstalt für Meteorologie und Geodynamik. Abgerufen von http://www.startclim. at/fileadmin/user_upload/StartClim²014_reports/StCl2014A_lang.pdf

Maurer, C., Cronenberg, A., Steinbach, J., Ragwitz, M., Duscha, V., Fleiter, T., Pfaff, M. (2016). Grünbuch für eine integrierte Energie- und Klimastrategie. Wien: BMWFW. Abgerufen von https://www.bmvit.gv.at/service/publikationen/verkehr/klimastrategie_gruenbuch.pdf

McDaid, D. (2016). Investing in health literacy. What do we know about the co-benefits to the education sector of actions targeted at children and young people? Kopenhagen: WHO. Abgerufen von http://www.euro.who.int/__data/assets/pdf_file/0006/315852/Policy-Brief-19-Investing-health-literacy.pdf

McGain, F., & Naylor, C. (2014). Environmental sustainability in hospitals – a systematic review and research agenda. Journal of Health Services Research & Policy, 19(4), 245–252. https://doi.org/10.1177/1355819614534836

McMichael, A. J. (2013). Globalization, climate change, and human health. New England Journal of Medicine, 368(14), 1335–1343. https://doi.org/10.1056/NEJMra1109341

Meadows, D., Meadows, D., Randers, J., & Behrens III, W. (1972). The Limits to Growth. A report to the Club of Rome. Washington D.C.: Potomac Associates.

Millock, K. (2015). Migration and Environment. Annual Review of Resource Economics, 7(1), 35–60. https://doi.org/10.1146/annurev-resource-100814–125031

Miraglia, M., Marvin, H. J. P., Kleter, G. A., Battilani, P., Brera, C., Coni, E., … Vespermann, A. (2009). Climate change and food safety: An emerging issue with special focus on Europe. Food and Chemical Toxicology, 47(5), 1009–1021. https://doi.org/10.1016/j.fct.2009.02.005

Mueller, N., Rojas-Rueda, D., Cole-Hunter, T., de Nazelle, A., Dons, E., Gerike, R., … Nieuwenhuijsen, M. (2015). Health impact assessment of active transportation: A systematic review. Preventive Medicine, 76, 103–114. https://doi.org/10.1016/j.ypmed.2015.04.010

Mueller, N., Rojas-Rueda, D., Salmon, M., Martinez, D., Ambros, A., Brand, C., … Nieuwenhuijsen, M. (2018). Health impact assessment of cycling network expansions in European cities. Preventive Medicine, 109, 62–70. https://doi.org/10.1016/j.ypmed.2017.12.011

Muller, A., Schader, C., Scialabba, N. E.-H., Brüggemann, J., Isensee, A., Erb, K.-H., Niggli, U. (2017). Strategies for feeding the world more sustainably with organic agriculture. Nature Communications, 8(1), 1290. https://doi.org/10.1038/s41467-017–01410-w

Nowak, P., Menz, F., & Sator, M. (2016). Ein zentraler Beitrag zur Gesundheitsreform und zur Stärkung der Gesundheitskompetenz – Bessere Gespräche in der Krankenversorgung. Soziale Sicherheit, 2016, 450–457.

Obwaller, A. G., Karakus, M., Poeppl, W., Töz, S., Özbel, Y., Aspöck, H., & Walochnik, J. (2016). Could Phlebotomus mascittii play a role as a natural vector for Leishmania infantum? New data. Parasites & Vectors, 9(1), 458. https://doi.org/10.1186/s13071-016–1750-8

OECD – Organisation for Economic Co-operation and Development. (2017a). Bridging the Gap: Inclusive Growth. 2017 Update Report. Paris: OECD Publishing. Abgerufen von www.oecd.org/inclusive-growth/Bridging_the_Gap.pdf

OECD – Organisation for Economic Co-operation and Development. (2017b). Education at a Glance 2017. Paris: OECD Publishing.

Ökobüro. (2016). Umwelt und Gerechtigkeit. Wer verursacht Umweltbelastungen und wer leidet darunter? Abgerufen von http://www.oekobuero.at/images/doku/broschuere_umwelt_und_gerechtigkeit.pdf

ONGKG – Österreichisches Netzwerk gesundheitsfördernder Krankenhäuser und Gesundheitseinrichtungen. (2018). Homepage. Abgerufen 8. März 2018, von http://www.ongkg.at/

ÖPGK – Österreichische Plattform Gesundheitskompetenz. (2018a). Gute Gesprächsqualität im Gesundheitssystem. Abgerufen 30. August 2018, von https://oepgk.at/die-oepgk/schwerpunkte/gespraechsqualitaet-im-gesundheitssystem/

ÖPGK – Österreichische Plattform Gesundheitskompetenz. (2018b). Österreichische Plattform Gesundheitskompetenz. Abgerufen 8. März 2018, von https://oepgk.at

ÖPGK – Österreichische Plattform Gesundheitskompetenz, & BMGF – Bundesministerium für Gesundheit und Frauen. (2017). Gute Gesundheitsinformation Österreich. Die 15 Qualitätskriterien. Der Weg zum Methodenpapier – Anleitung für Organisationen. Wien: ÖPGK und BMGF in Zusammenarbeit mit dem Frauengesundheitszentrum. Abgerufen von https://oepgk.at/wp-content/uploads/2017/04/Gute-Gesundheitsinformation-%C3%96sterreich.pdf

Oreskes, N., & Conway, E. (2009). Merchants of Doubt: How a Handful of Scientists Obscured the Truth on Issues from Tobacco Smoke to Global Warming. London: Bloomsbury.

ÖWAV – Österreichischer Wasser- und Abfallwirtschaftsverband. (2018). Neophyten. Abgerufen 30. August 2018, von https://www.oewav.at/Service/Neophyten

Paech, N. (2012). Befreiung vom Überfluss. Auf dem Weg in die Postwachstumsökonomie. München: Oekom.

Palumbo, R. (2017). Examining the impacts of health literacy on healthcare costs. An evidence synthesis. Health Services Management Research, 30, 197–212. https://doi.org/10.1177/0951484817733366

Parker, R. (2009). Measures of Health Literacy. Workshop Summary: What? So What? Now What? Washington D.C.: National Academies Press. Abgerufen von https://www.ncbi.nlm.nih.gov/books/n/nap12690/pdf/

Partizipation. (2018). Partizipation & nachhaltige Entwicklung in Europa. Abgerufen 11. März 2018, von https://www.partizipation.at/home.html

Pelikan, J. M. (2015). Gesundheitskompetenz – ein vielversprechender Driver für die Gestaltung der Zukunft des österreichischen Gesundheitssystems. In A. W. Robert Bauer (Hrsg.), Zukunftsmotor Gesundheit. Entwürfe für das Gesundheitssystem von morgen (S. 173–194). Wiesbaden: Springer.

Pelikan, J. M. (2017). Gesundheitskompetente Krankenbehandlungseinrichtungen. Health literate health care organizations. Public Health Forum, 25(1), 66–70. https://doi.org/10.1515/pubhef-2016–2117

Pladerer, C., Bernhofer, G., Kalleitner-Huber, M., & Hietler, P. (2016). Lagebericht zu Lebensmittelabfällen und -verlusten in Österreich. Wien: WWF, Mutter Erde. Abgerufen von https://www.muttererde.at/motherearth/uploads/2016/03/2016_Lagebericht_Mutter-Erde_WWF_OeOeI_Lebensmittelverschwendung_in_Oesterreich.pdf

Poeppl, W., Herkner, H., Tobudic, S., Faas, A., Auer, H., Mooseder, G., … Walochnik, J. (2013). Seroprevalence and asymptomatic carriage of Leishmania spp. in Austria, a non-endemic European country. Clinical Microbiology and Infection, 19(6), 572–577. https://doi.org/10.1111/j.1469–0691.2012.03960.x

Polanyi, K. (1978 [1944]). The Great Transformation: Politische und ökonomische Ursprünge von Gesellschaften und Wirtschaftssystemen. Baden-Baden: Suhrkamp Verlag.

Pollenwarndienst. (2018). Homepage. Abgerufen 11. März 2018, von www.pollenwarndienst.at

PrimVG – Primärversorgungsgesetz. Bundesgesetz über die Primärversorgung in Primärversorgungseinheiten, GP XXV IA 2255/A AB 1714 S. 188. BR: AB 9882 § (2017). Abgerufen von https://www.ris.bka.gv.at/GeltendeFassung.wxe?Abfrage=Bundesnormen&Gesetzesnummer=20009948

Prüss-Üstün, A., Wolf, J., Corvalán, C., Bos, R., & Neira, M. P. (2016). Preventing disease through healthy environments. A global assessment of the burden of disease from environmental risks. Geneva: WHO. Abgerufen von http://apps.who.int/iris/bitstream/10665/204585/1/9789241565196_eng.pdf

Pucher, J., & Buehler, R. (2008). Making Cycling Irresistible: Lessons from The Netherlands, Denmark and Germany. Transport Reviews, 28(4), 495–528. https://doi.org/10.1080/01441640701806612

Ragweedfinder. (2018). Homepage. Abgerufen 11. März 2018, von www.ragweedfinder.at

Raworth, K. (2017). Doughnut Economics: Seven Ways to Think Like a 21st-Century Economist. Random House Business.

Razum, O., Zeeb, H., Meesmann, U., Schenk, L., Bredehorst, M., Brzoska, P., … Ulrich, R. (2008). Migration und Gesundheit. Berlin: Robert Koch-Institut.

Richter, R., Berger, U. E., Dullinger, S., Essl, F., Leitner, M., Smith, M., & Vogl, G. (2013). Spread of invasive ragweed: climate change, management and how to reduce allergy costs. Journal of Applied Ecology, 50(6), 1422–1430. https://doi.org/10.1111/1365–2664.12156

Roberts, D. (2017). Conservatives Probably Can't Be Persuaded on Climate Change. So Now What? Abgerufen 30. August 2018, von https://www.vox.com/energy-and-environment/2017/11/10/16627256/conservatives-climate-change-persuasion

Rohland, S., Pfurtscheller, C., Seebauer, S., & Borsdorf, A. (2016). Muss die Eigenvorsorge neu erfunden werden? Eine Analyse und Evaluierung der Ansätze und Instrumente zur Eigenvorsorge gegen wasserbedingte Naturgefahren (REInvent). Endbericht von StartClim 2015.A (StartClim). BMLFUW, BMWF, ÖBf, Land Oberösterreich.

Rojo, J. J. (2007). Future trends in local air quality impacts of aviation. Massachusetts Institute of Technology. Abgerufen von http://dspace.mit.edu/handle/1721.1/39707

Romi, R., & Majori, G. (2008). An overview of the lesson learned in almost 20 years of fight against the "tiger" mosquito. Parassitologia, 50(1–2), 117–119.

Rosenbrock, R., & Hartung, S. (2011). Public Health Action Cycle / Gesundheitspolitischer Aktionszyklus. In BZgA (Hrsg.), Leitbegriffe der Gesundheitsförderung und Prävention. Glossar zu Konzepten, Strategien und Methoden (S. 469–471). Gamburg: Verlag für Gesundheitsförderung.

Rowlands, G., Khazaezadeh, N., Oteng-Ntim, E., Seed, P., Barr, S., & Weiss, B. D. (2013). Development and validation of a measure of health literacy in the UK: the newest vital sign. BMC Public Health, 13, 116. https://doi.org/10.1186/1471-2458-13-116

Sammer, G. (2016). Kostenwirksamkeit von Verkehrsmaßnahmen zum Klimaschutz. FSV-Seminar „Ende des fossilen Kfz-Verkehrs 2030?", 14.11.2016. Wien.

Sauerborn, R., Kjellstrom, T., & Nilsson, M. (2009). Invited Editorial: Health as a crucial driver for climate policy. Global Health Action, 2. https://doi.org/10.3402/gha.v2i0.2104

Scarborough, P., Allender, S., Clarke, D., Wickramasinghe, K., & Rayner, M. (2012). Modelling the health impact of environmentally sustainable dietary scenarios in the UK. European Journal of Clinical Nutrition, 66(6), 710–715. https://doi.org/10.1038/ejcn.2012.34

Scarborough, P. (2014). Dietary greenhouse gas emissions of meat-eaters, fish-eaters, vegetarians and vegans in the UK. Climate Change, 125(2), 179–192. https://doi.org/10.1007/s10584-014-1169-1

Scarborough, P., Clarke, D., Wickramasinghe, K., & Rayner, M. (2010). Modelling the health impacts of the diets described in 'Eating the Planet' published by Friends of the Earth and Compassion in World Farming. Oxford: British Heart Foundation Health Promotion Research Group, Department of Public Health, University of Oxford.

Scarborough, P., Nnoaham, K. E., Clarke, D., Capewell, S., & Rayner, M. (2010). Modelling the impact of a healthy diet on cardiovascular disease and cancer mortality. Journal of Epidemiology and Community Health, 66(5), 420–426. https://doi.org/10.1136/jech.2010.114520

Schaffner, F., Medlock, J. M., & Bortel, W. V. (2013). Public health significance of invasive mosquitoes in Europe. Clinical Microbiology and Infection, 19(8), 685–692. https://doi.org/10.1111/1469-0691.12189

Scheelhaase, J., Dahlmann, K., Jung, M., Keimel, H., Murphy, M., Nieße, H., Wolters, F. (2015). Die Einbeziehung des Luftverkehrs in internationale Klimaschutzprotokolle (AviClim). BMBF-Vorhaben „Ökonomie des Klimawandels", Förderkennzeichen 01LA1138A (Abschlussbericht). Köln: Deutsches Zentrum für Luft- und Raumfahrt, Institut für Flughafenwesen und Luftverkehr. Abgerufen von https://www.dlr.de/dlr/Portaldata/1/Resources/documents/2015/Abschlussbericht_AviClim_Maerz_2015.pdf

Schindler, S., Staska, B., Adam, M., Rabitsch, W., & Essl, F. (2015). Alien species and public health impacts in Europe: a literature review. NeoBiota, 27, 1–23. https://doi.org/10.3897/neobiota.27.5007

Schlatzer, M. (2011). Tierproduktion und Klimawandel. Ein wissenschaftlicher Diskurs zum Einfluss der Ernährung auf Umwelt und Klima. Wien, Münster, Berlin: LIT Verlag.

Scholz, R. W. (2011). Environmental Literacy in Science and Society: From. Knowledge to Decisions. New York: Cambridge University Press.

Schütte, S., Gemenne, F., Zaman, M., Flahault, A., & Depoux, A. (2018). Connecting planetary health, climate change, and migration. The Lancet Planetary Health, 2(2), e58–e59. https://doi.org/10.1016/s2542-5196(18)30004-4

SDU – Sustainable Development Unit. (2009). Saving Carbon. Improving Health. NHS Carbon Reduction Strategy for England. National Health Service England. Abgerufen von https://www.sduhealth.org.uk/documents/publications/1237308334_qylG_saving_carbon,_improving_health_nhs_carbon_reducti.pdf

SDU – Sustainable Development Unit. (2013). NHS England Carbon Footprint (Update). Cambridge: National Health Service England. Abgerufen von https://www.sduhealth.org.uk/documents/Carbon_Footprint_summary_NHS_update_2013.pdf

SDU – Sustainable Development Unit. (2014). Sustainable, Resilient, Healthy People & Places. A Sustainable Development Strategy for the NHS, Public Health and Social Care system. Cambridge: National Health Service England. Abgerufen von https://www.sduhealth.org.uk/documents/publications/2014%20strategy%20and%20modulesNewFolder/Strategy_FINAL_Jan2014.pdf

SDU – Sustainable Development Unit. (2018). Homepage. Abgerufen 31. August 2018, von http://www.sduhealth.org.uk

Seidel, B., Montarsi, F., Huemer, H. P., Indra, A., Capelli, G., Allerberger, F., & Nowotny, N. (2016). First record of the Asian bush mosquito, Aedes japonicus japonicus, in

Italy: invasion from an established Austrian population. Parasites & Vectors, 9, 284. https://doi.org/10.1186/s13071-016-1566-6

Smith, K. E., Fooks, G., Collin, J., Weishaar, H., & Gilmore, A. B. (2010). Is the increasing policy use of Impact Assessment in Europe likely to undermine efforts to achieve healthy public policy? Journal of Epidemiology and Community Health, 64, 478–487. https://doi.org/10.1136/jech.2009.094300

Smith, K. R., Woodward, A., Campbell-Lendrum, D., Chadee, D. D., Honda, Y., Liu, Q., … Sauerborn, R. (2014). Human health: impacts adaptation and co-benefits. In IPCC (Hrsg.), Climate Change 2014: impacts, adaptation, and vulnerability Working Group II contribution to the IPCC 5th Assessment Report. Cambridge, UK and New York, NY (S. 709–754). Cambridge, New York: Cambridge University Press. Abgerufen von http://www.ipcc.ch/pdf/assessment-report/ar5/wg2/WGIIAR5-Chap11_FINAL.pdf

SND – Swedish National Data Service. (2017). Homepage. Abgerufen 29. Dezember 2017, von https://snd.gu.se/en

Sprenger, M., Robausch, M., & Moser, A. (2016). Quantifying low-value services by using routine data from Austrian primary care. European Journal of Public Health, 2016, 1–4. https://doi.org/10.1093/eurpub/ckw080

Springmann, M., Godfray, H. C. J., Rayner, M., & Scarborough, P. (2016). Analysis and valuation of the health and climate change cobenefits of dietary change. Proceedings of the National Academy of Sciences, 113(15), 4146–4151. https://doi.org/10.1073/pnas.1523119113

Springmann, M., Mason-D'Croz, D., Robinson, S., Wiebe, K., Godfray, H. C. J., Rayner, M., & Scarborough, P. (2016). Mitigation potential and global health impacts from emissions pricing of food commodities. Nature Climate Change, 7(1), 69–74. https://doi.org/10.1038/nclimate3155

Stadt Wien. (2005). Verkehrssicherheitsprogramm Wien 2005. Wien: Stadt Wien. Abgerufen von https://www.wien.gv.at/verkehr/verkehrssicherheit/pdf/sicherheits-programm-gesamt.pdf

Stadt Wien. (2009). Nein zur Desinfektion im Haushalt. Abgerufen von www.wien.gv.at/umweltschutz/oekokauf/pdf/desinfektion-folder.pdf

Stadt Wien. (2014). STEP 2025. Stadtentwicklungsplan Wien. Wien: Magistratsabteilung 18 – Stadtentwicklung und Stadtplanung. Abgerufen von https://www.wien.gv.at/stadtentwicklung/studien/pdf/b008379a.pdf

Stadt Wien. (2018a). Ergebnisse und Kriterien beim „Öko-Kauf Wien". Abgerufen 11. März 2018, von www.wien.gv.at/umweltschutz/oekokauf/ergebnisse.html

Stadt Wien. (2018b). Flughafen Wien-Schwechat – Passagiere, Fluggüter und Flugverkehr 2001 bis 2016. Abgerufen 11. September 2018, von https://www.wien.gv.at/statistik/verkehr-wohnen/tabellen/flugverkehr-zr.html

Stagl, S., Schulz, N., Kratena, K., Mechler, R., Pirgmaier, E., Radunsky, K., Köppl, A. (2014). Transformationspfade.

In H. Kromp-Kolb, N. Nakicenovic, K. Steininger, A. Gobiet, H. Formayer, A. Köppl, A. P. on C. Change (APCC) (Hrsg.), Österreichischer Sachstandsbericht Klimawandel 2014 (AAR14) (Bd. 3, S. 1025–1076). Wien: Verlag der Österreichischen Akademie der Wissenschaften.

Statistik Austria. (2017a). Umweltbedingungen, Umweltverhalten 2015, Ergebnisse des Mikrozensus. Wien: Statistik Austria. Abgerufen von http://www.laerminfo.at/dam/jcr:4a991352-bbc3-4667-9be1-d56f1bc4fcd3/projektbericht_umweltbedingungen_umweltverhalten_2015.pdf

Statistik Austria. (2017b). Verkehrsstatistik 2016. Wien: Statistik Austria. Abgerufen von http://www.statistik.at/wcm/idc/idcplg?IdcService=GET_NATIVE_FILE&RevisionSelectionMethod=LatestReleased&dDocName=115277

Statistik Austria. (2018). Straßenverkehrsunfälle: Jahresergebnisse 2017. Straßenverkehrsunfälle mit Personenschaden (Schnellbericht No. 4.3). Wien: Statistik Austria. Abgerufen von https://www.statistik.at/wcm/idc/idcplg?IdcService=GET_NATIVE_FILE&RevisionSelectionMethod=LatestReleased&dDocName=117882

Steffen, W., Richardson, K., Rockström, J., Cornell, S. E., Fetzer, I., Bennett, E. M., Sörlin, S. (2015). Planetary boundaries: Guiding human development on a changing planet. Science, 347(6223), 1259855. https://doi.org/10.1126/science.1259855

Steininger, K. W., König, M., Bednar-Friedl, B., Kranzl, L., Loibl, W., & Prettenthaler, F. (Hrsg.). (2015). Economic Evaluation of Climate Change Impacts. Development of a Cross-Sectoral Framework and Results for Austria. Cham, Heidelberg, New York, Dordrecht, London: Springer International Publishing.

Stiles, R., Gasienica-Wawrytko, B., Hagen, K., Trimmel, H., Loibl, W., Köstl, M., … Feilmayr, W. (2014). Urban Fabric Types and Microclimate Response - Assessment and Design Improvement. Final Report. Wien: Climate and Energy Fund of the Federal State. Abgerufen von http://urbanfabric.tuwien.ac.at/documents/_SummaryReport.pdf

Sturmberg, J. P. (2018). A Complex Adaptive Health System Redesign from an Organisational Perspective. In J. P. Sturmberg (Hrsg.), Health System Redesign: How to Make Health Care Person-Centered, Equitable, and Sustainable (S. 97–110). Cham: Springer International Publishing.

Sturmberg, J. P., O'Halloran, D. M., & Martin, C. M. (2012). Understanding health system reform – a complex adaptive systems perspective. Journal of Evaluation in Clinical Practice, 18, 202–208. https://doi.org/10.1111/j.1365–2753.2011.01792.x

Thomas, S. (2016). Vector-born disease risk assessment in times of climate change: The ecology of vectors and pathogens (Dissertation). Universität Bayreuth. Abgerufen von https://epub.uni-bayreuth.de/1781/1/Thomas_Dissertation_November%202014.pdf

Till-Tentschert, U., Till, M., Glaser, T., Heuberger, R., Kafka, E., Lamei, N., & Skina-Tabue, M. (2011). Armuts- und Ausgrenzungsgefährdung in Österreich. Ergebnisse aus EU-SILC 2010. (Bundesministerium für Arbeit, Soziales und Konsumentenschutz, Hrsg.) (Bd. 8). Wien: Bundesministerium für Arbeit, Soziales und Konsumentenschutz.

Tilman, D., & Clark, M. (2014). Global diets link environmental sustainability and human health. Nature, 515(7528), 518–522. https://doi.org/10.1038/nature13959

Tomschy, R., Herry, M., Sammer, G., Klementschitz, R., Riegler, S., Follmer, R., Spiegel, T. (2016). Österreich unterwegs 2013/2014: Ergebnisbericht zur österreichweiten Mobilitätserhebung „Österreich unterwegs 2013/2014". Wien: Bundesministerium für Verkehr, Innovation und Technologie. Abgerufen von https://www.bmvit.gv.at/verkehr/gesamtverkehr/statistik/oesterreich_unterwegs/downloads/oeu_2013-2014_Ergebnisbericht.pdf

Uhl, I., Klackl, J., Hansen, N., & Jonas, E. (2017). Undesirable effects of threatening climate change information: A cross-cultural study. Group Processes & Intergroup Relations, 21(3), 513–529. https://doi.org/10.1177/1368430217735577

Umweltbundesamt. (2017). Klimaschutzbericht 2017. Wien: Umweltbundesamt. Abgerufen von http://www.umweltbundesamt.at/fileadmin/site/publikationen/REP0622.pdf

Umweltbundesamt. (2018). Klimaschutzbericht 2018. Wien: Umweltbundesamt. Abgerufen von http://www.umweltbundesamt.at/fileadmin/site/publikationen/REP0660.pdf

United Nations. (2015). Transformation unserer Welt: die Agenda 2030 für nachhaltige Entwicklung. Abgerufen von http://www.un.org/Depts/german/gv-70/band1/ar70001.pdf

United Nations. (2018). SDG Indicators. Abgerufen 11. September 2018, von https://unstats.un.org/sdgs/metadata/?Text=&Goal=2&Target

Van der Berg, H., Velayudhan, R., & Ejov, M. (2013). Regional framework for surveillance and control of invasive mosquito vectors and re-emerging vector-borne diseases, 2014–2020 (2013). Kopenhagen: WHO Europe. Abgerufen von http://www.euro.who.int/__data/assets/pdf_file/0004/197158/Regional-framework-for-surveillance-and-control-of-invasive-mosquito-vectors-and-re-emerging-vector-borne-diseases-20142020.pdf

Van Essen, H., Schroten, A., Otten, M., Sutter, D., Schreyer, C., Zandonella, R., … Doll, C. (2011). External Costs of Transport in Europe. Update Study for 2008. Delft: CE Delft, infras, Fraunhofer. Abgerufen von https://www.cedelft.eu/en/publications/download/1301

Vandenbosch, J., Van den Broucke, S., Vancorenland, S., Avalosse, H., Verniest, R., & Callens, M. (2016). Health literacy and the use of healthcare services in Belgium. Journal of Epidemiology and Community Health, 2016, 1–7. https://doi.org/10.1136/jech-2015–206910

VCÖ – Verkehrsclub Österreich. (2016). Welche Kosten entstehen der Allgemeinheit durch den Verkehr? Abgerufen 17. September 2018, von https://www.vcoe.at/service/fragen-und-antworten/welche-kosten-entstehen-fuer-den-steuerzahler-durch-den-verkehr

Vereinbarung Art. 15a B-VG. Vereinbarung gemäß Art 15a B-VG über die Organisation und Finanzierung des Gesundheitswesens, BGBl I Nr. 98/2017 (GP XXV RV 1340 AB 1372 S. 157. BR: AB 9703 S. 863 §.)

Vernon, J. A., Trujillo, A., Rosenbaum, S. J., & DeBuono, B. (2007). Low health literacy: Implications for national health policy. Department of Health Policy, School of Public Health and Health Services, The George Washington University. Abgerufen von https://publichealth.gwu.edu/departments/healthpolicy/CHPR/downloads/LowHealthLiteracyReport10_4_07.pdf

Versteirt, V., De Clercq, E. M., Fonseca, D. M., Pecor, J., Schaffner, F., Coosemans, M., & Van Bortel, W. (2012). Bionomics of the established exotic mosquito species Aedes koreicus in Belgium, Europe. Journal of Medical Entomology, 49, 1226–1232. https://doi.org/10.1603/ME11170

Wadud, Z., & Gühnemann, A. (2016). Carbon and Noise Trading in Aviation. In Encyclopedia of Aerospace Engineering (S. 1–11). American Cancer Society.

Webster, P. C. (2014). Sweden's health data goldmine. Canadian Medical Association Journal, 186(9), E310. https://doi.org/10.1503/cmaj.109–4713

Wegener, S., & Horvath, I. (2018). PASTA factsheet on active mobility Vienna/Austria. Abgerufen von http://www.pastaproject.eu/fileadmin/editor-upload/sitecontent/Publications/documents/AM_Factsheet_Vienna_WP2.pdf

Wehling, E. (2016). Politisches Framing. Wie eine Nation sich ihr Denken einredet – und daraus Politik macht. Köln: Herbert von Halem Verlag.

Weigl, M., & Gaiswinkler, S. (2016). Handlungsmodule für Gesundheitsförderungsmaßnahmen für/mit Migrantinnen und Migranten. Methoden- und Erfahrungssammlung. Wien: Gesundheit Österreich Forschungs- und Planungs GmbH. Abgerufen von https://jasmin.goeg.at/63/

Weisz, U. (2015). Das nachhaltige Krankenhaus – sozialökologisch und transdisziplinär erforscht. Ein Beispiel für Synergien zwischen nachhaltiger Entwicklung und Gesundheit auf Organisationsebene (Dissertation). Alpen-Adria-Universität Klagenfurt, Klagenfurt.

Weisz, U., Haas, W., Pelikan, J. M., & Schmied, H. (2011). Sustainable Hospitals: A Socio-Ecological Approach. GAIA – Ecological Perspectives for Science and Society, 20(3), 191–198. https://doi.org/10.14512/gaia.20.3.10

Weisz, U., Haas, Wi., Pelikan, J. M., Schmied, H., Himpelmann, M., Purzner, K., … David, H. (2009). Das nachhaltige Krankenhaus. Erprobungsphase (Social Ecology Working Paper No. 119). Wien: Bundesministeriums für Verkehr, Innovation und Technologie. Abgerufen von https://www.aau.at/wp-content/uploads/2016/11/working-paper-119-web.pdf

WHO – World Health Organization. (2008). Closing the gap in a generation: Health equity through action on the social determinants of health. Geneva: World Health Organization.

WHO – World Health Organization. (2010). Adelaide statement on health in all policies: moving towards a shared governance for health and well-being. World Health Organization. Abgerufen von http://www.who.int/social_determinants/publications/9789241599726/en/

WHO – World Health Organization. (2014). Health in all policies: Helsinki statement. Framework for country action. The 8th Global Conference on Health Promotion. Geneva: World Health Organization.

WHO – World Health Organization. (2015). Health in all policies: training manual. Geneva: World Health Organization.

WHO – World Health Organization. (2016). Shanghai Declaration on promoting health in the 2030 Agenda for Sustainable Development. World Health Organization. Abgerufen von http://www.who.int/healthpromotion/conferences/9gchp/shanghai-declaration/en/

WHO – World Health Organization, & HCWH – Health Care Without Harm. (2009). Healthy Hospitals – Healthy Planet – Healthy People. Addressing climate change in health care settings. Discussion draft paper. World Health Organization & Health Care Without Harm. Abgerufen von http://www.who.int/globalchange/publications/climatefootprint_report.pdf

WHO Europe. (2008). Heat-Health-Action Plans. Kopenhagen: World Health Organization. Abgerufen von http://www.euro.who.int/__data/assets/pdf_file/0006/95919/E91347.pdf

WHO Europe. (2010a). Environment and health risks: a review of the influence and effects of social inequalities. Kopenhagen: World Health Organization. Abgerufen von http://www.euro.who.int/__data/assets/pdf_file/0003/78069/E93670.pdf

WHO Europe. (2010b). Social and gender inequalities in environment and health. Kopenhagen: World Health Organization. Abgerufen von www.euro.who.int/__data/assets/pdf_file/0010/76519/Parma_EH_Conf_pb1.pdf

WHO Europe. (2017a). Climate Change and Health. Fact sheets on sustainable development goals: health targets. Abgerufen 30. August 2018, von http://www.euro.who.int/en/media-centre/sections/fact-sheets/2017/fact-sheets-on-sustainable-development-goals-health-targets

WHO Europe. (2017b). Flooding: Managing Health Risks in the WHO Europe Region. Kopenhagen: World Health Organization. Abgerufen 2018.12.12 von http://www.euro.who.int/__data/assets/pdf_file/0003/341616/Flooding-v11_ENG-web.pdf

WHO Europe. (2017c). Protecting Health in Europe from Climate Change. Update 2017. Kopenhagen: World Health Organization. Abgerufen am 2018.12.12. von http://www.euro.who.int/__data/assets/pdf_file/0004/355792/ProtectingHealthEuropeFromClimateChange.pdf?ua=1

WHO Europe. (2017d). Urban green spaces: a brief for action. World Health Organization. Abgerufen von http://www.euro.who.int/__data/assets/pdf_file/0010/342289/Urban-Green-Spaces_EN_WHO_web.pdf?ua=1

WHO Europe (2017e). Health Economic Assessment Tool. Abgerufen 15. Dezember 2017, von http://www.heatwalkingcycling.org/#homepage

Wieczorek, C. C., Ganahl, K., & Dietscher, C. (2017). Improving Organizational Health Literacy in Extracurricular Youth Work Settings. Health Literacy Research and Practice, 1(4), e233–e238. https://doi.org/10.3928/24748307–20171101-01

Widhalm, K. (2018). Zwischenergebnisse nach 2 Schulhalbjahren Intervention. Abgerufen 18. März 2018, von http://www.eddykids.at/index.php/die-studie-eddy/news/63-zwischenergebnisse-nach-2-schulhalbjahren-intervention

Wirsenius, S., Hedenus, F., & Mohlin, K. (2011). Greenhouse gas taxes on animal food products: rationale, tax scheme and climate mitigation effects. Climatic Change, 108(1–2), 159–184. https://doi.org/10.1007/s10584-010–9971-x

Wismar, M., & Martin-Moreno, J. M. (2014). Intersectoral working and Health in all Policies. In B. Rechel & M. McKee (Hrsg.), Facets of Public Health in Europe (1. Aufl., S. 199). Maidenhead: Open University Press.

WKO – Wirtschaftskammer Österreich. (2011). Konsumerhebung 2009/2010. WKO. Abgerufen von wko.at/statistik/wgraf/2011_19_Konsumerhebung_2009-2010.pdf

Wodak, E., Richter, S., Bago, Z., Revilla-Fernandez, S., Weissenbock, H., Nowotny, N., & Winter, P. (2011). Detection and molecular analysis of West Nile virus infections in birds of prey in the eastern part of Austria in 2008 and 2009. Veterinary Microbiology, 149(3–4), 358–366. https://doi.org/10.1016/j.vetmic.2010.12.012

Wolkinger, B., Haas, W., Bachner, G., Weisz, U., Steininger, K. W., Hutter, H.-P., … Reifeltshammer, R. (2018). Evaluating Health Co-Benefits of Climate Change Mitigation in Urban Mobility. International Journal of Environmental Research and Public Health, 15(5), 880. https://doi.org/10.3390/ijerph15050880

Yim, S. H. L., Stettler, M. E. J., & Barrett, S. R. H. (2013). Air quality and public health impacts of UK airports. Part II: Impacts and policy assessment. Atmospheric Environment, 67, 184–192. https://doi.org/10.1016/j.atmosenv.2012.10.017

Zeller, H., Marrama, L., Sudre, B., Bortel, W., & Warns-Petit, E. (2013). Mosquito-borne disease surveillance by the European Centre for Disease Prevention and Control. Clinical Microbiology and Infection, 19(8), 693–698. https://doi.org/10.1111/1469–0691.12230

Zhang, J., Tian, W., Chipperfield, M. P., Xie, F., & Huang, J. (2016). Persistent shift of the Arctic polar vortex towards the Eurasian continent in recent decades. Nature Climate Change, 6(12), 1094–1099. https://doi.org/10.1038/nclimate3136

Zhang, Y., Bielory, L., Mi, Z., Cai, T., Robock, A., & Georgopoulos, P. (2015). Allergenic pollen season variations in the past two decades under changing climate in the United States. Global Change Biology, 21(4), 1581–1589. https://doi.org/10.1111/gcb.12755

Zielsteuerung-Gesundheit. (2017). Zielsteuerungsvertrag auf Bundesebene in der von der Bundes-Zielsteuerungskommission am 24. April 2017 zur Unterfertigung empfohlenen Fassung. Bund vertreten durch Bundesministerium für Gesundheit und Frauen. Abgerufen von http://www.burgef.at/fileadmin/daten/burgef/zielsteuerungsvertrag_2017-2021__urschrift.pdf

Zürcher Appell. (2013). Internationaler Appell für die Wahrung der wissenschaftlichen Unabhängigkeit. Abgerufen 19. März 2018, von http://www.zuercher-appell.ch/

Appendix

A.1 Umgang mit Unsicherheiten

A.1.1 Umgang mit Unsicherheiten in diesem Report

Jegliche in diesem Bericht zusammengetragene Informationen bzw. abgeleiteten Aussagen zum Klimawandel und seinen Folgen auf die menschliche Gesundheit unterliegen Unsicherheiten, die sich aus der Art, Qualität und dem Umfang der Datenerhebung sowie den daran anschließenden Auswertungsmethoden ergeben. Sie unterscheiden sich je nach Disziplin und können sowohl qualitativer als auch quantitativer Natur sein.

Im Rahmen dieses Berichtes wird auf die Vorgaben des IPCC zum einheitlichen Umgang und zur Darstellung von Unsicherheiten zurückgegriffen, da sich diese bereits im Österreichischen Sachstandsbericht Klimawandel 2014 bewährt haben. Dort sind sie in deutscher Sprache ausführlich erläutert (APCC, 2014, S. 10–22) und hier nur auszugsweise wiederholt.

In Anbetracht der interdisziplinären Zusammensetzung des AutorInnenteams konnten wir von Beginn an nicht ausschließen, dass die Sprachregelungen des IPCC, wie sie im Sachstandsbericht Klimawandel AAR14 vorgestellt worden sind, für einzelne AutorInnen bzw. Themen nicht ganz

Tab. A.1: Zweidimensionale Bestimmung des Vertrauensbereiches und verwendete Begriffe im Special Report (APCC, 2014)

Terminologie	Vertrauensbereich
sehr hohes Vertrauen	in mindestens 9 von 10 Fällen korrekt
hohes Vertrauen	in etwa 8 von 10 Fällen korrekt
mittleres Vertrauen	in etwa 5 von 10 Fällen korrekt
geringes Vertrauen	in etwa 2 von 10 Fällen korrekt
sehr geringes Vertrauen	in weniger als 1 von 10 Fällen korrekt

Tab. A.2: Beschreibung der Richtigkeit eines Ergebnisses und verwendete Begriffe im Special Report (APCC, 2014)

Terminologie	Wahrscheinlichkeit des Eintretens des Ereignisses bzw. der Auswirkung
praktisch sicher	> 99 % Wahrscheinlichkeit
sehr wahrscheinlich	> 90 % Wahrscheinlichkeit
wahrscheinlich	> 66 % Wahrscheinlichkeit
wahrscheinlicher als nicht	> 50 % Wahrscheinlichkeit
etwa so wahrscheinlich wie nicht	33 % – 66 % Wahrscheinlichkeit
unwahrscheinlich	< 33 % Wahrscheinlichkeit
sehr unwahrscheinlich	< 10 % Wahrscheinlichkeit
außergewöhnlich unwahrscheinlich	< 1 % Wahrscheinlichkeit

Tab. A.3: Wahrscheinlichkeiten und verwendete Begriffe im Special Report (APCC, 2014)

adäquat sind. In diesem Fall wurden die AutorInnen eingeladen, ihre Bedenken direkt an den jeweiligen Co-Chair zu melden, so dass die Co-Chairs gemeinsam mit dem/der AutorIn nach einvernehmlichen Lösungen suchen konnten.

A.1.2 Grundlage: Umgang mit Unsicherheiten im Sachstandsbericht Klimawandel AAR14

Der Sachstandsberichts Klimawandel AAR14 beschreibt in drei Tabellen verschiedene mögliche sprachliche Umgänge mit Unsicherheit. Für einen rein qualitativen Zugang ist die zweidimensionale Tab. A.1 hilfreich, in der sowohl der Grad der Übereinstimmung (hoch – mittel – niedrig) als auch die Beweislage (Anzahl und Qualität unabhängiger Quellen) als schwach, mittel oder stark angeführt sind.

Tab. A.2 erlaubt die Darstellung der Richtigkeit in der Terminologie „sehr hohes Vertrauen", „hohes Vertrauen", „mittleres Vertrauen", „geringes Vertrauen" und „sehr geringes Vertrauen" und Tab. A.3 die Darstellung verschiedener Wahrscheinlichkeiten als „praktisch sicher", „sehr wahrscheinlich", „wahrscheinlich", „wahrscheinlicher als nicht", „etwa so wahrscheinlich wie nicht", „unwahrscheinlich", „sehr unwahrscheinlich" und „außergewöhnlich unwahrscheinlich".

Die Vertrauensskala wird als quantitative Einschätzung von Unsicherheit mittels fachkundiger Beurteilung der Richtigkeit zugrundeliegender Daten, Modelle oder Analysen verstanden. Es wird die in Tab. A.2 beschriebene Skala angewandt, um die geschätzte Wahrscheinlichkeit für die Richtigkeit eines Ergebnisses auszudrücken.

A.2 Begriffsdefinitionen

A.2.1 Zentrale Begriffe im Special Report

Der Bericht verwendet viele Begriffe, die in unterschiedlichen Wissenschaftsdisziplinen sowie in den diversen Zielgruppen des Berichts unterschiedlich verstanden werden. Daher wird das dem Bericht zugrunde liegende Verständnis einiger zentraler Begriffe hier vermittelt. Weitere Begriffe finden sich im Glossar im nachfolgenden Abschnitt.

Gesundheit

Während der Gesundheitszustand auch in der Dichotomie gesund/krank verstanden werden kann (Franke, 2012), folgt das im Special Report angewandte Verständnis von Gesundheit den modernen Gesundheitswissenschaften, die unter *Gesundheit* ein multidimensionales Konzept verstehen, das nicht über die isolierte Betrachtung einzelner Indikatoren und Variablen bestimmbar ist (Griebler u. a., 2017; Gesundheitsbericht Österreich in Druck). In Anlehnung an die Weltgesundheitsorganisation (WHO, 1946) und weiterführender Arbeiten (z. B. Becker, 2006) zeichnet sich die Gesundheit einer Person durch nachstehende Dimensionen aus:

- Das Freisein von körperlichen und/oder psychischen Krankheiten und Beschwerden
- Eine uneingeschränkte Leistungs- und Handlungsfähigkeit (im Sinne der Internationalen Klassifikation der Funktionsfähigkeit, Behinderung und Gesundheit; WHO, 2005)
- Ein umfassendes Wohlbefinden (körperlich, psychisch und sozial)

Der Gesundheitszustand einer Person ist demnach das Ergebnis des Zusammenspiels dieser Dimensionen. Er geht aus dauerhaften und permanenten Entwicklungs- und Entfaltungsprozessen hervor (Antonovsky, 1997; Pelikan, 2007) und ist damit das Ergebnis mehr oder weniger gelungener Adaptions- und Reproduktionsprozesse unter Maßgabe individueller und gesellschaftlicher Bedingungen (Becker, 2001; Dubos, 1959; Parsons, 1981; Pelikan, 2007). Die Einflüsse sind mit Hilfe des Konzepts der Gesundheitsdeterminanten strukturiert (ursprünglich von Dahlgren & Whitehead, 1991 entwickelt, wurde dieses von der WHO und weiterer AutorInnen aufgegriffen und weiterentwickelt). Dieser Zugang zu Gesundheit erlaubt es, im Gegensatz zu einem dichotomen Verständnis, auch Gesundheitsvorteile, die durch mehr Bewegung oder eine gesündere Ernährung entstehen können, zu berücksichtigen. Das ist wiederum eine Voraussetzung zur Bewertung sogenannter *Co-Benefits* von Klimaschutz für die Gesundheit.

Gesundheitssystem

Das *Gesundheitssystem* umfasst alle Personen, Organisationen, Einrichtungen, Regelungen und Dienstleistungen, deren Aufgabe die Förderung und Erhaltung der Gesundheit sowie deren Sicherung durch Vorbeugung und Behandlung von Krankheiten und Verletzungen ist – Fürsorge, Pflege und Begleitung miteingeschlossen. Im engeren Sinne definiert die WHO Gesundheitssysteme als die Gesamtheit aller Organisationen, Menschen und Handlungen, deren primäres Ziel es ist, Gesundheit zu fördern, wiederherzustellen und zu erhalten (WHO, 2018a). Im Sinne eines determinantenorientierten Ansatzes hat die Definition in den letzten Jahren eine Erweiterung erfahren und so sind nun auch Anstrengungen, die zur Verbesserung der Gesundheitsdeterminanten (siehe Kap. 2.1 in diesem Bericht) beitragen, als „Health in all Policies" miterfasst. Gesundheitliche Folgen des Klimawandels sind demnach durch eine gesundheitsorientierte Gesamtpolitik zu beeinflussen, die in Österreich meist außerhalb des Gesundheitssystems ressortieren, dennoch vom Gesundheitssystem im engeren Sinne adressiert werden können (Blashki u. a., 2007). Das österreichische Gesundheitssystem ist ein zentraler Sektor, der im Jahr 2015 knapp 400.000 Personen bzw. rund 7 % der Erwerbstätigen beschäftigte (Statistik Austria, 2017b). Die Gesundheitsausgaben beliefen sich in Österreich auf rund 35 Milliarden Euro oder 10,3 % des Bruttoinlandproduktes (Statistik Austria, 2018).

Klima, Klimawandel, Klimaschutz, Emissionsminderung und Anpassung an den Klimawandel

Klima „wird im engen Sinn als statistisches „Durchschnittswetter" definiert, das in einer Region über Monate bis hin zu tausenden von Jahren herrschtcc (WMO) definierte Zeitraum der Klimabeobachtung (= Klimanormalperiode) beträgt 30 Jahre. Einbezogen sind Temperatur, Niederschlag und Wind." (Umweltbundesamt, 2016).

Der Begriff *Klimaänderung* oder auch *Klimawandel* „bezeichnet eine Veränderung des Klimas auf der Erde über einen längeren Zeitraum. Das UNFCCC (United Nation Framework Convention on Climate Change) unterscheidet zwischen Klimaänderung, die durch die veränderte Zusammensetzung der Atmosphäre aufgrund menschlicher Aktivitäten verursacht wird, und Klimavariabilität, die aufgrund natürlicher Ursachen auftritt. Der Begriff Klimaänderung wird auch synonym für den Begriff Klimawandel verwendet" (Umweltbundesamt, 2016).

Die beiden Begriffe *Klimaschutz* und *Anpassung an den Klimawandel* sind ein in der Klimawandelforschung zentrales Begriffspaar. Das Intergovernmental Panel on Climate Change (IPCC) definiert Anpassung an den Klimawandel als Anpassung von natürlichen oder gesellschaftlichen Systemen in Reaktion auf tatsächliche oder erwartete klimatische Stimuli oder ihre Auswirkungen zur Abwendung bzw. Abschwächung von Schäden oder zum Nutzen von Chancen. Menschliche Interventionen können auch darauf abzielen, den Anpassungsprozess natürlicher Systeme an Klimaveränderungen oder deren Folgen zu begünstigen (z. B. Anpassung des Baumbestands in Waldökosystemen oder Wanderkorridore für gefährdete Arten). In Abgrenzung dazu werden unter Klimaschutz alle Maßnahmen und Interventionen verstanden, die Emissionen von Treibhausgasen reduzieren (auch *Emissionsminderung* genannt) bzw. die Kohlenstoffsequestrierung (Kohlenstoffbindung) erhöhen (IPCC, 2012). „Den internationalen Rahmen für den Klimaschutz bildet v. a. das 2005 in Kraft getretene Kyoto-Protokoll (verabschiedet von der 3. Klimakonferenz in Kyoto 1997), das für die Unterzeichnerstaaten unterschiedliche Reduktionsziele bis zum Jahr 2012 enthält. Bei der UN-Klimakonferenz 2015 in Paris wurde ein Klimaabkommen beschlossen, dass die Begrenzung der globalen Erwärmung auf < 2 °C (möglichst < 1,5 °C) vorsieht. Mit dem Pariser Abkommen wurde auch die Anpassung als gleichwertige 2. Säule der Klimapolitik hervorgehoben" (Umweltbundesamt, 2016). Das Abkommen ist am 4.11.2016 in Kraft getreten und wurde bis dato (Stichtag: 17.03.2018) von 175 Staaten bzw. Vertragsparteien ratifiziert (UNFCCC, 2015).

Co-Benefits Klima und Gesundheit

Emissionsminderungsmaßnahmen können neben der Verringerung des Klimawandels auch wichtige direkte gesundheitliche Vorteile aufweisen. Ein Beispiel ist die aktive Mobilität, wie Zufußgehen oder Radfahren. Diese reduziert bei Ersatz motorisierter Fortbewegung Treibhausgasemissionen sowie Luftverschmutzung und führt zu mehr gesundheitsförderlicher Bewegung. Ebenso können Anpassungsmaßnahmen an den Klimawandel gesundheitliche Vorteile mit sich bringen. Ein Beispiel dafür ist die thermische Sanierung von Gebäuden, die im Winter den Heizenergiebedarf senkt und im Sommer den Hitzestress in Wohnräumen reduziert. Diese synergistischen Beziehungen nennt man *„Co-Benefits"* oder auch Zusatznutzen. Sie umfassen ebenso gesundheitlich motivierte Maßnahmen, die einen Emissionsminderungseffekt aufweisen (z. B. Ernährungsumstellungen nach den Ernährungsempfehlungen). *Co-Benefits*, wenn nicht explizit ausgeführt, verweisen auf *Co-Benefits* für Klima und Gesundheit (siehe Smith u. a., 2014; Smith & Haigler, 2008). Andere *Co-Benefits* können im Zusammenspiel mit der Ökonomie auftreten, wenn Emissionsminderungen oder Gesundheitsvorteile mit Kostenreduktionen Hand in Hand gehen. Gesundheitsvorteile können ein wesentlicher Motivator für Emissionsminderungsmaßnahmen sein, da sie zeitnahe und lokal wirken, gut abschätzbar sind, oft mit Kostenreduktionen einhergehen und dadurch auch die politische wie gesellschaftliche Akzeptanz erhöhen.

A.2.2 Glossar

Adaptation: *siehe Anpassung*

Anpassung (engl. Adaptation): Strategien und Maßnahmen, um die Empfindlichkeit natürlicher und gesellschaftlicher Systeme gegenüber tatsächlichen oder erwarteten Auswirkungen der Klimaänderung zu verringern (APCC, 2014). *Siehe A.2.1 Zentrale Begriffe im Special Report*

Albedo: Der von der Oberfläche reflektierte Anteil der auftreffenden Sonnenstrahlung, ausgedrückt in Prozent (APCC, 2014)

Alterungsprozess: Der Alterungsprozess beschreibt die demographischen Veränderungen der aktuellen Bevölkerungsstruktur, welcher sich aus dem niedrigen Fertilitätsniveau, der steigenden Lebenserwartung sowie der Alterung des Baby-Booms der Nachkriegszeit ergeben.

Armutsgefährdung, Ausgrenzungsgefährdung: Als armutsgefährdet gelten Personen mit niedrigem Haushaltseinkommen. Die in der europäischen Sozialberichterstattung verwendete Armutsgefährdungsschwelle liegt bei 60 % des Medians des äquivalisierten Jahresnettoeinkommens (=bedarfsgewichtetes Pro-Kopf-Einkommen) und beträgt laut EU-SILC 2016 in Österreich 14.217 Euro netto pro Jahr (= 1.185 Euro pro Monat, 12 Mal) für einen Einpersonenhaushalt. Als erheblich materiell depriviert gelten jene Haushalte, auf die zumindest vier der folgenden neun Merkmale zutreffen: Der Haushalt hat Zahlungsrückstände bei Miete, Strom oder Kreditraten; der Haushalt kann keine unerwarteten Ausgaben tätigen; der Haushalt kann sich nicht leisten: Heizen, ausgewogene Ernährung, Urlaub, Pkw, Waschmaschine, TV, Festnetztelefon oder Handy.

Arthropoden: Gliederfüßer; Insekten und Spinnentiere. Arthropoden sind wichtige Parasiten, Zwischenwirte oder Krankheitsüberträger für den Menschen (nach Pschyrembel).

Atopisch: allergisch

Bestanderhaltungsniveau, Reproduktionsniveau, Nettoreproduktionsrate (NRR): Die Nettoreproduktionsrate ist ein Maß dafür, wie viele lebendgeborene Töchter eine Frau zur Welt bringen würde, wenn im Laufe ihres Lebens dieselben altersspezifischen Fertilitäts- und Sterblichkeitsverhältnisse herrschen würden wie in dem betreffenden Kalenderjahr (Reproduktionsniveau). Die Nettoreproduktionsrate gibt somit an, wie weit eine Müttergeneration durch Töchter ersetzt wird, wenn die im Kalenderjahr beobachteten Fertilitäts- und Sterblichkeitsverhältnisse sich in Zukunft nicht mehr ändern würden; der Wert 1 bedeutet dabei vollen Ersatz (Bestanderhaltungsniveau), d.h. im Wesentlichen, dass die Fertilität ausreicht, um die Elterngeneration vollständig durch ihre Kinder zu ersetzen; ein Wert von 0,7 bedeutet beispielsweise, dass es langfristig zu einer 30-prozentigen Schrumpfung der Elterngeneration kommen würde usw.

Bevölkerungsstruktur: Der Begriff der Bevölkerungsstruktur bezieht sich zumeist auf die Zusammensetzung einer Bevölkerung nach maßgebenden Unterscheidungskriterien wie Alter oder Geschlecht, aber in jüngerer Vergangenheit auch zunehmend Bildung oder geographische Verteilung. Die gängigste Darstellungsweise der Bevölkerungsstruktur ist die Bevölkerungspyramide, welche sich sowohl für die Gesamtbevölkerung als auch für verschiedenste Subpopulationen erstellen lässt.

Bruttoinlandsprodukt (BIP): Das BIP misst die Produktion von Waren und Dienstleistungen im Inland nach Abzug aller Vorleistungen. Es ist in erster Linie ein Produktionsmaß. Das Bruttoinlandsprodukt errechnet sich als Summe der Bruttowertschöpfung aller Wirtschaftsbereiche zuzüglich des Saldos von Gütersteuern und Gütersubventionen (Gabler Wirtschaftslexikon, 2018a).

Carbon Footprint (CO_2-Fußabdruck): Ein Maß für den Gesamtbetrag von Kohlenstoffdioxid-Emissionen, der direkt und indirekt durch eine Aktivität verursacht wird oder über die Lebensstadien eines Produkts entsteht. Neben Kohlenstoffdioxid werden oft auch andere Treibhausgase, meist angegeben in Tonnen CO_2-Äquivalenten, bilanziert. Es können Klimaauswirkungen von Aktivitäten wie der Bereitstellung oder des Konsums von Produkten und Dienstleistungen für einzelne Personen oder aggregiert für Organisationen und Staaten ermittelt werden (Wiedmann & Minx, 2007).

CO_2-Äquivalent (CO_{2e}, CO_{2equ}): CO_2-äquivalente Emission ist die Menge an CO_2-Emission, die über einen bestimmten Zeitraum denselben Strahlungsantrieb erzeugen würde wie eine emittierte Menge eines langlebigen Treibhausgases oder

einer Mischung von Treibhausgasen. Treibhausgase unterscheiden sich hinsichtlich ihres erwärmenden Einflusses (Strahlungsantrieb) auf das globale Klimasystem aufgrund ihrer unterschiedlichen Strahlungseigenschaften und Lebensdauern in der Atmosphäre. Diese erwärmenden Einflüsse können durch die gemeinsame Maßeinheit auf der Basis des Strahlungsantriebs von CO_2 ausgedrückt werden. Äquivalente CO_2-Emission stellt damit einen Standard und eine nützliche Maßeinheit für den Vergleich von Emissionen unterschiedlicher Treibhausgase dar (APCC, 2014).

Co-Benefits: Bezeichnen den sozialen, wirtschaftlichen oder gesellschaftlichen Zusatznutzen von Klimaschutzmaßnahmen. Der Begriff des Zusatznutzens verdeutlicht, dass viele Klimaschutzmaßnahmen auch andere, mindestens ebenso wichtige, Begründungen für Entwicklung, Nachhaltigkeit oder Gerechtigkeit haben (Smith u. a., 2014). Zum **gesundheitlichen Zusatznutzen des Klimaschutzes** *siehe A.2.1 Zentrale Begriffe im Special Report*

Corporate Social Responsibility (CSR): Die Europäische Kommission definiert Corporate Social Responsibility (CSR) als "die Verantwortung von Unternehmen für ihre Auswirkungen auf die Gesellschaft". Damit die Unternehmen ihrer sozialen Verantwortung in vollem Umfang gerecht werden, sollten sie auf ein Verfahren zurückgreifen können, mit dem soziale, ökologische, ethische, Menschenrechts- und Verbraucherbelange in enger Zusammenarbeit mit den Stakeholdern in die Betriebsführung und in ihre Kernstrategie integriert werden. **Cryptosporidien:** Einzellige Lebewesen (Protozoen), welche durch verschmutztes Wasser (und teilweise über Lebensmittel) übertragen werden. Sie verursachen Infektionen im Magen-Darm-Trakt.

Demographische Abhängigkeit, Altenquotient, Jugendquotient: Demographische Abhängigkeitsquotienten sind ein Maß dafür, in welchem quantitativen Verhältnis die Bevölkerung im Erwerbsalter (20 bis 65 Jahre) zu den Kindern und Jugendlichen (unter 20 Jahre) bzw. älteren Personen (im Alter von 65 und mehr Jahren) steht. Der Jugendabhängigkeitsquotient stellt somit das Verhältnis von unter 20-Jährigen pro 100 Personen zu jenen im Alter von 20 bis 65 Jahren dar, beim Altenabhängigkeitsquotient stehen die Personen im Alter von über 65 Jahren im Zähler. Die Summe aus beiden Quotienten bildet den demographischen Abhängigkeitsquotienten.

Demographischer Übergang (engl. Demographic Transition): Das Modell des demographischen Übergangs beschreibt den gesellschaftlichen Transformationsprozess, in dessen Verlauf sich Gesellschaften von hohen hin zu niedrigen Geburts- und Sterberaten bewegen. Diese Entwicklung geht üblicherweise Hand in Hand mit dem Prozess der Industrialisierung und mehr oder weniger starkem Bevölkerungswachstum, wobei die Kausalkette nicht letztgültig geklärt ist. Ebenso wenig lässt sich sagen, ob tatsächlich alle Länder, in denen nach wie vor hohe Geburtenraten vorherrschen, früher oder später demselben Modell folgen werden.

Disability Adjusted Life Years (DALY): DALYs drücken die Anzahl verlorener Jahre aufgrund vorzeitigen Todes aus oder die mit Krankheit oder Behinderung gelebten Jahre bis zur Genesung oder zum Tod.

Durchschnittliches Fertilitätsalter: Arithmetisches Mittel der Altersverteilung der Fertilitätsraten für einjährige Altersgruppen

Enterale Erreger: Krankheitserreger, die über den Darm in den Organismus eindringen

Enteropathogen: Darmerkrankungen auslösend. Das Bakterium *Escherichia coli* kommt natürlich im Darm von Säugetieren vor und dient als Indikator von fäkalen Belastungen. Der Keim hat als Verursacher von Harnwegsinfektionen große medizinische Bedeutung. Einige Varianten von E. coli können jedoch auch aus dem Darm heraus lokale oder auch systemische Erkrankungen verursachen. Diese werden zusammenfassend als „enteropathogen" bezeichnet (anlehnend an Pschyrembel)

Enterotoxikosen: durch Enterotoxine hervorgerufene Darmerkrankungen. Exterotoxine sind on Mikroorganismen produzierte Giftstoffe, die ihre schädigende Wirkung im Margen-Darm-Trakt entfalten. Exterotosine sind häufig Verursacher von Nahrungsmittelvergiftungen mit nachfolgender Magen-Darm-Entzündung.

Epidemiologie: Wissenschaftszweig, der sich mit der Verteilung von Krankheiten und deren physikalischen, chemischen, psychischen und sozialen Determinanten und Folgen in der Bevölkerung befasst. Es werden zwei Hauptformen unterschieden: Die deskriptive Epidemiologie beschreibt Inzidenzen oder Prävalenzen in bestimmten Populationen im Zeitverlauf. Die analytische Epidemiologie formuliert quantitative Aussagen über pathologische und verlaufsbeeinflussende Faktoren, prüft Änderungswahrscheinlichkeit der Inzidenz oder der Prävalenz einer Krankheit in Abhängigkeit von potenziellem Kausalfaktor (sog. Exposition) (nach Pschyrembel). Die **Infektionsepidemiologie** beschäftigt sich mit der Ausbreitung und Eindämmung von übertragbaren Erkrankungen (Infektionskrankheiten und parasitäre Erkrankungen).

European Community Statistics on Income and Living Conditions (EU-SILC): Stichprobenerhebung zu Einkommen und Lebensbedingungen von Privathaushalten in Europa und somit eine wichtige Grundlage für die Europäische Sozialstatistik. Zentrale Themen sind Einkommen, Beschäftigung und Wohnen sowie subjektive Fragen zu Gesundheit und finanzieller Lage, die es erlauben, die Lebenssituation von Menschen in Privathaushalten darzustellen (Umweltbundesamt Deutschland, 2010).

Eutrophierung: Erhöhtes Wachstum der einzelligen Algen (Phytoplankton) im Meer durch ein Überangebot der Nährstoffe Stickstoff und Phosphor aus der Landwirtschaft, aus kommunalen Kläranlagen, aus der Industrie und aus dem Verkehr.

Exposition: gibt an, wie weit das Mensch-Umwelt-System bestimmten Änderungen von Klimaparametern (z. B. Niederschlag, Temperatur etc.) ausgesetzt ist. Sie ist ein Maß für die regionale Ausprägung (Stärke, Geschwindigkeit, Zeitpunkt erwarteter Änderungen etc.) globaler Klimaänderungen

(APCC, 2014). In der Medizin wird mit Exposition generell das Ausgesetztsein des Organismus gegenüber Krankheitserregern oder anderen Faktoren, wie z. B. Lärm, verstanden.

Extramuraler Bereich: (Ambulanter) Versorgungsbereich außerhalb von bettenführenden Krankenanstalten (extramural = außerhalb der (KA-)Mauern): Selbstständige Ambulatorien (inklusive eigene Einrichtungen der Sozialversicherungsträger), Gruppenpraxen, Einzelpraxen (ÄrztInnen oder zur freiberuflichen Tätigkeit berechtigte Angehörige anderer Gesundheitsberufe) (Zielsteuerung-Gesundheit, 2017a).

Fertilität: Zahl der Kinder, die eine Person, eine Gruppe von Personen oder eine ganze Bevölkerung im Lebenslauf oder in einer bestimmten Zeitperiode hervorbringt (Gabler Wirtschaftslexikon, 2017b).

Gefühlte Temperatur (engl. perceived temperature, PT): Neben der mit einem Thermometer gemessenen Temperatur gibt es auch jene Temperatur, die ein Mensch subjektiv empfindet – die „gefühlte Temperatur". Sie ist eine Kombination aus den meteorologischen Parametern Lufttemperatur, Strahlungsbedingungen, Windgeschwindigkeit und Luftfeuchtigkeit (ZAMG, 2018).

Gesamtfertilitätsrate (GFR, engl. Total Fertility Rate, TFR): gibt an, wie viele lebendgeborene Kinder eine am Beginn des gebärfähigen Alters stehende Frau zur Welt bringen würde, wenn im Laufe ihres Lebens dieselben altersspezifischen Fertilitätsraten herrschten wie in dem betreffenden Kalenderjahr und wenn von der Sterblichkeit der Frau abgesehen würde. Berechnet wird sie als Summe der Fertilitätsraten für einjährige Altersgruppen.

Gesundheitsdeterminanten: Das Framework der Gesundheitsdeterminanten basiert auf internationalen gesundheitswissenschaftlichen Modellen und unterscheidet zwischen individuellen und verhältnisbezogenen (gesellschaftlichen) Gesundheitsdeterminanten. Verhältnisdeterminanten werden im Framework durch sechs Themenfelder abgebildet. Die darunter gefassten Faktoren wirken sich entweder direkt (im Sinne einer Exposition) oder indirekt (vermittelt über individuelle Faktoren) auf die Gesundheit aus und stehen untereinander in komplexen Wechselwirkungen:

- Materielle Lebensbedingungen (ökonomische Verhältnisse, Wohnverhältnisse)
- (Aus-)Bildung (Bildungsniveau, Quantität und Qualität der Bildungseinrichtungen)
- Arbeit und Beschäftigung (Erwerbstätigkeit bzw. Arbeitslosigkeit, unbezahlte Arbeit (z. B. Pflege), Qualität der Arbeitsstätten, Work-Life-Balance)
- Soziale Beziehungen und Netzwerke (Partnerschaft und Familie, außerfamiliäre Beziehungen, Mitgliedschaften in sozialen Netzwerken)
- Gesundheitsversorgung und -förderung (Gesundheitsförderung, Prävention, Kuration, Langzeitpflege und Palliativversorgung)
- Umwelt (Umweltbelastungen, Infrastruktur, soziale Rahmenbedingungen) (BMGF, 2016)

Der vorliegende Bericht richtet sein Hauptaugenmerk auf den Klimawandel im Zusammenspiel mit Veränderungen in der Bevölkerung, der Ökonomie und dem Gesundheitssystem als für die Gesundheit wesentliche Faktoren.

Gesundheitskompetenz (engl. Health Literacy): Wissen, Motivation und Kompetenzen von Menschen, relevante Gesundheitsinformationen in unterschiedlicher Form zu finden, zu verstehen, zu beurteilen und anzuwenden, um im Alltag zu Krankheitsbewältigung, Krankheitsprävention und Gesundheitsförderung Urteile fällen und Entscheidungen treffen zu können, die ihre Lebensqualität während des gesamten Lebensverlaufs erhalten oder verbessern (Zielsteuerung-Gesundheit, 2017b).

Gesundheit, Gesundheitssystem: *Siehe A.2.1 Zentrale Begriffe im Special Report*

Giardien: Einzellige Lebewesen (Protozoen), welche durch verschmutztes Wasser (und teilweise über Lebensmittel) übertragen werden. Sie verursachen Infektionen im Magen-Darm-Trakt.

Gentrifizierung: Ein in der Stadtgeographie angewandter Begriff, der einen sozialen Umstrukturierungsprozess eines Stadtteiles beschreibt. Dabei handelt es sich um Aufwertung des Wohnumfelds

Graues Wasser: Wassermenge, die während des Herstellungsprozesses eines Produktes direkt verschmutzt wird und daher nicht mehr nutzbar ist, oder die im Prinzip dazu nötig wäre, um verschmutztes Wasser so weit zu verdünnen, dass allgemein gültige Standardwerte für die Wasserqualität wieder eingehalten würden (Lexikon der Nachhaltigkeit, 2018).

Harvesting-Effekt: Unter dem „Harvesting"-Effekt versteht man das Phänomen, dass akute Belastungsereignisse (wie Hitzewellen und Smogepisoden) bei einzelnen Betroffenen, die bereits sterbenskrank sind, den Todeszeitpunkt nur geringfügig vorverlegen. Im Zeitverlauf sieht man daher während eines solchen Ereignisses deutlich mehr Sterbefälle als gewöhnlich, doch einige Zeit danach eine (geringere) Untersterblichkeit. Gelegentlich werden auch etwas längere Intervalle der Vorverlegung der Sterblichkeit berücksichtigt. So wird nach Sommern mit extremeren Hitzewellen eine geringere Winter-Übersterblichkeit berichtet.

Health Advocacy: Health Advocacy ist das gezielte Eintreten für die Reduktion von Todesfällen oder Behinderungen (allgemein oder spezifisch) oder die Förderung der Gesundheit von Personengruppen und beschränkt sich nicht auf Gesundheitseinrichtungen. Health Advocacy Aktivitäten umfassen den Einsatz von Informationsarbeit und von Mitteln (auch rechtlichen), die das Auftreten von Problemen für die öffentliche Gesundheit abschwächen (Christoffel, 2000).

Health Literacy: *siehe Gesundheitskompetenz*

Hitzetag (ältere Bezeichnung Tropentag): Tag, an dem die Tageshöchsttemperatur 30 °C erreicht oder übersteigt.

Humankapital, Humanressourcen: Humankapital bezeichnet in der Wirtschaftswissenschaft die „personengebundenen Wissensbestandteile in den Köpfen der Mitarbeiter". In der Humankapitaltheorie der Volkswirtschaftslehre wird Humankapital unter dem Gesichtspunkt von Investitionen in Bildung betrachtet. Der Begriff der Humanressourcen schließt

Gesundheit als Voraussetzung für körperliche und geistige Leistungsfähigkeit mit ein (Wikipedia).

ICD: Internationale statistische Klassifikation der Krankheiten und verwandter Gesundheitsprobleme (ICD, engl. International Statistical Classification of Diseases and Related Health Problems). Aktuell wird die 10. Auflage (ICD10) angewandt (http://www.icd-code.de/). Im Juni 2018 wurde von der WHO die neue Auflage (ICD11) vorgestellt.

Input-Output-Analyse: Eine volkswirtschaftliche Modellrechnung, in der mithilfe von Input-Output-Tabellen volkswirtschaftliche Prognosen oder Simulationen angeführt werden. In ihrer grundlegendsten Form wird von der Annahme ausgegangen, dass aller Einsatz von Produktionsfaktoren (Inputs) der Höhe des in der Analyse zu variierenden Produktionsausstoßes (Outputs) proportional ist (Gabler Wirtschaftslexikon, 2018c). Multiregionale Input-Output-Analysen (MRIO-Analyse) ist die kombinierte Verwendung von nationalen oder regionalen Input-Output-Analysen.

Intramuraler Bereich: Stationärer und spitalsambulanter Versorgungsbereich in bettenführenden Krankenanstalten (intramural = innerhalb der Mauern)

Invasion, biologische: Als biologische Invasion bezeichnet man die durch den Menschen verursachte Ausbreitung einer Art in einem Gebiet, in dem sie nicht heimisch ist. Manche dieser Arten können die Biodiversität (biologische Vielfalt) gefährden oder nachteilig beeinflussen; sie werden als **invasive gebietsfremde Arten** (Invasive Alien Species, IAS) bezeichnet. Mögliche Auswirkungen sind z. B. die Verdrängung heimischer Arten oder die Übertragung von Krankheiten auf Fauna und Flora. Darüber hinaus können sie ökonomische sowie human- oder nutztiergesundheitliche Auswirkungen haben (z. B. Allergien, vektorübertragene Krankheiten).

Inzidenz: Bezeichnet in der Epidemiologie die Anzahl neu auftretender Fälle (z. B. Krankheit) in einer gegebenen Population während einer bestimmten Zeit (meist ein Jahr). Die Inzidenz von Todesfällen wird auch *Mortalität* genannt. Neben der Prävalenz ist die Inzidenz ein Maß für die *Morbidität* in einer Bevölkerung (Duden, 2018a). *Siehe auch Prävalenz*

Klimaschutz (Minderung, engl. Mitigation): Proaktive Verringerung der Treibhausgasemission und anderer schädlicher Einflüsse auf die Umwelt durch verschiedene Klimaschutzmaßnahmen, um den Klimawandel zu verlangsamen bzw. zu stoppen und die negativen Auswirkungen des Klimawandels zu reduzieren. Als Präventionsstrategie unterscheidet sich Mitigation von Adaptation als nachträglichem Anpassungsprozess an sich verändernde klimatische Bedingungen (APCC, 2014). *Siehe A.2.1 Zentrale Begriffe im Special Report*

Klimavariabilität: Bezieht sich auf Schwankungen des mittleren Zustandes und anderer statistischer Größen des Klimas auf allen zeitlichen und räumlichen Skalen, die über einzelne Wetterereignisse hinausgehen. Die Variabilität kann durch natürliche interne Prozesse innerhalb des Klimasystems (interne Variabilität) oder durch natürliche oder anthropogene äußere Einflüsse (externe Variabilität) begründet sein. *Siehe auch Klimaänderung* (APCC, 2014).

Klimawandel (auch **Klimaänderung**): Bezieht sich auf jede Änderung des Klimas im Verlauf der Zeit, die aufgrund einer Änderung im Mittelwert oder im Schwankungsbereich seiner Eigenschaften identifiziert werden kann und die über einen längeren Zeitraum (Jahrzehnte oder länger) andauert. Klimaänderung kann durch interne natürliche Schwankungen, durch äußere Antriebe oder durch andauernde anthropogene Veränderungen in der Zusammensetzung der Atmosphäre oder der Landnutzung zustande kommen. Das Rahmenübereinkommen der Vereinten Nationen über Klimaänderungen (UNFCCC) definiert im Artikel 1 Klimaänderung als „Änderungen des Klimas, die unmittelbar oder mittelbar auf menschliche Tätigkeiten zurückzuführen sind, welche die Zusammensetzung der Erdatmosphäre verändern, und die zu den über vergleichbare Zeiträume beobachteten natürlichen Klimaschwankungen hinzukommen" (APCC, 2014). *Siehe auch Klimavariabilität. Siehe A.2.1 Zentrale Begriffe im Special Report*

Kohäsion: Zusammenhalt einer Gruppe. Kohäsion beschreibt die Summe der Kräfte, die eine Person dazu bewegen, Mitglied einer Gruppe zu bleiben. Diese Kräfte sind u. a. Attraktivität der Gruppe, Attraktivität einzelner Gruppenmitglieder, Attraktivität von Gruppenaufgaben und -zielen. Zwischen Kohäsion und Gruppenleistung besteht ein meist positiver Zusammenhang (nach Pschyrembel)**.**

Krankenhaushäufigkeiten: Anzahl der stationären Krankenhausaufenthalte in Bezug zur Bevölkerung eines Gebietes (z. B. je 100 EinwohnerInnen)

Life Cycle Assessment (LCA): *siehe Lebenszyklusanalyse*

Lebenserwartung in Gesundheit (engl. Health Life Expectancy): Die für ein Kalenderjahr berechnete Lebenserwartung bei der Geburt gibt an, wie viele Jahre ein neugeborenes Kind im Durchschnitt leben würde, wenn sich die im Kalenderjahr beobachteten altersspezifischen Sterberaten in Zukunft nicht mehr ändern würden. Analog dazu gibt die fernere Lebenserwartung mit 60 Jahren an, wie viele Jahre ein heute genau 60-Jähriger im Durchschnitt noch leben würde, wenn die altersspezifischen Sterberaten ab 60 Jahren sich in Zukunft nicht mehr ändern würden (Statistik Austria, 2017a).

Lebenszyklusanalyse (engl. Life Cycle Assessment): Eine systematische Analyse der Umweltwirkungen von Produkten während des gesamten Lebensweges Zur Lebenszyklusanalyse gehören sämtliche Umweltwirkungen während der Produktion, der Nutzungsphase und der Entsorgung des Produktes sowie die damit verbundenen vor- und nachgeschalteten Prozesse (z. B. Bereitstellung von Betriebsstoffen). Zu den Umweltwirkungen zählen Entnahmen aus der Umwelt (z. B. Ressourcen) sowie die Emissionen in die Umwelt (Abfälle, Kohlendioxidemissionen) (Guinée, 2001).

Lock-in-Effekt: Lock-In bzw. Carbon Lock-In beschreibt die Pfadabhängigkeit industrialisierter Gesellschaften von fossilenergiebasierten Energiesystemen. Diese Pfadabhängigkeit wird durch die technologische und institutionelle Koevolution angetrieben, indem z. B. langfristige Investitionen in fos-

silenergieverbrauchende Infrastrukturen institutionelle Rahmenbedingungen schaffen, die einer laufenden Versorgung bedürfen, die wiederum ökonomische Abhängigkeiten schaffen und oft mit dem Arbeitsplatzargument oder dem Return-on-Investment abgesichert werden. So entstehen lock-in Situationen, aus denen nur schwer ausgestiegen werden kann und die einer Steigerung der Energieeffizienz oft im Weg stehen (Unruh, 2000).

Makroebene: Betrachtung einer Gruppe von Personen, z. B. einer Volkswirtschaft, als Ganzes

Mikroebene: Betrachtung des individuellen Verhaltens einzelner Personen

Mitigation: *siehe Klimaschutz*

Morbidität: Krankheitshäufigkeit

Mortalität: Sterblichkeit oder Sterberate

Mykotoxine: Stoffwechselprodukte aus Pilzen, die bereits in geringer Dosis toxisch wirken. Sie stellen vor allem ein Problem der Lebensmittelhygiene dar, wenn Lebensmittel auf dem Felde, bei der Lagerung oder beim Transport von (Schimmel-)Pilzen befallen werden. Einige dieser Toxine sind hitzestabil und werden daher auch beim Kochen nicht zerstört.

Nachhaltigkeit: Nachhaltigkeit bedeutet, die Bedürfnisse der Gegenwart zu befriedigen, ohne zu riskieren, dass künftige Generationen ihre eigenen Bedürfnisse nicht befriedigen können (Hauff, 1987). Das Konzept der **nachhaltigen Entwicklung** vereinigt die politische, gesellschaftliche, wirtschaftliche und die Umweltdimension. Es wurde in der „World Conservation Strategy" (IUCN, 1980) eingeführt und 1987 von der Weltkommission für Umwelt und Entwicklung (WCED) und 1992 von der Rio-Konferenz verabschiedet als ein Änderungsprozess, in dem die Ausbeutung von Ressourcen, die Richtung von Investitionen, die Ausrichtung der technologischen Entwicklung und institutioneller Wandel miteinander in Einklang stehen und sowohl das heutige als auch das zukünftige Potenzial, menschliche Bedürfnisse und Hoffnungen zu befriedigen, verstärken (APCC, 2014).

Nachhaltigkeitsziele (engl. Sustainable Development Goals, SDGs): Die 17 Ziele für nachhaltige Entwicklung sind politische Zielsetzungen der Vereinten Nationen, die im Jahr 2015 verabschiedet wurden. Als Weiterentwicklung der Millennium Development Goals haben sie zum Ziel, ökonomische und soziale Entwicklungsprozesse weltweit voranzutreiben sowie diese nachhaltig und inklusiv zu gestalten (United Nations, 2015).

No-regret Maßnahmen: Als „No-regret"-Maßnahmen werden diejenigen bezeichnet, die auf jeden Fall einen umweltpolitischen und wirtschaftlichen Nutzen für die Gesellschaft mit sich bringen, unabhängig davon in welchem Ausmaß die Klimaänderung ausfällt (APCC, 2014).

Öffentliche Gesundheit (engl. Public Health): Die Prävention von Krankheiten, die Verlängerung der Lebensdauer und die Verbesserung von Gesundheit durch organisierte gesellschaftliche Bemühungen (WHO, 2018b).

Phylogeographisch: Korrelierenden Zusammenhängen zwischen der Verbreitung genetischer Linien von Tier- und Pflanzenarten und erdgeschichtlicher Ereignisse nachgehend

Physiologisch äquivalente Temperatur (engl. physiological equivalent temperature, PET): Thermischer Index zur Kennzeichnung von Wärmebelastung bzw. dem thermischen Empfinden eines Menschen. PET dient dazu, die komplexe thermische Situation mit einem einfachen Wert zu beschreiben. Es werden dabei aktuelle Klimawerte der Umgebung in ein vergleichbares Raumklima transferiert, das durch die gleiche thermophysiologische Belastung charakterisiert ist.

Population Momentum: Der Begriff des „Population Momentum" ist eine Begleiterscheinung des demographischen Übergangs und beschreibt die Trägheit im Bevölkerungssystem. Selbst wenn eine Bevölkerung mit hohen Geburtenraten einen plötzlichen Rückgang der Fertilität erlebt, kann es infolge des starken Bevölkerungswachstums der Vergangenheit, welches zu einer großen Zahl an potentiellen Eltern geführt hat, zu einem weiteren Wachstum der Bevölkerung über mehrere Jahrzehnte/Generationen kommen. Umgekehrt kann es Jahrzehnte dauern, ehe eine schrumpfende Bevölkerung infolge steigender Geburtenraten wieder zu wachsen beginnt. Die Rede ist in diesem Fall von einem negativen Population Momentum.

Prävalenz: Rate der zu einem bestimmten Zeitpunkt oder in einem bestimmten Zeitabschnitt an einer bestimmten Krankheit Erkrankten (im Vergleich zur Zahl der Untersuchten) (Duden, 2018b). *Siehe auch Inzidenz*

Primärversorgung: Die allgemeine und direkt zugängliche erste Kontaktstelle für alle Menschen mit gesundheitlichen Problemen im Sinne einer umfassenden Grundversorgung. Sie soll den Versorgungsprozess koordinieren und gewährleistet ganzheitliche und kontinuierliche Betreuung. Sie berücksichtigt auch gesellschaftliche Bedingungen (§ 3 Z 7 Gesundheits-Zielsteuerungsgesetz).

Produktionsfaktoren: Alle materiellen und immateriellen Mittel und Leistungen, die zur Leistungserstellung (Produktion) eingesetzt werden (z. B. Arbeit, Kapital, Humankapital und Boden)

Resilienz: Resilienz (Robustheit, Widerstandsfähigkeit) beschreibt die Toleranz eines Systems gegenüber Störungen bzw. die Fähigkeit, mit Veränderungen umgehen zu können. Resilienz ist die Fähigkeit eines Sozial- oder Ökosystems, Störungen aufzunehmen und gleichzeitig dieselbe Grundstruktur und Funktionsweisen, die Kapazität zur Selbstorganisation sowie die Kapazität, sich an Stress und Veränderungen anzupassen, zu bewahren (Umweltbundesamt, 2016). Betreffend psychischer Folgen sind für die Aufrechterhaltung psychischer Gesundheit als wesentliche Resilienzfaktoren zu nennen: Optimismus, kognitive Flexibilität, aktive Coping- oder Verarbeitungsstrategien, die Fähigkeit sich ein soziales Netz zu erarbeiten, zu pflegen und aufrecht zu halten, körperliche Aktivität, die Entwicklung und Aufrechterhaltung von Werthaltungen, Kernüberzeugungen und eines positiven Selbst- und Rollenverständnisses sowie ein stabiles Menschenbild (Iacoviello & Charney, 2014). Diese Parameter wirken langfristig protektiv der Entwicklung von psychischen Störungen durch akute und chronische Lebensveränderungskrisen gleich welchen Ursprungs (Extremwetterereignisse; Klimaänderungen; psychische Gewalt; organisatorische Dysfunktionalitäten) entgegen.

Restlebenserwartung: fernere Lebenserwartung in einem bestimmten Alter. Die Lebenserwartung allgemein bezieht sich auf die Lebenserwartung bei der Geburt.

Surveillance: Eine kontinuierliche, systematische Sammlung, Analyse und Interpretion von gesundheitsrelevanten Daten, die für die Planung, Implementation und Evaluierung von Maßnahmen des Gesundheitswesens benötigt werden (WHO, 2018c).

Trade-Offs: Die Abwägung zweier Aspekte, die nicht gleichzeitig zu erreichen sind. Dieser Zielkonflikt bedeutet die Verbesserung eines Aspektes durch die Reduzierung bzw. den Verlust eines anderen (Merriam-Webster, 2018).

Trauma, psychisches: Ein psychisches Trauma ist ein affektgeladenes Ereignis und hat immer eine „Entdifferenzierung des Affekts" zur Folge, einen Verlust der Fähigkeit, spezifische Emotionen zu erkennen, die als Anleitung für angemessene Handlungen dienen können (Van der Kolk u. a., 2000). Diese Affekt-Wahrnehmungs- und Affekt-Regulations-Unfähigkeit steht in Beziehung mit der Entstehung psychosomatischer Reaktionen und mit Aggressionen gegen sich selbst und andere. Der Mangel oder Verlust an Selbstregulation ist möglicherweise die am weitesten reichende Wirkung psychischer Traumatisierung sowohl bei Kindern als auch bei Erwachsenen. Aus dieser Affektregulationsstörung resultieren Symptome, unter denen traumatisierte Personen leiden, wie beispielsweise die Dissoziation oder emotionale Taubheit (Lanius u. a., 2010). Begleitend dazu sind Verarbeitungsmodi zu beobachten, die durch Intrusionen ausgelöst und/oder mit Übererregung einhergehen, und durch Starre gekennzeichnet sind und/oder mit anderen dissoziativen Symptomen auftreten. Das Auftauchen von starken Affekten wie Angst, Wut, Schuld und Scham sind regelhaft und von Vorstellungen wie Ohnmacht und Hoffnungslosigkeit begleitet. Konfusion und Schmerz prägen das Beschwerdebild.

Treibausgase (THG): Treibhausgase sind diejenigen gasförmigen Bestandteile in der Atmosphäre, sowohl natürlichen wie anthropogenen Ursprungs, welche die Strahlung in spezifischen Wellenlängen innerhalb des Spektrums der thermischen Infrarotstrahlung absorbieren und wieder ausstrahlen, die von der Erdoberfläche, der Atmosphäre selbst und von Wolken abgestrahlt wird. Diese Eigenschaft verursacht den Treibhauseffekt. Wasserdampf (H_2O), Kohlendioxid (CO_2), Lachgas (N_2O), Methan (CH_4) und Ozon (O_3) sind die Hauptreibhausgase in der Erdatmosphäre. Außerdem gibt es eine Vielzahl ausschließlich menschengemachter Treibhausgase, wie etwa Schwefelhexafluorid (SF_6), Fluorkohlenwasserstoffe (H-FKWs) und perfluorierte Kohlenwasserstoffe (FKWs) (APCC, 2014).

Tropentag: *siehe Hitzetag*

Ungleichheit: ungleiche Verteilung materieller und immaterieller Ressourcen in einer Gesellschaft (Krause, 2008)

Urban heat island: kleinräumige städtische Gebiete, Häuserblöcke oder Gebäude, die im Vergleich zur näheren Umgebung höhere Temperaturen aufweisen.

Urbanisierung: Als Urbanisierung bezeichnet man die Verschiebung der Bevölkerung von ländlichen in städtische Regionen bzw. die Umwandlung ländlicher Regionen in städtische Regionen aufgrund verstärkten Zuzugs oder endogenen Bevölkerungswachstums. Üblicherweise wird der Urbanisierungsgrad anhand des Anteils der in Städten über einer bestimmten Größe lebenden Bevölkerung gemessen.

Vollstationären Leistungserbringung: medizinische Leistungen, die im Zuge von Spitalsaufenthalten mit mindestens einer Nächtigung erbracht werden

Vulnerabilität: Nach der Definition des IPCC (Parry u. a., 2007) gibt die Vulnerabilität (Verwundbarkeit) an, inwieweit ein System für nachteilige Auswirkungen der Klimaänderungen (inklusive Klimaschwankungen und -extreme) anfällig ist bzw. nicht fähig ist, diese zu bewältigen. Die Vulnerabilität eines Systems hängt von verschiedenen Faktoren ab: Sie leitet sich ab aus dem Charakter, der Größenordnung und der Geschwindigkeit der Klimaänderung (*Exposition*), aus der Empfindlichkeit des betroffenen Systems (Sensitivität) sowie dessen Fähigkeit, sich den veränderten Bedingungen anzupassen (Anpassungskapazität) (Umweltbundesamt, 2016). Der Spezialbegriff der **differentiellen demographischen Vulnerabilität** trägt dem Umstand Rechnung, dass Risiken sich üblicherweise nicht gleichmäßig über die gesamte Bevölkerung verteilen. Zumeist sind es spezifische Subpopulationen, die aufgrund demographischer Charakteristika (z. B. Alter oder geschlechtsspezifische gesellschaftliche Stellung) nicht in ausreichendem Maße über Anpassungsfähigkeiten verfügen und somit besonders anfällig gegenüber nachteiligen klimatischen Veränderungen sind.

Wirtschaftswachstum: Zunahme der Wirtschaftsleistung (je Land, Region oder global) im Zeitablauf

Zerebrovaskulär: die Blutgefäße des Gehirns betreffend

Zoonose: Krankheiten und Infektionen, die auf natürliche Weise zwischen Tieren und Menschen (in beide Richtungen) übertragen werden können

Literaturverzeichnis

Antonovsky, A. (1997). Salutogenese: zur Entmystifizierung der Gesundheit (Forum für Verhaltesntherapie und psychosoziale Praxis). Tübingen: dgvt-Verlag.

APCC – Austrian Panel on Climate Change. (2014). Österreichischer Sachstandsbericht Klimawandel 2014: Austrian assessment report 2014 (AAR14). Wien: Verlag der Österreichischen Akademie der Wissenschaften.

Becker, P. (2006). Gesundheit durch Bedürfnisbefriedigung. Hogrefe Verlag.

Becker, P.. (2001). Modelle der Gesundheit–Ansätze der Gesundheitsförderung. In S. Höfling & O. Gieseke (Hrsg.), Gesundheitsoffensive Prävention–Gesundheitsförderung und Prävention als unverzichtbare Bausteine effizienter Gesundheitspolitik (S. 41–53). München: Hanns Seidel Stiftung.

Blashki, G., McMichael, T., & Karoly, D. J. (2007). Climate change and primary health care. Australian Family Physician, 36(12), 986–989.

Christoffel, K. K. (2000). Public Health Advocacy: Process and Product. American Journal of Public Health, 90(5), 722–726.

Dahlgren, G., & Whitehead, M. (1991). Policies and strategies to promote social equity in health. Stockholm: Institute for Futures Studies. Abgerufen von https://core.ac.uk/download/pdf/6472456.pdf

Dubos, R. (1959). Mirage of Health. New York: Harper & Brothers.

Duden. (2018a). Inzidenz. Abgerufen 11. September 2018, von https://www.duden.de/rechtschreibung/Inzidenz

Duden. (2018b). Prävalenz. Abgerufen 11. September 2018, von https://www.duden.de/rechtschreibung/Praevalenz

EPA – Environmental Protection Agency. (2018). Heat Island Impacts. Abgerufen 11. September 2018, von https://www.epa.gov/heat-islands/heat-island-impacts

Franke, A. (2012). Modelle von Gesundheit und Krankheit (3. Aufl.). Bern: Hans Huber.

Gabler Wirtschaftslexikon. (2018a). Bruttoinlandsprodukt (BIP). Abgerufen 11. September 2018, von https://wirtschaftslexikon.gabler.de/definition/bruttoinlandsprodukt-bip-27867

Gabler Wirtschaftslexikon. (2018b). Fertilität. Abgerufen 11. September 2018, von https://wirtschaftslexikon.gabler.de/definition/fertilitaet-33548

Gabler Wirtschaftslexikon. (2018c). Input-Output-Analyse. Abgerufen 11. September 2018, von https://wirtschaftslexikon.gabler.de/definition/input-output-analyse-38681

Griebler, R., Winkler, P., Gaiswinkler, S., Delcour, J., Nowotny, M., Pochobradsky, E., Schmutterer, I. (2017). Österreichischer Gesundheitsbericht 2016. Berichtszeitraum 2005–2014/2015. Wien: Bundesministerium für Gesundheit und Frauen.

Guinée, J. (2001). Handbook on life cycle assessment: operational guide to the ISO standards. International Journal of Life Cycle Assessment, 6(5), 255–255. https://doi.org/10.1007/BF02978784

Hauff, V. (1987). Unsere gemeinsame Zukunft – der Brundtlandbericht der Weltkommission für Umwelt und Entwicklung. Technical Report. Greven: Eggenkamp Verlag.

Iacoviello, B. M., & Charney, D. S. (2014). Psychosocial facets of resilience: implications for preventing posttrauma psychopathology, treating trauma survivors, and enhancing community resilience. European Journal of Psychotraumatology, 5(4), 23970. https://doi.org/10.3402/ejpt.v5.23970

IPCC – Intergovernmental Panel on Climate Change. (2012). Glossary of Terms. In C. B. Field, V. Barros, T. F. Stocker, D. Qin, D. J. Dokken, K. L. Ebi, … P. M. Midgley (Hrsg.), Managing the risks of extreme events and disasters to advance climate change adaptation: special report of the intergovernmental panel on climate change. A Special Report of Working Groups I and II of the Intergovernmental Panel on Climate Change (IPCC) (S. 555–564). Cambridge, New York: Cambridge University Press. Abgerufen von https://www.ipcc.ch/pdf/special-reports/srex/SREX-Annex_Glossary.pdf

IUCN – International Union for Conservation of Nature and Natural Resources. (1980). World conservation strategy: living resource conservation for sustainable development. IUCN, UNEP, WWF. Abgerufen von https://portals.iucn.org/library/node/6424

Krause, D. (2008). Ungleichheit, soziale. In W. Fuchs-Heinritz (Hrsg.), Lexikon zur Soziologie (4. Aufl., S. 686). Wiesbaden: Verlag für Sozialwissenschaften.

Lanius, R. A., Vermetten, E., & Pain, C. (2010). The Impact of Early Life Trauma on Health and Disease. The Hidden Epidemic. Cambridge: Cambridge University Press.

Lexikon der Nachhaltigkeit. (2018). Wasser-Fußabdruck. Die direkte und indirekte Wassernutzung. Abgerufen 11. September 2018, von https://www.nachhaltigkeit.info/artikel/wasser_fussabdruck_1791.htm

Merriam-Webster. (2018). Trade-Off. Abgerufen 11. September 2018, von https://www.merriam-webster.com/dictionary/trade-off

Parry, M. L., Canziani, O. F., Palutikof, J. P., Van der Linden, P. J., & Hanson, C. E. (2007). Contribution of Working Group II to the Fourth Assessment Report of the Intergovernmental Panel on Climate Change 2007. Cambridge, New York: Cambridge University Press,. Abgerufen von http://www.ipcc.ch/publications_and_data/ar4/wg2/en/contents.html

Parsons, T. (1981). Sozialstruktur und Persönlichkeit. Frankfurt am Main: Fachbuchhandlung für Psychologie.

Pelikan, J. M. (2007). Understanding Differentiation of Health in Late Modernity by Use of Sociological Systems Theory. In D. V. McQueen, I. Kickbusch, L. Potvin, J. M. Pelikan, L. Balbo, & T. Abel (Hrsg.), Health and Modernity: The Role of Theory in Health Promotion (S. 74–102). New York: Springer New York.

Smith, Kirk R., & Haigler, E. (2008). Co-Benefits of Climate Mitigation and Health Protection in Energy Systems: Scoping Methods. Annual Review of Public Health, 29(1). https://doi.org/10.1146/annurev.publhealth.29.020907.090759

Smith, K.R., Woodward, A., Campbell-Lendrum, D., Chadee, D. D., Honda, Y., Liu, Q., … Sauerborn, R. (2014). Human health: impacts adaptation and co-benefits. In IPCC (Hrsg.), Climate Change 2014: impacts, adaptation, and vulnerability Working Group II contribution to the IPCC 5th Assessment Report. Cambridge, UK and New York, NY (S. 709–754). Cambridge, New York: Cambridge University Press. Abgerufen von http://www.ipcc.ch/pdf/assessment-report/ar5/wg2/WGIIAR5-Chap11_FINAL.pdf

Statistik Austria. (2017a). Demographisches Jahrbuch 2016. Wien: Statistik Austria. Abgerufen von http://www.statistik.at/wcm/idc/idcplg?IdcService=GET_NATIVE_

FILE&RevisionSelectionMethod=LatestReleased&dDocName=115701

Statistik Austria. (2017b). Jahrbuch der Gesundheitsstatistik 2017. Wien: Statistik Austria. Abgerufen von http://www.statistik.at/wcm/idc/idcplg?IdcService=GET_PDF_FILE&RevisionSelectionMethod=LatestReleased&dDocName=111556

Statistik Austria. (2018). Gesundheitsausgaben. Abgerufen 30. August 2018, von http://www.statistik.at/web_de/statistiken/menschen_und_gesellschaft/gesundheit/gesundheitsausgaben/index.html

Umweltbundesamt. (2016). Glossar: Klima – Wandel – Anpassung. Abgerufen 11. September 2018, von http://www.klimawandelanpassung.at/ms/klimawandelanpassung/de/kwa_glossar/

Umweltbundesamt Deutschland. (2010). Eutrophierung. Abgerufen 11. September 2018, von https://www.umweltbundesamt.de/themen/wasser/gewaesser/meere/nutzung-belastungen/eutrophierung

UNFCCC – United Nations Framework Convention on Climate Change. (2015). Adoption of the Paris Agreement. Abgerufen von https://unfccc.int/resource/docs/2015/cop21/eng/l09r01.pdf

United Nations. (2015). Transformation unserer Welt: die Agenda 2030 für nachhaltige Entwicklung. Abgerufen von http://www.un.org/Depts/german/gv-70/band1/ar70001.pdf

Unruh, G. C. (2000). Understanding carbon lock-in. Energy Policy, 28(12), 817–830. https://doi.org/10.1016/S0301-4215(00)00070–7

Van der Kolk, B. A., McFarlane, A., & Weisaeth, L. (Hrsg.). (2000). Traumatic Stress: Grundlagen und Behandlungsansätze. Theorie, Praxis und Forschungen zu posttraumatischem Streß sowie Traumatherapie. Paderborn: Junfermann.

WHO – World Health Organization. (1946). Constitution of the World Health Organization. Abgerufen von http://apps.who.int/gb/bd/PDF/bd47/EN/constitution-en.pdf

WHO – World Health Organization. (2018a). Health Systems Strengthening Glossary. Abgerufen 11. September 2018, von http://www.who.int/healthsystems/hss_glossary/en/index5.html

WHO – World Health Organization. (2018b). Public health services. Abgerufen 11. September 2018, von http://www.euro.who.int/en/health-topics/Health-systems/public-health-services/public-health-services

WHO – World Health Organization. (2018c). Public health surveillance. Abgerufen 11. September 2018, von http://www.who.int/topics/public_health_surveillance/en/

ZAMG – Zentralanstalt für Meteorologie und Geodynamik. (2018). Gefühlte Temperatur. Abgerufen 11. September 2018, von https://www.zamg.ac.at/cms/de/wetter/wetterwerte-analysen/gefuehlte-temperatur

Zielsteuerung-Gesundheit. (2017a). ÖSG 2017. Österreichischer Strukturplan Gesundheit 2017. Glossar. Abgerufen von https://www.bmgf.gv.at/cms/home/attachments/1/0/1/CH1071/CMS1136983382893/oesg_2017_-_textband,_stand_29.06.2018.pdf

Zielsteuerung-Gesundheit. (2017b). Zielsteuerungsvertrag auf Bundesebene in der von der Bundes-Zielsteuerungskommission am 24. April 2017 zur Unterfertigung empfohlenen Fassung. Bund vertreten durch Bundesministerium für Gesundheit und Frauen. Abgerufen von http://www.burgef.at/fileadmin/daten/burgef/zielsteuerungsvertrag_2017-2021__urschrift.pdf